国家自然科学基金项目：51578130
国家社会科学基金项目：18BGL278

时空中的遗产

遗产保护研究的视野·方法·技术

周小棣　沈旸　相睿　常军富　著

上

中国建筑工业出版社

图书在版编目（CIP）数据

时空中的遗产——遗产保护研究的视野·方法·技术 / 周小棣等著. —北京：中国建筑工业出版社，2018.10
ISBN 978-7-112-20093-1

Ⅰ. ①时… Ⅱ. ①周… Ⅲ. ①建筑－文化遗产－保护－研究 Ⅳ. ①TU-87

中国版本图书馆CIP数据核字（2016）第280244号

责任编辑：李　鸽
责任校对：王宇枢　李美娜

时空中的遗产
——遗产保护研究的视野·方法·技术
周小棣　沈旸　相睿　常军富　著

*
中国建筑工业出版社出版、发行（北京海淀三里河路9号）
各地新华书店、建筑书店经销
壹原视觉有限公司制版
天津翔远印刷有限公司印刷
*
开本：787×1092毫米　1/16　印张：$55^1/_2$　字数：869千字
2018年10月第一版　2018年10月第一次印刷
定价：288.00元（上、下册）
ISBN 978-7-112-20093-1
（29554）

序

遗产保护反映了人们对于自身所处环境和历史、文化的认识，这种认识不仅基于针对文物的可持续保护，也基于文化的多样性和对方法和技术的思考。它对于保护对象，特别是文化遗产，无论在类型、保护观念和保护方法上都是在不断变化和更新。通过文化遗产的保护，当今社会也在不断思考，探索人类可持续发展的途径。它在当代社会文化交流、消除贫困、经济发展和环境保护方面都产生了重要的影响。

当今社会，随着国家明确提出文化事业大发展和大繁荣的重大战略，文化遗产保护正面临重大的发展机遇，形态各异、类型丰富的文化遗产作为传统文化继承和发扬的物质和精神载体，具有无可替代的重要作用。这些遗产浓缩体现了各个历史时期的社会政治、经济和文化发展状况的影响，体现了一种源远流长的人文传统，这是我们需要保护和传承的，也是我们需要发扬光大的。

在经历了沧桑岁月之后，很多被损毁的遗产没有得到足够重视，也有很多保存状况较好的遗产面临着生存的困境，无法得到有效的保护和维修，更有由于缺乏对遗产的全面了解和研究，盲目求新求全，造成的不伦不类的复建，不光损毁了历史信息，也影响到其所包含的历史文化价值在现代社会中得到进一步的宣传和利用。在当下遗产保护和利用正处于一个得到越来越多关注和重视的环境下，在当代社会转型的新形势下，及时而深入地对遗产的发展史进行正本清源的基础性研究，从历史的角度对遗产与社会发展的关系进行梳理和厘正，全面认识其文化和历史价值，并能够及时应用于当前的遗产保护和发展工作，实现历史文化和精神内涵的传承和延续，才是遗产保护工作者的重要任务。

在这方面，东南大学城市保护与发展工作室在遗产保护领域的辛勤耕耘和我的认识是相符的，视野的开阔度和研究的专业度都是令人赞许的，这本遗产保护的专著出版就是很好的说明。他们将历史研究置于整个大历史的背景下，在社会发展与城市动态变化交织下进行研究，方法新颖，技术可行，视野开阔而深厚，纵横交织，聚焦突出，具有一定的创新。这是他们不懈努力的见证，更是鼓励大家研究保护工作继续前进的端序。我为之序，既是肯定，也是希望。

谢辰生

前 言

在我国的遗产保护工作中，文物保护单位的保护规划是专门用于各级文物保护单位的文化资源整体保护的综合性科技手段，在文化遗产保护整体工作中属于关键性环节，在文化遗产保护领域属于新兴科技门类。自20世纪90年代国家文物局组织审批的文物保护规划开始，至2004年国家文物局发布《全国重点文物保护单位保护规划编制审批办法》和《全国重点文物保护单位保护规划编制要求》止，基本属于一个完整的缘起和初创时期。自2004年至今，文物保护单位的保护规划已经发展成为一个成熟的规划编制体系，大量保护规划编制项目得以完成，有关保护规划的学术成果也屡屡出现。

但是，由于诸如历史、意识等多方面的原因造成的对历史遗存价值认识的片面性，使得我国的文物建筑保护工作在较长的一段时间内，存在忽视拓展视野、运用新手段新方法的问题。近年来，随着保护观念的转变，已有所改观，在国家保护制度的建设方面也有一定的体现。囿于文物保护起步较晚，在保护理念、认定标准和法律保障以及技术手段等方面都尚没有形成成熟的理论和实践的框架体系，并且遗产类型日趋多样，使当前的遗产保护充满了挑战，保护规划控制的有效性、可操作性亟待提高。

本书的写作即源于对遗产保护方法的思考，主要是就实际的遗产保护案例，着重总结文物建筑保护规划编制的实践经验，检验并形成与之相适应的方法论思维和可行的技术采用。随着实践的持续，遗产保护研究亦借此呈现出由浅入深、从点至面、从窄变宽的思维态势。

2010年10月公布的《国民经济和社会发展第十二个五年规划建议》中明确提出文化事业大发展和大繁荣的重大课题，这意味着历史文化遗产保护正面临重大的发展机遇，历史城市正面临新形势下的再转型，即由历史城市向现代城市再向注重文化传承的变化过程，是中国具有特色的历史城市在现阶段的重要特征和任务；形态各异、类型丰富的中国遗产作为传统文化继承和发扬的物质和精神载体，具有重要作用，并承担重要角色。这些遗产浓缩体现了各个历史时期的社会政治、经济和文化发展状况的影响，体现了一种源远流长的人文传统。过去的遗产保护研究比较突出基于某种建筑类型展开，而本书侧重在整个大历史的背景下，在社会发展与城市动态变化交织下进行研究，且方法新颖、技术可行，视野开阔而深厚，纵横交织，聚焦突出，具有独创性。

在经历了沧桑岁月之后，很多随着历史发展而被损毁的遗产得不到足够重视，也有很多保存状况较好的遗产在现实社会中面临着生存的困境，无法保证得到有效的保护和维修。另有相当数量的遗产还处于沉睡状态，只是单纯作为一种历史遗物而存在，没有引起人们足够的关注，也无法因其所包含的文化遗产价值而在现代社会中得到很好的利用。但与此同时，也有一些遗产因其深厚的文化内涵被有效地加以发掘和利用而得以与当代社会产生良性互动从而焕发出新的光彩。总的来说，随着人们对于传统文化回归的愿望日趋强烈，以及对遗产进行开发利用所能带来的预期利益的影响和驱动，使得遗产保护和利用在我国总体上处于一个正在得到越来越多关注和重视的趋势。但也应该看到，保护、研究和开发的工作多停留在建筑本体上，很少结合历史城市发展、历史街区保护等方面；又或是往往缺乏对遗产的全面了解，盲目求大求全，造成不伦不类的复建。只有对遗产的发展史进行正本清源的基础性研究，才能从历史的角度对遗产与社会发展的关系进行梳理和厘正，并在当代历史城市再转型的新形势下，全面认识其文化价值，且应用于当前的遗产保护和发展工作，实现历史城市文化和精神内涵的传承和延续。而将历史研究和新方法新技术结合一体进行研究的先例较少，因此本书也具有一定的独创性。

本书以合集的方式呈现，全书共分七编，内容丰富，结构清晰；史论兼长，实例详尽；图文并茂，可读性强。不仅表达出作者希望传达的融会贯通开展研究的开放性，也为读者深入研究提供了一份重要的参考。具体内容如下：

第一编　帝国的边界：明代长城防御体系的建造信息

长城保护是学界广为关注的一个问题，从保护策略到修缮技术都有深入的探讨，但往往对长城的建造信息浅尝辄止，缺乏深入思考和认识。这里提出的“建造信息”一词是指文化遗产在建筑材料、建造技术（包括结构、构造和施工工艺）及使用功能方面体现出的与建造有关的信息。建造信息包含了时间和空间两个方面的特征，它是历史的，也是地域的，是文化遗产自身价值的一部分，反映了文化遗产在历史、科学，乃至艺术上的成就。

第二编　神民之间：信仰与行为及其空间表征

信仰崇拜通常是要基于一定的区域或场所展开的，即相关的物质载体——庙宇，这也是中国传统建筑中类型丰富、分布广泛、特征明显的一类，是中国传统社会、特别是民间社会文化的集中体现，从庙宇去发现这种信仰或崇拜的分布、沿革，从庙宇中的神祇去发现有关该神的一切故事，从建筑格局上去感受民间的，或民族的，或地方的文化意义，可能是比较有效的办法。

第三编　故城故人有所思：城市遗产的当代转型与公共空间化

传统遗产的当代转型与公共空间化。通过7个案例阐述城市的公共空间（系统）在根本上塑造着绝大多数市民共识的城市意象，而作为城市公共空间的城市遗产则不仅加强了市民日常生活与城市历史环境的联系，而且是城市空间的历史意象营造的唯一途径。可以通过这些特色鲜明、认同感强的空间要素的合理组织，建立起清晰独特的城市意象。这样的城市空间可以使市民在其日常使用中建立与传统文化的联系，有利于城市社会的良性发展。

第四编　事件途径：关于近现代文物建筑的保护规划方法

基于事件视角，就6处近现代文物建筑的保护规划案例，总结近现代文物建筑保护规划编制的实践经验，检验并形成与之相适应的思维方法。同时，也喻示着将来的拓展方面。

第五编　锦绣：太原城的历史营建

城市的形成与发展往往与其所处的地理环境有着巨大的关联，本编即以太原为例，立体地考察一座古代城市的空间结构演变和山水景观环境。

第六编　造郭以守民：明代山西城池建设

第七编　另一种版图叙事：春秋至两汉鲁中南地区城市组群变迁

此二编基于大量城市建设数据的统计和分析，制定关于特定时代、特定区域的城市建设研究，包括两大部分：一是春秋至汉代的鲁中南地区城市组群变迁，二是明代山西城池建设。

本书在以往遗产保护与研究成果的基础上，针对现有研究方法的不足，基于新颖的视野提出了新的研究方法和技术运用，并通过具体实例阐述了这些研究方法和技术在中国遗产保护中的价值。当然，遗产保护的研究并不是只有一种或者几种方法和模式，而且本书所提出的方法和技术仍处于探索阶段，必定存在不足之处，但在中国遗产保护研究成果日渐丰富的今天，多元化的研究方法和视角肯定会更有助于我们对遗产保护的认识。

正如本书书名所述，虽然当前中国遗产保护的研究成果众多，但只有在研究方法上取得突破，才能使这方面的研究进一步加深和拓展。本书不拘泥于前人旧说，带有很强的创新意识，对城市历史景观、民间信仰、古代城市演进、线性遗产、近现代遗产等问题提出了不同于前人的研究观点。同时，作者一直在大量的实践过程中思考遗产保护的研究方法，本书就是其近年来不断研究和思考的结果，其对当前中国遗产保护研究的突破毋庸置疑，必定会拓展我们对中国遗产保护发展和路径的认识，并纠正一些错误观点。

目 录

第三编　故城故人有所思：城市遗产的当代转型与公共空间化　211

第四编　事件途径：关于近现代文物建筑的保护规划方法　349

第一编

帝国的边界：
明代长城防御体系的建造信息

导　言

长城是一项分布广阔的线性文化遗产，长城保护是学界广为关注的一个问题，从保护策略到修缮技术都有深入的探讨，但往往对长城的建造信息浅尝辄止，缺乏深入思考和认识。这里提出的“建造信息”一词是指文化遗产在建筑材料、建造技术（包括结构、构造和施工工艺）及使用功能方面体现出的与建造有关的信息。建造信息包含了时间和空间两个方面的特征，它是历史的，也是地域的，是文化遗产自身价值的一部分，反映了文化遗产在历史、科学，乃至艺术上的成就。

国际古迹遗址理事会《建筑遗产分析、保护和结构修复原则》（2003）中指出：“建筑遗产的价值不仅体现在其表面，而且还体现在其所有构成作为所处时代特有建筑技术的独特产物的完整性。”[①]《关于原真性的奈良文件》（1994）指出：“要基于遗产的价值保护各种形式和各历史时期的文化遗产。人们理解

① 国际古迹遗址理事会《建筑遗产分析、保护和结构修复原则》（2003），引自：国际文化遗产保护文件选编[M]．北京：文物出版社，2007：243-244.

这些价值的能力部分地依赖与这些价值有关的信息源的可信性与真实性。”而“原真性的判别会与各种大量信息源中有价值的部分有关联”，这些信息源包括以下几方面：外形和设计；材料和实体；用途和功能；传统，技术和管理体制；位置和背景环境；语言和其他形式的非物质遗产；精神和感觉；其他内外因素。[①] 奈良文件中关于真实性的阐述为之后相关法规和宪章奠定了基础，并成为关于文物真实性的共识，文件中的“材料和实体”即与本文所提的建造信息有直接关系。

如此，建造信息在构成文化遗产自身价值的同时，也是其真实性和完整性的一个重要组成部分，失去了这些，对文化遗产的价值判断就会发生差错，其真实性和完整性也会有严重缺失。具体到文化遗产的保护方面，我国文物界也早已形成了对原材料、原结构、原形制和原工艺的重视，《曲阜宣言》(2005)指出：“文物古建筑的保护不仅要保护文物本身，还要保护传统材料和传统技术。离开了传统材料、传统工艺、传统做法这些最基本的东西，就谈不上文物保护。”[②]

总之，“建造信息”一词并非空穴来风，它早已为文化遗产领域所提及，并引起了一定重视，但在具体的保护领域，尤其是长城保护领域，目前对建造信息的重视尚未落到实处。长城是中国乃至世界上少有的一种跨越广阔地域的带状实体建筑，它在建造方面的最大特征就是因地制宜，并随着周围环境的变化而采用的不同建造技术是其独特性所在，也是长城的重要文物属性。只有对这些建造特征进行全面和深刻的认识，才能充分把握长城的精髓。

根据罗哲文先生的概括，中国的长城保护自新中国成立以来经历了五次高潮，分别是：1952 年国家文物局对长城维修的重视，1979 年国务院对长城保护的重新重视，1984 年“爱我中华，修我长城”活动的开展，1987 年长城被列入世界文化遗产名录，和 2006 年《长城保护条例》的颁布实施。[③] 进入 21 世纪，

① 该段内容见《关于原真性的奈良文件》，引自：张松 编．城市文化遗产保护国际宪章与国内法规选编［M］．上海：同济大学出版社，2007. 93.

② 关于中国特色文物古建筑保护维修理论与实践的共识——曲阜宣言［J］．古建园林技术，2005（4）：5.

③ 文爱平．新中国成立 60 年来的长城保护工作［J］．北京规划建设，2009（6）：81-83.

国家文物局联手国家测绘局开展了大规模的长城资源调查工作，长城的家底逐渐被摸清，长城保护的工作也开始落到实处。近年来，伴随着线性遗产和文化廊道概念的引入，长城研究和保护也进入了一个新的阶段，有关长城研究和保护的学术成就层出不穷。

但是，纵观目前所取得的成就，学术研究领域多数集中在长城的建置情况和长城周边的环境方面，于长城的建造虽有局部测绘和记录，但缺乏对其建造技术和特征做进一步的总结和分析；长城保护领域则或着重于长城的宏观保护工作，或着重于长城的现代修缮技术，这些方面于长城保护而言至关重要，但未能重视对长城建造方面的认识，致使长城的形象简单化和脸谱化，探讨的内容趋于大流而无法深入，修缮措施偏于现代而脱离历史，使各段长城在建造方面的地域的独特性渐渐埋没，长城的历史信息在真实性和完整性方面没能得到完全展现。

具体而言，对建造信息的重视程度不够导致在长城保护中出现的问题主要体现在两个方面：

（1）认为文物自身的建造技术太过陈旧和繁琐，远远落后于现代施工技术，因此，在文物修缮中多采用新材料和新技术来代替传统技术。尽管现代修缮技术的日渐成熟保证了这种修缮方式的科学性和有效性，但文物却不可避免地成为一个徒有原状外表的现代产物，自身的内部特质丧失殆尽。对此，国际古迹遗址理事会《建筑遗产分析、保护和结构修复原则》（2003）特意强调：“特别是仅为维持外观而去除内部构件并不符合保护标准。”①《曲阜宣言》（2005）也重点指出：“文物古建筑修缮必须重视首先采用传统技术和材料。新材料、新工艺、新技术的应用是为了更多更好地保存原材料、原结构，而不是代替原材料、原结构。”②

（2）没有对文物的建造特征认识清楚，对一些特殊做法不重视或完全忽

① 国际古迹遗址理事会《建筑遗产分析、保护和结构修复原则》（2003），引自：国际文化遗产保护文件选编［M］. 北京：文物出版社，2007：243-244.

② 关于中国特色文物古建筑保护维修理论与实践的共识——曲阜宣言［J］. 古建园林技术，2005（4）：5.

略，导致这些做法被现代修缮做法破坏或遮盖，这种做法其实是对文物的另一种破坏。

长城保护中之所以出现建造信息的缺失，究其根源，是因为长城研究领域对建造方面的不重视和不深入，反映到长城保护中，就造成了对长城的价值判断、修缮措施和展示方式趋于照搬、雷同和简单化，长城的地域独特性并未突出出来，而目前普遍存在的对长城旨在恢复外观的修缮导向和措施也直接导致修缮后的长城越发丧失了其原本的建造信息。事实上，当对长城进行深入调查时，就会发现长城的材料、结构和构造是长城独特价值的一个重要组成部分，也是长城丰富性的重要体现。

本编的 1.1 节即以明长城大同镇段为考察对象，对其墙体材料和构造方面的特征进行了详细的调查和分析，不仅发现了许多之前被忽略的特殊做法，并且透过对这些做法的总结，可以深刻体会到长城蕴含的建造信息之丰富。经由对其建造特征的深入分析和建造技术的总结，将之还原为一种具体的因时因地因人的建造。并足以说明，长城体现出的建造信息是多么的丰富，即使如明长城大同镇段这般的夯土构筑物，也依然展现了古人独特和生动的创造力。认识到这一点，才可能在长城保护工作中对长城的建造信息加以重视并应用到保护中去。

长城保护中的建造信息保护主要体现在三个方面：一是长城的建造技术成就应是长城自身价值的重要组成部分；二是在长城修缮中对建造信息的重视；三是建造信息应作为长城文物信息的一部分而加以展示。

（1）建造信息之于长城文物价值的重要性

长城是国家对外防御的军事构筑物，也是历史上劳动人民智慧和血汗的结晶，长城自身蕴含的材料、结构和构造做法等建造信息是长城文物价值的重要组成部分。长城的建造信息主要反映了长城的科学价值和历史价值，而其在整体形象和细部做法上也同时体现了长城浓郁的艺术价值。只有把长城还原为一抔土、一块砖、一个条石的具体的建造，才能深切地感受到长城来自历史的真实性。诚然，长城的建造技术随着主客观因素的不同，在技术成就上有高低之别，但这些又恰恰是古人基于主客观条件的最好或较好的选择，这些历史上的切实的做法，展示了长城在历史上不同时期的修补痕迹和特征，只有深入到这一层面，长城才可以被清晰地还原为具体的建造，长城的文物价值才能被充分地挖掘出来。

（2）基于建造特征的文物修缮

修缮材料：以明长城大同镇段为例，现存长城以夯土遗存占绝大多数，该段长城在夯筑时大部分为就地取土，且并没有添加石灰等加强材料，因此，在对它们进行修缮时，如果确认长城所用夯土和周围土质一致，可以直接取用周围的生土作为原材料进行局部的修补，同时又与历史上该段长城的取材原则相一致。长城由于其长度和规模均是其他文物所不可比拟的，加上所处地形和交通因素，代价和成本高昂，尤其是砖石长城，而明长城大同镇段所用材料的地方性和适宜性使得它可以避免这方面的问题，大大降低修缮成本。

修缮技术：现代文物修缮技术已经有了大力发展，许多新的技术措施得到使用，也取得了诸多成就，但是应该注意到历史上的构造做法和技术措施也是长城本体的一个重要组成部分，而且这些做法中的大多数仍然值得在今天的保护中加以利用和借鉴，如夯土长城的夯层构造做法、铺设植物枝条做法和外部构造做法等，这些措施是古人实践中的创造，同时也具有一定的科学依据，应当在修缮时加以重视和利用。

（3）对长城建造信息的展示

认识到了长城建造信息的独特性和重要性，那么在长城的展示中就应该有意识地突出长城建造方面的特征。例如，借助于长城现存的破损部位，如坍塌后形成的断面等，在不影响长城结构稳固的前提下，进行长城建造信息的重点展示；其次，在进行长城维修和修缮的时候，有意识地对能反映长城重要建造特征的部位进行特殊处理，使重要的建造部位外露，让参观者能从中看到更多的建造信息，从而加深对长城的认识。

同时，还必须认识到：长城作为一项冷兵器时代伟大的军事防御工程，功能性是第一位的。长城的修筑是一项巨大的工程，在战争的压力下，其修建首先需要满足能在一个较短时期内进行大规模的建造，其次还需要在满足不同地理环境下的不同要求，需要有一种针对长城的选址和布局的模式以解决大量生产的要求和对地域的适应性之间的矛盾。

本编的 1.2 节正是对这种模式的探讨，以明长城蓟州镇段中的小河口段为考察对象，力求还原在空间表象之下隐藏的秩序，从军事功能运作的角度，通过一系列的分析和归纳，探求控制长城及相关附属设施选择和布局的原则。在实地调研和采集 GPS 数据的基础上，通过 Global Mapper 和 Arc Map 等地理信息系统（GIS）软件对地形的走势和坡度，对长城本体及其附属设施的间距、视域范围、武器射程等进行分析，论述在不同的地形条件下城墙、空心敌台及马面、烽火台的选址和布局特征。

首先，长城及相关附属设施是建造在具体地理环境上的，而地形变化的最直观体现即是地形坡度的变化，坡度与长城的关系即可代表地形与长城的关系，所以，通过坡度和坡向的分析探求长城及相关附属设施在不同地理环境下选址和布局特征。

其次，建立在长城之上的军事防御活动，包括预警、信息传递以及对敌攻击，都是基于视线上的可见才能进行的，所以，通过视域的分析探求不同地理环境下长城及相关附属设施选址和布局特征。

此外，因为敌台是长城军事体系上最主要的防御性设施，当时所使用的武器对其布局有着重要的影响，所以，从射程角度分析敌台在不同地理环境下的布局特征。

在与具体的自然地理环境结合上，或可把长城的选址和布局看作是在军事防御思想的指导下发展出的运用模件化生产的方式，通过几类模件依据一定的控制性原则，布置在不同地理环境上的序列和集合。首先，以敌台、烽燧以及城墙等长城的构成元素作为基本模件，只统一其结构、形制和基本功能的标准化，而对于具体建造时使用的材料、建构的方式并未有一个统一的标准，所以其建筑材料和建造工艺的差别，仅仅是标准模件基础之上的非标准化的建造方式的体现，也正是因为这点造就了长城“因地制宜”建造所体现出的材料与构造的地域性特点。

历史问题应回归历史语境去考查，以今人的经历判断往日，则难免有失偏颇。同样，对于长城，仍然有诸多历史细节问题，未得深究。本编的1.3节、1.4节、1.5节即是有关长城的形制和历史考证，一是九门口水长城，一是宁远卫城的外城墙，一是大同镇的空心敌台镇宁楼。

过河城桥作为九门口水长城的重要部分，代表了明代长城线上一种特殊类型。围绕九门口城桥的九门、六门之争和“一片石”所指虽然在考古发掘之后有所解决，但仍有继续探讨和释疑的必要。偏重于对考古发掘成果及历史地名的解读，容易导致对城桥的历史沿革及其类型特征解读的忽视，即使上游城桥基址几乎无人问津，又使河床铺石的价值被盲目夸大。基于此，从多学科的角度对九门口城桥进行交叉观察实为必要：一方面，把历史记载与考古发掘相互对照，得出上游六门晚于下游九门真实存在的结论，并对“一片石”所指提出质疑，在接近城桥真实历史的同时，也强调了文物的完整性；另一方面，从建筑角度看，九门、六门之争所涉及的城桥上下游迁移无疑是一个桥梁选址的问题，而与“一片石”纠结在一起的河床铺石则完全是桥梁基础构造的命题。

宁远卫城即今日的兴城，是明代辽东地区著名的军事要塞，一座卫所城市却曾拥有双重城墙，这在明清城建史上十分罕见。而外城墙究竟于何时建造以及为何建造，一直众说纷纭，解开此迷，不仅可以充实明代卫所城市的历史研究，更是对遗产价值的评估提升、文物保护规划的制定等意义重大。

镇宁楼是大同市现存唯一一个砖砌空心敌台，也是整个山西外边长城遗存下来的少数几座砖砌敌台之一，具有重要的历史研究价值和文物价值。通过对镇宁楼进行的个案研究，旨在对历史上该区域的砖砌敌台，尤其是空心敌台的形制和构造方面的特征有所认识。同时萦绕着镇宁楼的一些问题，如历史上它的选址、建造经过，以及它与宁虏堡及马市的关系等，均有待进行深入的研究。此外，相对于它的价值，镇宁楼的保护状况堪忧，敌台西侧和北侧坍塌严重，伴有严重裂缝，雨水的侵入也会进一步使状况恶化，敌台的修缮已刻不容缓。

文物是多学科的结合点，其真实性价值正是因为自身具有的多角度的可读性才变得清晰和丰富。本编有关此方面的探讨即希望于此有所贡献，近者以期对文物保护规划提供判断的标尺，远者则希冀能完整地呈现文物的真实历史和自身价值，并唤起对万里长城的深度关注。

1.1 明代夯土长城的城墙材料与构造——以大同镇段为例

明代为保卫北方从西到东的漫长边境，抵御敌人的侵略，先后设置了九个军事重镇，分管不同的边防区域，通称“九边重镇”。据《明史·兵志》:“元人北归，屡谋兴复。永乐迁都北平，三面近塞，正统以后，敌患日多。故终明之世，边防甚重。东起鸭绿，西抵嘉峪，绵亘万里，分地守御。初设辽东、宣府、大同、延绥四镇，继设宁夏、甘肃、蓟州三镇，而太原总兵治偏头，三边制府驻固原，亦称二镇，是为九边。”①

就长城墙体的材料和构造而言，包砖者集中于宣府、蓟州和辽东三镇，土坯类遗存大量存在于延绥、宁夏、甘肃、固原四镇，大同镇可以看作是东西各镇之间的过渡地带。其遗存的突出特征是以夯土版筑为主要建造方式，局部外包砖石砌筑。笔者即以之为观察对象，基于实地的调查测绘和数据的采集分析，总结夯土长城的墙体材料和构造特征。

① （清）张廷玉．明史[J]．北京：中华书局，1974：2235.

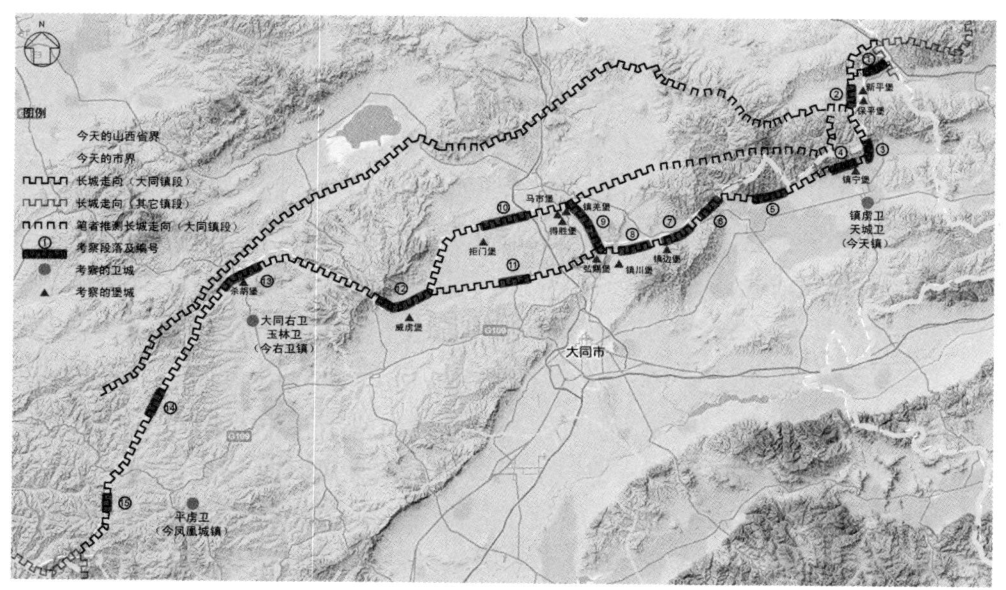

图 1–1–1　明长城大同镇段范围与考察段落分布

据（明）翁万达《修筑边墙疏》，大同镇管辖范围“起西路丫角山，逶逦而北，东历中、北二路，抵东路之东阳河镇口台，实六百四十七里。”[①] 主要位于今山西省和内蒙古自治区的交界处，此外，省界以北尚有历史上的“大边”和“二边”，共同构成了大同镇段的防御体系。

实地考察的具体段落（图 1–1–1）自东向西分别为：大同市天镇县的平远头—二十墩段、新平堡—黄家湾段、瓦窑口—李二口—薛三墩段、白羊口—榆林口段；大同市阳高县的许家园—虎头山段、守口堡—十九梁段、长城乡—镇边堡段；新荣的元墩—镇川口—镇川堡段、弘赐堡—镇羌堡段、拒墙口—拒门堡段、新荣镇段；左云的徐达窑—八台子段；右玉的二十五湾—杀胡口—四台

① （明）翁万达．修筑边墙疏．明经世文编［M］．卷 224，同名者有三篇，此为第二篇．北京：中华书局，1962 ：2355.

沟段；平鲁的七墩—新墩段、寺怀段。为了精确和方便研究，采用 GPS 定位和编号相结合的方式，也方便与文物部门采用的编号系统进行对接。本次编号结合了各类型字母代号和数字序号，城墙转折点、敌台和烽火台分别用大写字母 C、D、F 指代，数字序号为三位数，按考察先后分配。其中，本节涉及的城墙段落的命名主要以相邻敌台作为定位参照加以确定，具体定位信息详见本节附表。

(1) 城墙尺度

1) 城墙体量

城墙因其单薄而绵长，受自然和人为破坏较为严重，大部分段落内侧高为 6 m 以下，只有个别地段为 7 ~ 10 m，主要包括天镇张仲口到李二口之间、李二口北侧的爬坡段 D021—D023 之间，以及榆林口东侧的 D030—D033 之间，后者的最高处达 10 m。上述这几段较高的墙体均位于天镇和阳高境内，为明嘉靖间翁万达总督宣大时所筑，当时的修筑就比阳高以西段落要高厚许多，至今犹然。阳高以西长城的高度普遍在 7 m 以下，(明)翁万达在《修筑边墙疏》中提议增补大同镇阳和口到丫角山之间长城(即阳高以西长城)时，提及的城墙尺寸为“高二丈，底阔一丈七八尺，收顶一丈二三尺”[①]，以明代一丈折合 3.2 m 计算，当时的标准墙高为 6.4 m。

就地形而言，今天大同市天镇县、阳高县一带明长城，大多位于山脉南侧或东侧的山脚处，墙外地平高而墙内地平低，客观上也使得城墙必须加高才能满足防御需要；而阳高以西段落地处平地或山坡上，没有内低外高的弊端。

① (明)翁万达．修筑边墙疏．明经世文编[M]．卷 224，同名者有三篇，此为第三篇．北京：中华书局，1962：2359.

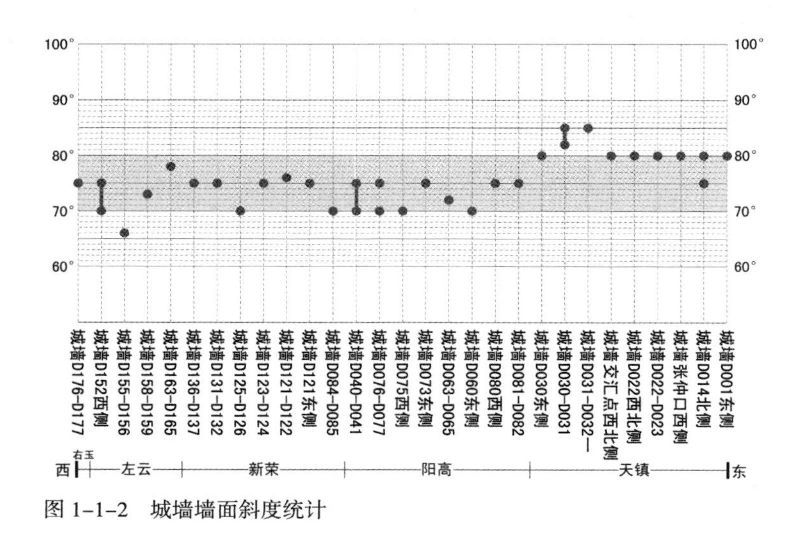

图 1–1–2　城墙墙面斜度统计

2）墙体斜度

墙体斜度是指外墙面与地面的内夹角度数，由于测绘所用仪器为斜度测量仪，所以采用度数来代替收分，仪器误差为 ±1° 。

根据测量数据的统计结果（图 1–1–2），城墙墙体的斜度一般在 70° ~ 80° 之间，且墙体内外斜度相差不大，斜度最大者位于 D030—D033 之间，达到 85° 。就地域差别而言，大同镇东侧，尤其是天镇一带城墙的斜度普遍大于大同镇西侧，和上述城墙体量的地域差别一致。仍据翁万达的规定，城墙的标准斜度约为 83° ，由于城墙墙体很容易受外界侵蚀，今天的实测数据大多低于这一标准斜度。

(2) 城墙材料

在土木工程中，土是指覆盖在地表上松散的、没有胶结或胶结很弱的颗粒堆积物。[①] 土的特征包括粒度、矿物组成、化学成分和结构等多个方面，工程中主要以土的粒度进行分类。借鉴《土的工程分类标准》[②]，笔者对调查对象的夯土材料进行了简化说明（表 1-1-1），把肉眼无法识别的颗粒（包括细粒和粗粒中的细砂）统称为细粒，把除细砂以外的粗粒合称为砂砾（“粗粒”保留但不使用），巨粒部分在描述时使用块石和碎石等较通俗化的名称。

本文粒组划分　　表 1-1-1

粒组	颗粒名称	粒径 d 的范围（mm）
巨粒	块石	$d > 200$
	碎石	$60 < d \leqslant 200$
粗粒（砂砾）	砾粒	$2 < d \leqslant 60$
	砂粒	$0.25 < d \leqslant 2$
细粒	细粒	$d \leqslant 0.25$

由于现状土体遗存中细粒土为主体，因此在描述时，笔者采用“细粒土中（上部 / 中部 / 下部）掺杂少量 / 大量其他颗粒（如砂砾、碎石）”或“细粒土中铺砌（数量或层数）碎石 / 块石 / 砖块”（为了表明碎石 / 块石 / 砖块在夯土中的构造方式）的表述方式。

基于以上的定义和分类，对实地考察段落的墙体材料进行了统计，结果如表 1-1-2 所示。

① 夏建中主编．土力学［M］．北京：中国电力出版社，2009 ：1-2.

② 《土的工程分类标准》（GBT50145-2007）表 3. 2. 2 : 6.

墙体材料统计　　表 1-1-2

类别	A	B				C				D				E				F				
比例	100%	100%				38.2%				32.7%				0				100%				
类别	A	Ba		Bb		Ca		Cb		Da		Db		Ea		Eb		Fa1&Fb1		Fa2+Fb2	Fa3+Fb2	
比例	100%	100%		3.6%		32.7%		7.3%		27.3%		7.3%		0		0		16.4%		9.1%	74.5%	
类别	A	Ba1	Ba2	Bb1	Bb2	Ca1	Ca2	Cb1	Cb2	Da1	Da2	Db1	Db2	Ea1	Ea2	Eb1	Eb2	Fa1	Fa2	Fa3	Fb1	Fb2
案例数目	55	46	9	0	2	12	6	1	3	10	5	1	3	0	0	0	0	0	5	50	9	46
比例	100%	83.6%	16.4%	0	3.6%	21.8%	10.9%	1.8%	5.5%	18.2%	9.1%	1.8%	5.5%	0	0	0	0	0	9.1%	90.9%	16.4%	83.6%

注 1　为简化表格，本文用字母代号标明材料类别、存在方式及量的多少：

A- 细粒土，B- 砂砾，C- 碎石，D- 块石，E- 砖块，F- 植物枝条；B、C、D、E 类别下，a- 掺杂，b- 铺砌，1- 少量，2- 大量；Fa1- 有植物枝条实物遗存，Fa2- 有疑似遗存，Fa3- 无实物或疑似遗存；Fb1- 有孔洞阵列，Fb2- 无孔洞阵列。

注 2　表中的百分比是指材料在所有有效案例中的出现比例，而非含量。

1）材料种类

概论之，夯土长城的建筑材料包括细粒土、砂砾、碎石、块石和植物枝条五种。其中，夯土材料以细粒土为主，土中均含有砂砾，碎石和块石的比例各占约 1/3，没有在城墙中发现砖块。

对于夯土中含植物枝条的情况，以有无植物枝条遗存和有无规则排列的孔洞（以下简称“孔洞阵列”）为主要标志来判断，根据统计结果，墙体中无根茎遗存且无孔洞阵列的占调查点总数的比例约 3/4，证明大多数段落很可能没有植物枝条。有 9 例发现有孔洞阵列，多位于墙体下部表层遭侵蚀脱落处，但其中 3 例，包括 D030 东侧和西侧墙体、D081—D082 之间墙体，只在表层发现孔洞而断面处却没有，显示植物枝条可能主要呈垂直于墙体走向铺设。此外，有 5 例墙体表面有植物枝条露出，大部分似植物根茎，为实物遗存的可能性较小。

图 1-1-3　D082 东侧城墙坍塌部位显示的内部构造（自墙外摄）

2）存在方式

材料的存在方式是指砂砾等材料相对于细粒土的分布位置。对于砂砾，几乎均为掺杂于夯土中，呈均匀分布状态，只有两例呈集中铺砌状态。对于碎石和块石，大部分依然以掺杂的形式存在于夯土中，只有少数案例呈铺砌状态（图 1-1-3）。从现存迹象看，植物枝条主要呈水平布置，只有三例疑似遗存案例是竖向布置，从孔洞的分布看，它们大多铺设于夯层间，水平向间距并不固定，呈一定范围内波动。

3）环境因素

材料与环境的关系主要表现在两个方面：

①墙体材料与附近土壤的贫富程度和运输材料的难易程度有关。一般海

图 1-1-4　城墙 D016—D017 局部断面（自北向南摄，可见墙外有条深沟）

拔越高，土壤越少，砂砾和石头越多，墙体材料因之含有越多的砂砾碎石和块石，如天镇李二口附近的爬坡段长城，即 D021—D024 所在段落，山脚处土壤丰富，墙体含砂砾等材料较少，土质较纯；山腰处的墙体开始掺杂一些砂砾、碎石，再往上走，墙体夯土中所含的杂质越来越多，夯层间开始密集铺砌砂砾碎石和块石。

②墙体取材兼顾防守需要。如城墙 D016—D017 及附近段落的外侧紧邻一条深沟（图 1-1-4），沿城墙分布，且宽度大致相同，推测应是修筑长城时取土所挖，在修墙的同时也挖就了一条护城壕，可谓一举两得。

（3）城墙构造

1）基础做法

一些段落的城墙由于被破坏形成断面，借助这些断面得以一窥墙体的基础，调查中发现有城墙断面的点共 15 处（表 1–1–3、表 1–1–4）。

墙体基础做法统计　　表 1–1–3

基础做法		案例数目	案例
基础挖深	基础构造		
并未露出夯土体下部地面，无法断定是否深挖	基础部位和上部夯层构造并无二致	8	城墙 D014—D015、城墙李二口交会点西北侧、城墙 D082 东侧、城墙 D085—D087、城墙 D087—D088、城墙 D088—D089、城墙 D136—D137 和城墙 D163—D165
露出夯土体下部地面，但由于被工具铲削扰动，不能识别起夯线和挖深	基础部位和上部夯层构造并无二致	1	城墙 D011 东侧
墙体紧临深沟，城墙临深沟一侧是自沟底处向上夯筑	基础部位和上部夯层构造并无二致	1	城墙 D016—D017
露出起夯线，起夯线与两侧现状地面大略持平	城墙底部土体中及四周相邻土体中均含有大量砂砾、碎石及块石，应是地质构造本身如此，非人工造成	1	城墙 D027—D028
露出起夯线，起夯线与较低一侧的现状地面大略持平	只是在基础内部掺杂许多块石	2	城墙 D030—D031，城墙 D031—D032
露出起夯线，城墙两侧为向下的缓坡	基础部位铺砌块石	1	城墙 D110—D111
上部墙体起夯线低于一侧现状地平三个夯层	基础部位和上部夯层构造并无二致	1	城墙 D152 南侧

城墙断面显示基础做法一览　　表 1-1-4

段落	城墙 D027—D028	城墙 D031—D032	城墙 D110—D111	城墙 D152 南侧
墙体断面全景				
基础交界处	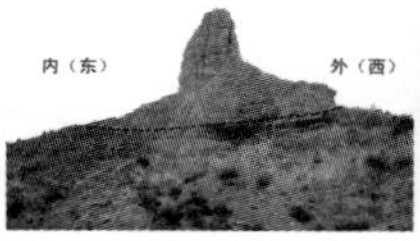			

注：图中所示虚线为夯土部分与下部基础之间的交界线

2）地形影响

长城跨越的地形有斜坡、有沟壑，砖砌墙体面对斜坡时一般采取锯齿状保持各层水平的砌筑方式，如山西镇长城等，但笔者调查的夯土墙体却并不这样，而是采用基本顺应地形坡度的方式斜向夯筑，如 D031—D032 之间跨越沟壑的墙体（图 1-1-5）以及 D021—D024 之间的爬坡墙体等皆是如此，之所以夯层斜度与坡度并不完全平行，主要有两点，一是坡度太陡，若完全顺应此坡度，则墙体夯筑较为困难，于是在基础部分把斜度加以调整，不致太陡；二是与夯筑时的模板有关，模板较长，在一些局部变化较大的坡面可能采用取直的方式架设，故不与墙体坡度完全一致。

3）夯层厚度

根据数据统计（图 1-1-6），150 ~ 250 mm 的夯层厚度占大多数。此外，有一些段落呈现厚薄夯层上下相间分布的现象（表 1-5）。但一些案例的厚薄相

图 1-1-5　城墙 D031—D032 局部（长城走向为左西右东，自关内摄，图中所绘虚线显示了其中一条夯层线的走向）

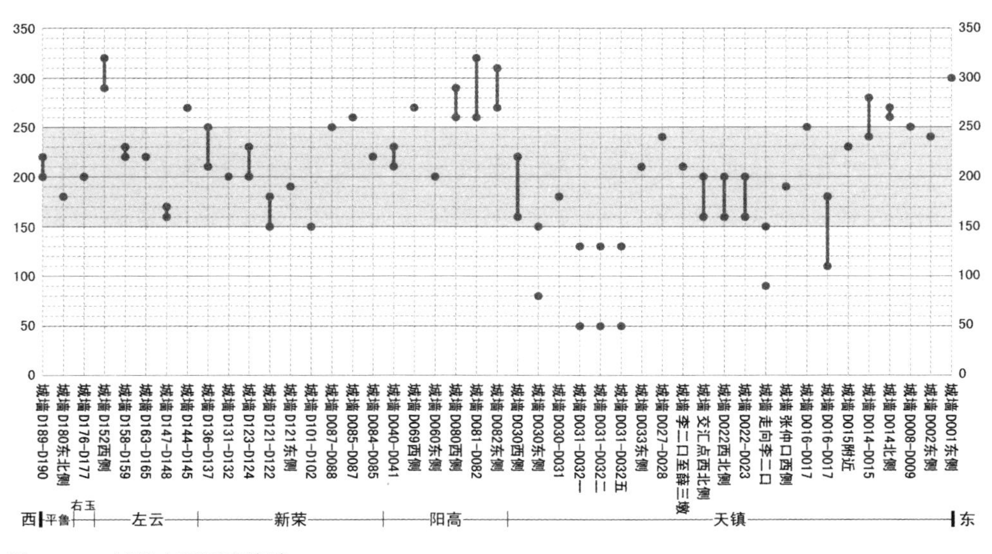

图 1-1-6　城墙夯层厚度统计

城墙厚薄相间夯层案例一览　表 1-1-5

墙体段落	城墙走向李二口	城墙 D031—D032	城墙 D030 东侧
夯层厚度	90 mm，150 mm	50 mm，130 mm	80 mm，150 mm
照片			

间现象并非内外如一，如城墙 D031—D032，墙体表面夯层厚为 50 mm 和 130 mm，但墙体断面显示，表层厚薄相间的夯层厚度到内部则合为 180 mm。

4）夯层构造

基于前述对土的分类，夯层构造主要阐明不同颗粒的土在夯层中的组成，由于细粒土为夯土材料的主体，所以夯层构造主要集中在其他颗粒的土或其他材料（如砖）在细粒土中的分布状态和含量方面。首先，笔者根据它们的分布状态分为掺杂或铺砌（只要有材料呈铺砌状态即为铺砌类）两类，结合纯细粒土类共三大类，然后再根据它们的含量各分为少量和大量两大类。

据此分别对实地考察段落的夯层构造进行统计，结果显示，纯细粒土类几乎没有，掺杂类尤其是少量掺杂类占绝大多数，铺砌类较少。

少量掺杂类中砂砾、碎石和块石呈无规则或均匀散布于夯土中，而对于大量掺杂类和铺砌类，这些材料在一些案例中呈现局部集中分布现象，如城墙 D022—D023 中的大量砂砾主要集中于墙体内部，城墙 D082 东侧中的砂砾、碎石和块石在内部逐层铺砌，墙体表层却并非如此。

最后的统计结果见表 1-1-6。

夯土城墙夯层构造统计结果 表 1-1-6

夯层构造类型		示意图		
掺杂类	少量掺杂类	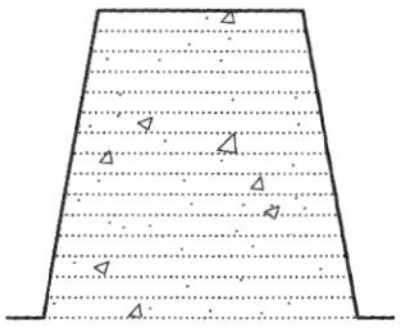		
		42 例（76.4%）		
	大量掺杂类	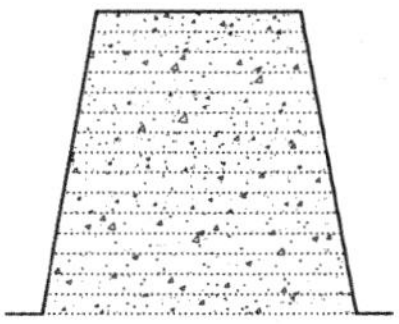	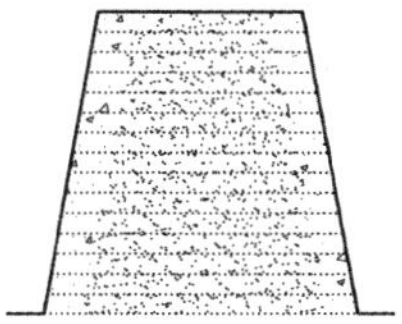	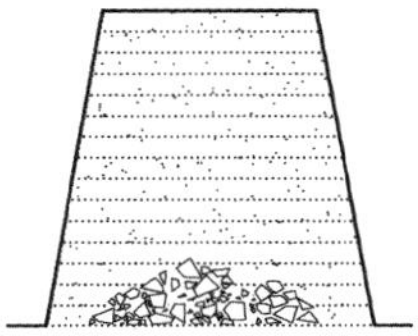
		4 例（7.3%）	3 例（5.5%）	1 例（D030—D031，1.8%）
铺砌类	少量铺砌类	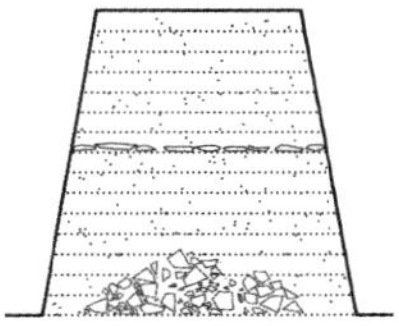		
		1 例（D031—D032，1.8%）		
	大量铺砌类	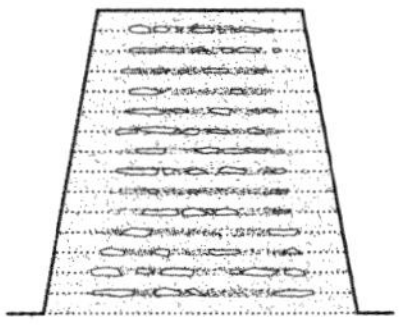	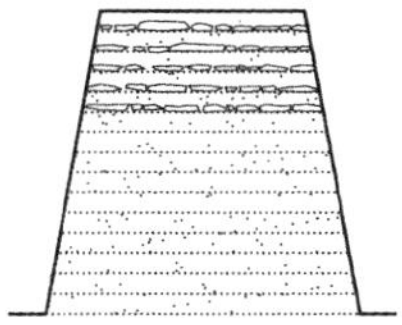	
		3 例（5.5%）	1 例（D080 西侧，1.8%）	

注：本表涉及有效案例总数为 55 处，括号内百分比为各类案例数目占案例总数的比值。

5）铺设植物枝条做法

如果说细粒土和砂砾、碎石等一起混合而成为“黏土混凝土”① 的话，那么

① 尚建丽．传统夯土民居生态建筑材料体系的优化研究［D］．西安：西安建筑科技大学，2005：69.

铺设于其中的植物枝条就如同混凝土中的钢筋，起着连接和加强的作用。由于现状缺乏能确定的植物枝条实物遗存，有关植物枝条存在的证据一是疑似植物枝条，一是孔洞阵列，根据现状调查情况，可以得出以下推测和结论：

①从现存迹象看，植物枝条大都呈水平布置，竖向布置案例仅见于疑似遗存案例，且一些系植物根茎，很可能为后来生长，城墙 D073 东侧的遗存暴露于墙外，为实物遗存的可能性并不大。对于水平布置类，统计显示疑似遗存案例夯层间和夯层中均有布置，而孔洞阵列案例显示植物枝条均位于夯层间。

②植物枝条的直径一般为 5 ~ 30 mm，水平向中心间距一般为 300 ~ 600mm，上下层之间的孔洞并无对应关系。

③一些案例说明，城墙内植物枝条的铺设一般垂直于墙体走向，平行于墙体方向很少或几乎没有铺设植物枝条。

由此，可以对夯土城墙铺设植物枝条的做法有一些基本认识（图 1–1–7）。

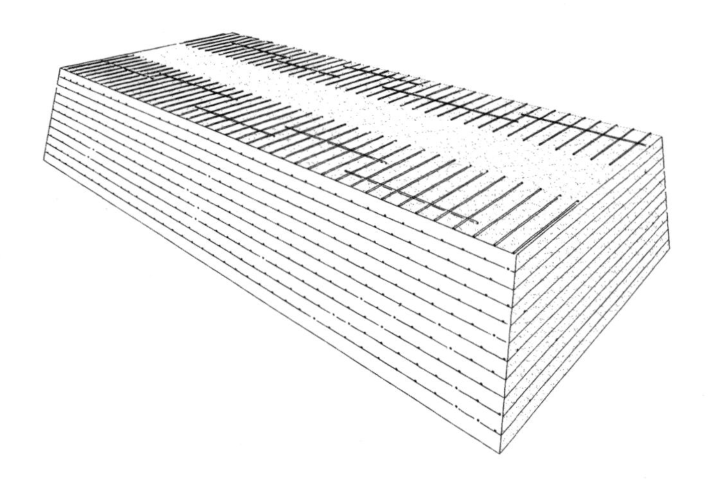

图 1–1–7　城墙铺设植物枝条做法示意

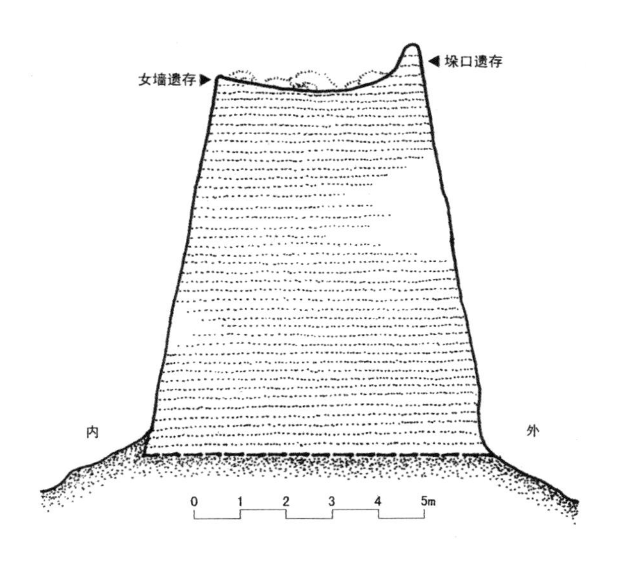

图 1-1-8　城墙 D022—D023 的垛口遗存

A——城墙外侧

B——城墙顶部（自北向南摄，可见有垛口和宇墙遗存）

6）垛口做法

对于城墙垛口，仅在城墙 D022—D023 段发现局部遗存（图 1-1-8），这段城墙位于天镇李二口北侧的山坡上，墙体走向为北偏西 20°，随山势而上。墙体内侧高 8 m，外侧高 8.5 m（垛口高度计算在内），顶宽 4.5 m，墙体顶部残存有垛口和女墙痕迹，垛口保存较多，距顶部中央位置高约 1 m，女墙保存较少，仅高 0.3 m。从现状看，垛口是与城墙一起夯筑完成的。

本节所涉定位点（敌台）的坐标信息　　附表

编号	坐标		编号	坐标		编号	坐标	
	纬度	经度		纬度	经度		纬度	经度
D001	N40° 42′ 19.8″	E114° 08′ 37.0″	D073	N40° 24′ 19.4″	E113° 37′ 48.4″	D132	N40° 21′ 53.0″	E113° 01′ 55.7″
D002	N40° 42′ 15.6″	E114° 08′ 23.4″	D074	N40° 24′ 07.5″	E113° 37′ 39.0″	D136	N40° 15′ 47.7″	E113° 07′ 56.2″
D008	N40° 41′ 35.8″	E114° 06′ 58.9″	D075	N40° 23′ 57.9″	E113° 37′ 30.6″	D137	N40° 15′ 56.6″	E113° 08′ 26.0″
D009	N40° 41′ 29.4″	E114° 06′ 46.6″	D076	N40° 23′ 45.7″	E113° 37′ 21.5″	D144	N40° 11′ 18.4″	E112° 48′ 11.2″
D011	N40° 41′ 02.4″	E114° 05′ 50.7″	D077	N40° 23′ 42.5″	E113° 37′ 18.5″	D145	N40° 11′ 11.9″	E112° 47′ 52.4″
D014	N40° 39′ 13.3″	E114° 03′ 40.3″	D080	N40° 25′ 31.5″	E113° 47′ 40.3″	D146	N40° 11′ 05.7″	E112° 47′ 35.4″
D015	N40° 39′ 03.5″	E114° 03′ 37.7″	D081	N40° 25′ 31.4″	E113° 47′ 53.4″	D147	N40° 10′ 50.0″	E112° 47′ 09.1″
D016	N40° 38′ 53.7″	E114° 03′ 37.9″	D082	N40° 25′ 37.3″	E113° 48′ 12.4″	D148	N40° 10′ 43.9″	E112° 46′ 56.9″
D017	N40° 38′ 41.2″	E114° 03′ 37.3″	D083	N40° 25′ 41.0″	E113° 49′ 04.6″	D152	N40° 10′ 12.4″	E112° 43′ 16.0″
D021	N40° 31′ 31.9″	E114° 05′ 36.8″	D084	N40° 19′ 39.9″	E113° 27′ 53.7″	D153	N40° 09′ 52.2″	E112° 43′ 31.9″
D022	N40° 31′ 37.2″	E114° 05′ 29.5″	D085	N40° 19′ 37.0″	E113° 27′ 34.8″	D154	N40° 09′ 52.5″	E112° 43′ 44.0″
D023	N40° 31′ 44.4″	E114° 05′ 24.5″	D086	N40° 19′ 35.6″	E113° 27′ 21.5″	D155	N40° 09′ 52.0″	E112° 43′ 56.6″
D024	N40° 31′ 52.9″	E114° 05′ 19.5″	D087	N40° 19′ 35.3″	E113° 27′ 08.8″	D156	N40° 09′ 43.7″	E112° 44′ 17.6″
D027	N40° 31′ 23.7″	E114° 05′ 32.3″	D088	N40° 19′ 32.1″	E113° 26′ 58.1″	D157	N40° 09′ 47.2″	E112° 44′ 34.3″
D028	N40° 31′ 13.4″	E114° 05′ 26.0″	D089	N40° 19′ 26.9″	E113° 26′ 40.7″	D158	N40° 09′ 53.1″	E112° 44′ 51.8″
D030	N40° 29′ 18.5″	E114° 01′ 33.8″	D101	N40° 19′ 24.6″	E113° 18′ 15.5″	D159	N40° 09′ 57.6″	E112° 45′ 14.2″
D031	N40° 29′ 22.8″	E114° 01′ 48.1″	D102	N40° 19′ 35.0″	E113° 18′ 04.8″	D163	N40° 10′ 29.4″	E112° 45′ 57.7″
D032	N40° 29′ 29.9″	E114° 02′ 22.0″	D110	N40° 22′ 18.4″	E113° 16′ 45.5″	D164	N40° 10′ 32.8″	E112° 46′ 06.6″
D033	N40° 29′ 32.3″	E114° 02′ 38.0″	D111	N40° 22′ 38.6″	E113° 16′ 35.9″	D165	N40° 10′ 30.5″	E112° 46′ 21.8″
D040	N40° 20′ 01.6″	E113° 31′ 22.1″	D121	N40° 22′ 20.1″	E113° 05′ 08.6″	D176	N40° 15′ 10.7″	E112° 20′ 27.5″
D041	N40° 19′ 59.7″	E113° 31′ 33.5″	D122	N40° 22′ 18.1″	E113° 04′ 49.1″	D177	N40° 15′ 12.4″	E112° 20′ 34.5″
D060	N40° 25′ 00.2″	E113° 39′ 25.9″	D123	N40° 22′ 14.5″	E113° 04′ 28.9″	D180	N39° 57′ 26.5″	E112° 05′ 32.6″
D063	N40° 24′ 56.5″	E113° 39′ 08.8″	D124	N40° 22′ 12.2″	E113° 04′ 12.7″	D189	N39° 46′ 24.4″	E111° 57′ 55.0″
D064	N40° 24′ 57.3″	E113° 38′ 59.4″	D125	N40° 22′ 08.3″	E113° 03′ 56.1″	D190	N39° 46′ 16.9″	E111° 57′ 53.8″
D065	N40° 24′ 52.9″	E113° 38′ 55.4″	D126	N40° 22′ 05.3″	E113° 03′ 40.1″			
D069	N40° 24′ 32.9″	E113° 38′ 33.7″	D131	N40° 21′ 55.7″	E113° 02′ 15.3″			

1.2 基于军事运作的明长城选址与布局特征——以小河口段为例

《孙子兵法·地形》载:"夫地形者,兵之助也。料敌之声,计险扼远近,上将之道也。"[①]《吴子兵法·论将》也指出:"地机者,路狭道险,名山大塞,十夫所守,千夫不过。"[②]这些皆强调了地形对于军事行动及相关军事设施选址及布局的重要性。明长城作为古代军事工程设施,其建造主要涉及的就是如何选择与利用比较有利的自然地形,最大限度地发挥其军事防御功能。对长城军事功能运作的深入理解是准确认知其建造特征、制定合理的保护策略的重要前提。例如,倘若没有认识到长城对作战视线的要求,就有可能在保护过程中出现盲目进行植被覆盖整治,以及在不适当的位置设置遮挡视线的附属构筑物等情况,这些都会造成对文物环境的破坏,使得原本"善意"的保护工作成为"隐形"的破坏。

明长城根据各组成部分功能的不同,主要分为被动防御、主动防御、烽传体系和驻兵屯田四个部分,形成点、线、面结合,有层次有纵深、相互配合协

① 银雀山汉墓竹简整理小组.孙子兵法[M].北京:文物出版社,1976:101.

② 《中国军事史》编写组.武经七书注释[M].北京:解放军出版社,1986:37.

作的一整套完善的防御作战体系。其中，涉及长城本体的主要是前三者，特别是主、被动防御体系均对作战视野范围有严格的要求，在作战区域为保证视野开阔，也使敌人没有遮蔽、躲藏处，要求设施周围不能有树木种植。但在一定距离之外，要求保留适量的树木，以阻挡骑兵的快速奔袭。

1）被动防御

《说文解字》曰："城，以盛民也。"[①] 又称："墙，垣蔽也。"[②] 长城城墙的首要功能就是阻隔内外，墙体建在外侧地势陡峭，难以攀爬，内侧相对平缓宽阔，方便左右相互流动救援的地段。若外侧地势平缓或易攀登，则人为地削切山体成悬崖峭壁，达到阻隔目的。同时，为保证高大墙体的稳定性，将城墙砌筑成上小下大的梯台形，墙身的收分通过带斜面的砖料垒砌而成，以使表面平整光滑，人畜难以攀附。城墙还具有供士兵驻守和掩蔽的功能。城墙顶部外侧（迎敌面）有垛口与垛墙，垛口处可以瞭望和用武，垛墙可供掩蔽，垛口、垛墙的宽度和高度都会直接影响作战时的视野范围以及各个火力点的交叉区域的大小。垛墙上部及下部分别开设望孔与射孔，可监视敌情并随时射击。考虑到北方游牧民族以骑兵为主，具有机动性强，转动速度快的特点，在城墙外侧，还设有壕堑、陷马坑、拦马墙、战墙以及偏坡等防御辅助设施，这些设施都是以滞缓敌骑的进攻速度为目的，为守军赢取宝贵的作战时间及增强打击强度。

2）主动防御

敌台是跨城墙而建的方形台体，高出城墙数米，台顶建有楼橹（铺房），供巡逻警戒时遮风避雨，分为实心敌台和空心敌台，后者是戚继光就任蓟州镇总兵期间设计并开始大规模建造的，其在《请建空心台疏》提及："（空心敌台）虚中为三

---

① （汉）许慎撰，（宋）徐铉校定．说文解字［M］．北京：中华书局，2004：1124.

② （汉）许慎撰，（宋）徐铉校定．说文解字［M］．北京：中华书局，2004：378．

层，可住百夫，器械食粮，设备具足，中为疏户以居，上为雉堞，可以用武，虏至即举火出台上，瞰虏方向高下，而皆以兵挡。”[①]又据《武备志·城志》：“如今之城且不必矢弹对攻，虽枪筅亦不得直至城下，且不能屈矢斜弹以上我台上之人，故我得以放心肆力敌贼也，谓之敌台。”[②]皆表明了空心敌台的作用——驻兵、储物及用武，功能上类似于现代的碉堡。且靠近城墙墙根区域是火器的作战盲区，当敌人处于城下时，士兵改用刀、箭、石块等武器，利用空心敌台突出城墙的特点，相邻敌台可从侧面包夹来犯之敌，同时又可避免士兵暴露身躯于墙外的危险。马面是单侧突出于城墙之外的方形台体，台顶与城墙顶面齐平，台体实心，顶部不设楼橹，突出城墙部分建有雉堞，功能类同敌台，但不具备驻兵和储藏物资的作用。

3）烽传体系

烽传体系是边防守兵以白天燃烟晚上举火为主要手段来传递军情和报警的情报传递体系，建在易于瞭望处的高台——烽火台，是烽传系统中的重要组成部分。烽火台往往数个相连，遇有战情，白天举火，夜间明火或击鼓示意，通报军情，台与台之间依次传递，通知各地加强戒备或登城迎敌。烽火信号的逐台传递除受天气、时间等自然因素的影响外，烽火台自身高度、台体间距、所处地理位置以及视野开阔程度等因素均会影响到信号传递的速度和准确度。明代的烽火台，除了放烽、燃烟外，还增添了鸣炮，成化二年（1466年）兵部颁令规定各种放烽和鸣炮的数量，来确定来犯敌军的人数规模，这样提高了军情传递的效率和准确性。台顶建木板小屋，备旗、鼓、弩、柴火、炮石、水缸、干粮、火箭、狼粪、牛羊粪等，每烽六人，五人值班，一人传递文书符牒。

本书以军事地形学为理论基础，引入地理学研究方法，使用DEM地形数据，通过Global Mapper和Arc Map等地理信息系统（GIS）软件对调研数据进行处理，解析基于军事运作的明长城（分为城墙、空心敌台及马面、烽火台三部分）在不

① （明）陈子龙. 明经世文编[M]. 北京：中华书局，1962（卷三四八，戚少保文集三）：3749.

② （明）茅元仪. 武备志[M]. 四库禁毁书丛刊影印北京大学图书馆藏明天启年间刻本. 北京：北京出版社，2000：1024.

同地形条件下的选址和布局特点。考察对象界定在辽宁省葫芦岛市绥中县永安堡乡锥子山长城小河口段（依明代十一镇的管辖范围，该段长城以锥子山主峰为分界，分属两个镇区：锥子山山峰以西及以南部分，属蓟州镇，在蓟州镇12路中属石门路之大毛山属下范围；锥子山山峰以东部分，属辽东镇，在辽东镇中属辽西长城范围）。全长约7.65 km（平面距离），分西、东、南三段，呈丁字形交会于锥子山山峰（城墙、敌台、马面和烽火台的编号顺序按从西往东方向依次命名，如：起始点大毛山口西面的第一段城墙编号为城墙0—D1段，其东面的第一座空心敌台编号为D1，依此类推，M1代表第1号马面，F1代表第1号烽火台）。西面一段西起大毛山东北侧的大毛山口（如今城墙因通往关外的盘山道路而断开形成城墙豁口）处的第1座空心敌台（编号为D1，地理坐标：北纬40° 13’7.49”，东经119° 40’35.54”），自此，长城沿山脊向东一直延伸到锥子山主峰下的第28座空心敌台止（编号为D28，地理坐标：北纬40° 12′ 22.21″，东经119° 44′ 11.43″），长度约6.5 km。这段长城属明长城主干线上的一段，由大毛山口向西，依次到达董家口、喜峰口、司马台、古北口，再向西即达北京八达岭、居庸关。南面一段由锥子山主峰往南至第一座空心敌台止（编号为D29，地理坐标：北纬40° 12′ 15.53″，东经119° 44′ 16.80″），长度约0.15 km，此处为蓟州镇长城的垂直转折处，由此继续往南，沿着河北、辽宁省界——燕山余脉山脊线，经无名口、黄土岭、夕阳口、九门口而直达山海关、老龙头。东面一段由锥子山主峰往东至第三座空心敌台止（编号为D32，地理坐标：北纬40° 12′ 26.92″，东经119° 44′ 50.69″），此段长城长度约1 km，由此往东经蔓枝草、石匣口，一直延伸到金牛洞（图1-2-1）。

（1）城墙

1）整体走势

两个梯段——小河口段长城位于燕山余脉，是典型的山地地形。从城墙的

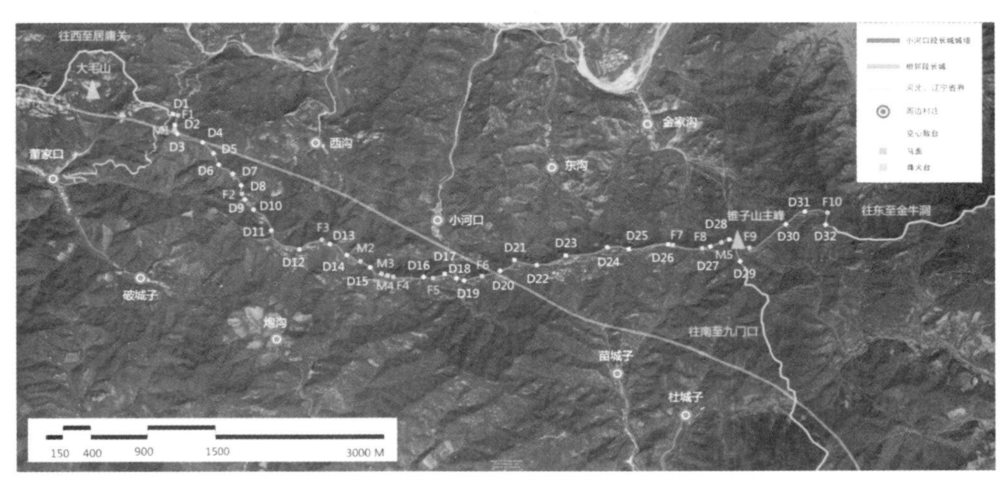

图 1-2-1　小河口段长城本体平面及编号

图 1-2-2　小河口段长城山体高程

整体地形剖面看（图 1-2-2），其所经地势高低起伏显著，并可概括为两个梯段：第一梯段在 D1—D10 及 D30—D32 范围内，平均海拔在 400 m 左右；第二梯段在 D11—D28 范围内，平均海拔在 450 m 左右，即：整体地势呈东西两端低，中间高。

三处山谷——两个梯段间以两个坡度较陡的山谷相连接：第一处位于地形剖面 1.3 km 处的 D9 与 D11 之间，其西侧山顶与谷底的高差在 40 m 左右，坡

由 D9 向东望 D11

由 D19 向西望 D17

由 D31 向西望 D30

图 1-2-3　小河口段长城的三处山谷

度在 55° 左右，东侧高差大约在 120 m 以上，坡度在 55° 左右；第二处山谷位于城墙剖面 7 km 处的 D30 与 D31 之间，山谷东、西两侧山顶与谷底的高差大约在 20 ~ 25 m 之间，坡度在 40° 左右；此外，在地势较高梯段的中央位置，城墙剖面 3.5 km 处的 D17 与 D19 之间，有一较大的山谷（图 1-2-3），东、西两侧山顶与谷底的高差在 150 m 左右，坡度在 50° 左右，峡谷北面与小河口村相连。

2）地形坡度

小河口段长城的北面为山谷地带，山顶与山谷的高差在 300 ~ 400 m 之间（图 1-2-4），大多数城墙的海拔高度比外侧山谷高 50 ~ 100 m，且多沿外侧山坡与山顶面的交接线布置。山顶面的坡度在 0 ~ 5° 之间，而外侧山坡的坡度在 20° 以上。其中横断面 2（城墙 D1-F1 段）中的城墙修筑在山坡面的上半部分，而并非在山顶，原因可能是外侧 300 m 处有突起的山包且其外侧有一定坡度（在 20° 以上），可有效减缓外侵骑兵的冲锋速度。不过，虽然城墙大致沿着山脊线修筑，但并非与之紧密重合。

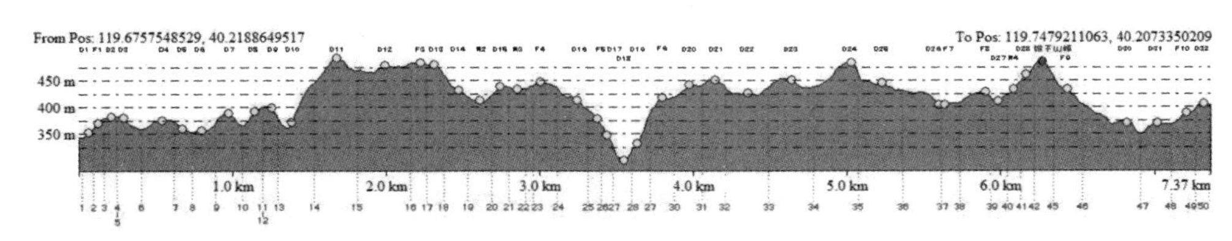

图例：……… 垂直于长城的剖切线位置（数字分别对应图 4-3 中的各剖面编号）

山体地形 ○ 长城上的构筑物 ● 锥子山主峰

图 1-2-4　小河口段长城沿线地形剖面

此外，横断面 10 至横断面 14 的连续的五段城墙（由 D7 到 D11 之间）内侧 250 ~ 400 m 范围内有一支海拔在 350 ~ 425 m 之间的山岭；横断面 24 至横断面 32 的连续的五段城墙（由 F5 到 D19 之间）内侧 500 m 左右处，有一支海拔在 340 ~ 420 m 之间的山岭；类似的情况也出现在横断面 46 至横断面 48 的连续的六段城墙（由 F9 到 F10 之间）内侧 500 m 左右处，有一支海拔在 350 ~ 400 m 之间的山脊。通过山体高程与地形鸟瞰的相互参照、比对（图 1-2-5、图 1-2-6），

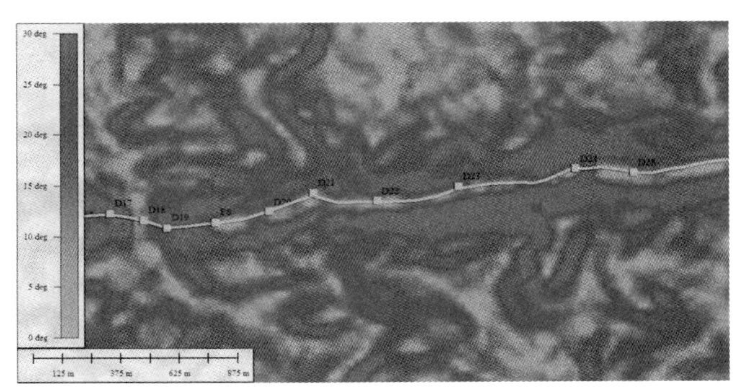

图 1-2-5　城墙局部地形坡度

图例：—— 长城城墙　▇ 城墙上的构筑物

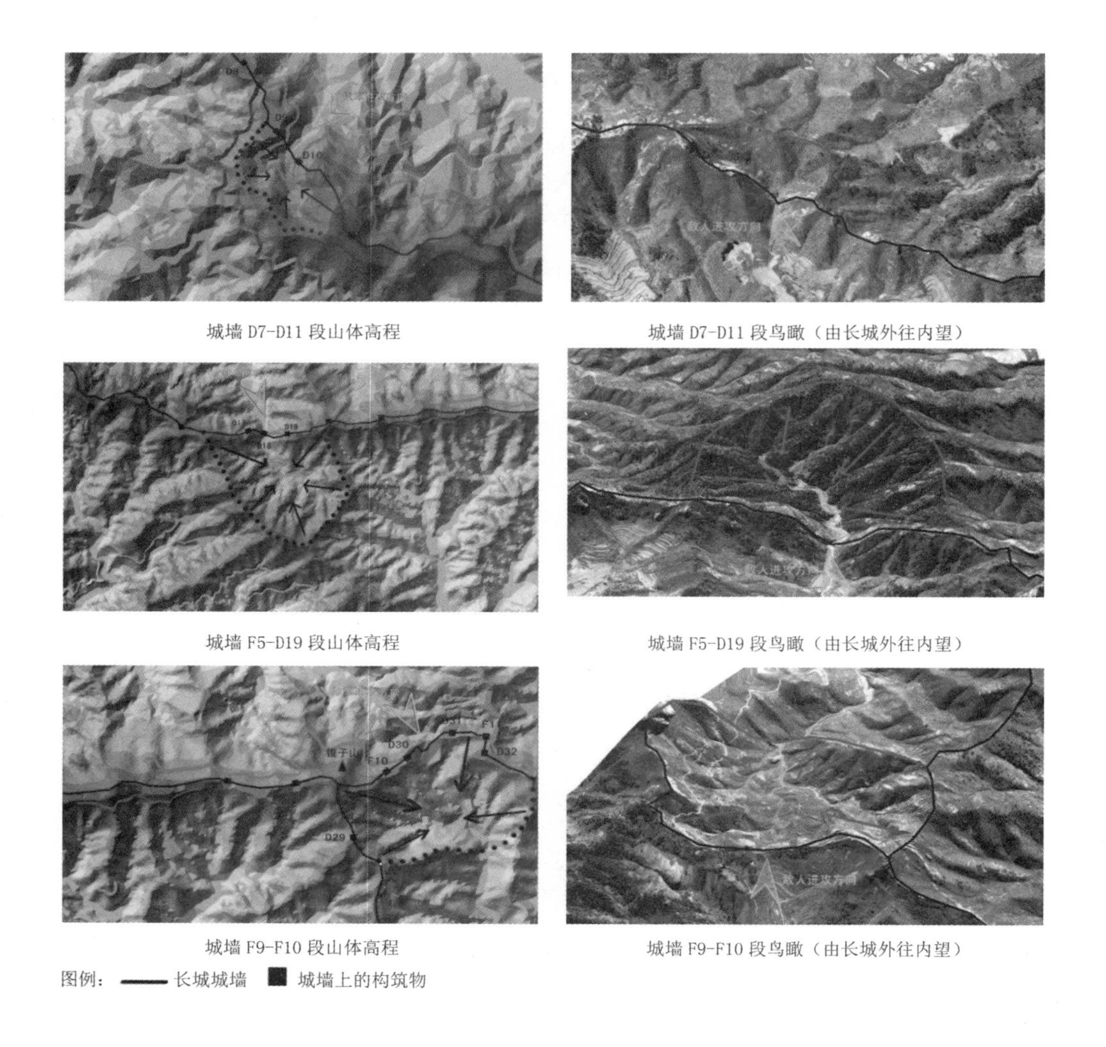

城墙 D7-D11 段山体高程　　城墙 D7-D11 段鸟瞰（由长城外往内望）

城墙 F5-D19 段山体高程　　城墙 F5-D19 段鸟瞰（由长城外往内望）

城墙 F9-F10 段山体高程　　城墙 F9-F10 段鸟瞰（由长城外往内望）

图例：—— 长城城墙　■ 城墙上的构筑物

图 1-2-6　城墙局部山体高程与鸟瞰

可见其皆位于小河口段长城的三处山谷地带，且内侧均有呈围合式的山脊，倘若敌人从城墙防御薄弱环节——山谷处破墙而入，守城将士们仍然可以凭借深沟高岭的绝佳作战地形，居高临下，扼守敌人前进的路线。

(2) 空心敌台及马面

1) 空间距离

小河口段长城的空心敌台及马面的平均距离为 228 m。东西两端地势较低地段的 D1 至 D10（属蓟州镇）的平均距离为 144 m，D30 至 D32（属辽东镇）的平均距离为 216 m；中间地势较高地段的 D11 至 D18 的平均距离为 222 m，D19 至 D28 的平均距离为 273 m（表 1-2-1）。其间距与所处地势的海拔高度有密切关系，相对而言，地势较低地段，分布较密集，地势较高地段，分布较疏松，这也符合长城军事防御的基本要求。

空心敌台及马面的海拔与间距一览　　表 1-2-1

	敌台编号	所属镇区	海拔高度（m）	平均海拔高度（m）	间距（m）	平均距离（包括马面）（m）
地势较低段	D1	蓟州	357	401	—	144
	D2	蓟州	424		110	
	M1	蓟州	410		28	
	D3	蓟州	399		62	
	D4	蓟州	404		244	
	D5	蓟州	382		143	
	D6	蓟州	380		125	
	D7	蓟州	415		163	
	D8	蓟州	413		157	
	D9	蓟州	419		132	
	D10	蓟州	405		136	
地势较高段	D11	蓟州	527	449	281	222
	D12	蓟州	506		311	
	D13	蓟州	520		281	
	D14	蓟州	466		172	
	M2	蓟州	429		128	
	D15	蓟州	474		132	
	M3	蓟州	466		113	
	M4	蓟州	470		91	
	D16	蓟州	423		289	
	D17	蓟州	364		189	
	D18	蓟州	291		117	

（续表）

	敌台编号	所属镇区	海拔高度（m）	平均海拔高度（m）	间距（m）	平均距离（包括马面）（m）
	D19	蓟州	342		80	
	D20	蓟州	466		351	
	D21	蓟州	495		172	
	D22	蓟州	466		207	
	D23	蓟州	501		285	
地势较高段	D24	蓟州	517	457	385	273
	D25	蓟州	496		204	
	D26	蓟州	422		372	
	D27	蓟州	424		381	
	M5	蓟州	437		100	
	D28	蓟州	466		77	
/	D29	蓟州	446	/	248	/
	D30	辽东	412		581	
地势较低段	D31	辽东	396	414	211	216
	D32	辽东	435		221	
D1 至 D32 总长度为 7286 m，平均间距为 228 m，平均海拔高度为 431 m。						

注：由于 D29 与其他空心敌台之间有锥子山山峰间隔，其间距没有参考性，故未在本表列出。

2）地形坡度

空心敌台及马面均处于山顶面上（图 1–2–7），而山顶面的坡度较小，一般在 0° ~ 5° 之间，外侧山坡坡度基本在 10° ~ 20° 之间。如表 1–2–2 所示，浅色部分如 D8、D9、D10、M4 及 D19 等，外侧山坡与山顶之间的坡度差均在 15° ~ 25° 之间，差值相对偏大，而台体与外侧山谷之间的海拔高差却在 20 ~ 80 m 之间，平均高差在 55 余米，差值相对偏小；与此相反，深色部分如 D11、D13、D16、D20 及 D25 等，海拔高差在 90 m 以上，平均高差为 106 m，差值相对偏大，而坡度差均在 10° ~ 15° 之间，差值相对偏小。

空心敌台及马面的布置皆在山顶和外侧山坡的坡度转折线上；要么是在两侧坡度相差较大处，即外侧山坡较陡处，要么就是在比外侧地势高的位置，即海拔相对较高处。这两个布置原则都能有效延长敌骑在进攻过

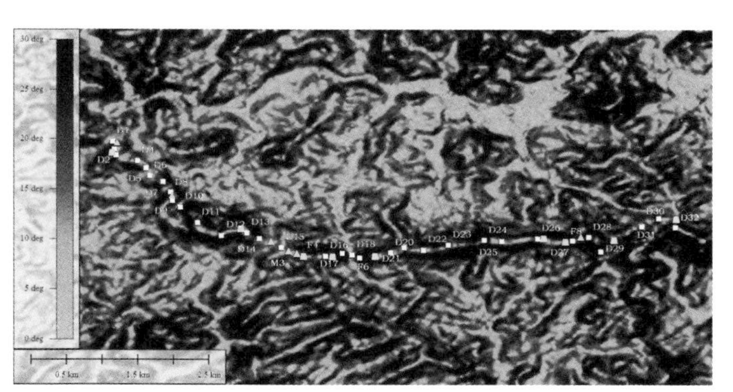

图 1-2-7　空心敌台、马面、烽火台的地形坡度

程中的途中奔袭时间，为守城士兵争取更多的宝贵时间。而如 D23、D26 和 D28 坡度差为 15°，海拔高差在 100 m，属于既有高差又有坡度的绝佳地势（表 1-2-2）。

空心敌台及马面的地形坡度一览　　表 1-2-2

敌台 / 马面编号	外侧坡度（°）	山顶坡度（°）	内外坡度差（°）	敌台 / 马面与外侧山谷海拔高差（m）
D1	10 ~ 15	0 ~ 5	5 ~ 10	30
D2	0 ~ 10	0 ~ 5	0 ~ 5	55
M1	0 ~ 10	0 ~ 5	0 ~ 5	50
D3	15 ~ 20	0 ~ 5	15	60
D4	10 ~ 20	0 ~ 5	10 ~ 15	55
D5	5 ~ 15	0 ~ 5	5 ~ 10	15
D6	10 ~ 15	0 ~ 5	10	70
D7	10 ~ 20	0 ~ 5	10 ~ 15	80
D8	20 ~ 25	0 ~ 5	20	80

（续表）

敌台/马面编号	外侧坡度（°）	山顶坡度（°）	内外坡度差（°）	敌台/马面与外侧山谷海拔高差（m）
D9	20～25	0～5	20	70
D10	25～30	0～5	25	40
D11	10～20	0～5	10～15	125
D12	15～20	0～5	10～15	75
D13	10～20	0～5	10～15	90
D14	15～25	0～5	15～20	80
M2	10～15	0～5	10	25
D15	10～15	0～5	10	45
M3	10～15	0～5	10	40
M4	15～20	0～5	15	60
D16	10～15	0～5	10	90
D17	25～30	0～5	25	60
D18	10～15	0～5	10	10
D19	20～30	0～5	20～25	20
D20	10～20	0～5	10～15	90
D21	15～20	0～5	15	60
D22	10～20	0～5	10～15	100
D23	15～20	0～5	15	100
D24	10～15	0～5	10	130
D25	10～15	0～5	10	125
D26	15～20	0～5	15	100
D27	10～15	0～5	10	80
M5	15～20	0～5	15	75
D28	15～20	0～5	15	110
D29	20～25	0～5	20	80
D30	10～15	0～5	10	80
D31	15～25	0～5	15～20	50
D32	10～15	0～5	10	60

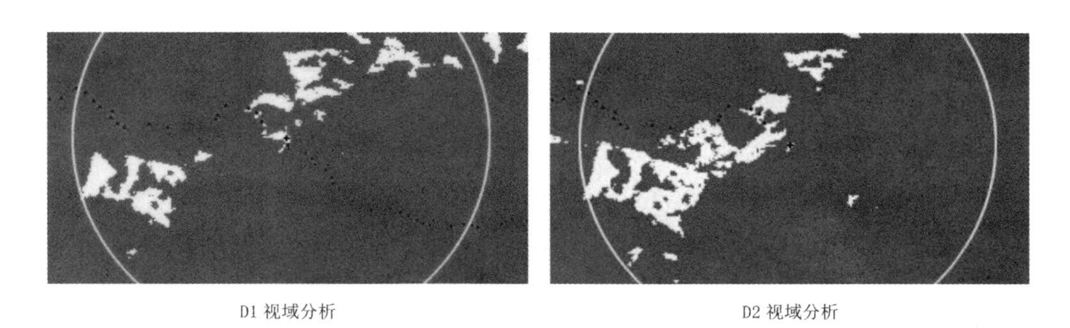

D1 视域分析　　D2 视域分析

图例：✚ 视域中心的空心敌台及马面　○ 视域范围　可见区域　不可见范围　▲ 锥子山主峰

注：视域范围半径为 3 千米

图 1-2-8　视域分析举例

3）视域范围

据《武备志》载，普通武器射程最远在 3000 m 左右，再据理想情况下，双眼裸视观看单幢平房的视距为 5 ～ 8 km，故本书将 3000 m 作为空心敌台及马面的视域范围分析半径（图 1-2-8）。

在 D1 至 D10 小河口段长城西侧地势较低段中，D1 处于东西方向山谷上坡段，无法观望到东侧的任何一座构筑物，可看到西侧两座空心敌台；D2、D3、D4 和 D5 均位于山脊线上，视野范围覆盖东侧 5 ～ 7 个构筑物，其中 D3 位于山峰东侧下坡段，西侧视线受阻，仅能看见 D2；D7 位于山顶制高点上，东西两侧视野范围可覆盖 12 个构筑物；D6 处于急速攀升至 D7 的山坡上，陡峭的山势遮挡了东侧的视线；D10 处于山谷底部，只能看到其西侧的 D9；除此之外，其余敌台及马面视域范围均能覆盖周边 3 ～ 4 个构筑物。

在 D30 至 D32 小河口段长城东侧地势较低段中，也就是辽东镇段中，由于距离高耸的锥子山山峰较近，因此与西面的蓟州镇长城基本失去了视觉上的联系，但可以通过锥子山峰南面的蓟州镇长城保持联系，如 D32 的视域范围可覆盖到锥子山山峰南面共 11 座空心敌台及马面。

在 D11 至 D18 小河口段长城中部地势较高段中，一方面，处于西侧边缘地段且海拔较高（海拔高度为 527 m，为小河口敌台海拔之最）的 D11 在大多数构筑物视域覆盖范围内，另一方面，由于受到 D11 高峰的遮挡，其余构筑物西侧视域覆盖范围内的构筑物较少，D13 地势较高，东侧视域范围内有 10 座构筑物，其余空心敌台由于东侧有 D20、D22、D23 山峰的遮挡，东侧视域范围仅限于本段范围内（图 1–2–9）；D17、D18 和 D19 处于山谷中，仅能彼此互见，其中 D17 位于山峰东侧下坡段，西侧视线完全受阻。

在 D19 至 D28 长城中部地势较高段中，D21 地势较高且突出于城墙，视域范围可覆盖两侧共 16 个构筑物；D22 位于山鞍处，仅能看到与其相邻的左右各一座空心敌台；D26 比较特殊，正位于连续山脊线上的一个凹陷处（图 1–2–10），两侧坡度较陡，只能勉强看到位于高处的 F7。在东面靠近锥子山处的 D27、M5 及 D28，由于锥子山峰的遮挡，视域范围仅局限在山峰以西地段，D29 也是受锥子山山峰遮挡，视线主要朝向南面。

从视域范围上看（表 1–2–3），空心敌台及马面受地形影响明显，并呈现出分段特点。各段落间以海拔较高的敌台及山峰作为分界点和联系点，段落内的敌台及马面彼此互见。当靠近山峰时，视域范围受限，仅能看到少量构筑物或视野方向朝向单侧，当远离一段距离后，遮挡消失，段落间又恢复视觉上的联系。位于山顶高处及长城转折、突出处的空心敌台及马面，其视域覆盖范围内的构筑物数量最多，居高防守效果较好。

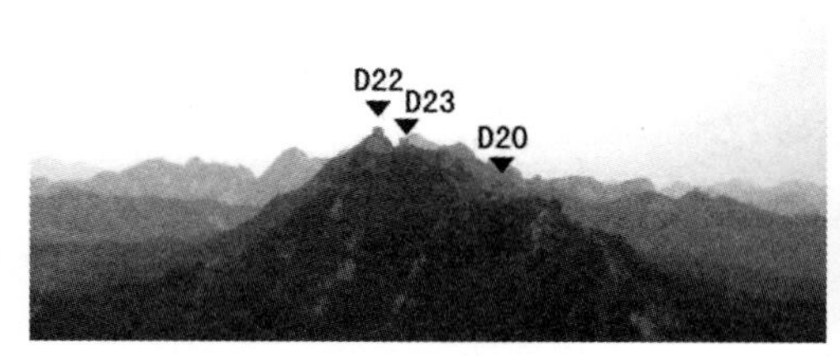

图 1–2–9　D20、D22、D23 山峰的遮挡

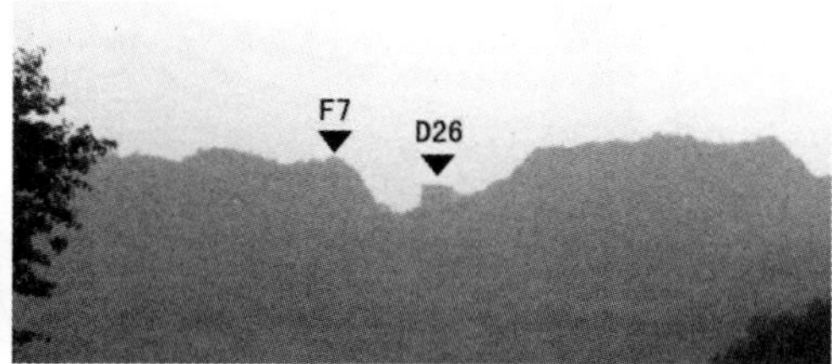

图 1–2–10　D26 位于山凹处

空心敌台及马面的视域分析统计　　表 1-2-3

	空心敌台马面编号	海拔高度（m）	西面可视空心敌台及马面的数量（座）	东面可视空心敌台及马面的数量（座）	南面可视空心敌台及马面的数量（座）
地势较低段	D1	357	2	/	/
	D2	424	4	7	/
	M1	410	4	5	/
	D3	399	1	5	/
	D4	404	5	6	/
	D5	382	4	5	/
	D6	380	5	2	/
	D7	415	8	4	/
	D8	413	10	1	/
	D9	419	/	5	/
	D10	405	1	/	/
地势较高段	D11	527	15	7	/
	D12	506	2	4	/
	D13	520	2	10	/
	D14	466	2	6	/
	M2	429	3	1	/
	D15	474	4	6	/
	M3	466	6	5	/
	M4	470	6	/	/
	D16	423	2	2	/
	D17	364	/	4	/
	D18	291	1	1	/
地势较高段	D19	342	2	/	/
	D20	466	10	2	/
	D21	495	13	3	3
	D22	466	1	1	/
	D23	501	7	1	/
	D24	517	6	7	1
	D25	496	3	3	1
	D26	422	/	/	1
	D27	424	/	3	2
	M5	437	3	1	/
	D28	466	4	/	/
	D29	446	/	1	6
地势较低段	D30	412	/	2	7
	D31	396	2	1	4
	D32	435	3	/	11

4）武器射程

火器的大量使用是明代边防区别于前代的一个重要特点，作为城墙上主要防御据点的空心敌台及马面在选址和布置过程中，必然会考虑到当时火器使用的特殊性，并依据敌军的远近及进军速度选用合适的火器装备："……百二十步外，酌用大小威远炮，视远近打放，令贼不得安营。百步外用地雷连炮，遍布大营四面，先令哨马二十皮远哨，如贼从北来，哨马驰至，即向北补器，见贼打放，用迅雷炮佐之。贼来未有不披靡者。若近营用铳棍、剑枪、火枪、三捷、五雷，奇正相资，攻守俱利。"①

此处对于火器射程的讨论仅限于理想状态下，即不考虑风速、放炮角度、炮弹尺寸以及攻击目标的地理情况等因素。参考《武备志》中各式武器的射程，大致分为短程、中程、远程三类武器，并确定射程分别为 350 m 之内、350 ~ 1000 m 和 1000 ~ 3000 m。

在 D1 至 D10——长城西侧地势较低段中，各防御据点间的平均距离为 144 m 左右，所以在每座空心敌台的短程武器射程范围内均可覆盖两侧各 1 ~ 2 座空心敌台；中程武器的射程范围可覆盖两侧各 1 ~ 3 座空心敌台，在有马面的位置，单侧最多覆盖 4 座防御据点，如 D7；远程武器的射程范围两侧各只有覆盖 1 ~ 2 座防御据点，且比较集中在地势较高的 D11、D20 及 D21 三座；D6 位于山鞍处，短、中程武器射程只能覆盖其相邻空心敌台，远程武器发挥不了作用；D1 处于上坡段，只有短程武器射程范围可覆盖西侧相邻段长城上的两座空心敌台；D10 位于山谷底部，只有短程武器可以发挥作用。

在 D30 至 D32——长城东侧地势较低段中，即辽东镇段中，三座敌台均在彼此的短程武器射程范围内；中程武器的射程范围可覆盖到锥子山山峰南侧的蓟州镇 2 ~ 3 座防御据点，西侧由于山峰的遮挡，中程武器无法发挥作用；远程武器射程范围可覆盖山峰南侧 6 座防御据点，并由于 D31、D32 远离山峰，

① （明）茅元仪．武备志［M］．四库禁毁书丛刊影印北京大学图书馆藏明天启年间刻本．北京：北京出版社，2000（卷一百二十一）：4971.

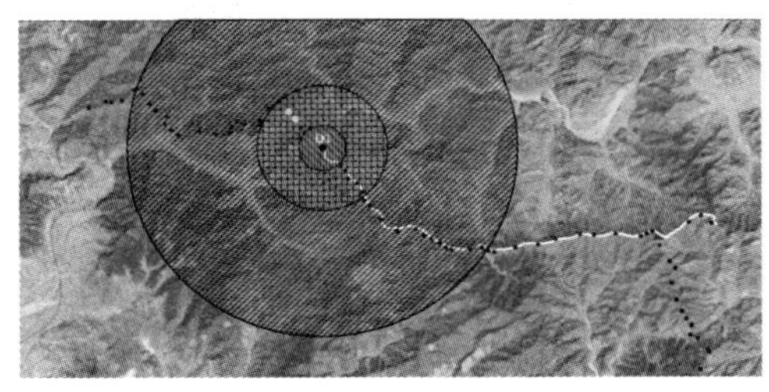

D1 武器射程

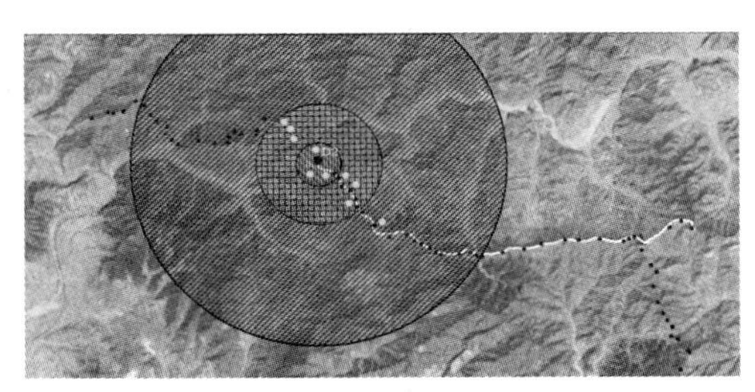

D2 武器射程

图例：——长城城墙 ● 射程中心的空心敌台及马面 ■ 射程范围内的空心敌台及马面 ■ 射程范围外的空心敌台及马面 ● 短程武器射程范围 350 米以内 ● 中程武器射程范围 350–1000 米 ● 远程武器射程范围 1000–3000 米

图 1–2–11　武器射程分析举例

这两者的远程武器范围可跨越山峰覆盖到 D24（图 1–2–11）。

在 D11 至 D18——长城中部地势较高段中，各据点居高防守，短程武器射程范围可覆盖两侧各 1 ~ 2 座敌台，其中 D11、D12 的短程武器射程覆盖两侧各一座空心敌台。也就是说，大致只能保证两敌台之间的城墙在其防御范围内；由于 D11 所在的山峰高耸，影响了其东侧该段内所有其他防御据点对 D1 至 D10 地势较低处的防御；D17、D18、D19 三座位于山谷两侧及底部，只有短程武器可发挥较大作用。

在 D19 至 D28——长城中部地势较高段中，D23、D24、D25 在其射程覆盖范围内只有一座敌台；D26 与两侧防御据点距离较远，在其射程覆盖范围内没有一座防御据点，也只能防御其两侧的相邻城墙；中程武器的射程范围也只可覆盖两侧各 1 ~ 2 座空心敌台；远程武器的射程范围因可覆盖到山峰南侧的防御据点，所以覆盖数量较多；在该段内由于东侧锥子山山峰的阻挡，绝大多数空心敌台的各类武器均受其影响，不能对辽东镇段据点进行火力援助，只能通过山峰南侧的据点对辽东镇进行援助。

各个防御据点无论地势高低，其短程武器射程范围内两侧均只能覆盖 1 ~ 2 个火力点，原因在于地势低地段虽然据点布置密集，但山体起伏波动，影响武器的发挥，而在地势高地段各据点间距较大，短程武器射程有限；在地势较低地段，中程武器作用发挥较好，单侧均在 2 ~ 4 座，而绝大多数远程武器作用发挥不佳；在地势较高地段，中程武器射程范围只有覆盖单侧 1 ~ 2 个火力点，而在几处地势较高且远离山峰的空心敌台上，远程武器得以充分发挥，如 D11、D20、D21、D23、D24 以及 D25，在靠近山峰地段，各类武器均受较大影响（表 1–2–4）。

空心敌台及马面武器射程统计 表 1–2–4

	敌台及马面编号	近程武器射程范围内的空心敌台及马面数量（座）			中程武器射程范围内的空心敌台及马面数量（座）			远程武器射程范围内的敌台及马面数量（座）		
		西侧	东侧	南侧	西侧	东侧	南侧	西侧	东侧	南侧
地势较低段	D1	/	/	/	2	/	/	/	/	/
	D2	1	3	/	3	3	/	/	1	/
	M1	1	1	/	3	3	/	/	1	/
	D3	2	1	/	/	3	/	/	1	/
	D4	2	2	/	1	2	/	2	2	/
	D5	1	2	/	3	1	/	/	2	/
	D6	2	1	/	3	1	/	/	/	/
	D7	1	1	/	4	1	/	3	2	/
	D8	1	/	/	3	1	/	6	/	/
	D9	/	1	/	/	1	/	/	3	/
	D10	1	/	/	/	/	/	/	/	/
地势	D11	/	1	/	5	2	/	10	4	/
	D12	1	1	/	/	/	/	1	3	/
	D13	1	2	/	1	4	/	/	4	/
	D14	1	2	/	1	/	/	/	4	/
	M2	2	1	/	1	/	/	/	/	/
较高段	D15	2	2	/	2	/	/	/	4	/
	M3	2	1	/	3	/	/	1	4	/
	M4	2	/	/	3	/	/	1	/	/
	D16	/	1	/	1	2	/	1	/	/
	D17	/	2	/	/	2	/	/	/	/
	D18	1	1	/	/	/	/	/	/	/

（续表）

	敌台及马面编号	近程武器射程范围内的空心敌台及马面数量（座）			中程武器射程范围内的空心敌台及马面数量（座）			远程武器射程范围内的敌台及马面数量（座）		
		西侧	东侧	南侧	西侧	东侧	南侧	西侧	东侧	南侧
地势较高段	D19	2	/	/	/	/	/	/	/	/
	D20	/	1	/	2	/	/	8	1	/
	D21	1	1	/	2	2	/	10	3	/
	D22	1	1	/	/	/	/	/	/	/
	D23	1	/	/	1	1	/	5	/	/
	D24	/	1	/	2	1	/	4	5	1
	D25	1	/	/	1	2	/	1	/	1
	D26	/	/	/	/	/	/	/	/	/
	D27	/	2	1	/	/	/	/	/	/
	M5	1	1	/	1	/	/	1	/	/
	D28	2	/	/	1	/	/	1	/	/
	D29	/	/	1	/	2	2	/	/	3
地势较低段	D30	/	1	/	/	1	3	/	/	5
	D31	1	1	/	/	/	2	1	/	2
	D32	2	/	/	/	/	3	1	/	7

（3）烽火台

1）空间距离

小河口段长城共有10座烽火台（表1-2-5），平均间距为746 m，其中F1和F2位于西侧地势较低地段，两者间距为973 m；F9和F10位于东侧地势较低地段，两者间距为742 m。以上两处由于烽火台数量较少，不具有典型性和代表性。

在地势较高的两段中，F3至F5烽火台平均间距为547 m，平均海拔高度为470 m；而在平均海拔高度相近的F6至F8段中，平均间距则为1040 m，

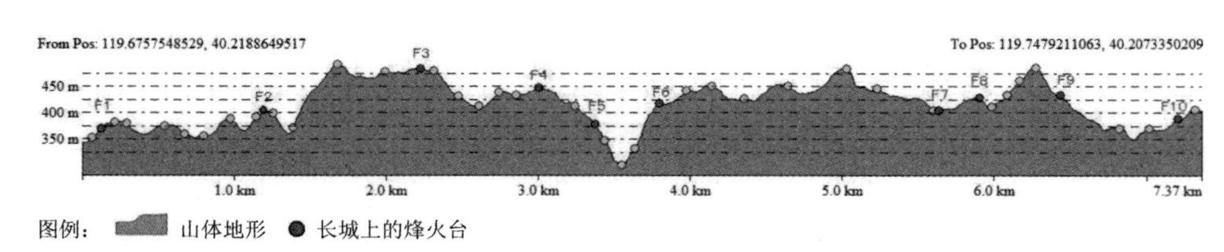

图 1-2-12　各座烽火台在地形剖面上的分布情况

两者相差甚远。再结合烽火台的整体分布情况（图 1-2-12），综合现有掌握的各项数据来看，烽火台的间距与地形之间的对应关系不大。

烽火台一览　　**表 1-2-5**

	烽火台编号	所属镇区	海拔高度（m）	平均海拔高度（m）	间距（m）	平均间距（m）
地势较低段	F1	蓟州	375	398	—	973
	F2	蓟州	421		973	
地势较高段	F3	蓟州	511	470	880	547
	F4	蓟州	474		774	
	F5	蓟州	424		320	
地势较高段	F6	蓟州	450	460	454	1040
	F7	蓟州	470		1805	
	F8	蓟州	460		275	
地势较低段	F9	辽东	469	462	497	742
	F10	辽东	455		742	

注：锥子山山峰位于 F8 与 F9 之间

2）地形坡度

烽火台均跨城墙而建，大多数烽火台位于山顶制高点，即山脊线上；但并没有布置在制高点，而是位于坡度变化平缓的山坡上，即位于顶部附近。这可能是烽火台不但要传递来自远方的信息，也要警戒周边地势较低处，诸如山谷

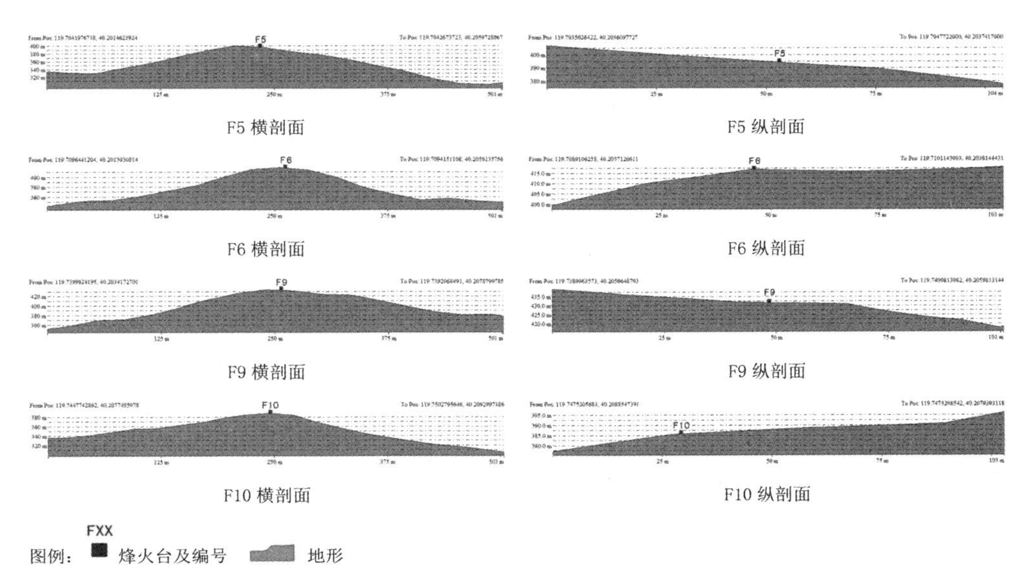

注：横剖面中空心敌台及马面左侧为长城内，右侧为长城外；横纵纵轴表示海拔高度，横轴表示水平距离

图 1-2-13 烽火台与地形坡度举例

等，若将烽火台都争高修筑，固然可以加强与两侧的联系，但在视线上也会减弱对山谷的警戒，所以布置在靠近山顶的缓坡位置，有一定的海拔高度，便于彼此互视，又可以兼顾到山谷等地势低处，其中以 F5、F6 及 F9、F10 比较具有代表性（图 1-2-13）。

3）视域范围

烽火台通过白天举烟和夜晚放火传递信号，信号可识别性较强，可视距离也较空心敌台大，在良好的天气条件下，以凭借裸眼能分辨信号的最远距离 7 km 作为烽火台的视域分析半径。

海拔最高且位于长城转折处的 F3 视域范围可覆盖两侧共 10 座烽火台（表 1-2-6）；F7、F8 海拔高度位居其次，但由于其西侧 D23、D24 和 D25 所在的高耸山峰以及东侧锥子山峰的遮挡，仅能看到彼此，F9 也是同样情况；

F5 处于 F4 及 D21、D23、D24 几座山峰之间，因此仅能看到与其相邻的 F4 及 F6；F2 和 F10 由于远离锥子山峰且并不与山峰处于一条直线上，在视线上可相互联系，其中 F2 位于长城“Z”字形中央位置，视野遮挡较少，可见周边烽火台数量最多，两侧共可覆盖 12 座烽火台；其他几座烽火台的视域范围均能覆盖其自身周边的 1 ~ 3 座烽火台。

从烽火台的视域范围来看，其分布受海拔高度的影响，但不绝对，主要还是依据具体地形而定。1 座烽火台既可以与相邻 1 ~ 3 座相联系，还可以与远处的取得联系。如 F2 不仅可以观望到位于中部地段的烽火台，如 F3、F7 和 F8，还可以与处于锥子山山峰背后辽东镇的 F10 烽火台在视觉上取得联系，这是由于在西侧地势较低处的长城走向与地势较高处的城墙走向呈一定的角度，两者并不在一条直线上，不受其间山体遮挡的缘故。

烽火信号的传递并不是必须一个烽火台接下一个烽火台连续的传递，由于地形原因，有些地段烽火台可以跨越很长一段距离，相隔数个烽火台而直接传递，因此只要在若干个关键性地理位置上，如海拔较高处或长城曲折转折等视野开阔处设置烽火台，就可以使信号得以传递，而其间的烽火台的分布并无定制，仅起辅助、补充的作用。

烽火台视域统计 表 1-2-6

	烽火台编号	海拔高度（m）	西面 可视烽火台的数量 （座）	东面 可视烽火台的数量 （座）	南面 可视烽火台的数量 （座）
地势较低段	F1	375	1	3	/
	F2	421	7	5	/
地势较高段	F3	511	5	5	1
	F4	474	2	3	1
	F5	424	1	1	1
地势较高段	F6	450	5	/	3
	F7	470	/	1	/
	F8	460	1	/	3
地势较低段	F9	469	/	3	/
	F10	455	5	3	1

（4）特征总结

1）城墙的选址和布局特征：

①尽量布置在山顶和外侧山坡的坡度转折线上，即沿山顶边线修筑，可以充分利用山地地形，减少视野盲区，争取较大的视域范围（图 1–2–14）。

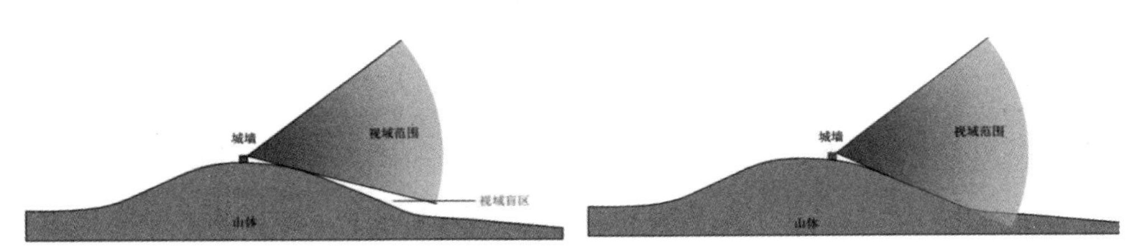

图 1–2–14　城墙沿坡度转折线布置，减少视域盲区

②在地势平缓的山谷（有可能是天然山谷，也有可能是人为开挖而成）内侧（南面），利用四面围合式的天然山体，加强防御能力，类似于内地州府城门处的瓮城。

2）空心敌台及马面的选址与布局特征：

①在地势较低地段，布置密集，地势较高地段，则疏松一些。

②布置在山顶且靠近与外侧山坡的坡度转折线上；布置在海拔高且外侧坡度陡的地段，若两者不能兼具，则必定具备其中一项条件。

③在视域范围方面，在本段落内基本可以互视，部分由于山体遮挡而看不到的构筑物，能看到其相邻一侧或两侧的台体，以保证必要时能联系得上；在地势高差较大的地段，靠近两者分界处，在地势较低的一侧由于山体的遮挡，视线只能朝向一侧的情况下，在地势较高一侧布置空心敌台或马面，起到统领和联系两侧的作用（图 1–2–15）。

④在武器射程方面，相对来说在地势较低地段，短、中程武器的使用效果最佳，因此通过密集设置台体来加强火力交叉网，弥补远距离无法打击敌人的

不足；在地势较高地段，使用中、远程武器效果较好，可以设置在各个山头，取得开阔的视野；但也有例外情况，视具体地形情况而各异。

3）烽火台的选址与布局特征：

①多沿山脊线布置，但并非位于山峰顶部，而是在制高点附近，这样可以在保持与两侧烽火台取得视觉上联系的同时，又可以兼顾到警戒地势较低处的作用，预警效果较为全面。

②由于山体走向的缘故，某些地段上的烽火台不仅可以与邻近的烽火台互视，还可以跨越数个而直接与远处的烽火台取得联系，这样可以增大信息传递的覆盖面，保证传递的可靠性和及时性（图 1–2–16）。

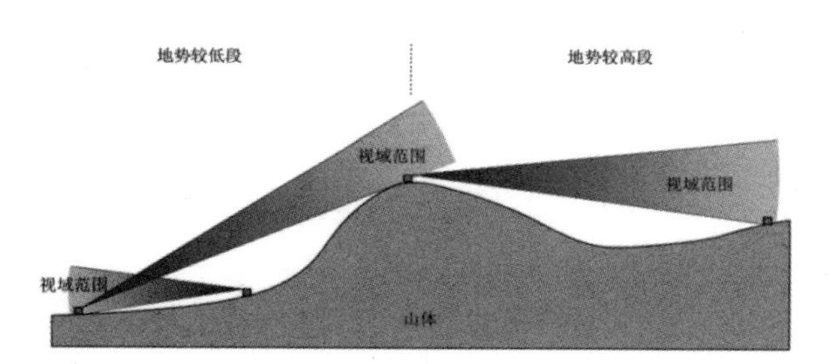

图 1–2–15　在地势高差分界段较高一侧处设置敌台或马面

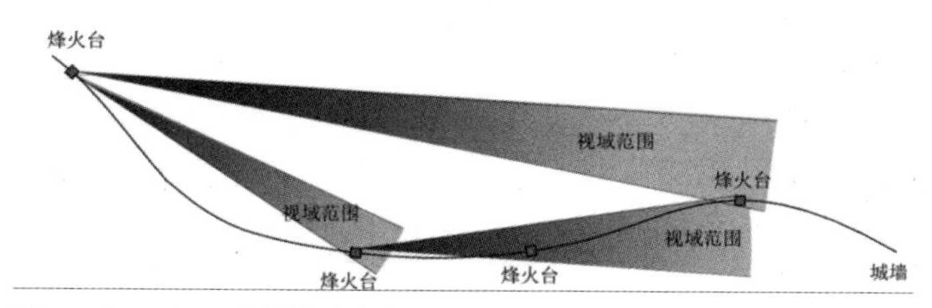

图 1–2–16　与远处的烽火台直接取得视觉上的联系

1.3　九门口长城水门数目及“一片石”所指探讨

（1）关于九门口城桥的两个历史疑问

九门口长城位于辽宁省绥中县，历史上为一片石关，是明代山海关长城体系乃至整个蓟镇防御体系上的一个重要关口，1996 年被公布为全国重点文物保护单位，2002 年被评为世界文化遗产。

在九门口长城所包含的众多文物本体中，过河城桥因为其类型的特殊和少见无疑最引人注目，九门口长城也因此被称为“水上长城”（图 1–3–1）。其实，万里长城线上的“水上长城”并非仅此一例。据相关文献记载，同为绥中县境内的金牛洞段长城[①]、同属明蓟镇防御体系的天津黄崖关等（图 1–3–2），也有和九门口相似的过河城桥。可见，过河城桥只是明代边防对特定地理环境采用的

① 鲁宝林《绥中县境内明代长城踏查简告》一文中“金牛洞段”条下记述：“……其地理环境略同九门口，只是峡谷较宽、石河在此折而向南，故河床宽阔，河水湍急……据调查，长城在石河床上曾设九道水门，早年被水冲毁，遗迹已不可寻，只余巨石。”收录于孙进已主编．中国考古集成：东北卷［M］．北京：北京出版社，1997：136–141.

图 1-3-1　现九门口长城城桥（自东向西拍摄。城桥于 1980 年代重建。）

图 1-3-2　天津黄崖关长城城桥（亦为今人重建。来源：罗哲文等主编，《中国城墙》，41 页）

一种特殊防御措施，九门口城桥可称这种类型的典型，但并非唯一。因此，九门口城桥的自身价值应该放到整个历史语境中去考量。

对于九门口城桥来说，关于九门、六门之争，关于一片石地名的由来，是萦绕于它的两个历史疑问，1980 年代的考古发掘对这些疑问进行了一些探讨和解答，但却并不彻底，留下了一些有待商榷的空间。虽然这些问题只是一些历史地名和语句之争，但其背后却与历史上城桥的变迁及城桥的结构构造有着密切的关系，特别是从保护规划编制所要求的文物的真实性和自身价值出发，有必要对这些疑问进行重新审视。

（2）九门六门的嬗变与城桥位置的变迁

历史上的九门口城桥几近湮没，现九门口城桥为 1980 年代在原址上结合地下基址及少量地上遗存重建，在重建之前，绥中县文物部门组织了相关调查并由辽宁省文物考古研究所对九门口城桥进行了考古发掘，清理出了九门口城桥八个桥墩及河床上的大片铺石。参与考古发掘的冯永谦、薛景平等先生认为九门是指这九个水门，志书中所记六门之说有误①，以及“一片石”所指就是这一大片铺石。对于这些观点，曹喆先生曾提出质疑，认为九门口城桥原为六个水门，后来才改为九个水门，依据即是《光绪永平府志》中“复设正关门六以泄水，合之凡九门云”② 之句；薛、冯二先生予以反驳③，认为方志中所记为时人之误。

① 参见《光绪永平府志》卷四十二“关隘”条下“一片石关……东西门各一，其西门额曰‘京东首关’，东门外为边城关，正东向又折而东南，直抵角山之背，复设正关门六以泄水，合之凡九门云。”

② 清《光绪永平府志》卷四十二“关隘”。原文内容见表 1-3-1，原文意指城桥的六门桥洞加上关城东西三个门洞即为九门，可以作为当时只有六门城桥却附会往昔九门的证据。

③ 这些文章包括：朱希元．万里长城九门口[J]．锦州文物通讯，1987（3）:46、56；薛景平．一片石考[J]．辽海文物学刊，1987（1）：136-141；薛景平，冯永谦．失踪三百载 重见在今朝——辽宁绥中一片石古战场发现记[J]．地名丛刊，1987（4）:11-13；曹喆．京东首关——一片石关——兼与薛景平、冯永谦同志商榷[J]．地名丛刊，1988（3）:12-13；薛景平，冯永谦．“一片石”指的是什么？——答曹喆同志[J]．地名丛刊，1989（2）：14-15；冯永谦．明万里长城九门口城桥与一片石考——兼考明清之际“一片石之战”地点[J]．葫芦岛文物，1996（1）：104-112.

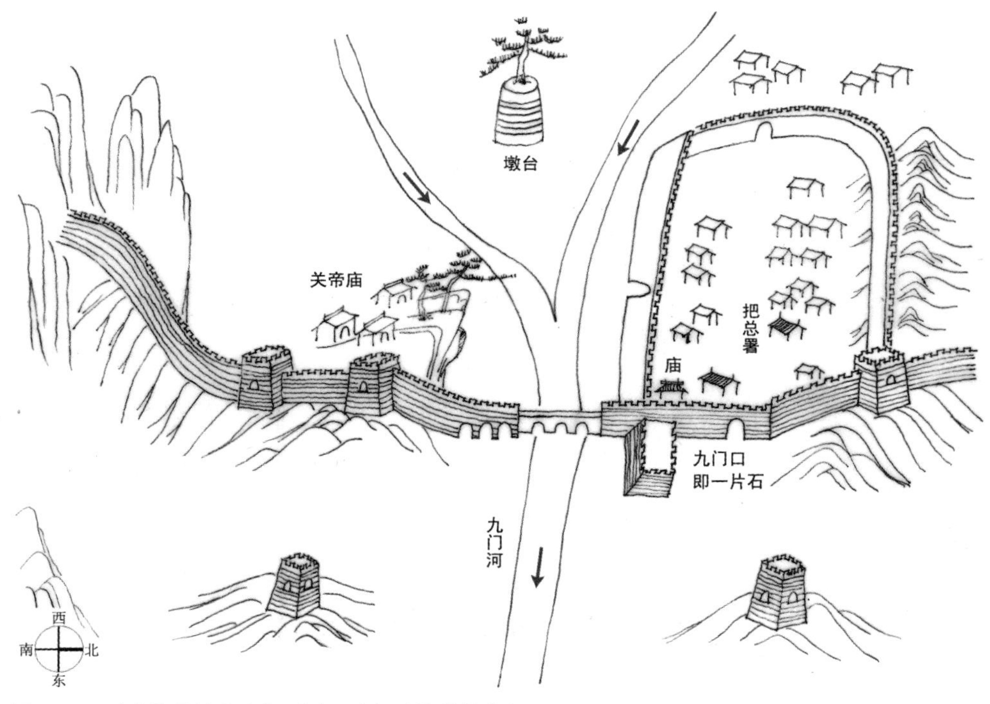

图 1-3-3 《光绪临榆县志》“九门口图”（笔者临摹）

《光绪永平府志》中虽有六门之说，但紧随其后即录有明孙承宗诗文“山分一片石，水合九门关”[①]，纂修之人不会不知道九门之说。唯一合理的解释就是六洞桥是在九洞之后的实际存在，此时九洞桥已不存，时人为附会九门之说，以六加三凑足，《光绪临榆县志》中所录“九门口图”（图 1-3-3）可证明此观点[②]。值得注意的是，冯、薛在反驳曹的文章中提及桥的上下游位置变迁问题，并认为上游位置在前，下游在后[③]，但可惜这一论据被用来证明“一片石”所指。而经过对比明清期间的史料，可以发现城桥九门与六门之说与城桥位置的迁移有密切的关系，且上游建桥在前的观点也存有疑问。

① 参见（明）孙承宗《高阳集》卷三“入一片石五首”61 页。

② 《光绪临榆县志》“边口图二”中九门口关城只有三个城门，加桥洞六门正好九门，图中内外关城之间的城门乃至城墙被忽略，不知是有意为之，还是当时该门已不存。

③ 参见薛景平、冯永谦《“一片石”指的是什么？——答曹喆同志》一文，“事实上经过我们考古发掘，在今九门桥的上游不远处，还发掘出早期的城桥，即洪武十四年开始在此地修筑长城时所筑的城桥，并且已铺有‘一片石’，与下游今城桥所铺条石基本相同，这证明修筑长城与城桥，就铺有‘一片石’，并无早晚的问题。”

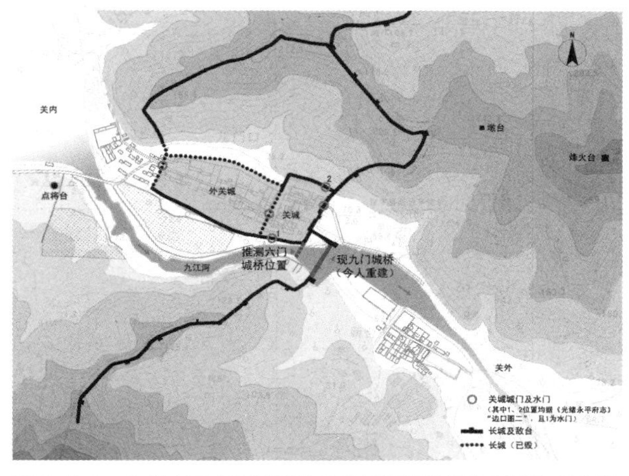

图 1-3-4　九门口长城现状平面图（底图来自《全国重点文物保护单位辽宁省九门口长城保护规划》）

图 1-3-5 《民国临榆县志》“边城图”

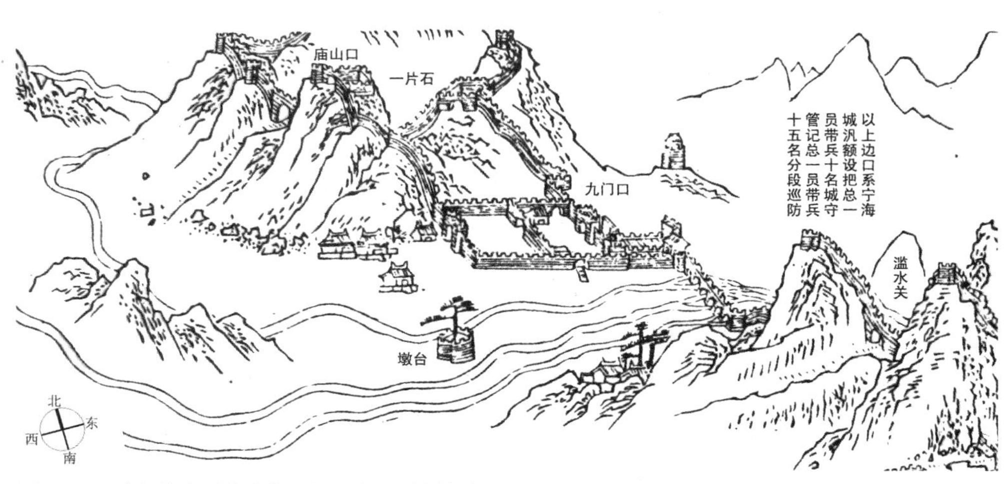

图 1-3-6 《光绪永平府志》“边口图二”（局部）

据考古发掘报告，在今天城桥位置的上游约 50 m 处，也发现有河床铺石及桥墩基础，说明此处也曾筑有城桥（图 1-3-4）。查明代到民国关于一片石城桥的文献记载及图录（表 1-3-1），城桥的位置的确改变过，就图录来看，《乾隆临榆县志》“关隘图”、《光绪临榆县志》“九门口图”和“边城图”、《民国临榆县志》“边城图”（图 1-3-5）中所绘城桥皆位于上游，唯《光绪永平府志》之“边口图二”（图 1-3-6）中所绘位于下游，即今天城桥所处之位置。

关于九门口桥洞数目的史料记载（明至民国）[①]　　表 1-3-1

资料年代	相关资料	来源	桥洞数
明·天启二年至天启五年（1622 ~ 1625 年）	卷三“入一片石五首”之第二首首两句： 山分一片石，水合九门关。大壑开双阙，孤亭压五环	《高阳集》	9
清·康熙十四年（1675 年）	卷十二之刘馨《重修一片石九江口水门记》： 距骊城百余里而遥东北一带，地多崇山峻岭，壤接荒服，俗习边儌，马迹之所不至，屐齿之所未及，有名一片石者，雉堞鳞次，巍然其上者，长城也，城下有堑，名九江口，为水门九道，注众山之水于塞外者也……	［康熙］《抚宁县志》	9
清·康熙年间（1662 ~ 1722 年）	卷十七“北直”八： 一片石关，县东七十里，董家口东第十二关口也。一名九门水口，有关城……	［清］《读史方舆纪要》	9
清·雍正十三年（1735 年）	九门水，在抚宁县东北一片石关，东有水分九道而下故名 一片石关，在抚宁县东七十里，有关城，城东有九门水，有水分九道而下故名。旧有游击驻防，今裁	［雍正］《畿辅通志》[②]	9
清·乾隆二十一年（1756 年）	“临榆县关隘图”中所绘九门口城桥为九个水门	［乾隆］《临榆县志》	9
清·嘉庆二十五年（1820 年）之前	卷七“永平府”下： 一片石关，在临榆县北七十里，有城，城东为九门水口，有水分九道，南下合为一流，因名。旧设参将驻防，本朝顺治元年裁……	《嘉庆重修一统志》[③]	9
清·光绪四年（1878 年）	“九门口图”及“边城图”中九门口城桥均只有六个水门，且北侧三个水门高度较低，并无雉堞，应即府志所记“复设正关门六以泄水，合之凡九门云，今已半圮，守兵筑黄土墙补之”一句所指（见下条）	［光绪］《临榆县志》	6
清·光绪五年（1879 年）	卷三十三“城池下”： 一片石城在县东北三十里，石城后砌以砖，高二丈五尺，周二里，东西南三门 卷四十二“关隘”： 一片石关在临榆县东北三十里，一名九门口，东西门各一，其西门额曰“京东首关”，东门外为边城关，正东向又折而东南，直抵角山之背，复设正关门六以泄水，合之凡九门云，今已半圮，守兵筑黄土墙补之，高三尺，上披荆棘，拦行人出入，东南隅辟小水门一，以泄山水，与内城之南水门隔河相映	［光绪］《永平府志》	6
同上	“边口图二”中所绘九门口城桥有六个水洞	同上	6
民国 18 年（1929 年）	“边城图”中所绘九门口城桥仅有三个水洞，且桥上无雉堞，旁注“九门口即一片石”	［民国］《临榆县志》	3

① 表中未列入九门口城桥考古发掘出的万历四十三年（1615 年）修城桥碑记，原因是此碑记并未准确表明水门数目，碑文中记载“万历肆拾叁年春防，石门路主兵原派修工、军士柒百柒拾壹名，□修石黄一片石关头等极冲河桥，自河南岸起，至北第三洞门止，应□修贰洞半，伍总计长贰拾丈，券门四丈……”句中只有所修洞数，并未记全部水门数目。

② 参见《雍正畿辅通志》卷二十一“山川”之“九门水”条下。

③ 参见《嘉庆重修一统志》，791–792 页。

这就发生了孰前孰后的问题。冯、薛二先生从桥梁工程的观点出发，认为上游建桥要早于下游，因为上游水狭而急，桥易被冲毁，后乃改于下游建桥。此论虽合于情理，但尚有疑问。

根据考古发掘报告，上游水狭，铺石面积较小，桥洞数必小于九。而据明清史料，九门之说最早，明末孙承宗《入一片石五首》中"山分一片石，水合九门关"一句即是明证，这种说法一直延续到清嘉庆间（1796 ~ 1820 年）；次之为六门，《光绪永平府志》中始有此说，所绘之图亦为六门，《光绪临榆县志》图录也作此绘；最后为三门，见于《民国临榆县志》。若按桥洞之数推桥之位置，则桥应先出现于下游，后才改为上游，且时间应在清嘉庆（1796 ~ 1820 年）到光绪（1875 ~ 1908 年）之间。当然，这个结论仍有两个疑问：一是纂修时间仅隔一年的《光绪永平府志》和《光绪临榆县志》的图录中，所绘城桥的位置不一致，二是《乾隆临榆县志》中城桥绘为九洞。

以桥洞数目反推桥的位置得出结论的可能性要大一些，原因有四：一是桥洞数目在文字记录中的演变是客观存在的；二是古代方志所绘舆图比例及位置远无今人精确，而只重其大概；三是《光绪永平府志》所录边口图与其所记文字的匹配度不如《光绪临榆县志》，后者所绘较前者为确[①]；四是下游之九门桥气势恢宏，有其威慑作用，明代所筑的可能性较大，而上游桥卑，仅为通水，估计为清人务实之作。

不得不说，至今对城桥上游基址的关注者甚少。究其原因，观者的主观选择是一方面，而文物部门以及考古专家对上游基址不够重视才是问题的所在。其实，客观来看，上游和下游只是城桥选址的结果（图 1–3–7）。

从桥梁工程角度看，下游虽然河床宽阔，水流较缓，但城桥依然面临严峻的挑战，原因大略有二：

一是九江河水随季节泛滥。清代刘馨《重修一片石水门记》中记述，"山谷虽峻，泽匪江河，每夏秋间或山泉泛滥，或霪雨淋漓，则众山之水汇为一流，

① 参见表 1–3–1 中清《光绪临榆县志》一行。

图 1-3-7　九门口城桥照片（于城桥北侧山坡向南拍摄，河水自西向东流）

其汹涌澎湃弗减万壑之赴荆门也，不宁惟是时，而雨毕水涸，樵采者、负贩者又咸利用往来，以故多历年所易为倾圮。”[①]

二是城桥自身的缺陷。据九门口城桥的考古发掘报告，八个桥墩平均宽 6.46 m，九个水门平均宽 5.74 m，城桥的墩孔比达到 1.125，虽然北方诸桥墩孔比相对于南方普遍较大，但这一数值远大于清官式石拱桥之 0.526，在北方石拱桥中也罕有匹敌者。[②] 墩孔比如此之高，对排泄洪水极为不利，致夏秋水涨，水壅桥前，桥墩所受冲击可想而知。除墩孔比过大之外，墩内夯土填筑之法也

① 刘馨一文出处见表 1-3-1。

② 关于古代石的桥墩孔比参见《中国古桥技术史》，92–94 页。书中第 94 页表 3-3“多孔厚墩联拱比较表”中列出一些南北方石拱桥的数据，表中所列石桥中墩孔比最大者是山东益都的南阳桥，为 0.900，九门口城桥之 1.125 已属罕见。

殊为不利[①]，长期浸泡水中，土质松软则易倾圮，如《万年桥记》所述："凡砌墩宜全部用石，不可内部填土，或石内杂以桩木，一旦土松木腐，中空如坛，即虚倾圮，旧桥崩坏，可为殷鉴。"[②]

如此推测，下游城桥屡经毁坏，明、清之际经数次维修或重修，后或因下游重修不易，于上游水狭处修筑了新桥。此外，为避免对清人修桥动机的质疑，有必要再做一解释：众所周知，清朝在辽东虽无军事需要，但仍然在此修筑了柳条边，即官方所谓"盛京边墙"。而修边原因，《奉天通志》所记较详："清起东北，蒙古内附，修边示限，使畜牧游猎之民，知所止境。设门置守，以资镇慑，并讥（稽）察奸宄，以弛隐患而已。"[③]柳条边西与山海关接边，修建时"因明障塞旧址"，而一片石在清代方志中仍被录于"关隘"条下，可见其仍被作为关口使用，正如刘馨一文所谓驻有"守兵"，"拦行人出入"。而关口九江河水势随季节涨落，全用木栅栏难免被冲毁，故桥墩之设是为必须。

（3）"一片石"所指之惑与河床铺石的自身价值

关于"一片石"所指，现在媒体及文献都采用了冯永谦和薛景平等先生的观点，认为是指桥底河床上的大片铺石，曹喆先生的文章虽提出了一些质疑及自己的看法，然证据有限，且其关于"一片石"即指"西门外北山的一片石砬子"的看法并不能让人信服。[④]

然而，冯、薛二先生关于"一片石"即河床铺石的观点仍然有一些硬伤。首当其冲的是城桥的最早建造时间尚无定论，其次即是河床铺石作为城桥构造一部分的真实价值有待客观审视。

---

① 据九门口城桥考古发掘报告，一号桥墩内部为三合土夯筑，保存较少，二号桥墩内部为石灰石块砌筑，较为坚固，保存也较多，其他桥墩因仅剩基础部位，内部情况已不可知。

② 参见《万年桥记》，转引自《中国古桥技术史》，192 页。

③ 此句及下句参见《奉天通志》卷 78"山川十二"，转引自景爱《中国长城史》，324，335 页。

④ 参见曹喆《京东首关——一片石关——兼与薛景平、冯永谦同志商榷》及薛景平、冯永谦《"一片石"指的是什么？——答曹喆同志》两文。

1）从城桥最早建造时间之疑看“一片石”所指之惑

关于城桥的最早修筑时间，冯、薛认为在明洪武十四年（1381年）中山王徐达发兵修永平界岭等三十二关时就已筑城桥，这个观点并无确切证据，且有以其“一片石”乃河床铺石的结论来反推一片石之名的出现等于城桥的建造之嫌。

现在所知最早出现城桥记载的是九门口城桥考古发掘中出土的万历四十三年（1615年）修建一片石关“头等极冲河桥”的碑记，但并未提及城桥创建年代。此外，据《康熙永平府志》，“（明）景泰元年（1450年），提督京东军务右佥都御史邹来学修喜峰迤东至一片石各关城池”[①]，《大喜峰口关城兴造记》中述其事：

其他董家罗文诸峪、刘家界岭一片石诸口，广者百余丈，狭者数百尺，皆筑城以障其缺，旧所有者乃增高之，为门以便我军之出入，通水道者则制为水关，城之外为濠，濠之外为墙，山之峻者削之为壁，溪峪蹊径凡人迹可通者，尽筑焉。盖东西千余里间，营垒相望，高深坚壮，足以经久，诚所谓金城汤池固也。[②]

可见，九门口城桥的修筑也有可能始于此时。由此产生对“一片石”及河床铺石观点的疑问：

首先，一片石关为洪武十四年（1381年）徐达修边时所创这一点应无异议，据《天下郡国利病书》所记，洪武十五年（1382年）即有“一片石”关名出现[③]，可见该关甫一创建，即有此名。但城桥是否为当时所创尚有疑问，河底铺石作为城桥基础的一部分，必然是随着城桥的修筑而出现的，故“一片石”之名是否源于河床铺石至今存疑，冯、薛之论难免偏颇。

---

① 参见《康熙永平府志》卷一“世纪”。

② 参见《四库丛刊》初编集部《皇明文衡》卷三十七萧镃《大喜峰口关城兴造记》。

③ 参见《四部丛刊》三编史部《天下郡国利病书》第三册，“洪武十五年九月丁卯，北平都司言边卫之设所以限隔内外，宜谨烽火、远斥堠，控守要害，然后可以詟服胡虏，抚辑边氓。按所辖关隘，曰一片石，曰黄土岭，曰董家口，曰义院口……凡二百处，宜以各卫校卒戍守其地，诏从之。”

图 1-3-8　城桥东侧的河床铺石（自南向北拍摄。来源：汪涛拍摄）

其次，九门口下游河床铺石面积达 7000 m²（图 1-3-8），“一片石”之名出自这一大片铺石是可能的，但冯、薛二人在反驳曹文的观点中所采用的论据是上游建桥在前，一片石之名起初源于上游的河床铺石，而上游河床较狭，铺石面积远较下游为小，试问当冯、薛二人若先发掘出这片小面积的铺石，是否还会认为一片石即源出于此呢。可见，此观点有先入为主之嫌。

再次，上文已论下游建桥在前的可能性很大，冯、薛所用的上游建桥在前的论据本身是有疑问的。

那么，一片石所指究竟为何物呢，在检索和查找资料过程中，发现有以下几个倾向：一是在一些有关一片石关的历史记载中，“一片石”与其他山川河流的名称相并列，并有“一片石河”之称[①]；二是据记载，河北赵县的永济桥和永通桥分别被当地人俗称为“大石”和“小石”[②]，依次联想，“一片石”或许是指

① 参见《康熙永平府志》，卷四“山川”之“大青山水”条下：“大青山水 自关外入一片石河。自小河口关外入，西行于堡西而黄土岭河东南会之，庙山口河堡北合之，各川自一片石门出辽东铁厂堡南五里，由老君屯东芝麻湾入海，此《水经》之高平川水自西北而东注之也。”

② 参见《光绪直隶赵州志》卷十四“艺文”，（明）王之翰《重修永通桥记》：“桥名永通，俗名小石，盖郡南五里，隋李春所造大石……而是桥因以小名，逊其灵矣。”

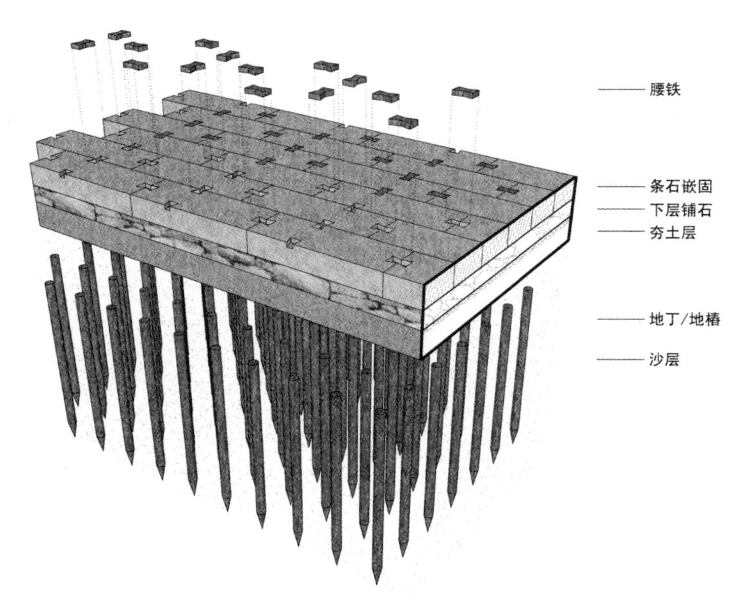

图 1-3-9　九门口城桥河床基础构造示意（据九门口城桥考古发掘报告自绘）

城桥本身；三是通过在四库全书中检索，发现古人常用“一片石”指代碑碣或自然岩石。尽管有这些可能，但要形成定论必须经过严密的考证。

2) 从河床铺石的构造作用看其真实价值

九门口城桥既为桥，必与当时的桥梁在结构上有相近之处，考古发掘结果证实了这一点。查中国古代石桥，尤其是多孔石拱桥的建造，其基础及桥墩最为重要，因受洪水直接冲击，故在构造上也最为复杂。九江河河床上的大片铺石正是这复杂构造中的一个组成部分。（图 1-3-9）

首先，考古发掘出的铺石下面的柞木正是桥梁基础上常用的地丁或地桩，两者的区别在于地丁径细而短，而地桩径粗且长。[①] 其作用如同今日建筑地基

① 地丁、地桩之别参见王璧文《清官式石桥做法》，51 页。

所打桩柱，是为了减少松软地基的不利影响，防止基础的沉陷。地丁地桩之用非常普遍，如西安灞桥、河北赵县济美桥等。

其次，关于桩顶的铺石，又称海墁石，也是中国古代桥梁建造中一项常见的技术。其作用是防止水流对墩台的冲刷，使水流以较快的速度从桥洞穿过，同时，石板之间以腰铁或其他方式相互连接，形成一个筏形基础，与板下地丁一起，防止基础的不均匀沉降。这种做法常用于基础松软的状况，南北皆有，如建于宋代的泉州万安桥（又称洛阳桥），根据史料记载，其修建即是随着桥梁线路先往江底投放大量巨石，至相当宽阔时，散置“蛎房”胶固，使全桥基础形成一个整体。[①] 再如创建于金代的卢沟桥，“桥孔之下有七层大石板均密密地用大铁柱穿透打入河床之内，牢牢固住了桥墩和整个基础，石与石之间用了大量的腰铁固护……”[②] 至明清，这种筏形基础用于桥梁已十分常见，建于明代的河北赵县济美桥，即是密置桩基，“桩顶铺有较大尺寸的石板”[③]，王璧文《清官式石桥做法》一书亦收录此种构造（图 1-3-10）。此外，这种做法不仅用于桥梁基础，一些沿河的城墙也常以此作固基之用[④]，如建于明代的荆州城墙，其城墙沿河处现在依然保存有较大面积的铺石，石板之间以腰铁联系。根据九江河河床的勘测，河底沙石层平均厚达 6 m，基础极不稳固，古人在建设时采用这样的筏形基础，是十分合理而且科学的。

可以说，在九门口城桥的考古发掘中所发现的这些构造方式正是明清时期中国建桥技术的体现和证明，水底的大片铺石因其面积大且平整固然难得，但它依旧只是结构的需要。江西的文昌桥屡经毁坏，《文昌桥志》总结以往建桥有五弊，首弊即是“居高岸而瞰重渊，底之或沙或石，无从分辨，则桩之短长、石之广狭、皆不能与河底相称”[⑤]，可见九门口水下的大片铺石正是为了与河底相称，使基础更加稳固而铺设的。而且，在考古报告中提到，在城桥西侧

---

① 泉州洛阳桥的筏形基础做法参见罗英《中国石桥》，192–193 页。

② 参见孙波主编《中国石桥》，4 页。

③ 参见《中国古桥技术史》，84 页。

④ 参见吴庆洲．中国古城防洪的技术措施［J］．古建园林技术，1993（2）：8–14。

⑤ 参见《抚郡文昌桥志》，转引自罗英《中国石桥》，220 页。

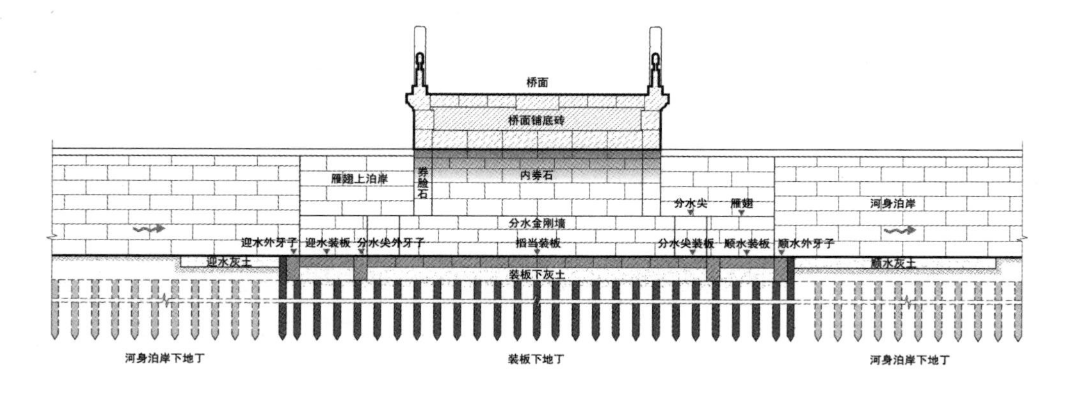

图 1–3–10　清官式石拱桥横断面（笔者据王璧文《清官式石桥做法》图版一“石券桥部分名称图”中“横断面”图重绘）

即上游水狭之处发现的另一处建桥基址也铺有片石，这正说明了这种构造的普遍性和延续性。

第三，桥墩及分水尖。中国古代石桥常在桥墩头部砌筑分水尖，以杀水势，发掘出来的九门口城桥桥墩残余部分即砌有分水尖。然而，重建后的九门口城桥却把分水尖砌至桥面并成为桥面一部分，殊为不当。查有关古代石桥的著作，分水尖墩高度一般与高水位相当，罕有高至桥面者，与桥面连为一体的则绝无一例。且九门口城桥有其军事需要，桥面三角尖端空间较狭，处之甚为别扭，对布置士兵和实施射击并无益处。另据考古发掘出的明万历间（1573 ~ 1620年）碑文“高连垛口叁丈贰尺……分水尖高一丈贰尺……”[①]，可知当时的分水尖仅高至桥身三分之一处，远非今日所视。

总之，九门口城桥从其基础及桥墩构造看，已是明清时期一种成熟的建桥做法。河床上的大片铺石在今人看来或许叹为观止，但也只是因为许多桥梁基础埋于泥沙之下，不经发掘难以发现而已。今人所谓“一片石”所指把仍属设论的释读看作定论，流弊深远。

① 碑文引自鲁宝林《绥中县境内明代长城踏查简告》一文，141 页。

参考文献

[1] （清）游智开修，史梦兰纂．光绪永平府志．中国地方志集成·河北府县志辑（18、19）[M]．据清光绪五年（1879）敬胜书院刻本影印．上海：上海书店出版社，2006.

[2] （明）孙承宗．高阳集．《四库禁毁书丛刊》集部第164册[M]．北京：北京出版社，1998.

[3] （清）赵允祜纂．光绪临榆县志，南京图书馆古籍书库藏本．

[4] （民国）仵墉、高凌爵修，程敏侯等纂，民国临榆县志．中国地方志集成·河北府县志辑（21）[M]．上海：上海书店出版社，2006.

[5] （清）赵端纂．康熙抚宁县志．故宫珍本丛刊（第67册）[M]．影印本．海口：海南出版社，2001.

[6] （清）顾祖禹纂，贺次君 施和金点校．读史方舆纪要[M]．北京：中华书局，2005.

[7] （清）钟和梅纂．乾隆临榆县志．南京图书馆古籍书库藏本．

[8] （清）唐执玉，李卫等监修，田易等纂．雍正《畿辅通志》．影印文渊阁《四库全书》[M]．台北：台湾商务印书馆，1986.

[9] 《嘉庆重修一统志》（一）[M]．北京：中华书局，1986.

[10] 茅以升主编．中国古桥技术史[M]．北京：北京出版社，1986.

[11] 四部丛刊[M]．据商务印书馆1926年版重印．上海：上海书店，1989.

[12] 景爱．中国长城史[M]．上海：上海人民出版社，2006.

[13] （清）宋琬纂修，张朝琮续修．康熙永平府志．四库全书存目丛书（史部二一三）[M]．北京大学图书馆藏清康熙五十年刻本．山东：齐鲁书社，1996.

[14] 王璧文．清官式石桥做法[M]．北京：中国营造学社发行，1936.

[15] （清）孙传栻修，王景美等纂．光绪直隶赵州志．中国地方志集成·河北府县志辑（6）[M]．据光绪二十三年（1897年）刻本影印．上海：上海书店出版社，2006.
[16] 罗英．中国石桥[M]．北京：人民交通出版社，1959.
[17] 孙波主编，罗哲文撰文．中国石桥[M]．北京：华艺出版社，1993.

1.4 “中国明清城墙”申遗背景下的价值挖掘：兴城古城外城墙考释

兴城古城始创于明初，重建于明末，见证了后金崛起和政权更迭的壮阔历史，是“宁远大捷”和“宁锦大捷”的发生地，更是明末清军入关时唯一一处没有攻破的城池，究其原因，虽有谋略和火器占优，但由两重城墙和护城河构成的城池防御体系功不可没。且中国古代城墙一直是冷兵器时代的重要军事防御保障，而宁远卫城恰逢明末火器之始兴，是中国古代火器和城墙防御有效结合的最早和最为重要的实战案例之一，充分体现了古人的军事智慧。因此，对古城两重城池体系尤其是外城墙历史信息的挖掘和重视对于提升、保护和延续兴城古城的遗产价值具有十分重要的意义。

本节从史料分析入手，理清了兴城外城墙产生和湮没的发展历程，结合对新中国建国初期城外水系分布情况和现状地形变化的分析，推测出了古城外城墙和城门的走向和分布位置。在此研究成果的基础上，《兴城古城文物保护规划》提出了对古城城池体系的整体保护，结合城市现状对外城墙遗址的保护提出了切实可行的措施，并得到了当地政府、辽宁省文物局和国家文物局专家的认可。

真实性和完整性是世界遗产保护的两个重要原则，兴城城墙作为《中国世界文化遗产预备名单》中“中国明清城墙”的重要组成部分，其保存完整的内城墙无疑是其遗产价值的一个重要表现，但缺失和忽视的外城墙如能得到重视和保护，必将使兴城城墙的遗产价值更为出色，更能真实和完整地展现其作为保存最好的一处中国明代军事卫城所具有的独特价值，这也是笔者的初衷和期望。

（1）事件回顾：一座明代卫城双重城墙的意义

2006 年，兴城文庙、钟鼓楼和祖氏石坊与第三批全国重点文物保护单位兴城城墙合并，定名兴城古城，被列为第六批全国重点文物保护单位。2011 年，国家文物局启动《中国世界文化遗产预备名单》更新工作。“中国明清城墙”项目纳入了南京、西安、荆州、襄阳、兴城和台州等 6 座城墙，分别代表了明清时期的都城、二级王都、府城和卫所等不同等级城市的城墙；2012 年，又增补了 2 座：寿县、凤阳。[①]

中国明清城墙是冷兵器时代城防工事体系的杰出范例，其建筑技术、设计思想、用材、功能等，既体现出内在的逻辑性和关联性，但在不同的地域系统中又呈现出不同特征的文化多样性。在中国五千年的城市文明历程中，明清城墙不论从形制变化，还是建造技术方面均发展得最为完备成熟，是东亚地区城防设施与城防系统的杰出代表。明清两代曾建造过大约 4000 座以上带有城墙的城市，但迄今完好保存下来的不超过 10 座，申报清单中的这 8 座明清城墙成为历史的最终代表和见证，完整地构建了由南方至北方，从都城到县城，代表长达 300 多年的时间范围内的不同城市级别、不同地域范围却具有内在关联性的中国城市制度体系，证明了中国古代城市宏观架构与功能体系的差异性与互补性。[②]

---

① 国家文物局官网：《中国明清城墙申遗联展》在西安展出［2013-06-08］.

② 国家文物局官网：江苏等五省举行明清城墙联合申遗文本汇总编制协调会［2012-03-02］.

图 1-4-1　南京明城墙四重城制

保护城墙，不应只针对城墙本体，更应放眼于城墙体系，包括：城防体系、历史环境、城市边界、城墙形制等，其前提是全面完整的历史研究与价值判断。如东南大学陈薇教授领衔的《南京明城墙保护总体规划（2008-2025）》，首次将明南京的第四道城墙——外郭，纳入法律层面的保护，正是基于对南京独特四套城制（图 1-4-1）的成就提炼，充分考虑了外郭形制对认识南京历史

图 1-4-2　兴城古城现状

城市的重要性，以及在南京特殊历史环境与地理环境中的相互关联度。[①]

申报清单中的兴城古城（图 1-4-2），乃是明长城防御体系之辽东镇的重要一环——宁远卫，也是目前保存最为完整的明代卫城，2010 年由东南大学周小棣副教授领衔着手编制《兴城古城文物保护规划》。经当地文物工作者证实，兴城古城外围建筑施工时曾经挖掘出城墙的部分基址。众所周知，城墙是中国古代城池建设必不可少的要素之一，也是等级秩序的重要标志，如果证实兴城古城历史上确曾存在过内外双重城墙（现仅城墙一道），这在东北地区乃至整个中国同等规模的明清城市中都是不多见的，在目前已知的明代卫所城市中更是孤例，同时，这也对遗产价值的评估提升及整个保护规划的编制意义重大。

① 陈薇．历史城市保护方法一探：从古代城市地图发见——以南京明城墙保护总体规划的核心问题为例［J］．建筑师，2013（3）：75-85.

(2) 史料解读:“原建说”与“增建说”

兴城当地的文物工作者认为，自古城诞生之初就拥有内外两道城墙，即明宣德三年(1428 年)宁远建卫城之时(“原建说”)，但可疑处甚多：在明代修纂的《辽东志》与《全辽志》中并无外城墙之记载，首次出现是在清代的诸般史料中，且修建时间也说法不一，有趣的是记录语句大体相同，只不过在顺序上有颠倒，导致歧义。基于对这些史料的甄别分析，笔者认为外城墙乃是明末增修(“增建说”)。

1)《辽东志》《全辽志》

这是明代官修的两部辽东史。《辽东志》经多次修改，于嘉靖十六年(1537 年)告成。[①] 四十四年(1565 年)巡按御史李辅重修《辽东志》，因“观其凡例于旧志纲目多所更定，大异于前次之续修，故易名为《全辽志》。”(民国)金毓黻指出:“《全辽志》者,《辽东志》第三次之续修本也。”[②]

两部志书的文字和图像(图 1-4-3)记载中，都没有显示宁远卫城有两道城墙。作为朝廷官修的史书，其记载“据本志凡例所载知，此志实兼载全辽之地”。虽然地方志书详略不一，但基本信息大多不会缺失，更何况外城墙对于一座卫城来说是一项很重要的城池要素。而且《辽东志》本身就经历过多次更改,《全辽志》更是对《辽东志》的全面修订，倘若有重要的信息错漏，当会补充说明，如《全辽志》中就更新了钟鼓楼的修葺记录:“钟鼓楼在中街，都督焦礼建”(《辽东志》)，“都督焦礼于卫治中衢建钟鼓二楼，嘉靖甲子副使陈绛重修”(《全辽志》)。再对比二志中记载的其他同等级卫城的城墙情况，基本完备和正确。按此逻辑，更不应当缺失宁远卫城外城墙的记载。

---

① (明)任洛等纂修. 辽东志. 辽海丛书·第二集第 6 ~ 9 册. 据嘉靖十六年(1537 年)重修传抄本. 辽沈书社，1933.

② (明)李辅等纂修. 全辽志. 辽海丛书·第二集第 10 ~ 15 册. 据嘉靖四十四年(1565 年)传抄本. 辽沈书社，1933.

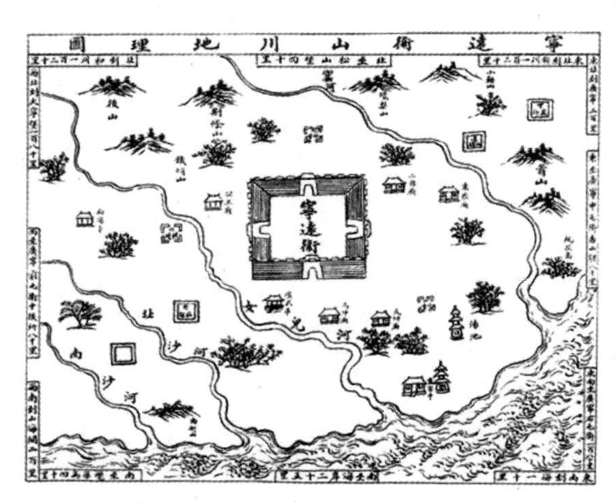

图 1-4-3 《辽东志》宁远卫图

《辽东志》流传最广的版本乃是任洛巡抚辽东时所修（表 1-4-1），成书于嘉靖十六年（1537 年），而宁远卫城的建城时间为宣德三年（1428 年），依此推断：1537 年之前尚无外城墙的修筑。

《辽东志》《全辽志》版本 **表 1-4-1**

版本	编撰时间	刻版	印本	传世
永乐 本	1420 年代	无	无	手稿传至毕恭、王祥
毕恭、王祥 本	1443 年	有	无	毕恭稿传陈宽、韩斌
陈宽、韩斌 本	1488 年	有	有	传至潘珍、任洛
潘珍 本	1529 年	无	无	
任洛 本	1537 年	有	有（1537 年版）	有
李辅 本	1565 年	有	有（1566 年版）	有（1912 年版）

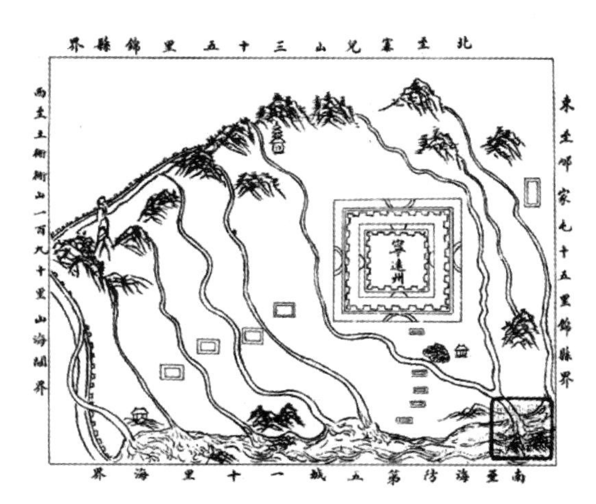

图 1-4-4 《康熙宁远州志》宁远州图

2）《康熙宁远州志》

该志编纂完成于清康熙二十二年（1683 年），是兴城历史上的第一部志书（清改宁远卫为宁远州），志中舆地图显示有两道城墙（图 1-4-4）。[①] 值得注意的是，比对明代的两部志书，明宁远卫城四座城门的名称与清宁远州城及今天流传下来的不符：

《辽东志》："城门四，东曰春和，南曰迎恩，西曰永宁，北曰广威。"

《全辽志》："门四，东春和，南迎恩，西永宁，北广威。"

《康熙宁远州志》："门四，东曰春和，南曰延辉，西曰永宁，北曰威远。外城……高如内城。明季增筑。门四，东曰远安，南曰永清，西曰迎恩，北曰大定。四角具设层楼。"

① （清）冯昌奕、王琨修．康熙宁远州志．辽海丛书·第七集第 63 册．北平图书馆藏稿本．辽沈书社，1933.

据此，至少可以确认宁远卫城确有两道城墙，外城墙还建有角楼，且在修建时间上有着前后次第关系，这才造成了城门名称的更换。只是“明季增筑”四字，因无句读断识，无法确定是限定外城墙还是外城门的定语。但按照一般规律，多同时于城墙修建之时辟门，应可确认为明季（明末）增筑外城墙。

以“迎恩”名城门，在明时建造的很多中小型城池中较为普遍，通常是接圣旨所在或朝廷命官甚至皇帝亲临所经。明宁远卫城内城南门的“迎恩”之名转移到清宁远州城的外城西门，恐与清帝东巡自西而来有关。

清自康熙帝始有东巡赴盛京（今沈阳）之举（计3次），其后乾隆（计4次）、嘉庆（计2次）、道光（计1次）诸帝皆然，虽以拜谒祖陵为辞，实则包含巡省地方，加强军备，奖励农垦，安抚少数民族及察吏安民等政治诉求。路线有二：一为绕道蒙古前往，乃为拉拢关系之考量；一为沿辽西走廊一路逶迤，此路线上的宁远州地理位置特殊，乃为沟通关内外的咽喉要道。特别是该城在清帝心中似乎有着更深一层的情感意义：皇太极大有得宁远而平天下之感，并对来自宁远的降将一律委以重任，有的拜将，有的封王，无所不用其极，如吴三桂、祖大寿、洪承畴等宁远降将都被授予汉人所能达到的最高官衔，号称“关宁铁骑”的宁远明军在降清后也都享有很高的待遇。此后诸帝亦对宁远另眼相待，恩宠有加。康熙、乾隆、嘉庆、道光，东巡途中大多会在此一带驻跸。[①]期间，或巡访，或断案，或围猎[②]，或吟诗，高兴之余，有的还免除宁远当年全部赋税，致使人心沸腾、欢呼雀跃。

---

① 详见《清实录》，此不赘举。此外，末代皇帝溥仪亦对兴城情有独钟，当他成为受日本操纵的伪满傀儡皇帝后，虽身处远在长春的伪皇宫，但还是惦念着列祖列宗挚情的兴城古城。并曾经征得日本关东军司令部的同意，准备在兴城打造别墅，拟建于离古城八公里远的�家夹山的山窝里，三面是山，东临大海。不过仅为设计图纸，随着日本战败投降，夹山离宫也就成了南柯一梦。

② 《清实录》多有康熙射猎猛虎的记录，除首次东巡因时间短促未及举行，第二、三次东巡途中均多次举行巡狩活动，与宁远州有关的有：“辛丑，上出山海关行围，射殪二虎。驻跸王保河地方。壬寅，上行围，射殪二虎，驻畔宁远州。丙午，上行围，射殪二虎，驻畔广宁县闾阳驿。返程途中，甲辰，上行围，射殪一虎，驻畔宁远州城西南。”第二次东巡时随行的比利时传教士南怀仁系亲眼所见，《鞑靼旅行记》有记：他们一出山海关，皇帝连同王侯百官，从此每天都狩猎……所经州县城镇皆无法供应逾万人的食宿，因此，多由京师车载马驮将帐篷、寝具、食具等携带随行……根据里程，确定每日傍晚该抵达某地的河岸处，在堤上修建大量的小屋（实则帐篷，称行幄），每天早晨，天刚亮，拆掉这些小屋，将材料运送到前站；日暮，则由值班官员为皇帝及皇室人员，次第诸王百官选择宿营地点，一般官兵则各按八旗的旗帜安排位置。

3)《重修宁远州城垣碑记》

此乃清道光二十八年（1848年）知州强上林所书[①]，亦是外城墙“原建说”的主要依据。其文曰：“考前明宁远，本属广宁前屯、中屯二卫地，无城郭。宣德三年（1428年）……建宁远城……门四：东春和、南延辉、西永宁、北威远……外城……高如内城，门亦四，明季，于四角俱设层楼。”

其文又曰：“（乾隆）四十四年（1779年）遣官勘估，奉省各城凡十一处，发帑兴修宁远，仍因内城旧址修筑，而外城遂废。”可见，撰写之时，外城墙业已废弃七十年之久，且此距宁远卫城创建已四百余年，那么，对外城墙的描述当是来自于二手资料，其可信度有待商榷。再对比《康熙宁远州志》，二者行文相似，相承关系明显，且还有断章取义之嫌。而从写作背景来看，显然官方修纂的《州志》比《碑记》更权威，“增建说”比之“原建说”更为可能，并且可以确信明末确实有关于外城墙的工程开展。

4)《民国兴城县志》

该志成书于民国16年（1927年）[②]，载：“县城即明宁远卫城，本广宁前屯中屯二卫地……建卫治，赐名宁远……门四，东曰春和，南曰延辉，西曰永宁，北曰威远，钟鼓楼在中街……明季增筑外城……门四，东曰远安，南曰永清，西曰迎恩，北曰大定，四角具设层楼。”明确指出了“明季增筑外城”，且据志中记载内容看，如城市的历史沿革等都较此前各书详实，应是综合前人资料的结果（表1–4–2），为“增建说”提供了较为可靠的依据。

---

① 载于《民国兴城县志》。

② （民国）恩麟、王恩士修，（民国）杨荫芳等纂．民国兴城县志．中国地方志集成·辽宁府县志辑·第二十一辑．据民国16年（1927年）铅印本影印．南京：凤凰出版社、上海：上海书店、成都：巴蜀书社，2005.

外城墙史料对比 表 1-4-2

文献名称	编纂年代	编纂背景	可靠性	传承关系	城墙记载
辽东志（任洛本）	明嘉靖十六年（1537 年）	明官方修订，并多次续修	较高	无	仅有内城一道
全辽志	明嘉靖四十四年（1565 年）	明官方修订	较高	自辽东志	仅有内城一道
满洲实录	清天聪九年（1635 年）	清官方修订	较高	无	有外城墙
春坡堂日月录	不详	（朝鲜）李星龄撰	一般	无	有外城墙
康熙宁远州志	清康熙二十二年（1683 年）		较高	无	明季增筑外城墙
重修宁远州城垣碑记	清道光二十八年（1848 年）	知州强上林撰	一般	自康熙宁远州志	内外城墙同时修筑
民国兴城县志	民国 16 年（1927 年）	民国官方修订	较高	综合前人所述	明季增筑外城墙

（3）城池钩沉：外城墙的修筑与湮没

作为一座以军事防御为目的修建的城市，其形制与军事运作密不可分，尤其是城池防御的重要构成之一——城墙。因此，结合历史背景，可以明晰兴城古城外城墙的具体产生时间及其原因，也由此更加印证了“增建说”之观点。

1）修筑时间与缘由

元末明初的辽东地区，各种政治力量和军事集团纷纷涌入，盘踞一方[①]，“故元在东北余部势力还很雄厚”[②]，洪武四年（1371年）明军入辽，盘踞势力被陆续瓦解。[③]永乐七年（1409 年）朱棣北征鞑靼前，开始建设北方长城防御系

① 张士尊．明代辽东边疆研究［M］，长春：吉林人民出版社，2002：1.

② 据杨旸、陶松．辽海卫与其石刻［J］．辽海文物学刊，1989（1）：270：在辽东尚有哈剌张“屯驻沈阳古城”，高家奴“固守辽阳山寨”，也先不花“驻兵开原”，洪保保据守“辽阳”，刘益集兵“得利嬴城”。

③ 杨旸．明代辽东都司［M］，郑州：中州古籍出版社，1988：2-3.

统。[①]"土木堡之变"（1449年）后，明军明显处于守势，更为依赖长城防御系统，宁远卫即诞生于此时段中的宣德三年（1428年）。

总的来说，北元蒙古的威胁贯穿整个明代，主要集中于大同、榆林、宣府及黄河河套地区，明廷疲于应对西北部边患，位于"九边极东之地"的辽东镇特别是宁远卫一带并没有形成特殊的防御点。且以今天掌握的资料来看，本节所讨论的宁远卫城的两道城墙，在明代"九边重镇"的所有卫所城市中是绝无仅有的，而初建时期的宁远卫城，无论是规模还是战略地位，显然只是大批量修筑城池中的普通一员，当然也不需要如此重要的双重城墙形制来支撑。

明廷在辽东地区用"以夷制夷"之法，以女真制蒙古，女真内部则分立部落首领，各自为营，互不隶属，削弱各部落力量，直接隶属于大明。至明晚期，蒙古势力大不如前，相反，女真崛起进而成为主要的北方敌虏，防御的重心也转移到了辽东。万历四十五年（1617年）努尔哈赤以"七大恨"告天，发兵攻明，采取了"集中主力，各个击破"的战略，开原、抚顺、沈阳、辽阳、广宁等接连失陷，山海关成为阻挡后金进军的关门，宁远卫则是山海关外的最后防线，其战略地位之关键不言而喻。

而此时的宁远卫城已凋敝日久，起因于隆庆二年（1568年）的大地震，"是日，永平府乐亭县、辽东宁远卫、遵化顺义等县、山东登州府同日地震，乐亭地裂二所，各长三丈余，黑水涌出，宁远城崩。"[②] 与此同时，明廷的主要精力被蒙古侵扰所牵扯，无暇修复非主要防线上的震后城市。

随着明末东北战事升级，明廷边境策略又日趋保守，辽东守军退守山海关，以八里铺为前哨，宁远一带被蒙古人暂时占领，宁远卫城更加破落。天启三年（1623年）时任辽东经略孙承宗命袁崇焕亲抚喀喇沁诸部，收复自八里铺至宁远200里，孙承宗又从袁崇焕议，"决守宁远。"

---

① 据（清）张廷玉等．明史［M］．卷九十一・志第六十七・兵三：长城沿线东起鸭绿江、西至嘉峪关，共划分为9个防区，即九镇（又称九边，分别为辽东镇、蓟镇、宣府镇、大同镇、山西镇、延绥镇、宁夏镇、固原镇、甘肃镇），嘉靖三十年（1551年）为加强京城防务和保护帝陵的需要，又在北京西北增设昌镇和真保镇，终成"九边十一镇"格局。

② 民国兴城县志．民国16年铅印本。

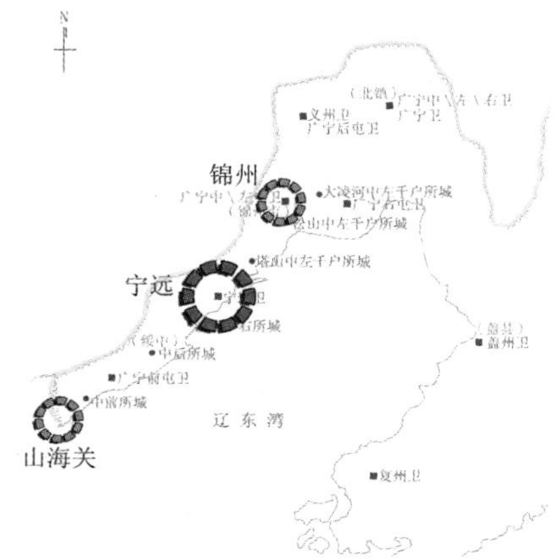

图 1–4–5　关宁锦防线

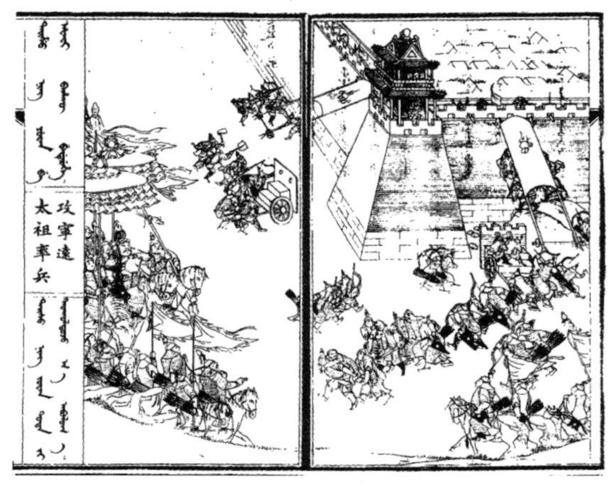

图 1–4–6 《满洲实录》太祖率兵攻宁远图

先是命祖大寿重筑宁远卫城，而“大寿度中朝不能远守，筑仅十一，且疏薄不中程”。袁崇焕上任后制定新规重筑城墙，仅一年，工迄城竣，又配备火炮“以铳护城”[①]。曾经是“灰尽煨残，白骨暴露”的宁远卫城焕然一新，成为“内以保障关门，外以捍御强虏”,“商旅辐辏，流移骈集”的关外重镇[②]，关（山海关）宁（宁远）防线构筑完成。袁崇焕又建议将防线向北推进200里，经松山、锦州至大凌河，即关（山海关）宁（宁远）锦（锦州）防线（图 1–4–5），负山阻海，地险而要。

天启六年（1626 年）努尔哈赤率军攻宁远。（朝鲜）李星龄亲历此役，所著《春坡堂日月录》载：“是夜，贼入外城，盖崇焕预空外城，以为诱入之地矣。”该时宁远卫城筑有外城墙确定无疑。此外，《清实录・满洲实录》中还录有一幅“太祖率兵攻宁远”[③]（图 1–4–6），图中城墙上有角楼。今日兴城城墙东南角仍有魁星楼一座（图 1–4–7），始建于建城之初，后屡毁屡建，当时战事吃紧，

① （清）张廷玉等. 明史［M］. 北京：中华书局，1974：卷二百五十九・列传第一百四十七・袁崇焕.
② （明）王在晋. 三朝辽事实录［M］. 扬州：江苏广陵古籍刻印社，1988：卷十六.
③ “进攻宁远图”转引自阎崇年. 明亡清兴六十年（上）［M］. 北京：中华书局，2007：189.

图 1-4-7　兴城古城城墙东南角魁星楼

袁崇焕断不会轻易拆除用于防御的角楼来建魁星楼的，图中所绘是努尔哈赤攻打外城的情景，外城墙上的角楼亦与前述诸般史料记载相符。

综上，外城墙的修筑时间，可定为始于天启三年（1623 年）袁崇焕重修宁远卫城，最迟天启五年（1625 年）完工（《明史・袁崇焕传》载：一年“工迄城竣”，但未说明是否内外城墙），天启六年（1626 年）初已迎战努尔哈赤来犯。宁远卫城的双重城墙形制，并非表面上简单的“逾制”行为，而是取决于当时所处的独一无二的战略军事地位。在山海关危在旦夕，京师唇亡齿寒之时，外城墙的修筑实为防御之必须。

2）废弃原因及消失

清灭明后，宁远城的军事地位急剧下降，由卫城改为地方州城。由于城市性质的转变和人口规模的减少，出于军事防御需要修建的外城墙逐渐荒废，而内城墙出于城市管制需要，仍旧得到了保留和维修。根据上文所列清道光二十八年（1848 年）知州强上林《重修宁远州城垣碑记》，清乾隆四十四年

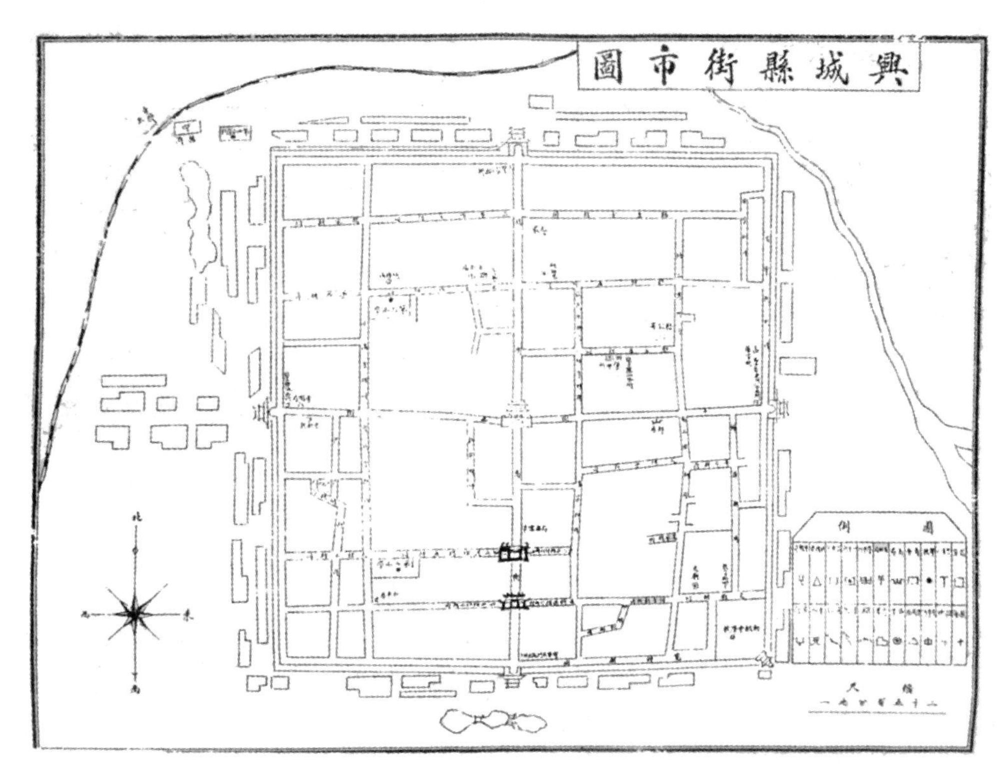

图 1–4–8 《民国兴城县志》兴城县街市图

（1779 年）拨款维修城墙时，只修筑了内城墙，“而外城遂废。”

至民国，宁远州改为兴城县，城市规模仍局限于内城，外城尽属郊野，人烟稀少，从《民国兴城县志》“兴城县街市图”（图 1–4–8）上可以看出，当时外城墙已基本无存，仅剩局部的墙心夯土依稀可辨。

此外，清末至民国东河的水患也对兴城外城墙造成了很大破坏。新中国成立后，随着人口增加、道路交通发展和城市建设，原外城范围已遍布市井街巷，西关、南关成为繁华的商业街市，外城墙遗址已逐渐掩埋于道路和建筑之下。

（4）遗址保护：真实性与完整性的体现

既然确认了兴城古城外城墙存在的事实和依据，虽尚未进行考古勘探予以落实，但在保护规划编制中绝不能无视它的存在，必须纳入真实性、完整性和延续性的评估框架，诚如《中国文物古迹保护准则》所指出的："保护的目的是真实、全面地保存并延续其历史信息及全部价值。"① 那么，保护区划的首要基础就是要弄清外城墙的大致周长和走向。

1）位置推测

现存的城墙（即内城墙）南北长 821m，东西宽 816m，周长 3274 m，与史料记载的数据基本相符，以之推断，外城墙周长约在 5400 ~ 5500 m 左右（表 1-4-3），即将内城墙外扩 300m 左右。大致走向的确定则基于两方面资料：其一，据当地文物工作者郭存水先生等人多年来的探访和考察，已获得多处外城墙被发现的方位点，可将之两两连线②；其二，历史上有内外城壕，虽然今日的遗存只是几处零落的水沟，但 1950 年代的两张县城测绘图显示当时水量仍

---

① 国际古迹遗址理事会中国国家委员会 . 中国文物古迹保护准则［S］. 第一章 第 2 条 . 2004.

② （1）1980 年建设兴城物资商场大楼时，据原规划处许德山后来回忆介绍：他在现场勘察放线时，看到挖楼基础时发现的许多青砖，经多人观察青砖埋设情况分析断定，此地应是外城墙的西南角台遗址的坐落位置。（2）1984 年由中国城市规划设计研究院所作的《兴城总体规划》，意在古城外东北角创建"古战场公园"是有历史依据的。据兴城城市规划老前辈秦剑介绍：他了解到"宁远大捷"时外城墙东北角仗打得最厉害，而且努尔哈赤就是在此处遭受炮击而受重伤的。另据原热电公司职工张宜杰（1952 年出生）介绍：小时候到东二村河北玩时，看到过大土台子，有两三人高。（3）2003 年兴海南街周岐满在建"客家源宾馆"挖地基时，也挖到了许多的青砖。在场的许多人都认为是外城墙的遗址。（4）2004 年 10 月调查外城遗址时，在北关村见到了一位 80 多岁的现已退休（原在铁路部门工作）姓佟士民，据介绍：他家 1978 年在建房时（在生产资料的化肥库的沟南，五交化仓库外的西北角）挖地基时，发现了许多青砖，最底下一层是三块青砖顺长垒筑。并告诉笔者铁路部门在修筑北宁线（原单线，现在的京沈铁路）时并没有占用兴城外城墙（此资料可到锦州铁路档案部门去查），只是后来修建复线时（1941 年）才占了。佟老指着房后的大沟告诉笔者，这条沟就是原来护城河，只是修建货场时往南占了。此处笔者原来下现场时曾见到过土墙还有 1 m 多高，但现已看不到了。（5）在与规划处原处长张国华、规划处刘鹏国、宋东升、原县医院老院长王凌阁、文化局门卫陈继文、市信访办李紫成等交谈时，据他们回忆介绍：兴城 20 世纪六七十年代以前还能看到不少外城墙遗址，小时看到北面外城土墙还有 4 ~ 5 m 高；外城的东南角台就在民政局老王家那；水产局东面的水沟、林业局建楼底下就是外城护城河；水利局东面和火车站前的暗渠就是护城河。

内外城墙数据 表 1-4-3

史料	原文描述	换算
辽东志	周围六里零八步，高二丈五尺，池周围七里零八步，深一丈五尺	内城墙周长 3471 m，高 8 m，城壕周长 4047.36 m，深 4.8 m
全辽志	周围六里八步，高二丈五尺，池深一丈，阔二丈，周围七里八步	内城墙周长 3471 m，高 8 m，城壕周长 4047.36 m，深 3.2 m，宽 6.4 m
康熙宁远州志	周围五里一百九十六步，高三丈，池周围七里八步，深一丈五尺……外城周围九里一百二十四步，高如内城	内城墙周长 3256.32 m，高 9.6 m，城壕周长 4047.36 m，深 4.8 m。外城墙周长 5422.08 m，高 9.6 m
重修宁远州城垣碑记	周围五里一百九十六步，高三丈，池周围七里八步，深一丈五尺……外城周围九里一百六十四步，高如内城	内城墙周长 3256.32 m，高 9.6 m，城壕周长 4047.36 m，深 4.8 m。外城墙周长 5498.88 m，高 9.6 m
民国兴城县志	筑城周围五里一百九十六步，高三丈……池深一丈五尺，周围七里八步。明季增筑外城，周围九里一百二十四步，高如内城	内城墙周长 3256.32 m，高 9.6 m，城壕周长 4047.36 m，深 4.8 m。外城墙周长 5422.08 m，高 9.6 m

注：依明尺换算，1 里＝ 300 步，1 丈＝ 10 尺，1 步＝ 6 尺，1 尺＝ 0.32 m。

较为丰盈（图 1-4-9、图 1-4-10），将二图叠加于现状城市测绘平面图上，可大致画出护城河的推测线。外城城门所在则是根据郭存水先生的调查和 1950 年代的沟渠水系分布情况两相印证，共同推测（图 1-4-11）。现状中有铁路和东河插入外城范围，实则是民国时期为修筑铁路，将东河南移，导致了对外城西北角和东北角遗址的破坏。一个意外的发现是，推测的外城门部分周边水系呈现明显的弧状，极似瓮城的轮廓，惜无史料和考古证明，此处存疑。

古代城市遗址虽然被现代城市所叠压，但大型工程设施，如城墙、城门、河渠、干道等，以及其相关历史环境通常能在现代城市中留下地形上的遗痕，常反映为地表的高低起伏。[①] 基于此，又通过 GIS 高程分析对上述外城墙走向的推测进行检验（图 1-4-12）。

很明显，古城内部的地平要明显高于城外，这是内城作为城市核心长年累积建设的结果，证明城池内外的高差可以作为一个判定城墙内外的依据。将上述根据当地文物工作者调查和 1950 年代水系分布情况推测的城墙位置与 GIS

① 张剑葳，陈薇，胡明星．GIS 技术在大遗址保护规划中的应用探索——以扬州城遗址保护规划为例［J］．建筑学报 2010（6）：23-27.

图 1-4-9　1953 年兴城测绘总图

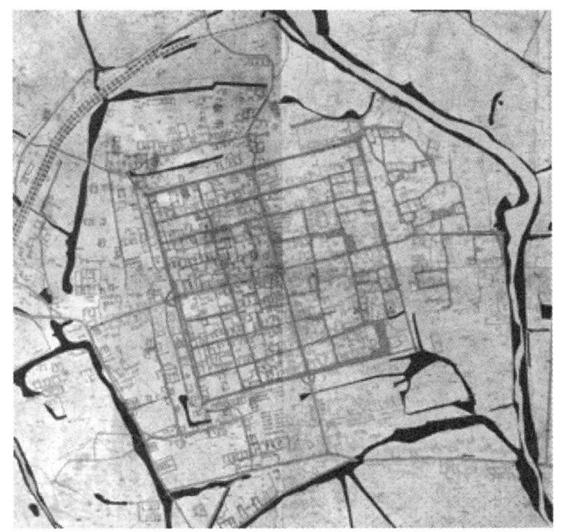

图 1-4-10　1959 年兴城测绘总图

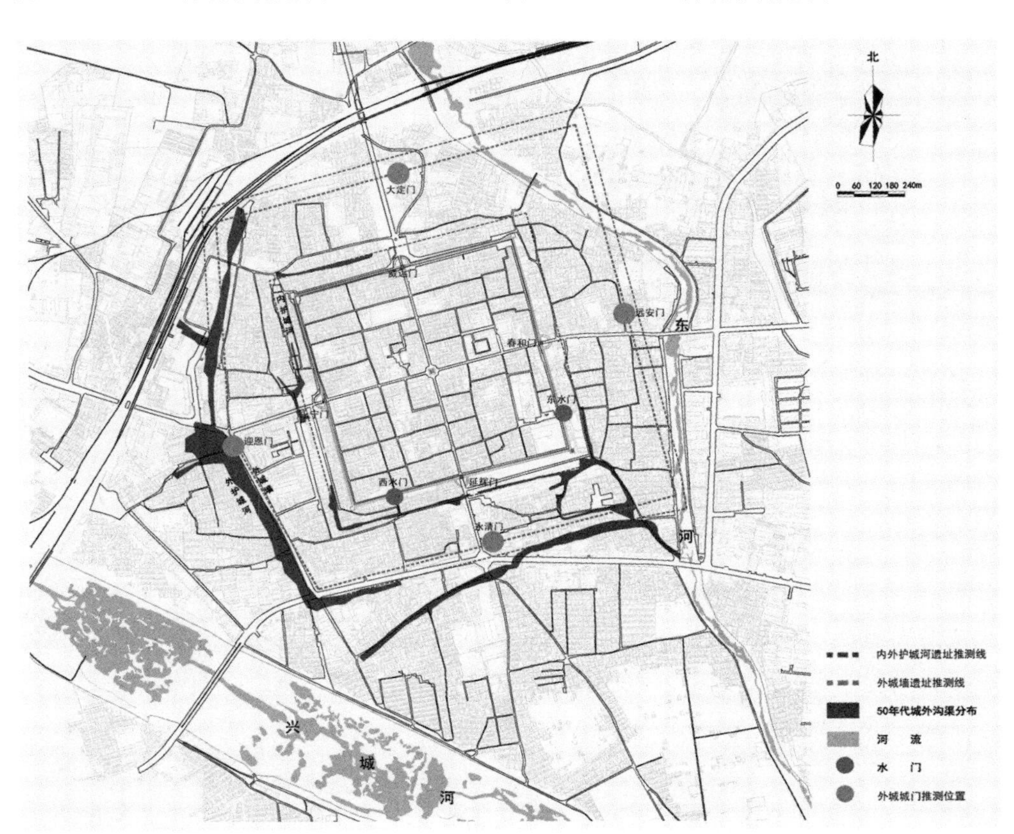

图 1-4-11　外城墙及护城河走向推测

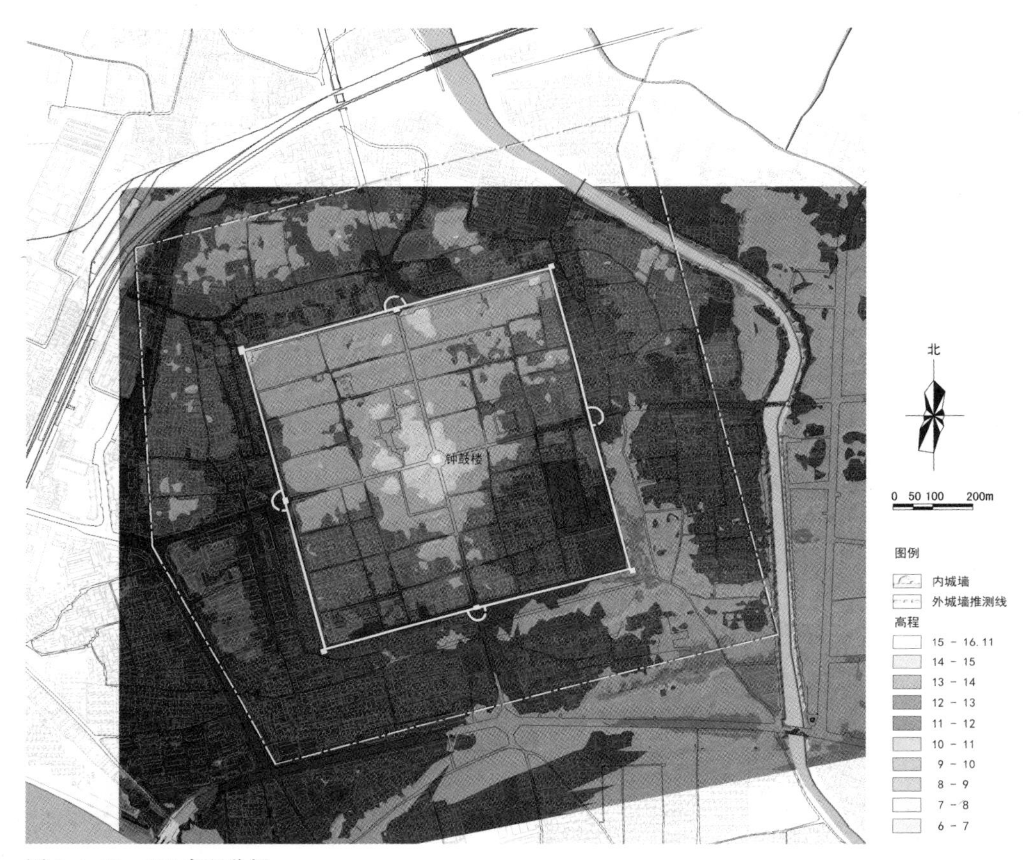

图 1-4-12 GIS 高程分析

分析图叠加，可以看出外城墙推测线附近也存在多处高差明显部位，如西、北、南三侧所示，证明这条推测线与其真实位置基本吻合。图中唯东侧和西北侧偏差较大，可能与铁路建设和东河冲刷、改道有关，具体原因有待考古确认。限于所得高程数据范围，外墙东北角处目前尚无法核对。

2）保护措施

就目前推测而言，外城墙遗址约长 5500 m，外护城河遗址约长 5900 m，遗址带涉及范围较广，且与城市建成区重叠，若全部发掘和展示会带来很大困难，综合考虑遗址的巨大价值和城市现实发展情况，提出的保护策略为：全面勘探、重点发掘、局部展示和沿线标识。具体而言，首先应组织全面的考古勘探，确认城池走向；其次应选择重要部位，如城门和转角处进行考古发掘；第三应结合考古发掘，选择局部进行遗址展示；第四是对未作考古发掘和遗址展示的其他段落，通过沿城池走向设置绿化标识的方式，对城墙的位置、规模等

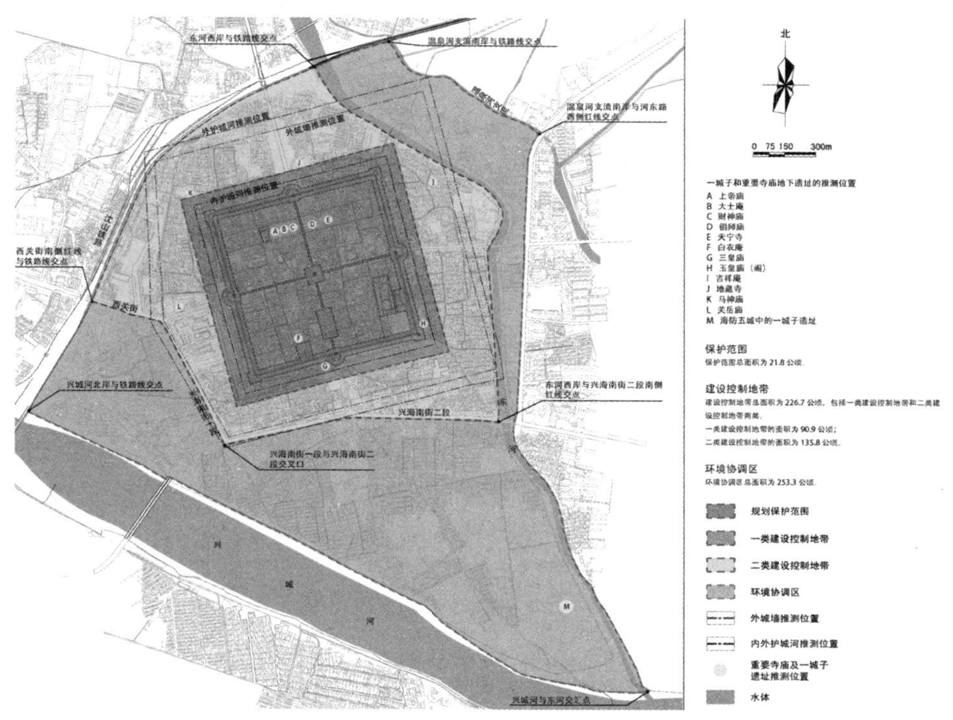

图 1-4-13　保护区划总图

信息进行展示。由于地面遗存太少，对遗址应尽量采取回填保护或景观标示的措施，若进行复原和重建，则应采取审慎严谨的态度，必须有充分的依据。

基于价值评估，兴城古城的保护对象不仅包括现有文物保护单位，还应包括外城城池遗址及古城所处的山形水系，尤其是两水环城这一景观和空间格局。在没有考古勘探确认的情况下，很难对外城城池遗址作出有实效性的保护范围划定。因此，将之与兴城河、东河一起加以考虑，囿于城市现状的限制，以二类建设控制地带和环境协调区的划定共同加以控制。不过，明确规定了要保证整个保护规划的弹性，特别是外城池遗址的保护区划，应根据考古工作的开展适时进行调整，如增加相应的保护范围、建设控制地带的再划分等。

根据《文物保护法实施条例》的规定，文物保护单位的建设控制地带，是指在文物保护单位的保护范围外，为保护文物保护单位的安全、环境、历史风貌对建设项目加以限制的区域。本案的一类建设控制地带是为了控制包括内护城河遗址在内的整个内城的历史风貌，而二类建设控制地带的划定则特别为控制历史上外城主要区域的风貌。再者，兴城河和东河交汇区域既是古城防御体系的重要组成部分，也是古城景观体系的重要一环，故将建设控制地带外至兴城河和东河交汇处的所有区域均划定为环境协调区加以控制（图 1-4-13）。

1.5 明代砖砌空心敌台的形制与构造特征——以镇宁楼为例

镇宁楼位于山西大同市左云县三屯乡宁鲁堡村东北 2 km 处，这里有一个南北走向的干涸河谷，东西两侧山峦连绵，河谷成为联系长城内外的重要通道，镇宁楼即矗立于河谷东侧山坡的山脚处，虽为山脚，但伸向谷底的坡面较为陡峻，高差较大，加上镇宁楼自身的高度，居高临下，足以控扼全局（图 1–5–1）。宁鲁堡村即明代的宁虏堡，现存夯土堡墙。毫无疑问，镇宁楼是宁虏堡的前沿阵地，军事地位举足轻重。

镇宁楼东西两面接长城墙体，墙体外包砖墙已被剥去，仅剩夯土部分及散落的碎砖。敌台南北两侧均有方形小城，用墙体围合。就面积而言，南侧（关内）小城小于北侧（关外），尺度分别为 50m × 41m 和 60m × 52m，垂直于长城的为长边。但南侧围墙的保存状况要好于北侧，前者南墙现存砖券门洞，可通人马。对于围墙遗存，有学者认为这是明代的马市遗迹[①]，据《三云筹组

① 参见师悦菊．明代大同镇长城的马市遗迹．文物世界，2003（1）．

图 1-5-1　镇宁楼全景（自东向西望）

考》[①]记载及内录舆图，宁虏堡马市所处位置与镇宁楼所在地约略相当，马市之说近乎确论。但有两个小的疑问，一是围墙内面积较小，显然无法容纳大量马匹，令人不解；二是据今天的左云县地图，此处关外北侧有村名马市楼，或许那里才是马市所在。

（1）形制

镇宁楼近似坐北朝南（图 1-5-2[②]），北面偏东约 20°。敌台外观为方形棱台，分台基、二层空间及台顶三部分。台基外墙下部用条石找平，上用砖砌，

① （明）王士琦《三云筹俎考》卷三“宁虏堡”条载：“本堡边外土城一带，虏酋大兰把喇素部落住牧，若入犯，必从本堡迤南而入。嘉靖中，由此大举，直掠怀、应、山、马等地方。款塞以后，设有市垣，夷人月赴贸易。一切防范，视他堡称难云。”

② 此图由笔者独自进行测量和绘制，限于条件所限，局部误差可能较大，期待相关部门进行精细测绘。

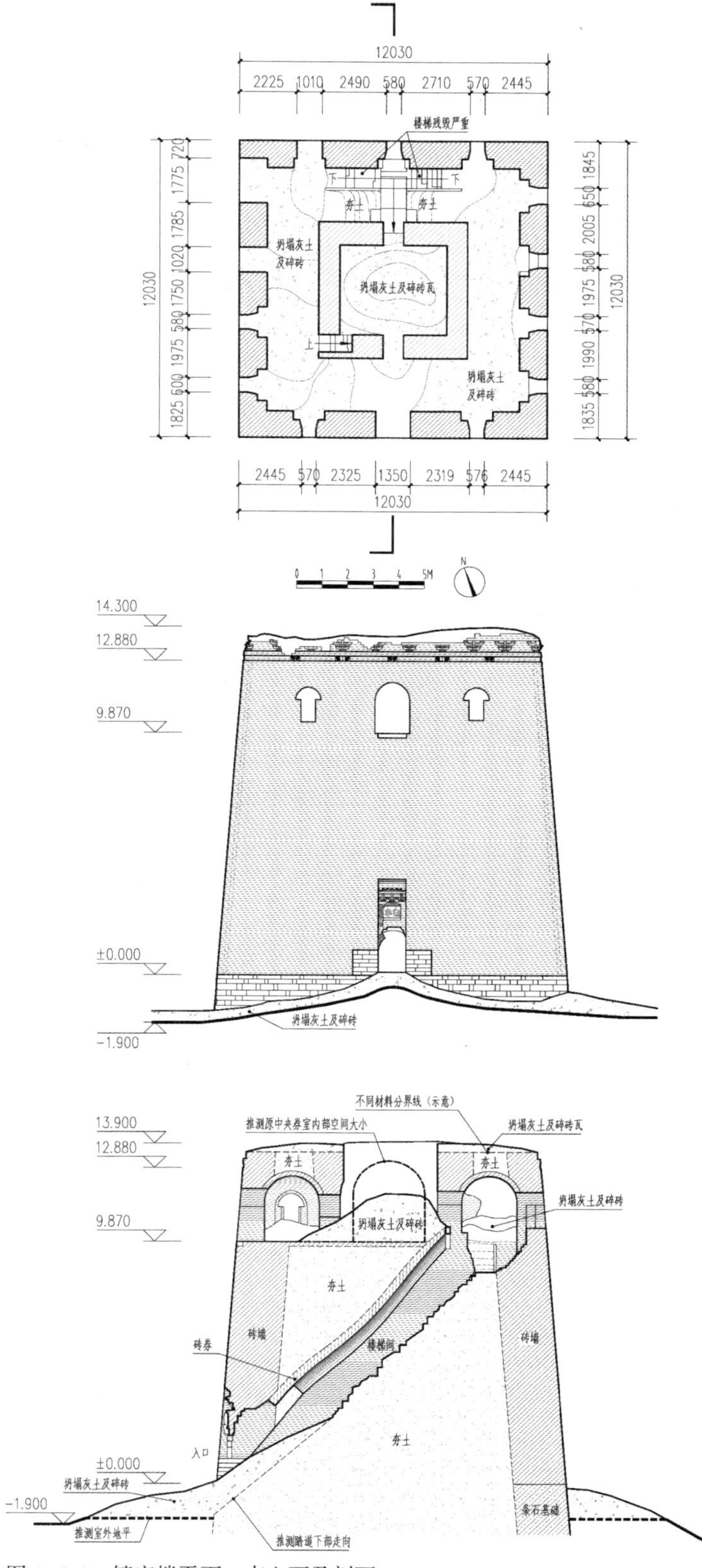

图 1–5–2 镇宁楼平面、南立面及剖面

内为夯土筑墩。台基南侧下部中央处开有门洞，门额上嵌有石匾，阴刻“镇宁”二字，为今日“镇宁楼”名称的由来，门洞内有踏道可上至二层。二层空间由砖砌券洞构成，形制为中央一大券室加四周通高券廊，四面外墙各有箭窗。二层西侧券廊南部靠内墙有楼梯可上达敌台顶部。现台顶大部分坍塌，周围雉堞缺毁，但台顶堆土中有许多砖瓦遗存。

作为空心敌台，镇宁楼有自身的特征。空心敌台为明嘉靖年间戚继光任蓟镇总兵时所创制[①]，其形制尺度在《练兵实纪》中有载：

“今建空心敌台，尽将通人马冲处堵塞。其制高三四丈不等，周围阔十二丈，有十七八丈不等者，凡冲处数十步或一百步一台，缓处或百四五十步或二百余步不等者为一台，两台相应，左右相救，骑墙而立。造台法：下筑基与边墙平，外出一丈四五尺有余，内出五尺有余，中层空豁，四面箭窗。上层建楼橹，环以垛口，内卫战卒，下发火炮，外击寇，贼矢不能及，敌骑不敢近。”[②]

在形制上，镇宁楼与上述规定大略相同，楼顶残存瓦块证明过去曾有“楼橹”，唯“下筑基与边墙平”一条似有差别，镇宁楼二层地坪距地面约 11m，比两侧的长城墙体要高出不少[③]（图 1–5–3），这也是大同市现存其他夯土敌台所具有的共同特征。就尺度看，镇宁楼底阔近 14m，高 15m 有余（不计已缺毁的雉堞及楼橹），比上述规定略大。

① 参见（清）张廷玉《明史》卷二一二《戚继光传》，“自嘉靖以来，边墙虽修，墩台未建。继光巡行塞上，议建敌台，略言，蓟镇边垣延袤二千里，一瑕则百坚皆瑕，比来岁修岁圮，徒费无益，请跨墙为台，睥睨四达。台高五丈，虚中为三层，台宿百人，铠仗糗粮具备，令戍卒画地受工，先建千二百座。”

② 参见（明）戚继光《练兵实纪》卷六“车步骑营阵解下”之“敌台解”，收录于程素红编《中国历代兵书集成》，北京：团结出版社，1999：1599.

③ 现存长城多已残损倾塌，原高度已不存，但据明代宣大总督翁万达《翁东涯文集》“修筑边墙疏”中所记，当时增修后的长城高二丈，折合今天尺度为 6 m 多。参见（明）陈子龙．明经世文编．北京：中华书局，1962：2359.

图 1-5-3　镇宁楼敌台东南侧（有树一面为南面）

（2）构造：一层

1）台基

敌台台基内部为夯土，外部下砌条石，上砌砖墙，外墙斜度为 85° ，即收分 8.7%。下部条石地面以上有七层，总高 1.44m，条石间用石灰浆粘结，砌筑规整严密。条石为砂岩，外有凿纹，局部风化严重。条石的砌筑每层遵循一顺（长边外露）一丁（端头外露）交错砌筑的原则，同时上下层不对缝，保证条石基础的稳固。条石长可达 0.9m，端头宽 0.15 ~ 0.3m。条石上部为青砖砌筑，就二层踏道口处的裂缝看，外包砖墙厚达 1.9m，十分结实。砖块的尺寸有三种，分别为 80mm × 220mm × 440mm，80mm × 240mm × 470mm 和 80mm × 240mm × 500mm，后两种砖尺寸接近，可能是制砖误差所致，也可能是有意区分以满足建造需要。就墙体所用粘结剂来看，外墙砌砖用白灰浆，但里侧则转为灰泥浆，可见对白灰的节省，这一现象从二层墙体断面处可以看到。台基部分砖墙有 105 匹，外侧砌砖均采用了超面砖①，为十字砌式，角部超面砖为两面斜杀（图 1-5-4），厚同普通砖，上部平面尺寸为 220mm × 350mm。

① 超面砖分为走超砖和超条砖两种，前者为顺向斜面，后者为丁头斜面，参见潘谷西，何建中.《营造法式》解读. 南京：东南大学出版社，2005：209.

图 1-5-4　镇宁楼敌台南面靠近西侧转角处

2）入口及楼梯

敌台入口（图 1-5-5）位于南侧下部中央，门扇已无，仅剩门框和门洞，宽 1.07m，门框两侧下部在石砌层之上又加砌六层条石，高约 1m，宽 1.2m。门框下部由于被淤土碎砖等掩埋，无法弄清门槛位置及具体高度，只能测出门框顶部距砖墙下部距离为 2.98m。整个入口建造得非常精致，门框顶部无过梁，由两层斜砖挑出，下部做出仿木构屋檐，有滴水、飞椽、挑檐檩及檐下斗栱等，除滴水为真瓦外，其他均为砖制，飞椽头部甚至还雕出花朵形状，极力模仿木构件，惟妙惟肖。这组屋檐下部，是一个匾额，四周装边分上下左右四块，各为一个整砖，上面满雕枝叶花卉，手法精湛，版心是一块整石，为砂岩，上书“镇宁”二字。匾额下面即是门洞，上砌石券，应为左中右三块拼接而成，现只剩左边一块，也为砂岩，外侧券面有雕刻，分为券心与上下两弧边，券心雕刻枝叶，上弧边刻有折曲纹，下弧边刻有波浪纹。就保存状况而言，整个门框大体犹在，往日建造之精致仍历历可见，但多处构件残毁脱落，如屋檐滴水、砖制斗栱、匾额装边，以及门洞券石等等，亟待保护。

门洞内部即是楼梯，下部已被灰土碎砖掩埋，上部露出的梯段已只剩夯土部分，台阶面大部分已被磨掉。楼梯间为一斜向券洞，券顶走向并不呈直线，而是一个波浪曲线，楼梯间两侧券脚竖墙为十字水平砌筑，沿楼梯间走向把锯齿状砌砖砍成斜面，用条砖发券。楼梯间券顶及墙壁保存基本完好，只在下部靠近入口处有坍塌，断面显示里侧券顶为两券，用小尺寸砖发券，外侧靠近门洞处则改为一券一伏，券砖为大尺寸砖，与外墙砖一样（图 1–5–6）。楼梯自南侧上，达于敌台二层最北侧，正对北墙中央券窗，然后折向两边上到二层楼面，楼梯间券洞则斜上至二层中央券室北墙下部，以一个石券结束（图 1–5–7），

图 1–5–5　镇宁楼敌台南侧入口

图 1–5–6　镇宁楼敌台楼梯间（自下往上摄）

图 1–5–7　镇宁楼楼梯间上部结束处的石券

石券素面，也分为左右中三块，左右两块下部藏于砖墙内，石券顶部另起砖券，用小尺寸砖，为一券一伏，现已坍塌，仅剩残迹。

(3) 构造：二层

1) 主体

二层主体结构为砖砌，用砖券顶形成较大空间，中央一个大券室，四周环以通高回廊。现二层残毁严重，首先，室内围廊墙面和券顶的外层砌砖均剥落；其次，该层西北部和西南部转角处均坍塌，西北角坍塌最为严重，外墙有一道竖向裂缝贯穿上下（图 1-5-8）；第三，中央券室顶部完全坍塌。坍塌下来的碎砖和灰土已经把室内地面盖住，难见原始地坪，中央券室则已被碎砖和灰土填塞了近一半。从坍塌部位可以看出敌台的一些构造做法。

现存回廊只发一券，从局部保留的完整墙面看（图 1-5-9），原状应为两券无伏，现券顶局部发生错位，券线呈扁弧状，顶部弧面较平，可能是雨水渗入夯土中导致上部荷载加重所致。券砖尺寸同墙砖无异，以石灰泥浆粘

图 1-5-8　镇宁楼西墙上的裂缝

图 1-5-9　镇宁楼北侧券廊（向东望）

图 1-5-10　镇宁楼回廊交接处

结。砖券顶部两侧砌砖，中间用夯土填充，夯土中多碎石和碎砖。四围券廊通高，交接处的结顶做法值得注意。交接部位在下部较陡处采用砍砖的方法，而到了上部，则采用两个方向的砖相互错接的方式，通过一段段直交来形成斜弧（图 1-5-10）。考察中发现室内东南角地上还散落着一些小尺寸的砖，为 55mm × 155mm × 315mm，这些砖与楼梯间发券所用小尺寸砖相同，也用于回廊券顶的填充，是一种辅助用砖。

从南侧围廊可进入中央券室，入口为砖券洞，位于券室南墙中央。券室接近方形，东西阔 4.18m，南北深 3.9m，现券顶坍塌，室内堆满碎砖灰土，且室内砖墙外皮脱落，不是原来模样，只能从南墙略微残余的起券推测原状可能为东西向单筒券顶。

图 1-5-11　镇宁楼东墙北侧第二券窗

2）箭窗

二层四面各有箭窗，北三南二，东西各四，其中南侧中央有一大券洞，《明长城考实》称其为小门。[①] 就保存状况看，西墙北侧二窗和北墙西窗由于墙体坍塌皆残毁，其他各窗虽基本保存，但顶部砖券皆不存，窗台处也多有缺毁。箭窗宽度多为 0.57 ~ 0.58m，西墙南窗和东墙北窗稍大，分别为 0.6m 和 0.65m。虽然宽度有出入，但箭窗券脚高度一致，砖券顶部由于大多残缺，加上砖券跨度不一，券顶矢高已不得而知，从南墙保存较好的两个箭窗看，砖券高度略大于券阔的一半，显示砖券起拱曲线并不是一个半圆，而是双心圆线，这种形状是符合一定受力原理的。[②] 经过测量券脚可知砖券的厚度为 220mm，若用一般墙砖，则只能是单券无伏。箭窗平面外狭内阔，按墙厚分三段，以南墙西窗为例，各段厚 360mm，外阔 570mm，内阔 1240mm，中间有斜面连接，斜面部分为砍砖，上有打磨痕迹。从现状痕迹看，箭窗内部其实也有一层砖券，现已同室内券廊外皮砖一起剥落不存，券的厚度为 220mm 左右，从东墙南侧箭窗同部位的痕迹看，这层砖券用砖同一般墙砖，为单券无伏。箭窗内外两层砖券的连接应该也同下部一样采用斜面的方法，对砖匠的砍砖技术要求非常高（图 1-5-11）。

---

① 参见华夏子．明长城考实．北京：档案出版社，1988：178.

② 参见潘谷西主编．中国古代建筑史 第四卷·元明建筑．北京：中国建筑工业出版社，1999：458.

图 1–5–12　镇宁楼用砖围合的方洞（用途不明）

3）楼梯及其他

通敌台顶部的楼梯位于西侧围廊南侧，现已残毁，从现状看，楼梯阶面为条石，下侧和内部则用砖来垫高和填充。楼梯宽 0.7m，踏步高 0.22m。

此外，在敌台西北角的坍塌处的内侧，发现一个用砖围合的方洞（图 1–5–12），高约 0.5m，宽约 0.3m，方洞位于敌台西、北侧围廊券脚上方，具体功能尚不清楚。

（4）构造：三层

敌台顶部楼面大部分坍塌，仅剩东侧和南侧还有立足之地，为土和碎砖瓦覆盖，长满杂草。按照空心敌台的规制，楼顶原状应为砖铺地面，周围有雉堞，中央盖有楼橹，现地面铺砖和雉堞已踪迹全无，唯散落的瓦件证明了楼橹的存在（图 1–5–13）。

敌台外墙顶部有束腰，转角和中央嵌有雕砖，上砌两层坐砖，略微出挑，丁头朝外，上托斗栱，算转角斗栱每面十朵，外出一跳，扶壁栱用重栱。束腰部分的装饰和斗栱均为砖制仿木，十分精致，可惜多有残毁。斗栱上部承托两到三层坐砖，楼顶平面大约应在这个高度，但上部堆土，不能确认。

图 1-5-13　镇宁楼敌台顶部（从东北角往西南方向拍摄）及外墙装饰（东墙）

1）围墙

敌台南北两侧各有方形小城及围墙，由于所处位置地形起伏较大，两侧围墙所处高度并不一致，南侧围墙位于高处，地面较平，北侧围墙所在地势为一个缓坡，下部稍平。就现存状况而言，后者只剩夯土，且高度所剩无几；而前者则在门洞部分仍保留砖砌，高近 8m，其他夯土墙体虽然局部倾塌，但整体高度仍在。这里主要对南侧围墙南门做详细阐述。

南侧小城的南门形制为一般堡城城门的缩略版（图 1-5-14），为砖券洞，外侧门洞相对内侧门洞要低且狭，门洞也因此分内外两段，内侧门洞阔 2.63m，

图 1-5-14　镇宁楼围墙南门（围墙内侧拍摄）

图 1-5-15　镇宁楼围墙南门（外侧拍摄）

现深 4.38m，外侧门洞顶部比内侧门洞低 1.51m，宽度窄 0.4m，现深 2.55m。现门洞内外两侧表层砌砖均已脱落，门道地面被坍塌灰土碎砖覆盖，原地坪已不可见，从现状看，由于门洞外部是个斜坡，低于围墙内部地坪，所以门道地坪应该是个斜面或为两级平台。外侧门洞发券为三券三伏，内侧门洞现状断面为三券两伏，顶部一伏缺失，应为表层砖砌墙体坍塌脱落所致，券砖尺寸与敌台墙砖一致。在门洞内部东侧，有双跑坡道可以上到门洞顶部，坡道宽 0.6m，仅通一人，所在之处坍塌严重，但仍有砖券遗存，显示原来可能有砖券楼梯间及砖砌踏步，可以从此处登上门洞顶部（图 1-5-15）。

第二编

神民之间：
信仰与行为及其空间表征

导 言

目前关于古代社会信仰崇拜研究成果主要集中于民俗学及人类学领域，大多是针对典型的某一种信仰，或是某一具体聚落的信仰。“他们往往选择一个地区的某个庙宇或者某一地区特有的神灵信仰及其祭祀仪式，进行个案调查，追溯庙宇与社区的信仰历史，并调查民间信仰的恢复与重建。”“将‘国家与社会’‘文化与权力’的问题纳入民间信仰的分析范围，他们讨论神明信仰的形成及其象征意义的转换，意在揭示中央王朝的教化与地域社会复杂互动的契合过程。”①

信仰崇拜通常是要基于一定的区域或场所展开的，即相关的物质载体——庙宇，这也是中国传统建筑中类型丰富、分布广泛、特征明显的一类，是“中国传统社会特别是民间社会文化的集中体现”，“民间的崇拜不固定，无系统，具有实用主义和功利主义的特征，甚至没有固定的崇拜者，所以从庙宇去发现

① 吴真．民间信仰研究三十年[J]．民俗研究，2008（4）：47-48.

这种信仰或崇拜的分布、沿革，从庙宇中的神祇去发现有关该神的一切故事，从建筑格局上去感受民间的，或民族的，或地方的文化意义，可能是比较有效的办法。”[①]

本编即试图将实体建筑与传统社会的信仰文化结合，综合实例调研与文献考证，探索古代信仰崇拜建筑自身的独特性，包括：晋水流域的龙天与圣母信仰、古代岳镇海渎祭祀中的镇庙、山西地区社稷神崇拜的庙宇。

① 赵世瑜．狂欢与日常——明清以来的庙会与民间社会．108．

2.1 龙天与圣母：晋水流域民间信仰的在场与城乡关系

明清太原县城建于明洪武八年（1375 年），位于晋阳古城基址上，下辖百余村落，其西为包括蒙山、龙山等在内的太原西山带，境内晋水为该地提供了相对稳定的自然资源，著名的晋祠便在其境。太原县隶属于太原府，自建城以来一直毗邻政治中心，其境内民间信仰受城市影响深远，官方色彩亦较为浓厚，体现了城市对村落的控制与引领作用。在当地有这样的说法："无庙不成村"，"明朝盖庙，民国修道"。一个村落的正式与否，往往是以村内祠庙的有无与多寡来界定的，也反映了明代推行礼制治国的效果。

太原县境内许多历史悠久的民间信仰是对晋阳古城恢弘时代的珍贵传承，其中，最具代表性的便是圣母信仰与龙天信仰，及围绕这二者所衍生的水神信仰。单就一种祠庙的数目看或许不算普遍，但若按信仰圈来划分，其数量与建设规模均大于关帝庙等官方主导的祠庙。究其原因，实由民间信仰的功利性所决定，即关系到民众生活重中之重的农业生产与繁育后代，在种类繁多的各项祭祀活动中，与此类神祇相关的也是最为隆重与广泛的。

如此，太原县境内实质上有两个信仰势力范围，一个是太原县城城墙内的官方信仰体系，借由各种仪式彰显着帝国统治的存在，同时又借由对地方神龙天信仰的吸纳与改造，成为水神信仰的中心；而在城墙以外，晋水为民众提供着现世的利益，晋祠依靠其特有的天然优势并以姻亲的方式，使得圣母影响力尽可能地扩展，亦形成稳固的信仰体系。

传统农业社会的春赛秋报往往是民间祠庙祭祀活动中最为隆重的部分，还伴随有庙会的举行，有些亦是结合神诞日开展，不仅周期较长，涉及的村落也众，多以游神形式展开，在更为广阔的空间中体现着各个村落之间的关系，有的甚至体现的是乡村与城市之间的互动。这些充满仪式化的场景，细节丰富生动，作为祠庙祭祀体系中最为隆重的部分，可以为研究城乡关系、村落关系提供微观的模本。本节即通过呈现信仰活动揭示迎神活动的内在联系与象征意义，试图纠正以往学术界关于晋祠“圣母出行”仪式是以单一的圣母崇拜为主导的认识误区，揭示以明清太原县为代表的晋水流域民间信仰体系是以太原县城龙天庙及晋祠为两个中心场所的模式构建。

（1）圣母信仰：以晋祠为中心

1）晋祠圣母：晋源之神的身份来由

太原县境内因有汾水、晋水之利，成为北方内陆相对富庶的地区。尤其是发源于悬瓮山的晋水[①]开发历史悠久，明清时期更是灌溉了包括太原县城在内的约 30 多个村落的土地，并衍生了磨坊业、造纸业等产业，在晋水流域的农业生产、经济结构、景观塑造等方面都留下了浓墨重彩，在信仰构建方面亦形成了太原县城以外的乡村信仰中心——晋祠。

晋祠作为尊奉周室诸侯、晋国始祖唐叔虞的宗庙，是中国最早的祖先祭拜

① 晋水，为奥陶系碳酸盐岩溶水的排点，1950 年代，流量尚为 2. 18m³/s。此后，因大规模工业开发，水流量急剧减少，1988 年 5 月监测结果流量仅为 0. 18m³/s。

祠庙之一，受到历代统治者的重视，得到累世建设，是有着深刻皇家背景的集宗教、祭祀及园林为一体的综合建筑群落。其在宋以后的命运可谓曲折，先是晋阳古城惨遭水灌火焚的灭顶之灾，宋之统治者为弱化唐国故地的象征意义及政治地位，又对晋祠进行了“信仰改造”。宋仁宗天圣间（1023 ~ 1032 年）修建了规模宏大的圣母殿“以祷雨应”，加号“昭济圣母”，唐叔虞则被奉为汾东王；金大定八年（1168 年）再于圣母殿前增建献殿。圣母作为单纯的地方性祈雨水神，获得新晋国家统治阶级的鼎力支持，从此逐渐成为晋祠这个众神杂处的祭祀建筑群中绝对的主角，以至于此后数代其真实身份扑朔迷离，直至清代学者遍寻历代残碑之蛛丝马迹，始还其唐叔虞之母的本来面貌。

晋祠在明清两代得到大规模的修缮，一步步成为集各种民间信仰为一体的祠庙建筑群：明洪武初（1368 年）加尊号“广惠显灵昭济圣母”，四年（1371）改尊号“晋源之神”，天顺五年（1461 年）再次重修；嘉靖四十二年（1563 年）于圣母殿侧建水母楼；万历间（1573 ~ 1620 年）在献殿前增建了对越坊与钟鼓二楼，接着又在会仙桥东面重修水镜台；清乾隆间（1736 ~ 1795 年）重建舍利生生塔，扩建文昌宫等。[①] 依托晋祠，其东侧形成居民聚集区，在明代军事防御背景下，也有相应的堡城建设，称为晋祠堡，为北、中、南三堡并列式，堡墙门楼之上均为供奉各类神祇的阁楼，东门外亦分布了诸多祠庙建筑（图 2-1-1）。

2）圣母九姐妹：以神祇姻亲的方式

太原县境内存在着广泛的圣母信仰，以晋祠圣母马首是瞻；而民间多俗称为奶奶庙，较著名的有董茹村的圣母庙（图 2-1-2）、古城营村的九龙圣母庙、古寨村的姑姑庙、店头紫竹林内配祀的范姑姑祠。这些母性神祇成神之前均有自己的地方身份，除去晋祠的圣母殿圣母、水母楼水母为水神性质外，其余的母性神祇多为生育神，兼顾祛病等职能。

① 道光太原县志．卷三．祀典。

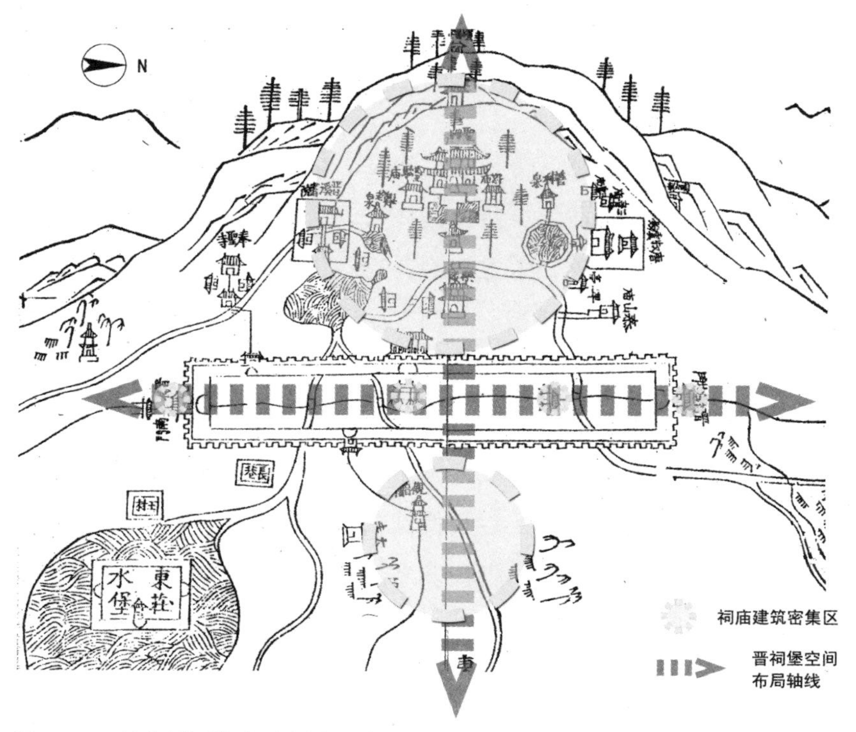

图 2–1–1　清代晋祠镇平面图（底图来源：（道光）太原县志）

图 2–1–2　董茹村圣母庙

在董茹村调研时，有几位老人不约而同地谈道：圣母一共是姐妹九人，各自出嫁到不同的村子，晋祠圣母是大姐，九龙圣母是最小的九妹，董茹村的圣母也是其中之一，还有几个嫁到了现在万柏林区的村子。经由记述、传说加之时间等多重方式的重塑，民间信仰的神祇在历史的流转中不断得到重新演绎，往往有着多种看似相互矛盾的版本，但这恰恰是代表了不同时代的印记符号。

如古城营村九龙庙的九龙圣母曾是窦太后[①]的化身，这是晋阳古城毁弃后最初的历史记忆，而其从窦太后到民间圣母群中小妹形象的演化，又映射了这片土地慢慢失却了帝都记忆，从一方霸主的中心地位成为散落于乡野的众多村落群体的历史进程。正是基于这些民间信仰的演变，可以拨开历史的迷雾，理清其发展的脉络。

从多方的口述中不难确定，圣母信仰以神祇姻亲的方式，在更广泛的范围内结成了村落的联系纽带，加强了处于这个神祇姻亲圈内村落的亲切感，缩短了距离、增进了交流。晋祠圣母以大姐的身份处于这一信仰圈的显著位置，晋祠更以其悠久的历史、多种神祇杂居的宏大建筑群成为这一信仰圈的中心。

晋祠圣母不仅在太原县境内，在其他地方也影响深远，如交城县的昭济圣母庙，七月初二日致祭，当地人称其为晋祠圣母的行祠。而在圣母信仰之外，各个村落流行的观音堂、观音庙等实与之类似，所供奉的母性神祇也承担着生育神的职责。

3）水母祭：与圣母相争的水权自治

晋祠圣母历代受封，加之其所处圣母殿乃晋祠建筑群中最宏大形制者，似乎昭示着圣母应该是当之无愧的晋祠神灵主角。但明清之际，晋祠一年中举行的最为隆重的祭祀活动却是围绕着水母展开的。

通常认为水母与圣母本是一个神祇的双重解读，二者的祭祀也是重叠进行的，水母实是圣母的梳妆形式，其实不然。据《晋祠志》记载：从六月持续到七月的水母祭祀一直是以各个村落渠甲组合的方式按照严格的顺序依次进行的，周期最长、秩序井然，彰显着民众对水权分配的认同；在圣母七月初四出行在外时，水母祭祀并没有因此停顿；七月初五，中河的村落开始祭祀水母，而此时的圣母还在太原县城尚未返回；当圣母在七月十一返回晋祠之时，一年

① 窦太后，传说名为窦漪房，是西汉时期汉文帝刘恒的皇后，汉景帝的母亲。其出身贫寒，后被选入宫中，吕后将一些宫女分给诸侯王时，窦氏被分给了汉文帝。与汉文帝育有一女二男，长子刘启即后来的汉景帝。

一度的水母祭祀却早已结束了。亦即，在水母的祭祀过程中，圣母是被排斥在外的，可以说是一个可有可无的角色。

民众对于圣母的感情其实是五味杂陈的，圣母作为被官方一手扶植起来的晋源水神，体现的仍然是对农业生产、晋水水利的关注与肯定，对此民众是领情的，明显的证据是：圣母殿圣母是民间圣母众姐妹中的大姐，可见民众还是很乐意将其纳入自己的信仰范围的。只是，晋水水利作为太过重要的资源，水权分配作为一个游离于官方统治之外的民间自治行为，需要也必须有一个不受官方染指的彰显水权自治的祭祀体系，从这一点讲，民众所认同的仍然是出自他们中间的水母——民妇柳春英。

水母祭祀是以各个河渠道来组织的，参与者为各个村落的渠甲，活动的场所也是固定的祠庙，一为晋祠水母楼前，另一为各个村落的公所，空间相对封闭且有限。由于场所与参与人的限制，大部分普通民众是被排除在外的。水母祭祀实际上是晋水流域村落对水权的确认仪式，是对渠甲制度的肯定与维系，其本身带有一定的官方祭祀特点，即重在彰显权威；同时，这也是在官方权威所不能触及的区域内乡村自制发展到一定阶段的产物。

(2) 龙天信仰：以县城为中心

1) 太原县境的龙天庙：悠久的传统

近代学者关于龙天庙的考察与研究，最早的记录是1934年夏梁思成、林徽因两先生于《晋汾古建筑预查纪略》中关于汾阳城外峪道河畔山崖之上龙天庙的记载，认为是“山西南部小庙宇的代表作品”，根据林先生所见碑刻得知此庙中所供之龙天乃介休令贾侯。据汾阳博物馆提供的资料显示，汾阳境内现存有6座龙天庙，均位于村落之中。[①]

① 分别是见喜村、牧庄村、石家庄村、北桓底村、太平村、石塔村。其中，石家庄村的龙天庙建于元代，其余的经碑刻显示现存建筑的建设年代均不晚于明代。

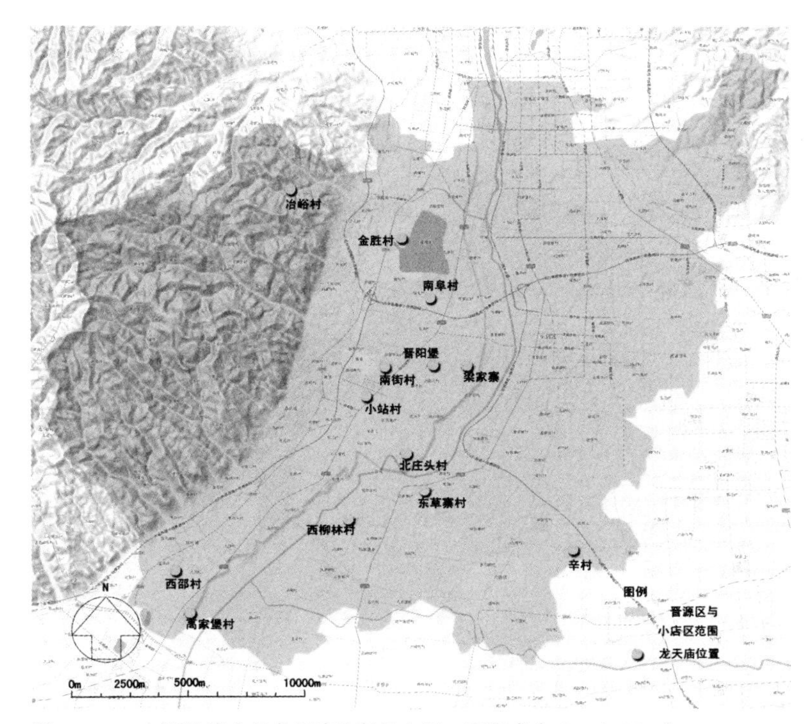

图 2-1-3　太原县境内的龙天庙（资料来源：底图来自 Google Map）

在太原县城的南关，也有一座龙天庙[①]，当地人称是供奉北汉皇帝刘知远的，故也称之为刘王祠。据当地民间文化爱好者搜集的资料显示，太原县城及周边共有 13 座龙天庙（图 2-1-3），除去县城南关的这座外，其余 12 座皆位于周边的村落中。[②]但在调研中，在西山带的尖草坪区马头水乡意外地发现了一座规模约为 500 m²、修整后焕然一新的龙天土地祠，其所在村口还遗存着石质的古堡寨门。祠中正殿里是龙天与土地并列的坐像，年代不详，殿前遗存两通

① 龙天，民众解释为真龙天子。

② 分别为冶峪村、金胜村、南阜村、晋阳堡村、梁家寨村、小站村、北庄头村、西邵村、高家堡村以及汾河东部的东草寨村、辛村、西柳林村，目前仅北邵村、罗城村的龙天庙尚有遗存。

图 2-1-4　龙天庙现状

清代重修碑刻，现状建筑则为近代重修。借由此次偶然的发现不难推断，目前所认为的太原县城境内龙天信仰的流布范围与祠庙建设情况尚有发掘空间。

龙天庙（图 2-1-4）往往是村落中较大的甚至是最大规模的庙宇。虽然现存龙天庙均是修建于明初以后，但可推断龙天信仰起源较早，原因有二：第一，龙天信仰的神祇多传为北汉刘知远；第二，如果没有广大的信仰基础与悠久的历史传统，在明代初建时就达到如此规模是不可能的。

2）龙天·龙王：官方与精英的态度

明洪武初（1368年）曾下令“郡县访求应祀神祇、名山大川、圣帝明王、忠臣烈士，凡有功于国家及惠爱在民者，具实以闻，着于祀典，有司岁时致祭。”[①] 太原县城南关的赵襄子祠与西关的尹公祠，比龙天庙的规模要小得多，但无论府志、县志中均于“先贤祠”条下有记载，而与之形成鲜明对比的则是以龙天信仰传播之广、影响之盛，其祠庙却鲜有记载，只在道光版县志中有所涉及，且是与河神庙等民间祠庙并列一处。[②]

《礼记祀法》曰：“夫圣王之制祀也，法施于民则祀之，以死勤事则祀之，以劳安国则祀之，能捍大患则祀之。”据此判断，龙天信仰的主角——刘知远是不符合统治阶层关于圣人先贤的标准的，是没有资格纳入国家正祠的，刘知远曾经篡位为王的历史本身即为正统意识所摒弃的。在田野调查中，多位老人提及龙天庙曾经悬挂刘王祠的匾额，因官府反对而除去，更加证实了这种官方的态度。

太原县城南关作为八卦中乾的方位，对应季节为夏，官方信仰的祭祀建筑山川风雨坛便位于此，但需注意的是其意义与龙天庙的身在城外截然不同。城墙作为一个分界线，本身是等级的体现，官方所接纳的最为重要的信仰建筑，如城隍庙、关帝庙、文庙等都位于城中；三坛在城外，乃因要沟通天地须置于人工营建的城墙之外。而龙天庙被安置在城墙之外，实是官方忌惮态度的直接体现。

晋祠赤桥村人刘大鹏，于清光绪七年（1881年）曾在太原县城的桐萌书院读书一年，其著作《退想斋日记》多次提到于县城观看“抬搁”的经历，对南关龙天庙及匾额、民间叫法等必定十分熟悉；而其另一著作《晋祠志》对县城及周边的民间祭祀仪式都详尽记录、细节清晰，以圣母出行作为书中祭祀部分的

① 道光太原县志·卷三·祀典。

② 玉皇庙、东岳庙、真武庙、河神庙、龙天庙，道光太原县志记载到“以上五庙各乡镇多有”。

浓墨重彩，却仍然将龙天庙记述为龙王庙。龙天庙常被用于祈雨，刘大鹏将其记为龙王庙看似情理之中，实则乃刻意为之，而绝非笔误，说明以其为代表的地方精英们，对龙天乃刘知远一说也持否定态度。

北汉是晋阳古城辉煌时期的最后一个割据政权，龙天庙的最初产生也许是地方官扶持的，甚至极有可能有着皇家背景。及至晋阳没落，官方介入缺失，龙天庙在历史的演变中被自然而然地披上民间信仰的面纱，成了彻头彻尾的民间之神。当地的许多老人很肯定地告诉我们：龙天庙的主人是刘知远。当问及“供奉龙天爷的好处是什么”，“龙天爷是管什么的”？回答多是“能下雨”，“好处多了”，“去病去灾”，“之前是皇帝，带兵打仗管着这地方”。可见，在民众的意识中，龙天庙不仅具有龙王的祈雨功能，更多的则是充当地方守护神的角色。对普通老百姓来说，信仰的功利性很有一种“神灵不问出身”的味道，信仰确立的标准仅仅是灵验与否。虽然官方有抵触的态度，但只要没有严厉地强行毁弃，并不影响其在民间的恭奉盛行。龙天庙的分布范围之广，规模形制之盛，与村落中有官方信仰背景的关帝庙、真武庙相比，可谓是有过之而无不及，官方与精英阶层当然也很愿意将其引导并改换成自然神祇的龙王庙。

县城南关龙天庙的存在与遭到排斥的选址，印证了官方与精英阶层的两难境遇，一方面排斥与否定龙天信仰，一方面又无法无视其在民间的影响力，不得不妥协为留有一席之地来迎合民众。

南关龙天庙以其傲视周遭的宏大规模[1]成为龙天信仰的中心场所，并巩固了太原县城作为周边区域信仰中心的统领地位。其从刘王祠到龙天庙或者说是官方认可的龙王庙的演变，与宋代晋祠主神从晋侯唐叔虞到晋源神圣母的转化如出一辙，均为以国家信仰为主导的官方对地方民间信仰的改造。

① 在村落的田野访谈中，许多村落民众均强调县城南关的龙天庙是所有龙天庙中规模最大的。

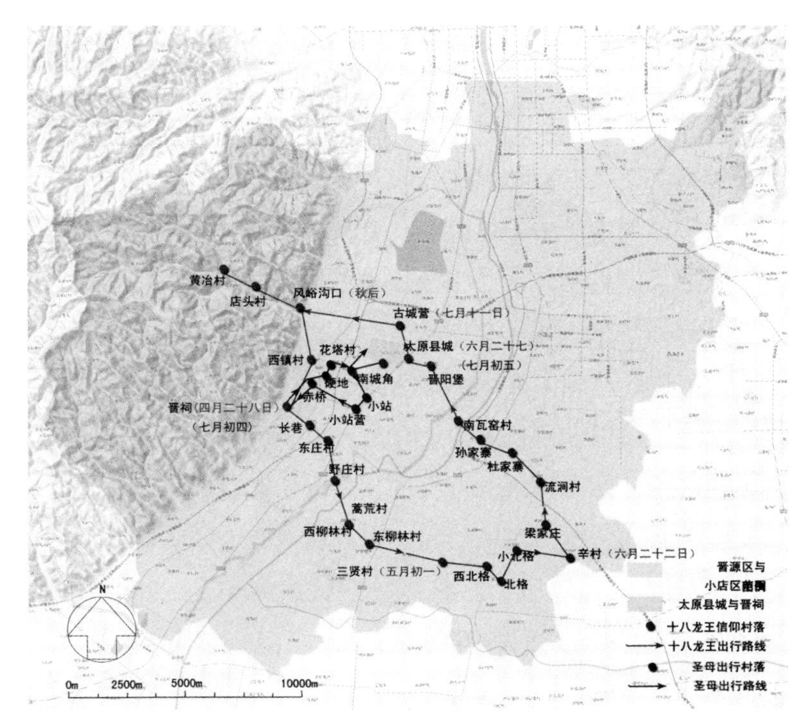

图 2-1-5　十八龙王及圣母出行路线

3）游神：水神信仰及其展演

圣母信仰和龙天信仰从最初祭祀先贤的形式，演变为地方守护神的角色；而在以农为本的封建社会，庇佑农业生产尤其是保证水利供给更是地方守护神的首要职责；以这两大信仰为依托，太原县境衍生了大量与水有关的民间信仰。其中，最重要的有水母、十八龙王、黑白龙王、河神、台骀神、小大王、井神等。这些神祇均有自己主要的信仰祭祀圈，互相又多有重合，并借由“抬神”参与“圣母出行”与“抬搁（龙王）”两项晋水流域最为隆重的游神仪式的形式加以确认，相对固定之间的交流与互动，又加强了区域内部村落之间的联系（图 2-1-5）。

龙天信仰的祭祀活动按举行的场所及参与的村落，可分为太原县城的龙天祭祀及县境内的十八龙王祭祀两项，每项均有特定的周期、场所与仪式，且在特定的日子里有了圣母的参与。必须指出的是：所谓的“圣母出行”其实不是一个神祇的巡视，而是以龙天崇拜为中心的多神参与的祭祀仪式，圣母的在场便是晋祠这个信仰中心在太原县城的在场。

太原县境以实体祠庙为依托展开的各项民间信仰祭祀活动中，最具代表性的便是游神及相应的庙会活动。太原县城与晋祠因祠庙众多，为庙会活动最为频繁的区域，是太原县境内最为重要的两个信仰中心场所。而在围绕两者的各项活动中，又以七月初五的“抬搁”最为隆重，以龙天崇拜为核心，通过场所、路径的设置，参与神祇的选择等一系列象征仪式，呈现出众神参与的民众狂欢景象，进而达到整合区域空间，实现城乡交流与互动的目的。

“抬搁”本在农历七月举行，在解放前停止，2008年由南街村恢复举办，时间则改在二月二社火期间举行。民间多有农历二月初二“龙抬头”的说法，而太原县城南街村的二月二社火，则更多的与民间神祇灶王爷、真武大帝、龙天爷的故事相关。其实，在太原县境内流传着许多神祇之间及神祇与民众之间交往沟通的故事，在这些故事中，神祇体现的不是高高在上的威严，而是有着普通人的喜怒哀乐，当然也包含着民众所向往与认同的道德，如：土地爷、五道爷与王琼同玩铁球，城隍爷因害怕王琼而日日站立迎送；水母柳春英是贤惠孝顺的女性楷模，真武帝因为爱护百姓教授用社火的方法来避免上天对南街的惩罚等。[①]

二月初二当日，需将一尊别处的观音像[②]敲锣打鼓迎送到龙天庙前的宝华阁底层供奉（平日奉如来），县城及周边村落的民众前来跪拜进香、求子许愿，并伴有舞狮子、耍龙灯等民俗表演。当晚，在龙天庙西侧的空地上燃放焰火，从地面火开始，最后是老架火，达至整个二月二社火的最高潮（图2-1-6）。社火涉及两个方面的民间信仰：一是龙天信仰，祈求农业生产风调雨顺；二是观音求子，是关于生育后代的。生存安然与延续后代是民众生活中最为重要的诉

① 二月二社火起源于灶王爷因为恼怒民众对其招待不周，而在返回天庭时向玉帝讲县城民众的坏话，玉帝准备火烧南街，而身处北街瓮城内的真武爷出于对民众的爱护及对南关龙天爷的交情，奏请玉帝延期，并教会民众用社火的方式造成自焚的假象从而避免了玉帝的惩罚.

② 原来供奉地点不详，有待考证.

图 2-1-6　现代二月二社火现场

求，而二月二社火就是紧密围绕着这两大诉求展开的。且拜观音、燃焰火等活动均围绕着县城南关的龙天庙展开，亦凸显了其信仰中心场所的地位。

（3）抬搁：神与民的盛大狂欢

1）制作与组织

“抬搁”是以一种主题事先搭好在铁棍上的场景，最为常见的是：梅降雪、金钟罩、金铰剪、祥麟镜、天官赐福、火焰山、铁弓缘、麒麟送子、犀牛望月、蝴蝶杯。这些内容多是民众对神界的想象，表达与神灵交流、祈福去灾的意思，也有部分是撷取的当地戏曲中喜闻乐见的精彩片段。

太原县城内分为四街（村）共二十四社，每社均由住家、商号若干户组成，据说铁棍最全时有二十四根，即二十四社均出。这些铁棍为四街所有，平时由街道自行保管。抬搁时每根铁棍有不同的吹打班子，有时也由十字街上商铺包下来，负责整体的装扮打理，有的商铺还会从外地雇用吹打班，为自己添彩。

抬搁过程中，城隍与圣母均为出行像；十八龙王像则由榆木雕刻而成，饰以不同颜色，分别为左黑龙王、右黑龙王、左青龙王、右青龙王，以此类推，这其中有两组特殊的，即一对女龙王，一对小大王，女龙王为小大王的母亲，而小大王则是罗城村所供奉的赵氏伪孤[①]，女龙王手执“楮敲掴碌”（鞭子之类），若是小大王胡乱下雨，便会惩戒他。[②]

根据乡人对抬搁的口述回忆[③]，可以很明确得知抬搁的所有权是属于四街共同的。在抬搁举行之前，先由无可争议的东道主——靠近龙天庙的南街，向

① 小大王为流传久远的“赵氏孤儿”故事中被屠岸贾所杀的伪孤，即程婴之子，当地传说其舍生取义之后成神并获得行云布雨的神力，小大王庙在罗城村、要子庄村，及太原县城西寺的偏殿中皆有供奉，因其祷雨有灵，被列入太原县城十八龙王之列

② 之所以有左右两路龙王据说是因为县城王琼官任职江南之时，为解地方旱情，将家乡极为灵验的九位龙王请去祈雨，后家乡民众急于祈雨，重塑九位龙王，此时被“南蛮子”借去的原来的九位龙王返乡，便有了左右对称的十八位龙王。

③ 崔礼，南街人，1923 年生，时年 89 岁，口述时间 2011 年 12 月。口述内容：“从小就听父亲讲抬神求雨的事，那时父亲是南街的乡役，叫崔之鹏，小名叫正心，也是活动的组织者。后来年纪大了，就换上南街的地方（村里负责跑腿办事的人）姚天成、乡役（村里负责记账的人）崔中会。六月二十八日还要组织南街人去风峪沟口供献黄捷山庙，回来就赶紧组织七月初四、初五的活动……老人们说，抬的十八层龙王爷就是龙天庙的子孙，给咱们能办好事。每年六月十三日，南街就向城内四条街发出帖子，让准备今年的红火，每年组织祭龙抬神的都是南街，花销都是各自解决各的，有的买卖字号家、财主们也愿意出钱办。”

贾柱元，西街人，87 岁，参与旧时抬搁的吹鼓手。口述时间 2008 年 5 月 17 日下午三时。口述内容：“铁棍前面有两个拉绳子的，身穿黑衣服，带着将军帽，跟唱戏中的一样，戴着黑胡子，受持令旗，背上插着令箭，跨着刀，骑着黄白色的大马，可威武了。报马权力可大了，头前一天，骑着马，四道街转一圈，有障碍的进村给你下个帖子，限期拆除，搭棚子的绳子呀、甚的，用刀给你割断，你声也不敢哼。报马由四道街（街长和乡绅）共同推举，推上的人一般不换。”“抬晋祠娘娘，不容有半点失误。记得有一次，一个人失脚，摇闪了一下娘娘，脊背上当下就被人打了几拳头。”“这十八个爷爷，就南街人敢墩（戳打）他，其他村是不敢搂动。那是榆木做的，挺沉。南街人还能耍笑他，说那个爷爷看上谁家漂亮闺女啦，抬着爷爷就扔过去，人们哄堂大笑。爷爷墩坏了，修理，也是由南街人修理。”

攸连冬，1925 年生，时年 87 岁，口述时间 2011 年 6 月。口述内容：“我记得是每年六月二十七，南街派人去河东辛村去抬爷爷。有一回，过河时发下河涨来，都不会水，朱富奎、朱富心二人一急，把抬的爷爷就被水漂走了。后来找到了，但人家不给，说你们是供奉我们也是供奉，所以没有要回来，这就成了十七层爷爷，抬回来时就供奉在东门外河神庙上。到七月初五是，再抬回龙天庙。南街抬爷爷，一路上戏弄爷爷，说爷爷回家了。抬神的看见人群中有年轻漂亮的媳妇，就把爷爷扔过去，由南街人摔打。其他地方抬爷爷可不敢有半点不尊，抬神的人必须恭恭敬敬，否则便挨打。有一年，罗城村往黄冶龙王头送爷爷，没有专门去送，是用拉煤的车捎上去龙王头，结果那年仅罗城村的庄稼被冰雹打的没收成，说是惹下（得罪）爷爷了。”

四街发帖子通知，再由四街共同组织，各街又是以社为单位进行；与此同时，由四街共同推举的一个“报马”负责踏勘抬搁所经的“神路”。抬搁时总是南街的抬搁走在最后面，也是南街作为东道主的待客之道。

出于对神祇的敬畏，各村无不严肃恭谨。在抬十八龙王的态度上，南街人与其他村是有明显区别的，他们可以随便戏弄爷爷，摔打爷爷，别的村稍有闪失便会挨打，有的村甚至会因为对爷爷不敬而导致庄稼颗粒无收。十八龙王平时是轮流供奉于各个村落祠庙的，但在抬搁时有“谁家的爷爷谁家负责抬，不乱抬”的说法，可见十八龙王的归属是相当明确的，作为城市的基层结构的街道也通过这种方式来彰显各自的地位与特权。“爷爷是龙天庙的手下与子孙，”南街人抬十八龙王是“爷爷回家了”，作为南关龙天庙的拥有者，南街人对十八龙王的近乎不敬的态度也就不难理解了。且南街人的特殊地位是被供奉龙王的村落所共同认可的，龙天爷是整个龙神体系中地位最高的，南关龙天庙自然也就成为整个抬搁活动的中心。

2）路线与场所

抬铁棍的历史悠久，“洪武八年（1375 年）修了城，又抬铁棍又抬爷。”刘大鹏《晋祠志》对整个过程有详细的记载。[①]

六月十二，在接到南街张贴告示之后，四条街道各个社均由社首出面组织筹备。首先挑选抬铁棍的年轻后生及上铁棍的女孩。抬搁者均为 30 至 40 岁青

---

① 刘大鹏．晋祠志［M］：祭祀（下）。“初四日，在城绅耄抬搁（俗名铁棍）抵晋祠，恭迎广慧显灵昭济沛泽羽化圣母出行神像（另塑一圣母神像，置肩舆中）至县南关龙王庙以祭之。是日，在城民众备鼓乐旗伞楼神之楼，亦搁十数抬。午刻齐集南关厢，西南行经南城角村、小站村、小站营，由赤桥村南抵晋祠，入北门出南门，至南涧河休息，少顷遂返。迎请圣母出行神像八抬肩舆出晋祠另行一路，由赤桥村中央东北行，经南城角村抵西关庙，日之夕矣，搁皆张灯（俗称灯铁棍，他处无此）入县西门至十字街（在城中央不偏不倚。）折而南行，出南门抵南关厢，恭奉圣母于龙王庙，安神礼毕乃散。初五日，仍行抬搁神楼，游城内外。人民妇女填街塞巷以观之。官且行赏以劝。是日午刻搁仍齐集南厢关。先入南门，穿街过巷，进署领赏（官赏搁上童男童女银牌，官眷则赏彩花），遂出西门仍返入城，又出北门仍返入城。日落出东门，天既黑，搁上张灯，名曰灯搁。由东关厢河神庙迎龙王神像十七尊，仍返入城。出南门奉龙王神于龙王庙。安神礼毕，始散而归。十一日，古城营人民演剧赛会。前一日，由南关厢龙王庙恭迎圣母至该营之九龙庙（十七龙王随之而至）虔诚致祭。十四日，古城营人民恭送圣母归晋祠。”

壮男子，身量相仿，以八人为一组，均以红布裹头，服装整齐，抬搁上的童男童女，更是精心挑选，并对铁棍做详细的检查。雇用外地的民间器乐吹打手，有的甚至远至五台县，每根铁棍均有单独的一班民间器乐班子吹奏，乐器有箫、唢呐、云锣、镲等。白天曲目为《看灯山》，晚上是《灯影儿搅乱弹》，乐曲比较单一，但因为各个乐器班子配伍不同，演奏水平参差不齐，各个班子之间也会互相比试较劲，吹得好的，便会被民众堵住，要求再吹，场面热闹非凡。

七月初三下午，试行演习，名为“压铁棍”。

七月初四午刻，抬搁者、抬爷爷者、铁棍、社火、吹打班，都齐聚龙天庙前，乡役为城隍爷换上新衣服、新靴子，准备停当，城隍爷坐轿子走在最前面，一行队伍出发，经南城角、小站、小站营、赤桥，至晋祠堡，入北门出南门，然后返回晋祠圣母殿，抬着圣母出行像出北门，经赤桥、南城角，至县城西关。进入西门前由西街的妇女为圣母献上新鞋，并穿在圣母像脚上。其时已近黄昏，神舆、铁棍皆通明张灯，又从西门至十字街中央，然后出南门，将圣母与城隍神并列安置于龙天庙院内，安神礼毕乃散。

七月初五正午，仍从龙天庙出发进城，穿街过巷至县衙署领赏，然后往返西门外、北门外。日落时出东门至河神庙，迎请十八龙王一起回龙天庙。

七月初七为龙天神诞日，民众于龙天庙内焚香燃炮、献牛羊大供，并唱戏酬神。龙天神招待圣母、城隍神并十八龙王[①]，众神与民众同乐。

七月十一，为古城营村九龙庙庙会正日，前一天全村百姓齐至县城龙天庙，恭迎晋祠圣母携十八龙王回九龙庙。圣母像进庙门时必须脊背先进，否则轿杆立断或者抬轿人肚疼。[②]众神在九龙庙聚会四日，享受供品，观剧看戏。

七月十四，古城营村民恭送圣母归晋祠，恭送城隍神归县城的城隍庙。

秋后，择日送十八龙王归风峪沟龙王庙。

以上是游神的大致程序，倒是其中的许多细节颇值玩味。

① 相传城隍爷是晋祠圣母的外孙，迎请圣母也是随铁棍等至晋祠请唤外婆，这一天也要陪同外婆一同看戏、享祭。

② 民间传说晋祠圣母与九龙庙中奶奶是姐妹，小妹幼时好吃懒做，姐姐气地说：“你将来若成气候，我头朝后见你。”七月十一姐妹相会，圣母像背面而进，正喻姐姐圣母当初夸口太大，不好意思与妹妹见面之意。

图 2-1-7 “抬搁”所经太原县城的街巷及城门

首先是游神的路径（图 2-1-7），要力求行进路线的不重合，尽量扩大圣母巡行的范围。来回必经同一村落则要使用不同的路径，以此来表现对信仰区域的确认与庇佑。但在晋祠内是个例外，水母楼的建设初衷就是水母柳春英才是真正的“晋水源神”，而圣母出行所抬的是圣母殿中的圣母而非民众所认同的水母，这是民间信仰对官方权威的妥协与调和。与水母比邻而居的圣母此时暧昧不详的身份自然是不适合巡行晋祠的，所以只是简单的出南门而行，且迎接圣母的队伍要低调的从后门而入，尽量缩短路径与时间，尽快顺畅地将圣母迎接出晋祠。

游神的高潮是围绕太原县城展开的，祭祀的中心场所为南关的龙天庙，抬搁游神要穿街巷、出四关，充满了象征意义（图 2-1-8）：

一是沟通县城各个五道庙所在的街巷。从县城空间格局来看，四个街道分别为四个在城村落的中心轴线道路，四街的巡游正是对四个街道村落的确认。五道庙作为社庙，对其的关注与强调，实际上是对其所代表的各个里社边界与区域的确认。

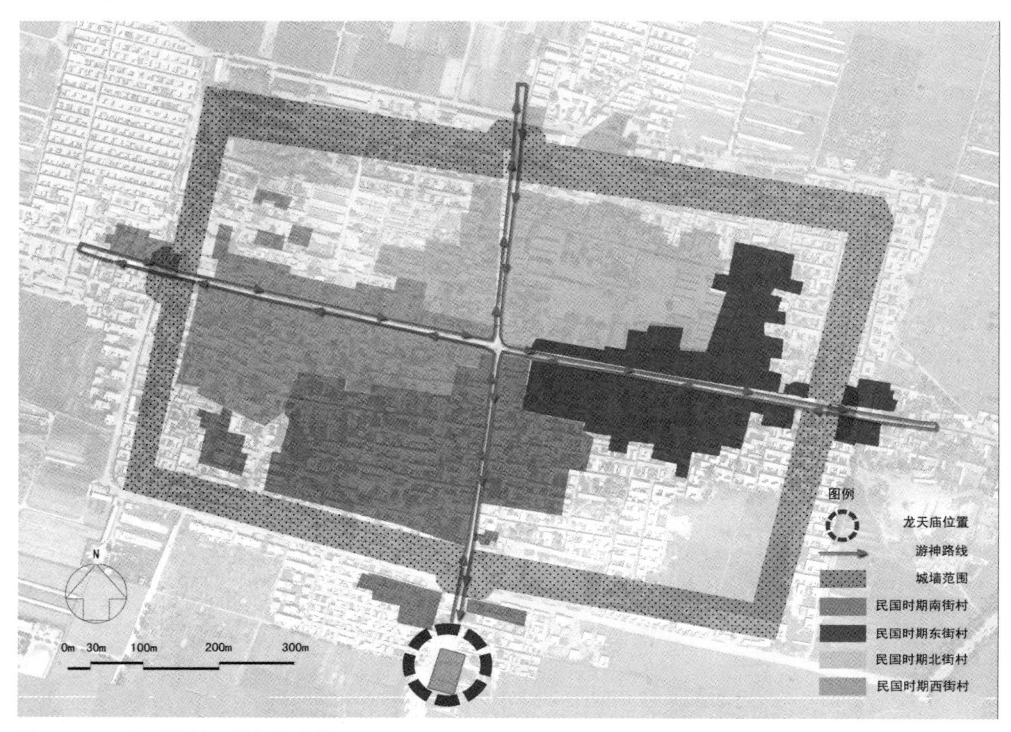

图 2-1-8　太原县城“抬搁”路线

二是进出城门具有强烈的象征性。城墙是城乡等级空间区分的界限，城门则是从乡入城的唯一通道。在一天的游行中，有四出城门、四进城门的重复与强调。从正午到黄昏一直到夜晚的连续活动，也打破了日常的宵禁制度，从空间与时间上，均消解了城墙的等级划分，模糊了城乡界限。

3）神祇的平等

城隍庙是太原县城内最大的祠庙，有相应的乐楼献殿，甚至有专供小摊买卖的回廊，非常适合大规模的酬神演戏活动，但是抬搁的中心场所却是城外的龙天庙，唯一合理的解释便是作为单一城市神的城隍神是没有这样的资格的，而作为当地有着悠久的信仰传统与广泛群众基础的地方守护神的龙天庙则是最合适不过的了，龙天神很自然地充当了东道主的角色，而城隍神、圣母等虽是官方的代表，却也只能以出行的方式移步到龙天庙聚会看戏，充当一个陪客的角色。

通过抬搁，民众对神祇的关系进行了重新地定义与解读。不论是在城的城隍爷，还是在乡的圣母，各个神祇之间不再是官方所认同的等级关系，圣母不再是平日历代受封高坐殿堂的神祇，城隍神也不再是城市冥界的最高官吏，而代之以民众所认同的朴素的血缘姻亲关系。① 圣母接受新鞋、城隍神接受新衣，民众与神祇之间宛若亲朋好友之间的日常往来。神仙们的生活亦得到展演与表现，凡人们则分享着神祇的福祉，此时的神祇不再是之前高坐尊位，让人敬而远之的膜拜对象，而是身处民众之间，水乳交融。神祇关系的重构，消解了之间的政治等级差异，进而消解了神祇所代表区域的空间等级关系。

4）参与的广泛

是时，男女老幼们从四面八方赶来，而此时晋祠及县城附近村落的居民则家家准备饭食招待远来的亲朋好友，平时少来往的亲戚朋友也得以团聚。有一年观看抬搁的民众因雨投宿，将晋祠周围的车马店尽行住满，位于赤桥村大路旁的刘大鹏家，竟住了七八人。劳顿一年的民众，终于可以堂皇地暂时放下手中的活计，打点收拾赶来过这一年一度的“大时节”。抬搁不仅在太原县境内影响深远，还波及周围县城，祁县、太谷的财主皆会坐轿雇车来观看，车马满通衢。

刘大鹏《退想斋日记》多次记录到自己或是陪家人去各个村落的庙会游玩观戏，且对所演剧目极为熟悉，多有评论。对于抬搁的参与人员，他写道：“初，晋城中大闹，而远近人民，全行赴县，踊跃聚观，老少妇女，屯如墙堵，农夫

① 民众认为圣母与九龙圣母是姐妹，城隍神则是圣母的外孙，十八龙王则是龙天神的子孙。城隍神与龙天神也有亲戚关系。抬搁活动是因龙天诞日，故亲戚皆来庆贺。

庶众，固不足论，而文人学士，亦随波逐流，肆狂荡之态。”[1]可见游神赛会的参与者是兼及男女老幼、农夫商贩、绅士文人等各个阶层的，打破了日常生活中尊卑有序、男女有别等一切传统道德的规范与限制。在丰收的时节里狂欢庆贺，在困顿的年景中更是沉浸于哪怕片刻的欢愉，成为民众日常生活的精神支柱与情感的寄托，因为只有在此时，民间信仰及其所生发的意愿象征，凌驾于封建社会自上而下的等级分明的城乡观念与空间体系之上，展现了民众祈望消融等级，实现公平正义的理想社会图景。

（4）展望：民间信仰当代命运

作为繁荣一时的地方民间信仰载体，如今的晋祠保留完好，也受到各界学者的广泛关注；而散落于乡间村头的龙天庙，毁弃严重，且长期不为人知，在新时期民俗文化遗产保护的大潮下，也有了新的波谲云诡的命运。

太原县城南关的龙天庙在民国时期已毁弃严重，后被木场所占，东侧院落拆毁，其前的宝华阁也于1970年代拆毁，木料被移作他用。查阅2003年的《晋阳文史资料》，龙天庙的主人仍记为刘知远，但如今再次走进龙天庙，会看到正殿主位塑汉文帝刘恒像，左右两侧为其皇室成员及大臣，殿旁立的新碑上的刘恒也赫然在目。晋源地区民间的自发组织——晋阳文化民间研究会，邀请到高校的学者对龙天庙主人进行了论证，将龙天庙主人定为刘恒，昔日相传供奉刘知远的刘王祠，虽被修缮一新，但庙主却改成了刘恒。龙天这一历经曲折的信仰在近代的信仰复兴热潮中又有了新的变化，从众说纷纭到统一定位为汉文帝刘恒了。

以晋源区南街村申报的“二月二南街焰火”和以晋源区申报的“龙天庙会”被评为山西省第二批非物质文化遗产，从2008年开始，二月二社火由南街村负责重新开展，政府部门积极参与，企业积极捐助，地点位于龙天庙西侧的空

① 刘大鹏.退想斋日记[M]：8.

地，戏剧则在村内广场临时搭建的戏台上演出，恢复举行的几年得到了良好的反响，成为整个晋阳古城大遗址保护中的亮点。在这整个过程中，凭借晋阳保护项目开展的社会背景，在非物质文化遗产保护的热潮中，地方精英阶层基于对地方文化的了解及对资源的有力支配的优势，无疑起到了决定性的作用，而民众的积极参与与支持也是其不可缺少的后盾。

其实龙天庙所祭祀神祇的真实身份并不是最重要的，重要的是民众是怎样看待并使用这些祠庙的，龙天庙主人从当地民众所认同的刘知远到南关龙天庙大修后变为刘恒，可以说是地方精英对民间信仰的自主改造，刘恒作为开明盛世文景之治的开创者，无疑比乱世霸主刘知远拥有更为雄厚的政治资本及某种意义上的历史价值。在古太原县城作为晋阳古城历史文化街区保护的契机下，这样的信仰“定位”，也更易得到政府以及精英阶层的认可，能更好地迎合社会的普遍认知，显然更易于龙天庙未来的发展。南关龙天庙的复兴中，地方精英的积极主导，民众的积极参与，其中体现的是新兴的民间精英阶层对民间文化及民俗活动的热情与眼光。龙天庙不再是单纯的民间信仰的建筑载体，更多承载的是地方民众对自身文化的认同与热爱，以及对晋源地区新一轮发展的殷切期望。

2.2 镇山与镇庙：古代山川崇拜中的建筑与景观呈现

镇山有五，即东镇沂山（山东临朐县）、西镇吴山（陕西陇县）、南镇会稽山（浙江绍兴市）、北镇医巫闾山（辽宁北镇市）和中镇霍山（山西霍州市）（图2-2-1），其祭祀属山川祭祀的一种，源自于远古时期的自然神崇拜，秦汉之际山川祭祀逐渐国家化，并被赋予了更多的政治含义。

与祭祀活动的实现密切相关的要素有二，其一是祭祀制度，用以描述一整套被认为可以合适的表达崇敬神明之意的典礼仪式，其二是祭祀建筑，用以为上述仪式的具体运作提供一个相适应的空间场所。可以说二者的出现和发展完善几乎是同步的，并且具有一定的互动关系，而祭祀的地位也正是制度与建筑的综合反映，这也为综合这两个方面来完整考量某一祭祀活动提供了必要性。同时，也使得崇拜的山川“不再是单纯自然造化的三维空间，而是蕴涵丰富的山水文化载体，这一点应是中国名山理景的最大特色。”[①]

① 潘谷西编著．江南理景艺术．南京：东南大学出版社，2003：308.

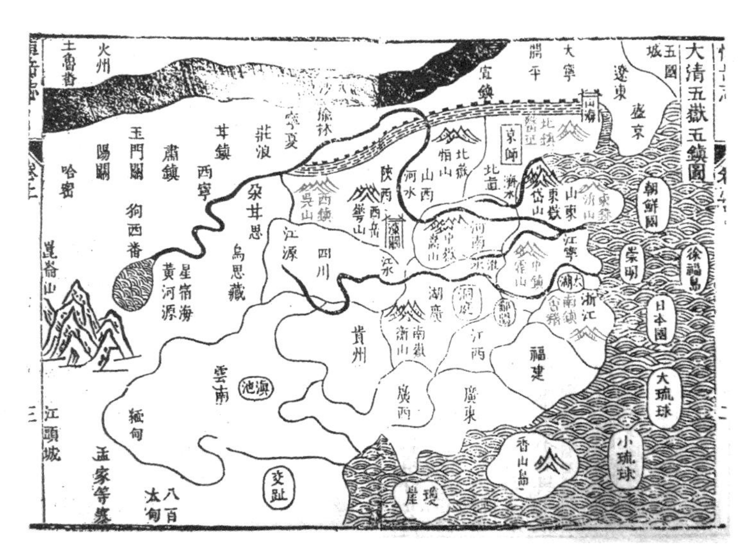

图 2-2-1 《恒岳志》载大清五岳五镇图

于 2014 年 11 月召开的国际古迹遗址理事会第 18 届大会科学研讨会的征文主题为:“作为人文价值的遗产与景观”，其中的主题之一“作为文化生境的景观”明确指出“对一处景观的了解离不开对其历史的了解及对一区域的鲜明特征的认识”，进而发问:“遗产方法如何能够将景观与文化层面融合起来？”[①] 对于这个问题的回应，基于镇山和镇庙为研究对象的古代山川崇拜中的建筑与景观呈现分析是较为合适的文本。

今日五座镇山皆因自然环境优越成为国家森林公园或风景名胜区，而与之唇齿相依的镇庙则命运多舛。唯北镇庙保存较完整（主要反映明清时期的庙貌），其他或为近代、近年新修（东镇庙、西镇庙）[②]，或仅存遗址（南镇庙、中镇庙），且大多未经考古发掘，历史信息零落。与岳庙大多保存完好，并且逐

① 中国古迹遗址保护协会公告，http：//www. icomoschina. org. cn/ggfb/25571. aspx

② 如西镇庙于 2009 年重修，声称仿元至治二年（1322 年）的规模，但并无与之相关的资料依据，且重修后的建筑群规模与主殿建筑等级（九间重檐庑殿）均与岱庙相近，实有逾制之嫌。

渐受到广泛的关注和研究相比，镇庙不仅建筑保存稀少，对其产生的历史根源及发展演变脉络的研究同样寥寥，几乎是处在一种被遗忘的状态，尤其是在面对建筑与碑刻皆已荡然无存的南镇庙遗址，以及一地残碑的中镇庙遗址时，这种被遗忘感和历史的空白感尤为明显。因此，对于镇庙与镇山的历史关系重建不得不在很大程度上借助于历史记载与现场调研的相互印证及数字高程的模拟，从而不仅从文化生境的角度阐释了镇山的理景特征，也为镇山的当代遗产保护和景观塑造相结合提供了理论指导。

镇山的崇拜信仰，是和镇庙建筑互相依附而存在的：信仰是庙宇存在的基础，庙宇是信仰的物质载体。镇庙的选址通常弱化与城市的关系而强调与山的关系，所在城市的选址及发展演变过程与镇庙互为独立的过程。我国的名山理景经历了近两千年的实践，其中顺应自然的理景思想、结合环境的设计手法，将人为的理景活动和自然秩序有机地统一起来，处于国家祭祀系统内的山川崇拜更是将所在名山的理景抹上了浓郁的官方色彩。本节通过镇山与镇庙所探讨的山川崇拜中的建筑与景观呈现，折射出古人诸如直觉中包蕴的理性、玄妙中隐含的科学等特征，不仅特色独具，在今日的镇山风景名胜振兴中也具有根本的现实意义。

（1）就山立庙：五镇山与镇庙

1）灵气所钟：沂山东镇庙

沂山古名海岱、海岳，又名东泰山或东小泰山，为五镇中的东镇、《周礼·职方氏》所载青州镇山，地处山东省中部，泰沂山脉东端，为沂蒙山主脉之一，呈东北—西南走向，其方位接近泰山正东，继而向东则少高山，视野开阔，即“西则远宗岱岳，东则俯视琅琊”[①]。主峰为海拔 1032.2 m 的玉皇顶，在

① （万历）东镇沂山志．卷一，见赵卫东、宫德杰．山东道教碑刻集·临朐卷[M]．257.

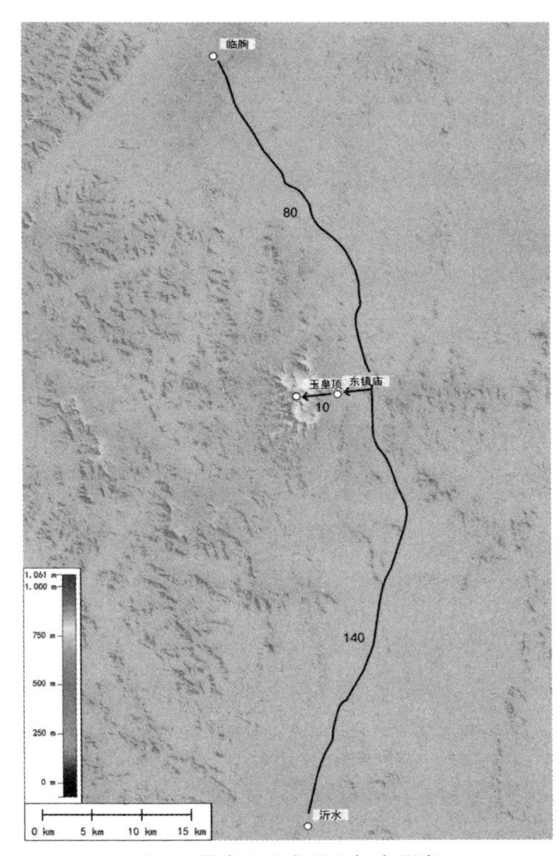

图 2-2-2　沂山地势高程及主要坐标点距离

山下“远望之则高压群山，缘坡麓曼衍八九十里，以渐而升，逮至其颠，则失其峻极。”[①]

沂山周边的低山丘陵和平原为该地区的主要城市分布区域，唐代由沂州主祭，从距山远近来看，具体的祭祀城市很有可能为沂水县，北宋后改在青州临朐县。沂山、大岘山和太平山自西向东三山相连，构成谷道峻狭的天险，齐宣王修筑长城时在此设关隘穆陵关，为南北相通的咽喉。入沂山需先走经穆陵关的官道，半途中折入山道，继而溯汶水而上（图 2-2-2）。

① （元）于钦．齐乘［M］．卷一．690.

沂山为汶水、巨洋水（今称弥河）、沂水和沭水四水之源，其中唯以流向东北的汶水出于其主峰一带，山道与河道并行，主要的自然景观（百丈崖）和人文景观（东镇庙、法云寺）均在沿线，在官道转折处建有草参亭，以备行路不及谒庙者致祭。[①]

西汉太初三年（公元前 102 年）公玉带援引黄帝故事，请汉武帝封沂山、禅凡山（在沂山附近），武帝则认为沂山卑小，与其名声不相称，于是设祠而不封[②]，有观点将此视为东镇庙的起源[③]，然而公玉带意在请武帝在此封禅，其后亦仿泰山将祠设在玉皇顶，其所祀对象应为昊天上帝而非沂山本身。隋代在山椒（即山巅）立庙[④]，因玉皇顶用地较局促，故有建在法云寺一侧或以法云寺兼作镇庙的观点。北宋建隆三年至乾德二年（962 ~ 964 年）敕命重修时改在山半今址（九龙口），其地北侧依凤凰岭（又名五凤山，“其形如凤，远望之，地脉起伏，若有飞腾之象”）、南侧则隔汶水与笔架山相对（“三峰秀出，若笔架然”[⑤]）。目前遗存的正殿柱础采用具有隋唐风格的覆莲瓣纹，此次改建有可能利用了旧有佛寺遗址而成（图 2-2-3）。[⑥]

沂山经历了由佛教名山到道教名山的转变，东汉时在沂山中心、汶水源头圣水泉处立法云寺，东晋时又在山东麓立明道寺，二者相继为沂山佛寺之冠，但明道寺在唐武宗会昌灭佛时被拆毁，佛教活动由盛而衰，其遗址在宋初仍存弃置的造像三百余尊[⑦]，可见当时的寺院建筑规模。法云寺虽得以重修延续，但其庙宇逐渐颓败并湮没无闻。[⑧] 至金大安间（1209 ~ 1211 年）东镇庙已由道士管理，并于庙之西路建道观神佑宫，与东路的馆驿并列左右，元时又对神佑宫

① （万历）东镇沂山志．卷一，见赵卫东、宫德杰．山东道教碑刻集·临朐卷［M］．260.

② （西汉）司马迁．史记［M］．卷十二．280.

③ 临朐政协．东镇沂山［M］．121.

④ （嘉靖）青州府志［M］．卷十．29，参见（明）傅国．昌国艅艎［M］．卷四．60.

⑤ 凤凰岭和笔架山的描述来自（万历）东镇沂山志．卷一．见赵卫东、宫德杰．山东道教碑刻集·临朐卷［M］．259.

⑥ 较流行的说法为利用了创建于唐中期的佛寺凤阳寺（曾改名提扶寺）遗址，见临朐政协．东镇沂山［M］．143.

⑦ 北宋景德元年（1004 年）《沂山明道寺新创舍利塔壁记》，见临朐县沂山风景区管委会．东镇沂山旅游文化读本一 – 东镇碑林（以下均简称本书为东镇碑林）［M］．2，明道寺遗址在今东镇庙西约三里的上寺院村。

⑧ 明清青州、临朐方志在寺观一章中极少提及法云寺，光绪《临朐县志》载“法云寺今已颓废，仅余三楹。破堵中有康熙间重修本寺石碣。一头陀守寺，暮则扃之，下山宿于东镇庙。”

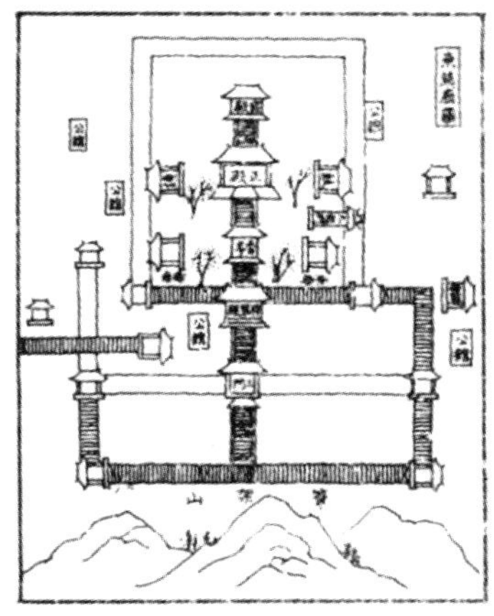

图 2-2-3 山志与地方志中的东镇庙 左:《嘉靖青州府志》附图，右:《万历东镇沂山志》附图

多次重修，历明清至民国，诸如“守庙道士”“住持道人”的记载不断出现在祭祀和重修碑记中[①]，说明东镇庙由道士管理的传统长期延续。

2）五峰挺秀：吴山西镇庙

吴山古名岳山或吴岳，为五镇中的西镇、《周礼·职方氏》所载雍州镇山，地处陕西省西部，六盘山山脉（古代统称陇山，今其南段仍称陇山）南端，其范围在明代划定为东西十五里，南北十里。[②]

吴山有十七峰之说，其中又以镇西峰、大贤峰、灵应峰、会仙峰和望辇峰五峰为诸峰之冠（图 2-2-4），最高峰为海拔 1841.9 m 的灵应峰，但因“群山低高山为主，群山高低山为主”，故将位居中央、海拔 1715 m 的镇西峰立为主峰。

---

① 例如明正统元年（1436 年）、成化元年（1465 年）致祭碑，成化三年（1467 年）、康熙二年（1663 年）、民国 29 年（1940 年）重修碑，见赵卫东、宫德杰．山东道教碑刻集·临朐卷[M]. 24、31-33、34-35、91-92、129-131.

② （嘉靖）吴山志．卷一．1.

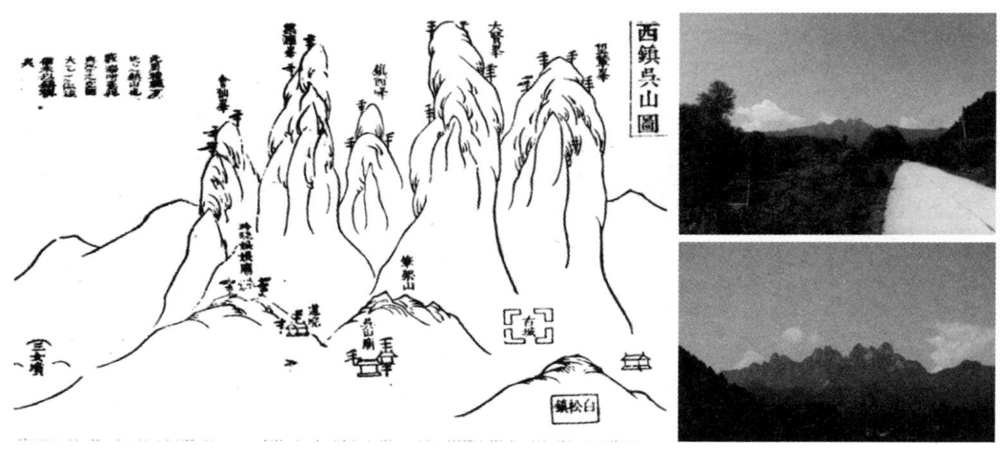
图 2-2-4 《康熙陕西通志》载西镇吴山及吴山五峰

关中地区所在的渭河平原夹在陕北高原与秦岭山脉之间，南北走向的六盘山山脉为陕北高原西侧界山，并与秦岭山脉呈 L 形相接，吴山位于其东南部，并向东南方向逐渐由山地过渡至平原。渭河及其支流金陵河、千河（古名汧水）的冲积平原区为该地区的主要城市分布区域。与吴山关系较密切的城市包括东北侧的陇州（主祭城市）、东侧的汧阳及东南侧的吴山和宝鸡（图 2-2-5）。在吴山所在的高原地区，各城市间的道路联系主要依附于自然河道，如陇州和宝鸡间的官道北段沿千河，南段沿金陵河，入吴山的山道亦沿金陵河支流庙川河（源于望辇峰）。

西镇庙（图 2-2-6）现址北面依笔架山（又名小五峰，“山势逶迤，宛如笔架”）、南面临庙川河（又名一水河，“左旋绕庙前入于渭”①），北面亦有另一支流与庙川河在庙东交汇。山南侧坡地的自然地势升高被融于建筑群中，其山门地坪距离外侧道路高出 2 m 以上，其西有道观会仙宫和珍珠娘娘庙。

① 笔架山和庙川河的描述均来自于（康熙）陇州志．卷一．22.

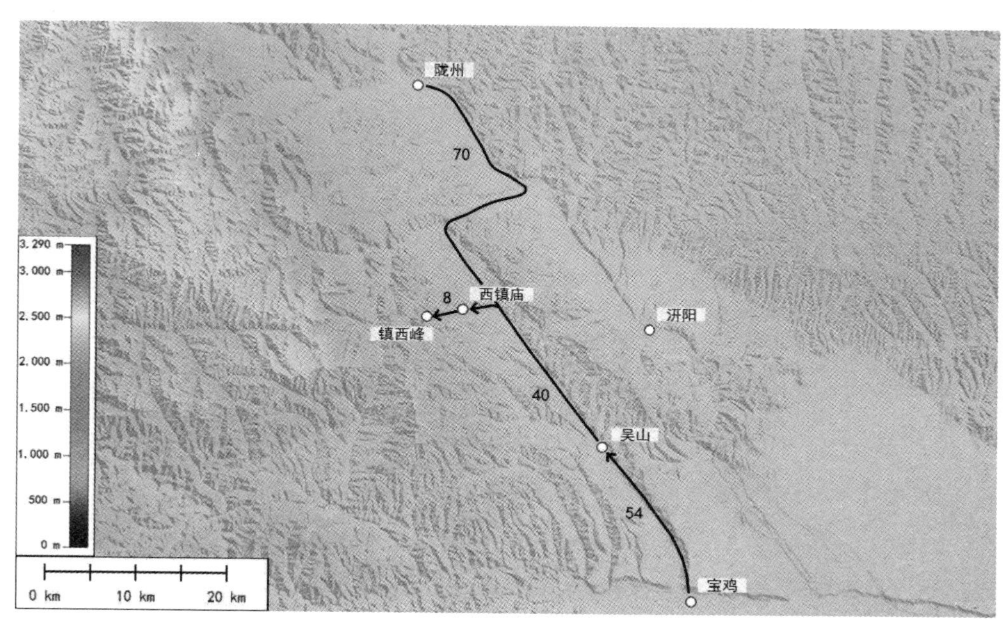

图 2-2-5　吴山地势高程及主要坐标点距离

图 2-2-6　山志与地方志中的西镇庙　左:《嘉靖吴山志》附图，右:《乾隆陇州续志》附图

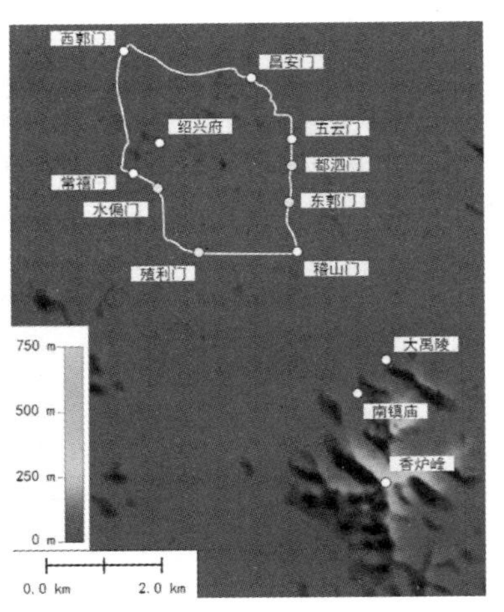

图 2-2-7 《康熙会稽县志》载鉴湖图及绍兴城—会稽山位置关系

据元延祐四年（1317 年）所立代祀碑记中有“本庙提点赐紫仁和虚大师张德祥”的记载，此时的庙宇应为道士管理。明代重建的会仙宫对于西镇庙的日常管理、维护和祭祀活动的举行起到了一定的作用，如天顺八年（1464 年）重修时“仍举道流宝遇真为住持（宝遇真同为会仙观住持），分领诸徒奔走效劳，交赞其功。”①

3) 秀带岩壑：会稽山南镇庙

会稽山古名茅山、苗山、防山和涂山等，相传禹在此大会诸侯并计功而得今名，为五镇中的南镇、《周礼・职方氏》所载扬州镇山，地处浙江省东北部，主峰为海拔 354 m 的香炉峰。会稽山北麓、杭州湾南岸东西向狭窄的宁绍平原为该地区主要的城市分布区域，主祭城市绍兴与会稽山相距十二里，去往会稽山可水陆并行（图 2-2-7、图 2-2-8），其东南侧的城门稽山门为南部唯一的

① 明天顺《重修西镇吴山祠记》，见（嘉靖）吴山志．卷三．11.

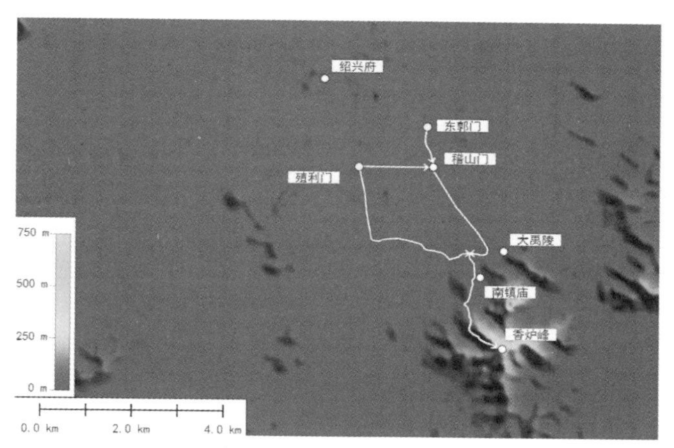

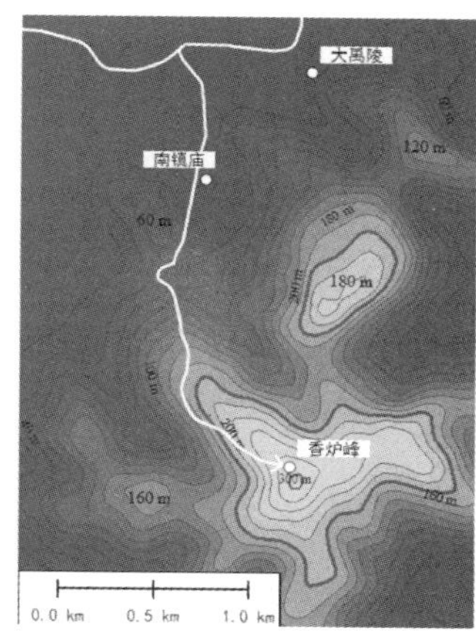

图 2-2-8　自绍兴城去往会稽山路线　除南镇庙 - 香炉峰一段外均为水陆并行

陆上城门，也是通常去往会稽山的起点。东汉永和五年（140 年）会稽太守马臻在城南地区主持创建大型蓄水灌溉工程鉴湖，其堤坝北近五云门至崇禧门段的城墙，并向东西延伸至曹娥江和浦阳江，南近会稽山北麓，在稽山门与石帆山之间筑有夹堤，同时作为城市通往会稽山的驿路和东西湖区的分界。[①] 鉴湖在宋时因围垦逐渐堙废，但驿路仍为去往会稽山的主要道路，此外连接城门至会稽山下的河网仍存，即稽山门外与驿路并行的禹陵江和殖利门外的南池江。

祭南镇和祭大禹为在绍兴所举行的主要国家祭祀活动，大禹祭祀始于北宋乾德四年（966 年），最初只令地方长吏春秋常祀，祭祀地点在府城西北、涂山南麓的禹庙[②]，今大禹陵一带亦为禹庙，创建于南朝梁，北宋政和间（1111 ~ 1118 年）敕即庙为道观告成观，时传禹穴在庙旁，但不知所在。[③] 明

① 周魁一、蒋超．古鉴湖的兴废及其历史教训[J]．中国历史地理论丛，1991（3）：203 ~ 234.

② （万历）绍兴府志．卷十九．1422，卷四 山川又载涂山在府城西北四十五里，此地相传为禹会诸侯之所。

③ （嘉泰）会稽志．卷六．6804.

图 2-2-9　南镇庙遗址　左：自遗址望绍兴城方向，右：自遗址望香炉峰

初改在现址，并规定每三年遣道士致祭一次，遇皇帝登基时遣官代祀，另于每年春秋二仲月举行与南镇祭品祭仪相同的地方常祀[①]，但其祭祀时间在祭南镇前日。[②] 嘉靖年间（1522 ~ 1566 年）禹穴被定在庙南，继而新建禹陵，并发展为以禹陵为中路，两侧为禹庙和禹寺的建筑格局。清代进一步出现皇帝南巡时的亲往致祭[③]，并多次敕命地方加以修葺和增置守祠人役。[④]

以上表明大禹祭祀的形成虽晚于南镇，但官方对其重视程度逐渐超过了后者，其主要建筑规模也在南镇庙之上。[⑤] 明清时的大禹陵依石帆山、居高临下并面向城市，与殖利门—稽山门段的南城墙之间具有一定的视线对应关系，然

① （乾隆）绍兴府志．卷三十六．870.

② （万历）绍兴府志．卷十九．1425.

③ 共两次，分别在康熙二十八年（1689 年）康熙帝第二次南巡时和乾隆十六年（1751 年）乾隆帝第一次南巡时。

④ （乾隆）绍兴府志．卷首．20.

⑤ （万历）会稽县志．卷十三．526、537，其中载同一时期的大禹陵正殿七间，门三重，南镇庙正殿五间，门两重。

而南镇庙的选址与其不同，强调与山的关系而弱化与城市的关系。南镇庙并未采用其他镇庙通常结合山南自然坡地、建筑渐次升高的布置方式，而是建于山北平地（海拔高度 30 ~ 35 m），其庙址为“北、东、西临溪，南直玉笥峰”[①]，并有会稽山余脉延伸至庙两侧，形成东西夹持的咽喉（图 2-2-9）。

元初的南镇庙“独庙无守者，有司又少涉其地，风雨陵暴，久而不免于摧败倾压矣”[②]，元泰定三年（1326 年）始置庙田，重修后开始安排道士守庙，同时“尽覈（核）故田奉祠事，余以给其食”[③]，但直至明清并未单独建设道教殿宇或道士房舍（图 2-2-10）。

① 元皇庆元年（1312 年）《重建南镇庙碑》，见（嘉庆）山阴县志 . 卷二十七 . 1051，其中玉笥峰即香炉峰。
② 元至正四年（1342 年）《重修南镇庙碑》，见（嘉庆）山阴县志 . 卷二十七 . 1061.
③ 元泰定三年（1326 年）《南镇庙置田记》，见（嘉庆）山阴县志 . 卷二十七 . 1055.

图 2-2-10 地方志中的南镇庙 *左:《万历绍兴府志》附图,右:《乾隆绍兴府志》附图*

4) 郁葱佳气:医巫闾山北镇庙

医巫闾山又名医无虑山、六山和广宁山等("医巫闾"为少数民族语音译,为大山之意[①]),简称闾山(以下均用此简称),为五镇中的北镇、《周礼·职方氏》所载幽州镇山,地处辽宁省西部、辽河平原西侧边缘,主体以朝阳寺、玉泉寺和清安寺(观音阁)一带为中心,呈东北—西南走向,方志中称其高十余里,周围二百四十里[②],主峰为海拔 866.6 m 的望海峰(又名望海寺)。

唐代北镇地方祭祀由营州主持,治所在柳城县,州境范围、所辖县城大部分位于闾山以西,故唐代的庙址可能在山西麓,辽代无岳镇海渎祭祀活动,原庙宇遂废。金代重举祀事,另立庙址,并以位于山东麓的广宁为其地方祭祀的主持城市。[③]

北镇庙选址于广宁城西、闾山东麓的一处北高南低的天然山冈上,闾山距城十里,北镇庙则在距城三又四分之三里,距山五又四分之一里处[④],明清时广宁城西门拱镇门与北镇庙东西遥遥相对,互为彼此重要的历史景观,自城内去

---

① 谢景泉. 医巫闾山名称考释[J]. 锦州师范学院学报,1999(4):90 ~ 93.

② (民国)北镇县志. 卷一. 13.

③ 赵振新. 锦州市文物志. 26 ~ 28.

④ 明成化十九年(1483 年)《北镇庙记》,见(民国)北镇县志. 卷六. 158-159.

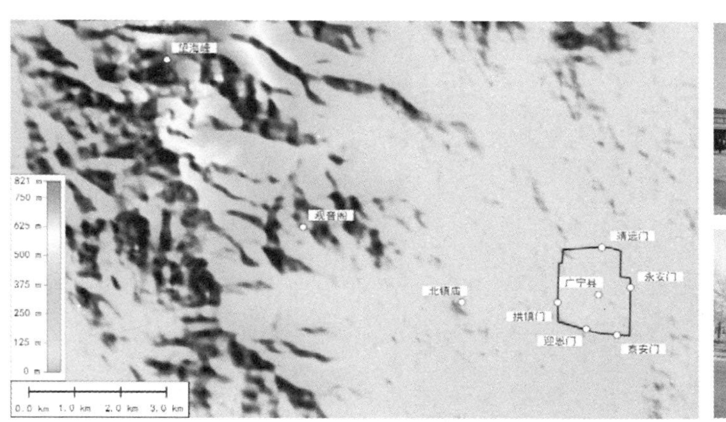

图 2-2-11　广宁城—闾山位置关系及明代广宁鼓楼、城墙

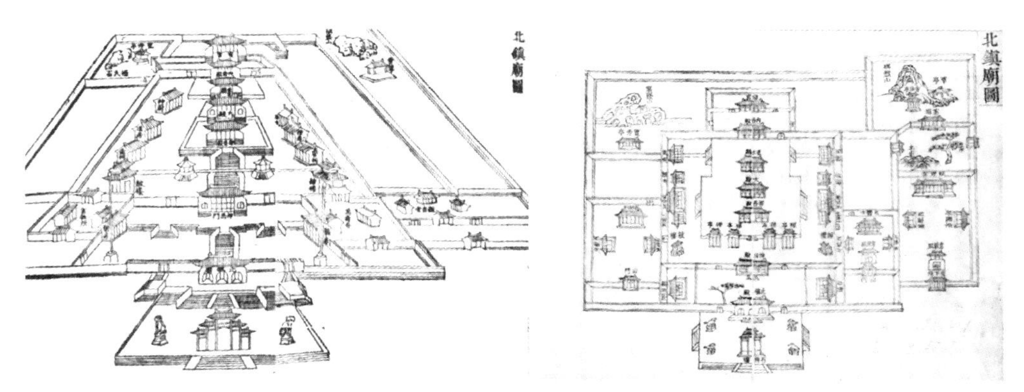

图 2-2-12　地方志中的北镇庙　左：《乾隆盛京通志》附图，右：《乾隆钦定盛京通志》附图

往闾山的道路亦从拱镇门出发并途经镇庙（图 2-2-11）。但这一选址并不强调与主峰的视觉关系，只以连绵起伏的主脉作为环绕山冈的背景。广宁境内河流均属辽河流域绕阳河水系，周边河流有分别位于其东、西两侧的头道河、二道河和西南侧的三道河[①]，均源出于闾山，并在城东南侧交汇。北镇庙处在二道河与三道河之间，山冈西北侧有季节性雨水冲沟，向南汇入三道河（图 2-2-12）。

① 上述河道名称在历史上有所变化，民国《北镇县志》中将头道河、二道河、三道河分别称作东沙河、南门乾河和大石桥河，1990 年版《北镇县志》则分别称钟秀河、广右河和广左河。

历代方志和碑文中均无与北镇庙庙田相关的记载，说明其祭祀供应很可能直接依赖于城市，但庙内仍置有管理者，元《御香碑记》中所附的与祭人员中列有“北镇庙主持提点宝光洞玄大师张道义、通祯希玄大师周道真”等人[①]，且有知庙一职[②]，均为道士。明代则称为“侍香道人”“侍香庙祝”[③]或简称“庙祝”，说明这一时期仍由道士管理镇庙。

但至清康熙二十九年（1690 年）建筑倾圮难支、风雨不蔽，广宁知县则“与住持僧众，亟商所以护持神像者”，康熙五十四年（1715 年）重修清初创建的兴隆庵并改称万寿寺，碑记中已载“犹虑住持乏高僧……礼部延禅僧六雅，为北镇庙主，朝夕焚香，晨钟暮鼓，庶以祝国佑民”[④]，从以僧人作为“北镇庙主”，在庙前西侧又相继兴建万寿寺、观音堂等佛教殿堂来看，此时即便仍有道士驻于庙内，庙宇也已在很大程度上改由僧人管理。

5）秀峙中区：霍山中镇庙

霍山古名太岳或霍太山，为五镇中的中镇、《周礼·职方氏》所载冀州镇山，地处山西省中南部、太岳山脉南端，山志称其东西约七十里，南北约一百五十里[⑤]，主峰为海拔 2346.8 m 的中镇峰（俗称老爷顶）。从整体地理环境方面而言，临汾盆地从中部纵贯临汾地区，将整体隆起的高原分为东西两部分山地，西为吕梁山脉、东为太岳山脉，走势均大致呈南北向。

临汾盆地地形以盆地和丘陵为主，因地势较为平坦，且靠近汾河，为主要的城市分布区域（图 2-2-13）。与霍山关系较密切的城市包括西北侧的霍州（主

---

① 元皇庆二年（1313 年）《御香碑记》，见北镇庙碑文解析委员会．北镇庙碑文解析．10.

② 元延祐四年（1317 年）《代祀北镇之记》和至正七年（1347 年）《御香之碑》，见北镇庙碑文解析委员会．北镇庙碑文解析．18、50.

③ 明洪熙元年（1425 年）《敕辽东都司碑》和隆庆元年（1567 年）《御祭祝文碑》，见北镇庙碑文解析委员会．北镇庙碑文解析．65、99.

④ 清康熙二十九年（1690 年）《新建北镇医巫闾山尊神板阁序》和康熙五十四年（1715 年）《重修北镇禅林记碑》，见北镇庙碑文解析委员会．北镇庙碑文解析．117、135.

⑤ （民国）霍山志．卷一．2.

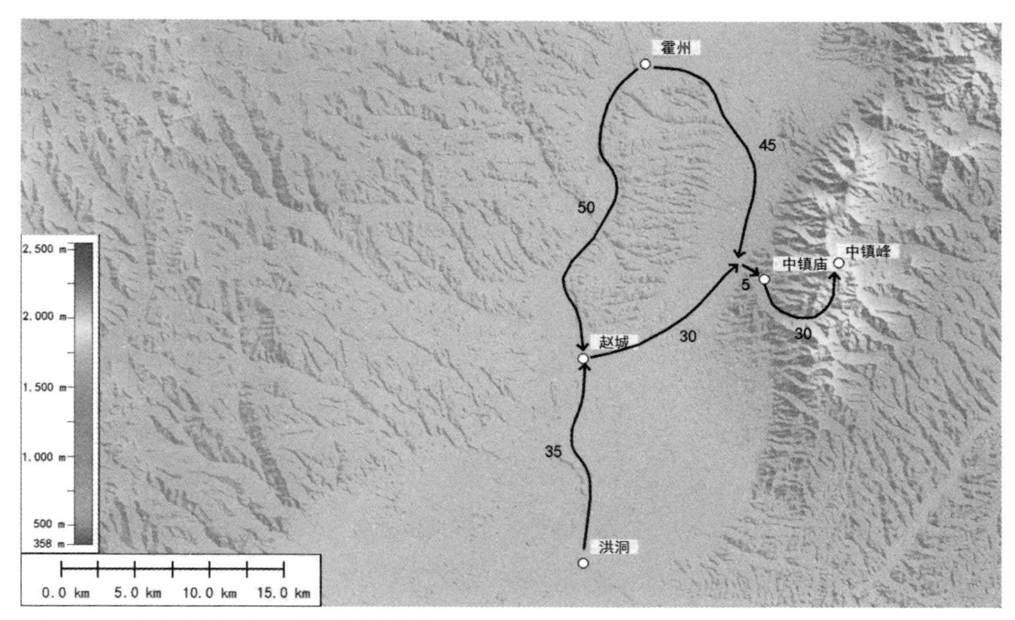

图 2-2-13　霍山地势高程及主要坐标点距离

祭城市)、西侧的赵城和西南侧的洪洞，其城池均依汾河而筑，其中又以赵城距霍山主峰一带最近，故去往中镇庙也常常自赵城出发。

唐代霍山与其他四镇的祭祀并不在同一个体系内，至宋初方并为五镇，故中镇庙为唐代的霍山祠(又名应圣公祠)沿用而来。自赵城去往中镇庙并不经由官道，而是直接从山路跋涉，至位于霍山西麓被称为香谷口的峪口入山，约五里后到达中镇庙，继而去往主峰则需要自东南—东北方向绕行，走一条大约三十里的U形路线方能到达。[①] 高程分析表明，中镇庙现址所在的海拔高度1100 ~ 1200 m的地段为入山后山道上地势最为开阔平坦的区域，周围被霍山余脉所合抱环绕(图 2-2-14)。

① 结合明韩魁《霍山游记》、乔宇《霍山记》，清李呈香《中镇记》、吕维榦《游中镇山记》，民国戆人《游兴唐寺记》和马甲鼎《游霍山记》等多篇游记，分别见(民国)霍山志. 卷四. 30 ~ 32和卷五. 78 ~ 79、83 ~ 85、95 ~ 96、106 ~ 108、109−113.

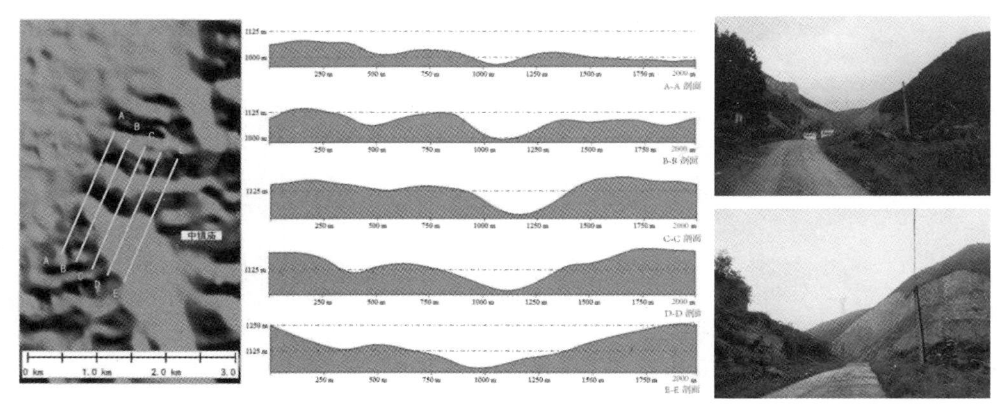

图 2-2-14　霍山香谷口剖面分析（东北—西南）

图 2-2-15 《道光直隶霍州志》载霍山图及自中镇庙望主峰与后侧山坡

霍山大规模的人工造景始于隋唐，这一时期在主峰一带陆续敕建了霍山祠、兴唐寺和慈云寺[①]，兴唐寺在中镇庙东南约一里远，慈云寺在中镇庙东十里远，其后除金代在中镇峰顶建真武庙外，其他基本维持现状，其中兴唐寺与中镇庙关系极为密切，建于同一山谷，二者隔河斜对，各自占据山谷的对角（图 2-2-15），山道与河道又均使二者产生联系。且中镇庙的日常管理、维护

① 慈云寺又名休粮寺，释力空认为其创建年代为唐贞观三年（629 年），其依据为建寺诏书与《大藏经 · 广弘明集》对于“唐太宗破劲敌七处，均为立寺”的记载，志书则称汉建和时建，但未有相关依据。

和祭祀活动的举行均依赖于兴唐寺，以至于兴唐寺被视为中镇庙的下院或中镇神的“香火院”[①]，此传统一直延续至民国。[②]

（2）山水之间：镇庙选址特征

“就山立祠”（《隋书·礼仪志》）是一个明确出现在镇庙创建之初的选址原则，五座镇庙中有三座现址奠定于隋唐时期（其中中镇庙时为霍山祠），一座奠定于北宋，一座奠定于金代，唐宋所奠定的四座镇庙在与山川地理环境的关系方面表现出以下一些共同特征：

其一，突出望祭主峰的视觉效果。在主殿前的院内观察主峰的水平和垂直视角相近（其建筑群均为坐北朝南，并大致接近南北向[③]，西镇庙的视角按最高峰计算则分别为 12° 和 11° ），小角度的水平视角使山势主体的走向大致与庙墙平行，形成连续的、屏障一般的景观效果（图 2-2-16）。而在北镇庙内观察主峰的水平视角过大，垂直视角偏小，导致主峰偏于西北，其峰峦起伏也难以被观察和把握。

其二，选择被山体余脉所夹持、视线收束的地段建庙。由两侧的余脉和另一侧的主峰所在三面环抱，主要建筑亦位于山半或山底，虽然其建筑群的布置均与自然的山势升高相结合，但自大门外至正殿的高差变化大多在 5 m 以内。唯独北镇庙建于独立的山冈之上，四周无余脉所凭依（图 2-2-17），主要建筑亦被布置在山冈最高处，自大门外至正殿的高差变化达 13 m。[④]

其三，以与山道并行的河流作为入山谒庙的先导。通过逆流而上到达庙前，东镇庙、西镇庙和中镇庙均为面水，南镇庙为背水。靠近水源地建庙不仅仅是出于景观上的考虑，同样是对于功能性的考虑，如中镇庙“辟灵沼于墀前，引

---

① 清《蠲免兴唐寺地粮杂项碑记》，见（民国）霍山志．卷五．96 ~ 97

② （民国）霍山志．卷五．164：“前者庙内无人，殿宇、廊庑渐就荒废。兴唐寺方丈妙公恐日久倾圮，始于清众遴选达谛住守。”

③ 北镇庙中轴线在北偏西约 11° ，东镇庙在北偏东约 13° ，西镇庙中轴线为南北正向。

④ 其他镇庙的高差数据为现场实测，并参照谷歌地图，北镇庙的高差数据则根据北镇市文物处所提供的图纸。

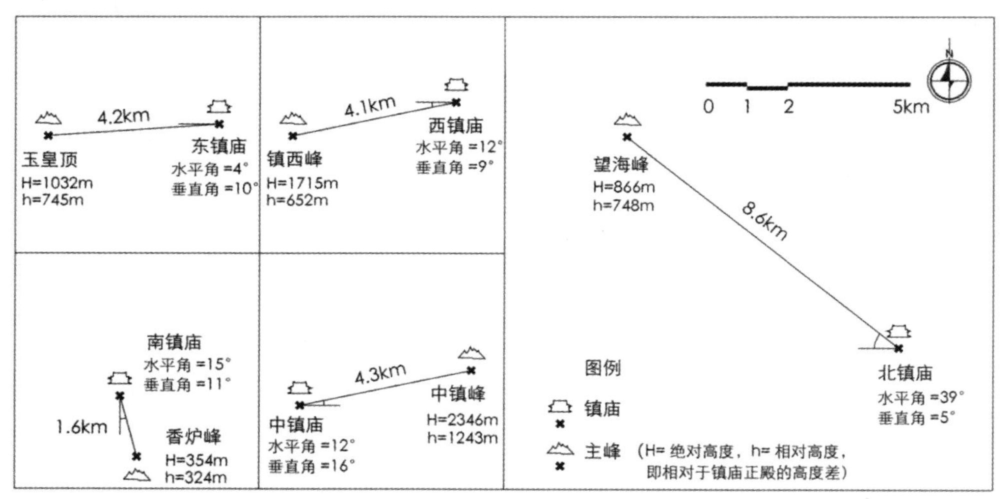

图 2-2-16　镇庙与主峰之间的直线距离和视线角度（均以正殿所在的位置代表镇庙）

图 2-2-17　镇庙主殿院内望主峰的视觉效果　左：东镇庙，中：西镇庙，右：中镇庙

泉水为潜渠注其中，支分其流入庖厨，以给烹煮，又潴为滌器洗牲之池。”① 而北镇庙则无河流经过，并没有表现出与水的关系。

① 明洪武《新修中镇庙碑》，见（成化）山西通志．卷十四．512.

（3）城山关系：以岳庙为参照

明嘉靖《祭告东镇七律五首》碑记[①]详细记载了明代官员陈凤梧祭告沂山的行程，他清早自县城出发，午后至于庙内，不日之间即“行百余里”。《光绪临朐县志》载东镇庙距临朐县城八十里（约合今 46 km），为各镇庙中距离城市最远的一座。

相比较而言，岳庙中距离城市最远的一座也只有三十里（南岳庙—衡山县）。据杨博、王贵祥对岳庙与所在城市的关系所做的研究，五座岳庙初建时均在城外，对于今日位于城中的两座岳庙而言，岱庙在唐时位于岱山县城（唐高宗时改名乾封县）外二十五里，北宋开宝间（968 ~ 976 年）“诏迁治就岳庙”始将庙围入城中，大中祥符间（1008 ~ 1016 年）又一度于庙外三里处筑新城，至金大定间（1161 ~ 1189 年）还治旧城，庙在城中的格局方正式确定，而北岳庙最初亦在上曲阳县城外，晋魏时一度出现东西两庙，北魏景明间（500 ~ 504 年）在汉代城址以东四里处建新城，并就位于城中的东庙改建为今日的北岳庙。

镇庙则自始至终位于城外，与所在城市之间的距离也普遍高于岳庙[②]，最近约四里，最远达八十里。如果以距城十里为限，那么五座岳庙中有四座在这一范围内，五座镇庙中则仅有北镇庙一座，且除北镇庙与广宁县西城墙及城门相望外，其他镇庙均与城市无视觉联系，其原因如下：

其一，“诏迁治就岳庙”个案的出现与迁址前的岱庙距城过远，而东岳泰山作为通常意义上的封禅仪式举行地点，在传统礼制上具有崇高地位密不可分[③]，而北魏时的上曲阳县城在迁址前与北岳庙已仅距四里，其迁址与守庙并无必然联系。但从封号所体现的官方对于岳镇海渎诸神的重视程度来看，岳最高，

---

① 明嘉靖二年（1523 年）《祭告东镇七律五首》，见临朐县沂山风景区管委会．东镇碑林［M］．128–130：予以五月廿三日，自登莱巡抚至青之临朐，时方旱，将祷雨于东镇沂山。廿四日行台斋沐，廿五日宿于庙下，是早忽大风雨，既而晴明凉爽，遂行百余里，午后至庙省牲，是夜大风。廿六日五鼓，风息月明，遂行祭告。礼成回县，阴云四布，是夜雷电风雨骤作，远迩沾足。

② 杨博、王贵祥．“因庙营城”——明清时期中国五岳岳庙与所在城市空间格局初探［J］．建筑师，2012（2）：51 ~ 58：按此文结论，明清岳庙中两座位于城内，西岳庙距城五里，中岳庙距城八里，南岳庙距城三十里。

③ 关于泰山在传统礼制中地位的论述参见巫鸿．礼仪中的美术．［M］北京：生活·读书·新知三联书店，2005：616 ~ 641.

镇则在渎、海之后，为其中最低的一级。表现在建筑方面，岳庙的规模普遍在镇庙之上，以周长相比较，清代各镇庙中规模最大的北镇庙恰与各岳庙中规模最小的中岳庙大致相当（分别为三百四十丈和三百二十丈）[①]，表现在祭祀方面，岳庙在汉代时即已出现帝王亲祀，其隆重程度也在镇庙之上，使得岳庙对城市的依赖性更强，故不仅有因庙建城（登封）[②]，同样有迁城就庙（泰安），镇庙的地位无法与岳庙相比，不足以对城市产生影响。而如《祭告东镇七律五首》碑所述，即使是距城最远的东镇庙，祭官仍可以在半日左右的时间内到达庙内，祭祀供应则通常由当地解决，在每年的遣使代祀和地方常祀屈指可数的情况下，距城远对祭祀的举行并无影响。

其二，岳庙与所在城市的演进具有一定的同步关系，而镇庙所在城市的奠定均早于镇庙自身，其城址的择定也遵循一般的建城规律。且除岱庙外，岳庙的规模普遍达所在城市的30%以上[③]，甚至与城市规模相当（西岳庙—华阴县），镇庙的规模却与城市反差巨大（清时广宁县城面积约为3.2 km^2[④]，北镇庙仅相当于其1.34%），在满足近山立庙的同时并不一定近山营城。

因此，除广宁城外的其他四座城址均奠定于隋唐以前，并无一例外的避开近山地区，选择靠近重要河道的低海拔地区建城，城市本身即距山较远。作为参照，宋代迁址前的岱山县城址选在大汶河北岸、今泰安市丘家店镇旧县村，与上述四座城址同样类似。而广宁县则为其中特例，其建城的源头——即辽代所置的乾、显二州均为守卫和奉祀葬于闾山内的帝王陵寝而筑的奉陵邑[⑤]，故一反常态选在近山处，即使其周边的水文资源并没有其他城市理想。

---

① 岳庙的规模排序为（从小到大）：中岳庙周长1.77里，南岳庙周长2.03里，西岳庙周长2.07里，曲阳北岳庙周长2.88里，岱庙周长3里，见杨博、王贵祥."因庙营城"——明清时期中国五岳岳庙与所在城市空间格局初探[J].建筑师，2012（2）：51-58.

② （西汉）司马迁.史记[M].卷十二.275："于是以三百户封太室奉祠，命曰崇高邑"。

③ 在杨博、王贵祥《"因庙营城"——明清时期中国五岳岳庙与所在城市空间格局初探》一文中提供了周长比，作为粗略估计，本文将周长比平方，得出岳庙与所在城市的规模比大致为：岱庙：泰安府城=0.18（实际约在0.16左右），曲阳北岳庙：曲阳县城=0.32，中岳庙：登封县城=0.32，南岳庙：衡山县城=0.53，西岳庙：华阴县城=1。

④ 赵振新.锦州市文物志.26-28.

⑤ 王禹浪、李福军.辽宁地区辽、金古城的分布概要（二）[J].哈尔滨学院学报，2011（2）：1-10.

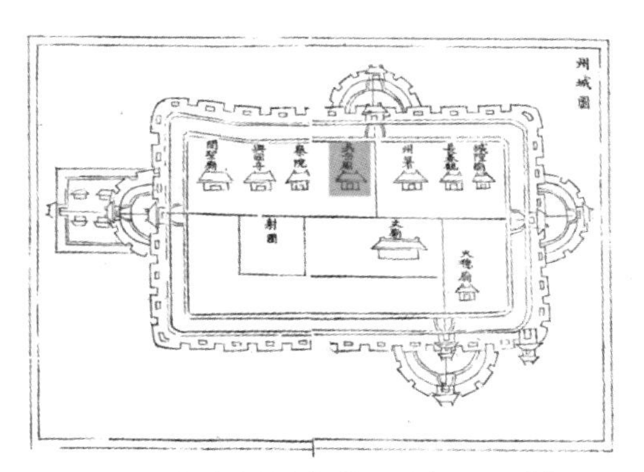

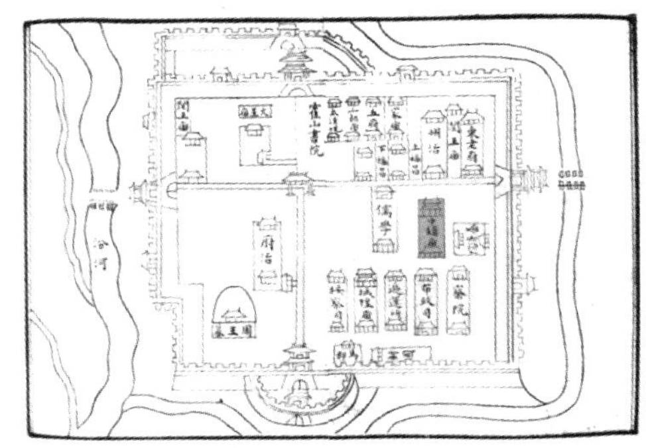

图 2-2-18　州治中的行祠位置示意　左:《康熙陇州志》载西镇行祠，右:《嘉靖霍州志》载中镇行祠

自元代开始，东镇庙、西镇庙和中镇庙均出现建于城内或城外不远处的行祠（图 2-2-18），除这些主要的行祠外，西镇吴山在新街镇（吴山神行宫，位于官道转折处）、八渡镇①和县头镇②均有庙，中镇霍山则“在洪洞、赵城、浮山、岳阳各乡村俱为行祠”。③每年春秋两次的地方常祀并无特定事由，其祭文通常也是相对固定的④，而“祷雨祈晴”为因事祭祀（至少在明代，府县地方官员同样可以因事致祭⑤），两座建在城内的行祠又同样选在与州治相靠之处，因此行祠的修建应主要便于州县随时致祭，在地方常祀和遣官代祀上并不能取代本庙。

① （光绪）陇州乡土志．卷十．222 ~ 223.

② 同 2。

③ （成化）山西通志．卷五．119.

④ （万历）东镇沂山志．卷三：有司春秋致祭文：“惟某年某干支某月某干支朔越几日某干支，青州府临朐县知县某，敢昭告于东镇沂山之神，曰：‘惟神钟秀崇高，一方巨镇，封表有年，功著民社，时惟仲秋、春，谨以牲帛醴齐，粢盛庶品，用伸常祭。尚享。’”见赵卫东、宫德杰．山东道教碑刻集·临朐卷［M］．269.

⑤ 如《东镇沂山志》中记载了部分山东地方官员对于东镇庙的致祭活动，如嘉靖十二年（1533 年）因山东旱灾和蝗灾，青州府知府、临朐县知县等地方官员曾相继前往致祭，见赵卫东、宫德杰．山东道教碑刻集·临朐卷［M］．271.

2.3 通用的祭祀仪式与差异的建筑等级：镇庙建筑的早期历史及岳／庙、镇庙的等级分化

五岳与五镇、四海与四渎，起源于古代的山川崇拜，战国时期开始流行以九州指代理想之国疆域的概念，并以山脉、河流和海洋等地貌特征描述九州的分界。《周礼·职方氏》中进一步建立了九州九镇山的系统，将山脉从各州的界标演化为各州的象征[①]，进而成为国家疆域的体现。汉代将九镇山中的泰山、华山、衡山和恒山提升为岳，并与嵩山合并成为国家祭祀的对象，隋唐时则进一步将余下的镇山一同纳入国家祀典，从而形成山有岳、镇两级，水有渎、海两级的岳镇海渎祭祀系统，并被历代中原地区的封建国家沿用。

"自古帝王之有天下，莫不礼秩尊崇"（洪武二年《敕祀东镇庙记》），岳镇海渎祭祀体现出国家政权对疆域的掌控。岳与镇的祭祀又同为祭山，二者在时间和空间方面表现出一些相似性。

时间方面：同一方位上的岳山与镇山祭祀时日相同或相近，早期的祭祀形

① 巫鸿. 礼仪中的美术[M]. 北京：生活·读书·新知三联书店，2005：627-628.

式主要为地方常祀，唐宋金时为每年举行一次，分别在五郊迎气日（立春、立夏、立秋前十八天、立秋和立冬）祭祀位于东、南、中、西和北各方位上的岳山和镇山[①]，明清时则统一改在春二月和秋八月上旬分别举行一次。[②]金元时遣使代祀逐渐成为祭祀的主要形式，当国有大事时则将同一方位上的岳山和镇山派遣同一批使者相继前往祭祀。

空间方面：主要在于祭祀仪式的通用性和岳庙、镇庙建置的相似性。虽然部分岳庙在汉代时已有正规的祭祀活动，但魏晋南北朝时期的政权分立未能使之获得确立、延续，时而合祀、时而分祀（如北魏立五岳四渎庙合祀，而南朝梁则令郡国分祀）。以在山川所在地举行祭祀为主的方式至唐时方被确立，作为祭祀场所的岳庙和镇庙也才被愈以重视，并获得了快速发展和完善。虽然镇山祭祀的出现晚于岳山，但二者在祭祀程序及庙宇的建筑形制等方面的发展具有一定的同步性，但镇庙出现之时，岳庙的建筑形式仍未成熟，二者之间也并非简单的模仿关系。

由于直接反映建筑形制的史料不足及建筑实物的缺乏[③]，已有的研究中对于早期镇庙建筑的特点及岳庙、镇庙之间所呈现出的建筑等级差异仍然不够明确。本节即以《大唐开元礼》《政和五礼新仪》等官方礼制文献所载祭祀仪式的分析为切入点，探讨镇庙建筑的早期历史及岳庙、镇庙的建筑等级分化过程。

建筑的形式与使用之间相互影响，岳庙、镇庙的建筑格局演变和分化与祭祀活动的举行以及神祇在国家祭祀系统中的地位呈现出密切的关系，且对于此类国家祠庙建筑而言，与官方祭祀密切相关的建筑更容易被加以掌控，从而形成共同的规制。唐宋时期的由祭坛转入殿堂，以及北宋对祠庙所祀神祇的帝、王、公三个级别的划分，是其祠庙布局演变发展的两个关键点，但因镇山获封较晚，又最终出现了王一级别的封号、公一级别的建筑这一特殊现象。

---

① 分别见（唐）萧嵩．大唐开元礼[M]．卷三十五．祀五岳四镇．文渊阁四库全书本．台北：商务印书馆，1983和（宋）郑居中．政和五礼新仪[M]．卷九十六．诸州祭岳镇海渎仪．文渊阁四库全书本．台北：商务印书馆，1983，另外因唐代祀四镇，霍山不在其中，故立秋前十八天只祀中岳嵩山而不祀霍山。

② （明）徐溥、李东阳．明会典[M]．卷八十六．礼部四十五．祭祀七．岳镇海渎帝王陵庙．文渊阁四库全书本．台北：商务印书馆，1983.

③ 现今五座镇庙中唯有北镇庙保存较完整，但其建筑主要反映明清时的庙貌，其他镇庙则或为近代、近年新修（东镇庙、西镇庙），或只存遗址（南镇庙、中镇庙）。

（1）通用祭祀仪式及空间表征

地方常祀和遣使代祀为在山川所在地举行祭祀活动的两种最为常用的方式。

地方常祀即每年定期举行祭祀活动，由地方官员充任祭官，时间固定，无具体的祭祀事由，由中央制定祭祀的时间、等级与程序，而不遣使前往参与或监督，这一祭祀方式在唐代即已确立。

遣使代祀即由使者（道士或大臣）替皇帝代行祀事，这一祭祀方式源自于古代的告礼，其特点在于非定期、因事祭祀。皇帝在都城授香币于各派遣的使者，再由使者基于驿传系统赶赴四方，至山川所在地后与当地官员共同完成祭祀过程，并在主要祭祀人员（献官）中为先。

唐宋时已有不定期的遣使告祭五岳四渎，金代以后这一方式被愈加重视，并普及至镇山，但其程序以地方常祀为参考，除以皇帝派遣的使者为中心外，最初并无其他差别，至明清时才进一步在牲礼方面有所差异（遣使代祀用太牢、地方常祀用少牢）。①

就文献记载而言，以《大唐开元礼》和《政和五礼新仪》为代表，既反映出对前代礼制的吸收糅合，又结合了本朝的实践兴革，《大金集礼》则基本仿效《政和五礼新仪》，故本节以前二者分别作为唐和宋金的研究对象，而明清时期的研究对象则选用明弘治时颁布的《明会典》。

以上三个时期的文献对于岳镇海渎祭祀程序的描述均体现出一种通用性，如《大唐开元礼》在吉礼中分别撰写“祭五岳四镇”和“祭四海四渎”，除遵循《尔雅·释天》“祭山曰庪悬，祭川曰浮沉”②的大原则外，内容基本类同，《政和五礼新仪》则进一步合并为“诸州祭岳镇海渎仪”。相同的仪式程序决定了建筑空间即使有所差异，对祭祀的举行影响也不至过于明显。

祭祀程序可概括为三大部分，即准备、正祭和结束，明清时在初献之前、

① （明）徐一夔．明集礼［M］．卷十四．吉礼十四．专祀岳镇海渎天下城隍．文渊阁四库全书本．台北：商务印书馆，1983；（光绪）临朐县志．卷五．南京：凤凰出版社，2005.

② 即祭山时需将祭品埋藏或悬于山林中，祭水时需将祭品沉于水中。

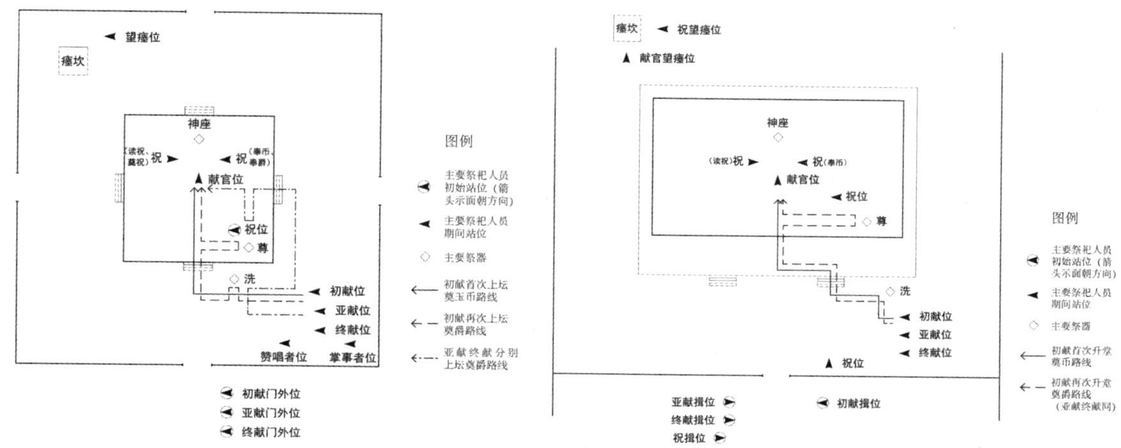

图 2-3-1　唐代地方常祀的三献程序图解　　图 2-3-2　宋代地方常祀的三献程序图解

撤馔之后分别增加了迎神和送神的过程。①

准备：斋戒、扫除、省牲、开设瘗坎、设定站位、陈设祭器和盛放馔食等，一般在祭祀开始的前三天内陆续进行。

正祭：在众官就位后按次序进行初献、亚献和终献，以初献为上，需完成献币（明清时改为献帛）、献爵和读祝文三项程序。亚献与终献则基本相同，只有献爵一项（图 2-3-1、图 2-3-2）。

结束：即在三献后行饮福受胙礼，并处理馔食、币（或帛）和祝版等，其中饮福受胙礼亦通常由初献完成，唐代饮福受胙礼被结合到三献礼时进行，初献在前述三项程序完成后饮福受胙，亚献终献则只饮福。

祭祀程序对建筑空间的使用主要表现在两个方面：其一在于正祭过程往往围绕某一主体建筑进行，唐时为祭坛，宋之后则转入殿堂；其二在于仪式的举行过程中，三位献官的站位表现为渐进的三个层次，即南门外的等候位、坛下

① 本节所引用的三个时期对于祭祀程序的描述分别来自《大唐开元礼》卷三十五祀五岳四镇、《政和五礼新仪》卷九十六诸州祭岳镇海渎仪和《明会典》卷八十六。

（堂下）东南的等候位和坛上（堂上）中央的祭祀位，献官需依次至前两个位置就位并揖拜，继而至祭祀位进行祭祀。

（2）唐时的祭坛与宋时的露台

按《大唐开元礼》，唐代岳镇海渎的祭祀活动均以室外的祭坛为中心（海渎为埳内筑坛）。祭坛是一个四面设阶、以墙围护、每面墙在中间设门的空间。坛外又设南门和东门，掌馔者进奉馔食由东门出入，其他人员则均从南门出入，即辅助、准备或仪式的出入口各有所属。

宋代以后的主要祭祀空间则转入室内，出现由坛至殿的转变，但祭坛并未完全消失。就岳庙而言，岱庙、中岳庙和南岳庙的今日规模和基本布局均奠定于宋大中祥符间（1008 ~ 1016 年），大殿前的院落中均有被称为露台（路台）的方台或其遗迹（图 2-3-3、图 2-3-4），露台也同样出现在类似的国家祠庙建筑如后土庙、济渎庙中。镇庙虽然未能保存下反映宋制的建筑实物，但近年在重建东镇庙时根据考古资料复原了位置与上述岳庙相仿的宋代祭坛。东镇庙在宋初的建隆三年（962 年）至乾德二年（964 年）经历了大规模的重修①，而该时固定的镇山祭祀制度尚未成熟，在各镇山中也仅曾祀东镇一处。②

笔者认为上述露台实为唐时祭坛的遗迹，并体现出早期岳庙、镇庙建筑发展的同步性。原因有二：

其一，露台的功能与祭坛存在一定的联系。受到后土庙、中岳庙等重要官式建筑的影响，露台在宋金时期的神庙建筑中开始普遍出现，且可同时用于拜祭供馔和献艺演出③，如金泰和三年（1203 年）山西芮城县岱岳庙《岳庙新修露台记》中将之描述为“□牲陈皿者，得以展其仪，流宫泛羽者，得以奏其雅。”④

---

① 东镇庙碑目中有宋太祖诏修东镇庙碑和东镇庙落成记二碑，见临朐政协编．东镇沂山［M］．临朐：临朐县印刷厂，1991:9.

② （宋）欧阳修．太常因革礼［M］．卷四十九．续修四库全书本，上海：上海古籍出版社，1985.

③ 曹飞．略论露台、勾栏与舞楼之关系［J］．戏剧（中央戏剧学院学报），2011（2）：121-122.

④ 冯俊杰．山西戏曲碑刻辑考［M］．北京：中华书局，2002：53-54.

图 2-3-3　岳庙和镇庙中的露台或祭坛遗迹

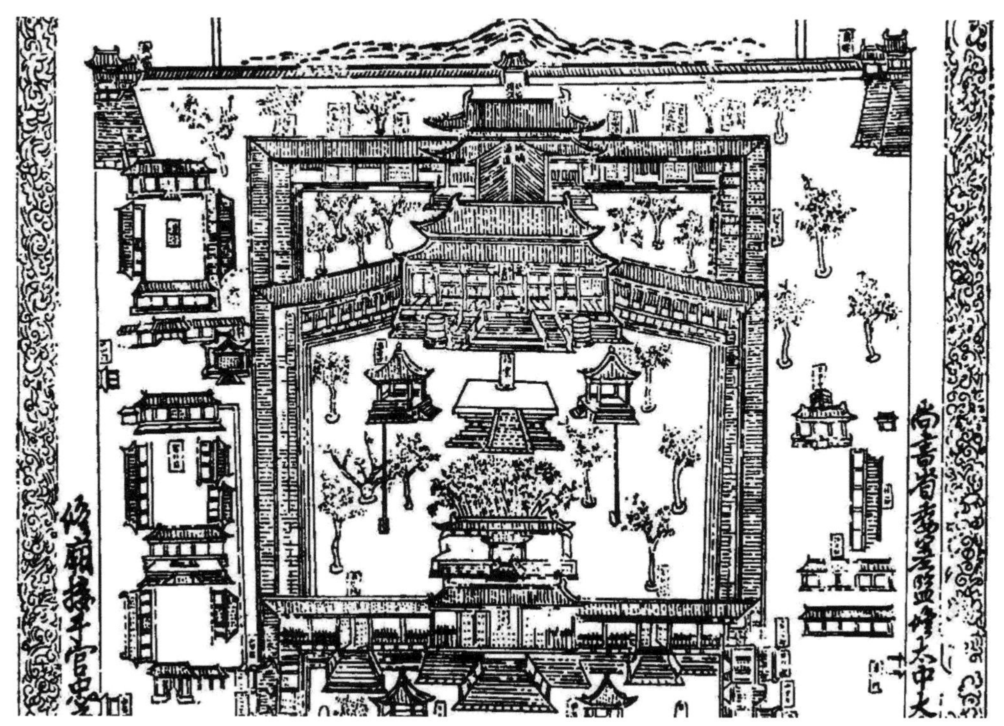

图 2-3-4 《大金承安重修中岳庙图》碑中的中岳庙大殿院落，示主殿前的露台　引自张家泰.《大金承安重修中岳庙图》碑试析[J]. 中原文物，1983（1）: 41.

其二，露台在岳庙、镇庙建筑群中的核心位置。在傅熹年先生的宋代岳庙平面布局研究中，以庙的大殿院四角间画对角线，交点通常落在大殿前月台的前缘，但以庙的四角楼处画对角线，其交点则落在露台上（南岳庙）或稍偏南处（岱庙、中岳庙）[1]，反映出露台更接近整个庙域的中心（图 2-3-5），在整体

① 傅熹年. 中国古代城市规划、建筑群布局及建筑设计方法研究（上册）[M]. 北京：中国建筑工业出版社，2001 : 42-45.

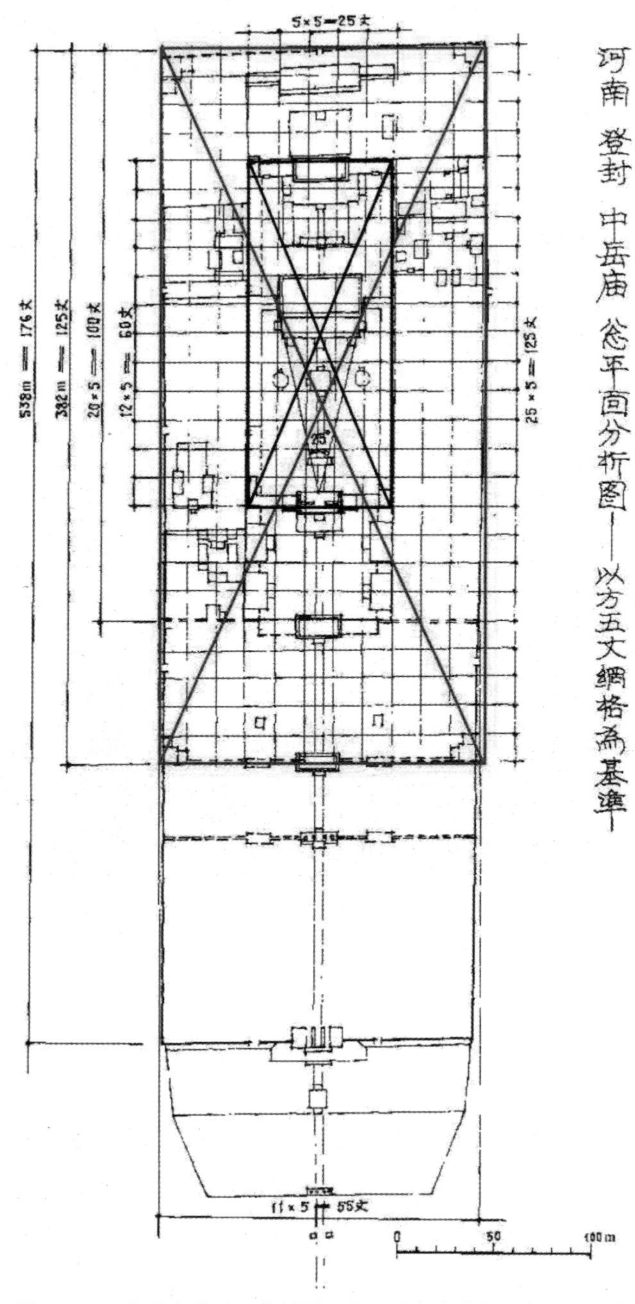

图 2-3-5 中岳庙总平面分析图 底图引自傅熹年. 中国古代城市规划、建筑群布局及建筑设计方法研究（下册）[M]. 北京：中国建筑工业出版社，2001：43.

布局中具有特殊的地位。然而，宋时露台也逐渐演化为一个民间祭祀献艺演出的空间，官方祭祀活动则既不用乐，也无献艺演出，其功能与地位难以相称。故这一地位的获得极有可能受到唐代以祭坛为主要祭祀空间，并可能将其置于建筑群核心地位的影响。

（3）规制的完善与等级的分化

宋代为国家祠庙建筑发展的重要时期，尤其在北宋真宗时期不断提升诸神的封号并按新规定的规格修庙，也正是在这一时期此类建筑的规制渐趋完善、等级渐趋分化，而由于历代沿用的特点，宋代所奠定的建筑规模和基本布局基本被保留至今。

对神祇所加的不同级别的封号为决定此类祠庙建筑等级分化、规制不同的主要因素，《礼记·祭法》中已有“天子祭天下名山大川，五岳视三公，四渎视诸侯”的等级雏形，《明集礼》中将封爵对祭祀的影响阐述为“谓视其牲币、粢盛、笾豆、爵献之数，以定隆杀轻重”。唐中期开始陆续对岳镇海渎神上以封号，历代沿用并累加，但唐代只有王和公两个级别，宋代则出现更高的帝一级别，不同等级的封号间接反映了官方的重视程度和祭祀的隆重程度，进而对其建筑规格必然有所影响。

在明洪武初年撤去所有封号之前，综合封号的级别及获得封号的先后顺序这两个因素，自唐宋至金元，官方对于岳镇海渎诸神的重视程度依次为岳、渎、海、镇，岳不仅等级最高且获封最早，渎、海、镇则低于岳且最终等级相同，但渎获封的时间却往往最早，如唐时渎与镇封公的时间相差4年（分别在天宝六年和天宝十年），宋代封王的时间则相差73年之多（分别在康定元年和政和三年），并由此出现了同时存在帝、王、公三个级别的特殊时期。

傅熹年先生对宋代国家祠庙建筑的研究和比较分析中，已试图将其建筑等级按照封号分为以中岳庙、岱庙为代表的帝一级别和以济渎庙为代表的王一级别，并归纳出帝一级别的祠庙自庙南门至大殿所在院落间需经过三重门（南门、横墙上门和殿门，三门的制度同样载于北宋大中祥符五年颁布的宫观建筑规制，见《续资治通鉴长编》），大殿通常为面阔七间、加副阶形成重檐屋顶后外观九间，王一级别则为两重门（无横墙上门），大殿面阔七间，单檐屋顶。

上述归纳突出反映了在通用仪式下区分祭祀的隆重程度和建筑等级的方式，大殿等级所展现出的是整个建筑群的最高建筑规制，门的数量则展现出了由庙门至大殿的建筑序列和层次，二者与祭祀程序关系密切，当献官在祭祀时依次行进、最终步入殿内，这些很容易被感知和体验，从而对祭祀的重要性有所判断。

然而并未引起注意的是，描述王一级别的建筑等级时仅有保存较完整的济渎庙一个实例，而五镇虽然在北宋时属同一级别，其获封的时间却已近北宋末的政和三年（1113 年）。在历代继承沿用建筑实体的前提下，文献所描述的明代早期各镇庙中并没有保存下任何一个正殿面阔七间的实例，间接说明修庙的盛期已被错过，北宋时并没有足够的时间重修镇庙并提升完善其建筑规制，其级别仍客观停留在唐代所封的公这一级别，最终出现了封号与建筑不相称的结果。

那么，公一级别的建筑与王一级别的差别如何？文献记述中所能推知的最早的镇庙布局和建筑已是明代早期，这一时期各镇庙已于整体布局和规模上开始出现一定的差异，若抛开其他，只从上述门的数量和大殿建筑形式这两点上对其作一归纳，则可以发现除西镇庙外，其他四座在明代的大部分时间内均为两重门，大殿面阔五间、单檐屋顶，基本统一，而西镇庙的大殿在嘉靖重修之前亦为五间（也很有可能是单檐），重修后则变为面阔五间、加副阶形成重檐屋顶后外观七间。作为对比，同时考察与官方祭祀活动基本无关的寝殿，则会发现同一时间内各镇庙寝殿中至少同时存在三间、五间和七间三种不同的形制，东镇庙甚至在明中期的成化六年（1470 年）方创建寝殿（表 2-3-1）。

明代镇庙基本形制比较　　表 2-3-1

祠庙	门数	大殿形制	寝殿形制	参考资料
东镇庙	两重门	五间单檐	五间单檐	明万历《东镇沂山志》及附图，东镇庙在成化六年（1470 年）方创建寝殿，后正殿倾圮，改寝殿为正殿，并在其后新建寝殿
西镇庙	一重门	原五间单檐，后改为七间重檐	三间单檐	明嘉靖《吴山志》及附图，嘉靖八年改换寝殿形制
南镇庙	两重门	五间单檐	五间单檐	明万历《会稽县志》
北镇庙	两重门	五间单檐	七间单檐	明成化王宗彝《北镇庙记》
中镇庙	两重门	五间单檐	三间单檐	清顺治《重修中镇庙记》、乾隆《重修中镇庙记》

以上在一定程度上表明，对国家祠庙建筑而言，与官方祭祀活动所密切相关的建筑更有可能被加以引导和规范，并最终形成较统一的规制，而与其无关的建筑单体则相对而言没有严格的控制。同时，自庙南门至大殿所在院落间需经过两重门，大殿面阔五间、单檐屋顶不仅是明代较统一的做法（图 2-3-6），也间接反映了在北宋时可能已经形成的公这一级别的建筑形制，从而为宋代国家祠庙建筑按神祇所加封号进行等级划分的研究提供了更加完整的参照。

图 2-3-6　北镇庙大门、二门与大殿

2.4 官方态度与管理模式：镇庙建筑群规模差异的缘由探析

五岳与五镇同属于古代岳镇海渎祭祀体系，并均在山川所在地建有国家祠庙以行祀事。

据杨博、王贵祥"'因庙营城'——明清时期中国五岳岳庙与所在城市空间格局初探"一文对明清五岳庙的研究，其建筑规模排序为：中岳庙周长1.77里，南岳庙周长2.03里，西岳庙周长2.07里，北岳庙周长2.88里；岱庙最大，周长为3里，是最小者之中岳庙的1.7倍。

因于五岳和五镇在岳镇海渎祭祀体系中的地位差别，镇庙的规模普遍在岳庙之下（表2-4-1），如以周长相比较，清代镇庙中规模最大的北镇庙恰与岳庙中规模最小的中岳庙大致相当（分别为三百四十丈和三百二十丈）。[①] 仅就满足祭祀活动的空间需求而言，各镇庙中与其相关的建筑大同小异，如正殿大多为五间，门两重，并建有斋房、宰牲房和库房等附属建筑。但较之岳庙，镇庙间

① 杨博、王贵祥."因庙营城"——明清时期中国五岳岳庙与所在城市空间格局初探[J].建筑师，2012（2）：51-58.

的规模差异尤为明显，基于同样的祭祀礼仪及布局模式，在已知规模的四座镇庙中，北镇庙的规模竟达西镇庙的5倍之多。

显然，如此悬殊的差异并非偶然，缘由何在？

镇庙规模比较　　表2-4-1

镇庙	宋代规模	清代规模
东镇庙	据《沂山东镇庙落成记》，乾德二年（964年）重建时建筑共九十三间①	今址南北长约180 m，东西宽约210 m，面积37800 $m^2$②
西镇庙	据阎仲卿《吴岳庙记》，大中祥符三年（1010年）重修时建筑共一百五十三间③	今址南北长约90 m，东西宽约105 m，面积9450 $m^2$④
南镇庙	据王资深《修南镇庙记》，崇宁五年（1106年）重修时建筑共四十三间，庙址规模广四十五丈，南北二十五丈⑤，按宋尺长短合今尺在29.5至32.8 cm之间，通常为31 cm左右，取这一数字可计算出其庙宇范围约合139.5 m×77.5 m ≈ 10810 m^2	今存遗址，规模不详
北镇庙	不在疆域范围内	清代光绪时周长三百四十丈⑥，与现状大致相当，即南北长280 m，东西宽178 m，面积49840 $m^2$⑦
中镇庙	缺少记载	今存遗址，规模不详

（1）官方态度的两个传统

巫鸿《五岳的冲突——历史与政治的纪念碑》一文探讨了唐代帝王对五岳中东岳泰山和中岳嵩山重视程度的微妙变化，其主要论据为“封禅”这一

① 临朐政协编．东镇沂山［M］．临朐：临朐县印刷厂，1991：121.

② 同2。

③（清）吴炳纂、修．陇州续志．清乾隆三十一年刻本．卷八．艺文．

④ 该数据为现场实测。

⑤（明）杨维新修，张元忭、徐渭纂．会稽县志．明万历三年刻本．卷十三．祠祀．

⑥ 清光绪十八年（1892年）《敕修北镇庙碑》，见北镇庙碑文解析委员会：北镇庙碑文解析［M］．北镇：北镇市印刷厂，2009：153.

⑦ 邱德富：医巫闾山志［M］．沈阳：万卷出版公司，2005：216，本数据同时参考由北镇市文物处提供的测绘图纸。

重要的国家祀典。[①]五镇（或早期的四镇[②]）亦与五岳类似，虽然在正式的礼制文献中通常宣称“崇号所及，锡命宜均”（《唐会要》），历代并未将镇山划分为不同等级，但通过祭祀、加封及祠庙的建设和管理，均反映出在特定的历史时期国家对于某一镇山的重视程度在其他镇山之上，其原因通常与以下两个传统有关。

一个传统是距离政治中心较近的山岳被予以特别的重视，无外乎京师所在的政治意义和护佑京畿的军事意义。

这一传统可以唐长安（京兆府）周围的山岳祭祀引以参照，以终南山为代表。该山指秦岭山脉北坡、西自武功东至蓝田以西的一段，位于长安南约30km处，在地理上是其南部的天然屏障。唐开成二年（837年）敕封终南山为广惠公，命有司立庙祭祀，并规定其祀典与四镇等同，最终于季夏日[③]对终南山的致祭，实际上填补了在五郊迎气日框架下季夏只祭岳山，无镇山可祭的空白。其祭祀理由一是“如闻京师旧说，以为终南山兴云，即必有雨，若晴霁，虽密云沱至，竟不濡沾”，即谓此山能为长安兴云致雨；二是“兹山北面阙庭，日当顾瞩”，则谓此山之地理位置重要。[④]

唐代除四镇、霍山与终南山外，剩余的两座获封公一级别的山昭应山（即骊山）、太白山也同样位于长安附近。[⑤]

靠近关中地区的西镇吴山也备受重视，突出表现在其祠庙的建设和管理上。西镇庙自隋代起已与五岳四渎的祠庙一样置有庙令，为镇庙中所独有，唐至德

① 巫鸿：礼仪中的美术—巫鸿中国古代美术史文编[M].北京：生活·读书·新知三联书店，2005：616-641.

② 唐代时祀四镇，基于霍山在李渊开国时“神灵幽赞，引翼王师，爰定大业于关中（吕諲《霍山神传》）”的传说，霍山的祭祀在唐代被认为具有某种却敌藩边的功能，其地位相当于守护神，但不等同于霍山已被作为中镇看待，见朱溢.论唐代的山川封爵现象 兼论唐代的官方山川崇拜[J].新史学，2007（12）：71-124.

③ 唐代的岳镇祭祀选在五郊迎气日举行，即分别在立春、立夏、季夏（立秋前十八天）、立秋和立冬祭祀东南西北方位上的岳山和镇山，见（后晋）刘昫等.旧唐书.文渊阁四库全书本.卷二十四.志第四.礼仪四.

④ （宋）王溥.唐会要.文渊阁四库全书本.卷四十七.封诸岳渎.

⑤ 同上，其中骊山天宝七年（748年）被封为玄德公，位于唐长安城东约30 km、京兆府昭应县（今陕西临潼区）城东南约1 km处，太白山天宝八年（749年）被封为神应公，位于唐长安城西南约110 km、京兆府眉县（今陕西眉县）城南20余km处，山的位置均参考《唐代长安词典》，此外其他研究认为两山的册封也与其中出现道教祥瑞有关，见朱溢《论唐代的山川封爵现象 兼论唐代的官方山川崇拜》。

二年（757年）又敕"吴山宜改为吴岳，祠享官属并准五岳故事"。唐代岳镇的祭祀礼仪是通用的，因此，此敕并不能曲解为按五岳之礼祭祀吴山，而是指将之继续类比五岳四渎的祠庙，设置正式的国家管理机构。五代后唐清泰元年（934年），废帝因祈祷有应获帝位，遂将吴山单独从成德公升为应灵王[①]；至北宋元丰三年（1080年），再次因祷雨而应为由封吴山为王。[②]该时西镇庙的规模已达一百五十三间，远在同时期的东镇庙（九十三间）和南镇庙（四十一间）之上。

金元以后，北京成为新的政治中心，距之最近的北镇医巫闾山被愈加重视。元代代祀使臣在碑记中已称"矧兹山迩于邦畿，作镇惟旧"[③]、"实主镇幽州，皇都京畿系焉。乃我国家根本元气之地，较之异方山镇，尤为□□□焉。"[④]明代同样注重北镇巩固边防、拱卫京畿的作用，如永乐帝称其"卫国佑民，盛绩尤著"[⑤]，修庙记中也强调北镇"御我边疆，利我边民"[⑥]。

明永乐十八年（1420年）北京紫禁城建成，次年正月永乐帝迁都北京，两个月后即敕辽东都司择日兴工重建北镇庙。与通常的镇庙布局于重门之后置正殿和寝殿的方式不同，此次重建奠定了一个新的格局，即重门之后以前中后三殿相接，又建御香殿于前殿之前，四重殿宇"通为一台，高丈余，周甾白石为栏。"[⑦]受洪武时期曾大量修缮祠庙建筑以严祀事的影响，北镇庙在门的数量和大殿建筑形式上表现出与其他镇庙相同的规制，但在总体规划和单体建筑方面仍有别于他处，表征了永乐帝君权意识的支配：

其一，在于工字形台基之上前、中、后三殿的布局。宋代岳镇海渎的祠庙布局中，通常只有正殿和寝殿，二者之间常以穿廊相连呈工字殿形制，并无中殿。中殿的出现可能与此类祠庙的建设在一定程度上类比宫室的传统有关，宋、

① （宋）王溥．五代会要．文渊阁四库全书本．卷十一．封岳渎．

② （清）徐松．宋会要．续修四库全书本．礼二十一．四镇："（元丰）八年四月五日，陕府西路转运司言：'吴山祷雨而应，乞加爵号'，诏封成德公为成德王。"

③ 元延祐四年（1317年）《代祀北镇之记碑》，见北镇庙碑文解析委员会．北镇庙碑文解析．16．

④ 元至正六年（1346年）《御香代祀记碑》，见北镇庙碑文解析委员会．北镇庙碑文解析．41-42．

⑤ 明洪熙元年（1425年）永乐帝《敕辽东都司碑》，见北镇庙碑文解析委员会．北镇庙碑文解析．63．

⑥ 明弘治八年（1495年）《北镇庙重修记碑》，见北镇庙碑文解析委员会．北镇庙碑文解析．77．

⑦ 明成化十九年（1483年）《北镇庙记》，见（民国）王文璞等修，吕中清纂．北镇县志．民国22年刻本．卷六．艺文．

图 2-4-1　北镇庙主殿院

图 2-4-2　北镇庙大殿内壁画

元时重要宫殿及祠庙建筑通常采用工字殿，但以明北京紫禁城外朝部分与太庙为代表，说明明代已开始摒弃这一形式，改为前、中、后三殿，但这一布局形式在其他相关祠庙中未见他例。综合时空上的接近与布局的相似性，此次北镇庙的重建极有可能受到了北京宫殿建筑的直接影响。

其二，在于创建了用于存放朝廷降香的御香殿，并置于台基之上、正殿之前，且面阔五间的规模和体量使其实际上取代了正殿在主殿院内的视觉主体地位，为各镇庙中所仅见（图 2-4-1）。① 御香殿的出现，在皇帝遣使降香代祀被逐渐提升为岳镇海渎祭祀主要方式的背景下，指代了祭祀活动中的绝对皇权。

其三，在于正殿内东、西、北三面墙壁上的所绘人物乃徐达、常遇春、刘基等 32 位明初开国功臣像（图 2-4-2）。② 与岱庙正殿天贶殿墙壁上绘以泰山神

① 西镇庙、东镇庙中均建御香亭，但西镇庙将其建于主殿院以外，东镇庙则虽然建于正殿之前，但仅为一间，其作用可能为焚香而非储香，对于正殿主体地位的影响也微乎其微，南镇庙和中镇庙中则并未出现相关建筑。

② 郑景胜、郑艳萍、刘旭东 . 北镇庙壁画艺术与技术探究［J］. 古建园林技术，1995（3）：15-17.

启跸回銮图表现神仙叙事过程的不同，北镇庙正殿中的壁画则是为人物绘像以示配享，隐喻了主祀者山神与帝王之间的对应关系，用表现神权的方式呼应了世俗权力。

至清代，康熙、雍正二帝赞北镇“为神京之翊辅”[①]，并对祠神庙宇多次敕命重修。[②]而乾隆帝的亲祭行为更使之达至顶峰，且仪典除不用乐外概与五岳之祭等同；为便亲祭，又依庙敕建广宁行宫[③]，供其东巡途中的驻跸。包括行宫在内，最终使北镇庙成为各镇庙中的规模最大者，并与中岳庙大致相当。

另一个传统则源于少数民族建立的政权对发祥地山岳的重视。

这一传统同样可以金代和清代东北地区山岳祭祀作为参照，以长白山为代表。金代以“今来长白山在兴王之地，比之其余诸州镇山更合尊崇”，于大定十五年（1175 年）敕封为兴国灵应王，并援引唐代祭祀霍山为范式，定于每年春、秋二仲月择日遣使降香致祭两次[④]，仅以致祭次数而言，重视程度已在镇山之上。至清康熙十六年（1677 年），再次以长白山为祖宗发祥重地，议准照祭岳镇之礼，遇国家庆典时同时遣使致祭岳镇海渎和长白山［正式的祭祀自康熙五十二年（1713 年）始，长白山与北镇共同遣使一人］，又由宁古塔将军遣官于每年春秋常祀，雍正时又改为宁古塔将军（吉林将军）主祭，乾隆十九年（1754年）乾隆帝东巡时亦亲往致祭，并依照中岳嵩山之祭礼用乐[⑤]，不输岳镇。

受到这一传统的影响，清代诸帝同样强调北镇为“发祥兆迹，王气攸钟”，或“灵瑞所钟，实护王气”[⑥]，甚至将其类比为西周时的丰岐。[⑦]而上述两个传统，最终在清代被叠加于北镇庙一身，使之在五镇中独树一帜，获得前所未有的尊崇。

---

① 清康熙四十七年（1708 年）康熙帝《北镇庙碑文碑》，见北镇庙碑文解析委员会．北镇庙碑文解析．125.

② 清康熙四十五年（1706 年）和雍正元年至四年（1723 ~ 1726 年）两次敕命重修，康熙五十九年（1720 年）雍正为亲王时又曾捐资重修。

③ 相关考证认为广宁行宫的建设时间在乾隆四十八年（1783 年）间，见倪尔华、周洪山．传统祀镇建筑研究（下）［J］．古建园林技术，1993（1）：26-29.

④（金）不著撰人．大金集礼．文渊阁四库全书本．卷三十五．长白山

⑤（清）不著撰人．钦定大清会典则例．文渊阁四库全书本．卷八十三．中祀三

⑥ 清康熙二十一年（1682 年）御祭祝文和四十七年（1708 年）康熙帝《北镇庙碑文》，见北镇庙碑文解析委员会．北镇庙碑文解析．113、125.

⑦ 清雍正五年（1727 年）《御制碑文》，见北镇庙碑文解析委员会．北镇庙碑文解析．139.

（2）管理权属身份的转变

岳镇海渎的祠庙由国家设置专职管理人员最早见于隋代，“五岳各置令，又有吴山令，以供其洒扫”[①]，令即庙令，五岳、四渎皆置，镇山中仅西镇吴山独有；唐代又增设祭祀的辅助人员祝史和斋郎各三人[②]，组成了一个小型的国家管理机构。其他镇山则只是在就山立庙时“取侧近巫一人，主知洒扫”。

至宋太祖开宝五年（972年），“诏岳渎并东海、南海庙，各以本县令兼庙令，尉兼庙丞，专掌祀事，常加案视”[③]，即北宋初的五岳、四渎和四海（就河渎庙望祭西海、济渎庙望祭北海）的祠庙均已置有庙令，或由本县知县兼之，或由年老的州官担任，另置有庙丞和主簿，同样以地方官员兼任，且“庙之政令多统于本县令”[④]。

而从现存的两则宋代镇庙重修碑记来看，大中祥符初年重修西镇庙时举陇州司马兼任庙令[⑤]，崇宁间南镇庙的重修则以会稽县尉专董其事[⑥]，可能为《宋史》所载“判、司、簿、尉为庙簿，掌葺治修饰之事”的具体体现，证之宋代镇庙有可能借鉴岳渎海庙的管理模式，但官员级别明显较低。[⑦]

至迟在金代，国家已开始放开对岳镇海渎祠庙的直接管理权，改由道士主持，这一管理方式始自中岳庙并扩展至所有：“大定十三年（1173年），送下陈

---

① （唐）魏征．隋书．文渊阁四库全书本．卷二十八．百官．

② （唐）张九龄、李林甫等．唐六典．文渊阁四库全书本．卷三十．三府督护州县官吏：“五岳四渎令各一人，正九品上（古者神祠皆有祝，及祭酒或有史者令盖皇朝所置）。庙令掌祭祀及判祠事，祝史掌陈设、读祝、行署文案，斋郎执俎豆及洒扫之事。”参见（宋）孙逢吉．职官分纪．文渊阁四库全书本．卷四十三．五岳四渎官．

③ （清）嵇璜、曹仁虎．钦定续通典．文渊阁四库全书本．卷五十．山川，又见（元）托克托．宋史．文渊阁四库全书本．卷一百零二．志第五十五．礼五：“又诏：‘岳、渎并东海庙，各以本县令兼庙令，尉兼庙丞，专管祀事。’”

④ （元）托克托．宋史．文渊阁四库全书本．卷一百六十七．志第一百二十．职官七：“庙令、丞、主簿：旧制，五岳、四渎、东海、南海诸庙各置令、丞。庙之政令多统于本县令。京朝知县者称管勾庙事，或以令录老耄不治者为庙令，判、司、簿、尉为庙簿，掌葺治修饰之事。凡以财施于庙者，籍其名数而掌之。”又见（宋）孙逢吉．职官分纪［M］．卷四十三．五岳四渎官．文渊阁四库全书本．台北：商务印书馆，1983：“兴国中，以令录州官老不给治者为庙令，判、司、簿、尉为主簿，由是不置丞，亦有专置者，景德中，澶州别置河渎庙，亦令顿丘县令掌。庙之政令多统于本县令，京朝知县者云管勾庙事。”

⑤ （清）吴炳纂、修．陇州续志．清乾隆三十一年刻本．卷八．艺文．

⑥ （明）杨维新修，张元忭、徐渭纂．会稽县志．万历三年刻本．卷十三．祠祀．

⑦ 宋代县令为从八品，州长史为正九品，见（元）托克托．宋史．文渊阁四库全书本．卷一百六十八．志第一百二十一．职官八．

言文字：该嵩山中岳乞依旧令本处崇福宫道士看守。礼部拟定，委本府于所属拣选有德行名高道士二人看管，仍令登封县簿、尉兼行提控，蒙准呈。续送到陈言文字：该随处岳镇海渎神祠，系民间祈福处所，自来多是本处人家占守，及有射粮军指作优轻数换去处，遇有祈求，邀勒骚扰深不利便，乞选差清高道士专一看守。契勘岳镇海渎系官为致祭祠庙，合依准中岳庙体例，委所隶州府选有德行名高道士二人看管，仍令本地人官员常切提控外，其余不系官为致祭祠庙，止合准本处旧来例施行，蒙准呈。”①

以道士管理镇庙的最早记载为金大安间（1209 ~ 1211 年）东镇庙的知庙道士杨道全，其人曾在明昌六年（1195 年）请封五镇②，故任职时间可能更早，说明上述管理方式确已在镇庙中开始推行。

元初，全真教的发展达到鼎盛，道士与统治者的关系极为密切③，不仅承袭了以道士知庙的方式，更首次出现以道士作为遣使代祀。镇庙中有四庙明确由道士管理（表 2–4–2），唯独中镇庙以兴唐寺兼管，此例可能自宋代即已出现，金代又予以明确，并作为传统延续下来④，虽然在明代曾被官方短暂干预

宋以后镇庙管理的文献记载　　表 2–4–2

镇庙	管理方	文献记载
东镇庙	道士	北宋庆历间即有道士利用庙址举行宗教活动的记载⑤，元代《东镇沂山元德东安王庙神佑宫记》载金大安年间以道士杨道全为知庙⑥，并在庙内西侧建道观会仙宫
西镇庙	道士	元代延祐四年（1317 年）所立代祀碑记中有“本庙提点赐紫仁和虚大师张德祥”的记载，可知西镇庙为道士管理⑦，明成化以后在庙外西侧另建道观会仙宫兼管

① （金）不著撰人．大金集礼．文渊阁四库全书本．卷三十四．岳镇海渎．

② （元）托克托．金史．文渊阁四库全书本．卷三十四．志第十五．礼七．

③ 马晓林．国家祭祀、地方统治与其推动者：论元代岳镇海渎祭祀［J］．西南大学学报（社会科学版），2001（9）：193–196.

④ 民国《兴唐寺妙舫大和尚入院碑记》，见（民国）释力空．霍山志．98 ~ 100：“建寺于山麓，锡嘉名‘兴唐’。宋、元、明、清，国家举行霍山祀典之时，各官之斋宿，有司之供张，诸生之习礼，胥役百执事之奔走，群萃于是，盖千五百年于兹矣。”

⑤ （清）姚延福修、邓嘉缉等纂．临朐县志．清光绪十年刻本．卷九．艺文．其中载北宋庆历六年（1046 年）有《沂山设醮记》一碑，为道士吴太昭书。

⑥ 同上。

⑦ （明）司灵凤．吴山志．嘉靖八年刻本．卷三．祭文．

（续表）

镇庙	管理方	文献记载
南镇庙	道士	元代至正四年（1342 年）《重修南镇庙碑》载南镇庙最初无守庙方[①]，此次重修后才开始安排道士守庙，但直至明清并未建设道教殿宇或道舍
北镇庙	最初为道士，后改为僧众	元代皇庆二年（1313）《御香碑记》所立代祀碑记中有“北镇庙主持提点宝光洞玄大师张道义、通祯希玄大师周道真”的记载[②]，明代又称为“侍香道人”或“侍香庙祝”等，[③]可知北镇庙在元明两代为道士管理。 清顺治十三年（1656 年）在庙内东侧建寺庙兴隆庵，至康熙二十九年（1690）建筑倾圮难支，广宁知县已“与住持僧众，亟商所以护持神像者”，康熙五十四年（1715）重修兴隆庵并改称万寿寺，碑记中载“犹虑住持乏高僧……礼部延禅僧六雅，为北镇庙主，朝夕焚香，晨钟暮鼓，庶以祝国佑民”[④]，从以僧人作为“北镇庙主”来看，此时庙宇已在很大程度上改由僧人管理
中镇庙	僧众	由庙外东侧的兴唐寺兼管，以至于兴唐寺被视为中镇庙的下院或中镇神的“香火院”。[⑤]金大定重修中镇庙时即规定“庙侧有崇胜院，特委僧一员岁主其事”[⑥]。明弘治六年（1493 年）一度改为道士管理祠庙，但“田地未能足食”致使道士散去，仍为兴唐寺兼管，至清乾隆间这一管理方式得到认可，正式定由兴唐寺选僧人移居守庙[⑦]

（3）其他信仰建筑的介入

道士介入岳镇海渎祠庙的管理，在满足国家祭祀需要的同时，必然添加进更多的宗教因素。如中岳庙，将《大金承安重修中岳庙图》所反映的金承安五年（1200 年）的庙貌与今日遗存作一对比，可知金代以来主殿院左右原本服务于祭祀活动的附属建筑大部分被改作了道教宫观（图 2-4-3）。

与中岳庙类似，东镇庙亦将道教建筑建于主殿院一侧，作为祠庙的一个组成部分；东镇沂山和西镇吴山均为道教较为兴盛的地区[⑧]，但西镇庙却是于庙外另立道观兼管（图 2-4-4，左为西镇庙，右为会仙宫），与镇庙形成两组并列的

① 元至正四年（1342 年）《重修南镇庙碑》，见（清）徐元梅修，朱文瀚等辑．山阴县志．嘉庆八年刻本．卷二十七．金石

② 元皇庆二年（1313 年）《御香碑记》，见北镇庙碑文解析委员会：北镇庙碑文解析．10.

③ 明洪熙元年（1425 年）《敕辽东都司碑》和隆庆元年（1567 年）《御祭祝文碑》，见北镇庙碑文解析委员会．北镇庙碑文解析．65、99.

④ 清康熙二十九年（1690 年）《新建北镇医巫闾山尊神板阁序》和康熙五十四年（1715 年）《重修北镇禅林记碑》，见北镇庙碑文解析委员会．北镇庙碑文解析．117、135.

⑤ 清《蠲免兴唐寺地粮杂项碑记》，见（民国）释力空．霍山志．96-97.

⑥（清）刘煦、杨枢修．霍州志．嘉靖三十七年刻本．祠宇．

⑦ 清乾隆四十一年（1776 年）《祭告中镇庙碑记》，见（民国）释力空．霍山志．97-98.

⑧ 关于沂山为山东历史上道教中心之一的论述，参见范学辉．宋代山东道教的发展及其文化意义[J]．东岳论丛，2005（3）：118-123.

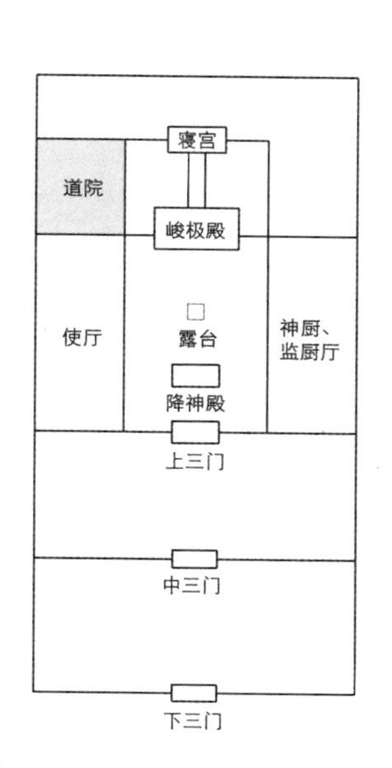

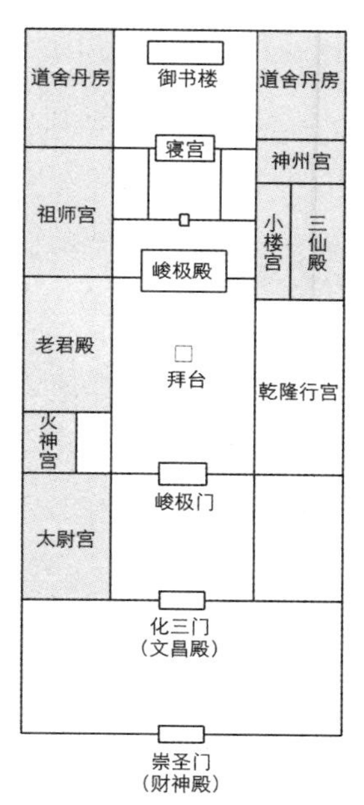

图 2-4-3　中岳庙布局变化示意图，参照《大金承安重修中岳庙图》碑及《中岳庙平面图》碑绘制

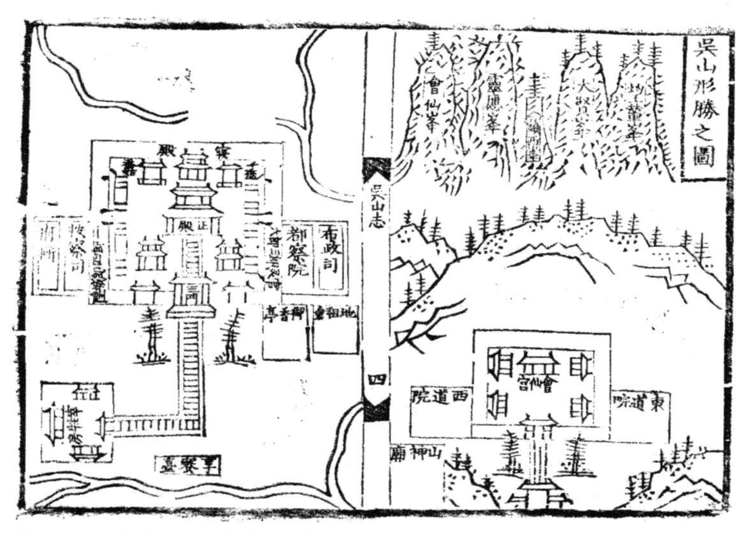

图 2-4-4 《吴山志》中的西镇庙（左）、会仙宫（右），来自（清）吴炳纂、修．乾隆陇州续志［M］．清乾隆三十一年刻本，卷首

建筑群，究其原因如下：

其一，国家虽然放弃了对祠庙的直接管理权，但仍牢牢掌控着对诸神的专祀权，完整的祭礼依旧由官方操作，除元初和明初曾一度遣道士代祀外，主持和参加祭典的人员皆以朝廷官员为主，而道士却在很大程度上被排斥在外。

其二，与五岳诸神相比，五镇诸神在道教神祇体系中的地位平平，若将其奉为主祀之神，则可以被安排作为陪祀供奉的神祇相当有限。在东镇庙神佑宫和西镇庙会仙宫中均以供奉道教最高神的三清殿为主殿，但同样的建筑在岳庙中并未出现，反映出相对岳庙而言，镇庙的守庙道士并不满足于既有的神祇格局，在可能的信仰需求下，仍努力试图按照道教教义的一般要求构建专属的精神世界。

其三，在道士入主之前的镇庙已与岳庙存在规模上的相当差异，主殿院两侧可用于道教宫观建设的用地有限，且镇庙大多远离城市，两侧既有的斋宿用房及宰牲房、库房等又必不可少，不易改建。

上述对于东镇庙和西镇庙的分析均以当地道教信仰兴盛作为基本背景，然而道教自身的传播也有一个渐进的过程，并非所有的镇庙都会时时处在同样的背景之下，其管理及建筑规模的发展也会呈现出不同的结果。最突出的例子即北镇庙，其在元、明两代均由道士管理，入清后管理权被移交给僧人，可能与当地佛教兴盛远胜道教有关。

唐大和元年（827 年）在闾山出现了最早的佛寺——万古千秋寺（今青岩寺上院）[①]，会昌灭佛之后辽西的佛教中心逐渐向闾山转移，而道教直到明末清初才开始传入该地[②]，明正统间成书、嘉靖间刊印的《辽东志》在“寺观”一节中记载了广宁境内的十三处佛寺，但尚无一所道观。其后，虽然道教亦选择于闾山创建宫观，但据清乾隆《钦定盛京通志》所载“医巫闾山图”，明清时的闾山仍基本被佛教寺庙所占（图 2-4-5）。

① 李树基．锦州佛教史简述［J］．锦州师范学院学报（哲学社会科学版），1995（4）：100-106.

② 北镇满族自治县地方志编纂委员会．北镇县志［M］．沈阳：辽宁人民出版社，1990：630.

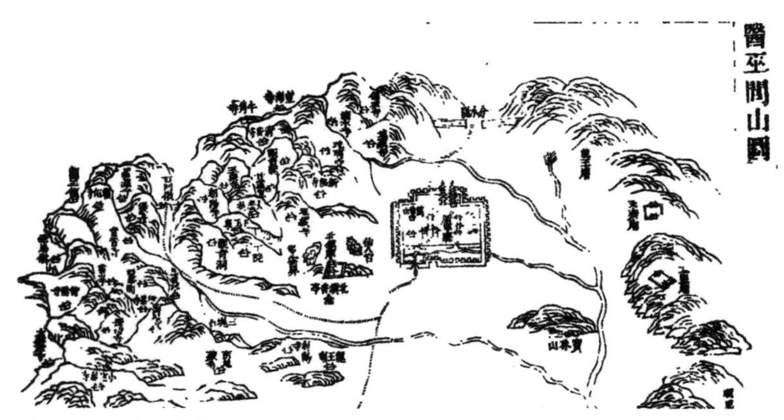

图 2-4-5 清乾隆《钦定盛京通志》所附医巫闾山图局部，来自（清）阿桂、刘谨之纂．乾隆钦定盛京通志［M］．清乾隆四十四年刻本，卷一

清代北镇庙管理权的转换始于顺治间兴隆庵的建设，此时经历战乱之后的庙宇建筑残损不堪[①]，无人管理，而道教不仅在这一地区立足未稳，也缺少地方官员的支持（清代广宁的建置始于康熙初年，地方管理上存在一定的空白期）。因此，以僧人管理北镇庙很有可能为当地民众的自发行为，其后这一做法被地方官员被动接受，最终基于民众信仰取向的强大支持，北镇庙在主殿院一侧相继建设了佛教建筑兴隆庵（后扩建为万寿寺）和观音堂，做法同于东镇庙，只是道观换成了寺庙。

其他两座镇庙——南镇庙和中镇庙，同样处于道教不兴地区。南镇庙虽由道士管理，但没有出现任何宫观建设活动，中镇庙则虽然一度在地方官员的支持下也被改为道士管理，但道士主动放弃了管理权，表面的原因似是“田地未能足食”，其实却是缺乏信众、香火冷清，这从兴唐寺被称为中镇庙的“香火院”即可窥端倪。

① 清康熙二十九年（1690 年）《新建北镇医巫闾山尊神板阁序》，见北镇庙碑文解析委员会．北镇庙碑文解析．117：“乃山灵有赫，而庙貌已湮，其前后左右，一片荒基，俱鞠为荒草矣。仅存正殿与享殿二层，亦倾圮难支。”

2.5 田野考察（一）：晋南稷王庙

山西地区有大量的与社稷祭祀相关的建筑遗存，尤其是南部地区地理、历史条件优越，为农业发展提供了良好的土壤，自古就成为农业文明的发源地，历来重视对土地神、农神的祭祀，除了官方设立的社稷坛外，也出现了众多祭祀土地神、农神的庙宇，包括后土庙、稷王庙、社稷庙等，其中万荣县后土祠是祭祀后土的皇家本庙，稷山县城的稷王庙也是官方建置的祭祀农业始祖后稷的庙宇，在本庙文化的影响下，晋南地区形成了祭祀后土、后稷的文化信仰圈。

后土庙、稷王庙的存在正是以其建筑设置表现出来的，而作为其实物形态的建筑设置势必反映出其所蕴含的信仰文化。民间庙宇建筑在中国古代建筑中是一种满足特定社会需求的公共建筑，它不同于大型的寺庙建筑，是民间社会经济发展的产物，更多地体现出民间的自发性质。各地分布的后土庙、稷王庙，虽然其规模大小不一，形态各异，但是每个庙宇建筑所反映的文化内涵和发挥的作用是相同的，在不同地区有效地发挥着社会整合功能。

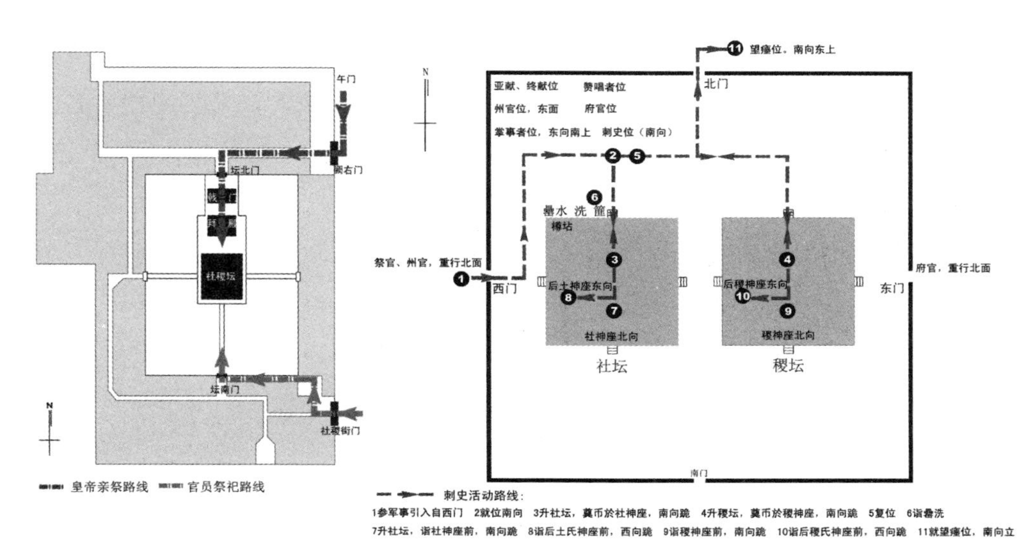

图 2-5-1 明清官方社稷坛祭祀路线图

民间祭祀庙宇在建筑形制上有着很大的趋同性，本节即试图从社稷神崇拜这一国家至民间广泛重视的信仰为出发点，并选取山西与社稷神崇拜相关的庙宇（主要指后土庙、稷王庙）为主要研究对象，综合实例调研与文献资料的考证，展示民间信仰建筑的独特魅力。

(1) 社稷崇拜

1) 官方社稷神崇拜

今山西地区已无社稷坛遗迹，各地方县志中关于社稷坛的相关记载主要是明清以来的建置情况，其选址基本都是建于城西侧、北侧，《山西通志》[①] 中所示各州府社稷坛位置亦是位于城西侧、北侧。社稷坛之制多为纵横广二丈五尺，高三尺，出陛各三级，缭以周垣，置石主及神牌，祭祀时间为春秋仲月（图 2-5-1）。

① （康熙）山西通志. 卷一“图考”. 46.

官方于北郊或汾阴祭祀后土，祭祀活动主要包括斋戒、升坛献祭、瘗埋等几个程序，整个仪式过程伴随乐舞，强调祭祀位次、方位的设定。这种从上至下由官方设立的社稷坛，主要是统治者进行的官方祭祀，是一种权力的象征，民众很难参与其中。

稷王庙官方的祭祀多是出于政治的需要，古时每年的农历四月十七日，朝廷会遣派官员亲自登上稷王山，在山上的稷王庙中举行隆重的祭典。[①]

2）民间社稷神崇拜

民间对社稷神的崇拜经过发展演变，表现出不同于国家社稷祭祀的形态，民间的祭祀自发性、可变性较强，将神灵人格化，往往将社神、稷神分别祭祀，塑造神像，建立庙宇。

后土庙是祭祀后土圣母的庙宇，后土神即为社神，民间将其赋予女性之神的形象，称为后土圣母，也将其职司扩大，加入更多的求子祈福的功能。

稷王庙是祭祀农业始祖后稷的庙宇，资料记载及现今遗存的稷王庙分布于山西省西南部地区，主要集中于稷山县及其周围，稷山相传是后稷教民稼穑之地，所以这里自古就流传着后稷的传说，也流行着对后稷的祭祀，在稷山县周围一带广泛地存在着稷王庙。

国家祭祀后土仪式过程对民间祭祀后土的迎神赛社活动产生了深远的影响，民间的祭神活动中的“迎神”“献乐”“送神”等程序与国家祭祀基本是一致的。位于自然村落中的后土庙及稷王庙除了民间用于祭祀后土、后稷之外，还有明显的地方文化活动中心的功能，常见的活动内容就是每年的大型庙会。庙会的实质在于群体性的祭祀，是一种围绕着神庙而进行的集体活动，常通过歌舞和供奉等礼仪行为来实现人神相通的目的。同时，庙会的商业贸易功能也不可忽视，民间经贸活动是构成中国城乡庙会的重要实践内容，中国城乡的庙

① （同治）稷山县志 . 卷二“祀典”. 168.

会普遍兼有祭神和集市的双重目的，这反映了在古代社会民间信仰和世俗公众娱乐生活的紧密结合。

3）官民之间的差异

（1）祭祀的性质不同：官方的祭祀是政治的需要，是统一权力的象征；而民间的祭祀是生活的需要，是情感的表达方式，具有更多的功利性。

（2）对后土神、后稷神的认识不同：官方祭祀的后土神、后稷神被视为国家的保护神，是道德化的人神——后土、后稷；而民间祭祀的后土、后稷是执掌阴阳生育、保护农业生产的神灵，更贴近人们的生活。

（3）祭祀的形态不同：官方的祭祀庄严隆重，祭品丰厚，程式严格，社会等级分明；而民间的祭祀则比较简朴随意，欢乐祥和，体现出一种节日的轻松和快乐。

再比照官方与民间祭祀的流程，可以看出官、民之间明显的不同点：官方强调仪式的象征性，其严格的祭祀路线，祭祀活动的高潮围绕祭坛或是主殿内的祭主本身展开，更加强调仪式的象征性；而民间的后土、稷王的祭祀其主要的活动空间是位于主祭大殿外即大殿与戏台之间的空间，通过献戏的形式兼顾娱众的目的，甚至是通过庙会的形式辐射到庙宇周围的广场街道空间，起到村落的文化经济中心的作用，推动了村落的整合。

后土庙、稷王庙作为民间祭祀的庙宇，是承载神灵祭祀活动的物质载体，其最根本目的是为了满足祭祀活动的进行，因此庙宇在选址、布局及建筑组成等方面都是以祭祀神灵的活动为出发点，庙址往往选址于近村落外部，周边有较多的活动空间，便于庙会时大量人群的集中，其布局则力求突出神灵的尊贵地位，建筑以南北轴线布置，主要建筑组成包括正殿、献殿、戏台，正殿是供奉神灵之所，献殿是存放贡品之处，戏台是娱神献戏之所，由此构成了民间祭祀神灵的主要庙宇空间。

（2）外部空间

1）边缘界面

后土庙、稷王庙多位于自然村落中，作为村落中较为重要的建筑类型，成为整个村落外部空间的中心，必然与广场、街道发生直接关系。

①庙宇与广场的关系：位于村落外部或高地上的庙宇，往往成为公共领域的中心，周边留有空地，形成一个无方向性的小型广场空间，便于祭祀活动的进行。

②庙宇与街道的关系：位于村落中的庙宇，与街道直接发生关系。庙宇往往是多面临街，院墙高筑，是以内向封闭型为主的空间，这种神圣的空间，其边界则较为明显，以便于区分两种不同层次的场所，与民宅有所界定，体现出神灵居所与世俗居所的不同。正面入口前往往留有一定空间，在前方或周边组成了自由开敞的外部空间，便于祭祀活动时人流集散，日常则成为村落中民众聚集场所。平日对神灵的祭祀活动主要在庙宇中进行，随着庙会等祭祀活动的介入，活动的人流则以庙宇自身为中心，向四周发散，外部空间的利用也不以庙宇周边的限定物为界，而是扩展到附近的街道、广场之中。

2）入口方式

后土庙、稷王庙多数有完整的围墙进行庙宇的围合，亦有少量庙宇仅存的正殿、戏台等建筑，位于一片空地之中，已无围墙的界定，周围空间较为开阔，可以自由地进入庙宇空间中。自然村落中的后土庙、稷王庙建筑群的入口方式有以下几种（图 2-5-2、表 2-5-1）：

①从山门入：一般的庙宇都会建有山门，作为整个建筑群序列的起点，但村落中的后土庙、稷王庙从山门进入的并不多见，有些庙宇因年久失修山门已经不存，有些庙宇则是通过其他方式进入。由山门进入庙宇后，在山门与戏台

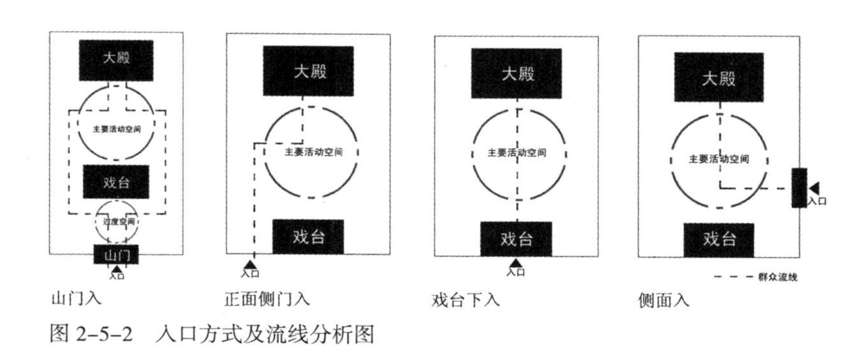

图 2-5-2　入口方式及流线分析图

背面形成一横向的过渡空间，人们需要通过戏台两侧进入到正殿之前，来到主要祭祀活动空间。

②从正面侧门入：离石区后瓦窑坡村后土庙、河津市阳村乡连伯村后土庙均从中轴线侧面的门进入，庙宇中的戏台往往位于庙宇中轴线最前端，代替山门的位置，遂在旁侧辟门，进门后则可以较为直接地来到主要祭祀活动空间。

③从戏台下入：山门戏台是山西乡村中常见的一种山门形式，将山门与戏台合建，一般为两层建筑，一层为门洞，二层为戏曲舞台，底层通行，上层演戏。山门戏台大约出现于明初期，至明中叶，山门戏台成了一种重要的戏台形式，一些碑刻相继出现“山门戏台”“山门舞楼”“山门乐楼”等描述，山门戏台已作为一种重要的建筑形制而存在。[①] 自山门戏台进入庙宇后，正对正殿，活动空间开阔。

④从侧面入：有些庙宇从侧面进入院落，稷山县稷峰镇太社村稷王庙即为此种形式，侧面建有门楼，村民讲述原有两座门楼，后道路扩建时将正殿后的一座门楼拆毁。

在由中轴线山门进入的方式中，山门与戏台背面之间的空间往往较为狭窄，在使用过程中仅作为流线中的过渡，群众一般不会停留，庙宇中主要的活

① 薛林平、王季卿．山西传统戏场建筑．23.

动及祭祀是在正殿与戏台之间进行。因此，在使用中入口逐渐由山门进入改为由戏台两侧或戏台下入，进入庙宇后，即可来到庙宇的主要祭祀活动空间，这也促进了山门戏台在民间的广泛流行。

后土庙的入口空间概况　　表 2–5–1

庙宇	入口空间
阳曲县黄寨镇大牛站村圣母庙	中轴线山门入，前有空地
离石区后瓦窑坡村后土庙	偏侧钟楼下入，侧面有空地
石楼县前山乡张家河村后土庙	中轴线山门入，前有空地
吉县谢悉村圣母庙	入口方式不详，前有空地
河津市阳村乡连伯村后土庙	中轴线侧面入，前有空地
河津市樊村镇古垛村后土庙	入口方式不详，前有空地
万荣县贾村乡贾村后土庙	正面入，前有空地
万荣县荣河镇庙前村后土庙	中轴线山门戏台下入，前有空地
芮城县学张乡上段村后土庙	侧面入，靠近农田
芮城县西陌镇奉公村后土庙	入口方式不详，临街
尧都区土门镇东羊村后土庙	中轴线山门入，前有广场、水池
灵石县静升乡静升村后土庙	现侧面入，临街
介休市后土庙	现侧面入，临街
汾阳市栗家庄乡田村后土庙	现从正殿侧面入，临街
稷山县城稷王庙	山门入，临街
稷山县太阳乡西王村稷王庙	入口方式不详，临街
稷山县稷峰镇太社村稷王庙	侧面门楼入，临街
万荣县南张乡太赵村稷王庙	中轴线偏侧入，临街
闻喜县阳隅乡吴吕村稷王庙	现侧面入，临街
新绛县阳王镇阳王村稷益庙	中轴线侧面入，临街
新绛县阳王镇苏阳村稷王庙	中轴线侧面入，靠近农田

（3）内部空间

通过考察具体的后土庙、稷王庙的史料与遗迹，可知其建筑设置并不整齐划一、自始而定，地域、时代、功能的不同，民间经营的兴衰使其呈现出各种不同的状态。其基本建筑设置主要包括：戏台、献殿、正殿等（图 2–5–3、表 2–5–2）。

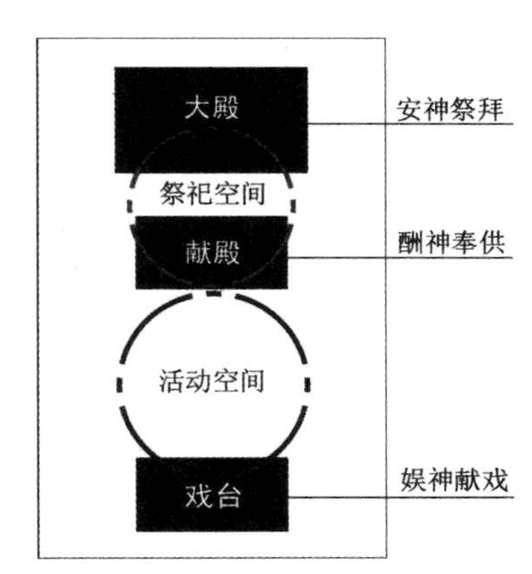

图 2-5-3　庙宇组成及内部空间分析图

后土庙、稷王庙主要建筑概况　　　　表 2-5-2

庙宇	正殿形制	戏台	献殿	钟鼓楼
阳曲县黄寨镇大牛站村圣母庙	面阔三间、进深五檩前廊、单檐悬山	/	/	/
离石区后瓦窑坡村后土庙	面阔五间、进深四檩前廊、单檐硬山	面阔三间、进深五檩、单檐硬山	/	两层均砖砌、一开间、戏台两侧
石楼县前山乡张家河村后土庙	面阔三间、窑洞、前廊、单檐悬山	面阔一间、进深一间、单檐歇山	/	/
吉县谢悉村圣母庙	面阔三间、进深五檩无廊、单檐歇山	/	/	/
河津市阳村乡连伯村后土庙	面阔三间、进深六檩前廊，单檐硬山	面阔三间、进深三间、双坡顶	面阔五间、进深五檩、单檐悬山	/
河津市樊村镇古垛村后土庙	面阔三间、进深五檩无廊、单檐悬山	面阔三间、进深五檩、单檐悬山	/	/
万荣县贾村乡贾村后土庙	面阔五间、进深六檩前廊、单檐悬山	/	面阔五间、进深三檩、单檐悬山	/
万荣县荣河镇庙前村后土庙	面阔五间、进深七檩前廊、单檐悬山	山门戏台：面阔三间、进深五檩、内加披檐、单檐歇山 东（西）戏台：面阔三间，进深五檩、单檐硬山	面阔五间、进深五檩、单檐悬山	/
芮城县学张乡上段村后土庙	面阔三间、进深三檩无廊、单檐硬山	面阔三间、进深四檩、单檐硬山	/	/
芮城县西陌镇奉公村后土庙	面阔三间、进深五檩无廊、单檐硬山	面阔三间、进深四檩、单檐硬山	/	/

（续表）

庙宇	正殿形制	戏台	献殿	钟鼓楼
尧都区土门镇东羊村后土庙	面阔三间、进深六檩前廊、单檐悬山	面阔一间、进深一间、十字脊	/	底层砖砌、上层木构、一开间、仪门两侧
灵石县静升乡静升村后土庙	面阔三间、进深七檩前廊、单檐悬山	/	面阔一间、进深一间、单檐歇山	/
介休市后土庙	面阔五间、进深七檩前廊、重檐歇山	面阔三间、重檐歇山	面阔三间、进深六檩、单檐卷棚	/
汾阳市栗家庄乡田村后土庙	面阔三间、进深六檩前廊、单檐悬山	/	/	/
稷山县城稷王庙	面阔五间、七檩围廊、重檐歇山	/	面阔三间、进深五檩、单檐悬山	两层木构、均单开间、献殿之前
稷山县太阳乡西王村稷王庙	面阔五间、四檩前廊、单檐硬山	/	/	/
稷山县稷峰镇太社村稷王庙	面阔五间、五檩无廊、单檐悬山	/	/	/
万荣县南张乡太赵村稷王庙	面阔五间、七檩无廊、单檐庑殿	面阔三间、进深三檩、单檐歇山	/	/
闻喜县阳隅乡吴吕村稷王庙	面阔三间、五檩无廊、单檐悬山	面阔三间、进深五檩、单檐悬山	/	/
新绛县阳王镇阳王村稷益庙	面阔五间、七檩无廊、单檐悬山	面阔五间、进深五檩、单檐歇山	/	/
新绛县阳王镇苏阳村稷王庙	面阔五间、五檩无廊、单檐悬山	/	/	/

1）戏台

民间祭祀庙宇中迎神赛社的戏曲歌舞表演是祭祀活动的一个重要组成部分，“近古矣，惟尚淫祀，村必有庙，醵钱岁课息以奉神，享赛必演剧”①，戏台不可或缺，后土庙、稷王庙亦不例外。戏台通常位于后土庙、稷王庙建筑群的前端，是庙会祭祀时唱戏娱神场所，故建置时都与正殿正对，满足神灵看戏的视觉需求（图 2-5-4），另一方面，庙会时的戏曲表演也逐渐成为民众生活中的娱乐活动。

① （乾隆）蒲县志. 卷十“艺文”. 592.

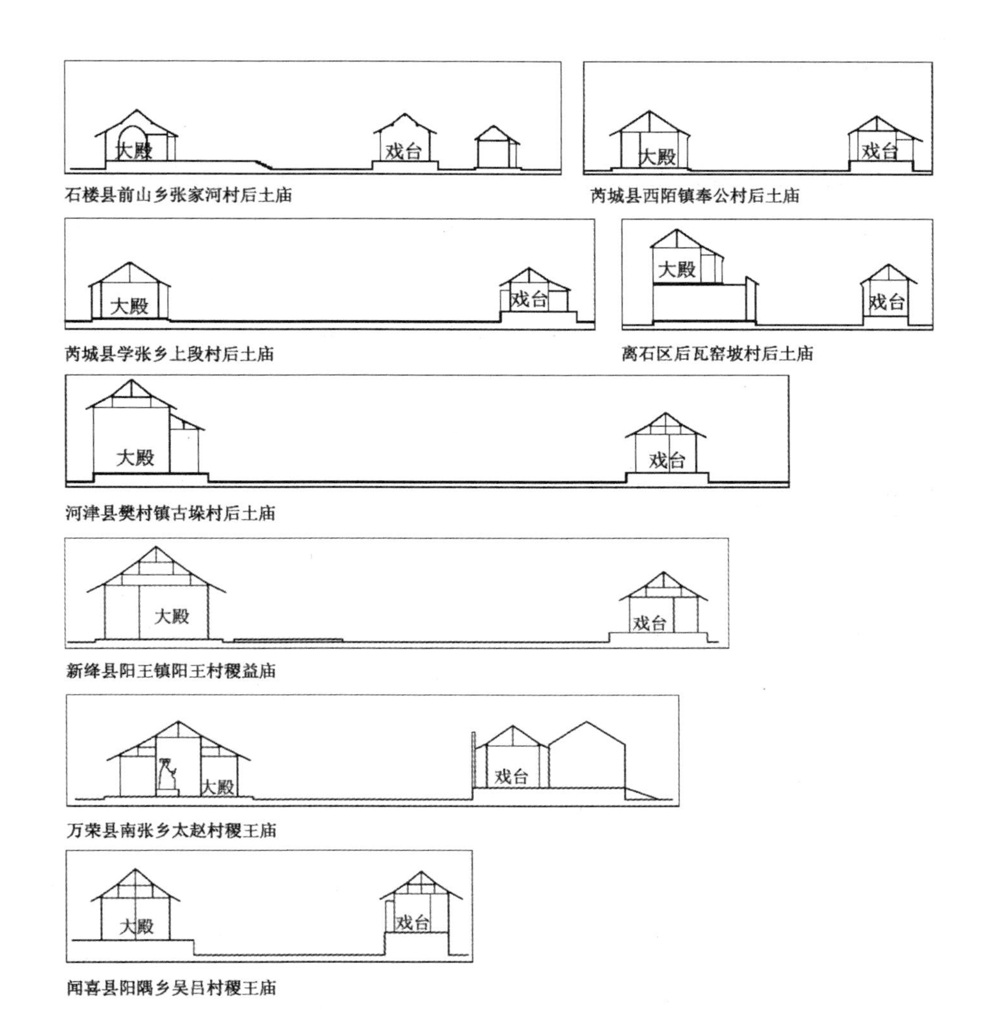

图 2-5-4　戏台与正殿剖面关系图

2）献殿

献殿于北宋开始出现，元明以降，一般祭祀性神庙中均开始建献殿，献殿成为中国古代神庙布局中的一座基本建筑，后土庙、稷王庙中献殿成为一个非常重要的祭祀空间，献殿位于正殿之前，一般与正殿距离较近，亦名献厅、拜厅、拜殿、享殿、享亭等，一般为四面或两面开敞式建筑。献殿是举行祭拜礼仪之场所，内部摆设祭品，通常于献殿中央施以条形石桌，上面放置香客敬献的贡品、香烛，这样就使得祭祀活动空间领域扩大。献殿的形制一般不会太高，规模小于正殿，多为一开间或三开间，屋顶形式多样，有歇山、悬山、硬山及卷棚等。

献殿不仅是祭拜礼仪之场所，由于其多位于正殿与戏台之间，北向正对正殿，南向正对戏台，较为通透，其台基一般高出地面，是庙内最佳的观剧位置，在演戏时还可以做看亭，同时，修建献殿还可以作为祭祀时遮蔽风雨之所。

3）正殿

正殿是后土庙、稷王庙中供奉主神及其他神灵的殿宇，作为主祀的殿宇是整个庙宇的核心，为了增强神圣性和纪念性，强调其纵深感，正殿位于中轴线最后端，因民间庙宇布局较为简单，通常只有一座祭祀的主殿，与之相比，在一些大型庙宇中主祀殿宇往往位于寺观的中后部，其后尚有后祀的殿宇（图 2–5–5）。

后土庙、稷王庙正殿多为三开间或五开间，屋顶形式多样，有悬山顶、硬山顶、歇山顶及庑殿顶（图 2–5–6）。正殿平面分无廊式和前廊式，其中前廊式较多，其侧面山墙伸出，常绘以壁画，廊下形成一道“灰空间”，成为室内外的过渡空间（图 2–5–7）。正殿内部空间通常分为两部分，即供奉神像和来者崇拜（图 2–5–8）。

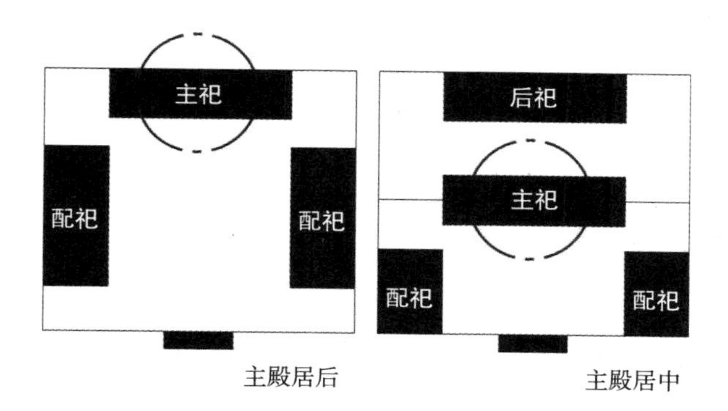

图 2-5-5　主殿位置分析图

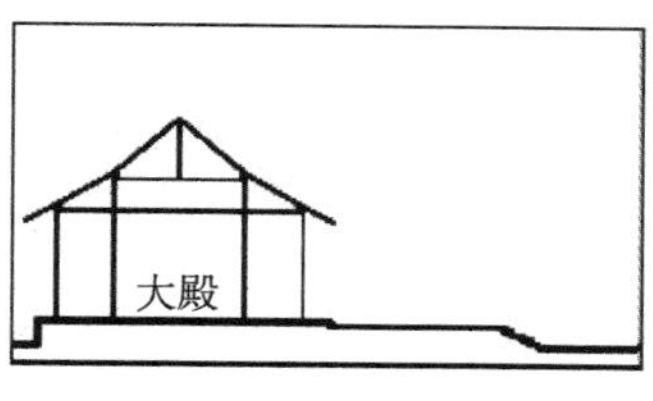

汾阳市栗家庄乡田村
后土庙正殿

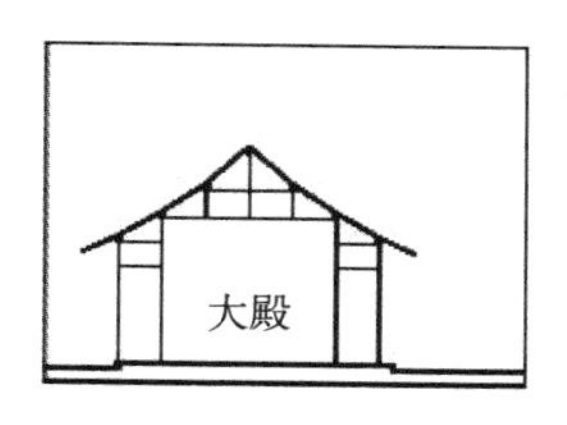

汾阳市上庙村
太符观后土殿

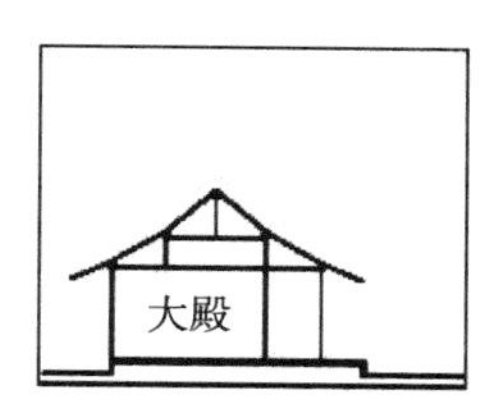

阳曲县黄寨镇大牛站
圣母庙正殿

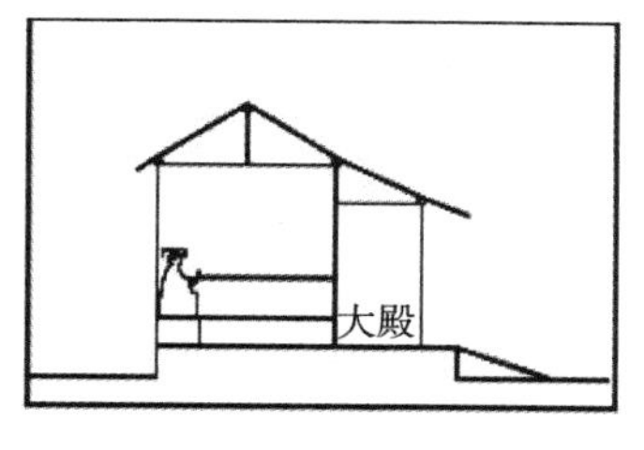

稷山县太阳乡西王村
稷王庙正殿

稷山县稷峰镇太社村
稷王庙正殿

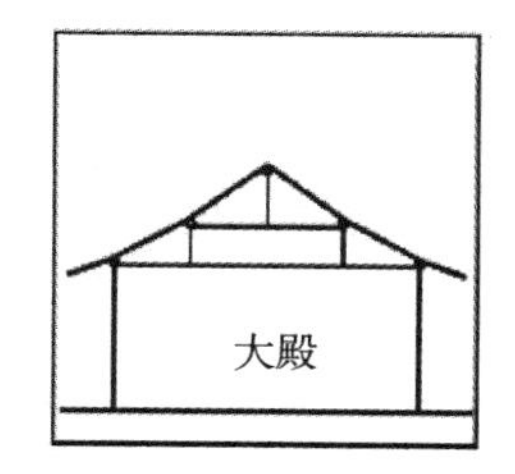

新绛县阳王镇苏阳村
稷王庙正殿

图 2-5-6　正殿剖面图

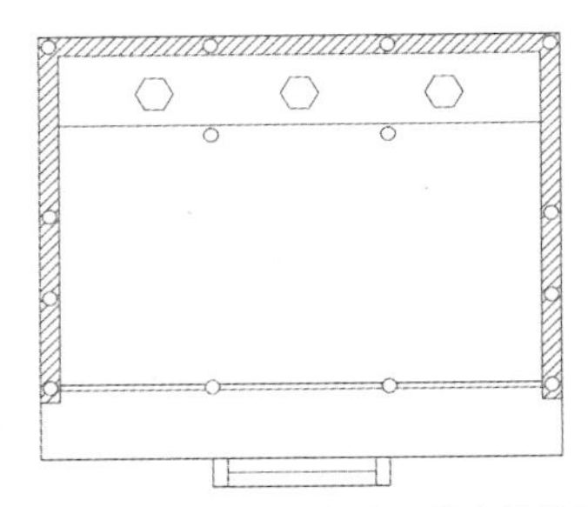
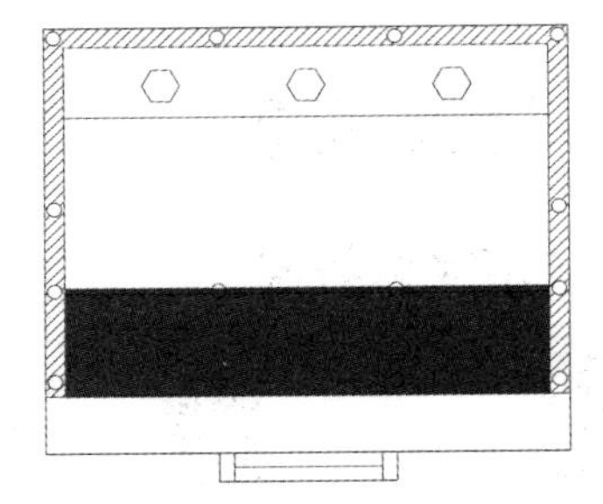

图 2-5-7　正殿的平面形式分类图

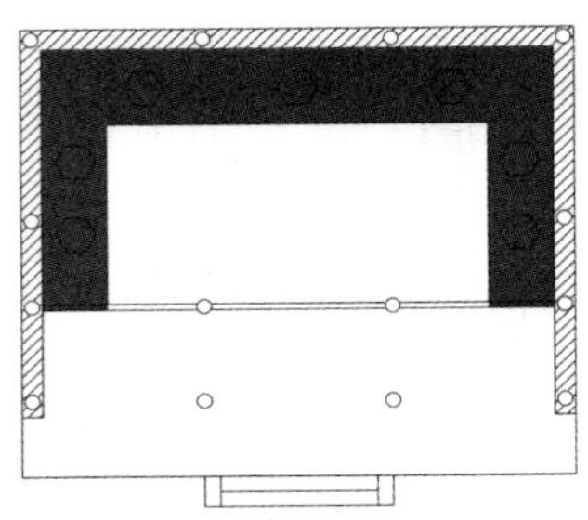
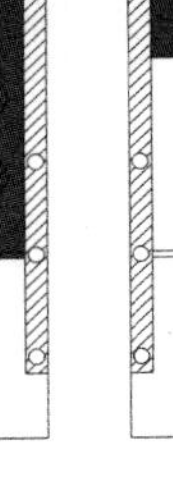
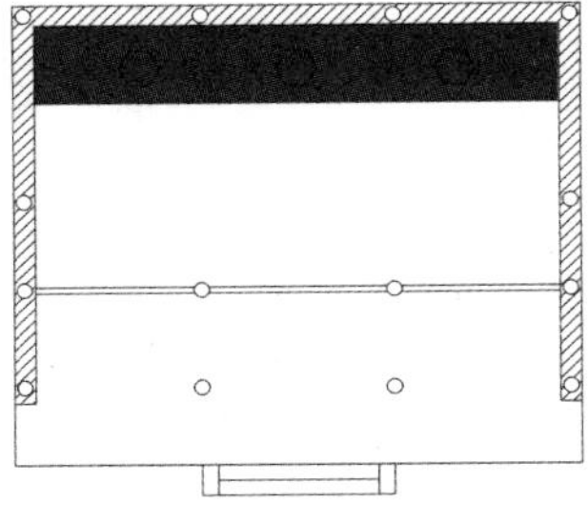
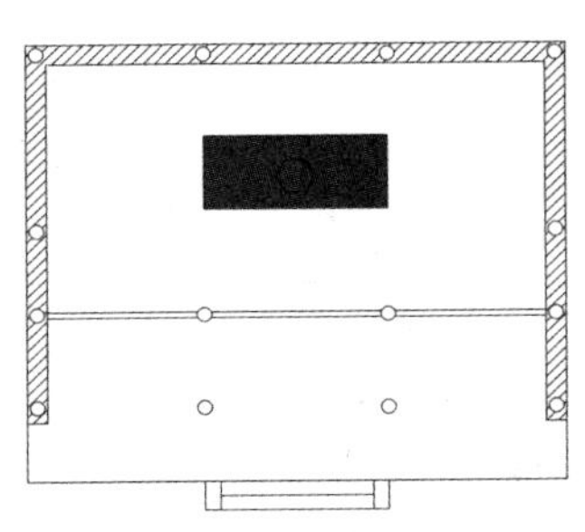

图 2-5-8　佛像布局方式示意图

2.6 晋南现存稷王庙调研与探析

中国自古就是一个神崇拜活动非常强烈的国家，大量的寺庙建筑一直被学术界广泛关注，民间底层信仰庙宇则往往被忽视，而这些民间信仰庙宇与人们的日常生活息息相关，更多地展现了地方民众生活的一个侧面，本节选取稷王庙为文本进行考察研究，以此作为研究民间信仰建筑的一种探索。在农耕社会，土地和谷物是农业生存和发展的基础，社稷神崇拜是对原始的土地、谷物自然崇拜的发展，按“国之所重，莫先于宗庙社稷”的古训[①]，社稷祭祀成为国家祭祀的重要内容，民间也广泛地建立庙宇祭祀“社神”与“稷神”。稷王庙是民间祭祀农业始祖后稷的庙宇，承载着人们祈求农业丰收的根本生活愿望。

稷王庙作为一种民间信仰建筑，与人们的生产与生活有着密切的联系，有很高的历史文化价值、建筑艺术价值，而这一民间祭祀类庙宇正迅速消亡。现今国家大力倡导文物普查和保护工作，对稷王庙的调查研究是对民间信仰建筑

① 余和详．略论中国的社稷祭祀礼仪．中央民族大学学报［J］2002（5）：68.

的一个补充，也希望能够有更多的人来关注民间信仰建筑。

（1）分布选址

后稷是农业的始祖，“周后稷，名弃，其母有邰氏女，曰姜嫄……及为成人，遂好耕农，相地之宜，宜谷者稼穑焉，民皆法则之。帝尧闻之，举弃为农师，天下得其利，有功。帝舜曰：‘弃，黎民始饥，而后稷播时百谷。’封弃于邰，号曰后稷。”[①] 关于后稷的时代、地望、族属等起源问题学术界一直存在着不同观点，此非本文探讨的主旨。[②] 晋南地区民间对稷王的祭祀尤为广泛，其主要原因在于晋南的稷山是传说后稷教民稼穑之地，稷山位于晋南的稷山县与万荣县交界处，《隋图经》文曰：“稷山在绛郡，后稷播百谷于此山。”[③] 通过资料记载[④] 与调查发现，晋南地区存在大量的后稷文化现象，在这里他物化和表现于大量后稷庙宇和历代绵延不断的祭祀活动中。

现存的稷王庙主要集中于晋南地区[⑤]，是祭祀后稷的主要区域，晋南形成一个“后稷信仰圈”。晋南现存的稷王庙主要分布于稷山、万荣、新绛、闻喜一带，从区域上看，主要集中于山西省西南部，区域性分布较为明显。（图 2-6-1）地理、历史条件是稷王庙呈区域状分布的主要影响因素，山西境内南北地理、气候差异较明显，南部的运城、临汾盆地有适应农业发展的自然环境，自古就是农业文化比较发达的地区。晋南是华夏民族先祖开创和发展华夏文明的活动中心，传统文化积淀较深，后稷信仰即起源于古代农业社会中人们对于谷神的崇尚。在稷山、闻喜、万荣、新绛一带，过去几乎村村都有稷王庙[⑥]，宋、金至元明清一直进行着祭祀后稷的庙宇的建置。

---

① （西汉）司马迁，《史记》，卷四，文渊阁四库全书电子版，上海：上海人民出版社，迪志文化出版有限公司，1999.

② 关于后稷传说相关论述详见曹书杰《后稷传说与稷祀文化》，北京：社会科学文献出版社，2006.

③ 转引自曹书杰《后稷传说与稷祀文化》，北京：社会科学文献出版社，2006.

④ 本文考察的晋南稷王庙资料记载来源于《中国文物地图集》山西分册，北京：中国地图出版社，2007.

⑤ 陕西省武功县武功镇尚存有后稷祠和姜嫄庙，但主要的稷王庙遗存集中于晋南地区，并形成了一定的祭祀范围。

⑥ 李玉明、杨子荣，社稷缘由与山西，山西新闻网：http ://www. daynews. com. cn/sxrb/108399. html.

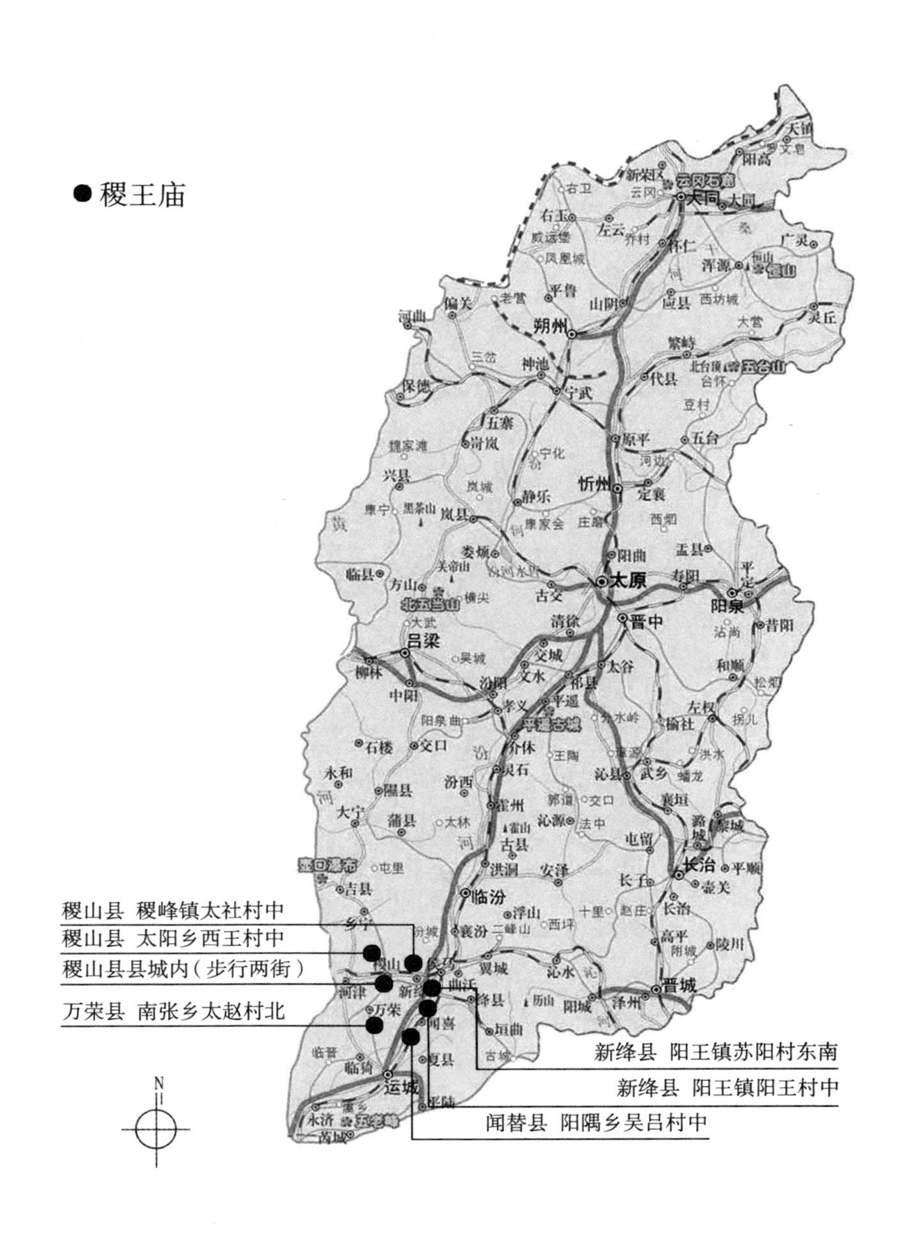

图 2-6-1　晋南现存稷王庙分布

历史上的战乱及自然因素，致使大量稷王庙已经不存，笔者根据资料记载实地考察了晋南现存的七座稷王庙，其概况如表 2-6-1 所列，其中一座位于县城内，六座分布在村落中。

晋南现存稷王庙概况 表 2-6-1

分布	具体位置	修建年代	建筑组成	大殿形制	供奉神像	庙会日期	备注
稷山县城内稷王庙	县城西侧，现位于步行西街	元至正五年（1268 年）	山门、献殿、大殿、姜嫄庙、钟鼓楼、八卦亭	面阔五间、七檩围廊、重檐歇山	后稷、姜嫄	农历四月十七	重修的（康熙版）《平阳府志》刻本，第十卷“祠祀”篇载：“后稷庙在县南五十里稷神山顶，东南有塔，镌‘后稷名堂’字，元至正五年（1268 年）创建”
稷山县太阳乡西王村稷王庙	村中	创建年代不详，清修葺	大殿	面阔五间、四檩前廊、单檐硬山	后稷、西岳大帝、东岳大帝、先锋	农历正月十五	年代记载见《中国文物地图集》山西分册 1115 页，村民讲述原大殿前有戏台
稷山县稷峰镇太社村稷王庙	村中	创建年代不详，清修葺	大殿、门楼	面阔五间、五檩无廊、单檐悬山	不详	无	年代记载见《中国文物地图集》山西分册 1114 页
万荣县南张乡太赵村稷王庙	村北部	创建年代不详，元、清修葺	大殿、戏台	面阔五间、七檩无廊、单檐庑殿	后稷、关公、药王、送子娘娘	农历四月十七	大殿背脊下有元至正二十五年（1288 年）重修庙题记
闻喜县阳隅乡吴吕村稷王庙	村中	创建年代不详，明清修葺	大殿、戏台	面阔三间、五檩无廊、单檐悬山	原供奉后稷、娘娘、火神	无	年代记载见《中国文物地图集》山西分册 1126 页
新绛县阳王镇阳王村稷益庙	村中	创建年代不详，元、明、清修葺	大殿、戏台	面阔五间、七檩无廊、单檐悬山	原供奉后稷、伯益	农历二月初二	庙内碑记记载，元至元，明弘治、正德，清光绪年间均有修建
新绛县阳王镇苏阳村稷王庙	村东南	创建于元代，明清重修葺	大殿	面阔五间、五檩无廊、单檐悬山	后稷、关公、观音、送子娘娘、王母	农历六月二十四	年代记载见《中国文物地图集》山西分册 1100 页

稷山县县城内的稷王庙现位于步行西街，据（同治）版《稷山县志》卷二“祀典”记载：“后稷庙，在汾南五十里，稷神山顶……是谓王之寝宫。”[①]“后来由于路途遥远，为了便于祭祀，元代时在县城内创建了这座规模非凡、建筑宏

① （清）邓嘉绅纂 沈凤翔修，据清同治四年（1865 年）刻本影印，中国地方志集成 山西府县志辑《稷山县志》，凤凰出版社、上海书店、巴蜀书社。

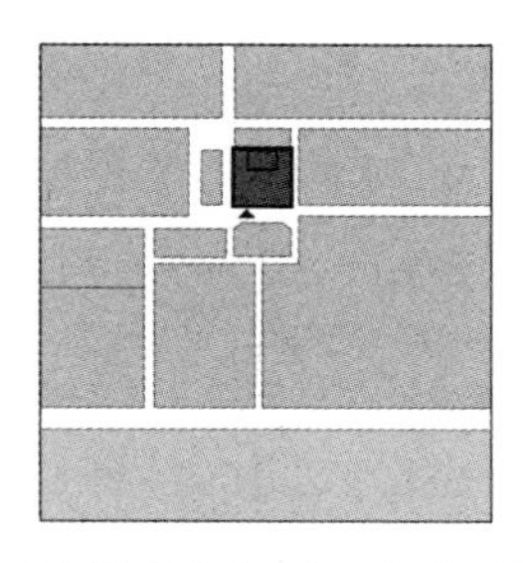

稷山县太阳乡西王村稷王庙 位于村中

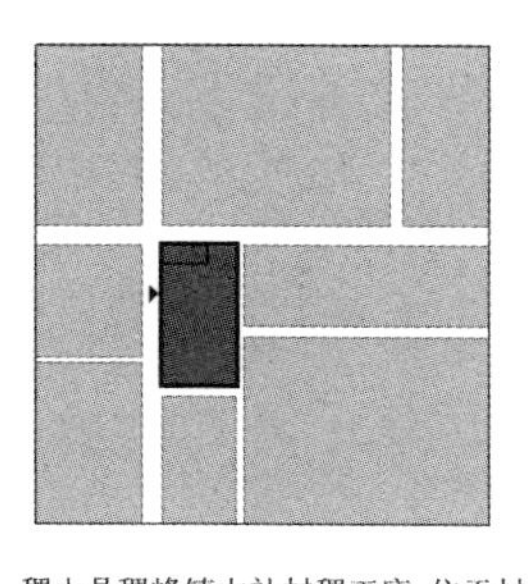

稷山县稷峰镇太社村稷王庙 位于村中

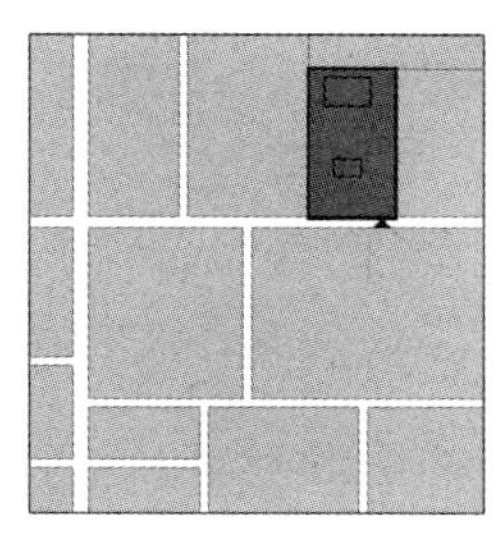

万荣县南张乡太赵村稷王庙 位于村中北部

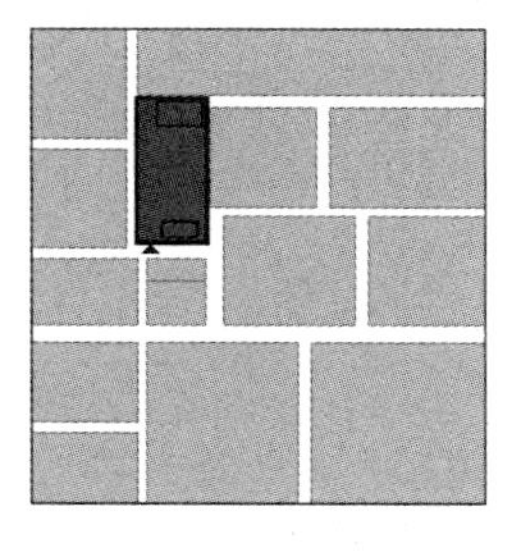

新绛县阳王镇阳王村稷益庙 位于村中

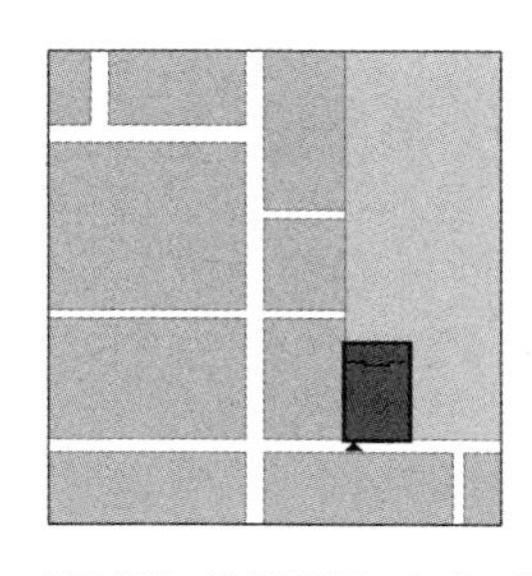

新绛县阳王镇苏阳村稷王庙 位于村东南

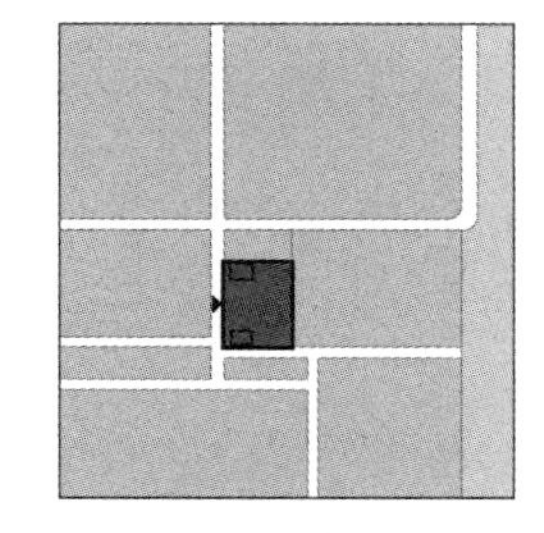

闻喜县阳隅乡吴吕村稷王庙 位于村中

图 2-6-2　村落中的位置

伟的稷王庙。”[①]《稷山县志》卷一“图考”的“县城图”显示稷王庙原位于县城的西侧，在县治之西，县治南侧有后稷古治坊。

考察晋南村落中的稷王庙，其选址并无一定规律，或位于村落偏外部靠近农田的位置，或临街建于村落的中心地带，成为村中一个公共活动的空间（图 2-6-2）。

（2）使用功能

稷王庙属于祭祀性的建筑，祭祀就成为稷王庙的主要使用功能。祭祀活动

① 高丽．农业始祖的祠宇——稷王庙．文物世界［J］2003（6）：58.

本质上讲，就是古人把人与人之间的求索酬报关系，推广到人与神之间而产生的活动。在古时农业社会，农业的生产是关系到人民生计的重大事件，稷神是俗民信仰记忆中影响农业生产的某种力量，因此，民间的后稷信仰包含着民众祈求农业丰收的直接生活愿望。

稷王庙中除供奉后稷外，往往也会同时供奉多方神灵，满足人们的各种愿望，稷王庙中还会供奉关公、送子娘娘、药王、文王、火神、东岳大帝、西岳大帝等，反映出民间信仰较强的功利性、包容性和渗透性，同时在稷王庙中，诸如关公、娘娘等神祇位于稷王的左右，成为稷王的陪侍神像，可见稷王信仰在晋南的重要地位。

稷王庙官方的祭祀多是出于政治的需要，《稷山县志》卷二“祀典”中记载，古时每年的农历四月十七日，朝廷会遣派官员亲自登上稷王山，在山上的稷王庙中举行隆重的祭典。现今民间的稷王庙平日多已不开放，但每年会有大型的庙会活动，庙会的主要内容即为祭祀与唱戏，庙会演戏的本意在于娱神、敬神，到了后期逐渐由娱神转向娱人，成为人们文化生活的重要组成部分。后稷的诞辰是农历四月十七，万荣县南张乡太赵村稷王庙的庙会在这一天进行，然而在一些地方庙会的会期也会有所改变，稷山县太阳乡西王村是在正月十五举行稷王庙庙会，新绛县阳王镇苏阳村则在农历六月二十四举行稷王庙的庙会，提前一天在庙前的空地上搭建戏台表演，新绛县阳王镇农历二月初二的阳王古庙会社火即源于祭祀稷益庙的庙会，已延续千百年，当天各村人们会到稷益庙烧香，并在镇上举行盛大的庙会表演活动。

（3）布局内容

稷王庙作为民间祭祀后稷的庙宇，主要的建筑组成包括供奉神灵的大殿及祭祀神灵的献殿和戏台。晋南村落中现存稷王庙的布局较为简单，多为坐北朝南的单进院落布局，中轴线上存大殿与戏台（图 2-6-3 ~ 图 2-6-6）。稷山县县城内的稷王庙与新绛县阳王镇稷益庙的建筑规模则相对完备。

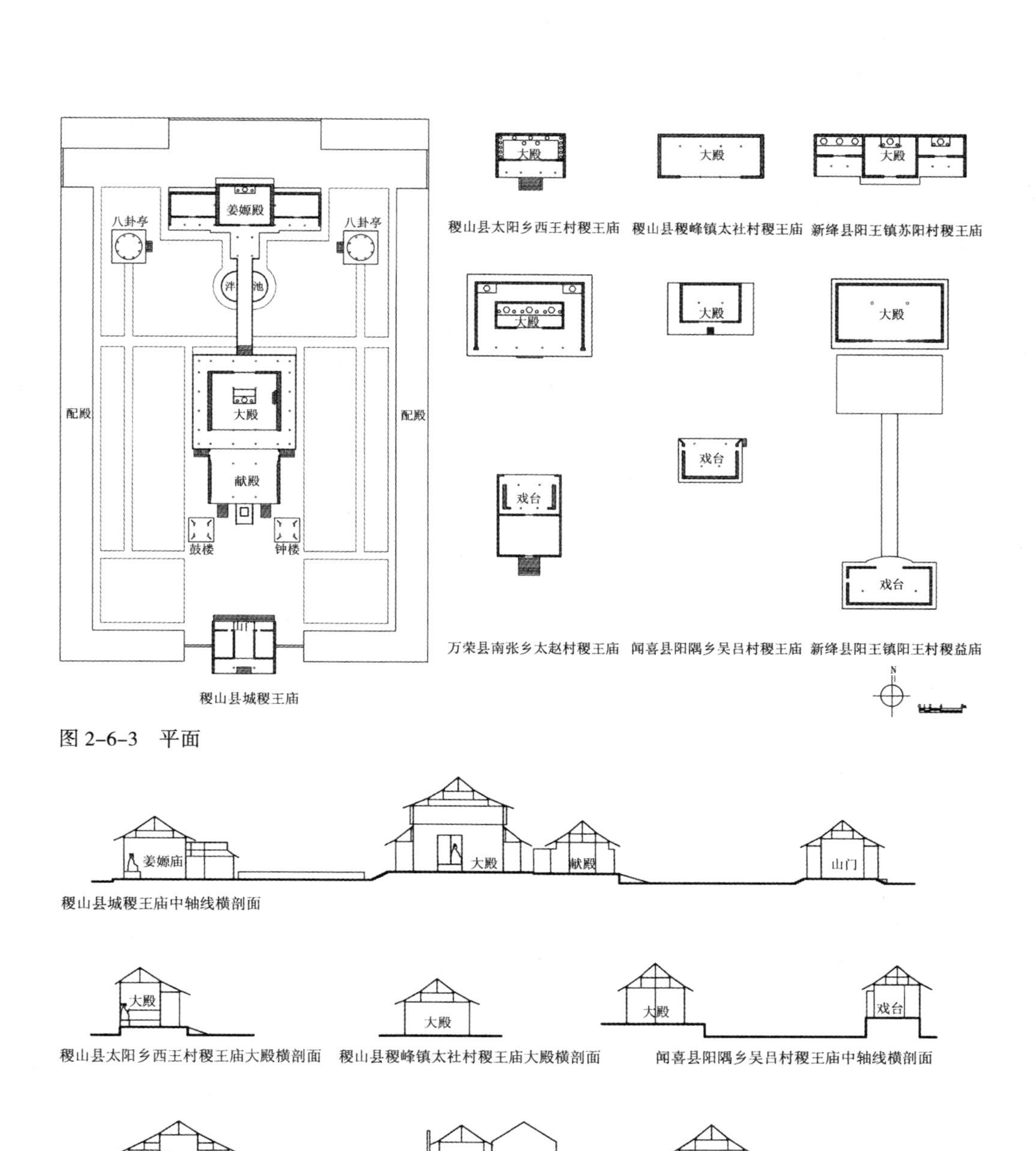

图 2-6-3 平面

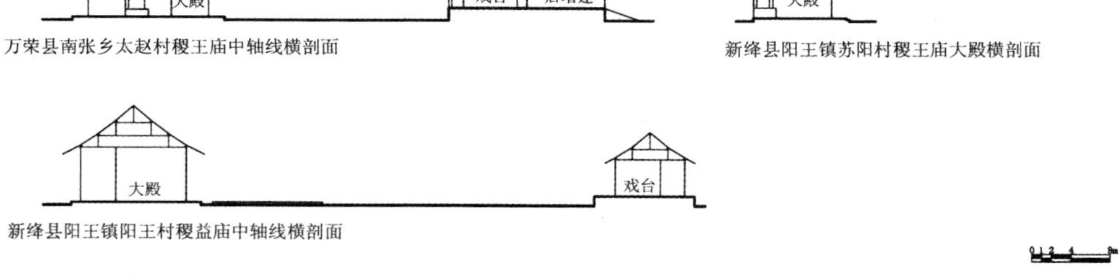

图 2-6-4 剖面

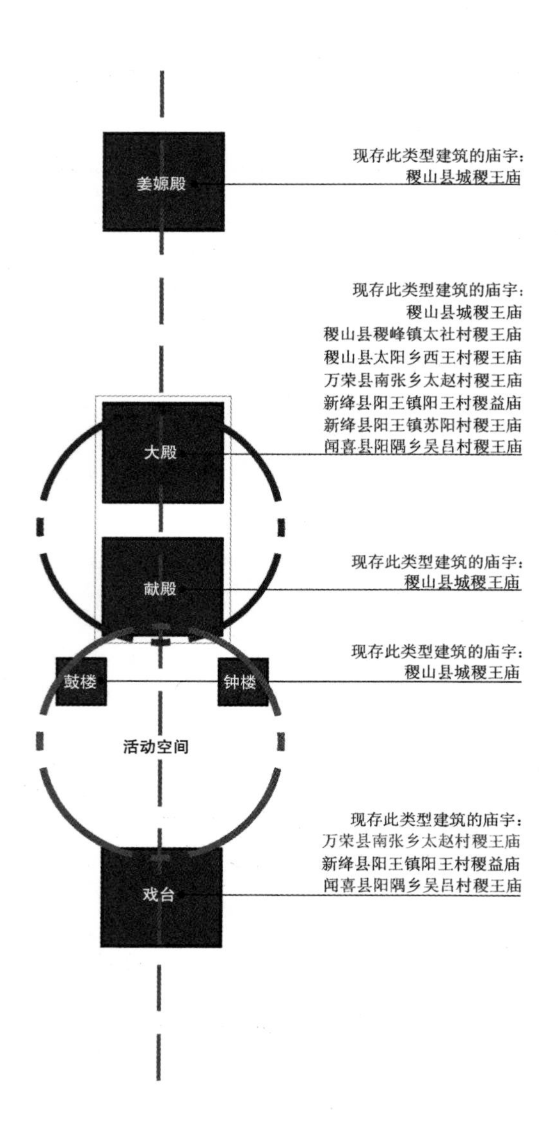
姜嫄殿
现存此类型建筑的庙宇：
稷山县城稷王庙
现存此类型建筑的庙宇：
稷山县城稷王庙
稷山县稷峰镇太社村稷王庙
稷山县太阳乡西王村稷王庙
万荣县南张乡太赵村稷王庙
新绛县阳王镇阳王村稷益庙
新绛县阳王镇苏阳村稷王庙
闻喜县阳隅乡吴吕村稷王庙
大殿
献殿
现存此类型建筑的庙宇：
稷山县城稷王庙
鼓楼
钟楼
现存此类型建筑的庙宇：
稷山县城稷王庙
活动空间
现存此类型建筑的庙宇：
万荣县南张乡太赵村稷王庙
新绛县阳王镇阳王村稷益庙
闻喜县阳隅乡吴吕村稷王庙
戏台

图 2-6-5　功能分析

稷山县城内稷王庙大殿　稷山县太阳乡西王村稷王庙大殿　稷山县稷峰镇太社村稷王庙大殿　万荣县南张乡太赵村稷王庙大殿

闻喜县阳隅乡吴吕村稷王庙大殿　新绛县阳王镇阳王村稷益庙大殿　新绛县阳王镇苏阳村稷王庙大殿　稷山县城内稷王庙献殿

万荣县南张乡太赵村稷王庙戏台　闻喜县阳隅乡吴吕村稷王庙戏台　新绛县阳王镇阳王村稷益庙戏台　稷山县城内稷王庙姜嫄殿

图 2-6-6　建筑外观

稷山县县城内的稷王庙是已知现存最大的一座祭祀我国农业始祖后稷的庙宇，也是保存最为完好的，稷王庙于明、清进行过多次修建，《稷山县志》卷九“艺文”篇“重修后稷庙记”中记载了明隆庆年间

（1567 ~ 1572 年）重修稷王庙的规模：“ ……正殿三间前砌露台，方十四丈五尺，周筑萧墙，露台东过萧墙，别殿三间祀姜嫄，台南甬道左神厨三间，自甬道东行折北为官厅三间，稍西钟楼一间，外砌石垣厚六尺，高倍二之三，缭亘几十丈几尺……”[①]，由此可见当时的稷王庙是一组宫殿式的庙宇。稷王庙现有山门、献殿、大殿、姜嫄庙、钟鼓楼、八卦亭等，其中姜嫄庙为元构，大

① （清）邓嘉绅纂 沈凤翔修，据清同治四年（1865 年）刻本影印，中国地方志集成 山西府县志辑《稷山县志》，凤凰出版社、上海书店、巴蜀书社．

殿及钟鼓楼等建筑为道光二十三年（1843 年）重建的清代建筑，它们共同构成一组规模宏大的祭祀建筑。

新绛县阳王镇阳王村稷益庙现仅存大殿与戏台，庙内明嘉靖二年（1523 年）碑刻《重修东岳稷益庙之记》中记载庙宇之规模："……东岳稷益庙也，罔知肇自何代，元至元间重修，正殿旧三楹，国朝弘治间恢复为五楹，增左右翌室各四楹，正德间复增山门三楹，献庭五楹，舞庭五楹……"清光绪二十七年（1901 年）碑刻《重修东岳庙暨关帝土地诸神庙碑记》中记述了进一步扩建稷益庙的情况："由殿而下东西两廊，俱各建盖市房，约共六十余间，尽安生意；庙中间建设戏楼……戏楼左右钟楼枞焉，鼓楼喤焉，维修无异于创建"。由此可知当时此庙宇具有一定的规模，显示出稷益庙在民间祭祀庙宇中的重要性。

大殿是稷王庙的核心，晋南地区现存的稷王庙大殿多为三开间或五开间，屋顶形式多样，有悬山、硬山、歇山及庑殿顶，其中悬山顶较多。稷山县城内的稷王庙由于是官方所建的庙宇，较之一般的庙宇其规模更为完备，稷王庙大殿为五开间带围廊的两层歇山顶建筑，而且在大殿之后还有姜嫄庙，祭祀后稷之母姜嫄氏，在一般的稷王庙中并无姜嫄庙的设置。

稷王庙正殿内部空间通常分为两部分：一是供奉神像的空间，一是礼拜空间。规模较大的庙宇中，如稷山县城内稷王庙和万荣县南张乡太赵村稷王庙，供奉神像的平台位于大殿的中间，在神像周围有一圈贯通空间，一般的稷王庙中供奉神像的平台则紧挨后墙，往往利用殿内的一排内柱限定雕像的领域，稷王的塑像坐落在高出地面的平台上，其左右一般会有陪伺塑像，有些庙宇中还会有其他神像并列供奉，其排列方式有"一"字形和"凹"字形两种。礼拜空间一般在神灵塑像前搁香案，放置祀奉神灵用的贡品，香案前还会留出空间，供祭祀者跪拜祈愿用。

稷王庙大殿的结构均采用抬梁式，内部多利用减柱法或移柱法，这些处理方式使得内部空间扩大，便于置放神像，同时可以扩大礼拜的空间，减少视线遮挡等。

献殿在民间祭祀类的庙宇中是一个重要的组成部分，通常位于正殿之前，一般为四面或两面开敞式建筑，是专为摆设祭品而建造的，这就扩大了祭祀活动的空间。献殿的形制一般不会太高，多为一开间或三开间，屋顶形式多采用歇山、悬山等。稷王庙中献殿是一个非常重要的祭祀空间，稷山县城的稷王庙中，献殿与大殿相邻共同建于 1 m 高台基之上，献殿为两面开敞的三开间悬山式建筑，献殿之前的丹墀代表着帝王的尊严，这也足以表明后稷在人们心目中尊贵的地位。闻喜县阳隅乡吴吕村稷王庙，村民讲述原大殿前有献殿，新绛县阳王镇稷益庙据碑记记载明正德年间增建献庭五楹，现均已不存。

戏台与稷王庙的祭祀功能相关，在祭祀神灵的仪式上，唱戏是一个基本的环节。戏台多是建在大殿的对面，考察的几座稷王庙戏台与大殿的距离在 20 m 到 40 m 左右。稷山县城内的稷王庙的山门过去是个戏台[①]，现已被毁。万荣县南张乡太赵村稷王庙据庙内石碑记载于元至元八年（1271 年）修建舞亭一座，现存戏台为民国 10 年（1921 年）重建。新绛县的阳王镇稷益庙戏台规模较大，面积 120 多平方米，碑记记载建于明正德年间（1506 ～ 1521 年），戏台采用“明三暗五”的减柱造，前檐明间宽达 10 m，表演区域宽阔。闻喜县阳隅乡吴吕村稷王庙的戏台为明嘉靖二十五年（1546 年）建，面阔三间，面积 70 多平方米，为扩大台口活动面积，明间平柱向两侧外移。

① 高丽．农业始祖的祠宇——稷王庙．文物世界[J] 2003（6）：58.

2.7 田野考察（二）：山西后土庙

所谓“百里异习，千里殊俗”，山西境内的民间信仰分布亦不例外，有着明显的地域差异，后土信仰即为典型代表。其建筑载体——后土庙主要分布于晋中和晋南地区[①]，在晋南又呈现出晋西南多于晋东南的现象；而在太原以北地区则尚未发现后土庙的建置记载（图 2-7-1）。

汉至宋，都有天子亲祭汾阴后土祠的活动；宋以后，天子不亲祭后土；金、元时期尚遣官致祭；明清以来则降为民祀，成为乡社之所。后土在宋以后由国家官方正祀转化为民间祭祀，使得元、明、清时期民间涌现了大量的后土庙，后土信仰在乡土社会中作为一种重要民间信仰的特点越来越突出，民众的力量使后土信仰得以一直延续到今天。

后土庙所承载的是民间的后土信仰，而民间信仰的多样性和自发性使它的信仰体系呈现十分杂芜和零散的状态。尽管如此，民间信仰并没有随着经济

① 后土庙分布的县市有：吕梁的离石、汾阳、石楼，晋中的和顺、介休、灵石，临汾的曲沃、乡宁、尧都、翼城、吉县，运城的河津、万荣、芮城、闻喜等地。

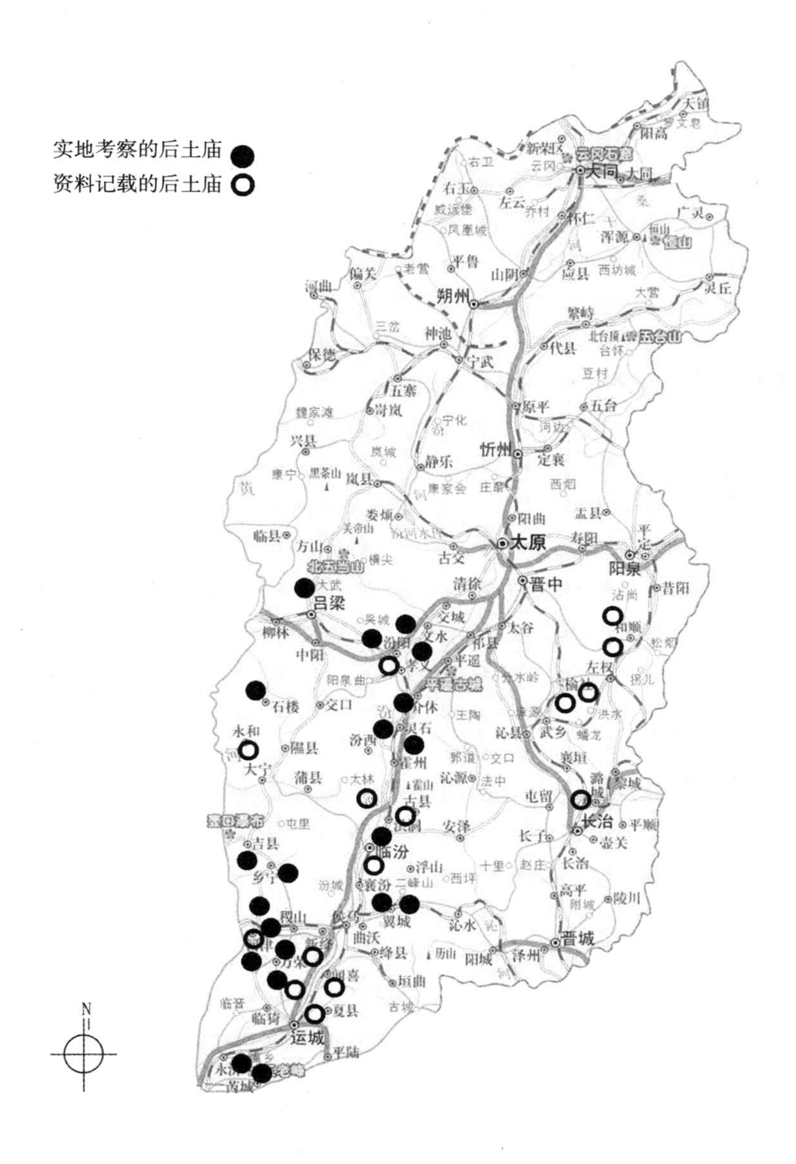

图 2-7-1　山西境内的后土庙分布

的发展、社会的进步以及文化上的变迁而消失，反而以各种各样的方式流传至今，作为民间信仰物质载体的庙宇也自然随着信仰的演变、社会的发展而不断地发展演变。如今这些庙宇仍作为村落的活动中心，是民间信仰的文化场所，除了修建庙宇外，庙宇的日常维持，包括日常的祭祀以及庙神诞辰的祭祀、献戏也是全村共同进行，人人捐资出力，村民对庙宇的修建和祭祀也起到了村落整合的社会文化意义。

（1）选址特点

1）城市庙宇

介休市后土庙是目前已知的仅有的一座位于城市中的后土庙（图 2-7-2），位于旧城西北隅，由后土庙、三清观、吕祖阁、关帝庙、土神庙等数个庙院组成，是一座规模宏大、体系完整且保存完好的全真派道观古建筑群。据庙内明碑记载，北魏文成帝拓跋睿太安二年（456 年）即有此庙，西魏文元帝大统元年（535 年）重修，现存后土庙建筑主要是明代遗存。

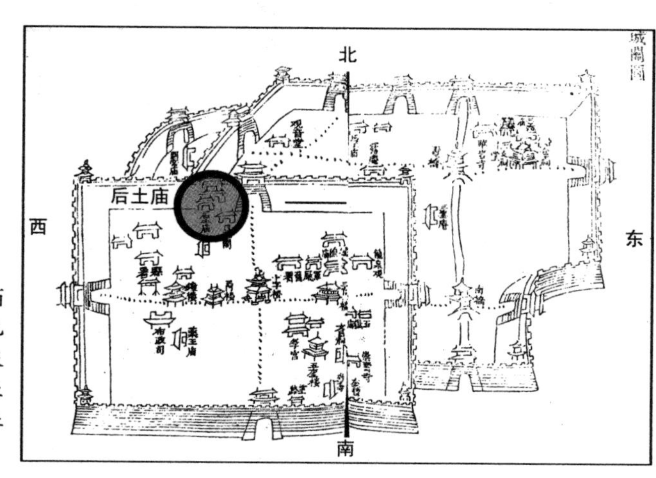

图 2-7-2 《介休县志》中的后土庙
底图来源：（清）徐品山修、陆元惠纂. 介休县志［M］. 据清嘉庆二十四年刊本影印.《中国方志业书·山西省》. 台湾：成文出版社有限公司印行，1976.

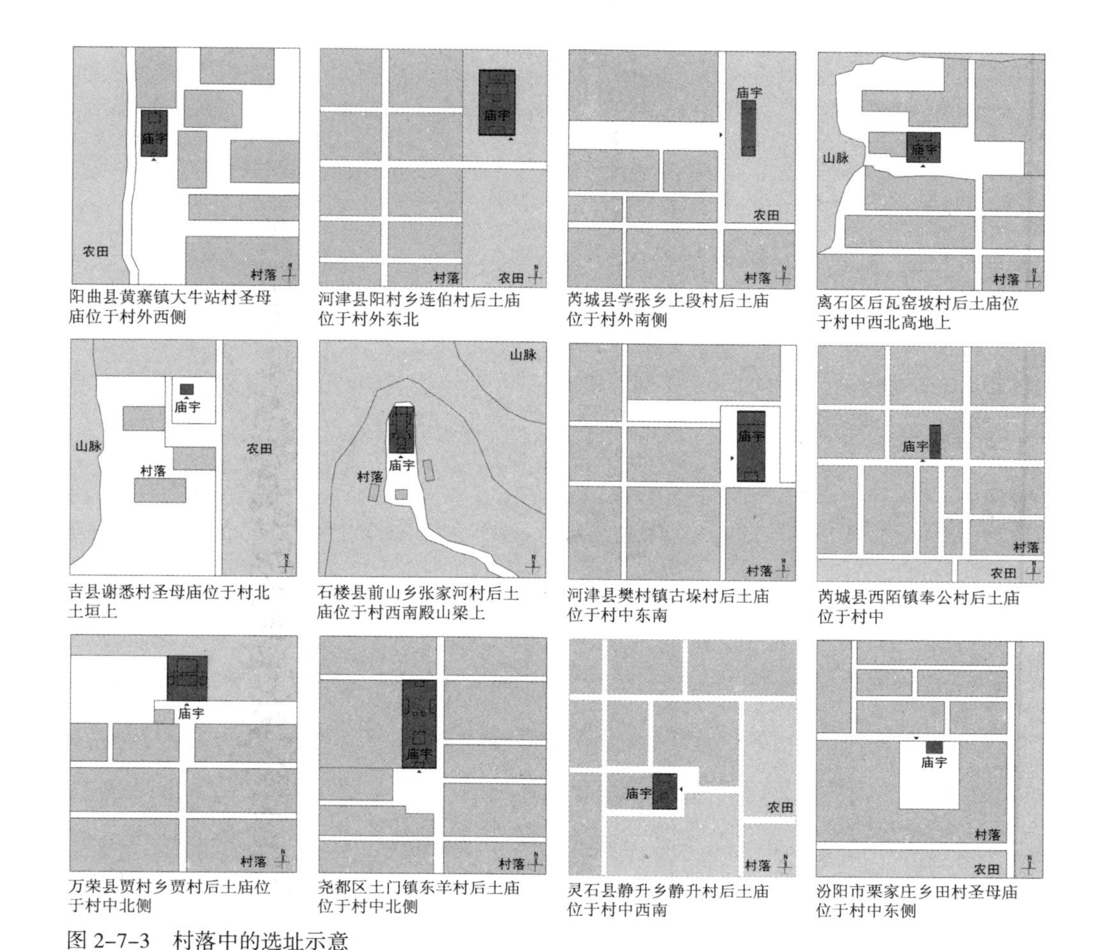

阳曲县黄寨镇大牛站村圣母庙位于村外西侧
河津县阳村乡连伯村后土庙位于村外东北
芮城县学张乡上段村后土庙位于村外南侧
离石区后瓦窑坡村后土庙位于村中西北高地上
吉县谢悉村圣母庙位于村北土垣上
石楼县前山乡张家河村后土庙位于村西南殿山梁上
河津县樊村镇古埃村后土庙位于村中东南
芮城县西陌镇奉公村后土庙位于村中
万荣县贾村乡贾村后土庙位于村中北侧
尧都区土门镇东羊村后土庙位于村中北侧
灵石县静升乡静升村后土庙位于村中西南
汾阳市栗家庄乡田村圣母庙位于村中东侧

图 2–7–3　村落中的选址示意

2）村落庙宇

现存后土庙多数位于自然村落，靠近村落外部，位于村落西、北侧的居多（图 2–7–3、表 2–7–1）。后土庙在自然村落中占据着重要的地位，是村民的公共活动场所，属于大众化的神性空间。庙宇多选择在比较平坦开阔的高地，并且远离人声喧闹以有利于神祇的栖息；村民们也有村中不建庙的说法，当然因地制宜，庙址在各处还是有不同的选择。其特点如下（图 2–7–4）：

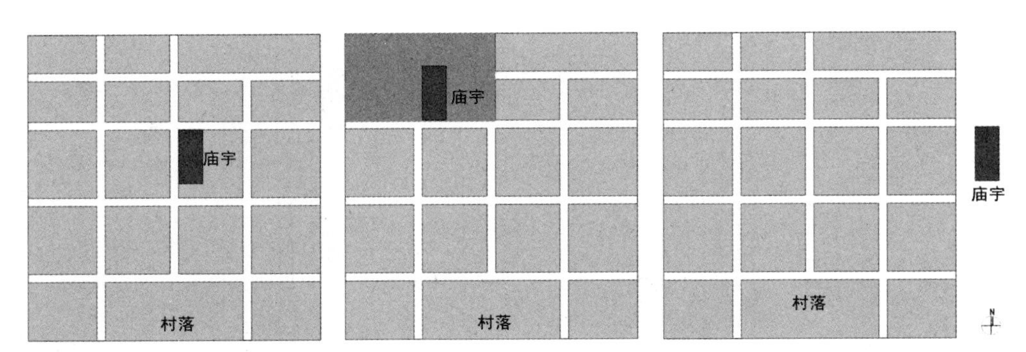

图 2-7-4　村落中的选址方式

①位于村中：为村民日常聚集的场所，在庙会等活动时，更成为村落的活动中心。

②位于高地：选址居高临下，有助于显示庙宇的威严，并让神灵更加眷顾于整个村落。

③位于村外：大致分为两种，一种是位于村落入口处，处于较明显的位置，便于庙会祭祀活动的进行；另一种是位于村落外侧靠近农田的位置。诸如后土庙、稷王庙等，都是与农业有关的庙宇，位于农田之中也可以使得神祇更好地显灵。

村落中后土庙位置统计　　表 2-7-1

庙宇名称	地点	位置
圣母庙	阳曲县黄寨镇大牛站村	村外西侧
后土庙	离石区后瓦窑坡村	村中西北高地上
后土庙	石楼县前山乡张家河村	村西南殿山梁上
圣母庙	吉县谢悉村	村北土垣上
后土庙	河津市阳村乡连伯村	村外东北
后土庙	河津市樊村镇古垛村	村中东南
后土庙	万荣县贾村乡贾村	村中北侧
后土庙	万荣县荣河镇庙前村	村北高崖上
后土庙	芮城县学张乡上段村	村外南侧

（续表）

庙宇名称	地点	位置
后土庙	芮城县西陌镇奉公村	村中
后土庙	尧都区土门镇东羊村	村中北侧
后土庙	灵石县静升乡静升村	村中西南
后土庙	汾阳市栗家庄乡田村	村中东侧

（2）布局类型

1）简单类

简单类布局的后土庙空间形态多见于广大的农村地区，其空间形态来自于北方地区典型的居住形式四合院。戏台、正殿是其基本的构成要素，组成一个简单的院落，由围墙对院落进行围合（图2-7-5）。如：

河津市樊村镇古垛村后土庙，坐北朝南，仅存戏台与正殿，戏台为元构，庙宇周边已无围墙。

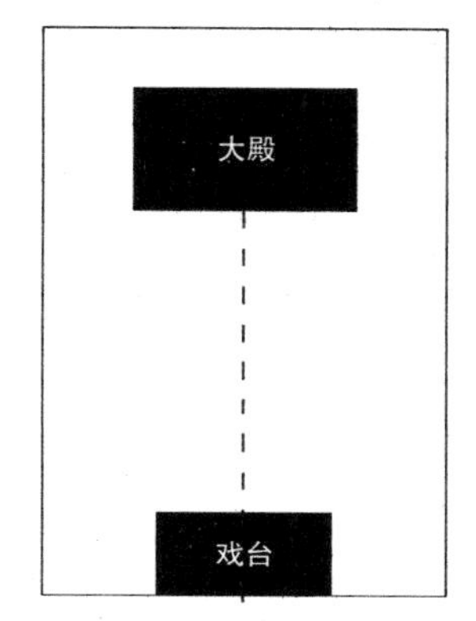

图 2-7-5　简单类布局示意

芮城县学张乡上段村后土庙，坐北朝南，仅存乐楼、正殿，亦无围墙环绕，位于一片农田之中。

阳曲县黄寨镇大牛站村圣母庙，坐北朝南，仅存正殿。

万荣县贾村乡贾村后土庙，坐北朝南，中轴线有献殿、正殿，两侧有配殿，正殿与献殿距离较近，献殿前有月台。

灵石县静升乡静升村后土庙，存正殿、献亭，原献亭之前有戏台已毁，现位于村民委员会院内。

芮城县西陌镇奉公村后土庙，坐北朝南，现中轴线有戏台、正殿。

离石区后瓦窑坡村后土庙，坐北朝南，一进院落布局，中轴线上建有戏台、正殿，戏台两侧有钟楼、鼓楼，院中两侧为配殿，正殿上下两侧，下层为窑洞，上层正殿中供奉后土圣母，两侧有耳殿。旧时“上奉九天圣母，中奉诸神，月台左右监钟鼓楼，溯创建于明景泰年间（1450 ~ 1456 年），历补葺至清嘉庆十一年（1806 年），风移雨剥，圮非一区，庀材鸠工事赖首领经理吴士智善期先举谋及，村人无不乐布己资，是择吉兴工，而住持杨嘉栋协力经营钟鼓两楼，并东房后楼门重新建立，庙门地址加石基，洎乎废者与之残者补之，庶楼宇无殊乎旧，而角楹焕然一新”[①]；“迨至乾隆四十七年（1782 年）增其旧制，新修砖窑五孔，塑神像于内，两廊乐楼皆焕然一新，嘉庆十一年（1806 年）忽然山崩，土压正殿，两廊皆杳无踪迹，止留乐楼一座，当此之时，本村人等忧闷不悦，过斯境者其谁不唏嘘长叹哉，数年来报赛之典亦废而不举，十四年（1809）合村公议，本地于此先建砖窑五孔，以为住持安歇之地，越明年上建楼阁九间安置神像，两廊六间，又将乐楼钟鼓楼移修在此。”[②]

汾阳市栗家庄乡田村后土庙，仅存正殿，《汾阳县金石类编》中所录明嘉靖二十八年（1548 年）《重修田村里神母庙碑记》载：“越今年己酉夏告厥成，广正殿为三楹，列廊房为六楹，虚轩特起，层楼耸立，振以钟鼓，缭以周垣，神像焕然一新，金碧交映，云烟相连，足以妥神明而表奠安。”[③] 清道光十年（1830 年）“营建正殿三间，两廊钟鼓，对面乐楼，庙貌颇亦严整”[④]，至“光绪七年（1881 年）就本村地亩起，将乐楼补修后又出四方捐募，于十一年（1885 年）将圣母正殿卷棚、钟鼓楼、马王殿、两廊庑、住持房屋、周围墙壁、街上门面皆重新补葺。”[⑤] 可见旧时后土庙之布局亦颇为壮观。

吉县谢悉村圣母庙，现仅存正殿，为元代遗构，现已破败不堪。

---

① 碑刻《重修钟鼓楼碑记》，现存于离石区后瓦窑坡村后土庙内．

② 碑刻《移建圣母庙碑记》，现存于离石区后瓦窑坡村后土庙内．

③ 廖奇琦．神灵与仪式——山西汾阳圣母庙圣母殿壁画研究［D］：北京：中央美术学院人文学院，2004. 64.

④ 碑刻《重修圣母庙碑记》，现存于汾阳市栗家庄乡田村后土庙内．

⑤ 碑刻《重修圣母庙碑记》，现存于汾阳市栗家庄乡田村后土庙内．

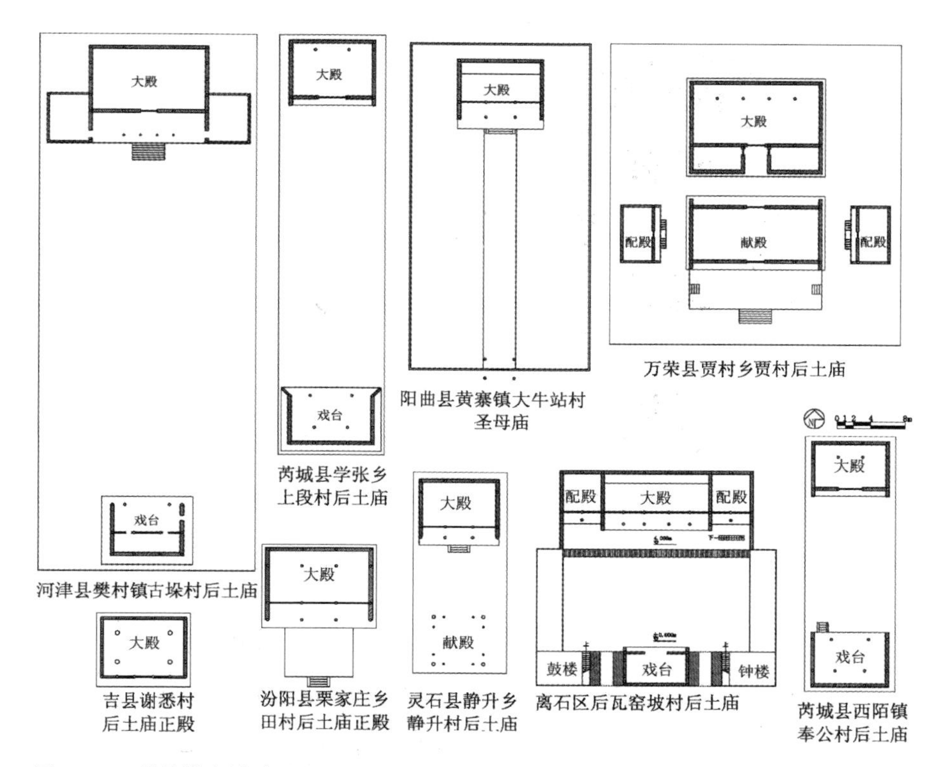

图 2-7-6　简单类布局平面

综上，简单类布局中戏台多正对主要的殿堂，形成南北向的纵轴线，给祭祀者和朝拜者以“开门见山”的清新感觉；院落坐北朝南，建筑单体数量较少，空间敞亮（图 2-7-6）。

2）组合类

当简单类布局的后土庙建筑不能满足祀神需求时，就有必要在单进院落的基础上，形成多进或多跨的组合类建筑群，组合类布局的后土庙建筑一般是多进院落的纵向组合方式，组合后的建筑群体依然需要保持明确的中轴线，中轴线上主要以山门为前导空间来依次布置戏台、献殿、正殿等殿堂空间，建筑群

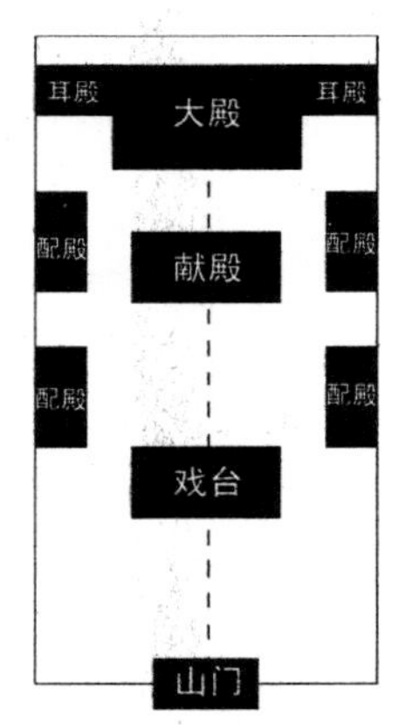

图 2-7-7 组合类布局示意

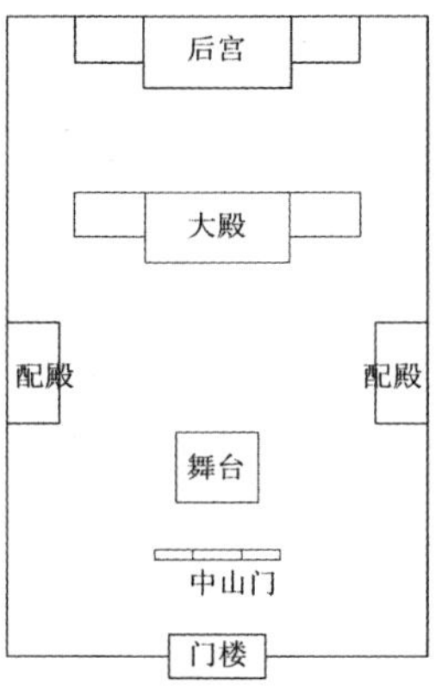

图 2-7-8 万荣县桥上村后土庙平面推测

的规模和等级有严格的划分—正殿无论屋顶形式、开间数还是斗栱、鸱吻的级别都要明显高于其他殿堂形制，以突出正殿在整个院落中的中心地位（图 2-7-7）。

合院组合式庙宇中，每个院落之间各自形成独立的空间单元。各个单元的主体建筑和两侧的配殿以及前面殿堂的后立面，又形成一个院落空间。各个院落又是尊卑有序、等级森严，符合礼制伦理思想。后土庙内正殿两侧也常常附属有耳殿，正殿形成的主要院落两侧会有配殿，在戏台与山门之间形成的院落中，往往两侧无配殿，形成的院落较为简单，均体现了建筑中的等级制度。现存的万荣县后土祠、介休市后土庙、尧都区土门镇东羊村后土庙都是这种合院组合式布局（图 2-7-8）。如：

万荣县桥上村于宋景德二年（1005 年）所建之后土庙，建筑规模较为宏大，记载有：神殿七座，有圣母正殿、后宫、真武殿、二郎殿、庄口娘娘殿、六甲殿、崔相公殿，舞亭一座，中山门和大门楼各一座，中轴线上有大门楼、中山门、舞亭、正殿、后宫。[1]

石楼县前山乡张家河村后土庙（殿山寺），坐北朝南，二进院落布局，中

① 廖奔．中国古代剧场史．113.

轴线上有山门、戏台（元）、正殿，两侧耳房、配房，后由于庙会献戏活动空间需求扩大，在山门外的空地上增建了一座戏台。

河津市阳村乡连伯村后土庙（也称高媒庙），坐北朝南，多进院落布局。中轴线有山门、戏台、四明亭、献殿、正殿，两侧为东西厢房、配殿。

后土信仰在发展过程中渐为道教吸收，一些道教庙宇也出现了共同供奉后土与道家各神的现象；又因后土圣母的地位显赫，被供奉于重要的正殿。尧都区土门镇东羊村后土庙、介休市后土庙即是供奉后土的道家庙宇。如：

尧都区土门镇东羊村后土庙也叫东岳庙，是祭祀泰山神的庙宇，现存有山门、戏台、仪门、后土圣母殿、钟鼓楼和东、西配殿等建筑，共同组成三进院落

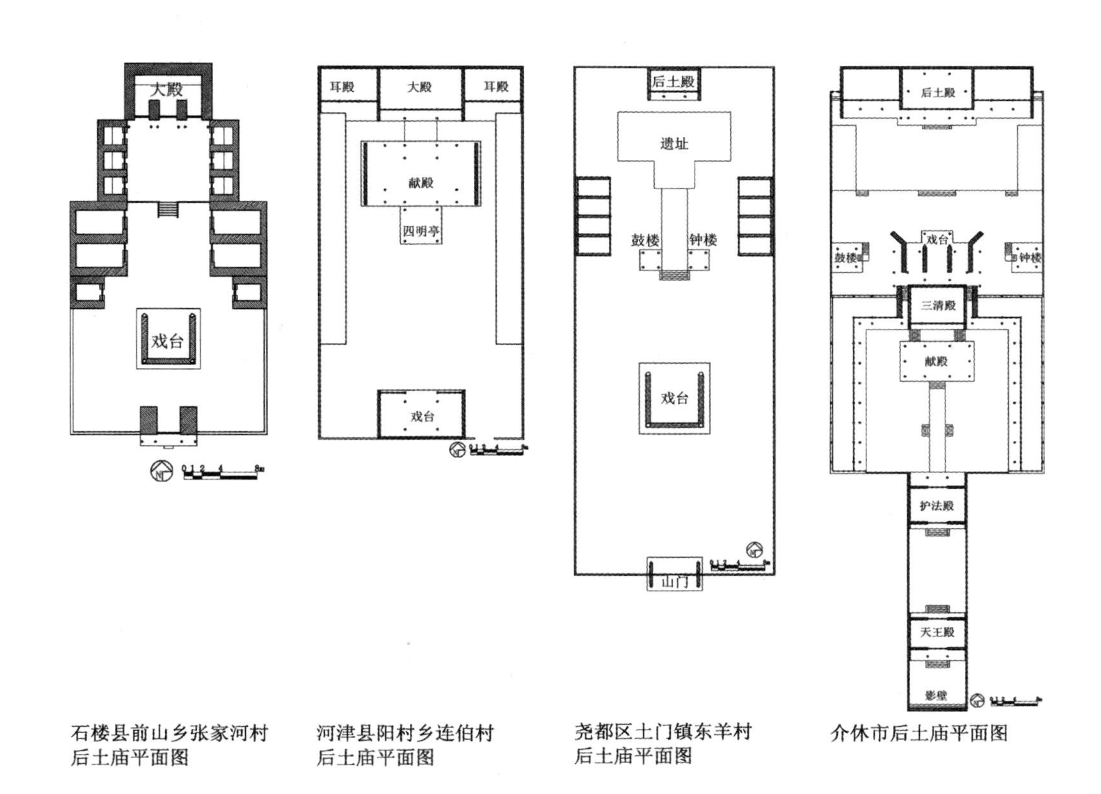

石楼县前山乡张家河村后土庙平面图　河津县阳村乡连伯村后土庙平面图　尧都区土门镇东羊村后土庙平面图　介休市后土庙平面图

图 2-7-9　组合类布局平面

布局，后土圣母殿位于东岳天齐殿（现仅存基址）之后，是整个建筑群的终点。

介休市后土庙是一座全真派道观，现主要包括三清观和后土庙两大部分，共有四进院落，建筑空间先抑后扬，前两进空间是影壁与天王殿，天王殿和护法殿之间的院落，之后是三清楼、献殿及配殿围合的院落，戏台与后土殿形成最后一个院落，后土殿作为整个建筑群的终点（图 2–7–9）。

（3）后土祭祀

1）神祇

古代民众为感谢大地之恩，常报祈土地之神。历代帝王亦祀后土，汉武帝于汾阴立后土祠后，后土更成为村社民众广泛祭祀的对象。“后土圣母”是后土庙中供奉的主神，也称为“后土娘娘”“后土夫人”。后土圣母本是执掌阴阳生育、万物之美与大地山河之秀的女神，其职司随着民众利益诉求的增多也不断扩大，人们向后土圣母求子、求财、求平安、求丰收等。后土圣母成为人们心中权威的神灵，表现出民间信仰的“面目多变性”[①]，其中“送子、保平安”是其在信徒心中占绝对主要的职能。

就后土庙中供奉的神灵来看（表 2–7–2），后土圣母不仅具有“送子”的职能，而且配祀的圣母（娘娘）均在护佑子孙健康成长，是供奉主神为后土圣母的庙宇所普遍采取的方式，她们共同承载了人们对子孙后代寄予的美好期望。

后土庙供奉的神灵及庙会日期统计　　表 2–7–2

庙宇	供奉神灵	庙会日期（农历）
阳曲县黄寨镇大牛站村圣母庙	后土圣母、送子娘娘、司药娘娘	七月初一
离石区后瓦窑坡村后土庙	后土圣母、送子娘娘、催生娘娘	二月十九、三月十八

① 贾二强．唐宋民间信仰．11.

（续表）

庙宇	供奉神灵	庙会日期（农历）
石楼县前山乡张家河村后土庙	后土圣母、九天圣母、使令圣母、催生娘娘、豆生娘娘	三月十八
吉县谢悉村圣母庙	原供奉后土圣母，现正殿残破不用	/
河津县阳村乡连伯村后土庙	高媒、大禹、后稷	三月十八、九月十八
河津县樊村镇古垛村后土庙	原供奉后土圣母，现北壁有圣母画像，无塑像	/
万荣县贾村乡贾村后土庙	后土圣母	三月十八
万荣县荣河镇庙前村后土庙	后土圣母、送子娘娘、司药娘娘	三月十八、十月初五
芮城县学张乡上段村后土庙	现荒废不用	/
芮城县西陌镇奉公村后土庙	现荒废不用	/
尧都区土门镇东羊村后土庙	后土圣母、女娲娘娘、碧霞元君	三月十二
灵石县静升乡静升村后土庙	现已改为展览用	/
介休市后土庙	后土圣母	三月十八
汾阳市上庙村太符观后土殿	后土圣母、通颖娘娘、智慧娘娘、婚配娘娘、奶母娘娘、护佑娘娘、瘫疹娘娘、如意娘娘、子孙娘娘	/
汾阳市栗家庄乡田村后土庙	后土圣母	七月初七

2）活动

1980年发现的清宣统元年（1909年）《扇鼓神谱》手抄本，是记录曲沃县裴庄乡任庄村赛祭礼仪的民间抄本，载有许氏家族历代傩祭活动内容、形式、仪礼规范和傩戏演出的节目。许氏家族的傩祭活动在每年正月十四至十六日举办，祭祀活动的主神为后土娘娘，整个活动分为傩祭和傩戏演出两部分。傩祭包括游村、入坛、请神、参神、拜神、收灾、下神、添神、送神等内容；傩戏表演共有六个节目，为《坐后土》《攀道》《打仓》《吹风》《猜谜》《采桑》；此外，还有锣鼓、花鼓等表演。可见一些地区的祭神活动已形成固定的程序。

迎神仪式，即将庙中之神像抬出来游街，常常又配以戏剧装扮的各种舞队。迎神来源于佛教的“行像”仪式，原是纪念佛祖释迦牟尼诞辰的群众性活动。行像队伍中，一般会穿插着各种乐舞杂戏的演出。行像习俗逐渐由中国本土神庙采纳，转为民间习见的奉神游行和队列装扮表演，这种古老的迎神仪式至今鲜活地呈现在晋中和晋南地区的庙会上。

在整个迎神赛社的过程中，一般要有一个"放生"的仪式，并遗存至今。《河东府万泉县新建后土圣母庙记》碑文中描述了迎请后土圣母之时，神马停止不前，即在此处修建了这座庙宇的传说。这个传说普遍流行于晋中和晋南等地，民间还以"即地为殿"演绎了一些故事，并改编成戏曲曲目在祭祀后土圣母时上演，其中最有代表性的当属《扇鼓神谱》中所记的小戏《坐后土》。

送神仪式中，根据《扇鼓神谱》的记载，收灾是傩祭活动的一个重要内容，即请后土娘娘将全村各家各户的灾难收走，这是举行傩祭的根本目的。送神在享赛后一日或当日进行，用车马送诸神回原在神庙，或焚烧纸马、神馔，以示诸神回归天界。

现存举行庙会的后土庙，会期多数为农历三月十八日，也有些庙宇的会期有所改变，各地的后土庙在庙会之日都会有唱戏等酬神活动。

河津县阳村乡连伯村后土庙的庙会规模较大，旧时"每岁三月十八日圣会之期，邑中士庶谒其庙者纷至沓来，人摩肩，车击轮，庙内几不能容东西两社乡老，议欲扩大其局。"[①] 现今庙会活动仍非常热闹，邻近村落的人也都知晓，前来参加，会期为农历三月十八及九月十八，每次赛会四天，即三月十六到三月十九及九月十六到九月十九，庙会时会连续唱戏四天，在庙会当日最为热闹。村民于三月十七夜里就来到庙里排队插花求子，争取夜里 12 点抢插第一朵花，人们通过捐钱到功德箱的方式，以求第一个来插花求子，得到神灵的保佑。红色花代表想要女孩，白色花则为男孩，如果求的愿望灵验，还要到庙里还愿，还愿时要放红色绸缎，此种插花求子的做法与万荣县后土祠庙会进行的活动相同。

庙会当日，村民将姜嫄的神像放在轿子里，一早抬到村子里走一圈，中午抬回，放到献亭里供奉（图 2-7-10）。在汾阳市上庙村太符观的后土殿中，前

① 碑刻《重修后土庙碑记》，现存于河津县阳村乡连伯村后土庙内.

图 2-7-10　河津县阳村乡连伯村后土庙正殿内姜嫄坐轿

图 2-7-11　汾阳市上庙村太符观后土殿内坐轿

端也摆放着小木作楼阁式圣母神轿（图 2-7-11），在后土圣母神像的旁边摆放着缩小的木质神像替身。据村民讲述，之前村里举行庙会时，会将神像的替身请到轿子里，在村内巡行。

除上述的民间后土诞辰的庙会进行祭祀后土、举行迎神赛社外，民间的丧礼、祈雨或冠礼等其他习俗也会祭祀后土。21 世纪以来，各地的后土庙在当地政府“文化搭台，经贸唱戏”发展思路的推动下得到恢复和重建，后土祭祀活动也再度复兴。山西万荣县后土文化节的举办，使得现代人对后土的祭祀活动与经济贸易、观光旅游、文化娱乐、寻根溯源紧密结合在一起，带有了更多的市场化倾向，是以经济利益为先导的官方主流与民间大众又一次的不谋而合，或是某种程度上对后土存在意义的新认可。

3）维持

后土庙作为大量存在的民间信仰庙宇同样面临着日常运作的问题，如果一座庙宇缺乏必要的管理者和稳定的收入来源，那么用不多久，它就会很快破败下去。庙宇的管理者多是由当地人或聘请或招募而来的，主要掌管庙宇的日常洒扫、维修和祭祀等事务。多数庙宇都会由道士、僧人等来主持，如：上文河津县阳村乡连柏村后土庙中碑刻记载“众必来已不惟不忍卖树，尤欲更植柏树，当下存银六两交付僧人，以为栽植十株”，庙宇中有僧人代为管理大小事务。离石区后瓦窑坡村后土庙清嘉庆十八年（1813 年）重修时“于此先建砖窑五孔，以为住持安歇之地”[①]，主持即为庙宇的管理者。

庙宇中也可以有些庙产，在适当的时候用来添补维修所需，庙院中栽植的树木，在一定时候可以转成维修银钱，信众的布施也是庙宇日常的主要收入。现今有些庙宇已经废弃不用，仍在使用的庙宇多数在平日亦不开放，多由村中的老者进行看管，一些年代悠久的庙宇亦有作为旅游开放，宣扬传统文化。由于后土庙在村落中是较为重要的庙宇，庙宇的规模亦较大，因此在祭祀功能逐渐消退时，又常被用作学校（表 2–7–3）。[②]

---

① 碑刻《移建圣母庙碑记》，现立于离石区后瓦窑坡村后土庙内 .

② 荣河县民国年间将后土庙用作学校的村落有：安昌村、北胡村、程村、程村、大甲村、北火上村、东裴庄、东王村、东张村、东赵庄、杜村、范家庄、冯张村、高村、何庄村、贾寺村、坑西村、邻居村、临河村、刘村初、罗池村、庙前村、庙前镇、南坑东村、南屈村、年村、秦村、青谷村、青谷村、三甲村、沙石范村、上朝村、师家村、新城、孙吉镇、铁北村、王午村、王显镇、王张村、卫阳庄、吴村、吴庄村、西蔡村、西效和、西赵村、贤胡村、小谢村、许村、扬蓬村、杨庄村、寨子村、周王、庄头（见于：加俊 . 晋南万荣县后土祠俗民后土信仰调查研究［D］:［硕士学位论文］. 西安：西北民族大学，2004. 50）. 芮城县民国年间将后土庙用作学校的村落有：坑头村、洪源沟、新庄村、梁家村、许霸坡、地皇泉、杏堤村、夏阳村、石湖村、伏龙村、曲李村、坑北村、西峪村、南礼教、东董村、沟村、陈家村、下窑村、东关、兴耀村、东张村、上石门、西陌村、朱吕村、三甲坡、菜村、沟渠头、水峪、关家磨、董村、兴耀村、太安村、上郭村（见于（民国）芮城县志 . 卷三“学校志”. 228–232）.

后土庙保存及利用概况 表 2-7-3

庙宇	保存状况	利用状况
阳曲县黄寨镇大牛站村圣母庙	一般	平日不开
离石区后瓦窑坡村后土庙	一般（正在修缮）	平日不开
石楼县前山乡张家河村后土庙	较好（正在新建）	平日不开
吉县谢悉村圣母庙	破损	废弃不用
河津县阳村乡连伯村后土庙	较好（正在新建）	平日不开
河津县樊村镇古垛村后土庙	一般	平日不开
万荣县贾村乡贾村后土庙	一般	平日开放
万荣县荣河镇庙前村后土庙	较好	旅游开放
芮城县学张乡上段村后土庙	破损	废弃不用
芮城县西陌镇奉公村后土庙	破损	废弃不用
临汾市土门镇东羊村后土庙	较好	平日不开
灵石县静升乡静升村后土庙	较好	改作他用
介休市后土庙	较好	旅游开放
汾阳市上庙村太符观后土殿	较好	旅游开放
汾阳市栗家庄乡田村后土庙	较好	平日不开

第三编

故城故人有所思：

城市遗产的当代转型与公共空间化

导　言

城市的公共空间必然对公众意象的营造负有责任。在当今很多城市空间历史特色缺失、面貌千篇一律的情况下，依托遗产形成的历史性公共空间无疑应对城市空间的质量发挥更大的作用，因为城市空间可读性的关键就在于公共空间（系统），这当然也是城市遗产公共空间化中所应重点关注的实践问题之一。

城市不应当只是功能性的，其美学特征有非常重要的意义。（美）凯文·林奇在《城市意象》中这样描述佛罗伦萨："无论是由于悠久的历史还是自身的体验，人们对这种清晰独特的形态渐渐产生了强烈的依恋，每一处景象都清晰可辨，引起人们潮水般的联想。"同理，城市的形态应当表达一种清晰独特的意象，而此点正是当代我国绝大多数在功能主义理念下产生的城市的普遍不足之处。

产生于人居生活和特定自然条件长期磨合的传统城市，大到格局，小到建筑风格及构造技术，往往都具有鲜明的一致性与特殊性，具有鲜明的空间特色。在漫长岁月的点滴积淀中，更蕴含了生活于其中的人们深厚的集体记忆，并成为特定人群文化传统的锚系之地，这样的城市空间是人们归属感和认同感的重要源泉。而现代社会中由大规模资本主导的快速度、标准化的城市空间建设，则往往忽视城市特定的自然及人文条件，从而破坏了城市的独特意象，也破坏了基于此上的市民与城市的心理联系。

城市的公共空间（系统）在根本上塑造着绝大多数市民共识的城市意象，而作为城市公共空间的城市遗产则不仅加强了市民日常生活与城市历史环境的联系，而且是城市空间的历史意象营造的唯一途径。可以通过这些特色鲜明、认同感强的空间要素的合理组织，建立起清晰独特的城市意象。这样的城市空间可以使市民在其日常使用中建立与传统文化的联系，有利于城市社会的良性发展。

（1）保护从片段式到系统性

1）片段式保护的困境

城市的历史不应仅仅存在于分散孤立的城市遗产中——这样的历史只能用作对历史的感怀与凭吊——它应该融入人们对城市空间的日常体验当中。在城市历史受到越来越普遍重视的今天，现行的在我国大多数城市中的城市遗产片段式保护方式已越来越显示出它的不足。

关于上海新天地改造方式的争论就显示出这方面的问题。这个投入巨资、精心设计的改造项目可算已经将旧街区的空间潜力发挥至极致了，但关于它仍有不少的争议。支持者认为，它保留了大量城市的历史空间要素，同时创造了充满时尚气息的当代城市生活新场所，是一种成功的保护改造模式；而质疑者则认为，新天地的“保护”并未尊重城市空间的历史原真性，于城市历史的保护贡献有限。

其实二者的言论都有道理，但问题在于，由于城市的历史未能在整体层面上系统地得到保护和延续，就势必会让单个的改造项目同时承担城市历史保护和现代功能发展这样充满矛盾的双重任务，这对于大多数此类的商业项目可说是难以承受之重，会让它们在保护与发展的分寸上进退两难。新天地项目正是如此：如果将它放入欧洲任意一座整体保护得较好的历史城市中，它的保护改造方式都算是相当适宜的、有足可辨识的历史空间要素，也创造性地发展了其城市功能。但离开了城市的整体历史文脉背景，这种"灵活"的改造方式，就使它更像是一个消费历史的时尚的"舶来"场所，而其中"变味"的城市历史则显得令人迷惑了。新天地是一个不在城市核心保护区范围内的商业项目，其建设方式并未违反相关的保护条令。这些难以达成共识的争论，其实反映了人们对城市空间历史特征丧失的普遍忧虑。

因此，与其在这样孤立的"保护"项目中争论历史的原真性，不如在城市空间的整体层面上讲好城市的历史故事，这才是城市历史保护最重要的目的。在这样的背景中，单个的具体项目才会有足够的发展自由度，不再受困于保护和发展的两难。

2）城市遗产系统组织

我国当前的城市历史保护方式，大致有两种，一种是历史城市的整体保护，另一种则是城市遗产的局部保护。

前一种方式以丽江、平遥等为代表，大规模的现代建设避开老城进行，老城得以基本完整地保存了从城市到建筑的大部分历史遗存，其中大部分街区及建筑都延续着历史上的功能空间状态，历史上形成的城市空间独特意象得以完整地延续。但在我国大部分城市中，则由于现代以来对保护的不重视，以及城市空间复杂而剧烈的现代化转型，导致城市遗产大多毁坏，已无法采用这种城市保护方式，从而"亡羊补牢"式地选择了后一种局部保护的办法。

而城市空间的历史延续性并不只是整体式保护的城市的专利，在大多数城市中都同样需要被市民感知，即"城市遗产的公共空间化"可使得城市遗产成为城市公共意象的载体。但事情应当不止于此，城市的整体意象需要系统性的建构，要表达城市空间整体的特色和历史意蕴，还需要系统地组织这些意象载体，让城市显现出整体层面的历史特征。尤其在现代化建设强度较高、城市遗产保存较少的城市中，系统性组织的思路更加必要。

3）系统性保护的目标

在几十年来的快速发展中，现代建筑已经在我国绝大多数城市中占据了城市空间的主角地位。城市历史系统性保护的目标，不是要恢复和因袭历史的风貌——这样既不可能也无意义——而是要重建和表达城市空间发展的历史逻辑，改变城市中现实与历史断裂对立的状况，让它们成为延续的一体。历史上的城市空间形态是当时的城市人居与自然条件互动的结果，不仅有其历史的合理性，而且前人营造城市的智慧在很多情况下为今人提供了可贵的借鉴与启发。此外，它还是城市居民的集体记忆所系，在城市剧烈变化的当代，更显出其可贵的价值。

今天的城市空间发展不应排斥适应现代功能要求而发生的变化，但亦应当延续历史的经营，让当代的发展与城市的历史以统一的逻辑成为一个整体。就如经历了“大开挖”一番折腾的美国波士顿市长托马斯·梅尼诺所感触的那样：“一个城市的未来是它的过去合乎逻辑的延伸。”我国多数城市现代以来的城市空间建设中，过于偏重当下的硬性功能需求，而不顾历史的大拆大建的情况比波士顿更甚。这样做的结果是使得城市的历史环境变得支离破碎，城市空间的历史脉络无法辨识，从而导致了城市空间特色的丧失以及市民归属感的缺乏。强调系统化的城市历史保护，目标就是要重建这种空间历史逻辑的延续，让城市的历史对生活其中的市民来说真实可读，而不是仅存在于文献中的“历史资料”。只有在当代日常生活中建立起与城市历史空间的真实联系，城市历史乃至传统文化的传承才是可能的。

（2）城市遗产的结构化保护

城市公共空间需要系统性的组织和建设，而城市遗产伴随其公共空间化的转变，也必然需要因应城市空间发展进行系统化的组织。所谓的城市遗产结构化保护，就是指将城市遗产的保护与城市结构性公共空间的发展结合起来，将城市遗产组织成为城市空间的结构性要素，利用其带动城市空间的内涵式发展。在当代大多数城市历史环境已破坏严重的现实情况下，这样的方式也有利于以有限的城市遗产承载城市整体层面的历史特征表达。

1）理顺城市空间发展的历史逻辑

城市空间是城市功能的物质载体，也是市民感知城市最主要、最直接的途径，市民对于城市的情感归属在很大程度上来源于他对城市空间的切身体验。城市空间发展过程固然总有其经济、政治、技术等深层原因的驱动，但它只有在空间层面表达为可以为市民感知的、符合逻辑的过程，才能在市民认同感的基础上逐渐强化城市的特色，并继承发展城市的文化传统。反之，如果城市空间的发展是在否定历史的基础上进行的，则会扰乱人们已形成的历史意象，进而破坏城市文化的稳定发展。

符合历史逻辑的城市空间发展，意味着应当在历史空间的基础上进行城市空间的发展与提升，而非以新的发展否定历史。在当代的城市空间发展中认可并延续历史上对空间的经营过程，使在当代新情况下的城市空间扩展和提升与历史空间成为逻辑一致的整体。在这样的方式下，城市空间可以表达对市民来说清晰可读的历史发展进程，保持新陈代谢与可识别性的同时满足，这对于增进市民的城市认同感，以及深化城市的文化内涵，乃至助推城市的综合发展都具有重要的意义。

2）解读城市历史延续的深层载体

建立城市空间的历史延续性，要求解读城市空间发展的历史逻辑过程，并对历史形成的重要空间格局及元素进行保护和持续的经营。而在今天我国大多数城市中，大规模的城市更新已经使得城市面貌发生了巨变，在市民日常感受层面已很难辨识出城市空间的历史发展过程，往往需要通过理性手段的分析和梳理方可理清其历史脉络。

虽然在市民日常感受的层面上发生了历史的断裂，但特定城市空间的发展总是受到某些相对稳定的客观因素制约，从而在其他不易为人感知的层面上保持一定的历史延续性。对这些较深层信息的分析解读，常常可以帮助在理性上认知到城市空间的历史脉络，如果将这些信息加以强化和表达，亦可建立市民能日常感知的城市空间历史延续性。此外，在这些元素中往往还蕴含着城市人居与特定自然条件的相互作用，它们在历史的长期积累中形成了城市的空间特色，对它们的解读和有意识的延续，于营造富有特色的城市空间亦有重要的意义。

①山水格局

城市空间的形成发展往往与其特定的自然地理环境有着密切的关联，山水等大尺度地理空间要素常常赋予城市形态以鲜明的特征。特定的山水格局决定着城市的建成区位置、道路网走向以至建筑方式等，对城市空间的格局有着重大的影响。尤其是在我国古代大多数城市营造都讲究经营“风水”的情况下，山形水势更常常被赋予了人性化甚至神秘主义的色彩，被组织为城市空间意象的重要内容，在市民与城市的心理联系中具有重要的地位。由于对不断变化的城市形态来说自然山水几乎是永恒的存在，因而城市中与特定山水相关的视觉景观的延续，可以使城市在巨变中保持稳定的空间识别特征。尽管在现代条件下城市的人造环境发生了极大的变化，但自然山水则因其尺度巨大而在今天的城市中仍然具有显著的标识性，这也为其作为稳定的城市意象元素提供了可能。

②街巷系统

城市的街巷系统与特定时代的城市总体格局密切相关，其道路走向、景观特征、道路形式、沿路空间性质等往往在长期的历史中积累了鲜明的特色。相对于建筑的容易朽坏和经常更新，道路街巷的存在远比之更为长久，是更为稳定的城市空间要素。它的格局系统、道路景观、空间氛围乃至街巷名称等常常蕴含着重要的历史信息，可以之作为理解和表达城市空间历史沿革重要媒介和载体。

③轴线景观

主要道路常常是历史上重要的轴线，与当时的城市标志物、节点、地理对景观存在呼应关系，串联起相关的城市遗产系统，蕴含着重要的历史空间信息，因此这些轴线景观亦是重要的发掘和保护对象。需要注意的是，城市的重要历史轴线并不总是与道路重合的“实轴”，有时它会是仅供视线驰骋的“虚轴”，但这样的“虚轴”也承载着重要的城市历史空间信息，可以作为历史空间意象表达的元素。

④遗址遗迹

承载历史信息的建筑遗产不必非保存完好，历史建筑遗迹和遗址也能建立起城市空间与历史的联系，在历史悠久的罗马，这样的遗迹随处可见。在南京城墙的当代利用中也可以看到，部分坍毁遗迹的存在并不会影响其历史意蕴的表达，也不妨碍它作为城市景观的使用功能，反而使之增添了一份自然的历史沧桑感。反倒是那些强求历史风貌“完整性”而建设的焕然一新的假古董，总让人觉得不伦不类，大煞风景。

⑤特征形象

由于技术条件和功能要求的极大变化，大多当代城市中的历史建筑已在城市更新中被替换为形态迥异的现代建筑，即使有心保持历史风貌不变，也不可能大量地如历史式样般建造。但是在历史中逐渐形成、具有鲜明地域特色的风格特征，仍然可以被提炼应用在当代建筑的建设中，以配合特定城市空间的历史意象表达。

⑥地名字号

沿袭自古时的城市地名，让城市空间作为历史文化载体的作用得以彰显。即使在相关物质遗存已残缺不全之时，它仍然因其确切地建立了城市历史文化与空间地理之间的联系，而能在一定程度上表达市民可感知认同的城市空间历史变迁过程。城市老字号的产品、经营模式等往往反映着其产生其中的特定城市文化体系的方方面面，它在悠久历史中的变迁沉浮也常常是市民熟悉的故事，融入了市民对自己城市历史的记忆和想象之中。这种经营活动与场所的历史延续性，也是城市历史与城市空间建立联系的途径之一。

由于功能要求与技术条件的变化，作为功能最主要载体，同时也是城市意象最主要元素的建筑，总是在城市空间的更新中最先失去其历史特征。尤其在我国当代，这种情况已导致大多数城市的现代发展与历史成为相互断裂的对立过程。但我们仍然可以通过类似上述的这些相对稳定的深层要素，解读城市发展的历史脉络，并可将其中蕴含的城市空间之逻辑延续性，表达可为市民感知认同的城市意象。

3）城市遗产在城市空间中的表达

①表达为意象

城市的物质空间元素只有与市民的感知相联系，成为有意义的城市意象，才能对城市的人居空间质量有所贡献。同理，仅仅保护城市遗产的物质性存在，对今天的城市空间质量来说，并无多大意义。应当将其表达为市民日常感知的城市意象，才能建立起清晰具体的城市空间历史延续性。

（美）凯文·林奇的城市意象研究揭示了市民感知城市空间的基本途径——道路、区域、边界、节点以及标志物。对这样一些空间元素的日常感受，是市民建构城市意象的主要凭借。要使城市的历史存在表达为对今天市民有意义的城市历史意象，就应当注重城市遗产在这些途径中的形象表达。通过对这些城市遗产的“意象化组织”，不仅可以使城市遗产自身得到表达，也使得城市整体的意象变得独特和富于历史感，城市空间的历史脉络亦得到了较为清晰的表达，成为市民日常生活中可以感知的具体存在，相应地增强了市民心中城市空间发展的历史延续性。

②不止于保护

这种“意象化组织”也是城市遗产伴随公共空间化而发生的空间性质改变之一，这是因为城市公共空间以承载城市公众意象为其重要任务。在当代城市中，它不同于简单保护的表现方面之一在于：遗产本体的物质形态保护虽以原真性为原则，但其与城市空间的关系则可能因其城市职能性质的转变而被重新组织，而并不一定遵循其“历史原貌”，甚至有时会出现在同一遗产中，不同方式的空间组织方式并存的情况，这其中的原因在于，面向今人需求的空间重构才是城市遗产在当代城市中再生的途径。

效率和舒适始终同时是城市空间的根本要求，这两点尤其在车行交通空间和步行活动空间的质量中分别得到明显的体现。由于车行交通数量和速度的急剧增长，现代的城市中已越来越难以在同一空间中为快速和慢速交通同时提供适宜的条件，因而快慢速交通出现了空间的分离，比如出现了高速路、步行街等分别为快慢速交通服务的专门性空间。而由于这快慢二者都是市民感知城市空间的重要途径，而且各有不同的感受规律，因此需要以不同的空间组织方式对待处理。比如南京的明代城墙，由历史上注重军事防御功能的构筑物，转变为今天注重视觉表达的景观要素，它今天的景观绿化带就与其历史上的空间形态区别甚大。而由于它是既可远观又可近玩的对象，同时负担着在快速和慢速两种活动方式中表达城市历史意象的功能，因而针对它的空间组织也出现了“一体两面”的现象：眺望视景是针对快速交通方式而设计的，强调城墙的尺度宏伟和视觉连续性；而在城内很多依托城墙形成的公共休闲空间，则针对慢速步行活动强调城墙近距离的质感感受以及在较小尺度上的空间变化。

4）遗产与公共空间的系统化组织

①公共空间的系统化

城市公共空间不应是密集城市建成区中散布的点缀，而应当是对城市空间起到整体结构性作用的系统骨架。相互联系的公共空间，可以在空间上共享、功能上互补，起到一加一大于二的效果；系统联系的公共空间，亦可与城市空间建立更强的互动，更好地引导城市功能的发展和城市空间的生长；此外，连续系统的城市公共空间，形成连续、整体的城市意象，它在提升城市空间质量上的作用也远非孤立的空间单元可比。

相应地，公共空间化的城市遗产亦不应孤立、封闭地存在于城市中，系统化联系的建立也是城市遗产公共空间化过程中必须考虑的重要问题之一。这能使其更好地容纳市民的活动，提升其作为城市公共空间的功能效用；这还有助于恢复城市遗产在历史上曾具有的（但在城市现代化进程中被逐渐割裂的）与城市空间的有机联系；同时，它还是建构城市整体层面历史意象的前提。

②软性公共空间系统

就字面概念来说，城市遗产及城市中的各局部公共空间都是相联系的——它们都通过与城市道路这一公共空间系统相连而相互关联。但在今天的城市中，由于机动交通在速度和数量上的日益增长，大多数城市道路作为公共活动空间的职能已经相当弱化，从而使这样的联系因与人的行为与感知脱节而逐渐失去了意义。针对这一情况，有必要更加明确地界定公共空间联系应当具备何种质量，这种联系也应当以适合人的公共活动要求为空间价值取向。

首先，它应当与人步行活动的行为及感受特点相适应。以城市遗产而言，除了大尺度遗产的一些特定片段，大多城市遗产都适合于在慢速步行交通中近距离感受体验，因而依托其形成的城市公共空间大多情况下应当服务于人的日常步行活动。这方面的要求既包括空间的物理特征，也包括空间的功能业态等非物理特征。

其次，它应当是开放且容易进入的，这样才能保证它与城市空间的紧密联系，充分发挥其作为城市公共空间的效率。在此所述的“开放”不仅指对人行动层面的开放，而且也包括对人视觉感受的开放。对在城市中活动的市民来说，在这二者上都应保证充分的易达性。南京明代城墙的很多段落由于保护范围的划定而成了概念上的“公共空间”，但由于缺少相关的活动路径及视线通廊控制，使其对市民的行为和感受产生了封闭阻隔，这些历史遗留的问题，因易达性上的不充分而影响了它作为城市公共空间的质量和效益发挥，是应当被认识和避免的。

再者，这样的步行开放空间不应被城市的快速交通分割成孤立的碎片，而应当在城市宏观层面联系成为可以感受的较大系统。并且这个系统还应当与城市空间有密切的联系，这里所说的联系不仅是对一般性的城市空间而言，对城市的道路交通系统也应如此。这对于保证人在城市中行动的便利性，提高城市空间舒适度有很重要的意义。

综上所述，这样的联系空间应当是与城市快速交通相分离，但同时又相互密切联系的城市开放空间。它为城市中步行活动提供了很高的舒适度，并且以此特点为基础成为能够带动相邻城市空间发展的城市空间“软性骨架”（区别于交通动线为主干的“硬性骨架”而言）。在局部的层面上，这样的发展趋势已在我国当今很多城市中出现，比如各地流行一时的步行街建造热潮即是代表，如上海新天地街区的内部步行化也是其表现方式之一。但在整体的层面而言，这些空间大多尚未能有意识地形成连续、整体的系统，对城市空间的整体质量发挥显著的作用。而在与城市遗产公共空间化密切相关的历史性公共空间的系统性组织中，城市遗产的结构化保护为当今城市中软性公共空间系统的形成，提供了实现的契机和具体的空间组织线索。这一方面出于城市空间历史特征整体表达的需要，另一方面也契合于当代城市的空间发展需求。这二者在今天城市空间发展进程中的结合，不仅显著地推动着城市空间的质量提升，而且有力地策动着城市空间的发展。

③空间组织依托遗产

依托城市遗产形成的公共空间，常常在城市软性公共空间的系统整合中占据着重要的地位。它们既可以是系统中的节点，也可以是联系的线索或路径，依托其组织的城市软性公共空间系统，不仅营造起适宜市民公共活动的规模性空间，而且对城市空间历史脉络的整体表达起着重要的作用。除此而外，依托城市历史格局要素而形成的大尺度软性公共空间系统，还往往会在城市空间中成为重要的结构骨架。在城市空间生长越来越趋向于内涵式发展的今天，这种集历史内涵、舒适环境、方便服务为一身的软性公共空间系统，已越来越显示出它不可替代的结构性策动作用。在具体的建构操作中，我们也应当对此予以足够的关注。

同时，历史性公共空间的组织并不一定以恢复历史原始状态为目标，而是结合今天城市生活需求而进行的创造性空间经营。毕竟，所谓“软性公共空间系统”就是一种因应于今天城市特定条件而产生的空间需求。在这个城市步行空间体系的构建中，城市遗产因其多方面的独特先天条件——如区位易达性高、承载城市记忆、环境适宜步行、集聚休闲人气等——而成为可以借助的最重要空间因子之一，可以将它的当代复兴与城市公共空间发展创造性地结合起来。这种依托城市遗产的空间经营并非意图恢复历史，而是以重新建立城市遗产与城市空间的有机联系，并依托城市遗产发展城市空间职能为目标。它总是意味着城市遗产在某些方面的改变，或者改变它自身的空间性质，或者改变它与城市空间的联系方式，或者二者兼有之。而对这个变化的分寸的把握则需要建立在对现实城市功能理解及对历史信息研究的双重基础之上，才能在城市的历史保护和现实发展之间保持合理的平衡。

5）基于清晰历史脉络的保护发展

①城市遗产的多元化保护

城市遗产的公共空间化与城市历史的结构化保护密切联系、相互支持。公共空间化使城市遗产得以成为城市空间结构性要素，而城市历史的结构化保护则为城市遗产适应当代城市的变化提供了可能。城市历史脉络的系统性构建并不是要将城市捆绑在“历史风貌”上，恰恰相反，由于历史脉络在整体层面上得到了清晰的表达，这反而为局部的城市遗产保护与利用提供了更大的自由度，使之不必以忠实表达历史信息为唯一要务，而是可以因应不同的遗存状况及城市空间条件寻求多样化的保护利用方式。

针对城市遗产在历史文化价值、现状保存状况、城市空间条件等方面的不同，可以有保存、修复、翻新、重组、功能转化、重建、复制等一系列程度不同的保护与利用方法。城市遗产常常需要在某些方面做出变化，以适应当今的经济、功能等外部条件的变化。这种变化对其长久保护来说是有利的，因为它得到合适的使用也意味着可以得到合适的维护。所谓“流水不腐、户枢不蠹”和“宽松才能持久”讲的就是这个道理。

当然，在有些特殊情况下，在良好延续的历史文脉中，城市遗产甚至可以用完全现代的方式重新诠释，而并不伤害其历史意蕴的表达。在这里，重要的不是形式上的一致，而是历史意义的延续，诚如（英）史蒂文·蒂耶斯德尔在《城市历史街区的复兴》中所言：“重要的挑战是在不诉诸伪造历史和文物的情况下保护和修复物质空间，历史的延续性才能真正得到维持。”

②发展与历史环境的协调

城市遗产应当适应今天的现实状况而作出适当的发展变化，而事情的另一面则是新建筑应当协调于城市的历史文脉。历史脉络不是为建立而建立，而是意图借此建立城市空间发展的延续性，城市建筑与文脉的协调则是其中必然的重要内容之一。不过需要注意的是，现代建筑已经是当代城市的风貌主体，城市空间的发展不可能也不应该以恢复历史风貌为目标。新老和谐的标准并不是统一于历史的风貌，而是它们共同形成的城市空间的整体性和延续性。

贝聿铭先生设计的卢浮宫扩建项目即算此例。但就我国大多数城市的具体情况来说，则由于种种原因而使这种方式难以收获良好的效果。一则是因为城市遗产保存状况大多不太理想，其保存数量和完好程度都远逊于欧洲的著名历史城市。城市遗产不理想的保存状况使其很难与大尺度创新的新建筑在对比中相得益彰。再则这种极富创造性的操作方式，其与城市历史相协调的效果在很大程度上取决于于建筑设计师个人的修养，而在我国当前城市发展仍以粗放型、快速度为主要特征的情况下，过多强调单个建设项目上的创造性会带来难以从宏观层面有效管理控制的问题，很容易会导致个体项目争奇斗艳，城市景观嘈杂无序的结果。同样是贝先生的设计，在苏州博物馆的创作中，则采用了与卢浮宫不同的策略，更多地以经过抽象提炼的传统造型元素，强调了传统意蕴的表达，强化了城市空间的历史特征。这也说明了在不同的城市背景下，对不同创作策略选择的理解。

“文脉统合”则可以说是我国很多城市中在历史地段插建项目中沿用的习惯思路。而在我国大多数城市遗产毁坏严重，连“周围的风格”都已无存的情况下，大量无凭无据的“假古董”的出现则连文脉统合都算不上，只能算是“文脉伪造”。这样的做法因为常常并不建立在对历史认真研究的基础上，因而也并不是“尊重历史”的表现。

同样需要注意的是，与欧洲城市中历史建筑大多保存状态较好的情况不同，我国城市中的传统建筑大多难有良好的建筑本体保存状态，而且传统建筑与现代建筑的尺度差异也较欧洲更大，因而在新老建筑的协调中会更加强调场所感受的经营，而不是建筑形态的呼应。其实这一点在中国历史上建筑及城市空间的营造中就已经形成为区别于欧洲的特点：更注重场所而非建筑的永恒性。在这个原则下进行的创作，创新余地同样很大。因应于不同的历史环境、场所特征要求，会有不同的新建筑设计提案。这对设计师的场所分析能力与创造性思维都提出了很高的要求：要以谦虚的态度尊重历史，并且以负责的态度珍视当下的创作自由。

在另外一些城市遗产本体重要性相对一般的情况下，新建筑的设计则可能有更大的形体自由度。但这同样需要对历史文脉的尊重，而且往往需要在深入理解的基础上适当地延续和完善城市空间的历史文脉。对历史文脉的尊重和延续并不为新建筑的设计提供标准答案，而是同样地提供了设计的挑战性和结果的开放性。通过前后延续的长期经营，让城市形成基于自身生活的特色鲜明、逻辑一致且充满活力的场所系统。

（3）城市历史意象再造实践

本编的写作即是基于上述作为意象载体的城市历史结构化保护的阶段性思索，涉及城市、乡村、风景区等领域，针对具体问题进行有效方法的探讨。以下就大同“华严寺—善化寺”地段的城市设计为例，略作介绍，本案具体探讨了一种城市遗产如何作为网络节点和网络系统的构建模式。

在这里，城市遗产不是作为联系的线索，而是作为网络体系中的节点存在，与当代新辟的联系性公共空间一起重构了城市的步行空间体系。多年来“头痛医头、脚痛医脚”的建设方式造就了大同古城支离破碎的城市面貌：重要的历史道路进行了拓宽拉直的现代化改造，其上的很多重要历史地标如钟楼鼓楼等被迫“下岗”，城市的大型现代商业功能体则简单地沿路发展。其后则包裹了一片片被消极孤立的历史街区，市政支持不足、环境无人经营，无法引入城市活力，而人口却日渐拥挤，随着时间的流逝日渐衰败破落。这样做的结果是毫无特色的现代城市街道切断了古城中原本连续、系统的地标体系，使得城市整体的风貌残缺不全。

受现代大型商业建筑和住宅楼的分隔和遮挡，基地周边的善化寺、华严寺、鼓楼、九龙壁等已变成了与城市空间结构失去联系的、相互孤立的碎片，公共标识作用丧失，突兀地存在于城市中。同时，一直沿干道“一层皮”式被动发展的商业空间，受限于狭窄的空间纵深，在商业容量、商业环境、商业生态上也难以完善，缺乏现代商业应具的质量，更无法随着时间的流转和市民消费需求的提升而发展。大量历史街区的破败直接导致了城市中适于步行的空间的稀缺，而这一点反过来又阻碍了商业和旅游休闲空间的纵深拓展，影响其本应担负的城市公共职能的发挥。作为拥有大量重要城市遗产的名城大同，至今游客仍只是在几个散布的景点到此一游即呼啸而去，无从领略整个城市的历史风貌和文化底蕴，带动经济的发达旅游服务产业更是无从谈起。这样的状况可以说也代表了我国很多类似城市中存在的问题。而结合城市遗产进行的城市步行公共空间体系建构则成了当代条件下解决这一系列问题的突破点。

本案依托街区内部及周边分布的华严寺、清真大寺、善化寺、鼓楼等数处城市遗产，建立起一个与城市车行干道系统相错布置的步行公共空间体系。它的开辟使被孤立的点状城市遗产之间建立起清晰的联系，使它们重新融入当代的城市空间之中，不仅如此，以重要城市遗产为节点的，特色鲜明的步行体系也提供了深入感受古城历史的空间，成为旅游深入发展的路线依托。这些适宜步行及商业活动的公共空间，也把城市商业的活力引入街区内部，促进了街区内部的多样性生长，不仅有利于街区内部空间的环境改善和活力再生，而且为城市商业提升发展提供了空间纵深。同时这个街区内部生长的步行空间也将肌理延伸至街区外围，以期作为整个老城步行空间体系生长的发端，将这个系统扩展至整个城市。

3.1　现代城市巨构中的古城记忆再现：大同东小城

（1）大同古城与东小城的历史

大同地处晋北，位于汉族农业与蒙古族畜牧区的接壤处，南、北、西三面环山，东面有御河自北向南流过，注入桑干河。大同在历史上是一个重要的军事城市，素有“巍然重镇”、“北方锁钥”之誉，至明代尤甚，当时的大同位于山西北部内外长城之间，对于北京附近的华北平原，有居高临下之势，战略地位十分重要，为九边重镇之一，（清）顾祖禹《读史方舆纪要》称其“东连上谷，南达并、恒，西界黄河，北控沙漠，居边隅之要害，为京师之藩屏。”大同因其军事上的重要地位，是我国古代城防建设史上的重要实例。

大同最早由战国时期赵武灵王开辟，约在公元前300年，大同建立城邑应由此开始，历经秦朝、西汉、北魏、北齐、北周、隋、唐的沿用，到辽代升为西京后，在旧城的基础上进行扩建，将北魏外城与宫城连成一体，组成了凸字形的西京大同城，面积相当于明清府城与北小城之和，金、元沿用未变。明洪武二年

（1369年），常遇春攻克大同，改大同路为大同府，隶属山西行中书省，治大同县。

据明《正德大同府志》：洪武五年（1372年），“大将军徐达，因旧土城南之半增筑。”明代府城在辽金时期凸字形城基础上，去掉北面突出的部分，增补了北墙中间缺损的部分，并在旧夯土墙外侧进行增筑，形成了周长13里多，略呈方形的府城城墙。明景泰间（1450～1456年），对凸字形城北面的突出部分城垣外侧加厚增筑，同时新筑了南墙，形成了平面略呈方形的北小城，周围3 km，东西北各开一门。天顺间（1457～1464年）又修筑了东小城和南小城，周长均为2.5 km，后多次增筑，加高增宽，包砖并加筑了女儿墙，形成规模。东小城辟有四门：东曰迎恩门、北曰北园门、南曰南园门，西门连接吊桥与主城相通，东、南、北三门上都建有楼阁。至此，东、南、北三个小城与主城区一起，形成了大同古城的重要特色，使其具有“凤凰城”之美誉。清代沿用了明代格局，未作改变。

大同自建立城邑，确切记载的历史距今已有2200多年，虽经北魏京都、唐代云州、辽金西京、明清大同的历史变迁，但城市的中心位置、范围及中轴线始终没有发生大的变化，这在中国古代城市建设史上是不多见的。现存大同城基本保存了明清大同城的规模与形制，主城城区保存较好，南、北小城与东小城城墙遗址大致可辨。

（2）东小城在当代大同的定位

《大同市城市总体规划》（2006～2020年）确定大同主城区城市空间结构为“一主两副，扇形组团”型，即以城区为核心，以御东区和口泉区为侧翼，形成三个相对独立的城区组团。城区重在历史文化名城保护，口泉区重在改善环境质量和提高居住环境水平，而御东区（御河以东地区）则是新城区的所在地，是未来大同城市政治、经济、文化中心，代表着大同未来的发展走向。

东小城正处在大同古城和城东的御河之间，凭借其独特的区位，同时拥有了与主城邻近的便捷交通联系，以及御河生态绿化带的自然环境优势，是主城区向东发展的跨越点，也是旧城和新城之间的过渡地带（图3-1-1）。同时，东

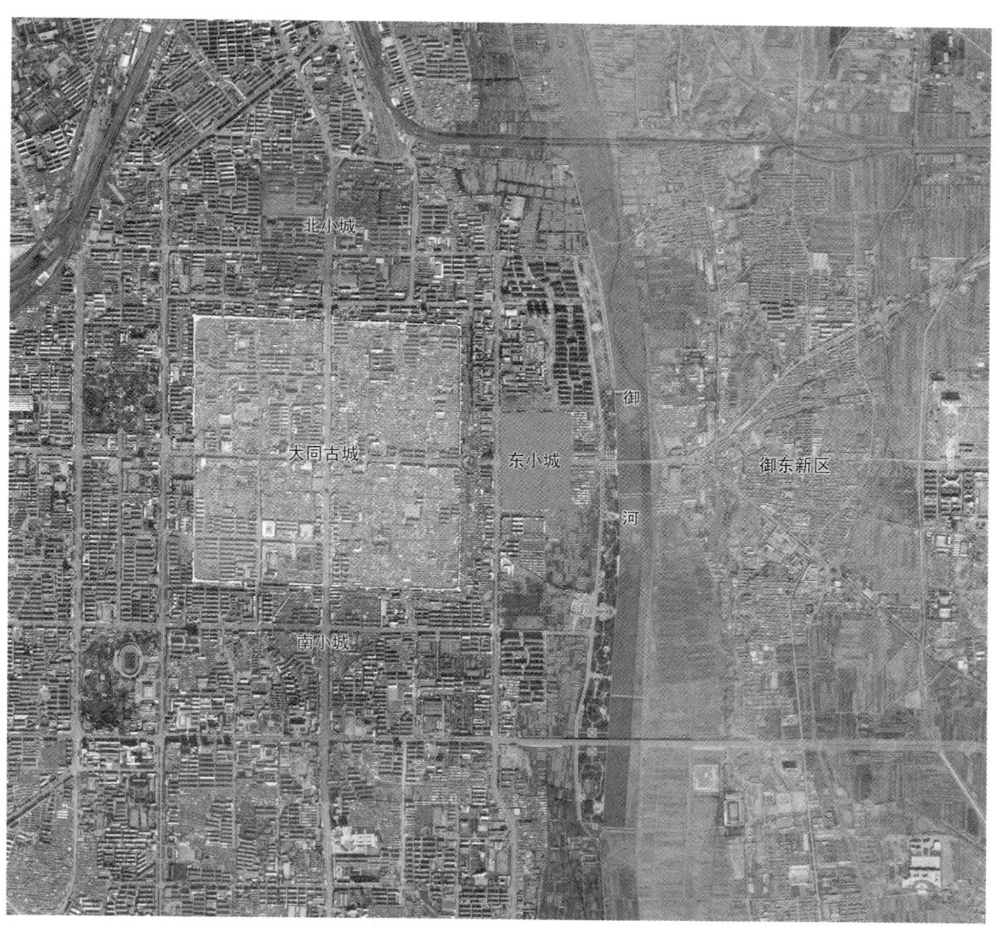

图 3-1-1　大同城区航拍

小城也应当是古城风貌向御河展示的前沿门户（图 3–1–2）。

作为再现大同古城风貌的城市发展战略中的重要环节，东小城西接古城东城门，东连御河兴云桥，据于沿御河绿化带中，面向御河对岸的新城——御东新区，占据了大同古城向御河方向的最重要展示面，东小城的重建将形成大同古城的东边门户。因此，与现有大同古城融为一体，展现古城整体风貌，构建显著地标应是东小城建筑群形象设计的首要前提。

就东小城自身而言，作为历史上大同城的一部分，东小城有着深厚的历史文化底蕴，因此，作为大同市最大生态绿带中最大规模的建筑群落，不但负有重要的城市功能，而且应具备与之相称的历史人文内涵（图 3–1–3）。

规划中的东小城大型商厦功能兼具商业集散、古城风貌保护等功能，应综

图 3–1–2　由御河西望东小城及主城区

图 3-1-3　东小城规划鸟瞰

合考虑合适的空间形态以及与现代商业活动空间相适应的各种设施配套，并具备以下特征：

①是一个古城重建计划——建成后的东小城应当延续历史文脉，传承城市记忆，再现原汁原味、风格浓郁的传统风貌，重新成为大同城重要的地理、文化坐标。

②是一个城市复兴计划——东小城不应成为标本式的旅游景点，而是要容纳丰富的现代城市生活，当代城市生活和商业活动的规律应当成为东小城空间组织和业态分布的指导原则。

③历史与现代应在空间营造层面积极融合，使之成为东小城特色和活力的激发点，营造兼具传统神韵和现代活力的东小城。

根据对东小城传统形态和定位，规划的研究思路从以下三个方面进行（图 3-1-4）：

①根据现状及设计要求总体布局采用中轴对称；

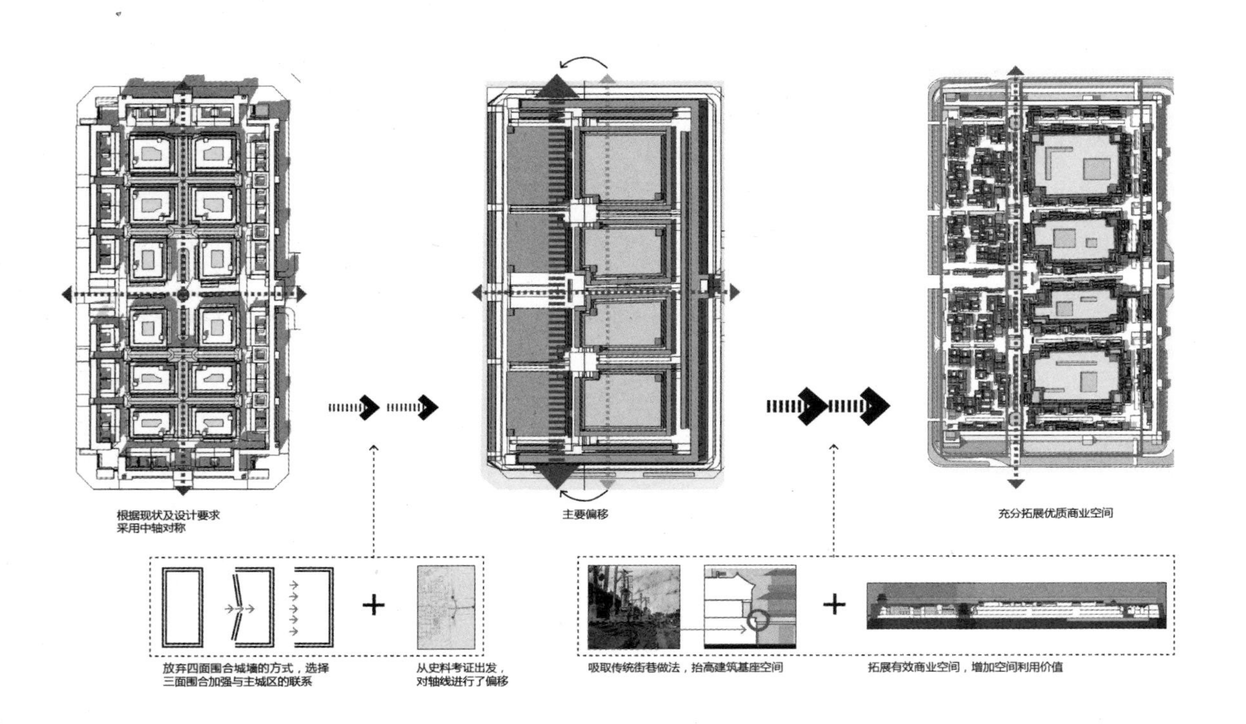
根据现状及设计要求
采用中轴对称
主要偏移
充分拓展优质商业空间
放弃四面围合城墙的方式，选择
三面围合加强与主城区的联系
从史料考证出发，
对轴线进行了偏移
吸取传统街巷做法，抬高建筑基座空间
拓展有效商业空间，增加空间利用价值

图 3-1-4　设计思路演变

②放弃四面围合城墙的方式，选择三面围合加强与主城区的联系；从史料考证出发，对轴线进行偏移；

③吸取传统街巷做法，抬高建筑基座空间，拓展有效商业空间，增加空间利用价值。

（3）史料的考证与风貌的再现

1）城池体系

城墙：东小城有四边城墙和三边城墙两种规制，对于城墙的尺度，参考北小城：明景泰间（1450 ~ 1456 年），巡抚年富筑北小城，周长六里（3000 m），高三丈八尺（12.65 m）。综合考虑其与即将恢复的大同古城在视觉与城市活动方面的联系，采用 1952 年大同市街详图中记载的三边城墙规制，城墙尺度据明景泰年间的记载并参考现存大同古城城墙尺度。

城门和城楼：东小城共有三座城楼，分别位于小城东边中部、西北角及西南角，城楼的名字分别为迎恩门、北园门和南园门。小城西边通过东关吊桥与主城相连。依据明大同府城楼的历史照片和相关记载，规划对东小城的城楼进行了重建。迎恩楼为面阔五间、进深三间的重檐歇山建筑，角楼亦为重檐歇山建筑，体量比迎恩楼要小，面阔三间、进深三间。

壕沟与护城河：明景泰间（1450 ~ 1456 年）巡抚年富筑北小城后，天顺间（1457 ~ 1464 年）巡抚韩雍续筑东小城、南小城，并围以护城河，深约 5 m，宽约 10 m。东面有御河自北向南流过，注入桑干河。

东小城的规划设计中保留了历史上的壕沟肌理，并赋予其现代功能，形成了下沉的机动车道，给地面留出了完整的步行空间。在原护城河的位置复建了护城河，继承历史的同时形成景色宜人的滨水商业空间（表 3-1-1）。

城池体系的考证与重建 表 3-1-1

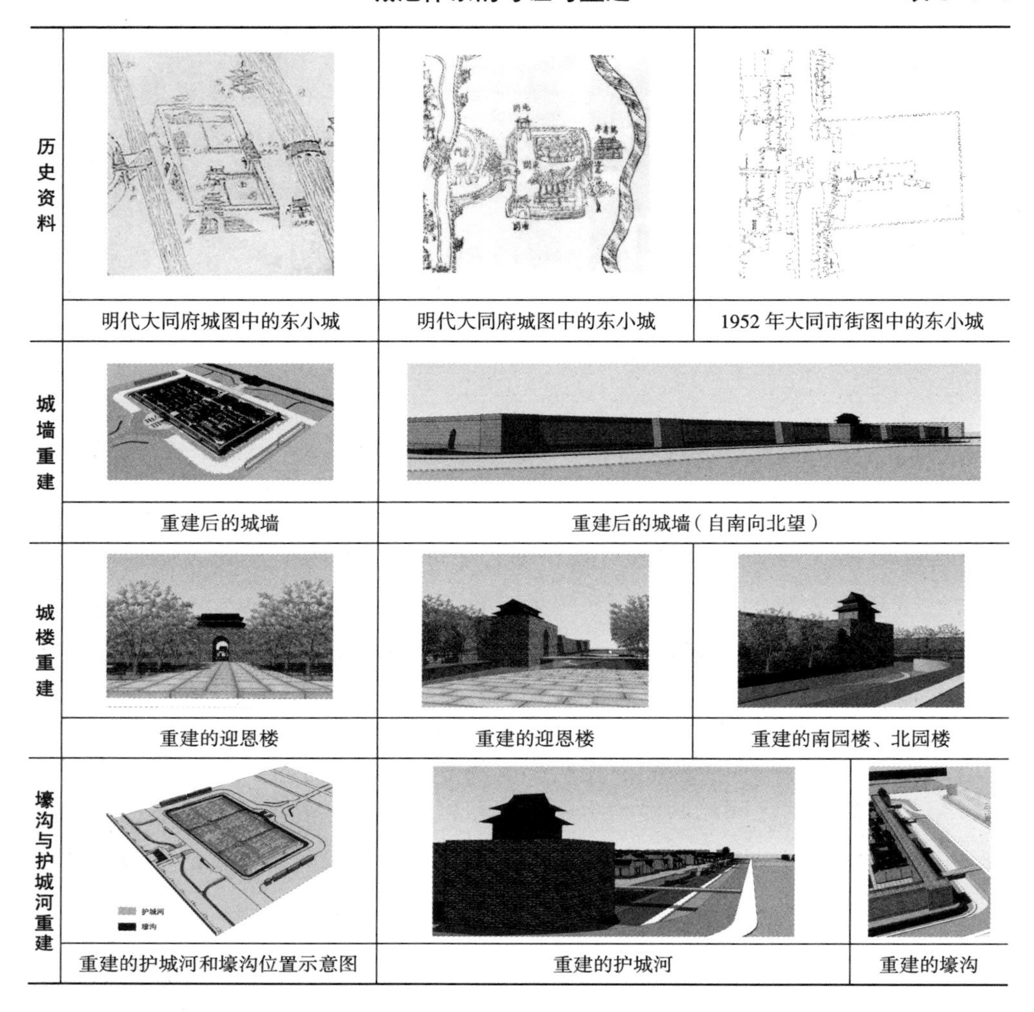

历史资料	明代大同府城图中的东小城	明代大同府城图中的东小城	1952 年大同市街图中的东小城
城墙重建	重建后的城墙	重建后的城墙（自南向北望）	
城楼重建	重建的迎恩楼	重建的迎恩楼	重建的南园楼、北园楼
壕沟与护城河重建	重建的护城河和壕沟位置示意图	重建的护城河	重建的壕沟

2）道路结构

根据 1952 年大同市街图，东小城内主要的南北向道路居于西侧，形成偏心布置的街道格局，这一点成为东小城街道结构设计的重要指导原则。东小城的道路结构规划设计中，延续了城市的历史肌理，保留了偏心十字干道骨架，结合传统的街巷结构，再现了历史风貌。

东小城的东西向主干道较为笔直，从古城东门直通东小城东门，是一条便捷的进城通道，而南北向主街则蜿蜒曲折，极富传统街巷趣味。道路规划延续了这种街道肌理，东西向干道成为建筑群的中心轴线，是东小城与古城的交通和视线通廊，在南北向轴线的西侧再现了穿行于院落之间的步行道路，实现了与历史的呼应。

大同府城内主要街道分两个层次，中间道路较开阔平坦，标高较低，用于车马行走；两侧有高约 1m 左右的台地，与沿街商铺相接，为人行道路及活动空间。人行道与车行道用踏步连接。在道路的中间或尽端有牌坊等节点建筑，这些共同构成了历史上大同市独具特色的城市道路空间。这种道路空间在今天大同市古城中心仍可见到一些遗存，东小城的规划对其进行了重建和再现，使传统道路空间在现代交通体系中焕发了新的活力（表 3-1-2）。

道路结构与空间的考证与重建　　表 3-1-2

	历史资料		规划设计
道路结构	1952 年大同市街图中的东小城	明代大同府城图中的东小城	规划路网结构
道路肌理	大同市街图中东小城的道路肌理	今天大同城内的传统街巷	规划重建的道路肌理

（续表）

	历史资料		规划设计
道路空间	大同城内道路空间历史照片	大同城内道路空间历史照片	道路空间重建示意图

3）重要公建

在古代城市中，寺庙、市场、衙署和学校等是其中的重要组成部分，这一点从古人的图示语言中也可窥见一斑，这些公共建筑大都位于重要交通节点，主导并构成了城市空间的主体。规划在史料考证的基础上，对这些重要建筑进行重建，并赋予其新的功能，满足现代城市需要。

市楼：是古代城市中一个重要的公共建筑，常位于街市中央，为官员候望之所，是古代商业空间中的标志性建筑，如广为人知的平遥古城市楼。根据大同古城相应公共建筑的形制，东小城市楼的重建以朱衣阁为蓝本，采用了三层重檐歇山顶的形制。重建的市楼由半下沉商业空间向上升起，消除了地下空间的下沉感和压抑感，同时又使地面层与市楼二层取得了联系，成为贯通地下和地上空间的重要节点。

衙署：原东小城内主十字街西北侧设有一衙署，规划按照考证位置予以重建。重建的衙署位于东小城主要入口广场的北侧，成为临近东小城主轴线的重要公共建筑。

寺庙：东小城中有普化寺、三官庙等寺庙——“普化寺，在南园，道光三年（1823年）重修”；“三官庙：在东关北园，始建无考。明天启五年（1625年），道士桑常慧重修。清康熙五十五年（1716年）、雍正九年（1731年）、乾隆七年（1742年）、三十年（1765年）屡修。”在规划中也按照其记载坐落，分别予以实体上的重建，并作为精品商业区内的重要节点（表3–1–3）。

重要公建史料考证与重建　　表 3-1-3

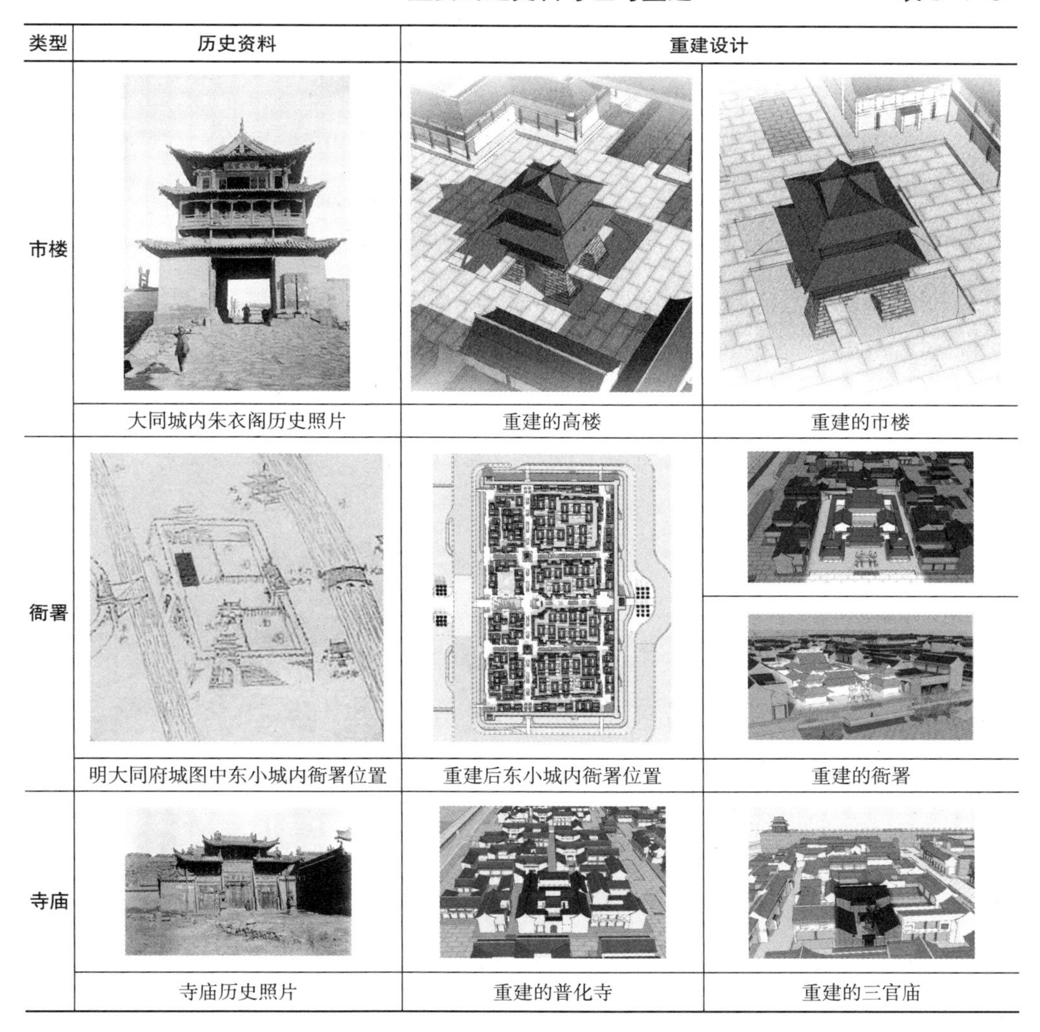

类型	历史资料	重建设计	
市楼	大同城内朱衣阁历史照片	重建的高楼	重建的市楼
衙署	明大同府城图中东小城内衙署位置	重建后东小城内衙署位置	重建的衙署
寺庙	寺庙历史照片	重建的普化寺	重建的三官庙

(4) 传统复兴与现代功能重置

1) 尺度分离

街巷空间采用一至二层的传统尺度，形成尺度宜人的传统街坊和院落，为了与地下空间取得联系，部分庭院内部在传统庭院的基础上，调整为不同于传统尺度的、从下沉商业层贯通直上的院落。这些院落有效地沟通了下沉层与首层空间，也创造了不同于传统庭院的空间感受。

对于大尺度的中央商场，外部采用不高于两层的传统建筑样式，营造传统街巷氛围，通过视线控制和尺度分割，削弱并分解建筑的体量感，使外部保持舒适宜人的传统街巷尺度；商场内部采用现代商业空间尺度，包括大面积的商业空间和贯通三至四层的中庭，满足现代商业需求。

通过公共空间和室内空间在空间尺度和节奏上的分离，满足了各自不同的空间要求，在延续传统城市街巷空间的同时，赋予了建筑群现代城市功能，实现了大小空间和尺度的融合与上下内外空间的贯通。

2）下沉空间

在保证上部尺度和体量不破坏历史氛围的前提下，为了提供更多的商业空间，地下空间的利用是为必须。一般的地下商业空间往往存在交通不畅、压抑感、缺乏趣味空间和休憩空间，以及和地上缺少沟通等诸多不足，东小城的规划以历史要素为出发点，按照现代城市要求赋予其新的功能，使这些问题得到了圆满解决。

（1）服务道路的开放式设计：规划利用历史上的城外壕沟安排开敞的区内服务道路，既使得道路有极强的可见性和可达性，又使得半下沉商业空间可获得与首层同样的采光与通风条件。水平方向，这条开放式半下沉道路环通东小城，沿线串联了商业街、滨水带等特色空间，有着丰富的空间和视景变化。垂直方向，下沉道路空间与首层人行公共空间的立体重叠，强化了空间结构，也形成了视线和人行活动良好的竖向交流。

（2）下沉空间与地面空间的界限消除：丰富的贯通空间形成了下沉空间与首层空间的密切联系。密集的天井、庭院、中庭强化了上下空间的交流与贯通，使得人流可以方便地往来于上下层之间；重建的市楼落于地下层，消除了地下层的下沉感和压抑感，成为上下层之间沟通的媒介；上下层的建筑与景观营造也采用同样的手法，相当于同时开辟两个一层空间。人们可以在上下一体的公共街道中自由地穿行切换，实现无界限的空间融合，体验丰富的空间感受。

（3）特色滨水商业空间的营造：东小城规划中对护城河进行了重建，同时利用护城河在东小城西侧营造出立体的滨水商业带，化历史上城池的防御线为今天城市空间的纽带，融历史要素于现代商业空间之中，在熙攘的商业环境中营造了独具特色的滨水空间，提升了临近空间的商业价值。

（4）建筑基座的空间利用：根据史料考证设计的建筑基座和临街踏步，再现了浓郁的传统街道特色。同时，基座内部的空间也在规划中考虑，通过在基座侧面设计侧窗，进一步增益了下沉空间的采光与通风，而门窗的细部设计也增加了街道的历史氛围。

3）空中街坊

空中街坊是本规划用新的空间形式对传统院落和街巷的演绎。现代商场的大面积屋顶空间往往被忽视，对城市第五立面造成了破坏。鉴于此，规划把传统民居大院“搬”到屋顶，在商场顶层对传统院落和街坊空间进行了再现，在增加商业空间的同时，与首层的街坊空间形成了虚实对比，并一起构成了东小城建筑群体丰富的鸟瞰肌理和第五立面。

空中街坊的设计以传统山西民居大院为蓝本，安排以较大尺度的街坊空间，相较首层的小型街坊空间，这里的街坊空间有着更大尺度的虚实空间变化，以适应这里规模更集中的商业业态。借鉴传统的平面街坊，规划在屋顶平台的外缘，形成单边的“立体街坊”。这种“立体街坊”是对传统街坊空间的新演绎，它们与下部的公共空间有着明确的呼应关系，沟通了上下层之间的联系，在市楼等交通节点处与地面空间和地下空间一起，形成多层次、立体的围合空间。屋顶、院落和街巷是中国古代城市独具特色和迷人之处，至今在大同古城中心仍可见到这种城市肌理；在东小城的规划中，空中街坊作为对历史的

现代城市功能重置　　　　表 3-1-4

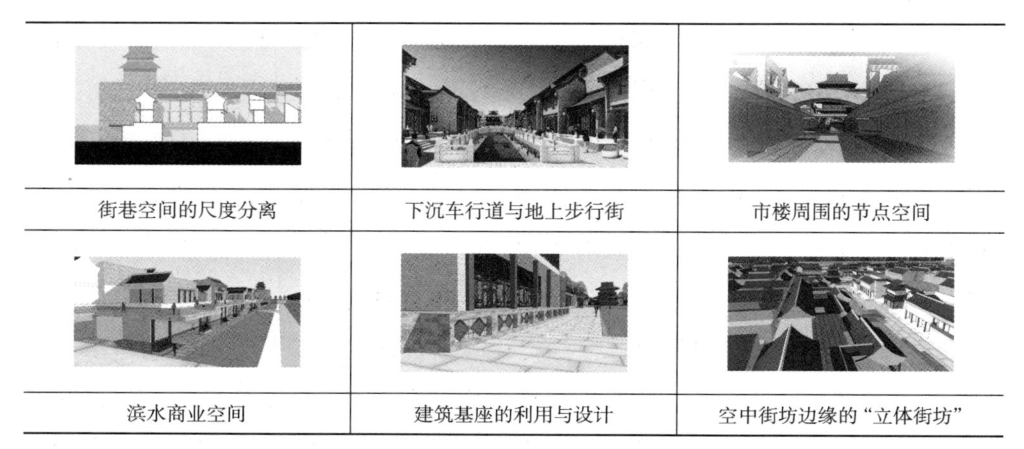

街巷空间的尺度分离	下沉车行道与地上步行街	市楼周围的节点空间
滨水商业空间	建筑基座的利用与设计	空中街坊边缘的“立体街坊”

延续和再创造，使得东小城的第五立面再现了传统的城市肌理，这也是再现古城风貌的重要一环（表 3-1-4）。

（5）对历史的重新解读和发展

回顾东小城传统风貌的再现和复兴（图 3-1-5、图 3-1-6），其基础磐石在于详实的史料考证，并对应于设计策略，以确保改造过程中的可辨别性。但往往囿于史料的缺环，致使对于旧时回忆的解读和链接常出现断裂和肢解，这时，同一城市其他地区的史料记载也成为改造对象的参考。应该看到，东小城的规划不是完全的历史街区保护，而是城市复兴，因此，在史料的遴选上有所侧重。如东小城南北市楼的复建，首先是有史料记载，其次是城市空间的营造需要标志性的制高点来统领全局，在这个层面上，再参照大同老城的市楼建筑形制，就变得理所当然，其可信度也颇高。

综论之，历史城市形态只有通过踏实可信的史料考据使之得到现代重生，历史街巷空间与肌理只有依据传统空间尺度经验的汇总和现代城市功能的糅合来创造。通过尺度分离、视线控制、界限消除等空间营造手段的综合运用，将城市水岸与城市街巷等符合现代城市活动的概念引入传统风貌建设过程中，方可保证营造兼具传统与现代神韵的历史文化名城中的地标性城市建筑群的顺利实现——大同东小城的风貌再现与活化即为该理念指导下的有益尝试和实践，“凤凰城”翱翔于天际，凭借新生的“单展之翅”，将更为动人。

图 3-1-5　未来畅想——街市掠影

图 3-1-6　未来畅想——小城夜色

3.2 碎片化古城中的公共空间重构：大同华严寺—善化寺地段

被现代化的城市干道分割孤立的大片历史街区，在大多数历史文化名城的现状中是一种典型的存在。专家和政策的制定者们认识到了古城历史文化和特色风貌的价值，并且制定法规予以保护，却没有留下如何让它适应城市现代化发展的锦囊妙计。但城市是活的，它现代化的需求客观存在，尤其在改革开放以来经济迅猛发展的年代，于是，随着城市车行干道的开辟，这些历史街区被封闭忽视，逐渐陷入衰败，随着现代大型功能体的沿路建设，古城的风貌也慢慢变得支离破碎，难以辨识。城市在历史和现实的左右掣肘中被动发展，步履维艰，大同即是一例。

（1）完整的古城历史空间体系

位于山西省北部的大同，是 1982 年国务院首批公布的全国 24 座历史文化名城之一。其自战国开辟并建立城邑，历经多个朝代的沿用和修整，到明代定型，形成方形城池加北、东、南三小城的“凤凰城”格局。大同的城市结构十分稳定，城市的中心位置、范围及中轴线虽历经两千多年的历史变迁却始终没有发生大的变化。现大同市古城基本保存了明清大同城的规模与形制，主城城区保存较好，历史延续下来的十字形主街仍是今天大同旧城的主干道。①

规划地块即位于古城十字街中心之西南区域，北面和东面均以十字街为界，南至教场城街，西至华严街。该地块毗邻大同城的几何控制中心、文化交融中心，其北又直抵重要行政控制中心，同时又是重要的市民生活场所和商业集中之地，在大同城的发展中占据重要地位（图 3-2-1）。

基地周边聚集了许多重要的文化遗产，如大型辽金佛教建筑群善化寺（图 3-2-2）和华严寺（分为上华严寺和下华严寺），流光溢彩、栩栩如生的九龙壁，以及位于十字街上的鼓楼等，其中，前三者均为全国重点文物保护单位。

相对基地周边，基地内部虽无重量级文化遗产，但现状遗存仍有较重要的历史文化价值，这体现在两个方面：一是基地内现存大片从明清续存至今的街巷和传统民居，完整地体现了古城居住空间的传统风貌；二是基地中的清真大寺、纯阳宫等宗教建筑都是历久经年的古建筑遗产，且仍在现实生活中发挥着重要的宗教功能，使得其及周边地区对于大同人有着浓厚的宗教文化和历史意义。

以历史地标组织的脉络格局，以及填充其间的传统街区共同形成了古城的整体风貌，而积淀两千多年的城市文化也在城市空间中留下了独特的投影。大同古为胡汉争斗前沿，今为三省交会之地，历来是中华民族众多文化的融合发展之地，形成了大同多元文化交汇的典型特征。规划地块及周边地区的城市格局就集中反映了这种多元文化的空间特征：基地内外不同宗教建筑杂存共处，形制各异，华严寺依辽制而向东；善化寺则承唐制而面南；清真大寺按伊斯兰传统坐西而朝东，它们和基地中的纯阳宫等建筑一起，共同构成了大同古城丰富的城市景观。

---

① 该段内容参考张志忠．大同古城的历史变迁［J］．晋阳学刊，2008（2）：28-35.

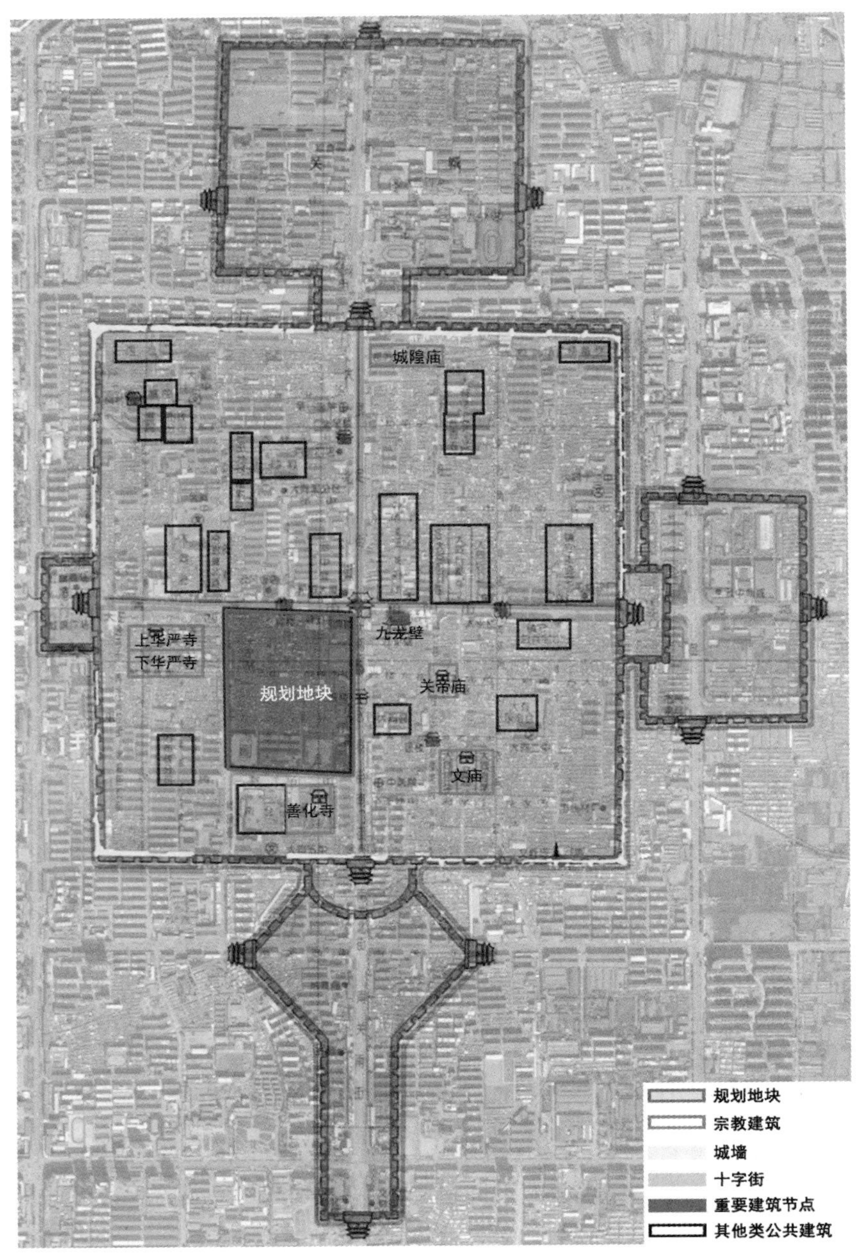

图 3-2-1　大同古城及规划地块位置（底图为 Google 卫星图片，城池轮廓及重要建筑分布为明清时期的情况，仅部分遗存至今。）

图 3-2-2　自南城墙上北望善化寺（寺后即是规划地块，汪涛摄）

（2）碎片化的历史发端和影响

在新中国成立后的城市发展中，城市面临的主要矛盾是“工业化”和“现代化”的问题，即需要建立现代城市干道网络以满足汽车为主的当代城市交通，以及建设大体量的建筑综合体以满足市民的现代城市功能需求。由于当时城市保护和城市发展各自的观念都太过单一绝对，相互之间还未能形成有效的协调机制，因此当时的城市建设就在保护和建设的两难中没有目的地艰难前行，其实这也是那个年代大多数中国城市发展道路的一个缩影：

城市的部分道路被拓宽拉直，以满足汽车通行的需求，同时这些道路上的一些重要的城市标志物，如钟楼、四牌楼、魁星阁等在与当代交通要求的矛盾中被“下岗”。新的大型城市功能体就在这初步形成的干道网络沿线分布开来，这一方面是因为人流物流的需要，另一方面也是为了尽量不去碰触城市文物保护那条已经一再后退的保护红线。

图 3-2-3　基地现状环视　（汪涛摄）

这样做的结果就是形成了一片片如本项目基地这样被消极孤立的历史街区，在城市的现代化发展中自生自灭。这样的安排虽在短期内缓解了城市的功能矛盾，但随着城市发展在速度、广度、深度上的日益提升，当时被其忽视甚至恶化的矛盾却在今天日益突出。

首先，沿路建设的大型建筑本就在尺度上与古城大相径庭，又在建设中受制于风貌和成本的双重限制，最后的造型大多非古非今，不土不洋。它们主宰的城市新风貌切断了古城中原本连续、系统的地标体系，使得城市整体的风貌残缺不全。受现代大型商业建筑和住宅楼的分隔和遮挡，基地周边的善化寺、华严寺、鼓楼、九龙壁等已变成了与城市空间结构失去联系的、相互孤立的碎片，公共标识作用丧失，突兀地存在于这个失去了特色的城市中（图 3-2-3）。

其次，处于城市核心位置的规划地块历来是大同最重要的商业中心，但由于缺少对古城空间体系的综合考虑，此地段的商业发展一直是被动适应，沿干道“一层皮”式发展，受限于狭窄的空间纵深，在商业容量、商业环境、商业生态上都难以完善，缺乏现代商业应具的质量，更无法随着时间的流转和市民

消费需求的提升而发展。

商业容量方面，基地内大片的历史民居在保护与开发的两难中日益拥挤破败，落后的基础设施、狭窄脏乱的街巷、大量聚居的城市贫民使得商业空间没有合理的发展纵深，只能在古城十字街沿路的狭窄地块中因陋就简、被动生存。

商业环境方面，面向担负着重要机动交通功能的十字街的商场，其门前开放空间中的商业活动与机动交通互相干扰，使得这里总是车行堵塞不畅、人流混乱拥挤，商业与交通“双输”（图 3–2–4）。

商业生态方面，有限的商业地块被远不足用的综合零售商场挤占，现代城市中应有的与零售商业配套的餐饮、娱乐、办公等业态根本没有立足的空间。受限于这种空间状况，商业生态一直无法良性发展、滚动提升，现在基地中还存在着电脑大卖场一类人流大、环境差的低层次业态，未能形成业态丰富、环境宜人的高质量消费空间。

第三，由于对次级街巷网络建设的忽略，街区内部在客观上被与“现代”城市隔离开来（图 3–2–5），市政支持不足、环境无人经营，无法引入城市活

图 3-2-4　沿街商场　（汪涛摄）

图 3-2-5　外围商业建筑与内部街区之间的消极空间　（汪涛摄）

图 3-2-6　内部街区现状俯视　（汪涛摄）

力，而人口却日渐拥挤，随着时间的流逝变得衰败破落（图 3-2-6）。这些街区的破败直接导致了城市中适于步行的空间的稀缺，而这一点反过来又阻碍了商业和旅游休闲空间的纵深拓展，影响其本应担负的城市公共职能的发挥。作为国家首批历史文化名城之一的大同，至今游客仍只是在几个散布的景点到此一游即呼啸而去，无处领略整个城市的历史风貌和文化底蕴，带动经济的发达旅游服务产业更是无从谈起。

随着城市发展观念日益向重视人文环境的综合发展观的转变，尤其是在大同要以旅游业为跳板，实现产业综合转型的今天，这些矛盾已成为城市发展的瓶颈，亟待解决。

（3）碎片化处境中的空间重构

1）目标

被遗忘的历史街区、被忽视的步行公共空间体系，都急需得到城市的重新关注，而步行公共空间体系的重建，更是城市空间复兴的首要重点。它应是一帖有效的催化剂，可以使街区重新积极融入城市，发挥其应有的多层次的公共价值，并在此进程中激发自身的活力与再生。具体来说，这包括如下几层含义：

①担负公共职能

城市步行公共空间体系应该建立起基地内外主要文物点之间的空间及视觉联系，延续城市历史记忆。城市步行公共空间同时也应为市民提供公共活动的空间，服务于当代城市中多样的城市生活。

②改善商业环境

通过步行公共空间体系引导的空间拓展，把商业生态体系延伸入街区内部，扩大商业发展的空间容量，并且通过在其中发展与现状业态互补的综合性商业场所，形成与地块区位相匹配的业态丰富、环境宜人的高质量消费空间。这个举措同时可以缓解外围商业空间与快速交通干道之间的相互干扰，改善基地外围的商业环境，保证十字街交通的顺畅，实现商业与交通双赢。

③深化旅游产业

依托大同古城中心区丰富的旅游资源，此步行公共空间体系的营造对推动大同城市旅游业的深入发展也有重要的作用：

城市步行公共空间体系的建设应联系整理周边的重要城市地标，形成完整的古城风貌，为众多的文物景点提供适合的空间背景。

城市步行公共空间体系本身即成为展现城市风貌的游览路线，将景点游览深化为城市游览。承载城市历史记忆的城市步行公共空间，容纳着市民丰富多彩的公共活动，两者相得益彰，共同构成鲜活的城市画卷，吸引游客的游览驻足，游客在这里感受的将不仅是城市的地方历史风貌，还有城市现实中的风土人情。

城市步行商业空间与旅游路线的重合，必然带动公共空间中相关旅游商业的兴起，这些日益丰富的旅游服务产业，将能成为带动古城经济发展的重要引擎。

④激活历史街区

通过环境、经济、文化领域的支持，帮助街区摆脱以前的贫穷落后、衰败破落，重新焕发城市生活的活力。

街区环境方面，对城市步行公共空间体系的经营会改变街区内部过去脏乱无序的状况，改善居民的生活环境。同时伴随公共空间开辟的市政建设，也将为街区中的人家提供更佳的设施支持。

经济发展方面，街区的商业场所将和城市建立空间沟通，城市的集聚的人气向街区内部的流动会带动新的商业业态的出现和发展；过去服务于街区内部的社区商业也可能扩大市场，提升为城市级别；同时借助旅游业的渗入，街区内旅游商业服务业的发展，也可为居民创造更多的经济收入。

文化意识方面，城市环境的改善和居民经济收入的增加将使居民个人和城市集体的文化意识得到提升。公共空间中不同文化的平等交流将有助于居民提高自己的文化自觉和文化自信，从而更加积极地去经营自己的居住空间和居住文化。

2）操作

结合基地的具体情况，此公共空间体系的营造主要在如下的几个方面进行（图 3-2-7）：

①快慢速交通系统的适当分离

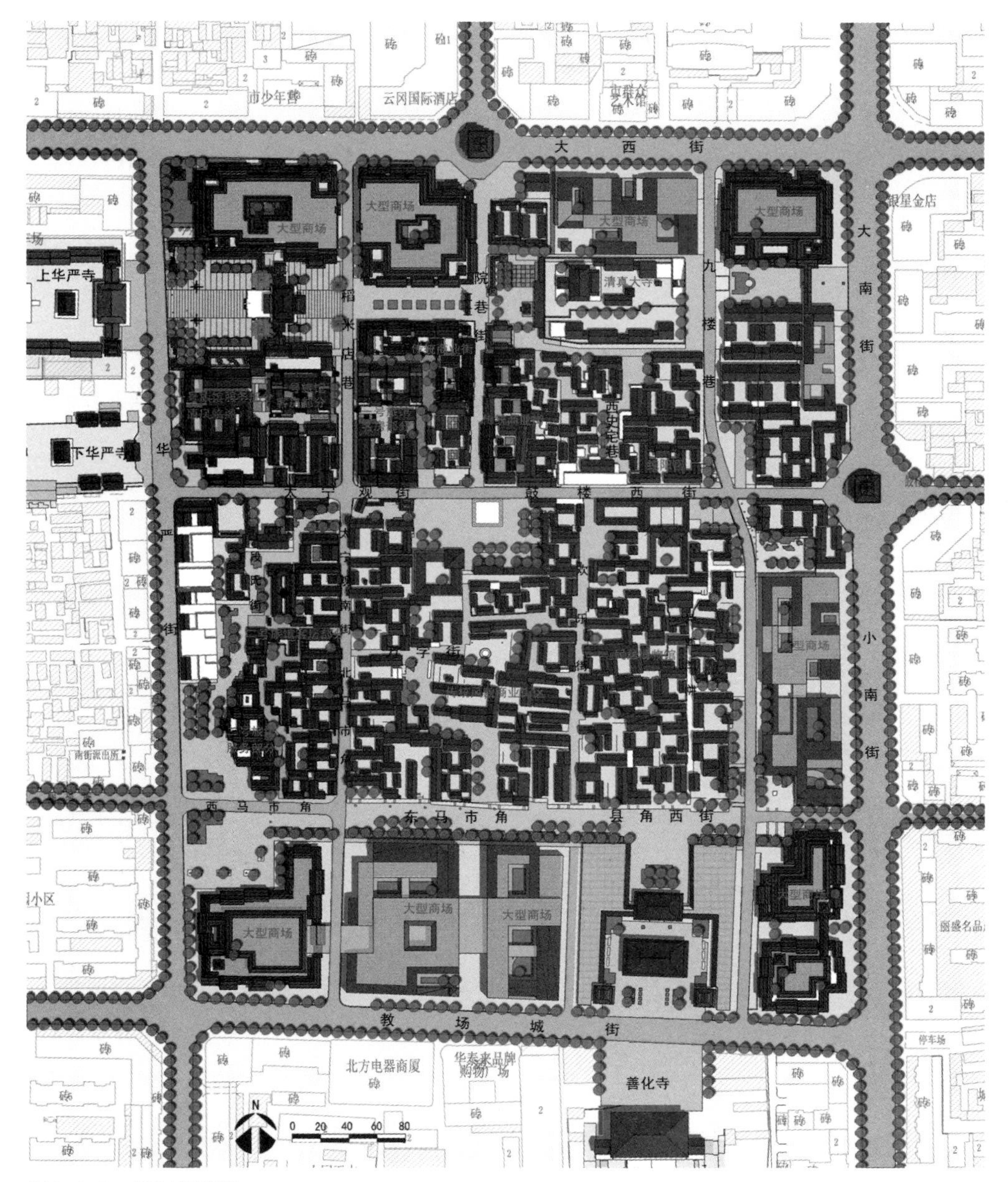

云冈国际酒店
大西街
大型商场
上华严寺
下华严寺
清真大寺
稻米店巷
九楼巷
西史宅巷
大南街
小南街
鼓楼西街
西马市角
东马市角
县角西街
教场城街
北方电器商厦
善化寺
停车场
N
0 20 40 60 80

图 3-2-7　规划总平面

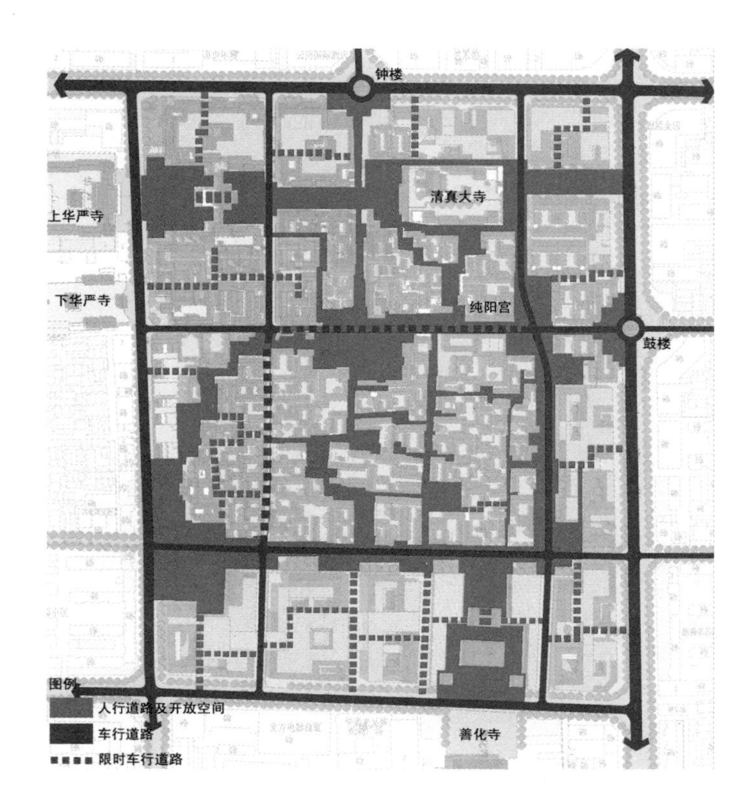

图 3-2-8　规划交通系统

承担商业休闲活动的步行公共空间体系在空间上与城市车行干道系统相错布置，以减少相互之间的干扰。在城市层面形成快速与慢速并行相错的双系统（图 3-2-8）。

车行交通：通过对商业空间的整治和内移，减弱十字街的商业活动功能，保证外围城市车行交通的顺畅。对于地块内部，则因应现状，开通井字形人车混行慢速网络，提高内部空间的车行可达性，同时创造良好的商业活动氛围。井字形架构中东西向的鼓楼西街和县角西街是直接延续现状道路，南北向两条道路的疏通并不强求拉直拓宽，而是顺应现状街巷走向，根据现状评估结果，通过拆除个别不具有文物价值且与历史风貌不协调的现代建筑后实现的。

步行空间：规划在基地内开辟了多处节点空间，与内部保留的传统街巷一起，形成与上述车行交通分离的人行系统，是地块内主要的商业步行空间。并且，这个步行空间体系的空间肌理在鼓楼钟楼等几处延伸至街区外围，与城市其他地块中的传统民居肌理相互联系，将这个步行空间系统扩展至整个城市。它完整地延续着城市的历史记忆，为市民提供宜人的日常休闲活动空间。

②步行公共空间的系统营造

基地内部容纳商业、休闲、旅游的多义步行公共空间体系则从以下四个方面进行营造：

历史性地标的保护和恢复：规划有选择地对几处重要的历史性地标进行了保护和恢复，以呈现古城的完整格局、延续城市记忆。因为钟楼对体现完整的古城格局意义重大，因此规划中选择重建了钟楼，在这里我们认为对历史建筑的取舍甚至“假古董”式的重建，首先应取决于其对城市整体格局的意义，而不是其本身的文物价值。地块内一组今人所建的三层仿古建筑凤临阁，虽然它不具有任何文物价值，对城市的格局也影响甚微，但由于其颇为用心的建筑工艺和建筑所借用的历史典故，使得它在大同市民心中也成了此区域的地标之一。因此规划中决定保留此建筑，并对其按新的功能进行内部改造。在这里，如何延续市民心中的集体城市记忆是规划中参照的决定因素，而我们认为今人对城市进行的用心建设也是城市历史记忆延续的重要组成部分，并不唯古是美。

联系城市地标，建立公共空间骨架（图 3-2-9）：规划力图恢复城市历史性地标对城市空间的控制力，通过节点广场的系统营造，将华严寺、善化寺、清真大寺等联系成为完整的空间带，形成了统领整个地块的 L 形空间骨架，把华严寺、善化寺等重要文物对城市空间的影响力延续到了地块内部；同时也让原本蜷缩于街区内部的清真大寺，通过与十字街相连的广场将其空间影响拓展到城市范围，对清真大寺、纯阳宫等宗教建筑的保留和复建使这个空间带变得更加丰富和充满历史感。L 形的空间骨架将三大寺的空间轴线突破街道的限制

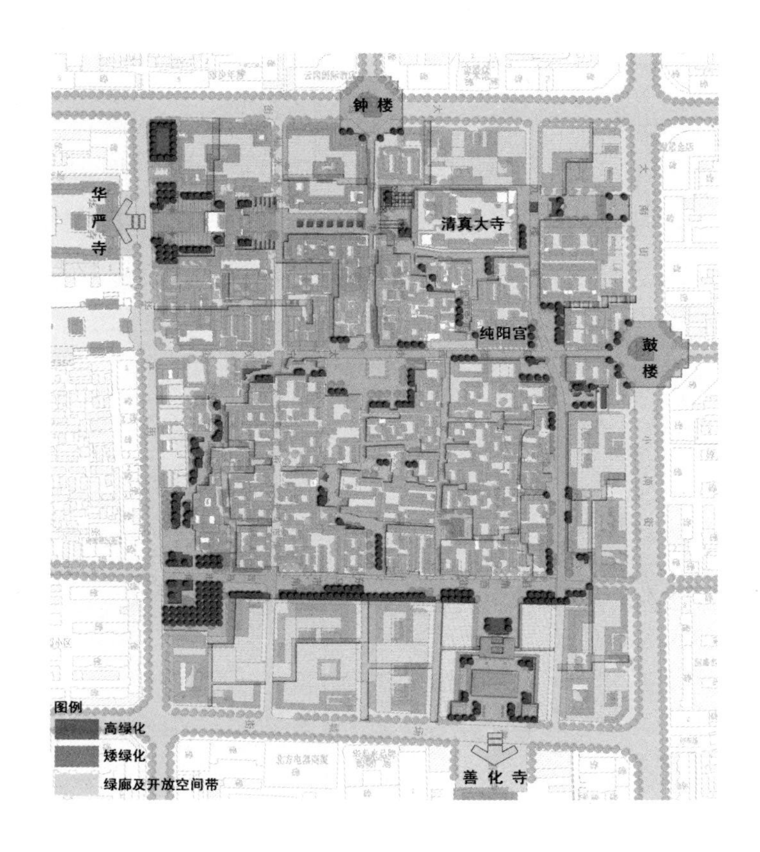

图 3–2–9　规划空间系统

而延伸，可以使它们对城市格局的意义得到彰显，并将原本孤立散布的空间，联系成容纳商业、休闲、旅游的城市公共空间带。由鼓楼西侧的鼓楼西街和钟楼南侧的院巷街相交而成的 T 形轴线是规划空间骨架中的另一部分。这两条街巷借助钟鼓楼的地标作用，形成历史氛围浓厚的城市商业街。为了进一步强化作为城市地标的钟楼和鼓楼对城市空间的控制并加强它们之间的联系，在 T 形交叉路口开辟了广场。由于广场正处地块中心，它同时也能起到激活街区内部空间的作用。

依据现场状况，开辟新的公共空间：为了提升传统街区的活力，依据现状调查，规划拆除了部分历史价值极低的民居和院落，沿传统街巷在街区内部开辟为新的公共空间。这样既能满足街区内部交通和防火需要，又能给居民提供更加适宜的公共交往和活动场所，还能给传统街巷内的小型商业，如一些老字号等提供更大的市场和新的发展机会。

典型传统街巷的保护和整治：规划对基地内历史风貌保存较好的典型传统街巷进行了保护和整治，如因为历史上钟鼓楼的存在而形成的鼓楼西街和院巷街，以及基地内部一些传统街巷，如欢乐街、北籼籽巷、万字巷等，通过拆除现代加建和插建建筑恢复了街巷的历史形态和氛围。这些街巷容纳了城市及市民的历史记忆，并结合公共空间，组织成为旅游线路的一部分，游客可以在其中体验到城市的历史内涵。

③作为公共空间视觉界面的风貌控制

公共空间中的视觉体验是空间特质的重要组成部分，规划对基地内的相关建筑群体的体量、界面的控制处理都依据此原则进行。

城市重要视景的统一：对于城市的重要视景，规划通过视线通廊要求控制建筑高度和形式，确保城市肌理的延续。视线通廊分为两个方面，一是指在地块内的街巷和广场中对鼓楼、华严寺和善化寺等重要节点建筑的可视，如鼓楼西街之于鼓楼、欢乐街之于善化寺等；二是指在标志性建筑的较高视点上进行俯瞰时城市风貌的统一，如站在上华严寺大雄宝殿前的平台上，以及钟楼、鼓楼上俯瞰城市时的风貌要求等。规划通过对建筑高度和形式的控制，重现这些历史节点对城市的控制力，改变现状城市杂乱无序的城市面貌。

步行空间中建筑界面的控制：对步行空间中建筑界面的控制涉及对基地外围大型商业建筑的形体处理。规划在控制其高度的同时，对这些大型建筑的沿街界面按照街道上视线控制的原则，进行了体量的细化和界面处理，如逐层后退、化整为零、加设披檐、门廊等，使整体风貌协调一致（图 3-2-10、图 3-2-11）。地块中步行公共空间的系统营造，重新构建起街区的历史环境再生与城市整体发展之间的有机联系，为区域和城市整体的复兴奠定了基础（图 3-2-12）。

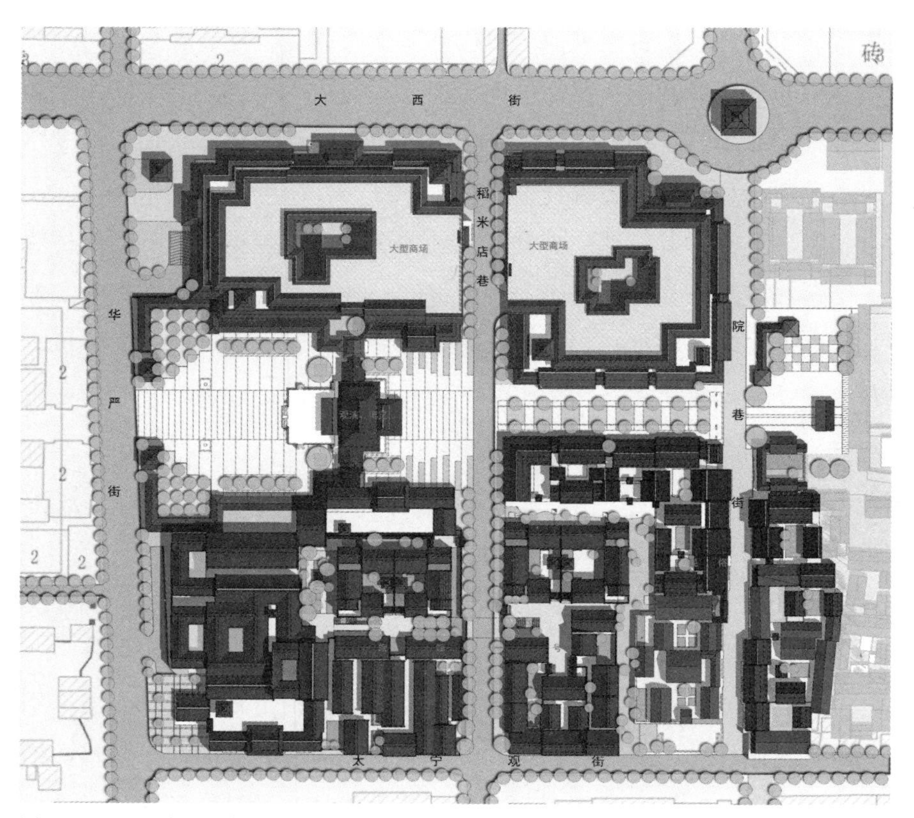

图 3-2-10　地块西北角规划总平面

图 3-2-11　地块西北角规划俯视

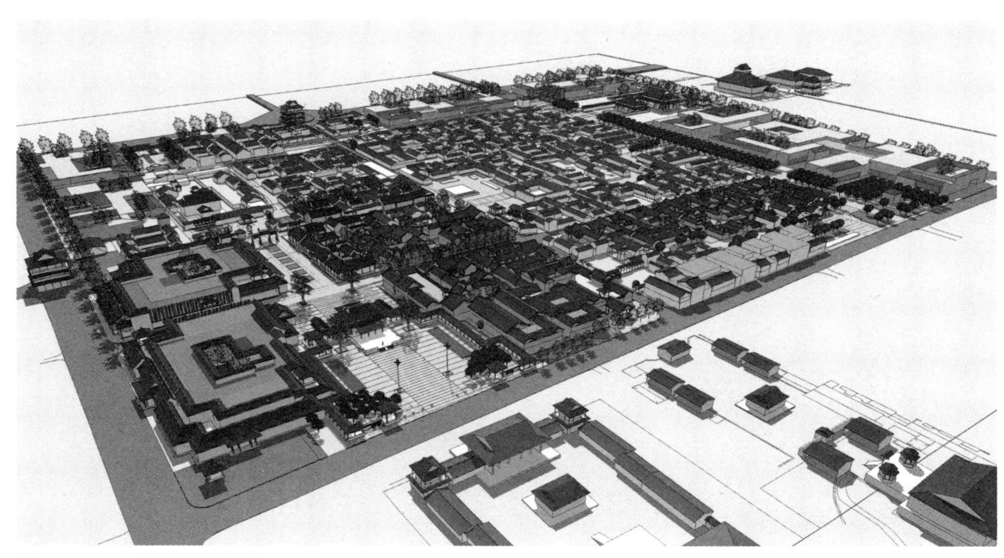

图 3-2-12　规划总体透视

（4）系统结构带来的城市活力

通过对地块中城市公共空间体系的重构，我们可以对其引发城市发展的效应作一个展望：

一方面，商业和旅游产业沿新的城市空间结构深入发展，催生街区空间的部分转型，带来环境和经济的双重收益（图 3-2-13）：基地位于城市的中心，当代城市的发展需要基地承担更多的商业功能，现存的一部分居住建筑势必要转向商业经营。如凤临阁南侧区域，由于基地及周围旅游业的发展必然需要更多的旅游住宿业态出现，因此规划将其辟为旅馆客房区，满足游客需要，原有居民也可以从中获利。由于公共空间系统的营造和旅游业的发展，原来的社区商业开始面向城市层面的市民和游客，拥有了更大的市场和更好的发展机遇，当地居民和个体商户可以从中获益，提高经济收入，一些老字号将有机会获得新生。

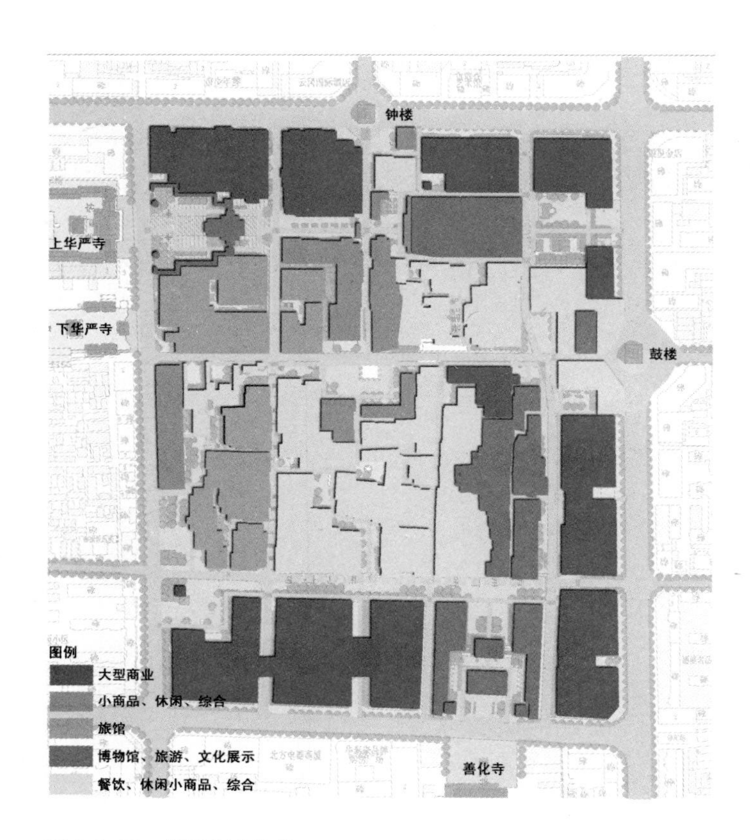

图 3-2-13　规划业态分布

在基地的产业重组中，可以采用多重路径的方式，实现政府、集体和居民三个层面的共同参与。政府层面的操作主要集中于城市公共空间的营造和对主要产业的扶持，奠定基地产业重组的方向和基础；集体层面可以采用整个社区或多户居民集资改造和经营的方式，适应市场需要灵活处理，如改造传统民居为旅游住宿区等；居民个人也可以自主选择经营方式，从事家庭旅馆或旅游特色服务业，从基地产业重组中获益。

另一方面，多方条件的改善将使居民能够主动积极地经营自己的居住文化，延续城市传统：文化旅游的深入发展和城市记忆的延续将带来文化自觉的提升，使居民主动自觉地善待自己传承的居住文化；经济收入的增加可改善贫民区的落后面貌，并使得居民能有条件改善自己的生活空间；市政设施的提升、商业服务的升级、日常生活环境的改善为居民经营私人领域的空间提供了物质支持。这些方面一起引导居民在功能和环境上有序、自发更新，从而有效地传承城市历史文化。

随着这样的整治逐步拓展和深入，大同将建构起优美宜人的生活环境、厚重独特的历史氛围、丰富多元的产业结构，重新成为宜居宜商的魅力城市，吸引人才和资本，从而进入城市发展的良性循环。

3.3 “次焦点”历史地段的空间改造：南京钟岚里

充分开发利用城市特有的历史建筑遗存，在城市发展中营造富有独特地域感、历史感的城市空间，这样的城市营造理念在近年来已得到越来越多的认同。在这方面走在前列的案例，如上海新天地、宁波老外滩、南京 1912 街区等都取得了很好的效果。它们自身的项目营销取得了相当的成功，也为特色城市空间的营造提供了很好的开端。但这些案例，大都是位于城市的焦点地段，且定位于城市某种单一功能的中心集聚区，正因为这些特殊性，其空间营造理念难以成为一种可以在较大范围内推广的模式（图 3-3-1、图 3-3-2）。

随着特色城市空间的营造在广度和深度上的逐步推进，必然会有越来越多的因素对其产生制约。在一个具有独特历史并且充满现代活力的城市中，这样的营造活动不仅要照顾保留的历史建筑遗存，而且要考虑当代城市功能的适应性，并且顺应当代经济个体活动的经济规律。

图 3-3-1　上海新天地

图 3-3-2　南京 1912 街区

（1）空间营造方式的求解："一般性"特色城市的发展规律

属于南京梅园街区的钟岚里，相比与之邻近的 1912 街区，就具有这样一些特点——更"一般性"的城市次焦点历史街区、更"一般性"的历史遗存、更"一般性"的现代混合的功能要求。因此，为其空间营造方式求解的过程也就更多地体现出了"一般性"的特色城市空间发展规律。

南京市梅园街区是重要的民国建筑保护区，其分支街巷以三层以下的历史建筑为主，形成了完整的民国风貌历史街区。钟岚里就位于这个街区之中，北与梅园周恩来纪念馆隔街相望，西距"总统府"仅 400 m 之遥。其北侧的汉府街东段即是闹中取静的梅园街区的主干街道，而基地南侧的中山东路则是南京现代城市的东西向主轴街道，沿街以高层商业办公建筑为主。基地内北部现存的 18 栋民国时期的飞行员宿舍，呈行列式排列，属于省级文物保护建筑（图 3-3-3）。

基地杂乱的现状早已不符合历史街区的保护要求——地块北部的文物保护建筑现为不同来源的居民居住使用，居住密度高、采光差、设施落后，历史建筑的损坏也无法控制，亟待清理和维护；整合度很差的地块内建筑也未能承担起应负的现代城市职能——南部临中山东路低矮破旧的厂区，空间显著不足，也与周边城市功能定位不符，亟须清迁。凡此种种，促使政府下决心对此街区进行改造——通过适合的空间营造介入，使得街区得以复兴。在这里，现代城

图 3–3–3　南京钟岚里街区

市中心区小地块土地的高强度利用与文物保护建筑的风貌保护都是项目至关重要的制约因素，而由于各自相差甚远的空间形态模式，它们之间却又偏偏形成了一对不易调和的矛盾。

(2) 区域、文化的差异性使改造之路“举步维艰”

比较仅一站之遥的 1912 街区——相近的地段、相似的现存建筑风格、相同的用地性质似乎种种的相似都指向相同的处理结果，但深入的分析则揭示了它们之间的很多差异。

与上海新天地、南京1912街区等相比，此街区现存的建筑群较为平淡，布局很少变化，建筑细部也比较简单，难以依靠历史建筑的精美丰富吸引带有旅游观光性质的人群。

前述的几个街区，都居于较为热闹的城市交通主干道旁，并且其功能定位都属单一产业的城市级中心，因而其商业、餐饮、娱乐产业都以整个城市潜在消费群体为吸引目标；而钟岚里的改造必须照顾到相邻梅园纪念馆及梅园街区的宁静氛围，不宜过于喧嚣，已形成气候的1912街区与这里的距离，则近未到一体共荣、远未到不相竞争，这本身就是功能上的一个制约。而从开发者的角度考虑，功能的定位会限定成品售价，并最终影响整个项目的资金平衡。

对比上海新天地的约6万m^2，南京1912街区的约3万m^2，宁波老外滩的约8万平方米。此街区6000m^2的老建筑将如何形成有效的商业集聚？这一点同样影响到此项目的功能定位及资金平衡。而这一点，对于许多只能以小块区域、精细手术方式进行的老城改造项目来说，恐怕是一个共性的问题。

较强的文化性的要求——在城市职能的分布上，南京的各个城区是各有侧重的。其中，在鼓楼区、白下区较为强调其城市商业中心发展，而玄武区则依托特有的风景、人文、历史资源，在打造文化、旅游、商业办公产业上经营多年。这一产业发展思路也体现在基地周边的功能布局上。梅园街区闹中取静的环境、中山东路成熟的文化办公产业环境，为项目可能的文化性色彩提供了基础。而与周边产业的融合互补，也是项目成功的前提。

更大弹性的功能的要求——如前所述，在这样一个不具备特殊性条件的街区，只能遵循较“一般性”的空间发展规律——功能的适度交错混合，才能保证城区不受单一产业活动规律的限制，具备持续的活力。这是一个成熟的现代街区所应具有的特点之一。对本项目来说，单一的旅游、文化、办公或商业功能都不能支撑整个街区的运营，而这些不同功能的混合则可能使得此街区形成相互补充、相互激发的完善城市建筑群。

项目最终的定位来源于对上述差异的解读——这种种的不同最终导致空间

处理策略的不同，从而使项目的操作结果有了与其他类似地段、类似制约条件项目的不同特点。

（3）不循常规的改造策略

关于尺度——不完全向被保护的历史建筑取齐，而是加强与南侧现代商务区的呼应，在现代建筑和历史建筑之间，以丰富的层次逐步完成向小尺度的过渡。

关于空间——不以延续历史建筑、扩大老建筑群规模为目的，而是着眼于在空间系统上对原有历史建筑群进行整合、完善和丰富，按照人群穿行的感受规律，将新旧空间放入一个整体的系统中加以控制。在最终完成的空间系统中，不仅对作为景观点的历史建筑群作了清理和完善，还增加了许多不同寻常的观景点，这里，“演员”和“观众”是一体的、互动的。

关于功能——类似1912街区的特色餐饮酒吧街区，是这一产业的城市级产业中心，就整个南京来说，其不可复制性较强。本项目也就不以之为定位目标，而是定位于更“一般性”的功能混合的城市街区。

关于手法——试图从对历史风貌街区的平面扩展中有所突破，拓展更加立体化的新老空间结合手段；建筑造型处理上，也尝试在更大风格跨度内的新老融合（图3-3-4）。

（4）空间整合、功能提升、文脉延续乃“不二法则”

营造策略的定位来源于对任务外部条件的比较分析，而具体的操作方法则来源于对项目地块自身特点的呼应：

在空间的整合上由于有限的地块面积（除老建筑覆盖区外仅有6000m²），限制了本项目平面拓展的可能。想依照传统街区本身的空间拓展方式，在地面上拓展足够丰富的空间变化来衬托历史建筑，势必捉襟见肘；因此，立体拓展

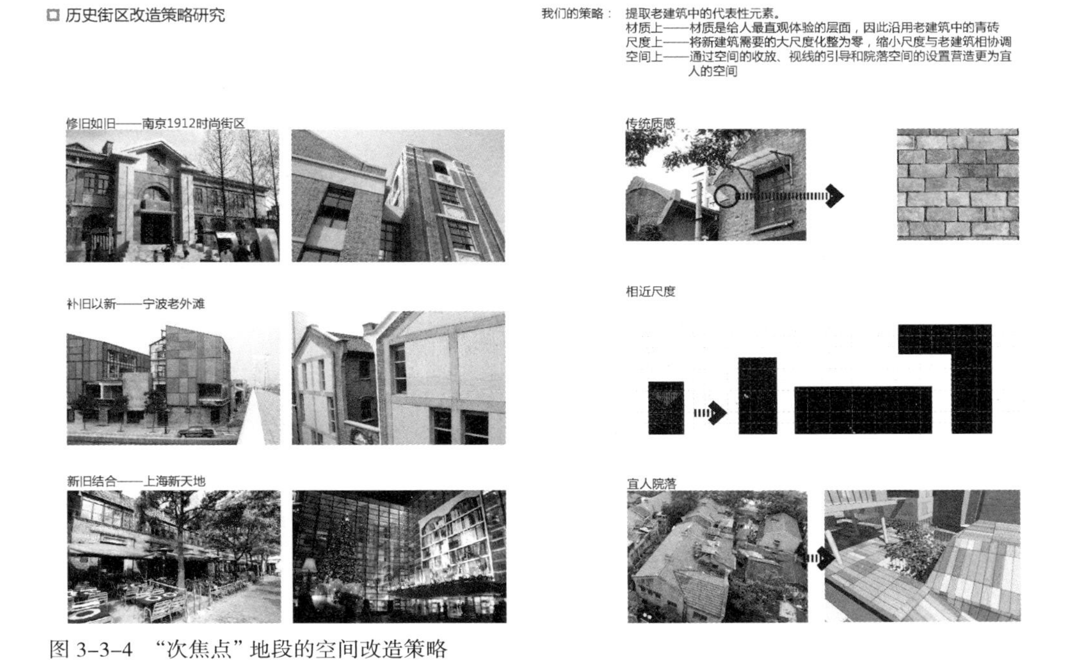

图 3-3-4 “次焦点”地段的空间改造策略

手段的引入就自然而然了——将一层屋面和地下层空间广场化，使得主要步行空间能在地面和这两个层面之间交互穿插，这样就丰富了人流在其间穿行的空间感受，并获得有别于平常的对老街区的观赏角度，增加了整个街区的空间趣味性（图 3-3-5、图 3-3-6）。

新老建筑的外部空间必须是一体化的，这是街区空间整体性的前提。因此，采用了两方面的措施来达成这一效果：第一，新建筑的外部空间和公共空间尺度小型化，以达成与老建筑群外部空间一致的节奏；第二，在第一的基础上，对整个空间群的收放转折进行系统的安排，令新建筑群的外部空间形成对老建筑群的补充，以完成统一的空间序列。如南部入口广场、中部下沉广场以及新老交接处的界面围合都是为了达到这一效果（图 3-3-7、图 3-3-8）。

在功能的提升方面“现代化”这一点的意义已不必详述，除了市政配套设

□ 剖视图

通过半地下空间和屋顶广场的开辟与穿插，建构立体化的室外开放空间架构，提供迥异于传统平面式的空间体验。

图 3-3-5 空间立体化（一）

□ 平台鸟瞰图

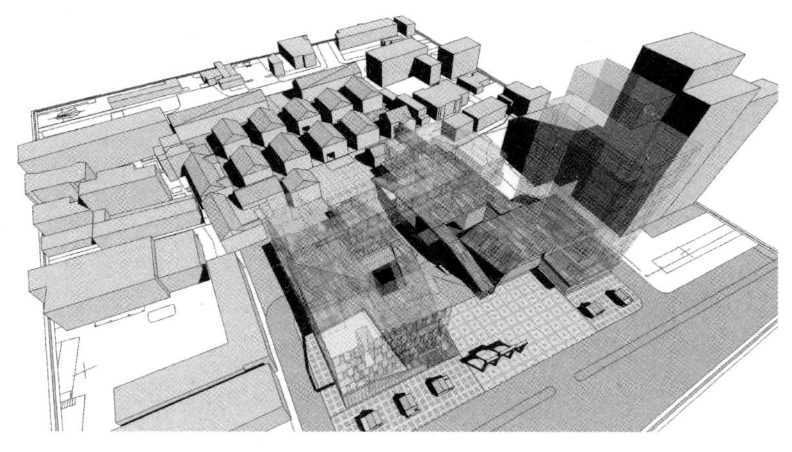

图 3-3-6　空间立体化（二）

□ 图底关系

延续历史街区的空间肌理，并增加新的节点以调整空间节奏，完成整个街区的系统空间整合。

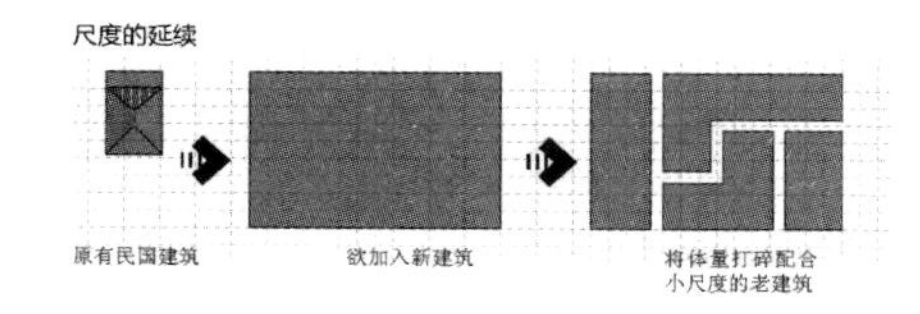

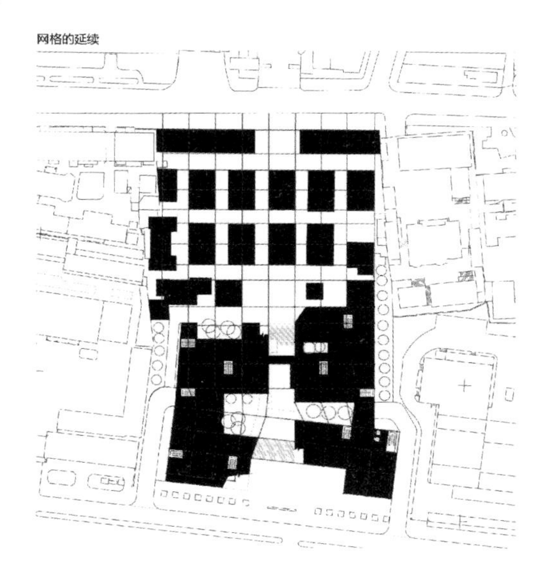

图 3-3-7　空间系统化（一）

□ 空间节点分析

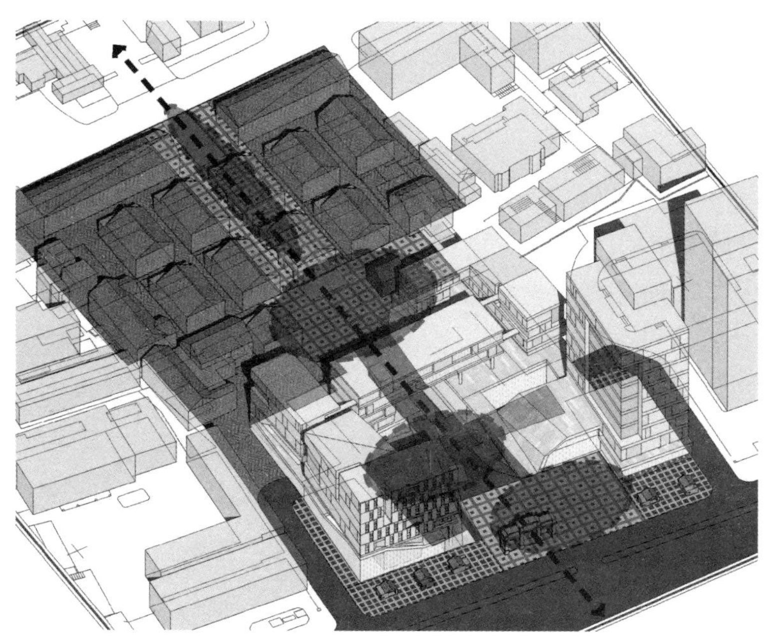

图 3-3-8　空间系统化（二）

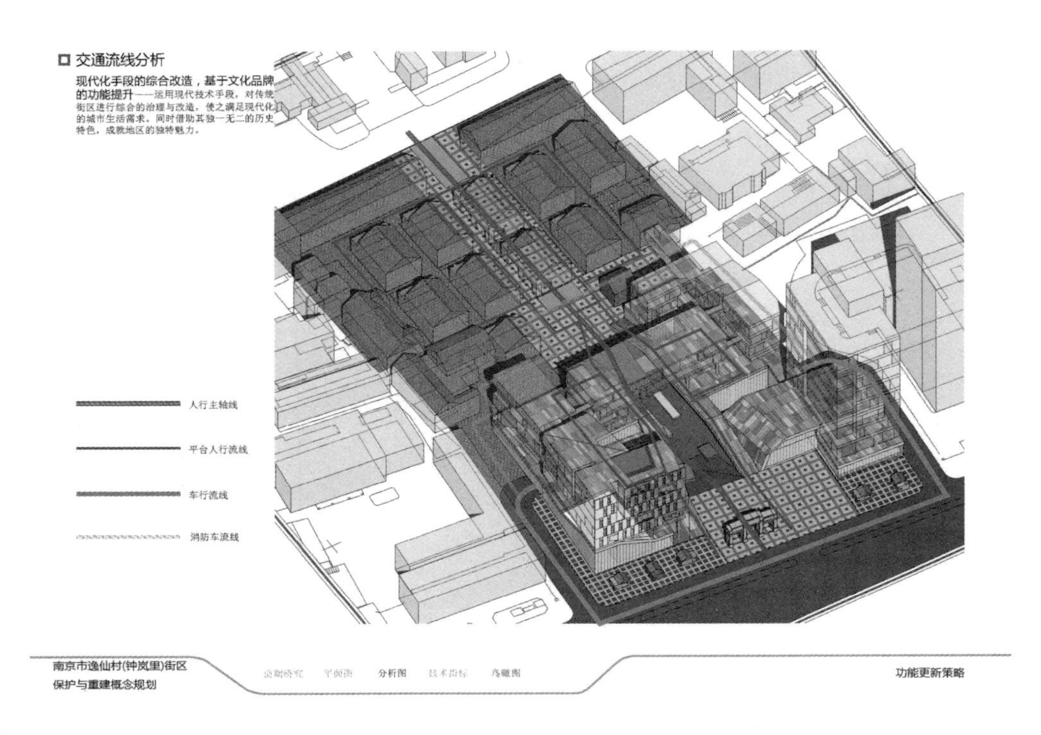

图 3-3-9 功能现代化

施的现代化改造外，停车设施、消防通道、快慢速交通系统的规划也都需按照当代城市标准实施(图 3-3-9)。“混合化”的办公、商业、零售、酒店、会所、旅游等功能都将被引入，以营造一个宜商、宜游、宜居的综合街区，也利用不同人流峰谷时间的交错使得街区保持持续的活力。建筑的空间处理也为不同功能的进入留下了足够的弹性——建筑群被设计为三个功能模块，其中新建的两个功能模块都可灵活容纳大部分类别的功能内容(图 3-3-10)。

在文脉的延续上若干不同尺度、不同风格建筑的并置，当然可能带来整体视景上的杂乱无章，从而破坏城市空间的文脉延续。用来解决这个问题的主要手段，就是以外部空间系统为骨架，组织群体建筑。在这里，建筑本身不再把它当作表达的本体，而是将它作为空间的边界或空间中的设立点而存在，其高

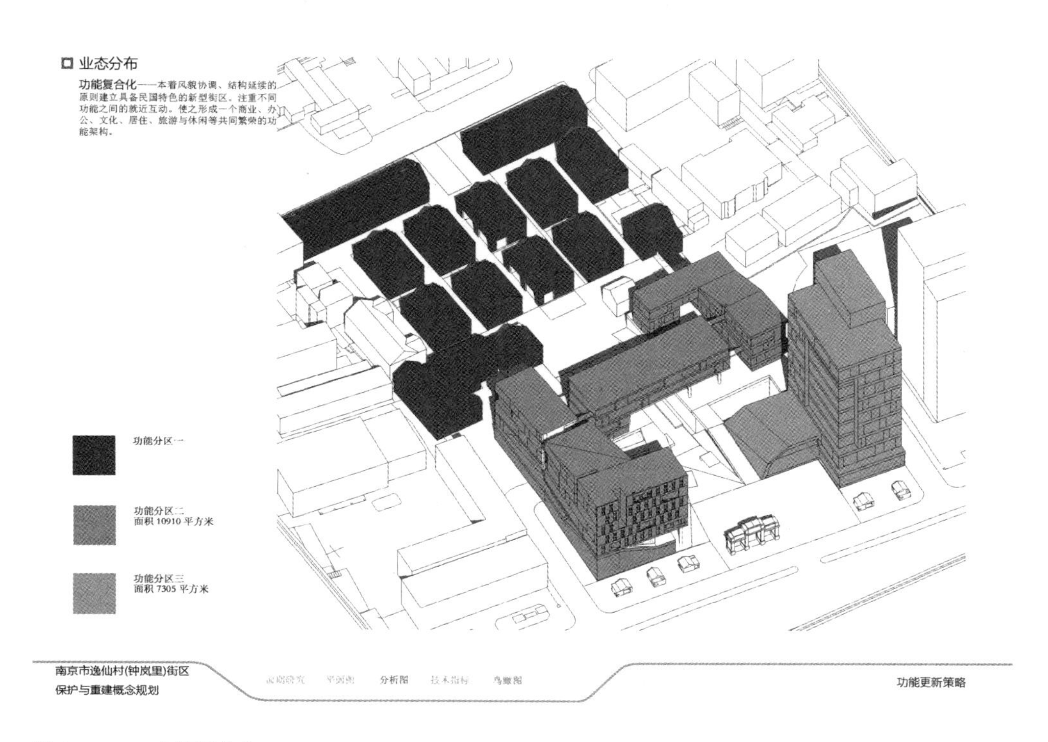

图 3-3-10　功能混合化

度、造型都以相关空间视景意向为设计导则。同时，群体中的各个建筑被有意适度地打碎，以使得整个空间系统可以回转连贯，其中或经意或不经意形成的小空间，都为观景和景观提供了新体验的可能(图 3-3-11)。

既然建筑已被作为空间的外皮而存在，那么它的造型也就不一定遵循通常的单体设计法则，而是以营造合适的空间视景为目标。关于建筑外表面肌理的处理，都把它放到更大群体环境中去考量其呼应关系。而与老建筑立面肌理类似的新立面材料与技术，则会根据不同技术及造价要求使用，以保持整体建筑群的视觉协调(图 3-3-12)。

设计的过程也是一个沟通的过程，在逐步地深入中，一些对项目的预期场景渐渐浮现于设计者和业主的想象之中——项目发达丰富的外部公共空间、可

□ 视线分析

基于空间线索的一体化设计——对新旧建筑体量、层数以视线分析的方法进行协调控制。在空间层面上最终完成新老建筑的真正融合。在这里，一体化的空间感受比单纯的造型沿袭更加重要。

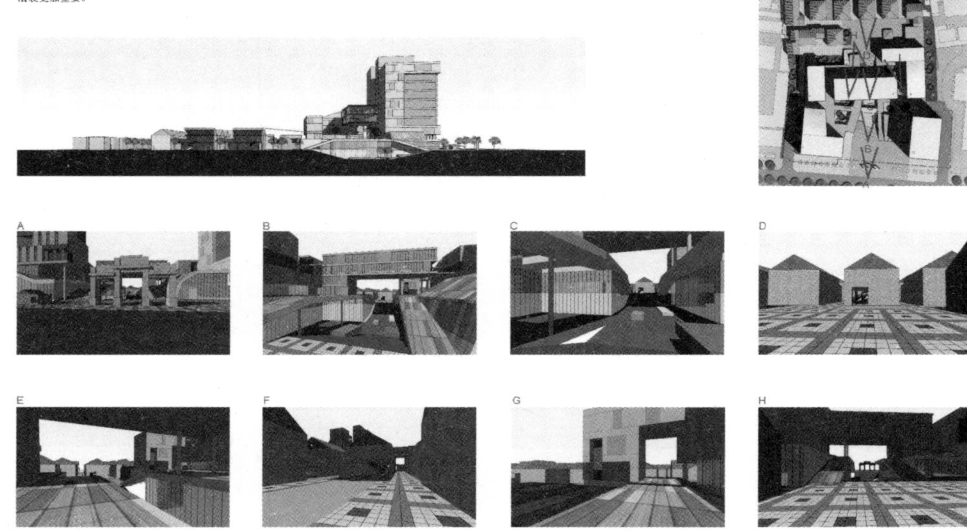

图 3-3-11　观感的延续

□ 造型意向

发掘传统材料在现代技术下的新表现力，
实现传统建筑到现代代建筑的开放式传承。

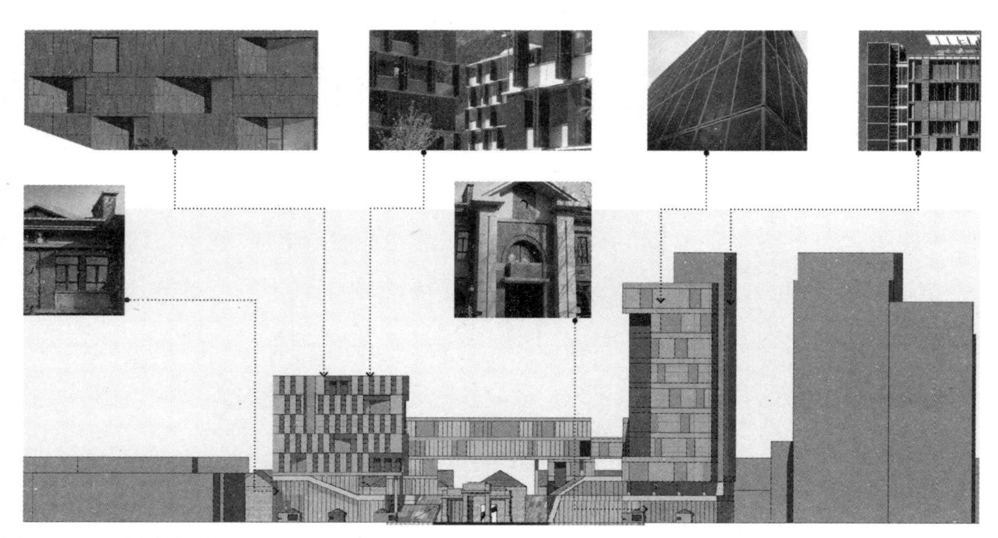

图 3-3-12　文脉的延续

融入其中的独特历史文化遗存，将这一建筑群深深锚固于南京·梅园街区，而这一鲜明的地域性也会成就项目独特的文化吸引力。出入于这个街区的，将不仅是商贾往来，也会有旅人游憩，也会有市民休闲……独特的城市活力，形成独特的招商地标，配合中山东路的高级办公产业圈，业主所描绘的“总部经济”已然呼之欲出（图 3-3-13、图 3-3-14）……

特色城市空间的营造，不会止于对某种成功模式的照搬。要根据具体项目的不同地址、要求、条件，充分发掘项目本身的独特潜力，分析其准确定位，并在空间上予以创造性地解决，才能适应城市发展的内在规律，真正创造有历史感、有活力的城市生活空间。

图 3-3-13　规划日景

图 3-3-14　规划夜景

3.4 以一座活的古城重建旷野间隐含的结构：晋阳古城遗址上的太原县城

（1）大遗址·名城·街区

伴随着国家层面的产业结构升级和文化旅游产业的蓬勃发展，历史文化遗产保护的重要性和必要性也越来越成为人们的共识，其表现之一即掀起了一股申报国家历史文化名城的热潮。截至 2010 年底，有 16 个城市进入到国家历史文化名城申报程序，申报数量之多、申报时间之集中是 1982 年公布首批国家历史文化名城以来从未有过的现象。[①]

太原即为其中之一员。太原有着 2500 年的建城史，拥有丰富的历史文化遗存，却一直未能跻身国家历史文化名城的行列，当今天这样一个传统重工业城市开始升级转型时，所面对的却是文化遗产的严重碎片化。在太原划定的五片历史文化街区中，明清太原县城历史文化街区（以下简称太原县城），是面

① 张兵、康新宇．中国历史文化名城保护规划动态综述［J］．中国名城：29.

积最大、情况最特殊的一处：

首先，太原县城独处于主城区之外，尚存有较完整的明代城市格局。其城市边缘的区域性质、乡村式的社会经济发展水平等，皆使得保护规划工作更接近于历史城镇层面的保护。

其次，太原县城占压在晋阳古城的遗址之上。2001年5月，晋阳古城遗址被列为全国重点文物保护单位。鉴于大遗址面积广阔，考古工作尚未全面展开，地下埋藏情况还有很大的不确定性，在2009年2月编制了《晋阳古城遗址保护规划纲要》之后只能暂停，这也使太原县城的保护规划工作举步维艰。

再次，太原县城的历史遗存碎片化和民俗文化鲜活化之间的矛盾。县城的城墙仅有部分残存，重要的公共建筑多已损毁；保存较完整的民居也分布零散，新建民居呈现出北方农村千人一面的常见景象。然而，县城仍然继承了传统乡土社会的文化习俗和社区网络，发达的非物质形态遗存在一定程度上弥补了物质遗存的缺失。在梳理碎片化历史遗存的同时，如何使民俗传统得以延续，理顺保护与发展的矛盾，是街区保护面临的又一难题。

最后，在工作方法上，太原县城保护规划的编制也体现出区别于一般历史文化街区的特征。为配合名城申报的推进，名城与街区的保护规划编制工作同时进行，可以避免名城规划对下一层级保护所带来的政策上修改的难度。反之，街区规划也有力地支撑了名城申报的顺利进行。二者同时编制、互为补充的模式，或许也是城市遗产保护的一条有效途径。

（2）城池凤翔余：从晋阳古城到太原县城

《史记·晋世家》载："武王崩，成王立，唐有乱，周公诛灭唐。成王与叔虞戏，削桐叶为圭以于叔虞曰'以此封若'。史佚因请择日立叔虞。成王曰：'吾与之戏耳。'史佚曰：'君子无戏言，言则史书之，礼成之，歌乐之。'于是遂封叔虞于唐。"[①] 这

① （汉）司马迁．史记 下卷三十九晋世家第九．哈尔滨：黑龙江人民出版社，2004：179.

则“桐叶封弟”的优美故事，不仅说明了今太原地区早在周代的第一次归于大化、分封诸侯的历史，其中更是饱含道德批判的哲思。此后，这片土地拥有了辉煌无比的历史。

春秋时期晋国赵简子首筑晋阳城，其后三家分晋，晋阳作为赵国初都70年；南北朝时期，晋阳先后成为东魏、北齐的别都；唐代则与洛阳、长安并称“三都”，是为北都，《唐会要》载：“都城左汾右晋，潜丘在中，长四千三百二十一步，广三千一百二十二步，周万五千一百五十三步。宫城在都城西北，即晋阳宫也。”[①] 晋阳城已建设成为横跨汾水的三城联合格局，唐玄宗游历时发出：“并邑龙斯跃，城池凤翔余”的绝美赞叹。

唐末五代动乱，先后有九位霸主依托晋阳称雄，晋阳城亦为北宋政权最后征服的割据势力，并于太平兴国四年（797 年）以“国家盛则后服，衰则先叛，不宜列为方镇”为由，将 1500 年的壮阔历史付之一炬，次年（798 年）又引晋水、汾水灌毁废墟，而迁并州治于榆次，于别处另建周边两公里的小城，改为平晋县，意为“平定晋阳”之意。三年后（801 年）于唐明镇筑太原府城，直到嘉祐四年（1059 年）才重新设置太原府治。[②]

明初，为加强中央集权，实行藩王分封制。此时的晋阳古城早已荒蛮，龙城之说不再成为新王朝的禁忌，太原客观天然的地理位置再受重视，明太祖三子朱棡，封晋王，主太原，成为最早入住封地的藩王之一。历史的偶然让人感慨，洪武四年（1371 年）即太原府城建成后的第三年，在晋阳古城遗址上修建晋府宫殿，“木架已具，一夕大风尽颓，遂移建于府城。”又逢原平晋县城被汾水所冲，遂迁县治于晋阳古城基址之上，是为太原县城，此时距晋阳古城被毁已经整整 400 年了（图 3-4-1）。

县城位于西山九峪东侧正中，汾河西侧谷地上，西山带山脉对其形成拱卫之势，汾河在其西侧蜿蜒自北向南而去，东西两侧的山脉与河流呈现完美的拓扑对称，是背靠龙脉，左青龙右白虎，前有流水的理想风水格局。县城东西

---

① 转引自杜锦华主编．晋阳文史资料第四辑古都晋阳．2001：95 页．

② 常一民、陈庆轩．晋阳与水火相连的古城［J］．中国文化遗产，2008（1）：14.

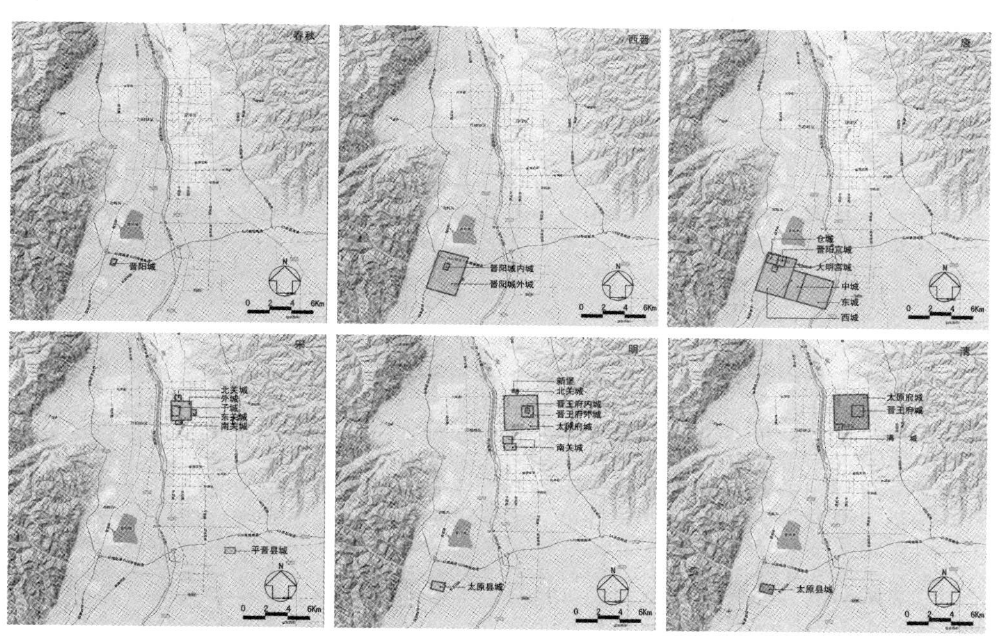

图 3-4-1　太原地区古代城市建设演变

长，南北窄，北关瓮城门开向东面，东关、西关、南关的瓮城门则皆为南向。究其原因，北方是北元势力南下抢掠的方向，作为明初九边重镇之一的太原地区，城墙的不对称建设是基于军事防御考虑作出的调整。当代的测量证实县城方位不是严格的正南北，有一定角度的偏差，再对应考古地图可得，这是与晋阳古城遗址方位保持一致的结果，而后者乃是根据西山带的山脉走向定位的（图 3-4-2）。

根据当地传说，太原县城的北门为凤首，瓮城门洞朝东，代表凤首向东顾盼，有“丹凤朝阳”之意，瓮城内道路南北各有水井一眼，象征凤之双目。东西瓮城门洞皆向南开，如凤之双翼。南门外建有巍峨高耸的宝华阁，乃是高高翘起的凤尾。城内十字街的交会处为凸起的好汉坡，又拟为凤腹。[①] 唐代常将

① 详见：张德一，姚富生．太原市晋源区旅游漫谈［M］．太原：山西人民出版社，2001：42.

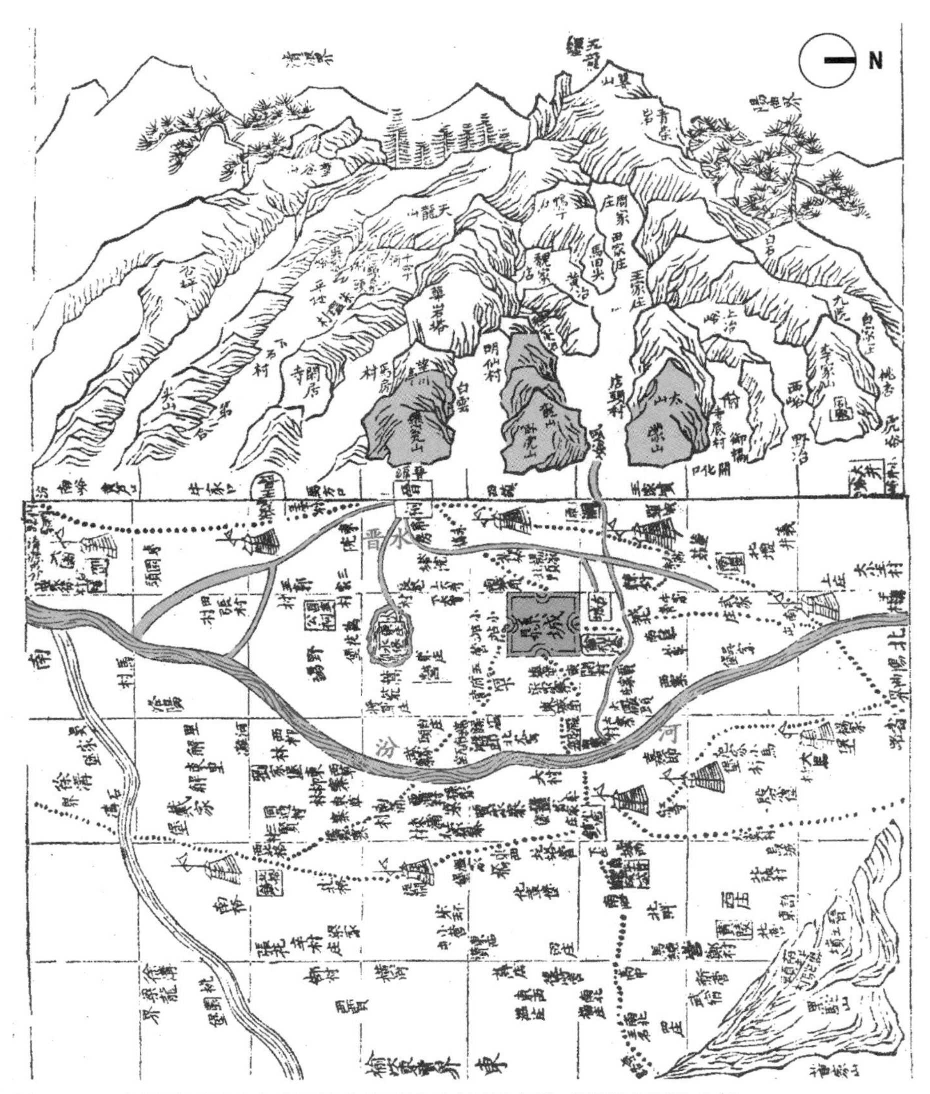

图 3-4-2　太原县城周边水系及风水格局示意（底图来源：《道光太原县志》）

京城称为凤城、凤京、凤凰城或是丹凤城，晋阳古城在唐代发展至顶峰，亦有“凤凰城”的美誉，建立在晋阳古城遗址之上的太原县城的“凤凰城”之谓也正是继承于此，代表了当地民众的文化需求和美好愿望，城市构成要素也因此附加了文化内涵（图 3-4-3、图 3-4-4）。

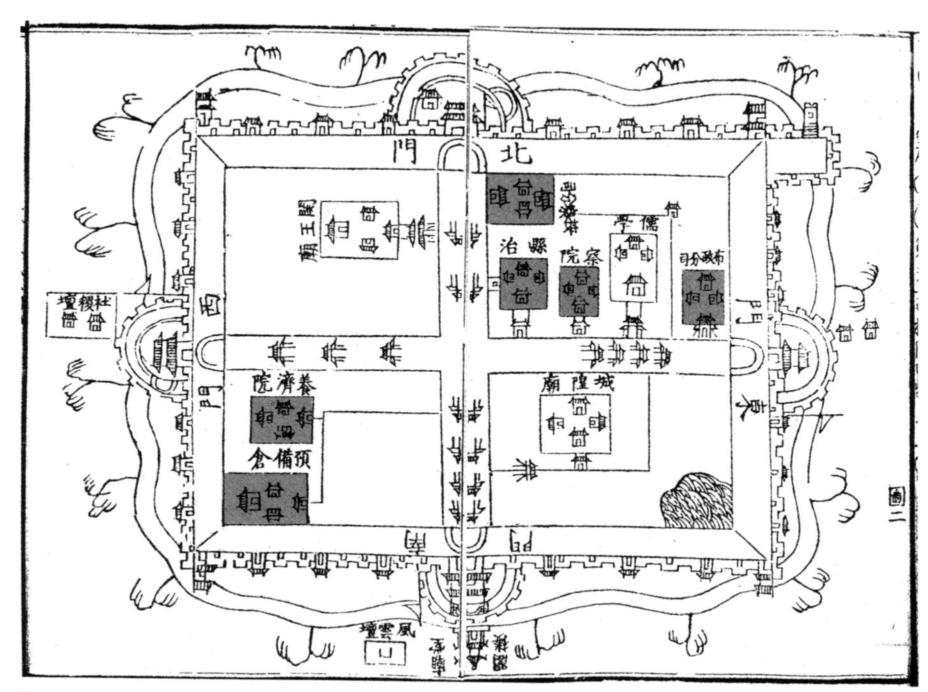

图 3-4-3 明太原县城城市结构（底图来源：《嘉靖太原县志》）

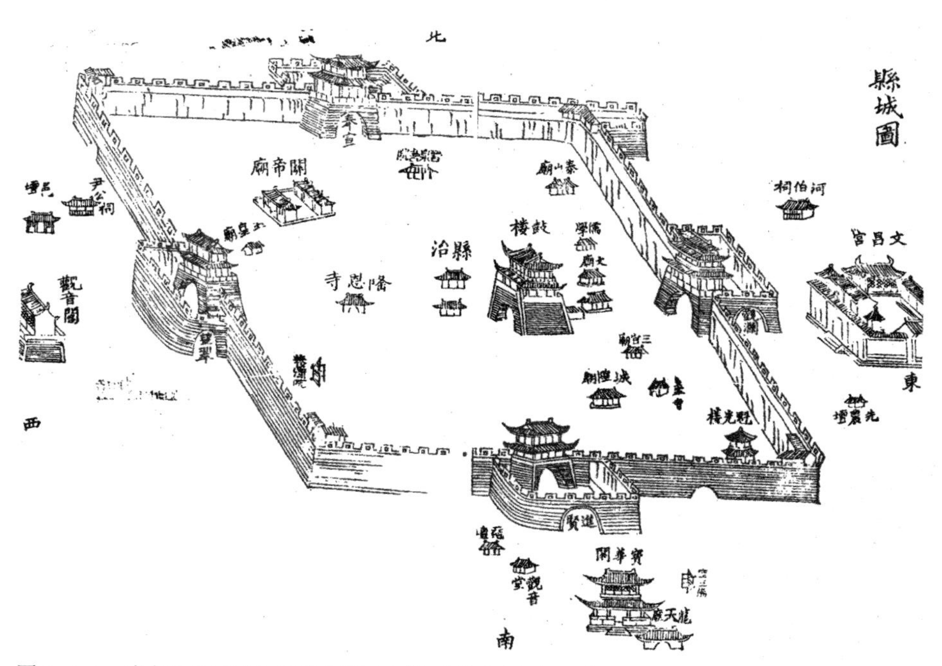

图 3-4-4 清太原县城城池形态（底图来源：《道光太原县志》）

（3）晋阳文化遗产体系中的太原县城现状

2009 年，国务院通过了《促进中部地区崛起规划》，明确提出了六大城市群（圈）的概念，太原城市圈即为其中之一。“十二五”期间，山西省将构建“一核一圈三群”的城镇体系框架（图 3-4-5），太原都市圈是重中之重。《太原市城市总体规划（2008—2020）》将城市性质定位为“山西省省会，中部地区重要的中心城市，全国重要的新材料和先进制造业基地，历史悠久的文化古都”，是第一次将文化古都的概念提升到城市性质的高度，表明太原自全国重要的能源化工城市向文化产业转型的决心。

山西省历史文化遗存丰富，如已经入选世界文化遗产的大同云冈石窟、五台山、平遥古城，及文物建筑密集分布的晋东南早期木构建筑遗存区和晋南元代建筑遗存区，而位居省域中心的晋阳文化却长期得不到应有的重视和地位（图 3-4-6）。事实上，晋阳是三晋大地的重要源流和核心，是我国古代北方军

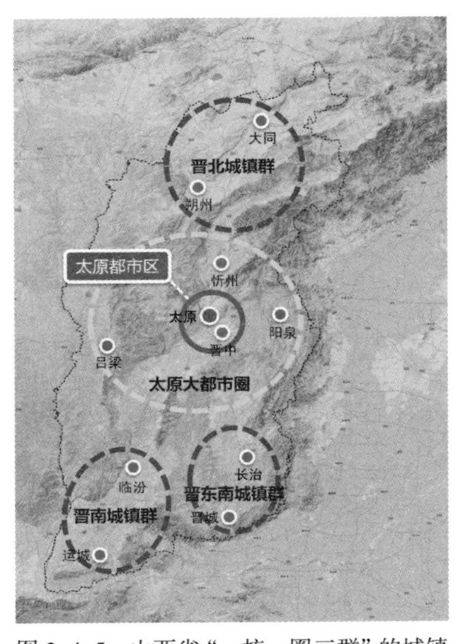

图 3-4-5　山西省“一核一圈三群”的城镇体系框架

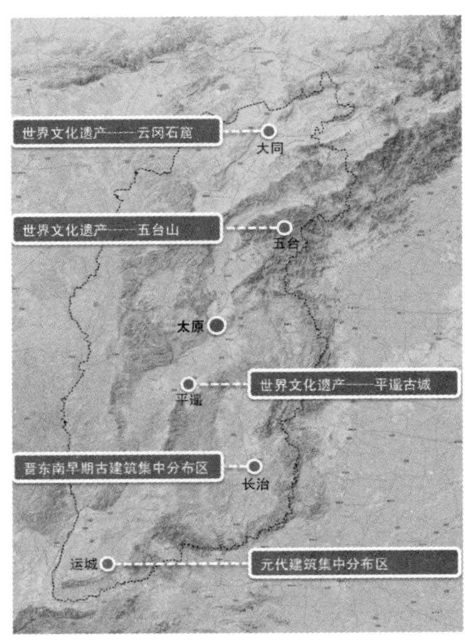

图 3-4-6　山西省历史文化遗存示意

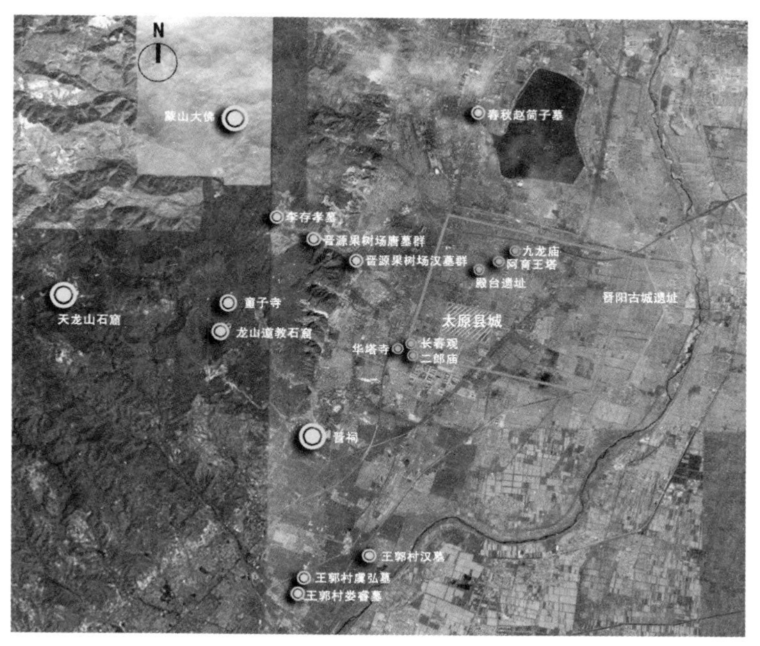

图 3–4–7　太原县城周边历史遗存

事、政治和经济重镇，也是中华民族交融史上的重要交汇点，这里发生过的重要历史事件，都直接或间接影响着中华历史文明发展的轨迹。与上述山西省其他遗产资源相比，晋阳文化遗产无疑有着历史悠久、类型多样、底蕴深厚的优势和特征（图 3–4–7）。根据城市总体规划，未来太原将倾力打造由主城和新城、晋阳文化区和北部生态保护区组成的“双城双区”的城市空间结构（图 3–4–8），为作为晋阳文化遗产重要组成部分的太原县城的保护与发展带来了契机。

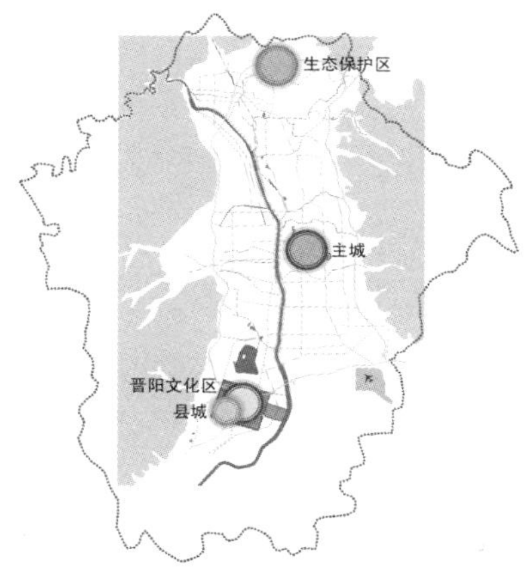

图 3–4–8　太原“双城双区”的城市空间结构

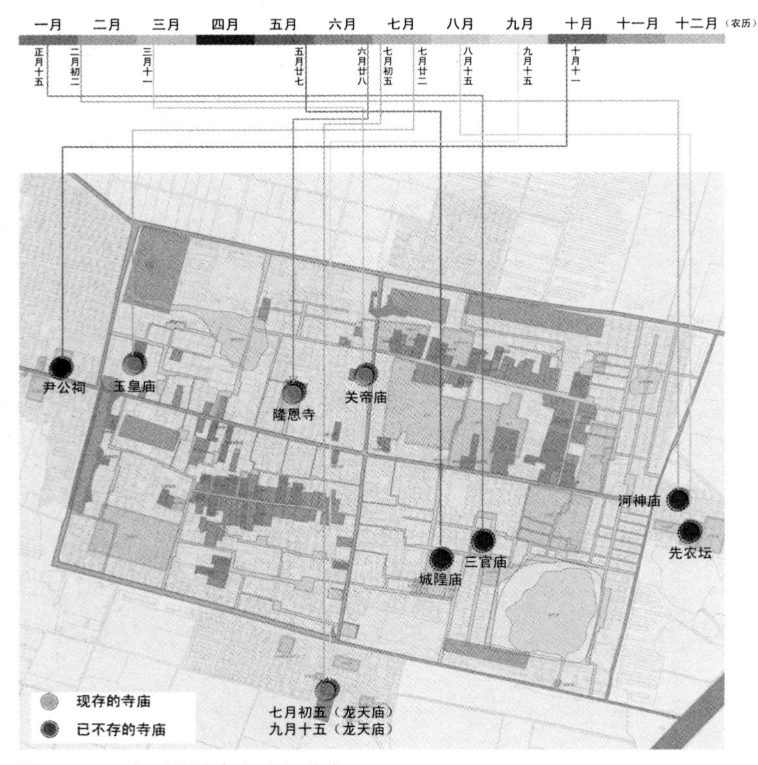

图 3-4-9　太原县城庙会全年分布

作为一座"活的"古城，较低的行政等级及农业人口为主体的构成模式，使太原县城免遭城市化浪潮的彻底洗礼，仍具有传统地缘和血缘关系社会的特征，伦理道德观念依然是日常行为的准绳，相应的民俗体系也得以保留，涵盖了庙会（图 3-4-9）、社火、手工制品、特色小吃、传说故事等诸多方面，如每年的庙会就有 11 处之多，二月二的社火也在近些年得以恢复。

但现代社会的进程脚步是阻挡不住的，这使得太原县城呈现出一种传统与现代相互交织混杂的生活方式，也使得传统风貌的现状令人担忧，主要表现在城市肌理、立面形态和街巷空间等三个方面。再就是基础设施的薄弱，这也是历史文化街区面临的普遍而基础性的问题。而人口外流和老龄化所导致的社会性衰败，则是太原县城传统地域文化活力消退的根本原因。历史文化街区倘若缺失了作为城市形态建设者和地域文化传承者的原住民，纵使拥有完整的历史风貌或者精美的历史建筑，也难以体现历史文化的精髓，只能沦为死气沉沉的历史古董，甚或是披着传统外衣的商业舞台。

（4）风城余音绕：多重主体的保护与区划

太原县城的特殊之处在于保护主体的多重性特性，相互牵制也相互支撑，制定相应的保护对策，协调各个层级的文化遗产保护，才可能营造出活在晋阳古城遗址“腹中”的传统城市生活图景。

历史文化街区保护规划编制的首要任务，是明确保护对象（表 3–4–1）。在此基础上，规划构建了包括山形水系、城市结构、街巷建筑、环境要素、民俗文化等在内的完整保护区划，兼顾了不同层次的保护：保护范围囊括了现有历史遗存和城市空间结构的主体；建设控制地带满足了县城整体格局和风貌的控制；风貌协调区回应了晋阳古城的大遗址保护；保护要求和管理规定还兼顾了可能的地下埋藏区（图 3–4–10）。

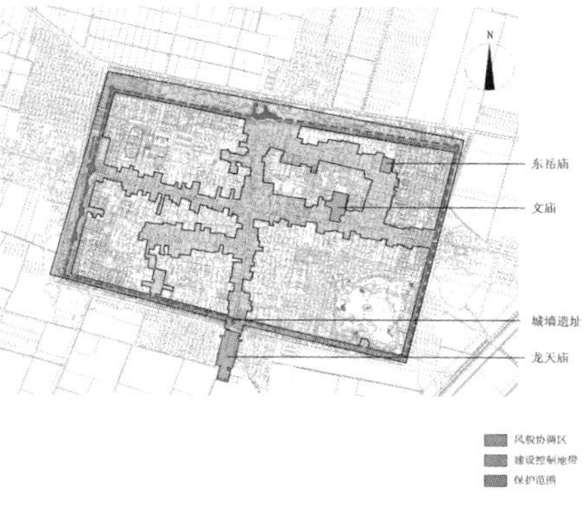

图 3–4–10　保护区划

保护对象构成　　表 3–4–1

类别	子类	内容
空间遗产	空间	文物保护单位：省级文物保护单位太原县城文庙，区级文物保护单位龙天庙、东岳庙、玉皇庙、城墙等
		历史与山水格局：太原县城是晋阳古城的延续，延续了东侧汾河、西侧西山的环境格局
		地下埋藏区：晋阳古城西城曾是重要的建设区。县城是否存有地下埋藏区，尚有待发掘，埋藏深度约在 2 米到十几米之间
		街巷格局：城内街巷以十字形大街为骨架，众多巷道与其相连，形成了四通八达的交通网，民间称“九街十八巷”
		历史建筑：保存完好的传统民居有 30 多处，如秦家大院、陈家大院等，是太原地区的传统民居的代表。此外县衙、鼓楼、宝华阁等虽无存，仍是居民的共同记忆
	景观	魁星阁与金牛湖的对景关系：历史上县城东南隅建有魁星阁，与金牛湖水映阁影，是县城一景。现阁已无存，湖迹尚在
		古树名木：唐槐一株，为晋阳古城遗物
		古井：北门瓮城内有古井两口，被当地人称为凤凰双目，相传井水一可洗眼明目，一可做豆腐、烧酒，别具特色
		院落绿化：民居院落内种植的花木是当地绿化的重要内容
生活遗产	民俗	民俗活动及民间信仰：县城内保存有许多民间信仰，如龙天信仰和五道庙祭祀，均是太原县城较有代表性的民间信仰。此外县城内外分布有十一处庙会，如正月十五的三官庙庙会、二月初二的河神庙庙会等，已成为太原县城民间文化的重要节日，而其中最为繁盛的当属龙天庙庙会
		传统老字号：老字号众多，主要有聚宏园、两合公、裕美公、天成号等著名的商铺
	艺术	传统技艺：太原县城内保存着丰富精湛的传统手工艺，如剪纸、食品制作、砖雕等，是当地传统艺术要素的重要体现

1）保护范围：城市历史的结构化保护

城市结构指由轴线、地标、边界及街巷网络所构成的城市基本骨架，对城市整体形态起控制性作用，是体现传统城市空间特色，反映传统城市规划思想的重要线索。太原县城城池轮廓清晰，街巷格局完整，总体尺度基本延续明代时期的特征，但历史实物遗存较少，因此，保护范围的划定结合城市空间结构，以十字街为骨架，将历史建筑相对集中的西北区域的北后街、东横街和西南区域的仓巷纳入保护范围，再根据城墙遗存现状及重要节点划定边界。

图 3-4-11　矗立在旷野上的城池：规划前后对比

城市轴线通常是指在城市中起空间结构驾驭作用的线形空间要素。[①] 十字街将太原县城划分为基本对称的四块区域，对城市具有重要意义，是体现礼制社会等级关系的集功能、景观、风水等于一身的城市轴线。但十字街的传统文脉现已基本丧失，规划从五个方面制订了相应的保护策略：①尺度及地形控制，②建筑风貌整治，③重要地标建筑的重建，④视觉通廊的保护，⑤功能的强化，旨在通过轴线保护传承城市历史文化特色及传统生活秩序。

防御性是中国传统城市的重要特性之一，城墙和护城河明确构建了城市的边界，控制着城市的形态。太原县城的护城河已被填埋修成道路，城墙部分残存，现有的城市外环道路在一定程度上起到了城市边界的作用。但城墙遗址上的民居及外围民居的建设，削弱了城市边界的感知度。规划通过修建城墙遗址公园对城市边界进行强化，突出城市外部轮廓，呈现出原有的一座矗立在旷野之上的城池形态（图 3-4-11），并对重要的城墙要素有选择地部分重建，如东南角的奎星阁、东城门等，进一步标示和强化。

① 王建国．城市传统空间轴线研究，建筑学报［J］，2003（05）：24.

2）建设控制地带：整体保护城市基调

街巷是城市风貌及传统生活方式的重要载体，充实于街巷之中的具有相似尺度、体量和风貌的院落式民居构成了整个城市的基调，点缀其间的重要公共建筑以其高度、体量和风貌上的差异而凸显出来，成为城市的地标和视觉控制要素，民居和公共建筑一起构成了城市和谐统一又富有变化的城市肌理。太原县城的街巷以十字街为主干，分别朝四个街坊自然延伸形成网络状布局，俗称“九街十八巷”。这种通直规则的主干道与街坊内的自然小道构建的街巷网络形态，反映了中国传统城市中粗放的大轮廓与自发生长的小形态相叠加的二元状况。①

规划从整体保护的角度出发，本着“延续风貌、渐进过渡”的原则，将整个县城范围除保护范围外皆纳入建设控制地带。根据《历史文化名城保护规划规范》的相关规定，城市街巷的保护主要涉及网络、尺度及铺装等内容。并根据城内建筑现存状况进行不同层次的整治，包括：传统建筑的修缮、整饬；传统建筑中添加新的建筑；非传统建筑的改造或拆除；置入新建的建筑，在修复城市肌理的同时保持老城活力。

3）风貌协调区：与晋阳古城遗址协调

2006 年 11 月 30 日，山西省第十届人民代表大会常务委员会第二十七次会议通过《太原市晋阳古城遗址保护管理条例》（以下简称《条例》）；并于 2009 年委托中国建筑设计研究院历史所编制了《晋阳古城遗址保护规划纲要》（以下简称《纲要》）。太原县城作为晋阳古城遗址保护范围内的一部分，规划特别划定的风貌协调区为已探明的晋阳古城遗址边界，以确保二者在保护和发展方面的相互协调和平衡。

① 参见王金岩、梁江．中国古代城市形态肌理的成因探析[J]．华中建筑，2005（1）：154.

鉴于晋阳古城考古工作目前正在进行过程中，为防止人为建设破坏，《条例》和《纲要》严格控制了遗址保护范围内的建设强度。[①]《纲要》还明确规定："太原县城城墙范围内仍保留为居住用地，常住人口按照保护规划测算要求控制；明代城墙范围外的民居纳入搬迁对象。"县城外围现已扩展为新建村民居住区，规划将城墙外围民居及占压城墙的部分民居异地安置，既促进了晋阳古城遗址的考古发掘与保护，也有利于太原县城历史风貌的体现和城墙的保护。

晋阳古城遗址保护范围内现有大运高速、环城高速、新晋祠路三条主要的交通道路，《纲要》认为大规模的过境交通流量，对遗址造成负面影响，应当"制定过境交通调整方案，迁出遗产区内的过境交通道路，削减城市功能，改善遗址保护范围内的环境质量。"《纲要》针对现状交通对遗址环境造成破坏的评估是正确的，但将这些交通干道完全迁出古城遗址的做法偏于极端，就晋阳古城遗址的位置和范围来看，保留现状存在的新晋祠路，而挪移环城高速和大运高速的部分路段是比较理性的选择，而新晋祠路正是现状和未来连接太原县城和太原市的主要道路（图 3-4-12）。

（5）街区保护后续的产业定位与空间活化

从历史遗存的数量和质量上讲，太原县城不算突出，但隐藏在物质形态背后的非物质文化传统却是其可贵之处，也是当前街区保护中强调的重点。文化传统的延续是居民世代传承的结果，却在今天的现代性蔓延中逐渐衰落，传统物质载体的日益破碎也正是这种现象的直接表征。如何应对，至少涉及三个方面的问题：一是空间质量的改善，包括传统风貌梳理，城市格局凸显，基础设施齐全，居住环境优化等；二是传统生活的延续，包括民俗活动开展，社区网络构建，历史记忆传承等；三是新型产业的引导。亦即，实现空间、生活与产业的和谐关系，才是街区保护的最终目标。

---

① 《纲要》规定：位于城建区的保护范围和位于农村的以确定边界遗存分布的范围内土地使用性质改为"文物古迹用地"，位于村镇的一般保护区维持农业用地规模，并逐步削减其中的建设用地规模。

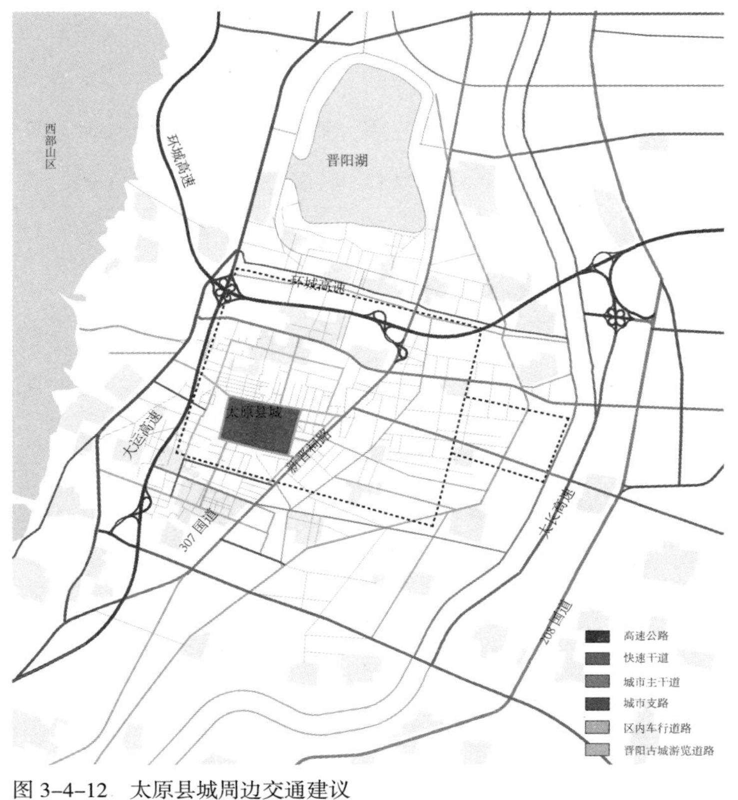

图 3-4-12　太原县城周边交通建议

1）大遗址保护中的产业定位

太原县城在空间上是晋阳古城遗址的一部分，在时间上则是连接晋阳古城和太原府城的纽带，三者构成集都城、府城、县城为一体，融合汉唐、明清文化的城市体系。规划在大遗址保护的前提下，将太原县城定位为（图 3-4-13）：

①晋阳古城的延续和准备区——在保护其风貌格局的基础上，作为晋阳古城遗址研究、参观和开发的必要准备和晋阳文化的博物展示区，也是对大遗址保护展示及博物馆建设的一种全新的形式探索。

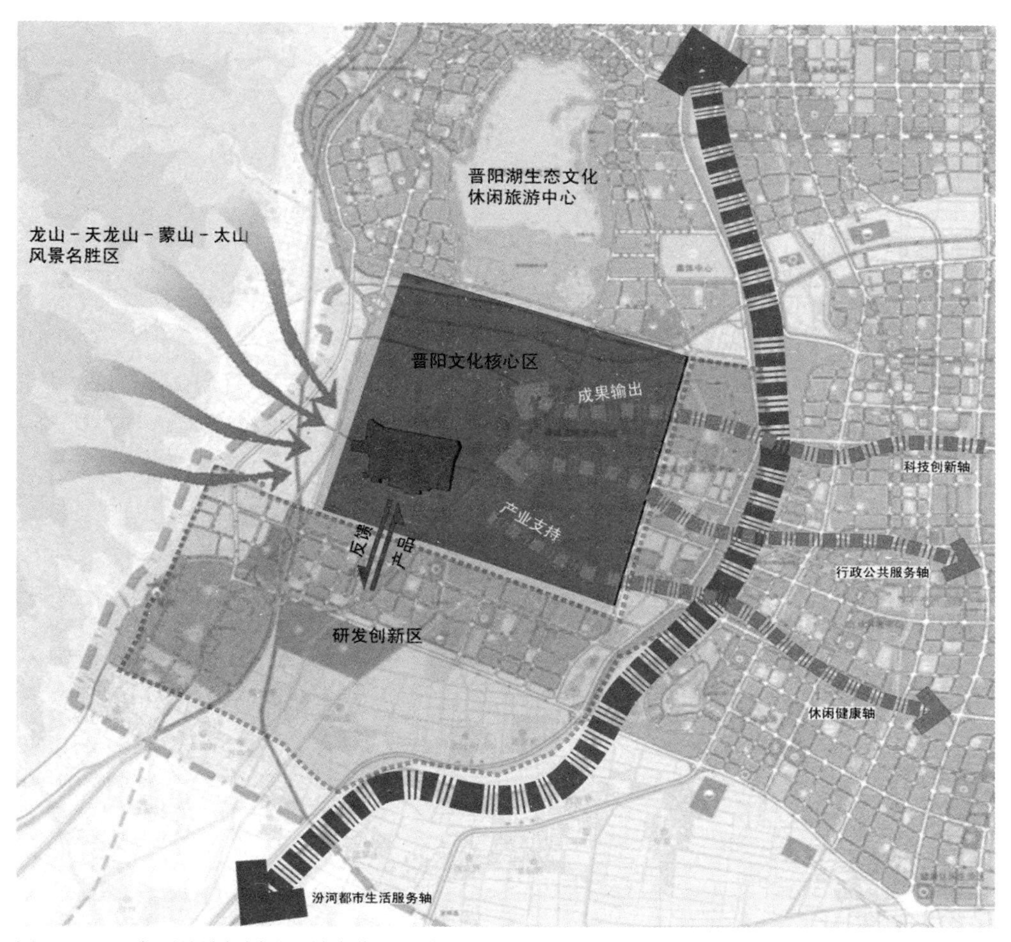

图 3-4-13　太原县城与周边区域定位的联动

②传统明清县城风貌展示区——选择历史文化或空间布局具有突出特点的区域，打造包括传统宅院、衙署、庙宇、博物馆等构成的明清传统生活图景，同时根据各功能分区特色，集中发展相应产业。

③民俗文化的原生态再现区——以龙天庙信仰为龙头，结合现存的五道庙和其他坛庙建筑，充分发掘太原县城的民间信仰文化，科学、合理地安排展示活动，鼓励当地居民和游客的积极参与，其中，着重恢复晋祠和太原县城之间

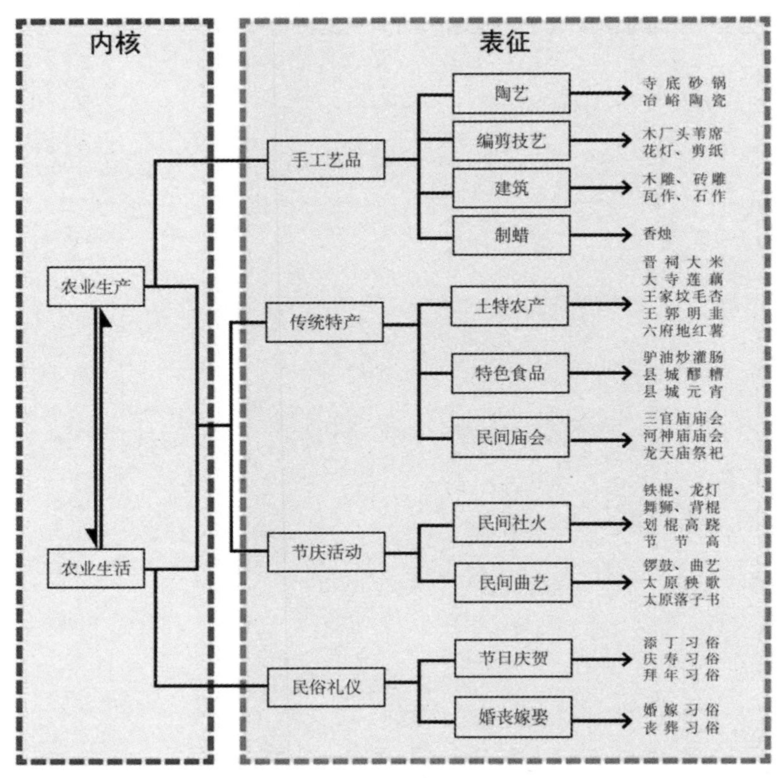

图 3-4-14　传统文化与农业生产生活的一体性

的信仰活动联系。

合理有效的产业置入是街区定位实现的根本保障，同时，也必须和物质与非物质遗产的保护相适应，且具有独特的可识别性。规划认识到当代逐渐成熟的生态科技为传统文化的“灵巧发展”提供了核心动力，传统文化必须在当代社会、科技条件下，进行提升再造，表里共存才有活力。基于“传统文化与农业生产生活的一体性”的特征（图 3-4-14），提出“传统文化创新产业”的概念（图 3-4-15），塑造试验市场、密集研发到规模生产的产业链（图 3-4-16）。

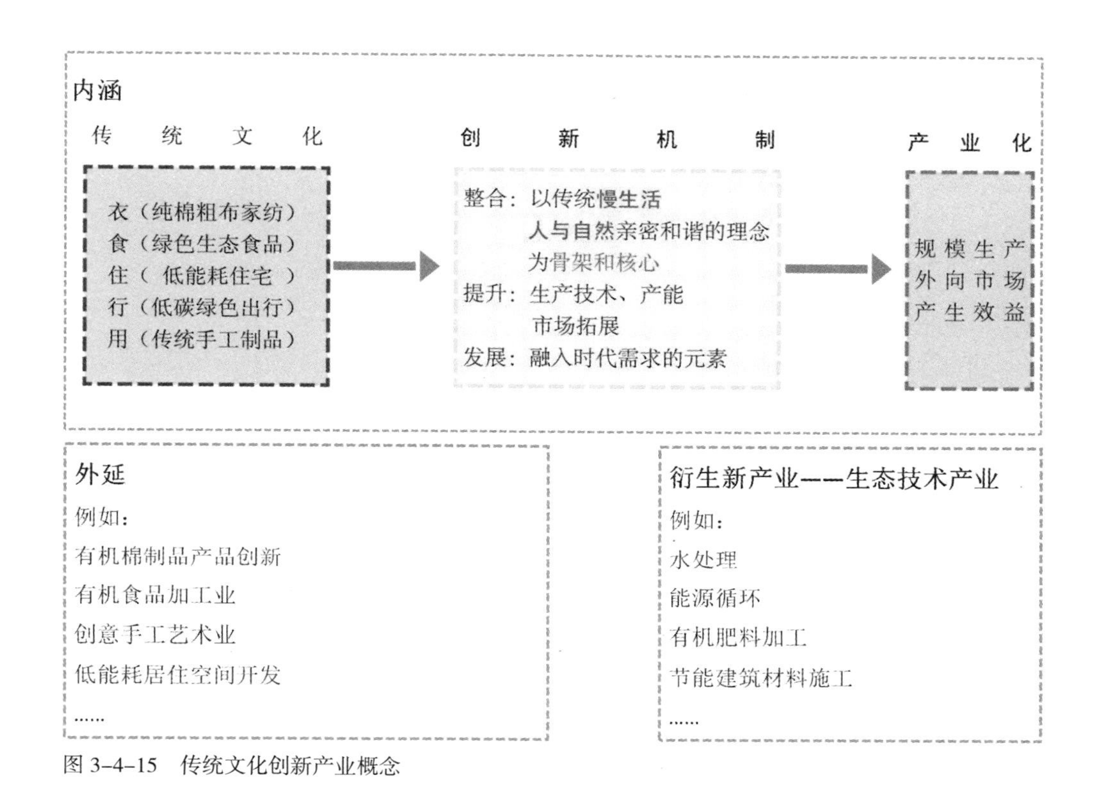

图 3-4-15 传统文化创新产业概念

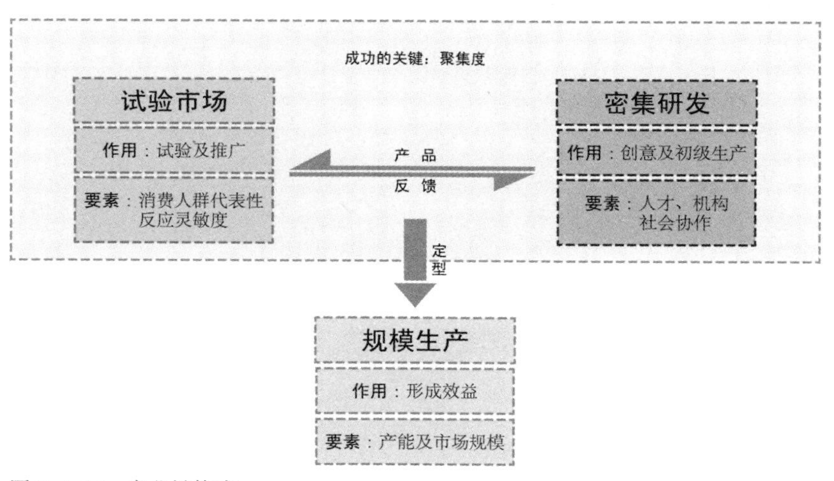

图 3-4-16 产业链构成

2）民俗传承与公共空间活化

传统社会中人们的公共活动多集中在街头巷尾，而在当前的历史文化遗产保护中，公共空间的介入是激发城市遗产的活力，改善城市空间的必要手段；具体操作时要尽量做到既满足居民日常生活和民俗活动需求，又满足旅游者对城市风貌的期望（图 3–4–17）。

①与民俗活动的耦合

民俗活动的公共性决定了它多依附于传统公共机构举行，如庙会在各寺庙周边区域，社火则在城市的空地上。太原县城也不例外，庙会多在寺庙附近的

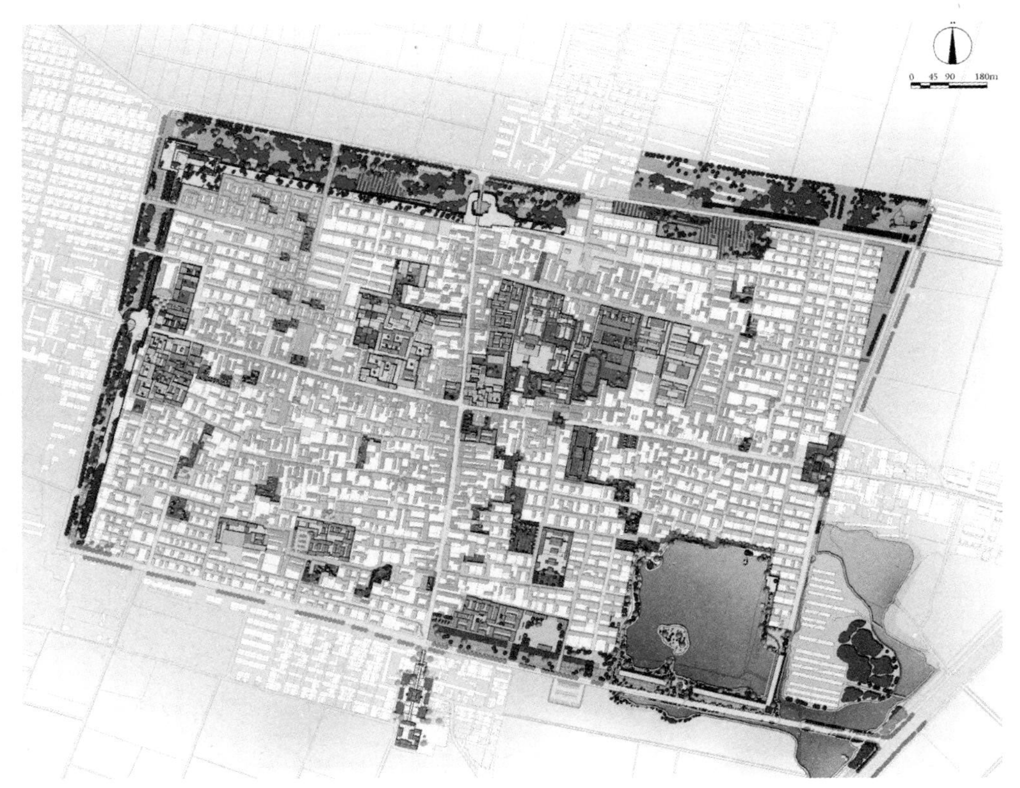

图 3–4–17　公共空间体系

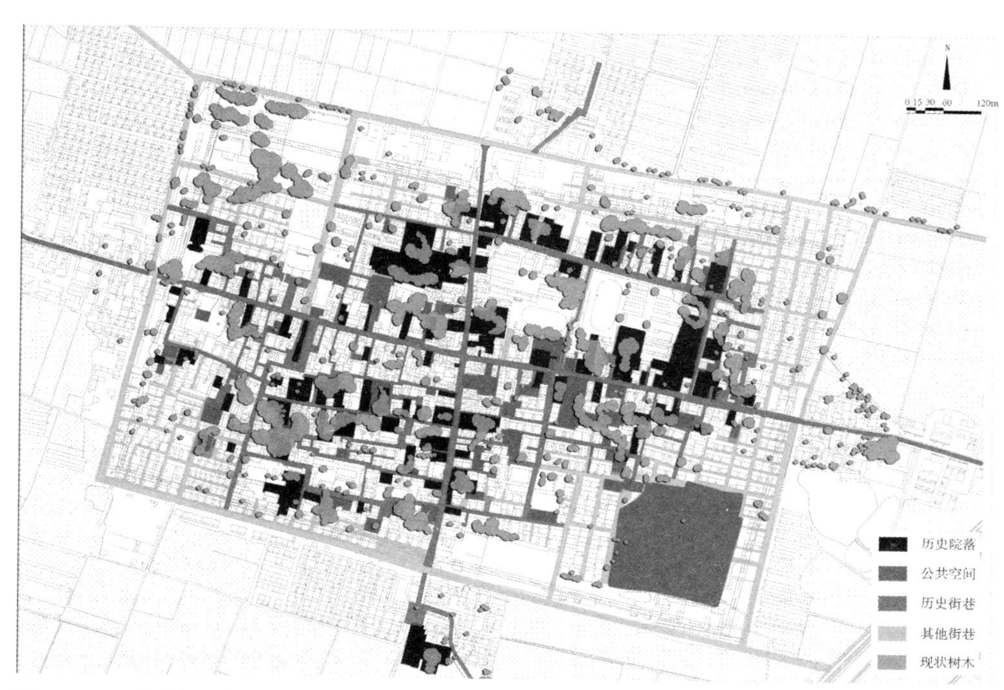

图 3–4–18　公共空间与历史院落的关联

街道举行，人流拥挤，影响交通疏散；二月二社火也缺乏固定的场地，只能在郊外的农田举行。规划对重要寺庙的周边环境进行整治，通过容纳民俗活动的公共空间的介入，有效引导民俗活动的发展，强化了城市活动的空间秩序，为城市遗产的复兴注入活力。

②与历史院落的关联

太原县城的历史院落保存规模较小，共有 30 余处，且分布零散。公共空间的介入结合了街巷路径的连接，形成收放有度、更为灵活的街巷空间，营造等级分明、便捷顺畅、文化氛围浓厚的街巷系统，使碎片化的历史遗存连成整体，给人以完整的场所体验。历史院落的密集区通常是绿化较好的区域，这一特点为公共空间的景观营造带来先天的优势，降低绿化难度，有助于空间的快速成型，提高历史空间复兴的效率（图 3–4–18）。

③与城市结构的凸显

公共空间总体结构设计为“一环、三区、两廊、多点”的布局形式：“一环”指环城墙遗址公园，强化了城市边界，建立了城市内外之间的缓冲；“三区”指城市东南角的金牛湖公园，西北隅的城墙公园，以及十字街街心广场，分别满足游憩和生活居住需求；“两廊”指从金牛湖和城隍庙向西北分别拓展至关帝庙和隆恩寺的绿化走廊；“多点”指在传统风貌区内设置的诸多小片集中绿地，鉴于传统风貌区内部宜人的街巷尺度不宜集中设置大面积绿地，因此采用“化整为零”的方法，将小片绿地安插在宅间、庙前。

3）以居民为主体的生态路线

晋阳古城的考古发掘工作正在进行中，为避免新的建设破坏，《纲要》要求“根据城址的西区、中区、东区三部分区分管理力度，其中城址西区为区划重点。要在保护优先的前提下，严格限止建设开发。”[①] 太原县城就位于区划的重点——西区。从保护晋阳古城遗址的整体环境出发，县城的发展必须得到严格控制；但同时，县城自身也要得到保护和延续，进行一定程度的开发也是必要的。

规划制定了以居住为主，结合旅游及民俗产业的发展模式，通过产业调控来控制建设量，充分利用现有公产区域的空间资源进行改造利用。太原县城的公产用地约占总用地的30%，是随着原有功能的衰落而被新功能代替的结果，如县衙被拆除后建成了学校，城隍庙被拆除后建成了工厂等，新的产业布局应顺应原有的城市结构、沿承原有脉络（图3-4-19）。当然，所有的更新工程，都应由文物部门先期组织考古勘探，如有考古发现应及时对建设进行调整，并要求所有建设的扰土深度不得超过2 m。

居民的日常生活决定了街区的活力，保留原住民，保留以居住为主的功

① 中国建筑设计研究院．晋阳古城遗址保护规划纲要［Z］：16.

图 3-4-19 公产区域的复兴

能，是保存传统街区特有的文化氛围和人文环境的根本。以居民为主体的产业模式，注重原住民生活水平的提高，采用既能带动经济发展又能继承传统特色的产业类型（图 3-4-20），带来经济效益的同时，推动文化遗产的保护。

由于规划定位的产业类型的原材料无法产自现行常规生产体系，导致短期的高成本和高能耗会成为生态体系实施的主要障碍。这就要求具有现实意义的生态体系建设必须跨越投入、产出平衡的门槛，需要具备一定规模，而且是涵盖生产、生活的完整循环体系。反观太原县城，规模适中，且兼含了生产和生活，是建立新生态体系的理想启动区（图 3-4-21）。

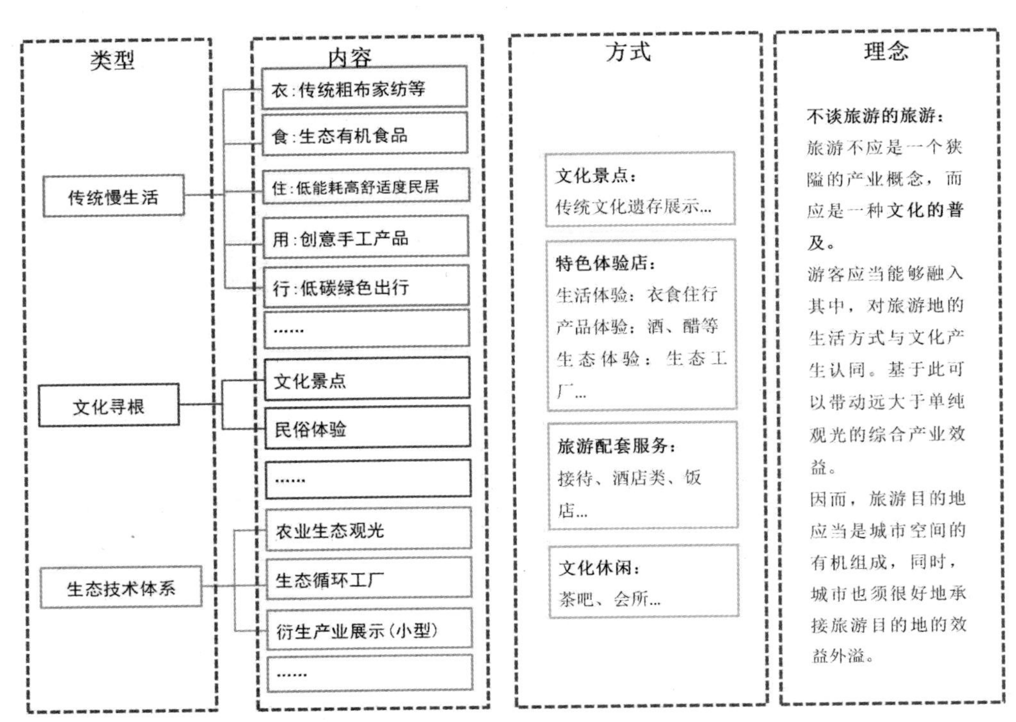

图 3-4-20　产业内容

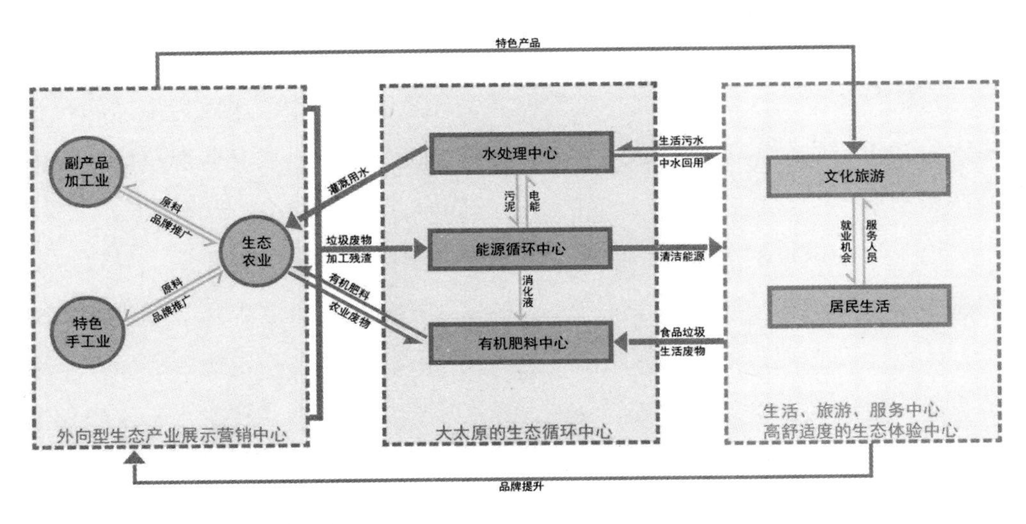

图 3-4-21　生态体系的构建（1）

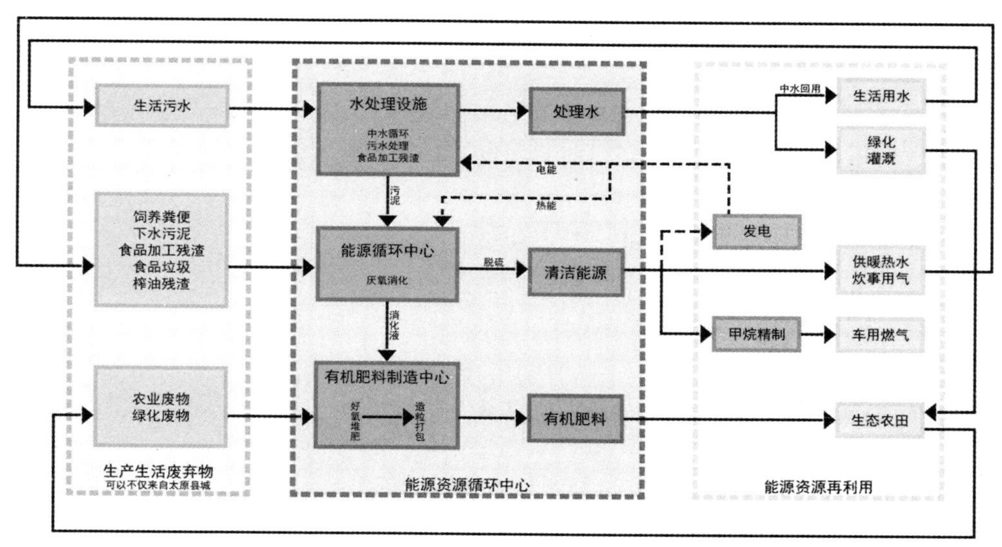

图 3-4-21　生态体系的构建（2）

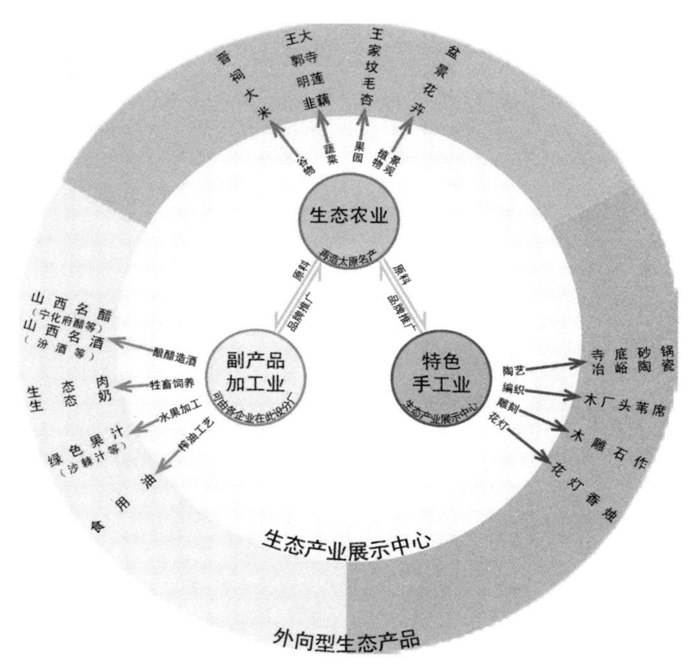

图 3-4-21　生态体系的构建（3）

3.5 从对象到场域的文化景观整合：太原太山龙泉寺

"文化景观"[①]是西方国家针对兼备景观和文化两方面内容的文化遗产类型提出的一个概念，它是建立在西方价值观的基础上的，而在中国等东方国家的含义解释和具体操作中则遭遇困境，这主要来自于自然观或营造理念的差异所造成的文化景观内涵的拓展。事实上，文化景观的概念在中国是一个重复的词，这是由于中国的景观本身就已被赋予了文化的色彩。[②]自古以来，中国的文化景观保持了一种与西方观点（将文化与自然视为对立）截然不同的哲学观及人文姿态[③]，并体现在那些大大小小的、被有意识或无意识进行的风景名胜（包括山水自然及其中的构筑物）的理景中。

然而，不管是在哪一种特定的文化语境或解释体系中，文化景观所应具有

① "文化景观"是世界文化遗产的一种类型，笔者借用其定义，泛指普遍存在的具有此特征的景观集合体。

② FENGHAN. Cross-culturalmis Conceptions: Application of World Heritage Concepts in Scenic and Historic Interestareas in China[M]. New Orleans, LA: Conference Presentation Paper to7th US/ICOMOS International Sym-posium, 2004.

③ 韩峰．世界遗产文化景观及其国际新动向[J]．中国园林，2007（10）：18-21.

的整体性与系统性特征则是毋庸置疑的。作为一个“完整的系统”而存在的文化景观资源，不应仅限于那些具有较高审美价值的、供人观光与游憩的自然与历史环境，更要涉及其所包含的一定区域的文化与社会背景，以及那些实体存在所对应的非实体的空间总和。① 这种整体性的理念已愈发受到普遍认同，如2005年的《西安宣言》就针对理解文化景观的复杂层次性提出了“整体环境”② 的概念，强调对遗产背景环境的保护，囊括了历史的、社会的、精神的、习俗的、经济的和文化的活动，将“环境”的外延扩展到社会的维度。

中国传统人文认知影响下的风景名胜理景，可以说是这种整体性理念的文化景观的典型代表。③ 本节以山西省太原市省级文物保护单位龙泉寺所处的太山风景区的保护与发展规划为例，通过对“场域”理论的解读和嫁接运用，针对资源整合、风貌呈现等文化景观保护与整合层面的策略进行探讨；同时，对于国内普遍存在着的诸多类似本案的小型风景区而言（图3-5-1），本节的思考亦具备了一个非典型例证的普适意义。

运用“从对象到场域”的分析实际上是一种整体的研究方法，强调在对文物完整性的表述过程中要更加关注非物质文化因素的影响和介入，更加关注对环境与场所的营造。在本案中，场域的概念贯穿了价值判断与抉择、潜在的景观结构系统架构、可利用的资源体系梳理以及太山乃至太原西山带文化特征显现的整个过程。在这种整体性观念的指导下，景观呈现的最终结果是对场所精神的再造与升华。

保护文化景观应当做到：不仅使其作为“历史的见证，同时也作为一个文化发展的活态系统和可能的未来模式。在保持真实性的前提下，经营中的文化景观应该保持其经济活力。”④ 因此，保护工作本身也成了文化景观持续发展历

---

① 华晓宁．建筑与景观的形态整合：新的策略［J］．东南大学学报（自然科学版），2005（7）：236.

② 据（澳大利亚）肯·泰勒，韩锋，田丰．文化景观与亚洲价值：寻求从国际经验到亚洲框架的转变［J］．中国园林，2007（11）：5：整体环境（Setting）这一概念至关重要。2005年国际古迹遗址理事会（ICOMOS）在中国古城西安召开的国际会议的主题，就是强调在不断变化的城镇及景观中，环境对文化遗产保护的重要性：整体环境不是只涉及简单的物质保护，它还涉及文化和社会维度。

③ 蔡晴．基于地域的文化景观保护［D］．南京：东南大学，2006.

④《会安草案——亚洲最佳保护范例》（2005）：九、亚洲遗产地保护的特定方法/I.文化景观/4.4遗产的真实性与社区的关系。

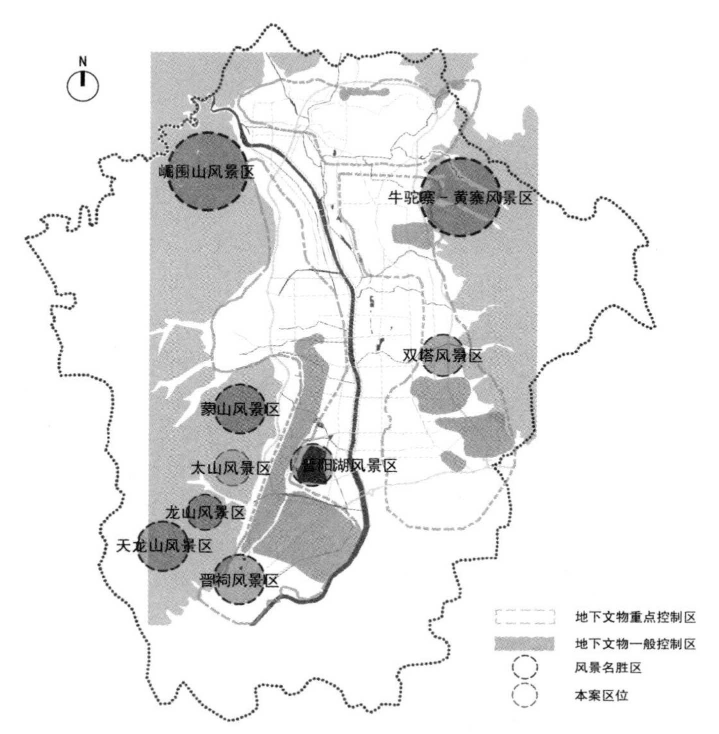

图 3-5-1　太原地区风景名胜区及地下文物分布示意（据太原历史文化名城保护规划（2008-2020）绘制）

史的一部分。在保护的前提下，让其合理地、有序地、可持续地反映并且引导地域景观文化的发展，才是太山龙泉寺保护和发展规划的终极目标。

（1）“场域”的解读与运用原则

“场域”理论源自于社会心理学领域，是指人的每一个行动均被行动所发生的场域所影响。这里所说的“场域”并非单指物理环境而言，也包括他人的行为以及与此相连的许多因素。由此看来，与“场所”不同，“场域”蕴含着人文性，意味着一种有人文色彩的“场所”，即“场所”中渗透着“场所精神”[1]，因此，也可更为直接的将其解释为是对“场所精神”的概念化表述。

就文化景观的保护和整合而言，“场域”可解释为一种由社会、文化、政治、经济、行为等各种因素影响下的“整体环境”，是“形态的或空间的基底，可将不同的元素统一成整体，同时又尊重各自的个性……形态是重要的，但物体的形态不如物体之间的形态重要。”[2]“场域”理论的运用意义在于：

①“场域”是对文化遗产景观完整性原则的引申。完整性除了包括文物本体与环境，更重要的是体现人类文化活动的社会场域，即促使其不断演变的社会文化推动力。在保护过程中，如何使得这种文化力得以延续与传承就成了一个新的议题，因此，完整性原则的体现也受到来自多方面压力的制衡。

②“场域”也是对文化景观遗产真实性原则的拓展。《关于原真性的“奈良文件”概要》指出：“在不同文化，甚至在同一文化中，对文化遗产的价值特性及其相关信息源可信性的评判标准可能会不一致。因而，将文化遗产的价值原真性置于固定的评价标准之中是不可能的。”《会安草案》中也指出非物质文化遗产的真实性具有文化相对性，“不能过分强调某一资源的材质或实体物质的真实性，因为在活文化的环境里，物质性组成要素的缺失并不代表一个现象没有存在过。‘在很多活文化传统中，实际上发生过什么，比材质构成本身更能体现一个遗址的真实性’（Dawson Munjeri《完整性和真实性概念——非洲的新兴模式》）。”[3]因此，场域的引入拓展了文化景观概念的内涵与外延，是文化景观与生俱来的特性。

文化景观之所以是一个变化发展的过程产物，源于其所依托的场域并非一成不变，在具体的保护操作中，需注意三个方面的具体内容：

首先，要完成场所精神的提炼，其中至少包含三个层次：原始的、变化的、民众心理期望的；这三者之间相互影响，共同作用，牵制着诸多可能的选择。在大多数的民众心中，恢复或重塑原始的场所精神似乎是更容易接受的。

---

① 宋言奇．社区的本质：由场所到场域［J］．城市问题，2007（12）：64.

② 华晓宁．建筑与景观的形态整合：新的策略［J］．东南大学学报（自然科学版），2005（7）：236.

③《会安草案——亚洲最佳保护范例》（2005）：五、真实性与非物质文化遗产。

但是重塑的过程势必在一定程度上扰乱其“原真性”，为了避免伪造历史又要兼顾视觉的连续性和整体性，就必须慎重地选择介入方式。在这一过程中必须明确的是，保护不应仅仅停留在绝对保护的层面，而是要在可接受范围内予以可利用的空间。

其次，为确保真实性原则的体现，“历史可读性”是应该被强调的，“所谓可读性就是使文物建筑所具有的历史信息清晰可辨，尽可能展示历史的真实面貌，而不是混淆，甚至是伪造历史。”[①] 不能只限于形式，还应详细记录修复的过程，反映场域变化的过程。

最后，作为文化景观保护和品质提升的手段，不仅要保护处于风景名胜区的文化资源对象自身，更应关注各元素之间显见或潜在的联系，挖掘场所精神，并对这种场所精神进行提炼与强化，进而使其更清晰地显现出来。

此外，大多数风景名胜的理景历史悠久、范围广阔，其价值体现在是对人类活动改造自然的见证，对营建活动延续性的记录和对场所精神的继承。风景名胜除了反映本地域的文化特征，还可以反映出不同历史时期的文化转变过程；因此，对于风景名胜类文化景观的保护与整合更应关注的是对因时间流逝而导致的多层文化叠置现象的梳理。

在“场域”理论的运用实践中，价值判断是其中的决定性因素，深入的历史研究又是必要的前提和依据。倘若价值判断结论不能真实完整地体现历史进程，则难以正确指导保护与整合的工作，甚至破坏其原有价值。在历史研究的基础上，通过价值评估结论进一步对文化景观的现有资源进行梳理、组织和提炼，确定保护措施和其他单项规划，经整合而提升整体价值。在整个过程中，始终要以整体性的观念为主线，在大的历史背景下和地域范围内进行研究与评估，这不仅是保护和操作时的一条重要思路，也是认知和再构文化景观场域的关键一环（图 3-5-2）。

---

① 吕舟.《威尼斯宪章》与中国文物建筑保护[N]. 中国文物报. 2002-12-27.

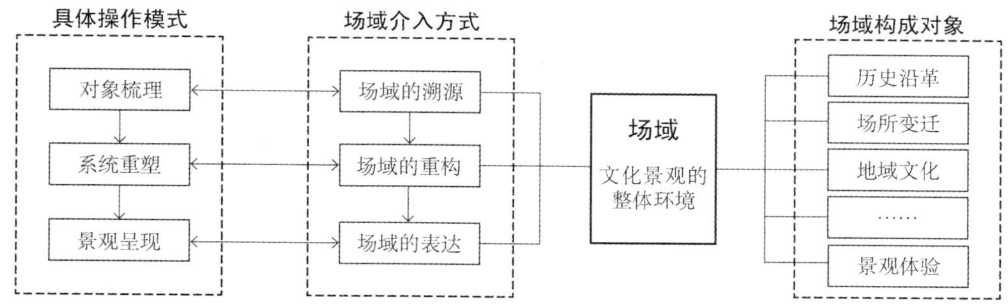

图 3-5-2　文化景观资源整合过程

（2）从对象到场域的保护与整合

太山龙泉寺位于山西省太原市西南 23 km 的风峪沟北侧，始建于唐景云元年（710 年）[①]，与唐李存孝墓[②]及其他历史遗迹共同构成了一处规模较小的风景名胜区（图 3-5-3、图 3-5-4）。2008 年唐代佛塔地宫（图 3-5-5）的考古发掘[③]使得这个建筑分散、类型多样，甚至渐被人们遗忘的幽静去处顿然一跃为太原西山带文化景观系统[④]中的夺目亮点，显现出长达1300多年的悠久历史造就的该处多层文化共处与叠置的独特现象。[⑤]

① 详见太山龙泉寺藏明万历八年（1580 年）碑刻《新建太山观音堂记》。

② 李存孝，本姓安，名敬思。唐末至五代的名将，晋王李克用的义子，武艺天下无双，勇力绝人。史料记载“骁勇冠绝，万人辟易。”后人感其英勇，将其葬于太山之前，尊之为太山守护神。李存孝墓位于太山龙泉寺入口牌楼西侧，墓前原立有“大唐李将军存孝墓”石碑，碑文中有将军“侠骨流芳”的字样，现已不存。

③ 2008 年 5 月 7 日，太山文物保管所在开挖水池的过程中，发现了塔基遗址和佛塔地宫，并及时通知太原市文物考古研究所展开现场调查，并进行抢救性考古发掘。该佛塔地宫平面呈六角形，壁画精美，地宫内出土有一石函（表面刻有唐武则天时期大量供养人名），石函内依次装着木椁、鎏金铜棺、银椁、金棺，共五重棺椁，现正在进一步考古研究中，据专家推测，金棺中供奉着佛教圣物佛祖舍利。

④ “太原西山带”是地处太原西部的山脉——吕梁山中段东坡或东麓的泛称。这里分布着多处史前遗址，聚集了道观、佛寺、石窟、祠堂、村落、教堂、墓葬、城市等多时期多类型的建筑遗存，这些遗存历史久远，类型庞杂，分布密集。长久以来，太原西山带逐渐形成了太原市区内主要的文化景观遗存带。

⑤ 国家文物局主编 . 2008 中国重要考古发现［M］. 文物出版社，2008.

图 3-5-3　龙泉寺整体环境

图 3-5-4　龙泉寺景观构成元素

图 3-5-5　考古发掘的唐塔及昊天上帝庙遗址（据《2008 中国重要考古发现》第 126 页插图绘制）

1）对象梳理：场域的溯源

对象的梳理是理解场域构成的基础，也是探索与型构原有场域精神的前提。现存的太山龙泉寺包含唐代的佛塔塔基遗址、元明的墓塔、明清的寺庙院落和各代碑刻等众多文物本体，它们大多在漫长的历史进程中受到严重破坏，对象分散且模糊。

①历史地位下降

从现存的唐碑、唐华严经幢和唐代佛塔地宫来看，太山的理景历史始于初唐，不晚于武则天时期。据龙泉寺内所藏清乾隆五十九年（1794 年）碑刻《原邑太山寺新建乐楼碑记》记载："工既迄功，问记于予，予唯太山之名始见于沈约《宋书》，而寺建于唐景云元年。五代时，有山民石敢当以勇略显于北汉之际，而山益有名。""太"，古通"大""泰"，《说文解字注》曰："后世凡言大而以为形容未尽则作太，"那么，太山似乎可以解释为"极大之山"。然而，从物理形态来看，太山只是太原西山带的一处普通山域，这种“极大”的说法似乎并非属实，因此，只能从非物理形态的角度进行阐释。太山位于晋阳古城西口，是晋阳古城的西冲要塞。位于太山之阳的风峪沟是历史上的著名驿路，太山成为晋阳古城西侧的第一道屏障，可见，当时太山的地理位置险要，其历史地位之显赫可见一斑。于太山建寺则山与寺相得益彰，山因寺而益名，寺因山而欲幽。而现如今，自晋阳古城的破灭，经由历代朝廷变迁，太山龙泉寺风华已去，鲜为人知，它的辉煌历史也只能依稀从那些残破的遗址废墟中得以窥视。

②信仰观念转变

在史料整理和分析的过程中发现，在太山龙泉寺的发展历史中，有过两次具有重大意义的转变：

一是从最初的道观改为佛寺。据载，太山龙泉寺始建于唐代，初为道观，名“昊天祠”。原有院落毁于金、元时期，明代重建后转变为佛教寺院。据专家考证，现存的唐代佛塔塔基遗址，建于龙泉寺始建之时。在其附近又挖掘出的另一处建筑遗址，为毁于清朝晚期的“昊天上帝庙”，显然，这又是一座道教建筑。由此可见，太山龙泉寺佛教和道教建筑互相叠压的考古现场印证此地曾经有过佛、道交替或共存的独特现象，至今在一些装饰构件上仍可清晰地看到道教文化的痕迹。

二是增建龙神祠。“祠前有方潭，深广不盈丈，而清冷黕黯如有神龙窟宅。其中邑人祈请雨泽往往有验。”[①] 于是，太山寺与龙泉寺之名并存。这是太山龙泉寺以及太山地区文化的发展史，也是佛教、道教、民间信仰共聚一处的文化史（图 3-5-6、图 3-5-7）。[②] 这两次转变，事实上都体现了人们祭祀观念的转变。随着世俗性、日常性或与生产相关的祭祀活动的展开，太山龙泉寺也经历了由宗教圣地向民间寺庙转变的历程。

① 太山龙泉寺藏清乾隆五十九年（1794 年）碑刻《原邑太山寺新建乐楼碑记》。

② 据清《道光太原县志》记载，太山寺初建时为道教寺庙，名“昊天祠”。然原有的昊天祠在金、元两朝毁于火灾。而院内的东北角现存有石碑一幢，为唐景云二年（711 年）所立，也是那段历史最好的实物见证。另明《嘉靖太原县志》中有“太山有龙池”的记载，成为太山寺别名由来的史证。由此可见，从唐朝到清朝，太山龙泉寺很可能一直是共奉道、僧的一座特殊的庙观。

图 3-5-6　龙泉寺中门彩画（含“八卦”形象）

图 3-5-7　龙泉寺三大士殿门楹挂落（道教人物题材）

③景观元素叠置

在龙泉寺范围内并存着多个朝代的历史遗存，文化层的沉积叠置现象纷乱错杂（图 3-5-8）。从初唐到宋元，到明清，再到民国，各种遗址遗迹及遗存散落各处，有寺观，洞窟，墓塔等，它们分别代表了不同历史时期的文化现象，也给保护工作增加了难度。面对如此错综复杂的历史信息和各时期的历史片段相互叠置，何时的太山龙泉寺才是“真实”的呢？换言之，太山龙泉寺的“真实面貌”到底如何？

图 3-5-8　唐塔遗址处的考古层叠置

④结构信息丢失

太山龙泉寺历史悠久，寺庙本身在历史的长河中发展与更替，其中，一些结构要素的丢失导致太山的多元文化景观处于无序的分布状态，完整性遭到破坏。在现有的保护与展示体系下，太山的价值难以体现。如唐塔的损毁使当地的唐代文化信息产生缺环，孤零零的李存孝墓也难以融入太山的宗教氛围中，从而承担和表述太山地区丰富的民族性和地域性精神，入口牌坊的重建扰乱了场所的历史风貌信息等。

经过这样一番场所的梳理与解析过程，可以得出以下结论：太山龙泉寺自唐代始建以来，现存环境与建造伊始已经大相径庭。在漫长的生长与演化过程中，整个太山区域的建筑物变得类型繁杂，层次混乱，形成一种无序的散点式分布状态，场所精神荡然无存。在碎片式的文化景观元素中建立一个新的展示序列，使得现有的元素能够被有序地展示和呈现，达到景观资源的重组是保护和发展规划所要达到的直接目的。

2）系统重塑：场域的重构

从文化景观的构成要素来看，物质系统是其呈现的形式，对它的保护主要应从工程技术层面着手，重点在于“保存”；而价值系统是其表达的内容，对它的保护应从人文艺术层面出发，强调的是“传承”。[①] 太山区域的景观重塑即是通过对文化景观两大系统的重新建立，实现对太原太山地区空间结构的再现和对太原太山乃至西山地区文化体系的重构。这种基于场域分析的景观重塑过程作为一种整体性保护手段，意味着保全太山区域生态与景观系统的结构整体性、功能整体性和视觉整体性。

首先，在太山龙泉寺保护规划中提出了“一轴两核三区多点”的结构形式（图 3-5-9），试图强化龙泉寺作为主体的地位，同时提升李存孝墓的价值。在这两个中心的统领下，对其他各区域空间依据文化历史特征进行适当整治。这种分区系统，不仅体现了对实体性功能区域的划分，同时也反映了对非实体性文化类型的整合。依据“文化景观”特质，选取场域空间，并以特定时期的传统建筑群体强化这种选择。

其次，在对太山龙泉寺进行各项评估的基础上确定其核心价值，推测出太山龙泉寺的起始年代，确立以龙泉寺建筑院落主体为中心、以唐代佛塔地宫为悠久历史见证的佛教祭祀主题文化，并依据“并州古刹，三晋名山”的线索，展开对太山区域风景资源的整合，进而还原其本身的历史文化特质。

基于上述过程，重构太山龙泉寺景区的文化景观场域，并在这一系统的限制下，以满足地域特征的充分展现组织空间序列，以满足游客主体的文化体验组织景观游线，对景观空间进行更为详细的规划，当然，具体的表达方式始终是满足场域特征和要求的。

① 李和平、肖竞．我国文化景观的类型及其构成要素分析［J］．中国园林，2009（2）：94.

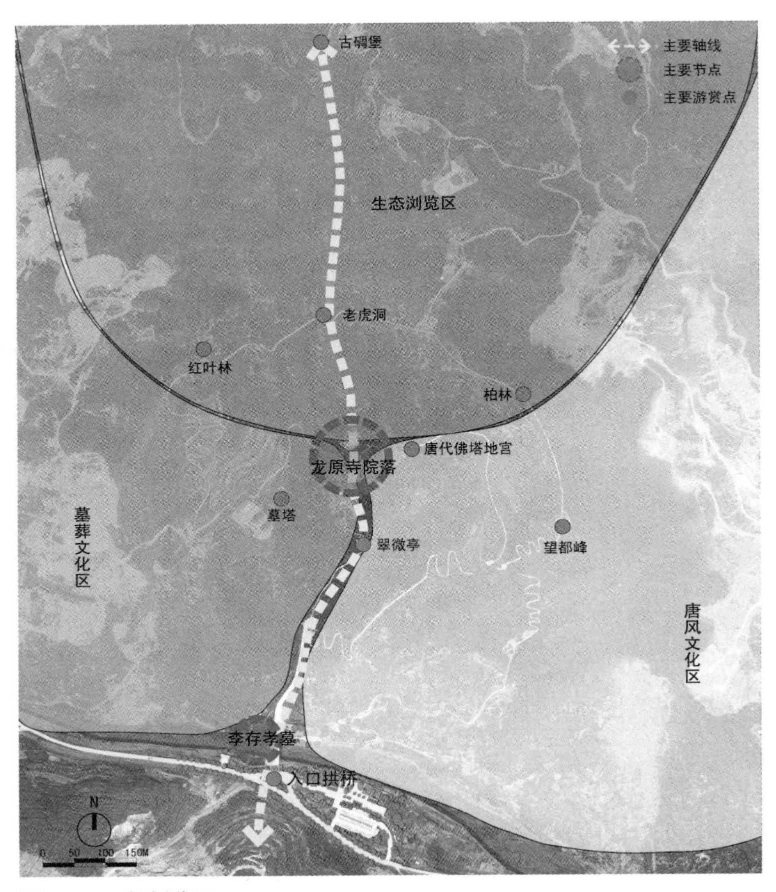

图 3-5-9　规划分区

3）景观呈现：场域的表达

景观呈现是实施与表达的最终环节，是保护理念的外显以及非实体空间的外在表征。呈现的结果是规划的最终成果，也是多重分析演进和重置的结果。经过以上一系列的价值评估与体系整合，本案的景观呈现措施基于 2 个层面展开：分区保护与分类整治。通过措施的实施，建立起一套完整的文化景观空间序列。

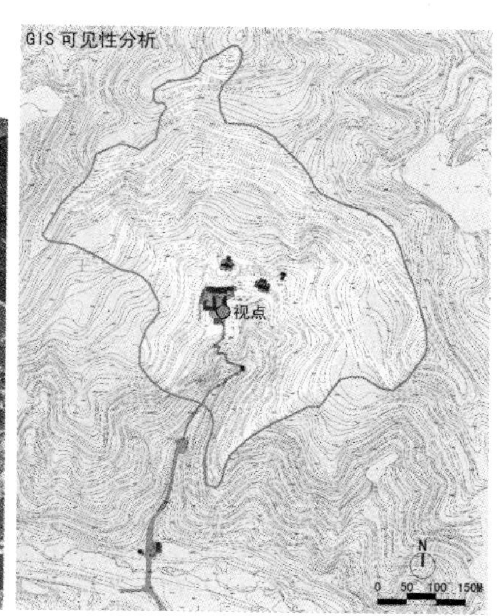

图 3-5-10 GIS 视域分析与保护范围

①分区保护

除了通过流线组织强化分散景点之间的联系以外，还需通过视域研究，对太山地区更大范围内的建筑活动进行控制。这种基于视域感受的保护存在两个方面的要求：一是剔除破坏景观风貌的建筑，二是增加强化景观特质的元素，并将主体感受强化。龙泉寺原有保护范围面积庞大，虽然能够将所有保护对象囊括进去，但由于没有科学的管理与详细的划分，可操作性不强，导致原有保护范围形同虚设。本案中规避了这种一味求大而不加分析的保护区划划定，通过资源评估、GIS 视域分析等手段将原有的保护范围依据实际地形和历史文化特征进行调整并等级细分（图 3-5-10），保护措施也相应地呈梯级设定。各区内的主线明确，特点突出，有效地表现出文物保护前提下的历史文化空间的展示（图 3-5-11）。

②分类整治

风貌改善：针对原有文物价值较高的建筑和遗址，在保护过程中应始终坚持保护第一的原则，强调原貌的保存，而对于那些一般的附属建筑，则需在满足文物保护的基础上给予合理改善，使之与表达的风貌相一致。如：现有的

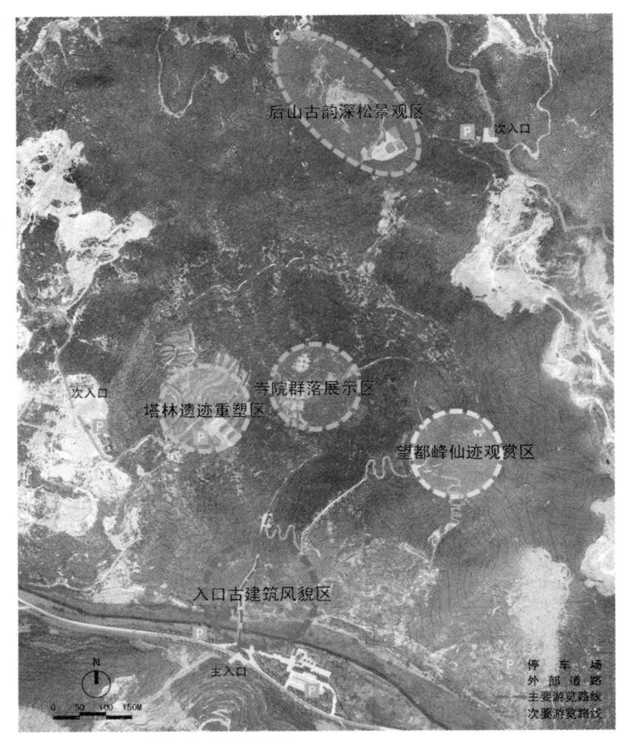

图 3-5-11　风貌整合景观图

过河石桥和入口牌坊制作粗糙、信息杂乱，但在整个太山景观序列的整合过程中，它是必不可少的一环，因此应保留已有的历史信息，整治风貌，使之适应太山整体的场域特征。

价值提升：现存的唐代佛塔地宫遗址在场域中的主导地位是不言而喻的。然而，基于真实性的考虑，唐塔的复建如何建，建在哪，都必须有充分的依据和严格的论证，必须在不扰动现有遗址的情况下满足历史信息原真性的原则，达到遗产保护与景观营造的合理博弈。此外，太山地区历史悠久，亦真亦假的历史传奇和神话故事（如"武则天登峰望北都"的望都峰、烈女皇姑、忠军勇将李存孝等）活化了太山的历史，润色了太山的景观，这些都是构成太山地区文化景观体系的重要组成部分。本案中尝试加强这些事件的文化特性，以物质

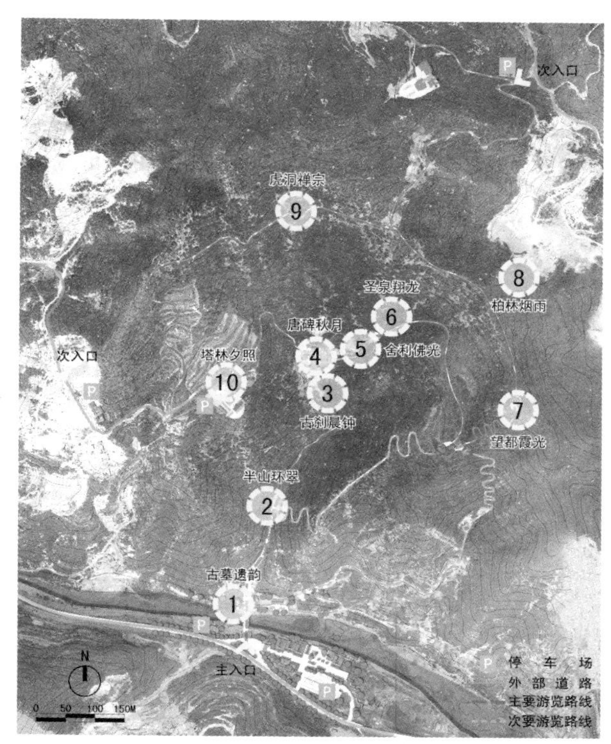

图 3-5-12　太山十景

形态强化这些传奇的历史场景，进而提升地域的景观价值。

序列强化：空间序列的营造对于整合景观元素，形成系统性的体验空间具有明显效果。强化序列的过程首先要完善实体线性空间的序列感，如：加强行进空间的序列层次，增设空间体验的景观平台，重塑沿道路线性空间的文化及景观氛围，营造“曲径通幽”的意境等。其次要满足心理体验的完整性[①]，把分散的景观元素整合成一个系统，沿空间场域的展示层次，介入文化历史内容，将整个历史线索和场景串接在一起，对各景点空间命名进行整合，增加景点的历史深度和事件趣味（图 3-5-12）。

---

① 郑华．以佛教文化为主题的风景区规划初探［D］．南京：东南大学，2008.

3.6 民间智慧的惠泽与反哺：邢台英谈村

2013 年 5 月，河北省委、省政府出台《关于实施农村面貌改造提升行动的意见》，决定对全省近 5 万个行政村面貌进行配套改造、整体提升。在第一批启动的村庄中，英谈村是比较特殊的类型。该村位于太行山东麓的深山腹地，有“江北第一古石寨”之称，是目前河北省发现保存最为完整的石头建筑堡寨，已于 2007 年被列入第三批“中国历史文化名村”，其民居建筑群又于 2008 年被河北省人民政府公布为“河北省重点文物保护单位”。

仿佛是一个悖论，英谈村既已荣登“中国历史文化名村”的榜单，其传统历史风貌自然是保存完整、特色突出，那么其农村面貌怎么改造提升？

其实，关于英谈村的调研和保护工作此前已开展多时：2006 年 12 月至 2008 年 3 月，由河北省建设厅组织的“河北省历史文化村镇保护研究”课题组先后五次调查冀北、冀南及太行山区的 30 多个村镇，英谈村即在其中，掌握了客观的第一手资料和数据；2007 年 7 月，北京清华城市规划设计研究院编制了《河北省邢台县英谈历史文化名村保护规划》，为做好保护工作提供了指导和依据；再查阅文献，已有大量关于英谈村建筑和规划层面的研究[①]，提供了可资清晰完整认知其遗产价值的坚实基础。

但英谈村接下来的保护和发展之路怎么走？这也是目前我国遗产保护工作中普遍存在的问题和矛盾，即在具有了充分的历史文化研究、科学的遗产价值评估和制定了几乎人所共知的保护原则之后，缺失了切实有效的实际操作办法，而这正是本次规划需要面对并且解决的关键问题。

通过实地踏勘体验和既有研究阅读，强烈感受到英谈村从先祖迁入时的科学选址，到家道殷实后的高筑寨墙，再到宅院营建时的流线贯通和材料运用，无不透露出睿智甚或说狡黠的民间智慧，其惠泽成就了今天的英谈村，也启发了规划的心智思路，即在尊重这种民间智慧的前提下，去读懂它、完善它、展示它，甚而反哺它。

英谈村下辖后英谈、前英谈、东庄 3 个自然村（图 3-6-1），后英谈最早形成，随着人口增加，逐渐迁到离后英谈 200 ~ 500 米的地方，形成前英谈和东庄。历史建筑主要集中在后英谈，空间格局保存完好，是本次农村面貌提升的重点，本节亦主要以之为对象展开，涉及的现状描述和操作策略看似琐碎，实则是既有针对性又具体而微的工作方式体现。特别需要说明的是，对于大量亟待保护的传统聚落来说，先规划再作施工图设计的程序不太可行，一来由于保护工作的时间紧迫性，二来资金压力也不容忽视。因此，本次规划成果提交了数量巨大、与现状一一对应的效果图，以便直接施工，这基于民间工匠惊人的读图和创造能力，也算是对民间智慧的一种灵活运用。

当然，一个村庄的农村面貌提升所需开展的相关工作，不可能仅是本节提及的几个方面，然而对于量大面广的传统聚落而言，这几方面恰是构筑了一个

① 赵勇、霍晓卫、顾晓明《英谈历史文化名村保护规划研究》，霍晓卫、何仲宇、徐碧颖《英谈村落空间价值特色研究》，吴淞楠《古村英谈的村落布局艺术探析》，李阿琳《英谈村历史风貌破坏的社会经济原因调查报告》，皆发表于《住区》2009 年第 3 期；步睿飞、吴瑶《民族建筑历史文化遗产价值的两重考虑——以国家级历史文化名村英谈为例》，《首届中国民族聚居区建筑文化遗产国际研讨会论文集》P70–83，2010；林祖锐、李恒艳《英谈村空间形态与建筑特色分析》，《建筑学报》2011 学术专刊（2）P18–21；2010 年，中国矿业大学建筑学系考察英谈村，期间共发放问卷 80 份，测绘古民居宅院 18 个，测绘外部特色空间（街巷与广场）5 处，完成《历史文化名村英谈调研报告》1 份，《英谈村古民居测绘图册》1 册，《基于风貌协调的历史文化名村英谈村新村规划设计方案》2 套。

图 3-6-1　英谈村现状与规划范围

认知民间营造智慧和如何保护应对的基础框架：入村方式和内外水系代表了空间骨架，空间节点和民居建筑是依附于前者之上、最具表现力的聚落魅力，基础设施的合理选择和有效落实则是保证遗产延续性和满足生活现代性的根本保障。而采取的相应对策——补形、再生、介置、造血、适用，则是在此框架下针对具体问题条分缕析之后的慎重选择。如此，基于民间智慧惠泽的解读，规划才可落在实处，并实现当代构建独具地域特色人居环境思想的反哺。

（1）入村方式：补形

英谈村所在是太行山深山区山崖下的坡地中段地势较为平缓的区域，东、西、北三面环山，由一条小道自邢左公路蜿蜒接入，南面毗邻山崖，崖下为英谈川，之间高差约20 m。聚落形态随山势起伏，前有案山相对，河流逶迤其间，以山为屏，以水为阻，易守难攻。

扩大知名度、吸引来访人员、带动旅游发展，是村民意识中增加收入、改善生活的最有效途径，相应的配套设施和道路建设就显得较为迫切。规划将主入口一直拉到目前的进村道路和邢左公路的交叉口（图 3-6-2、图 3-6-3），避免距村落过近而可能带来的人工构筑建设和大量人流到来的压迫性破坏（图 3-6-4），以最大限度地保护传统聚落的山水格局。来者于此即需改变交通方

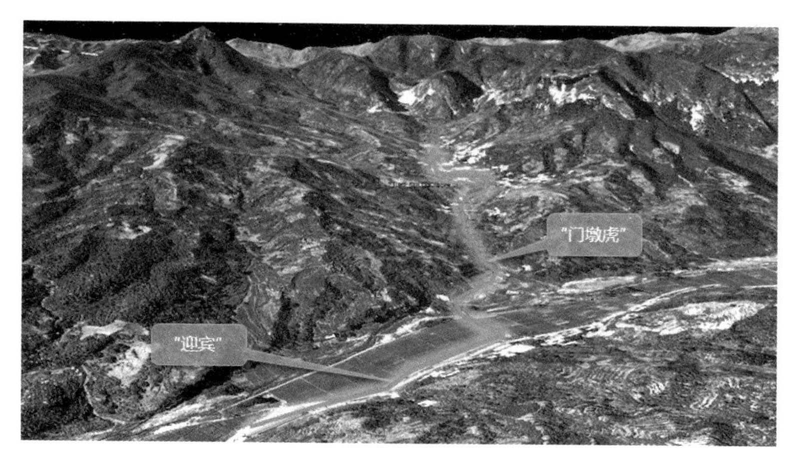

图 3-6-2　入村路线

图 3-6-3　"迎宾"规划前后对比

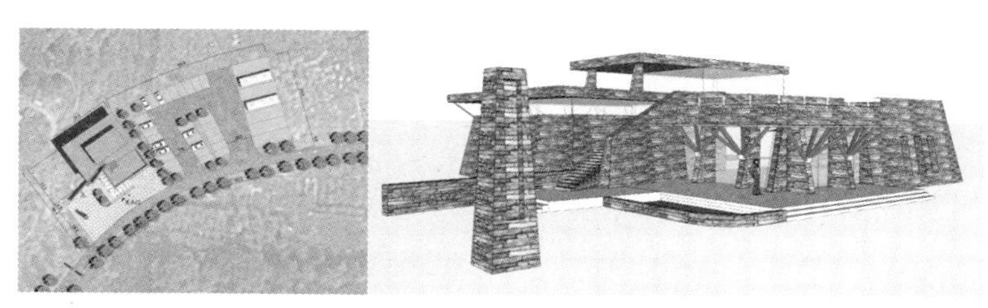

图 3-6-4　游客接待中心设计

式，或步行，或乘马（驴）车、电瓶车，踏上入村寻幽之旅。现有道路为水泥和土路间杂，宽度为 4 m，为保持风貌，拟改为石板路，两侧不置路牙石。村里提出由于入村路线较长，石板路施工经费及将来维护恐问题较大，遂变

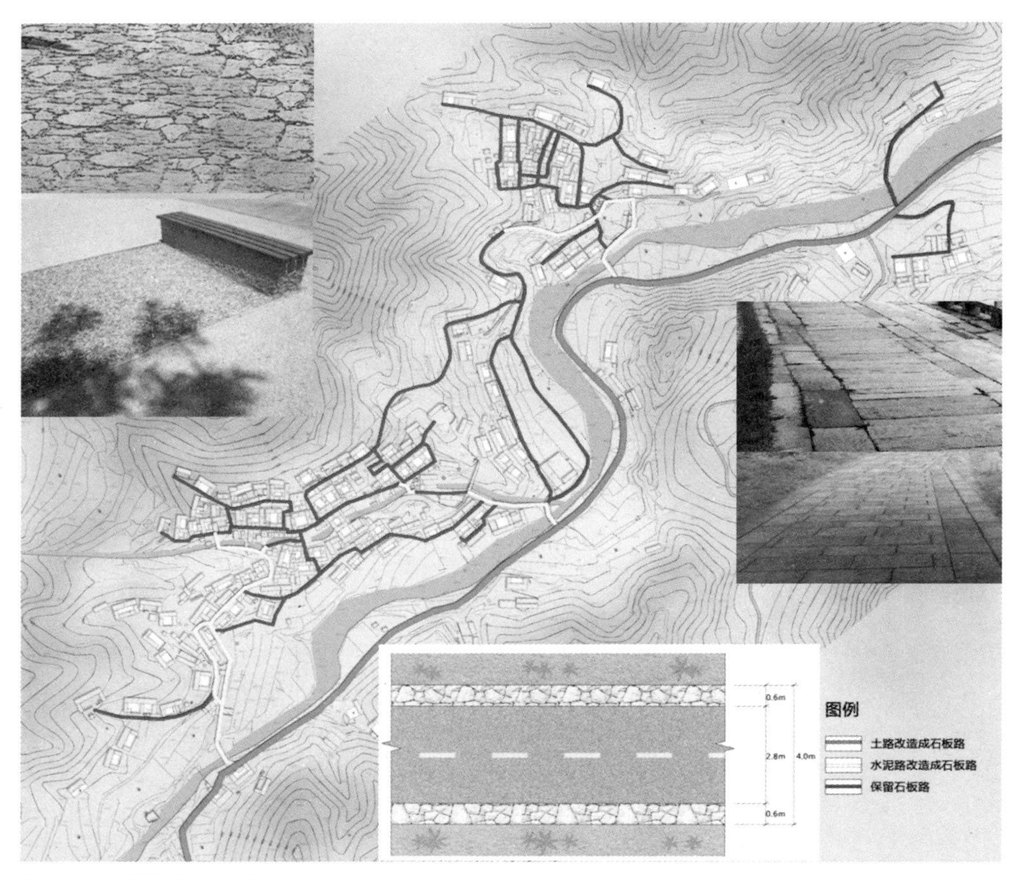

图 3-6-5　道路改造示意

通为沥青路面与石板路结合的方式，但临近村庄时仍坚持以石板路改之（图 3-6-5），亦带来道路景观的递进变化和不同体验。

入村线路沿途除自然景观外，缺乏具有辨识度与特色性的标志物，但是在一处当地人称“门墩虎”的地方提供了这种可能。这里是山体断崖的最窄处，也是入村的关隘，路形曲折呈“S”形，免于正对村庄，在风水观念中具有所谓“挡煞”的作用。规划选择了后英谈的东寨门形式，结合山体断崖设置，一来“补形”，二来有心理暗示之功效，过此门即意味着开启了太行山第一红石寨的发现之旅（图 3-6-6）。

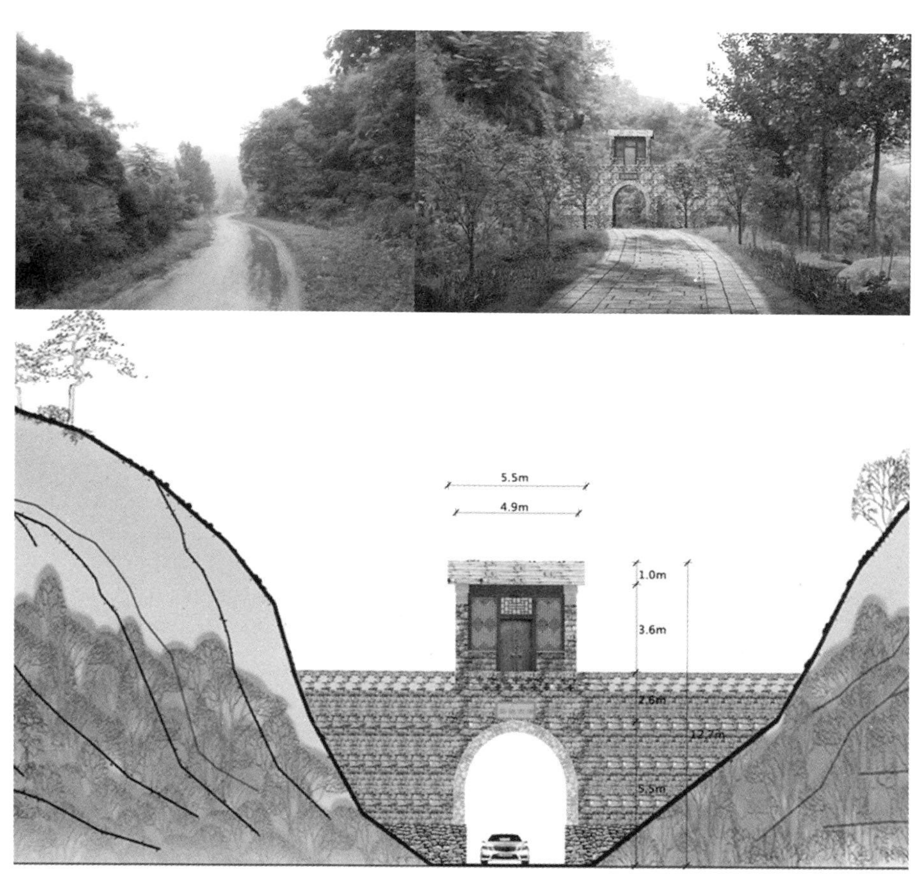

图 3–6–6 “门墩虎”规划前后对比

(2) 内外水系：再生

英谈村布局中对“水”的利用与组织匠心独具。村前的河流当地人称“血流浴”，由村落西北，绕过墩菜垴流向东南，三个聚落点沿河布置，隔水相望。现状河道宽窄不一，常年有水，但水量不大，河道有阶梯状高差，村民以红石筑岸，层层叠叠，既方便种植作物，又可作漫步小径。泡桐花开时节，粉红一片，加之核桃树枝叶丰茂，红绿相映。规划保留了周边梯田状的农作物景观，在不破坏原地形基础上在河床底部放置大小不等的石块，间植水生花草，形成

图 3-6-7 “血流浴”规划前后对比

独特的“花溪”景观(图 3-6-7)。

后英谈内贯穿有座后沟，与村内唯一的主街平行。据说十年前沟内尚有水，近年来干涸，深达 1 ~ 2 m 的沟槽完全裸露，河床上蔓延大量速生植物。沟槽两岸景观截然不同，北侧是红青石板铺装的主街，南侧地势骤降，沿沟民居密密匝匝。沟上有桥 18 座，间距 10 ~ 100 m 不等，桥身多为红石砌筑，有的民居院落甚至就建在山溪之上，当地人称“桥院”。

恢复“小桥流水人家”的遥远图景是规划中着重考虑的，但经对河床构造考察发现，其下主要是沙土，渗漏水严重，若仅靠雨水充盈来再现溪水潺潺恐力有不逮，需对河床改造，增加了混凝土砂浆防水层蓄水，其上铺以石块(图 3-6-8)。现有桥体皆破损严重，除维修加固外，对桥面较宽、人流量通过较多的石桥，如村入口的聚英桥(图 3-6-9)，增加了风貌一致的石板栏杆，确保行人安全。再如双桥上现有石屋一座，乃村民自建用以储物，村委会本拟拆除，规划则在解读“桥院”特色的基础上，建议将其改造成为开敞的“桥亭”，其内可作小商品售卖和停留休息，又可凭栏观景(图 3-6-10)。

图 3-6-8 座后沟规划前后对比

图 3-6-9 聚英桥规划前后对比

图 3-6-10 双桥“桥亭”改造示意

（3）空间节点：介置

外部开敞空间是村民闲时休息、拉拉家常的重要场所，观之后英谈，其特点是小而丰富，点状、线状空间元素交互点缀，不同开放级别的空间满足不同类型的村落生活和不同群体的交流需要。由于村落密度带来的空间局限性和复杂性，规划采用“介置”的方法逐个应对，即致力于解决外向型空间与其环境协调的问题，对场地内外的诸多矛盾提供组织和协调，在众多的现存要素之间求得平衡，进而导演出新的空间结构。①

由于后英谈乃是山地村落，用地狭促，较为开阔平坦的开敞空间尤显珍贵，规划中也是精心对待，妥善利用。一处在贵和堂前，位于主街中段，面积约 80 m²，呈南北略长的矩形，地面由石板铺就，设有公告牌，是极其难得的一块空地，在此，村委会公示村务信息、组织集体活动，村民集会、交流。规划对于现状问题的分析细致而微，如：界面围合的民居墙面的白色涂料粉刷，局部场地未铺装导致雨天泥泞，局部有杂物摆放无序，民居门窗朽损严重，缺乏水渠防护栏杆，等等。再基于以上问题，逐一提出符合风貌保护和村民使用的整治办法（图 3-6-11）。其他两处皆如法炮制，一是村子的入口——东寨门内外，一是西出口，结合停车的需要进行整治。

主街全部采用红色砂岩石板铺装，宽窄不一，基本在 2 ~ 3 m 左右，随山势起起伏伏，小巷以之为主干向两边延伸，最窄处只有 0.8 m，两侧是民居院落的外墙，多有石质台阶，前后高差较大。相邻两段巷道间由一块平缓空地相连，且大多被充分利用，如放置大型石磨，建有私家门楼等，这样的小尺度过渡空间亦是规划中不可忽视的对象。如桥院东节点，场地地形复杂，但景观单调、缺乏层次，规划通过诸如砂石硬化、碎石围合、微地形绿化、可移动式景观小品等手段，将之整理成一处安静舒适的休憩场所（图 3-6-12）。

① 朱育帆．文化传承与“三置论”——尊重传统面向未来的风景园林设计方法论．中国园林［J］．2007（11）：P33-40.

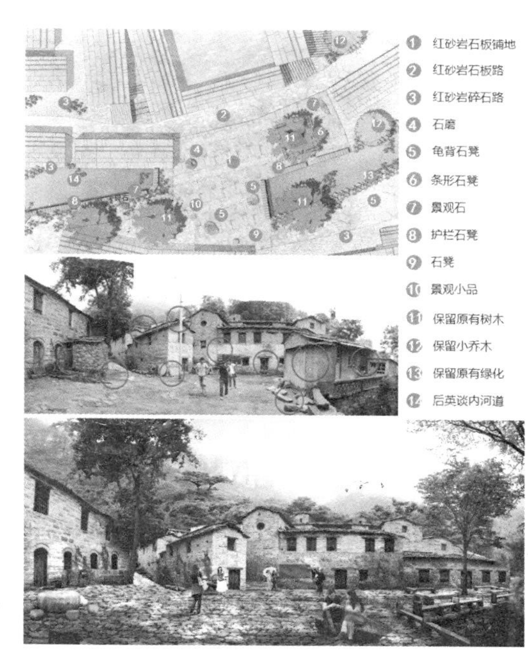

图 3-6-11 “介置”详细标注及规划前后对比举例：贵和堂节点

图 3-6-12 街巷节点规划前后对比举例

（4）民居建筑：造血

如何给予遗产自身的“造血”功能，是促使遗产保护工作良性循环的重要保障，也是当前遗产保护的一个重要课题和趋势；反观英谈村的建筑遗产保护，目前仅是停留在最原始的“不动不拆”上，完全没有建筑特色和历史故事的利用展示，再就是传统聚落中普遍存在的，新建建筑的外墙贴面、屋顶形式等与风貌不协调的问题。

其中最具代表性的传统院落是“三支四堂”——德和堂、中和堂、贵和堂、汝霖堂，涉及院落24处，房屋509间，始建于明末清初，是路氏家族鼎盛时期的三兄弟所建。“堂”是传统宗族社会的单位，由属于宗族的一个主要分支的家庭组成，英谈村的“四堂”不仅仅是建筑院落的组合，更是村落发展脉络和宗族文化的体现，是一大历史文化特色。此外，“四堂”还承载着太行山区的红色革命历史信息：七七事变后，国民党河北省政府主席鹿钟麟曾躲到英谈村，中和堂的“桥院”成其省府衙门；抗战时期的1942～1943年，刘伯承元帅曾在汝霖堂居住，其间与鹿钟麟就国共合作事宜进行谈判；英谈村还曾一度作为八路军冀南银行总部和兵工厂。随着时间的推移，这些故事渐渐被人们淡忘，其载体也大多闲置，建筑保存状况堪忧。规划根据这些历史信息的解读，有针对性地将之改造成展示场所，或部分展示部分居住，成为整个英谈村的重要参观景点（图3-6-13、图3-6-14）。

英谈村所处在14亿年前是一个浅海环境，红色石英砂沉积后，在高温、高压作用下形成岩层，成了当地红砂岩建筑的天然材料。砂岩是一种亚光石材，不会产生光污染，又是天然的防滑材料和零放射性的石材，在持久度和耐用性上亦表现不俗，英谈的砂岩建筑至今风采熠熠即为明证。村内与风貌不协调的所谓现代建筑的出现，不是村民不知道砂岩材料的好处，而是其收入与消费状况决定了舍旧房建新房的居住模式，一方面维修旧房太贵，又被限制采石，如村内小卖部在2002年维修屋顶，光石板购买即花费2000～3000元，而当时村民人均年收入才1000元；另一方面建新房被认为是财富的标志，这也是农

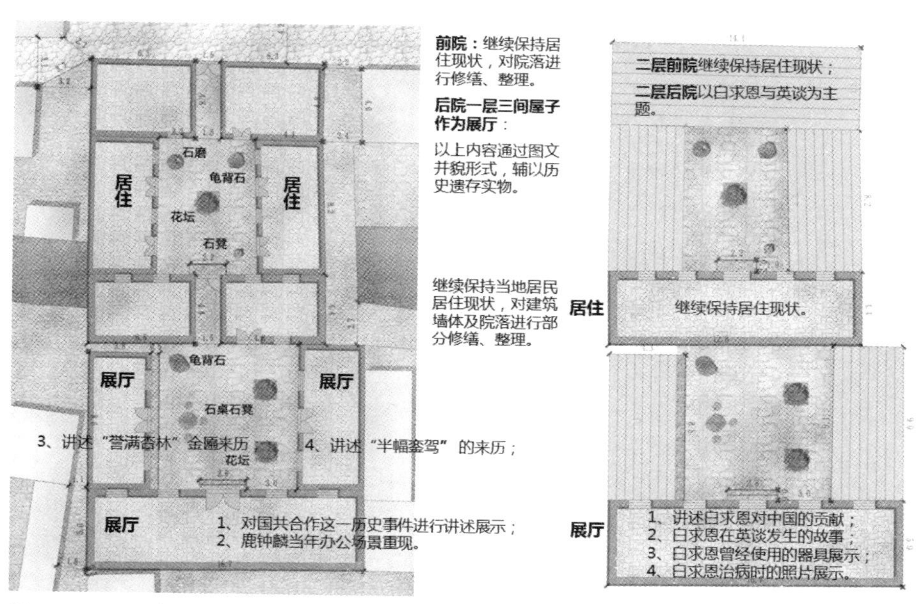

图 3–6–13　展陈设计举例：中和堂

图 3–6–14　堂院规划前后对比举例

图 3-6-15　建筑整治前后对比

村较为普遍的心理。规划建议采石的限制应对英谈村适当放宽，以保证材料来源。而对已有不协调建筑，不是拆除，而是换个石材面子，干挂或湿贴皆可，还可改善房子的保温性能（图 3-6-15）。

(5) 基础设施：适用

在当前我国传统聚落的保护实践中，尚未建立起适合其特点的基础设施工程技术体系，既缺乏正确的技术观念和工作方法，也没有充足的技术手段储备，加大了此类工程的经济代价和决策难度，使得大量传统聚落的生活状况迟迟得不到改善，也可能导致因改善基础设施而破坏历史街区的真实性和完整性，甚至因受限于“客观”要求而放弃保护。传统聚落的空间特点和保护要求与现行规划和常规手段的矛盾固然存在，但在科技高度发展的今天，解决这些问题的技术和产品研发并不复杂，且实际已存在许多适用于解决这些矛盾的市政工程材料、设备和技术。[①] 因此，规划前期即针对英谈村需要提升的现实情况和聚落营造的诸般特点，有针对性地进行了信息搜集，在具体的专项规划中有的放矢地采取适用性技术，乃至“土洋结合”，在确保遗产保护的同时有效改善村民的生活质量。

① 李新建．历史街区保护中的市政工程技术研究［D］．南京：东南大学博士学位论文，2008.

1）道路硬化

村入口处地势较为平坦，村内则山地型地势明显，道路硬化需区别对待。

①道路纵坡宜控制在 0.3% ~ 3.5%，当纵坡小于 0.3% 时，应设置锯齿形边沟（对于设计纵坡很小的路段，是保证路面排水通畅的有效方法）或采取其他综合排水设施。大于 5% 的，应采用防滑路面。最大纵坡宜控制在 8% 以内，当达到 8% 时，最大坡长不宜超过 200 m。

②道路横坡一般宜采用双面坡，但英谈村道路一般宽度小于 4 m，故可采用单面坡，两侧应设置排水沟渠。

2）垃圾处理

村内现有露天垃圾池 6 处，由村民轮流清运，基本每 3 ~ 5 天一次。由于资金缺乏，没有配置专门的垃圾清运车辆。生活垃圾主要为厨房垃圾、废旧生活用品、枯枝残叶，现状没有果皮箱，随着旅游开发带来的游客增长，果皮箱设置必不可少。

①单独进行垃圾集中填埋，采用“组保洁、村收集、村处理”三级垃圾处理方法。填埋点选择于英谈村东北侧，并采取自然黏性土、防渗膜或其他防渗措施。

②垃圾量预测：考虑垃圾分类后，需集中收集处理的垃圾仅为日常废弃物，生活垃圾产生量按照 0.8 公斤 / 人 · 日；考虑旅游人口，按照常住人口的 20% 计算，具体垃圾总量为 616 × 0.8 × 1.2=590 公斤 / 日。

③收集模式：在村庄内部设置 3 座垃圾收集房，每座规模按日转运量 0.5 吨 / 日控制，占地 10 m^2，周边不小于 3 m 的绿化带；果皮箱沿村庄主路布置 28 个，间距 100 m 左右。每户收集垃圾后将垃圾送至果皮箱或者垃圾收集房，再由垃圾转运车将垃圾送村东南侧垃圾填埋点填埋。

④垃圾处理：引导村民进行垃圾分类，将动物骨头内脏、菜梗菜叶、瓜壳

皮壳、剩饭剩菜、枯枝残叶等可沤肥垃圾进行堆肥，优质垃圾堆肥用于农业生产；断砖残瓦、灰渣等建筑垃圾可填坑修路；玻璃、废铜烂铁、塑料等回收利用；废电池、药品等有害垃圾集中处理；其他剩余垃圾送区外无害化填埋，实现 100% 有效处理。

3）饮水安全

现状取水口多分布在周围山谷中，目前共打井 11 眼，高低水池 4 个，水源较为分散，高位水池水井供水户数规模不一。由于水源在非供暖期主要由北侧山地自流水供水，供水量随气候有较大变化。给水管管径为 DN32—DN50 mm，管材为 PE 塑料管，在供暖期由于水管上冻，基本采用潜水井供水，村内共有潜水井 4 处，井深 2 m，四季均有水。

由于水井整体供水量较小，在春夏用水高峰期不能满足村民用水需求。而给水管道埋深较为混乱、随意，冬季处于冰冻线以上的管线易被冰冻，再加之管道老化、冻裂等多种原因，管网漏损率较高，水资源浪费严重，还有部分给水管埋深采用塑料软管架空敷设，影响村庄景观（图 3-6-16）。

现状自来水龙头

户内山地自流水收集

现状水井

给水管架空敷设

图 3-6-16　现状取水

①供水方式：规划单村集中供水，采用全天 24 小时供水，供水保证率 100%，日变化系数取 1.6。预测人均用水指标取 80 升 / 人 · 日，管网漏损取 8%，总用水量约 54 立方米 / 日。

②供水水源：仍采用地下水作为主要水源，自流水出水送村

庄周边的清水池收集后，集中进行消毒处理，消毒后的地下水再送村庄给水管网。按照《国家饮用水水源保护区划分技术规范》对不同的水源划分保护半径，水源保护区内严格限制可能对水源产生污染的行为。

③给水管网：由于现状管网老化严重，规划给水管网均重新敷设，供水管材应选用 PE 等新型塑料管。给水干管沿村庄的次要道路和宅前屋后的空地敷设，管道与两侧建筑的净间距不得小于 1m。给水管管径为 DN32—DN100mm，当地土壤冰冻深度为 0.43 m，为方便用户接管，并保证施工方便，管顶覆土为 0.7m。

4）厕所改造

村内厕所均为露天旱厕，多为房外院内单独设置，建造方式主要分为两种，碎石堆砌和水泥砌造。

①结合上下水改造，将所有户厕改造为水冲厕，污水管道两侧的户厕考虑直接接入污水管道；部分户厕由于污水管道无法接入，考虑采用双瓮式厕所（图 3-6-17）。

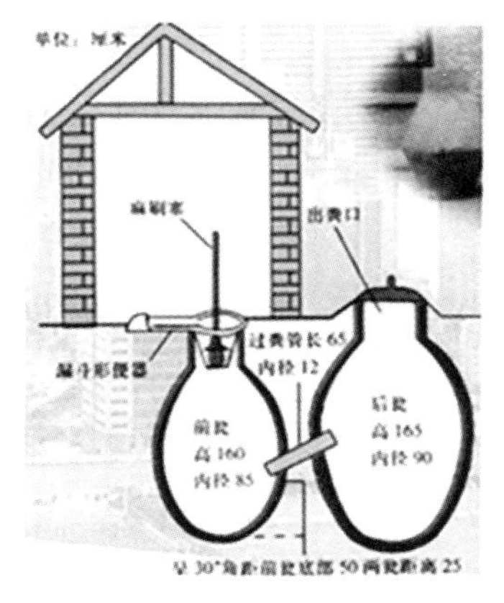

图 3-6-17　双瓮漏斗式公厕改造示意

②对于碎石堆砌而成的户厕，由于与村庄的整体风貌比较协调，应维持原貌，局部破损的地方可用相同材料修补，如改厕需进行拆除时，应在改厕完成后原貌还原；对于水泥或者其他材料建造的厕所应结合改厕采用碎石堆砌，确保风貌协调性。

③公厕采用三格式化粪池处理，出水纳入污水管网，确保无害化达到100%。

5）污水处理

村内地形高差大，无系统的排水设施，除粪便外的生活污水皆由明沟或暗沟直接从院内排至屋外道路或泄洪沟。雨水排放则更加随意，主要方式为地表漫流和路边沟渠排放，最终均汇入道路中间的泄洪沟，影响出行。污水未经处理任意排放，处于自然蒸发的状态，遇到雨天地面污染物随雨水任意流淌，污染地面环境和土壤。加之道路狭窄，基本上都不能满足《管线综合工程规范》内对管线间距的控制要求，给管道敷设造成极大困难。

①排水体制：采用不完全雨污分流制，雨水利用路面自然排放，充分利用地面径流或道路边沟就近排至村周边的河流或坑塘；生活污水通过管道收集，排入小型污水处理站处理，达标后排放坑塘或灌溉农田。综合污水排放系数取0.7，平均日总污水量为38立方米/日。污水管道按非满流计算，污水量按最高日最高时污水量计。

②污水处理设施：在前英谈和后英谈下游分别设置一座小型污水处理设施，工艺推荐采用厌氧池—梯式生态滤池组合工艺，日处理规模分别为10立方米/日和30立方米/日，占地分别为50 m² 和120 m²。

③污水收集：集中处理与分散处理相结合的方式，大部分沿街农户均送污水处理设施集中处理，其他农户采用双瓮漏斗处理粪便污水。

④排污管网：沿主街及主干道布置污水管道，管径DN150–DN300 mm，对于3 m宽度内的道路确保与给水管不同时布置在同一道路上。按照历史文化保

护区市政管线要求的最小间距来控制管线间距，污水管与建筑的最小间距不小于 1 m，与给水管间距不小于 0.5 m，局部不能满足要求的采取必要防护措施。排水管道采用高密度聚乙烯双壁波纹排水管，橡胶圈柔性接口，此种管材，便于就地取材、耐腐蚀、造价低，施工技术成熟。当地土壤冰冻深度约为 0.43 m，为方便用户接管，并减少与其他管线交叉，管道埋深为 1 m，其他部位管道覆土根据管道坡度确定。

6）秸秆改造

家庭厨房基本分为两种形式，一种为无固定式开敞厨房，主要利用临时搭建的空间或房屋配建的空间作为厨房，另一种形式为建筑内部设置，大部分安装了简易排风扇消除油烟的影响。基本上都使用秸秆、柴火来做饭取暖。不仅秸秆、柴堆的摆放杂乱，影响景观，且燃烧对环境影响较大。秸秆中含有大量的有机质、氮磷钾和微量元素，实施秸秆还田，可为农业生产提供重要的有机肥源，应推进秸秆等农业废弃物还田，逐步用灌装液化石油气取代。

①管道布置：要协调给水、排水、电力线、排烟通风管线，使其不互相影响，管线尽量埋地或入墙。

②能源利用：利用电力设备或灌装液化石油气，取代秸秆、柴火燃烧。经济条件较好的村民取暖可用电壁挂炉，实现节能治污同时抓。村内目前使用太阳能热水器的用户较少，大概 30 户左右，因水压不够，经常缺水。考虑到历史风貌保护，建议取消太阳能热水器，而采用电热水器，初期可由政府对村民用电进行补贴，缓解村民用电费用过高矛盾。

7）杆线照明

强弱电分杆架设，线路盘杂；村内尚未开通有线电视或数字电视，有村民自备与法规约束冲突的卫星接收器信号；部分节点架空线路突兀，线条过硬，皆对历史风貌产生负面影响。部分电力、通信设施由于外露导致腐蚀生锈严重，有安全隐患。现状路灯 16 盏，均结合墙头设置，采用的是 18 瓦节能灯。

①电力设施：减少对主要街巷景观和视觉环境的破坏，10 千伏采用架空敷设方式，380/220 伏主干线采用埋地敷设方式，原则布置在道路的东侧和南侧，保证管位与其他管线不冲突。入户段支线采用沿墙敷设方式。保留村中 10 千伏变电所一座，规划在前英谈、后英谈各新建一座杆上变压器，容量根据需求可分期更新，一期主变容量为 160 ~ 315 千瓦，终期主变容量均为 315 千瓦。

②通信设施：主干通道埋地敷设，原则布置在道路的西侧和北侧，保证管位与其他管线不冲突。光缆交接点作隐蔽处理，入户线路采沿墙敷设方式。由于通信线路包括电话通信、数据传输、广播有线电视，线路较多，选择 9 孔栅格管进行埋地敷设。村内新建 1 座通信机房，占地 60 m^2，建设施工注意与村庄风格保持一致，并及时拆除卫星接收器。

③进村主干道路使用杆式路灯单侧布置，间距 40 m，使用 85 瓦节能灯；次支路路灯均结合墙头设置，采用暖色调节能灯，样式选型符合风貌特征，并结合景观布点。

3.7 约束的窗口：南京明城墙中央门西段

面对快速发展变化的城乡环境，受到冲击最大的无疑是处于城市建成区中的文化遗产，尤其在城市高密度、快速发展区域，文化遗产的保护与城市的发展似乎总是矛盾重重。被掩埋在密集、混杂的建筑群之间的文物、遗址及其周边的景观环境，该怎样透一透气，显出其本身真正具有的优美形象？由文化遗产应景而生的文化遗产在高速发展的城区中应当怎样保持其活力？众多的问题与矛盾之下，过去采用简单的划定同心圆的方法对文化遗产及其周边环境设立保护范围显然是不够的，反而更会激化保护与发展的矛盾。值得担忧的是，遗址文物生存的环境正急剧地恶化，原本有着深远发展的文化遗产正在被城市发展的步伐迅速地吞噬，因此对于这类文化遗产的保护迫在眉睫、刻不容缓。

（1）城市高密度地段的城墙遗存

作为保护对象，文化遗产小可至一座园林，大可至整个风景区域。文化遗产可以有多样的功能，它的一项重要特征就是不断在发展变化，而不是静态的。因此，应当将保护对象看成是不同阶段层层叠加的结果，这就与传统的保护观念不同。传统的保护观念以文物或者建筑本体为中心，保护过程中常把当时认为“不重要”的层面去掉。而注意到保护对象的历史和价值都是层叠累加的，价值的表现方面也是丰富多彩的，将保护对象看作是一个动态的发展过程，自然系统、文化系统的变化都会为景观带来变化，这也给保护工作带来很大困难。不过，同时这也是一个挑战——能不能以保护的态度来控制变化发展？

具体到保护手段，就要求不能像对待博物馆藏品那样，把文物从原环境中割裂出来，而应当将它们整体保存，维持保护对象与环境的联系。在原环境内整体保护的遗产，比割裂出来保护效果好得多。景观保护不仅仅关注历史片段的保护和整理，还关注公众解说、宣传、参与，保护经济管理，以及与规划相关的所有专题，如经济管理、生态保护、建筑保护、新建设等等：

①文化价值：在高速发展的现代社会，文化遗产的保护相当于在不断变化的社会当中，树立相对稳定的坐标和参照物，从而满足保存集体记忆的需求，文化、政治身份自我认同的需求。

②生态价值与环境价值：文化遗产对于可持续发展、生态保护、提升社会公共卫生品质方面有积极作用。

③经济价值：主要体现在：保护项目能提供大量公共产品；保护项目能为当地带来就业机会，也能提升地块价值，多数人们喜欢住在有历史的地方，例如，在美国人们喜欢住在西雅图或者旧金山，而不是拉斯韦维斯或凤凰城（菲尼克斯）；城市保护、更新再利用项目，能带动经济可持续的、非外向型的增长；保护项目能带来旅游业的持续增长。

上述前两项价值都属于长期才能见效的价值，也是保护专业的工作者经常强调的。短期见效的价值主要是指经济价值。这些论题，从理论上来说是与现代化以及城市化紧密结合在一起的，因此不同文化在这一点上具有一定的共通性——这也是现代化的标志之一。

珍贵的文化遗产及其周边环境正遭受不同程度的破坏的威胁，一方面因年久腐变所致，同时变化中的社会和经济条件使情况恶化，造成更加难以预测和避免的破坏，这一点对于处在城市中的文化遗产特别是因其而生的文化遗产来说影响更加深刻，本节以南京明城墙中央门西段的研究课题为契机探讨这一类文化遗产在其保护和利用中的一些策略。

研究对象为明城墙中央门西段，研究的范围西以中央路西侧为界，南以黑龙江路北侧为界，西至钟阜路东侧，北至建宁路南侧，面积约为 40.55 公顷。

南京明城墙建于 14 世纪中期，设计独特，气度恢宏，结构复杂，城高池阔，设施完善，是世界上规模最大的用砖石砌筑的城墙，历经六百多年的风雨，现在还保留了 25.091 km，是城市的重要标志。随着城市的发展，城市范围迅速扩张，城墙早已成为南京城市建成区的内核部分，融入城市汹涌的人流、车流以及建筑群之中。这样的背景之下，本研究课题即锁定在处于城市建成区中的文化遗迹。

南京明城墙不同于其他城市的历史城墙，在于它顺应周边的自然环境，形成自然的形态，这也是明城墙的独特魅力所在。现存明城墙的缺失段正好是原本城墙形态比较特殊的部分，中央门西段正是如此，由于其地面以上部分几乎不存在，原来城墙的大转角在今天的城市中几乎无法被感知。如今，它处于南京城市重要发展地段，是城市的高密度地区，紧邻中央门交通枢纽，车水马龙，熙熙攘攘，城墙遗址被城市所掩埋，完全感觉不到原有的痕迹！现状遗迹残垣仅存，根据实地调查，为城砖脱落后城芯的残体。因此，遗址所处的环境可谓破坏严重，矛盾重重。

（2）城市发展对周边环境形成的威胁造成对文化遗产的破坏

中央门西段的城墙虽只剩下残垣断壁，但却传达出重要的历史文化信息，其城墙本体砖包土的做法，以及后期对原有城墙基础进行的加固和加建，合理而有效简洁的断面结构和基础设计，都表现出古代城市建设技术的成熟和精妙；同时，城墙外围利用自然河流金川河为护城河，形成独特的水关处理，是此处明城墙独特的景观，也是城市景观空间的重要景点。此次研究基地内的城墙遗迹是具有不可再生性、独特性的遗迹资源和文化遗产资源。上述的价值综合反映了该遗迹的稀缺性，该景观的重要性。因此中央门西段的城墙遗迹和与之相连的金川河（护城河）有着巨大的历史价值和可利用的城市景观空间的潜力。

根据文化遗产保护工作现状和实地调查情况，评估处于城市高密度快速发展区域对于中央门西段城墙遗迹、金川河以及周边环境的威胁。

威胁一：遗址本体受损

南京城市的发展经历了一个由缓慢地在老城内（明城墙所圈定的区划以内）填充到向城外急剧外溢的过程，城市急剧扩张，使土地成为最具价值的资源，对土地的占用逐步扩大到对城墙遗迹应得到保护范围内的土地的侵占。地下墙基本体虽部分采取了保护措施，但仍然受到城市建设的较大威胁。城墙大部分的遗迹顶部以绿化覆盖，缺少相对应的管理，可以随意跨越和穿

图 3-7-1　破坏严重的城墙体

图 3–7–2　顶部少量的休闲设施

图 3–7–3　金川河整体环境凌乱

过，造成人为破坏较严重（图 3–7–1）。配套的针对保护和景观空间利用的基础设施方面较差，仅有少量的活动设施（图 3–7–2）。金川河的保存现状相对较好（图 3–7–3），但整体环境较为凌乱，景观空间视线受到严重遮蔽，极不通畅，河岸杂木林立杂草丛生，以自然野生植被为主。

威胁二：建筑包围遗址

20 世纪末，由于南京旧城改造过程中政府没有经济上的投入，完全依靠

图 3-7-4 遗址被建筑包围

房地产经营来实现旧城改造，老城内的开发以街坊为单元开发的占多数，见缝插针的现象极为严重，导致旧城建筑密度越来越高，引发严重的环境问题，密集的建筑将城墙密密实实地包围起来(图 3-7-4)，寸土寸金的争夺，使城墙遗迹所占用的土地不断被蚕食，稍不留神，遗址似乎就被沦为房产开发的后花园，在高楼林立的缝隙中苟延残喘，严重丧失其自身应有的景观空间。群众日常生产生活的占地、取土，甚至耕种、植树等行为，对其都危害甚大。

威胁三：环境质量低下

居住质量差、房屋破旧、拥挤是老城区最为严重的问题之一，南京亦不例外。处于城市中央门段的城墙，内侧是大量老城区破旧的房屋以及脏乱差的社区环境，达不到遗址环境保护和城市景观空间展示的要求，外侧则多为体量臃肿的交通设施，以及新建的多层住宅，伴随着车辆的轰鸣，环境嘈杂，严重影响空间的环境品质，影响了大众对城墙的认知(图 3-7-5)，

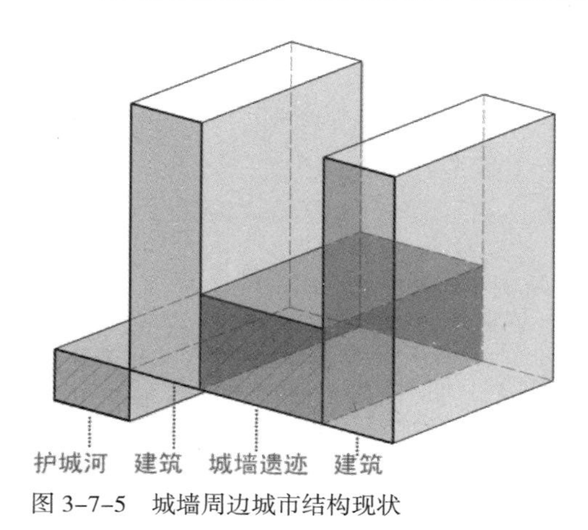

图 3-7-5 城墙周边城市结构现状

使这里的城市景观空间处于缺失的状况。

威胁四：交通造成割裂

南京城市旧城区集中了大多数的工作岗位，新城则以住宅建设为主，外溢的部分主要还是依赖老城内的设施，随着居住人口外迁和旧城三产化，新旧区之间的交通要求日益提高，交通压力就是其中主要的问题，大规模的新老区联系形成穿越式的交通，而明城墙正处于新旧区之间，难免有许多道路交通设施从中穿过，与明城墙产生冲突，不相协调，也对城墙的原有结构造成较大的破坏。交通规划常常无视城墙存在，道路的建设忽视城墙本体的保护与景观环境的要求。

中央门西段城墙东西两侧分别为中央路和钟阜路（图 3-7-6），中央路交通繁忙拥挤，南北方向另有多条支路横穿遗址，环境相当凌乱，而交通量庞大的建宁路亦成为嘈杂环境的最大祸害之一。如此一来，城墙中央门西段就处于一个被交通割裂的孤岛之中，景观无从谈起，更不用说应有的历史文化氛围了。

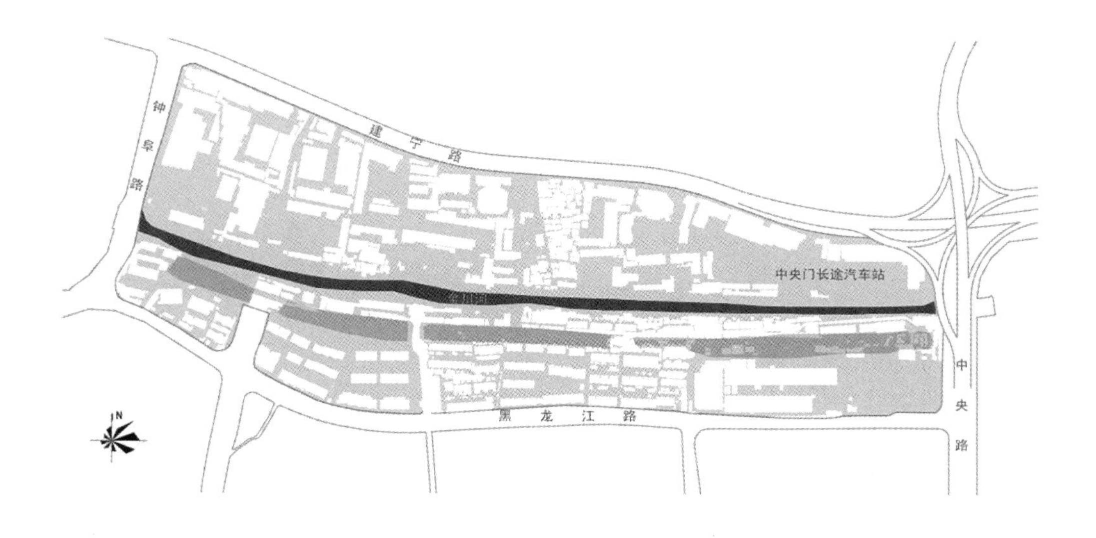

图 3-7-6　周边主要城市道路

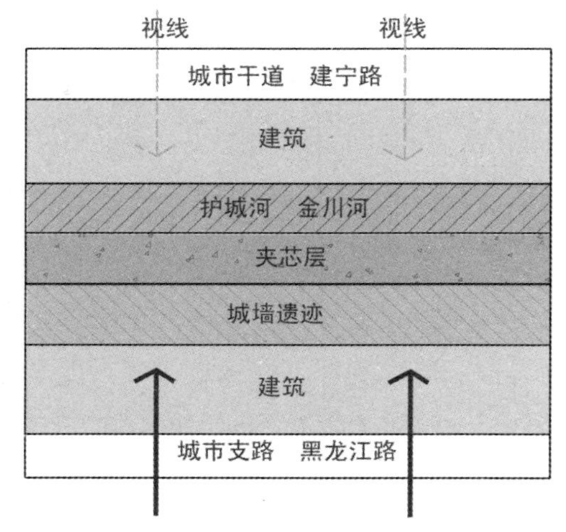

图 3-7-7　被“夹心”的城墙

威胁五：景观视廊受阻

凌乱的建筑与未经整理的植被形成城墙与护城河之间的阻隔（图 3-7-7），将二者分别封闭起来，难以得到完整的景观空间展示，高低视点的景观视线均不佳。

（3）从相关法规中寻求保护指导

2007 年 4 月，国务院印发《关于开展第三次全国文物普查的通知》，第三次全国文物普查正式启动，全国各地的普查工作正在按照国务院通知的要求全面进行。“就中国文化遗产及其环境保护总体情况而言，面临着‘前所未有的重视和前所未有的冲击’并存的局面。”国家文物局前局长单霁翔在题为《城市文化遗产及其环境的保护》的主题报告中介绍了中国政府正在努力探索保护文化遗产的各种方式。

由此可见，对于文化遗产的研究就保护方面而言已经达到了一个新的高潮，同时，如何采用更加灵活，寻求因地制宜地制定保护与利用规划的方法也在进行中。

针对上面提到的中央门西段城墙及护城河所面临的各种保护和景观空间问题，通过对相关法规的解读，可以寻找理论对策和措施。其中，在对文化遗产的应对措施中，对“周边环境”的理解，对于很多问题的解决起着至关重要的作用，相关的法规无疑给我们以直接的启示。

（4）“周边环境”的概念及与文化遗产的关系

保护文化遗产本身亦强调其周边环境的保护即是对文化遗产的保护，正是这样的要求才促成对于处在高密度城市区域这一特殊环境下的文化遗产的关注，高密度就是其周边环境的最大特征，也是景观空间展示必须面对的现实问题。

周边环境被认为是体现文化遗迹真实性的一部分，其需要通过建立缓冲区加以保护，是指某遗产地周围的区域，可包括视力所及的范围（《巴拉宪章》第1.12 条），这包括自然和人工建造的领域、固定物体及相关活动（《会安草案》B 定义）。

1987 年，《华盛顿宪章》（《保护历史城镇和地区宪章》）提出了历史地段和历史城区的概念，认为环境是体现真实性的一部分，并需要通过建立缓冲地带加以保护。

1994 年，《奈良宣言》（《奈良真实性宣言》）在强调保护文物古迹真实性的同时肯定了保护方法的多样性。

2005 年，《西安宣言》进一步强调、提高了环境对于遗产和古迹的重要性。

从历经大约半个世纪的保护宪章的演进中，可以很清晰地看出保护越来越强调遗址的真实性与连贯性，作为保护对象，已不再限于其本身，而是扩大到其周边的环境，从对点的保护扩大到街区甚至是城市，强调了整体环境对于遗址保护的重要性。这是保护观念上的变革，也是对文化遗产整体保护与呈现的观念上的进步。

很明显，在本节研究的案例中，周边环境是文化遗产保护的重要因素，因此如何理解周边环境，寻找怎样的切入点来解决重重矛盾，强调文化遗产空间是本案研究的关键。

处在城市高密度及快速发展区域，环境带来的影响对于文化遗产来说是相当大的，合理划定保护范围、制定不同范围内的保护策略是重要的一环。针对前一节所提到的问题，在强调文化遗产的真实性与连贯性的前提下，寻找适当的切入点为文化遗产作铺垫。

①真实性的强调：《会安草案》提出真实性所面临的威胁主要有：侵占、丧失功能、分割，主要包括：现代商业和居住的建设、由于维护不足使得文化遗产原有的重要特征受到侵蚀（如前文提到的“城墙的大转角”、“砖包土”的做法）、道路设施对其造成的分割等等。这些情况在本案的研究对象中均或多或少地表现出来，具有普遍性，那么消除或缓解这样的情况则是保护过程不可忽略的一步。真实性的强调是文化遗产的真正内涵之所在。

②整体性的要求：确定合理的保护范围是保证历史信息的完整的一个重要手段，以不改变原状、保存历史真实为准则，来强调历史文化的真谛。除了保留本体的遗存，亦要保护它所遗留下来的历史信息，以有效地传递给公众，如此，设立窗口区则成为十分有效的保护和展示文化遗产的手段。

③合理展示：如何通过合理的充分的利用，保护和展示文物古迹的价值，是保护工作的重要组成部分。文物古迹除只供科学研究和出于保护要求不宜开放的以外，原则上应当是开放的和公益型的（《中国文物古迹保护准则》第4.1.2条）。文物古迹可以通过多种方法创造社会价值以及经济价值，这之中，合理利用呈现文化遗产空间是重要的内容之一。

对可能降低文物古迹价值的景观因素，应通过分析论证个案解决，而不要硬性规定统一的模式（《中国文物古迹保护准则》第14.4条），改善景观环境，首先要对不利因素作出判断，然后确定合理的景观画面，进行展示规划，从而形成真实的完整的具有历史价值和意义的文化遗产。

（5）景观呈现的技术路线与创新

鉴于上述对法规条文的解读，首先确定以下的保护原则：

①法制的原则：依法保护文物，保护文物本体的真实性、完整性和延续性是规划设计要遵循的基本原则。

②整体保护的原则：不仅保护中央门西段城墙遗迹、金川河的本体群，还应保护文物相关历史遗存及历史环境的完整性，使南京明城墙所见证的历史过程信息流传后世。保护和提高周边城市、自然环境的协调和质量。

③城墙遗迹抢救性保护的原则：保护的对象是稀缺性的遗迹资源——南京明城墙局部遗迹，现状的遗迹比较杂乱，被周边建筑以及设施等打断，保护的要求十分迫切，规划应当对其实施抢救性的保护。

④前瞻性与可操作性相结合的原则：着眼于长期有效的保护，重点解决遗迹现存的主要问题。

⑤联系与协调发展的原则：强调与南京城市总体发展规划相衔接，注重将局部的城墙遗迹资源与整体城墙以及南京城市整体的历史文化脉络整合，使得遗迹在得到保护的基础上，发挥更大的社会和经济效益。

具体到景观呈现的策略，其创新点主要表现为：

1）分区中设立“窗口区”，突出表现文化遗产的局部特征与要素

增进公众对历史文化遗产的了解对于获得保护历史痕迹的切实措施很有必要，这意味着在增进对这些文化遗迹自身价值了解的同时，也要尊重这些纪念物本体和历史环境场所在当代社会环境空间中所扮演的角色。根据明城墙中央门西段在南京城市建设过程中的历史格局、空间利用现状，结合对这一地块的保护和利用规划的基本设想以及交通处理手段，将这一地块根据不同的保护措施和使用功能进一步划分为四个区域：文化遗迹展示区、历史信息展示区、滨

河绿地景观区以及重要空间节点窗口展示区。这里的窗口展示区正是为了提醒公众遗址的存在，为遗址的展示作更好的序曲（表 3-7-1）。

区划与功能说明 表 3-7-1

区划编号	区划名称	保护区划等级	区划功能与内容定位
A 区	文化遗迹展示区	重点保护范围	以城墙遗迹为展示主体，提供教育、认知、休闲的场所，提高该段明城墙的认知度，通过原生态的保护对该段遗迹进行真实的展示
B 区	历史信息展示区	重点保护范围	整理场地，真实反映历史信息，对场地进行保留性的设计，一方面清理发掘现场，保护遗存，另一方面实施及时的抢救性保护。可配有少量的景观设施
C 区	滨河绿地景观区	一般保护范围	城墙以及护城河遗迹与城市间的过渡区域，提供人流休闲游憩的滨水场所
D 区	重要空间节点展示窗口区	一般保护范围	位于遗迹地段的东西两端，成为遗迹公园的入口标志，同时提供人流集散、停车、休憩的场所，可配有小型建筑

文化遗迹展示区（A 区）：根据对现状的评估结论，为确保文化遗迹安全，必须尽快实施保护区内建筑的拆迁以及对城墙基址的加固工程；整理该区内现状植被，树立标牌、警戒牌等；平整修缮遗迹内道路，提高路面质量，提升文化遗产质量。

历史信息展示区（B 区）：本区环境为城墙遗迹展示区的外围环境，应当以绿化覆盖为主；应恢复沧桑的历史气氛营造，强调历史文化遗产空间。

滨河绿地景观区（C 区）：本区环境以绿化为主，适当设置景观设施以满足游览休憩的需求；沿着与城墙平行的城市交通干道建宁路种植高大树木，减小道路噪声对这一文化遗产空间的影响。

重要空间节点窗口展示区（D 区）：形成文化遗产空间对外的窗口，可以规划为遗址公园并将其作为对外展示的窗口；在窗口区安排服务设施、展览设施、停车场地等（图 3-7-8）。

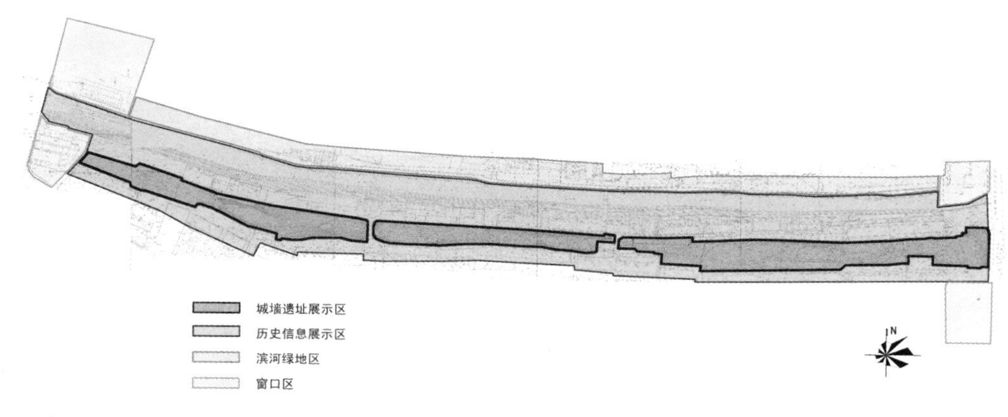

图 3-7-8　遗址展示的“窗口区”

2）确定合理的“锯齿形”保护区划，有效呈现文化遗产

首先，在这寸土寸金的地区，想要保护城墙遗迹，留下完整的历史文化信息，既不能笼统地划大保护范围，有碍现代城市建设与发展，亦要保证遗迹信息的原真性，并使其得到良好的展示，而不被湮没在城市建筑之中（现有不可移动文物的保护范围的划定常常是同心圆式的，不合理且难以实施和操作）。

其次，面对现状已经被包裹得严严实实的城墙遗迹，保护的同时应当适当打通主要的景观视线及人流通廊，沿城墙和护城河设置步行道路，拓展景观空间，有利于城墙及历史环境的保护和景观视线，更好地方便城市百姓与历史文化遗产的互动，同时也避免了其他不利设施或用地的侵占。

根据对现有南京市区内明城墙的整体考虑以及对中央门西段城墙遗迹及其周边环境的现状评估和历史研究，已有的保护范围和建设控制地带的区划不利于这一文化遗产的保护与呈现，缺乏可操作性，不能满足文物保护需求和遗迹历史环境的完整。为保证相关历史文化遗产环境的完整性、和谐性，环境风貌的协调性，满足城墙遗迹所在地段城市建设发展的现状与趋势，应该对这一地区的建设控制地带作出调整，将其分为两类多个层次，从而最大限度地保证了

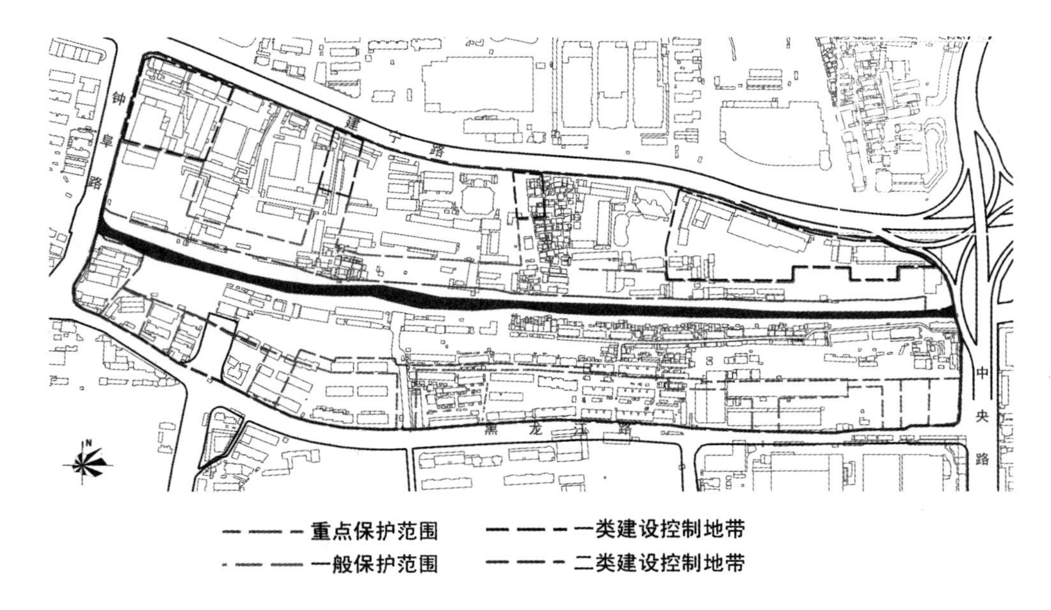

图 3-7-9 “锯齿形”的保护区划

对城市建设的必要的控制和对文化遗产空间视廊的有效拓展，也避免了武断地划定控制地带，给城市建设和发展带来困扰（图 3-7-9）。

在分析周边现有建筑布局和风貌及道路的分布后，确定景观空间与城市百姓间互动的主要方向，划定重点及一般保护范围，明确各区划在文化遗产的保护与呈现中的作用，将可操作的文化遗产空间保护范围从现有金川河北岸，沿城墙走向再向北扩 15 m，建立景观隔离带，同时依据现状建筑情况以及视线、人流要求外扩留出通道，西至金川河的钟阜路边界，南至现存城墙遗迹的南侧墙基外 15 m，东至中央路西侧，其外留出重要的景观视线与人流通廊，从而形成锯齿状的边界，最大限度地保留历史文化遗产的整体性。

而这一保护与呈现的重点保护范围是现有的护城河（金川河）及其与城墙遗迹相结合的自然岸线，现存城墙遗迹的本体，东延至中央路西侧作为文化遗产的窗口。既强调了这一历史文化遗产的本体内涵，又提升了对文化遗产宣传的层次。

同时，考虑到该地段在城市建设过程中特殊的环境位置，以及高强度开发的结果，将建设控制地段分为两个不同层次内容：针对靠近文化遗产的周边建筑，采取控制建筑的体量、风貌与功能的手段，建筑高度以不遮挡主要城市交通空间与被保护城墙遗迹的主要历史文化遗产空间之间的视线通廊为标准；针对文化遗产视线可及范围内的周边建筑，仅控制建筑体量和风貌即可。与此同时，确保景观视线通廊的顺畅和各功能空间的连接，与“锯齿形”的区划缺口相配合，使文化遗产得以真实的完整的全面的保护和呈现，并具有现实可操作性。

第四编

事件途径：
关于近现代文物建筑的保护规划方法

导　言

文物保护单位的保护规划是我国专门用于各级文物保护单位的文化资源整体保护的综合性科技手段，在文化遗产保护整体工作中属于关键性环节。自2004年至今，文物保护单位的保护规划已经发展成为一个成熟的规划编制体系，大量保护规划编制项目得以完成，有关保护规划的学术成果也屡屡出现。随着保护观念的转变，近现代文物建筑的保护日益受到更多方面的重视，在国家保护制度的建设方面也有一定的体现。囿于起步较晚，在保护理念、认定标准和法律保障以及技术手段等方面尚没有形成成熟的理论和实践的框架体系，使近现代文物建筑保护充满了挑战，保护规划控制的有效性、可操作性亟待提高。①

① 关于近现代文物建筑保护中的难点热点，如背景、特点、问题、意义、措施等，参见单霁翔．第三次全国文物普查与中国近现代建筑文化遗产保护 // 中山纪念建筑与中国近现代建筑文化遗产保护论坛．2009. 05. 27；单霁翔．20世纪遗产保护的理念与实践 // 中国文化遗产保护无锡论坛——20世纪遗产保护．2008. 04. 10；张松、周瑾．论近现代建筑遗产保护的制度建设［J］建筑学报．2005（07）等。

本编就东南大学城市保护与发展工作室近年来编制的辽宁省六处近现代文物建筑（国保、省保各三处）的保护规划案例，总结近现代文物建筑保护规划编制的实践经验，检验并形成与之相适应的思维方法。辑录的先后顺序契合于设计团队实践的时间轨迹，关于保护规划方法的探讨亦借此呈现出由浅入深、从点至面、于窄变宽的思维态势，同时，也喻示着将来的拓展方向。

（1）"事件性"理念的认知缘起

起步阶段从对"革命旧址类"文物建筑的"事件性"主题归纳入手，强调"事件性"的主体属性及"事件性"的研究方法，总结出"事件性"理念对"革命旧址类"保护规划制定的意义。该方向的思考缘起于2004年由东南大学建筑学院陈薇教授领衔编制的《国保·南昌"八一"起义指挥部旧址保护规划》[①]。

"八一"起义指挥部旧址共五处（起义军总指挥部、贺龙20军指挥部、朱德第3军军官教育团、朱德旧居、叶挺11军指挥部），在实地调研中发现与朱德相关的军官教育团和旧居两处，虽空间距离较近，但实际到达却需绕行近1 km，颇为费解，求教纪念馆工作人员亦茫然。经史料查阅和相关走访，方真相大白：朱德于1926年冬至南昌时，租住在现位于花园角街的朱德旧居内；1927年初，开办国民革命军第3军军官教育团时，朱德亲任团长，团址即现军官教育团旧址。朱德当时只需出家门沿花园角街走过两三百米的距离，即可到达军官教育团，故每日步行往返于居所与教育团之间，而现在两处旧址之间的绕行乃是因为后来的居民楼与其他单位的建设不断侵占巷道所致。本案在调整保护区划时，将两旧址之间的联系巷道纳入保护范围，沿街划为建设控制地带，以表达特定历史时期的历史信息，在此基础上进行的环境整治和展示规划也着重体现当时的历史信息和环境氛围。保护区划的调整，是在结合历史环境、

① 国家文物局审批通过，规划编制单位：东南大学建筑设计研究院，项目组成员：陈薇、周小棣、沈旸、张剑葳、王劲。

历史事件、事件路线的基础上进行的，这实际上是一种尊重文物背景环境的理念，也体现了“文化路线”的概念。[①]

“革命旧址类”的特点是物质实体的限定是革命事件，参与主体是革命人物（尤指在中国共产党领导下的），发生全过程是革命任务的完成或革命的突发事件，空间上的物质投影是发生事件的载体（如建筑、场景等）。因此，其保护规划就是针对革命事件的发掘和保护，既是保护的主题内涵又是主要对象。“事件性”的发掘，正是对于此类近现代文物保护单位的保护规划具有前提性的重要意义。换言之，“事件性”是其真正的内涵与实质，对于“事件性”理念的认知及其研究方法的运用亦具有重要意义。

（2）“事件性”理念的运用探索

在2005年编制的《国保·抚顺平顶山惨案遗址保护规划》[②]中，无论是对于价值主体的保护观念，还是保护规划的具体技术手段，“事件性”理念的运用都得到了更为深入和系统的探索。

首先，解读历史事件并发现原真性的缺失；其次，在“事件性”理念的指导下编制规划，除了文物自身符合规定要求的保护外，特别注意了与城市规划的协调与互动：①保护区划调整满足城市中对事件的最完整记忆；②保护区域展示注重事件性与城市的内在联系。

最突出的体现在于遗址东侧城市干道——南昌路的调整：建议调整后的保护范围新增了遗骨馆东侧，包括西露天矿一车间部分厂房在内的地段。根据历史研究和现场调查，此地段原为平顶山村被毁前所在地。这是平顶山惨案发生的历史环境，是平顶山惨案这一历史事件的真实的历史信息的重要部分。而按

① 在本案编制渐入尾声时，2005年10月21日，国际古迹遗址理事会第十五届大会在西安发表《西安宣言》，强调了对古迹、遗址“周边环境”及“文化路线”的重视。本规划可算是对《西安宣言》相关理论的一次“先期”应用。

② 国家文物局审批通过，规划编制单位：东南大学建筑设计研究院、辽宁省文物保护中心，项目组成员：周小棣、李向东、沈旸、张剑葳、邹晟。

照原抚顺市城市总体规划，南昌路将拓宽至40米并将与调整后的保护范围相交，这对遗址保护是极其不利的。因此，本案将原有规划道路自现遗骨馆北侧300米处起至南端南昌路丁字路口止，向东移至40米外，并仍然与现有道路相接。不仅使城市干道远离遗址，又通过绿化隔离带将城市外围的噪声和降尘污染减至最小，更紧要的是保证了事件发生地的完整和事件证据本体的真实性再现。

（3）“事件性”与文物的完整性

以上两案初步形成了近现代文物建筑保护规划中的“事件性”理念界定和在此基础上的操作实践，但主要还是停留在文物保护中的“真实性”要求层面。2007年编制的《国保·抚顺战犯管理所旧址保护规划》[①] 在此前基础上，探讨了运用“事件性”理念的方法构筑完整性的问题。

战犯管理所旧址就其功用来说可谓孤例，对于其完整性的构建主要有三个步骤：信息的选择、比照与分析；叙事系统的完整性评价；完整性的事件性表达。在第一步骤中将战犯管理所的事件对象与现存保护对象对照时就出现了问题：①抚顺城站作为日本战犯到达抚顺的第一站，也是其改造的起点，并未纳入保护系统之中；②五所、六所是改造和关押日本将、校级战犯的监舍，是重要的事件对象，但已经遭到彻底破坏；③远离旧址的下属农场曾是战犯劳动改造的农园，是事件对象的重要组成部分，却并未成为保护对象；④中国归还者联合会是释放后的日本战犯自发组成的和平组织，致力于中日的友好，是战犯管理所和平精神的延续，是事件链条上的重要环节，但并未受到重视；⑤部分尚存的关于战犯管理所改造战犯历史的记忆仍存于日本老兵的脑海之中，濒于消失却不能得到保护和挖掘。

在就上述五点问题与旧址管理所和当地文物部门沟通时，始料未及的是本

① 国家文物局审批通过，规划编制单位：东南大学建筑设计研究院、辽宁省文物保护中心，项目组成员：周小棣、李向东、沈旸、相睿、邹晟。

案提出的抚顺城站和农场的保护，超出了其对于旧址本体范围内保护的预期；而国家文物局的最终审批通过，则证明了本案的规划思路是被肯定的：以“事件性”特点和完整性要求的研究现状为理论前提，抓住“事件性”是型构近现代文物建筑完整性的关键环节，并通过本案的规划编制展示了利用“事件性”构建近现代文物建筑完整性的优势。

（4）文物保护规划方法的再拓展

2009年同时开展了四处文物建筑的保护规划编制，除一处属于较为纯粹的与革命事件相关外，其他三处的保护对象构成涵盖更广，并涉及不同的建筑类型，具体的保护规划方法亦得到不同程度的拓展。

《省保·葫芦岛塔山阻击战革命烈士纪念塔保护规划》[①] 中的纪念塔是为纪念在解放战争的塔山阻击战中牺牲的革命烈士而设，需要通过他物的提示、引导和说明才能完成对革命事件的转述、关联和追忆。这种与事件无直接联系的纪念建筑物，作为一种景观性的呈现，对于事件的还原，在语汇上显得较为无力和匮乏。

该塔与其他革命烈士纪念建筑物相比，又有其特殊之处，即：是与战场紧密结合在一起的，纪念塔所在更是塔山阻击战时解放军的前沿阵地指挥部。作为阻击战的直接发生场所，是对事件最为直接的纪念实体，对战场这一物质实体的完整保护是塔山阻击战这一重要历史事件信息得以真实并完整传承的重要因素，保护规划亦从单纯的纪念塔及烈士陵园的保护扩大到了对整个战场环境和相关军事设施的保护。

《省保·铁岭银冈书院保护规划》[②] 中的银冈书院是现代城市“缝隙”中“一

① 辽宁省文物局审批通过，规划编制单位：东南大学建筑设计研究院、辽宁省文物保护中心，项目组成员：周小棣、李向东、沈旸、相睿、汪涛。

② 辽宁省文物局审批通过，规划编制单位：东南大学建筑设计研究院、辽宁省文物保护中心，项目组成员：周小棣、李向东、沈旸、相睿、高磊。

般性”文物建筑的典型实例。所谓“一般性”文物建筑，是针对本案保护对象的理论定义：在当今的中国城市中，存在着这样一类为数可观的文物建筑：“由于时光流逝而获得文化意义的在过去比较不重要的作品。”[①] 亦即，在既往的传统城市中，它们是较为普通的建筑，但随着现代城市建设大潮对传统建筑的大规模摧毁，留存下来的便因其具有过去时代的历史文化信息而成为文物建筑，但又区别于那些通常意义上的重点文物建筑（主要指保护级别或在传统城市中的重要程度）。

通过本案的编制，首先总结了城市“缝隙”中“一般性”文物建筑恶劣的生存环境：生存空间被蚕食、布局与单体受损、环境氛围的缺失、观察视廊的破坏。以之为基础，基于文物建筑的展示利用要求，逐一提出有针对性的合理有效的保护规划策略。主要体现在真实完整的本体展示和城市环境的展示调控两大方面。

《国保·营口西炮台保护规划》[②] 中的西炮台较为特殊，属于“军事工程类”建筑。不过，此概念多用于旅游资源的分类上，而在目前的全国重点文物保护单位中，尚没有这一专门的类别。[③] 其突出特点是修筑目的明确，或为进攻，或为防御、掩蔽，皆为军事活动的实效作用；亦即，功能性是其最主要价值所在。在本案的编制中，对于西炮台军事运作的深入理解是正确认识和评估文物价值、制定合理保护规划的首要前提。

首先将之置于历史大背景中予以观察，弄清其在整个海防体系运作中的军事地位及相关的设置措施解读，理解其设计原理、构成内容的功能性特征及之间的互动关系，这有助于完善基于真实性与完整性要求的西炮台文物价值建构，确定保护对象构成，划分相应的等级和层次，并制定恰当的保护措施。功

---

① 国际古迹保护与修复宪章（威尼斯宪章），第一项．第二届历史古迹建筑师及技师国际会议．意大利威尼斯，1964。

② 国家文物局审批通过，规划编制单位：东南大学建筑设计研究院、辽宁省文物保护中心，项目组成员：周小棣、李向东、沈旸、常军富、汪涛、布超、邹晟。

③ 1988 年之前的三批全国重点文物保护单位的分类为：革命遗址及革命纪念建筑物、石窟寺、古建筑及历史纪念建筑物、石刻及其他、古遗址、古墓葬；1996 年之后的三批对分类进行了调整，为：古遗址、古墓葬、古建筑、石窟寺及石刻、近现代重要史迹及代表性建筑、其他。

能性要求作为“军事工程”存在的最直接动因，决定了“军事工程类”的文物价值首先在于其军事运作的体现；而军事运作的解读，不仅有助于形成系统性的认知，更是制定有效而具有针对性保护规划的必要保障。

《省保·抚顺元帅林保护规划》[①]中的元帅林是张学良为其父张作霖修建的墓葬，后因日本驻军阻拦，张作霖未葬入其中。1954年大伙房水库的修建，使得元帅林的南半部被水淹没，其后又几经变迁，破坏严重。元帅林的时代背景特殊，不同时段叠加的历史信息丰富；但由于周边环境改变的不可逆（序列受损与信息层叠），明清石刻的历史变迁（异地迁移与信息流失）等，造成了现状可感知历史信息的或缺失，或重叠交集，或混乱无序，并加剧了诸如原状保护、复原建设等保护措施的操作复杂性。多元保护本体的这一难点，恰恰启发了本案的编制思路，通过对历史信息进行分析与梳理，进而探讨以空间序列重塑为主线的保护措施，使得分散断裂的片段化历史信息得以清晰系统的表达与传承。

序列作为一种全局式的空间格局处理手法，是以人们从事某种活动的行为模式为依照，并综合利用空间的衔接与过渡、对比与变化、重复与再现、引导与暗示等，把各个散落的空间组成一个有序又富于变化的整体。基于元帅林现状保护主体的散乱，本案尝试建构一条基于情感体验的序列，对残存的或是片段式的建筑实体或构件加以展示，通过序列的营造，将片段实体重新组合为新的整体，使其包含的重叠的或是残缺的历史信息得到有秩序、有层次的呈现与表达，并带给观者相应的情感体验。

① 辽宁省文物局审批通过，规划编制单位：东南大学建筑设计研究院、辽宁省文物保护中心，项目组成员：周小棣、李向东、沈旸、相睿、高婷。

4.1 事件证据本体的真实性再现：平顶山惨案遗址

2004 年 12 月，中共中央办公厅、国务院办公厅印发《2004–2010 年全国红色旅游发展规划纲要》(以下简称《纲要》)，就发展红色旅游的总体思路、总体布局和主要措施作出了明确规定。《纲要》指出，在今后 5 年内，我国将在全国范围内重点建设 12 大红色旅游区[①]、30 条精品线路和 100 多个经典景区。随即，国家旅游局将 2005 年定为“红色旅游年”。《人民日报》发表评论员文章称，红色旅游作为一种新型主题性旅游形式，近年来在中国大地逐渐兴起。中国共产党在各个时期领导革命斗争的重要纪念遗址和纪念物，正在成为人们参观旅游的热点。

党和政府决心将众多的革命根据地开发成为红色旅游景区，以大力弘扬民族精神，不断增强民族凝聚力，并推动革命老区在市场经济中实现社会的协调发展。发展红色旅游，不仅为广大旅游爱好者提供了一个重温历

① 12 大红色旅游区包括：沪浙区、湘赣闽区、左右江区、黔北黔西区、雪山草地区、陕甘宁区、东北区、鲁苏皖区、大别山区、太行区、川陕渝区、京津冀区。

史、接受爱国主义教育的渠道，同时，一些景区也通过改善交通、通信条件，完善基础设施建设，带动了地区经济发展，为革命老区奔小康提供了新的契机。

大力发展红色旅游事业，其前提必须对红色旅游的载体——“以中国共产党领导人民在革命和战争时期建树丰功伟绩所形成的纪念地、标志物”，制定科学、合理的保护规划。红色旅游的载体，涉及大量全国重点文物保护单位。初步统计，在已公布的前五批全国重点文物保护单位①共1271处中，与《纲要》相关的“革命旧址类”全国重点文保单位数量有83处，约占全部总数的7%。全国重点文物保护单位保护规划与全国红色旅游发展规划两套工作系统在此情势下必然会形成交叉与对接，只有妥善处理好这两者之间的关系，才能使其互为裨益，共同发展。

在全国红色旅游规划工作如火如荼展开的时机下，旅游的大力发展给文物保护单位带来的既是机遇也是挑战。如何正确处理文物保护与经济建设的关系，文物保护与合理利用的关系，促进文物保护事业的可持续发展，使文物保护单位及其环境得到有效保护是摆在我们面前重大现实问题，也为“革命遗址”类②文物保护单位的保护规划工作提供了新的视角。红色旅游规划的编制与文物保护规划的编制在此形成了包括理论层面与操作层面在内的交叉，这其中尤以保护规划的编制工作更为紧迫。在抚顺市平顶山惨案遗址的保护规划编制工作中，对“事件性”理念的运用进行了有益的探索和实践：从对“革命旧址”类文保单位的“事件性”主题归纳入手，强调“事件性”的主体属性以及“事件性”的研究方法，总结出“事件性”对“革命旧址”类保护规划制定的意义。

---

① 本文写作时，第六批全国重点文物保护单位名单尚未公布，见《国务院关于核定并公布第六批全国重点文物保护单位的通知》国发【2006】19号。

② 专指《中华人民共和国文物保护法》第一章第二条规定的“与重大历史事件、革命运动或者著名人物有关的以及具有重要纪念意义、教育意义或者史料价值的近代现代”代表性建筑。

(1)“革命旧址”类保护规划对象中的“事件性”主题

为了对“革命旧址”类保护对象的性质和特点进行归纳总结，首先结合《纲要》在“发展红色旅游的总体布局”中提出的“围绕八方面内容发展红色旅游”，将与之相关的全国重点文物保护单位进行梳理和甄别，并对与红色旅游相关的全国重点文物保护单位进行分类：

①以革命事件及直接发生地为保护对象的有 24 个，占 29%；

②以长期的革命活动及发生地为保护对象的有 40 个，占 48%；

③以革命人物纪念地或纪念物为保护对象的有 19 个，占 23%。

其中只有少量单位，如北京天安门、延安岭山寺塔、广州农民运动讲习所（番禺文庙）、海丰龙宫（海丰文庙）等，是本身“具有历史、艺术、科学价值的古文化遗址、古墓葬、古建筑、石窟寺和石刻、壁画”、具有“反映历史上各时代、各民族社会制度、社会生产、社会生活的代表性实物”[①]的特性，或是革命人物纪念地或纪念物，约 60% 的文保单位传递的是革命事件的历史信息。

(2)“事件性”在“革命旧址”类保护规划中的重要性

由于红色旅游的主题是重温革命事件和活动，本质上具有“事件性”的基本属性，因此，在“革命旧址”类文物保护单位保护规划中，对于“事件性”理念的认知及其研究方法的运用具有重要意义。

1)“事件性”是“革命旧址”类文保单位的主体属性

事件，指对象借由某些主、客观因素，加上时间因素所构成的行为组合。其基本属性是时间性、空间性、社会性。

① 《中华人民共和国文物保护法》(2002)，第一章第二条(一)、(五)。

社会性指事件的参与主体，本身一定会有主角、行为模式，在某时、某地发生的具体经过，可以有具体结果，也可以没有。

时间性指事件的全过程，及其在历史断面上的时间区限。

空间性指空间上的物质投影。

尽管保护规划的保护对象是“与重大历史事件、革命运动或者著名人物有关的以及具有重要纪念意义、教育意义或者史料价值的近代现代重要史迹、实物、代表性建筑”[①]，即通常所说的“革命旧址”或“红色旧址”，但物质实体的限定是革命事件，参与主体是革命人物（尤指在中国共产党领导下的），发生全过程是革命任务的完成或革命的突发事件，空间上的物质投影是发生事件的载体（如建筑、场景等）。

“革命旧址”类保护规划就是针对革命事件的发掘和保护，既是保护的主题内涵又是主要对象。这也决定了此类保护规划区别于其他历史遗产保护的特点：

①革命旧址作为主要保护对象，相对而言，其物质性遗产本身留存的时间相对并不久远，建筑艺术价值本身可能并不特别突出。因此，革命旧址本体所具有的艺术价值及建筑史价值大多并非其文物价值中最重要的部分。

②结合红色旅游的八方面内容来看，革命旧址类保护规划更多的是要求以一定历史时期内的与革命相关的事件和活动为主题的整体保护。强调事件的过程性、真实性，强调时间、空间与事件的对应性和准确性，强调保护的整体性。

因此，“事件性”的发掘对于“革命旧址”类保护单位的保护规划具有前提性的重要意义。换言之，“事件性”是其真正的内涵与实质。

2）“事件性”理念对保护规划制定的意义

无论是对于价值主体的保护观念，还是保护规划的具体技术手段，“事件性”理念在“革命旧址”类保护规划中都具有独特的重要性，主要体现在：

---

① 《中华人民共和国文物保护法》（2002），第一章第二条（二）。

①有利于合理确定保护范围，对物质遗产进行全面的发掘和整体保护

保护范围的划定是保护规划工作的首要任务。现有城市中的不可移动文物，其保护范围、建设控制地带的界划通常是“同心圆环”型，实际难以真正控制实施。从文物保护单位现状来看，建设控制地带内甚至保护范围内常出现不合控制规定的建筑，实际上没有达到控制建设、保护文物的效果。2005 年 10 月 21 日，国际古迹遗址理事会第十五届大会在西安发表《西安宣言》，指出：在历史遗产保护规划中，应“更好地保护建筑、遗址和历史区域及其周边环境。理解、记录、展陈不同条件下的周边环境。”

“革命旧址”类保护规划有其自身的特点，其保护范围应包括革命事件发生全过程在空间上的物质性投影和印记，是其物质性的载体，从中可以推断、追忆事件发生的全过程。

“革命旧址”类保护规划中，应通过对于事件的系统发掘和完整把握，以此来统一革命历史活动及事件发生的时间、空间维度，尽可能无遗漏地发掘相关物质空间，全面掌握保护对象的物质载体。从保护与开发的角度看，这利于转变过去“散点式”的单个保护模式，从而进行整体性、系统性的保护，强化各场景之间的物质空间联系和历史脉络上的连续。重点在于规划展示路线，强化景观节点之间的联系，进而进一步加强整体保护。

②有利于系统把握保护主题，对非物质遗产进行完整保护和持续再现

在“革命旧址”类保护规划中，对于表现革命事件的重要物件、文献、手稿、图书资料、代表性实物等可移动文物至关重要。同样，对于革命事件中的发生过程、相关活动和相关讲演、歌曲、仪式等非物质遗产的保护，都是不可或缺的重要内容。在“革命旧址”类保护规划中，充分挖掘革命事件的历史内涵，把握其“事件性”，对于明确保护对象、充分展示保护对象具有重大的积极意义。只有在研究其事件性的基础上，才能全面明确保护对象，制定有针对性的保护措施，从而全面展示革命事件，以保护遗产的真实性、完整性和延续性。

③有利于充分发掘相关展陈内容及丰富旅游活动项目，促进协调发展

中国红色旅游网记者就“红色旅游的来历和定义”采访了旅游专家王群①，专家指出：各种形式的旅游一般具有吃、住、玩、游、购、娱这六大要素，但红色旅游还有其自身独有的特点，主要表现在：

学习性：主要是指以学习中国革命史为目的，以旅游为手段，学习和旅游互为表里，达到“游中学、学中游”。

故事性：要让红色旅游健康发展，使之成为有强烈吸引力的、大众愿意消费的旅游产品，还需要妥善处理红色教育与常规旅游的辩证关系，其中的关键是以小见大，以人说史，避免枯燥说教。

参与性：有些红色旅游景点的旅游过程较为艰苦，为改变这种状况，少数景点出现城镇化、商业化、舒适化的倾向，有损害红色旅游本质特色的危险。红色旅游点应紧跟体验经济的潮流，突出旅游节目的参与性。

扩展性：部分红色旅游产品留存下来的革命遗物数少、量小、陈旧、分散，具有内容、场地、线路等方面的局限性。红色旅游要扩展产品链，延长旅游者的游览时间，增加其消费时间、内容和金额。

通过以上分析可以发现，红色旅游要发展，必须结合红色旅游对象包含的深层次含义，充分发掘革命事件的发生、发展。在此基础上，设置相应的服务设施及业态，适度提高收益，提高旅游开发的可操作性。通过各个节点的系统介绍、场景再现、大型主题文艺表演，历史影像资料演播等等，还原历史的真实场景。

（3）“革命旧址”类保护规划中的事件性研究方法

“革命旧址”类保护规划的前提，首先应对历史事件发生的全过程进行充分把握。

由于事件性的发掘强调事件的完整性和真实性。因此，必须基于建立在多学科基础上的技术平台，综合运用历史学、社会学、统计学、工程技术科学等

① http://www.crt.com.cn/98/2005-4-29/news2005429222918.htm

多学科的研究方法，才能逐渐清晰地梳理事件历史脉络，避免缺失错漏，从而加以整体保护。

1）相关文献解读

对“革命旧址”及其周边环境的充分理解需要多方面学科的知识和利用各种不同的信息资源。这些信息资源包括正式的记录和档案、艺术性和科学性的描述、口述历史和传统知识、当地或相关地区的地域角度以及对近景和远景的分析等。同时，文化传统、精神理念和实践，如风水、历史、地形、自然环境，以及其他因素等，共同形成保护对象的物质和非物质价值和内涵。保护范围的界定应当十分明确地体现文物及其周边环境的特点和价值，以及其与遗产资源之间的关系。

文献的主要种类，不仅包括历史文献、志书等，还应充分重视当地民间传说、民谣，以及人们口耳相传的民间口述资料等。

强调“革命旧址”类保护规划的事件性主题，相关文献解读必须注意：全面掌握事件发生过程；逐一明确事件发生地点；系统认识事件发生环境。

2）现场调研勘察

理解、记录、展陈周边环境，对评估古建筑、古遗址和历史区域十分重要。对周边环境进行定义，需要了解遗产资源周边环境的历史、演变和特点。对保护范围划界，是一个需要考虑各种因素的过程，包括现场体验和遗产资源本身的特点等。

现场调研勘察范围不仅包括规划范围内的建筑、环境、交通等物质形态，还应该因地制宜地确定更大层面上的研究范围，甚至可以扩大至城市、地区，以求对保护对象在更高的层次、更广的范围上进行研究。

强调事件性主题，现场调研必须注意：事件与物质空间的对应关系；物质空间的现状及对保护规划的制约与机遇。

3）建立“事件—空间”保护档案

与现场调研相结合，理清事件发生的历史脉络，并标注各个重要场景的发生地点及事件发生时序，其中对事件发生流线的整理至关重要。并以此为依据，确定保护范围，力求囊括所有的历史信息。

建立事件与保护规划的物质空间对象之间的信息库，为明确保护规划的保护主题、保护范围、环境氛围定位及项目策划建议建立基础信息库。

（4）“革命旧址”类保护规划中的“事件性”理念运用

以下以“抚顺平顶山惨案遗址保护规划”的编制工作为例，概述“事件性”理念的运用(图 4-1-1)。

图 4-1-1　保护规划实施前组图　　　沈旸摄

(1)遇难同胞纪念碑　(2)全国重点文物保护单位标志牌　(3)文物库房
(4)纪念馆办公楼　(5)遇难同胞遗骨馆　(6)北眺纪念馆

1）红色旅游类型

反映各个历史时期在全国具有重大影响的革命烈士的主要事迹，彰显他们为争取民族独立、人民解放而不怕牺牲、英勇奋斗的崇高理想和坚定信念。

2）事件及其现场

平顶山惨案遗址纪念馆未修建前是南北狭长的一块平地。早年东侧不远处自北向南为市区通往南花园地区的乡路，路旁原有一条季节小溪。随着西露天矿坑的开掘，这条乡路成为通往市区的干道，现已拓宽为 14 米的柏油路。平顶山村原来就位于公路东侧不远的山坡上，村民分坎上坎下居住。1932 年惨案发生时，“平顶山屠场是村子西面一块种植牧草的平坦草地，北临牛奶场和通向栗家沟的村口。屠场西面是今立有纪念碑的平顶山下高达 4 米的陡崖，东面是东山沟的一排蒙着布的机枪，南面是通千金堡的路口，北、南路口已被封锁，东有机枪，西有陡壁，屠场上的人们几乎无路可逃。这时候，屠场执行军官井上清一一声断喝，所有的机枪同时揭开伪装，向密集的人群扫射。”①（图 4-1-2、图 4-1-3）事后，平顶山村为日军纵火烧毁。后来由于抚顺西露天矿的开采，这里成为矿区的一部分，修有铁路专用线和厂房。

3）保护区划调整

建议调整后的保护范围新增了遗骨馆东侧，包括西露天矿一车间部分厂房在内的地段。根据历史研究和现场调查，此地段原为平顶山村被毁前所在地。日军把居民驱赶到现在大致是遗骨馆的位置，形成包围圈，用机枪对居民进行扫射。这是平顶山惨案发生的历史环境，有必要将此处划入保护范围，加以标

① 佟达．平顶山惨案［M］．沈阳：辽宁大学出版社 1995：184.

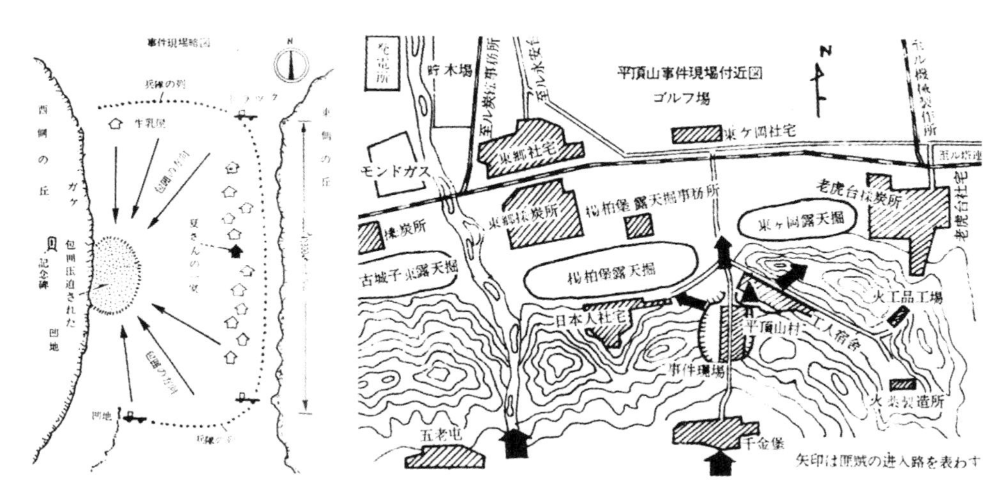

图 4–1–2　平顶山惨案现场及附近示意（引自：佟达．平顶山惨案［M］．沈阳：辽宁大学出版社，1995.）

图 4–1–3　遗骨馆陈列遗骨（沈旸摄）

示，使平顶山惨案这一历史事件的各种历史信息完整地传之后世。

规划分区中的惨案遗址展示区（Ⅰ区）是平民遇难处，平顶山村惨案历史环境区（Ⅲ区）是日军架设机枪的包围地，二者是历史信息的主要发生地。

Ⅰ区东侧南昌路按照抚顺市城市总体规划将拓宽至 40 米，将与建议调整后的保护范围相交，这对遗址保护是极其不利的。故规划将原有规划道路自现遗骨馆北侧 300 米处起至南端南昌路丁字路口止，向东移至 40 米外，并与现有道路相接。从而绕过了Ⅲ区，使Ⅰ区与Ⅲ区相连接。同时也使城市干道尽量远离遗址，中间用绿化隔离带将南昌路的噪声和降尘污染减至最小（图 4–1–4、图 4–1–5）。

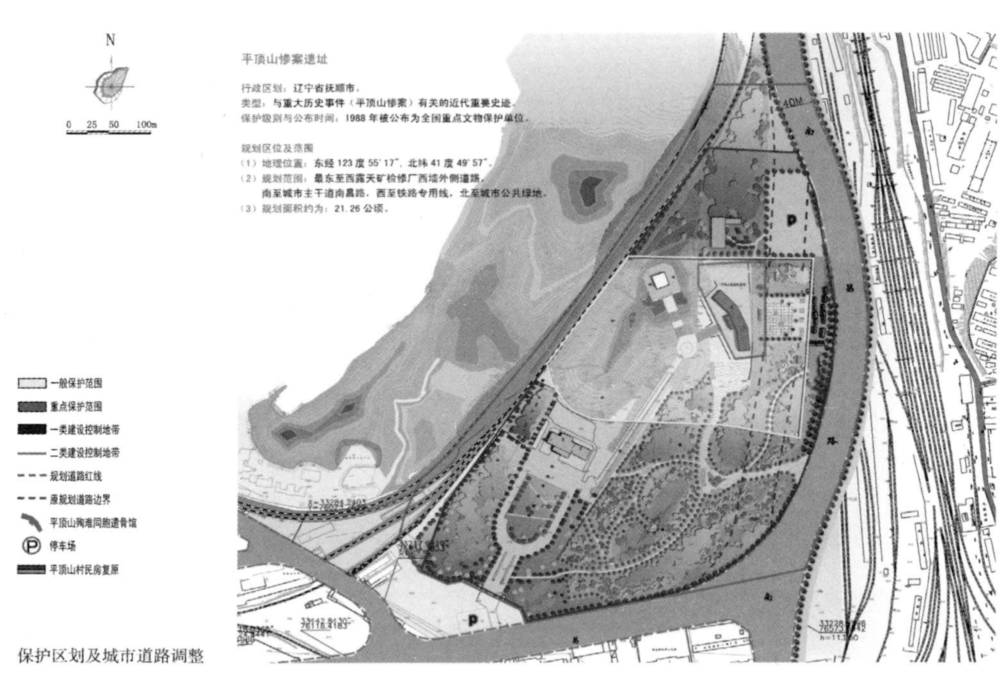

图 4-1-4　保护区划及城市道路调整

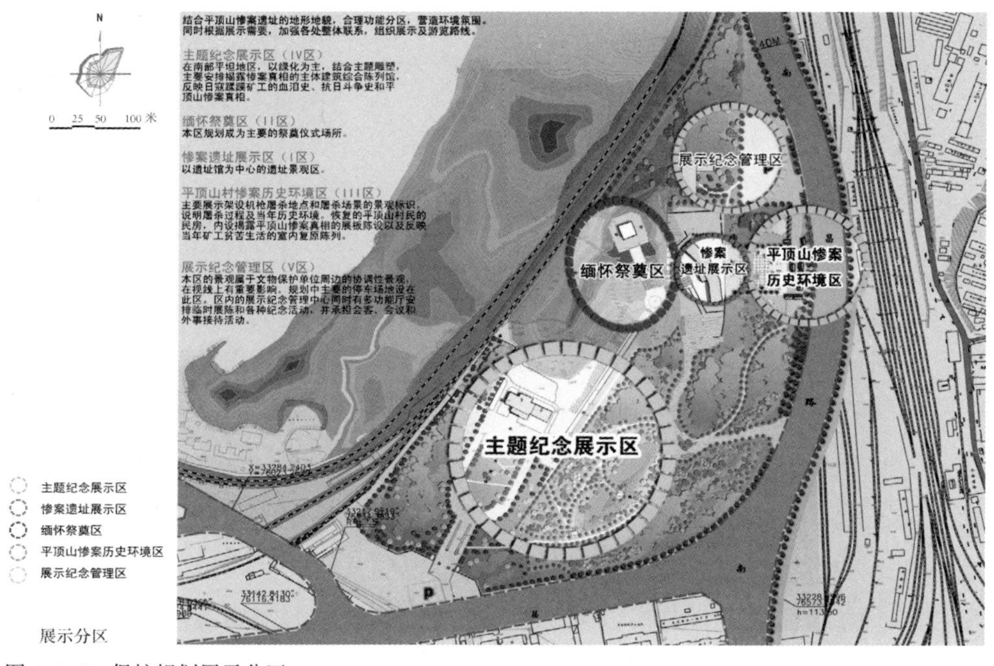

图 4-1-5　保护规划展示分区

图 4-1-6　平顶山村复原模型（沈旸摄）

环境整治工程要达到的效果，即是对当年惨案发生的历史信息和场景做出提示与标识，维护文物及其相关环境的完整性，使历史信息传之后世。故在Ⅲ区近期立标志牌标明架设机枪屠杀的地点，说明屠杀过程及当年历史环境。远期在与惨案遗址展示区相接处按照屠杀场景布置景观标识，铺地使用卵石、碎砂石与广场砖相结合，表现惨烈、压抑的屠杀现场。机枪架设点可考虑用抽象雕塑、景观小品表示，并辅以说明。总之要达到表现屠杀发生时悲肃、压抑的气氛，表达历史信息，但不宜具象地宣扬暴力、渲染屠杀。目的在于铭记历史惨痛教训，牢记和平来之不易，而非渲染恐怖、制造仇恨。并可适量恢复部分当年平顶山村民的民房，内设揭露平顶山惨案真相的展板陈设以及反映当年矿工贫苦生活的室内复原陈列。民房的复原设计要参照历史资料和周边民居，本着严谨的态度进行复原设计（图 4-1-6）。方案应由获得文物保护工程资质的设计单位设计，防止发生建筑史时间、空间上的错位。

4.2 史实的信息链接与完整表达：战犯管理所旧址

面对纷繁各异的保护对象，保护的理念如何体现到具体的保护工作中，极为关键，需针对不同类型保护对象进行大量研究和探讨。保护文物的真实性、完整性和延续性是文物保护的基本要求，诸多先进的保护理念即体现于此。其中完整性要求是重要组成部分，也是能否全面认识和分析文物构成、制定保护措施及其他专项规划的基础。本节结合近现代史迹的特点，针对完整性理念进行策略层面的探讨。

运用“事件性”特性构建不同类型近现代文物的完整性时，应依据文物自身状况而有所调整，比如名人故居，其信息搜集、比照分析要以人物的生命历程为主线而不同于革命旧址中对于革命过程的关注。对于短期事件相关的史迹，要更加关注事件发生过程中空间范围上的丰富内容，而不同于与长期事件相关的史迹更加注重其在时间纵深方向的挖掘。抓住近现代史迹的“事件性”特点，可以充分利用大量相关历史信息来构建事件的历史进程，再通过相对完整的历史过程来判断史迹的完整性和真实性，进而制定保护规划。

（1）“事件性”特征与完整性要求

完整性是对文物构成的理解。其概念最初应用于自然遗产中，后转而成为评估文化遗产的重要内容。但在对文化遗产的认识中人们从来没有停止关于完整性的探索。1964 年《关于古迹遗址保护与修复的国际宪章（威尼斯宪章）》① 提出了完整性的概念。宪章中关于完整性的认识涉及本体、环境和保护机制三个方面。

这些内容在其后各阶段的文物保护思潮中逐步得到充实和完善。完整性由对单体的要求逐步扩展到城市和历史街区，由对形式的要求逐步过渡到强调结构机能的保护，由有形遗产的保护扩展到对功能、社会层面的无形遗产的保护。完整性演化的过程反映了人们认识事物的过程，它由形式（关注形式要素的完整）开始，进而涉及结构（关注要素之间关系的完整，关注于自然、历史环境及其与城市之间的关系）和功能，最终停留在一个由自然和社会交织的复杂层面上。这个由本体、环境和社会等诸多因素组成的完整性，可谓丰富和完整，但也意味着其在面对具体保护对象时具有多变性，面对不同的对象必然会有不同的侧重。比如，面对一个街区时，其完整性的内涵最终要立足于社会和功能的基础之上，而在面对一个历史遗存信息相对较少建筑单体时，其完整性可能只需停留在结构层面，这与不同文物历史信息的保存状况密切相关。

完整性的要求使人们在进行文物保护时考虑的内容更加全面，也是采用先进理念，完善保护对象，采取适当的保护措施，进行其他单项规划的重要基础。至于应当如何利用完整性的理念来指导我们的认识和建构保护对象的完整性，则需要结合不同保护类型进行探讨。

“文物指存在社会上或埋藏在地下的人类文化遗物。”② 不同文物依据其时

① 1964 年 5 月 25 日 –31 日在威尼斯召开的第二届历史古迹建筑师及技师国际会议中通过。古迹的保护包含着对一定范围环境的保护。凡传统环境存在的地方必须予以保存，决不允许任何导致群体和颜色关系改变的新建、拆除或改动（第六条）。古迹遗址必须成为专门照管对象，以保护其完整性，并确保用恰当的方式进行清理和开放（第十四条）。

② 上海辞书编辑委员会．辞海［M］．上海：上海辞书出版社，2000：4367.

代环境及自身特点而千差万别。我国的《文物保护法》将我国的文物分为五大类，其中只有一类规定了具体的时代，即“与重大历史事件、革命运动或者著名人物有关的以及具有重要纪念意义、教育意义或者史料价值的近代现代重要史迹、实物、代表性建筑”。规定凸显了此类文物在时间上的近时性特质。这些文物都产生在近代，与特定的历史事件、历史人物相联系，具有“使用历史性”（use-historic）的特点与“时间历史性”（time-historic）相对。文物产生时间相对较短，其价值更多地依附于历史事件或历史人物留存的历史信息。因此，能否真实、完整地体现其依附的对象就成为评估文物价值、实施文物保护的重要内容。

近现代重要史迹是近代历史事件、历史人物的产物，通常具有详尽的文字记录和大量相关文物，依据这些信息可以了解相关事件和人物的详尽历史过程。其价值体现在它对于某一重大历史过程和人物生活的记忆，其完整性主要体现在对它所见证的历史进程的记录能力上，越是能完整详尽地记录那段历史的进程说明其完整性越高，反之亦然。其保护的目标是要一方面更好地保护它所蕴涵的历史信息，另一方面经过适当的保护措施、组织整理之后使之能够更加流畅地表述其所见证的历史过程。

利用近现代重要史迹的“事件性”[①] 特点，在对历史事件进行整理后，可以通过有序和翔实的历史事件对文物现存历史信息进行梳理和再组织，完善由文物及其历史信息与历史事件构成的叙事系统，在系统中评估文物的完整性和真实性，评估文物的价值，针对评估内容确定保护措施和其他单项规划的组织。对“事件性”的掌握给理解文物构成提供了方法和策略。“事件性”特点在构建近现代重要史迹的完整性时具有独特的优势，这种优势源于近现代重要史迹的特性，体现在其完整而有序的方法上。所以，抓住近现代重要史迹“事件性”特点是型构此类文物历史信息完整性的关键一环（图 4-2-1）。

① “事件性”是近现代文物的重要特点，详见沈旸等.“事件性”与“革命旧址”类文物保护单位保护规划——红色旅游发展视角下的全国重点文物保护规划[J].建筑学报，2006（12）（总第 460 期）：48-51.

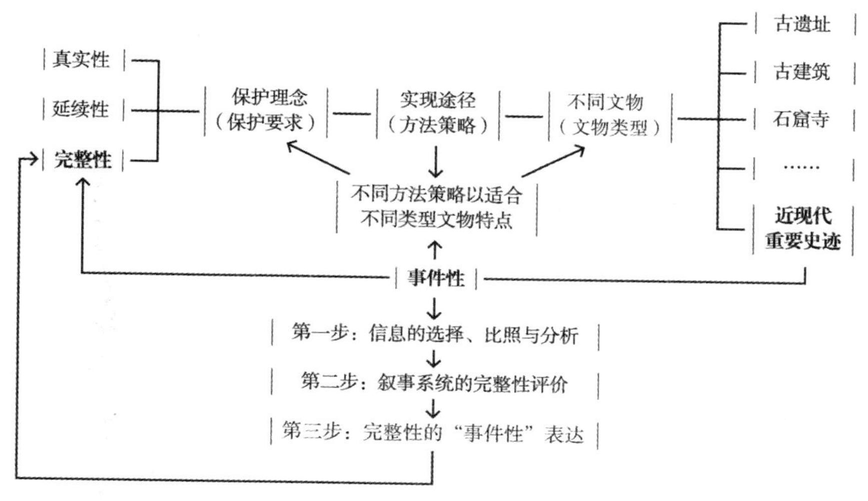

图 4–2–1　近现代重要史迹的完整性构建

（2）“事件性”特性在“完整性”构建中的运用

在我国现已公布的近现代重要史迹中，战犯管理所（图 4–2–2）就其功用来说可谓孤例。即使在世界范围内也很难找到与之相仿的例子。它不同于其他监狱或者集中营，“改造”这个特殊的使命使它由独特的视角见证了那段历史进程。

1）第一步：信息的选择、比照与分析

文物的信息通常源自文献、现场踏勘和问卷访查等几个方面。在“事件性”的研究方法中要注意不同信息处理的次序。

首先，通过文献查找，构建事件的发展过程。在战犯管理所资料查找和整理过程中，涉及志书、地方档案、相关研究书籍、老照片等文献资料。其中《抚顺战犯管理所志》和抚顺市地方档案为研究提供了大量详细信息，相关研究书籍可以增加对宏观和具体问题的了解。经过对大量文字图片信息的总结整理，可以得出如下包括时间、事件和事件对象在内的表格，表现了战犯管理所见证的历史进程（图 4–2–3，表 4–2–1）。

图 4-2-2　战犯管理所及周边现状全景（相睿摄）

战犯管理所见证的历史进程　　表 4-2-1

时期	时间	事件	事件对象
战犯管理所前期	1934 年	日本侵略者侵略抚顺时，在抚顺城西墙外强行征地，将千金寨原奉天第十五监狱迁于此地，作为专门关押和残害我抗日军民和爱国同胞的场所。监狱被称为抚顺典狱	监狱建筑组群及草绳工厂和大礼堂
	1948 年	抚顺解放后，此监狱被我人民政府接管，改建为辽东省第三监狱	
战犯管理所时期	1950 年	东北战犯管理所成立。同年，苏联移交的日本战犯经铁路抵达抚顺城站进入管理所接受改造	抚顺城站、监狱建筑组群、草绳工厂和大礼堂、战犯管理所农场、高尔山
	1956 年 6 月 ~ 1964 年 3 月	对日本战犯分批全部处以宽大释放回国	
	1956 年 9 月	日本战犯被宣判、处理后，五所、六所和大礼堂、铁工厂划归抚顺监狱使用	
	1959 年 12 月 ~ 1975 年 3 月	对伪满和国民党战犯分批全部宽大释放	
战犯管理所后期	1976 年 1 月 ~ 1984 年	抚顺战犯管理所由辽宁省人民边防武装警察总队管理。后由公安部收回，辽宁省公安厅代管	中国归还者联合会、谢罪碑
	1986 年	按原貌部分恢复抚顺战犯管理所，作为改造战犯的旧址对国内外开放，后将原办公室、四所一部分和一所分别改建为综合陈列室、末代皇帝陈列室和日本“中归联”陈列室	
	2006 年	被国务院公布为全国重点文物保护单位。	

在上述工作的基础上开始对战犯管理所的现场勘查。勘查内容除了对于文物本体及其环境现状的勘查外，更将每个具体地点与其历史事件相关联，注重在历史事件中理解现有的场所及其历史信息（图 4-2-4、图 4-2-5，表 4-2-2）。

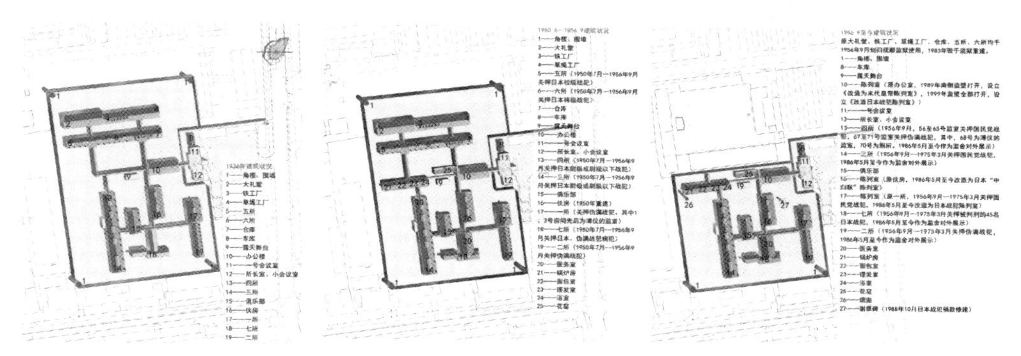

图 4-2-3　建筑布局沿革

图 4-2-4　不可移动文物之主楼、一所、二所和谢罪碑（沈旸摄）

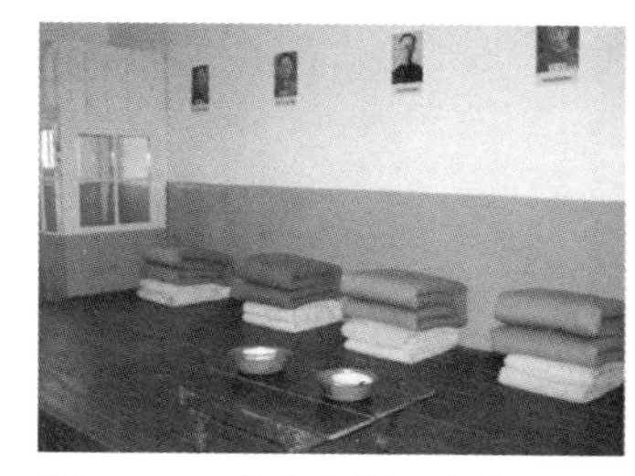

图 4-2-5　监舍内景、会议室和战犯使用过的器具（沈旸摄）

建筑与历史事件关联 表 4-2-2

建筑	年代	事件
五所	1936 年	由日本人始建
	1950 年 7 月 ~ 1956 年 9 月	关押日本校级战犯
	1956 年 9 月	划归抚顺监狱使用，1983 年毁于监狱重建
六所	1936 年	由日本人始建
	1950 年 7 月 ~ 1956 年 9 月	关押日本将级战犯
	1956 年 9 月	划归抚顺监狱使用，1983 年毁于监狱重建
七所	1936 年	由日本人始建
	1950 年 7 月 ~ 1956 年 9 月	关押日本、伪满战犯病犯
	1956 年 9 月 ~ 1975 年 3 月	关押被判刑的 45 名日本战犯
	1986 年 5 月至今	作为监舍对外展示
谢罪碑	1988 年 10 月	日本战犯捐款修建

通过上述工作就可以将每一个现存场所与其历史过程相对应，将遗存放在自身历史进程中加以理解和认识。这对于深入理解文物构成，评估文物价值，考虑保护措施都有重要的决定作用。

此外，还应将历史文献中整理出的事件对象与现存空间场所一一对照，寻找事件对象与现存保护对象之间的差异，发现现状缺环，找出完整性的缺陷。在将战犯管理所的事件对象与现存保护对象对照时出现了如下问题：

①抚顺城站作为日本战犯到达抚顺的第一站，也是其改造的起点，并未纳入保护系统之中。

②五所、六所是改造和关押日本将、校级战犯的监舍，是重要的事件对象，但已经遭到彻底破坏（图 4-2-6）。

③战犯管理所农场曾是战犯劳动改造的农园，是事件对象的重要组成部分，却并未成为保护对象。

④“中国归还者联合会”是被释放的日本战犯自发组成的和平组织，致力于中日友好，是战犯管理所和平精神的延续，是事件链条上的重要环节，但并未受到重视。

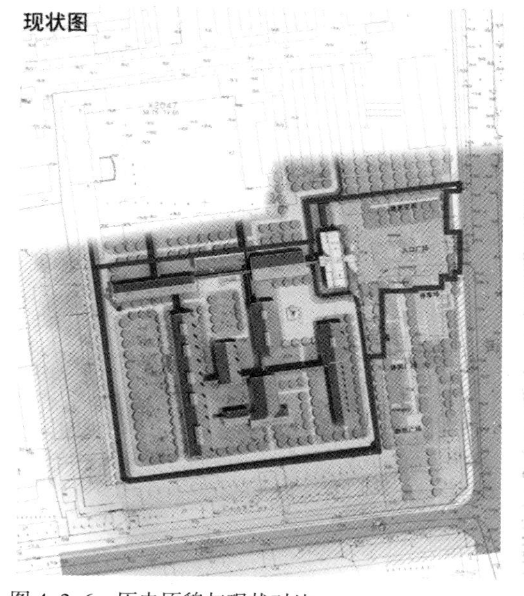

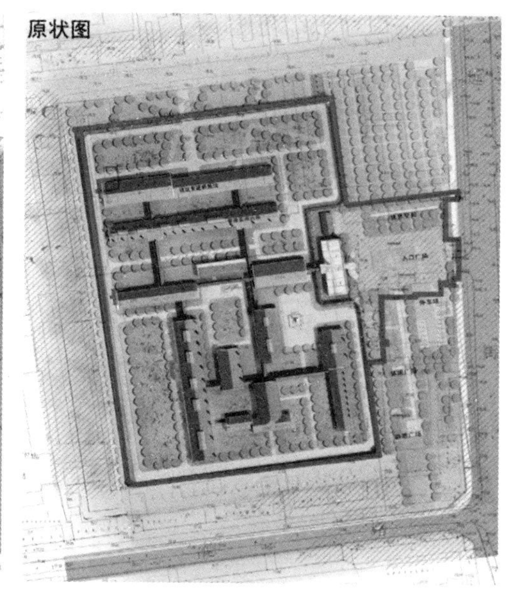

图 4-2-6　历史原貌与现状对比

⑤部分尚存的关于战犯管理所改造战犯历史的记忆仍存于日本老兵的脑海之中，濒于消失却不能得到保护和挖掘。

这些问题的发现有利于进一步完善保护对象范围，完整地保护战犯管理所的历史价值和社会价值。合理地解决上述问题也就成了保护规划工作中的重要内容。

最后为访查和问卷，其对象包括战犯管理所的管理和研究人员以及普通游人，用以考察战犯管理所在当今大众心目中的价值和形象，这是战犯管理所事件链条中的最后一环。将其与历史事件所对应的形象和价值加以比照，理想状态下二者应当相似，如果出现不同程度的差别就说明现今的历史信息的表述存在问题，需要加以调整。

通过访查和问卷调查结果的综合分析，可以发现：周边混乱的建筑环境和交通噪声影响了建筑群本应有的庄严与肃穆，战犯管理所内部的环境未能表达出生活、改造的环境氛围；缺失的五所、六所、铁工厂和大礼堂使人们对于战犯管理所的原有规模的形制在认识上存在较大偏差；现有的展示场所局限、手段单一，不能很好地展示历史的过程。此外，抚顺城站和战犯管理所农场的缺席也导致了人们对于历史事件认识的缺环。上述问题，使得战犯管理所对其见证的历史信息表述不清，人们很难通过文物现状对历史过程产生相对真实、完整的认识。鉴于此，需要采取适当保护措施对上述问题加以解决以改善文物历史信息的表述系统。

需要说明的是，前文只是简单地罗列了相关步骤，在具体工作中往往需要多次的反复才能构建出一个相对完整的历史过程并使之与现存历史遗迹相对应，进而加以对照和分析。

2）第二步：叙事系统的完整性评价

在战犯管理所保护规划编制过程中，利用文献等提供的相对完整的历史信息，构建出历史事件的整个过程，进而以之为标尺来理解和认识近现代管理所旧址的文物构成、完整性和真实性状况。通过比照和分析，可以发现战犯管理所的完整性受到了抚顺城站、战犯管理所农场（图 4–2–7）、五所、六所、草绳工厂、大礼堂等缺失的影响以及繁杂的周边环境的干扰（图 4–2–8、图 4–2–9），不能完整地表述其历史事件。此外，对于相关历史记忆的搜集整理以及对于相关组织的研究支持的缺乏，使得其完整性进一步受到威胁。

3）第三步：完整性的事件性表达

有了关于保护对象完整性的认识，就要通过一定的方式将其表达出来，使其与具体规划内容良好地衔接。上述的表达方式强调了缺失环节对于完整性的影响及其现存状况，便于掌握历史和现实的两种场景，为采取适当的保护措施和编制单项保护规划提供了很好的接口（表 4–2–3）。

图 4–2–7　抚顺城站与将军北沟（相睿摄）

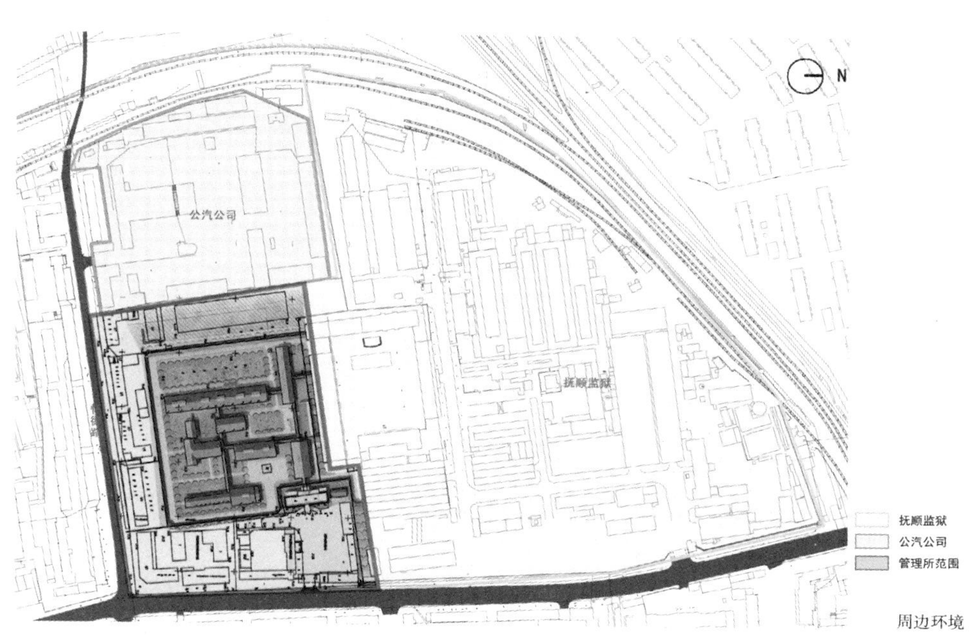

图 4–2–8　周边环境

图 4-2-9　自北侧高尔山南望管理所周边 （沈旸摄）

完整性缺失环节　　表 4-2-3

缺失环节	历史环节	对于完整性的影响	缺失环节的现存状况
将军北沟农场	是战犯劳动和改造的农园，是改造方式、手段的重要见证	使完整性的表述中缺少了关于改造方式、手段以及战犯生活状况的重要内容	农场因地处偏僻，尚未受到城市化的影响，其功能未变，现为省公安厅农场
抚顺城站	战犯到达中国的开始，接受改造的起点	事件性的表述缺少了开头，使其缺乏完整性	抚顺城站位置未变，但已经被重建一新

4.3 纪念物的保护对象构成及战场遗存的保护模式：塔山阻击战革命烈士纪念塔

革命烈士纪念建筑物，指在《革命烈士纪念建筑物管理保护办法》[①] 中所定义的“为纪念革命烈士专门修建的烈士陵园、纪念堂馆、纪念碑亭、纪念塔祠、纪念雕塑等建筑设施”。此类文物的纪念对象是革命烈士，其定义根据《革命烈士褒扬条例》[②] 所指为“我国人民和人民解放军指战员，在革命斗争、保卫祖国和社会主义现代化建设事业中壮烈牺牲的，称为革命烈士”。

由此可知，对革命烈士纪念的原因是对其纪念能弘扬以爱国主义为核心的民族精神，加快社会主义核心价值体系的建设。在手法上以纪念性的方式，使得相关事件在一定程度上得以重构，从中加以认知并有所感悟。所以，此类文物的保护对象所指的本质是“事件”的。

因此对“革命烈士纪念建筑物”类文物的保护，不仅要保护纪念建筑本体

① 《革命烈士纪念建筑物管理保护办法》由民政部于 1995 年 7 月 20 日发布。

② 《革命烈士褒扬条例》由国务院于 1980 年 6 月 4 日颁布。

及相关的纪念性物件，而且要对其背后蕴含的“事件性”特征加以保护。基于对此类文物构成结构的理解，在保护中应紧抓其“事件性”本质，以“完整性”理念为指导，以充分挖掘和反映革命历史事件所有信息为主要手段，以表述革命事件的“真实性”为目的，使得保护对象所指向的革命事件或活动等历史信息得以最大限度的传承，充分达成对历史事件的追忆和重构。“革命烈士纪念建筑物”类文物主要是通过人为的有意识建造，有效达成对革命烈士的深刻追忆和纪念。而对于此类文物纪念对象所蕴含的“事件性”的解读，为保护规划的编制也提供了更为广阔和深远的视野，本案即为从“革命烈士纪念建筑物”类文物的保护对象构成入手，强调了事件的“真实性”表达和“完整性”理念。

（1）革命烈士的纪念与事件之关联

“革命烈士纪念建筑物”类文物是通过人为的有意识的建造，达成对革命烈士所蕴含的精神的承载，其多由于与革命事件发生场所在空间上的割裂，或可直接纪念革命事件相关的物质实体消失等原因，与革命事件之间并无直接的联系，需要通过他物的提示、引导和说明才能完成对革命事件的转述、关联和追忆。这种与事件无直接联系的纪念建筑物，作为一种景观性的呈现，对于事件的陈述和还原，在语汇上显得较为无力和匮乏。

革命事件与纪念物之间的联系越紧密，相关的历史信息越全面，对事件的还原度就越高，对其重构就越能接近事件的真实。而这种对事件“真实性”的表达只有在“完整了解”的前提下才可能保障。所以充分理解“完整性”的理念并合理运用，正是解决这一问题的关键所在。

“完整性”理念能使保护规划跳出仅围绕对纪念性建筑物本体加以保护的范畴，加强对纪念对象的“事件性”的关注。首先对保护对象所指向的事件加以了解和分析，对事件的发生主体、行为模式、时间区限、空间分布及相关要素之间的联系进行系统的深入发掘；其次关注保护对象与其所处环境甚至扩大至与城市之间的关系，确定事件发生的全过程在空间上的物质性投影和印记；最终表现为一个由环境和社会交织的综合性结果。

在塔山阻击战革命烈士纪念塔（图 4–3–1）的保护规划中，对以重构事件“真实性”为目的，以“完整性”为理念指导下进行的“革命烈士纪念建筑物”类文物的保护进行了探索和实践。在此类文物的保护规划中，“真实性”和“完整性”主要体现在两个方面：一是革命事件历史信息的完整表达；二是建筑物本体景观纪念意义的完整。

（2）保护革命事件历史信息的完整

1）保护对象的拓展

在规划编制初期，由于理念的不明晰和任务的要求，保护对象局限在以纪念塔为中心的塔山烈士陵园范围内。但随着编制的深入，愈发觉得仅以烈士陵园为规划的外限范围，割裂了与事件之间的联系，不能全面真实地传递塔山阻击战的历史信息。

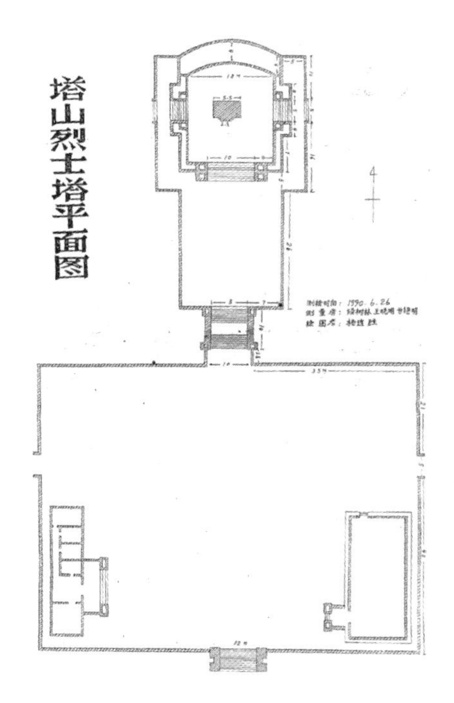

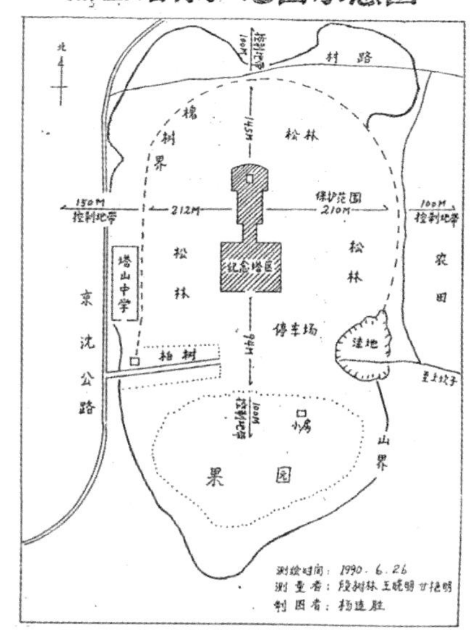

图 4–3–1　塔山阻击战革命烈士纪念塔平面及保护范围示意
塔山烈士陵园管理处提供

图 4-3-2　塔山阻击战革命烈士纪念塔

纪念塔（图 4-3-2）是为纪念在塔山阻击战牺牲的革命烈士而设的，与其他革命烈士纪念建筑物相比，其特殊之处在于它与战场是紧密结合在一起的，纪念塔所在便是塔山阻击战时前沿阵地指挥部。从革命事件历史信息完整传承的角度看，对纪念塔本体保护的意义并不大。正如上文所述，纪念塔本体与塔山阻击战这一历史事件并无直接联系，必须通过相关资料、烈士生前物件等加以联系，而这种联系对于事件“真实”地重构存在一定的缺陷。

由于塔山阻击战战场环境保存至今，可通过直观的观察了解战术布置，学习解放军战史中这一重要的战役，并通过对战场的认知，完成对事件的追忆重现和对死难烈士的追思。且战场是塔山阻击战的直接发生场所，是对事件最为直接的纪念实体。所以对战场这一物质实体的完整保护是塔山阻击战这一重要历史事件信息得以真实并完整传承的重要因素。基于这一角度，保护规划从单纯的纪念塔及烈士陵园的保护扩大到了对整个战场环境和相关军事设施的保护。

2）基于视域要求的战场保护模式

在现有的前六批全国重点文物保护单位中有9处战场遗址[①]，却鲜有针对战场的系统保护。其主要原因是战事发生背景、时间及地点等的不同导致了战场环境的千差万别，无一定式；且战场覆盖范围较大，在城市扩张中或多已不存。故对战场的保护无例可循，只能针对具体个案单独研究。

塔山阻击战战场地处城市边缘，现基本保持着战时原貌。但随着城市的扩张，这一完整的战场存在已岌岌可危。如打渔山山体的挖掘行为已威胁到了战场景观的完整；战壕由于果园及农田的开垦现多已消失殆尽；塔山地区的无规划发展已对战场风貌产生破坏等。若不及时对战场环境加以保护，则直接承载事件信息的物质实体即将消失。

战场囊括范围虽然广袤，在流线上难以完整覆盖，但由于塔山正处于此地的制高点，所以从视觉上对战场环境的整体感知便成了达成完整性的重要手段（图4–3–3、图4–3–4）。以此概念为出发点，在规划的编制中经历了从点对点的线性保护到从点到面的整个场地的保护。

首先选择了战场上的重要节点，即我军防御战线所依托的打渔山、塔山和白台山；国民党军进攻所依托的笊篱山（图4–3–5）。以塔山烈士陵园阻击战纪念塔为中心，以连接打渔山、白台山和笊篱山主体的视廊空间范围作为建设控制地带（图4–3–6）。严格控制在此范围内的建筑体量、高度、风貌和功能，保证视廊范围内的景观不被破坏。烈士陵园围墙范围内确定为保护范围。不过，这种保护区划虽有利于对部分重要战场节点之间的视线联系，却忽略了对战场整体保护的重要性。随着郊区城市化进程，未被保护的战场范围内的各类建设活动，将不可避免地影响甚至破坏战场的整体完整性并削弱景观的纪念意向，不利于事件历史信息的完整传述，且放射状的建设控制地带从实际操作层面上不利于管理。

---

① 9处战场遗址分别是：第一批全国重点文物保护单位中的平型关战役遗址、冉庄地道战遗址；第三批全国重点文物保护单位中的北伐汀泗桥战役遗址；第六批全国重点文物保护单位中的平西河头地道战遗址、半塔保卫战旧址、湘江战役旧址、昆仑关战役旧址、红军四渡赤水战役旧址和松山战役旧址。

图 4-3-3　在塔山阻击战纪念馆环视整个战场环境（汪涛摄）

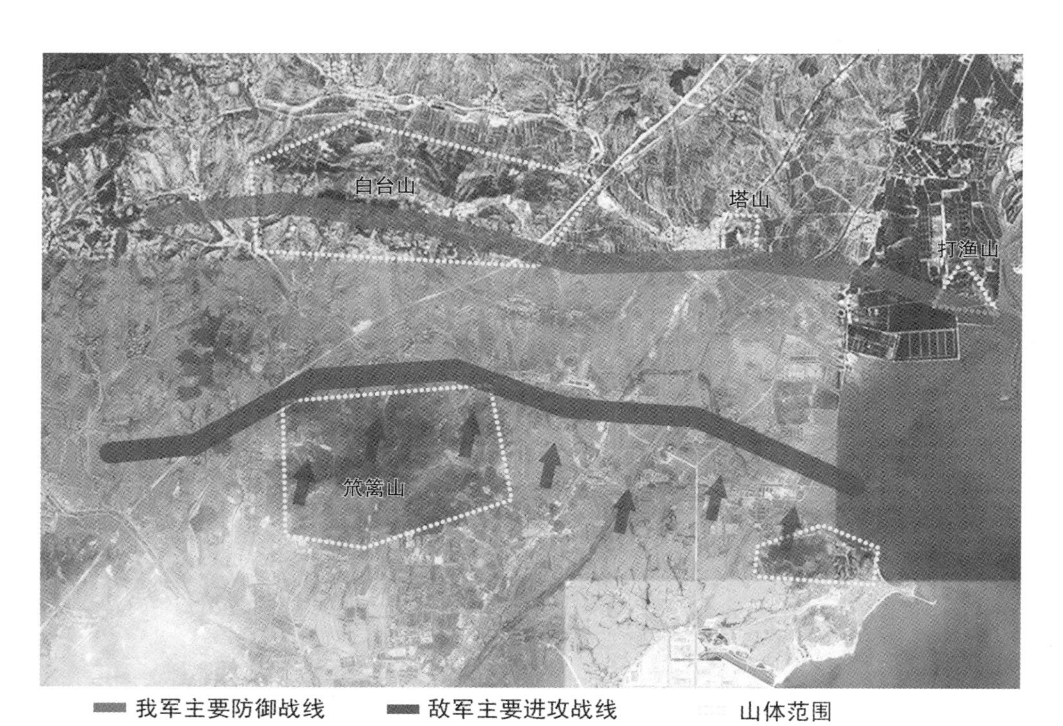

图 4-3-4　战场敌我态势

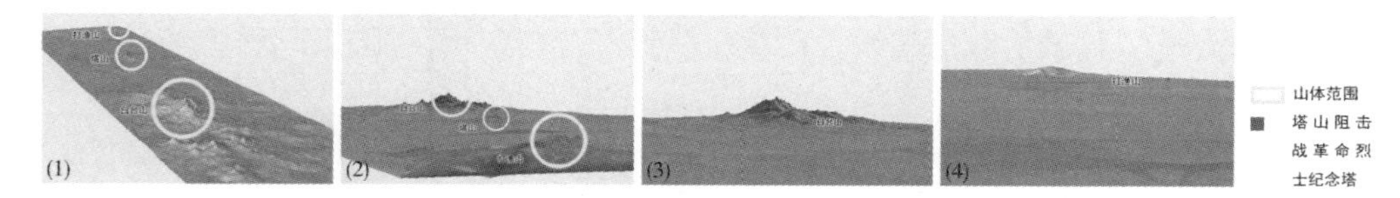

图 4-3-5　战场地形 GIS

（1）（2）打渔山—塔山—白台山防御总线（3）塔山西望白台山（4）塔山东望打渔山

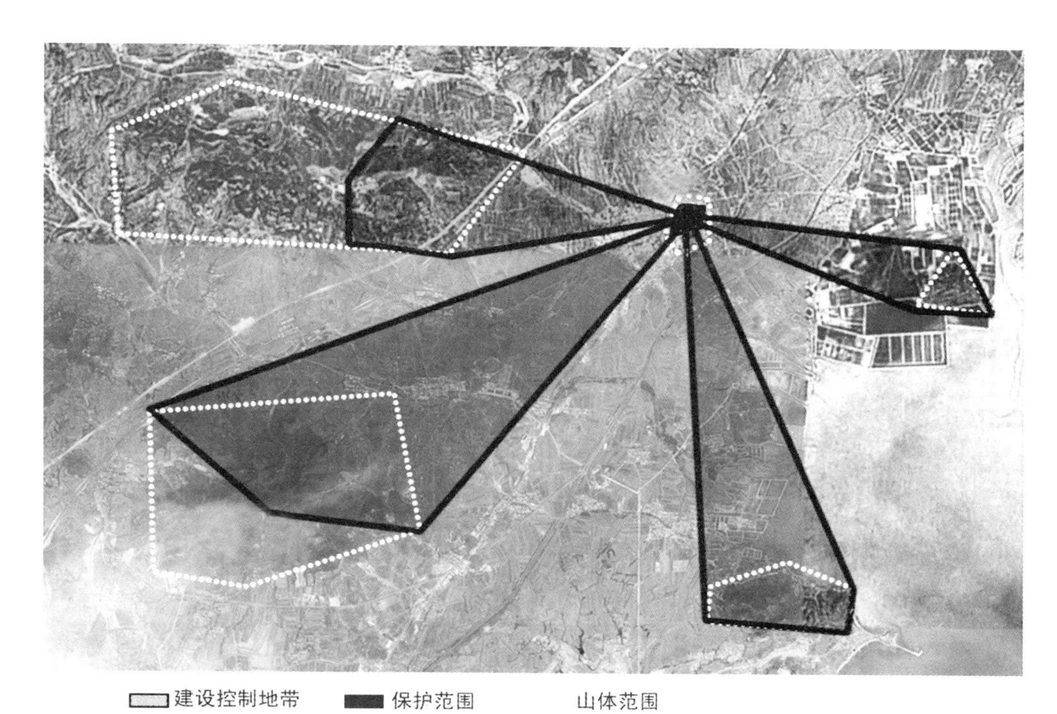

图 4-3-6　以战场重要节点保护为目的的保护区划

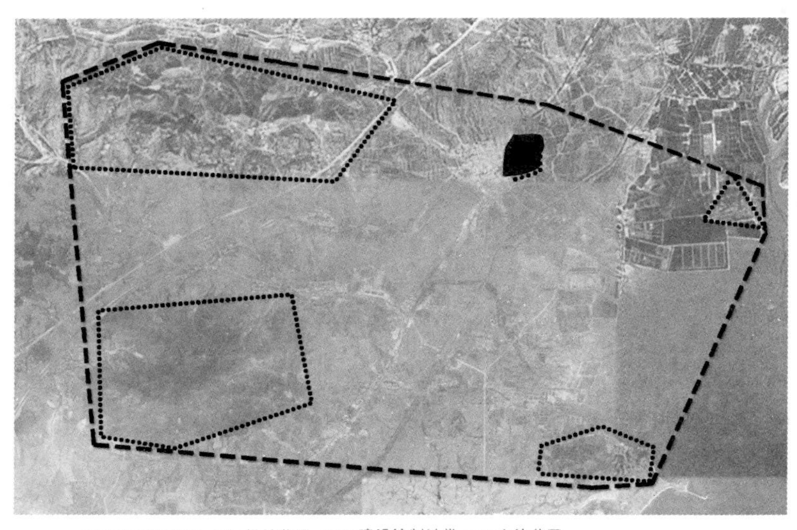

图 4-3-7　对战场整体保护的保护区划

为保证事件历史信息的完整表达调整保护区划，将主要战斗场所包括上述几个山体主体在内的空间范围，设为风貌协调区（图 4-3-7）。在此区域内以控制建筑的风貌为主要手段，对建筑功能不作具体要求，但应避免兴建会破坏各山视线通廊的建筑，其目的在于保证战场主体的视域范围内景观的和谐性和完整性。将塔山主体范围包括现存的战壕遗址，划定为建设控制地带，烈士陵园围墙范围内依然划定为保护范围。此保护区划层次明晰，将战场的保护范围由散射的线扩大到整体的面，加强了对战场这一事件直接载体的整体保护，保证了主体战场环境景观不被破坏，且从实际操作层面上更为合理有效。

风貌协调区的面积约有 7900 公顷，势必对城市的发展特别是在此区域内的塔山镇的发展带来一定的限制和影响。为保证规划目标的实现且不阻碍城市的合理发展，应结合葫芦岛市的城市发展规划，在保证土地现有的使用性质不变前提下，引导此区域内的产业结构调整，坚持发展生态游、农业耕种等不破坏历史风貌的产业项目，使得该区域步上可持续发展之路。

3）相关军事设施的保护

塔山阻击战属于阵地防御战，战壕是较为重要的战场工事，所以对战壕的保护更能体现和充实战场的真实性与完整性。

通过资料分析和现场勘察，现遗有 3 条战壕：一条在烈士墓东西两侧，长约 40 米，保存较为完整；一条在现有入园道路北侧，长约 80 米，遗迹不明显，杂草丛生（图 4-3-8）；第三条战壕在塔山烈士陵园外南侧果园内，由于垦荒等原因现已基本无存。

在规划中将三条战壕囊括在保护范围和建设控制地带内，杜绝了相关建设活动对战壕的破坏。对前两道战壕主要进行清理和修复工作，清理壕沟内的垃圾和深根植物并对壕沟进行加固处理；对第三道战壕通过现场遗存并结合资料研究，确定其走向和方位并进行复原（图 4-3-9）。

图 4-3-8　战壕遗址　（沈旸摄）

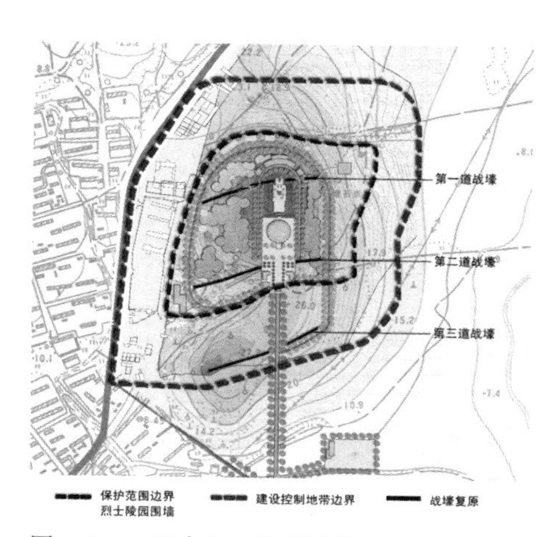

图 4-3-9　现余的 3 条战壕分布

(3) 保护革命烈士纪念塔纪念性景观

纪念塔由于其单一向上的标志物形象所带来的向心力及其形体的符号象征，本身具有一种纪念性的景观意向。但纪念塔本体除了纯粹的纪念象征意义外，没有任何价值指向和实用功能属性，故对此类纪念建筑物的纪念性景观意向的塑造和强调，是保证其作为事件承载物的基础。

纪念塔的标志物形象首先必须可见，才能被认识并感知其象征意义，所以保证纪念塔在区域中的主体控制力，突出其景观的纪念意义是首要的任务。其手法主要是景观视线的控制和纪念性氛围的塑造和强调。

1) 纪念性景观的视线控制

在缅怀纪念的过程上，通过持续情感的积累和叠加，并在到达纪念塔时达到顶点，完成在情感上的冲击。而此过程最主要的是保证行进中视线与纪念塔这一象征性形象之间的联系不可隔断。

纪念塔建在塔山最高点上，与缅怀纪念路线起始有近 30 米的高差，其本身高有 12.5 米，故在缅怀纪念线路上对纪念塔一直为仰视状态，且纪念塔本身凸显在天空这一单纯的背景中，这种心理上的隐示和景观意向对于纪念性的塑造有着先天的优势。但在保护规划编制之前，已修建了塔山阻击战纪念馆，由于其距离纪念塔约 90 米而仅有 10 米左右的高差，加上较大的建筑形体，隔断了缅怀人群对纪念塔的视线联系（图 4–3–10），对于纪念氛围的塑造带来十分不利的影响。所以在此现状的基础上，对纪念馆的改造便成了重现视线通廊的唯一手段。

然而由于纪念馆选址恰是眺望战场环境的最佳地点，且只有达到一定的高度才能在屋顶平台上更为全面地观察战场（图 4–3–11）。所以纪念馆的改造应满足既要有一定的高度以适合对战场的观察，又要恢复纪念塔在视线上对区域的控制力。在此要求下，以纪念馆原有建筑形体为基础，根据视线分析，拓宽

图 4-3-10　纪念馆隔断了与纪念塔之间的视线联系（沈旸摄）

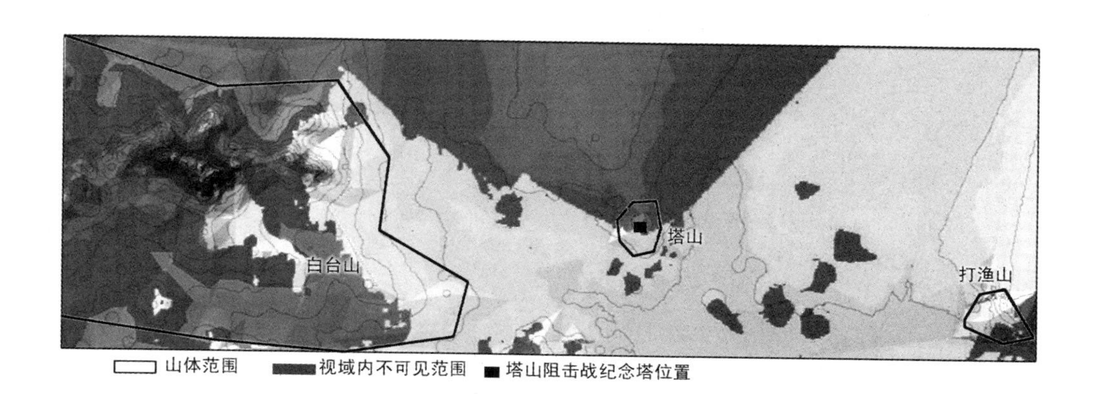

图 4-3-11　以塔山阻击战纪念馆为中心的 GIS 视域分析

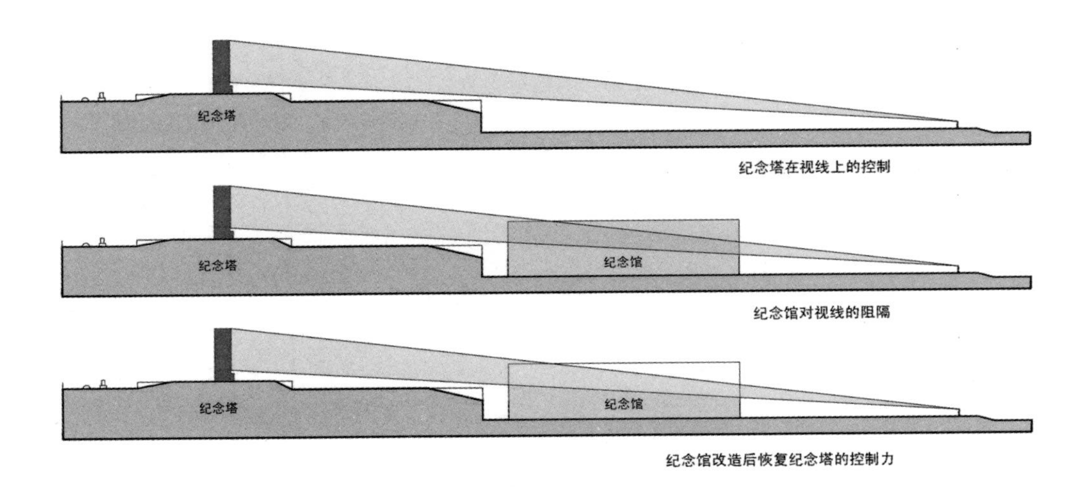

图 4-3-12　塔山阻击战纪念馆改造视线控制

三层环形观景平台中部空间，同时扩大二层的通道平台，使得纪念塔能更为完整地呈现（图 4-3-12）。

2）纪念性氛围的塑造和强调

只有通过对整体环境的情境营造和对场所空间所伴随的景观体验才能成就纪念意义。纪念塔作为景观中的一个重要元素，须存在于它所处的环境中才能完整地形成纪念性景观并传达其意义。

在纪念性场所的氛围塑造中，中轴对称是典型的手法。其景观意向，暗示着一种秩序的象征，能通过人们的经验性感知，显现出场所的纪念涵义。[①] 烈

① 刘滨谊、李开然．纪念性景观设计原则初探［J］．规划师．2003（2）：22-25.

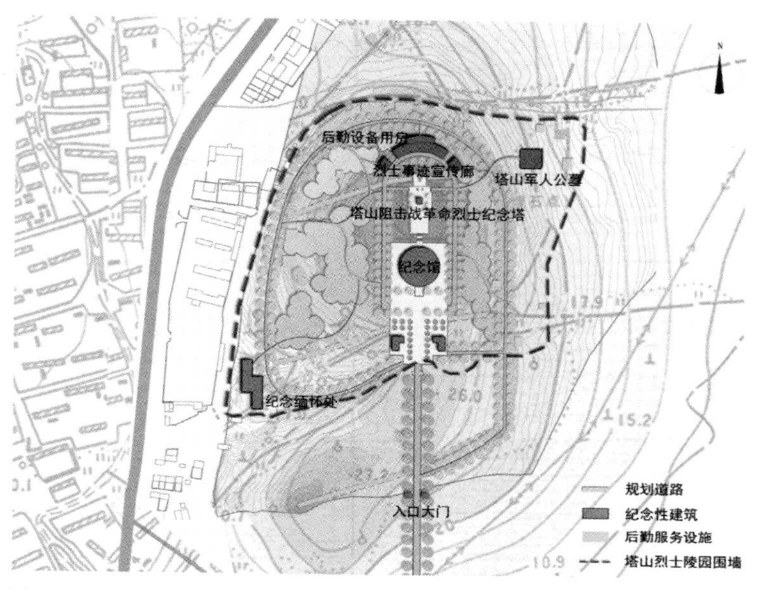

图 4-3-13　规划总平面

士陵园现有轴线由于整体布局的无规划性而显得较弱，对于纪念氛围的塑造作用不大。

在保护规划中，我们有意识地对轴线进行强化（图 4-3-13）。结合道路和环境的改造，将轴线向南延长 500 米，创造出一种纪念性的线性空间。道路的设计充分结合山势，采用层层递进向上升起的模式，并沿其两侧种植松柏等常绿针叶林加以围合，增强空间透视感，突出烈士陵园布局的中轴对称关系，通过线性的无限延长和上升感来衬托出纪念塔的主体地位。

4.4 城市缝隙中的“一般性”文物建筑生存：银冈书院

在当今的中国城市中，存在着这样一类为数可观的文物建筑：“由于时光流逝而获得文化意义的在过去比较不重要的作品。”[①]亦即，在既往的传统城市中，它们是较为普通的建筑，但随着现代城市建设大潮对传统建筑的大规模拆毁，留存下来的便因其具有过去时代的历史文化信息而成为文物建筑。为表述方便，本节将这一类且法定保护级别尚未成为全国重点文物保护单位的文物建筑称之为“一般性”文物建筑。

在城市持续、快速发展的大环境下，城市遗产保护与城市发展认识之间不可避免的偏差，导致大量处于城市高密度、快速发展区域的文物建筑的生存与发展面临着“前所未有的重视和前所未有的冲击”[②]。而较之那些通常意义上的重点文物建筑（主要指保护级别或在传统城市中的重要程度），大量的“一般性”文

① 第二届历史古迹建筑师及技师国际会议《国际古迹保护与修复宪章（威尼斯宪章）》第一项，意大利威尼斯1964.

② 单霁翔《城市文化遗产及其环境的保护》，ICIMOS第十五届大会主题报告2005. 10. 17。转引自朱光亚、杨丽霞．浅析城市化进程中的建筑文物建筑保护》[J]．建筑与文化．2006（6）：16.

物建筑所受到的保护力度和重视程度明显不够，在保护工作不完备和城市发展大冲击的双重压力下，生存与发展的前景不容乐观。文物建筑内部历史空间结构的不完整，外部城市环境氛围的不协调，不仅给保护工作的开展带来难题，也阻碍了这一类文物建筑社会价值的发挥。在确保“一般性”文物建筑本体安全性的前提下，如何突破城市发展的重重压力，充分发挥社会效益，将其自身所蕴含的历史文化信息传递给公众，是保护工作中需要重点解决的问题之一。

本节即以相对独立地生存在高密度、快速发展城市区域中的“一般性”文物建筑为研究对象，基于文物建筑保护中的展示利用要求，探讨其本体及环境保护的规划策略。而文物建筑在得到展示、增进与大众之间的交流、发挥社会价值的同时，也因为不同的类型特征而暴露出具体而复杂的保护工作问题，本节探讨的“一般性”文物建筑即为一类案例。推广来看，文物保护中的展示工作绝不是内容的简单陈列，而是应当通过具有针对性的保护规划编制将其蕴含的特殊历史信息予以系统、完整的传递与表达；换言之，合理有效的展示系统和表达方式，是文物保护与价值发挥的必要保证。

（1）“展示”是文物建筑保护的重要组成

随着文物建筑保护理念的不断深入，保护工作的内容已经从对文物建筑物质实体的“保护”与“修复”，扩展到对本体及其环境背景的整体性保护，进而发展到关注物质实体及历史文化内涵的展示[①]，即文物建筑社会价值的实现，可以说文物建筑的展示利用越来越受到保护工作者的重视。

2008 年 10 月通过的国际古迹遗址理事会（ICOMOS）《文物建筑地诠释与展陈宪章》将“展示”定义为：“一切可能提高公众意识、增强公众对文物建筑地理解的活动”[②]；《巴拉宪章》认为“展示”是“能够揭示场所文化意义的一切方

① 参阅郭璇．文化遗产展示的理念与方法初探[J]．建筑学报．2009（9）：69.

② The ICOMOS Charter for the Interpretation and Presentation of Cultural Heritage Sites', Ratified by the 16th General Assembly of ICOMOS，Quebec(Canada)，On 4 October 2008.

式"。[1] 可见，文物建筑的展示是以其本体组成部分的物质与非物质要素的展陈为主要手段，最终目的是揭示其历史文化意义，将之信息化、公众化，在明晰文物建筑认知感和扩大普遍性的同时，更加有利于交流与借鉴。《中国文物古迹保护准则》指出：展示（陈列）是文物古迹保护与管理中创造社会效益的最直接手段，对文物建筑自身的维护与发展具有重要的作用。所以，通过合理的利用充分保护和展示文物古迹的价值，是保护工作的重要组成部分。[2]

展示直接关系到文物建筑的保存、管理和社会价值的实现，因此，首先应当遵循以下原则[3]：

1）真实性（Authenticity）和完整性（Integrity）原则

只有基于文物建筑的真实性、完整性表达，展示所传递的历史信息、人文信息才真实有效。真实性和完整性是文物建筑价值评估的重要依据，表现在物质形态和非物质形态要素的各个方面，不仅包括文物建筑本体结构信息的真实完整，也涉及文物建筑周边环境和更大范围可感知的城市信息的真实完整。

2）可达性（Accessibility）原则

文物建筑的信息展示应尽可能面向不同层次和文化背景的受众。这里所说的可达性含义多重，不仅包括规划有效的到达路径，展示的全面性、有效性也应当包含在内：提供有组织的展示路线和合理的展示分区，布置展示设施和策划展示内容，专业的信息介绍（如标识、视听资料及出版物、专门培训的导游等）。

---

① Australia ICOMOS. The Burra Charter，1999，A25.

② 中国古迹遗址理事会、澳大利亚遗产委员会、美国盖蒂保护所合作制订，中国国家文物局批准《中国文物古迹保护准则（2004）》阐释 4.0。

③ 参阅郭璇．文化遗产展示的理念与方法初探［J］．建筑学报．2009（9）：69-70.

3）可持续性（Sustainability）原则

文物建筑展示利用的功能和开放的程度，要以其不受损伤，公众安全不受危害为前提[①]，以文物建筑所在地的社会、经济、文化和环境的可持续发展为其根本目的。文物建筑展示应该是专业人士、社区原住民、政府决策者、旅游开发商以及其他利益相关者共同协作的结果。展示基础设施的建立和参观游览活动的开始完成并不意味着展示工作的完结，应该对文物建筑进行后续的回访、监测与评估，了解展示活动对文物建筑及相关环境造成的影响，从而能够为今后修正和拓展展示的方式和手段提供依据。

（2）"一般性"文物建筑展示面临的问题

文物建筑的展示绝不是无水之源、无本之木，必须立足于文物建筑自身具备的物质与非物质历史文化信息。而对于处在城市快速发展区域的"一般性"文物建筑，该项工作的基础条件更为薄弱，不仅自身可供发掘的信息资源常常受损，生存环境也在城市高度和密度的迅速扩展下日益恶劣。

1）生存空间被蚕食

城市规模的急剧扩张，城市人口的迅速膨胀，使土地成为最具价值的资源。在这种城市土地急需的紧迫形势下，"一般性"文物建筑保护范围内的土地资源常成为城市觊觎的目标，或因为保护不力已渐被蚕食。保护范围尚且如此，建设控制地带的划定更是常被视若无睹，城市建设项目的跨界现象并不鲜见。

在寸土寸金的城市高密度区，建筑体量在空间维度上的尽量扩张是获得最大可能使用度的普遍做法。而"一般性"文物建筑通常具有规模不大、体量矮

① 《中国文物古迹保护准则（2004）》阐释 4. 1. 2。

小的特点，当这个特点遭遇城市现代建筑时，往往是加剧了建筑尺度感和空间领域感上的巨大反差。这些“一般性”文物建筑处在高楼大厦的环伺包围之中，仿佛陷落在城市的“缝隙”里，成为需要寻找才不至于被遗忘的城市记忆。

2）布局与单体受损

文物建筑本体虽然得到了一定程度的保护，但由于研究工作的不深或重视程度的不够，导致了如建筑布局结构因素的缺失、单体残损后维修的不适当等诸般恶果，不仅破坏了文物建筑本体的完整性，也影响了对于文物建筑真实性的认知。

3）环境氛围的缺失

2005年10月通过的ICOMOS《西安宣言》突出强调了周边环境对文物建筑保护的重要性，指出文物建筑的周边环境，不仅包括建筑、街道、自然环境等有形文物建筑，还包括社会习俗、精神文化和经济活动等无形文物建筑。[①] 换言之，文物建筑的周边环境是展示文物建筑真实性、完整性的重要组成部分。

现代城市发展有一个显而易见的通病：在兼顾效率与需求的同时却往往忽略传统文脉的延续，城市生活发生巨大改变的同时也在逐步远离一些世代相传的社会习俗、精神文化。特别是处在高密度城市发展区域的“一般性”文物建筑，更容易陷落在与之体量、风格、比例、色彩等诸多方面不协调的城市环境之中。传统风貌消隐下的城市形态改变，恰恰是文物建筑历史环境氛围营造和展陈的极为不利的外部因素。

---

① 详见国际古迹遗址理事会（ICOMOS）《西安宣言》，中国西安 2005.

4）观察视廊的破坏

人们往往在历史文物建筑中游走、感受人文历史氛围的同时，会慨叹城市现代建筑不时闯入视域范围的扫兴。其原因无外乎外围城市现代建筑体量的不加控制，突破了文物建筑内部可以接受的观察视廊的尺度限制。此现象在世界文化遗产或全国重点文物保护单位中尚不时出现（图 4-4-1、图 4-4-2），又何况是本节探讨的“一般性”文物建筑！

（3）基于展示的“一般性”文物建筑保护

辽宁省省级文物保护单位——铁岭市银冈书院（又名周恩来少年读书旧址纪念馆），是东北地区唯一保存完好的清代书院，迄今已有三百五十多年历史；也是周恩来一生中进入的第一所现代学校，他在此实现了从接受传统私塾教育向现代学校教育的转变。银冈书院现存有东（银园）、中（书院主体）、西（周恩来少年读书纪念馆）三路院落，占地面积约 2300 m²。书院四周是高楼耸立的现代住宅、办公、博物馆建筑（图 4-4-3），可以说是前文所描述的现代城市“缝隙”中“一般性”文物建筑的典型实例。

本节即以之为例，基于文物建筑的展示利用要求，逐一解析针对此类文物建筑的合理、有效的保护规划策略。基本步骤为：首先，保护真实、再塑完整，保证历史信息的准确传递和全面表达；其次，整治文物建筑周边环境，确保保护范围和建设控制地带的合法使用，及契合保护对象特征的氛围营造，并合理调控文物建筑外围的城市环境，此举不仅是避免观察视廊的破坏，更关乎文物建筑在城市意义层面上的生存问题。

1）真实完整的本体展示

文物建筑的展示，主要是通过自身（包括不可移动和可移动）所携带的历

图 4-4-1　沈阳故宫环境　（沈旸摄于 2004.09）

图 4-4-2　南京“总统府”煦园环境　（沈旸摄于 2005.03）

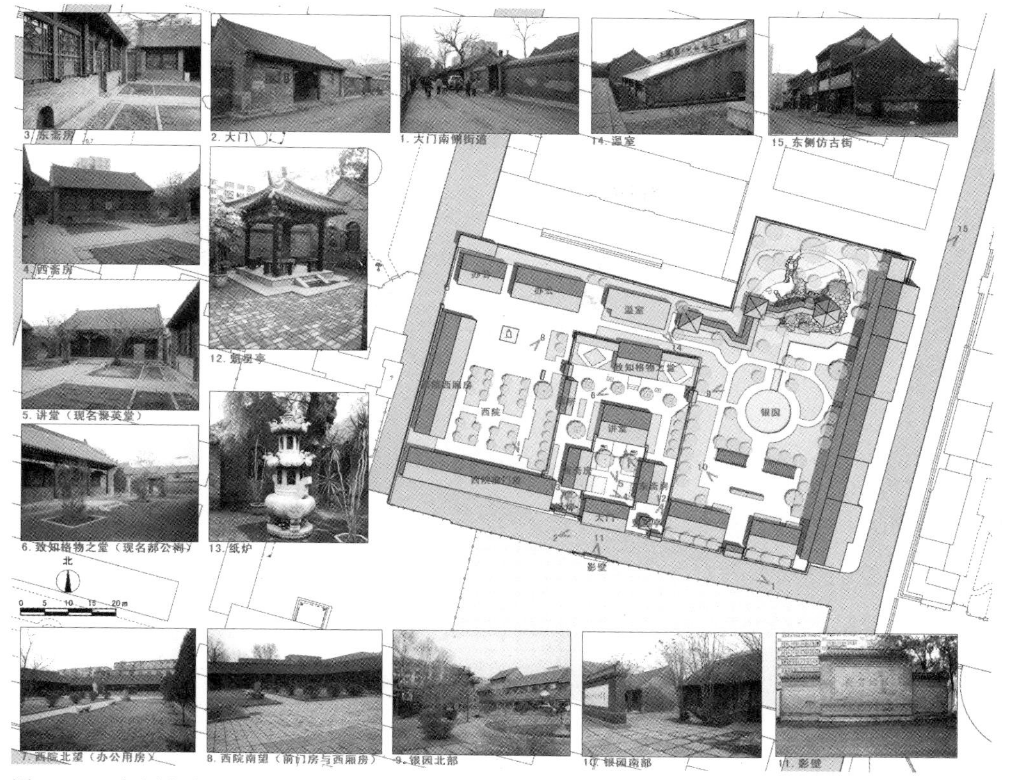

图 4-4-3　银冈书院现状 （沈旸摄于 2009.03）

史文化信息的传播，以及保护工作者通过研究整理得出的宣传资料（包括展板、书籍和音像制品等）的介绍来进行的。所以，只有保证文物建筑的真实与完整，所提供的信息才有意义。对于处于城市高密度区域中的“一般性”文物建筑，其所面临的问题主要体现在：布局结构的不完整性和构成要素的非原真性。

①布局结构的不完整性与再塑

文物建筑整体布局结构的真实与完整主要表现为构成部分的建筑单体、院落以及重要的景观小品的存在情况，其中任何一部分的缺失或者改变，都会造成历史信息不同程度的受损。前期需进行的基础工作为：通过历史文献资料的描述，理清历史发展脉络，并尽可能将重要的历史发展阶段呈现为图像，进行比对研究，判断文物建筑现有遗存的真实度和完整度。

银冈书院由清代湖广道御史郝浴创建于顺治十五年（1658 年），此后至今的历史沿革主要经历了四个阶段。[①] 绘制这些阶段性的书院平面并与现状进行对比（图 4-4-4），现存的书院布局结构存在多处缺失：书院西北角的凹入地块，原是书院本体的一部分，目前被住宅楼侵占，并且越过了现有保护范围的地界；东路中部原有瓦房八间，中路轴线上的主要建筑致知格物之堂（现名郝公祠）两侧有耳房，皆已不存；郝公祠北侧原有五间房，曾先后作为校舍和饭堂，现址则赫然立着一座玻璃温室；……如此诸般，均破坏了文物建筑应当展示的真实和完整。

对于银冈书院西北角侵占保护范围的建筑首先应予清除（图 4-4-5），还原为文物古迹用地，但考虑到目前的实际情况，建议不要简单地修建围墙，将地块直接纳入书院，而是设置成为一个书院与外界环境进行展示交流的缓冲地带。

银冈书院的格局展示，在充分研究和论证的基础上，建议有选择地复建部分原有建筑，如中路的郝公祠两侧耳房和北侧五间房，进一步强化中路轴线，可作为多功能室加强书院文化的展示。此外，还有一个被忽略的重要的历史价值必须提及，即：银冈书院是清代流人促进东北地区文化教育事业发展的重要实物资料，是流人文化的典型建筑代表。清代辽宁有大量流人，其中有许多是受过儒学教育的文人、官员，他们带来了中原地区的先进文化，且多数以讲学教书为生，在东北地区产生了重要的影响，书院的创办者郝浴即为贬谪至铁岭的朝廷大员。因此，建议在东路填埋现有水池、拆除水泥花架，复建原有五间瓦房，与南侧九间房共同展示以郝浴为代表的“流人”文化，并以之为讲堂，举办讲学等公益文化活动[②]，亦符合书院的讲学特点。

西路展示目前以纪念周恩来少年读书为主题，但展示内容偏少；清末民国初，一大批革命志士曾在银冈书院受到良好的启蒙教育，而书院一直没有对该内容进行展示，建议统一设置为周恩来及革命志士展示区。从空间上看，目前

① 详见李奉佐等．银冈书院［M］．沈阳：春风文艺出版社，1996：199-209.

② 2005 年 8 月，银冈书院特邀辽海出版社副总编、硕士生导师于景祥先生，在中路聚英堂（原书院讲堂）内举行讲学活动，是银冈书院自 1903 年末兴办新式学堂之后的第一次讲学活动，银冈书院自此又恢复了清时的讲学功能。

1、顺治十五年（1658）至康熙十六年(1677)

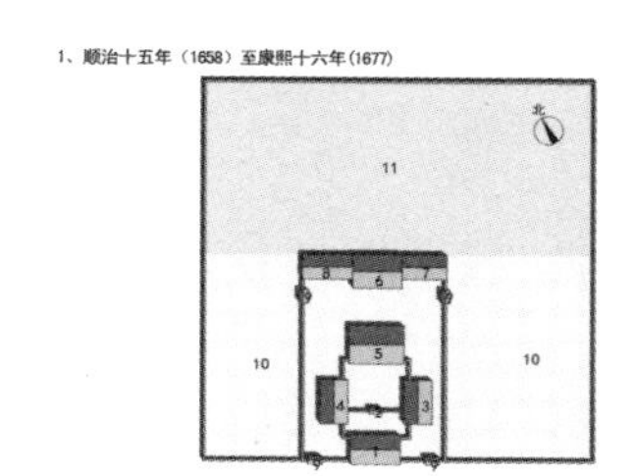

3、光绪四年（1878）至三十二年（1906）

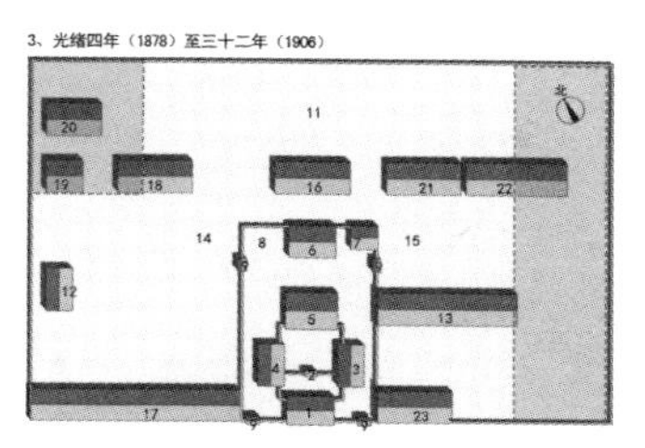

2、康熙四十九年（1710）至雍正末年（~1735）

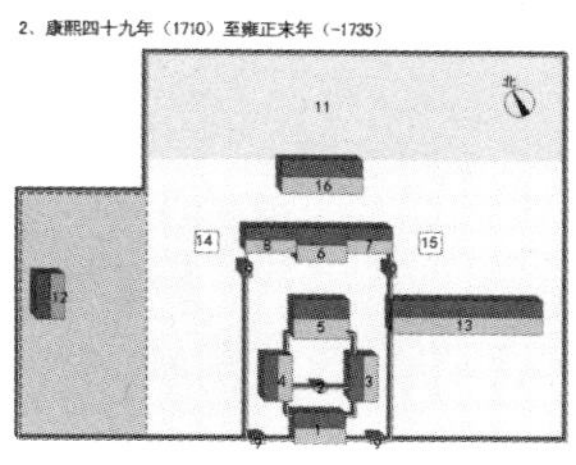

4、现状

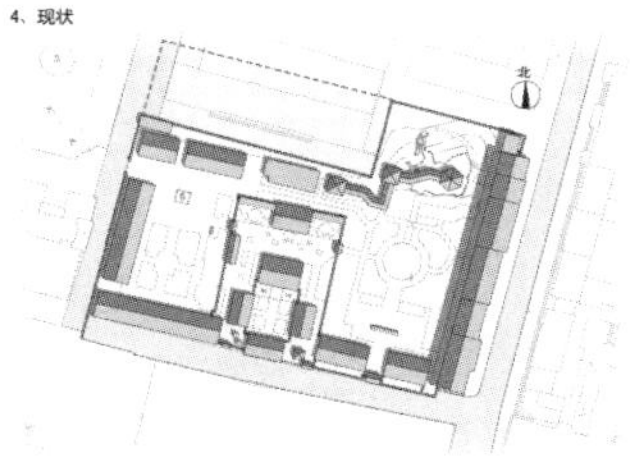

银冈书院建筑沿革表

	建筑	建筑功能	修建年代	建筑功能变迁
1	大门一间	大门	顺治十五年（1658）	
2	二门一间	二门	康熙年间	
3	东厢房	家人居住	康熙年间	康熙十六年（1677）设文庙于银冈书院前院正房与东西厢房中。
4	西厢房	家人居住	康熙年间	
5	正厅三间		康熙初年	
6	正室三间（致知格物之堂）	郝浴书房	顺治十五年（1658）	康熙二十二年（1683）郝浴逝世，其书房改为祭堂。
7	正室东耳房	郝浴卧室	顺治十五年（1658）	
8	正室西耳房	客房	顺治十五年（1658）	
9	角门	过门	顺治十五年（1658）	
10	茔地		顺治十五年（1658）	
11	园林		顺治十五年（1658）	
12	西院西厢房三间	校舍（具体用途不详）	康熙五十二年（1713）	
13	东院中瓦房八间	讲堂及教员室	雍正十年（1732）	
14	西纸炉		康熙五十三年（1714）	
15	东魁祠		康熙五十三年（1714）	
16	正室后五间	校舍（具体用途不详）	康熙五十三年（1714）	
17	西院倒座十二间	宿舍	光绪三十二年（1906）	
18	西院北瓦房五间	讲堂	光绪三十二年（1906）	
19	西院北瓦房两间	沐浴室	光绪三十二年（1906）	
20	西院北瓦房三间	校舍（具体用途不详）	光绪三十二年（1906）	
21	东院北瓦房五间	宿舍	光绪十六年（1890）	
22	东院北瓦房七间	宿舍	光绪四年（1878）	
23	东院倒座五间	宿舍	光绪十六年（1890）	

本阶段书院新购入地块位置示意
银冈园林位置示意
推测本地块原为银冈书院用地

图 4-4-4　建筑历史沿革示意（据李奉佐等《银冈书院》P199-209 绘制）

图 4-4-5　侵入保护范围的建筑（沈旸摄于 2009.03）

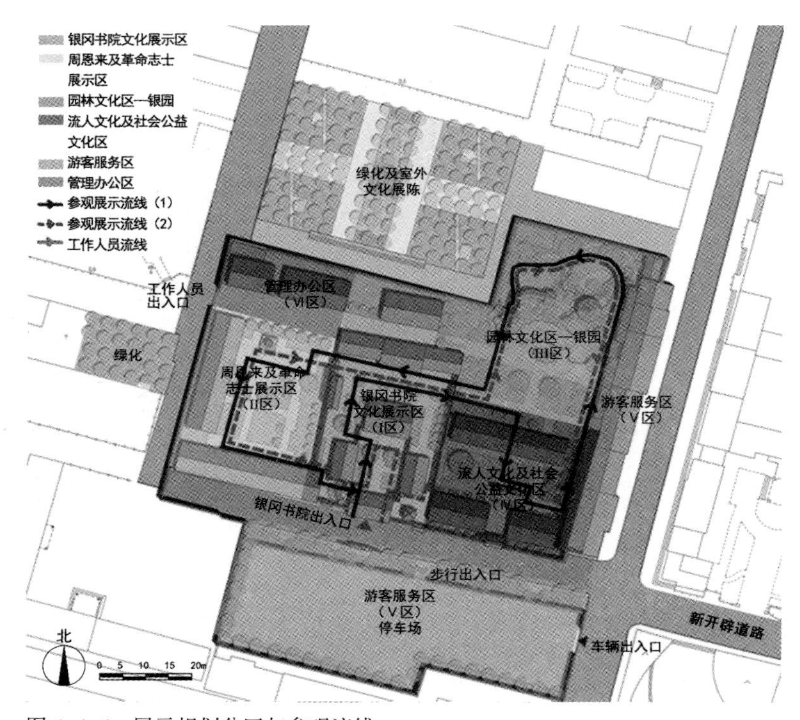

图 4-4-6　展示规划分区与参观流线

没有区分管理与游览，不利于展示路线组织，建议在北侧建绿篱，使展陈区与管理办公区分离，同时使该区形成合院式布局（图 4-4-6）。

②构成要素的非原真性与还原

如前所述，“一般性”文物建筑常会遇到由于研究工作的不深或重视程度的不够，导致出现一些与本体在建筑风格、建造技术等方面的不相协调，如果不及时地调整修正，将会愈发影响文物建筑历史信息的真实传递。

银冈书院中路轴线上最重要的建筑——聚英堂（原书院讲堂）的内部梁架为桁架结构，不符合中国古代木构建筑的结构特点，显然是在后期的修缮过程中改造而成（图 4-4-7），原真性遭到破坏，且易误导参观者，必须在前期研究充分的前提下，按照当地传统民居做法重新修缮。依据清式营造则例验

图 4-4-7　聚英堂的桁架结构（沈旸摄于 2009.03）

算，聚英堂现有主要梁柱尺寸基本满足构架要求，建议保留现有平面柱网形制，沿用现六架大梁、檩条及现有步架间距，改六架大梁上桁架结构为抬梁式，六架梁上以瓜柱承四架梁，四架梁上再承双步梁，双步梁上再以脊瓜柱承脊檩（图 4-4-8）。

东路的银园，现代设计倾向严重，水池、绿化等过于规整，建筑过于官式化，与书院整体的民居风格不协调。建议对银园进行重新改造，在理水、叠山、建筑、绿化等方面以东北地区清代园林为参照，力求古朴典雅，表现古代书院园林的意境（图 4-4-9）。文献记载银冈书院原来依托而建的土丘“银冈”位于书院北侧，但具体位置尚不清晰[①]，有待考古发掘。而银园改建后将隅于东路北侧，与书院的相对位置关系至少符合文献记载的空间拓扑关系。

① 李奉佐等．银冈书院［M］：200.

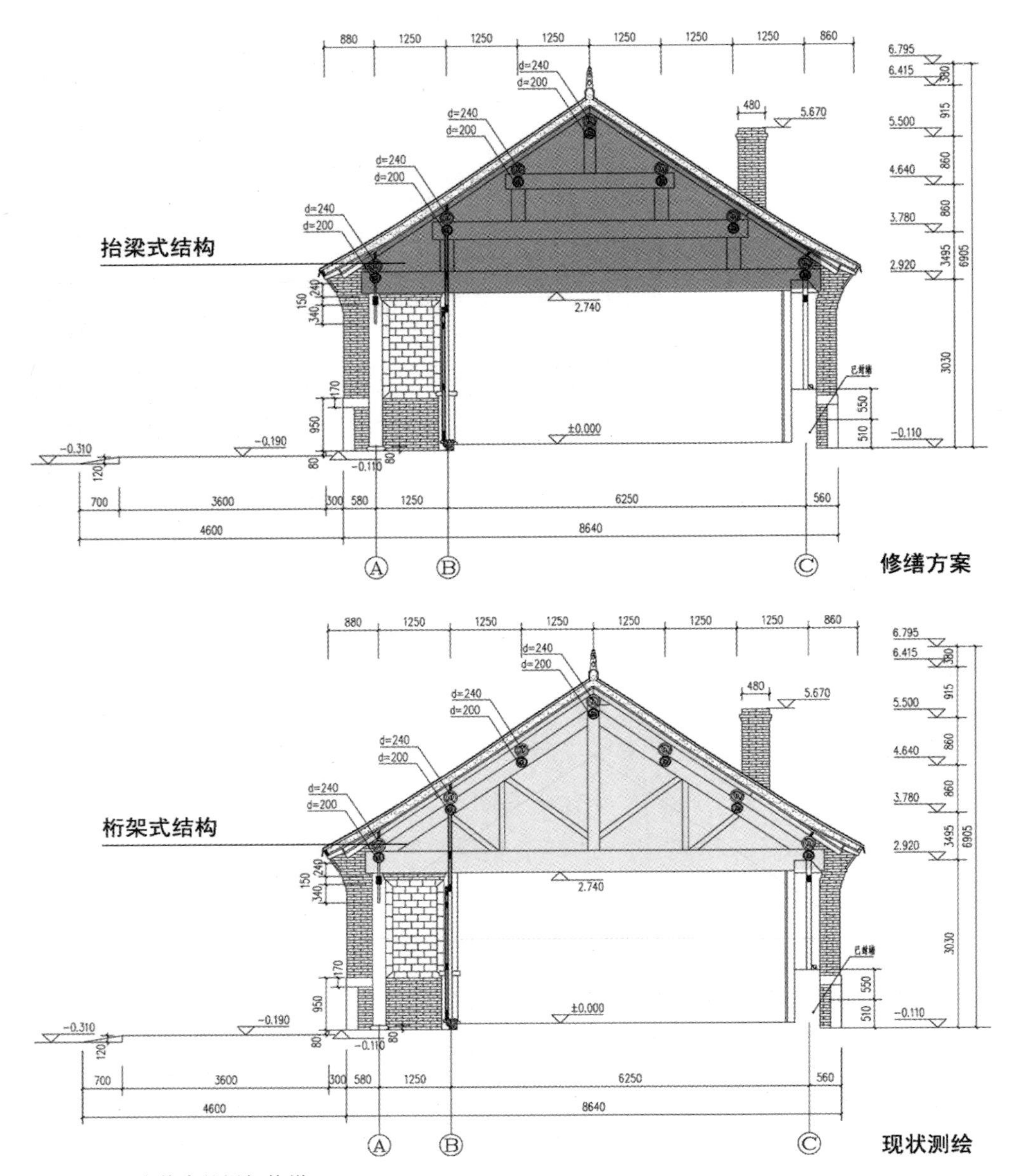

图 4-4-8 聚英堂的梁架修缮

图 4-4-9 银园改造意向 （沈旸摄于 2009.03）

2）城市环境的展示调控

文物建筑的周边城市环境部分，是参观者由现代城市氛围进入文物建筑内部的转换空间，并在此获得对文物建筑的最初印象。这一部分空间应当具有较好的可达性与引导性；同时，应在城市设计的层面尽可能地塑造可以传达文物建筑性格的空间特性。

银冈书院东侧 100 米处即为城市交通干道文化街，但由于铁岭市博物馆前城市广场（且高出城市道路标高 0.6 米）的阻挡，进出书院区域的车辆只能绕道从书院南侧农贸路或者北侧繁荣路到达，极为不便。为了提高书院周边城市道路的可达性，规划中在铁岭市博物馆南侧新辟东西向车行道，宽 9 米，长

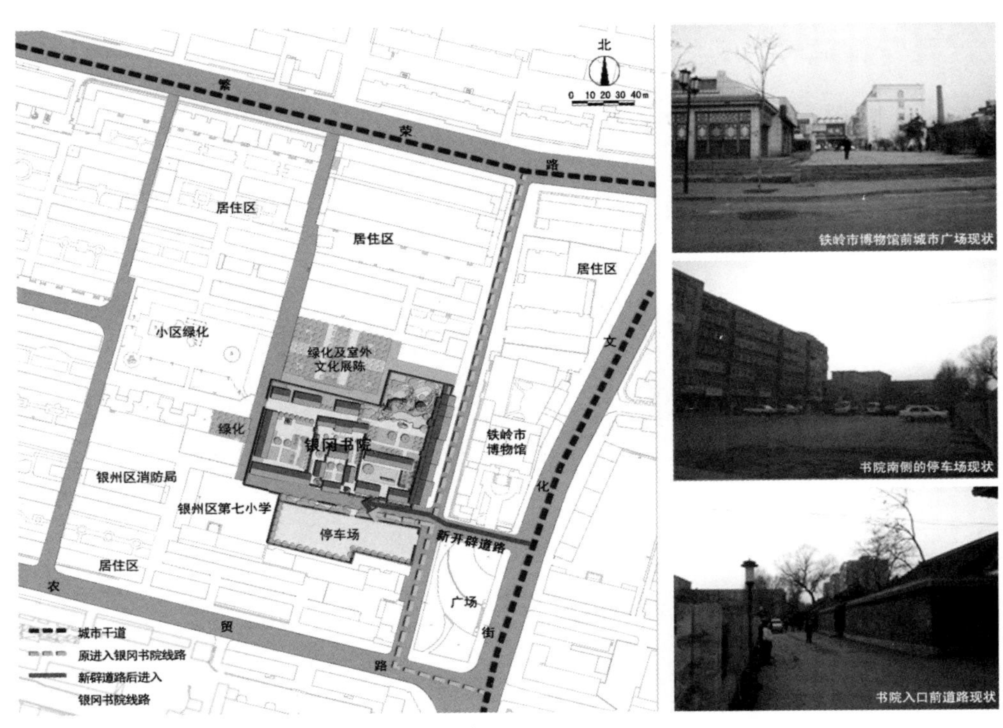

图 4-4-10　入口交通梳理 （沈旸摄于 2009.03）

45 米，使机动车辆的进出不必绕道。

书院入口前的巷道是城市进入书院的前导空间，应当以一定的建筑景观信息传递来提醒参观者空间氛围的转换。但是目前路南侧的停车场与书院之间没有任何隔离措施，不仅破坏了文物建筑的环境氛围，还造成不必要的视觉污染。解决的办法是拆除停车场水泥栅栏，设置 5 米宽的绿化隔离带，并在北侧砌筑青砖围墙，采用美观而富有特色的路灯替换现有路灯，塑造书院入口前巷道古朴、宁静的历史氛围（图 4-4-10）。

以上仅是对于银冈书院的道路可达性和周边小环境氛围营造的调控策略，而对于其周边大范围的文物保护缓冲地带（或称之为生存环境）的城市环境调控则更为复杂，需要在合理全面的分析基础上作出，具体操作如下：

①利于操作的缓冲区域

调控文物建筑周边的城市环境，普遍采用的做法是在文物建筑外围设立“保护范围”和“建设控制地带”(特殊情况下还会加设“风貌协调区”)。根据《文物保护法》，保护范围内的土地性质确定为“文物古迹用地”，相应的操作规定亦十分明确，并应按照要求严格执行。对于建设控制地带，则是通过对地带内城市构成要素的高度、风貌、功能等进行控制，以防止文物建筑周边城市环境的无限制蔓延。[①] 在以往的文物建筑保护中，建设控制地带的划定通常是以保护区中心为圆点或保护范围为内边界，一定距离为半径向外扩展；就文物建筑周边的城市建筑而言，则相应地遵照内外几重高度递进、力度退晕的控制方法。[②] 显然，这样的控制无法有效应对不同形态的文物建筑和周边千差万别的城市条件，而且会常常出现一个街区或一幢建筑被划分成边角余斜的情形，给具体操作带来莫大的障碍。同时，笼统的控制要求更是无法避免或调和文物建筑保护与城市建设之间的矛盾。

银冈书院曾先后两次划定和公布保护范围和建设控制地带，且建设控制地带的划定皆为以保护范围为界向外扩展。[③] 其中，保护范围的划定较为全面准确，能有效保护文物建筑，因此维持原有，不作调整；但建设控制地带的可操作性不强，不能准确应对保护要求，建议对其进行调整，以城市用地边界和道路骨架为依据划定合理范围(图 4-4-11)，注重文物保护与城市结构之间的空间关系。

②梯度变化的高度控制

为避免观察视廊的干扰和不切实际的城市建设容量限制，对银冈书院周

① 《文物保护法》第十八条，2002 年 10 月 28 日第九届全国人民代表大会常务委员会第三十次会议通过。

② 潘谷西、陈薇．历史文化名城中的史迹保护：以南京明故宫遗址保护规划为例［J］．建筑创作，2006（9）：74.

③ 第一次公布：1986 年 9 月 25 日，铁岭市人民政府下发“铁政办发【1986】61 号文件”，保护范围为围墙外 20 米内只能绿化，不得建筑，现有建筑物要逐步拆除；建设控制地带为以围墙为起点，50 米内不准建高于 9 米的建筑物，70 米内不准建高于 18 米的建筑物。第二次公布：1993 年 4 月 13 日，辽宁省人民政府下发“辽政发［1993］8 号文件”，保护范围为院内及院墙外，南至影壁南 5 米，北 45 米至开发公司后楼南墙基，东 21 米至市博物馆办公室西山墙西 2 米，西 41 米至银州幼儿园西墙西 5 米以内；建设控制地带为保护范围外 50 米以内为Ⅲ类建设控制地带，Ⅲ类建设控制地带外 70 米以内为Ⅳ类建设控制地带。

边四个方向分别作视线分析，根据分析结果作出不同的建筑高度控制要求；同时，由于划定的建设控制地带占地面积较大（约 8.83 ha），四个方向上的建筑高度控制还采用了梯度变化的方式，分别选取三个参考点（保护范围边界、保护范围与建设控制地带的中点、建设控制地带边界）进行观察和分析（图 4–4–12）。

③分批次的渐进式调控

银冈书院周边建筑的空间逼迫感强烈（最近一栋住宅楼距书院北侧围墙仅 3 米距离），且这些建筑大多建造年代较晚、建筑质量较好，从城市发展的角度来看，不可能在短时间内将这么多的建筑拆除或改建以实现与书院体量、风貌的协调。因此，在对建设控制地带内的建筑作出基于视线分析的高度控制的基础上，进一步采取分批次、渐进式的动态调控策略。

首先，通过现场感受和视线分析确定改造整治对象。以参观者能够到达的书院内最靠近四面边界的位置为视线的起始点，向其对面的围墙或建筑望去，视线通过围墙和建筑的上边线所涉及的外部与书院建筑在体量、风格方面不协调的城市建筑即为改造整治对象。再关注于银冈书院的边界，东侧是具有游客服务性质的街道，南侧则是进入书院的入口街道，西侧和北侧亦为重要界面，皆是参观者感受书院历史文化氛围的体验场所，对感官可以触碰到的建筑立面、街道空间氛围等应作出相应调控。

在此基础上，根据周边建筑不符合银冈书院展示要求的严重程度，进行分批次、渐进式的调控。在保护规划的近期实施中，首先拆除书院外围距离最近且在保护范围以内的建筑，完成铁岭市博物馆南侧的东西向道路开辟和书院南侧巷道空间的氛围营造；中期对书院外围距离稍远，但对展示视廊造成不良影响的建筑进行立面和屋顶改造（如墙面的色彩、平改坡等），使之与银冈书院风貌协调；远期则根据实际情况对建设控制地带内不符合控制要求的建筑进行改造或重建（如降低高度、置换功能等），对书院以北保护范围内的用地进行合理的规划利用，可设置与银冈书院保护相关的非永久性文化设施，举办一些临时性的文化展示，以丰富银冈书院的文化内涵。

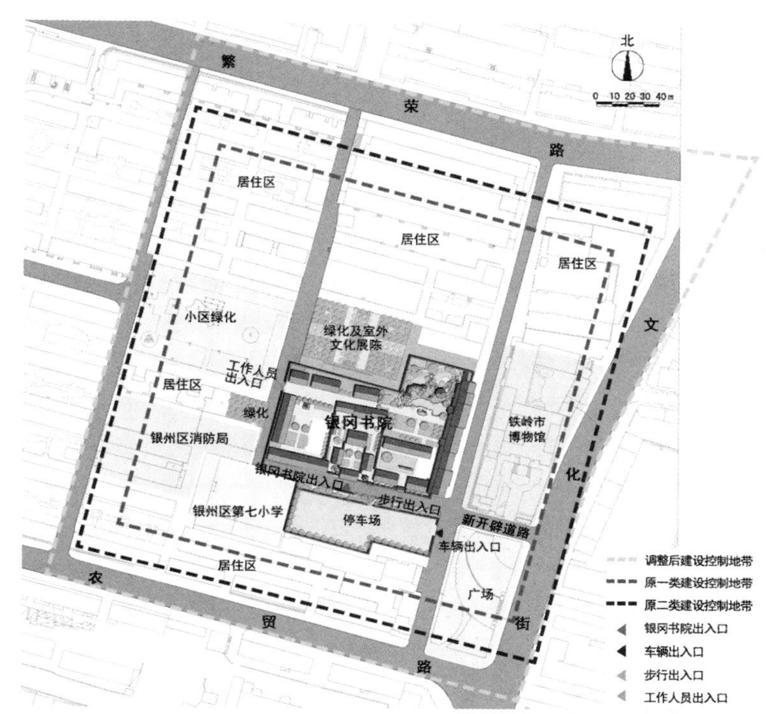

图 4-4-11　建设控制地带调整

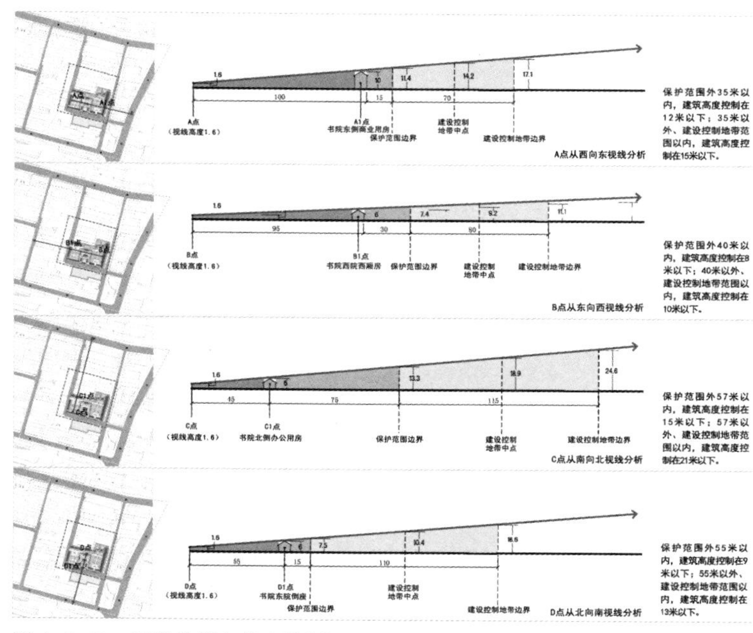

图 4-4-12　视线分析与高度控制

4.5 晚清海防体系的时空节点与多样性选择：西炮台遗址

“军事工程”在军事学范畴内的定义为：“用于军事目的的各种工程建筑物和其他工程设施的统称。”[①]“军事工程”类遗址和战场遗址是军事遗址的两大组成部分，此概念多用于旅游资源的分类上[②]，而在目前的全国重点文物保护单位中，尚没有“军事工程”类遗址这一专门的类别。[③]基于文物保护工作的类型划分需要，本书将其定义为：用于军事目的而专门修筑的工程建筑物或工程设施的遗址，如军用码头、船坞、港口、要塞、炮台、筑城、阵地和训练基地等，而对于某些临时借用其他建筑设施用以军事目的的遗址未纳入此类。[④]在已公

① 熊武一、周家法总编，卓名信、厉新光、徐继昌等主编．军事大辞海（上）［M］．北京：长城出版社，2000：1232.

② 军事遗址指为防御外来入侵而修筑的军事工程或工程遗址，以及发生重大战争的战场遗址。参见国家旅游局资源开发司编．中国旅游资源普查规范［M］．北京：中国旅游出版社，1993：6.

③ 1988年之前的三批全国重点文物保护单位的分类为：革命遗址及革命纪念建筑物、石窟寺、古建筑及历史纪念建筑物、石刻及其他、古遗址、古墓葬；1996之后的三批对分类进行了调整，为：古遗址、古墓葬、古建筑、石窟寺及石刻、近现代重要史迹及代表性建筑、其他。

④ 如：保定陆军军官学校旧址、侵华日军东北要塞、连城要塞遗址和友谊关、秀英炮台等，均可纳为“军事工程”类遗址；而瓦窑堡革命旧址、渡江战役总前委旧址、湘南年关暴动指挥部旧址等，乃临时借用其他建筑设施，则不归入此类。

布的六批全国重点文物保护单位中，符合本定义的“军事工程”类遗址就达30多处，涉及古遗址、近现代重要史迹及代表性建筑、革命遗址及革命纪念建筑物等多个类别。

“军事工程”类遗址的突出特点是修筑目的明确，或为进攻，或为防御、掩蔽，皆为军事活动的实效作用；亦即，功能性是此类遗址的最主要价值所在。因此，对于军事运作的深入理解是正确认识和评估遗产价值、制定合理保护规划的首要前提；否则，可能会造成遗址保护中真实性和完整性的背离。如：倘若没有认识到长城的防御运作对于视线的要求及所采取的周边植被控制措施，在保护中就可能对周边地形进行盲目的植被覆盖整治，难免造成对所谓“文物环境”的破坏。功能性要求作为“军事工程”存在的最直接动因，决定了“军事工程”类遗址的文物价值首先在于其军事运作的体现；而军事运作的解读，不仅有助于把握此类遗址的设计原理和构成内容，形成系统性的认知，更是制定有效而具有针对性保护规划的必要前提，并以此达到构建真实性与完整性的文物保护目的。

作为第六批全国重点文物保护单位之一的辽宁营口西炮台遗址（以下简称：西炮台），是晚清修筑的海防工程，亦为“军事工程”类遗址。本节即以之为例，从军事运作的角度解读其文物价值，并探讨具体的保护规划策略。西炮台是晚清海防体系不可分割的组成部分，因此，首先将之置于历史大背景中予以观察，弄清其在整个海防体系运作中的军事地位及相关的设置措施（如选址的军事考虑、与其他海防设施之间的联动等），这也是认清西炮台军事意义的关键所在；再通过西炮台自身的军事运作解读，理解其设计原理、构成内容的功能性特征及之间的互动关系，这有助于完善基于真实性与完整性要求的西炮台文物价值建构，确定保护对象构成，划分相应的等级和层次，并制定恰当的保护措施。

（1）晚清海防体系运作中的西炮台

晚清帝国着手海防体系建设始于1840年的第一次鸦片战争。囿于重陆轻海、以陆守为主的指导思想，该体系的运作以陆基为主，“水陆相依、舰台结合、海口水雷相辅。”① 中国海岸线如此绵长，不可能在所有的位置都修筑炮台等防御工事，清政府选择了在沿海要隘修筑炮台的海口重点防御方式（图4–5–1），并形成了三道防线：第一道防线为组建水师舰队作为机动的海防力量，协助各炮台进行防守，负责近海纵深方向的防御；以沿海要隘的炮台为主的海岸防御为第二道防线；同时，在炮台周围设置配合炮台防御的步兵和水师营驻守，组成第三道防线。

直隶乃京畿之地，故北洋防区一直是晚清海防体系的重中之重。清政府先后斥巨资修建了旅顺（有当时亚洲第一军港之称）、威海卫两大海军基地，并在渤海沿岸要隘修筑了大量炮台，并配置德国克虏伯海岸炮，牢牢扼守住直奉的渤海门卫，拒敌于外洋，构成了北洋防区最为坚固的一道海上防线；同时，加强大沽口一带的防御力量，增筑炮台和防御工事，为捍卫京师的最后一道关键防线。最终，在北洋防区构筑成了一个以京师为核心，以天津为锁钥，北塘、大沽为第一道栅栏，以山海关、登州相连形成第二道关门，再次则营口、旅顺、烟台这一连线，最外为上至奉天，经凤凰城、大孤山等，中联大连，南结威海卫、胶州澳的严密的防守体系；横向来看，则以天津为辐射点，外接山海关、营口、金州、旅顺、大连、烟台、威海卫、登州等辽东和山东半岛的联结点形成一个坚实的大扇面（图4–5–2）。经纬交织的防御布置，正如李鸿章所说，可谓是“使渤海有重门叠户之势，津沽隐然在堂奥之中”。②

西炮台是北洋防区的左臂——辽东半岛防御链上的重要一点，位于渤海北岸的辽东半岛中西部，其在晚清海防体系运作中的军事作用，概括如下：

①旅顺的后路：旅顺地处辽东半岛最南端，三面环海，与山东半岛隔海相

---

① 卢建一.闽台海防研究［M］.北京：方志出版社，2003：57.

② 于晓华.晚清官员对北洋地理环境的认识与利用［M］.青岛：中国海洋大学，2007：38–39.

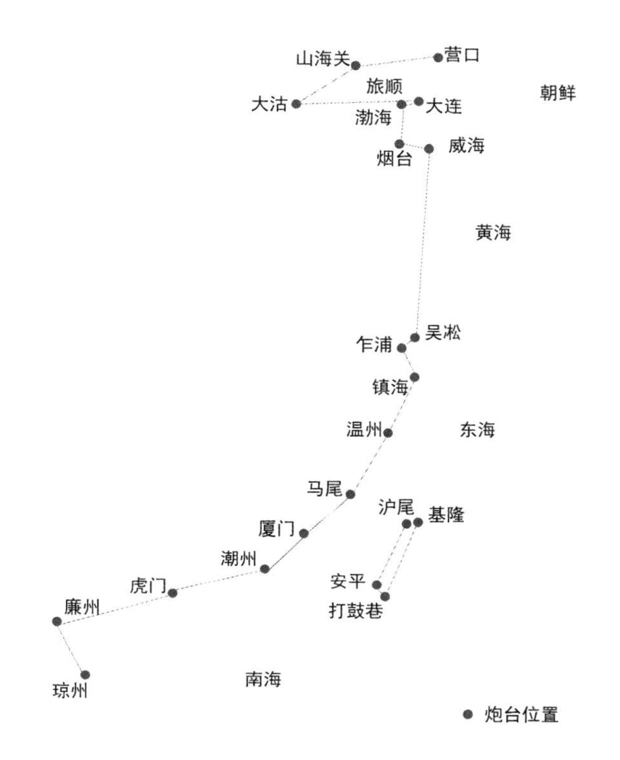

图 4-5-1　晚清海防体系中的炮台分布　图中地名均为晚清时期称谓。据杨金森，范中义. 中国海防史[M]. 北京：海军出版社，2005：187 图 7 重绘 .

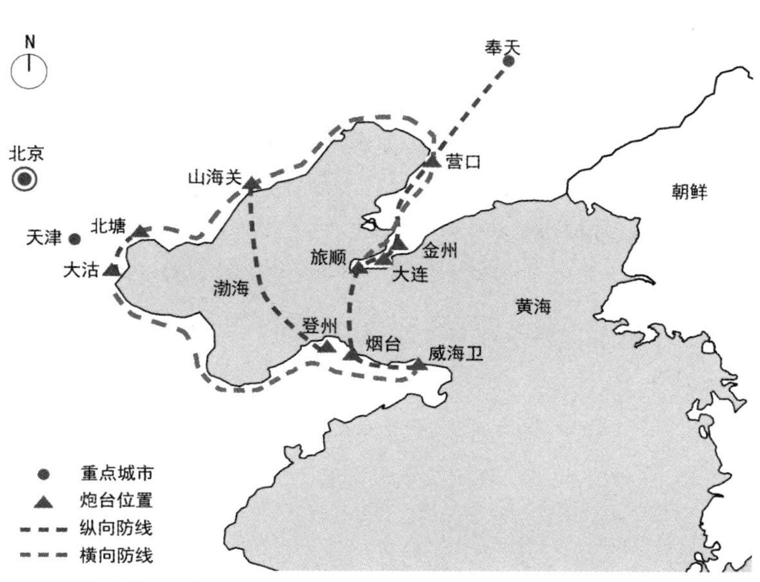

图 4-5-2　晚清北洋防区防御形势示意　图中地名均为晚清时期称谓

望，是连接两个半岛的最近点，为“登津之咽喉，南卫之门户”，李鸿章对其军事地位给予高度评价：“东接太平洋，西扼渤海咽喉，为奉直两省第一重门户，即为北洋最要关键。”[①] 因此，旅顺一直都是北洋防务的重点，是御敌的前沿，乃兵家必争之地。营口位于旅顺北部的辽东湾东岸，距旅顺约 200 多 km，是其颇为紧要的后路，既可防止敌人从后方登陆包抄旅顺，又可在旅顺遭敌时予以支援。

②山海关前沿：山海关是京师北部最重要也是最后一道防线，一旦被破，外敌将长驱直入，直取京师。营口乃山海关前沿阵地，失守就意味着山海关大门洞开。“山海关、营口至旅顺口，乃北洋沿海紧要之区。”[②] 可见，营口是北洋防区中外接旅顺口，内应山海关的关键一环。

③辽河的门户：辽河是东北地区南部最大的河流，也是担负物质运输和商业贸易的内河航道。晚清辽河航运业的发达促进了辽南地区经济的繁荣，并在辽河沿岸兴起了大量的近代城市，营口即为代表之一，成为西方列强在东北地区的重要通商口岸[③]，与天津、烟台同为北方三大港口。西炮台就扼守在辽河入海口左岸，是船只由渤海进入辽河的必经之地，具有确保营口和辽河沿岸的牛庄、鞍山等港口城市安全，保护奉天和整个东北地区稳定的重要军事作用。

（2）西炮台的军事运作与工程营造

1）攻击体系

据《南北洋炮台图说》记载：“（营口）南面海口有铁板沙，凡轮船入口，必由东之北。”[④] 即，若有敌船来犯，必从东北方向驶入辽河口；又若敌船的进犯

① （清）李鸿章 . 李鸿章全集（三册）卷四十六［M］. 北京：时代文艺出版社 1998：1783.

② （清）李鸿章 . 李鸿章全集（四册）卷五十一［M］. 北京：时代文艺出版社，1998：1960.

③ 1858 年清政府与英法等国签订《天津条约》，原定牛庄为开埠城市，后因其交通不便，改为营口。

④ （清）萨承钰 . 南北洋炮台图说 . 一砚斋藏本，2008：49.

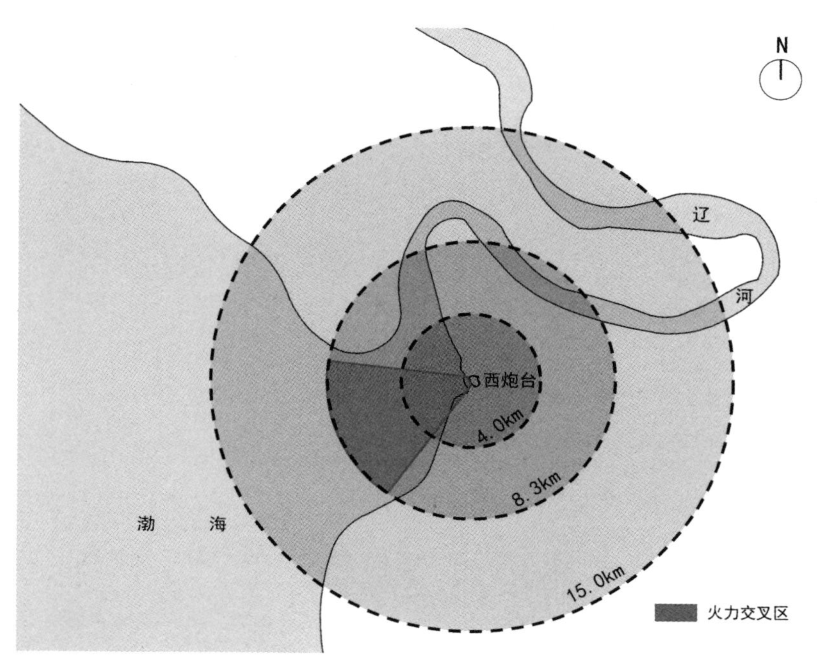

图 4-5-3　西炮台对辽河口的火力控制（图中火力覆盖半径据所置火炮的有效射程确定）

路径是经旅顺口、威海卫进入渤海，并试图进攻营口，则必是由南而来。统而观之，辽河入海口的左岸是迎敌的前沿地带，而西炮台正是修筑在面向敌船来犯的方向，呈迎头之势。西炮台的选址和布置方式确保了炮台拥有面向海面的开阔视域，使炮台火力能够以最大范围覆盖敌船的行进区域，争取到尽可能开阔的作战空间和充裕的攻击时间（图 4-5-3、图 4-5-4）。

西炮台地处平原地区，地形平坦，无法利用山势地形构筑不同高程的多层次火炮工事，形成较大范围的立体交叉火力网，就必须通过构筑大炮台来居高临下地观察和射击远、中、近目标。其他如大沽口炮台（图 4-5-5）、北塘炮台等，皆如此。西炮台共建有炮台 5 座，主炮台居中，两侧各有 1 座小炮台辅之，在东南和西北两隅又各建圆炮台 1 座。主炮台是整个西炮台的构成主体，配置了两门口径最大、射程最远的 21 cm 德国克虏伯海岸炮；其他小炮台作为主炮

图 4-5-4　西炮台南望海滩 （相睿摄于 2009.10）

图 4-5-5　大沽口炮台　费利斯·比托（Felice Beato）摄于 1860 年英法联军攻陷大沽口后，引自 http://imgsrc.baidu.com/forum/mpic/item/5bd030d3aaa927303af3cfbb.jpg.

台的辅助攻击力量，配置的海岸炮口径为 15 cm 和 12 cm。主炮台上的火炮射程远，但若敌船临近则不易攻击，就需要小炮台上射程较近的火炮加入战斗，且左右对称的布局可以形成火力交叉，提高攻击的命中率和打击强度；此外，主炮台围墙下还置有暗炮眼 8 处，以隐蔽消灭敌人。火炮皆可 360 度环射，不仅能纵射辽河下游河身，也可向东、南、北三面陆上射击，这样就构成了一个多层次的交叉火力网。同时，各炮台之间还通过围墙的马道相互联系，战时既能独立作战、集中火力，又可相互支援和掩护，机动地多方打击敌人，有效扼守住辽河入海口。

2）防御体系

来敌进攻炮台时，常采取船炮和步兵登陆作战配合的方式，船炮负责在远处集中攻击炮台，同时派小艇运送步兵登陆，绕至炮台背部或侧翼发动攻击，

鸦片战争初期的很多炮台就因抵挡不住陆上攻击而被攻陷。西炮台作为晚清海防体系中建造较晚的军事工程，充分吸取了以往的经验教训，除配备强大的攻击武器外，还具备完善的陆上防御系统，就工程营造而言，表现在修筑围墙、护台濠及吊桥等。

围墙是西炮台的主要屏障，全长 850 米，环抱炮台，西面随辽河转弯之势呈扇形。围墙上炮位多集中在南北两侧及东侧面海处，显然是为了防止敌人从侧面包抄和从正面登陆。墙上设平坦马道，低于挡墙 1 米多，为战时回兵之用。西炮台南北两侧又各筑有土墙一道，既可用于战时增兵防守，又起到防止海水涌浸的作用。[①] 整个围墙为三合土版筑，亦为军事防御所需：早期炮台多为砖石所砌，看似坚固，然遇炮弹攻击，砖石崩裂易伤士兵，而三合土则不易崩裂，可有效避免不必要减员[②]；且三合土的材质颜色与西炮台周围的海滩芦苇相近，利于隐蔽和伪装。

护台濠筑于围墙外侧，濠中设置水雷（周边滩涂亦埋有地雷），濠沟之上

① 丁立身主编．营口名胜古迹遗闻［M］．沈阳：辽宁科学技术出版社，1991：57-60．转引自孙福海主编，营口市西炮台文物管理所编．营口西炮台［M］．营口：辽宁省能源研究所印刷厂，2005：166．

② “以大石筑炮台，非不美观，然大炮打在石子上，不独码子可以伤人，其炮击石碎，飞下如雨，伤人尤烈。”参见（清）林福祥《平海心筹》，中山大学历史系资料室藏抄本《论炮台事宜第十二》。李鸿章奏折中也曾提到：“窃查大沽、北塘、山海关各海口所筑炮台，均系石灰和沙土筑城，旅顺口黄金山顶炮台仿照德新式，内砌条石，外筑厚土，皆欲使炮子陷入难炸，即有炸开，亦不致全行坍裂。”参见故宫博物院选编《清光绪朝中日交涉史料》卷十六 P2-3，1932。以上史料皆转引自施元龙主编．中国筑城史［M］．北京：军事谊文出版社，1999：305．

又设吊桥，平时放下以供通行，战时收起。① 护台濠、水雷、吊桥共同构成了围墙外的防御系统，可在战时拦阻迟滞敌人的攻击，为守军组织防御和攻击争取更多时间，提供更大的作战空间。

通过这些防御措施的设置，西炮台形成了有前沿、有纵深、相互之间互为犄角的防御体系，为守备作战提供了持久和坚韧的物质和运作条件。

3）保障体系

后勤保障是维持炮台正常运行不可或缺的部分。据《南北洋炮台图说》记载，西炮台共有营房 208 间，皆为青砖砌筑而成。② 其中，兵房多建于围墙内侧临近处，既有利于驻守官兵快速地登上围墙进行战斗抵御，围墙的遮挡还能降低兵房被炮弹击中的几率。弹药库则建于炮台两侧，有效保证弹药的及时运达。

西炮台内南北两侧还各有水塘一处，约 700 m^2，内蓄淡水，一般认为是炮台驻兵的生活水源。③ 两个水塘皆临近于小炮台的马道末端，这种布局特点可能与小炮台上设置有旧式火炮有关：晚清自己生产的旧式火炮在连续发射时会由于炮膛内温度过高而导致炸膛，需要大量的储备用水对火炮进行降温④，水塘设于小炮台附近，恐还担负火炮降温的职责；反观大炮台，设置的德国克虏伯海岸炮无须降温，水塘亦无设，可为佐证（图 4-5-6）。

西炮台正门外还设有影壁一座。影壁是中国传统建筑的重要组成部分，不仅可以界定建筑内外的过渡，丰富空间序列，也是传统社会风俗和文化的重要体现。西炮台虽为军事工程，但在一定程度也遵循了传统的营造理念（图4-5-7）。

---

① 孙福海主编．营口西炮台［M］：17.

② 东南向居中建官厅五间，又连建官房八间，两旁各建官房五间，西北向居中建官房五间。西南向炮台后左右共建兵房十一间，西北隅建兵房十间，西向建兵房二十一间借建子药库三间，东向又建兵房二十五间，营墙下环建兵房九十八间，营门后左右又建兵房六间。参见（清）萨承钰《南北洋炮台图说》P49。

③ 同 1

④ “中国军事史”编写组．中国历代军事工程［M］．北京：解放军出版社，2005：230.

图 4-5-6　不同产地的火炮　（左）21 cm 口径德国克虏伯海岸炮，为广州博物馆展览的 1867 年德国造，引自 http：//pic.itiexue.net/pics/2009_2_17_96084_8796084.jpg；（右）晚清自制旧式火炮，引自 http：//www.mice-dmc.cn/proimages/200872217551114.jpg.

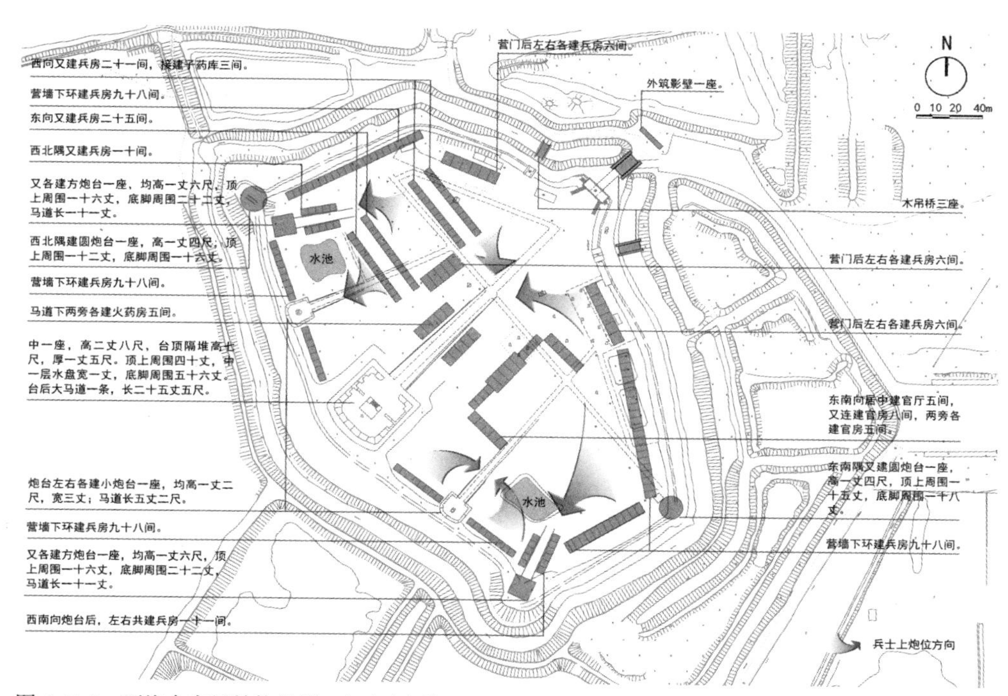

图 4-5-7　西炮台布局结构推测　据（清）萨承钰．南北洋炮台图说［M］：49；（清）杨同桂．沈故［M］；孙福海主编．营口西炮台［M］：16–17，162–167 推测

（3）基于军事运作角度的保护策略

“军事工程”类遗址的文物价值首先取决于其军事功能，军事运作的解读是对其作出深刻认识和理解的有效途径，主要涉及历史环境、布局结构和构成要素等；再综合现状评估，确定保护对象构成、保护区划划分和制定保护措施等，进而达到文物保护中真实性与完整性的构建（图 4–5–8）。

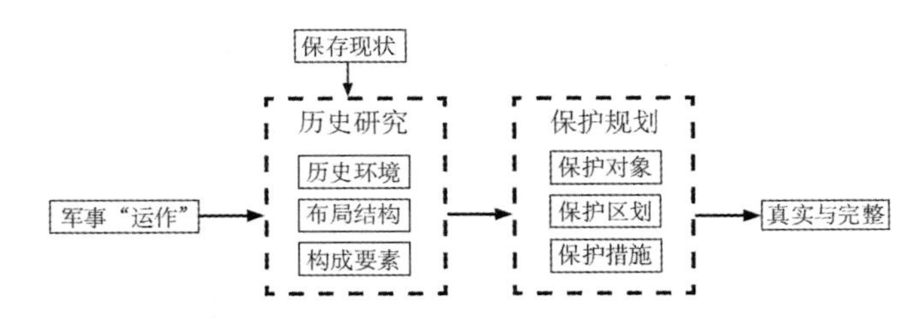

图 4–5–8　基于军事运作的保护规划策略

1）历史环境

晚清海防体系由南至北分布的大大小小的炮台中，因地形和环境影响而面貌各异；即使在地形相似的情况下，炮台形制也因具体环境差异而不尽相同。基于西炮台军事运作的条分缕析，结合考古发掘和文献记载，可以明了炮台营造与周边环境的密切关系，并对历史环境的保护作出合理的规划。

①作战视域：由于当时尚不存在超视域作战技术，炮台必须等目标进入其视域范围之内方可实施攻击，因此，开敞的视域对炮台来说至为关键。西炮台的视域保护主要是通过划定保护范围和建设控制地带予以保证：西侧保护范围以外的滩涂、水域划为禁建地带；建设控制地带划分为三级，除对可建建筑高度进行分层次控制外，又由南侧小炮台东边界中点向南作一南偏东 20° 的射线，对该区域建筑高度作特别控制，以保证视域的开阔（图 4–5–9、4–5–10）。

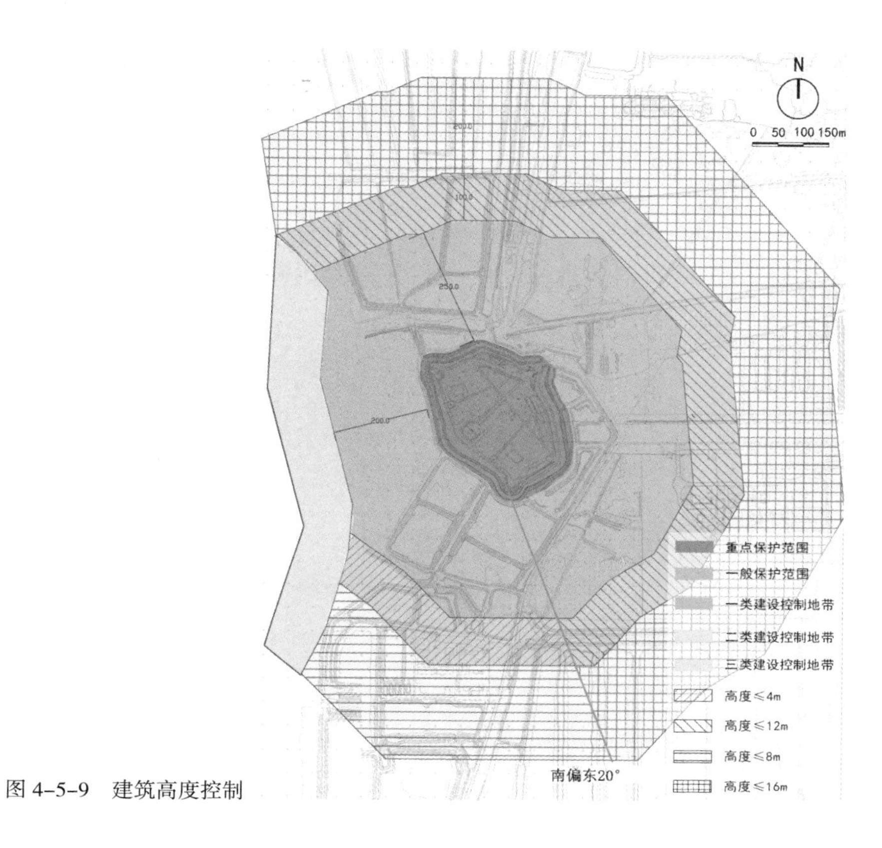

图 4-5-9　建筑高度控制

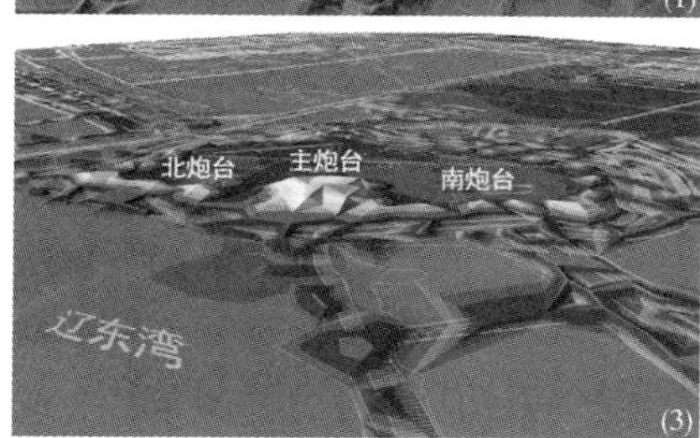

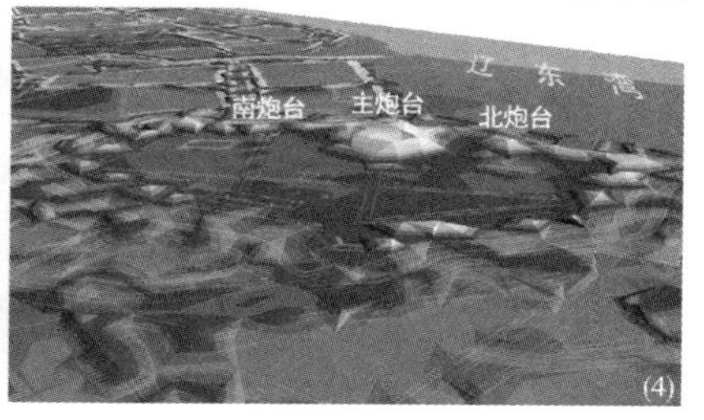

图 4-5-10　DEM 模型鸟瞰　（1）南—北（2）北—南（3）西南—东北（4）东北—西南

②滩涂植被：西炮台为露天明炮台，又建于河流入海口开阔地带，很容易招致炮火集中攻击。而周边滩涂的丛丛芦苇，正是极好的掩护，加之炮台自身的夯土材料与芦苇颜色相近，具有保护色的作用，可使炮台隐匿于芦苇丛中（图 4-5-11）。据此，本案特别提出对炮台周边芦苇进行强制性保护，并建议将南侧的大面积鱼塘恢复为滩涂，并大面积种植芦苇，以营造已渐渐褪去的历史环境氛围。

③内部景观：西炮台目前内部景观为规整的人工造景，有悖于这一军事工程的原有环境氛围，故建议对其进行调整以还原历史风貌。通过削弱现有人工草坪面积过大、过平整的效果，增加砾石或砂石铺地，烘托气氛，重现炮台较为雄壮、厚重的沙场气息（图 4-5-12）。

④缓冲地带：现在的营口城市扩张已经威胁到西炮台的生存空间，渤海大

图 4-5-11　掩映在芦苇丛中的西炮台
引自 http：//imgdujia.kuxun.cn/newpic/977/836977/1.jpg。

图 4-5-12　人工造景的前后对比
（左）原有的炮台景观，引自 http：//www.ykxpt.com/pic/200695105341.gif。（右）改造后不符合历史氛围的人工化景观，相睿摄于 2009.10

图 4-5-13　西炮台东望城市　（相睿摄于 2009.10）

图 4-5-14　西炮台与城市之间的缓冲　（底图引自谷歌地图 2008）

街直抵其前（图 4-5-13），历史上“出得胜门外远瞻（西炮台）形势巍峨，隐隐一小城郭”[①] 的影像早已荡然无存。本案建议在西炮台南侧和东侧种植高大乔木，一者遮挡现代城市天际线；二者可使土黄色的炮台身躯隐现于绿树婆娑，吸引来参观者，在一定程度上回应历史图景（图 4-5-14）。

2）布局结构

西炮台是一座功能完备、组织严密的海防工程，布局结构是其作为军事工程系统性的最直接物质表征，也是本案编制中最为切实紧要的部分，只有保证了布局结构的完整，才能正确呈现西炮台军事运作的功能特点和特有的文物价值。

① 1933 年《民国营口县志》。转引自孙福海主编．营口西炮台［M］．163.

图 4-5-15　护台濠上的钢筋混凝土桥　（相睿摄于 2009.10）

历经 100 多年风雨侵蚀，加之中日甲午战争和日俄战争中侵略者的蓄意破坏[①]，延续至今的西炮台遗址虽总体格局尚属清晰，但存在着不同程度的历史信息缺失（表 4-5-1）。如：

西炮台的营房是反映炮台驻兵生活的重要载体，外围的两侧土墙是防御体系的重要组成，现俱以不存，应对其实施考古发掘并予以展陈；在此工作尚未全面展开的情况下，则预先通过军事运作分析其可能埋藏区，并纳入保护范围，为考古发掘提供条件。西炮台周边的滩涂为地雷埋设地，虽不属于炮台建筑本身，但仍属于防御体系的组成部分，亦应划入保护范围。

西炮台护台濠上的吊桥亦已不存，取而代之的是一座钢筋混凝土桥（图 4-5-15），原真性受到严重破坏，亟待在广泛收集图像资料、文献记载的基础上，结合相关历史时期炮台吊桥案例，本着严谨的历史研究态度对西炮台吊桥予以复原设计，使之符合或反映历史原状，并拆除现有钢筋混凝土桥。

① 1895 年日军向营口西炮台进犯，乔干臣率部用火炮、地雷同日军展开激战，日军伤亡多人。后日军由埠东偷渡潜入，干臣“度不能守，亦退兵田庄台”。营口失守后，炮台、营房和围墙都遭日军破坏。后在 1900 年庚子之战中，俄、日围攻营口，在胡志喜、乔干臣率领下，经过 6 个小时激战，终因寡不敌众，海防练军营官兵 104 人阵亡，127 人受伤，俄军死伤 200 余人。俄军侵占营口后，炮台又遭损毁。参见孙福海主编 . 营口西炮台［M］: 164.

西炮台军事运作体系构成及现状评估　表 4–5–1

分类	构筑物		功能及形制	保存状况及主要破坏因素
攻击体系	炮台	主炮台	西炮台主要攻击力量，构成主体，配置的火炮射程最远，威力最大。大炮台居中，东与正门相对，台通高 8 米，分两层。下层长 52m，宽 54m，高 2m；上层长 44m，宽 43m，高 4m。台顶四周筑有矮墙，高 2m，宽 1m。墙内的南北接筑 3 条东西排列的短墙，相互对称，战时为掩体	受破坏严重，墙皮脱落，后经过修补，原状基本保存。历史上的人为破坏，海风侵蚀及大雨冲刷，深根植物破坏
		小炮台	主炮台的辅助攻击力量，攻击范围较近。台长 16m，宽 14m，高 4.7m	
		圆炮台	辅助攻击，负责较近区域防御。东南、西北隅各置 1 座	
		暗炮眼	设置隐蔽，不易被敌人发现，可发动突袭，可控制范围较近，主要防止敌人登陆。主炮台墙下周围设暗炮眼 8 处	
防御体系	围墙	南段围墙	西炮台主要的屏障，保证炮台安全，提供守备作战的依托。周长 850m，环抱炮台，西面随辽河转弯之势呈扇形。墙高 3~4m，宽 2~3m，其外围陡低 2m 多，内有平坦马道比外围墙低 1m 多	受破坏严重，墙皮脱落，后经过修补，原状基本保存。历史上的人为破坏，海风侵蚀及大雨冲刷，深根植物破坏
		东段围墙及城门		受破坏严重，墙体多处坍塌，裂缝严重，墙皮脱落。海风侵蚀及大雨冲刷，深根植物破坏，动植物洞穴造成墙体灌水，进而加速墙体坍塌
		北段围墙		原城门已不存在，围墙有豁口，现城门为 1990 年代以后复建，围墙豁口及残毁部分用新的夯土修补，新旧材料区分明显。海风侵蚀及大雨冲刷
		西段围墙		西段围墙存在几处缺口，剩余部分保存较好。人为打断，风雨侵蚀
	护台濠		隔断敌人的进攻路线，延滞敌人的进攻。护台濠距围墙外周 8.5~15m，随围墙折凸而转绕一周，长 1070m。护台濠上口宽 7m，底宽 2m，深 2m	原护台濠已淤塞，后经 1987 年和 1991 年两次清理挖掘，并重新修葺。新修的护台濠宽度比发掘实测尺寸明显偏大，且护坡为石砌，与历史不符。保护不当造成破坏，自然老化
	吊桥		保证炮台与外部的交通联系，战时收起以便防守。1（或 3）座，设于正门外，横于护台濠上	现已不存
	土墙		用于增兵防守，抵御敌人炮火，掩护兵员。还可起到防潮之用。南北两侧各筑土墙一道，长 10 余里。基宽 10m，顶宽 5m，高 2m	现已不存
保障体系	营房		日常生活保障。208 间，青砖砌筑	遗址在过去发掘中曾部分发现，但尚未进行全面考古发掘。埋于地下，受破坏因素不得而知
	弹药库		提供炮台的弹药支援。3 间	
	水池		日常用水和战时火炮降温用。南北各有 1 处，约 700 m²	受扰动少，保存较好。自然老化
	影壁		传统建筑营造理念的体现。1 座	仅存基座。历史上的人为破坏

注：据孙福海主编 . 营口西炮台［M］：16–17、162–167 整理。①

① 关于吊桥数量，史载不一：“吊桥，一个，设于正门外”。参见孙福海主编 . 营口西炮台［M］：17。而李鸿章光绪十二年十一月初四名为“营口炮台工费片”的奏折中记为“木桥三座”。参见（清）李鸿章《李鸿章全集》（四册）卷五十一：1960.

3）构成要素

构成要素是体现布局结构的基础，只有做到真实全面的保护，才能向公众传达正确的历史信息，体现文物保护的意义。就西炮台的构成要素而言，主要问题集中在围墙和护台濠：

围墙是西炮台防御体系的最重要构成，三合土的版筑方式更是晚清海防体系后期炮台修筑特点的实物见证，是典型的军事运作角度下的功能性建构。在长年的风雨侵蚀下，部分墙体进水坍塌，破坏严重；保存相对较好的部分也面临诸般自然威胁。本案针对围墙受损的不同程度和原因，分别制定相应的保护措施（图 4–5–16）。而护台濠虽得新修，却比原有尺度明显偏大，且护坡为石砌，看似“美观”，实则歪曲了历史原貌，应尽快采取整治措施：缩减濠宽至原尺度，拆除石砌护坡，并种植芦苇等湿地植物恢复自然护坡（图 4–5–17）。至于西炮台正门外的影壁，现仅存台基，而门内伫立的影壁则为新建的景观设施，并且造成了不必要的历史信息错乱。应予以拆除，而在原址的台基基础上进行复原。

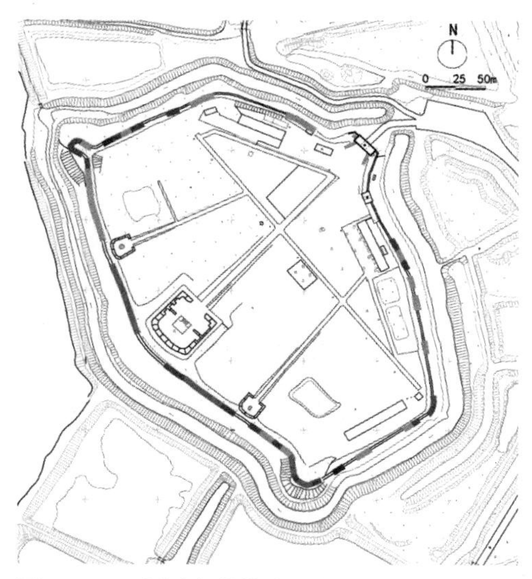

图 4–5–16　围墙保护措施（1）

病害种类	破坏现象	破坏原因	主要措施	备注
A 浅根植物影响 ●	植物无组织生长，破坏墙体土体。	未及时清理墙体附着的植物。	清除附生在墙缝中和墙顶上的植物乱根。	
B 深根植物影响 ●	植物乱根深入墙体裂缝，撑破墙体。	未及时清理墙体裂缝中生长的植物，导致植物乱根深入裂缝，撑破墙体。	清除墙顶杂树、乱根。建议使用 8% 铵盐溶液或 0.2%~0.6% 的二氯苯氧醋注入树根处理，腐烂后加入三合土夯实。	可采用化学试剂清除植物根系，但应经过试验，确保不对夯土造成破坏。
C 墙体塌陷 ●	墙体部分塌陷、倒塌。	墙体臌胀、开裂、起壳、下沉状况没有得到及时维修，导致破坏加剧严重，出现部分墙体坍塌。	采取加固和确保安全的措施，使用原材料、原工艺补夯墙体。	应保证补夯的土色与原夯土色有显著区别，以确保可识别性。
D 墙面空蚀 ●	墙体立面出现臌胀、开裂、起壳、空蚀。	夯土风化、酥碱。墙体结构材料老化，抗力降低。	清理破坏表面，补夯内侧墙体。对墙体表面的损伤，封堵裂缝。局部重要部位表面损伤墙面，可根据试验结果，采用敦煌研究院开发的 PS 加固剂或北京大学开发的丙烯酸树脂非水分散体加固剂等土遗址补强制剂，配合锚杆、竹钉予以拉结、修补，防止进一步破坏。	整片墙面膨胀、隆起、扭曲、大角度倾斜，并可能在近期内失稳的，应以安全为第一原则，予以拆除，并使用原材料、原工艺进行补夯。
E 墙体缺口 ●	墙体被打断，或部分缺失。	人为打断墙体。	使用原材料、原工艺补夯。	应保证补夯的土色与原夯土色有显著区别，以确保可识别性。
F 降水冲沟 ●	顶面、侧面浸泡、冲蚀。	年久失修，战争或其他人为原因破坏。	埋设 PVC 管等排水构造，解决墙顶排水问题，并经常清扫围墙顶面，清除排水障碍。墙体顶面排水构造之上可种植草皮。	

图 4-5-16　围墙保护措施（2）

图 4-5-17　护台濠现状及整治措施　（相睿摄于 2009.10）

4.6 空间序列重塑下的历史信息传承：元帅林

元帅林[①]是张学良为其父张作霖修建的墓葬，位于辽宁省抚顺市东约35公里、章党乡高力营村南的山冈上。建于1929年春，由天津华信工程司的建筑师殷俊设计，并由建筑工程公司负责施工，建造时从北京等地拆运了大批明清陵寝的建筑构件至此备用。1931年“九一八事变”爆发，东北沦陷，即将竣工的元帅林工程被迫停止，但除了植树与筹建学校外[②]，基本规模格局皆按照原设计方案予以实现（图4-6-1）。后因日本驻军阻拦，张作霖亦未葬入其中。1954年大伙房水库的修建[③]，使得元帅林的南半部被水淹没，其后又几经变迁，破坏严重，亟待抢救性保护。

---

① 1988年12月，元帅林被公布为辽宁省省级文物保护单位。

② 当年尽数买下基地周围田产八百多亩，亦曾在元帅林以北的高丽营子村增设火车站，以备运建筑材料和灵柩需要。并预备在墓园内遍植杉柏等树木几万余株，筹建学校一处，整个陵墓管理由校长负责，以为长久之计。参见金辉．元帅林与明清石刻[J]：考古与文物，2008（2）：84.

③ 大伙房水库始建于1954年，1958年竣工，坝长1834m，高49m，水面总面积110km^2，总蓄水量21.8亿m^3，是当时全国第二大水库。

图 4-6-1　元帅林全景（元帅林文物管理中心提供）

在以往的文物保护工作中，常常是通过保护文物建筑的具体物质形态来展示其所包含的各种历史信息；反之，通过对历史信息变迁的研究也可以为保护工作提供参考与指导。元帅林时代背景特殊，不同时段叠加的历史信息丰富，本节正是以元帅林的保护主体复杂、破坏不可逆的情况为切入点，通过对其多元的历史信息进行分析与梳理，进而探讨以空间序列重塑为主线的保护措施，使得分散断裂的片段化历史信息得以清晰系统地表达与传承。

多重的历史信息可通过序列的合理营造进行系统性的整合，保护规划的过程就是发掘整理场所显在的或是隐含的信息，加以分类整理，再清晰地呈现在人们面前。元帅林的保护规划不是创造，而是倾听，是再现，是历史信息的梳理，是历史价值的整合，是功能的转换和完善，如此才有真正意义上的保护与延续。

而特定历史时期的历史事件造成的异地文物迁移，形成多种文物并置、历史信息或叠加或缺失的较为混乱的现状格局，并带来了保护工作的操作复杂性。多元保护本体的这一难点，恰恰启发了本案的编制思路，为研究复杂历史文物格局提供了思考和研究的切入点，并成为保护工作成果的闪光点。

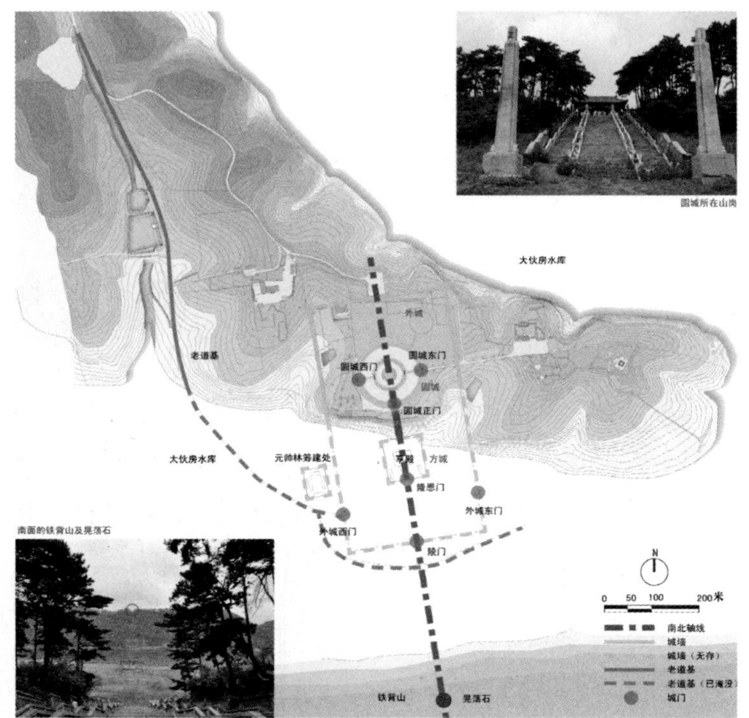

图 4-6-2　元帅林山形水势（相睿摄）

(1) 营建工程呈现的多元化历史信息

1) 山形水势

1928 年秋，由张作霖旧部彭贤偕“帅府丧礼办事处”人员及风水先生，在奉天境内选择墓地，最终选中今辽宁省抚顺市东章党乡高力营村南的山冈及附近地方。“前照铁背山，后座金龙湾，东有凤凰泊，西是金沙滩。”①

元帅林的营建顺应山冈地形、浑然一体。山冈以北是平川，乃 1300 多年前唐太宗东征时的驻军所在，再迤北则为起伏错落的高山。东、南、西三面浑河环绕，隔河南面为铁背山，其山之上有萨尔浒战役②的战场遗址；山顶正中有一晃荡石，高约 3m，突兀直立于一巨石之上，据说人力推石即可左右晃荡；而元帅林轴线则与晃荡石自然相对、遥相呼应（图 4-6-2）。

---

① 此为当时踏勘基地的风水先生所言。转引自赵杰. 留住张学良：赴美采访实录［M］沈阳：辽宁人民出版社，2002：10–11.

② 萨尔浒战役是明清之际的重要战役，也是集中优势兵力各个击破，以少胜多的典型战例。该战本由明方发动，后金处于防守地位，然而竟以明军的惨败告终，并由此成了明清战争史上一个重要的转折点。

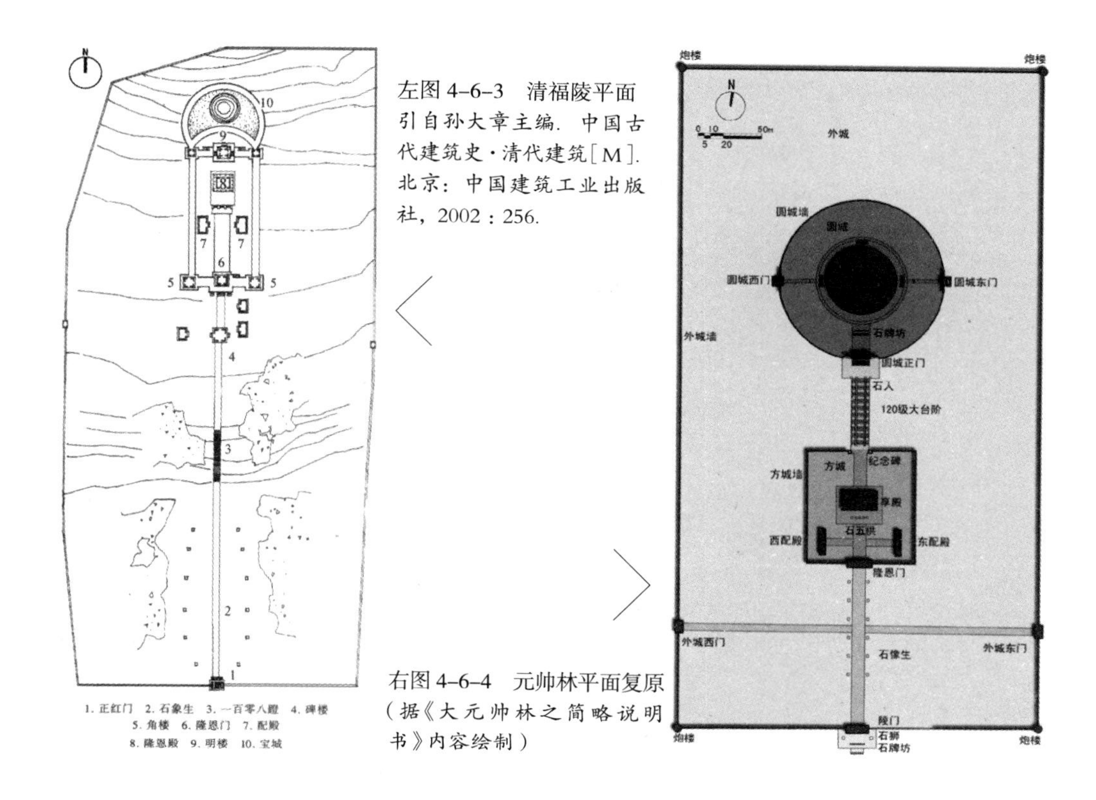

左图 4-6-3 清福陵平面
引自孙大章主编. 中国古代建筑史·清代建筑[M]. 北京：中国建筑工业出版社，2002：256.

右图 4-6-4 元帅林平面复原
（据《大元帅林之简略说明书》内容绘制）

2）序列营造

据说元帅林是仿照沈阳清福陵（又称东陵，为清太祖努尔哈赤陵寝）的格局进行设计施工的（图4-6-3），遵循了中国传统墓葬建筑群的布局法则[①]，通过精心布置的空间营造，于封闭的建筑群体中展开序列。

元帅林的空间序列由四部分组成（图 4-6-4）：

最南端以石牌坊起始，紧接其后为外城南门，入门即开敞的院落和直线型的墓道，导向明确，方城赫然坐落于尽端，此为序列的第一段前导部分。墓道尽端的方城是整个序列的第二部分，承担着祭祀仪式的空间容器作用；一入隆恩门，封闭的高墙围合与外城院落形成明显的空间开阖对比；方城最重要的建筑物——享殿位于方形院落的正中心，东西配殿和正前方的石五供有力地烘托了祭祀空间的仪式感。出方城，则为序列的升华部分；矗立的纪念碑以垂直挺

① 据 1929 年 6 月 18 日《盛京时报》报道，转引自金辉．元帅林与明清石刻[J]．考古与文物，2008（2）：82. 清福陵及中国古代陵寝的布局，参见孙大章主编．中国古代建筑史·清代建筑[M]．北京：中国建筑工业出版社，2002：256-284.

图 4-6-5　行进序列景观（沈旸摄）

拔的姿态明示了下一个重要空间的开始，多达 120 级的石阶梯和末端的四座石人强势地引导了观者视线由水平而仰望，序列氛围渐趋高涨，威严恢弘的气势不言而喻；随着动态的斜上移动，整个序列最重要的部分——圆城（墓冢所在地）在顶端缓缓展现；于圆城正门回望，直面铁背山顶的晃荡石。入圆城、观宝顶，回环循往的院落空间与序列第二部分方城的方整幽闭再次形成强烈对比（图 4-6-5）。

与其他传统的明清帝王陵寝相比，元帅林建筑群体的布局结构并不复杂，仅以一个大院落（外城）包容了两个院落（方城、圆城）。但由于充分借助地势和不同空间原型的塑造，予人感受独特而寻味：方圆之间不仅有空间体验的反差，二者之间又通过空间维度上的位移进行联系，超越了通常的水平纵深；而在序列的行进中不时回望，对浑河和铁背山的视觉触摸也在步移景异，并最终在圆城之前发出了与晃荡石进行空间对话和轴线感知的最强音。

3）中西杂糅

在遵循传统陵墓营造理念的同时，元帅林又融合了大量的西方纪念性建筑

图 4-6-6　西洋风格的建筑遗存　沈旸摄
（1）纪念碑（2）纪念碑细部（3）大台阶栏杆（4）栏杆细部（5）大台阶（6）碉堡

图 4-6-7　墓室内部装饰（相睿摄）

元素，从单体的结构、形式、材料的运用及细部的装饰看，中西杂糅的异质多元是元帅林的突出特点和时代特征（图 4-6-6）。如：

方城北门的纪念碑为方尖碑形式，立于方形石台基上，柱平面为十字形，柱身有收分，柱根雕有花饰，柱上部嵌五角军徽①，类似于华表的功用；外城墙四角不再是传统陵寝中的角楼，而是炮楼，便于防守，似乎也在暗示着张作霖作为一位军事首领的特殊身份；主要的单体建筑均采用了当时新式的钢筋混凝土结构；宝顶墓室内拱顶呈穹隆形，彩绘日月星辰，水浪浮云图案环围，且有小天使塑于两壁（图 4-6-7）。②

① 纪念碑的方尖碑形式，参见张驭寰．中国古代建筑文化［M］．北京：中国机械工业出版社，2007：219.

② 中国人民政治协商会议辽宁省委员会文史资料委员会编．辽宁文史资料（第 1 辑）［M］．沈阳：辽宁人民出版社，1988：193-194.

元帅林的建设时期正值中国社会变革动荡、新旧交替、民族危急存亡之际，但同时也是中西方文化激烈交汇、思想嬗变的时期，转型期的中国近代建筑也往往出现中西杂糅的建筑营建方式，真实地记录了那段特殊的历史。元帅林的设计由具有日本留学背景、任职天津华信工程公司的建筑师殷俊负责，并由当时产生于现代建筑制度体系之下的建筑工程公司负责施工，这正是元帅林在传统陵寝序列和氛围营造同时兼具异质杂糅特点的根本原因。

4）明清石刻

在空旷漫长的墓道上设置石象生，可以丰富环境内容，引起视觉关注，带给观者特殊的空间体验，正是这些石象生感性的形象与墓葬建筑形成良好的互补，从而营造了中国传统陵寝独有的宁静肃穆。[①]

根据殷俊的《大元帅林之简略说明书》[②]，设想在元帅林“头门内左右置石兽五对，石兽连座子均用洋灰造成，斩毛雕刻”；实际建造时则是从北京西郊石景山隆恩寺[③]、清太祖努尔哈赤第七子阿巴泰墓及附近的明太监墓迁运了大批石刻，有“文武朝臣、牵马侍、石骆驼、石狮、石羊、石虎等石象生以及望柱与朝天吼，还有双鹿、麒麟与狻猊和天马石屏、莲花元宝石盆（聚宝盆）、透孔石窗、火焰宝珠、花柱、牌坊等”[④]，准备直接安放于林内。但元帅林工程因“九一八事变”仓促停工，石刻亦未予妥善处置，大多构件分离，散落一地。

这些保存至今的精美的明清石刻，结构严谨、线条流畅、造型生动、雕刻精湛、寓意深刻，是明清陵墓雕刻艺术的代表和精华，对于研究明清陵墓建筑亦具有重要的文物价值（图 4-6-8）。

---

① 中国古代陵寝建筑与雕刻的关系，参见张耀．中国古代陵墓建筑与陵墓雕刻探究［J］．雕塑，2005（3）：36-37.

② 《大元帅林之简略说明书》由李凤民先生发现，现存于辽宁省档案馆，由元帅林文物管理中心提供。

③ 隆恩寺始建于金，初名昊天寺，明改为今名，清代发展为清太祖第七子饶余郡王阿巴泰家族墓地。参见冯其利．清代王爷坟，收入于中国人民政治协商会议北京市委员会文史资料研究委员会编．文史资料选编（第43辑）［M］．北京：北京出版社，1992：168-173.

④ 为李凤民先生考证，转引自金辉．元帅林与明清石刻》［J］．考古与文物，2008（2）：85.

图 4-6-8　明清石刻遗存　（相睿摄）

(2) 不可逆的历史信息层叠与片段化

元帅林周边环境改变的不可逆，明清石刻的历史变迁等，造成了现状可感知历史信息的或缺失，或重叠交集，或混乱无序，并加剧了诸如原状保护、复原建设等保护措施的操作复杂性。

1) 序列受损与信息层叠

1954 年大伙房水库的修建彻底改变了元帅林的空间布局：大台阶以南部分皆位于水库的水位线以下，只在枯水季展现于世人面前，由于长期被水浸泡，损坏严重，元帅林原本严整对称的南北轴线已缺失大半，序列的前两部分踪影难觅（图 4-6-9）。虽然以物质实体为承载对象的“形式与设计”① 的信息的已经流失，元帅林的真实性遭到了不可逆的破坏，但其作为遗存至今、为数不

① 《关于原真性的奈良文件》第 13 条．成文于世界遗产会议第十八次会议・专家会议，1994.

图 4-6-9　南部残损现状（沈旸摄）

多的近代名人墓园的典型代表，是特定时期留下的特定遗址，具有特定的历史价值，这种价值不会因物质实体的缺损而弱化。

《奈良文件》指出："想要多方位地评价文化遗产的真实性，其先决条件是认识和理解遗产产生之初及其随后形成的特征，以及这些特征的意义和信息来源。"① 反观元帅林，因水库建设而作出的历史信息牺牲，本身就体现了其在不同历史时期的身份转换，序列的破损也是一种历史真实性的记录，是其建成后由于特定外力所增加的历史信息，也成为如今的元帅林历史真实性的一部分。亦即，现状序列残损的元帅林其实是多重历史信息层叠的结果。

2）异地迁移与信息流失

"一座文物建筑不可以从它所见证的历史和它所从产生的环境中分离出来。不得整个地或局部地搬迁文物建筑，除非为保护它而非迁不可，或者因为国家

① 《关于原真性的奈良文件》第 9 条。

图 4-6-10　明清石刻苑及散落的石刻构件　（相睿摄）

的或国际的十分重大的利益有此要求。”[①] 不过，这种对于文物保护的认识高度也只是在 20 世纪中期才渐渐明晰起来的。如民国时期就多有历史遗存从原初地被转运嫁接到当时新建建筑中的案例，位于南京钟山的谭延闿墓前的石案就来自圆明园[②]，元帅林中的明清石刻亦属此类。

文物保护中的完整性概念包含两个基本层面：一是范围上的完整（有形的），建筑、城镇、工程或考古遗址等应当尽可能保持自身组成部分和结构的完整，及其与所在环境的和谐、完整性；二是文化概念上的完整性（无形的）。[③] 就中国传统陵墓建筑群的完整性而言，作为其重要组成部分的石刻雕塑在这两个基本层面上都是不可或缺的。当北京的大量明清石刻被异地搬迁至元帅林时，其完整性就已遭到了不可逆的极大破坏，原本系统性的历史信息呈碎片状或片段式。虽已有众多专家对元帅林的明清石刻进行多方考证，也只是大致知道来源，因种种原因，具体构件的准确出处、形制、艺术特点等仍存在着大量盲区。如今，这些异地迁来的明清石刻散落于元帅林东侧的空地与林间（图 4-6-10），随着时间的推移，历史信息仍在缓缓地流失，亟待抢救性的文物保护与考证研究。

① 《威尼斯宪章》第七项，从事历史文物建筑工作的建筑师和技术员国际会议第二次会议在威尼斯通过的决议，1964。

② 参见蔡晴. 基于地域的文化景观保护［M］. 南京：东南大学 2006：30-31.

③ 张成渝、谢凝高."真实性和完整性"原则与世界遗产保护［J］. 北京大学学报，2003（2）：63-64.

(3) 历史信息的再整合与序列化展示

序列作为一种全局式的空间格局处理手法，是以人们从事某种活动的行为模式为依照，并综合利用空间的衔接与过渡、对比与变化、重复与再现、引导与暗示等，把各个散落的空间组成一个有序又富于变化的整体。基于元帅林现状保护主体的散乱，本案尝试建构一条基于情感体验的序列，对残存的或是片段式的建筑实体或构件加以展示，通过序列的营造，将片段实体重新组合为新的整体，使其包含的重叠的或是残缺的历史信息得到有秩序、有层次的呈现与表达，并带给观者相应的情感体验，从而达到文化遗产传承保护的目的。

1) 信息整合：塑造序列前导空间

元帅林现有的入口道路为近年新辟，不仅与原有历史格局不符，且人车混行、流线较为混乱。本案将主入口设在元帅林西北方的牌坊处，重新启用废弃已久的老道基（原有墓道）作为人行道路，不仅实现了交通的合理分置，更是对历史的还原与尊重。

同时，将现状中处于元帅林东部道路的石象生迁移至老道基两侧；石象生千百年来总是与陵墓的神道相辅相成，当它们从外地被匆匆运来元帅林，原本打算置于何地早已湮灭不可考，而如今的再次迁移，与老道基共同构成序列的前导空间，也许正是得其所在。而老道基的南段现已没于水库之下，本案在临水处特别进行了端头设计，暗示着老道基的空间延伸。

2) 信息强化：打造序列高潮节点

元帅林主体部分的外城南部及整个方城因水库建设已坍塌淹没，鉴于周围环境的不可逆改变，维持现状的就地保护是比较契合时宜的措施；由于水库的水质保护要求，本案放弃了对山水览胜区（如水上游览线、沿墙体设置木质

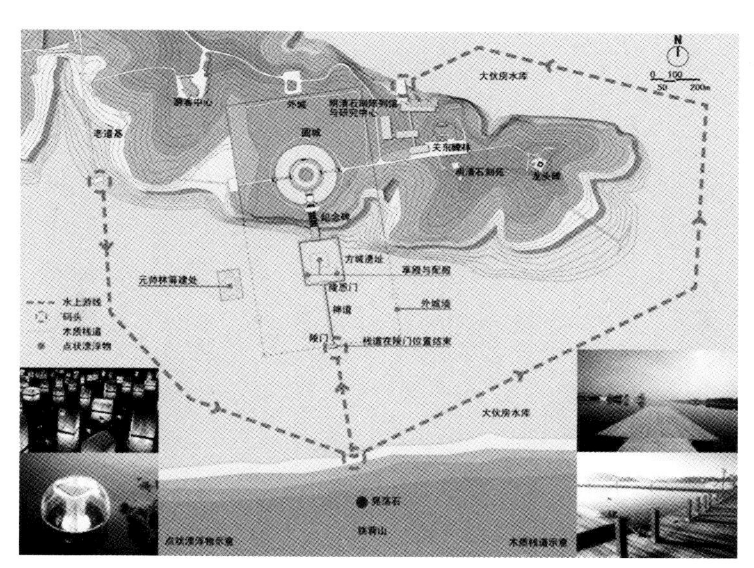

图 4-6-11　原山水览胜区方案

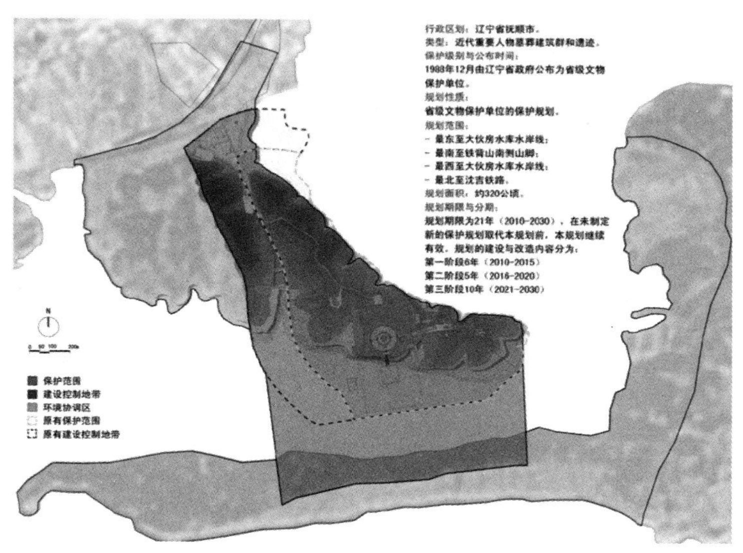

图 4-6-12　保护区划

栈道以示标识等）的展示规划措施（图 4-6-11），但仍然强调在环境评估和监测的基础上，应采取可持续的生态方式，对墙体和重要建筑的空间限定作出标识。同时，将淹没区域和铁背山晃荡石一并划入保护范围，对元帅林的历史格局进行最大限度的保护（图 4-6-12）。

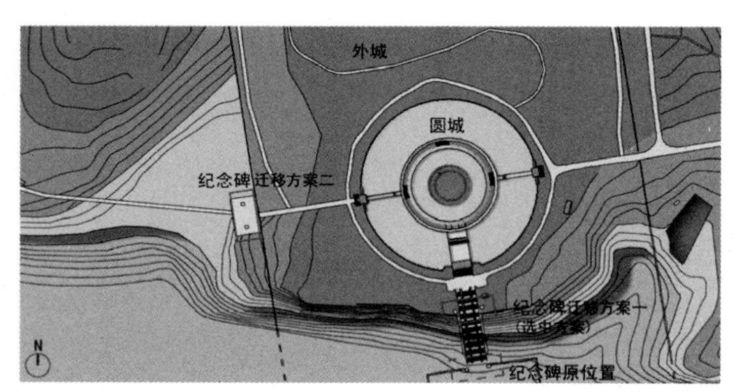

图 4-6-13　纪念碑迁移方案

位于方城北门外的大台阶起始标志——纪念碑亦受水库的影响，常被水浸泡，稳定性逐渐衰退。处置方案有二：一为将纪念碑迁移至大台阶中段的水面以上，仍立于两旁；二为将其迁移至外城的西入口处，强调序列高潮的来临。权衡二者，考虑到对文物建筑保护和真实性展示的影响程度，最终选定方案一（图 4-6-13）。

外城的现有东门并不是历史遗留，而是为适应东侧的新辟道路所开，为既有现实。本案在充分论证可行性的基础上，建议开设对称的外城西门，形成与旧有轴线呈垂直状的新增轴线，使经由老道基而来的行人可以顺畅地到达圆城南门。

通过对地上残毁元帅林主体的信息强化，及水下遗址的空间标识，达到了虚实相生的序列营造，加之周围自然环境的氛围烘托，使得进入外城到达圆城南门的过程成为踏进圆城的新序列的高潮节点。

3）信息延伸：营造序列尾声部分

散落的明清石刻亟待进一步的考证研究，陈列室与研究中心的建设立项正是为此提供必要的研究平台。选址位于外城的东墙外、关东碑林周围的空地上，

图 4–6–14　序列尾声

图 4–6–15　龙头碑　（沈旸摄）

用地面积约 10000 m²，其中建筑面积约 5000 m²，一层，高度不超过 6m，体量不宜集中，当顺应地形，与环境充分协调。考虑到石刻类型的多样性，采取室内、室外及半室外等多种展示方式（图 4–6–14）。这一部分作为整个序列中元帅林主体之外的最后章节，而异地迁来的龙头碑仍原地保存，为序列画上完整的句号（图 4–6–15）。

4）片段式历史信息的序列化传承

重新整合后的元帅林序列，从北端的牌坊开始，沿老道基往南延伸，四周林木茂盛，视野狭长，曲折的路径使得行人看不到序列的尽端，从而增加了行进过程中的神秘感和未知性，且相对于之前的直线形行走路线，曲折形更具有韵律感和节奏感。过外城西门，达至圆城南门，视野豁然开敞，下延的大台阶引导视线直面大伙房水库与对面的铁背山，山水景致风光旖旎，水上标识又暗示着原有的格局图景。北折入圆城，观宝顶，再经由外城东门出，行进路线上依次是明清石刻陈列室与研究中心、关东碑林，驻足而立又可观北面水库。再迤逦而东，路线微有曲折，龙头碑所在是序列的最后一个高潮，也是尾声部分（图 4–6–16）。

时空的叠加，历史的再现，沿着老道基一一行来，绵延的墓道，肃立的石象生，修复的地上建筑部分，消逝的水下遗址，完备的石刻陈列馆，这些都串联在精心设置的序列游线中，都熔铸于优美的自然景致中，人们能感受到的有近代军事首领的雄心壮志，日军侵华的耻辱历史，也有红色年代大搞建设的激情岁月，更有新的时代人们对历史遗迹与文物的珍视与凭吊。这条主要的序列游线，在开放的自然环境中如一条空间链条将包含不同历史信息的遗存，不同功能的建筑物串联起来，通过自然环境到人工环境再到自然环境的交替穿插，带给观者丰富的多层次空间感受。除此之外，另有山林内的曲折小路连接景观节点，提供多视点多角度的空间体验。

元帅林的初始布局为封闭建筑群体内空间序列沿着轴线情感渐次加强的单一变化，原有轴线也只是为塑造陵墓的威严气势从而引起人的敬畏之情服务。而重新整合后的元帅林空间序列，则是在更为宏大开敞的范围内，融入了更多的历史信息与崭新的时代功能。通过这一系列的景观序列的塑造，元帅林成功地完成了从一处近代名人墓园遗迹向综合文物展示、研究、风景旅游等多重内容与功能的综合体的身份转换。

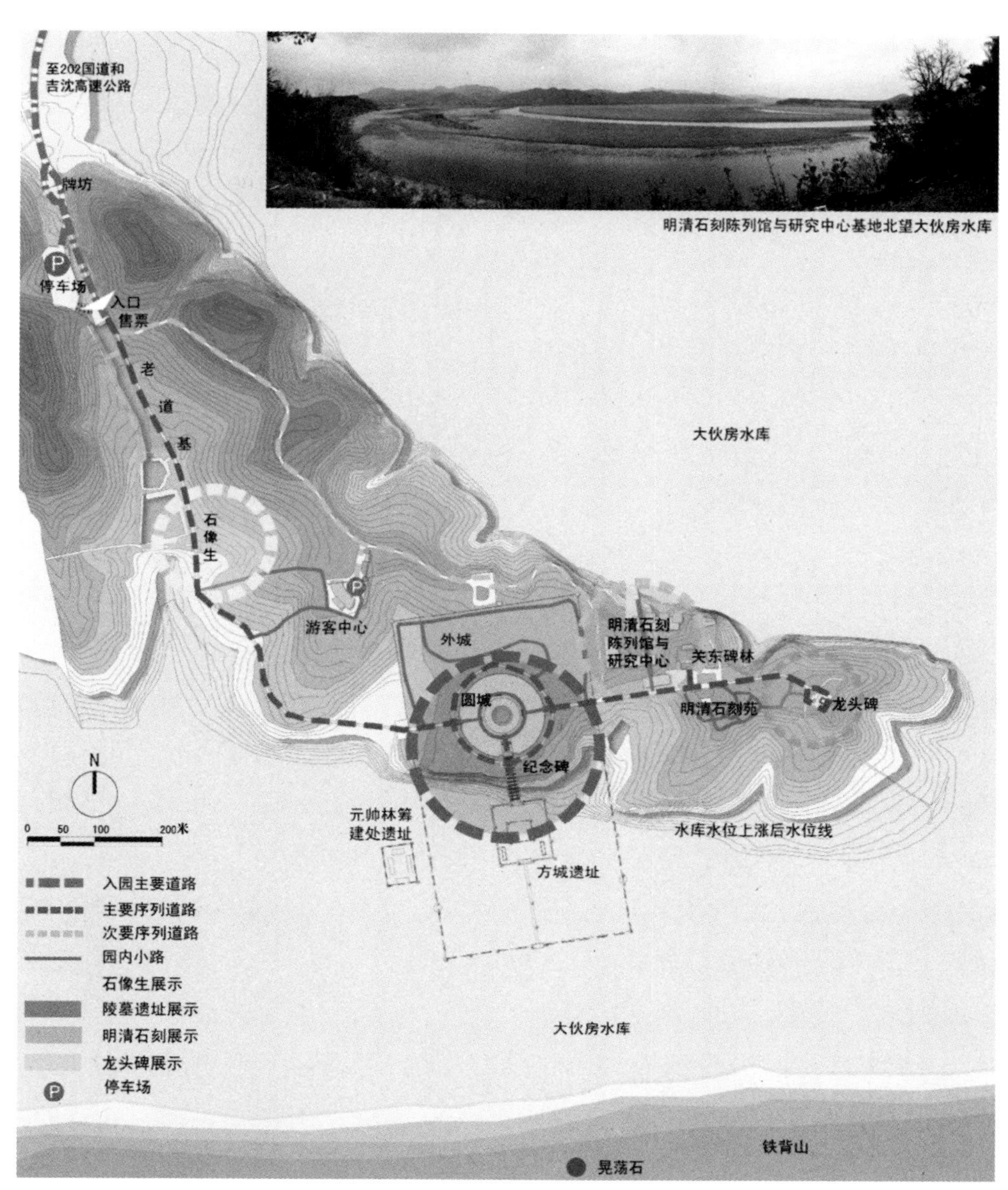

图 4-6-16　整合后的空间序列展示

国家自然科学基金项目：51578130
国家社会科学基金项目：18BGL278

时空中的遗产

遗产保护研究的视野·方法·技术

周小棣　沈旸　相睿　常军富　著

下

中国建筑工业出版社

目 录

第五编

锦绣：太原城的历史营建

导　言

城市的形成与发展往往与其所处的地理环境有着巨大的关联，本编即以太原为例，立体地考察一座古代城市的空间结构演变和山水景观环境。

一

山西介于太行山与黄河中游峡谷之间，其西（黄河以西）是陕西，其东（太行山以东）是华北大平原，陕西和华北大平原分别是中国古代早期和晚期的政治中心所在；其北为蒙古高原，高原的游牧民族历来是中原王朝的主要威胁所在；其南（中条山与黄河以南）的河南地区，乃天下之中，四战之地。特殊的地理位置，使山西自古便是牵一发而动全身的区域（图 5-0-1），今人形容之："山河形势使山西具有一种极为有利的内线作战地位。山西地势高峻，足以俯瞰三面；通向外部的几个交通孔道，多是利于外出而不利于入攻。"[①]

① 饶胜文. 中国古代军事地理大势. 军事历史，2002（1）：44.

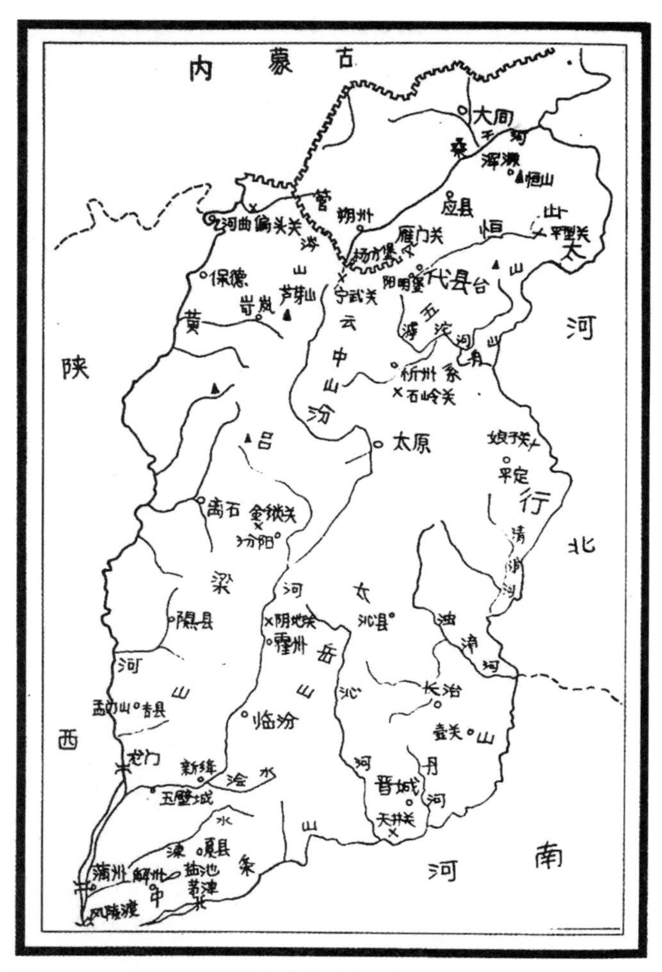

图 5-0-1　山西险要及军事重镇示意（引自胡阿祥．兵家必争之地——中国历史军事地理要览：206.）

太原地处山西腹部，（清）顾祖禹《读史方舆纪要》引前人言曰："太原东阻太行、常山，西有蒙山，南有霍太山、高壁岭，北扼东陉、西陉关，是以谓之四塞也。"太原东出太行 山井陉，即入华北平原，便于东向争夺天下；北越五台山、恒山，又与蒙古高原相接，号称"踞天下之肩背，为河东之根本，诚古今必争之地"，乃为中原地区抵御北方游牧民族入侵的边关型战略重镇。[①]

"太原"最早出现于《尚书·禹贡篇》："既载壶口，治滩及岐。既修太原，至于岳阳。"《毛诗·小雅·六月》亦有："薄伐严狁，至于太原。"显然，两者所指均非今日之太原地区，而是泛指汾河下游的广袤平川。所谓"太原"，强调的是地形状况，是作为区域名称出现的，并非建制名。作为建制名则始于战国末期，秦占领赵之晋阳，在晋阳首置太原郡。此后，几经易变，或太原，或并州，地理范围与今日太原所辖大致相当。"山光凝翠，川容如画，名都自古并州。"这是（宋）沈唐《望海湖·上太原知府王君贶尚书》对并州（即太原）的描述，（唐）李白也曾盛赞其为"雄藩巨镇，非贤莫居"[②]。

综观太原地区的发展历史，其动力来源主要有两大方面[③]：

其一是拥有良好的农业发展环境和丰富的物产资源。汾河中穿太原盆地，河岸土地肥沃，灌溉水源充足，对农业发展非常有利；自然资源丰富，自古就出产有大量金属和非金属矿产，唐时的冶铁技术就已很发达，（唐）杜甫诗云"焉得并州快剪刀，剪取吴淞半江水"即为明证。

其二则是太原处于中原与北方少数民族物产交换贸易路线上的必经之地。早在周代始，在太原北部地区进行的边贸就一直没有间断过；明清时，更产生了称雄商界五百年的晋商，将太原这个晋商行商最重要的中转站作用发挥到了极致；至民国，随着铁路的开通和阎锡山在山西的统治，太原进一步发展成为山西区域的经济中心。

公元前 497 年，晋国大卿赵鞅出于战略上的需要，令家臣董安于精心选

① （清）顾祖禹. 读史方舆纪要. 卷四十·山西二·太原.

② 于逢春. 太原考. 兰州大学学报（社会科学版），1984（2）：44-46.

③ 支军. 太原地区城镇历史发展研究. 沧桑，2007（1）：43；申军锋. 太原城史小考. 文物世界，2007（5）：45；李学江. 太原历史地理研究. 晋阳学刊，1992（5）：95-98.

址，在今太原市晋源区古城营村一带建晋阳城，是为太原建城之始。公元前453年，“三家分晋”，赵国领土包括今晋中及晋北一带，立国都于晋阳城。此后的秦、汉、三国、两晋至十六国时期，晋阳城一直都是地方行政建置级别最高的首府级城市，春秋和汉晋时的晋阳城均为双重城格局（图5-0-2、5-0-3），内城乃衙署机构所在，外城为百姓居处。

隋朝末年，李渊父子以晋阳为根据地起兵夺取天下后，该处作为王业兴起之地受到极大的重视，经多次扩建，规模达至历代之顶峰。唐中期封之为北都，与长安、洛阳并称“三京”；玄宗天宝元年（742年）易北都为北京，与首都（长安）及南京（成都）、西京（凤翔）、东京（洛阳）合称“五京”。唐之晋阳城，周42里，由西城、中城、东城三部分组成，以西城为核心：西城即春秋时董安于营建之古城，在西晋时就已经有周27里的规模；东城始筑于北齐清河四年（565年）；中城始筑于唐嗣圣（684年）至神龙（705 ~ 707年）间，跨汾水接东西二城，汾河贯城而过（图5-0-4）。

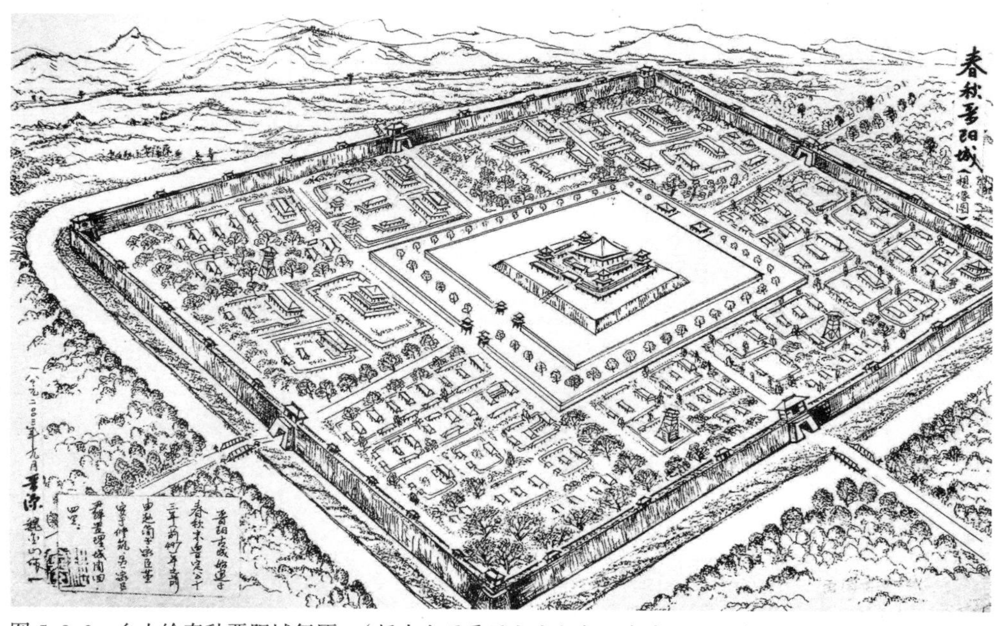

图5-0-2　乡人绘春秋晋阳城复原　（摄自太原晋源文庙大成殿墙壁 2009.07）

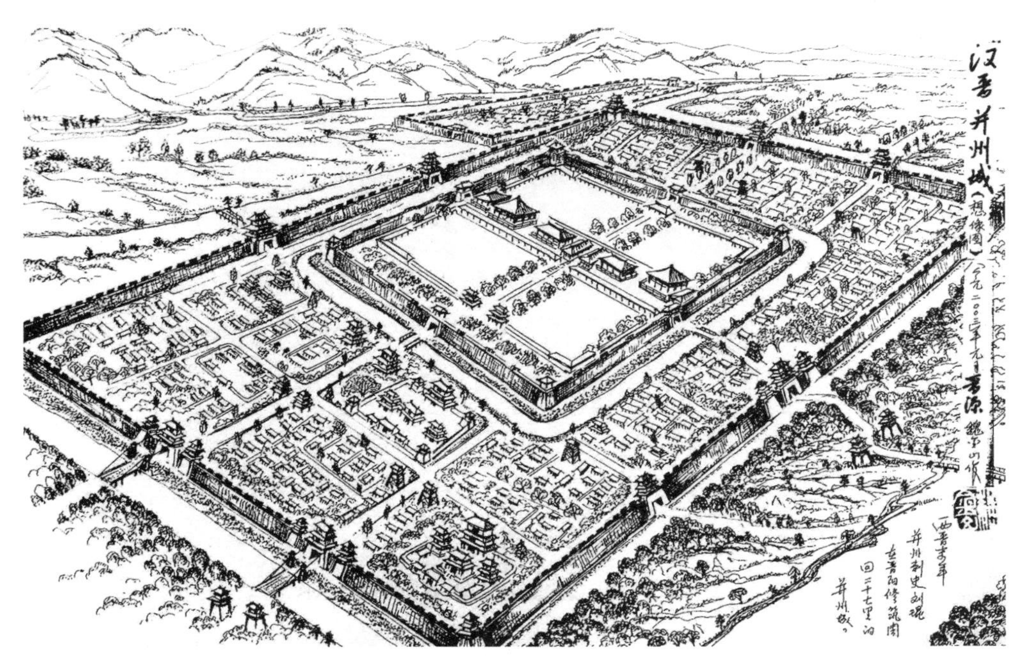

图 5-0-3　乡人绘汉晋并州城复原（摄自太原晋源文庙大成殿墙壁 2009.07）

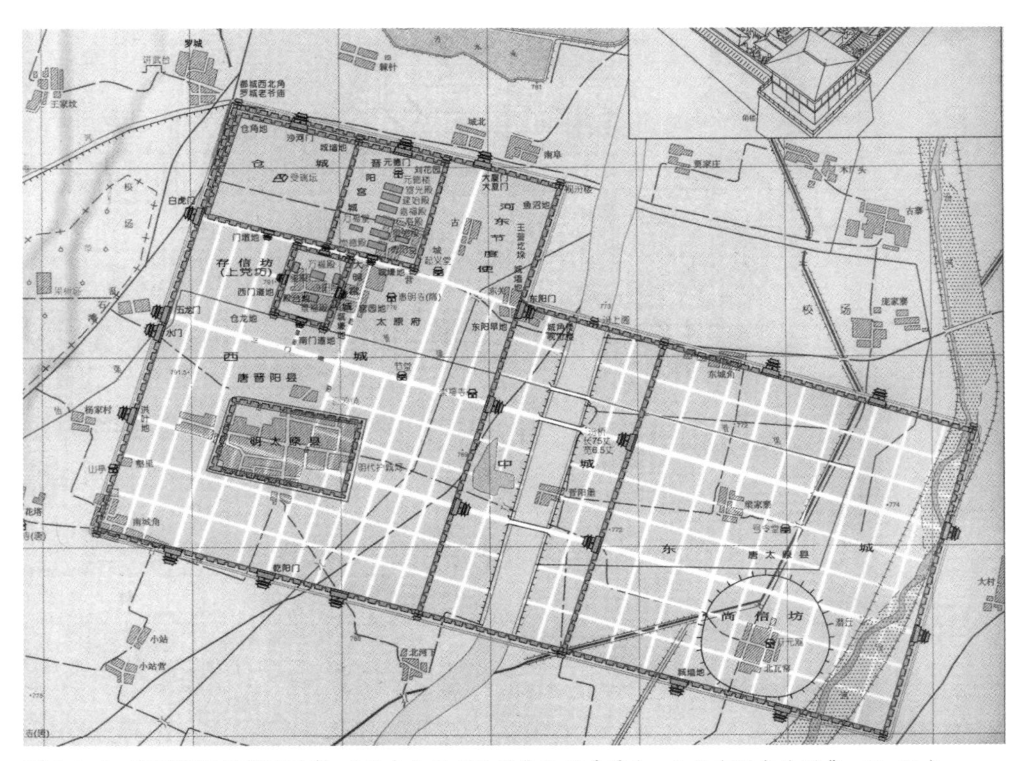

图 5-0-4　唐晋阳城址范围示意（引自山西省地图集编撰委员会 . 山西省历史地图集：42−43.）

五代十国动乱时期，先后有后唐、后晋、后汉、北汉等政权以晋阳为国都或陪都。至宋太平兴国四年（979年）太宗赵光义平灭北汉，下令火焚晋阳，次年又引汾水倒灌废墟，有着近1500年历史的晋阳古城毁于一旦。素有“九朝古都”之称的晋阳城虽已湮灭，但太原地区作为区域中心的地位仍然存在。鉴于太原地区是向北抵御外族入侵的边防要地，宋太平兴国七年（982年）重将州治迁回，并在原晋阳城东北唐明镇的基础上新建太原城；嘉祐四年（1059年）又升为河东北路首府。明洪武三年（1370年）朱元璋封三子朱棡为晋王，太原的政治地位随之更显重要，并得到大规模的扩建，城市形制与规模堪称鼎盛，与北京、西安同为大明王朝疆域北部的三大区域中心城市。其后的清代和民国，太原仍为山西省会，城市的结构变化皆不出明太原城的已有基础（图5–0–5、表5–0–1），即：宋太原城的新建和明太原城的扩建是整个太原城发展过程中最重要的两个节点。[①]

太原地区的建置沿革　　表5–0–1

时代	城市	行政设置（最高级别）	所属区划	地方行政体制
春秋	晋阳	始建城邑	晋国	晋国
战国	晋阳	国都	赵国	韩、赵、魏
秦	晋阳	郡级治所	太原郡	秦以郡治天下，全国分36郡。山西有雁门郡、代郡、太原郡、河东郡、上党郡
西汉	晋阳	郡级治所（时未设部级治所）	并州刺史部 太原郡	沿袭秦朝的郡、县制，并将全国划分为13个监察（称为部），设立部、郡、县的三级体系
东汉	晋阳	州级治所	并州刺史 太原郡	因西汉旧治。设并州刺史部级治所，统一管理所辖郡县
三国魏	晋阳	州级治所	并州刺史 太原国	行政体制因汉之旧治，设州、郡、县三级。太原地区属魏辖区
西晋	晋阳	州级治所	并州刺史 太原国	沿汉魏旧制，设州、郡、县三级，另设有相当于郡级的王国，相当于县级的公国和侯国
十六国	晋阳	州级治所（历经政权更替、行政级别未变）	并州 太原郡	州、郡、县三级 注：该时段统治太原地区的少数民族政权依次为汉（匈奴）、后赵（羯族）、前燕（鲜卑）、前秦（羌族）、西燕（鲜卑）、后燕（鲜卑）、北魏（鲜卑）

① 申军锋. 太原城史小考［J］. 文物世界，2007（5）：46–47.

（续表）

时代	城市	行政设置（最高级别）	所属区划	地方行政体制
南北朝	晋阳	州级治所	并州 太原郡	州、郡、县三级 注：该时段统治太原地区的少数民族政权依次为东魏（鲜卑）、北齐（鲜卑）、北周（鲜卑）
隋	晋阳	州级治所	并州	州、县两级制
唐	晋阳	北都	河东道 并州	唐初因隋制，设州、县两级制；贞观初（627年~）全国分10道；开元二十一年（733年）增至15道，并分为道、州、县三级制；中唐后又设置节度使
		北京兼为河东节度使治	河东道 太原府	
五代	晋阳	依次为后唐（沙陀族）北都（陪都）、后晋（沙陀族）北京（陪都）、后汉（沙陀族）北京（陪都）、北汉（汉族）国都		
北宋	太原	路级治所	河东路 太原府	路、州（府、军、监）、县三级
金	太原	路级治所	河东北路 太原府	路、州（府）、县三级
元	太原	路级治所	山西道宣慰司 冀宁路	省、路、府（州）、县
明	太原	省级治所	山西布政使司 太原府	布政使司（省）、府（直隶州）、州、县
清	太原	省级治所	山西省 太原府	省、府（直隶州）、州县

据山西省地图集编撰委员会.山西省历史地图集.“政区图组”整理。

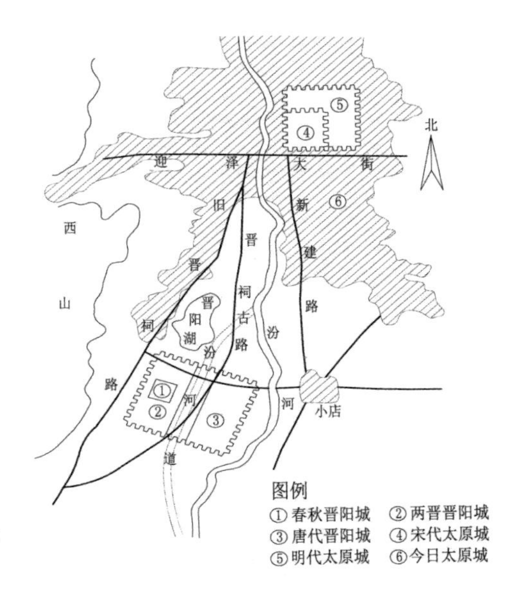

图5-0-5 太原城址变迁示意

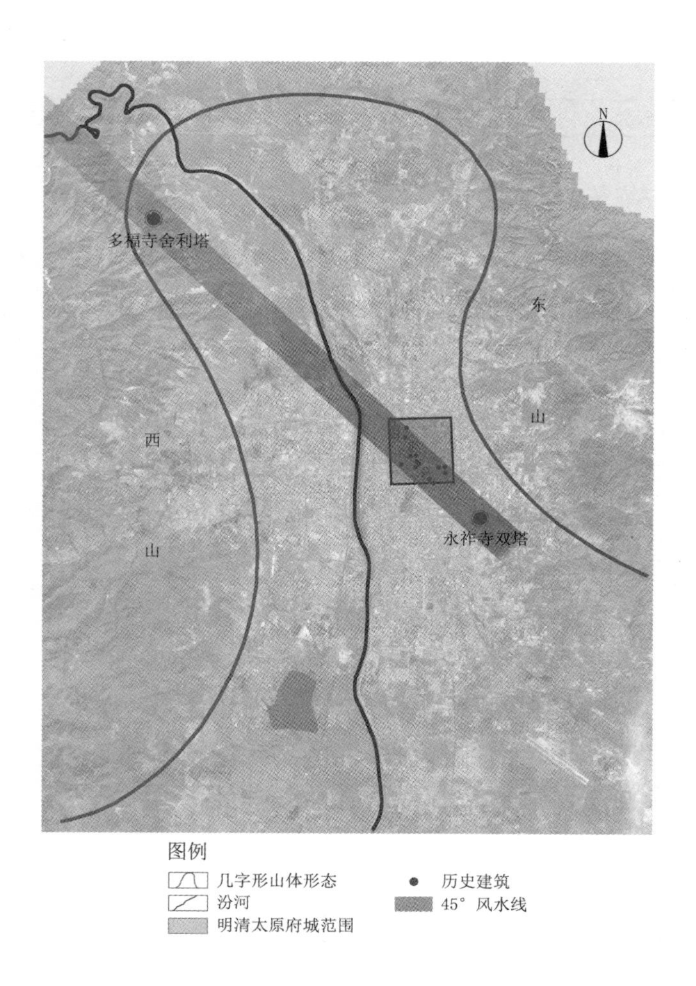

图 5-0-6　太原的山水格局
（底图引自 google earth）

太原之所在“三山环抱，汾水中流”：东部山地（“东山”）是太行山的延续，西部山地（“西山”）为吕梁山东翼，北部则是太行山、吕梁山延伸的交接地带，周边山脉不仅自然环境优美，也极富历史人文色彩；汾河是黄河水系的第二大支流，发源于山西北部宁武的管涔山南麓，在太原盆地中部自北向西南流过。随着太原地区人居聚落的发展，人们也逐渐将自己的情感托附

图 5–0–7　多福寺舍利塔 （摄于 2010.11）

图 5–0–8　永祚寺双塔 （摄于 2009.07）

于周边的环境：当地相传太原城的中轴线上有一条从东南到西北的 45° 风水线（图 5–0–6），其上的两个制高点分别是城东南的永祚寺双塔和西北崛围山上的多福寺舍利塔（图 5–0–7、图 5–0–8），其间则是众多重要的历史遗存，如钟鼓楼、抚院、文庙、纯阳宫等；加之太原西侧的汾河和大量湖泊，城市建设与山水环境融为有机一体。

二

本编的第一节即以宋至民国期间的太原城为考察对象，探讨各个时期太原城市空间结构的演变特征，着重于太原城市结构发生巨大变化的内在动因是什么？城市空间构成元素在这一结构框架内又是如何分配的？这些分配随着城市结构的改变又发生了怎样的变化？针对关注点和第一手资料的搜集情况，研究方向有二：纵向层面，按照时间的顺序对太原城建设过程做详尽梳理；横向层面，选取不同的观察断面，如商业生活、职能建筑、城市防洪等作深入剖析，以丰满于城市构成认知。

在探讨了太原城市建设的过程之后，了解到太原的地理环境所造就的区域位置上的重要性，是宋代太原城市新建和明代太原城市扩建的根本动因。可以看到宋代新建和明代扩建这两次城市发生重大变革的过程中，政治因素主导着城市空间结构的建设，宋代的两重城，明代的三重城都是构成城市空间结构框架的主要因素。但是太原城市还存在着另外一面，就是城市内部的道路格局呈现出一种曲折相通，丁字相交的状态。不规整的道路格局与规整的城垣组成的城市结构，是太原城市在发展过程中的最大特点。

明代晋王分封这一历史事件，直接造成了太原城市的大规模扩建，并对扩建后太原的城市结构形态与功能布局都产生了极大的影响。规模庞大的晋王府占据了城市东部近三分之一的空间，并通过王府礼制轴线的塑造，辐射控制了几乎整个城市东隅的范围，这一时期城市出现了王府据城东发展，地方城市在城西主要是城西南隅宋旧城的范围内发展，城内东西部并列发展的格局。晋王府内外两重城墙对城市空间的划分，在清代和民国并没有因为晋王府的毁灭和萧墙的拆除而减弱，而是随着墙垣外道路的存在继续延续。

清代政权的变动引起晋王府宫城的毁灭和满城的建设，城内曾一度出现三处小城同时存在的情况，除此之外城市的空间结构基本没有发生改变，城内除了废晋王府内空地变为精骑营驻地和教场，部分民宅被圈入满城外，其他的城市功能基本上是明代的延续。

民国初满城和晋王府萧墙均被拆毁，城市变为只有一重城墙的大城，城内部分区域的功能调整，但城市的道路格局仍然是前代的延续，城市整体未发生大的变化。

此外，城市的商业、祭祀与宗教信仰的空间分布、城市建设防灾的技术手段等也是城市建设中非常重要的内容，本节也尝试站在太原城市空间整体布局的宏观角度对这些建设过程进行了考察。

三

本编的第二节关注于太原地理环境中的“西山”。“西山”，顾名思义，指的是古今太原城（太原郡、太原路、太原府、太原市）西部的边山地区。其所属的吕梁山脉是我国黄土高原上的一条重要山脉，位于山西省西部，呈东北—西南走向，整个地形成穹隆状，中间一线突起，两侧逐渐降低。“西山”位于吕梁山脉中部东翼，呈丘陵地貌，海拔在 800 ~ 1800m 之间，沟梁高差多在 100 米至 150 米；境内有风峪、柳子、明仙、马坊、仙居等多条东西向沟道，均为季节性河道，最终汇于汾水。[①]

“西山”（包括“东山”）之名的产生是在漫长的历史进程中，当地人为了指向方便而创造出来的形态方位名词。一般来说，“西山”北起冽石口，南至七苦山；西起吕梁山脉中段之东麓，东至太原境内汾河中游之西的河谷平原。然而，值得注意的是，由于在各个历史时期，太原的疆域盈缩多变，广狭不同，且“西山”并非特指某一具体山脉或山峰，所涵盖的范围并没有严格的界定，是一个泛称的地名。

史籍中关于“太原西山”的记载比较稀少，文渊阁《四库全书》中仅存两例；相比之下，“晋阳西山”的叫法则较为普遍，至迟产生于1500年前的北齐王朝，如《北史》载：“恒父、后主高纬，凿晋阳西山为大佛像，一夜燃油万盆，

① 参见李学江. 太原历史地理研究［J］. 晋阳学刊，1992（5）：95；岳伟. 太原西山风景区的生态环境资源［J］. 太原科技，2004（4）：4.

光照宫内。”[1]

不管是“晋阳西山”抑或“太原西山”，其产生都是与城市的创建息息相关的。历史上所言之“晋阳西山”指的是晋阳古城之西的山脉，也就是所谓“太原西山”的南部地区，属于“狭义的西山”。而今日所言之“太原西山”，则是基于现状的地理区划，即凡是位于太原城市西侧的山脉，均谓之“西山”，或称之为“广义的西山”，其南部与北部的景观特质及其差异反映了太原地区城市发展的各个阶段对这一山脉的景观塑造和文化传承的影响意义。

“太原西山”是一个区域的概念，为表述方便，行文中皆以“西山”指称。“西山”范围甚广，呈现出纷繁复杂的景观形式与特征：

自然性：西山首先是一个自然区域，相对于城市而言，是对自然风景的描述。然而，不可否认的是其自然性是与人文性相辅相成的，没有自然风光的美好也就不会造就浑然天成的人文景观。可以说，西山是太原城市选址以及随后的城市建设活动所依托的自然环境的一个重要组成元素，也是太原城市发展不可或缺的一个必要特征。

区域性：西山指代的是某几个山体所共同构建的一个系统。其区域性不仅表现在物理空间的宏大上，更重要的是其庞杂多样的体系构成。之所以强调区域性，乃因西山与太原城的发展无法割裂，须作为一个整体进行考虑，只有这样，方可使西山本身的研究更完整也更有说服力。

地域性：西山包含两种地缘环境特征，即山地与河谷平原。吕梁山东麓大部分属于丘陵地貌，山峦起伏，沟壑纵横，地形差异较大，只有极少的村落分布其间。而与此截然不同的是，汾河西岸的河谷平原地区却是村落的聚集区。两种地貌影响下的人文环境、建筑风貌、社会习俗等的差别很大。因此，对该地域的研究也当采取不同的视角进行理解和辨别，不可混为一谈。

过程性：西山人文景观和历史遗存并非一朝一夕形成，甚至不是由单一民族创造的。其演变历史既是太原地区民族融合史的体现，也是社会变迁史的反

① （唐）李延寿. 北史. 卷八·齐本纪下第八. 幼主高恒.

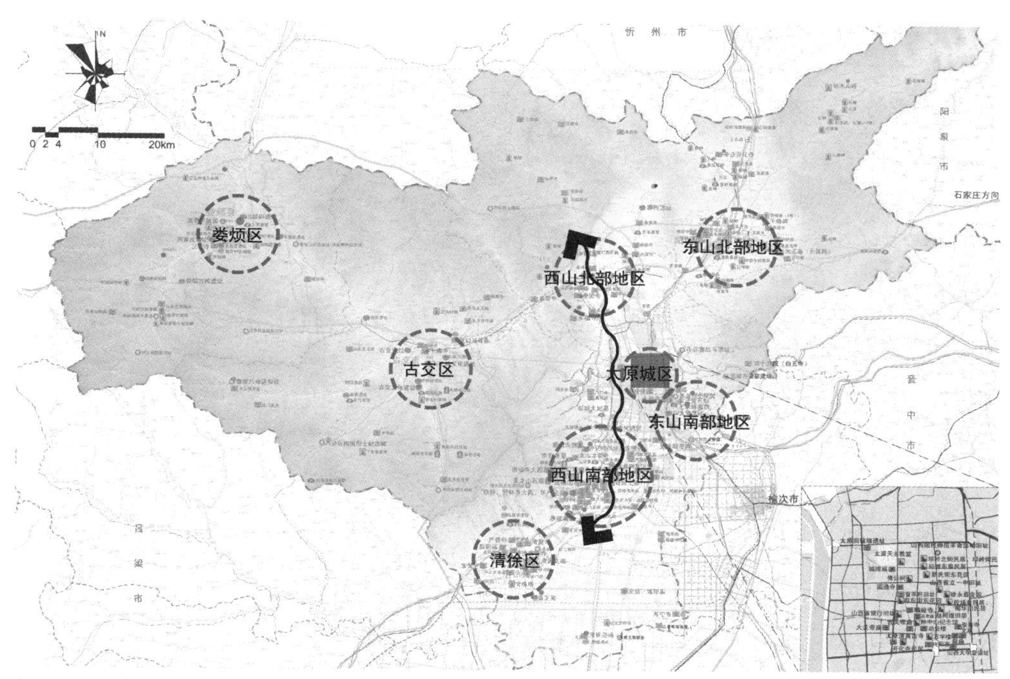

图 5-0-9 太原市域文物分布 （底图引自中国城市规划设计研究院．太原市历史文化名城保护规划，2010）

映。因此，关注点应更加着重于人与自然的关系史，即“论述人与自然的关系史，是一种缓慢流逝、缓慢演变、经常出现反复和不断重新开始的周期性历史。”①

普适性：人类理想的生存环境是山水形胜，物产丰富，并具有“瞭望—庇护”之便利性的空间，出于对自身生存与发展的原始要求所驱动，我们的祖先在远古时期就形成了“山水聚落”的观念。如果说，山水城市的营建最初是作为一种自发的选择而产生，那么随着后来风水观念的产生、宗教的传播以及美学的发展，山水城市最终作为一种自觉的、公认的传统理念被人们所接受。这些理念的发展与传播，也就造就了像西山一样位于城市边郊地区的为数众多而又价值极高的风景区。以西山为例进行探讨，也具有对其他类似的城市边山地区研究的借鉴价值。

太原市域范围内的历史遗存集中分布区主要有六个（图 5-0-9）：古交区、娄烦区、清徐区、东山带、明清太原府城区和西山；其中，尤以西山遗存丰富（图 5-0-10），包括具有宗教性质的寺院、道观、塔、石窟、造

① 行龙．以水为中心的晋水流域太原：山西出版集团＆山西人民出版社，2007：66.

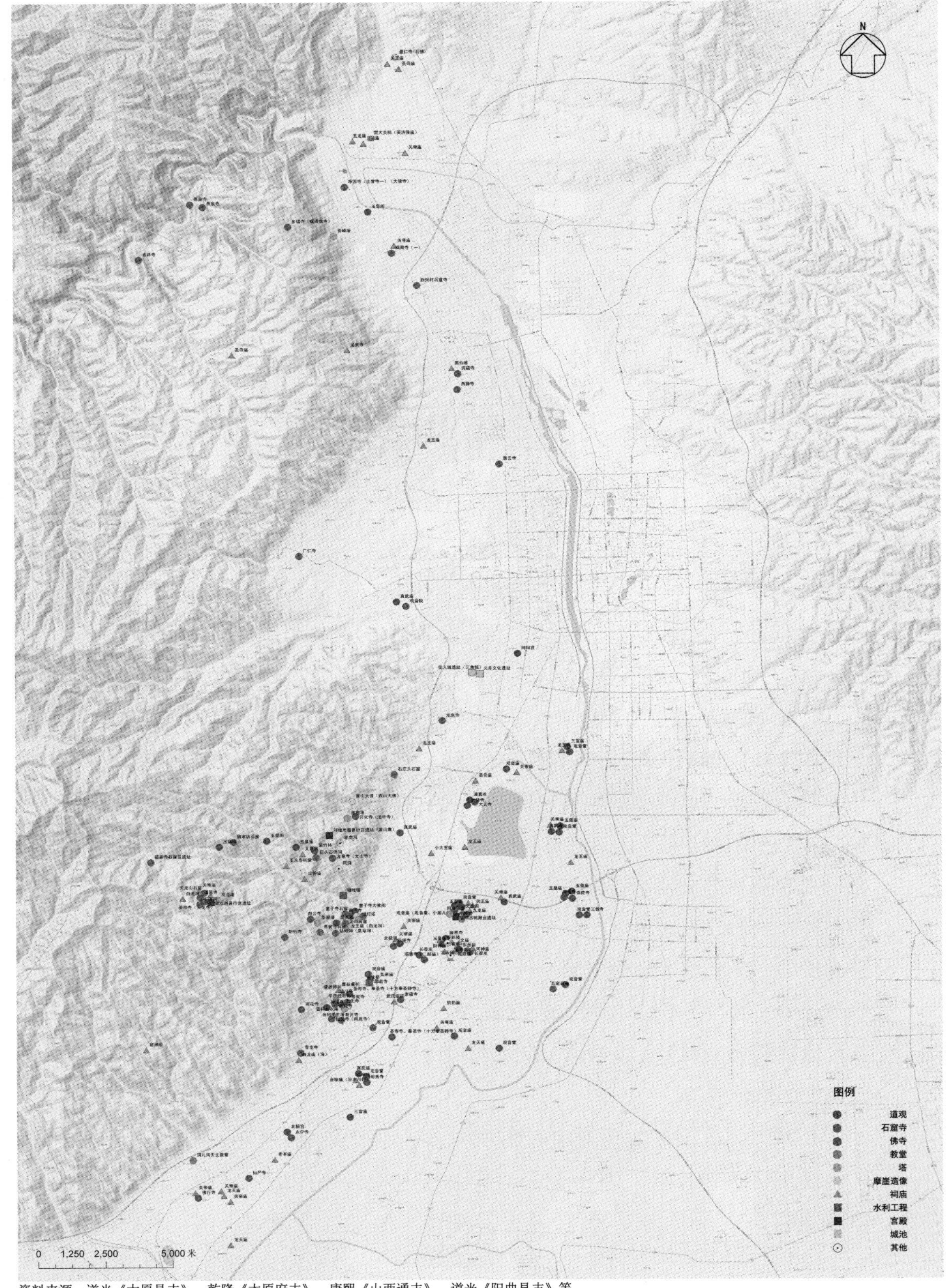

资料来源：道光《太原县志》、乾隆《太原府志》、康熙《山西通志》、道光《阳曲县志》等。

图 5-0-10　西山历史遗存分布

像，具有世俗性质的祠庙、墓葬及城市遗址和传统聚落等。西山的历史遗存本身也呈现出明显的断裂：南段类型丰富，数量巨大，北段次之，中段最少；这种断裂的产生一方面是由于历史原因造成的，即中段本身的建造力度就十分低，此外，还由于大量的煤矿开采导致中段环境破坏甚大，遗存也随之损毁。

针对西山历史遗存数量大、类型杂的特点，要想建立一个完整丰满的研究体系，首先需要弄清几个最直接的问题：西山的历史遗存分布特征如何？西山的历史地位发生的转变与动因是什么？西山现有的建筑形态布局特征与形成因素有哪些？

如果说，太原西山的历史建筑遗存是一场文化的盛宴，那么，对其进行无论是以城市、宗教、世俗为视角的营建历程描绘，还是以空间使用类型及与人的密切程度为标准的营造手法分析，都更像是一次历史的巡礼。其普适意义在于：西山向世人所讲述的其实也正是其他众多城市所具有的“西山（也许是东山、南山、北山）往事”。

对于太原西山的历史建筑遗存研究包含两个层次，其一是在宏观体系下对西山历史遗存的演变历程进行总结，主要是基于遗存的分布特点，以社会变迁为背景，构建历史认知框架；其二则从微观角度，通过考察、对比不同区域或不同类型的历史遗存，对建筑、景观的空间营造方式进行探讨，并涉及与社会生活之间的互动关系。总结如下：

（1）历史遗存特点

从自然角度而言，西山是一个界限模糊的区域，其所囊括的地理范围及所涵盖的具体内容都并非一成不变的。而从人文角度而言，西山的历史和今天则是政治、文化、社会结构变动下的产物。

在类型上，西山大量的历史建筑遗存中以信仰祭祀类为主。

在时间上，遗存数量及建造频度都有明显的波动，并与城市建设过程产生较好的互动和契合。

在空间上，西山被分为南部和北部两个极为明显的区域，并呈现出一定的区域差异性，南部地区遗存的数量和类型都较北部更加丰富，主要是历史原因导致。

（2）营造建设历程

从区域研究的角度展开，探索西山与城市变革之间、与宗教发展之间、与生活演进之间、与文人活动之间的微妙关系。

西山从古都之山到府城之山再到县城之山，其绝对的历史地位是逐步下降的，但就太原地区而言，其相对的历史地位并未有所改变。

西山不仅始终是城市边郊的宗教圣地，而且以此为基地，向四周辐射，成为传播的中心。

西山在防御和交通方面的优势随着时代的发展在弱化；民间祭祀活动的展开，形成明显的地域文化类型；文人、士绅在推动西山文化发展、增加景致韵味方面颇有建树且成果斐然，使之成为出世的根本与隐逸的归宿。

（3）空间营造手法

按照空间使用类型与人的紧密程度，西山的历史建筑遗存可分为独立型和聚落型两大体系，这两种体系的最大差别是与人的关系。独立型注重于信仰观念的深化，聚落型则与人的普通生活息息相关，如此也就导致了空间性格的差异性，即：独立型体系的建筑空间更加着力于气氛的营造，诸如选址、形制、序列组织等都呈现出此普遍规律，尽管在具体手法上存在差异；而对于聚落型体系而言，所有的建筑形式之间是一个完整的不可分割的整体，生动地呈现着西山的传统生活图景，诸如风水、习俗、传说等。

5.1　太原府城：城市格局、职能建筑、商业街市

（1）城市格局

1 ）宋：内外两重城

宋太祖赵光义毁晋阳城后，将之降为军级治所，将并州州治迁往榆次。太平兴国七年（982 年）出于军事考虑，重将州治迁回，并选址于晋阳古城以北四十里汾河东岸的唐明镇建城。[①] 嘉祐四年（1059 年）又将之升为河东北路首府，太原复为山西地区的政治军事中心。

宋太原城由子城和大城（也称罗城）组成内外两重城的格局。

子城位于大城西隅中部，周五里一百五十七步，四面开门。南门（亦名鼓

① 据孟繁仁. 宋元时期的锦绣太原城.［J］晋阳学刊，2001（6）：82：唐明镇原是太原府阳曲县治下的一个大村镇，初无城垣,自宋移并州治于此始有城，其范围约在今日太原的西米市街、庙前街、西羊市街为中心，东至今柳巷南路、北至今府西街的地区。

角门）上置鼓角楼，内置更漏鼓角以为城市报时之用[①]；其余三门以子西、子北、子东称之。

大城周一十里二百七十步，南北长、东西窄，外有护城河环绕。城筑四门，东曰朝曦、南曰开远、西曰金肃、北曰怀德，但未相互对应布置，致使穿越城门的四条主要道路均呈丁字相交：南门正街向北一直通达城北隅，在子城北墙外向西折，与北门正街丁字相交，东门正街和西门正街又均与南门正街呈丁字相交，当地人传说是宋太宗特意为之，新城道路全部修建成“丁”字形，寓意着“钉”死龙脉。[②]至淳化三年（992 年）又加筑了南、北、东三处关城：南关城用以屯兵；北关城和东关城未见史籍的明确说明，可能是因为随着城市的发展，城外聚集了大量的居民，筑城以保之（图 5–1–1）。

宋太原城位置大约在明太原城的西南隅（图 5–1–2），明城在宋城基础上扩建时西面城墙位置未动，其他三面城墙及城门的位置尚无考古资料，参照《永乐大典方志辑佚》之《太原府志》的相关记载和今人研究，大致可对宋城的今日城市投影作如下推断：

宋城南墙约在今迎泽大街的北边，西墙约在今新建路的东边。北门约在今三桥街与东后小河街交叉口以南，西门约在今水西门街与新建路交口处稍东，南门约在今迎泽大街和解放路交叉口以北，东门约在今桥头街与柳巷路的交叉口以西（图 5–1–3）。南门正街相当于今解放路上迎泽大街以北、府西街以南一线，北门正街当是今三桥街北段，西门正街当在今水西门街，东门正街当在今桥头街与柳巷路口的位置。不过，关于东门的位置，目前存在两种观点，一说在钟楼街西桥头街，一说在鼓楼街与柳巷交叉口；根据大钟寺的位置，本书采用前者观点：大钟寺始建于宋，虽建筑无存，但位置至今未变，即今钟楼街大中市，而宋时大钟寺在东门正街北，即今钟楼街北，故今钟楼街即宋时东门正街，东门位置亦可定。[③]

---

① 郭湖生. 中华古都［M］. 台北：空间出版社，2003：153–154.

② 康耀先. 太原史话［J］. 文史月刊，2002（5）：37.

③ 孟繁仁. 宋元时期的锦绣太原城［J］. 晋阳学刊，2001（6）：83–84.

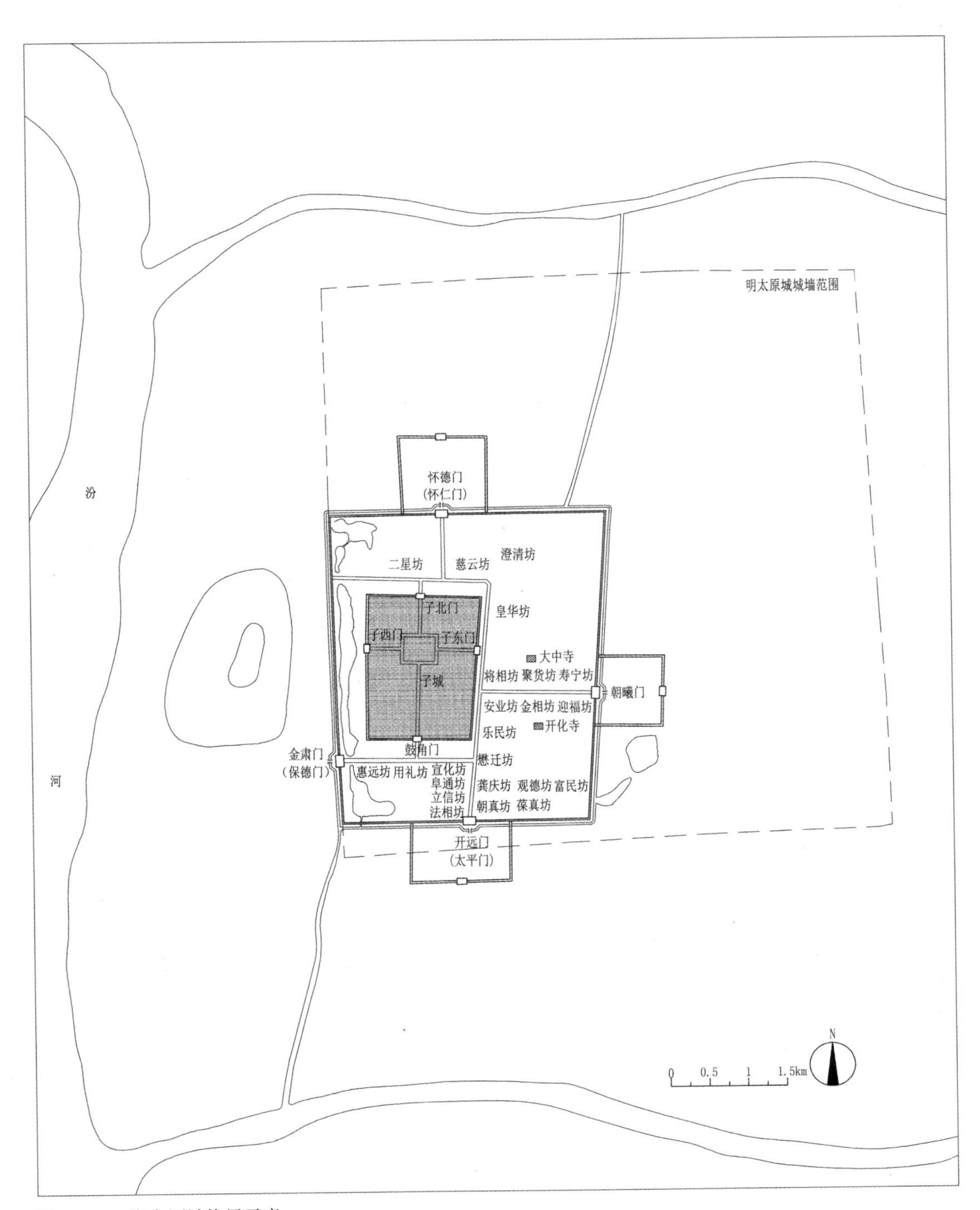

图 5-1-1 宋太原城格局示意

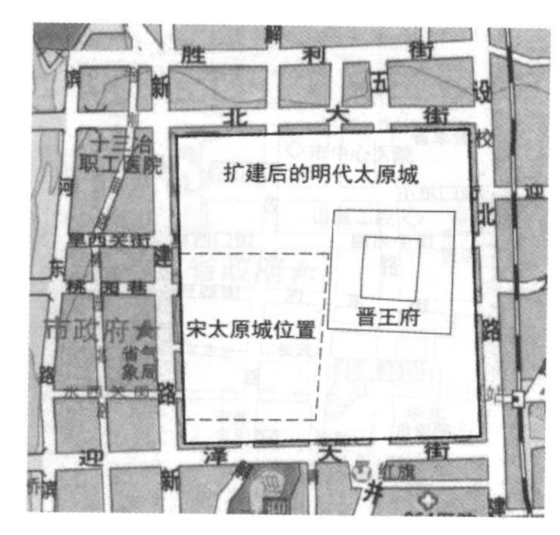

图 5-1-2　宋、明太原城与今太原城位置关系

图 5-1-3　宋太原城与今太原城的叠合

宋代地方城市采用路、州（府、军、监）、县三级的行政建置方式，太原城作为当时河东路、太原府的治所所在，并存有路、府两个行政级别的官署机构。

路级衙署主要有三，皆布置在大城内的官道两旁：河东路转运司在南门正街北端东侧澄清坊内，安抚司在北门正街西侧，提举常平司在南门正街北端东侧皇华坊内。

府级衙署主要集中布置在子城内，并有军队和仓库等：中部是宣诏厅，四面开门，四门前道路直通子城四城门，并将子城分为四隅；府衙位于西北隅中部，两侧是军器库和军资库；府衙正对一南北向主要道路，路两侧分列作院、物料库和通判、诸曹等机构，形成了子城西隅的主要轴线；子城东南隅有大备仓，东北隅有府狱、草场、都作院和毬场厅等。

大城被通过城门的四条主干道形成的“互”字形分割成西南隅、西北隅、东南隅、东北隅四大区域，共有23坊，分布情况为：西南隅有惠远坊、用礼坊、宣化坊、阜通坊、立信坊、法相坊；东南隅有安业坊、金相坊、迎福坊、乐民坊、懋迁坊、广化坊（其中包括龚庆坊、观德坊、富民坊、葆真坊四小坊）、朝真坊；东北隅有将相坊、聚货坊、寿宁坊、皇华坊、澄清坊、慈云坊；西北隅有二星坊。坊大都沿着城市主要街道分布，除东南隅的东南角落有包含四个小坊的大坊——广化坊外，其他三隅内部未见有里坊的记载，应该是居住人口相对稀少的缘故。此外，城市商业也有了一定的发展，主要集中在城市与外部交流的主要通道——南门和北门附近。

军队及后勤机构所占比重较大，是宋太原城功能布局的最显著特点，与该时因军事防御需求而新建太原城的初衷相吻合：东门正街第一寿宁坊和南门正街第八澄清坊及南关城内皆有军队屯驻；存储物资的大备仓，制造兵器的作院，存储军资器械的军器库、军资库等则占据了子城的大部分空间。

靖康二年（1127年）北宋亡，转而为南宋和金的对峙，太原又成为金对抗南宋的边防城市。金太原城沿用了旧有格局，官署集中布置在子城内，大城内

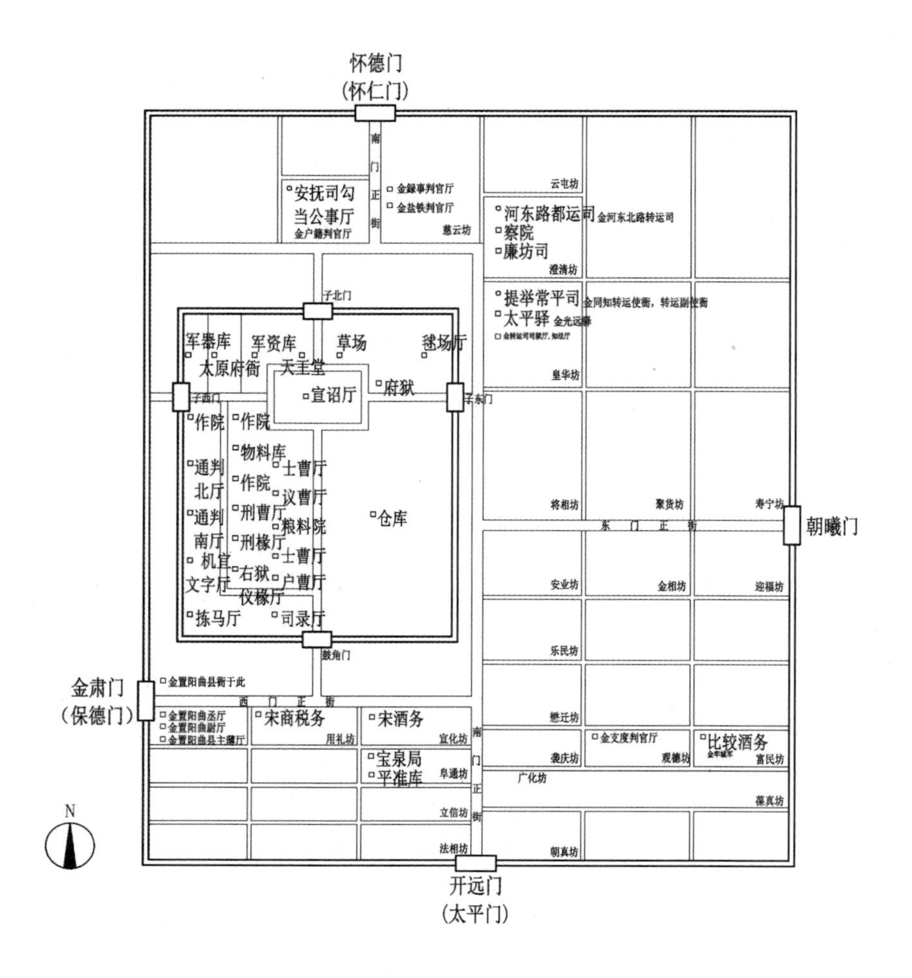

图 5-1-4　宋、金太原城官署布局示意

原有北宋驻兵的营地继续被用来屯军，城市性质和格局都没有发生太大的变化（图 5-1-4）。而关于元太原城的史料较少，根据《永乐大典辑佚》之《太原府志》中元代坊名的记载，城市格局基本为宋、金旧制，但子城用途不明。元代在太原设中书行省，其衙署设于城东北隅，这一位置也是其后明、清官署机构的集中区域（图 5-1-5）。

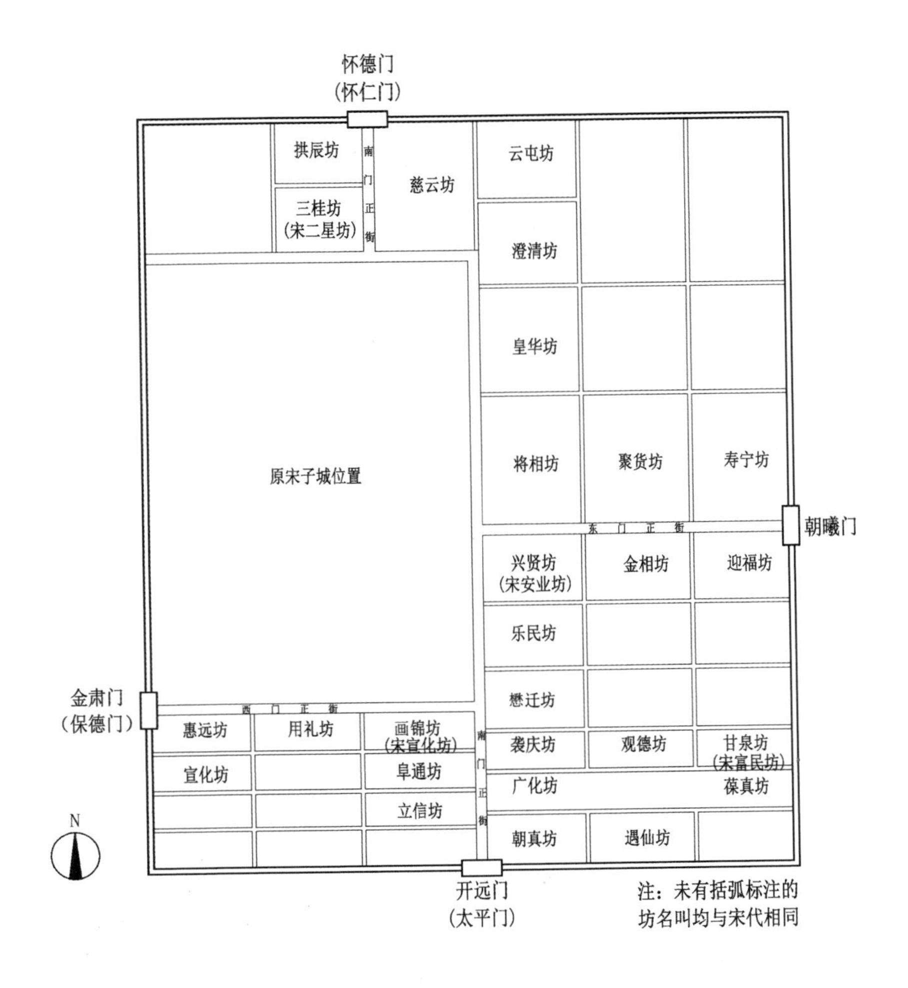

图 5-1-5　元太原城里坊格局示意

2）明：王府与大城

明天下初定之时，元朝残余势力在北方仍然存在，开国功臣手握重兵也对朱姓王朝的统治威胁重重，为稳江山，太祖朱元璋坐镇南京，构筑了以藩王镇守四方的战略布局，即将自己的子嗣分封为王，分布在全国各重要城市，并赋予各藩王极高的政治军事权力，以防御外侵、节制功臣。洪武三年（1370年）和十一年（1378年）分封的秦王（西安）、晋王（太原）、燕王（北平）、周王（开封）、楚王（武昌）、齐王（青州）、潭王（长沙）、鲁王（兖州）、蜀王（成都）、湘王（荆州），是政治地位最高、王府建筑最为隆崇的十位藩王；其中，太原与西安、北平乃是大明王朝北部防线上最重要的城市。[①]

①晋王府立

驻守太原的晋王乃朱元璋第三子朱棡，受封于洪武三年（1370 年）。洪武九年（1376 年）由其岳父永平侯谢成负责晋王府的兴建，择址于宋太原城外东北空地。建成后的晋王府皇城周围八里余，内为宫城，城垣包砖，“周围三里三百九十步五寸，东西一百五十丈二寸五分，南北一百九十七丈二寸五分。”[②]内外城垣均辟有四门，内垣南北分别为端礼门、广智门，东西偏南的位置分别为体仁门、遵义门，外垣四门与之对应。

王府布局仿京城宫殿，前朝后寝，南北向中轴线穿过端礼门向南直抵太原城的南大门——承恩门。轴线两侧分列其他重要建筑，并有萧墙内外之分：外，为郡王府第、王府祭祀专用的庙宇等建筑；内，则是专为晋王府服务的各类机构，诸如日常生活、文化教育、医药保健、建筑修补等，包括长史司、审理所、纪善所、典宝所、典膳所、良医所、工正所、典仪所、广盈仓、广盈库、教授厅、仪卫司、口牧所等。国初设有保卫王府安全的护卫官军，后革去，原因不详。

②大城扩建

与晋王府建设同时，亦开始对太原城进行扩建，往东、南、北三个方向扩展，并将新建的晋王府包入新城。扩建后的大城周围约二十四华里，城墙高三丈五尺，外侧用砖包筑，护城壕深约三丈、宽约十丈。大城共辟八门：东曰迎晖、宜春，西曰振武、阜成，南曰迎泽、承恩，北曰镇远、拱极（图 5-1-6）。城墙上建有城门楼八座与角楼四座，共大楼十二座；余有敌楼九十座，东面二十三座，南面二十二座，西面二十四座，北面二十一座，并“按木、火、金、水之生”。整个城池蔚为壮观，昔人称之“崇墉雉堞，壮丽甲天下”。[③]

---

① 参见白颖.明代王府建筑制度研究［M］.北京：清华大学出版社，2007.

② 明太祖实录.卷一百十九.

③ 道光阳曲县志.卷三·城池.

图 5-1-6　太原城门旧影　（法）沙畹摄，引自百度贴吧 / 太原吧“100 年前太原老照片”

据《康熙山西通志》、《乾隆太原府志》和《道光阳曲县志》的太原城池图，大城的城门外均建瓮城，东、西四瓮城门均与主城门呈 90° 转折，而南、北四瓮城门方位则不尽相同。就南瓮城而言，《康熙山西通志》和《乾隆太原府志》中的瓮城门皆与主城门相直，《道光阳曲县志》中的承恩门处的瓮城门却是与主城门呈 90° 转折；再观北瓮城，《康熙山西通志》记载模糊，《乾隆太原府志》中两瓮城门均与主城门相直，而《道光阳曲县志》中镇远门处的瓮城则出现了两道城垣，内门与主城门呈 90° 转折。明、清两代瓮城门前后变化的原因，史无明载，推测如下：

明时的迎泽门（南西门）和镇远门（北西门）是太原城对外交通的最主要孔道，瓮城门与主城门相直可方便大量人流通行；承恩门（南东门）是晋王府主轴线的南端节点，瓮城门与主城门相直恐是出于礼制考虑。入清，晋王府被毁，承恩门的礼制地位不再，且这一带人流量不大，故在后期维修时，瓮城门方位由正中改为一侧。而镇远门瓮城的内城垣可能是后期加建，所开城门与主城门呈 90° 转折，外城垣因旧未予改动。

③关城三座

大城的扩建未及关城，直至景泰初（1450 年 ~ ）方在迎泽门外开筑第一座南关城：城垣周围五里七十二步，高二丈五尺，女墙高五尺，有垛口一千七百三十六个；护城河深一丈五尺，宽二尺，河上架木桥连大城；城辟五门，东有二门，其余三面各一，城门上各建城楼一座，加角楼四座，共有大楼五座，又有敌台三十八座；嘉靖四十四年（1565 年）原土城得以包砖。明末，南关城被李自成农民起义军总兵陈永福拆毁，清顺治十七年（1660 年）得太原巡抚白如梅重修，东西两墙并与大城相接，规模扩大，迎泽门亦成城内之门。

城北镇远门外有关城二座：上关堡（又名北关土城）首先筑就，周围二里，高二丈四尺，有南北二门，角楼四座，主要用于军队驻扎；嘉靖四十四年（1565 年）建新堡于其西，屯驻新营士卒。二城皆为清所沿用，亦得巡抚白如梅的大规模补葺（图 5-1-7）。

④道取转折

大城扩建后城市道路格局的形成受两种因素的影响：晋王府的出现和宋太原城的已有道路。

就晋王府而言，最重要的乃是府南门前直通大城承恩门（南东门）的道路，是关乎藩王礼制轴线的城市空间表征，并通过两侧郡王府第、皇家寺庙、贡院等重要建筑的列置得到了加强；另有两条主要道路分列王府东西两侧，且皆与王府皇城的东西两门错位，当是以防外来侵略者突破城门后直冲王府；王府北萧墙稍北亦新建一条东西向贯通全城的道路，东接大城迎晖门（东北门），西与大城阜成门（西北门）曲折相连。

基于宋旧城已有格局并有所拓展的道路主要有四条：一是宋城南北向的主要道路，向北曲折延伸，与大城镇远门（北西门）连通，肩负着扩建后的新城西半部分南北向主要交通；二是东门正街（即明钟楼街）向东延伸与晋王府南门前道路相交后直抵大城东城墙，虽然贯通整个城市，但未与任何城门相连；余两条分别是西门正街向西延伸至文瀛湖和宋子城北部道路（即明府前街），但由于文瀛湖和晋王府的阻挡皆未贯通全城。

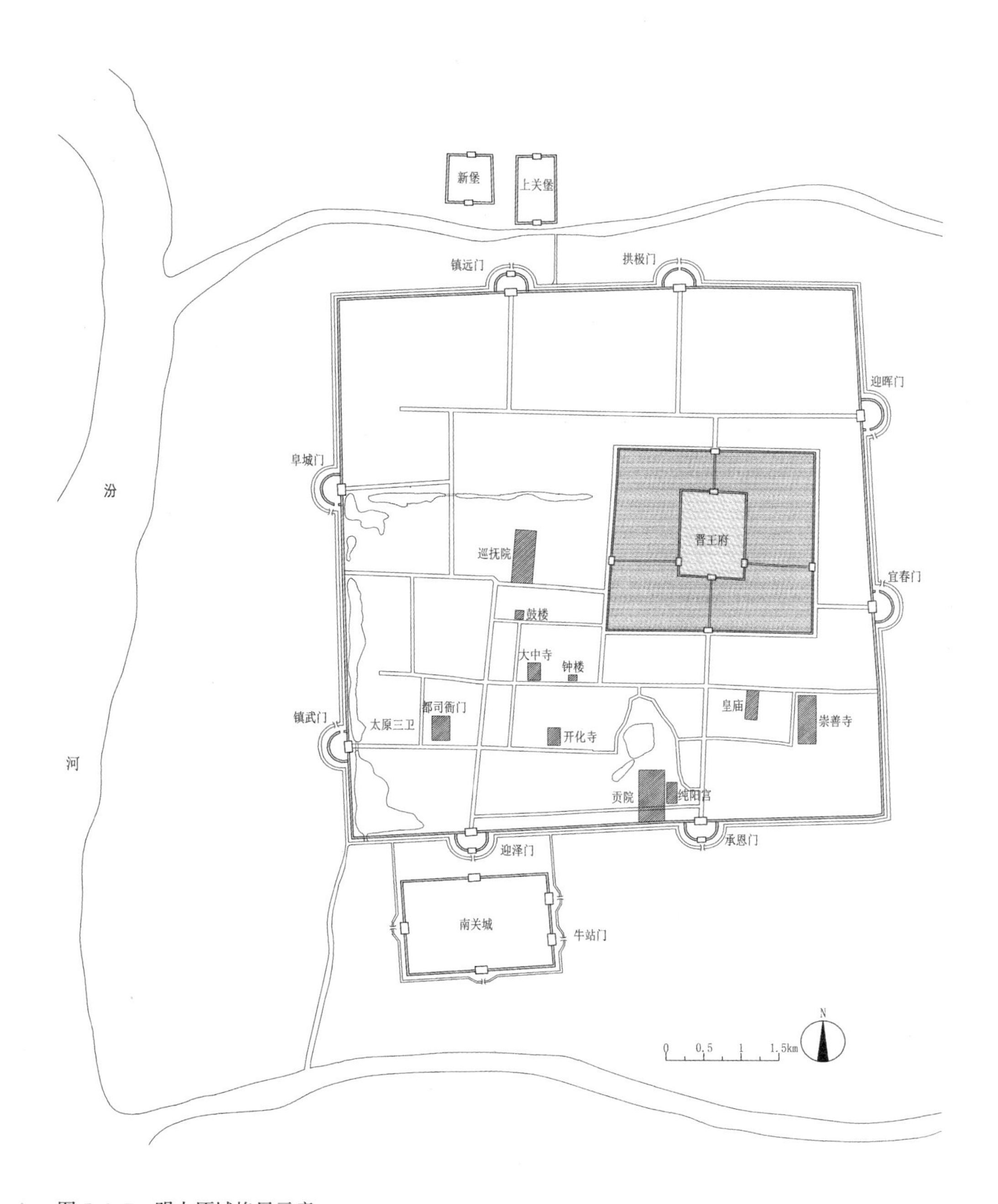

图 5-1-7　明太原城格局示意

上述道路构成了明太原城的主要交通格局（图 5-1-8），其特点在于所有可以贯穿两个城门的道路都是曲折到达的，惟一一条平直贯通城市的道路——钟楼街、桥头街一线，却未与城门相通，当是城市已有道路网络与新城的三重城垣，及城内地形等多重因素相互影响的结果。

受晋王府阻挡，拱极门（北东门）、承恩门（南东门）和宜春门（东南门）前的道路均止于萧墙；城市西北隅有大片低洼湿地，致使本应与迎晖门（东北门）东西相对的阜城门（西北门）择址偏南，二门之间的连通道路也须曲折而成了；迎泽门（南西门）与镇远门（北西门）同样受制于这片低洼湿地而致未南北相对，之间的联系道路更需经两次曲折。

城南隅贯通东西的道路不与任何城门相通的原因则有二：首先，其西端在宋时就未与西门相连；而新城扩建时，为了方便晋王府东门与大城外部的联系，宜春门（东南门）就近设置，又未与镇武门（西南门）东西相对。

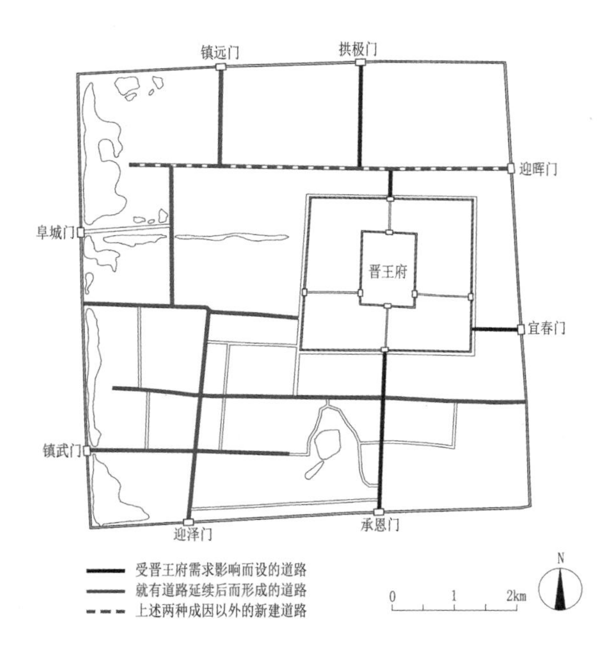

图 5-1-8　明太原城主要道路示意

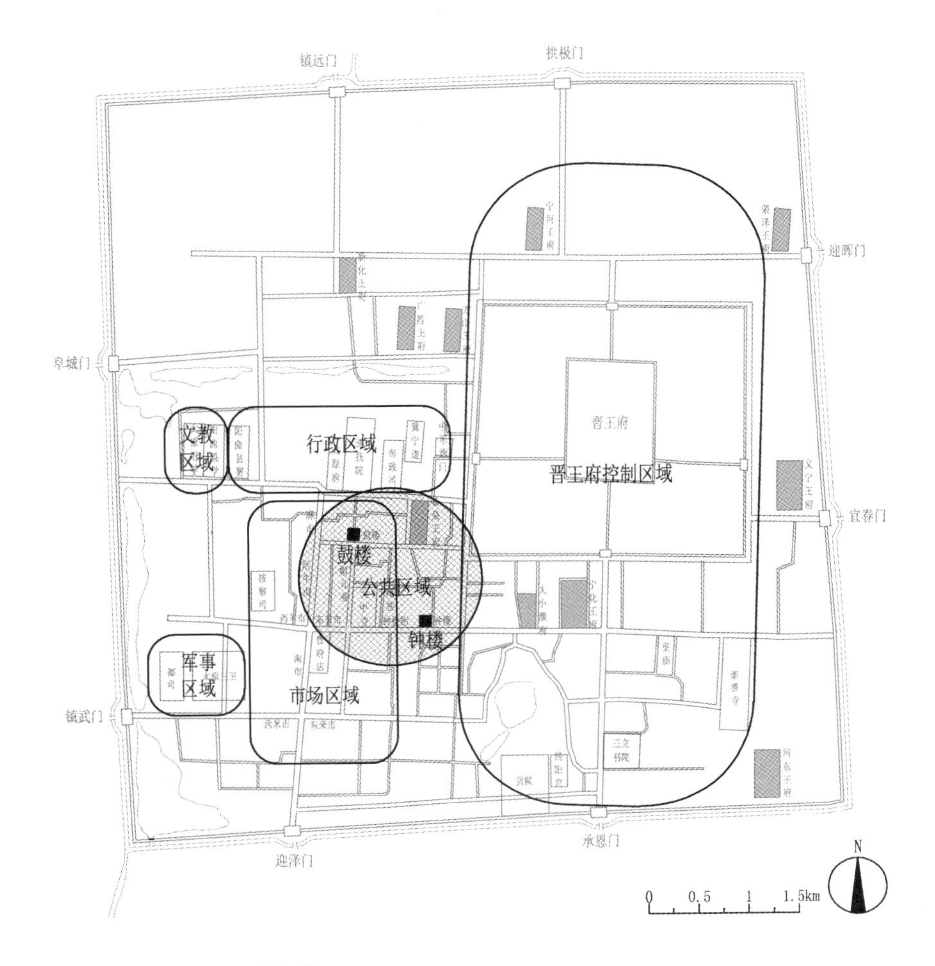

图 5–1–9　明太原功能分区

⑤左钟右鼓

除晋王府外，对整个明太原城市格局有重要影响乃至掌控作用的，非位于大城几何中心稍偏西南的钟、鼓楼区域莫属。[①] 以之为中心，各城市功能区拱宸环绕：以北是巡抚衙门、太原府、冀宁道、阳曲县署及太原府学、阳曲县学等构成的行政文教区，以西是太原三卫兵营、都司衙门形成的军事区，以南为商业集中地，以东的东半城则皆属晋王府及其礼制轴线的辐射范围（图 5–1–9、图 5–1–10）。

① 据孟繁仁．宋元时期的锦绣太原城［J］．晋阳学刊，2001（6）：84：宋太原城已有钟、鼓楼。钟楼在朝曦门内东门街（今桥头街西口、钟楼街东段）；鼓楼在城西北的太原府衙门前不远（今食品街北端）。

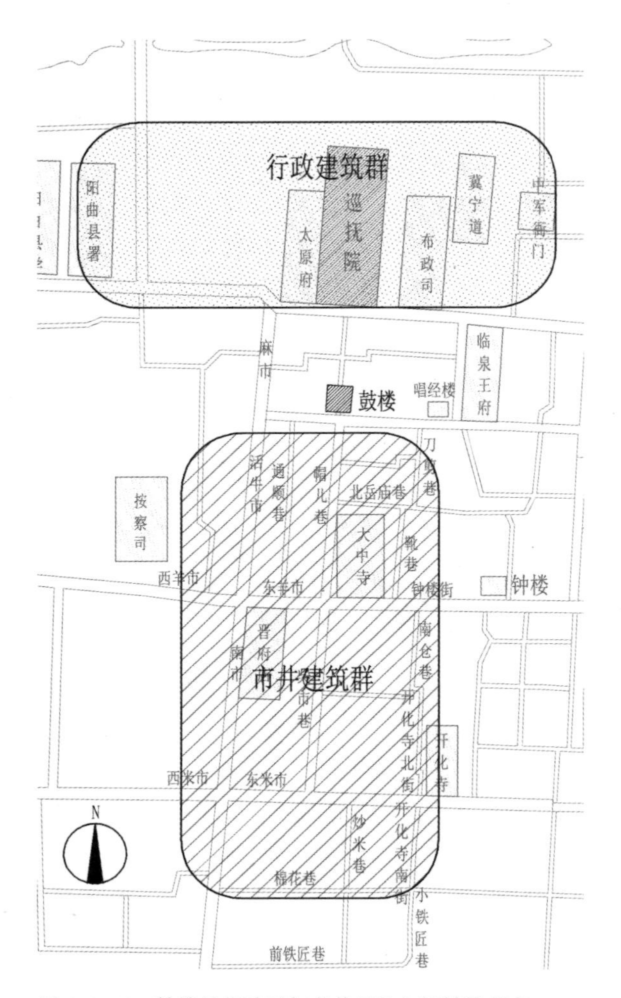

图 5-1-10　鼓楼是行政区与市井区的空间转换节点

图 5-1-11　鼓楼旧影

鼓楼（图 5-1-11、图 5-1-12）正对太原的最高地方行政衙署——巡抚都察院，“定漏刻，警昏夜，居高而远闻，”钟楼在其东南，是为“左钟右鼓”。“太原为全晋都会……建（鼓）楼其上，以序聚柝者……城之门凡八，各有楼，而兹楼中峙特高，以为之镇我……四达之衢，廛聊市合，行旅远近所共观瞻也”[①]，鼓楼地位之崇可知。同时，具地标性的鼓楼亦是城市空间转换的重要节点，一楼两面：北眺，衙署森严；南望，阛阓喧腾（图 5-1-13）。

① 道光阳曲县志. 卷十五・嘉庆二年（1797年）重修鼓楼记。

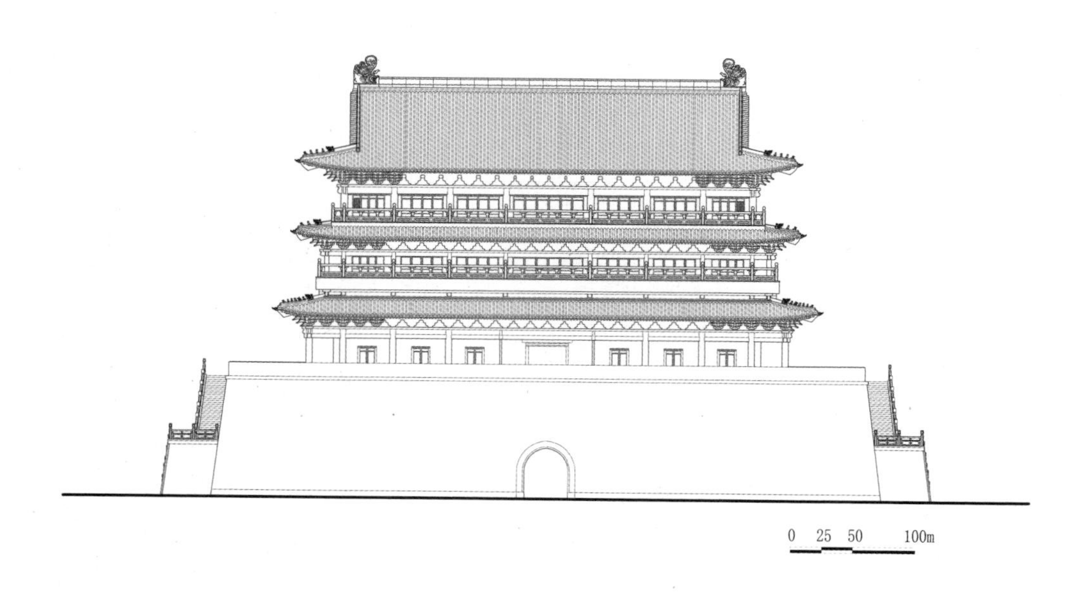

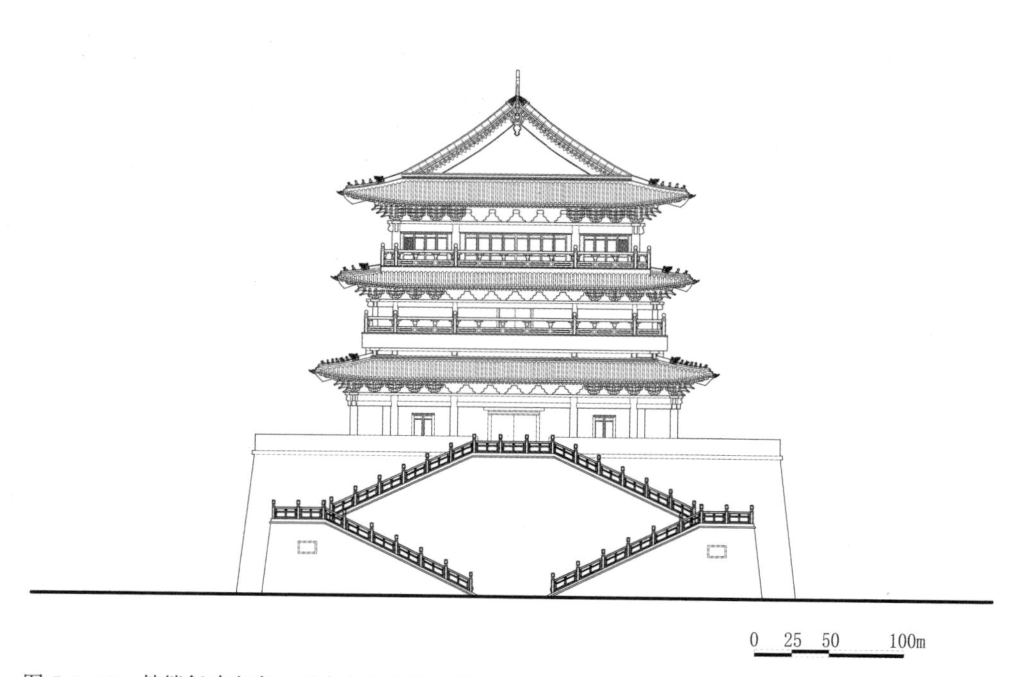

图 5-1-12　鼓楼复建方案　引自东南大学建筑设计研究院·城市保护与发展工作室“太原钟楼鼓楼地区修建性详细规划及建筑设计初步方案，2009”。

图 5-1-13　钟鼓楼街区现状　太原市规划局提供

⑥古今对照

很显然，明初太原城的大城扩建和晋王分封，其实是一次政治意义重大的事件，其影响仅仅辐射到城东的新城部分，除此而外的自下而上生长起来的城市结构并未发生根本的变化，而是处于平缓渐进的状态，太原城的地方政府机构、宗教祭祀建筑及市场等仍然集中于宋太原城的范围之内，钟、鼓楼的建造亦不例外。即：明太原城呈现出东西两部分截然不同的特征，西部依托宋太原城的基础，完备了地方府城几乎所有的政治和经济功能，而东部则主要受控于新建的晋王府。

明太原城的城市格局较为稳定地延续至 1950 年左右的城墙拆除，其在今太原城的位置如下：

城墙：南墙位于今迎泽大街北侧，北墙位于今北大街（修建于明太原城北墙根外的荒地上）南侧，西墙位于今新建路（修建于明太原城西墙外城壕之上）东侧（图 5-1-14），东墙位于今建设北路（1953 年修建于明太原东墙外城壕之上）西侧。

图 5-1-14 明太原城墙西北角遗存段

城门：镇远门（清时也称大北门）在今解放路与北大街交叉口以南的位置，拱极门（清时也称小北门）在今小北门街（图 5-1-15）与北大街交叉口以南的位置，阜成门（清时也称旱西门）在今西辑虎营街与新建路交叉口以东，镇武门（清时也称水西门）在今水西门街与新建路交叉口以东，迎泽门（清时也称大南门）在今解放路与迎泽大街以北，承恩门（清时也称小南门，民国时改称首义门）在今五一广场南部，迎晖门（清时也称小东门）在今小东门街与建设北路交叉口以西，宜春门（清时也称大东门）在今府东街与建设北路交叉口以西（图 5-1-16）。

道路：明太原城西南部沿用了宋太原城的丁字路网格局，处于城东的晋王府又阻碍了连接阜成门、拱极门、宜春门、承恩门的主要道路，形成了一个通而不畅的城市交通体系，这些道路在今日的情况为：镇远门前大街在今解放路北大街以南、北仓巷以北一线，拱极门前大街在今小北门街，迎晖门前大街在今小东门街，宜春门前大街在今府东街，承恩门前大街在今五一路迎泽大街与杏花岭之间的部分。

王府：皇城四界分别位于今新民北路（北墙），西华门街（西墙），南肖墙（民国《太原指南》在街巷的记载中“萧”已改作“肖”）和杏花岭街（南墙），东华门北街（东墙）（图 5-1-17、图 5-1-18）。

图 5-1-15　复建后的拱极门及所在之小北门街现状 （摄于 2010.04）

图 5-1-16　明城门所在现状　（摄于 2011.02）

图 5-1-17　明太原城与今太原城的叠合

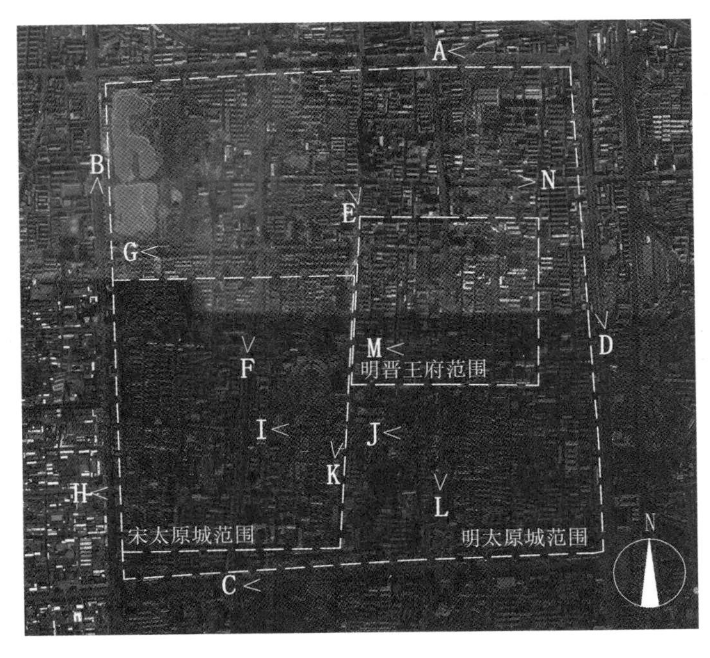

图 5-1-18　明太原城主要街道现状（1）（摄于 2011.02）

图 5-1-18　明太原城主要街道现状（2）（摄于 2011.02）

3）清：大城套三城

明以后的太原城市格局较为稳定，只是由于政权的更替，在城垣的构成方面发生了两次较大的变化。

清顺治三年（1646年）明晋王府在一场大火中化为灰烬，但周围八里的皇城城垣却幸运地保留下来。六年（1649年）在太原城西南隅开建满城，南至城根，北至西米市，东至大街，西至城根，南北二百六十丈，东西一百六十一丈七尺，周围共八百四十三丈四尺，东门二，北门一，北正蓝旗，南镶蓝旗。

选址是处，地近汾水、取水便利是重要原因。但汾水亦使洪患频繁，如光绪十二年（1886年）的水决东堤，城西一带积水丈余，满城内屋多倒塌，满族居民和旗兵只好迁居暂住府城贡院，后由巡抚刚毅奏请于府城东南隅别建新城，于明年（1887年）春，在城内东南西起文庙、崇善寺，东至府城墙根，北起山右巷南口东岳庙，南至全府城墙根的范围内重建满城，唤作“新满城”。与之对应，清初所建满城就被称为“旧满城”[①]。

至此，太原城形成了大城套三城的多重城垣并存的格局（图5-1-19）。民国初（1912年～）三城均毁，仅余大城城垣一重。但两座满城的建设和毁灭，均未对城市主要道路格局产生影响；而明晋王府皇城对城市东部空间的划分，在被拆除后，仍然由于城垣周边道路的存在得到了延续（图5-1-20）。

明晋王府的焚灭和清新旧满城的建设，使得城市的功能分布产生了部分变局：

①新旧满城的出现使城内西南隅和东南隅先后成为满人的聚居地。

②雍正间（1723～1735年）利用明晋王府宫城内的空地填建房屋，作为精骑营（即八旗骑兵军队）的驻地，并于乾隆三十六年（1772年）将原位于镇武门外的教场移入明晋王府内东北隅空地，明代的藩王府成了清代的军队驻扎区。

③清太原城的行政机构设置及建筑基本沿袭前朝，只有按察使司署由原

---

① 朱永杰，韩光辉．太原满城时空结构研究［J］．满族研究，2006（2）：61.

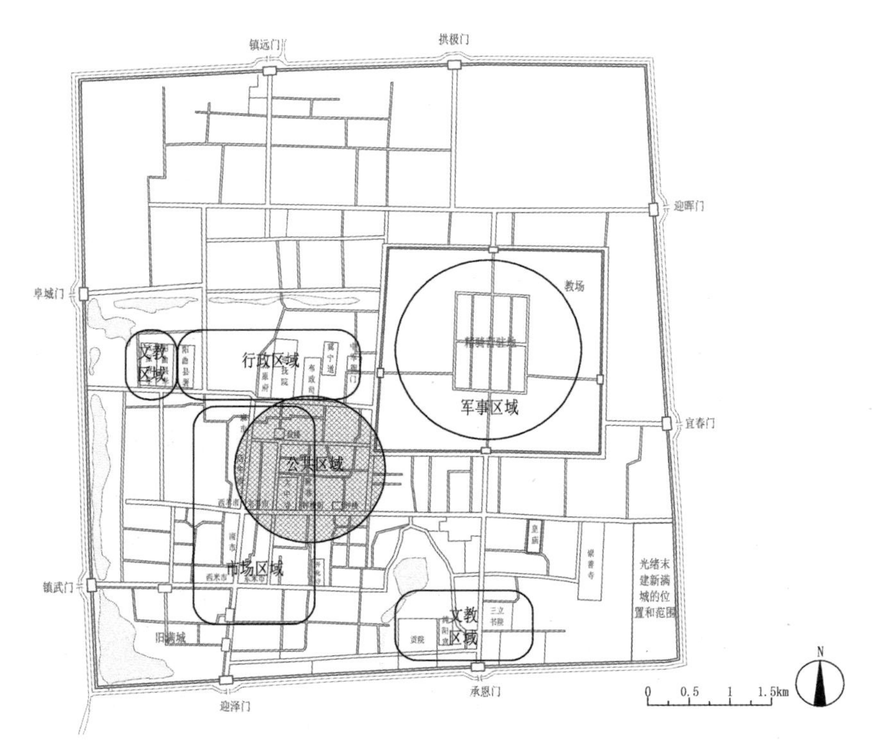

图 5-1-19　清太原城功能分区

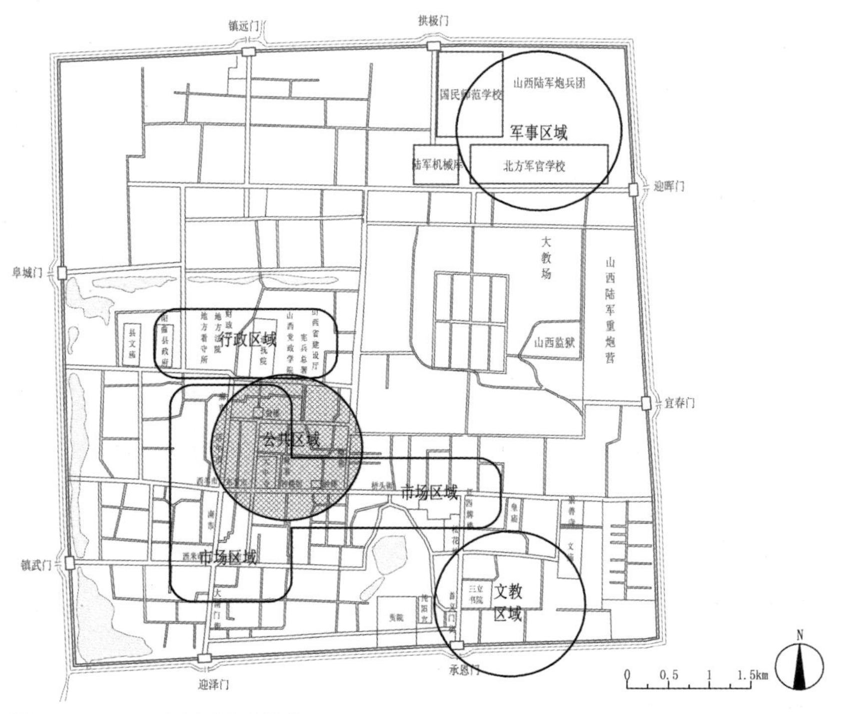

图 5-1-20　民国太原城功能分区

迎泽门内大街西侧迁至钟楼街北侧靴巷以东；此外，太原府学在光绪十二年（1886 年）的水灾中未能幸免，后由山西巡抚张之洞在崇善寺大殿旧址新建，此旧址乃因崇善寺于同治三年（1864 年）遇火，大雄宝殿及北部诸多建筑被毁而来，寺则仅存南端大悲殿、金灵殿及一些附属建筑。

民国时期，明晋王府内的精骑营和新旧满城都成了居民杂处之地，城内东北隅的空地则被用来作为新的军队（陆军步兵第十团和炮兵的两个旅）驻扎场所。同时，阎锡山将巡抚衙门改作自己的督军府，其他行政机构分列左右；虽然在“山西省城详图”（图 5–1–21）中，清时的行政机构如太原府、冀宁道及布政司衙门已不得见，但督军府周边作为传统意义上的城市行政区域的功能性质仍得以延续。而光绪三十三年（1907 年）的正太铁路开通，又逐渐使靠近火车站的钟楼街、首义门街一带，成为有别于大南门一带传统商业聚集特征、拥有近代商业业态的新的城市繁华之地。

4）防洪与治洪

城市水患一般来源于两个方面，一是城内雨水淤积，二是外来大水冲城。

征诸史籍，太原城自宋代建城至清末，水灾频仍，主要是因降雨过量导致距西城墙仅二里的汾河水涨，并决堤冲城；而城内的雨涝之灾却鲜见于记载，则归功于太原城拥有较为完善的城市排蓄系统。

汾河发源于太原盆地西北的管涔山脉，向东南流经太原后，再转而西北，从中间贯穿了整个太原盆地，途中众多发源于两侧山谷的河流汇入其中。每至夏秋雨季，汾水暴涨，流经平原地区时，冲决堤坝，肆意蔓延。宋以后太原城遭受的汾河水灾屡见史载（表 5–1–1），如明嘉靖末（1566 年）至万历末（1620 年）即有五次大水冲城，其中两次更是冲开城门，蔓延城内西南，余三次虽未入城，但也是毁坏庄稼，漂没人畜。太原城内西南地势较低，遇洪水入城常为重灾区，清时汾水泛滥频繁，官府还特地在城西一带设有“渡船”（官方出资购船 3 条，其中旱西门 1 条，水西门 2 条），以备水淹道路时，居民得以乘船代步。

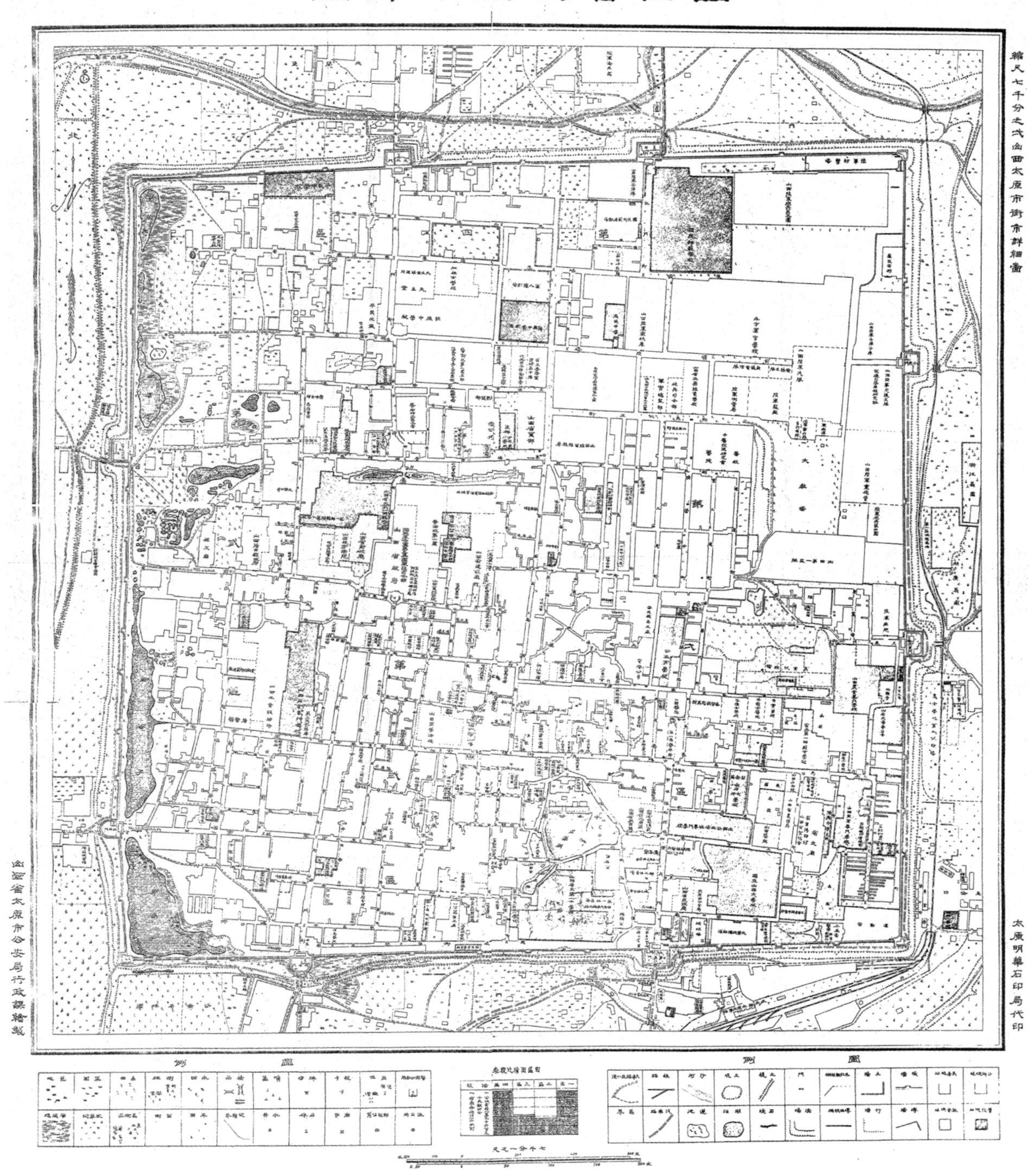

图 5-1-21　1929 年山西省城详图　山西省太原市行政科测，太原明华石印居代印

宋至清太原城水灾概况　　表 5-1-1

时代	时间	水灾情况	资料来源
宋	天禧间（1017 ~ 1021 年）	……汾水屡涨……	《道光阳曲县志》
	熙宁九年（1076 年）七月	……汾河夏秋霖雨水大涨	《乾隆太原府志》
元	至元二十四年（1287 年）	……太原淫雨害，稼屋坏，压死者众	《乾隆太原府志》
	至元二十五年（1288 年）十二月	……太原路河溢害稼	《乾隆太原府志》
	大德七年（1303 年）六月	……冀宁大雨雹害稼	《乾隆太原府志》
明	弘治十年（1497 年）秋	……大雨，淫雨积旬	《道光阳曲县志》
	弘治十四年（1501 年）三月	……汾水涨，初七日汾水涨高四丈许，临河村落房屋木麦漂没殆尽，岁大饥	《道光阳曲县志》
	嘉靖末（~ 1566 年）	……夺阜成门入，适岁多雨……	《道光阳曲县志》
	万历三十四年（1606 年）五月	……五月大雨雪，漂没人畜甚多	《道光阳曲县志》
	万历三十五年（1607 年）	……汾水大涨，环抱城东……	《道光阳曲县志》
	万历四十一年（1613 年）六月至七月	……大雨，伤人损稼……	《道光阳曲县志》
清	康熙元年（1662 年）八月	……大雨，弥月连绵汾水泛涨漂没稻田无数	《道光阳曲县志》
	乾隆三十三年（1768 年）七月	大雨，汾水涨溢	《道光阳曲县志》
	乾隆五十九年（1794 年）六月	前后北屯等六屯被水漂没禾苗，知县李免各屯杂差	《道光阳曲县志》
	嘉庆三年（1798 年）五月	……黄土寨龙王沟等八村大雨，山水冲民房禾苗伤人口……	《道光阳曲县志》
	道光二年（1822 年）	……新城村东关被水漂没，居民铺户房屋……	《道光阳曲县志》
	光绪十二年（1886 年）秋	汾河涨溢，决堤入城	《太原市南城区地名志》

注：据附录 6 整理

频繁的水灾使太原城不堪其苦，历代官民皆致力于汾河水患的治理，经过长期经验的积累，建立了完整而又独特的防洪系统，主要由障水和排蓄两大系统组成。障水系统由堤防和城墙的双重防御组成，前者从源头上抵制洪水，后者则是堤坝被决堤后的第二道防线；排蓄系统则指城内外的排水管网和水系共同组成的排水—蓄水—导水体系（图 5-1-22、图 5-1-23）。[①]

① 吴庆洲. 中国古代城市防洪的历史经验与借鉴［J］. 城市规划，2002（4）：84-92；吴庆洲. 中国古代城市防洪的历史经验与借鉴（续）［J］. 城市规划，2002（5）：76-84.

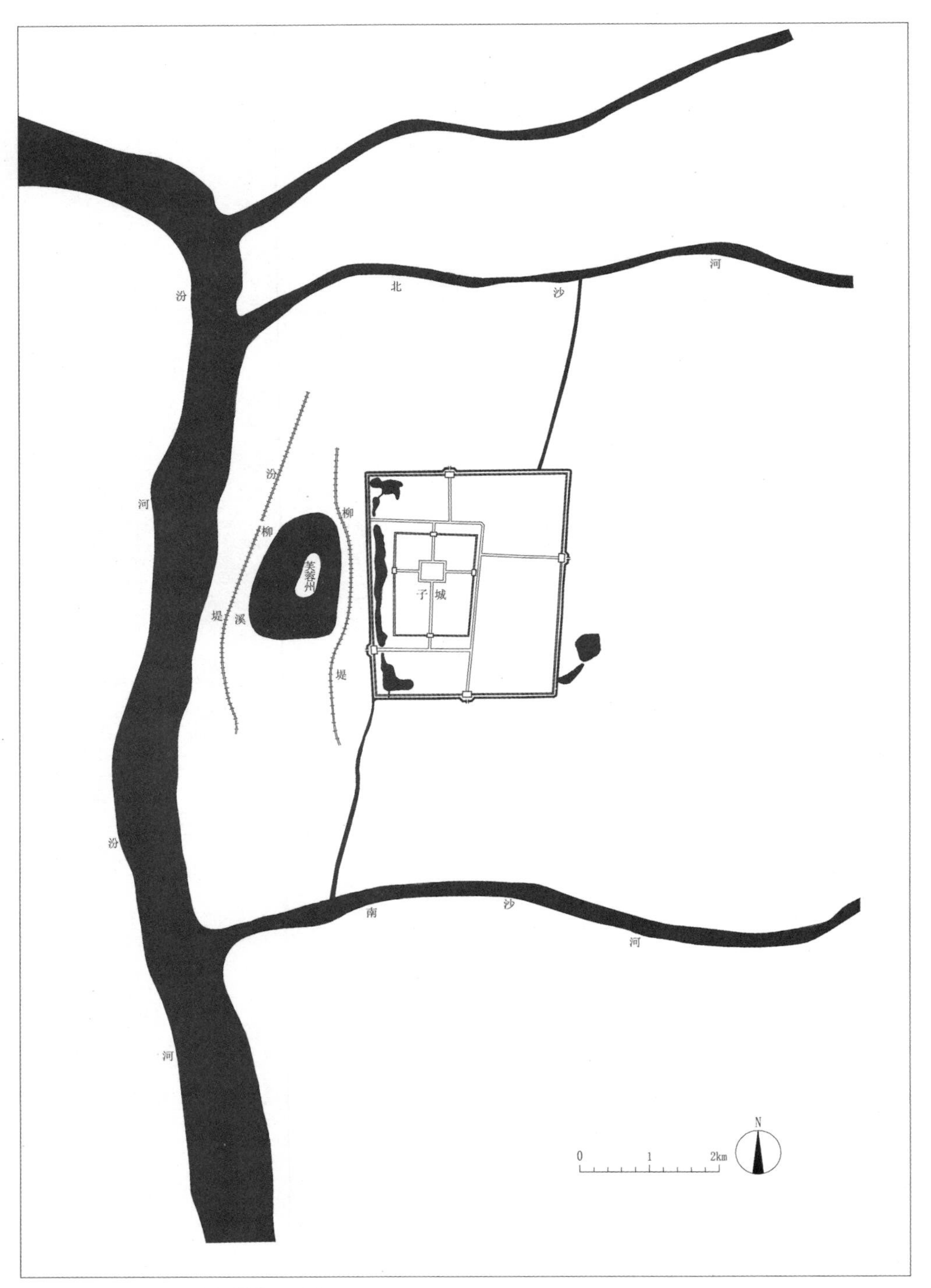

图 5-1-22　宋太原城防洪措施示意

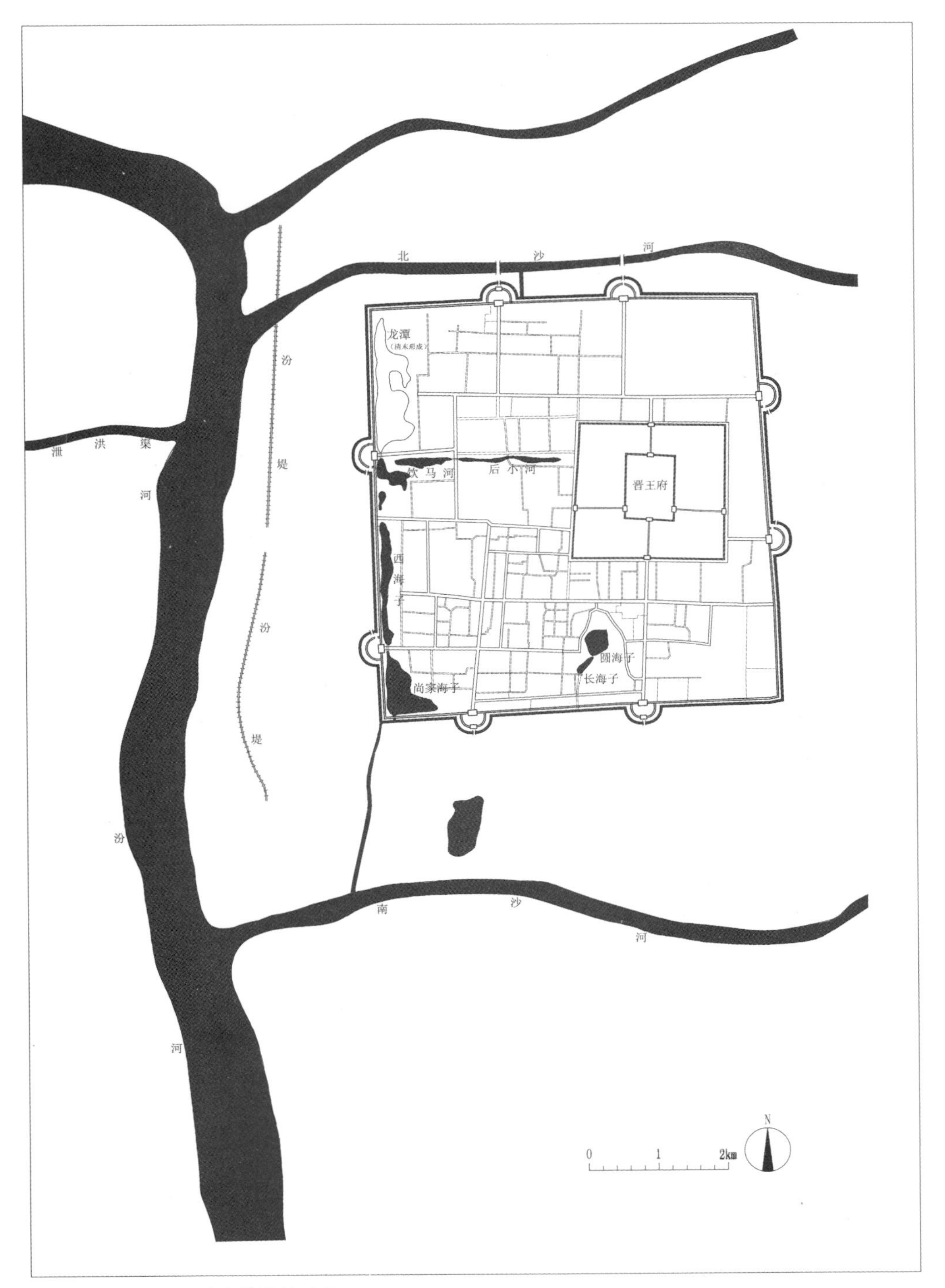

图 5-1-23　明太原城防洪措施示意

①障水：重城与双堤

宋太原城有外城和子城两道城墙，但由于汾河屡在城外西北隅荒滩决口，重城系统未能有效解决水患。[①]天禧间（1017 ~ 1021年）并州知州陈尧佐在汾河大坝以东套建环坝新堤五里，并引汾水贯注其中，作为汾河汛期的分洪缓冲地带，在城西形成一个由两道堤坝组成的双重防洪堤防体系，并在两堤之间形成分洪湖塘——柳溪。若汾河汛期涨水冲垮第一道堤坝，柳溪宽阔的水面可以降低洪峰的高度，减缓洪水对第二道堤坝的冲击力。柳溪建成后，为了加固这段新堤，陈尧佐又率城民植柳树万株于新堤之上，建杖华堂、彤霞阁于众柳之间，并在堤内汾河淤积的河滩之上种荷植藕，取名"芙蓉洲"，使城西的湿地荒滩，变成水光湖色、亭阁相映的风景佳处。

重城和双堤形成了完整的城市防洪障水系统，此后至金末，有关太原城遭受外来洪水的史料记载极少，可证障水系统之大作用。

明洪武九年（1376年）太原城得以扩建，城墙包砖大大增强了抵御洪水的持久力，瓮城的修建也有利于阻止洪水来袭的速度。但元至明初，由于常年战乱，疏于管理，城外湖塘逐渐被汾河泥沙淤灌壅积，堤坝亦断壁残垣，一直未予整修，导致嘉靖末（1566年）的洪水冲毁堤坝，长驱入城，昔日柳溪双堤毁圮殆尽。

洪灾之后，太原府尹召集官民重筑防洪堤坝，采取了防御和疏导相结合的做法："迺自耙儿沟起抵教场南沿，流作石壩，竝土壩初作时，水仍逼教场，城西旧教场，迤南撼镇武门外桥，居人夜坐屋上。于是召宁武崞县阳曲石工，取石于山，采椽于宁化，约丈有一入地，率半之中维薪楗稻藁取东郭赤埴和以石块又加鉤椽合三成一，相地之防，每石壩率十累或俭不下八累，累皆从冲间作鉤刃缝合锭形灰液而木纽之，又起大小壩头若干，前出数武以杀水怒，又自沙河南作新渠直导之西流，功成而水定。计石壩七道，长一百四十五丈，土壩九道，长一百五十六丈，新挑耙儿沟河渠一道，长四十三丈。"[②]即：

① 继祖、红菊. 古城衢陌——太原街巷撷阖：156.

② 道光阳曲县志. 卷十一·工书·堤堰.

新堤改土为石，材料与技术都优于从前。先将大块石材契入泥土一丈深作为堤坝的骨架，再用木椽编制网架三层，之间填充以稻秆、黏性较好的红土和碎石块和成的泥浆，制成类似“预制墙体”的构件，称为“一累”，在石块两侧各堆砌十累（最少八累），用木棍横穿加强各累间的联系，缝隙用灰浆灌注，同时在坝上做大量突起的“小壩头”，分解洪水对坝身的冲击。在提高堤坝强度的同时，又于汾河之西新开沟渠，以疏导洪水流向汾西的空旷地带。

虽然明初扩建的城墙和中期新建的堤坝组成了比宋时更为强大的洪水防御系统，但由于官方的散漫无序，对防洪工程缺乏有效管理，任其在河水的冲击下自生自灭，日久便河道淤塞、堤坝残损，致使新堤建成仅十几年后，汾水决堤的灾害便时有发生，仅万历间（1573 ~ 1620 年）后期汾河的大水拥城即达三次。

②排蓄：海子及其他

太原城内的雨涝灾害甚少，则得益于城市水系具有较好的排蓄能力。其水系由城壕、城西汾河及城内外的湿地、湖塘组成。泄洪时首先基于城内北高南低的地势经由街道两侧的水渠自然排水，并向城西南隅的湿地和湖塘汇聚，再由导水口通向城外护城河及汾河。

宋、明两代的太原城均建有城壕。宋时城壕尺寸现已无查，明初扩建太原城，城壕深约 9 米，宽约 30 米（与同时期的西安城壕相当），蓄水而成护城河，可谓宽广。

汾河东侧的平原之上分布着大量低洼的湿地，宋太原城西墙将部分湿地围入城内，为城市提供了天然的蓄水地带，此后，这些湿地逐渐积水成为池塘，当地人称“海子”（图 5-1-24、图 5-1-25）。至清道光间（1821 ~ 1850 年）城内有大小海子四处，即：城南的圆海子（今文瀛湖）和长海子，城西南的尚家海子（今南海子），城西的饮马河。光绪十二年（1886 年）汾河决堤入城，退水后积水在城东北低洼地带形成又一处海子——龙潭。太原城“入汾之水”皆由这五处海子：圆海子与长海子相通，长海子有导水口过南墙通护城河；龙潭和饮马河则以暗沟导水入尚家海子，经城墙西南角底部的涵洞入护城河。

明代的扩城使原宋太原城北面的护城河成为城内的后小河，由于太原城东

图 5-1-24　民国时期的西水池　（法）沙畹摄，引自百度贴吧 / 太原吧“100 年前太原老照片”

图 5-1-25　“海子”现状　（摄于 2011.02）

北高、西南低，每逢雨季，后小河也成为一条泄洪孔道，将城东北隅的雨水导入城西饮马河后出城。

此外，城外的湿地湖塘亦是太原城的防洪屏障和泄洪要处：南城墙外的迎泽湖水面宽广，蓄洪能力强，遇城外汾水来袭或城内积水外泄，可以起到降低水位并将之顺迎泽湖南端导走的作用，减轻南城墙挡水的负担；东城墙外有五龙沟，逢雨季，东山之水顺山而下，至五龙沟低洼处积聚，使东城墙免受山水袭击。

（2）职能建筑

1）行政

明太原城的行政机构主要分布在大城西隅中部偏北的县前街、府前街一线（今府东街）以北。

明洪武九年（1376）之前，明代沿袭元代行省制度，《永乐大典方志辑佚》之《太原府志》“阳曲县图”（图 5–1–26）中的“山西省”应为行中书省衙署所在；此后，三司分立，原行中书省衙署被改为布政司衙署。三司中的另外两司：都指挥使司原为都卫司，洪武八年（1375 年）正式更名为都指挥使司，其位置即“阳曲县图”中的“山西都衙”；按察司署建于洪武二年（1369 年），在太原府西南、太原三卫北侧；山西巡抚都察院设于明宣德三年（1428 年），位于太原府东、布政使司西、鼓楼后（后为阎锡山督军府，现为山西省政府）（图 5–1–27、图 5–1–28），此处原为洪武初（1368 年）晋相府所在。“阳曲县图”中太原三卫右侧的察院当为明初巡按御史的衙署，后因“近市湫隘，市廛高府署垣，而嚣彻其中”[①]，又于万历八年（1580 年）被火焚毁，遂于旧址东北择地新建；原察院旧址则归晋王府所有，改建为晋府店（晋王府的采办机构）。

太原府署和阳曲县署皆于洪武五年（1372 年）新建于宋旧城内北部。太原

① 万历太原府志. 卷六·衙署.

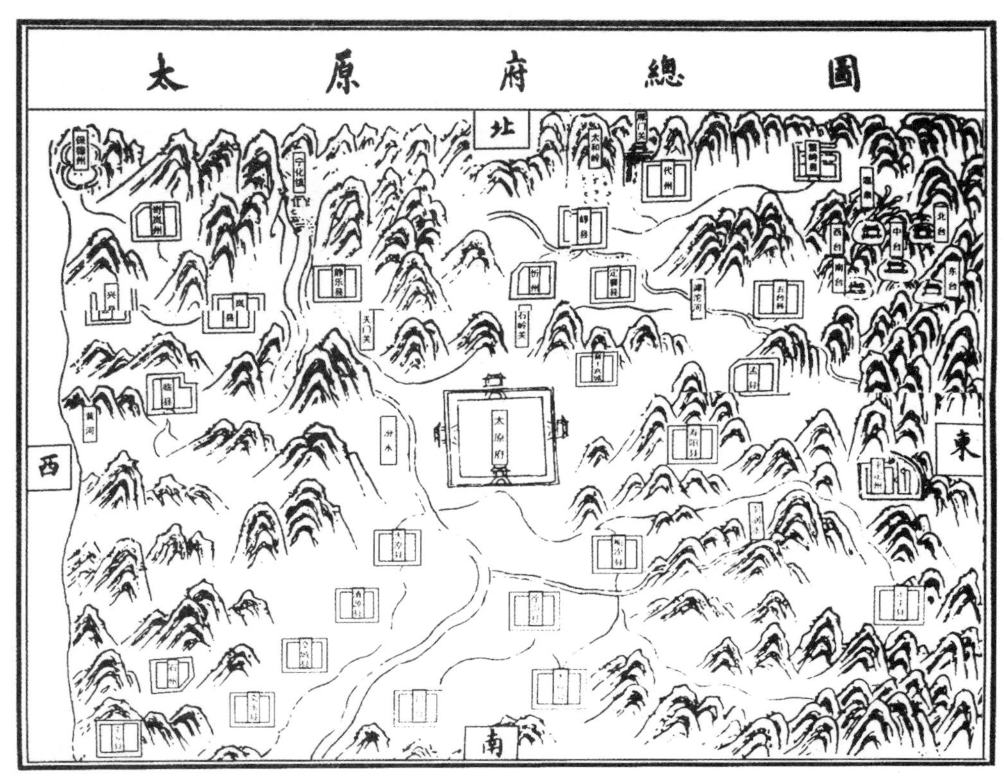

图 5-1-26　永乐大典方志辑佚．太原志・阳曲县图

图 5-1-27　抗日战争时期的督军府　引自百度贴吧 / 太原吧“100 年前太原老照片”

图 5-1-28　省政府现状（摄于 2011.02）

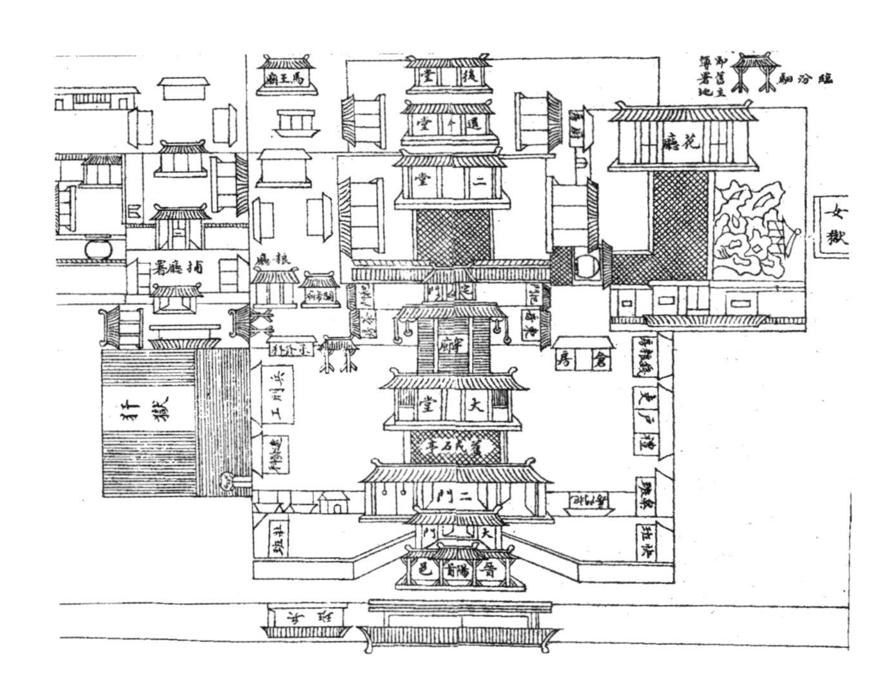

图 5-1-29 《道光阳曲县志》县署图

府衙乃知府胡惟贤因旧治废已久，托署他所，遂新建于山西布政使司衙署西侧百步许，即旧宋城北门十字街东侧。阳曲县衙在府治西侧，嘉靖二十八年（1549 年）因家丁内乱致使殿堂焚毁，后重建。

《道光阳曲县志》中详细记载了清时县衙（图 5-1-29）的建筑布局及较明时所发生的格局变化：大堂五间，是举行典礼、发布政令、审理案件之处；堂前左右两庑设六房署吏的办事处，左侧是钱粮房、仓房和吏、户、礼三房，右侧是承发科和兵、刑、工三房；大堂前为戒石亭，亭前为二门三间；大堂西侧是犴狱（即监狱）；二门前为大门三间，门东是快班房，门西是迎宾馆，门外为三晋首邑坊，街南有照壁；大门西侧设彰善亭（表彰善行），东侧设瘅恶亭（公布处罚判决），皆为揭示公告之处。大堂之后有穿廊与后堂宅门相连，入宅门

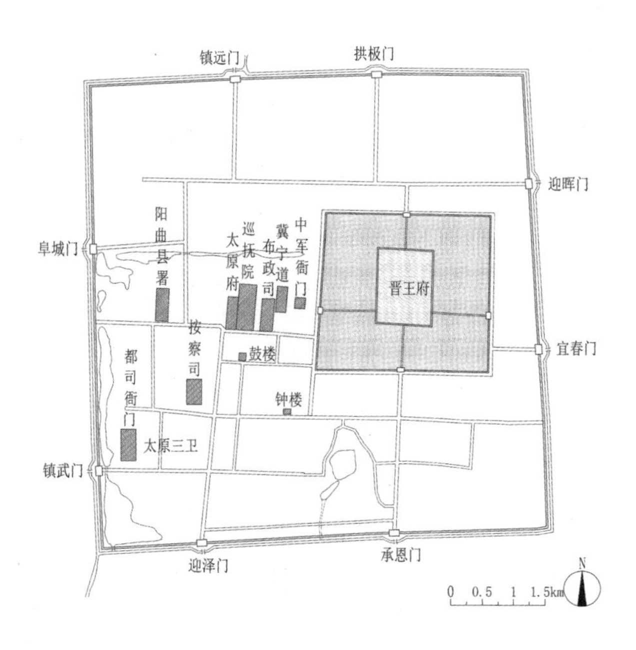

图 5-1-30　明太原城行政与军事机构分布示意

后是退思堂五间，堂前东西厢房各三间，东厢房以东为花厅幕馆院。堂后三堂五间，东西厢房各三间，东厢房东侧是厨房。三堂后有后堂五间，后堂之后是马号。后堂西有马王庙一院、戏亭一座，后堂东为主簿署，再东为女狱。清时大堂前的戒石亭、大门左右的彰善亭和瘅恶亭均被废，原主簿属地改建为临汾驿坊一座，余皆为明代建筑的沿用。

明太原城的原宋子城的位置驻扎有太原左、右、前三卫，位于都司治所东侧，均为洪武三年（1370 年）建置，按照七年（1374 年）八月所定之兵制，一卫大约 5600 人，则明初太原三卫的兵卫共 16800 名，后逐渐增多，至万历间（1573 ~ 1620 年），三卫下属军兵已达 24635 名。[①] 大量兵员的驻扎反映出明太原城军事防御地位的重要程度（图 5-1-30）。

---

① 白颖.明代王府建筑制度研究［M］.北京：清华大学出版社，2007：284.

2）文教

宋太平兴国四年（979年）新建太原城时，建文庙于旧城东南隅，景祐间（1034～1038年）于庙旁建府学，庙与学异门并置，宋末并毁于火灾。金天会九年（1131年）耶律资让改建文庙于北门正街（即明清之三桥街），其址为后来沿用，元末殿宇毁坏殆尽。明洪武三年（1370年）于原址重建，即太原府学。其基本布局为前庙后学，中轴线上由南往北依次为棂星门、泮池、戟门、大成殿、明伦堂。棂星门内东为名宦祠，西为乡贤祠，大成殿两侧有厢房数间。明伦堂左右各有两斋房，名曰时习、日新、进德、修业。明伦堂后明时为师生廨舍，清时改建为尊经阁（图5-1-31）。

另一处官学为阳曲县学，与府学一墙之隔，金大定间（1161～1189年）建于阳曲县署西侧，明洪武二年（1369年）、成化十二年（1476年）均有重修，清顺治十一年（1654年）再次重修，后亦多有修整。其建筑布局与府学大致相同（图5-1-32），亦为前庙后学。所不同的是：县学棂星门南侧左右有下马碑

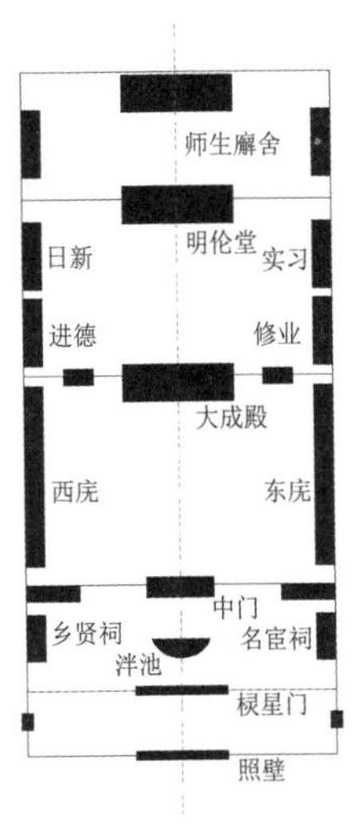

图5-1-31　明太原府学平面示意

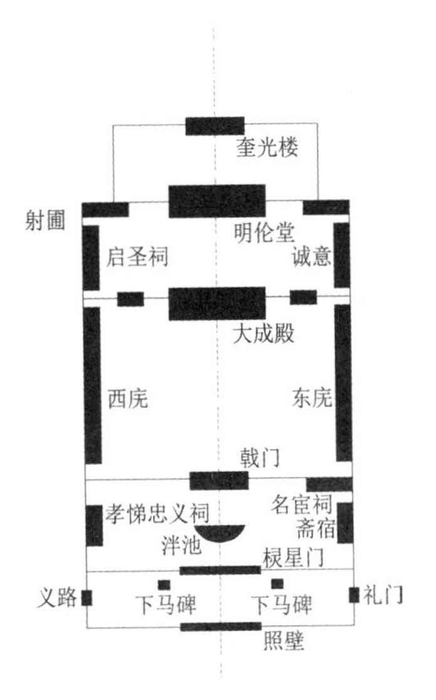

图5-1-32　明阳曲县学平面示意

两座；棂星门北侧（门内）的两庑，东侧为斋宿之所，西侧为忠义孝悌祠；戟门两侧耳房为名宦祠和乡贤祠；明伦堂西庑被用作启圣祠，东庑为斋房，称诚意；明伦堂右侧设置射圃一处，堂后建奎光楼。清代重修时，在原有规模东侧增建院落一路，将崇圣祠迁至东侧第二进院落的北房，崇圣祠前建崇圣牌楼，再前建文昌阁，并移原明伦堂后奎光楼于文昌阁前儒学大门上，大门前有照壁一座；嘉庆间（1796 ~ 1820 年）在明伦堂后原奎光楼位置建敬一亭，亭后建教谕宅一处，又在明伦堂西建训导宅一处，规模有所扩大（图 5-1-33）。

明时的书院位于太原府治西南，乃沿用宋晋阳书院（后更名为河汾书院）旧址，并更名为三立书院，具体的建筑布局情况史无明载。清时的书院仍名三立书院，于乾隆十三年（1748 年）和三立祠同建于城东南隅的侯家巷。三立祠

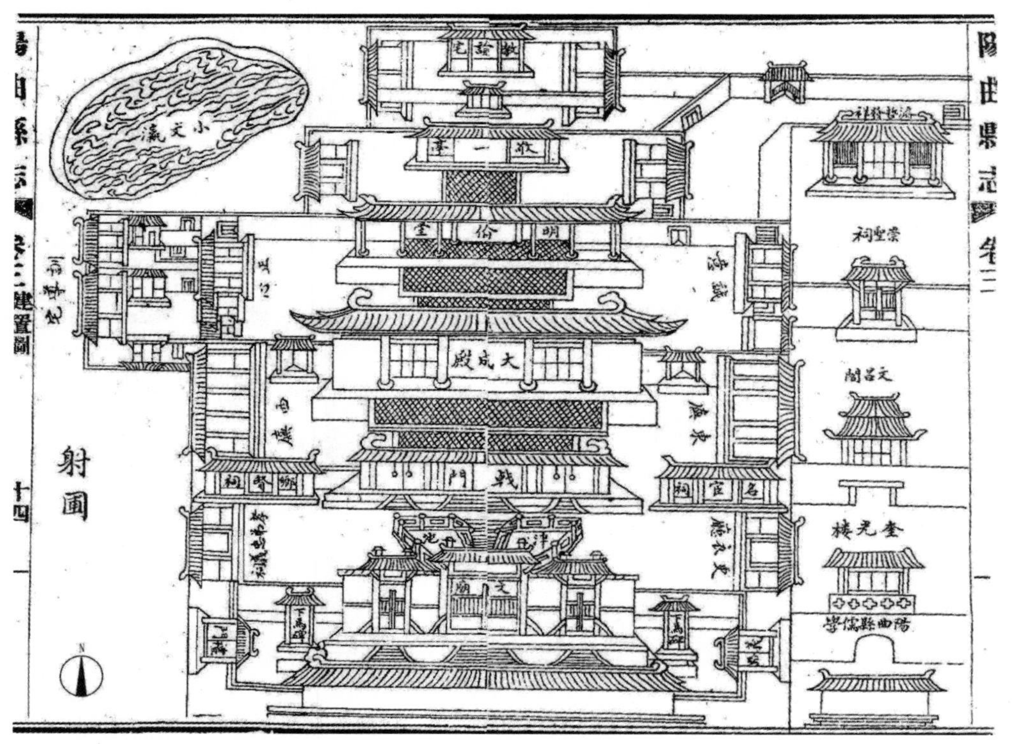

图 5-1-33 《道光阳曲县志》学宫图

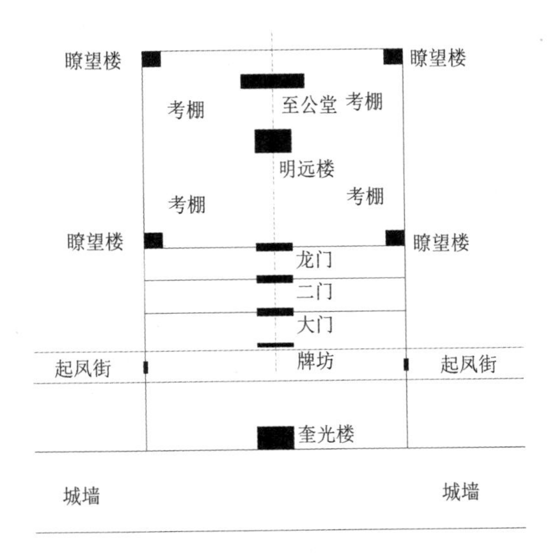

图 5-1-34　明太原贡院平面示意

用于祭祀晋省名宦乡贤，三立书院则是讲学和藏书之用，由讲堂、奎星阁、学舍等建筑组成。

贡院的出现则较晚。明初科举无定年，应举人数不多，所以暂借公署场地举行。迤后，人数逐渐增多，遂于正统十年（1445 年）建贡院于府城东南隅文瀛湖东侧，“地为亩四十七有奇……面城背水，形势崇高。”初为木板房，隆庆三年（1570 年）改为砖房。万历间（1573 ~ 1620 年）加建奎光楼、登仙桥，“规模壮观，丽甲于他省。”[①] 其基本格局为（图 5-1-34）：中轴线最南端为牌坊三间，其后为各道大门，门内有明远楼，主要用于瞭望监考之用，楼后为至公堂七间；中轴线两侧设考棚，有考棚四千九百八十二间；瞭望楼设于贡院四角，主要起到监视考生的作用；万历元年（1573 年）将贡院东西墙与大城南墙直接相连，并就南城壁建奎光楼、登仙桥，贡院规模更加宏大。清时贡院沿用明旧，乾隆四十五年（1780 年）又增构考棚五百间。

此外，太原城还有一些官办的慈善机构：惠民药局提供医药施舍，宋时即

① 万历太原府志. 卷七 · 学校.

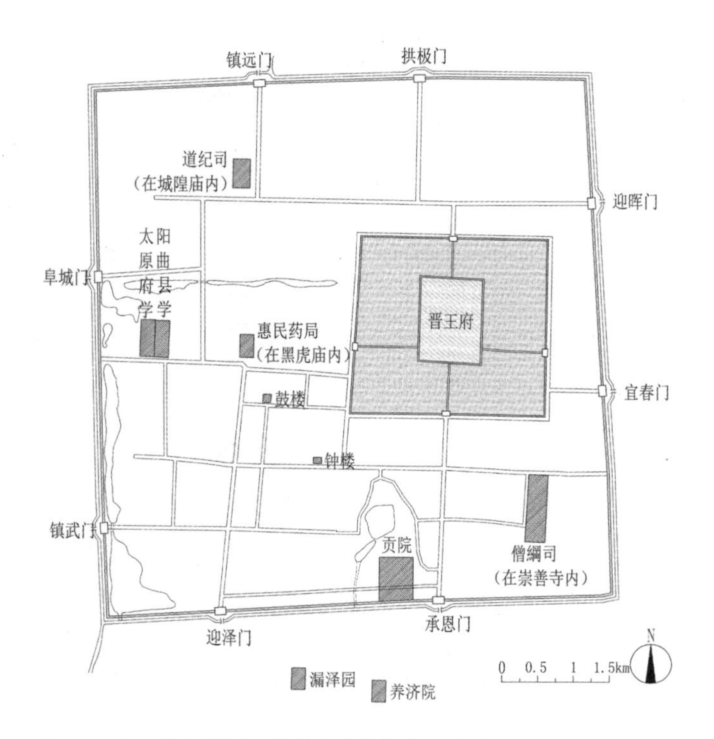

图 5-1-35　明太原城文教及恤政机构分布示意

有设置记载，明时设于府治西侧黑虎庙内；养济院负责收养孤儿和无人抚养的老人，在城南的老军营；漏泽园为收埋死无所归的平民和无主尸首的场所，在南关牛站门外（图 5-1-35）。

3）祭祀

中国古代国家祭祀体系下的地方祭祀主要有两方面：一是中央祀典的天下通祀者，也称地方大祀，通过祭祀社稷、风云雷雨、山川林泽等以求相关神灵保佑一方百姓，通过文（孔）庙的祭祀向全天下推广儒行；二是与地方百姓息息相关的各路神灵，涉及社会生活的方方面面，同时，也将地方上名望高、对地方有贡献的功臣烈士列为祭祀对象，以施教化。

地方祭祀等级有着严格的规定，对比《万历太原府志》中太原府和阳曲县的祭祀内容即可明了：列入太原府一级祀典的祭祀，其作用以教化国民为主，主要以圣帝明王、先贤圣人、忠臣烈士等有功于国家的先人为崇拜对象；而列入阳曲县一级祀典的祭祀，其对象则主要是地方百姓希望通过祭拜而得到保护的各路神灵，包括瘟神、龙王、土地神、天仙圣母等诸神。同时，主祭人身份亦有讲究，如社稷、风云雷雨、山川林泽等祭祀必须由地方最高统治者主持，旗纛则必须是当地军队最高将领主持，一方面表达了对神灵的敬仰和重视，另一方面也凸显了统治者的地位。

明代的太原比较特殊，既是山西省会，也是晋王的封地，藩王贵族的介入使社会阶层的构成较一般地方城市复杂，城市的祭祀体系亦然。藩王是皇权在地方的代表，由其主持的地方祭祀，内容仿照帝都，但等级与规格均有所降低，称为王国祭祀，并不再另行设立一般地方城市须备的社稷、风云雷雨山川等祭祀。[①]洪武六年（1373年）规定：王国宫城外设立宗庙、社稷等坛；宗庙立于王宫门之左，与国都之太庙位置相同；社稷立于王宫门之右，与国都之太社位置相同；风云雷雨山川之神坛立于社稷坛西，旗纛庙立于风云雷雨山川坛西，司旗者致祭；凡王府建设，均先建坛庙，后建宫城、宫殿。[②]

《万历太原府志》载明太原城的社稷、风云雷雨山川坛位于“晋王府内”，但未说明具体位置，依据前述王国祭祀制度，大致可以推测：社稷坛位在晋王府宫城南门外西南，萧墙之内；风云雷雨山川坛位在社稷坛西；旗纛庙位在城西南隅都司街，此处是明时太原三卫驻兵和都司衙门的所在地，将祭祀军牙之神的旗纛庙置于此，应是出于方便军官祭祀的意图。晋藩王国宗庙未见史载，但今太原城内上马街南、崇善寺西侧有一座皇庙（图5-1-36），据当地历史研究学者称应是旧时晋王之宗庙；该皇庙位于晋王府萧墙南门外礼制轴线的东侧，虽没有像社稷、山川坛位于萧墙以内，但建筑方位符合“宗庙立于王宫门之左”的说法。

---

① 据万历太原府志.卷十四·祀典：“王主祭，每祭布政、按察一司暨府，附县各议一官陪外，不另设坛。”

② 参见李媛.明代国家祭祀体系研究.

图 5-1-36　皇庙现状 （摄于 2011.02）

入清后，不存在藩王这种特殊的政治团体，地方大祀则皆循惯例由地方最高行政长官完成。明以前太原的地方大祀主要由三者组成：社稷坛在府城西南汾河以西，风云雷雨山川坛在府城南城墙外，无祀鬼神坛在府城北城墙外。清时在前代的基础上，增加了祭祀先农（图 5-1-37，表 5-1-2）。

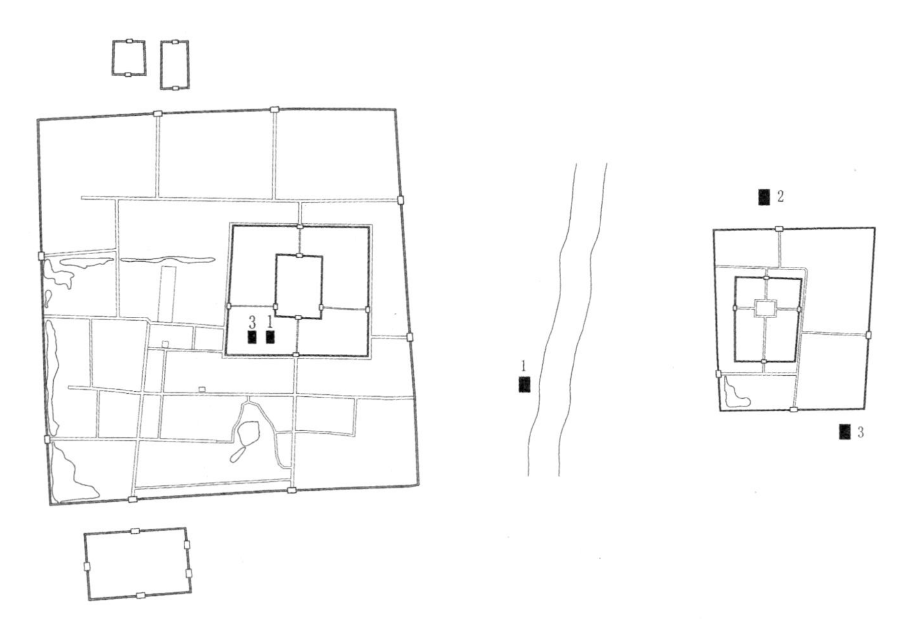

图 5-1-37　宋、明、清太原城地方大祀坛壝分布示意
图例：1- 社稷坛；2- 无祀鬼神坛；3- 风云雷雨山川坛；

清代太原的地方大祀　　**表 5-1-2**

祭祀坛庙	始建时间	位置	祭祀时间	祭祀人员及祭品
社稷坛	康熙十三年（1674 年）县令邢公振捐俸建	在北关外	每岁春秋二仲上戊日	布政司主之，祭品羊一、猪一、帛二、黑色爵六
风云雷雨坛	康熙间（1662 ~ 1722 年）县令邢公振迁建	在南关外	每岁春秋二仲上戊日	祭品同社稷坛，布政司主之，帛用七段
历坛	康熙间（1662 ~ 1722 年）	在北门外新堡北	每岁清明日、七月望日、十月朔日	先期迎城隍神赴坛，遍祭无祀鬼神，羊二、猪二、馒头羹饭，知府主之
先农坛	雍正四年（1726 年）	在东门外	每岁仲春亥日	祭品羊一、猪一、帛一，爵三，祭毕行扶犁礼

注：据《乾隆太原府志》卷十九“祀典”整理。

除上述的地方大祀外，太原城内遍布了数量繁多、形形色色的一般性地方祭祀场所（图 5-1-38、图 5-1-39、图 5-1-40，表 5-1-3）。自宋代建城至明洪武九年（1376 年）的城市扩建之前，见于史载的一般性地方祭祀场所约有十余处，集中分布在与城门连通的四条主要大街两旁。扩城之后，数量激增：以迎泽门、镇远门连线两侧的城市西半部分为多，并向南延伸，直至迎泽门外的南关城内；沿钟楼街、桥头街一线向东，在扩建后大城西南隅的新城部分，也开始出现。入清，则进一步增多，基本上沿着上述两个方向发展，南关内祭祀场所的增长更为显著，由明代的 4 处增加至 13 处，南关城外也新增了 6 处（城东和城南 5 处，城西 1 处）（图 5-1-41）。

图 5-1-38　1907 年的太原城隍庙　（法）沙畹摄，引自百度贴吧 / 太原吧“100 年前太原老照片”

图 5-1-39　文庙现状　（摄于 2009.07）

图 5-1-40　西校尉营关帝庙现状 （摄于 2010.04）

宋至清太原的一般性地方祭祀　　表 5-1-3

时代	等级	祭祀内容	
宋金元		圣贤	文庙、三皇庙
		功臣烈士	寇莱公庙、显灵真君庙、利应侯庙
		地方保护神	城隍庙、中岳庙、北极紫微庙、东岳庙、圣帝庙
明	府级	圣贤祭祀	先师孔子庙、启圣公祠、名宦祠、乡贤祠、五圣祠
		圣帝明王	汉文帝庙、烈帝庙
		功臣烈士	关王庙、开平王庙、三灵侯祠、东岳行祠、五龙神祠、毕将军祠、胡公祠、周公祠、万公祠、李宗伯祠、魏少司马祠、于公祠
		地方保护神	城隍庙、黑虎神庙、鈉铁祠、玄帝庙（真武庙）、三皇庙
	县级	地方保护神	皇帝庙、二郎神庙、晏公庙、藏山庙、三官庙、五瘟庙、井龙王庙、轩辕庙、河神庙、娄金神庙、古仓颉庙、天仙圣母庙、狐突庙、土地祠
清	府级	先师孔子及从祀	文庙、崇圣祠、东西两庑、名宦乡贤祠、忠义孝悌祠
	县级	圣贤	武庙、关帝庙、文昌庙、文昌先代祠、奎星楼
		圣帝明王	烈帝庙、汉文帝庙
		功臣烈士	狐大夫庙、关王庙、开平王庙、三灵侯祠、藏山庙、毕将军祠、胡公祠、周公祠、万公祠、李宗伯祠、魏少司马祠、于公祠、窦大夫庙、三立祠、萧相国祠、狄公祠、包孝肃祠、三贤祠、三功祠、三忠祠、藏山神祠、吴公祠、于公祠、宋公祠、白公祠、杨公祠、忠烈祠、申公祠、忠义祠、节孝祠、贤良祠、蔡公祠
		地方保护神	皇帝庙、二郎神庙、晏公庙、五瘟庙、井龙王庙、轩辕庙、汾河神庙、娄金神庙、古仓颉庙、天仙圣母庙、狐突庙、土地祠、城隍庙、东岳庙、南岳庙、旗纛庙、玄帝庙（真武庙）、三皇庙、黑虎神庙、五龙神祠、三官庙、火神庙、子孙圣母庙、马神庙、牛神庙、财神庙、张仙庙、社官庙、江东庙、金龙四大王庙、阪泉神庙、八腊庙、蚂蚄庙、龙王庙、狱神庙

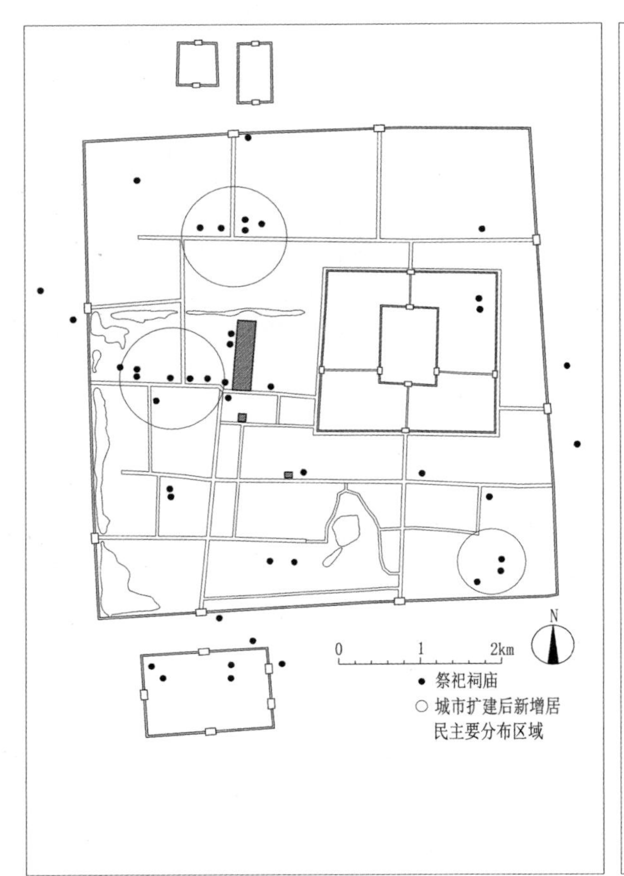

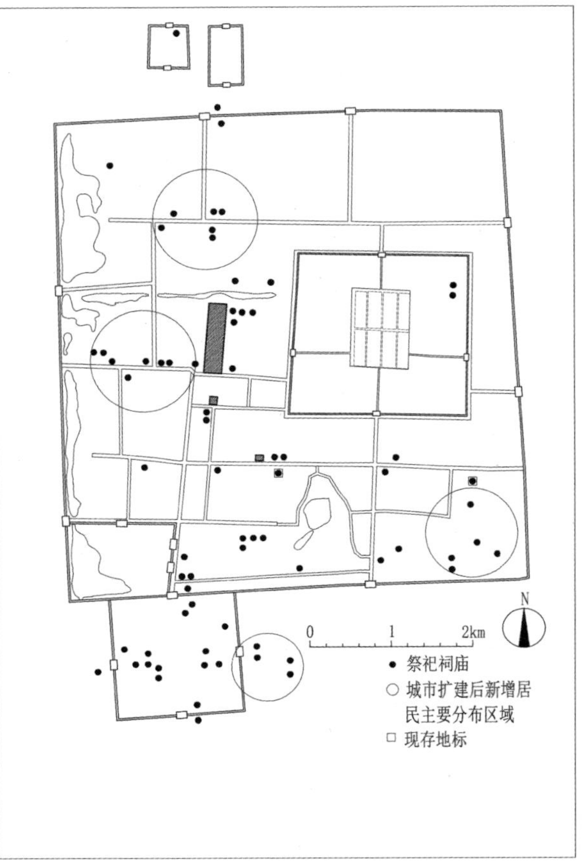

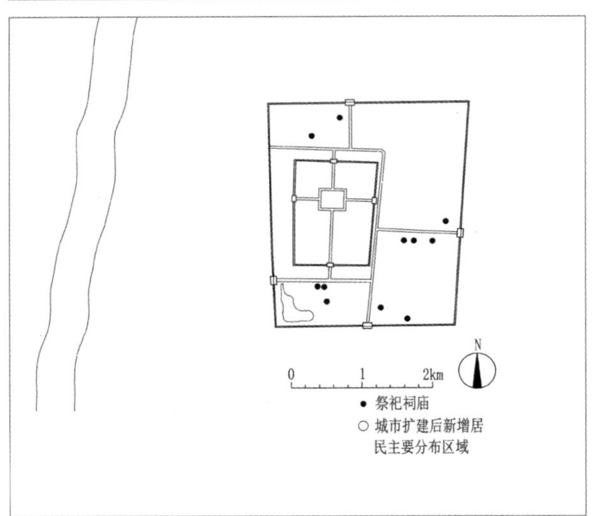

图 5-1-41　宋、明、清太原城一般性地方祭祀建筑分布示意

一般性地方祭祀的内容主要是教化国民的贤王圣人、功臣烈士，和百姓祈求赐福的各方神鬼，皆与最广大民众的精神与生活世界息息相关，在城市空间上的反映则是与居民生活区域的紧密相连。而正是因于这种关联性，又可借由祭祀场所分布情况的分析，反观居民聚集地的所在。

太原亦不例外：明清太原城西北隅的新城部分大多是空地，根据北门镇远门内大街与东门迎晖门内大街十字相交处有部分祠庙的分布推测，应已有居民开始入住；东南隅的新城部分，祭祀祠庙建筑数量较多，分布亦较为均匀，说明这一带的居住区已较为成熟；迎泽门外因交通便利，自宋以来就一直聚集着大量人口，明景泰间（1450 ~ 1456 年）建南关城后，居民数量继续增加，并向南关城外扩展，根据清代南关外大量增加的祭祀祠庙位置推测，新增的居民区主要在南关外东侧和南侧，而西侧较少，可能是由于南关城西侧地低湿且近汾河，易受洪水袭击，择址建房倾向于东侧和南侧高爽之地的缘故。

4）宗教

宋金时代的太原，佛教兴盛，寺庙众多，在明初城市扩建之前，城内外共有约 28 座，主要分布在三个地段：一是最为集中的城东南隅和南门附近，约 11 座；二是东门正街两侧，约 5 座；三是南门正街最北端与北门正街转折相接的拐角附近，约 3 座。其中始建于金代的小弥陀寺位于宋子城内东南角，这一现象说明子城作为地方衙署专属地的功能已开始瓦解。

据《万历太原府志》与《乾隆太原府志》记载，明代的寺庙数目有 19 座，较之前代反有减少，情况不明；其中有 11 座为新建，余 8 座则是延续旧有。城西南隅（即宋旧城东南隅）因有大量前代寺庙遗存仍是最密集区；城东南隅和西北隅的新城部分各只有 2、3 座寺庙，且大都为旧有寺庙的扩建或重建；明代新建的则零星地分布于东门外（2 座）、北关外（2 座）和南门外（1 座）等地。寺庙密集区延续以往的主要原因有二：一是太原城扩建后，城内居民并没有大幅度的增长，新城人烟稀少，寺庙也没有新建的基础；另一方面也与当时

图 5-1-42　圆通寺现状　（摄于 2011.02）

政府对宗教采取不鼓励政策有莫大关联，即使是城内最高政治集团晋藩宗亲为家人祈福专用的寺庙，也仅是在宋元已有的基础上改扩建而已，且大都混杂在平常居民聚住的城西南隅（图 5-1-42）。

清时寺庙数目较明代有所增长，《乾隆太原府志》中载有 24 座，其中 7 座创建于清，仍主要集中在城西南隅的宋旧城范围内。

反观太原的道观，数量一直较少：《永乐大典方志辑佚》之《太原府志》载有 5 座，均坐落于南门正街两侧；《万历太原府志》中只有 3 座，《乾隆太原府志》中亦为 3 座，清时未有新建，均零散地分布于城南隅和城北隅（图 5-1-43、图 5-1-44，表 5-1-4、表 5-1-5、表 5-1-6）。

明太原城见于史载的寺观，与晋藩王或其宗亲有联系的多达 11 座（表 5-1-7）。所谓联系，即由王府成员以内帑建置或修复寺观，使之一方面成为皇家的祝釐之所，通过法事为先人亡亲追福、为生者祈福；另一方面又通过与之合作，达到管理宗教活动的目的。

地位最为显赫、与晋王关系最为密切的寺庙当属崇善寺（图 5-1-46）。位于太原城的东南隅，洪武十四年（1381 年）朱棡为纪念亡母高皇后，于旧白马寺基础上扩建，二十四年（1391 年）完工，初名宗善寺，后改今名。“南北袤三百四十四步，东西广一百七十六步，建大雄殿九间，高十余仞，周以

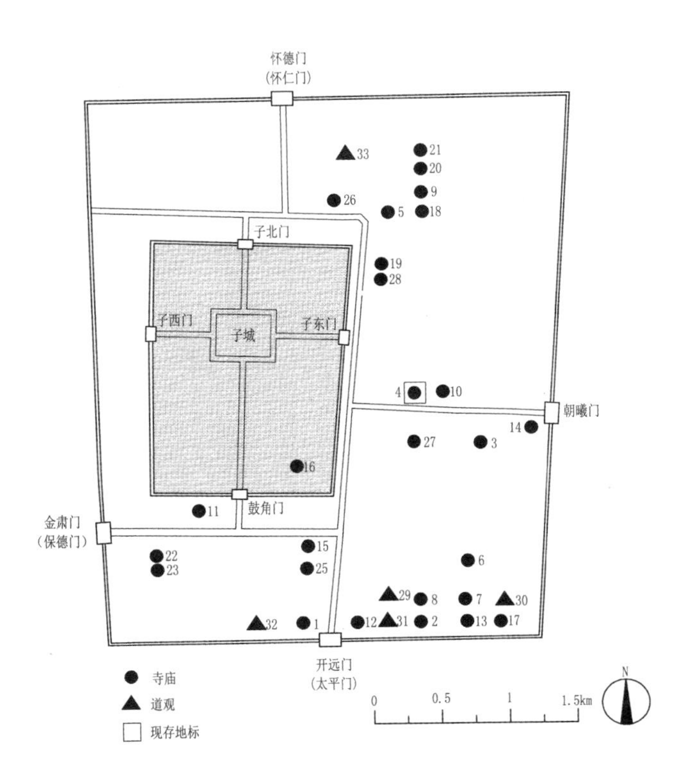

图 5-1-43 宋太原城寺观分布示意

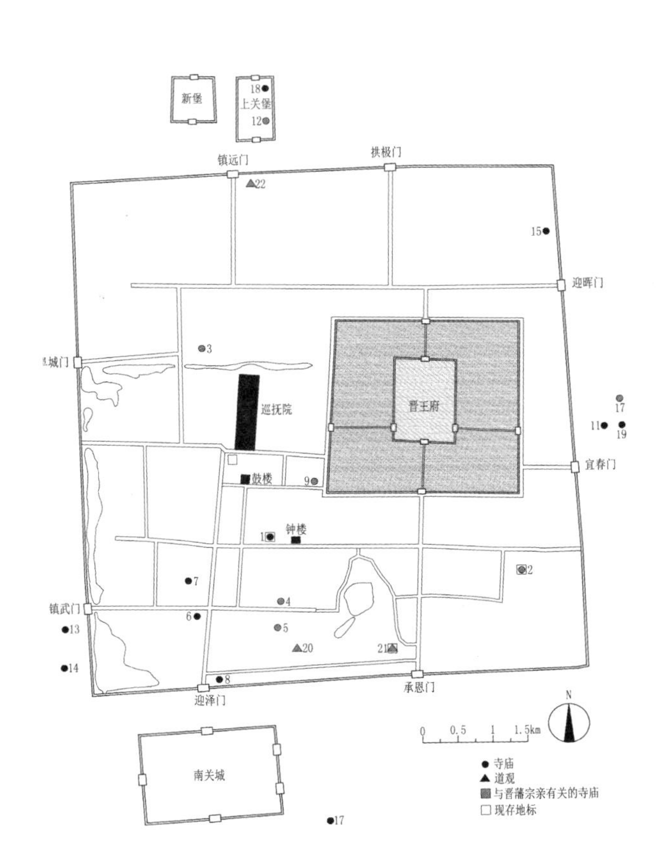

图 5-1-44 明太原城寺观分布示意

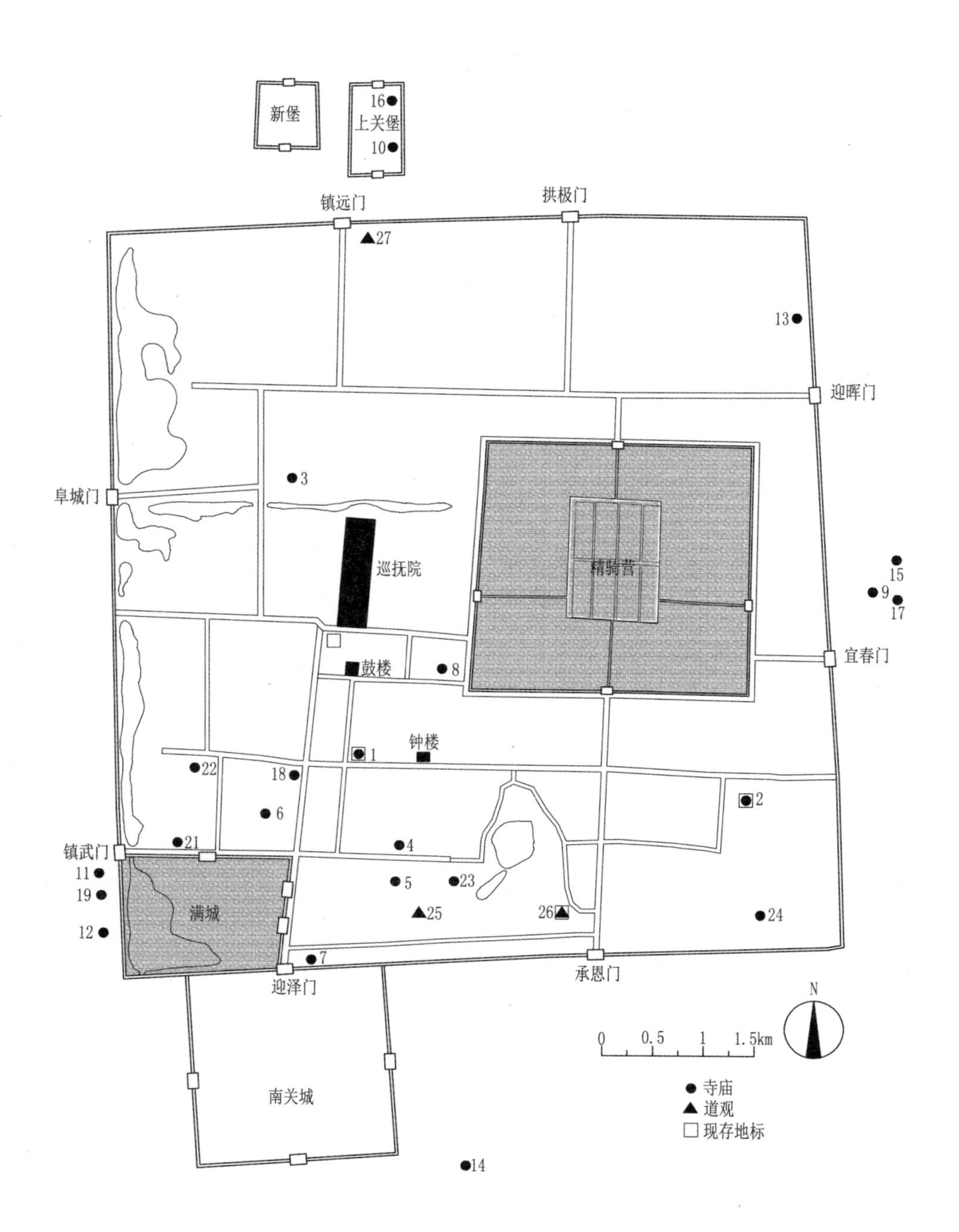

图 5-1-45 清太原城寺观分布示意

明以前太原城寺观（数字编号与图 5-1-44 同） 表 5-1-4

类型	始建年代	名称
寺庙	宋	1 法相寺、2 广化寺、3 胜严寺、4 寿宁寺、5 普光寺、6 报恩寺、7 十二院、8 惠明院、9 资圣禅院、10 寿宁广化院、11 胜利院、12 石氏院、13 十王院、14 迎福院
	金	15 大弥陀寺、16 小弥陀寺、17 福严院、18 洪福院、19 圆明禅院、20 大明禅院、21 清凉院、22 延庆院、23 慈云院
	元	24 法兴寺
	不详	25 古觉寺、26 法具寺、27 香山寺、28 圆明寺
道观	宋	29 延庆观、30 天宁万寿观
	不详	31 天庆观、32 龙祥观、33 玄都观

明太原城寺观（数字编号与图 5-1-45 同） 表 5-1-5

类型	始建年代	名称
寺庙	宋	1 寿宁寺、2 崇善寺、3 普光寺、4 开化寺、5 报恩寺
	金	6 大弥陀寺、7 小弥陀寺
	元	8 崇真寺
	明	9 文殊寺、10 安国寺、11 延庆寺、12 圆通寺、13 金藏寺、14 接待寺（又名净土庵）、15 报恩寺、16 善法寺、17 善安寺、18 千寿寺、19 十方院
道观	不详，明初已有	20 元通观
	明	21 纯阳宫、22 土济观

清太原城寺观（数字编号与图 5-1-46 同） 表 5-1-6

类型	始建年代	名称
寺庙	宋	1 寿宁寺、2 崇善寺、3 普光寺、4 开化寺、5 报恩寺
	金	6 小弥陀寺
	元	7 崇真寺
	明	8 文殊寺、9 延庆寺、10 圆通寺、11 金藏寺、12 接待寺（又名净土庵）、13 报恩寺、14 善法寺、15 善安寺、16 千寿寺、17 十方院
	清	18 熙宁寺、19 太平寺、20 安国寺、21 万安寺、22 迎福寺、23 地藏庵、24 大土庵
道观	不详，明初已有	25 元通观
	明	26 纯阳宫、27 土济观

与晋藩宗亲有关的寺观　　表 5-1-7

类型	名称	年代	位置	与晋藩宗亲的关系
寺庙	崇善寺	唐始建，旧名白马寺，明清沿用	城东南隅	晋恭王朱棡为纪念其母孝慈高皇后马氏，于洪武十六年（1383 年）在宋旧址扩建新寺
	普光寺	宋寺旧址，明重修，清沿用	七府营	明初跟随晋王的西域神僧板特达曾驻寺中，圆寂后置影堂于内。万历间（1573 ~ 1620 年）晋裕王死后亦置有影堂
	文殊寺	明始建，清沿用	西北萧墙角	崇祯七年（1634 年）晋王重修并建白衣殿
	开化寺	为宋广化寺下院之一，明清沿用	县东南	晋广昌王、安僖王祷母病于此，病愈后表赐今名，并出资维修
	报恩寺	宋元丰七年（1084 年）建，明清沿用	前所街	正德间（1506 ~ 1521 年）河东王在原宋寺旧址重建并改今名
	善安寺	明成化二十二年（1486 年）建	城东门外	晋王出资修建
	千寿寺	明万历间（1573 ~ 1620 年）建，清沿用	北关瓜厂	晋王出资修建
	永祚寺	明万历间（1573 ~ 1620 年）建	城东南门外高岗	释佛登奉敕建，慈圣太后佐以金钱造两浮屠各十三层
道观	天庆观	明之前已有，称为天庆观，明改为元通观，清沿用	城东南铁匠巷	旧名天庆宫，明时晋王主持扩建
	纯阳宫	明万历二十五年（1597 年）建，清沿用	天衢街贡院东	晋王朱新场、朱邦祚出资修建
	土济观	明始建，清沿用	城北郭	晋王出资修建

图 5-1-46　崇善寺现状（摄于 2010.12）

图 5-1-47　永祚寺无梁殿（摄于 2010.12）

石栏回廊一百四十楹，后建大悲殿七间，东西回廊，前门三楹，重门五楹，经阁、法堂、方丈僧舍、厨房、禅室、井亭、藏轮具备。”[①] 有明一代，崇善寺一直充当着晋藩皇家祖庙的角色，太原府管理佛教的官署机构僧纲司亦置于其内（清亦沿用），皇室宗教场所与地方政治衙署结合的双重身份，使崇善寺地位隆崇。

位于七府营（今辑虎营）的普光寺，也是政治地位较高的一处寺庙。始建于汉，元时大宝法王[②] 曾于此寺停留，明初跟随晋王朱棡的西域神僧板特达亦驻其中，圆寂后置有影堂。万历间（1573 ~ 1620 年）晋裕王逝，亦置影堂于寺，并将板特达的影堂移至正殿后。[③]

此外，由晋王或其宗亲出资赞助的其他寺庙还有 6 座：城内 5 座，分别是开化寺、文殊寺、报恩寺、善安寺和千寿寺；城外有 1 座，位在东南高岗，乃万历间（1573 ~ 1620 年）由慈圣太后出资兴建的永祚寺（图 5-1-47）。而明时

① 乾隆太原府志. 卷四十八 · 寺观.

② 元时对西藏喇嘛教领袖的最高封号.

③ 乾隆太原府志. 卷十一 · 学校.

图 5-1-48　纯阳宫 （摄于 2009.07）

的 3 座道观，则均系晋藩宗亲出资修建：纯阳宫（图 5-1-48）、天庆观、土济观。与佛教类同，道教也有管理机构——道纪司，只不过是设于城隍庙内，清时迁出，但迁于何处史载不详。

（3）商业街市

太原地区商业兴起较早，这不仅仅是因为其地物产丰富，更仰仗于其作为中原地区与北方少数民族地区物资交换的重要交通孔道。明清晋商即是基于将南方地区的物资在太原加工与包装后，北上运销至蒙古与俄罗斯等地的贸易活动而兴起和发展的，这一贸易活动兴盛了明清两代近五百年的时间。

但明清时候太原地区晋商的根据地大都集中在周边的太谷、祁县、平遥等县城，虽也在太原城内设置了商号店铺，但是对城市商业的发展并没有起到决定性影响，可以说这一时期的太原城只是晋商行商路线上的一个重要过站。清末民初，正太铁路的开通和阎锡山在山西的统治，才使得山西省的金融、工商业的总部逐渐集中到太原城，外地商品的介入和本地市场的繁荣是其最大特征，在政治和交通因素的影响下，太原城的经济地位得到大幅度提升，真正成为山西地区的商业中心城市。

1）从行商过站到经济中心

太原地区因其特殊的地理位置，一直都担当着重要的贸易中转站角色。早在唐以前，此地就已经是北方马匹输入中原的转换地，马匹先须在此驯养、休整，以逐渐适应中原的地理气候；而中原货物在进入北方草原之前，同样会先运至于此，包装整顿后再启程北上。明初，山西商人借“开中法”[①]政策的北上送粮、南下行盐的机会，逐渐开拓出一条将南方的茶、纺织品等生活物资北上经太原、大同，销往蒙古的商路，也迅速地由原来地区性的商人团体发展成为全国性的大商业集团——晋商。入清，交通更显发达（图 5–1–49），由太原出发的主要驿路众多，为晋商行商天下提供了更为便利的条件：

经榆次、寿阳、平定各驿出娘子关入直隶达京师皇华驿；

经忻州、崞县、代县、繁峙、灵丘各驿，入直隶达京师；

经岚县、岢岚、五寨、偏关入陕西和内蒙古地区；

经平遥、平阳、蒲州出风陵渡达陕西再至伊犁，乃通往新疆的官道；

经汾阳，至军渡口西渡黄河，抵陕西绥德；

经祁县团泊镇、沁州、潞安府、泽州府，出天井关入河南；

经平阳、绛州、稷山、河津，过黄河至陕西韩城。

而随着政府对蒙古和俄罗斯贸易的放松，晋商又将商路进一步延伸至欧洲东部及新疆腹地，开创了以山西、河南为枢纽，横跨欧亚大陆的贸易线路：将南方的物品运至太原及周边的祁县、平遥、太谷等地进行包装，起运至大同，再以大同为辐射点，向北远达俄罗斯、向东北可至蒙古各部落、向西北通往新疆伊犁等地区。

---

① 开中法这是为了解决北部边境军事消费区的商品短缺而施行的激励制度。《明史·食货志》载：“洪武三年，山西行省言：大同缺粮，自废县运至太和岭，路远费烦，请令商人于大同仓入米一石，太原仓入米一石三斗给淮盐一小引。”开中法的施行，既节省了粮食转运的耗费，又能满足边防军队粮饷之需。后来，开中法不仅限于纳粮，还扩展到了纳马、纳铁、纳茶，以换盐运销。太原商人以其得天独厚的条件，在开中法的施行中大获其利。

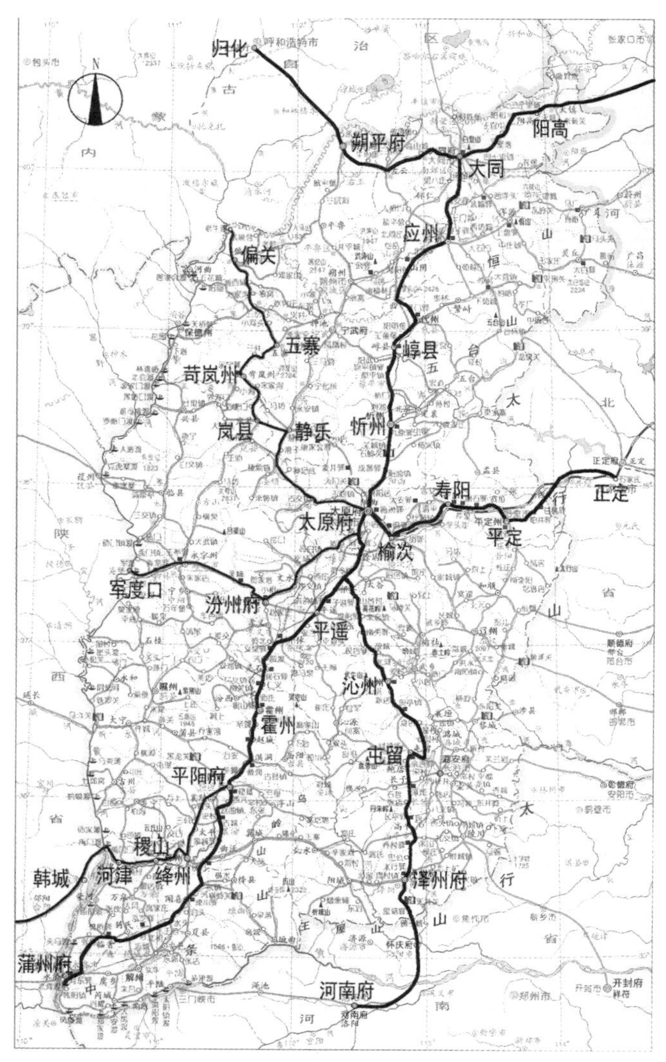

图 5-1-49　清代山西境内交通状况　引自山西省地图集编撰委员会．山西古代历史地图集：209.

太原的中转地位也刺激了自身的经济发展。尤其在清代，各大晋商均在太原城内修建豪华的店铺，主要集中在柳巷、桥头街一带，并逐渐取代南门正街成为城内最繁华的商业街道。不过，太原城并没有成为晋商在山西中部地区的根据地，此点可获证于清代票号在太原地区的分布情况，即各大晋商票号的总号及分号主要集中在祁县、平遥、太谷三地，省会太原的数目反而较少。①

清末民初，曾辉煌一时的晋商钱庄、票号逐渐退出历史舞台。随着 1907 年正太铁路的开通，和民国时期阎锡山治下对太原商业、金融业发展的促进，太原除继续担当各种货物的集散地外，也取代祁县、平遥、太谷三县，成为山西境内的金融中心。

辛亥革命以前，山西的金融业主要由票号、钱庄等旧式金融机构承办；阎锡山执政山西的 38 年间，办起了山西省银行和铁路、垦业、盐业三家银号（图 5–1–50、图 5–1–51），统领山西金融业，成为巩固阎锡山统治的重要基石。随后，大批官民合资或者民间私营的银号纷纷兴起。与明清晋商因于地缘关系将票号总部设在祁县、平遥、太谷不同，官办、民营的银号大都将总部设在太原，符合太原作为省会城市的政治、经济、交通等地位。

银行、银号大多选址于太原城南门内南市、麻市街（图 5–1–52）、活牛市街和钟楼街及其附近的通顺巷、帽儿巷一带（图 5–1–53，表 5–1–8）。这一带不仅是旧有的商业中心，也靠近阎锡山府邸——山西军政府（由明清巡抚衙门改建），并可通过钟楼街、桥头街一线直抵正太铁路在太原的火车站，可谓黄金地段。

① 据（民国）陈其田. 山西票庄考略：69–108“山西票庄全国分号所在地一览表”及“四十九家茶票庄一览表”，清末光绪间（1875～1908年）太原境内票号分布情况为（括号内数字依次为票号总号数、分号数及总数）：祁县（9、19、28）、平遥（12、13、25）、太谷（8、23、31）、太原县（0、13、13）、归化（0、12、12）。又，据穆文英主编《晋商史料研究》P202–204“清代山西票号分布图”，清道光初（1821年～）至清末（～1911年）太原境内票号数目超过10家为（括号内为票号总数）：祁县（21）、平遥（24）、太谷（21）、太原（12）。

图 5-1-50　山西省银行旧址现状（摄于 2010.04）

图 5-1-51　晋绥地方铁路银行旧址现状（摄于 2011.02）

图 5-1-52　麻市街旧影　引自黄征．老太原［M］．北京：文化艺术出版社，2003：24.

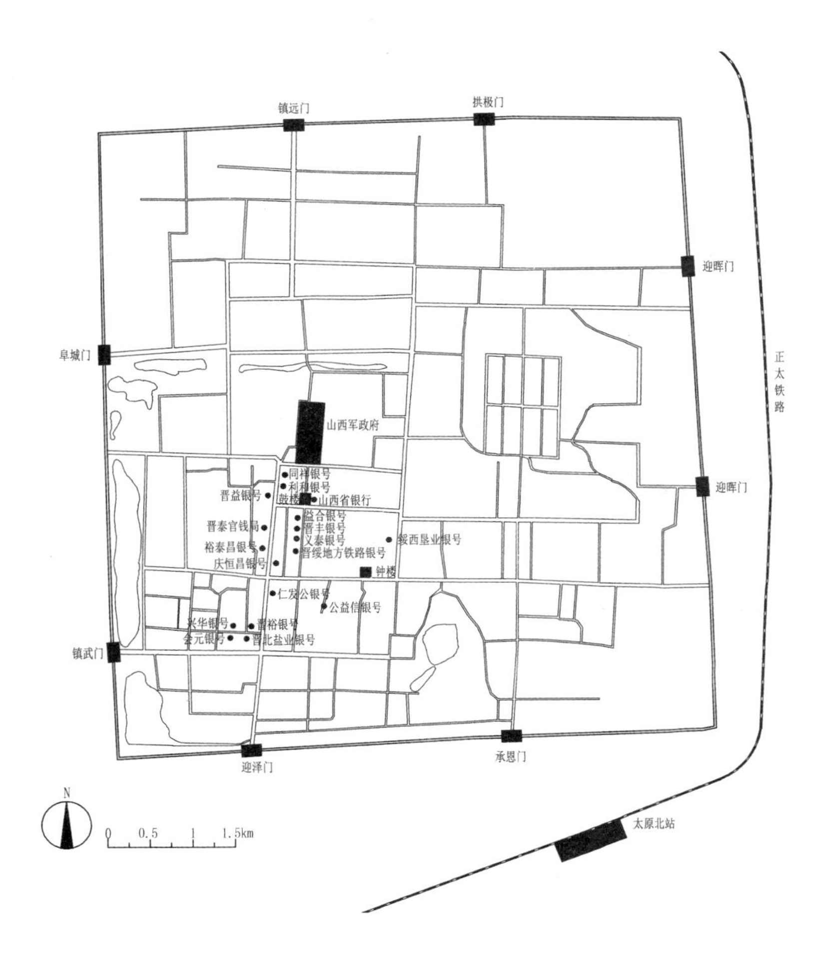

图 5-1-53　民国时期太原城主要金融机构分布示意　据山西地方志编撰委员会编．山西通志（第三十卷）金融志相关内容绘制；底图摹自附录 7“1920 年山西省城详图”。

清末及民国期间太原城银行、银号一览　　表 5-1-8

庄号名称	地址	设立时间	组织性质	总号或分号（总号所在地）
晋泰官钱局	活牛市	清光绪二十八年（1902 年）	独资官办	总行
山西省银行	鼓楼街	民国 6 年（1917 年）	独资官办	总行
绥西垦业银号	柳巷	民国 21 年（1932 年）	独资官办	分号（绥远包头）
晋绥地方铁路银号	帽儿巷	民国 23 年（1934 年）	独资官办	总号
晋北盐业银号	馒头巷祥云里	民国 24 年（1935 年）	独资官办	分号（山阴县岱岳镇）
会元银号	馒头巷祥云里	民国 20 年（1931 年）	合资私立	分号（太谷县）
同祥银号	麻市街	民国 19 年（1930 年）	股份有限公司	总号
端牛银号	估衣街	民国 21 年（1932 年）	股份有限公司	总号
晋裕银号	馒头巷吉庆里	民国 19 年（1930 年）	独资	总号
兴华银号	馒头巷吉庆里	民国 14 年（1925 年）	股份有限公司	分号（文水县）
晋丰银号	通顺巷	民国 10 年（1921 年）	股份有限公司	总号
利和银号	麻市街	民国 21 年（1932 年）	股份有限公司	总号
仁发公银号	南市街	民国 22 年（1933 年）	股份有限公司	总号
庆恒昌银号	活牛市街	民国 21 年（1932 年）	合资	总号
裕泰昌银号	活牛市街	民国 13 年（1924 年）	股份无限公司	总号
晋益银号	麻市街	民国 20 年（1931 年）	合资	总号
益合银号	通顺巷	民国 21 年（1932 年）	股份有限公司	总号
义泰银号	通顺巷	民国 11 年（1922 年）	合资	总号
公益信银号	南仓巷	民国 21 年（1932 年）	股份有限公司	总号

注：据民国实业部国际贸易局．中国实业志·山西省·金融．续表“山西省内银行分布”整理。

鸦片战争打开了中国的门户，帝国主义的政治、经济势力乘虚侵入中国腹地，山西地区也不例外，突出表现在商品流通领域内外国商业资本势力的侵入，特别是光绪三十三年（1907 年）正太铁路开通之后太原与外埠的经济联系扩大，货行成为太原市场上最发达的行业之一。

图 5-1-54 民国时期正太铁路火车站 引自黄征．老太原［M］．北京：文化艺术出版社，2003：76.

辛亥革命后的1912年至1930年的19年间，是太原近代商业迅速发展的时期：城市商业中心逐渐由大南关、南市街一线向东扩展，钟楼街、柳巷、桥头街一带有众多成衣店、照相馆、鞋帽庄相继开设，首义街（今承恩门内大街）、正太街及火车站（图 5-1-54）附近的客栈、饭店、堆栈也逐渐发达起来。

1935年，同蒲铁路通车，太原商业又获促进；据同年的统计，全市商业从业人员已达16300余人，约占当时太原总人口的11%，商业发展之兴盛程度可见一斑，商业店铺主要的分布区域仍然在城市西南隅的东米市街、钟楼街、帽儿巷和柴市巷（图 5-1-55）一带，并由钟楼街（图 5-1-56）向东至桥头街、首义门街一带扩展。1937年抗日战争爆发，太原商业受到重创；至1949年太原解放，全市商号仅有1400余家，仅为抗战前的一半左右（图 5-1-57，表 5-1-9）。①

① 景占魁．简论民国时期的太原商业．晋商兴盛与太原发展——晋商文化论坛论文集：138-139.

图 5-1-55　柴市巷旧影　引自黄征．老太原［M］．北京：文化艺术出版社，2003：23.

图 5-1-56　鼓楼民宅鸟瞰旧影　引自黄征．老太原［M］．北京：文化艺术出版社，2003：24.

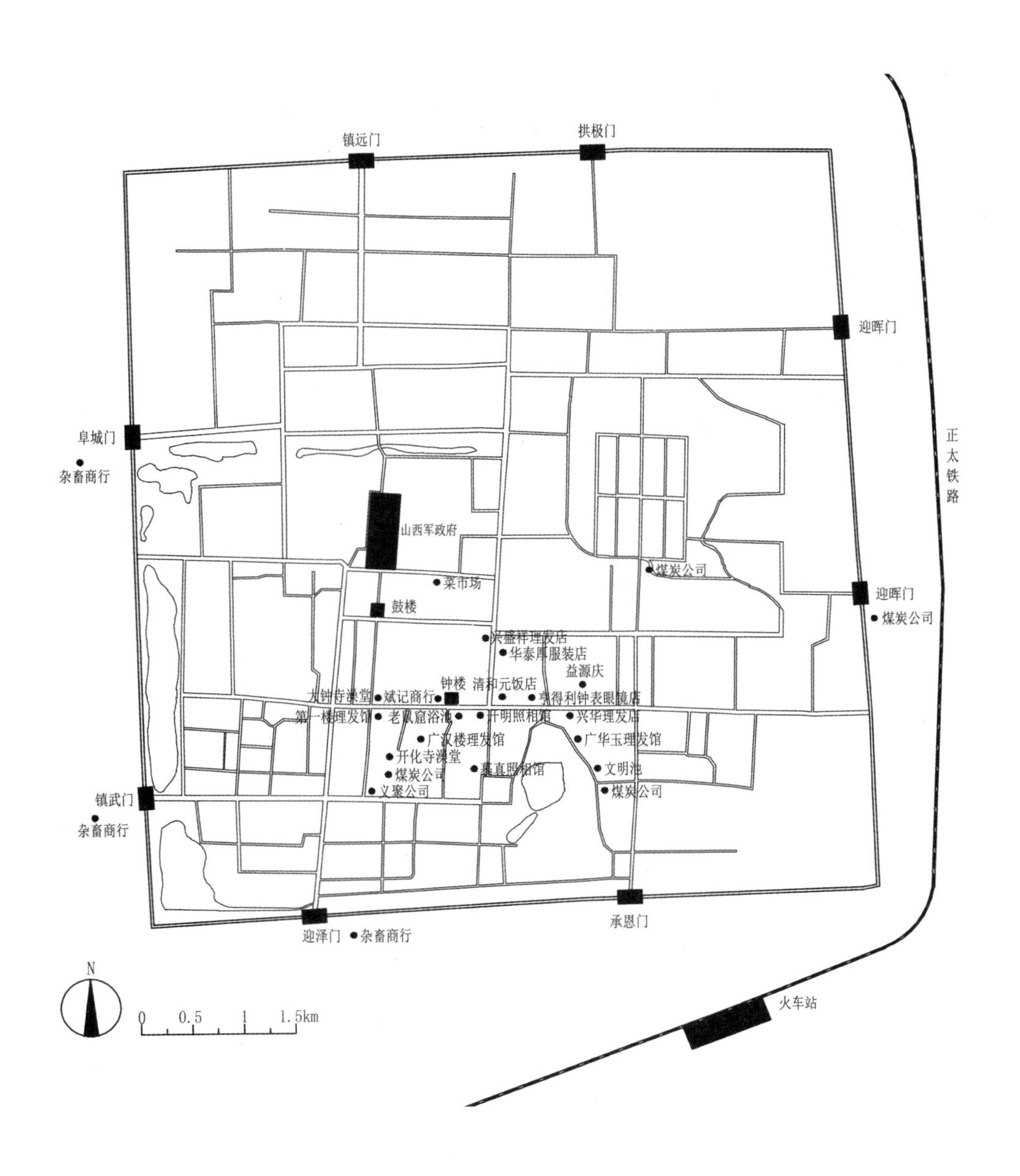

图 5-1-57 清末至民国时期太原城主要商业店铺分布示意 据山西地方志编撰委员会编．山西通志（第二十六卷）商业志相关内容绘制；底图摹自附录 7“1920 年山西省城详图”

清末至抗日战争前太原城主要商业店铺 表 5-1-9

类型	店名	地址	设立时间	性质	总号或分号（总号所在）
百货纺织品	亨得利钟表眼镜店	桥头街	民国 6 年（1917 年）	民营	分号（上海）
	华泰厚服装店	首义门内，后迁至柳巷	民国 19 年（1930 年）	民营	总号
五金交电	斌记商行	帽儿巷，后改至钟楼街	民国 16 年（1927 年）	官营	总号
	西法宅自行车行	不详	清宣统间（1909 ~ 1911 年）	民营	本地商行
石油	永茂商店	不详	民国元年（1912 年）	民营	总号
	义聚公司	柴市巷南口	清光绪三十年（1904 年）	民营	分号（天津）
煤炭工业	制作出售煤坯的煤商 11 家	南海街、大东关、天地坛、金银街开化寺	抗日战争前（~ 1937 年）	民营	分号
糖酒副食	双合成商号（京津风味糕点）	不详	民国 3 年（1914 年）	民营	总号
	稻香村（南方糕点）	不详	民国 4 年（1915 年）	民营	总号
	老乡村（江浙食品）	不详	民国 16 年（1927 年）	民营	总号
蔬菜调味品	菜市场	城内菜商 76 家，以北司街最多，共有 12 家，占总数的六分之一，故有菜市之名	民国间	民营	
	益源庆	宁化府旁	明洪武间（1328 ~ 1398 年）	民营	总号
饮食服务	杂畜商行（肉类食品）十余户	水西关、旱西关、大南关一带	清宣统间（1909 ~ 1911 年）	民营	本地商行
	清和元饭店	桥头街	明崇祯间（1628 ~ 1644 年）	民营	本地商行
照相	摹真照相馆	南校尉营	清光绪二十七年（1901 年）	民营	本地商行
	开明照相馆	钟楼街东口	民国 10 年（1921 年）	民营	本地商行
理发	广汉楼理发馆	南仓巷口	辛亥革命后（1912 年 ~）	民营	本地商行
	广华玉理发馆	海子东边街	辛亥革命后（1912 年 ~）	民营	本地商行
	中兴理发馆	过门底	辛亥革命后（1912 年 ~）	民营	本地商行
	第一楼理发馆	柴市巷口	辛亥革命后（1912 年 ~）	民营	本地商行
	兴华理发店	桥头街	1920 年代	民营	本地商行
	兴盛祥理发店	柳巷	民国 29 年（1940 年）	民营	本地商行
浴室	文明池（浴池）	海子东边街	清光绪 34 年（1908 年）	民营	本地商行
	大钟寺澡堂	钟楼街	民国 2 年（1913 年）	官营	本地商行
	开化寺澡堂	开化寺街	民国 10 年（1921 年）	官营	本地商行
	老鼠窟浴池	钟楼街	民国 13 年至 20 年（1923 ~ 1931 年）	官营	本地商行

注：据山西地方志编撰委员会．山西通志·第二十六卷·商业志整理．

图 5-1-58　民国时期的南关商业（法）沙畹摄，引自百度贴吧 / 太原吧“100 年前太原老照片”

2）城市商业中心区的转移

明初，在太原城西南隅即宋旧城的范围内，已经沿着城市主要对外交流的通道——迎泽门内大街形成了繁华街市，并向南门正街两侧的街巷内渗透，在南门附近形成了范围较大的商业片区。如东羊市街（即宋太原城的东门正街）早年是畜羊的交易集市，明太原城扩建后，东羊市街向东延伸至晋王府前，成为太原城中联系城南隅东部新城和西部旧城的主要通道，明代将晋王府的采办机构晋府店设置于该街道的西端，使之成为晋府与旧城区联系的主要通道，在两方面交通因素的影响下街道的商业有了进一步的发展。其后，城内商业在这一基础上继续发展，并沿着主要的对外交通线路向城外扩展，至明中期已在南关附近形成了新的商业中心，所谓“阛阓殷阜，人文蔚起，大坊绰楔充斥街衢，有蔽天光发地脉之谣。”①

迎泽门（图 5-1-58）内西南隅的商业覆盖广泛，形成了以南门正街（包括南市街、活牛市街、和麻市街一线）、羊市街、米市街为主要框架，衍生出来与之相连接的大量巷道为载体的商业片区。其显著特点是手工业按行业集中，并以之命名街道，较典型的有麻市、活牛市、帽儿巷、剪刀巷、靴巷、铁匠

① 道光阳曲县志. 卷三・城池.

巷、棉花巷等，巷内作坊在加工制作成品的同时，也进行销售。

商业经营的内容包含了日常生活、劳作等各个方面的需求，大致可以分为衣物、食品、生活用具、牲口、燃料和综合市场几类（图 5-1-59，表 5-1-10）。与城市居民日常生活密切的商业分布较为均匀，渗入街巷，如酱菜、馒头、鸡鸭肉等市场。主要道路旁则分布着买卖粮食的米市、贩卖牲口的活牛市、羊市，和城中的两大综合类的市场——南市、钟楼街市场等，由于这些商品的需求量较大，且都需要从城外运入城内，交通便利是选址的首要考虑。

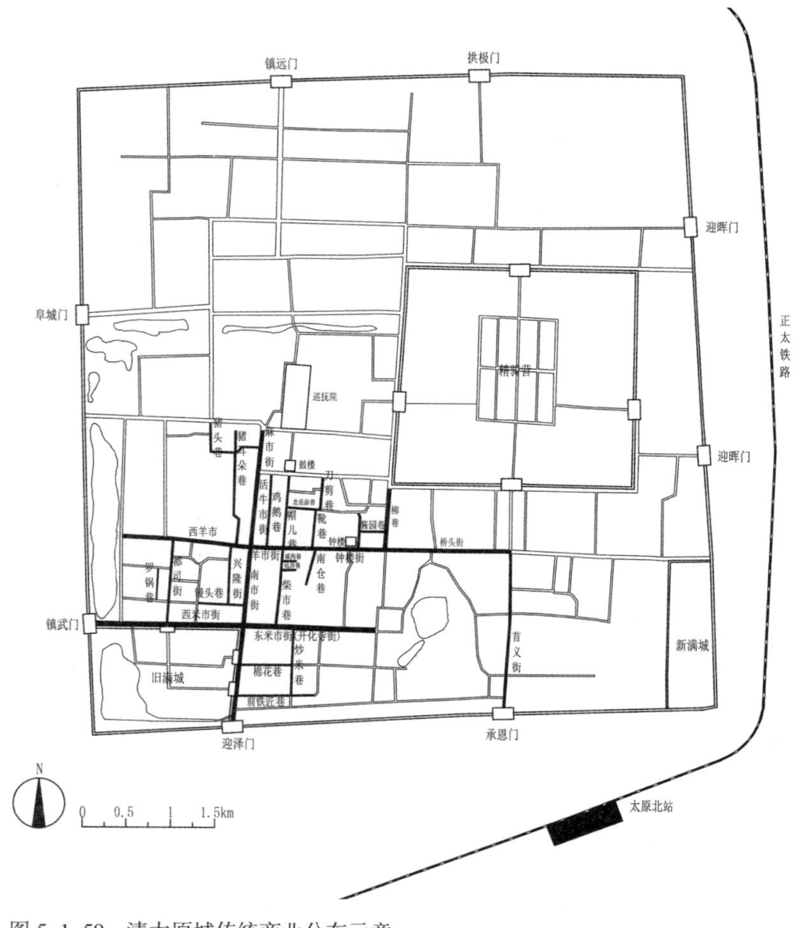

图 5-1-59　清太原城传统商业分布示意

（a）1926年的钟楼街

（b）1920年代的桥头街

（c）1957年大中市

（d）1950年代的开化市

图5-1-60　传统商业旧影

引自百度贴吧/太原吧 http：//tieba.baidu.com/f?z=249730055&ct=335544320&lm=0&sc=0&rn=50&tn=baiduPostBrowser&word=%CC%AB%D4%AD&pn=0

清末，原来的商业中心大南门几次遭受水淹，逐渐衰落，原南关的部分商户于钟楼街、桥头街一带选择铺面重新开业。光绪三十三年（1907年）正太铁路通车，火车站位于首义门（原承恩门）外，商业中心于是逐渐东移，钟楼街、柳巷一带取代了大南门的商业中心地位。

正太铁路的开通方便了大量外地商品进入太原，许多知名品牌在太原开业。民国2年（1913年）大中市场开辟，民国10年（1921年）开化市场开辟，使业已成为繁华闹市区的钟楼街、柳巷一带更趋繁荣，首义街、正太街以及火车站附近陆续开设了为数甚多的客栈、货栈、食品店、干鲜果店、饭铺、小吃摊等。随着商业资本的积聚，许多行业逐渐有了明显的批零之分，一些批发商，如义升厚棉布庄，义兴恒百货店等，派员直接从京、津、沪、汉等大商埠采购货物，然后批发给市内以及晋西北、晋中、晋南和陕西绥德、米脂等处的零售商，太原亦随之成为山西和陕北的商品集散中心（图5-1-60）。

清太原城商业街道一览　　表5-1-10

类型	街巷	位置	内容	初创时间
综合性市场	南市	南门内街道中段		宋
	钟楼街	城东南隅中部的东西向街道	宋时即是繁华的街市，清中期成为省城集散的主要商市	宋
	兴隆街	南市街以东		明以前
	中和市场	钟楼街东段北侧		清

（续表）

类型	街巷	位置	内容	初创时间
衣物	棉花巷	东米市以南	销售棉花的集市	宋
	靴巷	钟楼街中段以北	制作、销售靴子的集市	宋
	帽儿巷	钟楼街西段以北	帽子加工、销售之地	宋
	麻市	南门内街北端		
	毡房巷	东羊市街以南，柴市巷以北	制作和销售毛毡	宋
食品	酱园巷	钟楼街东段以北的东西向街道	设有各种面酱、酱油、酱菜的作坊和商号	宋
	咸肉巷	东羊市街以南，柴市巷以北	设有加工、出售熟肉的作坊	宋
	炒米巷		加工食品、粮食之类的炒豆、米花	明
	牛肉巷		原是回民聚居之地，加工、出售牛肉	
	豆芽巷		生产、出售豆芽	明
	茄皮巷		专为饭店加工茄皮的作坊	
	都司街	水西门街以北	居民半业屠宰	清
	通顺巷（鸡鹅巷）	鼓楼街西段以南	养鸡、卖鸡	宋
	馒头巷	水西门街以北	宋时巷内设有包子铺	宋
	韶九巷		巷内出售烧酒	
	猪头巷	县前街中段以南	巷内出售猪头	
	猪耳朵巷	县前街中段以南	巷内加工、出售熟猪头肉	
用具	大剪子巷	鼓楼街中段以南	制作剪刀的地方	宋
	大铁匠巷	棉花巷以北	巷内铁器作坊聚集	宋
	罗锅巷	水西门街以北，都司街以西	制作与出售罗锅的地方	清
牲口	活牛市	南门内街中段	活牛交易的牲口市场	
	羊市	钟楼街西段	羊交易的牲口市场	宋
燃料	柴市巷	钟楼街西段以南	城内柴碳交易的地方	宋

随着商业中心的转移，也建起了大量商住结合的特色民居，[①]在今钟楼街、靴巷一带仍有遗存。

① 太原的民居，平面布局多为严谨的四合院形式，有明显的轴线，左右对称，主次分明，沿中轴方向由几套院组成。有的在院落一侧或尽端还建有花园。正房一般为三间或五间、一层至两层，形式有二：一种是拱券式砖结构的窑洞，在窑洞的前部一般都加筑木结构的披檐、柱廊，上覆瓦顶；另一种是台梁式木结构，上覆瓦顶。左右厢房多为单坡瓦顶，坡向内院。大门对面建有影壁，或砖雕，或琉璃镶成各种吉祥图案。民居的外墙都用砖砌，做成清水砖墙，对外不开窗户，外观坚实雄壮。

钟楼街上目前保存较好的民居院落位于帽儿巷与钟楼街交口东南侧，北临钟楼街，南北纵深分布，列有三路（图 5-1-61、图 5-1-62），临街部分为商

图 5-1-61　钟楼街民居测绘图

图 5-1-62　钟楼街民居现状　（摄于 2010.04）

店，内部则为仓库和居住。东路四进，西路两进，两路院落的布局、结构及材料皆保留了原貌；中路三进，房屋大多于 1990 年代得到翻修，建筑材料及结构形式皆有变动，但院落布局完好。

靴巷内保留的两栋民国建筑分别是书业诚和亨久升。

书业诚（图 5-1-63）是祁县人渠仁甫于 1915 年创办的书店和寓所，其前身是清乾隆间（1736 ~ 1795 年）山西历史上最大的私人书店——书业德，主营书籍、字画，兼营文房四宝、文具、办公用品等。平面布局为标准的四合院形式，坐东朝西，共有两进。第一进院落的正房两层，建筑风格采用中西合璧式，建筑檐口和窗洞为西式线脚，在主入口处使用了中式门楼及木格花的门扇。

亨升久（图 5-1-64）是寿阳人苏晋亨于清光绪二十四年（1898 年）开办的

图 5-1-63　书业诚现状（摄于 2011.02）

图 5-1-64　亨久升现状（摄于 2011.02）

图 5-1-65　察院后街民居拱形门洞 （摄于 2011.02）

鞋店，亦为两进四合院，坐东朝西。第一进的正房为两层双坡顶硬山卷棚，第二进正房二层，屋顶部分已毁，但从残存的墙体可以看出原为单坡顶，坡向内院。整座建筑对外墙面不设窗，可以有效防止外界干扰。

察院后街是与靴巷北端丁字相交的东西向道路，因位于明清按察署司后而得名，街道中部保留有一民国时期的民居大门（图 5-1-65）。大门为拱券式，底部较宽约 2 米，券顶距地面高度约 3 米，据当地人介绍，这样的大门设置是为了方便驮载货物的马车进出。

5.2 西山故事：山水城景、营建漫漫、筑景构境

（1）山水城景

西山是太原盆地与吕梁山脉的过渡区域，各种动植物类型以及各种文化形式复杂交融。欲将之复杂的环境体系清晰建立，须以地域特征为切入点。如同凯文·林奇在《城市意象》中所陈述的那样，不仅城市的识别需要标志性要素，任何一个场所都需要树立一个或几个具有个性的建筑或者景点以便于人们识别，而将这些要素联系起来就成为这一场所的地域特征。

对于西山而言，不外乎山、水、城，及山水之景、山城之景。

1）山

金代诗人元好问在《过晋阳故城书事》中不仅详述了晋阳城的兴衰历史，且对西山的自然风光不吝溢美："惠远祠前晋溪水，翠叶银花清见底。水上西

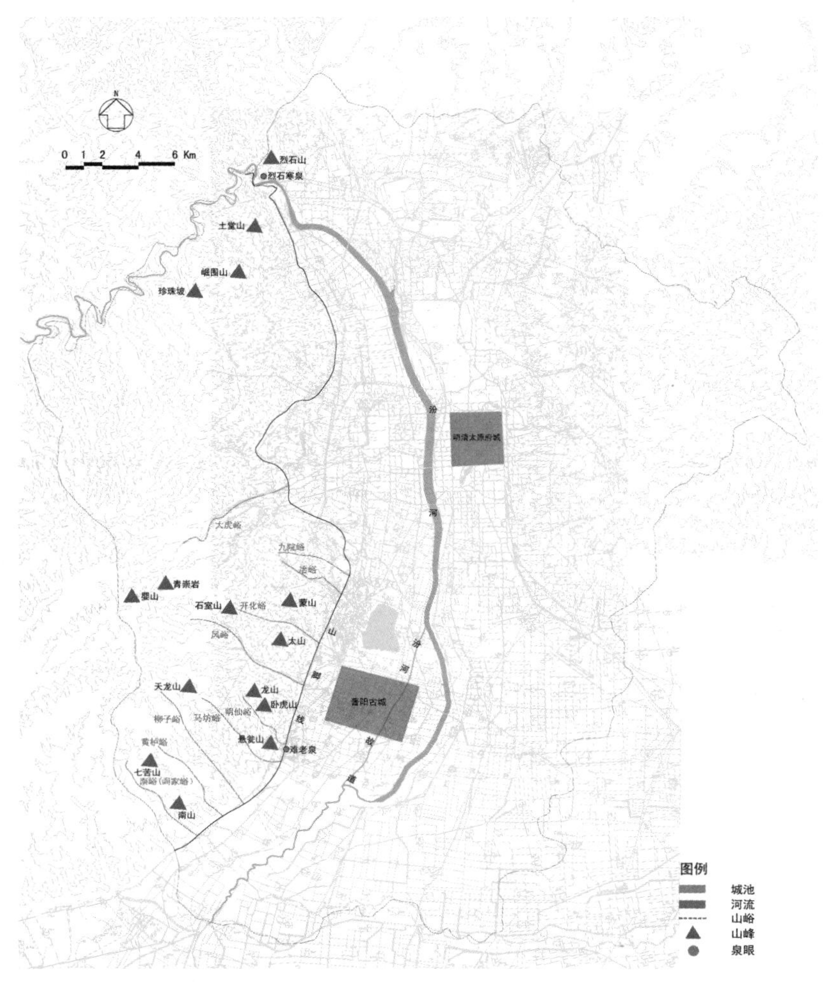

图 5-2-1　西山形势示意图　据道光太原县志．县治图、道光阳曲县志．卷一・舆地图上．山川图及实地考察情况绘制。图中所绘元素并非精确位置，仅作为示意性标注。图中淡蓝色大片区域为晋阳湖，是 20 世纪 50 年代开凿的人工湖，故不在本文所讨论的范围中。

山如挂屏，郁郁苍苍三十里。"① 历史上的西山可谓"山山清秀，山山有名"，由北向南的主要山体有冽石山、崛围山②（土堂山、珍珠坡）、婴山（庙前山、妙尖山）、石室山、蒙山、太山（风谷山）、青崇岩、龙山（悬瓮山）、卧虎山、方山（天龙山）、南山、镵石山、尖山、象山、苇谷山等（图 5-2-1）。

① 姚奠中. 元好问全集・卷第四・七言古诗.

② 古称"崛山围山"，本书统称"崛围山".

图 5-2-2　崛围山鸟瞰图（由北向南看）

客观而言，与城市接近的山体被开发、利用的范围和强度相对较大；也是此处关注的重点，即人类改造背景下的太原西山，因此，以下仅涉及与太原城市发展联系最为密切的山体：崛围山、蒙山、太山、石室山、龙山（悬瓮山）和天龙山。

①崛围山

崛围山位于西山的北端，与烈石山并列，呈南北走向，海拔 1400 米左右。南北两峰[①]高峻峭拔，隔汾河峡谷相对峙，势如入山门户（图 5-2-2、图 5-2-3）：

“汾水西条之山，来龙有二。一在汾东北，自宁化管涔而下。由静乐县天柱山、分岭山下。马城界口山，交城县旱霜山、玉庙儿山入邑界。历水头梁、

① 据安捷. 太原风景名胜志：182：南为青峰，北为飞云峰.

图 5-2-3　崛围山实景（摄于 2009.07）

青崖怀、扫石峪、朝阳山、瀑水崖、官山、小店镇凌井、天门至烈石而汾水出焉。一在汾西南，自岚谷赤壁岭而下。经静乐县静游村岚水与汾水合，山随水行，由楼烦镇寨沟山，交城古交镇至长峪沟入邑界。汾水亦至河口村入邑界，历九峰山、石豁子山、一步岩、王封山、土堂山、崛围山、狼虎山、虎头崖至西峙山，与太原天龙山连接。”①

① 道光阳曲县志. 卷一 · 舆地图上.

图 5-2-4　蒙山晓月（日景图）（摄于 2010.08）

②蒙山

蒙山的知名度相对较高，源于著名的蒙山大佛及景色之秀美（图 5-2-4），明人张颐《蒙山晓月》[①]记曰："咿喔鸡声天渐晓，山岭巍峨残月小。寒光旋逐曙光微，桂影潜随人影杳。露落风清角韵频，轮蹄多少在红尘，堪叹道上名利客，宁识窗前饱睡人。"

十六国时，"汉刘聪征刘琨不克，掠晋阳之民逾蒙山西归，即此山也。"[②]此役即并州刺史刘琨击败匈奴族汉国刘聪入侵的晋阳之战，其他类似蒙山作为晋阳西侧的屏障，确实在历史上起过十分重要的军事作用史料尚有：

"《十六国春秋》曰：'前赵刘聪征刘琨不克，掠晋阳之人，踰蒙山而归。'即谓此也。今山上有杨忠碑，为周将讨齐战胜，隋开皇二年，追纪功烈，始建此碑。忠即文帝之考，谥曰武元皇帝。"[③]

"蒙山……高一百四十丈有奇，盘踞三十里。南连太山，最高名蒙山寨，

① "蒙山晓月"是宋、元以来太原八景之一，据说月亮在此比别处亮.

② 永乐大典方志辑佚. 太原志. 山川. 山. 太原县.

③ （唐）李吉甫. 元和郡县图志. 卷十三 · 河东道二.

山下有甘泉一泓。汉刘聪攻刘琨不克，掠晋阳之民踰蒙山西遁即此。上有周将杨忠碑，下有刘薛王避暑寨。苏禹珪《重修蒙山开化庄严阁记》：'峪通马首，地管羊肠。'高若岐记：'繇沙沟北转见石山从面起，水自山上飞扑而下。'山形如楼台历数重。至水源经东北悬而上，西得盘石，倏见石塔坪耸峙于南斗。折蛇行二里许有最高峰谓即寨。比至，复为数峰所压，更跨一壑折西北，始于群峰间，露巑岏而拔起者而后为蒙山之砦。七八折抵其前，陟巅宽平，有石莲池、注底石及基地砌形，刘继元避暑宫之遗址也。西山马回尖、漫天岭而外胥拱于砦上。此山与悬瓮方山鼎立，而所见尤远。"[①]

③太山

太山在晋阳古城西门外、蒙山开化峪南，并与南侧的龙山夹峙晋阳西侧的重要交通孔道——风峪谷。山上的太山寺原为道观，名曰"昊天"，后改作佛寺。又因有龙泉，祈雨有验，故又更名为龙泉寺。据龙泉寺所藏清乾隆五十九年（1794年）碑刻《原邑太山寺新建乐楼碑记》："工既迄功，问记于予，予唯太山之名始见于沈约《宋书》，而寺建于唐景云元年（710年）。五代时，有山民石敢当天以勇略显于北汉之际，而山益有名。"2008年，寺旁发现唐塔遗址，并于地宫出土佛祖舍利，太山与龙泉寺声名再起。

④石室山

石室山在风峪之西，"上有石室，壁间篆字，人莫能识。"[②]2007年，太古公路开凿，山体被毁，惜已无存。

⑤龙山（悬瓮山）

太原又称"龙城"，相传与龙山、天龙山之名有关。《汉书》云："龙山在西北。有盐官。晋水所出，东入汾。"[③]可见，龙山之名至迟于汉代已有，北齐时"以山名县"。[④]龙山一名悬瓮山，"亦名结絀山……《山海经》曰：'悬瓮山，晋

① 康熙山西通志.卷十七·山川.

② 大明一统志.卷十九·山西布政司.

③ （东汉）班固.汉书·卷二十八上·地理志上第八上·太原郡.

④ 乾隆太原府志.卷九·山川.

水出焉。东南流注于汾水。’又《郡国志》云：‘悬瓮山，多鮆鱼，食之不骄。’”[①] 悬瓮之名乃因山有巨石状如瓮，惜宋仁宗时，地震将石摧毁，现已“无复瓮形矣”。[②] 晋祠即在悬瓮山下，晋水所出；山有白鱼泉，近年来环境恶化，泉已不复存在。

⑥天龙山

天龙山在龙山之西，其名晚于龙山，有史料称天龙山与龙山为同一山：“龙山……递高五里，有瓦窑峰，高四十丈。有华严塔，高逾瓦窑。南连悬瓮山，西连方山，北至黑沙岭。上有唐相国裴休退隐遗址。北有童子寺，南道中有白鱼泉，一名天龙山。”[③]

2）水

①汾河

汾河是太原第一大河，发源于宁武县管涔山麓的雷鸣寺泉（东寨镇），河源海拔 1670 米。汾河蜿蜒穿过崛围山区，自上兰村冽石口出山（图 5-2-5）。在太原盆地北段，汾河虽穿行于太行、吕梁之间，但一直沿着太原西山的地络南行，最后流入广阔的晋中平原地带。

汾河中下游河道有较多支流沿途汇入，径流量较大。但河流坡度较缓，流通不畅，是汾河干流稳定性较差的一段。历史上，汾河中下游一段改道频繁，流域内旱涝灾害频发，给沿岸百姓带来无尽的忧患和疾苦。

唐及以前的汾河水量很大，玄宗开元二十二年（734 年）主管漕运的大臣裴耀卿建议：“兼河槽，变陆为水，沿河设仓，水通即运，水细便止。”如此，则大批粮食可“自太原仓浮于渭，以实关中，谓之北运”，解决长安的粮食转运问题。至德宗建中四年（783 年）河东节度使马燧决汾河环绕晋阳东城，并

① （北宋）乐史. 宋本太平寰宇记. 卷四十 · 河东道一.

② 康熙山西通志. 卷十七 · 山川.

③ 乾隆太原府志. 卷九 · 山川.

图 5-2-5　汾河实景　图 1、2、5、6 为摄于 2010.03；图 3、4 为摄于 2009.07

在沿岸修建了许多池沼，植柳固堤。此后，汾河便在晋阳北侧分为两流，一流穿中城，一流绕东城，再于城南合并，一直南下，推测今日之汾河极有可能是当时马燧决引汾河绕东城之故道。入宋，并州知州陈佐尧引汾河灌注湖泊，沿河环湖复又植柳数万，时人称做“柳溪”，又多植海棠、梨树，元人诗云：“翠岩亭下问棠梨，上客同舟过柳溪。”[①]

此后，汾河水土流失现象逐渐严重，水量降低，且中游河段频繁改道，如明万历三十九年（1611年）和清乾隆三十二年（1767年）的两次，致原引水渠道被迫重建。水系格局的破坏，盆地内水资源的空间分布不均，使各权力之间争夺灌溉用水的讼案越来越多，汾河的水患也十分严重，明清太原县城的城隍庙会俗称“漂铁锅会”，即为描摹每遇洪水，城中锅碗瓢盆四处漂起的景象。

著名的窦祠也正是由于被洪水冲毁，迁现址重建，据祠内金大定二年（1162年）《英济侯庙碑记》：“旧庙临汾流而靠诸泉，宋元丰八年（1085年）六月二十四日，汾水涨溢，遂易今庙。”明以后的洪灾愈演愈烈，如：弘治十四年（1504年）七月，“汾水涨约四丈许，将滨河村落房屋及禾黍漂没殆尽，是岁大饥。”又，正德十六年（1521年），“汾河水泛，漂没禾黍无限，旧河本在史家庄之东，一夕移于其西。是岁大饥。”嘉靖三十二年（1553年）六月十六日，“大雨，汾水溢，高数丈，渰死牲畜无筭。汾河自瓦窑头西徙至东庄郭村，而下土高四五尺，稻田尽没。”[②]清康熙元年（1662年）秋，大雨连绵，汾河泛涨，西山北部的兰村地区山洪爆发，傅山作五言律诗《河涨》记之：“台骀犹敢怒，雷电总无劳。平地浮槎起，玃头五丈高。黄陵来裂石，白气冒波涛。对面兰村树，希微只沼毛。”[③]

②晋水（难老泉、善利泉）

晋水是汾河中游的主要水源之一，发源于距今太原市西南25公里的悬瓮山下，即今晋祠，源头有难老、鱼沼、善利三泉，流量以难老泉为最。晋水早在西周时期就已存在，经累代挖掘成晋水四河东流入汾，晋阳即以其城址位在晋水之北而得名：

“县故唐国也……时唐灭，乃封之（叔虞）于唐。县有晋水，后改名为晋。故子夏叙诗，称此晋也，而谓之唐。俭而用礼，有尧之遗风也……昔智伯遏晋

① 参见行龙. 汾水清，山西盛. 山西日报，2008-05-20.

② 嘉靖太原县志. 卷三·祥异.

③ 侯文正等. 傅山诗文选注：69.

水以灌晋阳，其川上源，后人踵其遗迹，蓄以为沼。沼西际山枕水，有唐叔虞祠。水侧有凉堂，结飞梁于水上，左右杂树交荫，希见曦景。至有淫朋密友，羁游宦子，莫不寻梁契集，用相娱慰，于晋川之中，最为胜处。”①

“晋阳，晋水所出，东入汾。”②

“晋水，源出悬瓮山麓、晋祠难老泉。泉初出处，甃石为塘，分南北渎。又分为四河，溉田凡三万晦有奇。沾其泽者，凡三十余村庄，流灌垂邑之半，东南会于汾。”③

“太原有晋阳宫、晋水。”④

“周成王封母弟虞为唐侯，其子燮改号曰晋，因其地有晋水也。三家分晋属赵氏，鲁定公之十三年，晋阳始见于春秋。水北曰阳，晋阳者，晋水之北也。”⑤

③西山九（十）峪

“峪”即“山谷”，或“两山之间谓之峪，峪必有平地，数顷或数十顷不等”。⑥“峪”的平地面积往往大于“沟”，但二者常通用。

太原西山沟壑较多，不能细数，以“西山⑦九峪”最为著名，即因山势东北、西南走向而形成的大致呈东西延伸并线性排列的九条山峪（图5-2-6），均是季节性河流，由西向东注入汾河，是汾河的主要水源之一，以柳子沟和风峪沟为著。

“西山九峪”之说见于（清）刘大鹏《明仙峪记》：“峪凡有九，而分为南四北五，曰风峪，曰开化峪，曰冶峪，曰九院峪，曰虎峪，此为北五峪，自南而北数者也；曰明仙峪，曰马房峪，曰柳子峪，曰阎家峪（俗呼南峪），此为南四峪，自北而南数者也。”⑧

---

① （北魏）郦道元. 水经注. 卷六. 晋水.

② （东汉）班固. 汉书·卷二十八上·地理志上第八上·太原郡.

③ （清）刘大鹏. 晋祠志. 卷三十·河例. 晋水.

④ 康熙山西通志. 卷十七·山川.

⑤ 道光太原县志. 卷一·沿革.

⑥ （清）刘书年. 刘贵阳说经残稿. 沂水桑麻话。

⑦ 此“西山”之说当指今所言的“西山南部地区”。

⑧ （清）刘大鹏. 晋祠志. 明显峪记卷第一. 峪之大略.

图 5-2-6　西山山峪实景 （摄于 2010.08）

但同书又记有“十峪”：“太原西山之峪凡十。明仙峪之北五：曰风峪，曰开化，曰冶峪，曰九院峪，曰虎峪，马房峪之南三：曰柳子峪，曰黄芦峪，曰阎家峪，均出煤炭。”①可见，西山并非只有九峪，甚至不止十峪，前人只讲九峪或十峪，可能有两方面原因：一是九（或十）乃虚数，“西山九峪”就代表了西山众多河道或者沟壑的存在，以之体现西山险峻的山势及富饶的水源；二是与其他峪相比，此九峪（或十峪）的景色相对突出，水量充沛。

众所周知，山西素称“煤炭之乡”，太原是山西煤炭开采相对发达的一个地区，而西山又是“峪峪走车马，沟沟有煤窑”②，煤窑密集（表 5-2-1）。早自宋代，明仙峪就开始采煤，大规模开采则在明代以后。采矿造成了大量的山体塌陷、荒山裸露，西山景观遭到极大破坏；同时，这也是峪水成灾的最主要原因，西山的季节性洪水逐渐威胁周边聚落，至清乾隆间（1736 ~ 1795 年）风峪沟的洪水就曾在十年内两次冲毁太原县城西门。③

金大定十年（1170 年）《重修九龙庙记》可能是关于峪水之灾的最早记录：“本朝皇统七年（1147 年）二十三日，风谷河泛涨，怒涛汹涌，沟浍皆盈，祠屋漂溺。”④再如清同治十三年（1874 年）“夏四月二十三日夜半，大雨如注，倾盆而至，雷电交加，势若山崩地塌。明仙、马房两峪，水俱暴涨，马房峪更甚。

① （清）刘大鹏. 晋祠志. 卷第四・山水. 马房峪.

② 曾谦. 近代山西煤炭的开发与运销. 山西档案2009（1）：51.

③ 张亚辉. 水德配天——一个晋中水利社会的历史与道德：53.

④ 嘉靖太原县志. 卷五・集文.

晋祠南门外庐舍田园，湮没大半。淹毙男女五、六十口，骡马十数匹而已。佥谓山中起蛟，致有此患……涧水为灾，间或有之。然祇淹没田畴，未尝害及人民庐舍也。独甲戌一灾，危害甚巨。”①

有水患，就要治理；反之，防洪工程的修建情况也反映了水患的严重程度。明清史料中关于西山各峪修堤防洪的记载频见，说明至少自金代已有的峪水灾害，已愈演愈烈了：

“沙堰，在风谷口，先年筑以障风谷暴水，成化年间（1465 ~ 1487 年）颓坏，正德七年（1512 年）王恭襄公倡督官民修筑，嘉靖七年（1528 年）复坏，公复倡率理问丁安县丞田璋修筑。嘉靖二十一年（1542 年）复坏，主簿王儒修筑，用石累砌，嵌以石灰，长二百余步。”②

“明仙峪，在晋祠北，左侧卧虎山，右侧悬瓮山，口外两旁甃石为堤，以束涧水。”

“马房峪，在晋祠南。左为锁烟岭，右为鸡笼山。口外两旁甃石为堤，防涧水之横溢……”③

“乾隆四十一年（1776 年）（丙申）十月二十三日（辛酉）山西巡抚觉罗巴延三奏：‘太原县西五里有风峪口，两旁俱系大山，大雨后，山水下注县城，猝遇水灾，捍御无及。请自峪口起开河沟一道，直达于汾。所占民田计止四十余亩，太原一城可期永无水患。’得旨：‘嘉奖。’”④

西山各峪矿藏分布 表 5-2-1

峪名	概况
虎峪	在县西北四十里，出石灰
九院峪	在县西北三十五里，出石灰

① （清）刘大鹏. 晋祠志. 卷四十一・故事下. 峪水为灾.

② 嘉靖太原县志. 卷一・桥梁.

③ （清）刘大鹏. 晋祠志. 卷第四・山水.

④ （清）清实录. 高宗纯皇帝实录. 卷一〇一九・乾隆四十一年十月下.

（续表）

峪名	概况
冶峪	在县西北二十里，旧为冶铁之所，故名。今造瓷器，出石灰
开化峪	在县西北十里余，造砂碢，出石炭、石灰
风峪	在县正西五里许，路入交城、娄烦，唐北都西门之驿路。五龙缠、青崇岩俱在内，出石炭、石灰
明仙峪	在卧虎山之南，出石炭
马房峪	在悬瓮山之南，出矾
柳子峪	在县西南十五里，出石炭，出矾
黄芦峪	在县西南二十里，出石炭
周家峪	在县西南二十里，出石炭

注：据道光太原县志整理。

④烈（冽）石寒泉

烈石山有冽石口，是汾河由山地流向平原地区的出水口："冽石谷……一作烈石。山罅出泉，傍有龙井，所谓烈石寒泉也，有窦鸣犊庙。冽石口岩穹百重，如断如削。汾河繇口出，窦大夫祠西数泉，泠泠可爱，名寒泉。金史纯《英济侯感应记》：汾水之滨有祠曰英济，俗呼名烈石神，盖里俗传之讹。取山石分裂，水从中出而名焉，其实非也。又史纯记英济庙之右有数泉，出于苍崖石脚间，旱焉不干，水焉不溢，湛然澄澈，可鉴毫毛，深疑神物窟宅隐伏于中。距数步则洪流奔涌，滔滔然势不可遏。惜乎地多沙溃，逼于河汾。不然，则凿渠改流灌溉民田，济物之功不在汾阴昭济之下矣。（明）于谦《烈石祠碑》：其地山川环抱，树木蓊郁，朝云暮霭，恒出檐楹栋宇间。祠之右有池，灵源浚发，澄波滉漾，穹甲巨鳞出没，天光云影中隐现，恍惚若有神，以凭之。"[①]

"烈石寒泉"又名"冽石寒泉"，乃著名的阳曲八景之一，（唐）李频诗云："泉分石洞千条碧，人在冰壶六月寒。"早年的烈石寒泉水量极大，汾河得泉水注入，势始汹涌，"烈石山下有泉，大小正侧不一，汇而为潭，方广数丈，清澈异常。"[②]

① 乾隆太原府志. 卷九 · 山川.

② 道光阳曲县志. 卷一 · 舆地图上.

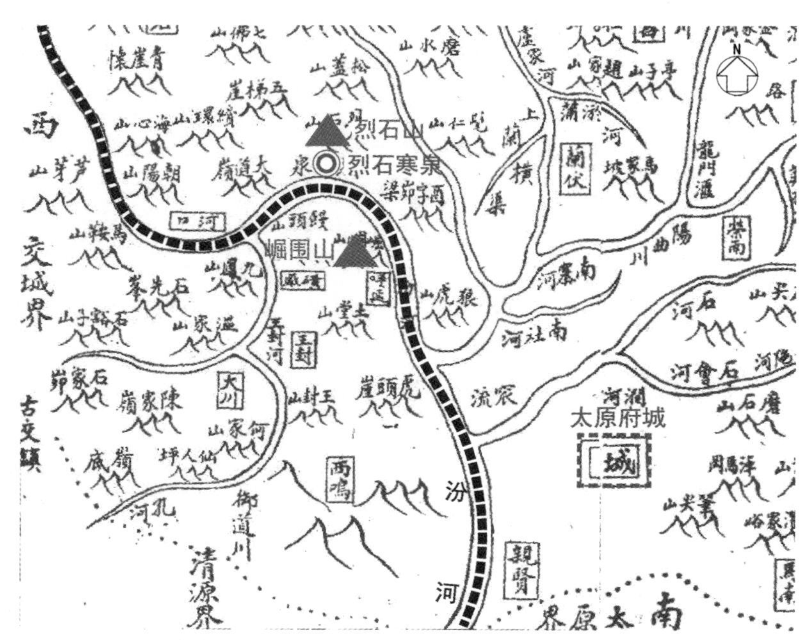

图 5-2-7　烈石寒泉区位图　底图引自道光阳曲县志 · 卷一 · 舆地图上 · 山川图 .

清代以后的烈石泉水有一独特现象，即与汾河“泾渭分明”：“烈石池即烈石泉，在县西北四十里烈石庙西，池水徐徐而出入于汾，不相合，惟清水一泓，流二十里始合汾，谚曰清水半壁，浑水半壁。”① 在赞叹烈石泉水清澈丰腴的同时，也说明此时的汾河已经由于水土流失严重导致含沙量极高。此后，环境恶化日趋严重，到如今，烈石依旧，寒泉已涸（图 5-2-7），“泾渭分明”也消失了。

① 乾隆太原府志. 卷九 · 山川.

3）城

《管子·乘马》言："凡立国都，非于大山之下，必于广川之上。高毋近旱而水用足，下毋近水而沟防省。因天材，就地利，故城郭不必中规矩，道路不必中准绳。"同书《度地》又言："故圣人之处国者，必于不倾之地，而择地形之肥饶者。乡山左右，经水若泽。"《周礼·夏官》亦主张建城"若有山川，则因之"。中国古代营城基本遵循"枕山、环水、面屏"的度地模式，注重"山—水—城"的有机融合，所谓"山水大聚会之所必结为都会，山水中聚会之所必结为市镇，山水小聚会之所必结为村落。"[①] 太原的"山—城"体系即为典型代表：西山完善了太原城市聚落的整体意象，同时又决定了城市聚落的性格特征。

①屏障意义

在长达2500年的太原城市建设历史中，太原地区的行政中心发生由南向北的转移。以宋太宗火烧水淹晋阳城为界，太原的历史地位发生较大的变革，据之，亦可将太原城市建设历程分为前后两个时期。

晋阳城始建于春秋末年，选址于西山（悬瓮山、龙山、蒙山）脚下的汾、晋交汇之处，所谓"山环水绕，原隰宽平"，其南临近台骀泽（晋泽），又便于排水。城址选择在西山脚下，取决于太原盆地异常重要的军事意义，反之又是山水环境赋予其独特的城市性格：首先，太原盆地位于晋国国土的偏远地区，是新开辟的疆土，诸卿势力纷至沓来，以谋一席之地，晋阳遂成群雄激烈角逐的中心地区；其次，春秋末，晋国封建力量迅速发展，执政的六卿是新兴封建政治的代表，在太原盆地的竞争与角逐，使晋阳成为晋国封建因素最活跃的区域；再次，晋国占据太原之后，其东、西、北三面与少数民族戎狄接壤，六卿不断向戎狄渗透，太原盆地又成其开疆拓土的前沿阵地。[②] 如此形势下，晋阳城的建设从一开始就带有强烈的政治军事色彩。

（清）顾祖禹《读史方舆纪要》记述了西晋、隋、唐、五代时期山西境内的

---

① 李先逵.风水观念更新与山水城市创造.建筑学报，1994（2）：14.

② 康玉庆、靳生禾.晋阳城肇建的地理环境因素.太原大学学报，2005（6）：12.

重大战役，皆与西山的蒙山有关，将其在地理防御上的重要性阐释得极为形象："晋阳有蒙山。其山连亘深远，或以为北山，或以为西山。晋永嘉六年（312年）刘聪使刘曜等乘虚寇晋阳取之，并州刺史刘琨请救于猗卢，曜等战败。弃晋阳踰蒙山而归。又北周保定二年（562年）杨忠会突厥自北道伐燕，至恒州，三道俱入，从西山而下，去晋阳二里许，为齐将段韶所败；唐天复二年（902年）河东将李嗣昭等取慈、隰二州，为汴军所败，汴军乘胜攻河东，嗣昭等依西山以还；又后唐清泰三年（936年）张敬达等围石敬瑭于太原，契丹救太原，敬达等陈于城西北山下，战于汾曲，为契丹所败；皆蒙山也。"① 位于风峪店头村东北方向的蒙山寨是晋阳古城西侧的最高峰（海拔1325米），可环顾四周形势，是绝佳的瞭望之所和军事要寨。简言之，西山（蒙山）是进可攻、退可守的天然屏障。

②交通要道

《嘉庆重修一统志》载："风谷山，在太原县西十里，即风峪。石壁有穴，中有北齐天保时刻佛经石柱一百二十六。是山西接交城，为唐北都西门之驿道。按《五代史》及《通鉴》、《后唐》中王存渥自晋阳走风谷，盖即此山。胡三省注《通鉴》，以风谷为岚谷之误，恐非。"② 可见，风峪自古就是太原地区通往古交的交通要道，也是晋阳古城六条主要驿路之一。春秋末到战国初，晋阳就有一条西去吕梁山的大道，从地理位置分析，应为风峪通吕梁的大道，据《大唐创业起居注》："隋炀帝……因过太原，取龙山、风峪道行幸。"《北齐书》："周武帝遣将率羌夷与突厥合众逼晋阳，世祖自邺倍道兼行赴救。突厥从北结阵而前，东距汾河，西被风谷。"③ 风峪也是晋阳古都的军事隘口之一。

盛唐时期，河西走廊的农业开发使之发展成了国家所倚重的粮食基地之一。当时，太原经灵州与河西走廊之间有一条传统的运粮通道，将河西粮食

① （清）顾祖禹. 读史方舆纪要. 卷四十・山西二.

② 嘉庆重修一统志. 卷一百三十六・太原府一. 山川. 风谷山.

③ （唐）李百药. 北齐书. 卷十六・列传第八・段荣.

“源源东运，以实皇廪”[1]，虽然不能确定这一通道的具体位置，但是可以显见的是西山正是位于这条通道之上。此外，太原地区也是五台山佛教文化传播的路径和重要通道，在去五台巡礼的前后，太原都作为中转站存在，为讲法高僧、佛教信徒及普通民众提供了一个交流的平台。

③民族融合

太原地区自古以来就处于我国由东北至西南的一条传统农牧分界线上，这条分界线的西北为游牧族为主的游牧区，其东南为华夏族为主的农业区。“分界线南北两种不同的生产生活方式，迥然不同的旱地农业文化与草原部落文化的激烈碰撞，导致了古来中国北方旷日持久的民族冲突。是以晋阳首当其冲，不妨说晋阳是历代王朝防范胡骑南下的巨大战略重镇，亦北方游牧强族南进之无可替代的门户。”[2]正因如此，晋阳受到来自两种文化的共同作用，成为民族融合的前沿（图 5–2–8）。

尤其是在南北朝时期，北方各民族逐鹿中原，晋阳成为“五胡”[3]南下的战略要地，先后被前赵、后赵、前秦、后燕、西燕所占据。前秦苻丕还以晋阳为都登上帝位。[4]北魏开始，主张改革汉化，当时的北魏都城平城成为吸收和容纳四面八方民族文化的大熔炉。至孝文帝迁都洛阳，晋阳成为平城与洛阳之间重要的枢纽城市，被认为是“胡汉民族共处融汇的乐土”[5]。东魏到北齐间，鲜卑化汉人高欢掌握实权，以“晋阳四塞，乃建大丞相府而定居焉”[6]，将三州六镇[7]的鲜卑人迁到晋阳附近，作为主要兵源。此时的晋阳作为东魏霸府和北齐别都，取代了洛阳以及后来的邺城，成为号令天下的政治军事中心，也成为当

① 李并成. 一批珍贵的太原历史资料——敦煌遗书中的太原史料综理. 中国古都研究（第二十辑）——中国古都学会2003年年会暨纪念太原建成2500年学术研讨会论文集：232.

② 靳生禾、谢鸿喜. 晋阳古战场考察报告. 山西大学学报（哲学社会科学版）. 2007（5）：240.

③ 五胡，即并州胡。所谓“胡”，就是古人对汉族以外的其他民族的泛称，既指北方草原游牧民族，也指来自西域乃至中亚的粟特人。这里主要是指匈奴、鲜卑、羯、氐、羌。

④ 李非. 晋阳文化综论. 晋阳学刊，2006（4）：39.

⑤ 渠传福、周健. 晋阳与"并州胡". 中国文化遗产，2008（1）：75.

⑥ （唐）李百药. 北齐书. 卷一·帝纪第一.

⑦ “三州”指冀、定、瀛（治今河北冀州、定州、河间），“六镇”是指防御来自北方的侵扰，拱卫首都平城，北魏前期在都城平城（今山西大同东北）以北边境设置的六个军镇，自西而东为沃野、怀朔、武川、抚冥、柔玄、怀荒六镇。

图 5-2-8 太原隋虞弘墓椁壁浮雕 引自李爱国 . 发现虞弘墓 [J]. 中国文化遗产 ,2008(01):81。虞弘为入华为官的中亚人，墓内汉白玉石椁表面的浮雕彩绘显示出浓郁的异国风情，反映了当时东西方不同民族与文化间的密切交流与融合。地图集 .

时的国际化大都市。近年来，在太原地区发现了几十座北齐高官的墓葬，风格和样式都是传统型构的石椁与异域内容的浮雕相结合，可见当时胡人文化与汉族文化的交汇之盛。

④商业贸易

晋阳成为民族融合中心的另一个表现是发达的商业贸易。早在春秋时就形成以晋阳为中心放射出几条骨干交通路线，这一交通格局到秦汉时期得以完善。虽然经过了魏晋南北朝近400年的分裂和动乱，到北齐时期，由于统治者政治、军事需要，这几条早已形成的交通骨干路线不仅得以维持下来，而且更加趋于完善。晋阳的交通要冲地位，使其成为北方交通的枢纽和贸易中心城市。

商业贸易的重大发展始于魏晋南北朝时期，当时的皇族官僚穷奢极欲、挥霍浪费，成为商品经济发展的重要因素之一。晋阳城遂成为各地物资的集散之地，主要交流牲畜、珠宝、酒、丝绸等物品。如北齐时有丞相高阿那肱在晋阳城中侵占民地，盖起80余间店铺门面租赁给商人，获取暴利；娄睿墓①的壁画上有高鼻短胡、浓眉深目的胡人牵引着昂首负重的骆驼以及背驮货物的马队，可窥晋阳中西贸易的繁荣情景（图5-2-9）。

至唐开元间（713 ~ 741年）晋阳城有居民22万，再加上驻军部队和没入户籍的人口，总数在30万左右。要维持如此众多人口的消费，必然要有繁荣的城市商业，更出现了一些载于史册的著名商人，如五代后周晋阳人李彦群等。日本国僧人圆仁游历大唐，看到晋阳西山“遍山有石炭，远近州人尽来烧取”，说明当时煤炭贸易的繁荣。1958年，文物部门在晋阳古城遗址以北的金胜唐墓中出土了一枚波斯萨珊朝库思老二世银币，币为圆形（直径3厘米），正面铸有王者半身像和外国文字，背面铸火教祭坛和铸币地点、年代，此为西亚商人在晋阳进行商业活动的实物佐证。②

---

① 1979年，晋阳古城遗址以南7公里处发掘北齐东安君王娄睿墓。

② 张德一.晋阳古城商业拾零.太原晚报，2010-01-25.

图 5-2-9　北齐娄睿墓壁画《驼运图》部分　引自太原市文物考古研究所．北齐娄叡墓：图版 3。驼运图位于墓道两壁上层各一幅，本图是位于西壁上的一幅四人五驼载物驼队图。前驼背负圆鼓大软包，后驼身驼软包、垂橐。两驼之间一人头戴高筒毡帽，高鼻短胡，浓眉凹眼，似为波斯人。

4）景

景观意境的构成包括空间序列与文化氛围两个方面，西山是多处山体所形成的集群，从序列上来看是由分散的几个子系统所构成，每个子系统又有自己的特征。相较而言，文化意境的塑造对综合特征的体现更加直观，如十分常见的某处“八景”。所谓“八景”，并非确数，也会有十景、十二景、十六景等。

传统文化意义上的“八景”，反映的是某个地区的自然与人文环境，并与地域特征密切相连。“八景”是对山形水势的形象表述，字面上似乎可以理解为“八方之景”，但其实是针对某些具有地标性的景观，并非拘泥于其具体方位。

尽管“八景”常被诟病于不可考证或附会支离，但对大多数人而言，并非看重或强求是否必定或者仅仅有这八景，因为，不管是八景的总结者还是感受者，前者表达了对自然环境的礼赞，而后者从中获得了对某一特定领域的特征认知，或是产生认同感。那么，基于这样的前提，“八景”的真实与否、措辞夸张与否就显得不是那么重要了，真正的美景其实就在身边，只是等待着被发现、被挖掘、被感知。事实上，实际的生活情形及自然环境并非如景色描述般那样的美好，但“景不自胜，因人而胜”①，“山水因人而名”②，人文和自然的和谐搭配会使景观的价值得以凸显。“八景”从某种意义上的“精英（文人墨客、乡绅仕宦）审美逐渐演化为一种集体意识”③，从而成为地方认知的重要媒介和地域标志，不仅展示了古人的智慧，对自然山水的美好向往，对生存环境的强烈热爱；更重要的是，“八景”具有强烈的地域性，是人们对生存领域空间的限定与强调。

太原西山因地域广阔，各种“八景”层出，如太原县、阳曲县就分别有“八景”的记载，此外，（清）刘大鹏《晋祠志》也列有西山的众多景致，如天龙八景、晋祠内外八景、赤桥十景、明仙峪十二景、黄楼八景等（表5-2-2）。

西山各级八景（十景、十二景）内容　　表5-2-2

八景	所属	其中位于西山地区的景观名称	自然景观	人文景观
太原县八景	县城	蒙山晓月、汾水秋波、白龙时雨、卧虎晴岚、广惠灵泉、浮屠瑞霭、仙嵓避暑、御井停骖	4	4
太原县八景	县城	五峰聚秀、八洞环青、清潭写翠、古塔凌苍、蒙山晓月、汾水秋波、白龙时雨、卧虎晴岚	4	4
阳曲八景	县城	汾河晚渡、烈石寒泉、崛围红叶、土堂神柏、西山叠翠	4	1
天龙八景	景区	重山环秀（崇山环翠）、层阁停云（佛阁停云）、龙潭灵泽（龙池灵泽）、虬柏蟠空、鼎峰独峙、石洞栈道、高欢避暑、柳跖旗石（柳子旗石）	4	4

① （清）徐尚印.双锦徐氏宗谱.卷一；转引自张廷银.传统家谱中“八景”的文化意义.广州大学学报（社会科学版），2004（3）：42.

② （清）潘国霖.婺北清华胡氏家谱.卷三十二；转引自张廷银.传统家谱中“八景”的文化意义.广州大学学报（社会科学版），2004（3）：42.

③ 赵夏.我国的“八景”传统及其文化意义.规划师，2006（12）：90.

（续表）

八景	所属	其中位于西山地区的景观名称	自然景观	人文景观
晋祠内八景	景区	望川晴晓、仙阁梯云、石洞茶烟、莲池映月、古柏齐年、滕瀛四照、难老泉声、双桥挂雪	3	5
晋祠外八景	景区	悬瓮晴岚、文峰鼎峙、宝塔披霞、谷口双堤、山城烟堞、四水青畴、大寺荷风、桃源春雨	3	5
明仙峪十二景	景区	峰悬石瓮、岩挂冰帘、鹿角蘸碧、虎尾拖岚、凉岩锁翠、刚崖缀黄、钟声宝刹、雪积华严、白云山色、流水泉声、石门月照、瓦窑霞飞	7	5
赤桥十景	村落	古洞书韵、兰若钟声、龙冈叠翠、虎岫浮岚、古桥月照、杏坞花开、唐槐鼎峙、晋水长流、莲畦风动、稻陇波翻	7	3
黄楼八景	村落	村槐嫩阴、井泉甘液、曦辉普照、涧水传声、杏园春色、枣坪秋霞、龙桥叠雪、鱼洼吐云	7	1

注：据嘉靖太原县志、道光曲阳县志、（清）刘太鹏．晋祠志整理．

“八景”中的自然景观数量略多于人文景观：西山自古即为风景佳处，是太原区域认知的最重要特征之一，除了“晋祠内外八景”中人文景观的比例略大之外，其余均以自然景观为主或两者数量相同。

“八景”有级别所属，具“大八景套小八景”的层级关系：如晋祠、天龙山等，隶属于“太原县八景”系统，本身又自成体系，形成更深一层的“晋祠内外八景”“天龙八景”，甚至一些历史悠久、景色优美的村落，也在漫长的历史时期中形成自己的景观体系。

“八景”并不固定，随环境而变：对比明《嘉靖太原县志》与清《道光太原县志》中关于“八景”的文字描述，嘉靖间（1522 ~ 1566 年）的“八景”包括蒙山、汾河、天龙山白龙池、卧虎山、晋溪、惠明寺阿育王塔、苇谷山仙严寺、御井，而道光间（1821 ~ 1850 年）的“八景”则有青崇岩、龙山、晋祠、蒙山、惠明寺阿育王塔、汾河、天龙山白龙池、卧虎山。可见，对于地方景致的认知是随人随时不断变化的，既来自于景观本身的兴衰，也与时人的文化认知以及审美情趣相关，如蒙山、天龙山等始终是胜景之地，而其他景致如晋溪、仙严寺等由于某些原因遭到毁弃，清时就退出了“八景”。

（2）营建漫漫

西山的景观和建筑体系的形成并非一蹴而就，而是具有时间性和过程性，有赖于各朝各代的大力营建和多个民族的文化融合。西山建筑遗存景观的形成过程是人与自然之间关系的演变，是两者相互作用的结果。探究演变的历程比单纯的针对现状进行分析更具有现实意义，因为“在很多活文化传统中，实际上发生过什么，比材质构成本身更能体现一个遗址的真实性。”[①]

以下主要从三个角度宏观考察西山格局的形成及发展规律，总结城市的发展、文化的变迁与西山文化景观之间的关系：

① 西山历史建筑景观的发展以城市变迁为契机，每一次的城市迁移都对西山的建设产生影响，或建造力度增大，或祭祀对象变化。在这种变迁的背后，统治阶级的喜恶对西山的影响较大，主要表现在不同信仰建筑的建造力度呈现不同程度的波动。

② 作为城市周边的宗教信仰区，西山拥有大量的宗教历史遗存，这些宗教建筑的兴衰荣辱正是西山文化兴废历程的直接表征。

③ 在漫长的发展历程中，西山从统治阶级的神圣之山，到普通民众的欢愉之山，西山的地位发生着微妙的变化。时至明清，众多文人士子云集西山，给西山带来了更加浓厚的文化底蕴。不可否认，文人士子看待西山的角度不同，心中所构建的西山图式亦不同，对西山发展的推动力和期望值必然有所不同。

1）阶段

纵观太原建城史，历史上最具影响力的事件主要有：① 公元前497年于晋水之阳建晋阳古城；② 宋太平兴国四年（979年）于唐明镇建太原府城；③ 明洪武八年（1375年）于晋阳古城遗址建太原县城。这三次有关城市建设的变革引

① Dawson Munjeri. 完整性和真实性概念——非洲的新兴模式. 会安草案——亚洲最佳保护范例（2005）. 五、真实性与非物质文化遗产。

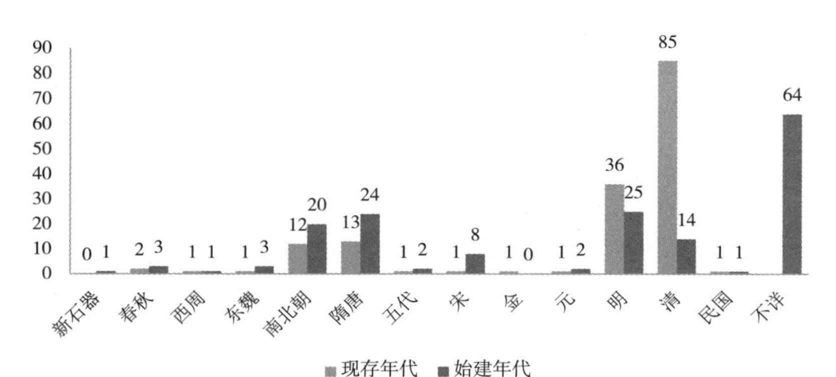

图 5-2-10（a） 现存的（所有）建筑的现状年代统计

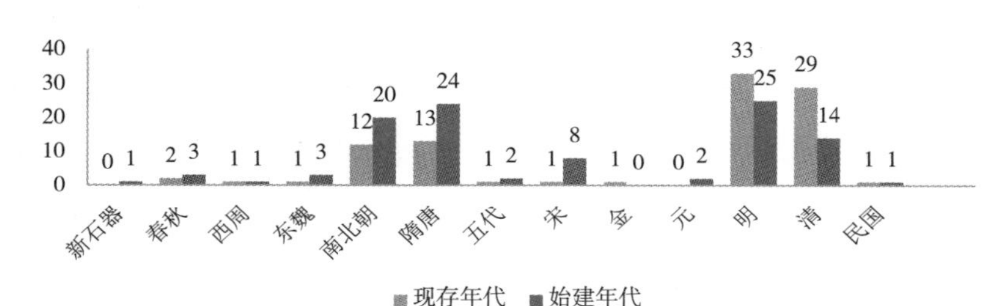

图 5-2-10（b） 现存的（已知始建年代的）建筑的现状年代统计

起了两个方面的转化：首先是城市的位置，由南向北重心转移；其次是城市的性质，由都城到府城的降格。

图 5-2-10 是对现存历史建筑现状年代与始建年代进行的统计，图（a）显示现存建筑年代以清代为最，明代次之，南北朝和隋唐时期相对数量也较丰富。再与图（b）对比，建筑的始建年代多为南北朝到隋唐之间及明、清，且有大量清代遗存的始建年代并不清楚，但多为关帝庙、真武庙、观音堂等，根据经验判断其始建不会太早。亦即，单看清以前，南北朝、隋唐、明是太原西山建设力度较大的时期，是明显的时间节点。

图 5-2-11 是针对营建过程的分析，图（a）是次数统计，呈现出西山营建的三个阶段：首先是唐以前，力度处于上升的状态，其中于北齐和盛唐形成两

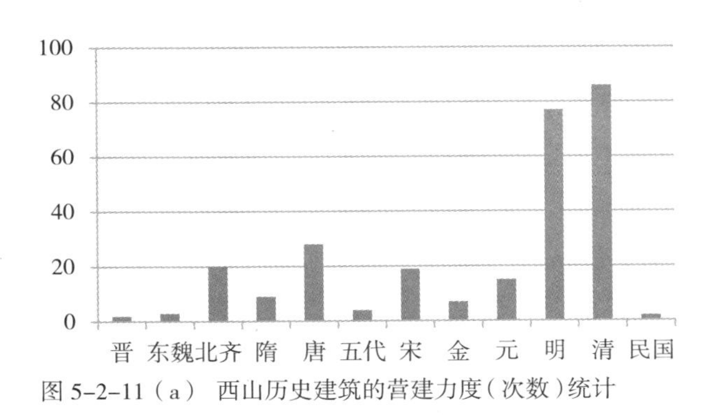

图 5-2-11（a） 西山历史建筑的营建力度（次数）统计

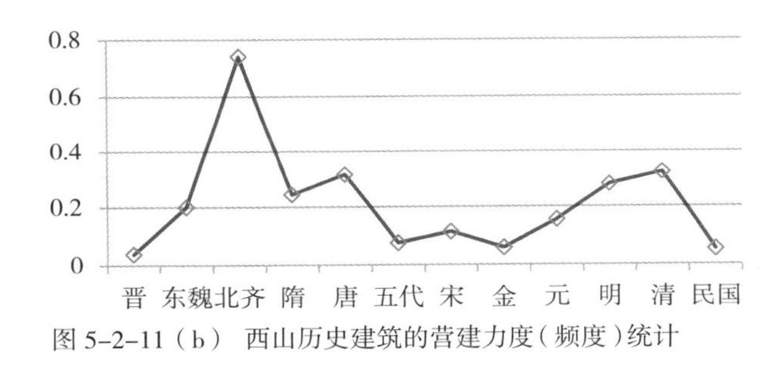

图 5-2-11（b） 西山历史建筑的营建力度（频度）统计

次高峰；宋元时期，趋于平缓，各朝营建略有增减，但较平均；而到了明代，力度陡然剧增，至清以后达到前所未有的顶峰。图 b 是基于朝代时段的频度统计，即营造活动与时间长度的比值，基本验证了上述发展趋势，但由于南北朝时间跨度较短，尤其是北齐庞大的建造量，使得从建造频度来看形成有史以来的最高值。

如果将营建过程与社会变迁史相结合来看（图 5-2-12），又可发现，西山的建设活动与政治环境的变革是有着相互对应关系的，即西山的营建与城市的营建基本同步。具体到营建内容，西山在金代以前的宗教建筑修建一直占有绝对优势，此后虽然这种优势并没有太大的变化，但民间信仰祠庙建筑异军突起（图 5-2-13），不过，这两种发展趋势的界限并不明确，而是可以相互叠加、同时进行的。

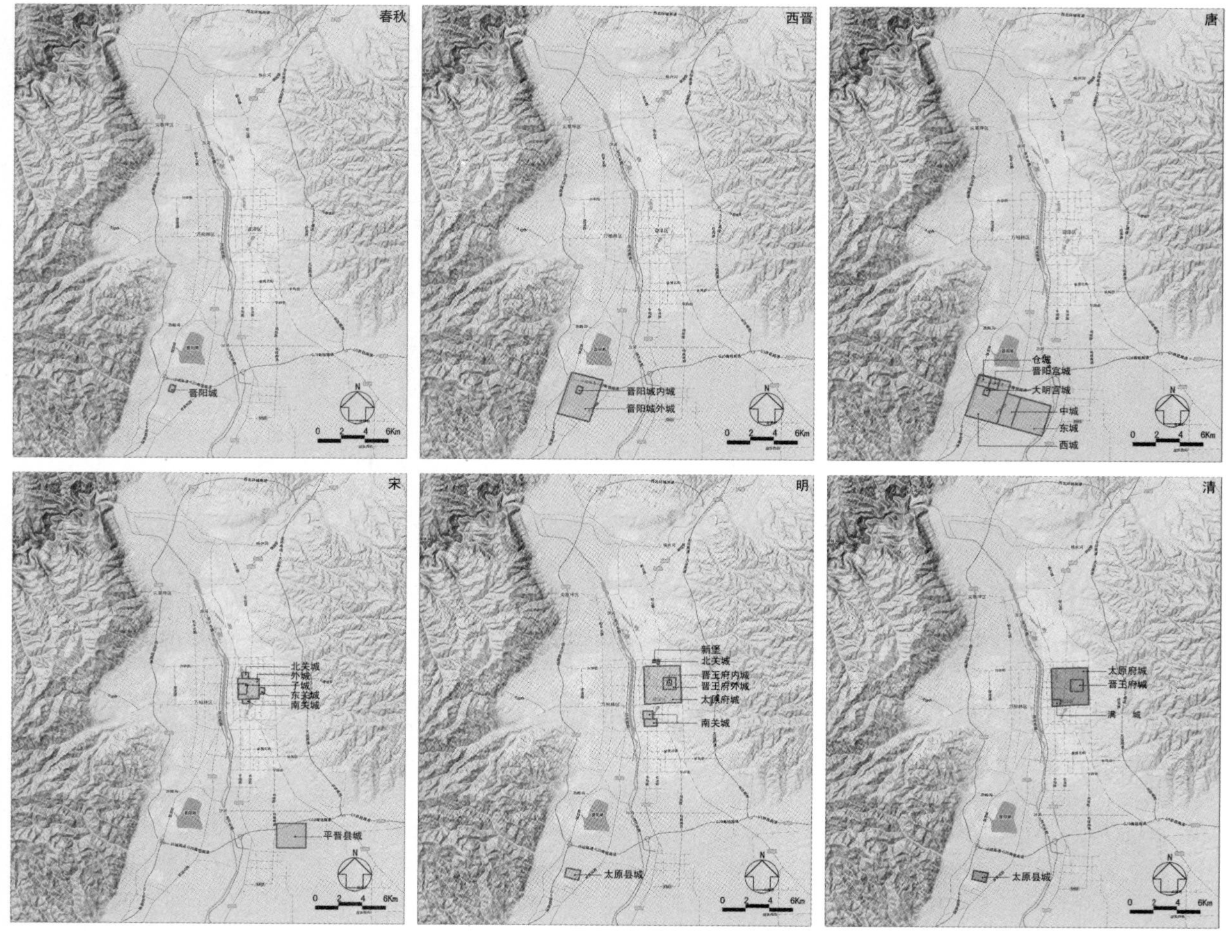

图 5-2-12 太原地区历代城市格局图 底图引自 Google Map 地形图，据山西省地图集编撰委员会．山西省历史地图集、刘铁旦．古城营村志中关于晋阳及太原城市城垣建设的内容绘制．

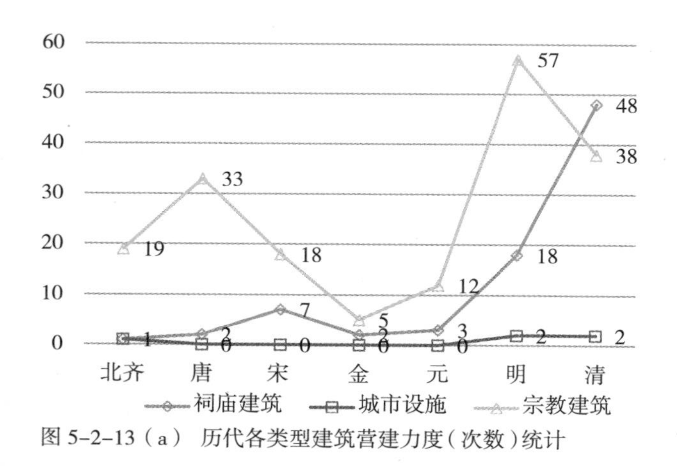

图 5-2-13（a） 历代各类型建筑营建力度（次数）统计

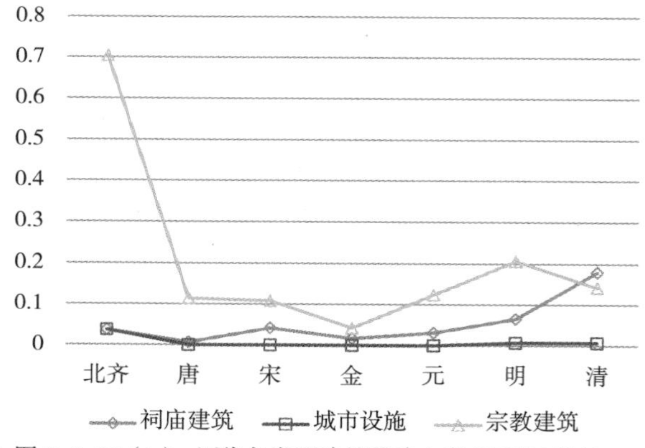

图 5-2-13（b） 历代各类型建筑营建力度（频度）统计

①先秦时期：远古—公元前497年

城市西部之山谓之西山，即西山是相对城市的存在而产生的，没有晋阳城（太原城）也就不会有西山之说。因此，对于一座城市而言，西山首先作为人们向往自然、崇尚山水的胜境，受到统治者与民众的共同推崇。西山的概念最晚应产生于北齐年间，但对于最早始于何时史籍中未有记载。既然西山是依托于城市发展的，那么西山之名的产生至少应是晚于城市的产生，即意味着西山之名的出现不会早于晋阳城肇始时期，即公元前497年。

不过在此之前，西山地区早已有了人类的足迹，并出现了先进的文化。在太原西山地区已考古发现了两处重要的早期遗址，一是位于汾河西岸的新石器时代义井文化遗址，一是位于上兰镇土堂村附近的旧石器时代文化遗存。商周时期，这里是并氏、北唐戎、燕京之戎等方国或游牧部落的活动区域。直到周成王“剪桐封弟”，将古唐国封给其弟叔虞，自此开启了太原地区的城市发展史。

严格意义上讲，此时并没有所谓的“西山”，至少，西山还未作为一种文化意义的限定出现在历史上，是西山文化发展的萌芽期，也没有留下多少当时的遗迹，只有多年后人们为纪念叔虞而建造的祠堂仍然接受着世人的敬仰。

②晋阳城时期：公元前497年—宋太平兴国四年（979年）

《春秋》中“定公十三年秋，晋赵鞅入于晋阳以叛”是对晋阳最早的记载，据《史记》载，公元前497年，晋国大卿赵鞅出于战略上的需要，令家臣董安于精心选址，在今太原市晋源区古城营村一带建晋阳城，是为太原建城之始。[①]

晋阳城“拊天下之背而扼其喉也”[②]，其选址颇具科学性和政治性。西山高万仞，拔地而起，表里山河，固若金汤，既可作为防御外敌的屏障，又可提供丰富的物质资源。东有汾河、南有晋水，“山环水绕，原隰宽平……既解决了城市的生活用水问题，又有交通灌溉之利，可谓理想的建城位置。”[③]

---

① （西汉）司马迁. 史记·卷四十三·赵世家第十三.

② （清）顾祖禹. 读史方舆纪要·卷三十九·山西一.

③ 常一民、陈庆轩. 晋阳——与水火相连的古城. 中国文化遗产，2008（1）：18.

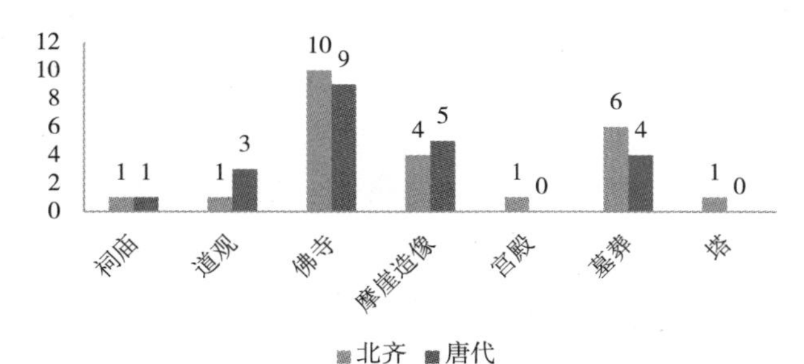

图 5-2-14　北齐、唐代始建的建筑类型统计

至北齐高氏经营晋阳，“大起楼观，自洋以下，皆遊集焉。”① 在晋祠凿池塘、盖楼台，如飞梁及难老、善利二亭、三台阁、读书台、望川亭，都建于该时。天统五年（569 年）又将晋祠更名为“大崇皇寺”。此外，还效法北魏在云冈、龙门的做法，在西山上筑童子寺、法华寺，凿石窟、镌佛像，西山一带的佛教盛极一时。隋代开始对晋阳城进行大规模扩建，更于汾水东岸建小城。入唐，武则天天授元年（690 年）长史崔神庆奉旨跨汾水修筑城堞，把两座城市连接在一起，形成横跨汾水、三城相连的胜景，② 并设晋阳为北都，天宝元年（742 年）称太原为“北京”，与洛阳、长安并称“天王三京”。有唐以来的统治者多以太原为龙兴之地，并屡次巡幸，如显庆五年（660 年）唐高宗与武则天就曾幸龙山童子寺，次年又派使臣给大佛送袈裟。

北齐至唐，可谓晋阳城最辉煌的时期。是时，作为都城之边山的西山，无论是建设力度或频度也随之增大（图 5-2-14）。北齐建造的重点集中在佛教寺院、墓葬和摩崖造像上，而唐时的道观亦有增加，与统治者崇尚道教相契合。

③太原府城时期：宋太平兴国四年（979 年）—明洪武八年（1375 年）

宋初，太宗赵匡义水灌火烧晋阳城之后，在汾河东岸建平晋县城以安置流民，后又在唐明镇另起新城，作为府治。此时的晋阳城早已成为一片废墟，历史上的辉煌也随之一去不复返，太原（晋阳）从“陪都”、“霸府”的显赫地位一

① （唐）李吉甫. 元和郡县图志. 卷十三·河东道二.

② 常一民、陈庆轩. 晋阳——与水火相连的古城. 中国文化遗产，2008（1）：21.

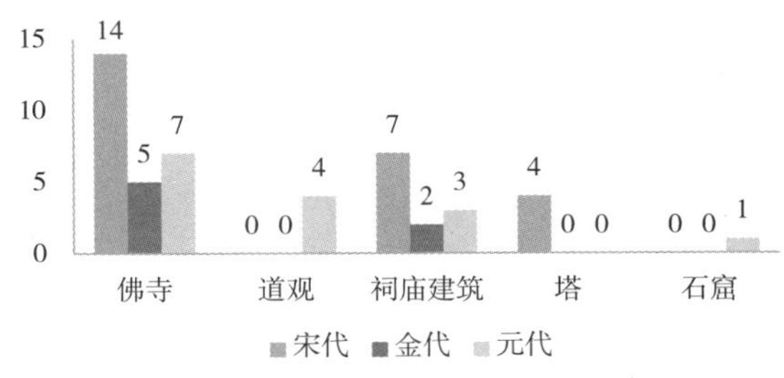

图 5-2-15　宋、金、元营建力度（次数）统计

落千丈，成为一个普通的府治城市。

不过，晋阳城的辉煌还尚未从民众心头抹去，人们仍以晋阳为自己的故乡，身在河东却始终心系故城，晋水流域的村民在此以后的很长时期内都不引晋水用于灌溉。但西山的营建活动却未止步（图 5-2-15），佛寺依然是建设重点。随着民间信仰的盛行，宋代政权对晋祠等民间信仰建筑的修建变得较为频繁，祠庙类建筑相对于前代有所增加。

入金，南宋政权的南移导致太原成为边疆地区，北部少数民族趁机大举进犯，许多建筑毁于当时的战火，如童子寺（含石窟、大佛、佛阁）、昊天观等，西山营建几近停滞。到了元代，以龙山石窟为代表的道教建筑大肆兴建，西山的宗教文化又掀高潮，惜时间较短。

④太原县城时期：明洪武八年（1375 年）—民国初（1912 年以后）

晋阳城毁掉后的 400 年间，遗址上一直罕见人迹，直到明洪武四年（1371 年）晋王朱棡开始于此建府。惜“晋府宫殿木架已具，一夕大风尽颓，遂移建于府城”。[①] 虽然晋王府搬到了太原府城，但由于西山一带的河谷平原地区土地肥沃，物产丰富，许多地方成了晋王府和宁化府的屯田村。“晋府屯四处：东庄屯、马圈屯、小站屯、马兰屯。宁化府屯二处：古城屯、河下屯。”[②] 这些屯田村落在各种资源利用上都享有特权，尤其是用水方面，“王府特权”就意味着每次用水需王府优先，待其灌毕才允许流域内其他村庄用水。至清代这种用

① 嘉靖太原县志. 卷三・祥异.

② 嘉靖太原县志. 卷一・屯庄.

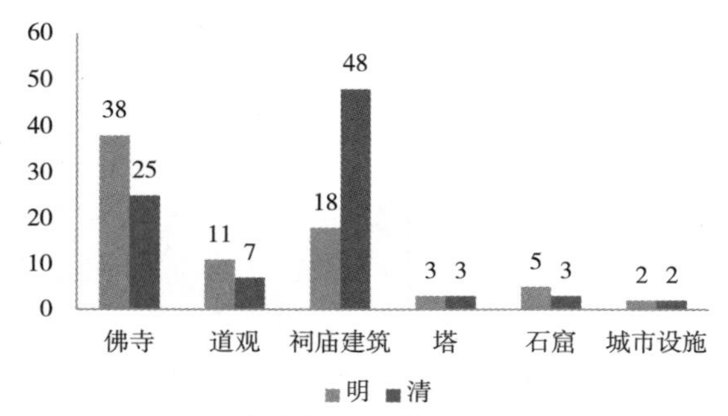

图 5-2-16　明、清营建力度（次数）统计

水惯例仍未打破，五村在水量分配上向来比较充裕，不容他村分享。水权的不平等占有多造成流域内有水村庄与缺水村庄间的争水纠纷，即晋水流域之水利社会无论在对水的所有权、支配权还是管辖权方面，处处都体现着一股浓厚的水权意识。①

明洪武四年（1371 年）汾河东岸的平晋县城被汾水冲毁，迁县治于晋阳城南部（今太原晋源区附近）；八年（1375 年）在晋阳城遗址上新建太原县城。虽然从规模上说，太原县城远不如晋阳城那样宏伟绚丽，但这一事件使得晋阳城地区各村落之间又一次形成以之为核心的一个完整区域，各种宗教、民间信仰及城市公共建筑的建造得到大力开展，尤其是晋水流域的祭祀系统大约是在这一时期得到基本定型。

明以后，以祠庙建筑为代表的民间信仰文化空前繁荣，并逐渐成为社会文化的重要组成部分。如果说明时还将宗教信仰建筑作为修建的重点对象，那么，清时的营建活动则完全以世俗性的民间信仰祠庙建筑为主了（图 5-2-16）。此外，明清以来的太原地区人口大量增长，农业、手工业飞速发展，西山成了人们生活的依托，资源的掠夺也达到有史以来最为高效的极致。这一时期，民间社会产生了资本主义萌芽，以水磨业、造纸业和采矿业为主的小型工业开始兴起，无论是水资源分配还是矿藏资源的开采都逐渐凸显矛盾。可以毫不夸张地说，西山的营建已经达至顶峰，并开始由盛转衰了。

① 张亚辉. 水德配天——一个晋中水利社会的历史与道德［M］. 北京：民族出版社，2008：46.

2）分布

太原地区的历代统治者、文人和普通民众大多选择在西山或大兴楼观、或寄情山水，或酬神礼佛，形成了层次完整的建筑系统。现有的历史遗存在类型上涉及祠庙、佛寺、道观、石窟、墓葬、摩崖造像、城池、教堂、塔及水利工程等十余种，数量依次递减，即祠庙、佛寺数量较大，其次是道观、墓葬、石窟寺和塔等。

这些建筑类型中，佛寺、道观、摩崖造像、塔和石窟等属于宗教建筑的范畴；祠庙虽然也是祭祀神祇的场所，但多发源于民间，其管理者也多为地方组织或个人，且祭祀活动具有日常性，即与百姓生活息息相关；作为阴宅的墓葬与作为阳宅的民居相对，亦关乎世俗生活。其他，如水利、桥梁、城池等则属于城市公共设施的构建。根据这些特征将现有遗存又可划分为三大体系，即：宗教、世俗、城市。

从数量上看，属于宗教体系的占大多数，世俗的次之，城市则就更少了。究其原因，一方面是因为西山大多是自然区域，城市建设仅是其中的一个方面，反倒是那些藏于深山的寺庙宫观更加声名远播；另一方面，这里的两座城市——明清太原县城、晋阳古城，前者年代久远、破坏较大，后者更是早已销声匿迹、深埋地下。

西山的遗存分布主要有两大区域：一是以崛围山为主的北部地区，另一则是以晋水为中心的南部地区。根据地形地貌特征又可分为山地区和平原区。

以明清太原府城为辐射的北部区：自太原东南方向的永祚寺双塔（文峰塔、宣文塔）向西北方向的多福寺舍利塔（青峰塔）连一条直线，可以发现明清太原府城的大多数宗教祭祀建筑皆在此线周边，这就是当地人戏传的神秘的45° 线（图 5-2-17）。其实，史料中并无确切记载，亦无考证，那么，是否古人在规划布局时的确出于某种特殊原因的考虑？虽然 45° 线的说法未免神玄，但“东南—西北”倒是颇具风水意义，如古时常在聚落东南兴建文昌塔、魁星楼一类。就太原而言，永祚寺双塔的产生就是为了以补商风日盛而文风衰退的

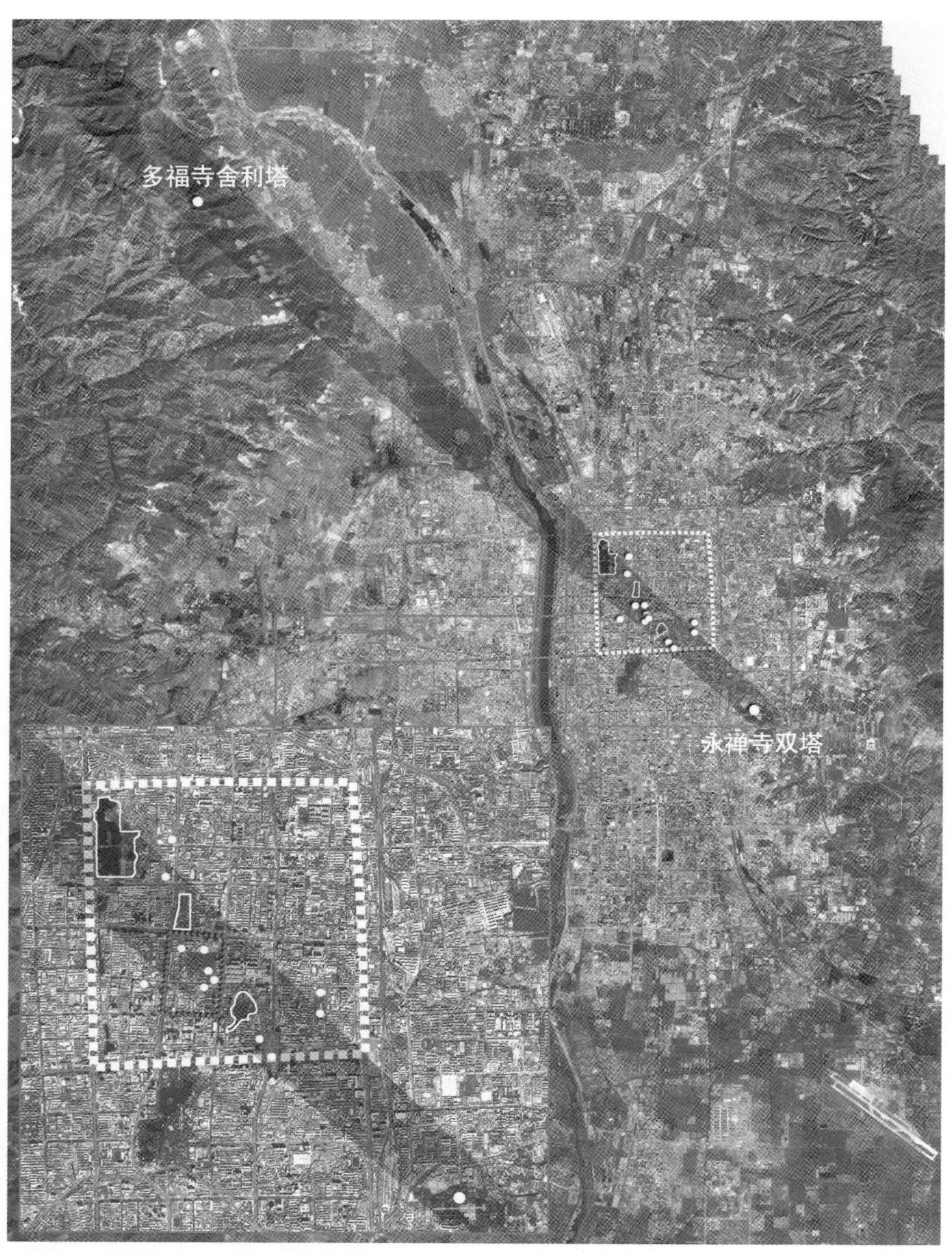

图 5-2-17　明清太原府城与周边历史建筑的关系　引自东南大学建筑设计研究院·城市保护与发展工作室．太原钟鼓楼地区修建性详细规划及建筑设计初步方案．2010.

“风水之不足”；与之遥相呼应的是多福寺舍利塔所在的崛围山，窦祠、多福寺等重要宗教祭祀建筑的聚集正是崛围山特殊地位的明证。

以晋阳古城为基点的南部山地区：南北朝至隋唐的晋阳城，正是历史地位最为显赫的时期，西山紧邻晋阳城，营建活动自然频繁，特别是今日所见西山南部山区及山地与平原交界区的具有极高价值的历史遗存，大多建于该时期（图 5-2-18）。

以太原县城为中心的南部平原区：西山南部平原地区的现存建筑大多建于明以后（图 5-2-19），源于太原县城的出现，使得明以后太原城南部的大多数村落的政治、商业、文化中心再一次转移到西山脚下，并直接促使了西山资源的大规模开发，但山区环境也开始遭到日益破坏。以水为中心的祭祀活动在村落之间得到广泛传播，时人的精神寄托逐渐转移到与生产生活相关的世俗信仰中，并形成一定的系统与规模。

3）水利

西山北部地区的灌溉多取自汾水，而南部地区大多属于泉域灌溉，即晋水灌溉。

与汾水有关的水利工程主要集中在汾河中下游两岸及其支流，以修渠引河为主，最早可上溯至汉武帝时，历代有修。至清中期，汾河流域的河渠灌溉工程已相当发达，多达69条[①]；有清一代，太原县的引汾渠道就由清初的11条增至清末的30条，阳曲县也从14条增至28条。[②]

晋水流域的形成则是伴随着晋祠地区水利工程的发展而来。智伯渠是最早问世的水利工程，即后来的晋渠。东汉安帝元初三年（116年）开始“修理太原旧沟渠，灌溉官私田”[③]，即利用智伯渠的旧有水道，修整疏浚后灌溉田亩。隋

① 嘉庆重修一统志. 卷一百三十六·太原府一. 堤堰.

② 张亚辉著. 水德配天——一个晋中水利社会的历史与道德［M］. 北京：民族出版社，2008：44-45.

③ （南朝宋）范晔. 后汉书. 卷五·孝安帝纪第五.

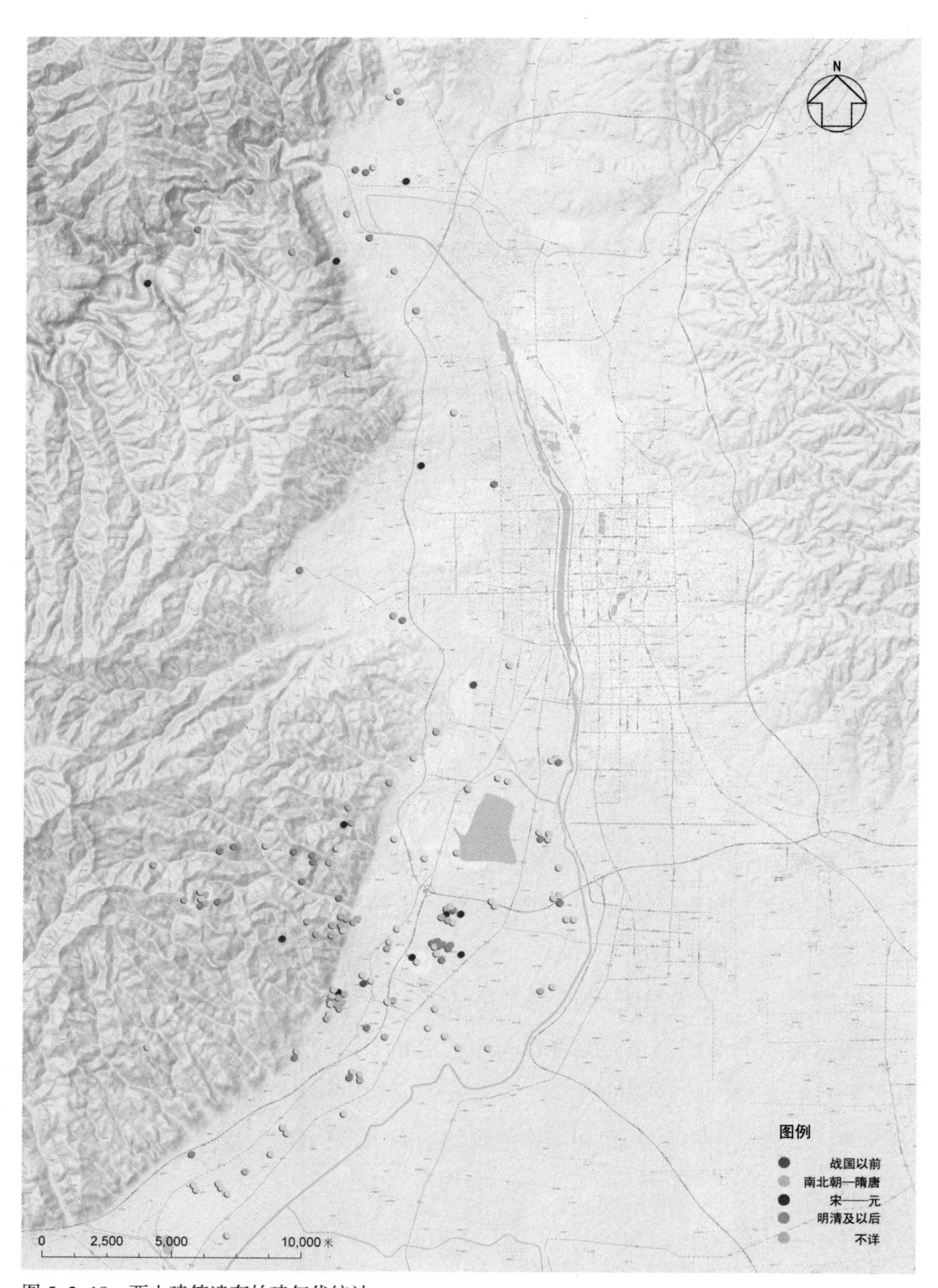

图 5-2-18　西山建筑遗存始建年代统计

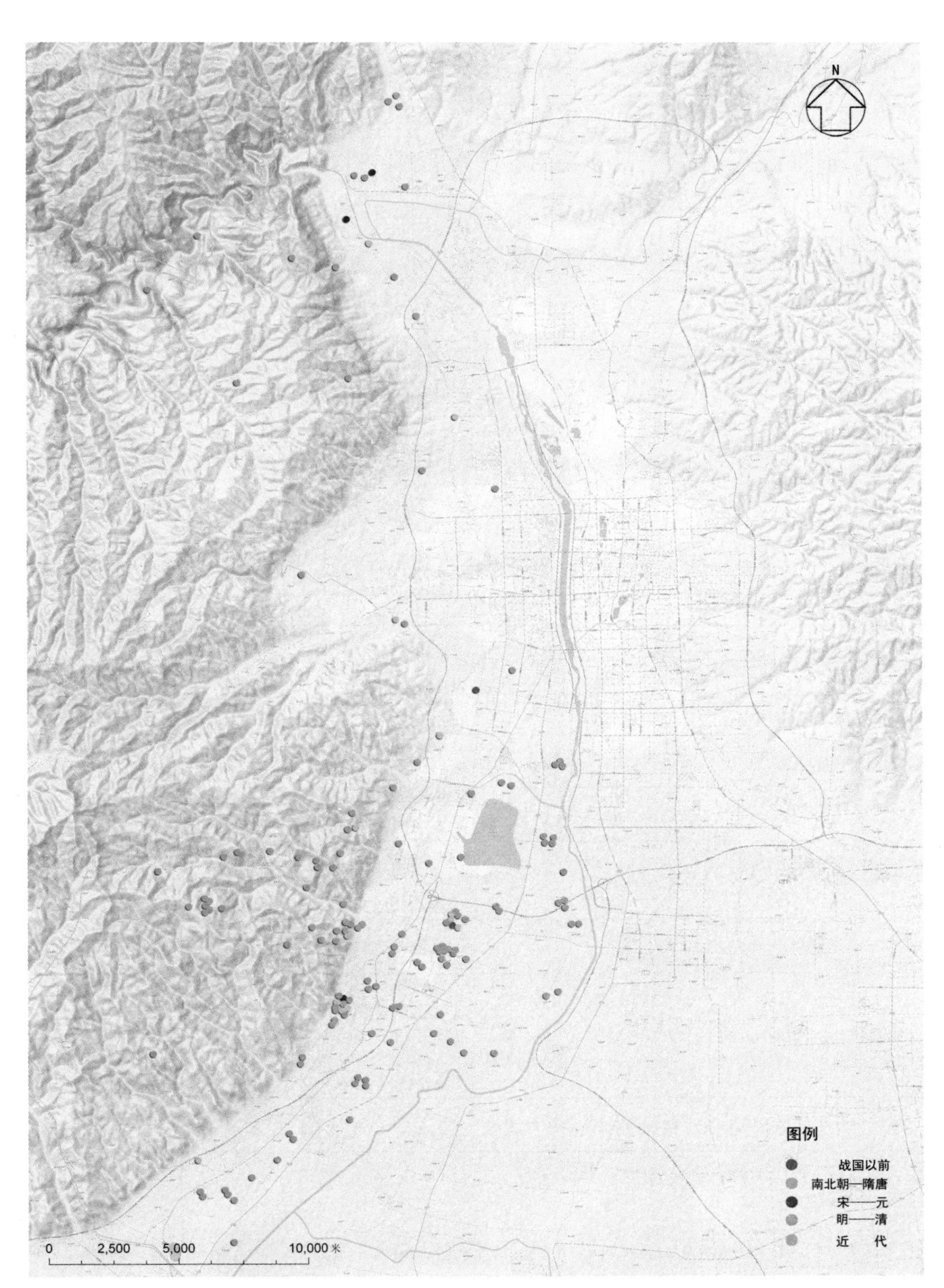

图 5-2-19　西山建筑遗存现状年代统计

开皇四年（584 年）新开中河、南河，使晋祠东南部“周回四十一里”[1]的土地都得到灌溉，进一步提高了晋水的利用率。至唐，晋阳城大兴土木，水利工程也有了新的飞跃：有两次跨越汾河的渡槽工程，引晋水入对岸的东城，改善其“地多碱卤，井水苦不可食”的局面，诸如“晋祠流水如碧玉”“百尺清潭写翠娥”这样的诗句，足见世人对晋水的喜爱。

晋水流域的水利工程（表 5-2-3）主要包括疏浚沟渠、开挖新渠等，整个晋水灌溉系统在宋代就已基本成型，据研究表明，水流量最高可达 2.5 立方米 / 秒，并东流至晋阳古城（今古城营）南六里的晋泽，又折而东南最后注入贯穿山西南北境的汾河。[2]

晋水流域水利工程 表 5-2-3

时间	水利工程	史料及出处
战国初（公元前 403 年 ~ ）	开挖智伯渠，筑堤堰导晋水以灌田	智伯遏晋水以灌晋阳，其川上源，后人踵其迹，蓄以为沼……沼水分为二派，其渎乘高，东北注入晋阳，以周围溉。《水经注 · 晋水注》
东汉元初三年（116 年）	维修晋祠泉	修理太原旧沟渠，灌溉官私田。《后汉书 · 安帝纪》
隋开皇六年（586 年）	引晋水	（在晋阳）引晋水溉稻田，周回四十一里。《新唐书 · 地理志》
唐贞观十三年（639 年）	架汾引水	（李勣）架汾引晋水入（晋阳）东城，以甘民食，谓之晋渠。《宋 · 薛仲孺 <梁令祠记> 碑刻》
唐建中四年（783 年）	架汾引水	北边数有警，河东节度使马造念晋阳王业所基，宜固险以示敌夕乃引晋水架汾而属之城，诸为东陛，省守阵万人，又黽汾，环城树以固堤。《新唐书 · 马燧传》
宋太平兴国四年（979 年）	宋太宗赵光义引晋水淹晋阳	—
宋嘉祐五年（1060 年）	引晋水灌田	（太谷知县陈知白）分引晋水，教民灌溉而利斯溥焉……由故城至郭村，凡水之所行二乡五村，民悉附水为沟，激而引之，漫然于塍陇间，各有先后，无不周者……其灌田以稻数计之，得二百二十一夫余七十亩，合前为三百三十夫五十九亩三分有奇。《宋史 · 河渠志》
宋熙宁八年（1075 年）	修晋祠水利，灌田	太原府草泽史守一修晋祠水利，溉田六百余顷。《宋史 · 河渠志》

注：据张荷 . 古代山西引泉灌溉初探 . 晋阳学刊，1990（5）：44-49 整理 .

① 据（唐）李吉甫. 元和郡县图志. 卷十三 · 河东道二. 太原府：“晋泽在县西南六里。隋开皇六年引晋水溉稻田，周回四十一里。”

② 行龙. 以水为中心的晋水流域［M］. 太原：山西出版集团 & 山西人民出版社，2007：32-33.

宋初对晋阳城的火烧水淹，直接摧毁了晋水渠系，至嘉祐间（1034 ~ 1038年）晋水灌溉方得以恢复。明清以后，人口的增长，环境的恶化，导致水资源日渐匮乏，“水利虽云溥博，而水争则极纷纭”[①]，晋水共享的景象不再。

屯军是新的利益分配者：宋毁晋阳后，另筑平晋城，其周围就是屯军的村落。入明，太原作为九边重镇之一，更是军队驻扎的重地，西山南部晋水流域的“九营十八寨”即为写照。屯军带来大量人口，不同阶层的差别成为潜在的矛盾因素，也必然导致对资源的争夺，此后几乎所有的大规模水案都与屯军有关[②]，晋水流域长期的混乱开始了，并一直延续至清。

地方与宗藩的水权争夺：明初，朱元璋第三子朱棡被封晋王，就藩太原，晋王府的大量屯田皆在西山脚下的晋水流域，如小站营、五府营、马圈屯、古城营、东庄营等，地方水资源必须优先供王府使用。随着宗藩成员的数量及需求的与日俱增，不仅宗藩与地方之间的对立与矛盾愈发激烈，承担着双重科派的民众也早已不堪重负。

产业对资源的过度开发：随着人口压力的加重，单凭水利型经济已无法维系民众的日常生计[③]，进山开矿是大多数人的选择，于是就出现了（清）刘大鹏在《晋祠志》中所描述的那样：“峪峪走车马，沟沟有煤窑。”开矿方式十分原始，自然环境遭到破坏，西山的水系也最终干涸。此外，晋水流域还兴起了草纸业与水磨业，对水量需求极大，直接威胁到灌溉用水。其实，早在唐代颁布的水利法典中就规定磨碾不得与灌溉争利，但在利益的驱动下，磨主为获得足够用水，往往恃财欺压水户，不惜牺牲水利设施，强占正常的灌溉用水。

水权纷争是明清以来晋水流域十分突出的社会现象。无论是屯军制度下人口激增的影响，还是各利益主体之间的争夺，晋水逐渐成为一种稀缺资源被追逐，其后果除了频频水争之外，也引发了围绕水文化的独特祭祀系统的形成。

---

① （清）刘大鹏. 晋水志. 卷二・旧制；转引自行龙. 晋水流域36村水利祭祀系统个案研究. 史林，2005（4）：2.

② 张亚辉. 水德配天——一个晋中水利社会的历史与道德［M］. 北京：民族出版社，2008：182.

③ 行龙. 以水为中心的晋水流域［M］. 太原：山西出版集团&山西人民出版社，2007：8.

4）信仰

①佛教

佛教传入太原的确切时期无考，但至迟东汉末（220年前）即有[①]，“普光寺，在七府营街，汉建安间（196 ~ 220年）建，唐初赐名普照。”[②]东晋时，石勒称王，是为后赵，为缓和汉胡矛盾，巩固其统治，极力提倡佛教，大建佛寺；太原属其辖地，佛教自然盛行。

太原地区的佛教发展以南北朝为最，不过，北魏太武帝的灭法使魏境佛教惨遭重击；文成帝即位后，下诏重兴佛事，才使之涅槃重生。北魏分裂成东、西魏后，晋阳成为东魏实际上的政治、军事、文化中心，掌有实权的丞相高欢笃信佛教，在天龙山一带凿窟造像，并创建佛寺，天龙山石窟也是西山现存最早的佛教遗存。至北齐天宝间（742 ~ 756年）高欢又在蒙山兴筑开化寺（又名法华寺），开凿蒙山大佛。随后的隋唐及五代时期，继续兴盛；唐高祖李渊、太宗李世民、高宗李治，及武则天都曾巡幸“北都”晋阳，并往西山礼佛，并敕凿窟建寺。

针对太原地区自北魏至五代期间的佛教兴盛，杜斗城先生《敦煌五台山文献校录研究》总结原因有三：一即深刻的佛教历史背景是影响佛寺地理分布的重要因素，北魏迁都洛阳以后，位于平城与洛阳之间的太原无疑受到帝都佛教文化的熏染，并迅速发展；二是隋秦王杨俊在此大力兴佛；三则因与此地唐起兵之地有关，据《佛祖统记》载，唐武德元年（618年）“诏为太祖以下造旃檀等身佛三躯……以义师起兵为太原寺。”[③]

佛教圣地五台山与太原地区也有着极大的渊源。太原是关中、中原北上五台山，或从五台山南下中原、西走关中或西行陕北的必经之地，作为“五台山进香道”上的颈喉，其作用不可替代。据敦煌遗书5.529V《诸山圣迹志》载：“从此南行五百里至太原，都成（城）（周）围卅里，大寺一十五所，大禅（院）十所，

① 陆霞、陈向荣. 太原佛教研究. 山西财经大学学报，2006（4）：222.

② 景印文渊阁《四库全书》收录《山西通志》卷一百六十八·寺观.

③ （南宋）释志磐. 佛祖统纪. 卷三十九·法运通塞志第十七之六. 唐·高祖·武德元年.

小（禅）院百余，僧尼二万余人。”[①] 高僧大德巡礼五台山后，一般都要南往太原，或讲经听法，或参睹圣迹；虔诚的佛教徒们也大多会循其足迹，紧随其后。

唐代中后期的太原堪称佛教一大讲场。如：《宋高僧传》卷二《唐洛京白马寺觉救传》载“中和（881 ~ 885 年）中，圭峰密公著疏判解，经本一卷，后分二卷成部，续又为钞，演畅幽邃。今东京、太原、三蜀盛行讲演焉”；《入唐求法巡礼行记》载日僧圆仁“从石门寺向西上坂，行二里许，到童子寺，慈恩台法师避新罗僧玄侧法师，从长安来始讲唯识之处也。”[②]

太原藏经也相当丰富，亦是吸引僧众来太原参学问道的重要原因；大量僧侣在太原研习佛法，或从这里走出去，如：《宋高僧传》卷七《后唐定州开元寺贞辩传》载“释贞辩，中山人也。少知出家，负笈抵太原城内听习”；又卷十《梁渭州明福寺彦照传》载“释彦照，姓孙氏，今东京武阳人也……登年十五，随时学法，往太原京兆、洛阳。”[③]

此外，太原还是绘制《五台山图》[④] 的基地之一，日僧圆仁入唐求法，就曾在此请画博士画《五台山化现图》，是敦煌遗书 P.4648《往五台山行记》记载的敦煌僧人至五台山朝山拜佛后在太原画的《台山图》长画。[⑤]

圆仁（图 5-2-20）于唐开成五年（840 年）七月二十六日经过太原西山上的石门寺，在日记（后人编纂为《入唐求法巡礼记》）中写道：“山门有小寺，名为石门寺。寺中有一僧，长念《法花（华）经》，已多年。”[⑥] 此僧于夜中念经，有三道光照满全屋，“感得舍利见，”于是循明至悬崖，掘开地面，得三瓶佛舍利。是时，“太原城诸村贵贱男女及官府上下尽来顶礼供养。皆云是和尚持《法华经》不可思议力所感得也。从城至山，来往人满路稠密，观礼奇之。”故事真假

---

① 转引自陈双印. 敦煌写本《诸山圣迹志》校释与研究：42.

② （日）释圆仁. 入唐求法巡礼行记. 卷三・开成五年–唐武宗会昌三年：356.

③ 张春燕. 从S. 529《诸山圣迹志》看五代佛寺的分布及其原因. 敦煌学辑刊，1998（2）：150.

④ 《五台山图》就是绘有五台山自然地理和佛教寺院、瑞相灵迹的佛画。信众在朝山览胜后，又求得《五台山图》作为朝圣纪念品，带回住地，遂使《五台山图》传到汉地、西域、韩国、日本等地.

⑤ 太原佛教发展主要参考陈双印、张郁萍. 唐王朝及五代后梁、后唐时期太原佛教发展原因初探. 敦煌研究，2007（1）：87–89.

⑥ （日）释圆仁. 入唐求法巡礼行记. 卷三・开成五年–唐武宗会昌三年：356.

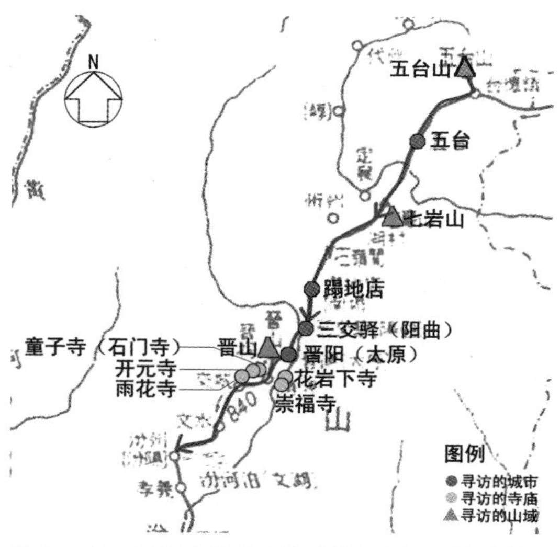

图 5-2-20　圆仁入唐寻法路线图（五台—太原段）
底图引自（唐）（日）释圆仁．入唐求法巡礼校注，据该书文字绘制．

不必深究，倒是西山的佛教之盛可窥豹于一斑，这也是像圆仁这些不远万里来华求法的僧人大多会选择此地进行巡礼的根本动力。

朝圣的信众也多以西山作为巡礼的主要场所。据《往五台山行记》载："又行十里到太原城内大安寺内常住库安下……三月十七日巡游诸寺。在河东城内第一礼大崇福寺，入得寺门，有五层乾元长寿阁；又入大中寺，入得寺门，有大阁，有铁佛一尊。入净明寺，有真身舍利塔。相次城内巡礼皆遍。又于京西北及正西山内有一十所山寺，皆巡礼讫。京西北有开化大阁，兼有石佛一尊，又正西有山，有阁一所，名童子像阁，兼有石佛。"①

佛教净土宗的根本道场在山西交城玄中寺，而作为早期道场的并州大岩寺却少有人知，其实，蒙（西）山大佛所在的开化寺后寺即是②，这里也是净土宗大师昙鸾早期传法的地方；因于净土宗的影响，属于此宗的佛寺也较多，如崛围山脚下土堂村土堂大佛所在的净因寺，崛围山上多福寺的前身崛山围教寺等。此外，西山佛教石窟的开凿力度和频度皆引人注目（图 5-2-21、图 5-2-22），以北齐至隋唐时期为胜（图 5-2-23）。

① 郑炳林．敦煌地理文书汇辑校注；转引自陈双印、张郁萍．唐王朝及五代后梁、后唐时期太原佛教发展原因初探．敦煌研究，2007（1）：87.

② 王剑霓．佛教净土宗的早期道场．文史月刊，1996（1）：186.

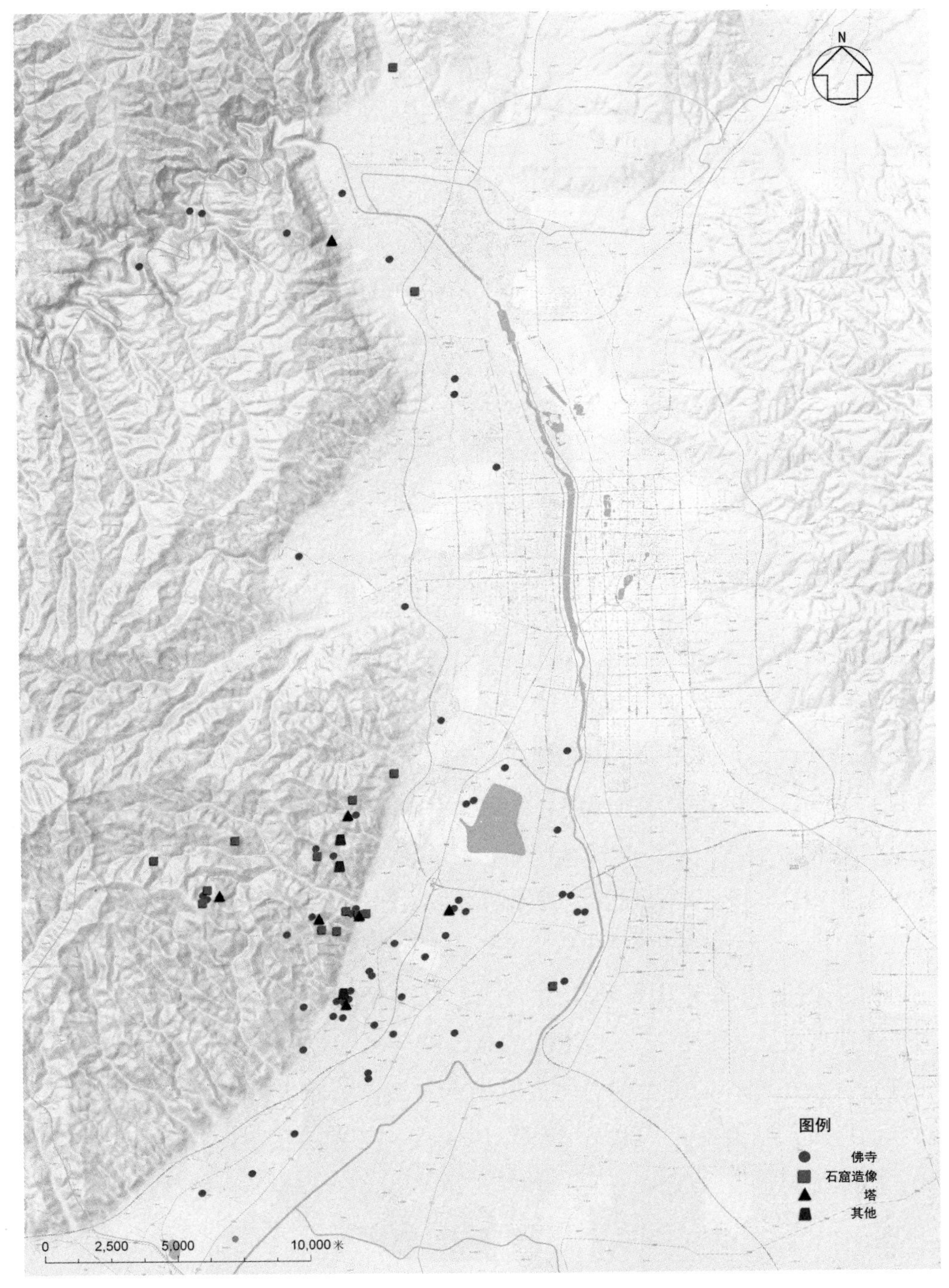

图 5-2-21　佛教建筑分布图

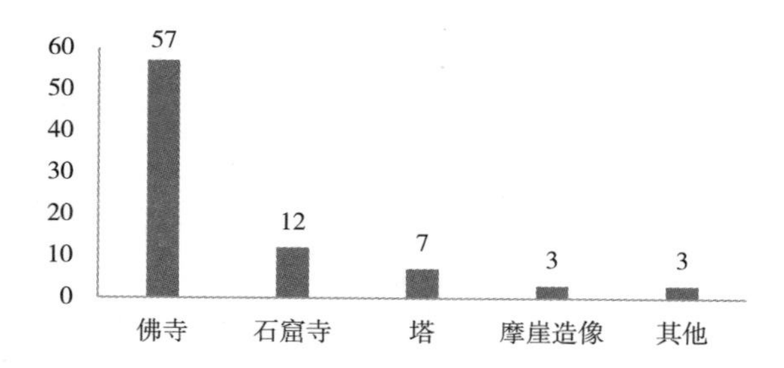

图 5-2-22　西山现存佛教建筑类型统计

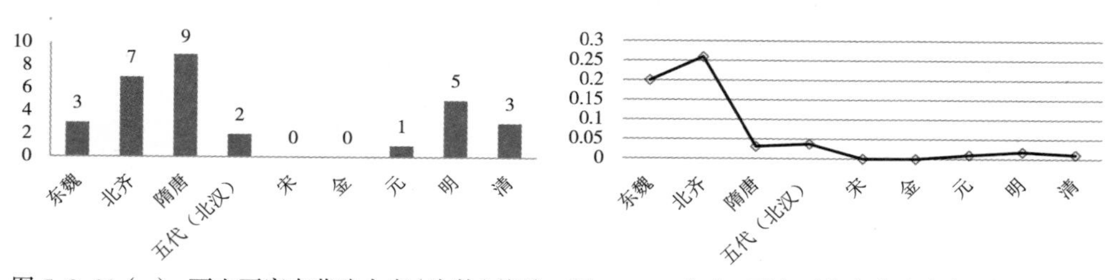

图 5-2-23（a）　西山石窟寺营造力度（次数）统计　图 5-2-23（b）　西山石窟寺营造力度（频度）统计

②道教

有唐一代，除武则天改唐为周期间曾规定佛居道之上外，其余帝王皆对道教推崇有加，甚至几乎成为国教。晋地是李唐王朝发迹之地，道教自然颇为盛行，道观也多。西山的道教建筑（图 5-2-24）大多兴始于唐，年代久远，到如今已基本毁弃，现存者几乎全部建于清或以后。考察西山道教建筑的营建历程（图 5-2-25），元、明时期的建造频度较大（北齐的营建仅得一例）。

明以后的道教建筑修建力度很大，几乎每个聚落（城市、乡镇、村庄等）都有真武、玉皇、三官等道教建筑，甚至成为聚落宗教体系标准配置的一部分。西山现存的道教建筑主要有两个层次：国家级的道教尊神体系与民间性的道教俗神体系，[①] 昊天、真武、玉皇等属于第一层次，其余的三官、土地、城隍等则是第二层次。西山属于第一层次的道观建筑所占比例超过了 60%

① 道教尊神体系与俗神体系的划分参见王君. 山西道教名胜古迹拾零. 文物世界，2007（4）：50.

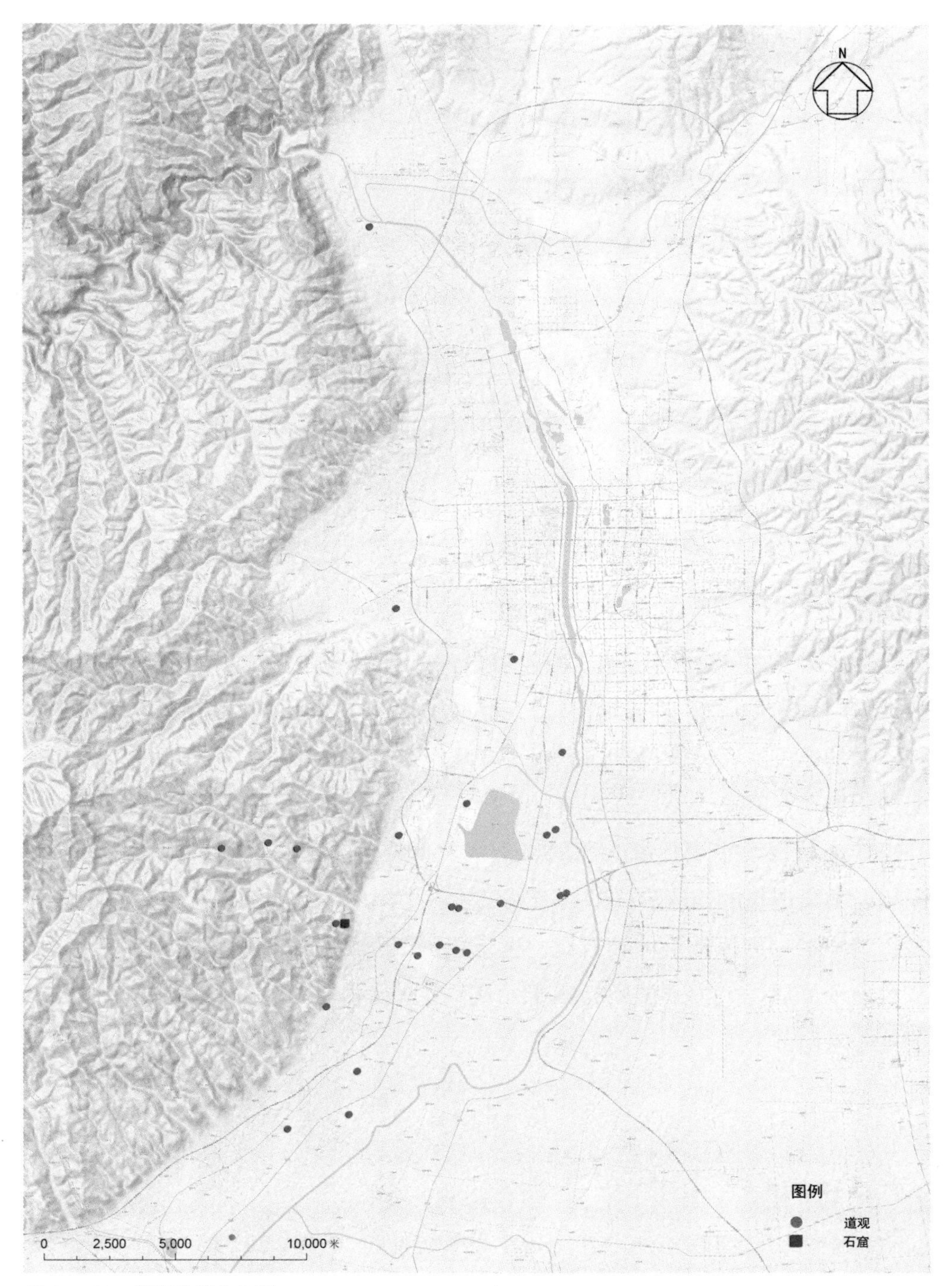

图 5-2-24　道教建筑分布图

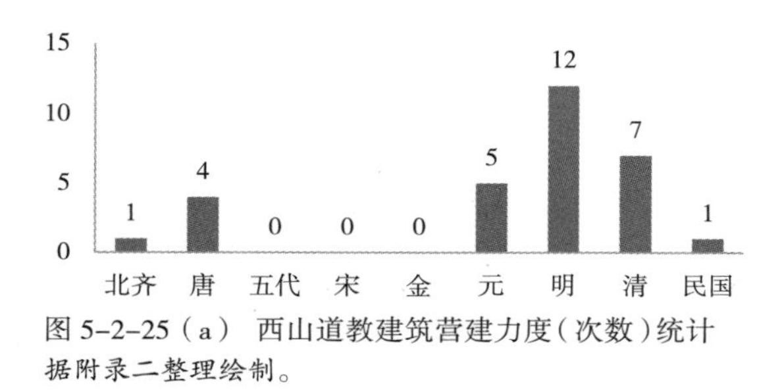

图 5-2-25（a） 西山道教建筑营建力度（次数）统计
据附录二整理绘制。

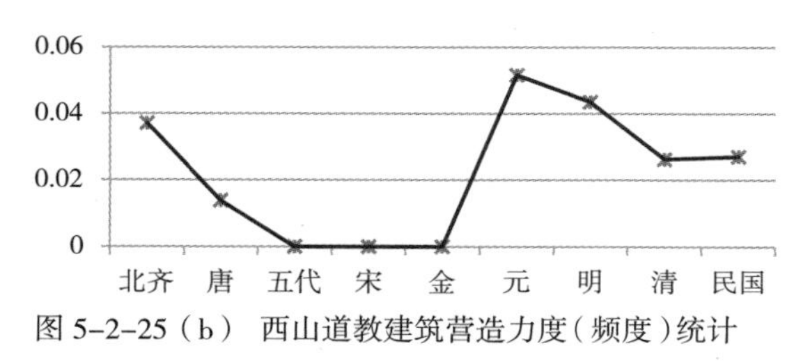

图 5-2-25（b） 西山道教建筑营造力度（频度）统计

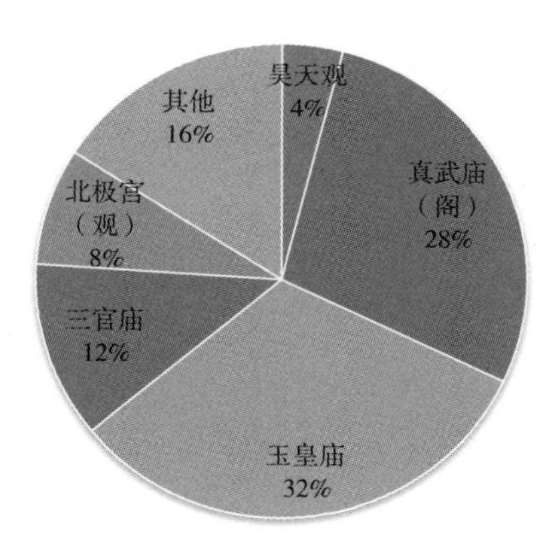

图 5-2-26 西山道教建筑祭祀类型统计

（图 5-2-26），可见，西山的道教发展虽然受到民间俗神体系的影响，并产生了大量与民间生活相关的道教神祇，但从根本上并没有代替道教正统观念中尊神体系的地位；又或者说，国家或地方政府在道教发展进程中予以的干涉和影响是始终存在的。

作为植根于中国传统文化的本土宗教形式，道教也受到来自佛教的剧烈影响，凿窟造像的建造形式即为表征之一。西山的龙山石窟不仅是太原地区众多石窟中唯一的道教信仰类石窟，也是我国仅存的两个全真道教石窟[①]之一。该窟出现于唐，大力开凿则有赖于元代“全真道北七真”之一邱处机的得力弟子——宋德方。[②]

① 现存的全真道教石窟仅有山西太原龙山和山东莱州寒同山两处。参见张强. 开凿石窟与续修道藏——宋德方对金末元初全真道发展的贡献. 东岳论丛，2010（4）：95.

② 宋代延续了唐之繁荣。入元，道教分为全真道（北派）和正一道（南派）两大派别，全真道亦名全真教，由王重阳孕育于陕西终南山一带，著名弟子有马钰、谭处端、刘处玄、邱处机、王处一、郝大通、孙不二（女）等七人，史称全真道北七真，全真教由这七个知名道士，传播于北方各地。宋德方（1183～1247年），字广道，号披云，莱州掖城平村人。其生活的时代处于金与南宋对峙时期，战乱不断，灾荒连连，于是选择了以宗教来探寻人生真谛。

元代统治者对道教（特别是全真教）的提倡，与邱处机的西行传道关系密切。作为“西游”的主要参与者，宋德方不断在各地举行醮事[①]、建造宫观。元太宗六年（1234年）宋德方往返于大都、平阳、终南山之间，游至太原龙山，赞叹其道场胜迹，在唐代两窟的基础上，开始了第二期石窟的开凿，在东侧续开五窟，并重建昊天观。至明，后人又续开一窟，最终形成今日所见的八窟规模。[②]对于这段历史，龙山现存的碑记中屡有记载：

《玄都至道披云真人宋天师祠堂碑铭》言：“甲午（1234年）（宋德方）游太原西山，得古昊天观故址，有二石洞，皆道家像。壁间有宋仝二字，修葺三年，殿阁峥嵘，金朱丹雘，如鳌头突出一洞天也。”又《玄通弘教披云真人道行之碑》言：“甲午（1234年）（宋德方）率门徒游太原之西山，得古昊天观故址，榛莽无人迹，中有二石洞，圣像俨存。壁间有‘宋童’二字。真人葺之三年，恍然一洞天也。”[③]

③佛与道

西山的佛、道建筑并非完全各自为政，较多佛道更替或佛道融合的现象，现存的很多佛寺在早期皆为道观。如太山龙泉寺，始建于唐景云元年（710年），初名“昊天祠”，是地道的道教建筑，后遭金元战火而毁，明重建时更为佛教寺院，唤作“太山寺”“龙泉寺”。这种先道后佛的更替在太原周边地区也十分常见，如五台山别名紫府山，早期为道家所据，佛教传入后，二者展开了激烈竞争，最终佛教获得了胜利，统治了五台山。

虽然佛、道长期处于竞争的状态之中，但为了适应社会需要和完备自身，两教又不得不相互融摄，取长补短，佛教吸取道教的养生、长生之术；道教则借鉴佛教因果业报、生死轮回以及心性的理论。对于土生土长的道教而言，可以说是在不断吸收学习佛教及儒家的理论及仪典中逐步完善起来[④]，并与他者最终达到借鉴、融合甚至共生的和谐关系。

---

① “醮事”指道教中的祭祀活动，即道士所做斋醮祈祷之事。

② 温玺玉. 龙山石窟与山西道教. 世界宗教文化，2003（4）：46.

③ 转引自张强. 开凿石窟与续修道藏——宋德方对金元初全真道发展的贡献. 东岳论丛，2010（4）：95.

④ 王君. 山西道教名胜古迹拾零. 文物世界，2007（4）：51.

图 5-2-27　龙泉寺三大士殿门楹挂落（道教人物题材）（摄于 2009.07）

图 5-2-28　龙泉寺中门彩画（含“八卦”形象）（摄于 2009.07）

仍以龙泉寺为例，在已发掘的唐塔塔基遗址附近，还有另一处建筑遗址，推测为毁于清晚期的“昊天上帝庙”所在，这显然是一座立于佛寺的祭祀昊天大帝的道教建筑；此外，在龙泉寺现存的一些建筑构件中还保留着道教题材的装饰（图 5-2-27、图 5-2-28）。如上文所述，佛、道的竞争是夹杂着融合与包容观念的，其表现在于二者之间往往采取保留、改造的办法，而非彻底铲除。当道教的“昊天祠”被抹上佛教色彩，太山也就成了佛、道公认的圣地（图 5-2-29）。

图 5-2-29　唐塔遗址处考古层叠置现象　底图摄于 2009.07.

太山这种佛道交替或共存的现象，在龙山表现得更加典型。就建筑遗存而言，龙山可以明显分为两大区域：前山以昊天观、龙山石窟为主的道教建筑群，后山以童子寺、燃灯塔为主的佛教建筑群。

龙山最早的遗存当是建于北齐的童子寺建筑群（含大佛、石窟、燃灯塔等），高欢一族对晋阳情有独钟，以此为别都并大兴楼观，龙山及天龙山的佛教建筑格局都大体形成于此时。昊天观的产生时期略晚，（唐）徐坚《初学记》卷二十三《道释部·观第四》引《道学传》："女道士王道怜入龙山自造观宇，名玄曜观"，时乃唐玄宗时期（712 ~ 756 年）。据《童子寺定公和之塔》铭文：元至正二十年（1284 年）童子寺主持惠定禅师去世，弟子和附近寺庙的主持为其共立墓塔。[①] 这一事件至少说明在元初全真教兴盛之时，童子寺并未受到排

① 李继东. 太原龙山［M］.北京：中国戏剧出版社，2006：50.

挤，未被道家侵占。又据《兴复童子禅寺记》、《花塔村职员张大功重修童子寺碑记》，清乾隆二十三年（1758年）、嘉庆十年（1805年）童子寺均得修葺，且工程主持人分别是道士孙和喜和孙嗣玉。可见，一直以来，龙山一带的寺僧和道士之间是和睦共存、相互帮持的。

④水神及其他

太原地处黄土高原地区，总体上属于干旱气候，人们对水的渴求不言而喻。然而，西山又多季节性河流，洪水易发。居于山脚河谷平原的百姓对于水的感情是复杂的，恐惧与祈望造就了一种爱恨交织的水利情怀。水利是“超村庄的地方社会构成的主要渠道”[①]，作为资源被争夺的过程，也可能成为不同村落家族内聚力形成的动力，其联系的物质体现则是以水为核心的民间信仰祭祀系统的产生，特别是在西山南部地区水源充沛的晋水流域。

晋水流域的水源主要是泉水，水害多是大量降雨引起的山洪，河水或河渠则是泄洪的孔道，也是水利开发的主要途径。在这样的背景下，形成了三个层面的水神祭祀系统，即水源神祇、水害神祇和治水神祇。当然，作为一个流域，还有一些具有地方管理性质的神祇，也被纳入到该体系当中。晋水流域的灌溉历史可以上溯至汉，但此地的水神谱系则大体是在宋以后才渐形成，主要包括：有关流域管理的龙天、晋祠圣母，水源方面的水母，消除水患的黑龙王（龙王、龙神），治水人物台骀、窦大夫，等等。此外，还有一些地方神，如唐叔虞、五道神、窑神等。

其实，晋祠早在北齐就已得到大力整治，但重点和方向尚未关乎民间信仰，北齐天统五年（569年）更将晋祠改作“大崇皇寺”，说明崇佛甚于地方神祇和祖先信仰。一般而言，西山的民间信仰祠庙兴起于宋，伴随着晋祠圣母殿的修建，至明清而大盛（图5-2-30）。

- **龙天**

龙天庙，又称“刘王祠”，是祭祀汉文帝刘恒的祠庙。[②]相传，刘恒在做皇

---

① 王铭铭.“水利社会”的类型.读书，2004（11）：19.

② 龙天庙所祭祀的神祇一直比较有争议，大多数人认为是祭祀汉文帝刘恒，也有人说是祭祀五代后汉皇帝刘知远的。

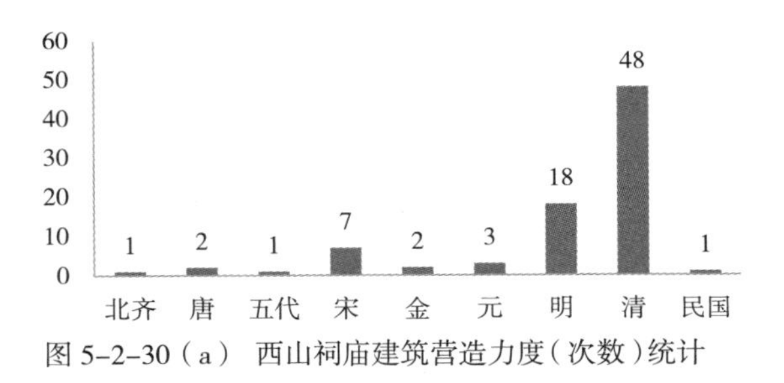

图 5-2-30（a） 西山祠庙建筑营造力度（次数）统计

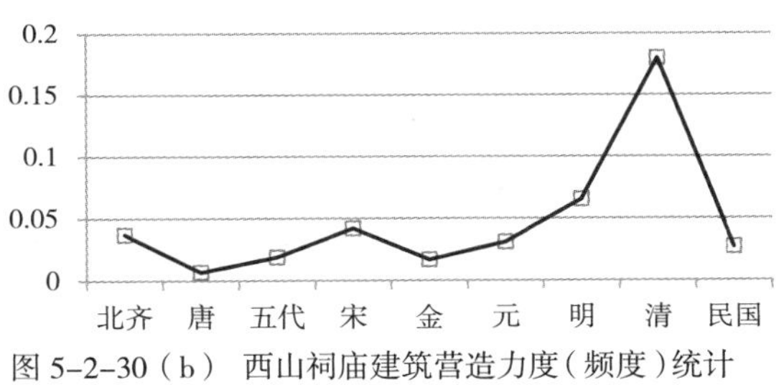

图 5-2-30（b） 西山祠庙建筑营造力度（频度）统计

帝之前被封为代王，属地位于晋阳一带。因治理有方，造福当地，备受民众爱戴，建庙以纪念。龙天信仰在太原的西山十分普遍，尤其是南部地区，约有九个村落都建有龙天庙。此地的龙天信仰与晋祠圣母信仰相互依存，不可分割，故在下文与之共同阐述。

- 晋祠圣母

晋水流域的圣母信仰有别于其他地区以生育为主的信仰形式，由于以祭水为中心，成为一种盛行于晋水流域的文化现象。在水母产生之前，圣母一直作为“晋水神”存在，掌管着晋祠一带的水力兴衰，人们普遍认为圣母即司管难老泉水的水母。之所以将之归于流域管理一类讨论，皆因其与龙天信仰之间的渊源，以及圣母信仰所体现的政治文化意义。

祭祀圣母的建筑为圣母殿，位于晋祠中心位置：“晋源神祠在晋祠，祀叔虞之母邑姜。宋天圣间（1023 ~ 1032 年）建，熙宁（1068 ~ 1077 年）中以祷雨应，加号昭济圣母，崇宁初（1102 年），敕重建。元至正二年（1342 年）重修。明洪武初（1368 年）复加号广惠显灵昭济圣母，四年（1371 年）改号晋源之神。天顺五年（1461 年）按院茂彪重修。岁以七月二日致祭。”[①] 祭祀圣母的活动是围绕“圣母出行”展开的，“太原县抬搁迎神，由来久矣。传言自明洪武二年（1369 年）起首，至今概无间断。每年七月初四日，从城到晋祠恭迎圣母，

① 道光太原县志·卷三·祀典.

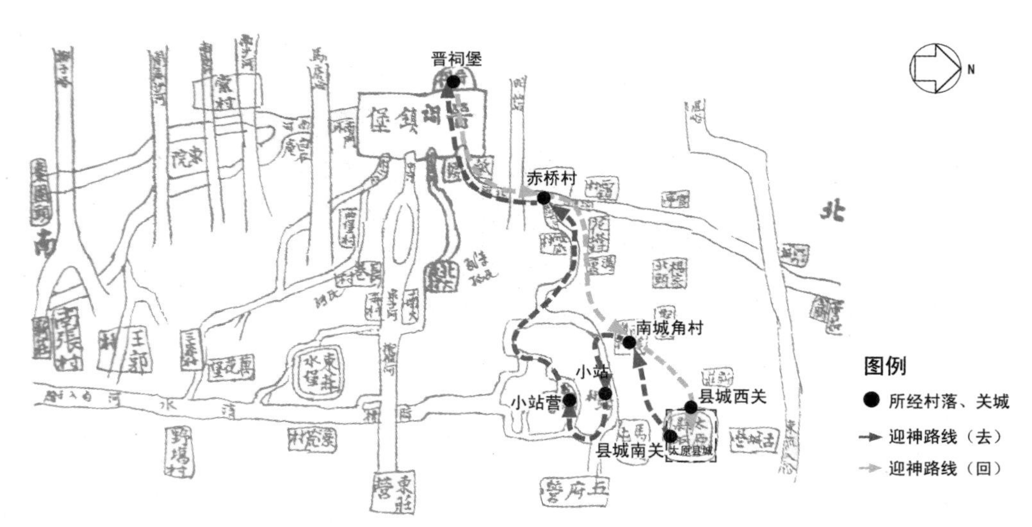

图 5-2-31 “圣母出行”村落间线路图　底图引自（清）刘大鹏．晋水志；转引自行龙．以水为中心的晋水流域：29；圣母出行路线据（清）刘大鹏．晋祠志绘制．

至太原南厢龙天庙供奉。初，晋城中大闹，而远近人民，全行赴县，踊跃参观，老少妇女，屯如墙堵。”①

晋源城（即太原县城）于七月初四举行迎接圣母的仪式，此前两天在晋祠圣母殿举行祭祀仪式，初四以后，就开始各个村落的祭祀活动。迎神当日，队伍先从晋源城南门出发，向西经过南城角村、小站村、小站营村、赤桥村，最后抵达晋祠，由北门入，接了神像后从南门出。返回时所走的路与来时不同，由赤桥村中央穿过，经由南城角到达晋源城西门。入城后，经十字街往南直抵南关龙天庙。七月初五，开始游神，先到衙署领赏，后从十字街出西门，再到北门，天黑时又出东门，到河神庙迎接十八龙王，一同返回龙天庙。七月初十，古城营派人迎接圣母和龙王至古城营的九龙庙。七月十一，祭祀九龙圣母。直至七月十四，古城营再派人将圣母送回晋祠（图 5-2-31、图 5-2-32）。值得注意的是，迎接圣母的路线基本是沿着水路行进的。

①（清）刘大鹏．退想斋日记．光绪十八年[1892年]日记．七月初五（8月26日）。

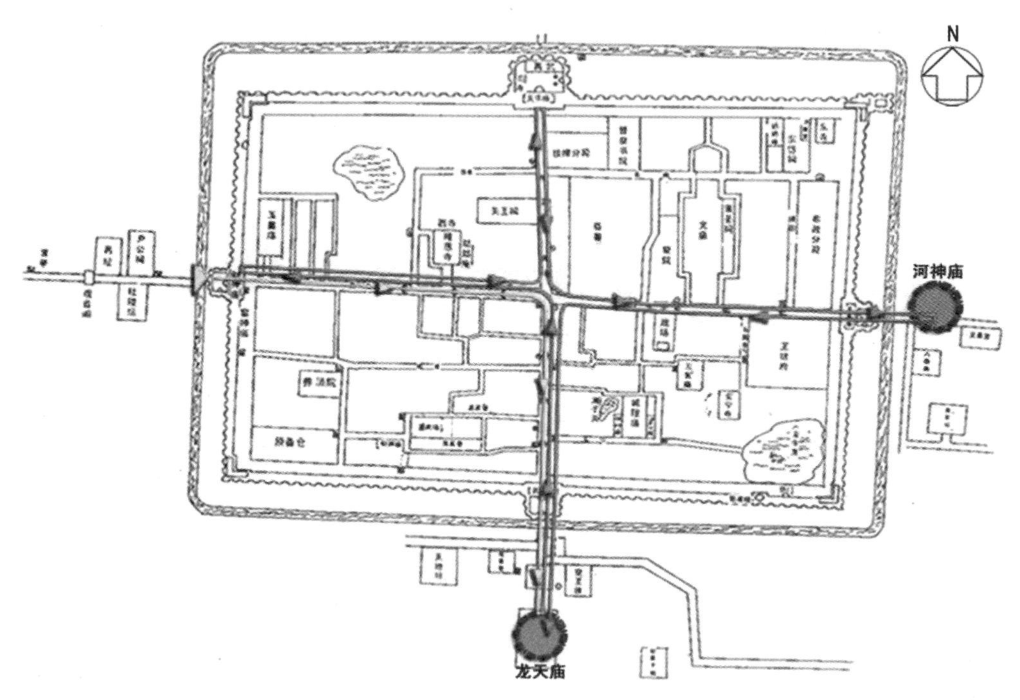

图5-2-32 “圣母出行”活动县城内部线路图 引自东南大学建筑设计研究院·城市保护与发展工作室．明太原县城历史文化街区保护详细规划．2010.

与“圣母出行”关系密切的主要建筑有两处：一是太原县城的龙天庙，另一则是古城营的九龙庙。张亚辉先生推论：龙天庙是新政权的象征，而九龙庙则是老政权的代表，圣母出行活动是政权更替以后为安抚民心所组织的一种政治性巡礼；然而，不管政治含义有多么的强烈，它能够与祭祀水神的活动混为一谈就说明了水之于区域本身已经上升到极高的地位。①

- 水母

“水母”的出现始于明万历间（1573 ~ 1620 年），晋祠中的水母楼位于难老泉西侧，是一座背靠悬瓮山的两层楼阁，相传，难老泉水的产生即与水母娘

① 张亚辉．水德配天——一个晋中水利社会的历史与道德［M］．北京：民族出版社，2008：192.

娘有关。[①]水母信仰与圣母信仰是相独立的两个体系，如果说圣母信仰体现的是国家权力对晋水流域的控制，那么水母信仰则展示了民众对国家权力的抗争，并通过水神神位的归属问题反映出来，并最终以水母的胜利告终。显然，这一胜利背后反映的是国家权力对民众文化的妥协，抑或说，之所以产生出一个独立于正统文化之外的民间祭祀客体是由于社会文化的政治需求。

晋水流域祭祀水母的活动（表 5–2–4）从六月初一开始至七月初五结束，连续月余，"渠甲致祭，众民奔集，演剧酬神，宴于祠所，历年久而不废。"[②]包括两大内容，即致祭与宴集。致祭地点均为晋祠水母楼，宴集则芜杂不一：有道观，有佛寺，或是亭台楼阁。

水母祭祀　　表 5–2–4

日期	祭祀河渠	史料
六月初一日	南河上河	初一日，索村渠甲致祭水母于晋水源。祭毕而归，宴于其村之三官庙
六月初二日	南河上河	初二日，枣园头村渠甲致祭水母于晋水源。祭毕而宴于昊天神祠
六月初八日	北河上河	初八日，小站营、小站村、焉圈屯、五府营、金腾村各渠甲演剧，合祭水母于晋水源。祭毕而宴于昊天神祠
六月初九日	北河上河	初九日，花塔、县民、南城角、杨家北头、罗成、董茹等村渠甲演剧，合祭水母于晋水源。祭毕而宴于昊天神祠
六月初十日	北河上河	初十日，古城营渠甲演剧致祭水母于晋水源。祭毕而宴于文昌官之五云亭
六月十五日	总河	十五日，晋祠镇、纸房村、赤桥村渠甲合祭水母于晋水源。演剧凡三日。宴于同乐亭
六月二十八日	南河下河	二十八日，王郭村渠甲致祭水母于晋水源。祭毕而归宴于本村之明秀寺。同日，南张村渠甲致祭水母于晋水源。祭毕而宴于待风轩
七月初一日	陆堡河	七月初一日，北大寺村渠甲致祭水母于晋水源。祭毕而归，宴于本村之公所。
七月初五日	中河	初五日，长巷村、南大寺、东庄营、三家村、万花堡、东庄村、西堡村等渠甲合祭水母于晋水源

注：据（清）刘大鹏．晋祠志整理。

① 相传水母娘娘名叫"柳春英"，是金胜村人。"柳氏坐瓮"的故事就为晋祠的难老泉编织了一个有趣的来源。故事详见嘉靖太原县志. 卷三・杂志。

② 张俊峰. 传说、仪式与秩序：山西泉域社会"水母娘娘"信仰解读. 传统中国研究集刊，2008：391.

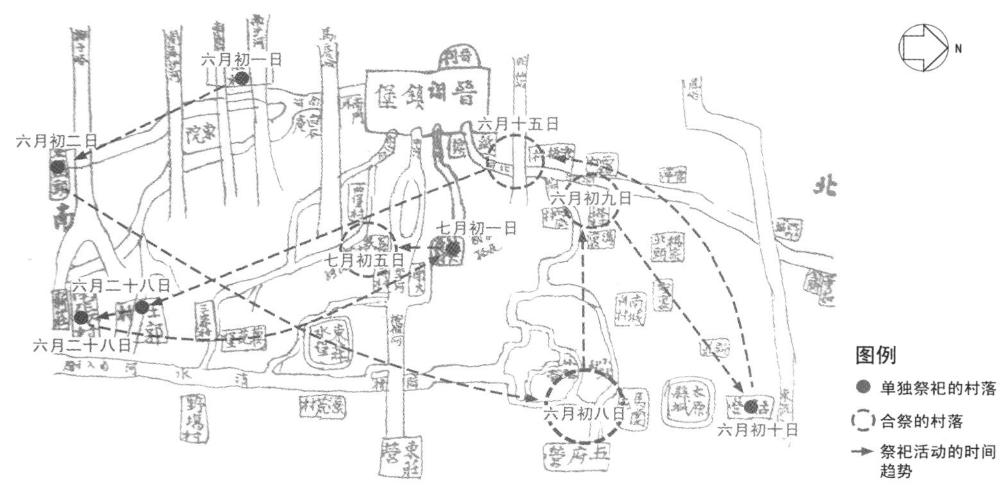

(北齐)魏收.魏书.志第五·地形志上.并州.

5-2-33 水母祭祀次序 底图引处(清)刘大鹏.晋水志;转引自行龙.以水为中心的晋水流域:29;祭祀次序据表 2.4-1 绘制.

致祭顺序非常严格,必须按照晋水四河(即南河、北河、陆堡河、中河)的用水制度依次排序(图 5-2-33),也因此导致了各个村落之间的地位高下之分。以水划分等级的现象,表明了晋水对于当地居民的重要性。拥有单独祭祀权的村庄有大多位于南河的索村、枣园头村、古城营村、王郭村、南张村和北大寺村,其余则为合祭,除了等级观念的影响外,可能是由于南河水量并非丰腴,所泽荫的村落较少所致。

- 黑龙王(龙王、龙神)

此地百姓认为西山的峪水洪灾是黑龙王或起蛟[①]作祟,因此,祭祀黑龙王就成了十分重要的仪式:“每岁三月初,纸房村人赴天龙山迎请黑龙王神至其村真武庙以祀。各村自是挨次致祭,迨至秋收已毕,仍送归天龙山。抬搁暨各村之人至牛家口止。送神前一日,各村抬搁齐集于晋祠北门外,由关帝庙请神游行各村,先纸房、次赤桥、次晋祠、次索村、次东院、次三家村、次万家堡、次濠荒、次东庄、次南大寺、次长巷村、次北大寺、次塔院,仍至晋祠北门外安神始散。昔年抬搁共十三村,迨道光末(~ 1850 年)仅八村。咸丰初

① 当地人认为,有一种洪水是由“起蛟”造成的。

（1851年~）全罢。至光绪八年（1882年）抬搁又兴，然仅晋祠、纸房、东院、长巷、北大寺、塔院六村而已。迄今阅二十四年。”[①]

与黑龙王类似的还有龙王或者龙神信仰，在整个西山都十分普遍。如太原县城东门的河神庙里就曾经供奉十八龙王，圣母出行至县城时，还会去河神庙迎接十八龙王齐聚南关龙天庙，并且还要一起游行至古城营村的九龙庙。

- **台骀**

台骀，金天氏后裔，因治水（汾水）有功，被封于汾川。据《左传·昭公元年》：“昔金天氏有裔子曰‘昧’，为元冥师（治水之官）。昧生允格、台骀。台骀能业其官，宣汾、洮，障大泽，以处太原。”“大泽”也叫“晋泽”，或称“台骀泽”。

祭祀台骀“有二庙：一在王郭村昌宁公庙……一在晋祠，居于广惠祠、难老泉之间，此则东庄高氏[②]之所独建。”[③]今在王郭村仍有台骀庙遗址，田野中的小殿则是今人所建，此庙又名“汾水川祠”，“明洪武七年（1374年）重修，岁以五月五日致祭。”[④]

- **窦大夫**

春秋末，窦犨开凿烈石渠，引烈石寒泉之水灌溉兰泽诸村万亩良田。后人为了纪念他在兴修水利、开凿河道方面的卓越成就，在流急浪涌的冽石口建造祠庙，即窦（大夫）祠，还有镇压水势，避免水患的祈愿。窦大夫提倡德治与教化，主张推行仁政，受孔子推崇，且留下“孔子回车”[⑤]的典故；宋大观元年（1107年）被加封为英济侯，故窦祠又称英济祠，因在烈石山下，又名烈石神祠。

---

① （清）刘大鹏. 晋祠志. 卷八·祭赛下. 送神归山.

② “高氏”即高汝行，台骀庙建于明嘉靖十二年（1533年）。

③ 据台骀庙现存《重修台骀庙碑记》。

④ 道光太原县志. 卷三·祀典.

⑤ 相传孔子周游列国，传道讲学，在郑国游说结束后，乘车直奔晋国。当他同随行弟子来到晋国边境天井关下一山村（今山西泽州晋庙铺镇境内）时，见有小孩以石筑城为戏，不肯让路。其中一个叫项橐的顽童，并以“只有车绕城，而无城让车”之说质难孔子。孔子见项橐虽小，却有过人之处，于是躬拜为师，令弟子绕“城”而过。当行至天井关时，又遇松鼠口衔核桃跑至面前行礼鸣叫。孔子见晋国顽童如此聪明，连动物亦懂大礼，十分感慨并回车南归。现天井关村仍留有当年的回车辙。后人为祭祀孔子，在村东南修有文庙，还立有“孔子回车之辙”石碑和碑亭，并把星轺驿改为了拦车村，从此，孔子回车便成为晋城闻名的四大景观之一。

窦祠山门一侧有一小屋曰："虹巢"，为傅山隐居之所，祠西就是著名的阳曲八景之一"烈石寒泉"，在泉边建祠，与水母楼的寓意异曲同工。窦大夫因其治水功绩，被后人冠以"河神"的身份，使单纯的祖先祭祀转化成人格神信仰；亦即，民间信仰的世俗化特征是不可能容忍一个无所事事的单纯祖先祭祀的，其背后都或多或少地隐藏着对生活的美好祈愿。

- **唐叔虞**

晋祠原名"唐叔虞祠"，是祭祀周初晋国第一代诸侯唐叔虞的祠堂。随着岁月的流逝，晋祠渐集儒家、道教、佛教及民间神祇于一体，形成众神共存的景象。在这一发展融合的过程中，最初作为晋祠主神的叔虞先后被宋代的圣母与明代的水母所替代，退居次位，至少在明以后已没有单独的祭祀活动了。

严格来说，唐叔虞并不能算是与水有关的神祇，充其量只能算是晋水流域内的早期祖先。事实上，尽管叔虞作为地方管理性神祇而存在，但是其世俗化个性导致了其必然与水母一起对地方日常延续产生佑护的影响。

- **五道神**

五道神信仰在太原地区十分显著，是各个村落普遍供奉的神祇之一。五道庙一般设置在十字路口或村口，数量也多，如太原县城内外多达22座；庙的形式较简单，一小间为常态；且多不置神像，以黄纸叠一牌位（或仅为一张黄纸），上写"五道将军之神位"，有时视其所处位置会与树神、井神、土地神等合祭。

五道神又称"五道爷"或"五道将军"，相传为东岳大帝的部下，属于道教神祇。"五道"是指神道、人道、畜生道、饿鬼道、地狱道。"（十一月）二十六日，晋祠主持致祭北方五道神于台骀庙。其在闾巷之神，土人于五月朔祭之。"[①]事实上，对于村落内部的五道庙并没有十分严格的祭祀日期或者活动，现如今除了有些地方会在端午节时供献粽子外，五月致祭的活动也早已消失。

① （清）刘大鹏. 晋祠志. 卷八·祭赛下·祀五道神.

图 5-2-34　太原县城窑神庙 （摄于 2010.10）

- **窑神**

明以后的西山，煤矿开采兴盛，致祭窑神的风气也盛，皆为开窑之人为得上天庇佑，祈求平安发财而建。如位于太原县城西街的窑神庙（图 5-2-34），约建于清，是由西山九峪（虎峪、冶峪、开化峪、风峪、明仙峪、马房峪、柳子峪、黄楼峪、南峪）的窑主集资兴建的。

⑤天主教

西山的外来宗教主要是天主教（佛教虽外来，但已极为本土化），主要集中在南部地区，且大多出现于清末至民国时期。

基督教早在唐代即传入中国，史称景教，受唐武宗灭佛的影响，景寺皆毁，景僧或还俗或被逐，景教亡。至元代，统治者的支持使基督教再次传播；后随着亚欧航路的开辟，天主教（此时基督教已分为天主教和基督新教[①]）第三次来到中国，其传入时间一般以利马窦 1582 年到达中国时算起。天主教传入

① 基督教产生于1世纪，3世纪迅速发展，4世纪末成为罗马帝国的官方宗教。后希腊正教与罗马教会分裂，独立发展成为基督教三大支派之一的东正教。16世纪宗教改革后，一批基督教小宗派脱离了罗马教会独立发展，统称基督新教，而原本的罗马公教被称为天主教。因此，在基督教最早传入中国时，还没有天主教这一称呼。详见刘静. 太原地区乡村天主教文化研究。太原：山西大学理工学位论文，2010.

图 5-2-35　洞儿沟修道　引自“洞儿沟和七苦山”新浪博客：http：//blog.sina.com.cn/s/blog_5ffda3800100d7xf.html

山西约在 1620 年，不久即由比利时耶稣会士金弥格（Michael Trigault）传入太原，并修建了小教堂。①

山西最早的天主教建筑是建于 1802 年的修道院，位于祁县九汲村。当时正处禁教时期，天主教的一切活动都只能秘密进行，修道院也仅有一两间房，既做教室，也做宿舍，教授神学、哲学知识。不过，成立不久即迁往文水新立村，之后又迁至太原西山南部的洞儿沟。②

洞儿沟修道院（又名洞儿沟方济各会院）（图 5-2-35）也是西山现存最早的天主教建筑。位于七苦山脚下，是圣艾士杰主教从山东请来法籍建筑师、神父潘德盛主持设计的，1891 年动工，1893 年建成，此后成为山西境内方济各会教士的大本营和培养修士的重要基地，其他地区的方济各会教士凡来山西者，也几乎都会前往洞儿沟修道院。修道院主体建筑是山坡上的两进四合院、钟楼及神父楼，坡下为窑洞宿舍，正面及右侧各有一排装有洋窗的中式平房，

① 陈钦庄．基督教简史［M］．北京：人民出版社，2004：417-425.

② 刘静．太原地区乡村天主教文化研究［D］．太原：山西大学理工学位论文，2010：16.

图 5-2-36　太原县城天主教堂　（摄于 2010.10）

圣堂两侧自南坡至北坡，建有修女院、修士院、育婴堂与信徒朝圣寓所等。远观建筑群仿似欧式古堡，近看又觉为中式殿堂；特别是那两套四合院，门窗乃教堂式样，屋顶却是飞檐斗栱琉璃瓦；修道院正门左右还立有石狮，造型呈现出典型的晋中风格。

西山的多数村落都有天主信仰现象，仅就今日的太原晋源区而言，27 个行政村中，就有 15 座村属天主教堂（表 5-2-5）。不过，较少兴建纯粹的西式教堂，多为模仿中国传统建筑形式或利用原有民居而成的圣堂，如位于太原县城北后街的天主教堂（圣堂）（图 5-2-36）。主要囿于地域文化的影响和经济因素的限制，毕竟传播教义乃首务，对建筑实体的要求并不强烈；同时，采取因地制宜的中西文化结合方式也多少表达了对本土文化的尊重。

太原现存天主教堂 表 5-2-5

名称	位置	建造时间	传入时间
太原天主教堂	太原市杏花岭村解放路 48 号	清末	—
古城营村天主教堂	五府营堂区	1903 年	村民言有百年历史
古寨村天主教堂	五府营堂区	2007 年	村民言有两百年历史。
晋源镇天主教堂	五府营堂区	1932 年	民国 8 ~ 9 年（1919 ~ 1920 年）
王郭村天主教堂	五府营堂区	1984 年	清乾隆间（1736 ~ 1795 年）
南张村天主教堂	五府营堂区	2005 年	民国初（1912 年 ~ ）
五府营天主教堂	五府营堂区	1904 年	村民言有两百年历史
洞儿沟村天主教堂	洞儿沟堂区	1939 年	—
下固驿村天主教堂	洞儿沟堂区	—	—
上固驿村天主教堂	洞儿沟堂区		—
南峪村天主教堂	洞儿沟堂区		—
姚村天主教堂	姚村堂区	1932 年	—
高家堡天主教堂	姚村堂区	1905、1992 年	清初
北邵村天主教堂	姚村堂区	2003 年	—
枣元头村天主教堂	姚村堂区	1917 年	—
田村天主教堂	姚村堂区	1903 ~ 1905 年	清光绪间（1875 ~ 1908 年）

注：引自刘静．太原地区乡村天主教文化研究。

5）人文

在漫漫历史长河中，晋阳文化是以太原盆地与吕梁山东麓交接线上的两处名泉为起源的，并依之分为两大区域：一处是晋祠的难老泉，围绕其逐渐形成以晋阳古城和晋祠为代表的南部区；另一处则是依托烈石寒泉，以窦祠、崛围山为代表的北部区。[①]

傅山与刘大鹏这两位对西山影响深远的文人，正是分别生活于这两个区域。他们都是在乱世中谋生存，又都以西山为依托，或归隐或劳作。一个是晚明士人，一个是清末乡绅；一个是壮志未酬，一个是生计所迫；一个用诗词书

① 康玉庆．傅山与晋阳文化［J］．太原大学学报，2007（9）：13.

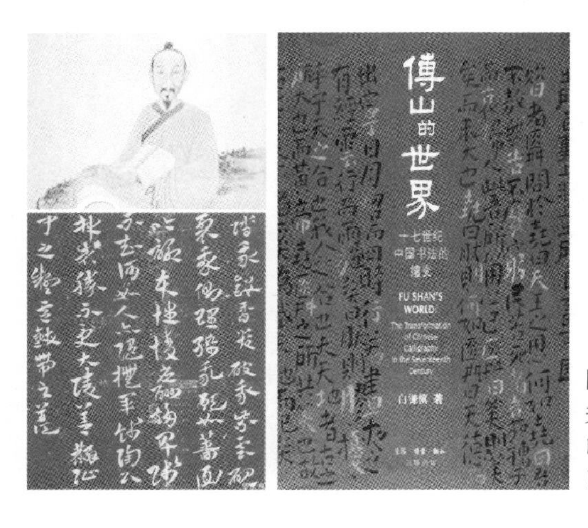

图 5-2-37 傅山像、傅山作品及相关研究 引自东南大学建筑设计研究院·城市保护与发展工作室．太原崛围山风景名胜区规划．2010.

画描绘西山美景，一个以作志、日记记录自己的西山之情；一个魂在西山，一个根在西山。当然，他们眼中的西山，或者说他们对于西山的心理认知架构也有着微妙的关系和差别。

①傅山

傅山（1607 ~ 1684 年），原名鼎臣，字青竹，后改名为山、字青主，别署公之他、侨山、真山、朱衣道人、石道人、观化翁等达 54 种，这在当时极为少见，后人多称其傅青主（图 5-2-37）。傅山出生于太原阳曲县西村（即崛围山附近）的一个书香门第，其曾祖因相貌俊美，被迫入赘宁化府，傅氏家族因此移居阳曲。[①] 傅山的青少年时期是在西村度过的，三十岁时入三立书院学习，深受提学袁继贤的赏识。当时正处明末，社会动荡促使傅山广泛涉猎古今典籍、诸子百家，开始深刻思考人生之道，袁氏评价为“山文诚佳，恨未脱山林气耳”，且“时时以道学相期许，山益发愤下帷”。

明亡，有着强烈华夷思想的傅山已年近不惑，不甘低头侍清廷，毅然舍身道观，出家寿阳五峰山，道号真山（又称朱衣道人），辗转寓居于寿阳、平定、盂县等地。清顺治间（1644 ~ 1661 年）郑成功、张煌言大举入江南，傅山欣喜而南游；惜郑已败兵退走，傅山无功而返，自此开始定居于太原东山松庄直至

① 傅山先世原居山西大同，后移居太原府忻州，至其曾祖入赘宁化府，又迁居阳曲。虽说祖上早在数十年前便已迁出忻州，但傅山仍视忻州为其故乡。

去世。此地近距永祚寺、崇善寺、白云寺，傅山是这些寺院的常客。傅山身后被葬于崛围山马头水乡马头水村，民间传闻是在一个状如阴阳八卦的高岗上。[①]

傅山一生，寓居所在大多不出太原西山（表5–2–6）。傅山崇尚佛、道，以隐居山林为出世的修行方式，其故里又在西山的崛围山脚下，既有隐匿之幽静又有入世之便利的西山，对于他这样仍然怀有“反清复明”大志的明遗民而言，可以说是绝佳的栖身之地。值得一提的是，傅山隐居时的身份是道士，但寓所反多为佛寺或祠庙，也多少反映了西山的佛道相容。

傅山在太原的寓居地 表5–2–6

编号	寓所	位置	活动时期
1	青羊庵、霜红庵	青峰塔旁	青少年
2	红叶洞	多福寺	青少年
3	傅山读书处	净因寺	青少年
4	三立书院	省城	中年
5	虹巢	窦大夫祠	中年，赴北京请愿返晋后
6	云陶洞、茶烟洞	晋祠	中年
7	松庄	东山	晚年，南游后

注：实景及位置详见图5–2–38、图5–2–39.

明清易祚之时，社会制度、思想意识、审美情趣以及生活习俗都发生着巨变，在这新旧交替的变革中，傅山一直抱有反传统、反礼教的自由思想和先进主张，其诗文书画作品不仅强调个性解放，且常常托物言志，述此而及他。

《霜红龛集》收录的傅山诗词文章中，多写西山，并常以自己的居所作诗，恰似描绘其西山生活的长卷，在反映生存状态的同时，也透出复杂的心境。如：

《虹巢》“虹巢不盈丈，卧看西山村。云起雨随响，松停涛细闻。书尘一再拂，情到偶成文。开士多征字，新茶能见分。”《红叶楼》“古人学富在三冬，懒病难将药物攻。江泌惜阴乘月白，傅山彻夜醉霜红。”傅山的生活状态栩栩生动。

① 《道光阳曲县志》载有“国朝徵君傅山墓在西山”，见政协尖草坪区委员会.尖草坪区文史资料（第二辑）：94.

图 5-2-38　傅山隐居处图　图 1 引自“一滴水一树种”网易博客：http：//zshown.blog.163.com/blog/static/14092429420102260339179/；图 7 引自“正修”网易博客 http：//wulongci.blog.163.com/blog/static/288084382009829111251476/；图 2、6 为摄于 2010.10. 图 3、5 为摄于 2010.03.

《朝阳洞》“不惜麻头一百僧，云陶沽酒撒春憨。霾花雾柳无心醉，剩水残山慰眼馋。”《青羊庵》“毕竟吾菴好，三年忙一来，七松盟旧矣，二友快相随。吾骨何方葬，吾魂犹当归，先人茔已近，死后得依依。”诗题皆为傅山居所，表面上是与世无争的世外桃源，却能体味其于人生的思考，于世事的评述：沧桑也好，惆怅也罢，非一己之力可以掌控。

《土堂杂诗（其一）》“冬山静如睡，亦不废秀美。村外明一河，寒月与逶迤。幽人眠偶迟，独赏其如此。”描写了傅山在冬季月夜观赏西山的独特境界，冬山、汾水、幽人组成一幅绝美画面，静谧清秀的夜景下却不觉流露出一种幽怨怅然的情绪。

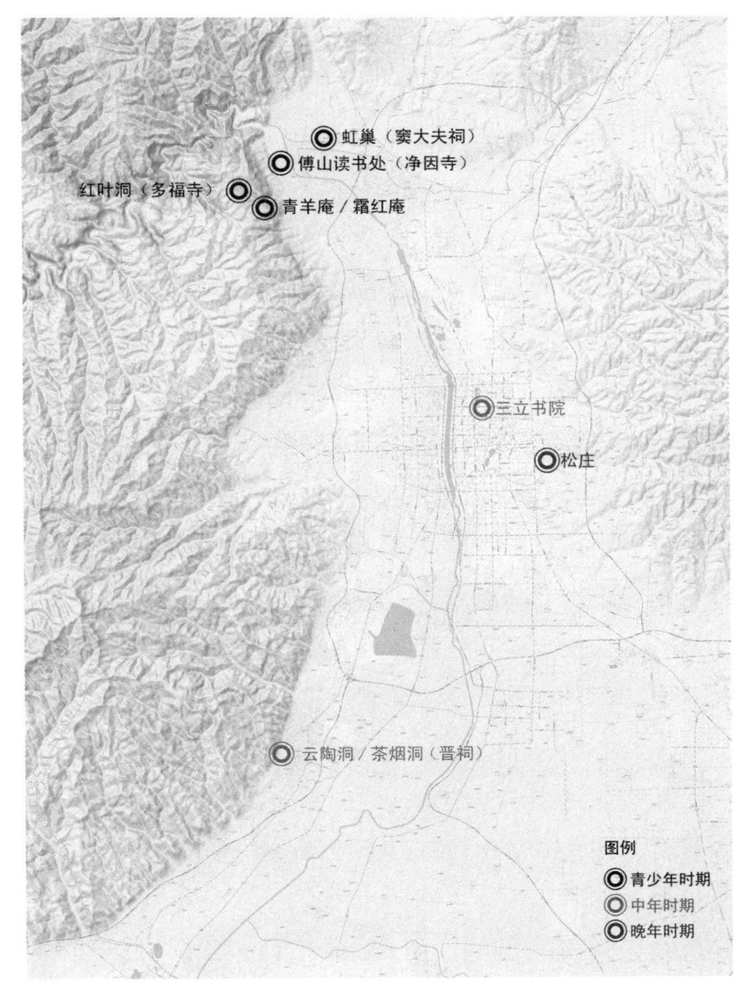

图 5-2-39　傅山隐居处区位图　底图引自 Google Map。

傅山的绘画以山水松石等自然风光为主，或是家乡附近的名胜古迹。他是一位忠实于自身感受的创作者，作为遗民，国破家亡的切肤之痛决定了他的艺术基调。他笔下的山水、画面简单却意义深刻。在荒凉冷漠中，充满着压抑、危险、恐惧的感觉，在不拘的笔法中掩藏不住、又挥之不去的是乱世中特有的烦躁、忧郁与凄凉。如《土堂怪柏》（图 5-2-40）、《崛围红叶》（图 5-2-41）、《古城夕照》（图 5-2-42），构图十分简约，画面空旷但景致深邃，具有一种不可名状的况然意境。

《古城夕照》勾勒出夕阳西下的黄昏时分，晋阳古城的残垣断壁横亘于一片朦胧萧瑟，山峦迷离之中。枯藤、远山、杂草、乱石，予人凄凉和压抑的视觉冲击。傅山为此题记：“古城在晋祠北十里，西近山，城垣基在焉，面各五六里许。或云是智伯灌晋阳时事也。然似大邈，其实赵宋灌刘埔之城耳。至今有所谓南堰北堰皆近之。斜阳荒草，游客有经，辄复动兴亡之感。若云游景可观，却非山水花数之足眩人者矣。”题记中还有“斜阳荒草，游客有经，辄复动兴亡之感”之语，不忘国耻、至死不渝的奋进思想已融化在悲愤凄凉的画境之中。[①]

不管是诗词还是绘画，傅山都饱含着对于故土的浓厚深情，而其间又夹杂着忧郁、惆怅的情绪。可以说，傅山为西山抹上了一层文化色彩，也增添了更多的民族感情。

傅山在西山时，多有文人骚客来此寻访，并产生了大量吟咏西山的诗篇，大大提升了太原西山的声誉。景之所以为景，不单单在于惊艳四座的视觉效果，更是一种意境，就如同中国园林的造景中，一个好名字就能造就一个景致，傅山及傅山式的游历意义正在于此。“文人士大夫除了直接参与古代城市营建之外，他们常常利用诗词歌赋的形式对山水城市格局进行重点描写，这些诗文不仅起到了展示地方的山水胜迹、提升城市文化内涵的作用，同时也可以看作是城市建设活动的延续。”[②] 不过，傅山也并非毫不关心地方建设，早年就曾将家

① 参见黄琳. 论明遗民傅山的美学思想［D］. 成都：四川师范大学理工学位论文，2009.

② 来嘉隆. 结合山水环境的城市格局设计理论与方法研究［D］. 西安：西安建筑科技大学硕士学位论文，2010：77.

图 5-2-40　傅山绘画：土堂怪柏　引自三晋文化信息网．傅山书法绘画－绘画：http：//www.sxcnt.com/whys/fssfhh/hh.htm。

图 5-2-41　傅山绘画：崛围红叶　引自三晋文化信息网．傅山书法绘画－绘画：http：//www.sxcnt.com/whys/fssfhh/hh.htm。

图 5-2-42　傅山绘画：古城夕照　引自三晋文化信息网．傅山书法绘画－绘画：http：//www.sxcnt.com/whys/fssfhh/hh.htm。

产土地赠予五龙祠作场圃，晚年见西村关帝庙破损不堪，又倡议并委托寺僧海山募捐，于康熙二十三年（1684 年）五月初三将关帝庙迁建至村北（今村南）。

“既是为山平不得，我来添尔一峰青。”[①] 这是傅山为自己名字所做的注脚，更是他为自己人生所做的注脚。作为一代宗师，傅山及其所承载的傅山文化本身业已成为西山不可或缺的一大景致。

②刘大鹏

刘大鹏（1857 ~ 1942 年），字友凤，号卧虎山人，别署梦醒子，又号潜园居士，太原县（今太原晋源区）赤桥村人，并世居于此。

作为晚生的刘大鹏，对傅山也是推崇备至：“松柏其心，烟霞其志，逸韵遐超，惟人与义。”[②] 与傅山颇为相似的是，刘大鹏也是生于乱世的落寞文人，

① （清）傅山．青羊庵三首．傅山集：10.

② （清）刘大鹏．晋祠志．卷二十・流寓三．傅徵君山传．

但他并没有极端强烈地愤世嫉俗，而是以一个普通文人的姿态生活在清末民初的普通内地乡村中,“西山为桑梓之境，足跡常臻。”[①] 其对西山的选择并非完全自觉，更多的是一种理所当然的乡情。

刘大鹏对西山的态度相对于傅山式的仁人志士更加理性一些，在对西山的改造、开发或是保护中，他都带有一种主人翁的精神，在他的眼里，西山是自己毕生的生活场所，美化家园是为要事。一方面是社会结构的变化导致更加务实的思想取代了传统的寄情山水的文人情怀，另一方面则是其内在的人生观所致，毕竟他只是一个心灰意冷、自求安保的“知识分子”。

身为五次落榜、怀才不遇的落寞乡绅，刘大鹏并没有在现实面前一蹶不振，而是积极跻身于地方事务，履行自己的表率责任。即使为生活所迫，仍发挥一个当地乡绅的倡导力为居民谋福利。如为使乡人免受兵、贼扰累，他倡议重开闭塞多年的晋祠堡西之旧路，且亲自到工地督工。“晋祠堡西之旧路，多年闭塞不通，由于镇人无桑梓之观念，虑不及斯，故不谋重新开辟，宣统三年（1911 年）变乱之日，堡中为通衢，已受往来逃兵之扰累，予即提倡开辟此路，以便南北往来之行人，而镇人置若罔闻。上年秋，阖邑商人公举予充商会特别会、□□□□会事务，至腊月，雁门关北贼匪扰乱，警耗日至，予与□□□□开路修堡之事，仍然漠不关心，乃与晋祠商界言之，无一人不赞成，因请县长李桐轩提倡监督，以慨然应允。”[②]

此外，刘大鹏对地方文献编纂、修补和古物保护都倾注了大量心血。是时，晋祠年久失修，殿宇大多残破不堪，亟待整修，他三次组织或参与其间，维修内容包括：对越坊、钟鼓二楼、清华堂、莲花台等，并新建难老泉北侧的洗耳洞，洞上建真趣亭，晋祠又添新景。刘大鹏在任职县保存古迹古物委员会特别委员时，不顾年老体衰，三上天龙山圣寿寺，清理佛教经典，盘查寺中财产，参与禅院正殿维修。[③]

① （清）刘大鹏. 晋祠志：柳子峪志. 柳子峪志凡例.

② （清）刘大鹏. 退想斋日记. 民国5年（1916年）. 正月十七（2月19日）.

③ （清）刘大鹏. 退想斋日记. 民国27年（1928年）.

像刘大鹏这样务实的乡绅，显然与傅山的侠骨义气截然不同，他们投身于西山的建设大潮中，或是为了生计开采矿藏，或是为了文化兴修祠庙，或是为了民众兴修水利。他们眼中的生活是朴实而平凡的，西山是家园而非圣境。

（3）筑景构境

建筑空间的营造既有赖于历史文化背景的影响，又不能忽视地缘环境所导致的空间需求。由于西山不同的地理环境特征影响下的人文环境、建筑风貌、社会习俗等的差别较大，可依据建筑选址特点和使用类型将西山现存的历史建筑分为两个层次的空间体系，即独立型（以信仰类建筑为代表）和聚落型（以传统村落为代表）。每一体系下又包含了多种具体的建筑形式，如表 5-2-7 所示，独立型空间体系包括石窟造像及独立选址建造的寺院、祠庙建筑等，而聚落型空间体系则包括村落民居及在村落形成后建造的寺院、祠庙等建筑。值得一提的是，有些寺观、祠庙建筑虽然位于村落中，却并非村落规划的产物，而是村落产生的依据，所谓“因寺生村”；当然，也不能就此抹杀村落形成后对其产生的影响。

西山历史建筑遗存的空间体系　　表 5-2-7

空间类型	建筑形式	具体表述	具体建筑类型	使用类型
独立型空间	宗教信仰建筑	独立存在，与村落建设关系不大，类型有石窟、寺观院落等	石窟以及单独设置的佛、道寺院建筑	皇家祭祀
	民间信仰建筑	独立存在，与村落建设关系不大，以游赏为目的，主要指祠庙	具有地方祭祀性质的祠堂、庙宇	皇家祭祀、民众祭祀
聚落型空间	传统村落	以居住为用途的建筑群体，包含位于村落中的居住类建筑以及与村落的建设同步或晚于村落形成的寺观、祠庙建筑	村落内部的公共建筑（寺、观、祠、庙）及居住建筑	民众祭祀、民众生活

图 5-2-43　魏家店石窟 （摄于 2010.10）

1）建筑

①类型

• 石窟

石窟是西山现存最早的建筑形式。最早的石窟开凿于东魏时期，主要是此前的北魏在平城时期就已凿窟日盛，北魏太和十八年（494 年）迁址洛阳，太原恰位于平城与洛阳之间的交通要道上，在经济、文化的双重作用下，太原也得到熏染，在这一时期建造了数量繁多的石窟造像。[①] 其中，除了龙山石窟属道教信仰外，其余皆为佛教石窟，如魏家店石窟、悬瓮山石窟、硫磺沟石窟、瓦窑村石窟、石庄头石窟等，表现形式亦多样：

单窟型，顾名思义就是某一具体的石窟。位于风峪沟的魏家店石窟即为典型代表，凿于巨石之上，额镌“石佛阁”三字，窟内空间很小，仅宽约 3.3 米，深约 2.9 米，高不足 2 米。三面凿佛龛，共计佛 3 尊，协侍 6 尊。像上敷泥，佛像两侧绘有龙纹彩画（图 5-2-43）。

① 宿白. 中国佛教石窟寺遗迹——3–8世纪中国佛教考古学［ J ］. 北京：文物出版社，2010：37.

两个以上石窟并置的形式就是组合型，又往往不是只有石窟这一种类型的组合。据宿白先生研究，9世纪后，石窟与寺观院落常常组合在一起，以供修行观像之便利，如童子寺后部的山崖上就开凿有这样的洞窟，这种窟院组合方式在西山十分常见。而且，常常多个石窟并置，形成石窟群，气势宏大。但多非一蹴而就，是历代不断增建而形成的复杂格局。其代表者有龙山石窟（图5-2-44）、硫磺沟石窟（石门寺）、皇姑洞石窟等。

大佛类石窟则指以大佛造像为中心的开凿形式，多为开敞式，前建佛阁，周围辅以寺院或其他石窟，如天龙山大佛、童子寺大佛、蒙山大佛、土堂大佛等（图5-2-45）。此类造像石窟形式复杂，工程浩大，一般为国家敕建。

以上几种形式往往不是独立存在的，而是相互组合成一个整体的、具有各种建筑形式的群组。由于石窟的开凿是渐进的，在历史的发展过程中亦会根据需要逐渐增加不同的形式，所以，常予人总体上的联系感较差，时代分层的现象也较明显。

图5-2-44　龙山石窟（摄于2010.10）

图 5-2-45　大佛类石窟 （摄于 2010.04）

图 5-2-46　天龙山石窟 （摄于 2010.04）

以天龙山石窟（图 5-2-46）为例，其由石窟、造像、寺院等共同构成，主要分为山腰、沟壑、山脚三处：山腰处现存石窟总计 24 窟，呈现出由南北朝至隋唐的时代特征；处于沟壑处的千佛洞 4 窟开凿于明代，其特征在于佛道合流，如第三窟壁坛上为道教元始天尊像，而其他几窟则是佛教神祇；大佛造像在第九窟，两旁雕凿协侍菩萨，外侧还建有数层高的佛阁；山脚下则是略晚于石窟开凿的圣寿寺。

• 寺观

除石窟外，西山最主要的宗教建筑就是佛寺和道观。

“宗教的产生源于人类寻求一种超自然力帮助的需要。宗教建筑作为人与神交流的场所，反映了人与自然之间关系的处理形式，是自然观的一种物化反映。”[①] 早期的宗教建筑也多以名山大川作为选址的首选。

西山现有的佛寺建筑初建时都位于山林隐逸之所，经过长期发展，或形成具有一定规模的建筑群，或因寺生村、寺又成为聚落组成的一部分，这也印证了梁启超先生的观点：“佛教是自信而非迷信，是积极而非消极，是入世而非厌世，是兼善而非独善。”[②]

道教是本土宗教，基本教义与中国古代的巫术传统和神秘思想有关，在发展过程中，既受到佛教思想的影响，也与民间信仰始终存在共生关系。西山的道教影响不如佛教广泛，而且由于地方信仰强烈，道教受世俗影响较大，独立选址建造的较少，而以附属于聚落（县城或村落）的形式为主。

- 祠庙

祠庙是伴随着世俗性民间祭祀的出现而产生的，与普通民众的祈福思想密切相关，即祠庙既要体现宗教思想中的神圣理念，又需强调人神之间的互动，这也导致了大量祠庙是位于村落之中或周边并以之为依托发展演变的。但也有一些祠庙是为了某个区域内的所有聚落共同祭祀的神祇或祖先而设置的，并独立于某个具体村落之外。

除了那些大量位于山区、远离聚落的祠庙外，西山的最著名者非晋祠和窦祠莫属。晋祠最初是供奉太原地区的祖先——叔虞的祠堂，其后几经易变，主神更换，但是作为晋水流域共同信仰中心的地位始终没有改变；在今天的晋祠中，佛、道、儒及民间信仰建筑二十多处，其他古建筑或仿古建筑更多达百余处，形式多样，或呈院落分布，或以单体呈现，不一而足，这有赖于多个时代的长期增补。窦祠与晋祠的发展历程相似，也是由不同的祭祀建筑主体经由长期的演变组合而成。

① 杨玲燕、姚道先. 中西自然观在传统宗教建筑上的反映［J］. 建筑与文化，2008（9）：74.

② 祁志祥. 佛学与中国文化：扉页.

图 5-2-47　悬泉寺位置　图底摄于 2010.03

②择址

• 因势

“天下名山僧占多”是佛教建筑择址的一个形象阐述，道教更是宣扬自然的情怀，隐在山林乃是最直接的表达，使营造本身天生就有一种脱俗的隐逸。西山区域广阔、地形复杂，寺观散布于山川沟谷之间，利用山势的险峻与路径的幽深营造神秘而圣洁的宗教氛围。

位于崛围山的悬泉寺（图 5-2-47、图 5-2-48），即是典型代表。寺原是明“晋王府的柴炭之地”，后因山景秀丽、气候宜人，晋王府将这一带划为禁地，禁止普通百姓砍伐、狩猎或者游赏，因此被称为“官山”。正统八年（1443年）这里成了“晋藩国主香火院”，即晋王府的家庙。寺造于悬崖峭壁之上，前临汾水，位置险奇，“秀峰环绕，汾水引流，深谷林立，岩崖选修，恍如云梦，不啻瀛洲”[①]，可谓大观。

① 寺中铁钟上的铭文有相关记载，参见政协太原市尖草坪区委员会. 尖草坪区文史资料：90-91.

图 5-2-48　悬泉寺　图 2、3 摄于 2010.03

多福寺亦在崛围山，位于庄头村东侧，相传是因寺生村。寺建于一个山坳中，南侧山峰上有一座七层舍利塔，又名“青峰塔”，塔与寺形成对景，使原本就与世隔绝的气质更增山林隐逸的意境（图 5-2-49）。

中国古建筑的朝向一般为坐北向南，这在平地较易实现，山区则多受地形限制。西山的宗教建筑基本上没有完全的正南北方向布置，而是随山就势，呈现出比较自由的布局，坐西朝东的建筑数量较为显著，因于晋阳古城的存在：背靠西山、南面晋阳，如童子寺等；位于平原或山脚的建筑有时也会采取东西向布置，如明秀寺、兰若寺等，坐西朝东，与道路或河流呼应；坐东朝西的形式相对较少，如店头村紫竹林等。

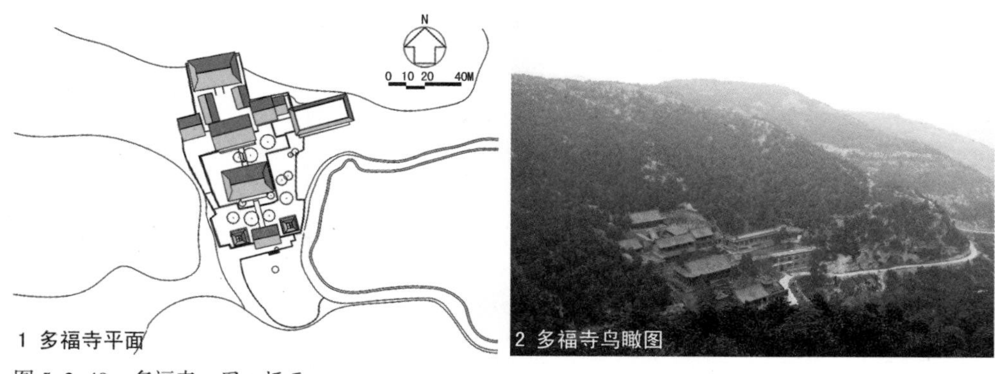

图 5-2-49 多福寺 图 2 摄于 2009.07

• **借景**

山脚是自然环境的边缘区域，是入世与出世的交界处，这一特征正好与信仰建筑的性格相契合。这些建筑既希望因借美好的自然景观，形成具有神圣感的空间组织，同时又不能完全脱离普通民众生活；那么，以山体为依托，临近水源等自然因素的选址就显得十分必要而且合适了。具有这种复杂情感的建筑或建筑群，以地方信仰的祠庙为最。如：

背靠悬瓮山的晋祠，是晋水的发源地，晋祠的空间布局和选址及发展演变都是依托于山环水绕的自然环境而成，除了供奉神祇之外，更重要的是为普通民众（抑或是统治者）提供一个可以游赏的空间。

窦祠位于汾河出山口的烈石山山麓地带，北部的二龙山与西部隔汾河而望的崛围山互为犄角、互相拱卫，两山夹峙中，汾河奔流而出。窦祠就坐落在汾河口处形成的小形冲积扇的扇柄位置，背靠二龙山山麓，面朝汾水宽阔的水面，西邻烈石寒泉，这一地区在历史上可以算是河道穿流、泉水丰沛、山林茂盛的风景胜地（图 5-2-50）。古阳曲八景大多位于附近，除烈石寒泉外，尚有天门积雪（图 5-2-51）、崛围红叶（图 5-2-52）、西山叠翠（图 5-2-53）、汾河晚渡（图 5-2-54）、土堂怪柏。①

① 曹洪立."景以境出"的实践——山西窦大夫祠景区详细规划［J］.中国园林，2009（5）：53.

图 5-2-50　窦祠形势图（摄于 2010.03）

图 5-2-51　天门积雪

图 5-2-52　崛围红叶

图 5-2-53　西山叠翠

图 5-2-54　汾河晚渡

崛围山脚下的净因寺（图 5-2-55、图 5-2-56）也是依山而建，因土堂大佛著称。寺始建于北齐，金太和五年（1205 年）重修，背靠山崖，后在东侧依寺成村，村落毗邻汾河西岸。据明嘉靖二十年（1541 年）《重修土堂阁楼记》，相传“汉时土山崩坏，裂陷成洞，洞内土丘高及十丈，形似佛像，传为土崩佛现，乃佛教净土之因缘，故在此建寺。”崛围山不仅为净因寺划定了西侧的边界，且成其背景画面；寺庙地坪较高，站在寺口可俯视整个村落（图 5-2-57）。

图 5-2-55　净因寺大佛阁 / 平面　图 1 摄于 2010.03

图 5-2-56　净因寺实景　（摄于 2010.03）

图 5-2-57　净因寺、窦祠及村落相对形势图

图 5-2-58　明秀寺立面 / 平面　图 1 摄于 2010.03

有些建于河谷平原地区的建筑，虽有或多或少的山景可借，但由于周边或所处村落发展导致肇建时期的景象荡然无存，已无从辨别选址的初因。如位于王郭村西北的明秀寺（图 5-2-58），据清乾隆四十八年（1783 年）《重修

图 5-2-59　临近神祇设置的庙宇（摄于 2010.10）

明秀寺碑记》载："创始于汉，累朝俟有重修。"寺旁原有晋水鸿雁南渠流经，王郭村一带也曾是达官显贵的郭城，但在今天，寺在田中，不断扩张的村落也已逼近。

• 近神

独立于村落的民间信仰类建筑则有近神的特征，常据祭祀神祇的大致位置选址建造。如：窑神庙，一般位于煤窑一侧；天龙山的白龙洞相传是白龙神的居所，建庙致祭（图 5-2-59）。

③理景

西山面积广阔，通达性不强，常常是同一山域或沟谷内的景观呈现出类似的特征，或者具有某种内在的联系。现存的大量历史建筑都是经过常年营建方呈现出如今的集群布局现象，并表露出强烈的文化包容性，而这种混合与包容的特征也正是西山历史建筑的最显著特点。

古人崇尚“万物皆有灵”，这种包容性使得一些宗教信仰建筑群附近衍生出一些民间信仰建筑群，只不过多为附属，并不会取而代之，如天龙山石窟宗教信仰区域内就逐渐产生了黑龙庙、白龙洞等民间信仰场所（图 5-2-60）。与之相反，在以民间信仰为主的建筑群中，宗教建筑的产生也使得原本单一的祭祀群体成为多教合一的文化载体。如晋祠，其内有十方奉圣禅寺（图 5-2-61），本是唐开国功臣尉迟敬德的别墅，后舍宅为寺[①]，寺东则为始建于隋的舍利生生塔。[②]再如窦祠，东有保宁寺（图 5-2-62），据碑记载，始建于明万历间（1573 ~ 1620 年），此外再无更多信息，不过，至少说明由于强烈的地方信仰及漫长的崇拜传统使得窦大夫信仰成为此地核心，而佛教建筑也只能作为附属存在一隅。

无论是以哪种形式为主的组合，都代表了西山民众所持信仰的共通性，在这种“祠寺相生”的环境下，各类神祇和谐共生。加之西山较为复杂的山水形势为建筑群空间氛围的营造提供了天然的基础与丰富的素材，尤其是出于不同背景建造的信仰建筑，由于关注的内容和角度不同，在意境营造的手法和表现形式也各有千秋。

● 宗教信仰建筑

“开卷之初，当以奇句夺目，使之一见而惊，不敢弃去。”文章如是，建筑亦然。宗教信仰建筑的出入口是尘世与神境的界面，为营造气氛，出入方式的设计往往是需要着重关注的。入口若正对外部通道，风水上有此一忌，往往会在对面设置风水构筑物，如店头村的紫竹林就正对一条仅两米宽的巷道，其尽头就筑有“灯山”以避不祥。入口处设置台阶也被广泛采用，高差的产生会带给来者强烈的崇拜感，攀登的行为也是逐渐静心而虔诚的过程（图 5-2-63）。

① 据元皇庆二年（1313年）. 重修奉圣寺记：“惜乎岁久石刻尽圮，莫能详其实。里中耆旧有能道之者，以为肇于李唐鄂国公尉迟敬德。公为唐之功臣，辅翼天策，勘定祸乱。一日愀然有感，自以平攻城野战，杀戮甚重，惕然心悔……是以施此别业，创为梵刹。武德末，神尧高祖赐额：十方奉圣禅寺。”引自晋祠博物馆. 晋祠碑碣：182.

② 据道光太原县志。卷三・祀典：“舍利生生塔，在晋祠，隋开皇年创建。宋宝元三年重建。乾隆十三年，邑人杨廷璿倡议重建。慎郡王作文纪之，杨二酉有记。”

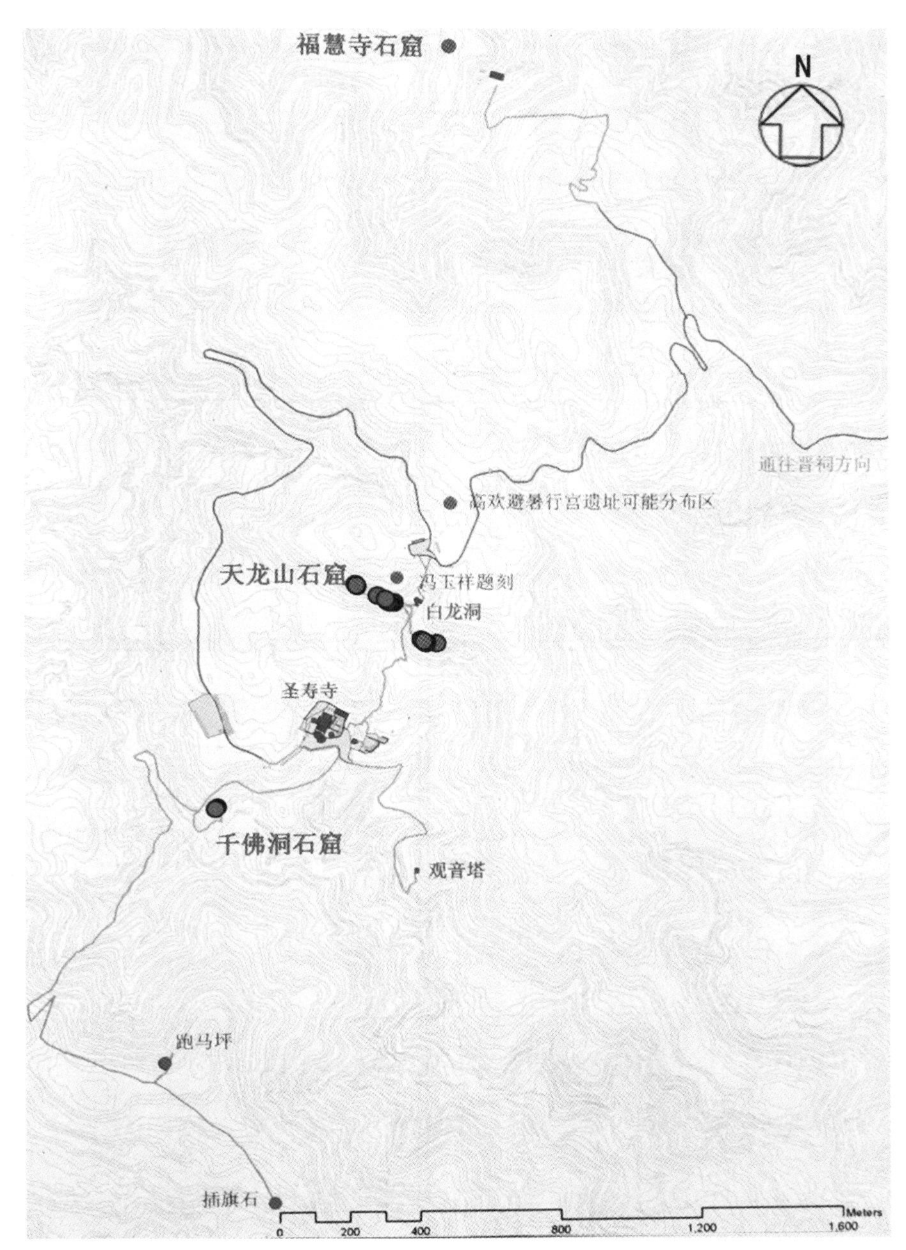

图 5-2-60　天龙山布局　引自北京清华城市规划设计研究院·文化遗产保护研究所．全国重点文物保护单位天龙山石窟文物保护规划．2010.

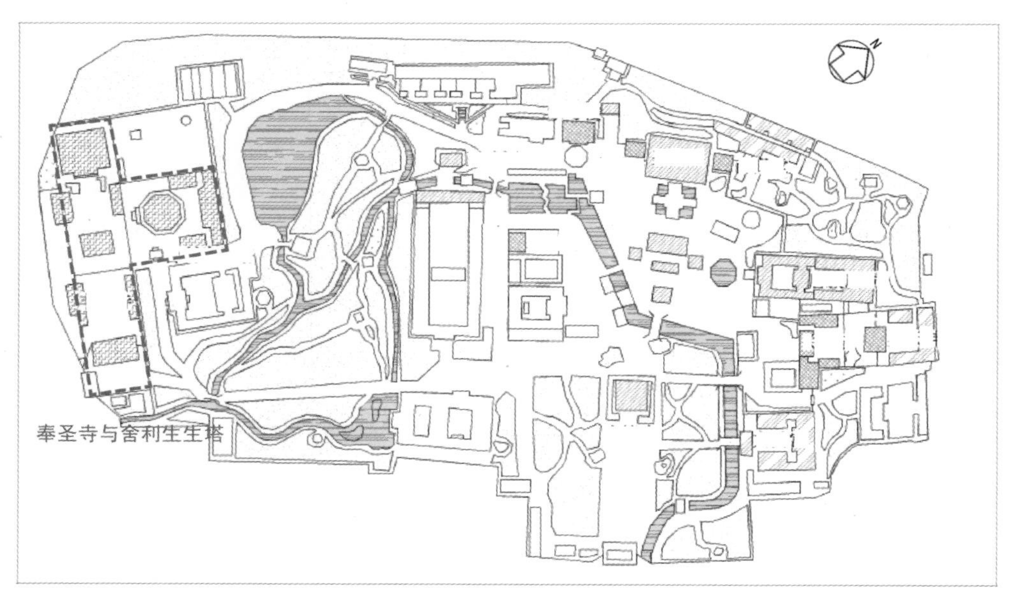

图 5-2-61　奉圣寺与晋祠图　底图引自朱向东等．晋祠中的祠庙寺观建筑研究［J］．太原理工大学学报，2008（1）：84.

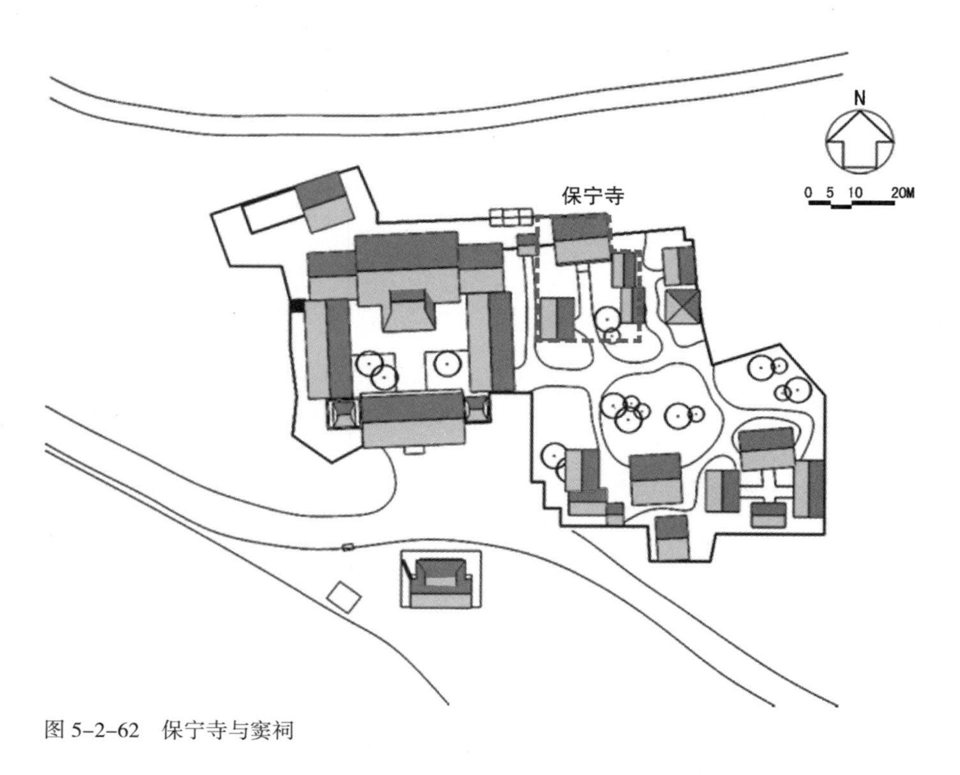

图 5-2-62　保宁寺与窦祠

图 5-2-63　入口前设置台阶　图 1、3 摄于 2009.07，图 2 摄于 2010.10.

“径莫便于捷，而又莫妙于迂。”[①] 一般进山朝拜多依托山路为序列展开空间组织，随山就势、步移景异，所谓“意贵乎远，不静不远；境贵乎深，不曲不深”便是这个道理，最直接的营造手法来自于空间形态的变化。

龙泉寺

龙泉寺位于西山风峪沟内北侧的太山，现存建筑多为清构，分上、下两院，上院为明代重建的观音堂，下院为大雄宝殿。往寺参拜须登山，穿过山脚下小河上的牌坊是约两米宽的山路，似乎并没有予人什么“曲径通幽”之感，并一直延续至半山平台；因空间放大，可稍事停留；转而进入一个小牌楼，空间骤然变窄，山路也变得陡峻；一路曲折萦绕，见一凸出山崖的翠微亭，山风绕耳，视野开阔；再折而上行，不期然间，树荫掩映的寺庙台阶赫然在目；真可谓是“山寺深藏”（图 5-2-64）。当然，行进的节奏感还体现在空间使用者的动静状态上，在前往龙泉寺的过程中，有停有行，动静结合，有野趣而无乏味之苦。

① （清）李渔. 闲情偶寄 · 居室部 · 房舍第一 · 途径.

图 5-2-64 龙泉寺上山序列 （摄于 2009.07）

童子寺

童子寺是龙山最早的建筑，建于北齐，位于山巅北峰，坐西朝东正对唐高宗李治与武则天进山拜寺的御道——硫磺沟。寺罹于金元兵火，明时重建，后屡有修葺，但最终毁弃，原因无考。童子寺附近的皇姑洞与石门寺相传是其别院，晋阳城中还建有下院，以处数量庞大的僧侣，金元以前童子寺的规模可见一斑。

寺分两区，因山就势（图 5-2-65）：北部的大佛区以大佛为重心，前接佛阁，与燃灯塔相对，是礼拜供养的主要场所；南部的寺院区为前院后窟的形式，以供僧人坐禅与生活起居，体现了山地寺院与石窟造像的有机结合。现已毁弃不用的硫磺沟本是童子寺的进香路线，沿途曲折迂回，行至深处，遥望来路已不寻，似乎是在考验着来者的耐性。继续前行，倏见一分叉处，往右攀上小峰，即达石门寺，唐时日僧圆仁就曾于此取道前往石门寺；往左则往童子寺，虔诚的信徒会一直深入，路也越来越窄，少顷便丛林密布，最终峰回路转，寺院山门得见；再转而向北，大佛与燃灯塔将朝拜序列推向顶峰（图 5-2-66）。

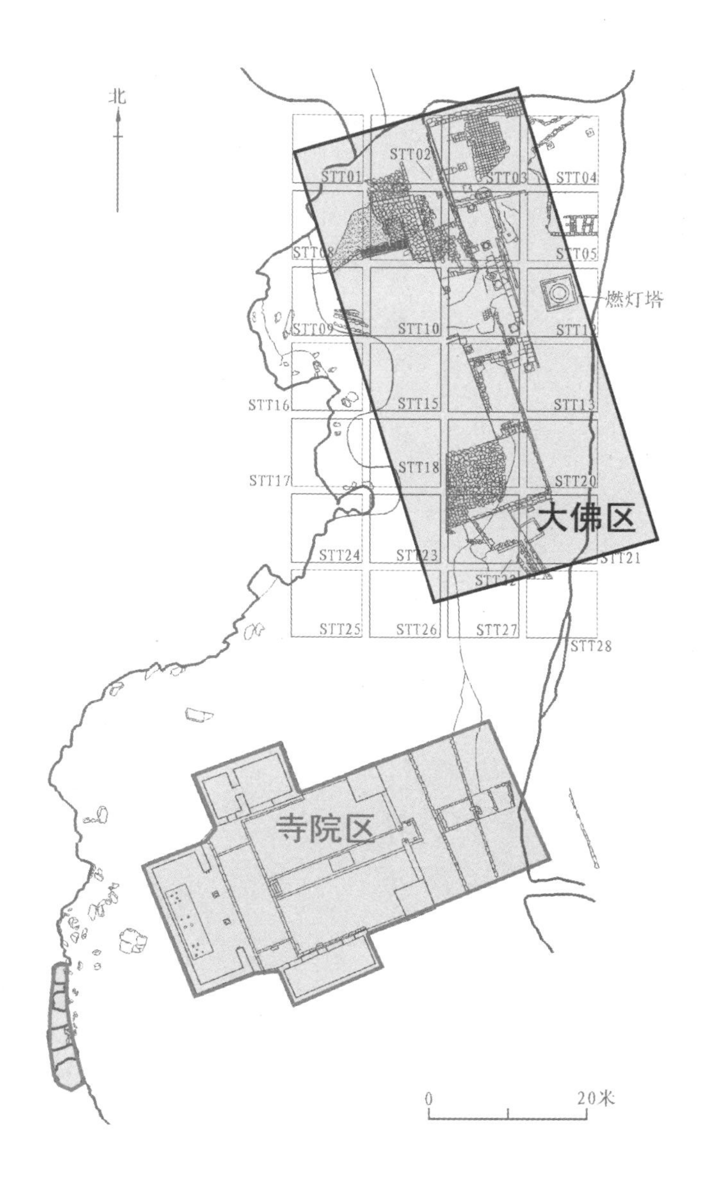

图 5-2-65　童子寺平面分区　底图引自中国社会科学院考古研究所边疆考古研究中心等．太原市龙山童子寺遗址发掘简报：47.

图 5-2-66　童子寺进山序列　引自 GoogleMap，其余摄于 2010.04.

图 5-2-67 由童子寺大佛处望晋阳城 （摄于 2009.07）

图 5-2-68 多福寺、舍利塔、庄头村形势图 （摄于 2010.10）

站在大佛前可俯瞰整个晋阳城。唐玄奘曾游历至此，并留下“西登童子寺，东望晋阳城。金川千点绿，汾水一条清”诗句，可见童子寺的绝佳视线（图 5-2-67）。寺之所在三面环山，向东开敞，“半偈留何处，全身弃此中。雨余沙塔坏，月满雪山空。耸刹临回磴，朱楼间碧丛。朝朝日将暮，长对晋阳宫。”[①] 又《北齐书》云：“凿晋阳西山为大佛像，一夜然油万盆，光照宫内。”此西山大佛[②] 即指童子寺大佛，“光照宫内”的则是伫立至今的燃灯塔。

—多福寺

多福寺始建于唐贞元二年（786 年），初名“崛山围教寺”，明洪武间（1368 ~ 1398 年）重建，弘治间（1488 ~ 1505 年）“改多福，而山下寺遂专崛山围名矣”；“昔有阇黎汲水于汾，泪滴如珠，乃诣文殊，告乏水命，黑龙神护归获二龙池，今寺有文殊阇黎殿阁，万历戊申（1608 年）重建。”[③] 寺（图 5-2-68、

① （唐）耿湋. 题童子寺. 御定全唐诗. 卷二百六十八.

② 西山大佛的具体位置尚有争议，有研究认为是蒙山大佛。但就地理位置而言，童子寺大佛与晋阳城之间的视线关系最为通畅，更符合古籍所言“光照宫内”的实际情况。

③ 道光阳曲县志. 卷二·舆地图下.

图 5-2-69　多福寺、舍利塔、多福寺位置关系 GIS 图

图 5-2-69）在崛围山庄头村东的山坳中，村落与寺的地势相差悬殊，据说今日所见道路未开通前，村民都是循着多福寺西侧的山崖小路往来。寺东南方向有舍利塔（又名青峰塔）一座，宋时所建，高约二十余米，塔下有一羊肠小径，是旧时通往崛围山区的官道，名为“拖拔”（图 5-2-70）。[①]

① 韩贵福. 并州风光［M］. 太原：山西出版集团& 山西人民出版社，2010：10.

图 5-2-70　多福寺实景图 （摄于 2009.07）

视线的组织与借景的手法相似，多利用远景形成焦点，从而增加景致的层次感。寺与塔分别处于沟壑的两侧，遥相呼应；寺、塔、村三者之间视线通畅，又自成角度，可谓“远近高低各不同”；山下又是秀丽的映山湖，天高云淡之日，可赏“塔映山湖”“塔影夕照”。此外，舍利塔还具有风水意义上的双重身份：一是位于多福寺的东南方，乃风水佳地；二是与太原城东南方的永祚寺双塔（文峰塔、宣文塔）相连而成的 45° 风水线。

● 民间信仰建筑

独立型空间体系所代表的是那些不受或少受普通生活影响的建筑形式。在选址方面，多位于山林隐逸之所，布局主要与自然因素有关；而在序列组织方面，宗教信仰建筑多强调空间的神圣性，尤其是山地型宗教建筑多结合地形形成强化宗教氛围的朝圣流线，而民间信仰建筑由于受世俗文化的影响，除了序列组织上的情绪渲染，更加入了人神共欢的空间布置方式，以达到酬神和娱人的双重目的。

酬神活动的内容一般包括宴集与致祭两部分，相应的空间需求也包括欢娱和供奉两种，祠庙建筑中常见的戏台和献殿即为此产物。西山祠庙的献殿仅存晋祠和窦祠两处，一个建于金代，一个建于元代；戏台除了这两处祠庙皆备外，现存较多，如古城营村的九龙庙、花塔村的昭惠寺、太原县城北街的东岳庙等。

—晋祠

晋祠是典型的三教合一组合，并有各自分区（图 5-2-71），建筑群主要有两种平面布局方式：南北向和东西向，看似完全垂直的两种轴线，却有着统一

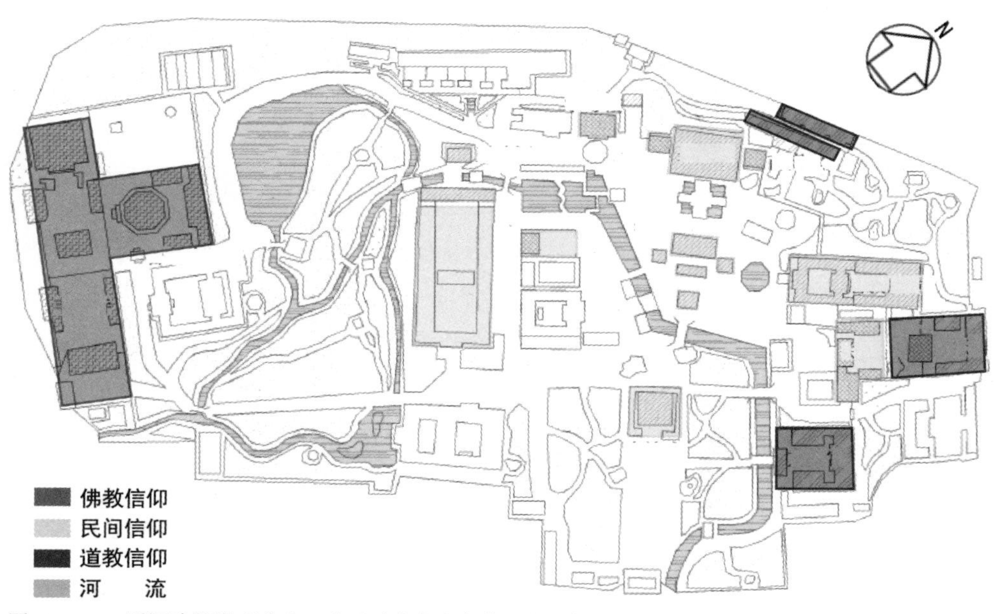

图 5-2-71　晋祠建筑类型分布　底图引自朱向东等．晋祠中的祠庙寺观建筑研究［J］．太原理工大学学报，2008（1）：84.

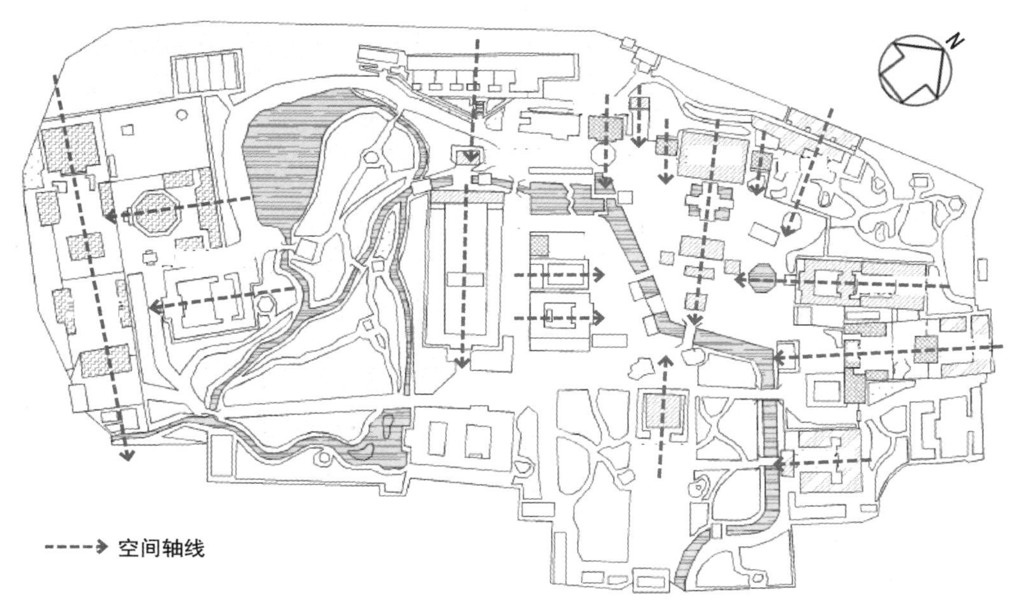

图 5-2-72　晋祠建筑轴线关系　底图引自朱向东等．晋祠中的祠庙寺观建筑研究［J］．太原理工大学学报，2008（1）：84.

的指向——晋祠水系，这种向心（向水）的拓扑关系正是晋祠以水为精神核心的体现（图 5-2-72）。从晋祠庙号的屡有更替（表 5-2-8）亦可窥豹一斑，这是与社会变迁直接相关的，并且也导致了晋祠内部空间组织结构的转变，其社会影响意义也随之发生微妙的变革。

晋祠主神在宋以前为唐叔虞，《水经注》载："沼西际山枕水，有唐叔虞祠。"[①] 宋太平兴国九年（984 年）《新修晋祠碑铭并序》又言："（叔虞祠）正殿中启，长廊周布，连甍盖日，巨栋横空，万星拱攒，千楹藻耀……况复前临曲沼，泉水鉴彻于百寻，后拥危峰，山岫屏开于万仞。""后拥危峰，山岫屏开"都显示出当时的叔虞祠位于现存的圣母殿位置。而到了明以后，水母信仰登上历史舞台，叔虞之名则鲜有提及，晋祠被水神祭祀神祇所取代。

① （北魏）郦道元．水经注·卷六．晋水．

晋祠庙号变化 [1] **表 5-2-8**

名称	年代	主要祭祀人物	备注
唐叔虞祠	北魏	唐叔虞	《水经注》记载："沼西际山枕水有唐叔虞祠，水侧有凉堂，结飞梁于水上。"
晋祠	东魏	唐叔虞	祖鸿勋《晋祠记》
晋王祠	北齐	唐叔虞	《地形志》载："晋阳西南有悬瓮山，晋水所出，东入汾，有晋王祠。"[1]
大崇皇寺	北齐	唐叔虞	北齐后主高纬崇尚佛法，于天统五年（569 年）下诏改称晋祠为"大崇皇寺"，使单纯祭祀叔虞的晋祠增添了佛教的色彩
晋祠	唐	唐叔虞	唐贞观二十年（646 年）李世民驾幸晋祠，撰文《晋祠之铭并序》，并刻碑立石，仍称晋祠
兴安王庙	五代后晋	唐叔虞	五代后晋天福六年（941 年）高祖石敬瑭封唐叔虞为兴安王，祠称"兴安王庙"
晋祠	宋	叔虞和叔虞之母邑姜	宋太宗赵光义毁灭晋阳城后，于太平兴国四年（979 年）下令整修晋祠，创建了圣母殿，将叔虞和叔虞之母邑姜一同供奉。九年（984 年）赵昌言奉敕撰《新修晋祠碑铭并序》，称祠为晋祠
圣母祠慈济庙	宋	叔虞之母邑姜	宋崇宁三年（1104 年）六月，徽宗封唐叔虞为"汾东王"，同时"赐号圣母祠慈济庙"
汾东王祠、惠远庙	宋	叔虞和叔虞之母邑姜	宋政和元年（1111 年）徽宗加封圣母为"显灵昭济圣母"；"政和二年七月改赐惠远"，故祠又称"汾东王祠"、"惠远庙"
晋祠、汾东王庙	元	叔虞和叔虞之母邑姜	太原路提举学官弋毂为此于元至元四年（1267 宋）撰文树碑《重修汾东王庙记》，称祠为"汾东王庙"。而碑阴同年刻文《晋祠庙宇四至》，记载了地方官员奉忽必烈之诏书整修晋祠，划定晋祠庙宇四至范围一事。诏书称"晋祠庙系祝延圣寿祈福之地"
广惠祠、晋源神祠	明	叔虞之母邑姜	朱元璋御制诰文《加封诏书》，封晋祠圣母为"广惠显灵昭济圣母"。晋祠遂称广惠祠。明洪武四年（1371 宋）又改称晋源神祠
晋祠	明	叔虞之母邑姜	明景泰二年（1451 年）代宗朱祁钰立《御制祝文》碑，仍称晋祠。至成化二十年（1484 年）八月，宪宗立《御制祭文》碑，仍称晋祠
晋祠	清	叔虞之母邑姜	刘大鹏《晋祠志》

对于圣母的身份多有异议，有认为是唐叔虞的母亲邑姜，也有认为是宋仁宗的母亲——章献明肃太后刘娥。[2] 不过，无论是谁，圣母都是官方大力推崇的神祇。而在乡民看来却不然，他们认为昭济圣母就是柳春英，甚至在圣母殿的南侧特别建造了一座水母楼专门祭祀。

① （北齐）魏收. 魏书. 志第五 · 地形志上. 并州.

② 关于圣母身份的讨论详见张亚辉. 水德配天——一个晋中水利社会的历史与道德［J］. 北京：民族出版社，2008：136.

如今，晋祠从最初的祖先祭祀已蜕变成水神信仰的中心，民间信仰建筑在空间上也相应地形成了以圣母殿为中心，水母楼以及唐叔虞祠分置两侧的布局。献殿（图 5–2–73）在圣母殿前，是供奉祭祀圣母祭品的享堂，建于金大定八年（1168 年），四面无墙，梁架结构只在椽袱横架上施驼峰，托脚承平梁架，结构十分简朴，“不若不费，故能经久不坏”[①]。水镜台（戏台）（图 5–2–74）则在圣母殿轴线的东端，建于明代，后台为重檐歇山顶，东、北、南三面围廊，前台为卷棚歇山顶，三面可观，前后两部分虽然组合在一起，但是结构却自成一体，各有一套柱梁系统。

圣母殿西南侧有一清潭，潭中间建有一道石堤，凿有圆洞十孔。南三北七，作为分水的标志，中央由分界石堰分开，即著名的“人字堰”。其西伫立着一座小塔，形状特别，八棱柱形的塔体支撑宝盖，石柱短粗，直接安放在仰莲型基座上，称作“分水塔”，传说是“油锅捞钱”[②]故事的主人公张郎的葬身之塔，故又称“张郎塔”（图 5–2–75）。虽然对于“油锅捞钱”故事的发生年代及人字堰和张郎塔的建造年代仍有争议，但故事和建筑本身所承载的内涵是显见的，即随着水资源争夺的加深，人字堰与分水塔作为水权的象征，其社会意义比故事真实性更具有讨论的价值。

—窦祠

窦祠（图 5–2–76）始建位置已不可考，现存建筑位于洌石口附近，环境极佳。从总体布局来看，窦祠坐北朝南，中轴线上建有乐楼、山门、献亭、大殿，与其他建筑的围合之下，形成了一里一外的两个空间，即山门外侧的戏台

① 梁思成、林徽因. 晋汾古建筑考察纪略；转引自张德一、姚富生. 太原市晋源区旅游漫谈［M］. 太原：山西人民出版社，2001：90.

② “油锅捞钱”的故事一般是说：从前，晋水南北二河因争夺晋祠之水利，常常发生纠纷。后来，官府出面调停，在难老泉边置一口油锅，当油沸腾时，将十枚铜钱扔到锅中。这十枚铜钱就代表十股泉水，哪一方能从锅中掏出几枚铜钱，那一方就分得几股泉水，永成定例，永息争端。花塔村张姓后生当即跳入锅中，为北河争取了七分水。后人为了纪念他，将他葬在石塘中，即张郎塔的下方。大多数学者认为“油锅捞钱”的故事发生在北宋年间，但其实“分水塔”最早出现在文献中是元至正二年（1342年）的《重修晋祠庙记》：“难老泉至分水塔，派而二之。”而塔作为风水用途则是元中叶以后的事情，因此，张德辉《水德配天——一个晋中水利社会的历史与道德》认为“油锅捞钱”的故事应是发生在明万历二十年（1592年）之后。

图 5-2-73　晋祠献殿 （摄于 2009.07）

图 5-2-74　晋祠水镜台 （摄于 2008.01）

图 5-2-75　人字堰与张郎塔（摄于 2009.07）

图 5-2-76　窦祠　图 1、2 摄于 2008.01，图 2、3 摄于 2009.07.

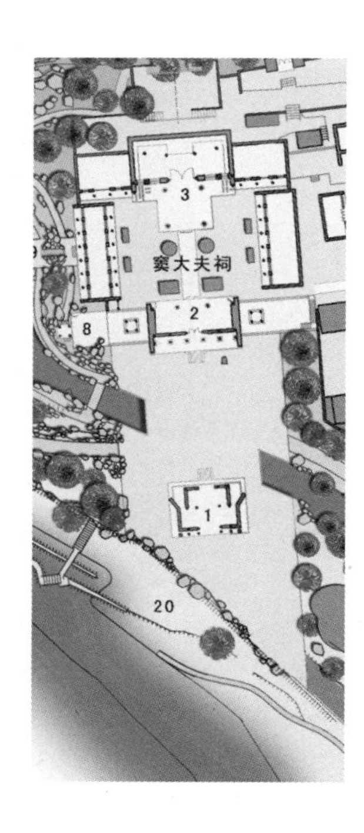

图 5-2-77　窦祠平面　引自曹洪立."景以境出"的实践—山西窦大夫祠景区详细规划.中国园林，2009（05）：53.

图 5-2-78　窦祠轴线剖面　引自曹洪立."景以境出"的实践—山西窦大夫祠景区详细规划［J］.中国园林，2009（05）：53.

空间，以及内部的献亭空间。开敞与封闭，明亮与幽暗产生强烈的对比，也完成了窦祠祭祀的一系列空间转换的过程（图 5-2-77、图 5-2-78）。

乐楼（戏台）为清代遗构，在祠外最南端，与山门之间有道路相隔，由两部分构成：南向为后台，五架梁单檐硬山式，面阔五间；北向为前台，五架梁卷棚式，面阔三间。与晋祠水镜台不同的是，乐楼的前、后台两部分是一体的，由北向南予人感觉是一座前设抱厦之殿堂式建筑，而由南向北看则只是一座前廊式山门（图 5-2-79）。①

祠内献殿又称献亭（图 5-2-80），为元代遗物，与大殿相连。平面为方形，面阔、进深各一间，单檐歇山式，是陈设祭品的场所。亭内抹角梁上设八角藻井，做法有明显的宋代风格，檐下斗栱五铺作双下昂计心造，飞檐翘角，犹如大鹏展翅。所施柱、额用材硕大，其额枋通间横跨 16 米之多，整体结构气魄雄浑。

① 夏惠英.太原窦大夫祠［J］.文物建筑，2008（2）：67.

图 5-2-79　窦祠乐楼 （摄于 2008.01）

图 5-2-80　窦祠献亭 （摄于 2009.07）

图 5-2-81　西山村落　图 1、2 摄于 2010.01. 图 3、4 摄于 2009.07。

2）聚落

①特征

西山主要有两种地貌形式，也造就了平原型、山地型及山麓型三种形式的聚落型村落。尽管在选址上存在着较大的差异，但是村落的布局形式一般都比较自由，受传统限制较少，与地理环境特征和包容的文化观念息息相关。

山地型或山麓型村落的选址或靠近山体，或位于山中，村内建筑不得不结合地形布置，随山就势，形成阶梯形的空间组织方式，如庄头村、甘草卯村等。而平原型村落则往往以主要道路为依据布置建筑，形成线性的空间结构，如赤桥村、土堂村等（图 5-2-81）。

此外，有些村落是出于军事考虑而设置的军事屯堡，在选址和布局上更注重防御功能，如店头村。还有一些是因为政治或宗教而产生的村落，则往往贴近该中心设置，在发展中也会受到一定的约束，如庄头村的早期村民多是为邻近山下多福寺种田的农民，因村落位于山顶，故得名“庄头”。

西山现存村落由于受经济发展、社会变迁的影响，形态与风貌变化较大。但由于聚落的发展基本是自然生长的，虽然建筑形式有所更替，规模有所增减，基本的空间结构依然存在，或保留了原有道路，或有公共建筑遗存，从这些历史遗存的片段中或可以推断出一些基本特征。

②庙宇

村落出于民间信仰意识或生活传统的影响，总是会衍生出多样的寺庙祠堂等建筑形式，与“因寺生村”不同，村落自身的庙宇建设往往是基于村落的整体格局和生活需求为根本原则。就西山整体而言，属于村落的民间信仰建筑之间又呈现出两种形式的体系类型，即线性体系和散点体系，前者是联系各村落文化的手段，后者则是传统观念的直接体现。

以水为信仰中心的西山分布着大量的水神祭祀场所，并构成以晋水为导引的线性体系，并有外在体系与隐含体系两个层次：隐含体系是以对水的需求为本质，即以“祈雨”为主题的神祇信仰，而外在体系则是通过“抬神祈雨”将周边村落整合到一起的活动来体现。并因此形成完整的水神谱系，如黑白龙神、十八龙王、小大王、水母、圣母等。但是，有相当一部分水神祭祀场所为了营造神秘的气氛，多选址于山上。这种情况下，村落庙宇即成为前文所述的独立型空间体系的延伸，既可以将流域内的各个村落组织在一起，又成为独立型和聚落型空间发生联系的节点，如祭祀主神是九龙圣母[①]的古城营村九龙庙，是“游神”活动的必经之地，也是西山村落中的唯一，发挥着不可替代的作用。

不过，除了与水有关以外，这些庙宇并无统一的形式类型，朝向随环境变化不一，平时的祭祀方式也较随意，只有在固定时期会有统一的组织活动。其他的民间信仰建筑亦较多类似，如大多数村落都拥有的观音堂、关帝庙等，因与村民日常生活息息相关，广泛地存在于山下的村落中，而山上分布极少（图 5-2-82）。

村落民间信仰祭祀的对象多与日常生产、生活有关，祭神常以庙会的形式进行，以之为契机将村落的内外成员组织起来参与公共活动，如太原县城的众多祠庙均有各自不同的庙会时期，公共空间重心也随着庙会地点的迁徙而发生由东向西的转移（图 5-2-83）。

院落是西山大多数村落庙宇采用的布局形式，一进居多，或为两进，多进的较为罕见，正殿为主要祭祀空间，入口前通常会有戏台或乐楼。更为简单的则只有一个小龛，甚至没有神像或神位，只用黄纸写下神的名号，贴于龛内，如在西山村落中随处可见的五道庙即为代表，也有玉皇庙或山神庙、树神庙、井神庙等，这类神祇的等级较低，尚不足以建庙以祭之，常设于特定位置，如树旁、井旁或路口（图 5-2-84）。

① 九龙圣母的身份一直莫衷一是，有称是晋祠圣母的妹妹，亦有称是北齐武明娄皇太后娄昭君，即高欢的妻子。据道光太原县志. 卷三. 祀典：“石婆祠即北齐武明娄太后，太后尝病，内使令呼太后为石婆，亦有俗忌，故改名石婆也，太后久居晋阳，居人感其惠，故立祠。”

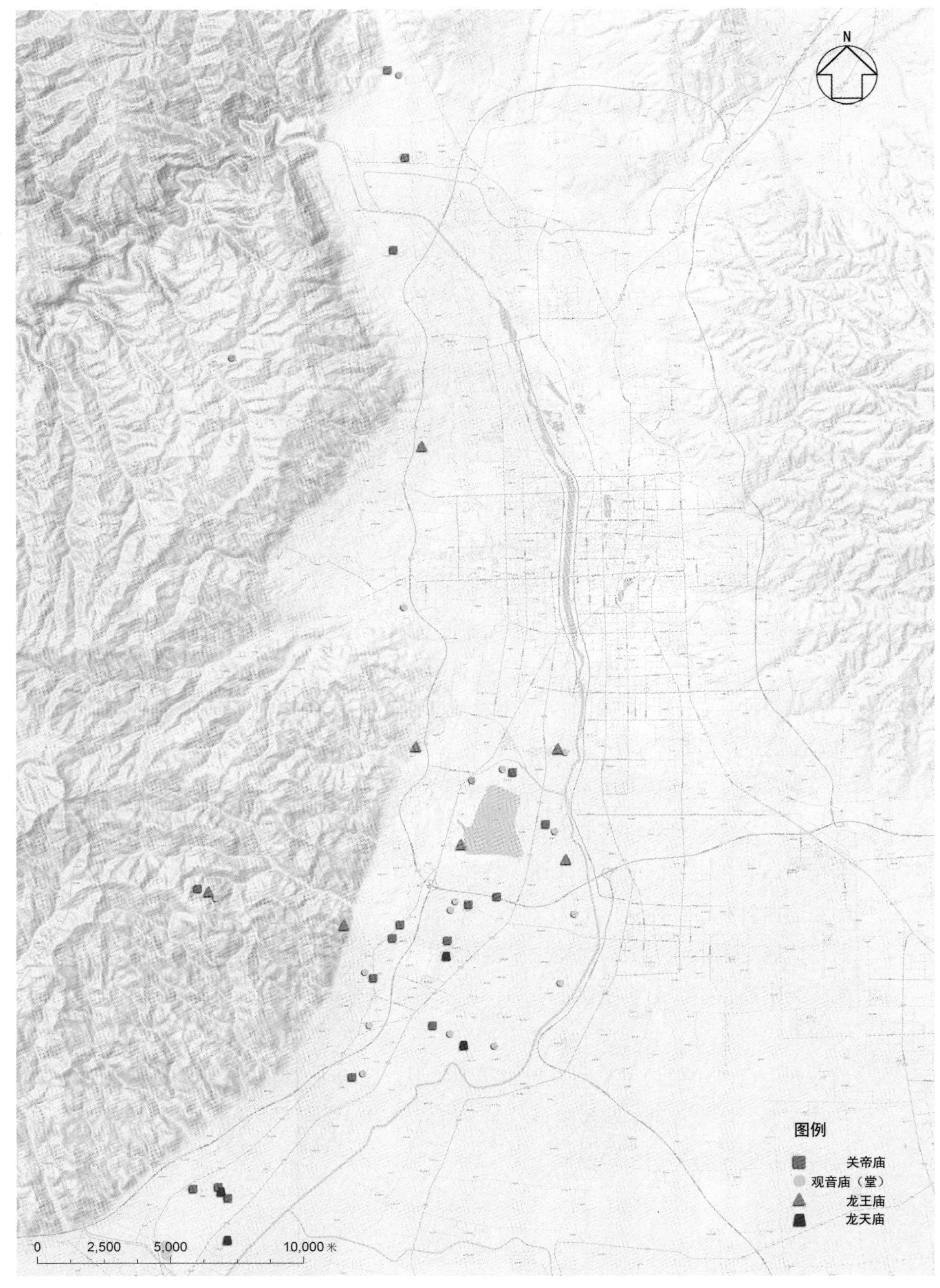

图 5-2-82　散点体系祭祀建筑分布

图 5-2-83　庙会分布　引自东南大学建筑设计研究院·城市保护与发展工作室．明太原县城历史文化街区保护详细规划．2010.

图 5-2-84　独立型祠庙的类型　（摄于 2010.10）

③村落

聚落型空间体系囊括了村落及与之发展建设相关的各种建筑类型，此处以店头村、王郭村、庄头村和赤桥村为例，分别观察不同规划意图下产生的的村落及其之间的异同，描述其以自然环境为依托，据道路或水系为根本的演变。

● 店头村

店头村位于西山九峪中最为著名的风峪中。“风峪古称灵邱峪，唐以后始易今名。”[①] 风峪宽 30 ~ 150 米左右，是西山九峪中较宽的山谷，是战国、秦汉至隋唐五代以来晋阳西侧的主要干道。此地距晋阳古城仅 2.5 公里，是晋阳西大门的咽喉所在，“西属交城入娄烦路，唐北都西门之驿也，”[②] 是交城、娄烦甚至陕甘之地的官民、商贩沿风峪古驿道通达晋阳的必经之地。风峪河干涸时，商队就在河滩上行走；而到了雨季，河水高涨，便需绕行村内，店头因成来往人车的必经之地，[③] 村内至今还留有古驿道、驿馆的痕迹。

村在风峪北侧临河的石崖上，北倚蒙山，南临沙河，处在风峪最窄的沟颈之处，俯瞰风峪官道（图 5–2–85）。因是风峪沟的头一个村落，故得名“店头”。据专家推测，历史上的店头村曾是军事堡垒和屯兵之地，宋毁晋阳后，逐渐演变成普通村落。村内现存 460 余间石碹窑洞，一般两到三层，底层为石砌窑洞，上层为砖石构筑的阁楼，上下之间有石台阶直通，还有石碹暗道或石台阶通往两侧院落，形成窑洞串窑洞、大窑套小窑、上下层与主次院相互贯通的立体网络；再加之四横六纵的巷道系统，防御与居住功能得到完美叠加（图 5–2–86）。郭家院是此中代表：以紫竹林山门下半圆形石碹洞为界，分为东西两院，通过角门互相连接，东院二层一窑洞原有一门暗通紫竹林一层。

值得关注的是，店头村虽小，也有着一宫（文昌宫）一庙（真武庙）一庵（紫竹林）一山（灯山，即古戏台遗址），把村落风水表达得淋漓尽致。

① 清嘉庆五年岁次庚申蒲月吉日立无题碑. 王海. 古堡店头：301.

② 永乐大典辑佚. 太原府志. 山川.

③ 第五批中国历史文化名村申报材料——山西太原市晋源区店头古村，2009.

图 5-2-85　店头村鸟瞰图（摄于 2010.10）

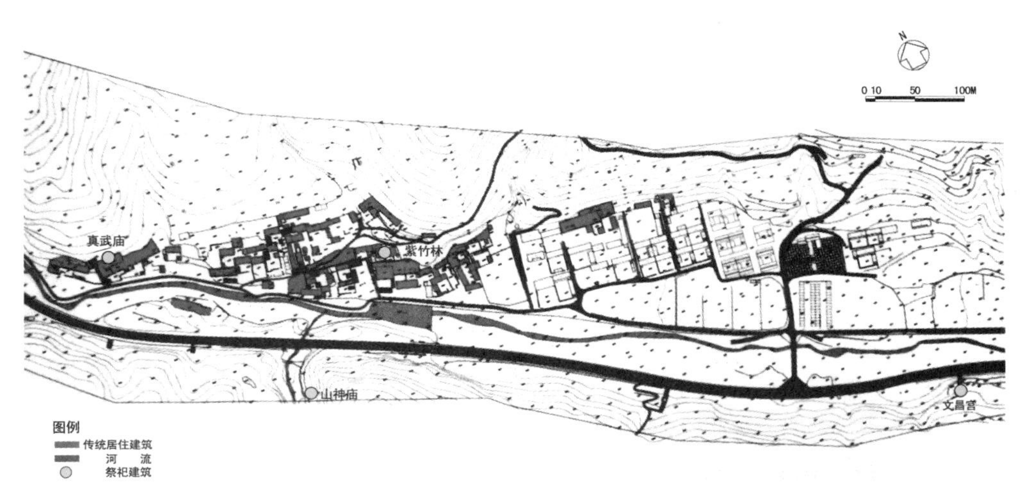

图 5-2-86　店头村平面　底图引自第五批中国历史文化名村申报材料—山西太原市晋源区店头古村，2009.

图 5-2-87　文昌宫　（摄于 2010.10）

文昌宫(图 5-2-87)在村东南的山腰处，为两层砖石楼阁硬山式，上供魁星，下祀文昌，为石作窑洞式，相传，店头村及风峪沟内其他各村的学子在应试之前，必带供品、香烛等来此焚香祈祷；在文昌宫附近的南山腰处原建有高七层的方形宝塔，据说宝塔四角各压一只活蛤蟆，以为镇邪用，但由于开山破石，塔早已不复存在。与文昌宫相对的，是村落西北角的真武庙，二者形成村落风水布局的主线。

紫竹林乃一处尼庵，在村落正中，明时“止石洞一间，供大士像，青山为屏，白云作障而已”；入清后，“有尼如云，以菩提之性，投甘露之门。始大兴土木，展拓地基，建大殿于石洞之上，塑三大士像。下院南北，各起精舍，祀释迦法王，地藏菩萨。”紫竹林坐东朝西，透过一条约 70 米长，2 米宽的狭

图 5-2-88　紫竹林与灯山　（摄于 2010.10）

路与灯山相望（图 5-2-88）。由于地势高差所致，紫竹林的入口架在村中道路上，成券洞形，村民称此道原通车马，亦可泄洪（图 5-2-89）。紫竹林的内部空间也很复杂，由于占地面积小，分为上下两层，下层窑洞，上层木构，上下之间贯通流畅，视线通透而富有趣味。[①]

① 据清嘉庆五年岁次庚申蒲月吉日立无题碑. 王海. 古堡店头：301："前明时，村之震方止石洞壹间，供大士像。青山为屏，白云作障而已。迨于本朝，有尼如云，以菩提之性，投甘露之门。始大兴土木，展拓地基，建大殿于石洞之上，塑三大士像。下院南北，各起精舍，祀释迦法王，地藏菩萨。""风峪之中有店头小聚落也。村震方有庙，供大士诸神像。每岁春秋间，里人崇祀典，且献戏焉。"再据村内紫竹林存《清咸丰十一年次辛酉桂月碑记》《重修文昌宫、真武庙碑记》："文昌宫、真武庙建诸坎位，郭姓、王姓、李姓捐资银两120余两重修，建于清雍正壬子年，乾隆年再修。"

图 5-2-89　紫竹林入口下部空间
（摄于 2010.10）

- **庄头村**

庄头村位于崛围山一山坳的西北侧，向阳背风。天气晴好之时，村落与多福寺、舍利塔之间视线通畅，景色宜人。但水源十分缺乏，用水仅以山下多福寺泉水为依（图 5-2-90）。

庄头村的地形高差较大（图 5-2-91），依山势布置顺沿和垂直等高线的道路网络，并形成了错落有致、鳞次栉比、呈阶梯状分布的居住形式（图 5-2-92）。民宅以四合院为主，主体建筑多为砖券窑洞形，位于下方的密集紧凑，并有一些直接利用山体形成的靠崖窑，但塌毁严重，基已荒废；上方的则零星散落，无甚规律。

村落规模较小，仅有一座五道庙置于村口。因毗邻多福寺，村民的祭祀或节庆活动多往寺去，如每年的六月初六和春节。

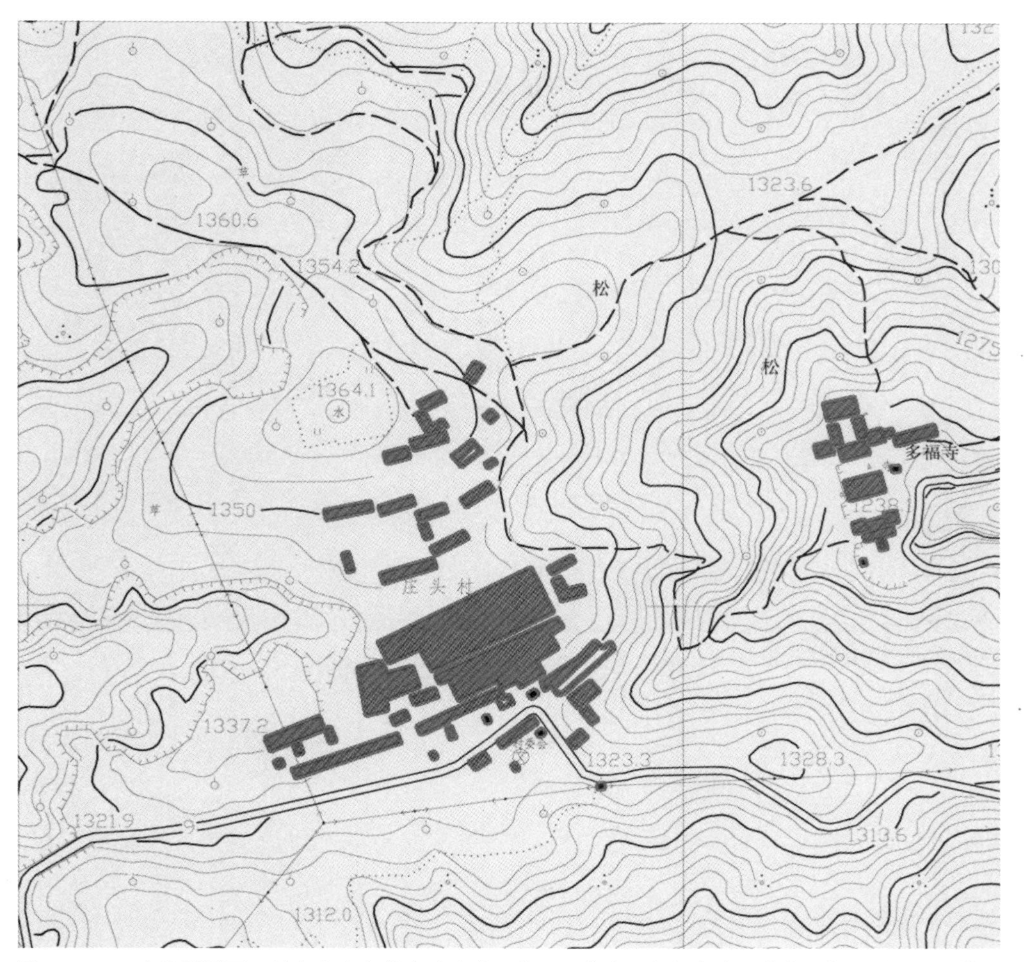

图 5-2-90　庄头村平面　引自东南大学建筑设计研究院·城市保护与发展工作室．太原崛围山风景名胜区规划．2010.

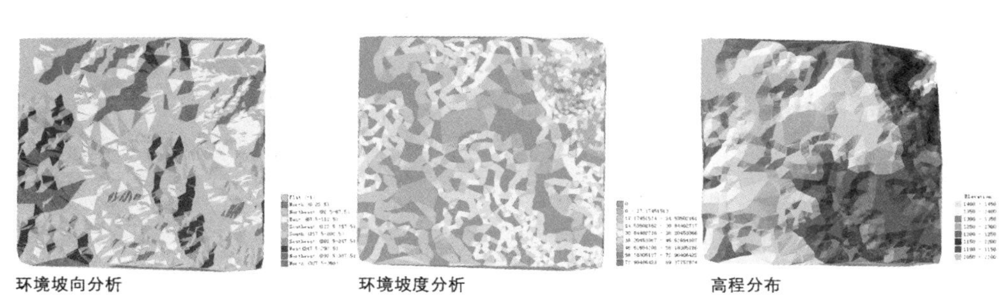

环境坡向分析　　环境坡度分析　　高程分布

图 5-2-91　庄头村 GIS 分析

图 5-2-92　庄头村路网布局　底图引自 GoogleMap

• 王郭村

王郭村是晋水南河的主要村落，历史悠久，据村内真武庙的《真武庙碑记》，北齐间，咸阳王斛律金曾在此建别墅、修城郭。年久城湮，村落自成，遂以王郭名之。村北原有鸿雁南渠，现已成路；南渠向东与清水河合流，再折而南注汾河。

西山的村落多以堡的形式存在，今王郭村还残留一段堡墙，高三米有余，夯土墙体，上部有局部砖砌（图 5-2-93），但整个堡墙的范围及村落边界已无从考证。晋水地区的村落名称常以“堡”名之，如晋祠堡、东关堡等，王郭村从规模上看只是晋水流域的一个普通村落，尚有堡墙，可推此地村落的堡墙建设是较为普遍的。

图 5-2-93　王郭村堡墙　（摄于 2010.10）

王郭村现存的信仰建筑较多（图 5-2-94），如祭祀汾神台骀的祠庙及关帝庙、真武庙等，后者尚存清同治、光绪时期（1862 ~ 1908 年）的碑刻数通，详细记述了真武庙、官堰、清水河桥以及营房的修建过程。这些建筑大多东西朝向，对于地势平坦的村落而言，似乎较为奇怪。但稍微留心，即可发现其指向乃是朝着聚落的中心，或许村民在布置建筑的时候，是有着一定的向心意识的（图 5-2-95）。

● 赤桥村

赤桥村位于卧虎山脚下，其南有马房峪可直通西山。其历史可以上溯至战国时期，以流传千古的"豫让义刺"[①] 名扬于世，"赤桥"之名亦源于豫让在村内的桥上洒过赤血的传说。

官道和晋水（智伯渠）从村中穿过，相交之处即豫让桥所在。豫让桥乃明

① "义刺"指的是豫让刺杀赵襄子的故事。豫让是智伯的家臣，由于"三家分晋"中智伯被杀，于是，豫让以"士为知己者死"为由，立志为智伯报仇，他想尽办法行刺赵襄子。甚至不惜漆身、吞炭。他最后一次行刺是在赤桥。但是由于被赵襄子发现，最终自杀而死。但是，临终前他请求赵襄子脱下自己的衣服，连刺三剑，以表达自己的忠心。

图 5-2-94　王郭村平面　底图引自 Google Map

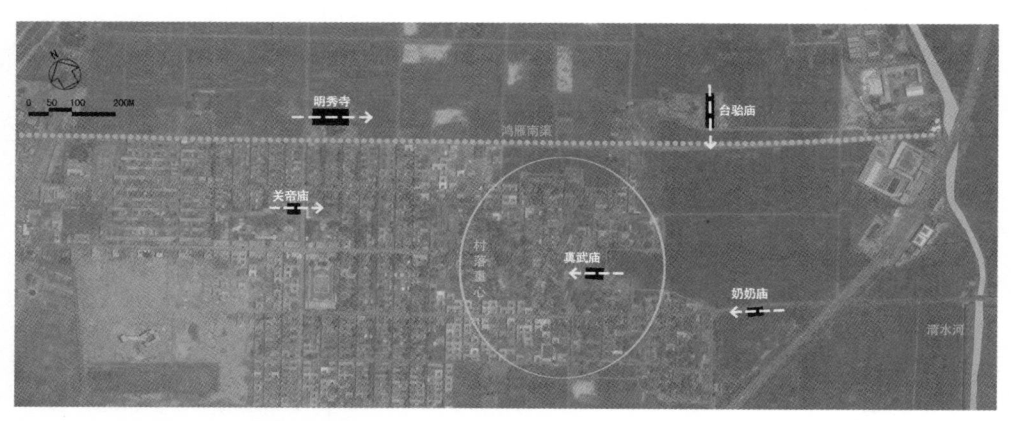

图 5-2-95　王郭村祭祀建筑朝向分析　底图引自 Google Map

时所建，现已湮没地下。官道则是赤桥村今存较好的空间，道两侧尚有一些名人故居，以刘大鹏故居保留最为完好。豫让庙与兴华寺（关帝庙）皆坐西朝东，与道路或水系垂直，且占据重要节点，如交叉口（豫让庙）或转弯处（兴化寺）（图 5-2-96）。

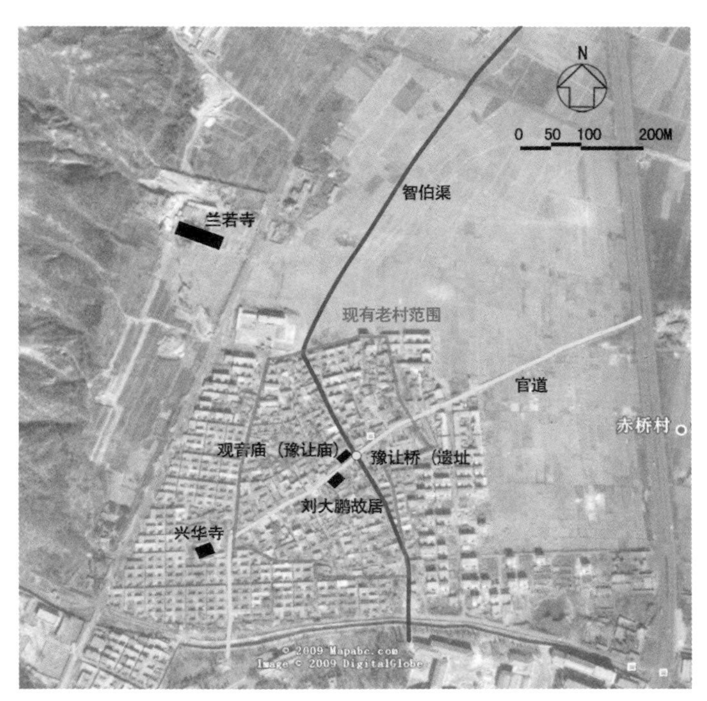

图 5-2-96　赤桥村平面　底图引自 Google Map

（清）刘大鹏对赤桥村的景致归纳有十，即：古洞书韵、兰若钟声、龙冈叠翠、虎岫浮岚、古桥月照、杏坞花开、唐槐鼎峙、晋水长流、莲畦风动、稻陇波翻。可见清时的赤桥村还是一个山清水秀的地方，稻陇、莲畦可证水源之丰腴。赤桥十景或许只是刘大鹏对故乡的特殊情怀，但至少在这些景致元素的提取中或可建立起一个大概的认知图式，兴化洞、兰若寺、豫让桥、晋水、唐槐等共同构成了赤桥村的景观意境。

参考文献

历史文献

[1] （明）高汝行纂辑．嘉靖太原县志．嘉靖刻本．

[2] （明）李维桢纂修．万历山西通志．崇祯二年（1630年）刻本．山西省博物馆藏．

[3] （明）姚广孝等纂修．明太祖实录．上海会文堂，宣统元年（1909年）．

[4] （清）张廷玉等撰．明史．北京：中华书局，1974.

[5] （明）关延访修，张慎言纂，太原市地方志办公室点校．万历太原府志．太原：山西人民出版社，1991.

[6] （明）李侃修，胡谧纂．成化山西通志．四库全书存目丛书·史部·第174册．据山西大学图书馆藏民国22年（1933年）影抄成化十一年（1475年）刻本．济南：齐鲁书社，1997.

[7] 马蓉、陈抗等点校．永乐大典方志辑佚．北京：中华书局，2004.

[8] （清）穆尔赛纂修．康熙山西通志．康熙二十一年（1682年）刻本．

[9] （清）李培谦监修，阎士骧纂辑．道光阳曲县志．中国方志丛书·华北地方·第396号．据道光二十三年（1843年）修，民国21年（1932年）重印本影印．台北：成文出版社，1976.

[10] （清）嘉庆二十五年国史馆撰．嘉庆重修一统志．中国古代地理总志丛刊．北京：中华书局，1986.

[11] （清）刘大鹏著，慕湘、吕文幸点校．晋祠志．太原：山西人民出版社，2003.

[12] （清）费淳、沈树生纂修．乾隆太原府志．中国地方志集成·山西府县志辑·第一辑、第二辑．据乾隆四十八年（1783年）刻本影印．南京：凤凰出版社、上海：上海书店、成都：

巴蜀书社，2005.

[13] （清）员佩兰修，（清）杨国泰纂．道光太原县志．中国地方志集成·山西府县志辑·第二辑．据道光六年（1826年）刻本影印．南京：凤凰出版社、上海：上海书店、成都：巴蜀书社，2005.

[14] （清）戴梦熊修，（清）李方蓁、李方芃纂．道光阳曲县志．中国地方志集成·山西府县志辑·第二辑．据道光二十三年（1843年）修，民国21年（1932年）铅印本影印．南京：凤凰出版社、上海：上海书店、成都：巴蜀书社，2005.

[15] （清）顾祖禹撰．贺次君、施和金点校．读史方舆纪要．中国古代地理总志丛刊．据北京图书馆特藏善本《商丘宋氏纬萧草堂写本》为底本．北京：中华书局，2005.

[16] （民国）陈其田著．山西票庄考略．史地小丛书．北京：商务印书馆，1937.

[17] （周）左丘明传，（晋）杜预注（唐）孔颖达正义．春秋左传正义．十三经注疏（标点本）．北京：北京大学出版社，1999.

[18] （西汉）司马迁撰，（南朝宋）裴骃集解．史记．景印文渊阁四库全书·第二四三册·史部一·正史类．台北：台湾商务印书馆，1983.

[19] （西汉）毛亨传，（东汉）郑玄笺，（唐）孔颖达疏．毛诗正义．十三经注疏（标点本）．北京：北京大学出版社，1999.

[20] （西汉）孔安国撰，（唐）孔颖达疏．尚书正义．十三经注疏（标点本）．北京：北京大学出版社，1999.

[21] （东汉）班固撰，（唐）颜师古注．汉书．北京：中华书局，1962.

[22] （东汉）郑玄注，（唐）贾公彦疏．周礼注疏．十三经注疏（标点本）. 北京：北京大学出版社，2000.

[23] （东汉）公羊寿传，（东汉）何休解诂，（唐）徐彦疏．春秋公羊传注疏．十三经注疏（标点本）. 北京：北京大学出版社，2000.

[24] （南朝宋）范晔．后汉书．北京：中华书局，1965.

[25] （后魏）郦道元撰．水经注．影印文渊阁四库全书·第五七三册·史部三五一·地理类．台北：台湾商务印书馆，1983.

[26] （北齐）魏收撰．魏书．北京：中华书局，1974.

[27] （唐）徐坚等著．初学记．北京：中华书局，1962.
[28] （唐）李百药撰．北齐书．北京：中华书局，1972.
[29] （唐）李延寿撰．北史．北京：中华书局，1974.
[30] （唐）李吉甫撰，贺次君点校．元和郡县图志．中国古代地理总志丛刊．据光绪六年（1880年）金陵书局初刊本排印．北京：中华书局，1983.
[31] （唐）（日）释圆仁原著，（日）小野腾年校注，白化文等修订校注．入唐求法巡礼行记．石家庄：花山文艺出版社，1992.
[32] （北宋）赞宁撰，范祥雍点校．宋高僧传．中国佛教典籍选刊．北京：中华书局，1987.
[33] （北宋）乐史撰．宋本太平寰宇记．北京：中华书局，2000.
[34] （南宋）释志磐撰．佛祖统纪．续修四库全书·一二八七·子部·宗教类．据北京大学图书馆藏明刻本影印．上海：上海古籍出版社，2002.
[35] 唐圭璋编纂，王仲闻参订，孔凡礼补辑．全宋词．北京：中华书局，1965.
[36] 姚奠中主编．元好问全集．太原：山西古籍出版社，2004.
[37] （明）高汝行纂辑．嘉靖太原县志．嘉靖刻本．
[38] （明）大明一统志．天顺五年（1461年）刻本．
[39] 马蓉、陈抗等点校．永乐大典方志辑佚．北京：中华书局，2004.
[40] （清）刘书年撰．刘贵阳说经残稿．滂喜斋丛书第四函01. 吴县潘氏京师刊本．光绪十一年（1885年）．
[41] （清）觉罗石麟等监修，储大文等编撰．山西通志．影印文渊阁四库全书·第五四二册至五五〇册·史部三〇〇至三〇八·地理类．台北：台湾商务印书馆，1983.
[42] （清）康熙四十二年（1703年）御定．御定全唐诗．影印文渊阁四库全书·第一四二三册至一四三一册·集部三六二至三七〇·总集类．台北：台湾商务印书馆，1983.
[43] （清）傅山著．霜红龛集．太原：山西人民出版社，1985.
[44] （清）．高宗纯皇帝实录．清实录·第九册至第二十七册．北京：中华书局，1986影印本．
[45] （清）刘大鹏遗著，乔志强标注．退想斋日记．太原：山西人民出版社，1990.
[46] （清）李渔著，杜书瀛评注．闲情偶寄·插图本．中华经典随笔．北京：中华书局，2007.
[47] （清）傅山著，吴言生、景旭解评．傅山集．太原：三晋出版社，2008.

今人著述

[1] 张维邦主编．山西经济地理．北京：新华出版社，1978.

[2] 谭其骧主编．中国历史地图集．北京：中国地图出版社，1981.

[3] 太原市地名委员会办公室编．太原市北城区地名志，太原市南城区地名志．太原，1989.

[4] 刘治宽，缪克沣主编．十大古都商业史略．北京：中国时政经济出版社，1990.

[5] 山西地方志编撰委员会编．山西通志．北京：中华书局．1991.

[6] 杨纯渊著．山西历史经济地理述要．太原：山西人民出版社，1993.

[7] 郭湖生著．中华古都．台北：空间出版社，1997.

[8] 山西省地图集编撰委员会编．山西省历史地图集．北京：中国地图出版社，2000.

[9] 刘志宽、张德一、贾莉莉编著．太原史话．太原：山西人民出版社，2000.

[10] 穆文英主编．晋商史料研究．太原：山西人民出版社，2001.

[11] 饶胜文著．布局天下：中国古代军事地理大势．北京：解放军出版社，2002.

[12] 中国军事史编写组编著．中国历代军事战略．北京：解放军出版社，2002.

[13] 黄征主编．老太原．北京：文化艺术出版社，2003.

[14] 杨光亮、降大任编著．话说太原．太原：山西科学技术出版社，2004.

[15] 侯文正主编．太原风景名胜志．太原：山西人民出版社，2004.

[16] 商业部国际贸易局编．中国实业志．北京：经济管理出版社，2008.

[17] 田玉川著．正说明清第一商帮·晋商．北京：中国工人出版社．2007.

[18] 行龙著．以水为中心的晋水流域．太原：山西出版集团、山西人民出版社，2007.

[19] 胡阿祥主编．兵家必争之地——中国历史军事地理要览．海口：海南出版社，2007.

[20] 乔含玉著．太原城市规划建设史话．太原：山西科学技术出版社，2007.

[21] 范世康主编．晋商兴盛与太原发展——晋商文化论坛论文集．太原：山西人民出版社，2008.

[22] 张亚辉著．水德配天——一个晋中水利社会的历史与道德．北京：民族出版社，2008.

[23] 范世康主编．太原文化资源概览．太原：山西出版集团、山西人民出版社，2009.

[24] 太原市地方志编撰委员会编．太原市志．太原：山西古籍出版社，2009.

[25] 刘铁旦主编，张德一编撰．太原市古城营村志．太原：山西出版集团、三晋出版社，2009.

[26] 继祖、红菊著．古城阛陌——太原街巷捭阖．杨瑞武主编．龙城太原．太原：山西出版集团、山西人民出版社，2009.

[27] 宿白著．中国佛教石窟寺遗迹——3-8世纪中国佛教考古学．北京：文物出版社，2010.

[28] 山西省图书馆编．老地图．太原：三晋出版社，2010.

[29] 郝树侯编著．太原史话．太原：山西人民出版社，1979.

[30] 赵守正撰．管子注译．南宁：广西人民出版社，1982.

[31] 侯文正等．傅山诗文选注．太原：山西人民出版社，．1985.

[32] 杜斗城．敦煌五台山文献校录研究．太原：山西人民出版社，1991.

[33] 康守中主编．太原市南郊区志．北京：三联出版社，1994.

[34] 祁志祥著．佛学与中国文化．上海：学林出版社，2000.

[35] 张德一、姚富生编著．太原市晋源区旅游漫谈．太原：山西人民出版社，2001.

[36] （美）凯文·林奇著，方益萍等译．城市意象．北京：华夏出版社，．2001.

[37] 晋祠博物馆编注．晋祠碑碣．太原：山西人民出版社，2001.

[38] 李裕群、李钢编著．天龙山石窟．北京：科学出版社，2003.

[39] 安捷主编．太原风景名胜志．太原：山西人民出版社，2004.

[40] 陈钦庄著．基督教简史．北京：人民出版社，2004.

[41] 联合国教科文组织世界遗产中心等．会安草案——亚洲最佳保护范例．北京：文物出版社，2005.

[42] 太原市文物考古研究所编．北齐娄叡墓．晋阳重大考古发现丛书．北京：文物出版社，．2004.

[43] 太原市文物考古所编．晋阳古城．北京：文物出版社，2005.

[44] 李继东编著．太原龙山．北京：中国戏剧出版社，2006.

[45] 太原市崛围山文物保管所编．太原崛围山多福寺．北京：文物出版社，2006.

[46] 姚富生主编．古太原县城．太原：山西人民出版社，2006.

[47] 行龙著．以水为中心的晋水流域．太原：山西出版集团、山西人民出版社，2007.

[48] 政协太原市尖草坪区委员会编．尖草坪区文史资料（第二辑）．太原，2008.

[49] 安介生著．历史地理与山西地方史新探．太原：山西出版集团、山西人民出版社，2008.

[50] 常青文主编．上兰村志．太原:《上兰村志》编委会，．2008.

[51] 范世康主编．太原文化资源概览．太原：山西出版集团、山西人民出版社，2009.

[52] 刘铁旦主编，张德一编撰．太原市古城营村志．太原：山西出版集团、三晋出版社，2009.

[53] 王海主编．晋阳文史资料第十四辑·古堡店头．太原：政协太原市晋源区文史资料委员会，2009.

[54] 韩贵福主编．并州风光．太原：山西出版集团、山西人民出版社，2010.

学术论文

[1] 臧筱珊．宋、明、清代太原城的形成和布局．城市规划，1983（6）：17－21.

[2] 于逢春．太原考．兰州大学学报（社会科学版），1984（2）：44－46.

[3] 张荷．古代山西引泉灌溉初探．晋阳学刊，1990（5）：44－49.

[4] 李学江．太原历史地理研究．晋阳学刊，1992（5）：95－98.

[5] 孟繁仁．宋元时期的锦绣太原城．晋阳学刊，2001（6）：82－85.

[6] 饶胜文．中国古代军事地理大势．军事历史，2002（1）P41－46.

[7] 吴庆洲．中国古代城市防洪的历史经验与借鉴．城市规划，2002（4）：84－92.

[8] 吴庆洲．中国古代城市防洪的历史经验与借鉴（续）．城市规划，2002（5）：76－84.

[9] 康耀先．太原史话．文史月刊，2002（5）：36－37.

[10] 李书吉．古都太原的历史地位与文化特色．中国地方志．2003（1）：17－23.

[11] 张慧芝．宋代太原城址的迁移及其地理意义．中国历史地理论丛，2003（3）：92－100.

[12] 王社教．明清时期太原城市的发展．陕西师范大学学报（哲学社会科学版），2004（9）：27－31.

[13] 朱永杰．韩光辉，太原满城时空结构研究．满族研究，2006（2）：61－70.

[14] 支军．太原地区城镇历史发展研究．沧桑，2007（1）：43－44.

[15] 申军锋．太原城史小考．文物世界，2007（5）：45－48.

[16] 于逢春．太原考．兰州大学学报（社会科学版），1984（2）：44－46.

[17] 张荷．古代山西引泉灌溉初探．晋阳学刊，1990（5）：44–49.

[18] 李学江．太原历史地理研究．晋阳学刊，1992（5）：95–98.

[19] 李先逵．风水观念更新与山水城市创造．建筑学报，1994（2）：13–16.

[20] 王剑霓．佛教净土宗的早期道场．文史月刊，1996（1）：186–188.

[21] 李裕群．晋阳西山大佛和童子寺大佛的初步考察．文物世界，1998（1）：14–28.

[22] 张春燕．从S.529《诸山圣迹志》看五代佛寺的分布及其原因．敦煌学辑刊，1998（2）：148–151.

[23] 张俊峰．明清以来晋水流域之水案与乡村社会．中国社会经济史研究，2003（2）：35–44.

[24] 温玺玉．龙山石窟与山西道教．世界宗教文化，2003（4）：46–47.

[25] 李并成．一批珍贵的太原历史资料——敦煌遗书中的太原史料综理．中国古都学会2003年年会暨纪念太原建城2500年学术研讨会论文集．中国古都研究，2003（第二十辑）：222–232.

[26] 张廷银．传统家谱中"八景"的文化意义．广州大学学报（社会科学版），2004（3）：40–45.

[27] 岳伟．太原西山风景区的生态环境资源．太原科技，2004（4）：4.

[28] 王铭铭．"水利社会"的类型．读书，2004（11）：18–23.

[29] 康玉庆、靳生禾．晋阳城肇建的地理环境因素．太原大学学报，2005（2）：12–15.

[30] 行龙．晋水流域36村水利祭祀系统个案研究．史林，2005（4）：1–10.

[31] 陆霞、陈向荣．太原佛教研究．山西财经大学学报，2006（1）：222.

[32] 李非．晋阳文化综论．晋阳学刊，2006（4）：38–41.

[33] 赵夏．我国的"八景"传统及其文化意义．规划师，2006（12）：89–91.

[34] 陈双印、张郁萍．唐王朝及五代后梁、后唐时期太原佛教发展原因初探．敦煌研究，2007（1）：87–93.

[35] 靳生禾、谢鸿喜．晋阳古战场考察报告．山西大学学报（哲学社会科学版），2007（3）：240–253.

[36] 康玉庆．傅山与晋阳文化．太原大学学报，2007（3）：13–15.

[37] 王君．山西道教名胜古迹拾零．文物世界，2007（4）：46–52.

[38] 申军锋．太原城史小考．文物世界，2007（5）：45–48.

[39] 常一民、陈庆轩．晋阳——与水火相连的古城．中国文化遗产，2008（1）：16–23.

[40] 夏惠英．太原窦大夫祠．文物世界．2008（2）：67–68.

[41] 张俊峰．传说、仪式与秩序：山西泉域社会“水母娘娘”信仰解读．传统中国研究集刊，2008（第五辑）：386–399.

[42] 朱向东等．晋祠中的祠庙寺观建筑研究．太原理工大学学报，2008（1）：83–86.

[43] 渠传福、周健．晋阳与“并州胡”．中国文化遗产，2008（1）：73–77.

[44] 杨玲艳、姚道先．中西自然观在传统宗教建筑上的反映．建筑与文化，2008（9）：74–75.

[45] 曾谦．近代山西煤炭的开发与运销．山西档案 2009（1）：51–53.

[46] 曹洪立．“景以境出”的实践——山西窦大夫祠景区详细规划．中国园林，2009（5）：53–57.

[47] 张强．开凿石窟与续修道藏——宋德方对金末元初全真道发展的贡献．东岳论丛，2010（4）：94–97.

[48] 中国社会科学院考古研究所边疆考古研究中心等．太原市龙山童子寺遗址发掘简报．考古，2010（7）：43–56，图版拾至图版拾陆．

学位论文

[1] 白颖．明代王府建筑制度研究[D]．北京：清华大学，2007.

[2] 李媛．明代国家祭祀体系研究[D]．长春：东北师范大学，2009.

[3] 程文娟．山西祠庙建筑研究[D]．太原：太原理工大学，2006.

[4] 陈双印．敦煌写本《诸山圣迹志》校释与研究[D]．兰州：兰州大学，2007.

[5] 黄琳．论明遗民傅山的美学思想[D]．成都：四川师范大学，2009.

[6] 刘静．太原地区乡村天主教文化研究[D]．太原：山西大学，2010.

[7] 来嘉隆．结合山水环境的城市格局设计理论与方法研究[D]．西安：西安建筑科技大学，2010.

其他

[1] 百度贴吧 / 太原吧“100 年前太原老照片”.

[2] http：//tieba.baidu.com/f?z=249730055&ct=335544320&lm=0&sc=0&rn=50. &tn=baiduPostBrowser&word=%CC%AB%D4%AD&pn=0.

[3] 中国城市规划设计研究院 . 太原市历史文化名城保护规划，2010.

[4] 东南大学建筑设计研究院・城市保护与发展工作室 . 太原崛围山风景名胜区规划 . 2010.

[5] 东南大学建筑设计研究院・城市保护与发展工作室 . 太原钟鼓楼地区修建性详细规划及建筑设计初步方案 . 2010.

[6] 东南大学建筑设计研究院・城市保护与发展工作室 . 明太原县城历史文化街区保护详细规划 . 2010.

[7] 北京清华城市规划设计研究院・文化遗产保护研究所 . 全国重点文物保护单位天龙山石窟文物保护规划 . 2010.

[8] 第五批中国历史文化名村申报材料——山西太原市晋源区店头古村 . 2009.

[9] “洞儿沟和七苦山”新浪博客“洞儿沟小伙”. http：//blog.sina.com.cn/dongergou.

[10] “一滴水一树种”网易博客“zshown's blog”. http：//zshown.blog.163.com/.

[11] “正修”网易博客“也虹巢”. http：//wulongci.blog.163.com/.

[12] 三晋文化信息网 . http：//www.sxcnt.com/.

第六编

造郭以守民：明代山西城池建设

导　言

城池与城市街巷、衙署、集市、文庙、驿站等同为地方城市的构架要素，它既是城市的功能要素，也是城市景观的重要组成部分。作为诸要素中规模最为宏大者，城池在很大程度上限定了城市街巷的布局，制约着其他要素的空间布置，影响着整个城市运作的展开。城池的建设受到山川、河流等地理因素的制约，又要满足自身的功能需求，其建设过程反映了人们在既有的工程技术能力下，顺应和改造自然的能力、途径和目标。城池的建设也是一个城市耗费人力、财力最多的公共工程，其筹备与实施牵连着士绅、匠人、民众、兵士以及各级官员，展现了当时社会的政治军事、施工组织、物料购置等各个方面的能力，是一个内容丰富的研究领域。

本编以明代山西行省下辖的府、州、县三级城市及同等级卫所城市的城池建设为研究对象，旨在探寻明代山西城池建设的规律，探究城池建设工程的变化，探讨城池建设过程的组织状况，分析城防系统的配备特点。这些城市都驻有各级衙署，是明代庞大官僚机构、城市建制的组成部分。其城池建设以明代财政、行政、军事政策为背景，由地方行政机构组织实施，是明代的官建工程。此外，明代山西还存有大量的村镇、寨堡，也都建有城池，但多由民间组织建设，且城池的规模、材料、修筑工程等与官建城池间多有差别，不在本编的关注范围之内。山西作为一个特定的区域，与其他区域既相区别，又有很多相似之处，因此，本编的写作除有助于认清明代山西城池建设的特点外，对于研究明代其他地域的城池建设具有借鉴意义，对探讨整个明代城池建设过程也具有参考价值。

本编以载于方志、史料中关于明代山西城池建设的信息为基础，通过实际调研及对数据的统计分析，尝试构建明代山西城池建设的概貌，探讨其建设的规律，具体步骤为：

第一步：信息获取，一是梳理大量现存山西方志中寻找、总结关于明代修城的历史记载，二是实地调研。山西遗留方志，明代共64种，清代386种，民国60种[①]，本编以凤凰出版社（南京）《中国地方志集成》和成文出版社（台北）《中国地方志丛书》中辑录的山西方志为数据的主要来源，对于其中记载矛盾、出入之处则根据通志和能够查阅到的明代版本志书加以校正，尽量使获取信息全面、准确。

第二步：信息整理，首先将所得历史信息数字化，如历史年代、城垣尺寸等，其次是通过Arcgis软件将数字化的信息与地理因素相结合，生成图表，将信息图示化，并通过阅读图表以寻找其中规律。

第三步：结合现有研究成果、历史事件等，尝试探讨这些规律背后的原因。

最终形成的架构主要分为两大部分：

第一部分是对城池建设动态过程的考察，包括城池建设与城市体系、城池的修筑、工程的组织。首先，通过对山西地理区域、历代行政区划及明代军事防御城市的建设来探讨明代山西城池建设的城市体系。其次，基于时代、地域特点对明代山西城池建设的过程加以分析，并通过不同修筑工程的特点来找寻规律。再次，主要依据史料中关于城池建设的记载，对于明代山西城池修筑工

① 祁明. 山西方志要览：16.

程的组织情况加以分类讨论，包括修城的动因、人员的组织、工程的筹备、技术的关注等，一方面对城池修筑工程组织中的共性进行提炼，另一方面阐释现实状况的多样性。

第二部分主要讨论明末山西城池的构成状况，结合城市等级、规模对于城垣的城周、垣高、城门及其他防御要素加以分析，再着重于以城垣为基础而配备的各种城楼的类型规格、建设特点和配备情况。

经由以上之研究展开，可以发现：明代山西城池的建设过程是在矛盾中逐步展开的。

首先，城池的修筑受到社会安定状况的影响，被一次次的外虏入侵、农民起义激起，大致形成了六个不同的修筑阶段，每一阶段都是受到了外来的侵扰而加快了城池修筑工程的实施；其次，明代施行的财税制度，限制了地方财政的权力，加之官员考课制度的影响，很大程度上减弱了地方兴筑公共工程的积极性，因此，在社会趋向安定，安全需求减弱时，城池多会废弃、颓败。两个因素的叠加，促成了明代山西城池建设的修修停停这一特殊的动态过程。

常见的城池修筑工程大略可分为十类：（1）新筑、创筑、移筑城垣；（2）展拓或截断城垣；（3）增高加厚城垣、疏浚城壕、修筑壕墙；（4）增加、减少或移动城门；（5）瓮城、月城的增筑；（6）增建敌台、敌楼、墩台、炮台；（7）创建、修筑门楼、舖舍；（8）砖甃工程：砖甃雉堞、砖甃城门、砖甃城池；（9）关城、小城、外城、郭城的修建工程；（10）护城堤的修筑、城门的修葺、楼阁建设等。其中如城垣截筑、展拓等多集中在明早期，砖甃城墙则集中在万历（1573 ~ 1620年）之后，而城垣、城壕的修筑则贯穿了整个明代。

明初，山西北部边城和中部、南部交通要道上的重要城市得以兴修，景泰间（1450 ~ 1456年）中部、南部开始了首次大范围的城池修筑，新建了一些城池，整修和改建了大量前代的城池，是为明代修筑城池的初始阶段；正德（1506 ~ 1521年）、嘉靖（1522 ~ 1566年）间的城池修筑工程遍及山西全境，加高加厚、城壕加浚工程进一步增多，并开始了砖甃城门、城壕和敌台的修筑工程，城池进一步得到修筑和完备；隆庆（1567 ~ 1572年）至万历

（1573～1620年）间，以砖甃工程为首，增高城垣，疏浚城壕，加筑敌台、敌楼，加筑瓮城等各种工程大量增加，大量城池在这一阶段修筑完备，是为高峰期；此后，城池修筑只集中在南部的部分地区，城池多有小的修补，则为尾声。

明代社会条件下，山西的城池修筑主要因于战乱而得以实施，风水、自然灾害等也会促成之。修筑工程的组织是城池修筑的重要环节，多由上级下达命令或地方官员迫于形势而主动修筑，通常官员要依托于地方士绅，以内帑、劝募、摊捐等方式筹集所需款项，征募工匠、征集劳役、就地取材、开工兴筑。开工之前，要对所要从事的工程量加以计算，以确定所需征集的劳役、钱财、工匠，并对官员、士绅、劳役等依据工程多少加以分配，各司其职，工程结束后，也要对所费人财物加以总结。限于山西冬季冻土期无法施工，修筑工程又多始于春秋之间，结束于当年的冬初或次年的夏秋，只有很少数的工程时间会超过两年。

修筑中为使城池更为坚固耐久，需要采取许多技术措施，其中主要在乎三点，且皆与黄土宜于夯筑而又难耐雨水侵蚀相关联：（1）基础的设置；（2）城墙的防水；（3）如何保证砖石外皮与土芯的整体性。

至明代晚期，城池修筑近于尾声，城池诸要素趋于完备。就城池的构成而言，本编依据明末山西城池的数据统计，着重讨论了城池的规模和城楼的配置。

城周决定于城市的规模，大者十几里，小者不过三里。城周较大的城市多沿山西境内的交通要道沿线分布，且离主干道越远，有城周越小的趋势；中部、北部的大城池较多，总体规模也较南部为大。总体而言，县城、州城、府城的城周存在着递进关系，县城的城周多集中在二里至六里之间，州城在四里至九里之间为多，府城则在九里或十里以上，但并不存在严格的对应关系。真正确定的是同一城市体系内部，城市等级与城周差别的对应关系。城垣的高度主要集中在三丈至四丈之间，北部城池高于南部，西南部因土城较多，城池高度多在三丈以下。

城门的设置受到城市规模、交通、防御等因素的影响，多者八门，少者两门，其中以四门或三门者最为常见。城楼常见者有门楼、角楼、敌楼、窝铺、魁星楼等，其设置多依据城池规模而多有变化。城楼的规格三间至七间不等，县城或小的州城多为三间，较大的县城、州城多为五间，更大的州城、府城多为七间，但绝非一概的标准。

经过数据统计分析，或可得出明末山西各等级城市较为标准的城池规模，如一座较为标准的县城，城周四里到六里，城高三丈至三丈五尺，四门，四门楼、四角楼，外设城壕，濠深二丈，阔同濠深，另内设女墙，外设雉堞、敌台，上设敌楼、窝铺，规模等级各有较为确定的范围；而一座府城，则城周十二里至九里，城高三丈五尺至四丈，四门至八门，门上皆置五开间或七开间重楼，另置角楼、敌台、窝铺、城壕等等。又，不同地域受到不同的防御要求、修建过程的影响，城池也会具有不同的特点，北部城池高峻而防守严密，中部城池雄阔而规模宏大，西南城池鄙薄羸弱，东南部城池则完备而规模适中。但城池建设是一个动态的过程，且受到诸多因素的影响，真正标准的城池是极少或根本就不存在的，因此，本编并未去构建各等级城市的标准城池，而是更加关注其动态过程。

需要说明的是，在数据的分析过程中还发现了一些问题，限于本编研究范围尚未深究：

（1）城池周长与城市格局的影响问题。城池周长决定了城市的占地及形状，也制约其中的里坊、道路的设置，王贵祥《明代城池的规模与等级制度探讨》[①]对于城周和里坊的关系作了诸多探讨。在明代山西城池建设的分析中可以发现，城周的规模与城门数量也具有粗略的对应关系，而城门的开设决定了对城市重要道路的设置，道路又将城市划分为若干街区，每区又由民宅、官署、祠庙等院落构成，因此，城周与城市内部的功能设置之间当存在一些关系。

（2）风水因素对于城池建设的影响，是否有其传播的规律可循。风水因素

① 王贵祥，明代城池的规模与等级制度探讨［C］//杨鸿勋. 历史城市与历史建筑保护国际学术讨论会论文集. 长沙：湖南大学出版社，2006：13.

对于明代山西城池建设的影响在明中期后开始显现，主要表现在城门开设，城楼设置，文昌阁、奎星楼等的建设等。在数据统计的过程中，可明显感觉到风水因素对南部城市的影响多于北部，但明代总体较少，入清以后基于风水、文运等因素对于城池加以改造的工程则更为普遍。

（3）限于文献记载内容及现存实物的详略不等，对于城池的修筑技术未就不同区域、不同时间给予差异研究。

6.1 城市体系：地理特征、行政区划、军事防御、四大体系

山西地处黄土高原东缘，境域南北纵深较大，地理条件复杂多样，且明代不同地区对外防御形式的差异明显，使得不同区域间的城池建设亦有不同程度的差别。各区域内部，由于不同城市在城市体系中的地位不同，其城池修筑的时间、工程早晚也都有差别。只有将这些纷繁复杂与不同的区域和城市体系相结合，才能对明代山西的城池建设问题有较为准确地把握。因此，本编开篇即针对明代山西的地域划分与城市体系进行探讨，对地理特征、行政区划、军事防御等影响因素分别加以分析，以寻找适合于本研究的城市体系划分。

行政区划是一国、一代为实现其统治而架设在原有城市体系上的外部秩序，对于具体城市又存在着自身的组织体系。“体系首先在较少的自然地理范围内得到发展，通常较短的河流或支流范围内，随后由这些孤立的体系与其他体系合并，构成更大的体系，当然每一步都受有层次的自然地理结构所包括与制约。子地区社会经济体系合并，进而形成较大的地区经济体系，最后在大地

区内发展，这一过程是渐进的。”[①] 以自然地理、社会经济为基础形成的城市组织体系较为稳定，是行政区划的基础。行政区划的设置要符合地理、经济条件和城市本身的组织体系，才能有效运行，山西运城的形成与发展即为正面例证。[②] 反过来，如明中都凤阳的设置，没有考虑城市体系本身的组织规律，不合于地理、经济的条件，虽苦心经营，仍不能成为经济发达的大型城市。

当然，人为作用不可忽视，只有通过有效的运作才能使这一体系得以实现，并赋予这种体系多种的可能性。如明代北方防御城市体系、京杭运河沿线城市体系的建立等，即为在原有地理条件和城市体系基础上的伟大杰作。这种由自然地理到城市体系再到行政区划的对应关系，提供了通过由行政区划和自然地理的表象去探究城市自身组织体系和地域划分的空间。

（1）地理特征

自然地理是区域划分和城市体系形成的基础。张慎铎《中国城市化的历史趋势》指出：“自然地理的大地区和子地区是以地域为基础的社会经济体系的‘天然’容器，这些容器所具有的促成人类关系一体化的潜力，只有当它们被人定居期间——充满这些容器的空间时，才真正被认识到。”即探讨地域划分可借由对地理特征即“地域容器”的分析。

山西是山与河的区域，它以山脉为骨骼，以河流为血脉，构建起自己的地理框架（图 6-1-1）。全境为黄土广泛覆盖的山地型高原，西、南有黄河环绕，东有太行，北外有阴山、内有恒山，南有中条、王屋诸山，形成一个相对封闭的大区域。历史上关于山西的诸多名称如河东道、山西、山右皆出于黄河以东、太行以西的地理限定。其中央为一条东北—西南的纵向断裂带，并被一系列地

① （美）施坚雅. 中国封建社会晚期城市研究——施坚雅模式［M］. 长春：吉林教育出版社，1991：34.

② 运城之南，为河东盐池，盐业之重镇。《史记·秦本纪》中即有关于“司盐城”的记载。其后，安邑、解县相继成为管理盐池的行政中心。1236年，开池北榛莽之地，置使司，名为路村，随着盐业的发展而成为今之运城。运城的产生及发展即为地理及行政共同作用的结果，且为一成功之例，与明中都形成对比。

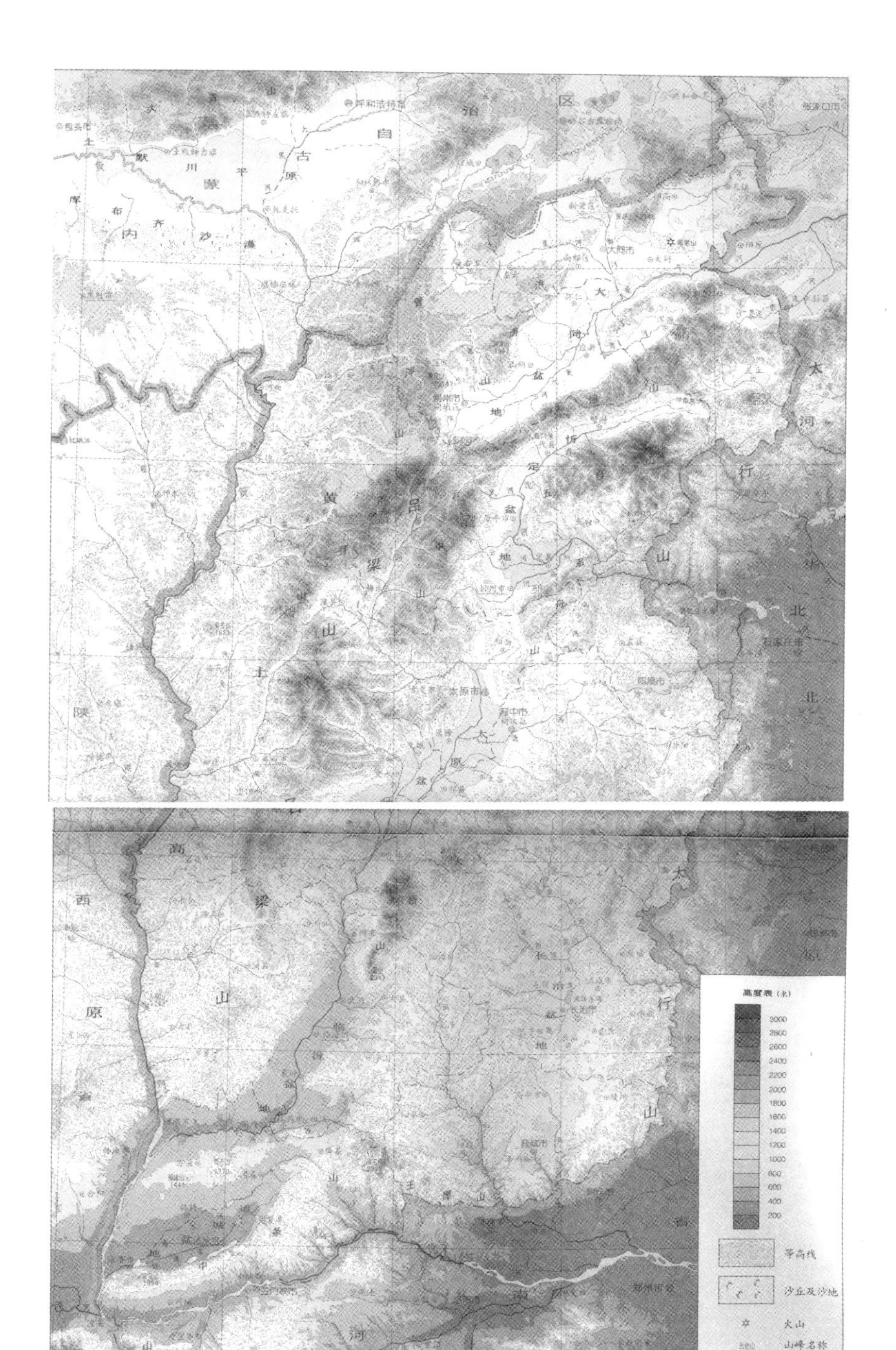
高度表（米）
3000
2800
2600
2400
2200
2000
1800
1600
1400
1200
1000
800
600
400
200
等高线
沙丘及沙地
火山
山峰名称
及高程

图 6-1-1　山西境内地形

貌隆起所分隔，由北向南形成了大同、忻定、太原、临汾、运城五大盆地，盆地内皆有河流哺育，形成人口密集、经济发达的地区。断裂带东西两侧皆为高山：东侧呈“多”字形分布有恒山、五台、系舟、太岳、王屋诸山，与其东侧的太行山脉之间又分布着许多山间盆地，如长治盆地等；断裂带西侧南北分布芦芽、吕梁等山，山脉东与盆地以断崖相接，西侧黄土覆盖较厚，为黄土高原沟壑区，向西缓降直接黄河，山间有静乐、五寨等盆地。[①]就地貌而言，中部五大盆地除大同盆地地处恒山以北单为一区外，忻定、太原、临汾及运城四盆地既单独成区又相互联系为中部盆地区；西部地区东有断崖、西有黄河，为高原沟壑区；东南山区东有太行，西北有太岳，南有王屋诸山，以长治盆地为中心的自成一区。

独特的“地域容器”只是城市体系的建立和发展的基础，对于历代行政区划的分析则有助于从更切实的层面探讨城市体系的组成和变迁。

（2）行政区划

山西即太行山以西，隋炀帝以李渊为河东道山西慰抚大使，此为山西之名始。[②]明代山西行省即指山西布政使司，为明代最高一级的地方行政区划之一，其下按等级设有3府、5直隶州、16属州和79县（万历间调整为5府、3直隶州），层次分明，隶属有章。这样一个发达的城市体系多沿自元代的路、府、州县的行政划分又加调整，而元之行政划分亦要追溯至前代。如是，历代行政区划的设置既要因袭前代又要根据自己的统治需要而加以改变。自春秋晋国至明之山西布政使司，山西行政区划的变化可谓繁复（附录1），但变化之中是否有规律可循？

如图6-1-2所示，自春秋晋国称霸，山西就已作为一个独立的行政区划，

---

① 参见张邦维主编. 山西经济地理：5-6.

② 刘纬毅. 山西历史地名录：3。另有观点认为“因地处太行山以西，秦汉之后的名山西”，参见李孝聪. 中国区域历史地理：160.

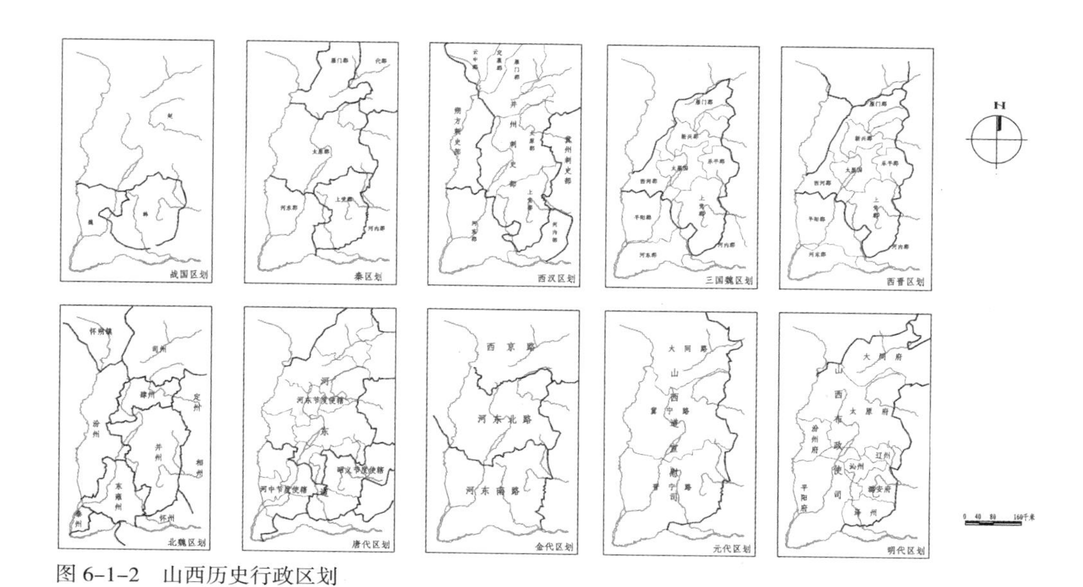

图 6-1-2　山西历史行政区划

其后虽有战国时期的三家分晋及秦之郡县制，至西汉时山西版图又大部为并州刺史部所据，再次成为一个相对完整的统一区划。至隋设河东道山西慰抚大使即唐之河东道，山西又归为统一的行政区，其后的元之山西道宣慰司、明之山西布政使司、清之山西省，皆较为完整。

此外，境内的划分也相对稳定，主要为南部、中部和北部三个大的行政区域。南部又常分为东、西两部分，中部有时也分为东、西两部分。战国时韩、赵、魏三家分晋，将春秋时一统的山西版图分为北、西南和东南三个部分。至秦一统以郡县制天下，在山西自北而南设有雁门、代、太原、河东、上党五郡，与前代相比除依然划分出西南、东南两部，又将原属赵之北部分为南部的太原郡和北部的雁、代二郡。自是，西南、东南、中部及北部的大行政区划已成雏形。此后，无论是西汉的云中、定襄、雁门、太原、河东、上党，唐中期河东、河中、诏义、大同军等路节度使的划分，还是金代河东南路、河东北路、西京路，元代大同路、冀宁路、晋宁路，及明代五府三州的设置，皆为此种区划的局部调整。

就建制城市的数量（表6-1-1）而言，唐代最多，其前约维持在90至100之间，其后约维持在100至110之间，相对于近两千年的时间跨度，其数量可谓稳定。就高级别建制的城市（府、州、郡）而言，元之前有递增的趋势，至明清又有减少，这与明清直隶州、属州的区分有所关联，这一趋势反映了城市等级的多样化倾向。

山西历史上的城市数量统计　　表6-1-1

朝代	西汉	东汉	隋	唐（中期）	金	元	明	清
县	86县	79县	89县	115县	108县	85县	85县16属州	96州县
府、州、郡	6郡	8郡	13郡	2府19州	27府州	28府州	5府3州	9府10州

注：据山西省地图集编纂委员会．山西历史地图集整理。

综上，山西的行政区划沿革至少有三个特点：（1）区域的整体性，即在由春秋至明清两千多年的历史中，其多被视为一个整体的区域，在大一统的朝代表现尤为突出；（2）晋北、晋中、晋西南、晋东南大行政区划的相对稳定性；（3）建制城市总体数量较为平稳，高等级城市（郡、府、州）数量和城市行政等级层次逐渐增加。

再由地理角度观察明代山西的地域划分（图6-1-3）：府级的行政划分与地理区域范围大致相当，北部大同府占据大同盆地，中有桑干河流过；西南平阳府据临汾、运城盆地，中汾水经流；东南潞安府、辽州、沁州、泽州各据山间盆地，皆与地理环境相契合，受地理环境影响形成的城市体系，决定了行政区划的设置。而明太原府，除占据太原平原外，北跨系舟山据忻定盆地，西跨吕梁、芦芽山至黄河，地域广大，且其西部重山阻隔，交通不便，非为单纯地理界限划分的结果。历史上，秦设太原郡，吕梁山东西两侧为一郡；汉都城位于长安，北有匈奴之忧，在吕梁山以西置西河郡，归长安北部的朔方刺史部所属，无疑有利于增强都城长安北部的防御能力，所以将吕梁山脉东、西两侧分而治之，其后北魏置汾州，唐置石州、岚州、隰州，皆因于此；金仍置诸州，

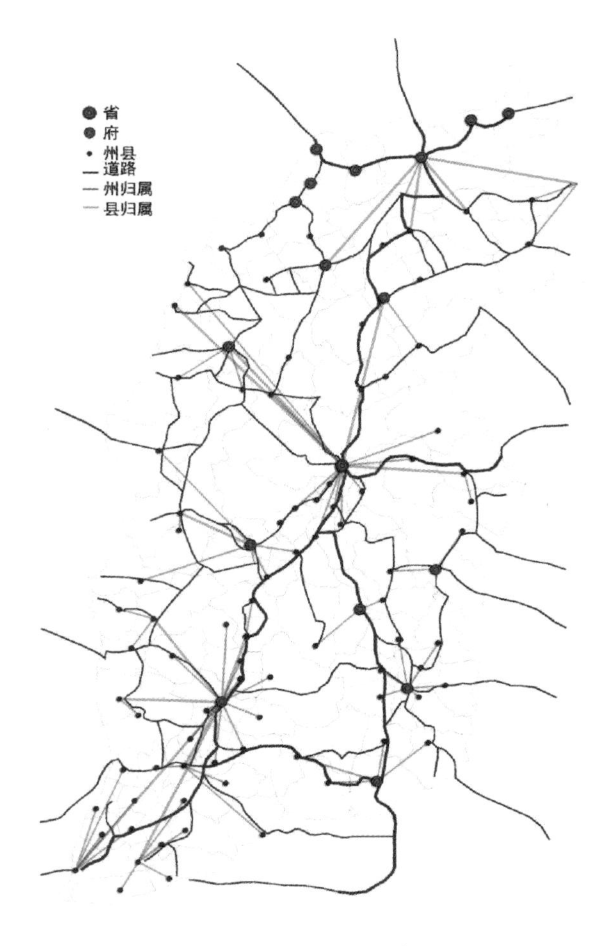

图 6-1-3　明代山西城市体系与交通关系

但其上又置河东北路，统辖黄河以东、吕梁山东西两侧的区域，其后，元设冀宁路，明清设太原府，又相因袭。可见，晋中地区自古就是行政区划多变的地区，这当与其地处山西中部，掌控山西局势的重要地位有关，各代迫于防御及统治的需要而多有调整。万历二十三年（1595 年）升汾州为府，将太原府吕梁山西部南侧的永宁州划归汾阳府，或可视为对于因行政区划与地理区域不相契合而产生不稳定性进行调控的表现。

行政区划的分合，关乎权力和资源的调配。明代山西多次遭到来自北元进攻，除了北部的防御体系外，更要将太原建为山西之屏翰。[①]将吕梁山、芦芽山西北部分地区划归太原府，增大了太原府的势力范围，增强了对于山西中部地域的控制能力和北部防御线的统筹能力，利于山西局势的控制。由此，西南之平阳府，东南之潞安府、辽州、沁州、泽州，北之大同府皆与地理区域相对应，相对独立，而中部地区有太原、汾阳两府，跨多个地理区域，其行政区划的划分多有政治因素的考虑。

（3）军事防御

明代山西行政区划的划分和城市体系的确立除受到地理因素及历史沿革的影响外，对于军事防御、局势控制的关注也有所体现，特别是在军事卫所城市体系的设置中。

明代“元人北归，屡谋兴复。永乐迁都北平，三面近塞，正统以后，敌患日多。故终明之世，边防甚重”[②]，即北部边疆的防御体系建设至为紧要。明早期的北部边疆防御体系建设依循于两条线索：一为从属于中央集权增加而边疆军事权力削减；二为北元的进攻带来的北部防卫力量的调整。两条线索此消彼长，促成了早期防卫体系由大将镇守制到塞王守边制再到总兵镇守制的变化，促成了军事管理制度由早期卫所体制到（行）都司、卫、所的转变，总兵镇守下的都司、卫、所制逐步形成，至嘉靖间（1522 ~ 1566 年）迫于蒙古的入侵及保卫京师的需求，九边建制渐次完成。[③]

山西之形势，“最为完固。关中而外，吾必首及夫山西。盖语其东则太行为之屏障，其西则大河为之襟带。于北则大漠、阴山为之外蔽，而勾注、雁门

① （明）杨时宁. 宣大山西三镇图说・山西镇图说.

② （清）张廷玉等. 明史. 卷九十一・志六十七.

③ 赵现海. 明代九边军镇体制研究：11. 关于九边建制的说法众多，赵氏以镇守总兵制的确立作为九边确立的标志，本编采用此论断。

为之内险。于南则首阳、底柱、析城、王屋诸山，滨河而错峙，又南则孟津、潼关皆吾门户也。汾、浍萦流于右，漳、沁包络于左，则原隰可以灌注，漕粟可以转输矣。且夫越临晋，溯龙门，则泾、渭之间，可折而下也。出天井，下壶关、邯郸、井陉而东，不可以惟吾所向乎？是故天下之形势，必有取于山西也。”[①] 在这样的大背景下，山西作为西北要冲，战略地位昭然，以大同镇和山西镇组成的北部防御体系亦得到逐步完善：大同镇设大边、二边，联络不已[②]；山西镇建屏翰于太原，置州郡于河东、汾、潞，立三关于雁门、偏、宁，内外相维，屹然维宁之域。[③]

图 6–1–4 为依照《明史》记载[④]所绘制的两镇卫所城市分布，山西北部的防御城市体系也随之确立，恒山南北密集的防御城市设置与太原以南零星卫所城市的设置形成了鲜明对比，即：位于恒山南北两侧的城市是依照防御需要而建立起来的，具有明显的防御性特点，与中、南部城市体系具有显著的区别。

（4）四大体系

以上基于明代山西的地理特征、行政区划及军事防御的分析，划分出东南、西南、中部及北部的四大城市体系，那么，每个体系内部的城市之间又是如何组织的？

如图 6–1–5 所示，首先，绝大多数城市都是伴河而生，河流如纽带将每个体系内的城市联系起来，自北往南的概况为：

---

① （清）顾祖禹. 读史方舆纪要・山西纪要序.

② （明）兵部. 九边图说.

③ （明）杨时宁. 宣大山西三镇图说・山西镇图说.

④ 据（清）张廷玉等. 明史. 卷九十・志六十六：山西都司旧有太原三护卫，后革。蒲州千户所，改属直隶，广昌千户所，改属万全都司。太原左卫、太原右卫、太原前卫、振武卫、平阳卫、镇西卫、潞州卫、沈阳中护卫（后设）、汾州卫（后设）、沁州千户所、宁化千户所、雁门千户所、保德州千户所，已下添设偏头关千户所、磁州千户所、宁武千户所、八角千户所、老营堡千户所，嘉靖十七年添设晋府仪卫司、沈府仪卫司、代府仪卫司晋府群牧所、沈府群牧所、代府群牧所。山西行都司 旧有蔚州卫，后改属万全都司。大同左卫、大同右卫、大同前卫、大同后卫、朔州卫、已下俱山西大同等处卫所调改及添设：镇虏卫、安东中屯卫、阳和卫、玉林卫、高山卫、云川卫、天城卫、威远卫、平虏卫、山阴千户所、马邑千户所、井坪千户所。

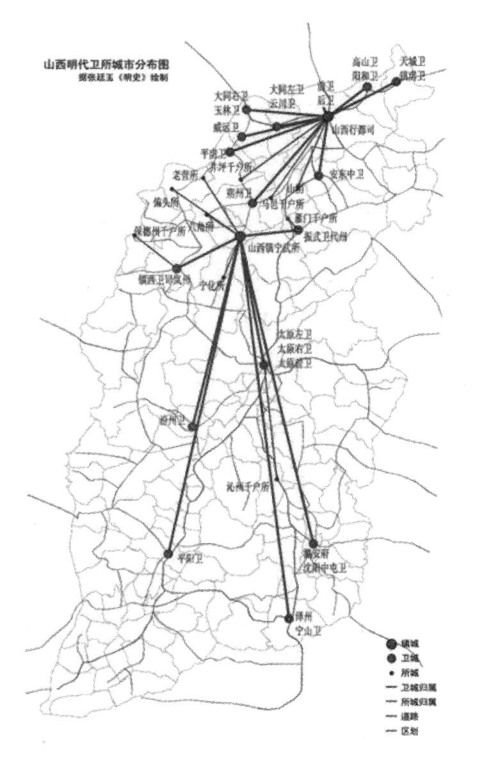

图 6-1-4　明代山西卫所城市分布

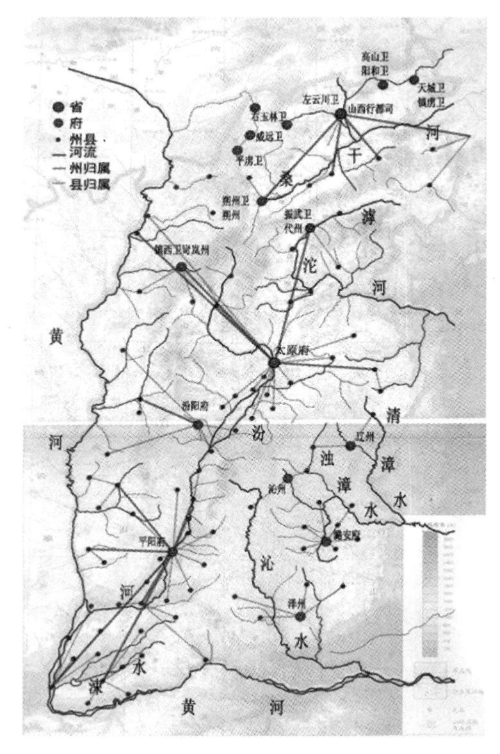

图 6-1-5　明代山西城市体系与河流关系

①北部大同盆地的中心城市——大同，位于桑干河北侧的支流御河边，与东、西两侧盆地边缘山区分布的卫城，及南部桑干河沿岸的所城共同构成了山西最北部的第一道军事防线；恒山以南，涔山以西，以宁武（山西镇）为中心，东西振武卫、镇西卫为两翼，与北侧偏头、雁门、保德诸所共同构成了第二道防线；二者共同构成山西北部的城市体系。

②再南以太原、汾阳两个汾河边缘的城市为中心，以汾河沿岸密集的城市群和东西两侧散布的城市共同构成了山西中部的城市体系。

③汾河下游，地势平坦，密布着大量的城市，以临汾为中心，与西部山区的部分城市共同构成了山西城市数目最多的西南部城市体系。

④东南部的城市体系较为特殊，不像其他区域有较为明显的中心城市，而是依附于漳水、沁水形成了几个小的城市群，再共同组成。

在城市体系的划分中，西部山区城市如何划分颇令人困惑：西部山区由北而南地理条件多有相似之处，或可划为一区，但考虑到其南北跨度较大，北部与防御城市相接而南部则与西南城市相连，受到不同中心城市的影响，其城市的建设发展自当有所不同，故将其分别划入北部、中部和西南部的城市体系中。

此外，城市体系的划分并不能简单地与不同的城池建设区域相对应。城池的建设更容易受到军事、防御形势的影响；因此，针对城池建设的研究分区又作了适当调整，将太原以北的城市多划入北部防御城市体系之中（表 6-1-2）。

明代山西城池建设与城市体系　　表 6-1-2

编号	区域	中心城市	其他城市	城市数量
1	北部防御城市体系	大同、宁武	大同县附郭：怀仁县 浑源州 应州属县一：山阴县 朔州（朔州卫）属县一：马邑县 蔚州属县三：广灵县、广昌县、灵丘县 大同左卫（云川卫）、大同右卫（玉林卫）、阳和卫（高山卫）、天城卫（镇虏卫）、威远卫、平虏卫、井坪千户所 忻州属县一：定襄县 代州（振武卫）属县三：五台县、繁峙县、崞县 岢岚州（镇西卫）属县二：岚县、兴县 保德州（千户所） 河曲县、宁化千户所、雁门千户所、保德州，磁州千户所、宁武千户所、八角千户所、老营堡千户所	36
2	中部城市体系	太原、汾阳、辽州	阳曲县附郭：太原县、榆次县、太谷县、祁县、徐沟县、清源县、交城县、文水县、寿阳县、盂县、静乐县 平定州属县一：乐平县 汾阳县附郭：孝义县、平遥县、介休县、石楼县、临县 永宁州属县一：宁乡县 辽州属县二：榆社县、和顺县	24
3	西南城市体系	临汾	临汾县附郭：襄陵县、洪洞县、浮山县、赵城县、太平县、岳阳县　曲沃县、翼城县、汾西县、蒲县 蒲州属县五：临晋县、荣河县、猗氏县、万泉县、河津县 解州属县五：安邑县、夏县、闻喜县、平陆县、芮城县 绛州属县三：稷山县、绛县、垣曲县 霍州属县一：灵石县 吉州属县一：乡宁县 隰州属县二：大宁县、永和县	35
4	东南城市体系	泽州、长治、沁州	泽州属县四：高平县、阳城县、陵川县、沁水县 沁州属县二：沁源县、武乡县 潞安府属县八：长治县附郭、长子县、屯留县、襄垣县、潞城县、壶关县、黎城县、平顺县	16

注：据（明）张廷玉·明史.卷九十·志六十六及山西省地图集编纂委员会.山西历史地图集整理。

6.2 城池修筑：六个阶段、由北往南、十类项目、三段分期

（1）建设分期：六个阶段

明代是修筑城池的一个高峰时期，山西每一府、县、卫、所必修城池，且每城修筑工程少则三两次多至十数次不等。那么，是什么力量促成了山西在明代统治的近三百年中如此大范围、长时间的修筑活动，其修筑过程又有怎样的规律？

图 6–2–1 为明代山西修城频度，数据源自山西方志中城池及艺文部分搜集整理的各个城池的修筑工程（附录 2，以每一连续的修筑工程为一次，不考虑本次修筑的内容多少、工程量的大小等因素）共 566（城次）次，涵盖明代山西 108 座城池。将其中具有明确年代记载的修城记录按照时间顺序依次排列，以时间为横轴，大概构成了一个明代修城的频度图像。黑面和灰面交界线的斜率表示明代修城的频度，斜率高则对应时间内山西省境有较多修城工程得以实施，修筑城池的热情较高，反之则修城工程较少，较少关注城池修筑。据之，至少可以发现三条规律：

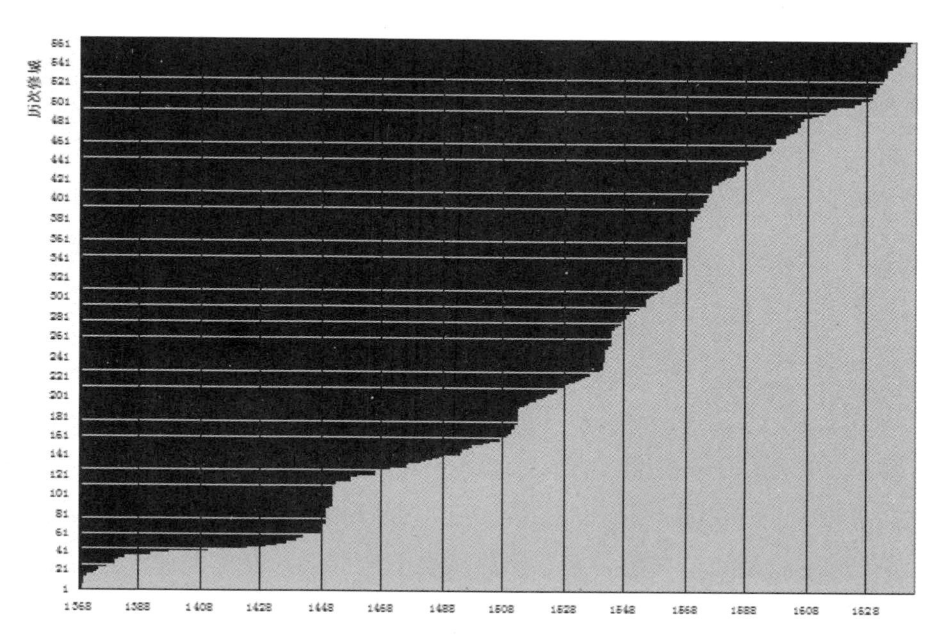

图 6–2–1　明代山西修城频度

①整体而言，明代山西城池的修筑是逐步加快的。这种趋势一直延续到崇祯末（～ 1644 年），但加快的步伐并不是平滑渐进的，而是在快慢交替中逐步实现的。

②整条曲线由五段凸曲线及末尾的一条斜线组成。就频度来看，它表示了明代城池修筑的六个不同的阶段，分别为 1368 ～ 1448 年，1449 ～ 1510 年，1511 ～ 1540 年，1541 ～ 1565 年，1566 ～ 1630 年及 1631 ～ 1644 年。每相邻两阶段间都有着较为明显的界限，即后一段修城的频度较前一段而言在某一两年内迅速增高。

③除临近明朝灭亡的第六段外，每个阶段城池的修筑频度都由高而渐渐变低。表现在每个阶段的早期城池的修筑频度较高，是该段修筑工程频度最高的时期，而随着时间由阶段前期到达末期，城池的修筑频度缓慢或迅速下降，直至下一个修城阶段来临，修城频度又突然升高。

城池本为防御形的构筑物，“王公设险以守其国，有县治不可无城池，则城池者，正所谓保障一方社稷生灵也”[①],《吴越春秋》中“鲧筑城以卫君，造郭以守民”的记载道出了城池的防御本性。城池的修筑与城市的安全密切相联系，当发生战争、暴乱危及城市安全时，人们就会加筑城池以自保，进而能够促使大量建设城池工程的实施。每个阶段的开始定然是受到了某些事件的影响而促使人们加快了修城的进度，但当战乱过去，慢慢恢复平静，人们不再面临安全的威胁时，也将慢慢停止城池的修筑。

明代是一个战争不断的时代，外患内忧并存。西北的北元（后分裂为鞑靼、瓦剌）、东北的女真连续的入侵活动，使得北方战争不断；东南沿海倭寇骚扰；内部的农民起义更是接连而生。吴晗《明史四讲》中这样评价明代的农民战争：“明代爆发农民战争次数之多，我看历史上任何朝代都不能比。这是一个农民战争的时代。”[②]也正是在这样的背景下，明代山西才开展了大规模的城池兴建工程。

表 6–2–1 列出了一些修城转折阶段的战争情况，可见基本上每次转折都有大规模的战争、战乱与之相伴。那么，又是否是这些原因促成了修城活动的频度发生转折？

重要历史事件与修城阶段对照 表 6–2–1

修城阶段	转折时间	重要历史事件
1368 ~ 1448 年	1368 年	明朝建立
1449 ~ 1510 年	1449 年	瓦剌大规模南下，土木堡之战，英宗被俘
1511 ~ 1540 年	1511 年	正德辛未（1511 年）盗起畿辅，蔓延山东西河南北，民罗荼毒甚矣……诏天下修筑城池
1541 ~ 1566 年	1541 年	嘉靖二十年（1541 年）俺答倾力南下，从此太原以南各地屡遭侵扰
1567 ~ 1630 年	1567 年	隆庆元年（1567 年）俺答犯境，石州破
1631 ~ 1644 年	1631 年	崇祯四年（1631 年）流寇为乱

注：据附录 2 整理。

① 民国岳阳县志. 卷一.

② 吴晗. 明史四讲：3.

以下为方志中关于各个时间节点修城原因的记载：

- 正统十四年（1449年）

正统己巳土木之变、成化甲辰人民相食当大兴作。（道光太平县志）

前令尹东光王侯春鉴土木之变，始谋重筑，延袤三里许，若堪保障。（乾隆广陵县志）

- 正德五年至七年（1510～1512年）

正德六年，流寇入城（洪洞），太原同知张勉署邑事，益加增筑高二丈五尺，四门悉以砖甃，上建重楼各四楹。（乾隆太原府志）

正德六年，诏天下修筑城池，知县皮正偕邑绅韩文、李杲增筑四隅角楼并建女墙，甃以砖，改门之朝阳为宾阳、射秀为拱汾、时和为迎熏、光化为望霍，余二门如故。（民国洪洞县志）

正德辛未，盗起畿辅，蔓延山东西河南北，民罗荼毒甚矣……城筑土为基，以石夹甃，其门五仍其旧也。（道光太平县志）

正德七年，流寇之乱，知县史纪增高三丈五尺，厚二丈，池深一丈五尺，楼橹、铺舍一十九间。（光绪长子县志）

正德庚午秋……草寇窜发延蔓至数千余人，纵横真保，山东河南等郡县抢杀攻围毁官民屋宇。越明年势滋，由景德而南转掠山西，径趋冀城，相距本郡仅百里。许公乃缮城、浚濠，募力士，设武备，严号令。（民国解县志）

正德辛未，群盗……掠城之西北而过。于是咸思修葺。（乾隆新修曲沃县志）

- 嘉靖间（1522～1566年）

嘉靖辛丑秋，胡虏犯顺，长驱太原北至乡宁，西至平遥。兹民久不见兵闻，虏声猖獗远迩莫不震动……越明年癸卯夏侯……即计工集众规划指示以葺故城，高二丈余，阔二丈余。（同治稷山县志）

明嘉靖间，蒙古犯境，分守参政王仪檄县丞徐廷增高益厚葺饬三门，修建楼橹。（光绪寿阳县志）

- 隆庆元年（1567年）

隆庆元年，石州破寇簿城下兵退，知县祁旦增修南门加瓮城。（乾隆太原府志）

隆庆丁卯秋，北众内掠，太原、石州以下城堡皆破，戊辰秋，烽火又急，上下戒严，民心洶洶。适李公下车之始……越明年己巳春二月上旬乃兴工，抵春告成。（民国万泉县志）

不意元年北虏猖獗……大举入寇，由兴岚崞县直犯灵石，逼霍州以窥平阳汾属一带，杀掠无算，破石州，屠其城，其为残毒百年未有之变也。（民国灵石县志）

隆庆纪元秋，逆虏猋突踰镇，西入汾右，烽火彻于河东，民汹汹不保，是上闻天子达诸守帅置于理，遂诏公卿各抒远猷廷议请西北诸逆地，悉高城浚池为不可犯，计以寝其垂涎，诏允行。（民国稷山县志）

● 崇祯三年至四年（1630 ~ 1631 年）

崇祯三年，守备聂德元修缮城垣，舒浚壕堑，流贼不可而去。（乾隆太原府志）

崇祯三年，因流寇作乱，城圮坏不足恃，知县许倜重修未完，升任去，知县袁葵外加厚五尺，上加五尺。（康熙夏县志）

崇祯四年，知县魏公韩以流寇入境至城下者，三土墙低薄不足恃。采石为基，通甃以砖，自雉而下，计高四十一尺，上广三十尺不等，围长一千四百步有奇。（道光太平县志）

显然，大规模修城大多因于战乱。此外，自然灾害也同样会造成小范围的城池修筑。如嘉靖三十四年（1555 年）晋西南发生地震，曲沃、蒲州、荣河、河津、解州、夏县等数座城池进行了修筑。地震可以摧毁城垣，不过，修城的动因最终仍是落到城市安全上：“秦晋地震，凡倾败数十城，一时凶宄乘便剽劫，民汹汹莫必其命，则城池之守又惟此时为要。”[①] 因此，将战乱作为城池建

① 光绪万泉县志．卷四．

设频度转折的因素较为合理。没有了战乱的影响，城池建设又会受限于地方财政政策的制约而逐步减弱、停滞，致使城池破败不堪。

（2）地域特点：由北往南

以上是把山西作为一个整体来讨论的，而事实上，山西南北纵深较大，境内地形复杂多样，每一阶段的城池修筑不会平均进行，不同区域间差异较大。图 6-2-2 显示了六个阶段城池修筑工程的分布状况，据之又可以发现一些特别的现象：

第一阶段：土木堡之变（1449 年）前的城池修筑主要集中在北方边城，及南方的交通要道之上，而山西中部和南部的大部分城市直至明朝建国已 80 年时皆无城池修筑，这一变化表示为晋中（图 6-2-3）、晋西南（图 6-2-4）和晋东南（图 6-2-5）在 1368 ~ 1448 年间，近乎水平的直线，而在晋北修城频度图（图 6-2-6）中的斜向直线则表示了此区域的修城活动在此间未有间断，两者对比明显。

第二阶段：土木堡之变带来了明代山西的第一个修城高峰，除部分北方边城仍有修筑外，大多集中于太原以南的地区。对于山西中部和南部的大部分城市而言，这是它们在明朝开国后的首次修城。本阶段城池修筑的重心开始由北向南移。北部边城在此次变故中未有如中部和南部城市如此明显的转折，大概与其一直未间断的城池修筑有关。对应于晋中、晋西南、晋东南在 1449 年之后的显著转折，晋北则为较直的斜线。

第三阶段：正德六年（1511 年）“流民作乱”[①]，“诏天下修城”后的城池修筑状况。城池的修筑主要集中在山西南部，北部修城较少，这与起义军的活动范围大致对应。

① 指正德六年（1511年）由刘六、杨虎领导的河北农民大起义。始于三月，至七月起义军活动于河北、山东、河南、山西等地，最多时达20万人，一年后被剿灭。参见中国人民解放军军事科学院. 中国军事通史. 第十五卷 · 明代军事史：636.

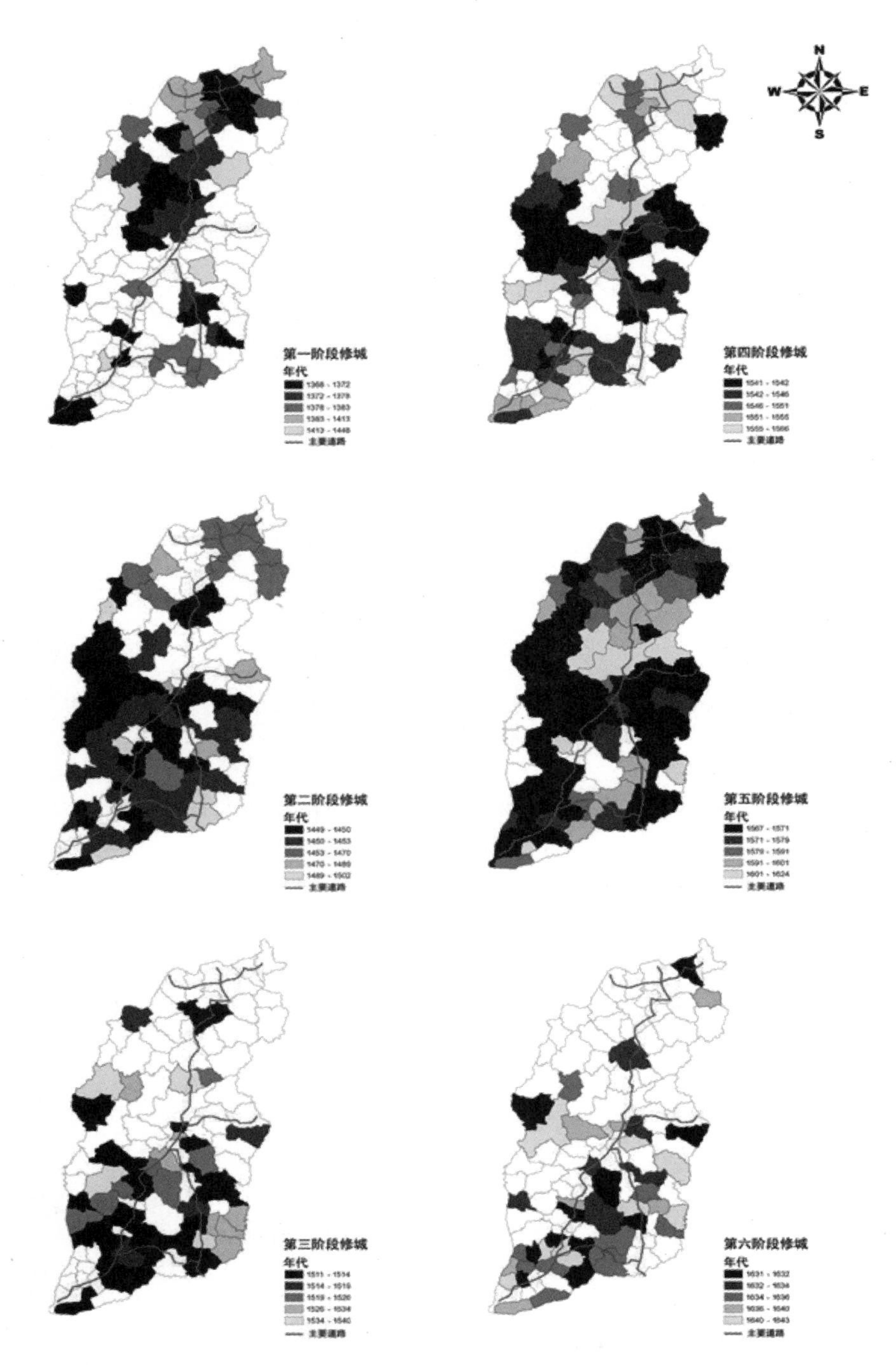

图 6-2-2　明代山西修城阶段

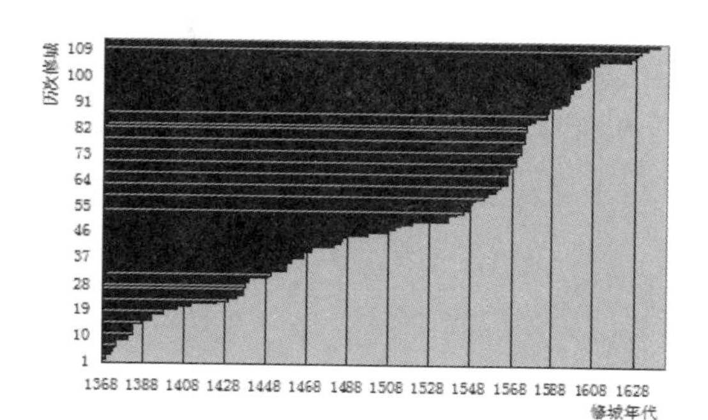

图 6-2-3　晋中修城频度

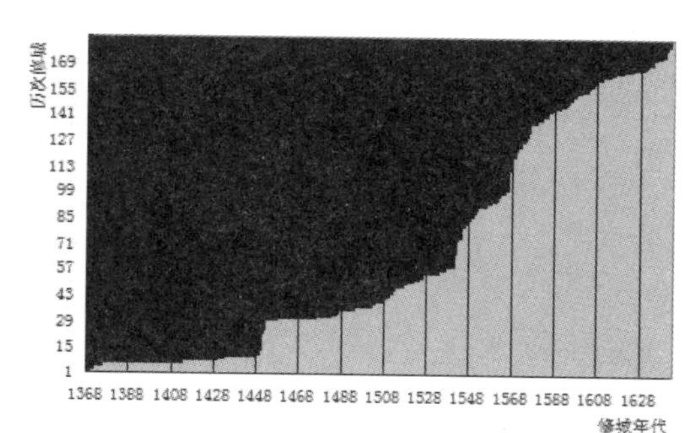

图 6-2-4　晋西南修城频度

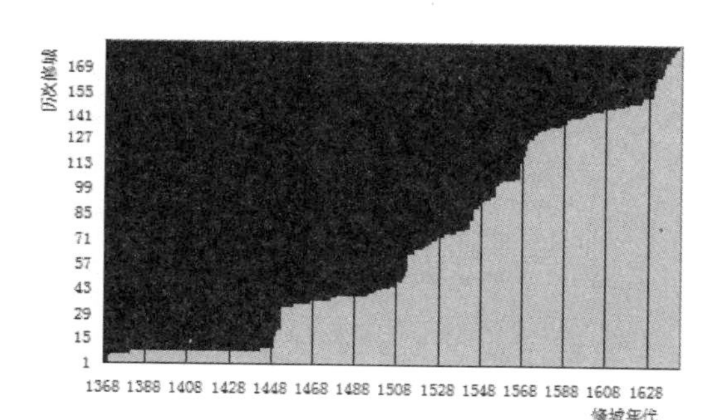

图 6-2-5　晋东南修城频度

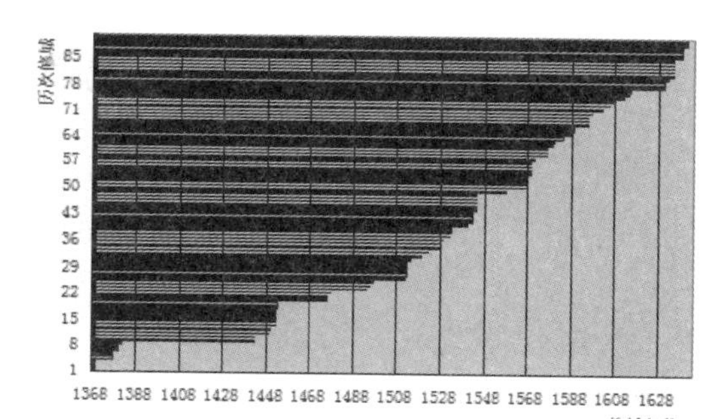

图 6-2-6　晋北修城频度

第四阶段：以嘉靖二十年（1541 年）俺答“倾力南下”[①]为起点。俺答突破了山西北部的两条防线，劫掠了晋中、晋南的许多城市，“从此太原以南各地屡遭侵扰”[②]，可以说是对太原以南城池防御能力的一次考验。与之对应，这一阶段的修城仍然以山西中部、南部为主。太原府南部诸县，西部汾州、岢岚州，

① 嘉靖以来，鞑靼几乎无岁不犯边，原因在于此时明廷腐败，而鞑靼则出现了几个强大的首领——小王子、吉囊、俺答等。其中涉及山西者如下：嘉靖二十年（1541年）秋，俺答下岭关（在今山西阳曲北），趋太原；吉囊由平虏卫（今山西平鲁北）入掠平定（今属山西），寿阳（今属山西）诸处。二十一年（1542年）夏，俺答掠朔州（今山西朔州）、广武（山西代县西北），沁（山西沁州）、汾（山西汾州）、襄垣、长子、忻、崞、代等地，秋又入朔州。二十四年（1545年）秋，俺答犯延绥、大同。二十八年（1549年）春，俺答犯宣府、永宁、大同。二十九年（1550年）夏，俺答犯大同；秋犯京畿，即所谓“庚戌之变”。参见中国人民解放军军事科学院. 中国军事通史. 第十五卷·明代军事史：636.

② 山西省地图集编纂委员会. 山西省历史地图集：376.

东部的平定州在 1542 年左右的集中修城；山西南部也在这时受到了掠夺，出现了大量的城池修筑工程。晋中是受此事件影响最为强烈的地区，其次为晋西南和晋东南，而晋北的修城频度曲线自 1541 年起至 1579 年出现了一段凹曲线，表示该段时间里持续加速的城池修筑，异于中南各区的曲线走向。隆庆元年（1567 年）俺答大举入侵，由兴岚崞县直犯灵石，逼霍州以窥平阳、汾属一带，杀掠无算，破石州，屠其城，其为残毒百年未有之变，由此促发了新一轮的城池修筑高潮。晋中、晋西南的修城频度转折最大，其次为晋东南和晋北，与犯境的区域大致吻合，此后的修城高潮便逐步减退。在晋东南和晋西南，1570 年后的修城工程迅速趋缓，而北方则持续到 1579 年左右修城频度才开始转而下行。

第五阶段：自 1567 年至 1571 年间集中修筑了大量城池。此间的重要事件为隆庆五年（1571 年）俺答与明朝议和①，此后双方和平相处达 40 年之久。但和平协议并未能在中部和北部立刻见到效果，反而修城的高潮一直持续到 1579 年，可能与此时明廷修筑边城、巩固边防的政策有关。

第六阶段：崇祯四年（1631 年）农民起义军由陕入晋②，导致了明代最后一次的较大规模城池修筑，主要集中于平阳府汾河沿线的一些城市，与农民起义军的行进路线大致相同。

通过对六个阶段城池修筑地域特点及其间发生的重要战事的梳理，可以发现城池修筑的区域通常就是战乱破坏、波及的区域，这种对应关系，在明代山西自始至终都是存在的。但战乱与修城只是一种模糊的区域对应关系（表 6-2-2），城池的修筑是一个延续、渐进的过程，上一阶段城池的修筑总是在上一阶段修筑得基础上进行的，因而不同区域、不同阶段城池修筑的工程类型又当有别。如果上一阶段城池修筑较好，那么下一个阶段，即使大战在即，也不需要大规模兴修。

① 隆庆四年（1570年）十二月，俺答发誓不再犯大同，愿世为外臣，贡方物。五年（1571年）二月朝廷批准通贡互市，三月二十八下诏封俺答为顺义王，保持了西北边境的安宁。崇祯九年（1636年）为后金所灭。

② 陕西农民起义后，因崇祯三年（1630年）明军增兵陕西，农民军难以抵敌，加之为饥饿所迫，不得不向附近省区转移，开始大规模进入山西，实行流动作战。参见中国人民解放军军事科学院. 中国军事通史. 第十五卷・明代军事史：938.

战乱与修城区域对照　　表 6-2-2

阶段	重要战争及波及区域	修城区域
1	明初对抗北元的战争	北方边城，及南方的交通要道之上
2	正统十四年（1449 年）土木堡之变	除部分北方边城仍有修筑外，大多集中于太原以南的地区
3	正德六年（1511 年）初河北农民大起义，至七月起义军活动于河北、山东、河南、山西等地	城池的修筑主要集中在山西南部，北部修城较少
4	嘉靖二十一年（1542 年），俺答南下掠朔州、广武，沁、汾、襄垣、长子、忻、崞、代等地，秋又入朔州	山西中部、南部为主
5	隆庆元年（1567 年）俺答大举入寇，由兴、岚、崞县直犯灵石，逼霍州以窥平阳、汾属一带，杀掠无算，破石州，屠其城	自兴、岚以南，汾州府、太原府南部、辽州、沁州、泽州、北部大同府在隆庆元年后集中修城
6	崇祯四年（1631 年）陕西农民起义，自蒲州大规模进入山西	汾阳府汾河沿线的一些城市

注：据附录 2 整理。

（3）修筑工程：十类项目

城池是一个防御系统，除城垣外，更有与之配套的城楼、城壕、瓮城等要素，以增强城池的防御能力。明初城池系统就已非常完善，这在都城中表现得尤为突出，如明南京城经过明初的建设，宏大且完备。但地方城池与都城存在着较大差别，不仅城垣规模小，其他防御设施如城楼、城壕等也多不完备。限于人、财、物的条件，地方城池的建设不像都城那样可以一次完成，多是一个逐步加筑、完善的过程。地方城池的变迁是修筑与衰败并存，反复繁杂。因此，讨论明代山西城池的修筑过程，有必要将城池的构成要素及具体的修筑工程进行分类，通过不同城池的修筑工程去考察城池的状况。

根据方志中城池修筑工程的记载及相关内容，明代山西城池修筑的要素为：城垣、城壕、壕墙、护城堤、城门、月城、瓮城、女墙、雉堞、敌台、窝铺、角楼、城楼、箭楼等。此外，还有一些如钟鼓楼、奎星楼、文昌阁、炮台、重城、马道等，但不作为主要讨论对象。

其修筑工程大致可分为 9 类（图 6-2-7，表 6-2-3）：前 3 类是与城垣、城壕有关的工程；第 5 至 7 类是城池防御设施相关的工程；第 4 类是关于城门

创筑、移筑城池工程分布图
展拓、收缩城池工程分布
增筑城垣、加浚城濠工程分布
护城堤坝修筑工程分布图
瓮城、月城修筑工程分布图
敌台、敌楼修筑工程分布图
城楼修筑工程分布图
砖甃城垣工程分布图
砖甃女墙、城门工程分布图
城门更改工程分布图
关城、外城工程分布图

图 6-2-7　修筑工程分布

变动工程；第 8 类是用砖石改进城池防御能力的工程；第 9 类是与主城附属的其他的城池修筑工程。以上 9 类工程虽不能包含全部的城墙工程，至少大致涵盖。

各类工程修筑内容不同，需要的工程量也不同，实施中在时间和地域上各有差别。如表 6–2–4 所示，统计了方志记载中的具有明确修筑内容的工程，按照 9 个工程类型和六个时间段列表，可见第 1、2 类工程的实施集中在第一、二时间段，第 3、6 类工程则集中在第四、五时间段，而第 8 类工程主要集中在第五时间段。这种不同工程在地域和时间上的特点，可以帮助探究明代山西的城池的修筑过程，及城垣在明代各个时期的大概状况。

修筑工程与城池要素　　表 6–2–3

分类	修筑工程	城池要素
1	新筑、创筑、移筑城垣	城垣、城壕、壕墙、护城堤
2	展拓或截断城垣	城垣、城壕
3	增高加厚城垣、加浚城壕、修筑壕墙	城门
4	增加、减少或移动城门	城垣、女墙、瓮城、雉堞、城门
5	瓮城、月城的增筑	月城、瓮城、敌台、敌楼、窝铺
6	增建敌台、敌楼、墩台、炮台	敌台、敌楼、墩台、炮台
7	创建、修筑门楼、舖舍	门楼、舖舍
8	砖甃工程：砖甃雉堞、砖甃城门、砖甃城池	雉堞、城门、城池
9	关城、小城、外城、郭城的修建工程	关城、小城、外城、郭城
其他	护城堤的修筑、城门的修葺、楼阁建设等	城堤、城门、奎星楼、文昌阁等

注：据附录 2、附录 3、附录 5 整理。

修城阶段与工程类型　　表 6–2–4

时间阶段 \ 工程类型	1	2	3	4	5	6	7	8	9	总次数
1368 ~ 1448 年（共 81年）	8	12	10	0	7	5	9	8	1	60
1449 ~ 1510 年（共 52 年）	10	10	19	8	4	1	20	3	5	80
1511 ~ 1540 年（共 30 年）	1	4	17	3	2	5	17	6	4	59
1541 ~ 1566 年（共 26 年）	1	2	35	5	4	28	24	2	6	107
1567 ~ 1630 年（共 64 年）	1	2	45	17	31	26	40	46	9	217
1631 ~ 1644 年（共 13 年）	0	2	13	3	5	5	8	17	0	53
总次数	21	32	139	36	53	70	118	82	25	576

注：据附录 2、附录 3、附录 5 整理。

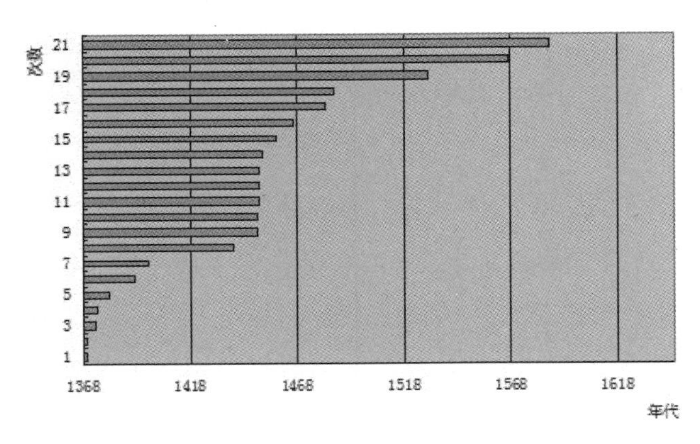

图 6-2-8　新筑、创筑城垣工程

1）新筑、创筑、移筑城垣

新筑、创筑、移筑城垣都是新建工程，因明代的城垣多是沿用前代旧城而加修葺，故此类工程并不多见。在统计的 576 次修城工程中，只有 21 次为此类工程，只占约 3.6%。可见明代山西的绝大部分城池都与前代有因袭的关系。少数新筑、创筑或移筑城垣的城市在地域和时间上皆较为特殊，时间上集中分布在前两个修城阶段，地域上则分布于北部的防御城市体系和边远城市，分类如下（图 6-2-8）：

①北方卫所城市：是明代北方防御城市体系的一部分，工程具有明显的军事化特征，多由武官主持修建，城池高大、防守严密。如：

雁门守御所：洪武七年筑，周围二里五十六步，山高下不等，无池，南北二门。（万历山西通志）

偏头所城：洪武二十三年，镇西冲指挥使张贤改筑于西原河坪，是为今之关城，盖去旧址里许矣。

大同右卫城：洪武二十五年设定边卫，始筑，其后卫革。永乐七年筑完，周围九里十三步，高三丈五尺，壕深三丈，门四。（道光偏关志）

阳和卫：洪武三十一年，县废。命中山王徐达筑阳和城，周九里三十步，高三丈有五尺，池深三丈，门三，东曰成安，南曰迎暄，西曰成武，上各建楼，窝铺一十有四，门外建月城。（乾隆大同府志）

宁武所城：筑于成化二年，初为关城，巡抚都御史李侃请于古宁化军口置关设都指挥，领军守备。乃以是年丁亥三月始事，明年四月城讫，以总兵镇之，遂为镇城。北距华盖山，因其高而俯其东南西三面，周四里许，基五丈，面广半之，高三丈有奇，门其东曰迎薰，上建崇楼。（乾隆宁武府志）

②明初偏僻地区无城池的城市：多位于山西边界或山区，明初有城市但无城池，后因战乱影响，促使其开始兴筑土城。限于地方经济，初建时，城池规模较小，多不够完备。如：

临县：景泰元年，知县刘本始依山为城，建东南二门，即今四明洞、朱衣阁洞是也。（民国临县志）

兴县：景泰元年，始筑土城周二里三百二十步，高二丈五尺，壕深八尺，门三，东曰召和、南曰文明、西曰阜安。（乾隆太原府志）

宁乡县：景泰元年，知县梁杲创建。（康熙宁乡县志）

③因新建城市而建城池：由于与城市共同兴建，城池的规模都不大，但城垣、城壕、城楼、窝铺等相对完备。且规划布局皆为明代设计，不受前代制约，更体现了明代城池建设与城市街道、城市要素（如文庙、武庙、衙署等）布局的诸多考虑。如：

平顺县：嘉靖八年初，建县治。知县高崇武、主簿李鸾来任督工，筑土城一座，高二丈，周围二百五十丈，开南门砖砌门台，上建楼三间，窝铺六间，竖旗帜，题额曰太行一障，门设而未裹，楼成而未饰。开东门，门小坯砌以便关防。高崇武行任路中不久卒。十二年，知县徐元道任督同李鸾裹其门，饰其楼，砖砌东门，裹饰之，上建楼三间。（乾隆潞安府志）

繁峙县：万历十四年，知县涂云路嫌其南近山麓，北临河岸，且城市高下崎岖，申上迁建于河北岸龙须之地。周围四里有奇，高三丈五尺，池深一丈五尺，水徙东北，周流南入于河，城三门，各有楼称门之制，角楼四，视门楼具体而微，敌台十有三级，上各有楼，城中鼓楼一，雄伟耸峙，称壮观焉。学校庙宇公廨民廛条理井然，新建东关店宇整齐，民居稠密，真金汤之固也迨。（光绪繁峙县志）

2）展拓或截筑城垣

明代山西的城池多因旧城而筑，城垣的范围也因于旧基，因而城池大小也就沿于前代。但城市人口、经济、防御形式、周边河流等有时会有较大变化，当原有城池与这些因素发生矛盾而无法满足人们的安全需要时，如人口太多或太少、河流水患频发、无法组织有效军事防御等，都可以促使人们通过展拓或截筑城垣的方式对城池做出调整（图 6-2-9、表 6-2-5）。

①截筑城池者，如：

永宁州：隆庆元年丁卯，巡抚杨巍以城广人稀，难以据守，截去东南半壁而新筑之，高四丈八尺，长一千二十丈，基厚三丈二尺，顶厚一丈五尺，东南北外三面俱浚深壕，西面城下有泉，不需濠。（康熙永宁州志）

应州：洪武八年，知州陈立诚以西北二面多旷地，倚东南城墙改筑今城。周五里八十五步，计一千三百三十五丈，高三丈二尺，池深一丈，广二丈，门三，重以瓮城，东曰畅和，南曰宣阳，西曰怀成，北建拱极楼于城上。（乾隆大同府志）

洪洞：城内东西空洞无居民，嘉靖二十七年，知县杨灏起筑东西二面短墙，遗空地于外。（民国洪洞县志）

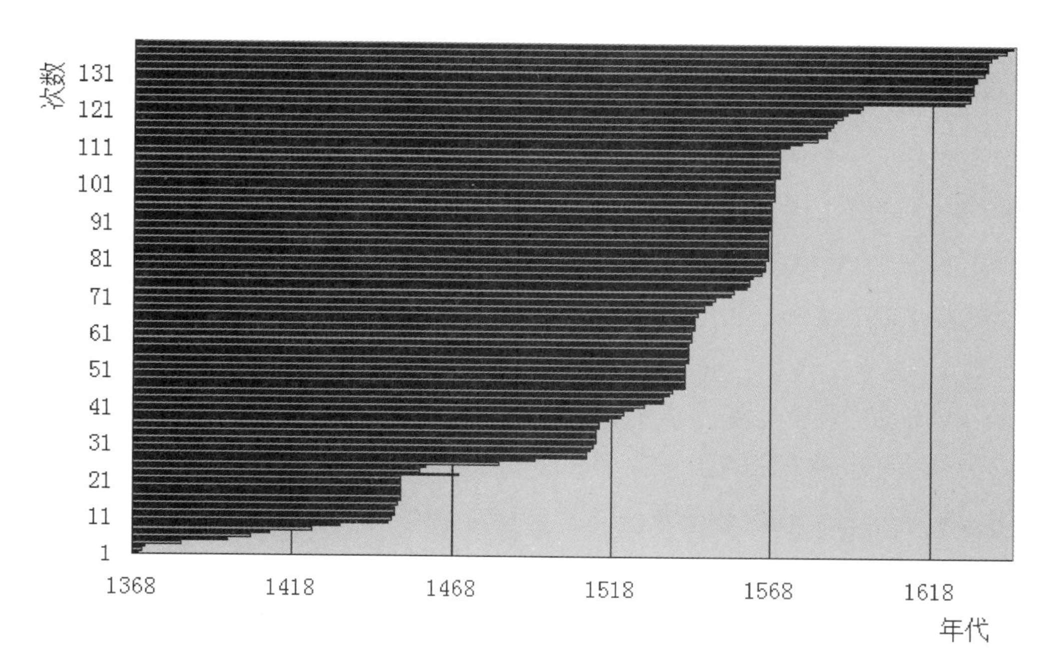

图 6-2-9 展拓、截筑城垣工程

展拓、截筑城垣工程分布 表 6-2-5

时间阶段	工程地点				工程次数
	北部	中部	西南	东南	
1368 ~ 1448 年	**宁化千户所**、马邑县、应州、五台县	太原	解州、灵石县	榆社县	12
1449 ~ 1510 年	偏头所城、马邑县、蔚州、灵丘县、河曲县		永和县、赵城县	武乡县	10
1511 ~ 1572 年	**大同左卫城**、井坪所城	临县、永宁州	太平县、荣河县、垣曲县	武乡县	10

注：据附录 2、附录 4 整理。
注：加粗者为截筑城注者。

②展拓城池者，如：

灵丘县：天顺二年，巡抚马昂奏请展筑，参政魏琳、蔚州知州史魁董其事。徙旧城南三十二步，周五里，高四丈，雉堞高六尺，池深一丈五尺，广三丈，门二，东曰迎恩，西曰镇橹。（乾隆大同府志）

五台县：明正统间，知县张智展筑其西，乃足三百二十步，仍是土垣。（光绪五台新志）

太原府：洪武九年，永平侯谢成因旧城展东南北三面，周围二十四里，高三丈五尺，外包以砖，池深三丈，门八，瓮城各一。四隅建大楼十二，敌台罗室称之，重墉雉堞甲天下，故昔人有锦绣太原之称也。（乾隆太原府志）

太平县：正德六年，知县龚进展筑，周围三里二百四十步，高三丈，上阔一丈五尺，濠深二丈六尺，阔三丈，门楼五。角楼四，知县盛琛终其功，有修城记。（道光太平县志）

武乡县：嘉靖十二年，巡抚王献病其湫隘，檄县增拓，北连石勒寨建县衙，南面尚无城也。（乾隆武乡县志）

截筑城池多为城内地广人稀，就在城内又筑一道或两道城墙，与原城墙组成一个周长较小的城池，如：永宁州城池，原周九里三步，截东南两面后，周为五里二百四十步，更近于正常的县城城池。展拓者则多是因为原城池较小，如：马邑县金代所建，周三百七十五丈，约合二里十五步；五台县元魏时建，周回仅二里许；灵石城原周三里许。

在统计的修城工程中，有 32 次为此类工程，占约 5.6%。其中截筑城垣有 6 次，展拓城垣有 26 次。共涉及城池 23 座，约占明代山西所有城池的 1/5，其中北部城市 10 座，中部城市 3 座，东南 3 座，西南 7 座。工程主要集中在 3 个时间段内，万历元年（1573 年）后拓城和截城的工程几乎不再现。

3）增高加厚城垣、疏浚城壕、修筑壕墙

城墙和城壕是城池最基本的组成部分，是城池修筑中，工程量最大却又是出现频率最高的工程。在统计的修城工程中，有139次为此类工程，占约24.1%，为9类工程中数量最多者（图6–2–10、图6–2–11）。方志中对于城垣增高和城壕疏浚工程的记载比比皆是，如：

太谷县：正德六年，流寇入城，太原同知张勉署邑事，益加增筑高二丈五尺，四门悉以砖甃，上建重楼各四楹，知县陈继昌于四隅各建角楼。（乾隆太原府志）

绛州：隆庆元年，知州宋应昌加高城墙，浚南城池深一丈五尺，阔倍之，砌石堤以防汾水冲，计长三百余丈。（光绪直隶绛州志）

沁源：嘉靖元年，知县冯继祖增修加高八尺，厚五尺。万历五年署县事潞州卫经历赵蛟重修，又加高一丈。（民国沁源县志）

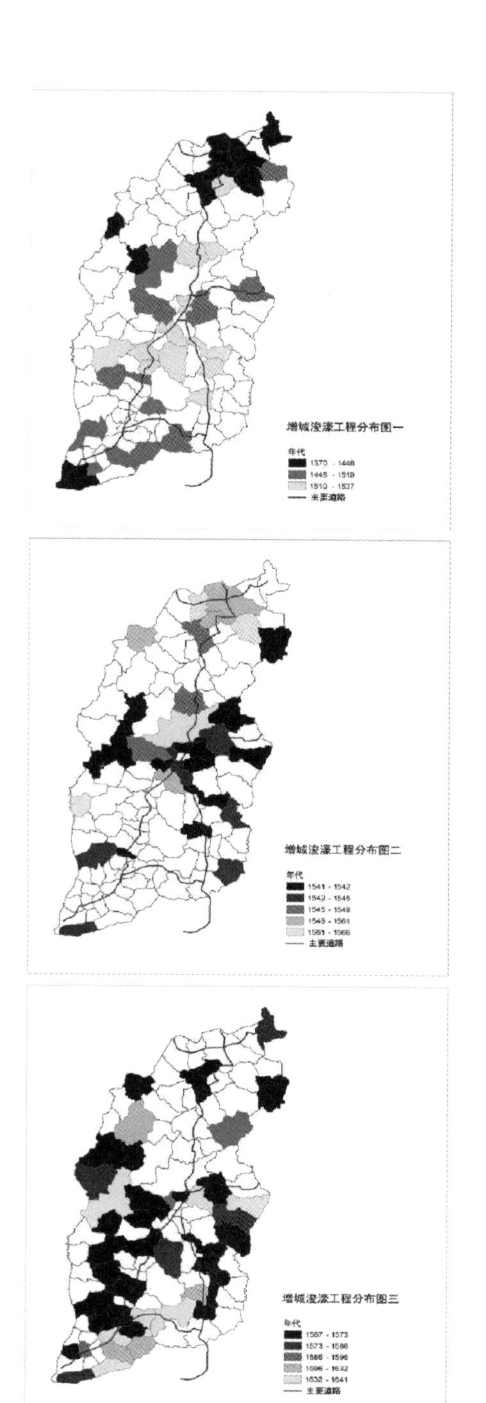

图6–2–10　增城、浚濠工程

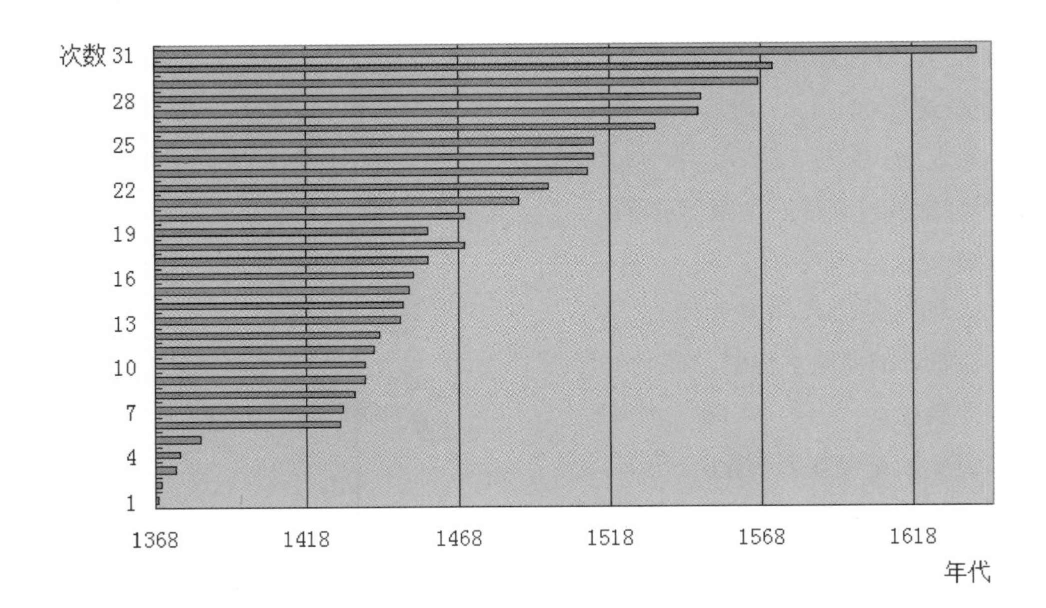

图 6-2-11　增城、浚濠工程分布

崞县：南关厢城旧附治城，周围三里余，嘉靖二十二年知县史渔加高赠厚。（乾隆崞县志）

稷山县：崇祯四年，流寇薄城，知县李燧庭浚池，增筑内外重垣，邑人赖以无碍。（同治稷山县）

怀仁县：嘉靖三十四年，知县殷宗虞、守备景希贤重修增高三尺，增厚三尺，南北增弓字墩各一，举人魏经纶记。（乾隆大同府志）

此类工程更倾向于集中在频度发生转折的两、三年之内，对于外部战乱的反应迅速而一旦战乱结束又迅速回复到平静状态。原因或为：①城垣、城壕是城池防御的根本，危险来临时，加高城垣、疏浚城壕就成为最紧要、最有效的修筑工程；②加厚城垣、疏浚城壕的工程量都很大，在明代的行政体制、财政政策下，如果没有外力的推动很难得以实施；③城垣与城壕是城池系统中最坚固的部分，一次修筑后，短期内便不需要再加修葺。

从地域上看，前 3 个时间段，工程比较零散，主要分布在北部的卫所城市、中部和西南部的一些城市；第四阶段工程集中在北部的卫所城市和中部的城市；第五、六阶段则主要集中在中部偏西和南部的城市，地域分布大致与整个城池修筑工程的分布一致。

4）增加、减少或移动城门

城门是城池对外联系的通路，其开设的数量、位置关乎城市对外联系，多则不够安全，少则出入不便。外部环境如道路、河流等的变化或城内人口增多等都会促使人们改变城门的设置。此外，城门是一座城池的标志，开设方位不仅约束了城市道路布局，其设置也会受到礼制或风水的影响，这也造成了很多未有从实际功能出发而设置的城门，许多逐渐被废弃（图 6-2-12）。

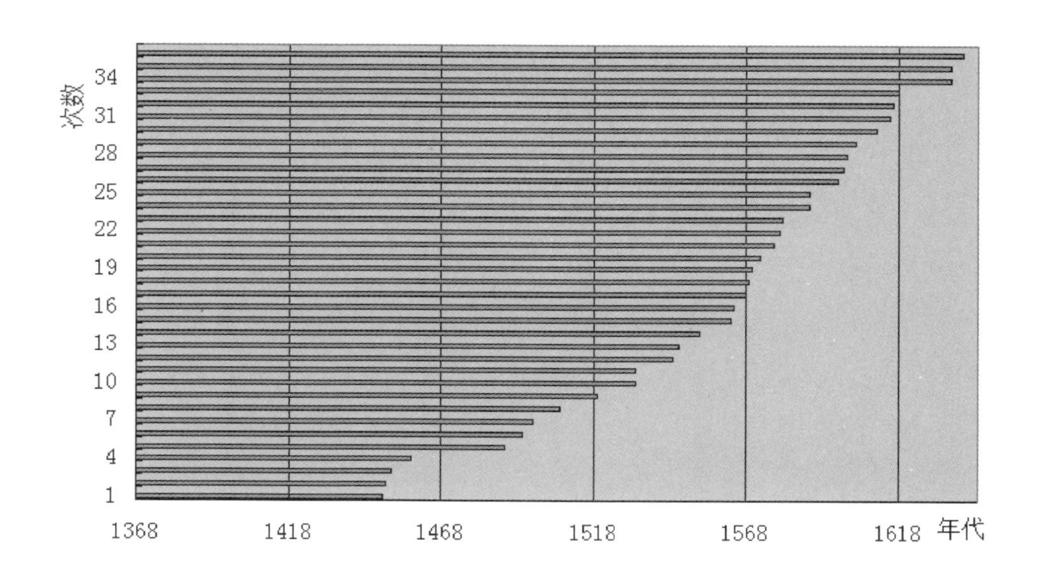

图 6-2-12　城门工程

①增设城门者，如：

河津县：天顺二年，增辟小门，樊得仁修城楼、浚池。（光绪河津县志）

宁武府志：弘治十一年，巡抚魏绅拓广之，周七里一百二十步，增埤五尺，加辟北门，亦建飞楼于上，名之曰镇硕。（乾隆宁武府志）

灵石：旧惟有南北二门，万历元年知县曹干辟东西门，题额东曰闻弦，南曰正明，西曰乐泮，北曰承恩。（民国灵石县志）

②因功能需要而增设、迁建城门者，如：

保德州：城中素无水，宋熙宁间，凿数井皆湮塞泥，不可食，居民汲城外涧泉以供日用，先是由北门往还诘取数里不胜其劳。遂因石渠之上累甓为洞，创作西门焉。距泉所纔百步余，民甚便之。（康熙保德州志）

闻喜县：嘉靖间，知县李朝纲、阎倬开水西门以便民汲，题曰挹涑。（民国闻喜县志）

降县：万历五年，城西北隅路断门塞，邑令王思治权开北门，以通出入。二十八年，邑令黄唯翰复修旧路，塞北门。（乾隆绛县志）

屯留县：成化十三年，绛水冲北城，知县王坤移北门于旧门东五十余步，引绛水，使离城北里许。（光绪屯留县志）

岚县：嘉靖十一年，知县吴璋修水门于城东南隅。（乾隆太原府志）

襄陵：嘉靖四十三年，知县张国彦辟城，开东南门为学宫，肇启文明，匾曰大成。（民国襄陵县志）

③增设城门而未成者，如：

隰州：万历四十四年，水啮城西北隅一十三丈余，知州储置后重修，又开东门，建楼，门曰迎恩，嗣以东门，出入者少且于城中居民不利，门塞不开。

（康熙隰州县志）

清源县：弘治二年，知县吴显宗创开东门。万历四十七年七月因汾河水涨复塞。（乾隆太原府志）

壶关县：嘉靖十一年，知县邱铠劝富民张弦新辟西门，匾曰通政，寻塞。（光绪壶关县志）

④因风水因素开城门者，如：

临晋县：万历中，知县高惟岗以风水家言塞南门，于东五十余步别开新门，瓮城亦废。（乾隆临晋县志）

平顺县：至万历四十三年，郡守刘公讳复初精于堪舆观风至平，见文庙湫隘，文气壅塞，开东门一座，上建城楼三楹，名曰文明楼，邑侯吴公讳之儒督修。（民国平顺县志）

统计的城门增设、迁建工程共36项，占全部工程的6.3%，数量较少。城门工程较为均匀地分布在1489年至1618年间，没有受到战乱等环境影响的迹象，大概是因为城门的增设、迁建多与城市的使用相关，而对于城池防守能力的增强意义不大。此类工程大多分布在中部偏西地区和东南、西南的交通线上。

5）增筑瓮城、月城、重门

城门是城墙防御中最薄弱的环节，加强城门的防御对于增强整个城池的防御能力具有重要作用。明代山西增强城门防御性能的工程主要为瓮城、月城或重门的增筑（图6-2-13、图6-2-14）。如：

马邑县：瓮城二座，所以树重关也……月城二座，所以联抱也……东西二门如制三重，缦以铁叶，固以钢钉，铿乎其坚也。（民国马邑县志）

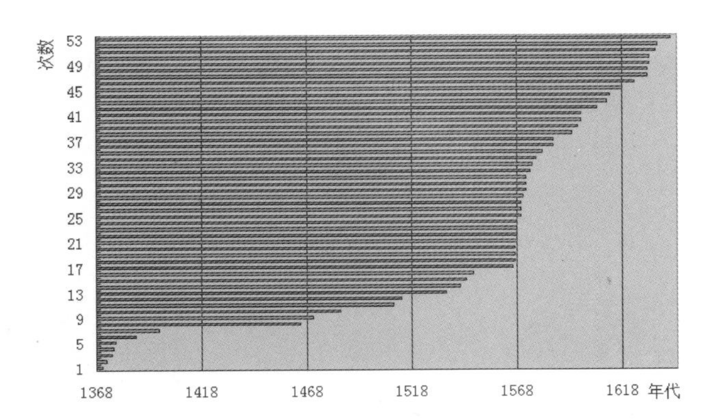

图 6-2-13　瓮城、月城工程

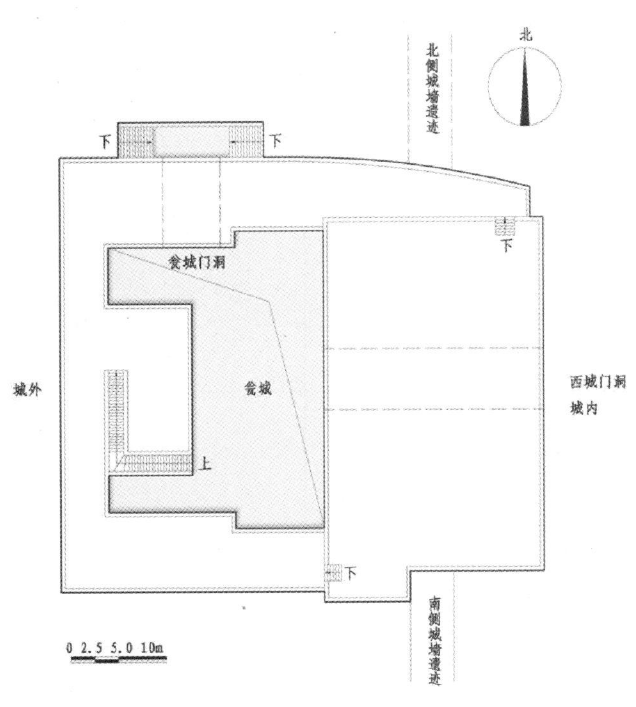

图 6-2-14　蒲州古城瓮城

其他增筑瓮城、重门者，如：

平遥县：万历二十二年，知县周之度申请抚按动本县民壮修筑东西瓮城者三，皆以砖石，自是金堂巩固，保障万年矣至。（光绪平遥县志）

汾西县：万历三十四年，县令毛炯增筑四门瓮城、女墙，门甃以砖，额其东曰望霍，南曰迎熏，西曰人和，北曰拱极。（光绪汾西县志）

芮城县：万历四十年，知县赵庭琰创建月城，王纪记。（民国芮城县志）

沁源县：崇祯四年，知县范廷辅创增重门。（民国沁源县志）

统计的此类工程共53项，占全部工程的9.2%。时间上分为前后两个阶段：隆庆元年（1567年）以前此类工程较少，之后迅速出现了较多的瓮城、月城的增筑工程，与前一阶段对比鲜明。地域上则集中在三处：一为北方防御城市体系，二为太原及其以南的一些城市，三为南部黄河沿线的一些城市，其中北方防御城市体系中的瓮城修筑工程多完成于隆庆元年（1567年）以前，而南部两个地区的修筑工程则主要集中在此后至崇祯初年（1628年～）。

6）增建敌台、敌楼、墩台、炮台

增建敌台、敌楼、墩台、炮台是明代山西增强城墙防御能力的常见工程（图6-2-15）。如：

宁乡县：嘉靖二十一年，知县王一言因兵变始创敌台。（康熙宁乡县志）

文水县：嘉靖二十年，巡道郭春震檄祁县丞李爵重修，加高四尺，建敌台十有六。二十三年，知县张源澄增修敌台四十有八。（乾隆太原府志）

闻喜县：嘉靖间，知县李朝纲、阎倬增修敌台三十六座。（民国闻喜县志）

太平县：嘉靖二十六年，知县牛纲创筑墩台二十座。（道光太平县志）

泽州：隆庆四年，知州顾显仁增筑敌台二十三，创敌楼二十三。（雍正泽

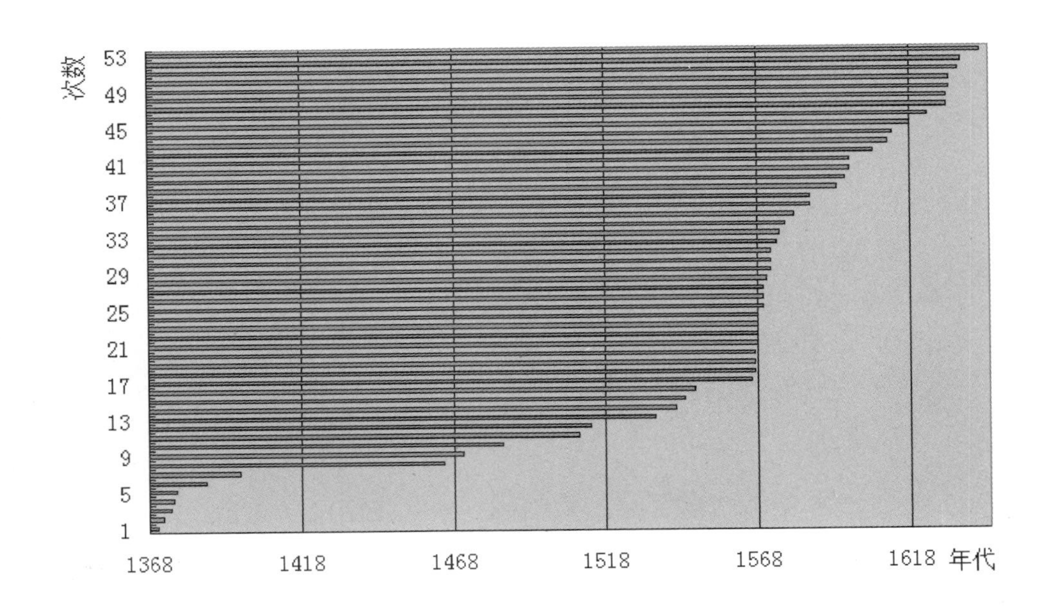

图 6–2–15　敌台、敌楼增建工程

州府志）

平遥县：隆庆三年，知县岳维华增敌台、敌楼九十四座，俱用砖砌。（光绪平遥县志）

稷山县：崇祯十一年，流寇峰起，知县薛一印奉檄增设敌台，俱甃以砖。（同治稷山县志）

统计的此类工程共 70 项，占全部工程的 12.2%。本类工程在时间和地域上的分布与上一类工程（瓮城、月城、重门的增筑）非常一致，说明二者在工程性质上的相似性，即都为增加城墙的防御能力，且工程量相差不大。差别在于，本类工程更加集中在 1566 年后的几十年里，且工程数量、分布区域较前者为广。

7）创建、修筑城楼、角楼

城楼既是城墙瞭望、指挥作战和存放武器的场所，也对城墙具有重要的装饰作用。明代山西一些城市的城楼建设并非一次完成的，而是逐步加筑而成的，且木结构的城楼相对于城墙来说更易损坏，所以城楼的修筑、维修、增筑工程很多（图 6-2-16）。如：

太原县：正德七年，邑人少师王恭襄琼始倡知县白晟重修，上各建城楼、角楼。（乾隆太原府志）

榆次县：嘉靖二十五年，城南楼毁于火，知县俞鸾重修，新其三门，东曰迎曦，南曰观澜，北曰望岳。（乾隆太原府志）

襄垣县：嘉靖间，知县贾枢以四门楼坏，不足威远，于是各筑城楼，事未竣而去，知县葛缙终其事。（民国襄垣县志）

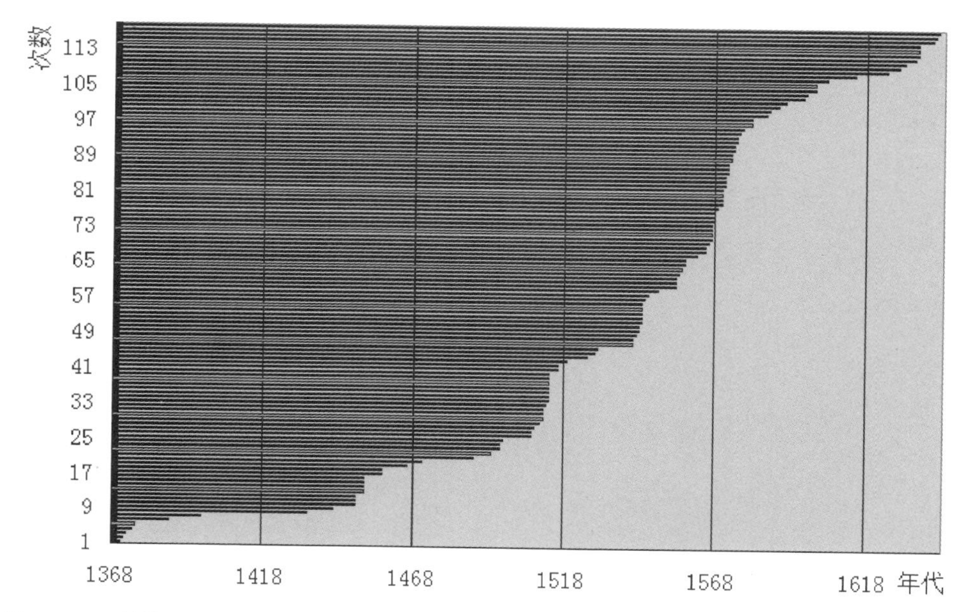

图 6-2-16　城楼工程

夏县：嘉靖乙卯，遭地震变城催隍霪城楼俱毁，知县李溥重修城墙，高厚于旧，仍增崇北楼，四面女墙咸砌以砖。（康熙夏县志）

屯留县：嘉靖三十七年，知县钱禄于东西南三门改建重楼。（光绪屯留县志）

五台县：万历三十三年，山西巡抚魏允贞整缮边防，以五台近边，饬知县李养才大修之。大垣敌楼纯用砖包，下砌石为台数层。上接大垣自堞至址高丈余，又增修城楼四座，屹然有金汤之势。（光绪五台新志）

统计的此类工程共118项，占全部工程的20.5%。城楼工程在时间上与增筑城垣、加深城壕的工程有些相似，存在于明代的各个时期，但自正德初（1506年～）至隆庆初（1567年～）是城楼修筑的高峰时期，北方卫所城市、南方交通要道周边城市的修筑时间则要早于其他城市。

8）砖甃雉堞、城门、城墙

砖甃工程分为砖甃雉堞、砖甃城门、砖甃城墙三类。雉堞和城门是较易损坏的部分，甃砖则能提高城墙的耐久和防御能力，“旧土城每岁有风凌雨剥落之损失，民庶篑畚版筑之劳，无已时也。”[①] 如明人有记：“城之雉堞旧饰以灰，旋剥。往往上官阅视，有司必纠其里甲办纳其合用者。里甲敛于民，盖一岁之间，若此者四五焉。令不胜其烦。民于是乎扰矣。于是计其所费，总其所入。人出砖若干，聚合所得百余万。”[②] 嘉靖（1522～1566年）以后，火器的使用使得土城墙“一经震驳，颓然土崩”，[③] 促进了砖甃城墙工程的展开（图6–2–17、图6–2–18）。

①砖甃雉堞工程，如：

① （明）郭东.高平县甃砖城记.雍正泽州府志。

② （明）李浩.重修旧城雉堞记.乾隆新修曲沃县志。

③ （明）李士焜.包砖城记.光绪河津县志。

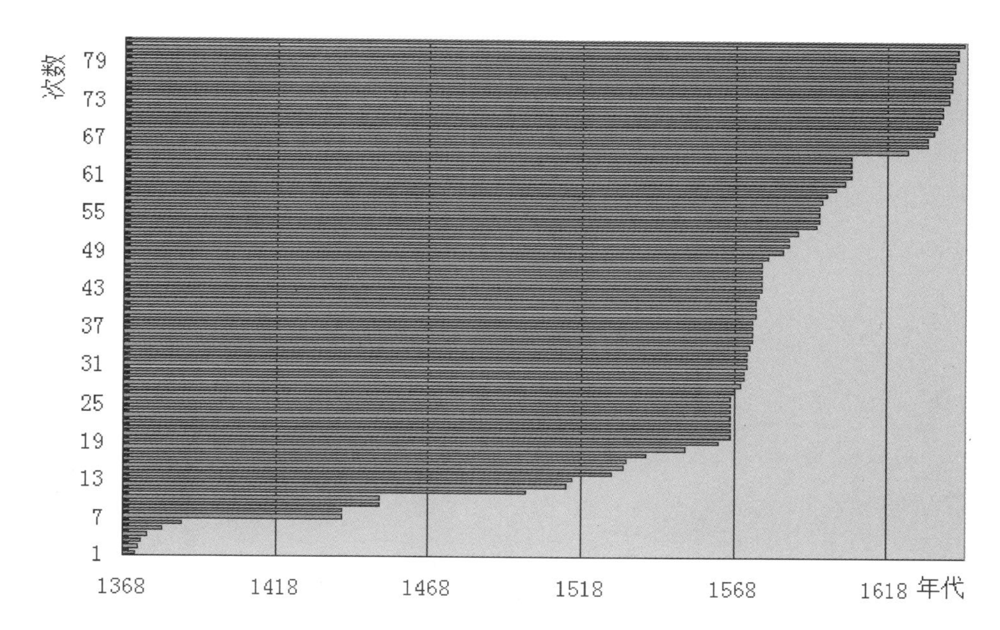

图 6-2-17　砖甃城墙工程

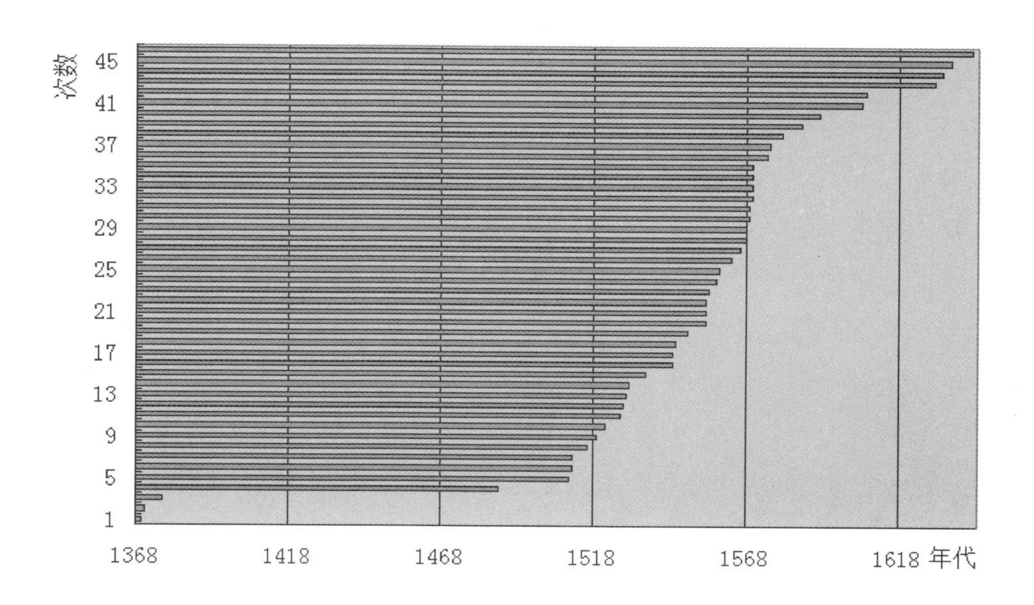

图 6-2-18　砖甃城门、雉堞工程

蒲州：洪武四年，千户张盖重筑，用砖裹堞，城高三丈八尺，堞高七尺。（乾隆蒲州府志）

徐沟县：嘉靖二十三年，女墙圮，适有边警，知县周诰易以砖又创角楼四座。（乾隆太原府志）

荣河县：嘉靖三十四年，地震城圮，知县侯祁重筑，雉堞俱易以砖。（民国万泉县志）

宁乡县：嘉靖三十五年，知县贾迪因边报紧急，率劝邑人出资有差，砖女墙建楼，固守便之。（康熙宁乡县志）

②砖甃城门工程，如：

长治县：洪武间，指挥使张怀砖甃四门，各建小月城，敌台八。（光绪长治县志）

芮城县：嘉靖七年，知县张孝仁增修，砖甃城门。（民国芮城县志）

③砖甃城墙工程，如：

代州：洪武六年，吉安侯陆亨都指挥使王臻因旧城砖甃之。周八里一百八十五步，高三丈五尺，池深二丈一尺。（光绪代州志）

应州：隆庆五年，总督王崇古，奏请砖甃，檄知州吴守节、守备李迎恩，董其事。磐石为址，累甓为墉，增建东西二楼，大学士王家屏记。（乾隆大同府志）

统计的此类工程共82项，占全部工程的14.2%。时间上，砖甃雉堞、城门工程与砖甃城墙工程有一定前后的衔接关系，砖甃雉堞、城门工程主要集中在1510 ~ 1570年间，而1568 ~ 1570年则正是砖甃城墙工程快速兴起的时期。可以说，自1568年后，砖甃城墙逐步增多，取代了自1510年后兴起

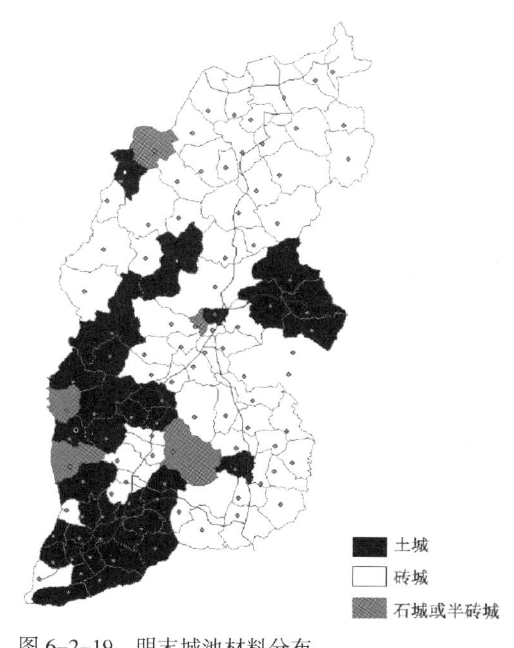

图 6–2–19　明末城池材料分布

的砖甃雉堞、城门的工程。砖甃雉堞、城门多集中在山西中部和南部区域，而砖甃城墙则除了西南部外，几乎遍及山西全境，且整体而言北部城市早于南部城市（图 6–2–19）。

9）修建关城、小城、外城、郭城

关城、小城、外城、郭城的修筑也是城池拓展的方式，与城池拓展不同的是，它不是改筑原有城墙而是在原城的周边，另筑城池，与大城相连，可保民又可增强大城的防卫能力（图 6–2–20）。如：

大同府：景泰间，巡抚年富于城北筑小城，周六里，高三丈八尺，东南北门凡三，东曰长春、南曰大夏，北曰元冬。天顺间，巡抚韩雍续筑东小城，南小城，各周五里，池深一丈五尺，东小城门凡三，南小城门凡四，嘉靖三十九

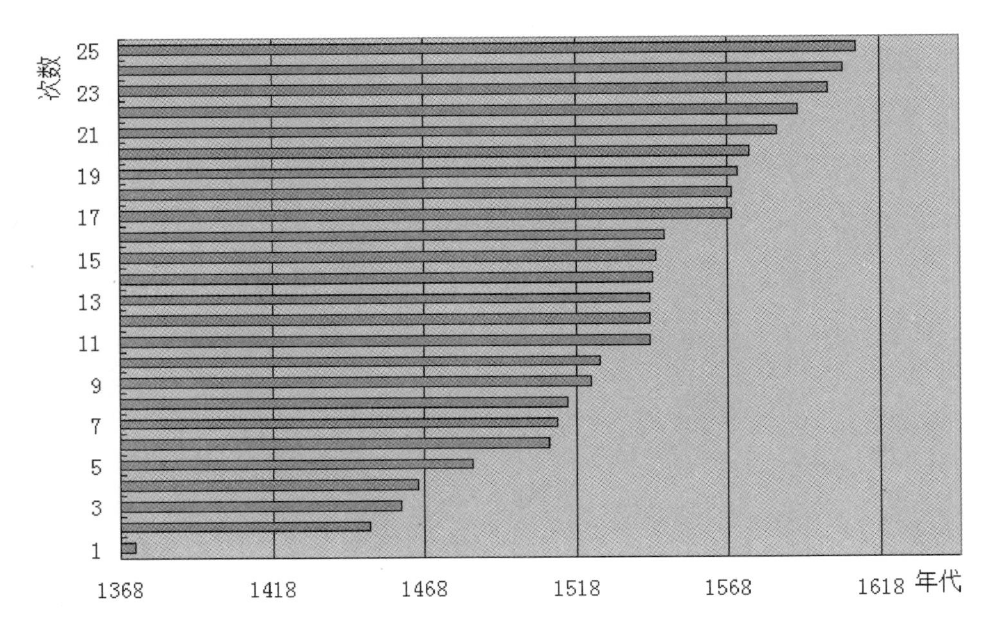

图 6-2-20　关城、小城、外城工程

年，巡抚李文进加高南小城八尺。隆庆间，巡抚刘应箕增高一丈，增厚八尺，石砌砖包，建门楼四。（乾隆大同府志）

汾州府：嘉靖二十一年，知州张管筑南郭堡，知州曹龙竟其事，周五里十三步，崇三丈，门四。隆庆三年，知州宁策筑北郭堡，周二里有奇，崇三丈二尺，下厚三丈，门四。万历十二年，分守冀南道梁问孟张一齐知州白夏筑西郭堡，周三里，崇二丈五尺，下厚二丈八尺，门四。台四，夹门护台八，铺舍十有二，濠广二丈，深如之。（光绪汾阳县志）

应州：成化二十年，知州薛敬之重修，增建月城，创筑东西南三关厢。（乾隆大同府志）

榆社县：嘉靖五年，流寇大掠西关，苦无城，乡官常应文上其议于尔台，创建关城，合抱如环，民乐安止。（光绪榆社县志）

吉县：嘉靖间，判官包钟以鄜贼猖獗，创建外城，东筑土城二百五十丈，西筑石城二百二十丈，民赖以安。（光绪吉县志）

统计的此类工程共25项，涉及18个城市，其中北部城市5个，中部城市8个，西南部城市5个。

10）其他：护城堤的修筑、楼阁建设等

城池建设工程除了以上9项外还有一些如修筑护城堤、吊桥、重城等，这些工程的存在说明城池建设工程的多样性，但因其数量较少，不能反映出明代山西修筑城池的大趋势，就不再单独列出。如：

河津县：隆庆间，县令李成栋、张汝乾先后修葺，筑护城水堤。（光绪河津县志）

夏县：隆庆间，莲池水涨，西北隅不时颓毁，知县陈世宝随即补筑，自城外运土填之以固其基，修护城堤于东南隅之外，以防巫谷水涨。（康熙夏县志）

灵石县：万历三年，山水暴溢，城坏，知县白夏补筑，并砌城角石堰，易置四门桥。（民国灵石县志）

洪洞县：辛未，流寇薄城，乘东北高阜以瞰城内，知县李乔昆督令……于东北隅城上更建重城，以防窥伺，高丈余，长五丈，余下为洞二十，以便宿卒。（民国洪洞县志）

（4）建设过程：三段分期

根据时间分布的特点（图6–2–21），以上9类工程大致可分为3类：①早发类型的工程，包括指新筑和展拓、截筑城垣；②晚发类型工程，包括砖甃城垣工程、敌台敌楼工程以及瓮城月城工程；③各个阶段分布比较均匀的工程，包括城垣增高、城壕加深、门楼修筑、城门改动等。

早发类型工程主要集中在第一、二时间段，而晚发类型的工程则主要集中在第五、六时间段。因此，依据工程类型的不同，大致可将山西城池修筑分为

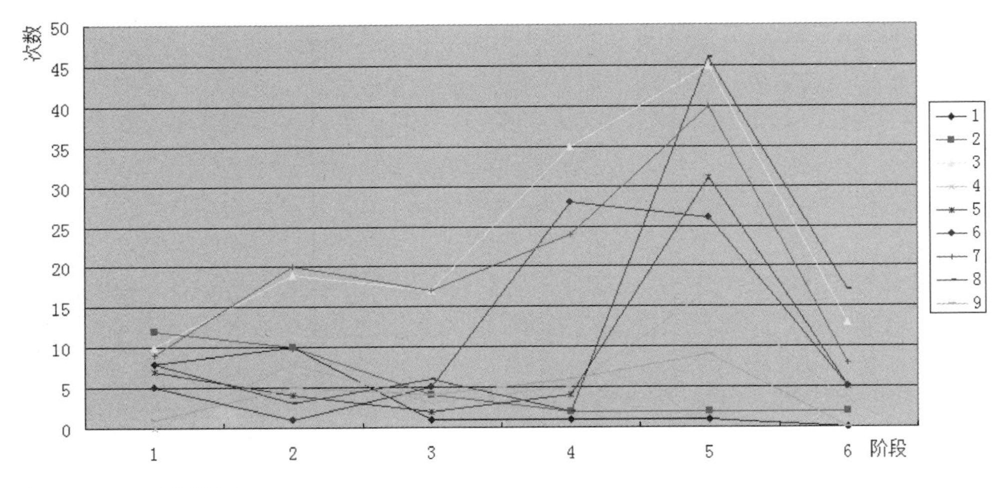

图 6-2-21　城池建设过程

3 个时期，每期各包括 2 个时间段。工程类型的区别，使得各个时期的修筑都有不同的关注点，显示了明代山西城池修筑的阶段性特征。

1）早期：继承修补

包括第一、二两个阶段。修筑工程特点有三：①工程总体数量较少；②新筑和展拓、截筑城垣工程相对较多；③第 1 阶段各类工程数量较为平均，第 2 阶段增筑城垣、加深城壕及城楼的修筑工程明显增多。

新筑和展拓、截筑城垣工程的相对较多，表现了这一时期明代在继承和建设自己的城市体系时，对原有城池的调整。第一阶段兴建的城市集中在北方许多防御性卫所城市和中、南部的重要城市，这些城池的修筑多是出于防御目的，因而较为完备，各类城墙工程都有所涉及，且工程次数差别不大。至第二阶段，城池的修筑拓展到其他城市，这些城市与首批修筑城池的城市不同，它们的首次修筑，只是对于原有城池的修补，城池也远不够完备，就出现了第二阶段城垣、城壕、城楼修筑工程的显著增多，而其他工程数量相对减少的现象。总体来看，这一时期城池的修筑集中在重点城市城池的建设和普通城市城池的修补上，主要是对前代城池的继承。

2）中期：完备拓展

包括第三、四两个阶段。较前一时期工程量有所增加，但工程类型更为单一，主要为城垣、城壕、城楼工程，是对前一时期修补成果的进一步巩固和提高。此外敌台、敌楼工程在第四阶段兴起，表示了对于城池防御设施的关注。进一步完善城垣、城壕，完备防御系统成为本期修筑的重点，可以说是一个承上启下的阶段。

3）晚期：砖甃工程

本期不仅修筑工程数量很大，而且工程类型也非常丰富。大量城池得到砖甃，是明代山西城池建设的黄金时期，且增筑了敌台和瓮城，城楼得到修筑，城池系统得以完善。

6.3 工程组织：修城动因、人员组织

明代山西城池建设工程的组织没有专门的机构负责，多由地方自己组织，工程受到地方经济、地理环境以及人员组织的影响，实施过程都不尽相同。然而，每一次工程的实施都有其兴工的原因和目的，有发动者、实施者、工匠和劳役的组织，有金银物料的筹备，皆受到明代社会的安定状况、地方行政机构、财税政策、地理经济等状况的影响，因而不同城市之间也具有相似的背景，有着存在共性的基础。州、县城市作为最低等级的建制城市，数量最多，其城池的修筑体现了最为普遍的城池修筑情况，本节将以之为观察对象，对城池修筑工程的动因、人员组织、经费劳役的筹集及施工中的细节问题加以探讨。

（1）修城动因

明代山西城市的公共工程主要包括衙署、学校、仓储、驿站、道路、桥梁、城池等的修建，因由地方行政机构组织实施，也就较多地受到了行政制度

的制约，尤其是地方财税政策很大程度上限制了公共工程的实施；另一方面，明代山西又是一个不断受到战乱侵扰的地区，这又促进了城池修筑工程的实施；明代山西城池的修筑就是在这样一对矛盾的关系中展开的。

明代的财政体制着重于加强中央的力量，一方面各地方要保证各正项钱粮的缴纳，另一方面中央又加强对地方的财政监控，州县动支钱粮需向上申请，层层审批，否则被视为侵盗。何朝晖先生的《明代县政研究》有精辟论断："由于权限不足，经费匮乏，明代县官在面临地方公共工程时往往畏首畏尾，缺乏热情，因循苟且，得过且过。加之县官迁转快，任期短，有'官不修衙，客不修店'的说法。嘉靖间有人慨叹：'今之守令，凡城池学校公署铺舍桥梁之数，以兴修为大禁，废不举，蔽不葺，荒颓败落之甚竟诿之不知，是岂有司之得已哉？兴修经费不出之官则出之民，出之官则上疑，出之民则下谤，故稍自好者则深避而不为。呜呼！已计得矣，其如国何？民何？'（嘉靖《夏津县志》卷一 城池）"[①]（清）顾炎武也曾说："予见天下州之为唐旧治者，其城郭必皆宽广，街道必皆正直。廨舍之为唐旧刱者，其基址必皆宏敞。宋以下所置，时弥近者，制弥陋。此又樵记中所谓州县皆驿，而人情之苟且十百于前代矣。前明所以百事皆废者，正缘国家取州县之才，纤毫尽归之于上，而吏与民交困，遂无以为修举之资。"[②]

可见，太平时期地方官员对于城池的修筑多有推诿，而不加兴筑，即便有所修筑，也多是敷衍了事，这在明代山西是十分普遍的现象。"入皇朝二百年余，民不见烽警，故城池甲帐所以为御侮计者率散驰不理，列城尽然，不独襄陵也。"[③]当是对隆庆（1567 ~ 1572 年）之前晋西南地区城池修筑状况较为切实的描述。方志中多载有官员对城池修筑推诿的事实，这种状况也必然造成城池的颓败，如：

繁峙县：繁之人每欲徙，是司治者苦其难，不果。（光绪繁峙县志）

万泉县：嘉靖乙卯间，偕邑学生畅汝辨等白于代巡吉安宋公已檄修理，时

① 何朝晖. 明代县政研究：128。

② （清）顾炎武. 日知录. 卷十二 · 水利。

③ （明）张四维. 新包砖城记. 民国襄陵县志。

当事者失于有为侵占者得百计以阻挠之，乃谨加小葺，辄空移报上而随已剥落如故矣。（民国万泉县志）

城池是维护城市安全的重要防护设施，其兴筑亦为有司之则。“谯楼所以警夜，城池所以防寇盗，二者皆国家之重务，有司之职业也。”[①] 当出现战乱，地方官员就再也无法懈怠，“凡州县守命之不失事者，咸以有备若城池其一也，否则不死于城守则惟遁逃，苟免卒亦法无所贷。”[②] 战乱来临而城池已因久未修筑而颓败不堪防守，战乱波及地区就会出现集中的修城活动，此状在明代山西城池修筑中最为常见，如：

太原县：至正德间，颓废甚矣。王恭襄公倡大尹梅公修筑粗备，大尹吴公易埤以砖，然犹不足御敌也。比岁边报日紧，民心惶惶，唯恐室家之不保。（乾隆太原府志）

保德州：保德僻处，晋西北之穷壤，连河接陕密迩套寇，冰坚辄侵犯。城低薄不足恃。嘉靖癸亥，李公…奉命来兹，入境即有寇警…于是乘民之力暇为修葺之记。（康熙保德州志）

洪洞县：故城惟土筑，卑且弗完，岁久倾剥，丛棘可攀而登。……虏犯三关石州陷。贼前驱渡郭家沟去邑仅百里，人情汹汹，莫知措手足……石城之鉴不远矣。（民国洪洞县志）

太平县：重修者不知其几，正统己巳土木之变、成化甲辰人民相食当大兴作……正德壬申山东盗起，卒然流来，官民戒严……惟立东西城楼二座。（道光太平县志）

除了战乱外，尚有其他因素促使城池修筑工程实施，风水的考虑即为一种。如：

① （明）李高. 新修谯楼记. 民国襄陵县志.

② （明）刘春. 修县城记. 道光太平县志.

襄陵县：彼有术士能为风水之说，谓此厢北有真君庙巍然其势，南必复郭门，居人乃昌。珊于是以其说谋于厢之耆老硕王君，咸曰兹言是也，乃相与计划。（民国襄陵县志）

泽州：其北城独无楼焉，以矮屋代之，蒲伏不称。先生喟然叹曰北方元首也，其他股肱也，元首卑于股肱可乎？遂创制繕规度基物，始修北城楼一座。（雍正泽州府志）

浮山县：西门旧系直出，知县陆张烈善风水，每云此门若曲大利，居民且发科甲，因改向西北，建奎星楼于其上。（民国浮山县志）

因风水而进行的城池修筑工程多是城楼、奎星楼修筑、城门改动等对城池的修补改造，工程一般较小。例外者如繁峙县："其城迤靡差池，民居如缘上屋之址乘下屋之危，市则如坎不平而撼负阳抱阴，嵚岑穹深，蔽亏日月。产石与铁，俗朴而犷，健讼嗜争其地也。文采不着阙于闲书，亦其地形风气然也。"[①]于是卜地于故城之西北三里许，新筑城池。再如平顺县的建城经过："潞安府之青羊山，蟠居衍迤……四方亡命往往窜匿其中，嘉靖间贼势益猖獗，天子震怒，命将出师，复调集山西、河南、山东官民兵会剿，阅数月然后平之。捷闻今少传兼太子太师礼部尚书武英殿大学士桂洲夏公，公亲履贼巢，周视山川，历陟要害，叹曰贼之弗戢形势使然，非建县设命吏以弹压之难免后虑，佥以为然，乃咨询相度，得吉地曰青羊村者峦盘于形……会巡抚都察院右佥都御史王君应鹏暨藩臬诸司群谋协同，乃议割潞城县所辖地一十六里、壶关县十里、黎城县五里，共割地方三十一里以为新县版图……县名曰平顺。"[②]为"设命吏以弹压之"而建城设县，有设城守土之意。

总之，明代地方城市的财政政策本身不利于地方大型工程的兴筑，而明代山西频发的战乱又促成了大规模的修城活动的开展。此外，风水等其他因素也会促使修城的发生，但数量少，工程规模小，并非城池修筑的主要原因。

① （明）于慎行. 迁城记. 光绪繁峙县志.

② （明）顾鼎臣. 创建平顺县记. 民国平顺县志.

（2）人员组织

明代山西的城池修筑工程涉及自中央官员至平民的各级人员，组织复杂、样式繁多。但如按其在工程实施中所起的作用，大概可以分为：提议修城者、审批者、组织实施者、劳役和工匠，且在具体工程中，角色的扮演者各不相同。

修城工程涉及各方利益，于官则为职责所在，于民则为生命所系，虽然为官者多“苦其难”而不加实施，为民者多顾己之利难于组织，但当形势所迫，无论谁先提出兴筑之事，多可得到其他方面的支持。修城之事可能是由上级下达修城命令、县令县署官员提出或士绅提议而产生。

①得自上级命令，如：

马邑县：隆庆六年，巡抚大同地方柳公应箕按、宣大使刘公梁弼因款贡虽讲犹廑内忧，乃协谋具疏上请，凡应、山、怀、马悉请砖之，盖欲未雨绸缪之谋，以奠国家无疆之基也。于时，上允其奏。成于知县事岳汴。（民国马邑县志）

太谷县：分守冀宁道刘公汉儒为右恭政行部，至邑，见兹城延亘千七百丈，许俱土筑且间有鰊沙几倾摧，即属余曰，兹城也，砖之可乎？……于是量功，计三年底绩。（乾隆太谷县志）

②源于士大夫、耆老等的谋划，如：

洪洞县：贼退，诸大夫相与谋曰……乃集阖邑大夫士、耆后、里正社长近千人，誓义勇武安王庙，议作砖城而高厚之。（民国洪洞县志）

襄陵县：厢人珊于是以其说谋于厢之耆老硕王君，咸曰兹言是也，乃相与计划。（民国襄陵县志）

③由邑人倡议县令进行，如：

太原县：正德七年，邑人少师王恭襄琼始倡知县白晟重修，上各建城楼、角楼。十二年，琼又倡知县梅宁崇广之。十四年，复倡知县吴方作埤以砖。（乾隆太原府志）

工程大致筹划妥当后，便要逐级上报审批，通常要地方军、政两方咸可其议后，方可实施。如：

太谷县：画成，请之监司，达之大中丞郑公，洛奏请诸朝，俞允。乃兴是工。（乾隆太谷县志）

繁峙县：邑令涂君率三老子弟请曰以是……公曰是……以谋诸太原守吴君，对如今议，请于大司马郑公、大中丞许公、按司洪公、暨藩臬之长，咸以为然，乃疏诸朝迁焉。（光绪繁峙县志）

高平县：议定其由回道以闻诸宣大总督王公、监台吴公，俱报可。（雍正泽州府志）

沁源县：呈请军门山阴吴公、巡抚成都高公巡方、任邱田公，咸可其议。（民国沁源县志）

工程开始实施，多由县令总理其事，下又有县丞、主簿、守备等及民间才行压众者分董诸役，通常由不同的人分主钱、材、匠、役等，工程较大时，又将工程分为若干部分，交由不同的人负责。如：

太谷县：余总理其事，簿王显宠、尉袁金督其工，土官王降胡斌等三十九人各分理之。（乾隆太谷县志）

繁峙县：鸠人徒则副将李君栋、参将周君易。管出纳则郡丞周官，评核群材则别驾刘君应文综。既禀则代守陈君宗凯。董工役则守备俞君尚德，而钩稽功课考度章程则太原守主之邑令行焉。（光绪繁峙县志）

太平县：谋于僚属克合爰进诸耆老，语以修筑……诸耆老欣欣然曰是……

遂遴选于庶人在官者，俾易材木、伐山石、陶砖瓦，而委阳官路引泪义官毛彪李景皋等董其役。（道光太平县志）

稷山县：（邑令）孙侯曰才用集矣，出纳不可无经也，乃属致政邑史君简、乡进士加君传、梁君维、裴君赐、监生王君汝愚俾绪正其盈缩而浮冗厘焉。材木铁石（厂火）甓之废鉅万计也，侯曰是宜厚若直而时若储，乃属乡进士郑君命高君应聘监生裴君经俾趣办其物宜而综核沈焉，按籍料民，因民定役，授方分作，计堵考成矣。侯复曰，力异齐，无稽则怠，乃自东北历北而西为门三，属邑簿李君恩诰，南门一属司训屈君微、刘君廉，东门一属毛尉绪俾，督察其勤惰而劝戒明焉。侯出入筹维，躬程百务。（民国稷山县志）

平遥县：张公委县丞韩公并李公、主簿卜公、典史赵公董其役。（光绪平遥县志）

沁源县：监工则典史傅行忠、省察官宋九思、王功、义民李全芳、郭周官、刘得山。（民国沁源县志）

汾阳县：记功三十有二，每工委官二员、富民一名。通用官民九十六人分管造作，而州正佐二总管督视。（光绪汾阳县志）

参加具体修筑工程的人主要是出劳役的平民和工匠组成，一些军镇，士兵也会参加城池修筑。平民参加工程是偿付劳役，而工匠通常可以取得一定的报酬。如：

汾阳县：计用工匠八百名，夫七千二百名。（光绪汾阳县志）

马邑县：夫也，共享军民夫匠七百余名。夫役非粮则疲，共食口粮四百八十石四斗七升。工匠非所赏则惰，共享工价银四百四十两八钱四分。（民国马邑县志）

保德州：万历二十九年，兵宪赵至州慨议砖包，委知州韩朝贡估议应用匠役四千七百二十名，俱于四路原额修工……砖详，巡抚白允发太汾、平潞等州县军壮包。（康熙宝德州志）

高平县：估计钱料物出自均徭，夫邑匠工取诸顾觅。（雍正泽州府志）

（3）工程筹备

经费和劳役是城池修筑工程中最先措置的因素，有了经费和劳役才可以购置材料，兴工修筑。人、财问题涉及各社会阶层、税收、赋役等，其筹措方法也最为多样、灵活，是工程组织中最具操作内容的方面。继之依次为：材料的筹备、工期的设置和整个工程的统筹计划。

1）经费

修城经费多出于内帑、劝募、摊捐，也有出于周边城市或“公家”者，但较为少见。

所谓内帑是指州县库存的钱粮，因明代对于地方财政的监管很严，地方官员无权处置，因此使用之前，需向上级申请，才能使用。如：

繁峙县：问费安出，则帑金八千有余。（光绪繁峙县志）

广陵县：虑财之匮也，请给于内帑。（乾隆广陵县志）

劝募指通过耆老、士绅等自愿捐助而获取所需经费，此种方式不需动用官帑、不用摊派于民众，是最常见的筹措资金的办法，“不动帑、不役民”也是工程成就之后，组织者最为彪炳之处。如：

襄陵县：珊于是以其说谋于厢之耆老硕王君辈，咸曰兹言是也，乃相与计划，各出己资及募诸远近之乐施者，共得资若干，遂鸠工市材卜日起工。（民国襄陵县志）

朔州：经费半出于宪台及少府所措设，为力虽艰，为数颇省。（雍正朔州志）

泽州：费不出于公储，役不及于细户，多方措处以佐财用。（雍正泽州府志）

但劝募需要方法，往往是劝募者“捐己俸以倡”，如襄陵、河津、黎城皆由县令捐俸以倡：

襄陵县：捐俸百金以倡，于是寮佐诸属各出俸有差，而乡宦士民慨然乐输，有以千金自占者矣。（民国襄陵县志）

河津县：兹竭余力，倍以俸金为万万生灵系命而诸君子亦各为身家之谋，共切巩固之策。其有寄籍四方者余亦走伻往白之，于是众志成城，捐金者、助财者、效力者、出粟米者即隶籍于外亦千里远应而工可集事可举矣。（光绪河津县志）

黎城县：先捐己之俸薪三十金以为之……大夫人士……或愿修角楼敌楼，或愿输材，木砖石云集川至如子趋父工业。（康熙黎城县志）

但有时劝募也不免类似摊派，带有强迫性质。如：

洪洞县：知县杨天精勒令邑绅杨义捐资三百两于六门左右增建敌台。（民国洪洞县志）

河津县：富民之义助者若干而不强其所不愿。（光绪河津县志）

此外，经费还有来自其他州县或“公家”者，如沁源县和平顺县，其中，平顺县因为新建之城，故无帑无民，其经费只能来自“公家”：

沁源县：公檄州会计应用银一千六百余两，随宜储备银五百八十七两，不足之数，公于介休、平遥二县纲银商税议补，呈请军门山阴吴公、巡抚成都高公巡方、任邱田公，咸可其议。（民国沁源县志）

平顺县：凡财用取给于公家，力役则雇募乱后余民，而他府州县毫分不预焉。（雍正潞安府志）

2）劳役

明代城池修筑所征之人少则数百多则上万，劳役征派是城池修筑工程中非常重要的一环，其征派的方法与明代的赋役制度相关。

明代早期多是以“均徭”的方式直接获取劳役。如：

曲沃县：每七人而取一役，占优免者不与焉。计月余始一再役，民不为劳。（乾隆新修曲沃县志）

长治县：诸匠用州之部民人，役用里甲之输次，财用劝助于义官。（光绪长治县志）

繁峙县：问役安征，则以口为赋。（光绪繁峙县志）

明代中后期，受到不断改变的赋役政策的影响尤其是“一条鞭”法的实施，劳役除了直接征派外又产生了以银代役、按夫征银的做法。如：汾阳县“计照粮起夫征银，出银募夫而不用其力，率以粮十石编夫一名，名征银三两，凡以征民兼之帑羡通得银之为两二万九千有奇”，[①] 则为较成熟的先征银后以银雇募劳役的做法。相似的做法，如：平顺县“凡财用取给于公家，力役则雇募乱后余民”。[②] 这种雇募的做法有利于工程的统筹，无银之人，亦可通过支付劳役来代替银钱。以至于，阳城县修城恰“值岁饥民以雇役活者甚众”。[③]

除了征派外，县官也会使用一些办法来调动修城人的积极性。如：

万泉县：时岁大旱，榖不登，公先以义劝邑中素蓄者得赈之，民欣然乐输所有，旬日间得粟二千有奇，公曰此可以役民矣，乃量户口、别丁众，老而弱者计口与之，择其壮健者犹倍给之，意盖欲用以修古城而人尚未知也。越明年

① （明）孔天胤. 新甓汾州城记. 光绪汾阳县志.

② （明）顾鼎臣. 创建平顺县记. 雍正潞安府志.

③ （明）王国光. 阳城县新筑砖城记. 同治阳城县志.

己巳春二月上旬乃兴工抵春告成。（民国万泉县志）

定襄县：……鸠财，财易具也，至石巨未易计钧两，如议责之肩头不胜病且不？逾时矣。余更议释来役者于田，以日饷易牛马，且宽之农？泽坚之后，畜牛马者争应募，猎未深而巨石累积四面矣，计所需，日饷方十七也。（乾隆太原府志）

虽然以上这些记载展示了真实而丰富的历史状况，但也提示了规律的局限性所在。此外，军事城市中，驻兵通常是修筑城池的重要力量，与里甲和城中居人共同分担修筑城池的钱物力役。如：

保德州：城居人合捐二百金，都甲合捐四百五十金，营兵合捐三百七十金。既集，鸠匠、募徒、庀材、具糇俱有定。（康熙保德州志）

潞安府：彭城马暾来守潞而目其圮剥，久存于心……一日潞州指挥使至相与谋议……请闻于都抚审巡按绣衣，咸如其请，仍令军卫、有司三七分工，故南门正楼，东北角楼分有司，东南角楼分军卫。（光绪长治县志）

工程结束，则须对所耗经费、劳役、物料加以统计。如：

马邑县：城之基奠以石，共享石条四千五百丈，石之上积以砖，共享砖三百五十六万四千个。联砖石而一者灰也，共享灰一万八千四十五石。造砖石而成之者，夫也，共享军民夫匠七百余名。夫役非粮则疲，共食口粮四百八十石四斗七升。工匠非所赏则惰，共享工价银四百四十两八钱四分。塩菜所以佐食也，共享塩业银五百五十二两九钱。石炭所以练坯也共享工价银二千五十三两二钱。（民国马邑县志）

高平县：基石约用万丈，砖用一千一百二十五万奇，夫其六万六千余，银用九千四百九十七两一钱。（雍正泽州府志）

图 6-3-1　大同城墙砖包土截面

图 6-3-2　大同城墙夯土层

3）备料

城池修筑所需材料筹备工作常有集土、造砖、伐木、烧灰、采石五种，所需材料为土、木、炭、石等。土是黄土高原最为常见的材料，通常集土版筑城墙。砖甃于城墙之外，为筹备砖瓦，多开设砖窑，加以烧制。灰为粘结材料，石灰石烧制而成。木材用于木筋或楼橹的建设，多采伐于附近山林。石为基础，多采之于山，为诸多材料中最难获得的材料，其采伐、运输都需要较多人力（图 6-3-1、图 6-3-2）。如：

广陵县：砥砺伐诸山，薪熏取诸野，砖埴成于陶，飧餐馈于备。（乾隆广陵县志）

平遥县：辇石于南山恶，基三匝，易砖于陶冶。（光绪平遥县志）

洪洞县：开砖窑百余座，易山灰万余车，烧造如式城砖几千万，聚南涧之石烧灰几十万石，集概县牛车，每车载得土如丘陵，借下班民壮并起城夫数千效版筑之劳。（民国洪洞县志）

有时，周围环境不能提供所需材料时，便需要另想办法。如：洪洞县“虑城基非石不固而山远难于卒至，各取祖茔中石桌得三千具，各乡中敛集碾场碌碡得五千，照房产间架，每间出顽石一块，得石五万”[①]，全民动员，捐助石料以筑城池；朔州“盖朔有兴作必取给予楼烦之虎北山而山以蔽虏，有旨严禁采

① （明）刘应时. 砖城记. 民国洪洞县志。

木，以故迩岁楩楠杞梓之用诎焉，或曰朔虽乏材，有前宪便仙公所储文场之木可用也。闻之公公首肯，以为文武虽不畸重而时当用武则备为急且文事可渐次图也”，[①]将别处木材转而应用于城楼建设。这些都说明在有战乱威胁之时，材料筹备必须快速得以实施。

4）工期

城池修筑工程的工期依工程大小而差距甚远，多者三两年，如平顺县新建城池“经始于嘉靖八年九月望日，告成于嘉靖十二年二月朔日”[②]，历时三年零三个月；少者如万泉县“越明年己巳春二月上旬乃兴工抵春告成”[③]，只月余而已；但二者皆为少数之例。通常，城池修筑工程经始于当年春夏之际，功成于当年秋冬之际或次年夏秋之际。

当年完成者，工期多在三至六个月间。如：

繁峙县：四月朔兴工……是年十月六日城成。（光绪繁峙县志）
荣河县：经始于五月丙寅，越六月丙午，城成。（民国万泉县志）
稷山县：春三月邑令孙侯登……城坏耶……秋九月而城成。（民国稷山县志）
次年完成者，工期多在一年零三个月左右。如：
太谷县：是役也肇自乙亥三月，落成于今岁五月。（乾隆太谷县志）
吉州：戒事于癸未之春，竣工于甲申之夏。（光绪吉县志）
永宁州：经始于万历三十六年六月，落成以三十七年九月。（康熙永宁州志）
沁源县：经始于己卯三月朔日…迄庚辰七月望日报成焉。（民国沁源县志）
马邑县：纪其时经隆庆六年春之朔落成于万历元年中秋之望。（民国马邑县志）
汾州府：以五年辛未二月兴事，至六年壬申，告有成绪。（光绪汾阳县志）

① （明）翁应祥. 重修朔州南城楼记（天启）. 雍正朔州志.
② （明）顾鼎臣. 创建平顺县记. 民国平顺县志.
③ （明）贾仁元. 万泉县重修古城德政记（隆庆三年）. 民国万泉县志.

为何修筑工程多会在这两个时间段内？据《隰州志》载："冬，余来视事廉知其状，急欲修筑而冱寒，土僵不能施畚钟，明年春三月……"[1]说明山西在冬季因天气寒冷、"土僵"而不能施工的情况。也就是说，如果工期中包括冬季，则一般需要停工，待来年春季才能继续兴工修筑，所以在工程规划之时，通常就要考虑在冬季之前完工或者第二年春天再行兴筑，这就解释了为什么工程通常都是在当年的冬季来临之前，或至次年春夏之际完工。

但也有例外者，乃兴筑于秋冬之际。如：

太平县：是役也，经始于壬申十月之吉，浃岁复一月有奇讫工。（道光太平县志）

河津县：经始于丙子之冬，阅次年而告成。（光绪河津县志）

潞安府：肇工于弘治丁巳九月，落成于戊午四月。（光绪长治县志）

5）筹划

工程之始，筹划者只有将可用之劳役、材物及待实施之工程建立一定的对应关系，才能确定现有条件可以兴筑什么样的工程，或者要实施现有工程应当募集多少人财物料。即，都是通过计量，将工程量化才能进一步筹备和分配劳役。如：

吉州：（判官包公）相地势，度基址，记丈尺，量民制役，量役授工，量工命日……调度有方，区划有条，不疾不徐，处置得宜。（光绪吉县志）

平遥县：计丈尺、议工费、算间架，提税粱，约集金一万五千三百有奇，募夫七千二百名，辇石于南山恶基三匝，易砖于陶冶。（光绪平遥县志）

① （明）范守已. 徙河筑城记. 康熙隰州县志.

隆庆间（1567 ~ 1572年）汾阳县的修城记中关于工程筹划的记载最为详尽："乃命官计度其事有五。一曰定功。以包墙五十丈为一功，因而各八功，通定三十二功，计用工匠八百名，夫七千二百名。二曰定料。以墙广一丈高四丈八尺为率，定砖及石条、石灰为数各如干。通用砖二千四百二十四万枚，石条四千丈，灰万车。三曰定值。计砖以万九千有奇。计匠以百，计夫以千为率。工食为两各如干。通用银七千二百有奇，而饩廪犒赏之费居外。四曰定财。计照粮起夫征银，出银募夫而不用其力。率以粮十石编夫一名，名征银三两，凡以征民兼之帑羡通得银之为两二万九千有奇。五曰定委。记功三十有二，每工委官二员、富民一名。通用官民九十六人分管造作，而州正佐二总管督视。"①

工程的筹划根据所考虑内容不同，可分为两部分：其一是定功、定委。将工程分为若干基本单位，计算所需工匠、劳夫数量，据功委派官员、富民进行管理，作用是确定人数和人的分配。其二是定料、定值、定财；首先根据工程所要达到的目标，计算所需砖、石、灰的数量，其次根据所需材料和粮食计算所需银两，再根据所需劳夫数量计算所征银两。

但不同城市其筹划依据城池不同而多有差别，很多的筹划都较为粗略，其在具体实施中又多有变化，需在具体工程中加以权衡。如：

襄陵县：奈何工垂就而资绝。（民国襄陵县志）

定襄县：城之西南半壁叠石者八，叠砖者八十有四，东北半壁权石之盈晋增一叠，而省砖二叠焉。（乾隆太原府志）

（4）技术手段

得天独厚的黄土资源是山西修筑城池最为基本的材料，夯土也是山西所有城池修筑中最重要手段。所谓"筑土为台，凿台为门，甃以石砖，既坚且美"，②

① （明）孔天酳. 新甓汾州城记. 光绪汾阳县志.

② （明）邢霖. 南关厢重建郭门记（嘉靖壬子）. 民国襄陵县志.

阐释了城池修筑的基本程序，即先筑土台，后凿门洞，再以砖石包砌，这也是一种符合山西地域特征的修筑方法。但仍有特殊情况存在，如：隰州城位于河边、土壤湿度较大，且屡受河流侵害，其城池的修筑对于城池基础、城堤尤加关注："乃先掘地及泉，布乱石燥土隐以为金椎，使坚厚加。方石累砌，高丈许厚二尺许以障土而固其基，外复为复道，阔八尺，亦用灰石固。其藩高与基等，俱取西山膏土实其中而筑之。督趣两月冬初乃成，明年春始征茭健，筑城于基上，五旬而竣，上用瓴甓为埤堄……于隍外筑堤百余丈，北起皇南抵故防，阔二丈有五尺，高丈余以遏川流之横溢者，浃旬亦成，皆楺薪木为菌，实土其中，累累如贯珠联置堤中而筑之可资永久。"[①]

先掘地及泉厚布乱石、燥土并加金椎、方石累砌，筑基高丈许厚二尺后，才筑城于基上，是应对特殊环境的独特建造方式。也反映出土筑城垣的缺陷，抵抗水侵蚀的能力很差，难以耐久，"土基脆薄，藩垣低矮，岁月颇久，风雨频仍，所以屡遭损坏倾圮而不能垂之于千万载也。"[②]此外土质也决定了城池建设的规模限制，如汾阳县"增高于旧一丈六尺，宿土暴见，筑压则多塌，于是分守左参政张公分巡副使董公、刘公更议，所以甓之"[③]，为了使城池规模更高、更为耐久坚固，砖甃工程势在必行。

对于砖甃工程中诸多技术的因素，以洪洞县为例加以说明："先土筑。原高一丈六尺，今增一丈一尺，共二丈七尺，女墙六尺，共高三丈三尺，原厚八尺，今增一丈二尺，厚二丈，城基入土七尺，累顽石五六层，方用大石作基五尺，砌砖叠七行，细灰灌之，每丈钉石六条，贯入土城，若钉撅然盖粘连一片石矣……虑城头蚁穴浸水则以砖砌墁其顶，虽滴水不得下注。城向内亦甃女墙，使登城者无虞。城向下十步砌一水道，使雨水顺道而下不致滥溢损城。城中水泽通出城外者九路，各置石洞铁窗，水可外出而盗不得入。六门建六高楼，四隅建四角楼，高爽峻丽，足称一方伟观。星列铺舍六十楹，戍者可避风雨，券

---

① （明）范守已. 徙河筑城记. 康熙隰州县志.

② （明）戢邑侯. 石包东城碑（崇祯九年）. 民国岳阳县志.

③ （明）孔天酳. 新甓汾州城记. 光绪汾阳县志.

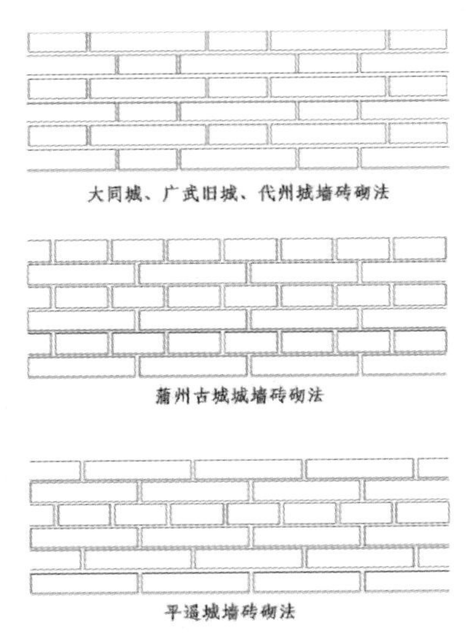

图 6-3-3　城砖砌法

图 6-3-4　宁化城墙石基础

城门高厚倍昔，真可固拒。筑马路阔二丈，池水不得浸城，浚大壕，阔二丈，深二丈，马不得渡而水可注于汾。筑拦马墙千余堵，作外保障，辛未六月，工通完，屹然金汤之险允以盘石之固，真子孙万世之利也。”①

在这样一个砖甃城池的修筑工程中，首先进行的步骤仍是对于土筑城垣的增高加厚，初具规模后，便开始石城基、砖城墙，要十分关注砖石的整体性及其与土城的连接。城基要入城七尺，而城墙也要每丈钉石六条，贯入土城，以增强整体性。其他的技术关注大多也都着眼于如何使城墙免受水蚀，以资长久，如城头砖砌防水渗、城中排水、马路边设壕沟等。概括而言，技术的关注主要集中于三点：其一是基础的设置，其二是如何防止城墙受水的侵蚀，其三是如何保证砖石外皮与土心的整体性（图 6-3-3、图 6-3-4）。

① （明）刘应时. 砖城记. 民国洪洞县志.

6.4 城池规模：城周大小、城垣高度、城门数量、防御要素

明初山西的城池修筑主要集中在北部边城和中部、南部交通要道上的重要城市，及至景泰间（1450 ~ 1456 年）方首次大范围地展开，除新建城池外，整修和改建了大量前代的城池；正德（1506 ~ 1521 年）、嘉靖（1522 ~ 1566 年）间城池的加高加厚、城壕的疏浚进一步增多，并开始了城门、城壕和敌台的砖甃工程，城池得到进一步完善；隆庆（1567 ~ 1572 年）以后至万历间（1573 ~ 1620 年），以砖甃工程为首，增高城垣、疏浚城壕，加筑敌台、敌楼及瓮城等各种工程大量增加，大量城池在这一阶段更趋完备，是为明代山西修筑城池的高峰期。当然，在修筑的同时，城池也同时遭受着自然灾害、战事等的破坏，但整体而言，大量城池日趋完备，并多在明末达到较为完善的阶段，随后的清代则是一个守成的阶段。

前文在动态研究的基础上，探讨了明末山西城池的尺度、规模、各类防御设施的配备等，是对明代山西城池修筑成果的探寻，对认识和保护现存城池具有直接的意义。一座城池的规模数据有诸多方面的体现，如占地规模、城垣高

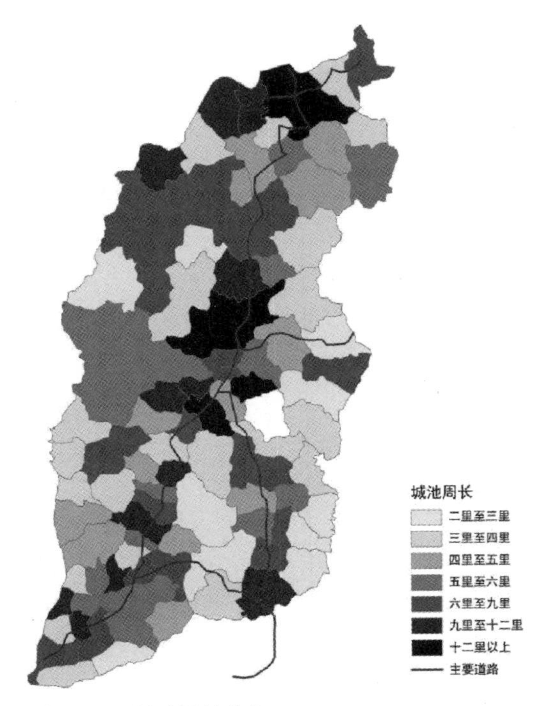

图 6-4-1　城池周长分布

度、城壕深浅、城门多少、砖土材料、城楼配置等，而各类指标又取决于不同的要素，如占地规模是与城市的规模等级相关，而城垣高度则更与防卫要求和地势等相关联，本节将依照不同的指标，探究明末山西城池规模的方方面面。

（1）城周大小

方志中通常以“步里法”[①] 来描述城池规模，即将城池的周围尺度记载为城周几里几步，以表示城池的占地大小。城周受城市的等级和规模的影响，城市等级较高，需要容纳的衙署、民居等较多，则城池占地规模就要大；反之，城市等级较低，经济不发达，无论是衙署、民居等均较少，则城池的占地规模较小。因此，城池占地规模的大小是城市等级和规模的直接反映，其地域、等级划分的特征均以此为基础。

城周在地域上的分布特征表现在（图 6-4-1）：

① 吴承洛. 中国度量衡史［M］. 北京：商务印书馆，1993：94.

①城周较大的城市多沿交通要道沿线分布，且具有离主干道越远，城周越小的趋势。

②区域内部差别较大。一个区域内部，往往存在几个城周比较大的城市，分散布置，各不相邻，其周围则围绕着城周较小的城市。

③山西境内中部、北部的大城池较多，城池总体规模也较南部为大。

那么，是什么原因促成了这种分布态势？

山西的交通要道多分布在其盆地链上，而盆地链又是山西经济发达、人口密集、最为富饶的地区，城池规模较大应属情理之中；区域内部城市之间存在着小城市围绕大城市布局的组织关系，这种关系决定了城周小的城市以城周大的城市为中心布局；北部地区城周较大的城市，皆为军事重镇，其规模应与驻兵、屯兵有关。

城周的分布态势也是不同等级、不同规模城市分布形式的一种外化表现，与城市等级也存在着一定的对应关系。这种对应关系有两个方面可供探讨：首先，相同等级的城市规模是否会达到一个大致相当的水平，如府、州、县各自的城池大致会有多大，是否有一个与之对应的范围？其次，城市等级的差别反映在城池规模上，是否存在同样的等级之别？

如图 6-4-2 所示：县城的城周多集中在二里至六里之间，州城则多在四里至九里之间，府城又在九里或十里以上。总体而言，府、州、县的城周是存在着递减关系的，但在山西全境内，这种对应关系并不严格存在，县城的城周规模可能会超过府城，且相同等级的城市之间差别也较大，如平遥县城周十二里余，榆社同为县城，城周却只有二里许，二者相差近五倍。

既然山西全境范围内很难为每一等级城市找出标准的城周范围，那么，城市等级与城池城周规模之间的对应关系也不是确定存在的。但城市等级是以地域为条件的，如同为府城的潞安府、大同府、太原府等，虽然彼此之间差异很大，但皆为某一地域的中心城市。如果把目光集中在某一个城市体系内部，这种差异的对应关系则多是非常准确，如直隶辽州，城周只有四里三十步，甚至比很多县城还要小，但其下属的两个县城中，榆社县城周只有

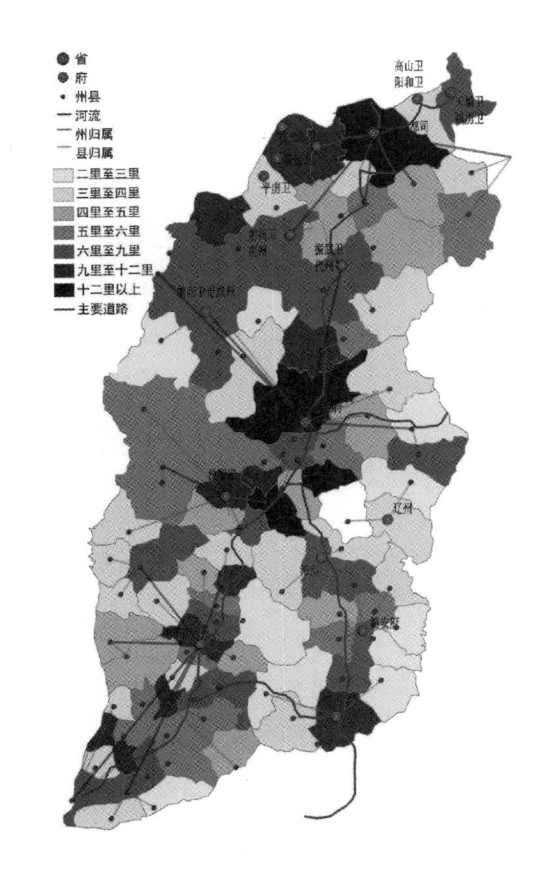

图 6-4-2　城周与城市等级关系

二里许，和顺县也只有二里二百步，等级的差别还是存在的。若将城市分布体系与城池的城周进行叠加（图 6-4-3），可以发现在多数情况下，城市等级的隶属关系还是较好地对应着城周的递进关系，极少有城池的城周会越出等级的限制。

所以，在山西这样一个地域特征鲜明的地区，若跨越地域来总结城市城周规模的规律，只能得出一些相对模糊的结论，而真正确定的关系，则是存在于同一城市体系内部的城市等级差别与城周大小之间。

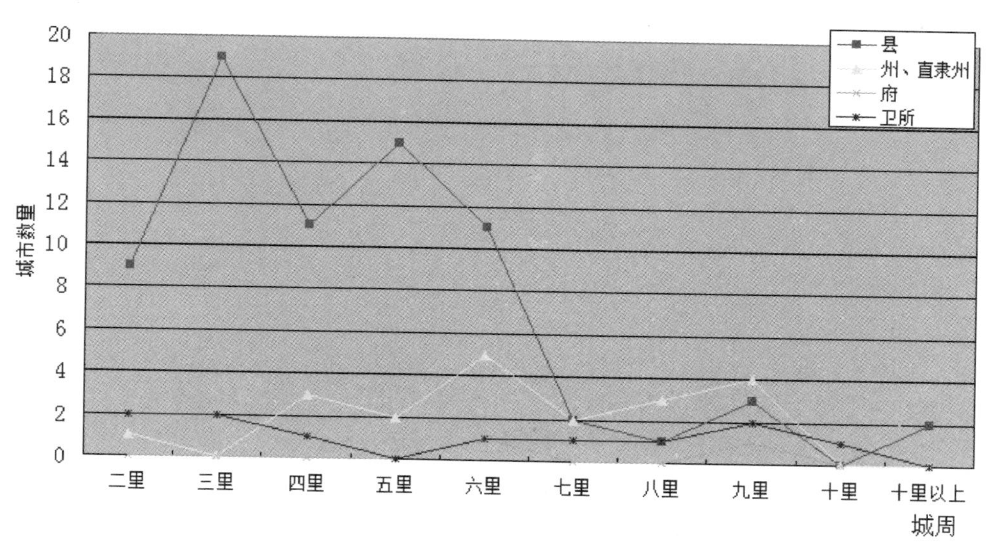

图 6-4-3　城周与城市体系关系

（2）城垣高度

城垣高度是城市防御能力的重要指标，在明代的山西，几乎所有城池都曾得到加高和加厚。万历间（1573 ～ 1620 年）伴随着大量砖甃工程的展开，很多城垣得到了最后一次加高，其高度也就固定下来。

同城周较为紧密地联系于城市的等级规模截然不同，城垣高度的分布与城市等级之间没有明显的对应关系，而是凸显出各自的地域特征，多是同样高度的城垣相连而布。如图 6-4-4 所示，北部、中部城池的高度高于南部，而南部城池中，东南部的又普遍高于西南部，地域差别比较显著。再如图 6-4-5 所示，改变了分级标准后，可见绝大多数城垣的高度都集中在三丈至四丈之间，除零星城池超过了这个高度外，高度低于三丈的城池则集中在晋西南地区，这与该区城池至明末仍为土城有关。

关于筑城之制，《营造法式》的记载为："每高四十尺，则厚加高二十尺；其上斜收减高之半，或高减者亦如之。"万历间（1573 ～ 1620 年）戚继光在《纪

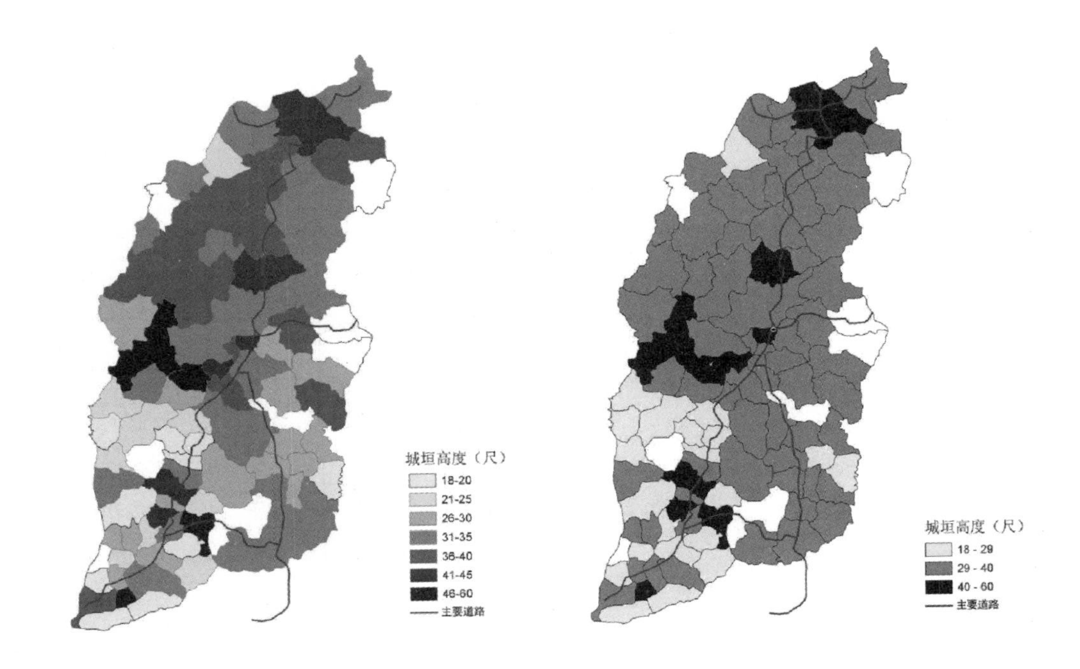

图 6-4-4　城垣高度分布一

图 6-4-5　城垣高度分布二

效新书》中对城墙构筑的要求为：“大名城高，除垛口城身必四丈或三丈五尺，至下以三丈，面阔必二丈五尺，底阔六丈。次城，除垛，城身高二丈五尺，面阔二丈，底阔五丈。小城，除垛城身二丈，面阔一丈五尺，底阔四丈。此其大较。若再加宽阔益善，势不可减。但底加面不加可，面加底不加不可。底不加而加面，断然倾覆。若内外俱用砖石，只增阔一丈亦坚。如土著，必合前数。”[①]以高四丈之城为例，《营造法式》中城之尺寸为高四丈，底厚六丈，顶阔四丈；戚继光的说法则是城之尺寸为高四丈，底厚六丈，顶阔二丈五尺至三丈五尺。如表 6-4-1 所示，为记载较为完整的明代山西城池的城垣尺寸统计，城垣高度与戚继光所述相符，底厚尺寸多在三丈至四丈之间，等于或略小于城高，顶阔

① 转引自中国人民解放军军事科学院. 中国军事通史. 第十五卷·明代军事史：227.

图中城墙截面分别依照《营造法式》、《纪效新书》及方志中记述的明代山西城墙的尺寸绘制而成。其中《纪效新书》中所载城墙尺寸收分较大，现实中较为少见。明代山西砖城墙收分较《法式》记载为小，多在20%左右(依据方志绘制的城墙剖面图，以城墙内外均甃砖为前提)。

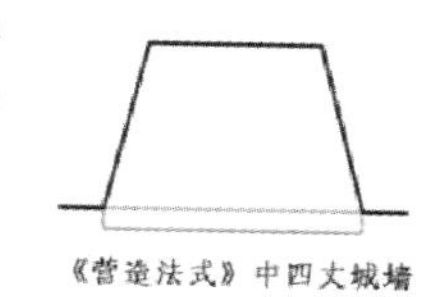

《纪效新书》中所述城墙

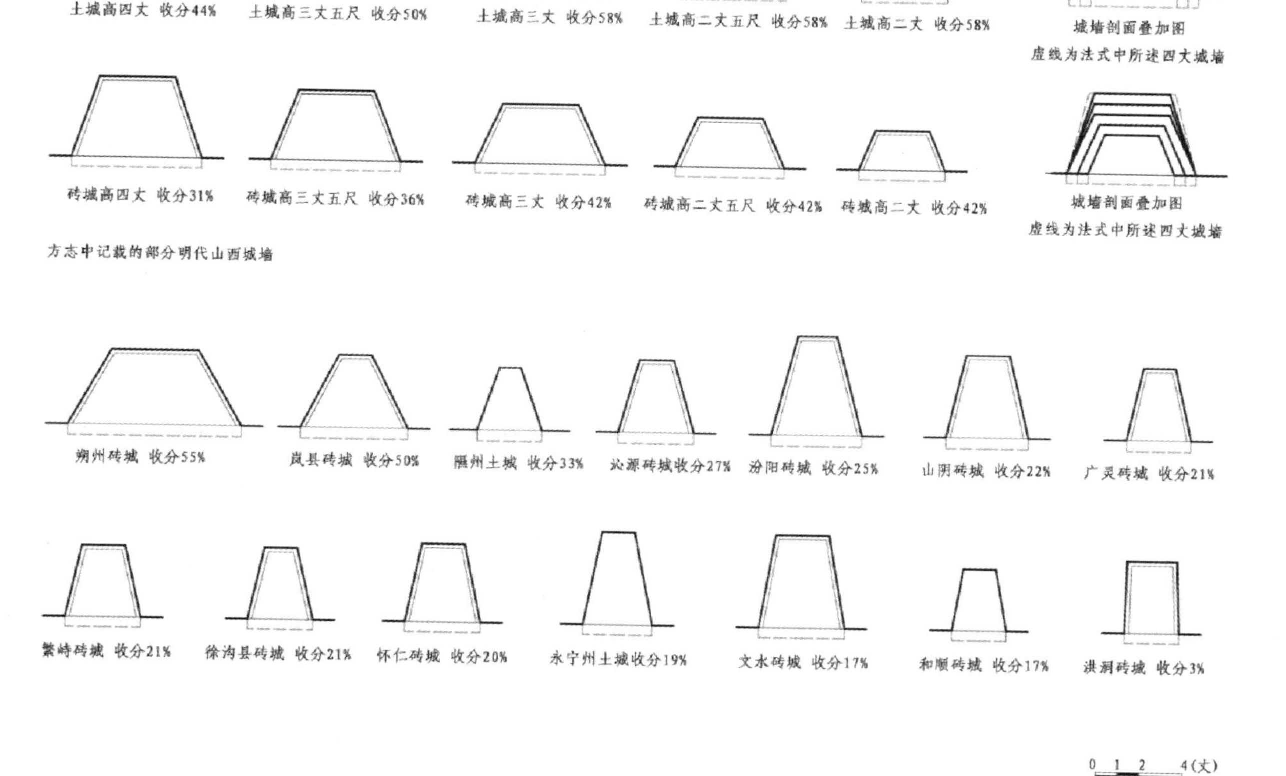

图 6-4-6　城墙截面尺度对照

则多在一丈五尺至两丈之间。城墙的收分变化较大，砖墙更为陡立(图6-4-6)。虽然城垣在高度上达到了戚继光的要求，但在厚度上尚有差距。

记载较为完整的城垣尺寸　　表 6-4-1

城市	底厚	顶阔	城高	材料
徐沟县	三丈	一丈五尺	四丈余（含女墙）	砖包
文水县	四丈	二丈五尺	四丈五尺	砖包
繁峙县	三丈五尺	二丈有奇	三丈五尺	砖包
岚县	五丈	基三之一	三丈六尺	砖包
洪洞县	二丈五尺	二丈三尺	三丈五尺	砖包
隰州	三丈	一丈	二丈五尺	土城
汾阳县附郭	四丈二尺	丈八尺	四丈八尺	砖包
永宁州	三丈二尺	一丈五尺	四丈八尺	土城
怀仁县	三丈五尺	一丈八尺	三丈八尺	砖包
山阴县	三丈八尺	二丈	四丈	砖包
朔州	八丈	四丈	三丈六尺	砖包
广灵县	三丈	一丈五尺	三丈六尺	砖包
沁源县	三丈五尺	一丈六尺	三丈九尺连垛口	砖包
和顺县	二丈五尺	一丈五尺	三丈七尺（含垛口）	土城

注：据附录 4 整理。

（3）城门数量

明代山西城池的城门开设，两门至八门皆有，以四门和三门最为普遍（图 6-4-7）。开设四门的城池分布在交通便捷、经济发达的盆地链上，即自忻定盆地向南，经太原盆地、临汾盆地到运城盆地及长治盆地；城门开设多于四门的城池点缀其上，而自盆地链向外扩展则多为开设三门的城池。两门的城池多为北部规模较小的边城，如河曲县、井坪所、马邑县等城市。城门开设数量的分布与城周大小的分布存在一定的对应关系，表现在靠近中部盆地链的城池城周较大且城门较多，周边城周较小的城池，城门数量也较少，多为三门。

按照王贵祥《明代城池的规模与等级制度探讨》对明代城池规模的分类[①]，

① 王贵祥. 明代城池的规模与等级制度探讨［C］//杨鸿勋. 历史城市与历史建筑保护国际学术讨论会论文集. 长沙：湖南大学出版社，2006：13.

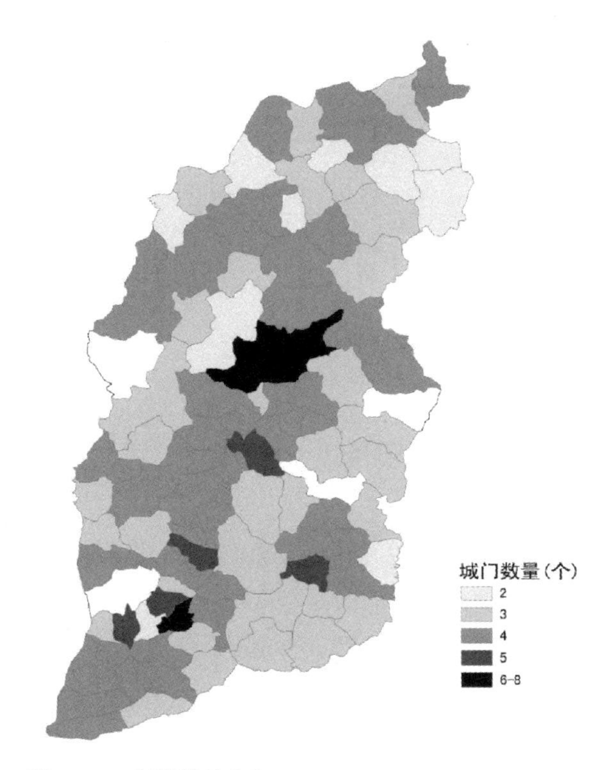

图 6-4-7 城门数量分布

九里、六里和四里分别可容纳一个、两个和四个里坊，亦即，城周大小与城门数量间是有一定对应关系的。如表 6-4-2 所示，明代山西从五门到三门的城池，其平均城周也存在着一定的等级差别，但两门的平均城周却高于三门，主要是因为两门城池数量较少，且其中又有几个存在于北部的边城，城周较大但只有两门，即两门的城池很多不是根据城市规模设门，这大概与城市的防御、交通要求有关。

虽然这种对应关系在宏观上是存在的，城池可设置的城门数量弹性仍是很大，如从二里半至十三里的城池中都存在着四门的设置，从二里至九里的城池都存在着三门的设置。这种弹性说明城门的设置除了与城池规模相关外，也受到其他因素的制约，如道路交通、军事防御以及风水考虑等因素。

城门数量与城池规模　　表 6-4-2

城门数	城市数	最大城周(丈)	最小城周(丈)	平均城周(丈)
五门及以上	8	4320	700	1543.5(约九里)
四门	48	2340	480	1158.5(约六里)
三门	34	1635	360	731.5(约四里)
二门	10	1627	385	835.2(约四里半)

注：据附录 3 整理。

(4) 防御要素

明代山西城池的防御要素包括砖甃城墙、雉堞、城壕、壕墙、瓮城等，本节仅就雉堞和城壕加以讨论。

1) 雉堞

雉堞是最早使用砖的城池要素之一，因土筑雉堞很容易损坏，随着制砖业的发展，砖甃雉堞大量出现。明代山西城池的雉堞高度多在五尺至七尺之间，按明城墙砖约高 70 毫米计算(图 6-4-8)，当在 16 到 20 匹砖左右。一个雉堞的水平长度约在六尺至八尺(约 2 米至 2.5 米)之间，但也有小至三尺或大至两丈者，只是较为少见(表 6-4-3、图 6-4-9)。

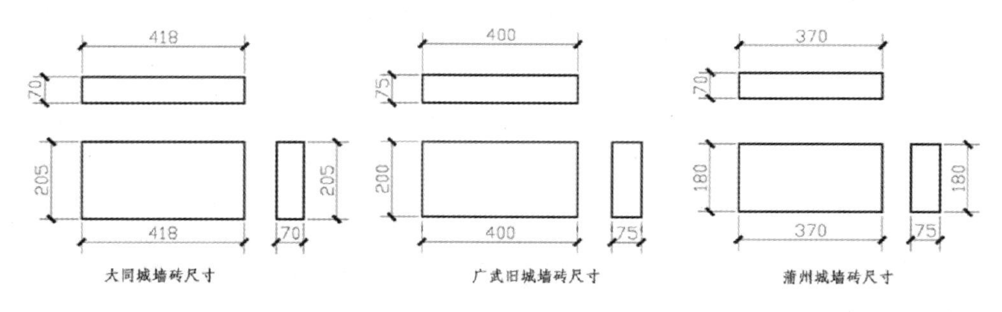

图 6-4-8　城砖尺寸

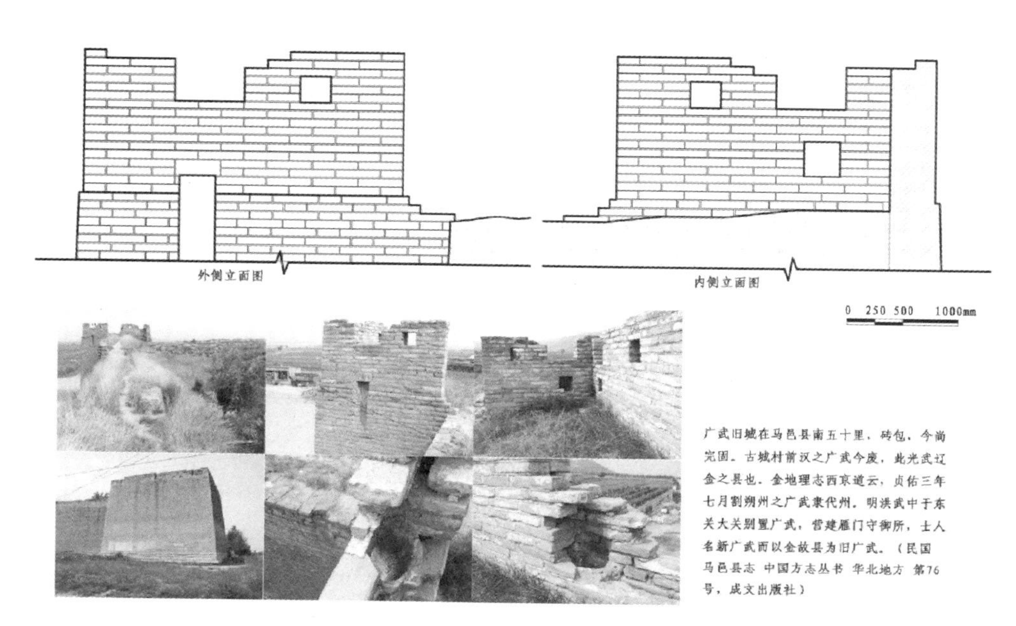

图 6-4-9 广武城墙雉堞

雉堞尺寸

表 6-4-3

城市	周长	雉堞高	雉堞数目（个）	长度推算（丈）	城墙材质
太原县	七里	六尺			土城，砖女墙
交城县	五里余九十步		千有五百	0.63	砖城
五台县	周三里		六百三十五	0.85	砖城
崞县	一千一百丈	六尺	七百四十	1.49	砖城
赵城县	五里一百二十四步	七尺			砖城
太平县	一千四百步有奇		一千一百八十		砖城
曲沃县	六里五十步		四百七十	0.44	
蒲州属县五	八里三百四十九步	七尺		0.43	砖城
猗氏县	九里十三步		一千九百三十个		土城
万泉县	五里十三步	五尺		0.84	土城
稷山县	五里十三步		千有四百有奇		土城
垣曲县	四里		八百五十	0.65	土城
隰州属县二	七里十三步		二千一百	0.85	土城
介休县	八里	五尺		0.60	砖城

（续表）

城市	周长	雉堞高	雉堞数目（个）	长度推算（丈）	城墙材质
永宁州属县一	一千二十丈		一千二百二十八		土城
襄垣县	六里三十步		八百九十有一	0.83	砖城
壶关县	二里二百四十步		八百四十有五	1.23	砖城
黎城县	三里有奇		一千五百有奇	0.57	砖城
朔州	一千二百丈	六尺	三千一百三十五	0.36	砖城
马邑县	七百四十丈	六尺		0.38	砖城
广灵县	三里一百八十步	六尺	四百七		砖城
天城卫	八里二十四步	七尺	七百二十	1.21	砖城
高平县	一千三百有三丈	三尺五寸	一千八百九个	2.02	砖城
和顺县	二里二百五十步		八百一十六	0.72	土城

注：据附录 4 整理。

2）城壕

明代山西城池多有城壕，有些更设有两道城壕，以资保障。如：

太原县：万历十六年，知县陈增美于旧壕外加筑女墙，墙外复浚濠阔十丈深三丈。（乾隆太原府志）

灵石县：重濠二道，深广各八尺。（民国灵石县志）

长子县：崇祯五年，流寇为乱，知县陈可荐复筑重濠，阔二丈，深一丈五尺。（光绪长子县志）

浑源州：永乐二十年，知州陈渊重修，增高一丈，开浚重濠。（乾隆大同府志）

城壕深者四丈有余，浅者仅三四尺而已。据统计的 73 座城池的城壕深度（图 6–4–10、表 6–4–4），以二丈或一丈五尺者最为常见。城壕阔者可达十丈以上，窄者仅一丈左右，濠阔以三丈至二丈者最为常见（图 6–4–11）。濠深与濠阔的比值则以 1 或小于 1 者为多（图 6–4–12）。

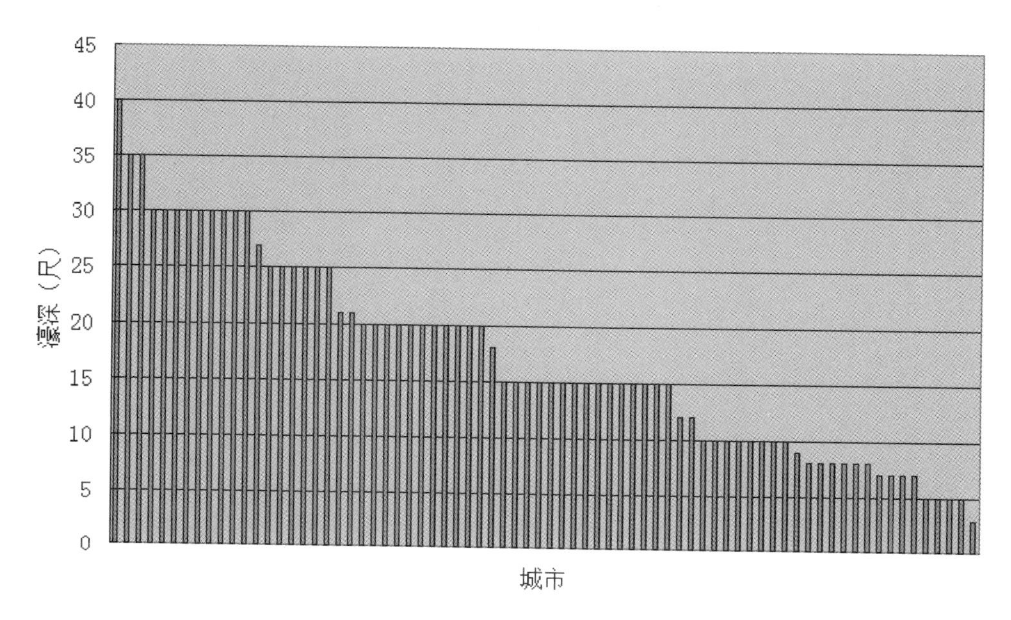

图 6-4-10　城濠深分布

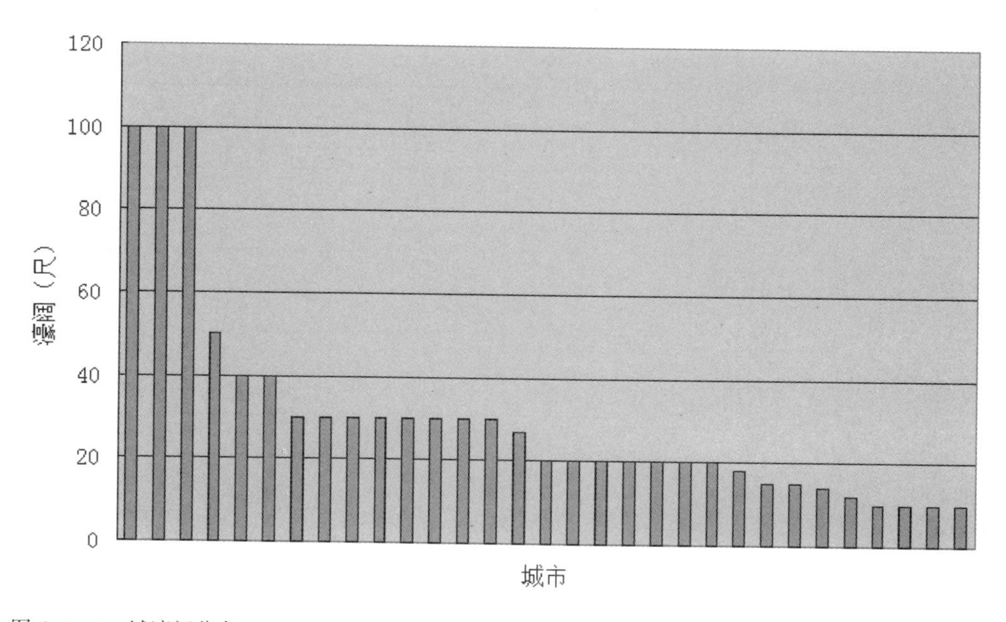

图 6-4-11　城濠阔分布

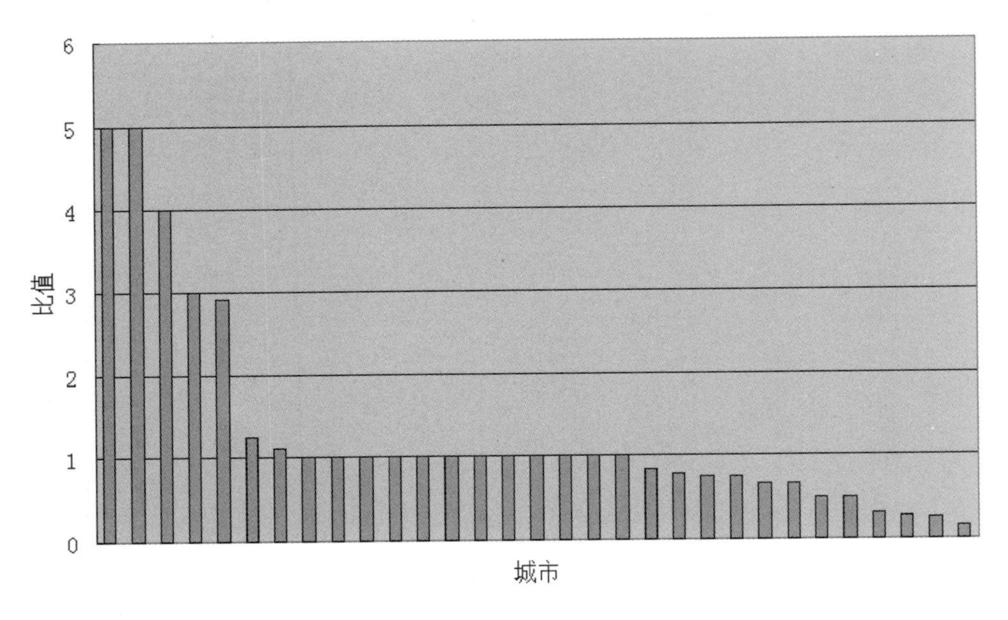

图 6–4–12　城濠深阔比

城壕尺寸　　　　表 6–4–4

城市	城壕阔	城壕深	深阔比
太原县	十丈（两重）	三丈	0.3
榆次县	三丈	一丈五尺	0.5
太谷县	一丈	五尺	0.5
祁县	一丈	三尺	0.3
清源县	一丈五尺	一丈二尺	1
交城县	三丈	三丈	1
文水县	四丈	三丈	0.75
寿阳县	三丈	二丈五尺	0.83
定襄县	二十七尺	二十一尺	0.78
岢岚州	五丈	二丈五尺	0.5
岚县	二丈	二丈	1
洪洞县	二丈	二丈	1
赵城县	一丈四尺	七尺	0.5

（续表）

城市	城壕阔	城壕深	深阔比
太平县	四丈余	四丈余	1
蒲州属县五	十丈	一丈五尺	0.15
猗氏县	三丈	二丈	0.67
解州属县五	十丈	二丈五尺	0.25
闻喜县	三丈	二丈	0.67
平陆县	一丈有奇	一丈有奇	1
稷山县	三丈	三丈	1
平遥县	一丈	一丈	1
介休县	二丈	二丈	1
宁乡县	二丈	二丈五尺	1.25
黎城县	一丈五尺	一丈五尺	1
怀仁县	一丈八尺	二丈	1.11
山阴县	二丈	八尺	0.4
朔州	一十二丈	三丈五尺	2.92
广灵县	三丈	三丈	1
高平县	二丈	二丈	1
沁源县	二丈	一丈五尺	0.75
辽州	三丈	八尺	0.27

注：据附录4整理。

此外，城壕内外常设壕墙，以加强防御能力，墙多设于濠内，也有濠内外皆设壕墙者。如：

朔州：万历三十四年，守道徐准、通判郭如松浚池，池以内筑护城墙，以外筑鬃马墙，屹然称金汤焉。（雍正朔州志）

辽州：隆庆元年，知州赵云程增筑……濠设内外重墙。（雍正辽州志）

6.5 城楼配置

为防御计，城垣上另置建筑，如门楼、角楼、敌楼等。各建筑所处位置各异，样式不同，以满足不同功能要求；相互之间则互为补充，共同构成城垣上的防御设施体系，景观上互相搭配，成为城市天际线的重要组成部分。本节对城楼的概念加以扩展，将城垣之上的各类建筑均考虑在内，考察其配置状况。

（1）种类

明代山西城池皆建楼，但规模、数量差别较大，种类多且名称不一（图 6–5–1、图 6–5–2、图 6–5–3）。见诸记载者有：门楼（城楼），设城门之上；角楼，设于城垣转角处，之间设敌楼、箭楼、望楼、悬楼、窝铺等；钟鼓楼，置于城上者多因城门楼、角楼而设；奎星楼、文昌阁等，置于城上者多设在东南城墙上，或东南角楼（图 6–5–4）。

图 6-5-1　平遥北城门楼

图 6-5-2　平遥敌台、敌楼

图 6-5-3　平遥东城门楼

图 6-5-4　大同东南城墙上的文峰塔（又称雁塔）

• 门楼（城楼），如：

五台县：又增修城楼四座，屹然有金汤之势。（光绪五台新志）

岚县：隆庆四年，知县李用宾砖砌女墙，建城楼三座，东曰迎曦、南曰永康、北曰保安。（乾隆太原府志）

蒲县：崇祯……建城楼于东西二门，门各有额曰东拱平阳，西连隰郡。（乾隆蒲县志）

• 角楼，如：

河津县：嘉靖三十四年，地震塌，县令高文学增修，设角楼四座。（光绪河津县志）

永宁州：万历四年……角楼五座。（康熙永宁州志）

大同府：洪武五年，大将军徐达因旧土城增筑角楼四……西北角楼较益雄壮，扁曰干楼。（乾隆大同府志）

• **窝铺**，如：

长子县：增置铺舍凡十有九。（光绪长子县志）

绛县：正德十一年，邑令包德仁建窝铺十七座。（乾隆绛县志）

• **敌楼**，如：

泽州：隆庆四年，知州顾显仁增筑敌台二十三，创敌楼二十三。（雍正泽州府志）

兴县：隆庆二年，知县李瑚深申允修筑……增敌楼十二。（乾隆太原府志）

垣曲县：崇祯十二年，城四面建敌楼十座。（光绪垣曲县志）

• **望楼**，如：

阳和卫：崇祯四年，总督侍郎魏云中于望台上每面修建望楼六座。（乾隆大同府志）

大同府：洪武五年，大将军徐达因旧土城增筑……望楼五十有四。（乾隆大同府志）

• **悬楼**，如：

永宁州：万历四年设，悬楼一十五座。（康熙永宁州志）

山阴县：崇祯元年，知县刘以守……护城垣城上置悬楼十六座，以资防

守。（乾隆大同府志）

介休县：万历二十六年，知县史记事……竖悬楼一十有六。（嘉庆介休县志）

• 箭楼，如：

临县：嘉靖二十九年，知县张天禄于南北两角增置高台，上建箭楼。（民国临县志）

• 魁星楼、文昌阁等，如：

稷山县：隆庆元年，以虏警，知县孙信奉檄修浚城池……门各有楼，楼皆二层，观甚伟，角楼四，魁楼一。（同治稷山县志）

垣曲县：正统十四年，知县李哲补修……东南隅建魁星阁。（光绪垣曲县志）

翼城县：正德间，邑人又于南建奎光楼。（民国翼城县志）

平陆县：嘉靖四十二年，县令王发蒙建（奎光楼）于城上之东南隅。（民国平陆县志）

猗氏县：崇祯五年，邑绅荆可栋倡县民增筑之……更于巽地建文昌楼。（雍正猗氏县志）

大同府：万历二十年，南小城北门楼改建文昌阁。（乾隆大同府志）

• 钟鼓楼，如：

定襄县：旧南城楼上有古巨钟，万余斤，守戍民壮以时钟鸣声闻三四十里，与谯鼓翕应，因包砖城，徙于废署隙地。万历四十二年，知县王立爱就废署东南隅砌石台一座，建楼悬藏……置鼓城南楼上。（康熙定襄县志）

寿阳县：钟楼初建于东城上之敌台。嘉靖间，知县冯骈骏移置城西南角楼上。（光绪寿阳县志）

万泉县：东故有真武阁，因建重门，阁两旁为钟鼓楼，绕两月间而邑城屹然一改观矣。（民国万泉县志）

隰州：钟楼旧在寅宾馆前，明州判张星移建东门城楼上。（康熙隰州县志）

（2）修建

在诸多城楼中，门楼、角楼、敌楼、窝舖最为常见，基本上每个城池皆备，且本节关注于大的区域和时间段上的修建规律，因此，有关城楼的修建探讨，以此为主要对象。

门楼、角楼、敌楼、窝舖等作为城上的附属建筑，其修建过程的特点如下：

①明代山西城池的兴筑多由现实需要出发，各类城楼的建设较之城垣常居于后，且各自功能有别，是一个逐步完备的过程，可能是先有门楼或角楼，后又逐步增加敌楼、窝舖等。如：

应州：洪武八年，北建拱极楼于城上；成化六年，贞武庙以镇北方；嘉靖四十三年，起建南楼；隆庆五年，增建东西二楼。（乾隆大同府志）

长子县：景泰初，创开小西门，门上各建楼三楹；正德七年，流寇之乱增置铺舍凡十有九，姜环之乱，修楼橹铺舍。（光绪长子县志）

介休县：正统十四年，修葺四门，建谯楼；正德二年，四隅设小楼；隆庆元年，增敌台一百十余座，作窝铺于其上；万历二十六年，竖悬楼一十有六，增窝铺一十有四。（嘉庆介休县志）

以上皆为逐步建设完善之例，在州县较为常见；而重要城市的城楼兴筑常一次建设完备，其后则多加修葺。如：

太原府：洪武九年，四隅建大楼十二，周垣小楼九十，东面二十二座，南面二十三座，西面二十四座，北面二十一座。（乾隆太原府志）

大同府：洪武五年，大将军徐达因旧土城增筑，门四，上各建楼，角楼四，望楼五十有四，窝铺九十有六。（乾隆大同府志）

②城楼耐久性相对较差，兴建后，常因疏于管理而破败不堪，改建或重建的工程较多。如：

太原府：厥后倾圮，嘉靖四十四年，巡抚万恭重修大城及城楼敌台；万历三十五年，巡抚李景元又修。（乾隆太原府志）

朔州：城南三楹以风雨侵剥，栋折衰崩，倾圮于崇祯二年之春二月，因循二载……遂升材鸠工卜日举事……不三月而此楼巍然旧规矣。（雍正朔州志）

五台县：万历三十三年，大垣敌楼纯用砖包。（光绪五台新志）

③城楼的建设常附之于城垣加高、砖甃工程、城门城台修筑等工程进行。如：

平陆县：弘治十一年秋，夜大霖，雨水泛滥，城东门毁。掖县侯君尚尹兹惧无以为御暴、保民之所，欲兴厥役，乃令二尹许州刘君逸揖量材计工，以是年秋九月始事，冬十一月城东门告成，作楼九楹于上，门为台，崇二寻有四尺，广倍深加寻有四尺，楼崇丈有七尺，广丈有二尺，深杀广之半。（民国平陆县志）

武乡县：东门之建久矣，以沕不良于守，余捍贼于此，感事悚，衷不得不捐资以建也……门项高于旧基者五尺，楼高于旧栋者一尺，新易磉石一十有六，新开楼东向者一。（乾隆武乡县志）

城楼或建，或废，或改建增扩，或完善补充，变化繁复，并无静止或线性的规律可循，这也解释了城楼修建的频度曲线较之其他工程平缓的原因。

（3）配备

如上文所述，各类城楼的修建是一个动态的完备过程，亦即，某一城池的城楼配备情况非为定值。因此，本节讨论所依数据（附录5）乃是选取了各个城池最为完备阶段的情况拼合而成，以表示理想状态下明代山西城池的城楼配置情况，而并非针对某一特定历史时期的状况而言。

1）门楼

门楼的数量多与城门的数目相等，瓮城城门有时也设楼，但较为少见，且若有兴建，规模则较正门城楼为小。三门之城为便于眺望或出于风水因素的考虑，又常在无门的一边城墙上设城楼。如：

大同左卫：东面虽不设门，亦建一楼以利眺望。（乾隆大同府志）

辽州：嘉靖四十三年，知州康清因望气者言城以北为主，北无门因无楼，主势弱，乃帮筑敌台，创建城楼一座。（雍正辽州志）

2）角楼

角楼的设置因于城池的形状，以四角楼最为常见，也有例外。如：

孝义县，有角楼二，魁星楼一：西南北及东北隅各建角楼，东南隅建魁星楼。（乾隆孝义县志）

壶关县，有角楼二：崇祯间……东南隅、西北隅各建角楼一。（光绪壶关县志）

有时为了加强防御能力，又在角部另建楼台。如：

大宁县：万历二十六年，西南角筑高台一处，造楼一十五间，以料敌。(光绪大宁县志)

3) 窝铺

窝舖数量多集中在100、50、20和10四个数值左右，其中：100左右者为府城，如大同府(94)、平阳府(97)、汾州府(121)；50左右者多为州城或较大的县城，如蒲州(57)、代州(50)、大同左卫(46)、太谷县(56)；20左右者，如五台县(25)、定襄县(25)、长子县(19)、朔州(24)等；10左右者，如灵石县(10)、隰州(10)、浑源州(9)、安邑县(9)等。前两组与城市等级、防卫要求有一定对应关系，后两组则不存在对应关系。

4) 敌楼

明中期以前，敌楼只配备在较为完备的重要城池上，万历间(1573 ~ 1620年)才大量兴建。敌楼多建于敌台之上，配置方式多样。就敌楼数目而言，差别较大，统计的数据证明其与城池规模有对应关系，概与城池的防卫要求有关，因城而异。

- 有每敌台均设置敌楼者，如：

太原府：周垣小楼九十。(乾隆太原府志)

平遥县：隆庆三年，知县岳维华增敌台楼九十四座，俱用砖砌。(光绪平遥县志)

泽州：隆庆四年，知州顾显仁增筑敌台二十三，创敌楼二十三。(雍正泽州府志)

- 有几敌台合设一敌楼者，如：

高平县：嘉靖十九年，知县刘大宝增敌楼四，敌台四十。（乾隆高平县志）

• 有于城墙外单独设置敌台、敌楼者，如：

太谷县：崇祯十五年，知县何景云于四门外各建敌楼一座。（乾隆太谷县志）

敌台水平间距多在 20 丈至 40 丈之间，即约为 1/9 里（60 米）至 2/9 里（120 米），若按城周四里的方城、假定每边一门来计算，则每边的敌台数量约在 2 至 8 个之间（不包括角台及城门）（表 6-5-1）。

敌台间距 **表 6-5-1**

城市	周长	敌台数目	敌台间距推算（丈）
太原县	七里	32	32
榆次县	五里	16	38
祁县	四里三十步	30	19
崞县	一千一百丈	21	38
兴县	二里三百二十步	8	33
临汾县附郭	十一里二百八十八步	87	22
太平县	一千四百步有奇	20	25
曲沃县	六里五十步	25	33
猗氏县	九里十三步	16	68
河津县	三里二百七十四步	18	26
闻喜县	五里三十六步	36	21
稷山县	五里十三步	25	27
绛县	五里十三步	2（北城墙）	56
介休县	八里	110	12
永宁州属县一	一千二十丈	17	41
屯留县	四里三十步	8	46
襄垣县	六里三十步	16	46
黎城县	三里有奇	24	17
大同县附郭	十三里	54	38

（续表）

城市	周长	敌台数目	敌台间距推算（丈）
泽州	九里三十步	23	53
高平县	一千三百有三丈	40	27
阳城县	五百五十有九丈	13	27
辽州	四里三十步	25	17
和顺县	二里二百五十步	15	21
平遥县	十二里八分四厘	110	18

注：以敌台平均分布，每边 1 个城门计算。据附录 4、附录 5 整理。

（4）规格

方志中多以层楼、重楼、大楼、小亭、小楼等描述建筑形制，而详细规格、尺寸的记载则很少，且方志中的城池图上，对于城门的绘制亦较为粗略，无法作为确信的依据；山西现存的明代城楼也仅忻州北城门楼（图 6–5–5）、平遥敌楼等极少几例。因此，无法就现有资料得出较为可信的结论，只能依据现有数据加以推断，尚待检验。

图 6–5–5　忻州北城门楼

据表 6-5-2 所示及方志所载城池图：城门楼者，县城以三间为率，州城五间为多，亦有三间者，府城为五间或七间；角楼以十二楹为率；窝铺、敌楼为一楹。当然，推测只是建立在理想的等级划分基础之上，根据城池规模及城楼配置的实际情况可知，此种理想划分并不切实存在，只是一种较为粗略、宏观的概念。

城楼规格 表 6-5-2

城市	关于城楼规制的记载
夏县	嘉靖乙卯，遭地震城楼俱毁，增崇北楼；万历十八年，峻起南门五尺，改建崇楼六楹
绛州	嘉靖三十七年，于两门各建楼五间
长子县	景泰初，创开小西门，门上各建楼三楹。正德七年，流寇之乱增置铺舍凡十有九。姜环之乱，修楼橹铺舍
屯留县	原上各建楼三楹；正德十四年，复徙北门于故址，建重楼；嘉靖三十七年，于东西南三门改建重楼；万历间，重修东南门并楼
黎城县	隆庆戊辰，创筑敌台二十，上各系以楼，角楼四，上咸冠以角楼，皆十二楹
大同左卫	正统间，始砖包城，南北西门三座，东面虽不设门，又建一楼以利眺望，窝铺五十座；嘉靖丙寅，重修，复建两滴水大城楼三座，号房一十八间，瓮城内土地庙三间，四角砖楼四座，沿城楼舖四十六座；万历庚戌（1610 年）拓修南关城，门三，建楼各五楹，四角建敌楼各三楹，敌台二，建铺各一楹
太谷县	太原同知张勉署邑事，益加增筑高二丈五尺，四门悉以砖甃，上建重楼各四楹
交城县	隆庆四年，冀宁道沈人种饬令所属增筑城垣，知县韩廷用董其事，周围增厚，各楼废坏者修饰之……四角观以楼各十二楹
襄陵县	筑土为台，凿台为门，甃以石砖，既坚且美，台之上立屋三楹转以五楹
岳阳县	门之上建重楼四楹，次第完善
武乡县	潞郡守刘复初精于堪舆氏因邑旧止东西二门，东曰宾阳，西曰寅饯，无南门，至是创开一门题曰南熏，建城楼三间，崇祯三年，邑人司马魏云中北城增建敌楼一座，高三丈周二十丈
平陆县	弘治戊午……冬十一月城东门告成，作楼九楹于上，门为台，崇二寻有四尺，广倍深加寻有四尺，楼崇丈有七尺，广丈有二尺，深杀广之半
平顺县	万历四十三年，郡守刘公讳复初精于堪舆观风至平，见文庙湫隘，文气壅塞，开东门一座，上建城楼三楹，名曰文明楼
朔州	楼几三百余年，大都完好，独城南三楹以风雨侵剥，栋折衰崩

注：据附录 4、附录 5 整理。

第七编

另一种版图叙事：

春秋至两汉鲁中南地区城市组群变迁

导 言

“山东地形的主体是鲁中南低山丘陵，三面都是平原，封闭性不如关中、四川等边角之地，三面均可受敌；且低山丘陵方圆不过几百里，境内重要军事据点基本上分布在低山丘陵的四周，几处险要一被突破，全境即可被击穿。所以，山东虽有经略之策，但不易固守且缺乏纵深，并非成事之地。但是，大运河开凿以前，淮河支流泗水稍加开凿，便能连通长江和黄河，从而起到沟通南北的作用，加之黄河纵贯东西，使得位于两大动脉交汇之处的山东具有重要的战略意义。”① 总之，山东不是称雄天下的据点，在全国属于次重要区域，但是具有交通区位优势，特征鲜明。

鲁南地区被泰沂山脉划分为泗河流域和沂沭河流域，两地均为人类文明最发达、遗存最丰富的地区。② 泰沂山脉西侧的泗河流域地处山东与中原的连接地

① 姚胜文. 布局天下——中国古代军事地理大势，第三章四边的军事地理形势，第二节依山凭河，战守之冲——山东. 北京：解放军出版社，2002（01）：174-175.

② 山东文物考古研究所. 山东20世纪的考古发现和研究，第四章夏商周时期，第四节东周时期，二城址，“齐、鲁、滕”等少数国家系于西周初年周王朝分封于山东，其余的小邦小国几乎是从商代延续下来并得到周王朝认可而延续下来的，少数分布在胶莱平原一带；鲁、滕、薛在鲁中南的泗水中、上游地区；莒、郯占据鲁东南的沂、沭河流域。它们成三角分布于泰沂山脉南北两侧，成为当时经济、文化最发达的地区。”P398.

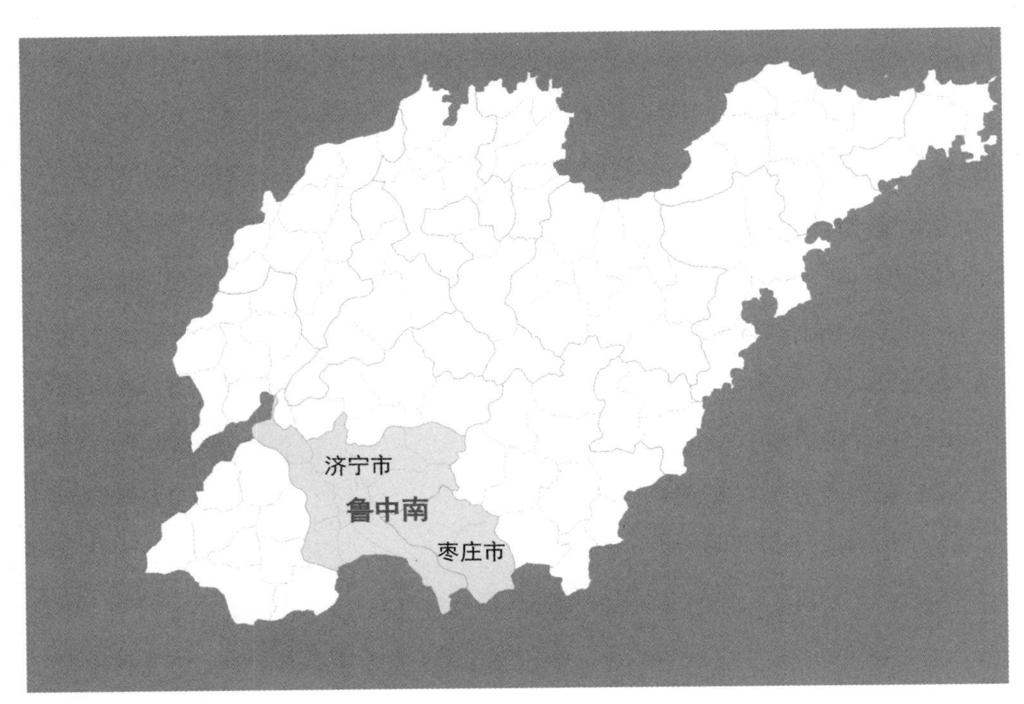

图 7–0–1　鲁中南区位图

带，有泗水沟通南北，既有交通区位优势，又有丰厚的文化遗存。本编研究的地理范围即确定在其内的济宁枣庄地区，姑且称之为“鲁中南地区”（图 7–0–1）。

春秋至汉代的鲁中南地区是一个完整的地理单元，两千多年来地形地貌已发生沧海桑田的变化，黄河决口形成的众多冲积扇面改变了原有地势。历史上，黄河水量浩大，由于无法穿过山东丘陵，只能在华北平原和徐淮平原交替行水，宋代（1048 年）、明代（1128 年）和清代（1855 年）三次大改道深刻影响了鲁中南地区的水系地貌（图 7–0–2、图 7–0–3）。[①] 湖泊的此消彼长也与黄河改道息息相关，春秋至汉代的湖泊虽代有消长，但只涉及个别城址的地貌环境。[②] 与如今的地形相比，水系的变化较大：西北侧大野泽、南旺湖等众多湖泊随着

① 杨玉珍. 黄河历代变迁及其对中华民族发展影响的刍议，古地理学报，2008（04）：436–437.

② 阚城遗址原为湖中高阜，如今湖泊枯竭消失。亢父故城原为关隘险地，如今山谷变成微山湖，失去扼守之势。

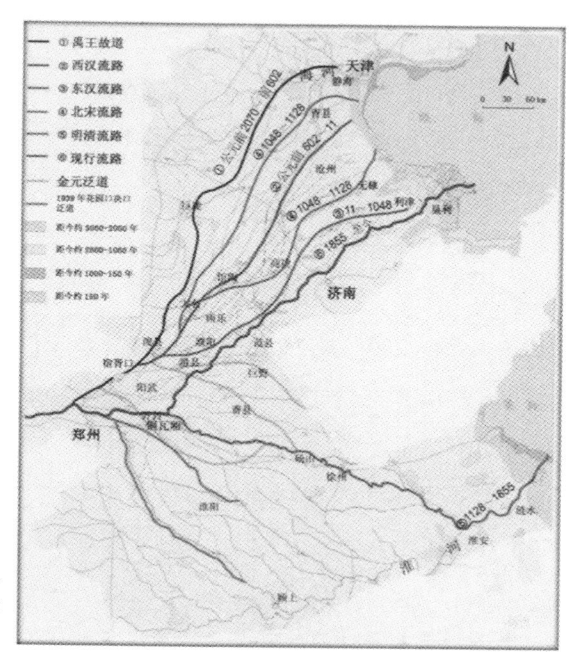

图 7-0-2　历代黄河路线图　杨玉珍．黄河历代变迁及其对中华民族发展影响的刍议．古地理学报．2008.04.

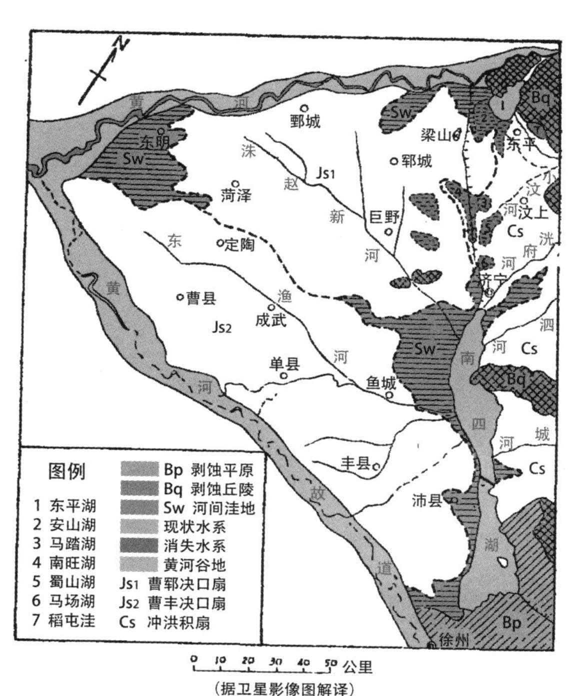

图 7-0-3　鲁中南地形变迁示意图　自绘，底图引自郭永盛．历史上山东湖泊的变迁．海洋湖泊通报，1990.03.

黄河的改道逐渐枯竭消失，广阔的南四湖自金元以来因黄河泛滥逐渐产生。[①]

其中，大野泽最早记载见于《左传》，可见其发育形成早于春秋。《汉书·地理志》记载大野泽位置在山阳郡钜野县以北，且整个研究时段内，仅西汉时期（公元前132年）黄河决口东南注入大野泽，使湖泊面积扩大，淹没巨野县城，没有其他变化。[②]与大野泽类似，南旺湖的发育形成也早于春秋时期，至汉代没有大的变动。《读史方舆纪要·兖州府》（卷三十三）载："阚亭在县西南南旺湖中，有高阜六七……杜氏云：阚，鲁先公墓所在也，自隐、桓以下皆葬此。"鲁国先君墓葬在湖中高阜，说明春秋时期此湖即已存在。此后，大野泽逐渐扩大为梁山泊并最终消失，图7-0-3中Js1曹郓决口扇的形成过程即是大野泽洼地消失的过程；而南旺湖曾经被分为两湖，也于新中国成立后彻底消失。[③]黄河的变迁也带来河流的变化，图7-0-3中所示洙赵新河、东渔河、洸府河在春秋至汉代时均不存在，南四湖是一片谷地，泗水就是经由这片谷地直通淮水。

原始社会以来，泗河流域就是人类生息繁衍之地，春秋至汉代的很多城市或是建立在先民古国的原址之上，或为古国传承而来，文化堆积层大多可上溯至龙山文化时期。东夷文化和殷文化为其本土文化，分别以三邾（邾国、郳国和滥国）土著民和周封给鲁国的"殷六族"为代表。[④]该区域土地肥沃农耕发达，鲁、邾、薛、滕等众多小国，虽终春秋秦汉之世未称雄于诸侯，但是孕育出丰厚的文化成果，是邹鲁文化的发祥地（孔、孟、曾、颜及鲁班的故里），自古贤者云集，孟尝君礼贤下士、滕文公推行善政等传为千古佳话。

---

① 郭永盛. 历史上山东湖泊的变迁，"南四湖，是建国后对南阳、独山、昭阳、微山四湖的统称。四湖实为一体，是梁山泊（由大野泽转化而成）消失后渐成的新湖。有些地质工作者认为它属构造湖，其实它的形成是金、元以来黄泛的产物。"海洋湖泊通报，1990（03）：18.

② 郭永盛. 历史上山东湖泊的变迁，"大野泽最早的记载见于《左传》。《禹贡》记：'海、岱及淮徐州…，大野既储'。《汉书·地理志》记其位置在山阳郡钜野县以北。公元前132年（汉元光三年）黄河决于瓠子（在今河南濮阳县境），东南注巨野，县城被淹湖中，湖面扩大。"海洋湖泊通报，1990（03）：17.

③ 郭永盛. 历史上山东湖泊的变迁，"曹郓决口扇自唐末至明代的形成过程，也就是大野泽一梁山泊湖泊洼地的消失过程。""1411年（明永乐九年）重开会通河，将南旺湖分为东、西二湖，此后汶河又贯其东西，将湖南北二分，北曰马踏湖，南称蜀山湖。清康熙年间蜀山湖尚'周六十五里'，民国初湖面缩小近一半，现已成稻田。南旺西湖后仍称南旺湖，至康熙间'湖身日淤，流望民田'，民国初湖犹残存，建国后亦尽为农田。马踏湖较小，也于建国前消失" 海洋湖泊通报，1990（03）：18.

④ 王钧林. 论邹鲁文化. 东岳论丛，1997. 01.

本编以实地考察和考古资料获取的鲁中南地区的42座城址的信息及历史文献记载为基础，对城市历史地理特征及其组群关系演变进行研究。对于“城址”的概念，围绕早期城市如何定义存在较多争议，本编将文物普查或史料记载称之为“城”的遗址均纳入其内。“城市组群”作为现代城市化进程的中间状态，有学者将其归纳为“在特定地域范围内，有一定数量的、规模不等、等级不同、性质和类型可能相异或相似的城市组成。狭义上，城市组群特指城市群形成和演化的中间状态，广义上既可以理解为城市全体结构嬗变的过渡，也可以认为是城市群地域结构的构成单元。”① 古代城池与现代都市存在巨大差异，但是春秋至汉代是中国城市覆盖率逐渐提高、城市职能不断完善、城市间政治经济联系逐渐密切的阶段，是原始的城市化进程；本编的研究对象由“一定数量的、规模不等、等级不同、性质和类型可能相异或相似的城市组成”，且随着政区的分合变化组成不同的结构，完全符合“城市组群”的特征。

春秋至汉代是我国城市发展史的重要时期，是一个社会剧烈动荡转型并最终趋于平稳的时期。春秋战国时期，礼崩乐坏，诸侯各自为政，城市组群以诸侯国为单位分庭抗礼；两汉时期，逐渐形成由中央到地方有等级的树状城市组群。各时期城市的选址、意义及相互关系各不相同，都是对区域政治、文化、地理、农耕及军事等各方面的反映；将两个阶段进行比较研究，可以反映社会制度及权力运行机制对城市建设的影响，也是对我国古代城市体系的成型阶段宏观研究的一部分。鲁中南地区并非统治中心区，能够反映地方城市群的特征和关系，具有一定的普遍性；此外，鲁中南地区也是鲁文化的发祥地，更孕育出影响中华文明几千年的儒家文化，对鲁文化辐射区早期城市群的研究，具有重要的文化意义。

基于上述研究目的，本编从城址的资料搜集整理入手，阐释春秋战国时期以诸侯国为单位、各自独立的城市组群关系及两汉时期从中央到地方等级分明、从属明确的城市组群关系。

① 王士君，吴嫦娥.城市组群及相关概念的界定与辨析，现代城市研究，2008（03）：8.

春秋战国时期从国都形势分析入手，可见国都的地理区位和地形地势与国家命运息息相关，这是个政治城市优先发展的农耕时代，政治中心与农业区互为依存，各国都城的空间布局其实是一个瓜分农耕平原的过程：

在鲁中南地区，鲁国地理条件最好，国力最强，有能力建设由多座城池构成的防御系统。邾国受到鲁国胁迫迁都，转而开发鲁国南部的土地，逐渐变强。小邾国依附齐国之后，为避鲁国，不得不放弃农耕地利，迁都到鲁中山地边缘的盆地之中。滥国、薛国和滕国均位于邾鲁之间，滥国先天条件不足，在邾鲁之争中归顺鲁国而亡；薛国和滕国依靠文化因素博得贤名，加之优越的农耕条件，享国时间较长。偪阳国和焦国分别位于泗水流域和齐地及中原的交界处，历来领土纷争最多，最早灭国。

两汉时期则以城市类型作为分类依据，描述诸侯国城市体系逐渐退化消失，郡县下邑城市体系发展成熟的过程，且与春秋战国时期不同，两汉时期的城市组群变迁不仅是单纯的城市数量增长，还包括权力移交伴随的城市组群关系变动：

西汉初，为削弱诸侯国势力，常有大国拆分为多个小国的现象，新的国都成为新的区域中心城市，山阳国国都昌邑即是一例，这种现象是对已有城市的扩大利用。山阳国不久即除国，但昌邑仍然是山阳郡的郡治，可见政治事件对城市组群的影响是顽固的。当诸侯势力不足为虑之后，诸侯国城市体系逐渐衰落，也趋于稳定，如任城国国都任城仅辖三县，对城市组群的影响极小。在这个过程中，鲁国因为儒家思想支持皇权至上成为诸侯国城市体系中的绿洲，一直保持稳定，没有受到削弱。

此时的诸侯国已统一由中央管辖、不再是竞争关系，权力的转移带来城市组群的变迁，诸侯国城市体系逐渐被郡县邑城体系取代，城市建设的重点是发展生产和开发土地，如东海郡，两汉时期先后在这里新建了 4 座城市，充分开发前代未曾利用的土地。至东汉末，鲁中南地区城市组群的发展已明显产生分化，形成稳定的鲁国地区、不断建设的东海郡地区和郡国不断变动的西部地区三个分区。

总之，城市组群的构建是一个动态过程，既有前代建设的印记，又有当代思想指导下的建设，同时城市作为权力核心，其组群关系反映权力运行模式。春秋战国时期以大规模分散型城市为主，力求加强城市实力；两汉时期本着实用的土地利用观念，注重城市与周边农耕区的合理配置，同时继承和利用前代的基础建设；二者存在着根本差异。

此外，需要特别说明的是：春秋至汉代的城市均为土筑，土遗址较易受到风雨侵蚀，不易保存。鲁中南地区城址数量众多，但因年代久远和人为毁坏，大部分已经面貌难辨，现场调研及历史沿革梳理工作困难重重。根据 2012 年 1 月 19 日山东省博物馆发布的第三批省级文物保护单位，南常故城、安阳故城、岳城故城及焦国故城遗址均由市县级保护单位晋升为省级保护单位，但是，譬如岳城遗址地望不明、历史沿革不清的类似情况比比皆是，站在保护文物本体和挖掘文物价值的角度，各个领域的研究工作更显得重要且紧迫。

7.1 鲁中南地区的 42 座城址：信息搜集、组群要素

城市是城市组群的构成要素，确定研究城址对象并通过实地调研了解城址各方面情况是本节展开论述的基础。鲁中南地区春秋至汉代没有现成的城市列表，首先以《中国文物地图集 · 山东卷》以及山东省文物局编制的《山东古国古城分布一览表（商周—南燕）》为基础，共收集待研城址 42 座。

（1）信息搜集

这 42 座城址（图 7–1–1，表 7–1–1）包括各级文物保护单位及非文物保护单位，力求完备，但是，春秋至汉代历时较长且年代久远，有很多古国古城不见著史籍或语焉不详难做判断。在后期调研及历史沿革梳理工作中，发现有遗漏和城属身份不明的情况，将不断补充。

城址个体研究包括历史及现状两个方面，有助于各城址的身份识别和核心价值认定，对保护和研究工作具有指导意义。评判内容的设定以原始城市的重

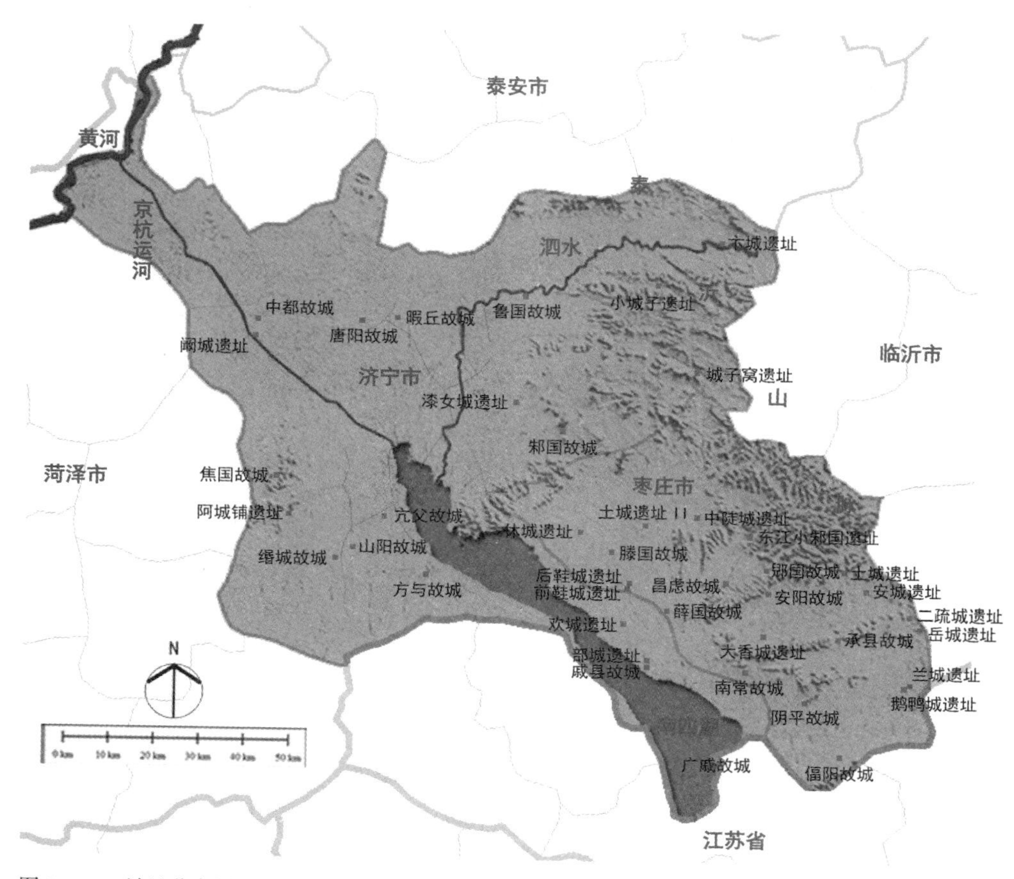

图 7–1–1　城址分布图

要程度（规模）及遗存现状、现状研究的充分度（考古工作和研究现状）、历史信息的可恢复性（占压状况）为标准（表 7–1–2）。由于城址众多，不能通过统一的评估进行价值判定，但是评判结果可以显示，在现有研究的基础上，各城址被掌握的历史信息量的多少，也会随着各项工作的开展发生变化。评判结果显示（表 7–1–3），得分大于 50 的为自身遗存丰富的城址，共 15 座，占城址总数的 35.7%。具体情况如下：

①大部分城址遗存现状较差（图 7–1–2），但保存较好的城址仍然占 29%，在遗存基数较大的前提下，仍可认为该地区优质历史文化资源丰富。

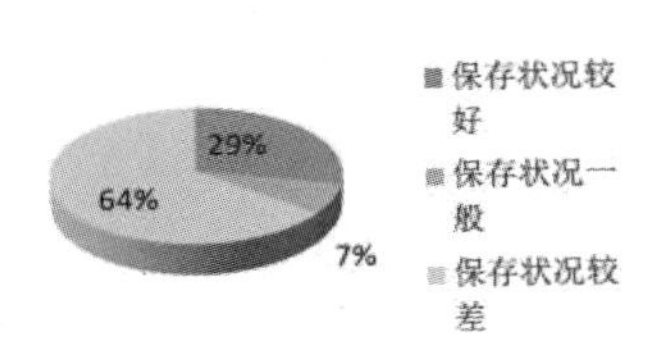

图 7–1–2　遗存现状分析

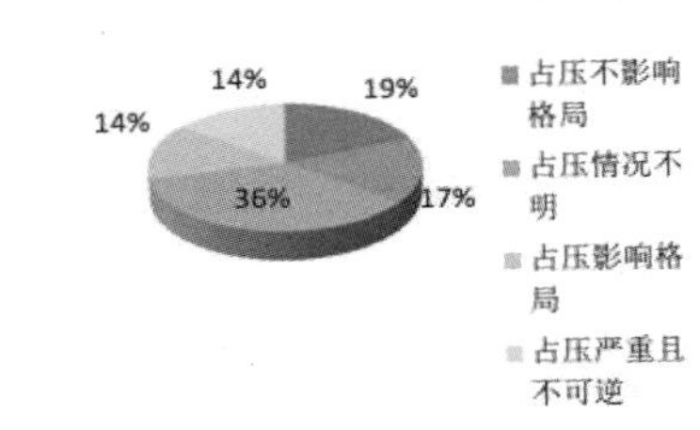

图 7–1–3　占压状况分析

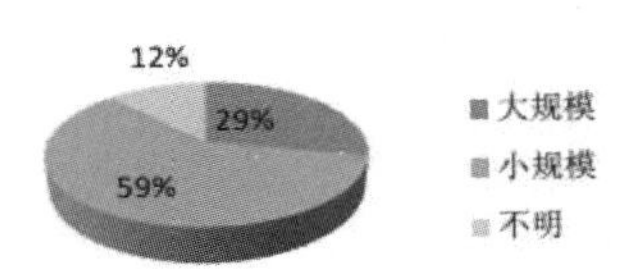

图 7–1–4　规模分析

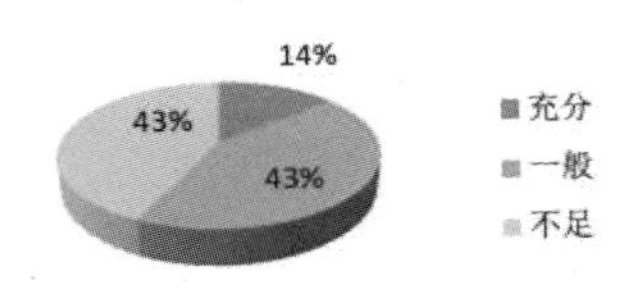

图 7–1–5　考古工作状况分析

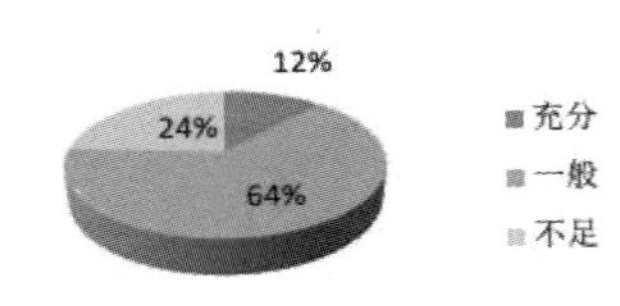

图 7–1–6　研究状况分析

②现代占压不影响遗址保护的占 36%，对遗址造成极大破坏的占 28%，此外有 36% 的城址因考古工作的滞后而范围不明，无法判断占压状况，反映出鲁中南地区现代城乡建设与遗址保护之间的矛盾在尖锐与缓和之间（图 7–1–3）。

③鲁中南地区 1 平方公里以上的大规模城址仅占 29%。其中鲁国故城为最大的城址，共 10 平方公里，而在全国范围内，战国七雄都城动辄几十平方公里。反观鲁中南地区，是一个偏离统治中心区，以小规模城址为主的地区（图 7–1–4）。

④考古工作严重滞后，近一半的城址没有考古资料，各项工作的展开都有赖于考古的推进，希望有关部门尽快组织相关城址的考古调查（图 7–1–5）。

⑤大部分城址研究并不充分，一方面因为考古工作的滞后，另一方面与各方重视程度不足相关（图 7–1–6）。

除了已经破坏殆尽的城址，还有至少 4 座濒危城址：邾国故城[1]、漆女城

① 两座水泥厂在城址范围内取土并且开山凿石。

遗址[①]、岳城故城遗址[②]、阿城铺城址（金乡故城遗址）[③]，正在遭受着不可挽回的毁坏，如果采取紧急措施，解决相关问题，这些城址还是能够得到有效保护的。总体来说，城址皆受到不同程度的破坏，主要以砖窑、采石厂和少量采煤厂为主。

城址信息列表[④]

表 7–1–1

编号	名称	类型	遗存现状	占压状况	规模	考古工作	研究现状
1	鲁国故城	城池	格局清晰，范围明确	被城市占压，格局尚存	南北最长处 2.7 公里，东西最宽处 3.7 公里，周围城垣约 11771 米，面积约 10 平方公里	多次进行勘探和发掘，考古工作较充分	历史沿革、地望及内部结构均已知
2	薛国故城	城池	格局清晰，范围明确	少量村庄占压，不影响城市格局	南北最长处 2.3 公里，东西最宽处 3.3 公里，面积约 7.36 平方公里，周长 10610 米	多次进行勘探和发掘，考古工作较充分	历史沿革、地望及内部结构均已知
3	郕国故城	城池	格局清晰，范围明确	少量村庄占压，不影响城市格局	平面呈方形，南北长 2350 米，东西宽 2530 米，周长约 9200 米	多次进行勘探和发掘，考古工作较充分	历史沿革、地望及内部结构均已知
4	偪阳故城	城池	格局清晰，范围明确	少量村庄占压，不影响城市格局	周长 3293 米，南北长，东西短，呈长方形	曾进行调查和勘探，考古工作一般	历史沿革和地望已知
5	滕国故城	城池	格局清晰，范围明确	少量村庄占压，不影响城市格局	周长约 10000 米	多次进行调查和勘探，考古工作一般	历史沿革、地望及内部结构均已知
6	亢父故城址	城池	格局不清，范围不明	少量村庄占压，不影响城市格局	大致呈方形，边长约 1200 米，面积约 144 万平方米	曾进行调查，考古工作不足	历史沿革和地望已知
7	漆女城遗址	城池	格局不清，范围不明	现状遗址范围无占压	东西长 120 米，南北宽 100 米，总面积 1.2 万平方米	曾进行调查和勘探，考古工作一般	历史沿革和地望已知

① 城市建设用地占用遗址用地。

② 硅砂厂在城址范围内开山凿石。

③ 城址周边砖窑林立，在城址范围内取土挖沙。

④ 规模数据，鲁国故城、亢父故城、漆女故城、二疏故城、缮城、焦国故城、南常故城、安阳故城、岳城故城引自《山东省历史文化遗址调查与保护研究报告》，薛国故城引自《薛国故城勘查和墓葬发掘报告》，其余均引自《中国文物地图集（山东分册）》。

（续表）

编号	名称	类型	遗存现状	占压状况	规模	考古工作	研究现状
8	二疏城遗址	城台	格局清晰，范围明确	现状遗址范围无占压	东西宽 154 米，南北宽 147 米，总面积 2.88 万平方米	曾进行调查和发掘，考古工作较充分	历史沿革和地望已知
9	东顿村遗址（瑕丘故城）	城池	格局不清，范围不明	城市范围不明，占压状况不明	平面呈长方形，南北长 2500 米，东西宽 1500 米，总面积约 325 万平方米	曾进行调查和发掘，考古工作较充分	历史沿革和地望已知
10	缗城堌堆遗址	城池	格局不清，范围不明	城市范围不明，占压状况不明	总面积约 3 万平方米	曾进行调查和勘探，考古工作一般	历史沿革和地望已知
11	焦国故城遗址	城池	格局不清，范围不明	被村落占压，影响城市格局	平面呈方形，边长约 470 米	曾进行调查和勘探，考古工作一般	历史沿革和地望已知
12	南常故城	城池	格局清晰，范围明确	现状遗址范围无占压	平面呈长方形，东西长 534 米，南北宽 434 米	曾进行调查，考古工作不足	历史沿革和地望已知
13	安阳故城	城台	格局清晰，范围明确	现状遗址范围无占压	平面正方形，边长 200 米，面积约 2 万平方米	曾进行调查，考古工作不足	历史沿革和地望已知
14	岳城故城遗址	城池	格局清晰，范围明确	现状遗址范围无占压	平面呈正方形，边长约 1000 米	曾进行调查和勘探，考古工作一般	历史沿革不清，地望不明
15	中都古城遗址	城池	格局不清，范围不明	城市范围不明，占压状况不明	平面形状和面积不详	曾进行调查，考古工作不足	历史沿革和地望已知
16	阚城城址	城池	格局不清，范围不明	位于大片农田之中，占压状况不明	面积约 50 万平方米	曾进行调查和勘探，考古工作一般	历史沿革和地望已知
17	部城遗址	城池	格局不清，范围不明	被后期城址和村落占压，影响城市格局	面积约 400 万平方米	曾进行调查和勘探，考古工作一般	历史沿革不清，地望不明
18	欢城遗址	城池	格局不清，范围不明	被城市占压，较难逆转	面积约 300 万平方米	曾进行调查和勘探，考古工作一般	历史沿革不清，地望不明
19	山阳故城遗址	城池	格局不清，范围不明	位于大片农田之中，占压状况不明	平面形状和面积不详	曾进行调查，考古工作不足	历史沿革和地望已知
20	方与故城遗址	城池	格局不清，范围不明	城市范围不明，占压状况不明	平面形状和面积不详	曾进行调查，考古工作不足	历史沿革和地望已知

（续表）

编号	名称	类型	遗存现状	占压状况	规模	考古工作	研究现状
21	卞城遗址	城池	格局不清，范围不明	被村落占压，影响城市格局	平面呈梯形，东边长500米，西边长800，南北宽600米	曾进行调查，考古工作不足	历史沿革和地望已知
22	小城子遗址	城台	格局清晰，范围明确	少量村庄占压，不影响城市格局	面积约5万平方米	曾进行调查和勘探，考古工作一般	历史沿革和地望已知
23	城子窝遗址	城台	格局清晰，范围明确	现状遗址范围无占压	面积约5万平方米	曾进行调查和勘探，考古工作一般	历史沿革和地望已知
24	承县故城	城池	格局不清，范围不明	被城市占压，较难逆转	平面呈长方形，南北长600米，东西宽250米，面积约15万平方米	曾进行调查，考古工作不足	历史沿革和地望已知
25	倪国故城（梁王城遗址）	城台	格局清晰，范围明确	现状遗址范围无占压	平面呈长方形，东西长约500米，南北宽约200米，面积约1万平方米	曾进行调查和勘探，考古工作一般	历史沿革和地望已知
26	东江小邾国遗址	城台	格局清晰，范围不明	现状遗址范围无占压		曾进行调查和发掘，考古工作较充分	历史沿革、地望及内部结构均已知
27	中陡城遗址	城池	格局清晰，范围不明	被村落占压，影响城市格局	面积约3000平方米	曾进行调查，考古工作不足	历史沿革和地望已知
28	大香城遗址	不明	格局不清，范围不明	位于大片农田之中，占压状况不明	面积约8500平方米	曾进行调查和勘探，考古工作一般	历史沿革不清，地望不明
29	土城故城	城池	格局不清，范围不明	位于大片农田之中，占压状况不明	平面呈方形，边长约1000米	曾进行调查和勘探，考古工作一般	历史沿革不清，地望不明
30	兰城故城	城池	格局不清，范围不明	被城市占压，较难逆转	平面呈正方形，边长约1500米，面积约225万平方米	曾进行调查和勘探，考古工作一般	历史沿革和地望已知
31	鹅鸭城遗址	城池	格局不清，范围不明	位于大片农田之中，占压状况不明	面积约1.65万平方米	曾进行调查和勘探，考古工作一般	历史沿革不清，地望不明
32	昌虑故城遗址	城池	格局清晰，范围不明	被村落占压，影响城市格局	周长约5000米	曾进行调查，考古工作不足	历史沿革和地望已知
33	前鞋城遗址	城池	格局不清，范围不明	城市范围不明，占压状况不明	面积约5万平方米	曾进行调查，考古工作不足	历史沿革不清，地望不明

（续表）

编号	名称	类型	遗存现状	占压状况	规模	考古工作	研究现状
34	后鞋城遗址	墓地	格局不清，范围不明	位于大片农田之中，占压状况不明	面积约 12 万平方米	曾进行调查和勘探，考古工作一般	历史沿革不清，地望不明
35	休城遗址	城池	格局不清，范围不明	被村落占压，影响城市格局	面积约 3 万平方米	曾进行调查，考古工作不足	历史沿革不清，地望不明
36	土城遗址Ⅱ	城池	格局不清，范围不明	被城市占压，较难逆转	故城平面形状和面积不详	曾进行调查，考古工作不足	历史沿革和地望已知
37	阿城铺城址（金乡故城遗址）	城池	格局不清，范围不明	位于大片农田之中，占压状况不明	平面呈方形，南北长约 400 米，东西宽约 370 米	曾进行调查和勘探，考古工作一般	历史沿革和地望已知
38	唐阳故城	城池	格局不清，范围不明	位于大片农田之中，占压状况不明	平面呈方形，面积约 15 万平方米	曾进行调查，考古工作不足	历史沿革和地望已知
39	广戚城遗址	城池	格局不清，范围不明	淹没于微山湖下，较难逆转	故城平面形状和面积不详	调查，考古工作不足	历史沿革和地望已知
40	戚县故城	城池	格局不清，范围不明	被城市占压，较难逆转	呈圆角长方形，东西长约 1000 米，南北宽约 800 米	曾进行调查，考古工作不足	历史沿革和地望已知
41	安城故城	城池	格局不清，范围不明	城市范围不明，占压状况不明	呈长方形，南北长 380 米，东西长 330 米，	曾进行调查，考古工作不足	历史沿革不清，地望不明
42	阴平故城	城池	格局不清，范围不明	城市范围不明，占压状况不明	东西长 520 米，南北宽 400 米	曾进行调查，考古工作不足	历史沿革和地望已知

城址评估标准 ①　　　　**表 7–1–2**

内容	标准
遗存现状（20%）	格局清晰，范围明确；（20 分）
	格局清晰，范围不明；（10 分）
	格局不清（包含城内结构不明），范围不明。（0 分）

① 依据为许宏的《先秦城市考古学研究》第四章第一节内容：春秋时期城市分为两类——列国城址；一般城市遗址和军事堡垒。第一类面积在1平方公里至10平方公里，有较大的诸侯国的别都和临时性都城，春秋时期一般诸侯国都城，战国时期重镇大邑（含郡、县治所）组成，多为秦汉时期郡治、县治所沿用。

（续表）

内容	标准
占压状况（20%）	现状遗址范围无占压；（20分）
	少量村庄占压，不影响城市格局；被城市占压，格局尚存；（15分）
	位于大片农田之中，占压状况不明；城市范围不明，占压状况不明；（10分）
	被村落占压，影响城市格局；（5分）
	被城市占压，较难逆转。（0分）
规模（20%）	大于等于1平方公里；（20分）
	小于1平方公里；（10分）
	平面形状和面积不详。（0分）
考古工作（20%）	勘探和发掘，考古工作较充分；（20分）
	调查和勘探，考古工作一般；（10分）
	调查，考古工作不足。（0分）
研究现状（20%）	历史沿革、地望及内部结构均有充分研究；（20分）
	历史沿革及地望有充分研究；（10分）
	历史沿革不清，地望不明。（0分）

城址评估结果列表　　表7–1–3

得分	城址
95分	鲁国故城、邾国故城、薛国故城
85分	滕国故城
80分	二疏城遗址、东江小邾国遗址
75分	偪阳故城
70分	岳城遗址、城子窝遗址、倪国故城（梁王城遗址）
65分	小城子遗址
60分	东顿村遗址（瑕丘故城）、南常故城、安阳故城
50分	漆女城遗址
45分	亢父故城遗址
40分	缗城堌堆遗址、土城故城、阿城铺遗址（金乡县城遗址）、阚城遗址、兰城故城
35分	焦国故城遗址、郜城遗址、中陡城遗址、昌虑故城遗址
30分	欢城遗址、大香城遗址、鹅鸭城遗址、后鞋城遗址、唐阳故城、阴平故城
25分	卞城遗址

（续表）

得分	城址
20分	山阳故城遗址、承县故城、前鞋城遗址、戚县故城遗址、安城遗址、方与故城遗址、中都古城遗址
15分	休城遗址
10分	土城遗址 II、广戚故城遗址

（2）组群要素

各城址的始建年代、使用时段、等级、职能及规模等可以从时间和空间两个维度呈现其历史地位及价值；将所有城址的信息汇总则可以显示城市组群随着时间的推移所产生的空间变化。城市等级由其职能决定，能够反映城市在城市组群中的地位；城市规模能够反映城市重要性和城市活动繁荣度，两者共同决定了城市在城市组群中的地位和相互关系，而各城市的相互关系就是城市组群的内部构架。

1）始建年代

城市始建年代意在追溯城市的历史渊源，呈现鲁中南地区城市组群的生长过程，其中：8座城址始建于上古时期[①]，3座城址始建于上三代时期[②]，10座城址始建于春秋时期，5座城址始建于战国时期，2座城址始建于秦代，6座城址始建于西汉时期，7座城址始建年代不详（图7-1-7 ~图7-1-10）。

春秋至西汉末，鲁中南地区处于持续开发的状态，春秋时期是全面铺开，战国至秦代则转向南部，西汉则以东南隅为建设重点；在兼顾全局的前提下，开发重心由北到南、再到东南逐渐转换。

① 上古时期是指夏以前的时期。

② 上三代时期是指夏、商和西周时期，不包括东周的春秋战国时期。

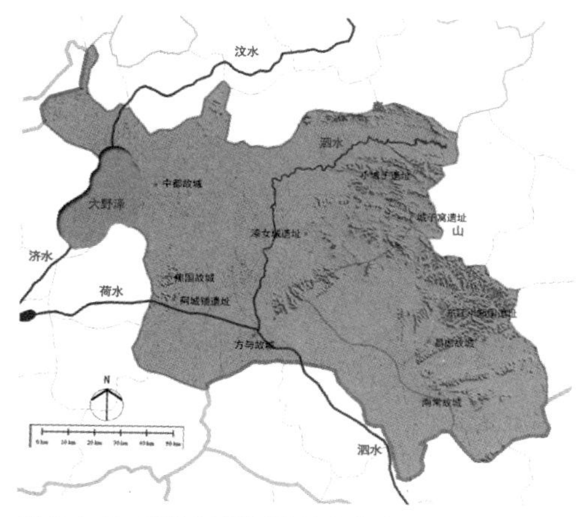

图 7-1-7　春秋时期新增城市分布图

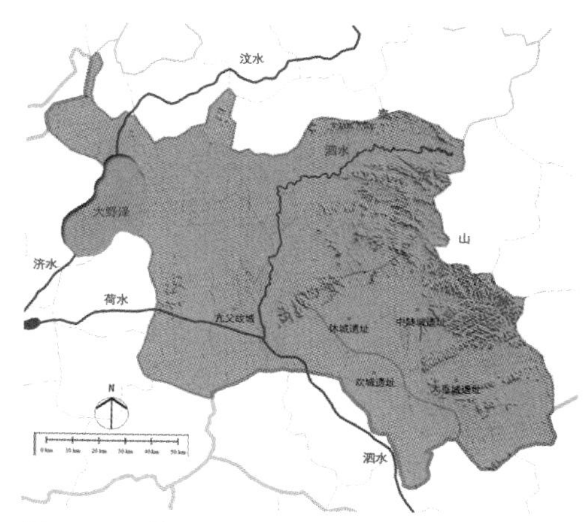

图 7-1-8　战国时期新增城市分布图

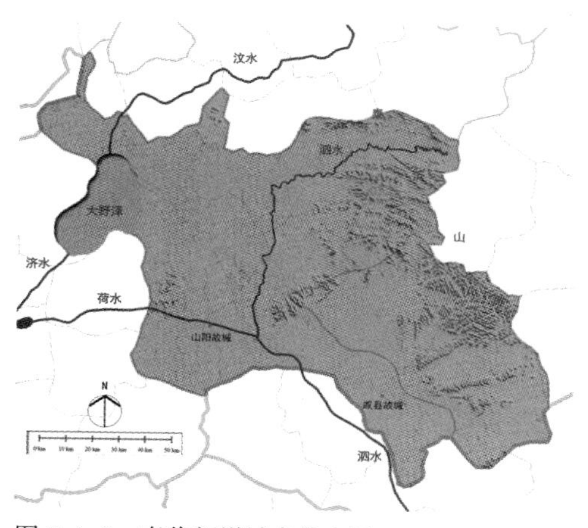

图 7-1-9　秦代新增城市分布图

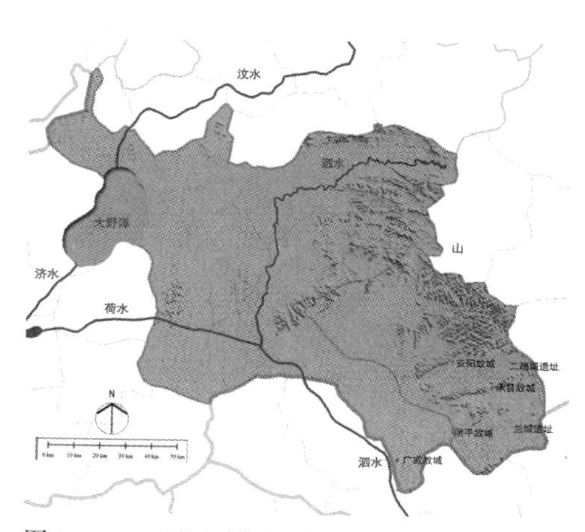

图 7-1-10　西汉时期新增城市分布图

2）使用时段

城市使用时段指的是城址在春秋至两汉间的利用情况，由于史籍失载，较多情况不明的城址，其中：始建至东汉末一直使用的城址共 21 座，西汉废弃的城址 1 座，东汉废弃的城址 2 座，废弃时间不详的城址共 10 座，使用时段不详的城址 8 座（图 7–1–11 ～图 7–1–17）。

两汉时期的鲁中南地区城市增减变化集中在东南部，西汉的新建城市是城市建设活动旺盛的表现，而东汉的废弃城市则是衰退的证明。

图 7–1–11　两汉时期废弃城市分布图

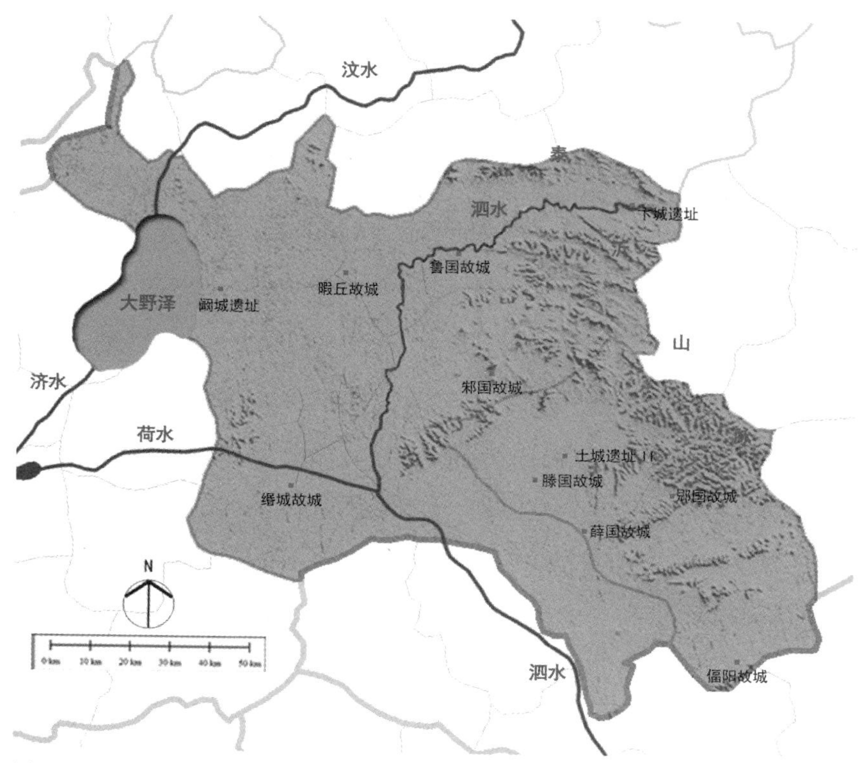

图 7-1-12　西周时期城市分布图

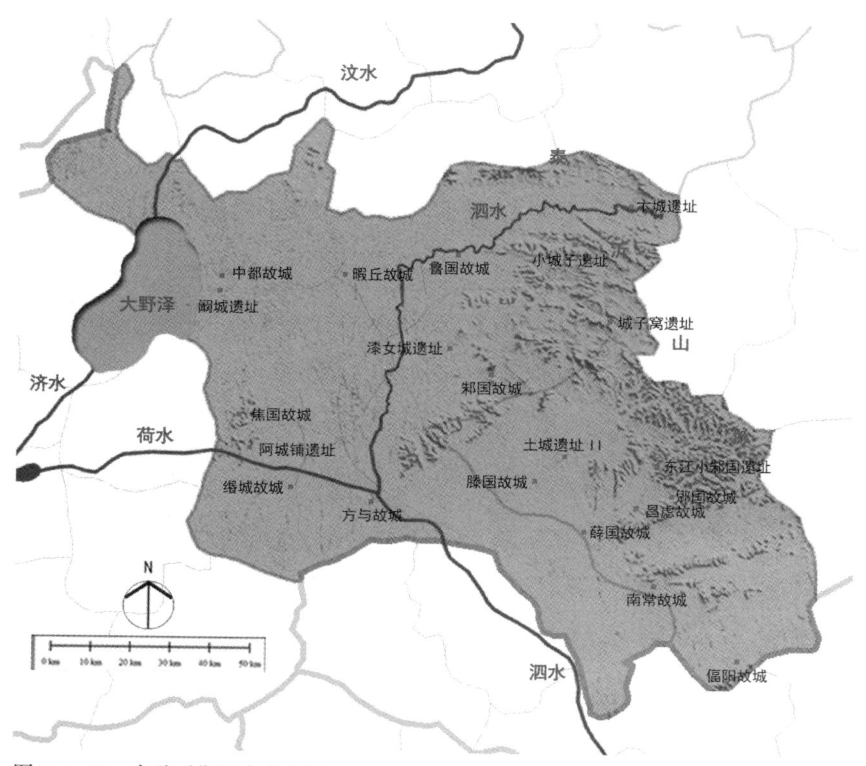

图 7-1-13　春秋时期城市分布图

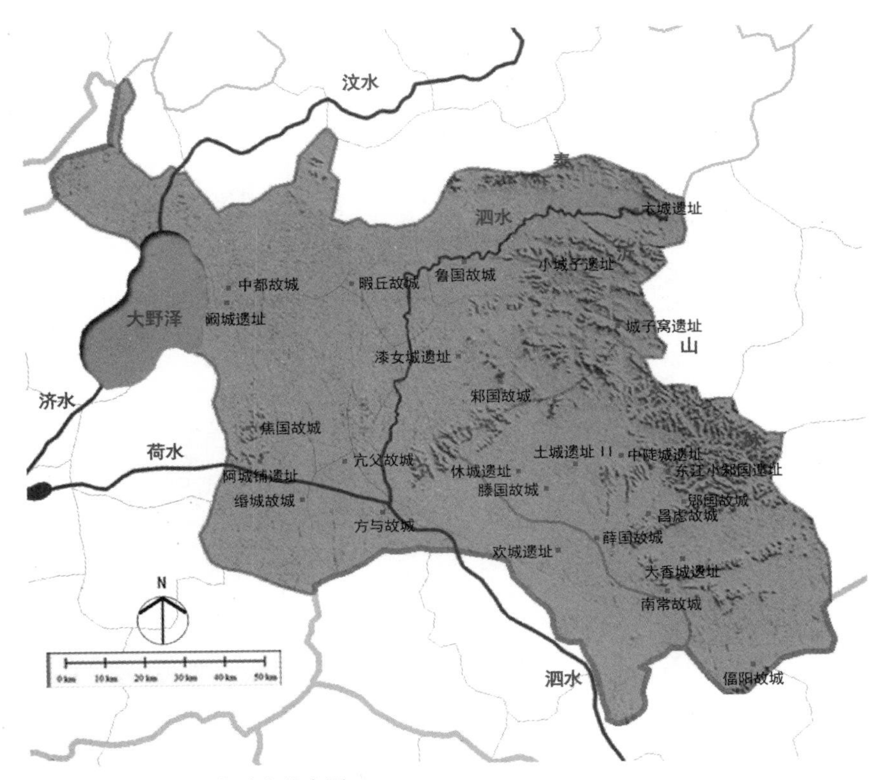

图 7-1-14　战国时期城市分布图

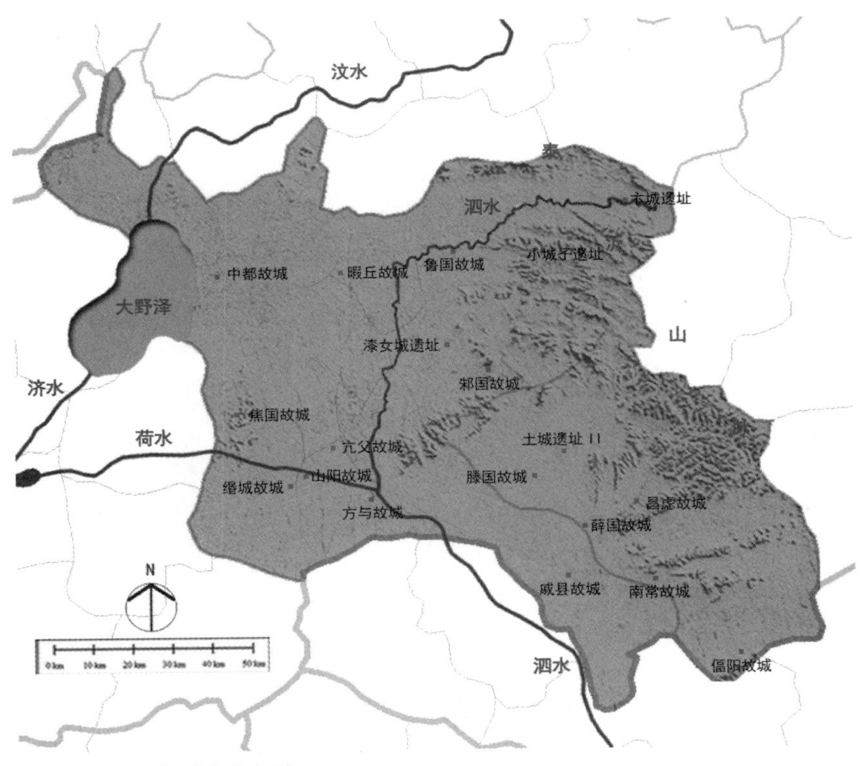

图 7-1-15　秦代城市分布图

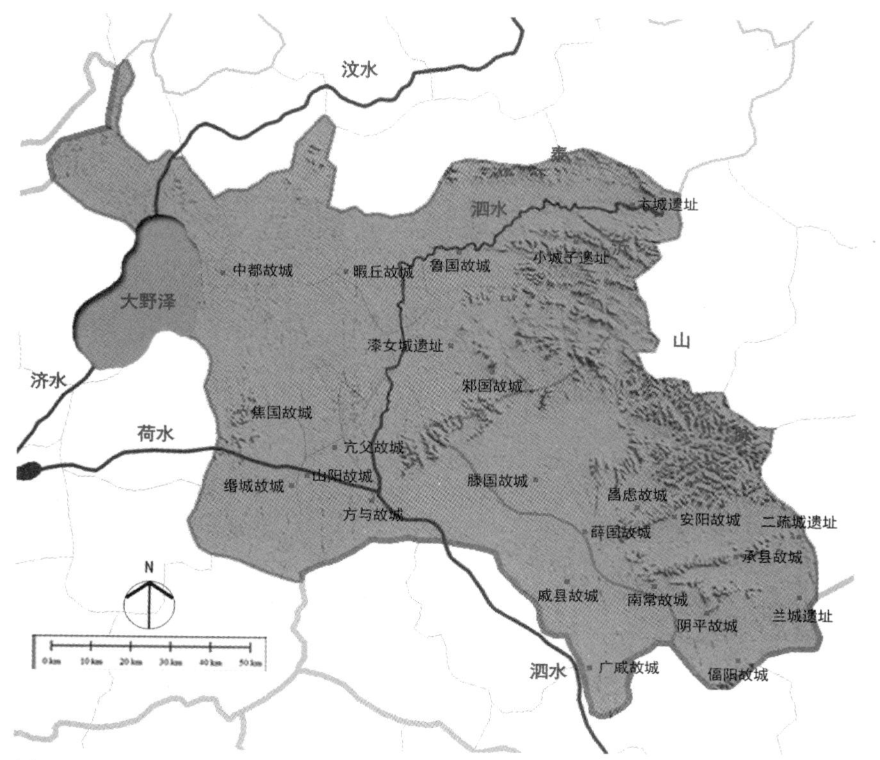

图 7-1-16　西汉时期城市分布图

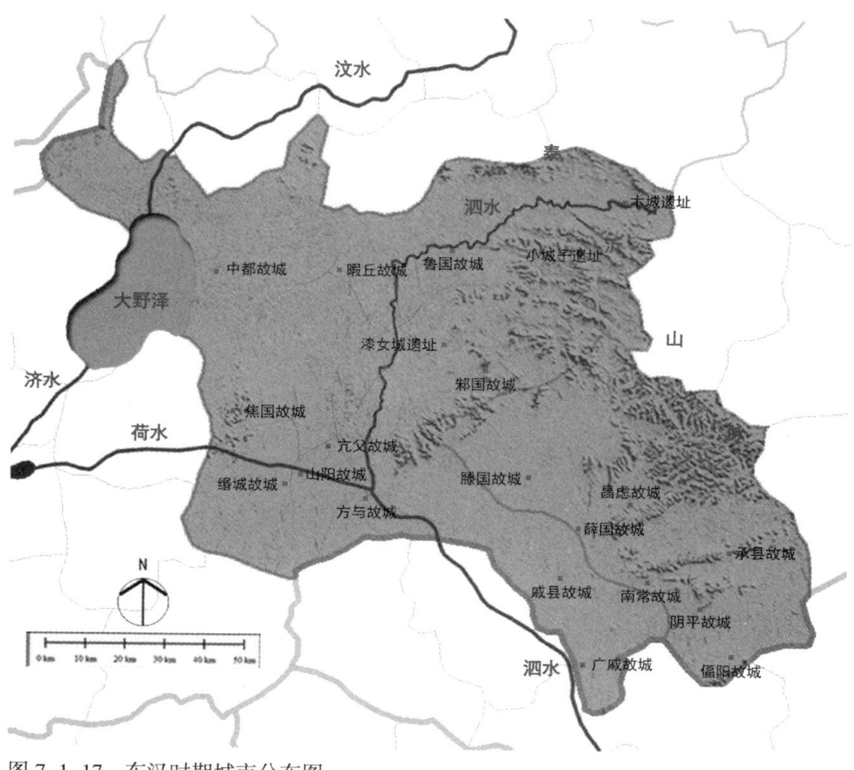

图 7-1-17　东汉时期城市分布图

3）等级职能

城市等级与城市职能互为依托，由于春秋战国时期与秦汉时期政体制度不同，等级评定标准也不相同。除京畿地区外，依据城市职能，春秋战国时期可分为诸侯国国都及属城两级；秦代实行单一郡县制，可分为郡治与县城两级；两汉时期实行郡国并行制[①]，也可分为两级，郡治与王国国都一级，其余的县治、邑与侯国等一级。

春秋战国时期，诸侯国之间有强弱之分，部分弱国成为强国的附庸，而部分国家没有依附列强；曾为附庸的诸侯国国都地位较低，但是，若国都因为国家是否曾为附庸分为两级，则等级划分既不能反映城市职能，也不能反映城市从属关系，所以春秋战国时期的城市等级依照城市职能分为国都及属城两级。

春秋时期各城址等级与职能，其中：一级城址 9 座，各类二级城址 12 座，14 座城市尚未建设，7 座城址历史信息不详。一级城址中，郳国故城与土城遗址Ⅱ是郳国前后两任国都，不同时为一级城市，所以，春秋时期同时存在的一级城市共 8 座（图 7–1–18、图 7–1–19）。

战国时期各城址等级与职能，其中：一级城址 7 座，各类二级城址 19 座，9 座城市尚未建设，7 座城址历史信息不详（图 7–1–20）。

秦代各城址等级与职能，其中：一级城址 1 座，二级城址 19 座，5 座城市尚未建设，17 座城址历史信息不详（图 7–1–21）。

西汉各城址等级与职能，其中：一级城址 2 座，二级城址 23 座，17 座城址历史信息不详（图 7–1–22）。

东汉各城址等级与职能，其中：一级城址 2 座，二级城址 19 座，4 座城址被废弃，17 座城址历史信息不详（图 7–1–23）。

春秋战国时期鲁中南地区一级城市数量较多，正如诸侯国有列强与附庸之间的差别，同为国都的一级城市之间也有从属之分，可见，城市等级与职能还

① 郡国并行制指既实行郡县制又分封诸侯国。

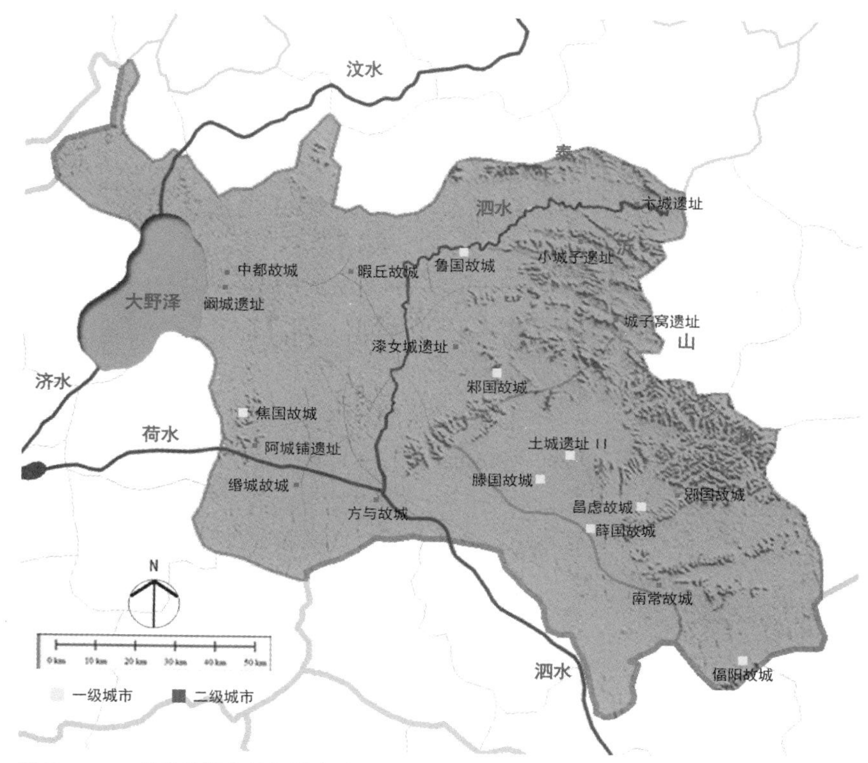

图 7-1-18　春秋前期各等级城市分布图

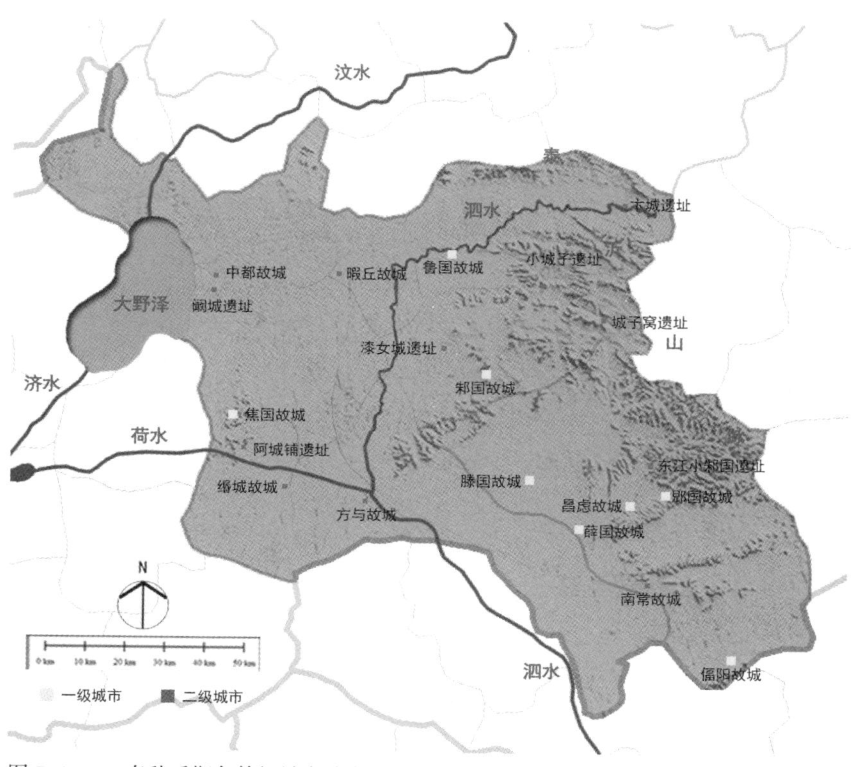

图 7-1-19　春秋后期各等级城市分布图

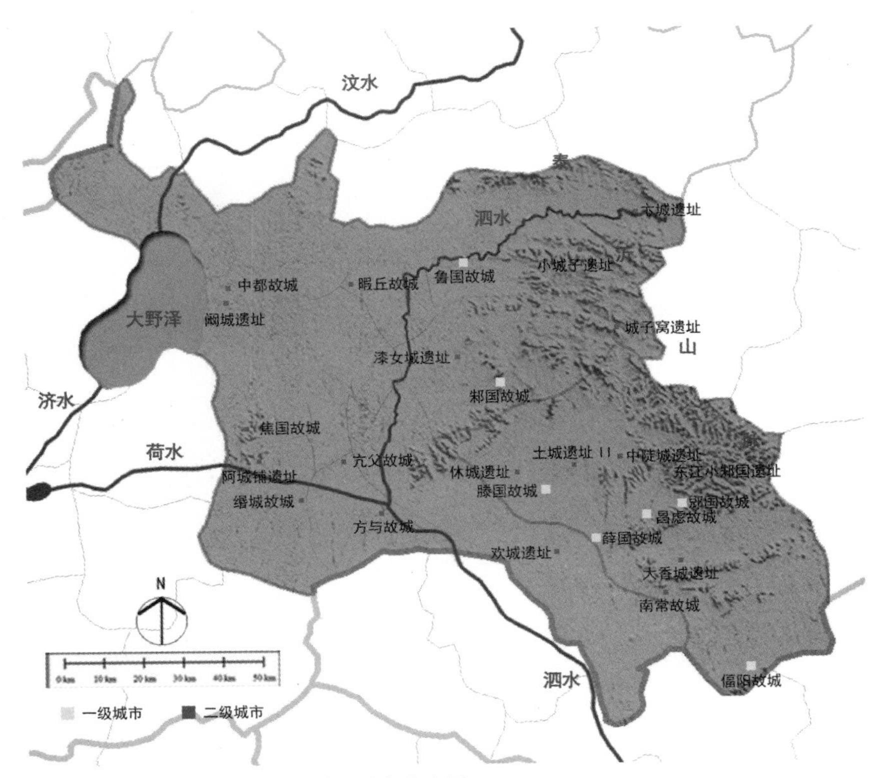

图 7-1-20　战国时期各等级城市分布图

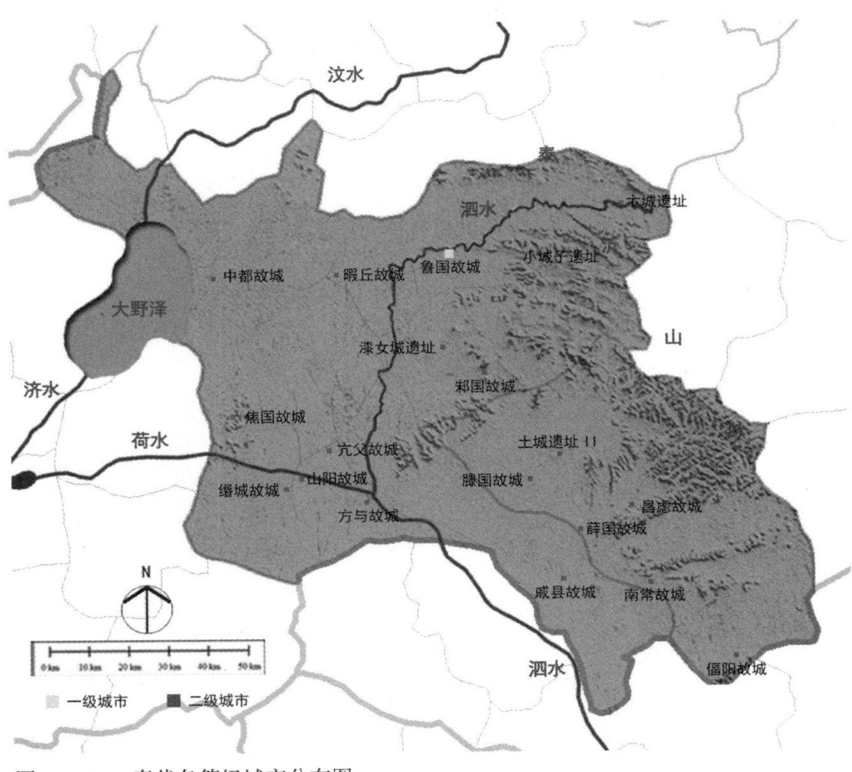

图 7-1-21　秦代各等级城市分布图

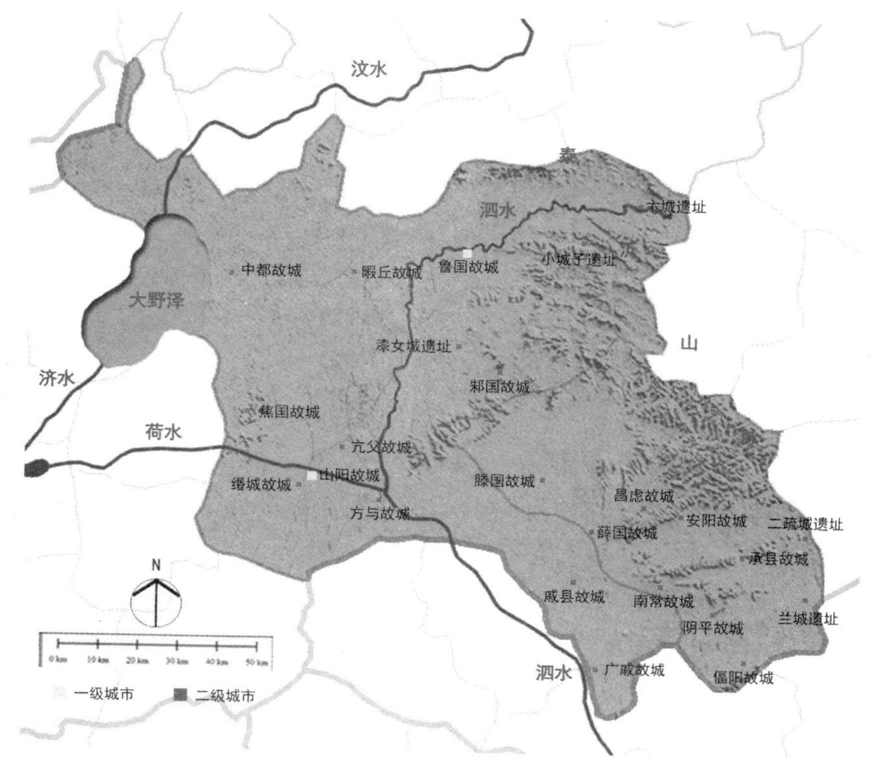

图 7-1-22　西汉时期各等级城市分布图

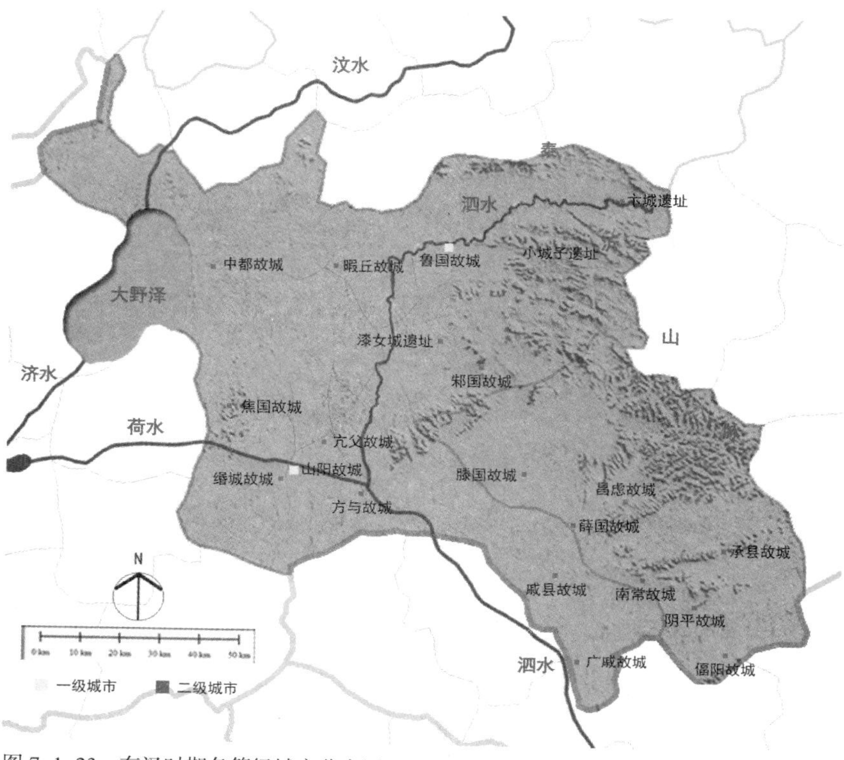

图 7-1-23　东汉时期各等级城市分布图

图 7-1-24　各规模城址分布图

不能一一对应。秦汉时期，鲁中南地区的一级城市数量锐减，且在几百年的历史中保持稳定，各级城市之间从属关系严格，达到了等级与职能相适应的稳定状态。

4）城址规模

各城址规模差异明显，大于等于 500 万 m^2 的城址 3 座，100 万 ~ 500 万平方米之间的城址 6 座，50 万 ~ 100 万 m^2 的城址 4 座，5 万 ~ 50 万 m^2 的城址 10 座，小于等于 5 万 m^2 的城址 12 座，6 座城址形状及面积不详，昌虑故城无面积数据。

数据显示，鲁中南地区的城址规模在 50 万 m^2 之下的城址占一半以上，以中小规模城市为主（图 7-1-24），且多分布于东南部和西部，仅中部的鲁国、邾国、薛国的都城规模较大。

7.2 春秋战国时期：战事简史、国都形势、运行模式

春秋战国时期，所谓领土是指一片区域内分散的城池及其周边的农耕区，诸侯国的国君“食其土”而“有政”。各国城池自成体系、相互对抗，其城池的位置和相互关系决定了其资源配置，综合了防御、供给、发展空间等多方面的问题。当综合国力对比或地区形势发生变化时，城市组群关系必然相应调整，同时，时代背景、区域文化也产生一定影响。

（1）战事简史

春秋初期（图 7–2–1），经过一番兼并战争，邾国逐渐变强，“地大而不甘示弱……其结仇最深者，莫如鲁。鲁之疆域囊括三邾[1]之北境、东境、西北境。”经过多年战乱，大片土地先后被鲁国吞并，滥国亦叛邾归鲁。春秋末叶，“邾之

① 笔者注：邾国三分为邾国、小邾国（郳），滥国（昌虑），统称“三邾”。

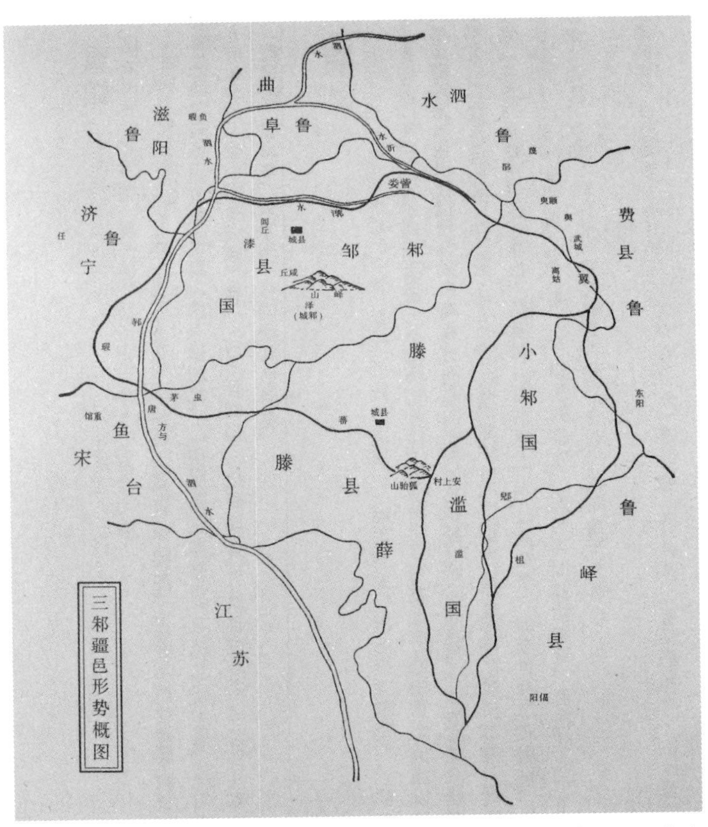

图 7-2-1　三郳疆域形势图　王献唐．三郳疆域考［M］．济南：山东古国考，青岛出版社．2007.

疆域已逐渐削小，非春秋初年比矣。”① 同时，鲁国（一说晋）灭焦国；偪阳国为十三国联军所灭，其地先入宋后归楚。其后，鲁国三桓专政，公室势弱无暇他顾。

进入战国时期，周边列强入侵，泗上诸侯从此开始被人宰割的阶段——楚国先后灭郳国、郳国、鲁国；齐国灭薛国；宋国灭滕国。其后，齐因灭宋，险些被六国联军所灭，兵连祸结，直至秦汉一统天下。

① 王献唐．三郳疆域考山东古国考．［M］．济南：青岛出版社，2007.

（2）国都形势

1）鲁都曲阜：众星拱月

鲁都曲阜位于鲁中低山丘陵的西侧平原，紧邻交通要道泗水，其西坐拥大片肥沃的农耕平原，国土达大野泽东岸，有瑕丘、中都等平原城市为鲁都提供经济支持；东侧低山丘陵区为军事布防区，有三座军事城市在此防卫——卞城遗址、小城子遗址与城子窝遗址（图 7–2–2）。如此密集的防卫布城足见其地理重要性，各城选址既注重自身防卫，又相互联系，由不同级次的线路连接成系统，共同拱卫鲁都（图 7–2–3）。三座城市互为犄角，战略意义各不相同。

小城子遗址为位于四面环山的龙湾套水库之中的台地，三面临水、入口曲折、无直接的对外交通，且位于另外两城及鲁都之间，最为易守难攻，进可支

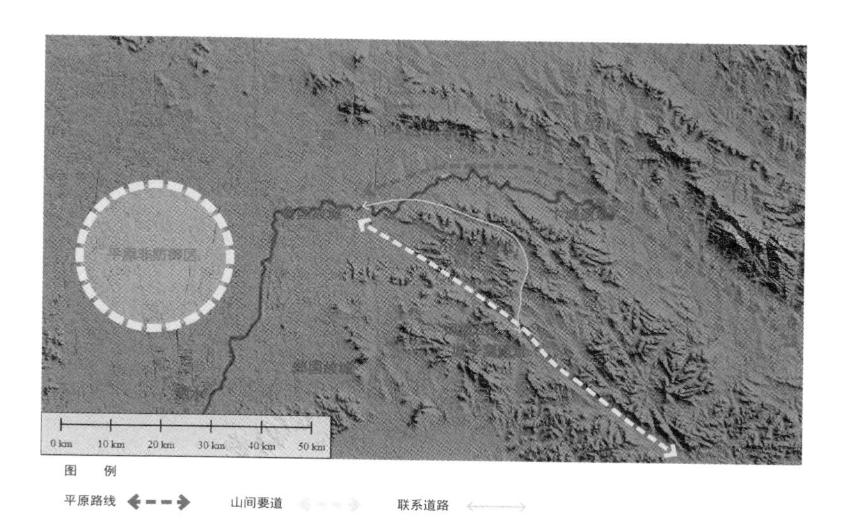

图 7–2–2　鲁都曲阜空间形势分析

图 7-2-3　鲁国故城地形图

援各城，退可为最后的堡垒（图 7-2-4 ～图 7-2-6）。明万历二十四年版《兖州府志·国纪志》载：“杜预曰，卞县南有部城备邾难也。”说明对邾国具有防御作用。

卞城遗址位于穿越山区的狭长平原地带，临近泗水的源头，有水陆两条路线直通曲阜，虽无扼守之势，但起到前沿哨所的作用（图 7-2-7）。《读史方舆纪要·兖州府》（卷三十二）载：“僖十七年，夫人姜氏会齐侯于卞。襄二十九年，季武子取卞。”防御所需。

城子窝遗址位于两山之间的谷地，背靠一侧山脉，以凤凰山主峰为烽火台，以凤凰山环保的农耕区为供给区，建于高台之上、居高临下，扼守穿越鲁中丘陵直达曲阜的要道（图 7-2-8、图 7-2-9）。

图 7-2-4　小城子遗址地形图

图 7-2-5　小城子遗址外部环境图

图 7-2-6　小城子遗址入口全景图

图 7-2-7　卞城遗址地形图

图 7-2-8　城子窝地形图

图 7-2-9　城子窝遗址与凤凰山主峰关系图

周密的布防和优越的地理环境，使鲁国成为鲁中南地区享国时间最长最稳定的国家，但是随着诸侯兼并战争越演越烈，鲁国日渐衰落；当综合国力不足以支持文化繁荣时，礼乐之邦也不免灭国的厄运。

2）邾国：迁都图强

《通志·氏族略》载，邾国初封在“兖州仙源（曲阜宋代时曾更名仙源）东南四十里，古邾城是也”。《左传》载：“鲁文公十三年（公元前614年），邾文公卜迁于峄。”可见，邾国是由曲阜东南40里迁到邹城峄山。明万历二十四年版《兖州府志》所载《春秋府境列国图》（图7-2-10）中描绘的即是初封的邾国与鲁国的相对形势，图中红色“邾”为笔者后加，乃为迁都之后的国都位置。

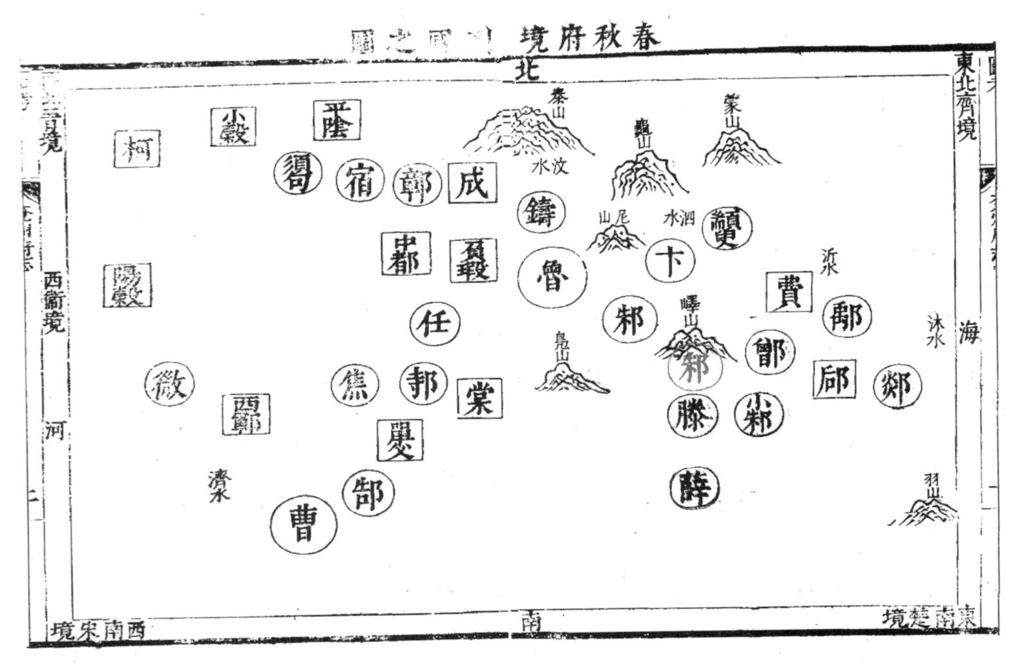

图7-2-10　春秋府境（兖州府）列国图　底图为兖州府志所载春秋府境列国图

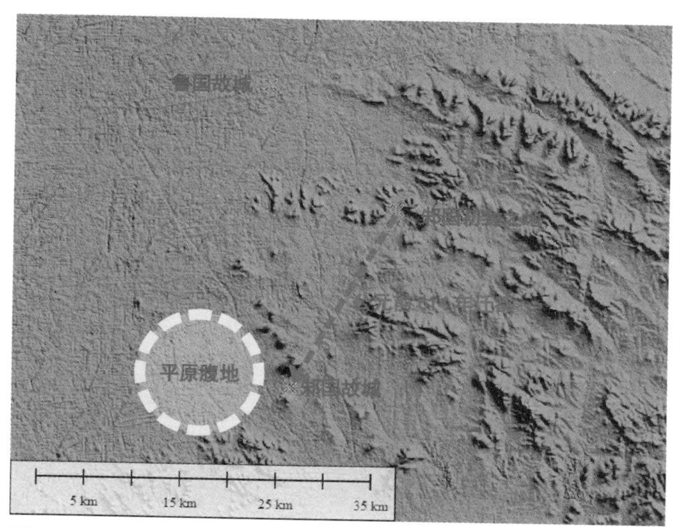

图 7-2-11　邾国迁都形式分析图

邾鲁为世仇，“邾文公卜迁于峄”极有可能是受到鲁国的威胁。邾国迁都之前与鲁都曲阜相距仅 20 公里，选择丘陵边缘地带有群山护卫之处作为国都有一定的防御作用，同时也使得国都没有直接控制的供给平原，发展受到限制，迁都在地理上解决了这个问题（图 7-2-11）。

邹城峄山的邾国故城距离鲁国故城 32.42 公里，选址极具战略意义——故城位于两山之间，选择峄山作为北凭，南城墙沿廓山山脊修建，易守难攻（图 7-2-12 ~ 图 7-2-14）；峄山与廓山均为平原地区的孤立山峰，视野开阔坐镇平原，使得国都既有良好的防御性能又能控制大片农耕平原腹地。邾鲁两国以漷河为界，鲁国借漷河改道侵占邾国领土，而迁都后的邾国毫不示弱，成为与鲁国作战能力最强的国家，说明了迁都带给邾国的发展。

邾国故城气势宏伟，如今廓山东西两侧各有一个水泥厂，开山凿石、挖土挖沙对故城的城市格局及山水形势造成严重破坏。廓山西麓水泥厂有大型挖土机作业，已经危及城墙所在山体（图 7-2-15、图 7-2-16），廓山东麓水泥厂的挖沙大坑就开在东南角城墙的墙面上（图 7-2-17），形势危急。

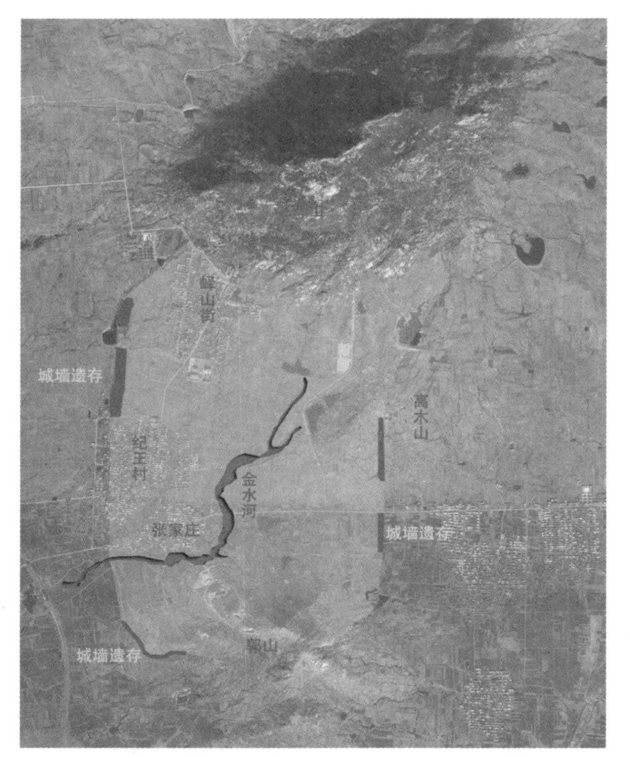

图 7-2-12　邾国故城地形图

图 7-2-13　廓山俯瞰遗址及峄山全景图

图 7-2-14　廓山顶部城墙遗存图

图 7-2-15 廓山西麓破坏与城墙关系图

图 7-2-16 廓山西麓破坏全景图

图 7-2-17 东南角及城墙墙面挖沙大坑关系图

3）小邾（ ）国：迁都求存

小邾国先君颜友的初封之地是古郳国，即如今的土城遗址 II，小邾国由地望得名为郳。第四代国君郳犁来依附齐桓公，晋爵为子，迁都到如今的郳国故城遗址。小邾国依附于齐国“始列诸侯”，然而小邾国毕竟国力弱小，周边又紧邻鲁、邾、滕、薛等国，其迁都与邾国一样是受环境所迫。

根据小邾国前后两处都城形势可知（图 7–2–18），土城遗址 II 地处平原，控制的腹地范围较广；而郳国故城位于山地丘陵边缘，又与滥国国都（昌虑故城）相互制衡，供给平原范围大幅度缩小。但是，迁都之后，国都深入鲁中山区，背靠山脉，坐拥农耕盆地，防御性能较之前大幅提升。

考古发掘表明，小邾国先君颜友的墓地就在东江，位于后建都城周边，小邾国极有可能在迁都的同时迁葬先君。东江小邾国墓地与郳国故城相距约 8.4 公里[①]，与土城遗址 II 相距约 23.5 公里。《史记·孙子列传》载：“兵者，百里而驱利者蹶上将，五十里而驱利者军半至。”每日行军适宜的距离约在 30 公里左右，相应的，祭祀仪式的执行距离若想达到 23.5 公里，就无法在一日之内往返。只是，如果小邾国确实迁葬先君，真正的原因恐是为了保证墓地的安全，而不是为了保证祭祀仪式的顺利进行。先秦时期以宗庙的形式祭祀先人，陵寝祭祀是汉代逐渐发展成熟的[②]，以鲁国为例，先君墓葬在阚城，距离都城曲阜 61.3 公里，更是远远超越祭祀仪式的可达范围，亦说明祖先墓地的安全性为首要。

姑且不论迁都所耗的人力物力，小邾国从此获得爵位而名正言顺，为了“正名”，做出了放弃地利、苟且自保的选择。两千多年过去了，随着滕州市的发展，土城遗址 II 已经淹没在现代城市的高楼之下（图 7–2–19、图 7–2–20），而郳国故城以其闭塞的地理环境仍然屹立于青山碧水之间（图 7–2–21、图 7–2–22），也变相佐证了土城遗址 II 比郳国故城更适合经济的发展。

① 由于考古资料不足，遗址边界界定不清，遗址间的距离以遗址中心区之间的距离模糊估算。

② 王柏中. 试论汉代陵寝祭祀及其对宗庙祭祀的影响. 鞍山师范学院学报，2000（12）：18–20.

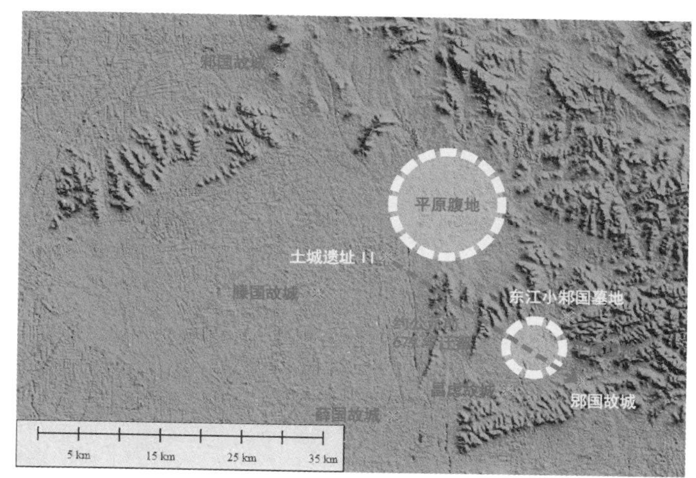

图 7-2-18　小邾国迁都形式分析

图 7-2-19　土城遗址 II 地形图

图 7-2-20　郳国故城地形图

图 7-2-21　土城遗址Ⅱ现状图

图 7-2-22　郳国故城现状图

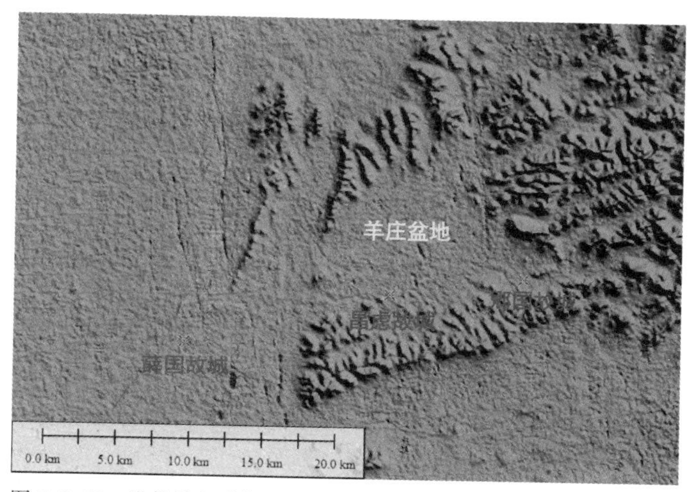

图 7-2-23　滥都昌虑形势分析图

4）滥国：先天不足

滥国为三邾中实力最弱的国家，始终没有爵位。就大的地理格局而言，滥国国都位于两列山脉所夹的平原地带，东有郳国、西有薛国，东侧不远就是鲁中山区，腹地范围受限，是先天不足的小国（图 7-2-23、图 7-2-24）。国都昌虑故城位于薛河北岸，羊庄盆地下游陡湾处，河道在盆地出口处被两侧山脉所阻，一旦洪水爆发就是旷溢之地。古人在这种容易洪水泛滥之处设置监视水位的警戒标，“滥”本义就是“警戒水位”，也有洪水泛滥成灾之意（图 7-2-25）。

滥国的产生是“叔术让国夏父，自居于滥”，对于这段历史描述的版本颇多，叔术让国之后选择这么差的区位立国，恐是宫廷斗争失利的结果。邾国衰弱之后，滥国叛邾归鲁，在春秋战国弱肉强食的背景下，为求自保依附强国也是情有可原的。

图 7-2-24　昌虑故城地形图

5)　阳国与焦国：乱地早殇

偪阳国与焦国均在鲁中南地区的边缘位置（图 7-2-26），相似的地理格局带来相似的命运——偪阳国位于最南端的齐地（山东半岛）与中原的连接地带，灭国较早，其地先入宋后归楚；焦国位于邹鲁地区与中原的连接地带，先受楚国胁迫东迁至此，后又被鲁国（一说晋）吞并，最终归齐（图 7-2-27、图 7-2-28）。

鲁中南地区总体位于大野泽与鲁中低山丘陵之间，相对独立，但偪阳国与焦国均位于鲁中南与外部相连的交通要道周边，是大国交界之处，历来领土分

图 7-2-25　故城南侧薛河与陶山地形图

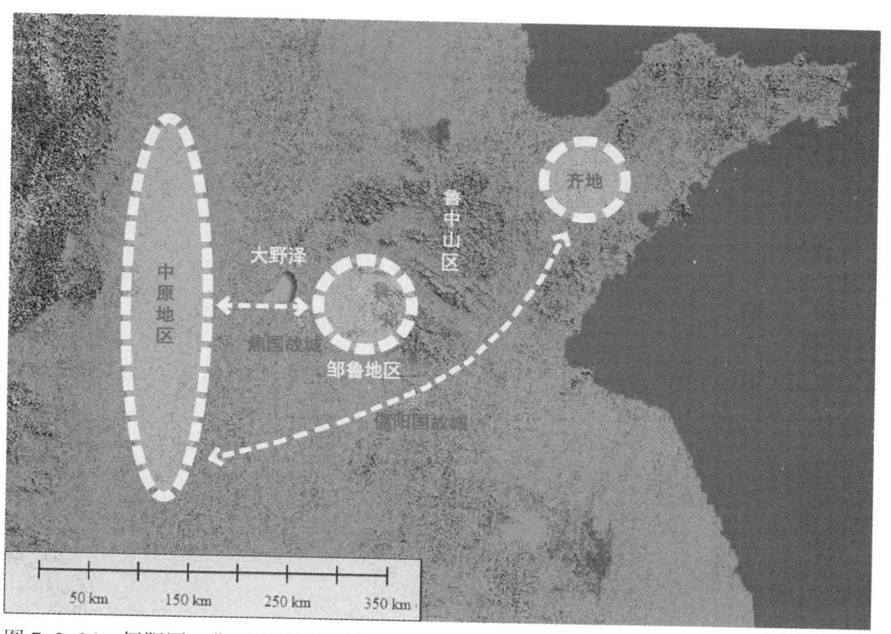

图 7-2-26　偪阳国、焦国形势分析图

歧最多，不免灭国的厄运。两国的命运体现了地理单元交接部位的动荡，是国力对比发生变化时最先变化的区域。

如今，焦国故城靠近济宁及菏泽的交界处，偪阳故城位于枣庄市南端的靠近山东与江苏交界处，仍然位于行政区划的交界之地。

图 7-2-27　偪阳故城地形图

图 7-2-28　焦国故城地形图

6）薛国与滕国：地利人和

薛国与滕国均为平原小国，无险峻可依，防御性能较差，但两国均能长时间地享有大片肥沃的平原（图 7-2-29）。一方面两国位于鲁中南地理单元之内，周边有鲁国、邾国环绕，动荡不易波及；另一方面归功于深厚的文化底蕴和中庸的处世之道。薛国比滕国实力强，滕国实行“善政”，享国时间反而长于薛国，是春秋战国时期诸侯国即争名又求实的反映（图 7-2-30、图 7-2-31）。

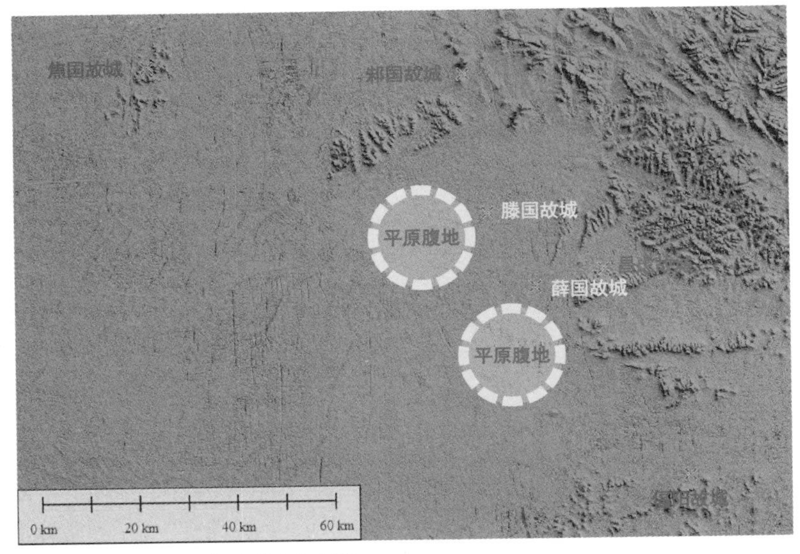

图 7-2-29　滕国、薛国形势分析图

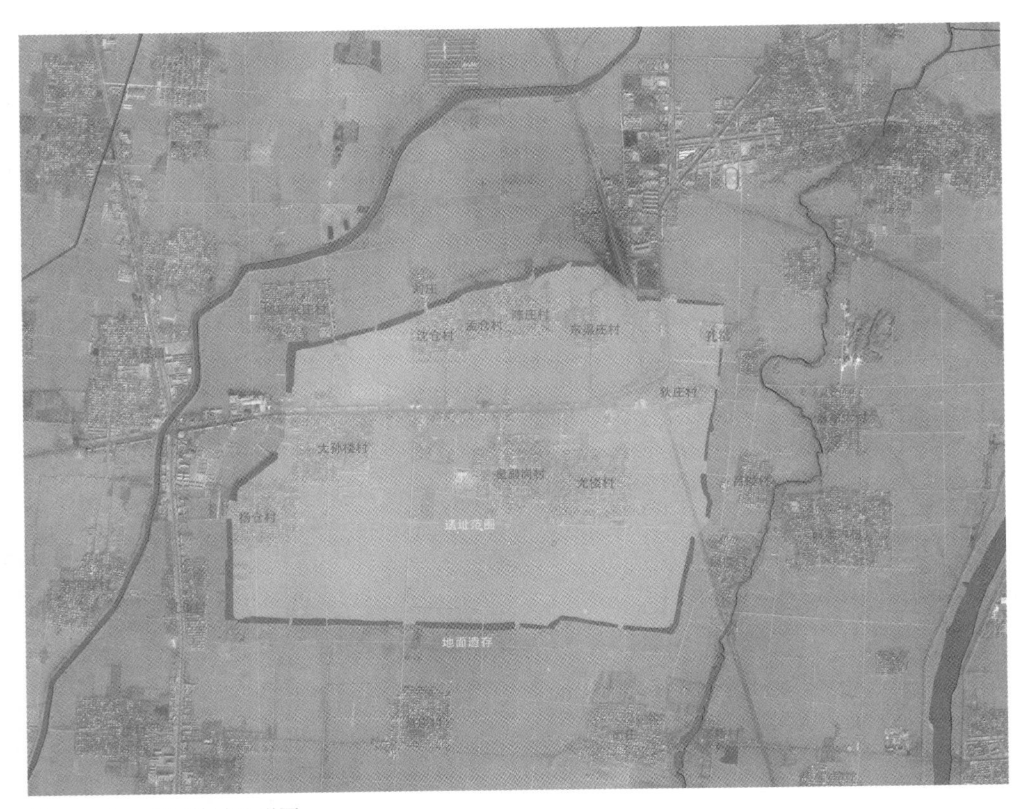

图 7-2-30　薛国故城地形图

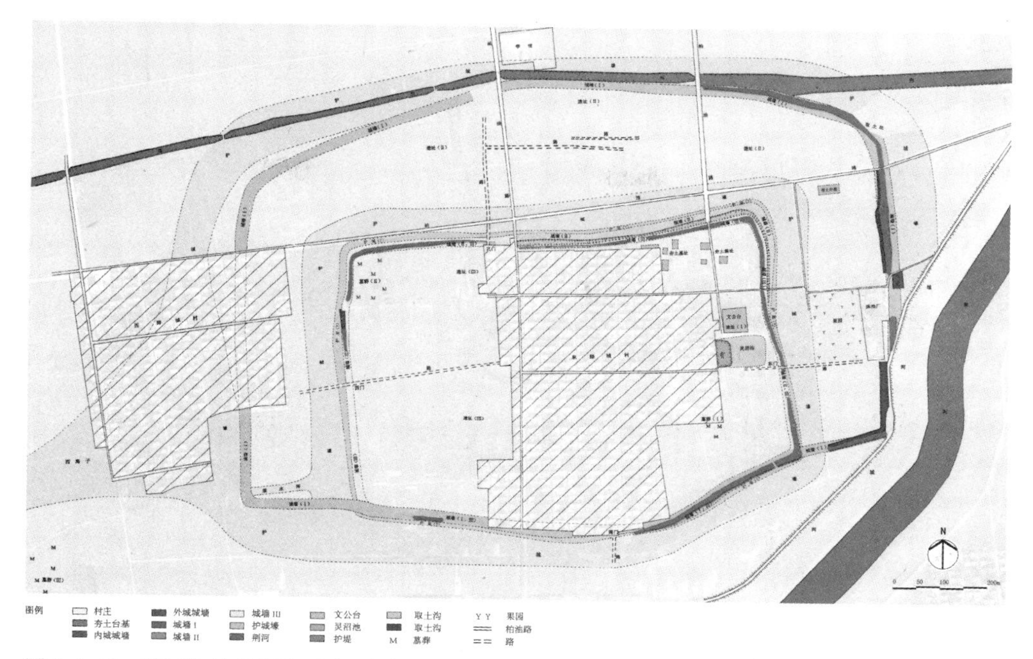

图 7-2-31　滕国故城考古平面图　参考滕州市文化站提供滕国故城考古勘探遗迹平面图自绘

（3）运行模式

春秋战国时期，诸侯国各自为政，城市间的关系包含诸侯国内部各城市间的关系和诸侯国之间的竞争关系，优胜劣汰、适者生存是背后的动因。总结各国国都情势，诸侯国内部城市包括经济支持、互为依托和拱卫国都等，如鲁国都城与西侧平原城市和东侧军事城市之间的关系；诸侯国之间的竞争关系包括地理区位、资源争夺和战略防御，如偪阳国、焦国与滕国、薛国的区位不同带来的不同命运，鲁国与邾国的领土争夺战，焦国、邾国和小邾国的迁都自保等。

在区域内来看，鲁国实力最强，有能力把国都放在平原之地，由众多小城支持和保护；其余小国在战乱频仍之际，为求自保，国都须选择险固之地。若综合国力对比发生变化或受到新生外力的胁迫，会出现三种情况——放弃地利、迁都到边角之地，依附强国求存或者别无选择之下灭亡。

在政治城市优先发展的农耕时代，政治中心与农业区互为依存，各国都城的空间布局其实是一个瓜分农耕平原的过程，大国占据地利，小国逐渐被蚕食吞并。“匠人营国”是综合国力博弈的外在空间表现，受到先天地理因素的制约；所“营”的不只是一邦之民的居所，也是一国百姓的命运。

7.3 两汉时期：郡国并行、郡县邑城、区域特征

秦接受周王朝覆灭的教训，实行单一郡县制，不分封诸侯；两汉时期实行郡国并行制，在郡县体制之外分封诸侯，但诸侯国分封制度与西周有较大区别。西周时期，封国不是诸侯的私有财产，土地也不准买卖，但是在封国之内诸侯是主宰，有权将自己封国的土地和人民再分封给自己的臣下——卿、大夫；两汉时期，诸侯无权将封国内的土地人民再分封给自己的子弟亲信，擅自授人爵位即被视为违法。[①] 两种分封制度的不同，体现了由群雄分疆裂土到诸侯有名无土的演化过程，经过一系列法令的限制和“削藩”政策，诸侯王实际成了只有爵位而无实权的贵族。秦汉是中央集权发展、地方势力削弱的时期，诸侯国之间不再是博弈关系，逐渐形成了地方受控于中央的自上而下的城市组群（图 7–3–1）。

西汉时期，城市数量激增，两汉之间的战乱造成城市严重凋敝，终东汉之

① 董平均. 西汉王国分封制度探源［J］. 首都师范大学学报（社会科学版），2003（04）：16.

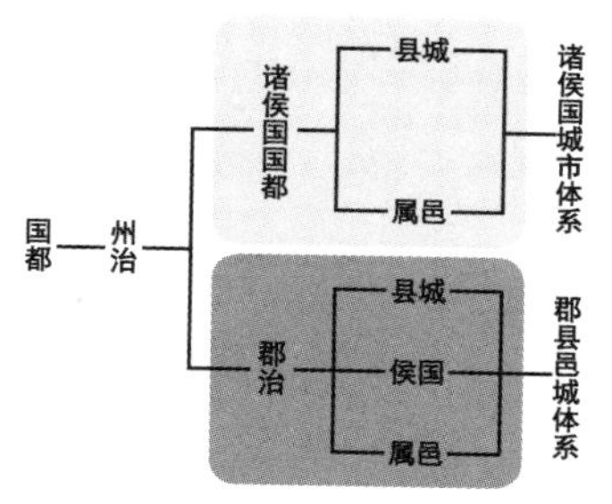

图 7-3-1　两汉城市体系结构

世未恢复西汉末年城市数量。① 西汉时期新增城市的选址及意义，战乱带来的城市凋敝对城市组群的影响，以及诸侯国与郡县邑城两种城市体系的比较分析都能够反映出秦汉时期的城市关系和营城理念。

（1）郡国并行

诸侯国城市体系主要指诸侯国国都及其属城。两汉诸侯国大多几经兴废变数较大，其间的营建活动语焉不详，但城市的位置及规模可以得到城址的印证。通过历史沿革梳理，得出鲁中南地区共涉及的王国七个②，分别是西汉时期鲁国、山阳国、东平国、楚国与东汉时期的鲁国、任城国、彭城国、沛国。

其中，鲁国立国稳定，其余各国领土属城均有变迁，可归为一类；而彭城国、沛国与楚国范围辽阔，分别只有公丘（滕国故城）、广戚、傅阳（偪阳故城）一座城址位于鲁中南，无法构成城市组群。

① 周长山. 汉代城市研究［M］. 北京：人民出版社，2001（10）：6.

② 包含鲁国和任城国，其余各国均为搭界。

两汉时期的诸侯国已无过多军事意义，鲁国与山阳国同为宗室直系封国①，历史却截然不同：作为孔子故里和儒学文化中心，鲁国受到汉廷格外重视，在诸侯国中享有较高的地位和优厚的条件，立国长达百余年；山阳国产生于中央与地方的权力博弈之中，且一时为国、一时为郡，存世较短，几经兴废。

1）文化中心：鲁国

两汉时期，随着统治者的大力宣传，儒学逐渐成为显学。汉高祖开创了后世帝王祭祀孔子之始②，东汉有四位皇帝③亲临鲁都祭孔。鲁国成为尊孔祭孔的重要基地，其背后的儒家文化，确立了统治者不可侵犯的地位，是皇帝与诸侯权力博弈的思想武器。在此背景下，鲁国享有一系列特权，崇高地位体现在领土属城范围及王城宫殿规制等各个方面。

战国时期，鲁国势弱，在齐国不断进逼之下，领地逐渐缩小，且山地所占较大比例，仅有曲阜西侧为优质平原。时至汉代，鲁国下辖鲁、卞、汶阳、蕃、驺（邾国故城）、薛（薛国故城）6县，较战国时期，优质农耕区比重加大，包括原邾国、滕国和薛国的土地和城池，至今仍为人口稠密的粮食生产基地。且两汉历时四百余年，鲁国一直享有优质土地，东汉时期领土反而更大，城市组群关系稳定，必为富庶之地。如图7-3-2 ~图7-3-4，底图为地形图与春秋初

① 鲁国：西汉时期，曲阜一地曾两度置鲁国。高后元年（公元前187年），太后吕雉临朝称制，封其长女鲁元公主之子张偃为鲁王，立鲁国，属徐州郡，后因张偃获罪废为侯，鲁国亦废除；汉景帝三年（公元前154年），汉景帝刘启改封皇子淮阳王刘余为鲁恭王，复置鲁国。西汉鲁国经6王，历164年。东汉时期，建武二年（公元26年），光武帝封刘兴为鲁王，追谥其父刘仲为鲁哀王。鲁国属豫州，都鲁县。刘兴王鲁26年被徙为北海王，鲁地谥封东海王刘强。光武帝建武十九年（公元43年）原太子刘强改封为东海王，“帝以强废不以过，去就有礼，故优以大封，兼食鲁郡。合二十九县，诏强都鲁。”据《后汉书·光武十王传》载，明帝永平元年（公元58年），东海王刘强病危，曾上书“诚愿还东海郡”，仅食鲁郡6县。刘强王东海时兼食鲁、都鲁之鲁地称东海国，刘强薨后诸王食鲁、都鲁之鲁地称鲁国。东汉曲阜为东海国和鲁国国都共经6王，历195年。

山阳国：景帝中元六年（前144年），拆梁国置山阳国，封梁孝王子刘定为王，都昌邑。刘定王山阳九年薨，无子，国除为山阳郡。天汉四年（前97年），武帝立其子刘髆为昌邑王，国治昌邑。刘髆立11年薨，子刘贺嗣，元平元年（前74年），昭帝崩，大将军霍光等迎立昌邑王刘贺为帝。刘贺淫乱放荡，不理朝政，只做了27天的皇帝被废，因除为山阳郡。元康三年（前63年），宣帝将刘贺迁往豫章郡（今南昌市），封为海昏侯。

② 《文庙礼乐考》载：“孔子殁二百二十有五年而汉兴。越十有二年，高祖过鲁，以太牢祀。”

③ 光武帝刘秀、汉明帝刘庄、汉章帝刘炟、汉安帝刘祜。

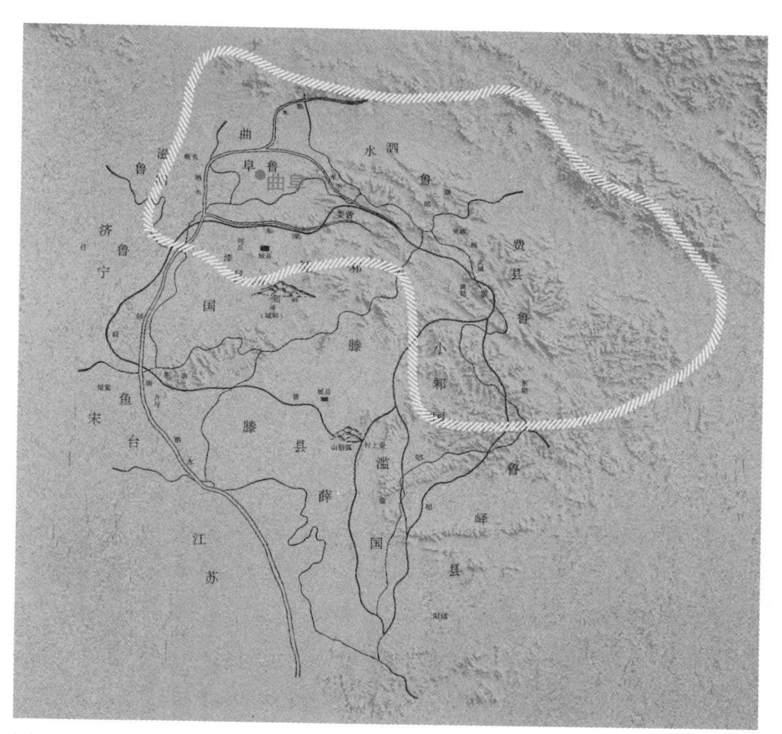

图 7–3–2　战国时期鲁国疆域图

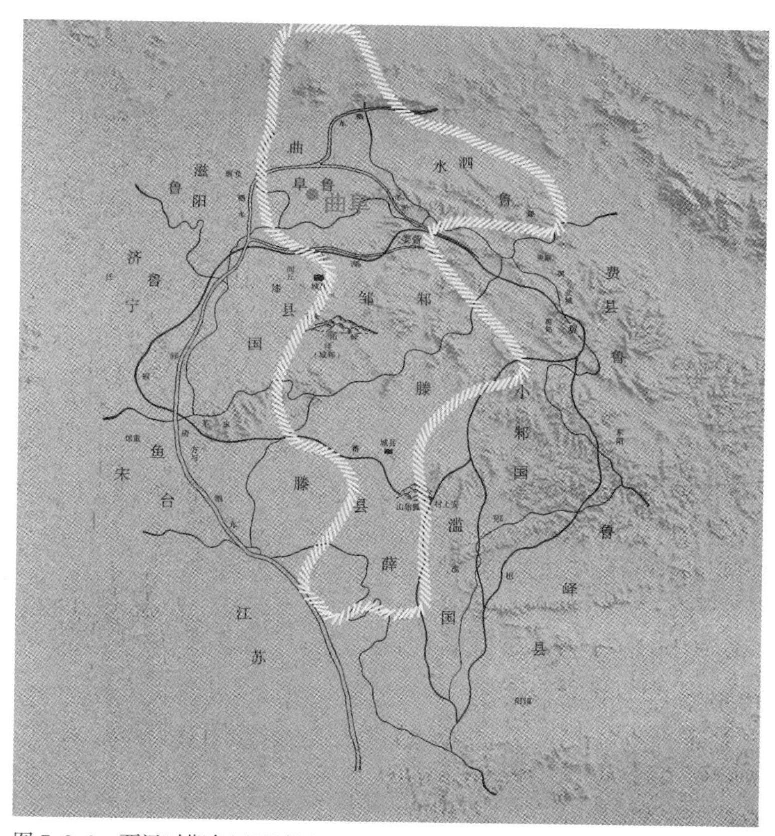

图 7–3–3　西汉时期鲁国疆域图

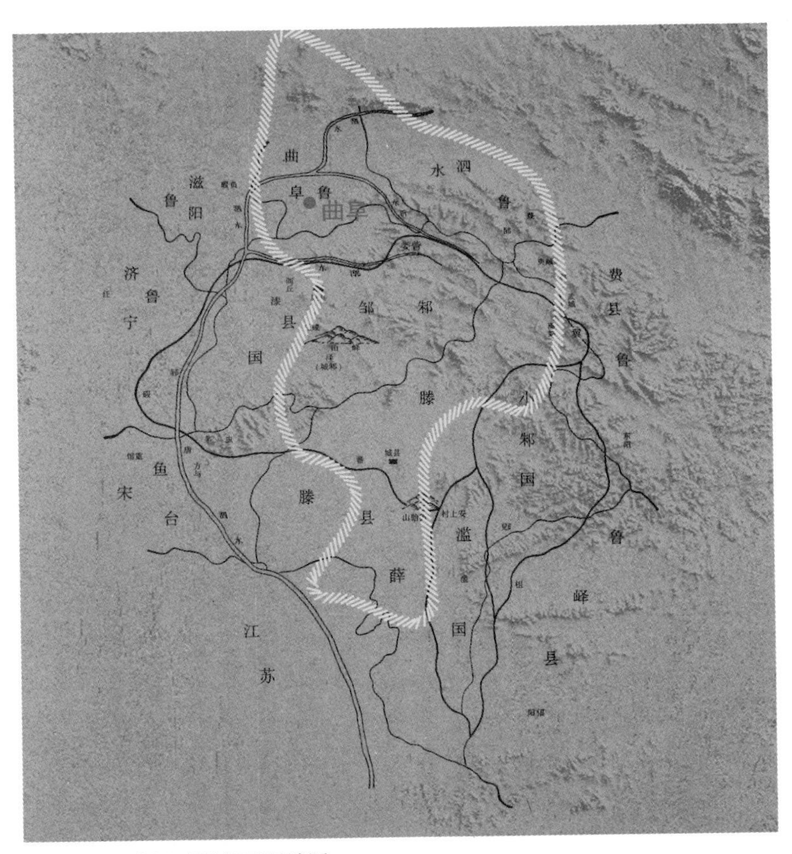

图 7-3-4　东汉时期鲁国疆域图

期三邾形势图的叠合，可见鲁国各时期领土与鲁中南地区春秋初期的土地归属对比：鲁国由春秋初期势力范围较大的列强逐渐变为退居鲁中南的小国，鲁国自身势力不强也是被汉廷所容、保持稳定的原因之一。

为削弱地方势力，汉高祖施行“堕名城”政策，齐临淄等规模达到几十平方公里的城池均弃用大城或被缩筑，各国国都普遍缩小。在鲁都曲阜 10.45 平方公里的大城内也存在一个 3.75 平方公里（东西约 2.5 公里，南北约 1.5 公里）的汉城。但是，考古发掘结果表明，汉城至少在战国时期就已存在[①]，可见小城

① 山东文物考古研究所编著. 山东20世纪考古发现和研究［M］. 科学出版社，2005：405.

的建设以大城的存在为前提，而且汉代之前为大城小城同时使用的格局；西汉初营建的灵光殿不在汉城之中，说明曲阜在汉代也是两城并用，可见，两汉鲁都事实上保持了原有规模，并未受到“坠名城”政策的影响。

灵光殿是西汉时期最著名的三大宫殿建筑群之一，规模庞大，与汉都长安的皇家宫苑未央、建章二宫齐名；始建于鲁恭王刘余时期（汉景帝中元元年，公元前149年），毁于魏晋时期，存世约400年[①]，也必然见证过东汉诸帝祭孔的行驾。其始建是由于刘余“好治宫室苑囿狗马”，在等级森严的早期社会，允许这样的宫殿存在，与诸侯国的地位及皇帝的默许不无关系。

鲁国深厚的文化积淀、崇高的地位和特权，都源自于鲁地优越的农耕条件和地理区位，借由地利，一步步由先民聚居之地，发展成军事要地，最终成为文化中心。鲁都的选址及营建启自上古，治乱相宜；周初曾为镇抚东夷战略要地，封国时获得礼器和各种典籍，位列诸侯之首，完整保留礼乐文化传统，成为后世儒学的摇篮。其背后的规律是适宜的生存环境和优势地理区位转化成文化软实力，进而促进城市的持续发展。

2）削藩的产物：山阳国

梁孝王刘武曾经依仗窦太后的宠爱和梁国地大兵强欲继景帝之位，愿望未及即逝，景帝将梁国一拆为五，分封给刘武的五个儿子，山阳国就是第四子刘定的封国。虽然史料记载景帝此举乃为安慰窦太后丧子之痛，实则经此拆分，梁国势力大减，再无问鼎皇位之力。可见，山阳国的初封隐含着削弱地方势力的意味。

西汉时期，山阳国领地与山阳郡所辖县域相同，均领10余县，地域面积略大于鲁国，境内平原居多，有大野泽渔利，亦为富庶之地；但其领土极为曲折，并不集中，似是为了包括都关、瑕丘、黄、湖陵等位于四角的城市（图7–3–5），

① 钱欢青.刻在“北陛石”上的屈辱与荣耀［N］.济南时报，2012–04–23.

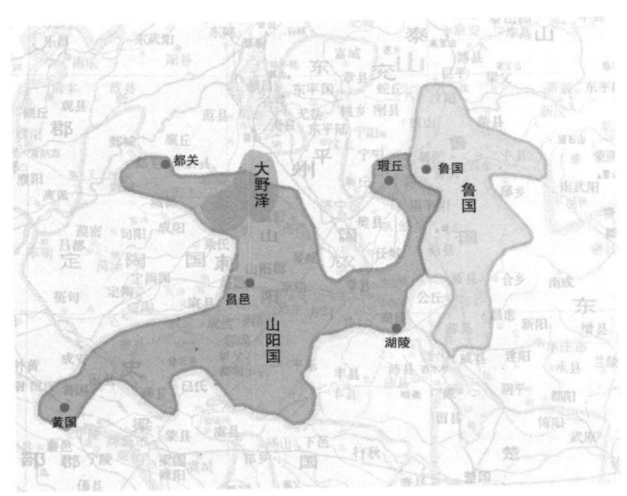

图 7-3-5　西汉时期山阳国与鲁国　自绘，底图引自谭其骧．中国历史地图集［M］．北京：中国地图出版社，1996.

拆分的捉襟见肘可见一斑，而境内属城大部分为春秋战国时期的小国小邑。至东汉时期，山阳郡地块取整，领土缩小，且不再立国，大部分位于山阳国的大野泽也被东平国和济阴郡分出许多，或许中央有意将渔利分摊给各个地方，也体现了山阳郡地位的下降（图 7-3-6）。

国都昌邑（即山阳故城遗址）本秦代县城，开发较晚，无山河地势可凭，也无深厚文化积淀；借由梁国拆分的契机，因为大致居中成为一国之都，由普通县城一跃成为区域中心，与鲁都曲阜有根本性差别。山阳国除国之后，昌邑也一直保有郡城的地位。今日的山阳故城破坏严重，平面形状及规模均不详，残余面积约一万平方米，原建制已不可考。

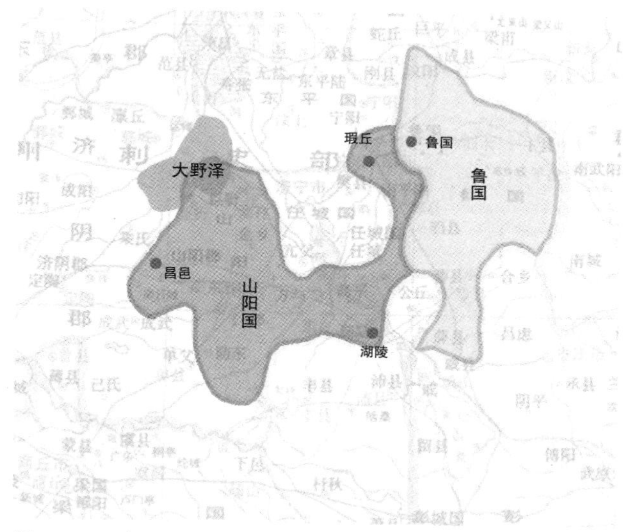

图 7-3-6　东汉时期山阳郡与鲁国　自绘，底图引自谭其骧．中国历史地图集［M］．北京：中国地图出版社，1996.

3）退化的诸侯国：东平国与任城国

西汉的东平国①未见封王记录，东汉光武帝之子刘苍就封。刘苍多次受到明帝、章帝的褒奖，东平国地位也较为显赫，他去世之后，章帝将东平国一拆为二，封其次子为任城王，建立任城国②，仅辖任城、樊县、亢父三县。

东平国与任城国都是东汉中央集权确立之后才登上历史舞台的，此时地方权力已由诸侯王转移到州郡牧野的手中，诸侯国已不足为患，任城国的产生也不具有削藩意义。但是，诸侯国已在各个方面表现出衰落的迹象——东平国

① 汉甘露二年（公元前52年）改大河郡为东平国。光武帝子刘苍于建武十五年（39年）受封为东平公，十七年（41年）晋封为东平王，永平五年（62年）正式就国。为人雅有智思，兄明帝甚爱重之，及即位（58年）拜为骠骑将军，置长史掾，吏员四十八，位在三公之上，“多所隆益、声望日重”。永平中，修礼乐，定制度，苍都主持其事。帝每巡狩，苍常留都。寻上疏辞归。东平国历5王，东汉灭亡，国除。

② 东汉章帝建初九年（84年）封东平宪王刘苍的儿子刘尚任城王，传三世，无后。汉桓帝延熹四年（161年）封河间孝王刘开的儿子参户亭侯刘博为任城王，无后。汉灵帝嘉平四年（175年）又封河间贞王刘建的儿子新昌侯刘佗为任城王，曹丕篡汉，国除。

虽享有较高的地位，各方面均乏善可陈；而任城国仅辖三县，规模已与侯国无异。由于诸侯退出权力核心，局势的动荡不安逐渐趋于平稳，东平国与任城国均立国至东汉末即为一证，郡国并行的城市组群随着诸侯国的逐渐退化，必将转化为单一的郡县制城市组群。

(2) 郡县邑城

诸侯国城市体系受到诸多法令限制，不能自由建城，郡县邑城体系的建设承担起土地开发的职能，后者包括郡县城市及其所属的下邑、军邑及侯国。汉代分封侯国是将一定数量户口的赋税作为俸禄赏给王子功臣，而侯邑的土地归郡县管辖，属于郡县城市体系。侯国流动性大，可循环利用，很多城市在从属关系不变的情况下，在县城和侯国之间不断转化。

1) 郡县下邑

鲁中南地区内仅有枣庄市东部、南部在两汉时期一直为郡县邑城体系，属东海郡，共有 17 座待考城址。其中，鹅鸭城、岳城、大香城、土城遗址、安城遗址、部城遗址建制不明；中陡城、郧国故城、东江小邾国墓地两汉期间的沿革不详，不知是否已废弃；二疏城遗址本身为汉代城址，但废弃时间不明。此间的有效案例以图 7-3-7、图 7-3-8 所绘城址为准，西汉有县城 7 座——建阳、新阳、兰祺、阴平、昌虑、氶县（承县故城）、戚县，其中新阳、阴平、兰祺和氶县是新建，且建阳、新阳、兰祺、阴平、昌虑均一度为侯国；东汉有县城 4 座——昌虑、阴平、氶县、戚县，没有侯国分封记载，且新阳与兰祺被废弃，西汉新建的 4 座城市中仅阴平和氶县继续使用。相比较而言，东汉的城市覆盖率小于西汉。周长山先生曾经估算过东汉与西汉的城市数量和城市人口，鲁中南地区的情况与之相符[①]。

① 周长山. 汉代城市研究，第一章汉代城市的发展概况，第二节汉代城市的发展，“汉代城市数量在西汉末年达到巅峰，

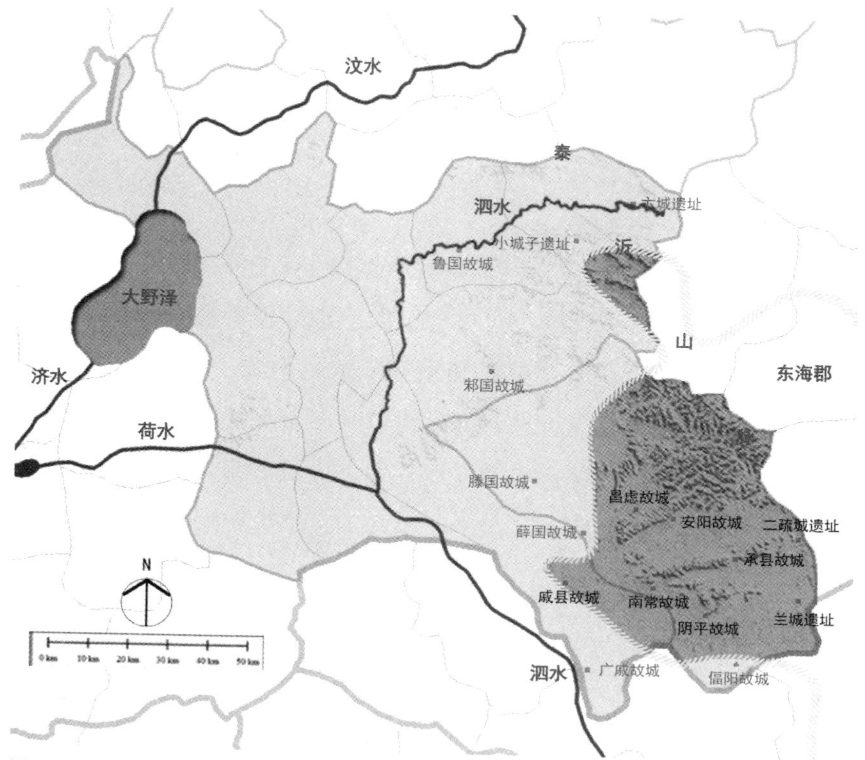

图 7-3-7　西汉东海郡属城图

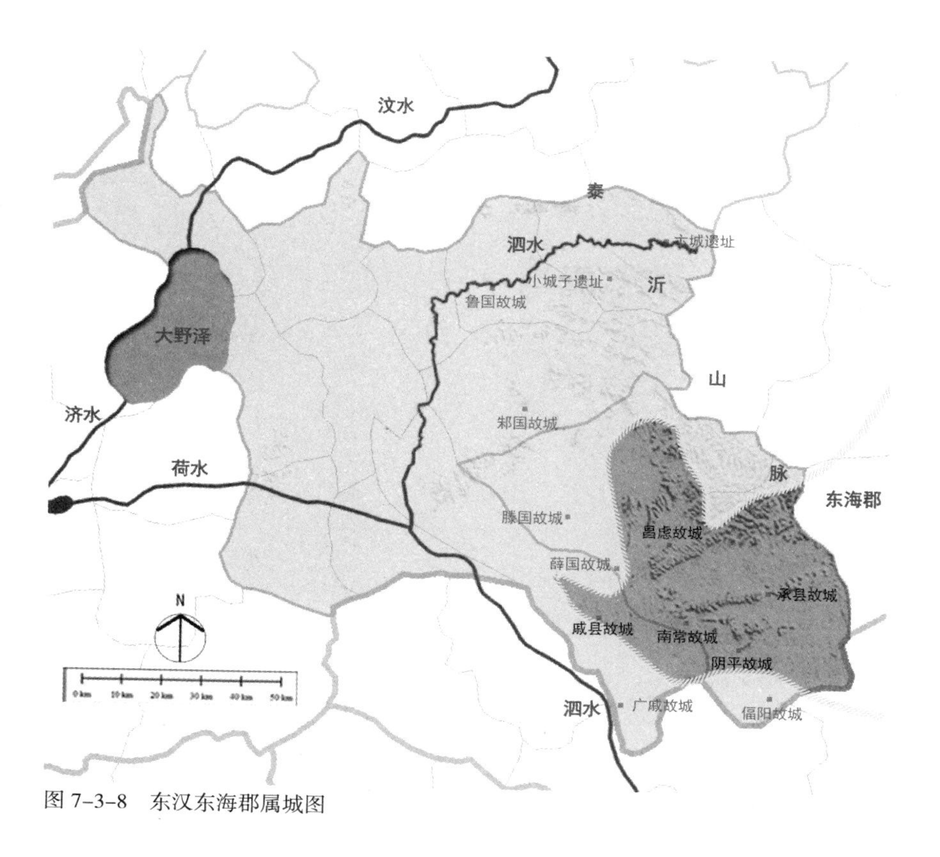

图 7-3-8　东汉东海郡属城图

东海郡的7座县城中，除4座始建于西汉之外，戚县亦秦代新建，仅有昌虑和建阳始建于春秋时期，可见此前的土地开发不够充分，可能是自然条件不像鲁国地区优越，仅有零星小国偏安于此，不属于任何一个大国的核心区域，战国时又成为各国边界土地归属的纷争区，更无法得到相应的开发。秦汉大一统时期，动荡减少，社会生产发展较快，人口增多，土地开发的重点转向前代未充分利用的地区。

2）侯国

西汉侯国有的相当于县，有的相当于乡，但均独立为国；东汉除县侯以外，还有都乡侯、乡侯、都亭侯，亭侯各级，都乡侯以下只记封户，不独立为国。本节仅探讨独立为国、自成一城的侯国，共12座（表7-3-1、表7-3-2）。受到资料限制，存在部分未列入列表的侯国（建陵、互乡、合乡等）及大量地望不明的侯国（山乡、东阳等），须待考古工作开展进行。

全国共有城市1587座……东汉初年全国城市数量大约1100左右……东汉末年，城市总数与东汉初期相比并没有明显增多，平均每县人口刚刚恢复到西汉末年水平。”北京：人民出版社，2001（10）：8-10.

西汉时期鲁中南地区侯国列表①

表 7-3-1

编号	名称	城址	历史记载	形状	规模
1	公丘	滕国故城	汉高祖封夏侯婴为侯邑，号滕公，寻改置公丘县，属沛郡。武帝元朔三年（公元前126年）封鲁恭王子顺为侯邑	圆角长方形	周长约1万m，面积约160万m^2
2	昌虑	昌虑故城	昌虑康侯弘，鲁孝王子，宣帝神爵四年（公元前58年）闰月封，子奉世嗣；孙盖嗣；免		周长约5000m，面积不详
3	瑕丘	暇丘故城	武帝元朔三年（公元前126年）封鲁恭王子节侯刘政为侯邑。元平元年（公元前74年）思侯国嗣；本始四年（公元前70年）孝侯汤嗣；神爵二年（公元前60年）炀侯奉义嗣；釐侯遂成嗣	长方形	南北长2500m，东西宽1500m，面积约325万m^2
4	建阳	南常故城	建阳节侯咸，鲁孝王子，宣帝甘露四年（公元前50年）闰月封，子霸嗣；孙并嗣	长方形	东西长534m，南北宽434m，面积约23万m^2
5	新阳	安阳故城	新阳顷侯水，鲁顷王子，成帝鸿嘉元年（公元前20年）五月封，子级嗣	正方形	边长200m，面积约4万m^2
6	郚乡	小城子遗址	郚乡侯闵，鲁顷王子，成帝阳朔四年（公元前21年）四月封，哀帝建平三年（公元前4年）封为鲁王	不规则形	面积约5万m^2
7	兰祺	兰城故城	鲁安王子，昭帝始元六年（公元前81年）六月辛丑封，子去疾宣帝神爵二年（公元前60年）嗣，孙嘉甘露元年（公元前53年）嗣；后曾孙位嗣	正方形	边长约1500m，面积约225万m^2
8	广戚	广戚城遗址	武帝元朔元年（公元前128年）十月封鲁恭王子将节为广戚侯 成帝河平三年（公元前26年）春，正月，楚王嚣来朝。二月，乙亥……封其子勋为广戚侯（刘勋，侯显嗣）	—	—
9	休	休城遗址	景帝元年（公元前156年）四月乙巳，楚元王子刘富封休侯。景帝三年，休侯富以兄子戊为楚王反（楚王怒休侯，欲先取休，休侯惧）富与家属至长安北阙自归，不能相教，上印绶	长方形	面积约3万m^2
10	阴平	阴平故城	阴平釐侯回，楚孝王子，成帝阳朔二年（公元前23年）正月封，子诗嗣，后免	长方形	面积约20.8万m^2

① 表中形状及规模来自《中国文物地图集·山东卷（下册）》济宁与枣庄部分，或为文化遗存面积，当能体现原侯国大体规模。历史记载来自《汉书》（［汉］班固撰，［唐］颜师古注，中华书局，1962. 第十五卷 王子侯表第三，p427-526）。

东汉时期鲁中南地区侯国列表[①] 表 7-3-2

编号	名称	城址	历史记载	形状	规模
1	东缗	缗城堌堆遗址	光武帝建武十三年(37 年)封冯异子彰为东缗侯，食三县。永平五年(62 年)，徙封平乡侯[②]	长方形	面积约 3 万 m^2[③]
2	亢父	亢父故城遗址	刘隆……建武二年(26 年)封亢父侯。十三年(7 年)，曾邑，更封竟陵侯[④]	大致呈方形	面积约 144 万 m^2

西汉的侯国具有一定地位，分封还有平地起城的情况，但是封侯均以户计，即使新建城池也必然依托村落；侯国选址由皇帝钦定，遵循靠近水源、生活便利等原则，并无军事意义。此时，鲁中南地区的侯国以王子侯邑居多，功臣侯邑较少，侯国的产生以诸侯国分出为主，是中央向诸侯收缴土地的一种形式。

东汉的侯国没有实权，仅得封户税收，与一般富户无异。《后汉书》中无侯国世系表，侯国的分封需要在传记中查阅，可见在意识形态中，侯国与诸侯国的地位已经降低;12座侯国中，仅东缗和亢父为东汉分封，也是数据的证明。

侯国规模差异较大，大体可分为三类：大于 100 万 m^2 的大规模侯国，共有公丘、暇丘、亢父和兰祺 4 座；大于 10 万 m^2 且小于 100 万 m^2 的中规模侯国，共有建阳和阴平 3 座；小于 10 万 m^2 的小规模侯国，共有东缗、休、部乡及新阳 4 座。从时间维度上看，除休城外，侯国规模逐渐变小，立国时间也逐渐缩短(图 7-3-9、图 7-3-10)，这与地方权力不断削弱，侯国地位不断降低的总体趋势密切相关。

侯国多由王国分出，别属郡县，王国的兴废对于侯国的归属产生一定影响。总体上，侯国多分布于郡县区域，如位于东海郡的兰祺、昌虑、建阳、阴平、新阳；或王国与郡县交替存在的地区，如休城、广戚、公丘、东缗、瑕丘、亢父，仅有部城位于鲁国(图 7-3-11、图 7-3-12)。

① 表中形状及规模来自《中国文物地图集·山东卷(下册)》济宁与枣庄部分，或为文化遗存面积，当能体现原侯国大体规模。

② [宋]范晔撰，[唐]李贤等注. 后汉书. 中华书局，1965：卷十七，p652.

③ 堌堆规模是否就是城池规模尚存疑，但苦于无法求证，先以堌堆规模为准。

④ 同②，卷二十二，p870.

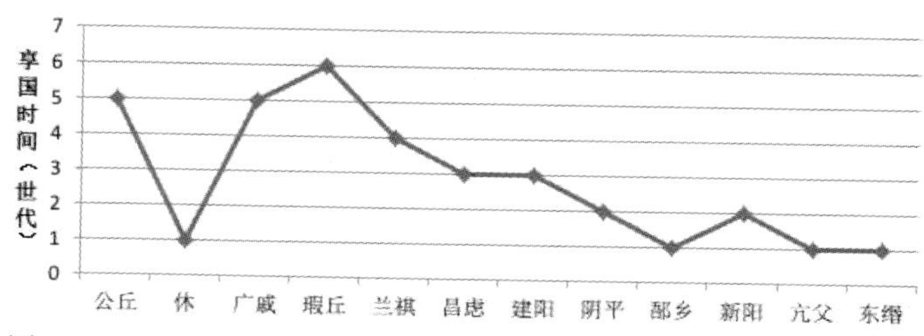

图 7-3-9　规模与封国时间关系分析

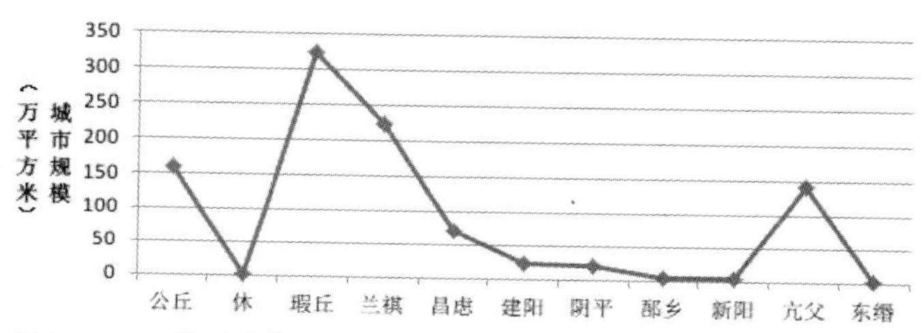

图 7-3-10　传国世代与封国时间关系分析

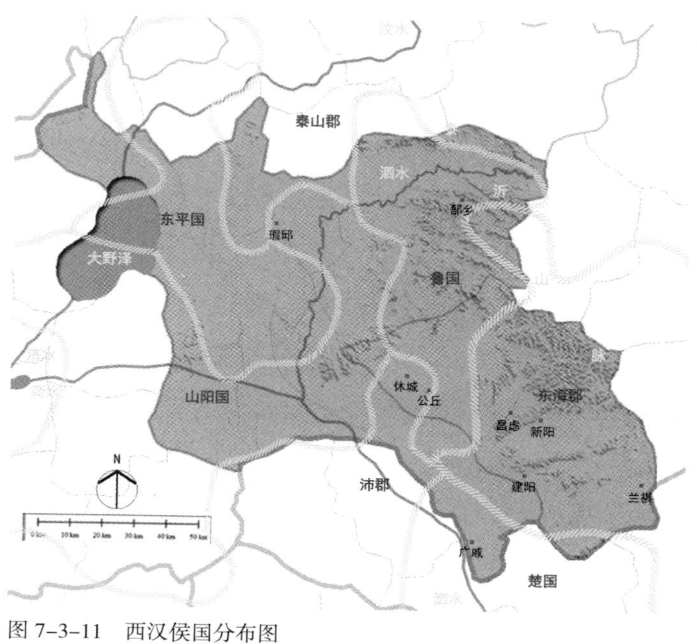

图 7-3-11　西汉侯国分布图

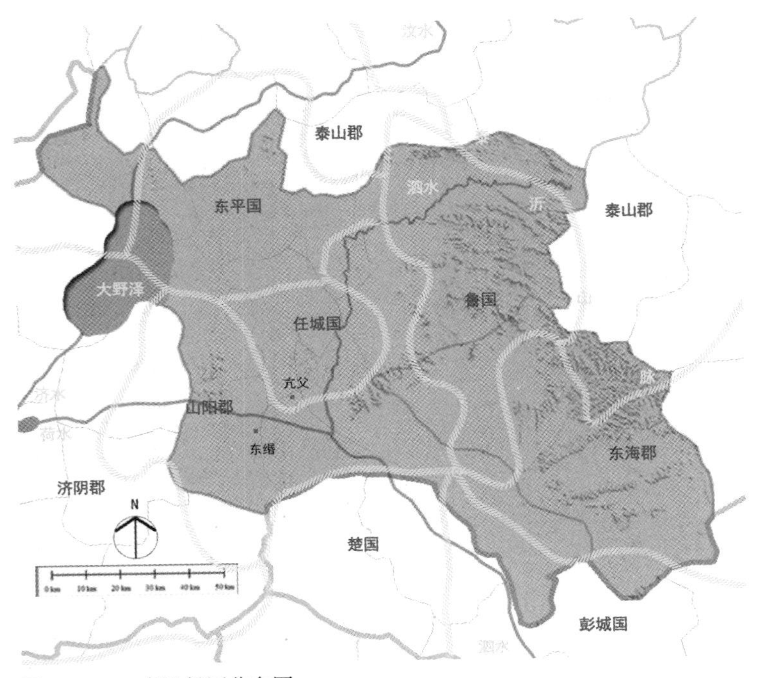

图 7–3–12　东汉侯国分布图

(3) 区域特征

春秋战国时期，诸侯享有绝对权力，城市建设各自为政，以自我防御和争夺农耕区为主要目的，注重军事布防和生产发展。秦汉大一统的环境和郡县制的兴起，为中央集权的发展创造了条件，中央与地方的权力博弈成为西汉城市组群演变的主要动因，各诸侯国均受到不同程度的影响，仅鲁国凭借文化因素幸免，而山阳国等地则产生较大的变动。随着诸侯势力的削弱，诸侯国领地逐渐缩小，且逐渐趋于平稳。在动荡的过程中，新国家的建立使得国都成为新的城市中心，城市组群随之不断发展变化。

近千年的时间里，意识形态产生重大变革，地理区位条件的影响则贯穿城市发展的始终。综观两汉时期，随着城市组群的分化发展，鲁中南地区出现三个分区：东北侧的鲁国地区（济宁市东北部及枣庄市西北部）；东南侧东海郡地区（枣庄市东部、南部及济宁市微山县南部）；西侧的亦郡亦国地区（济宁市西部、南部及枣庄市台儿庄区西南部）。

1）鲁国地区：上代开发、文化大城

鲁地的城市组群自上代开始经营，经过春秋战国时期的城市建设高潮成型，地理条件优越、开发较早。研究范围内城市遗址包括：曲阜（鲁国故城）、邹县（邾国故城）、薛县（薛国故城）、卞城遗址、郚城（小城子遗址）、城子窝遗址、土城遗址 II、前鞋城遗址、后鞋城遗址及欢城遗址。其中，前、后鞋城与欢城历史沿革不明，土城遗址 II 曾为郳国国都，秦汉时期沿革不明，有效案例如图 7–3–13、图 7–3–14 所示，可见两汉时期鲁国属城并无变化，且各城至两汉时期均已有悠久的历史。

春秋战国时期，鲁国先后营建 19 座城市，郚城便是其中之一[①]，鲁地的城市组群即在此时建设完成。鲁都曲阜一直作为国都，城市地位未发生改变；邾国故城与薛国故城春秋战国时期一度为国都，两汉时期为县城，但是邾国薛国均曾为齐国附庸，相对于一直保持独立的鲁国，国都地位略低；小城子遗址与城子窝遗址仍为具有一定军事作用的下邑；卞城由下邑变为县城。说明两汉时期鲁地一定程度上延续了春秋战国时期的城市关系，表现出较高的稳定性。

鲁国地区内曲阜、邹县与薛县均曾为国都，城市规模均在 5km^2 之上，使鲁国成为三个分区中城市规模最大的区域。各城市与周边城市的平均距离[②]为：曲阜 37.3km，邹县 38.1km，薛县 51.4km，郚乡 27.2km，卞县 31km，城子窝 35.1km。即，鲁地城市相互之间的平均距离为约一日行军的适宜距离（图 7–3–15）。

---

① 贺业钜. 中国古代城市规划史论丛. 春秋战国之际城市规划初探［M］. 中国建筑工业出版社，1986：57.

② 由于部分城市平面位置不明，无法确定城门城角位置，城市之间距离均以遗址中心位置为基点计算。

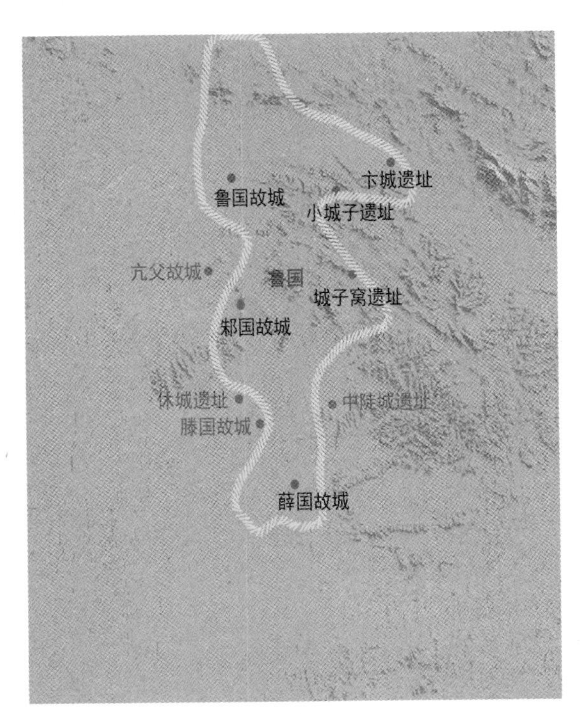

图 7-3-13　西汉鲁国属城图

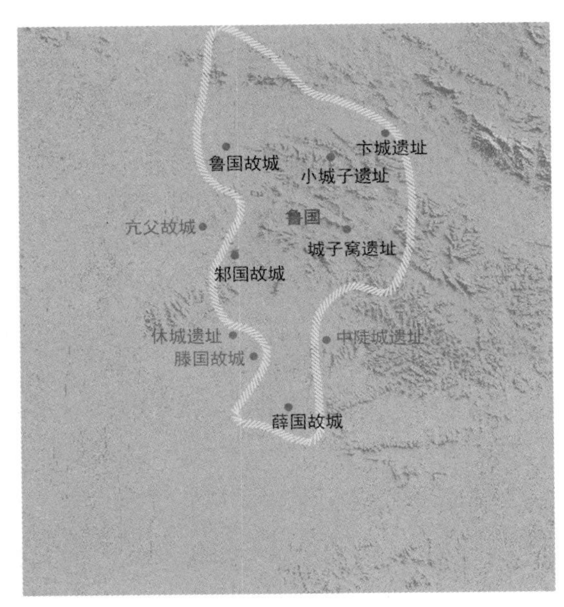

图 7-3-14　东汉鲁国属城图

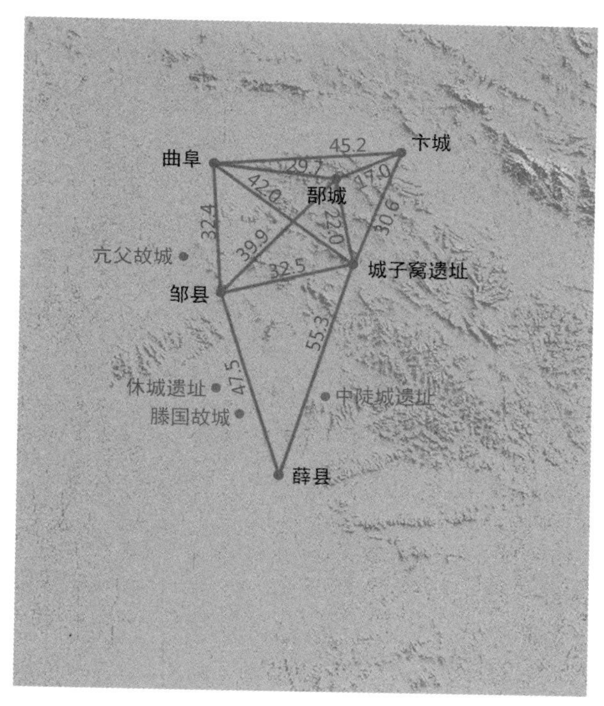

图 7-3-15　鲁国地区城市距离测算图

2）东海郡地区：西汉开发、密布小城

两汉时期，东海郡在行政区划上一直保持稳定，也为城市组群的生长创造了条件，经过西汉的城市建设高潮和东汉的城市凋敝最终成型。东汉郡的城市密度和规模皆小于鲁国地区，且东汉城市减少、密度下降，具体数据如下：

西汉东海郡各城与周边城市的平均距离（图 7-3-16）为：昌虑 18.5km，新阳 19.6km，戚县 28.0km，建阳 19.5km，承县 18.3km，二疏城 18.1km，阴平 22.7km，兰祺 19.2km。

东汉东海郡各城与周边城市的平均距离（图 7-3-17）为：昌虑 24.5km，戚县 28.0km，建阳 19.8km，承县 21.8km，阴平 22.5km。

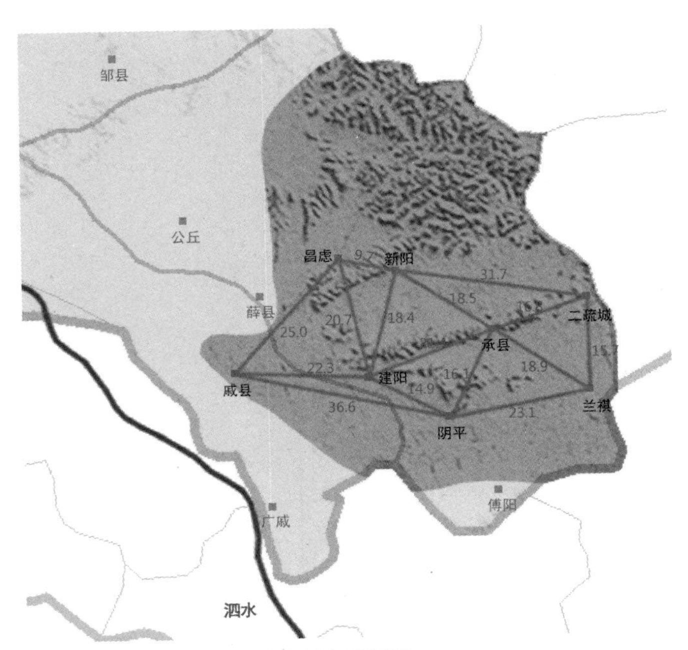

图 7-3-16　西汉东海郡城市距离测算图

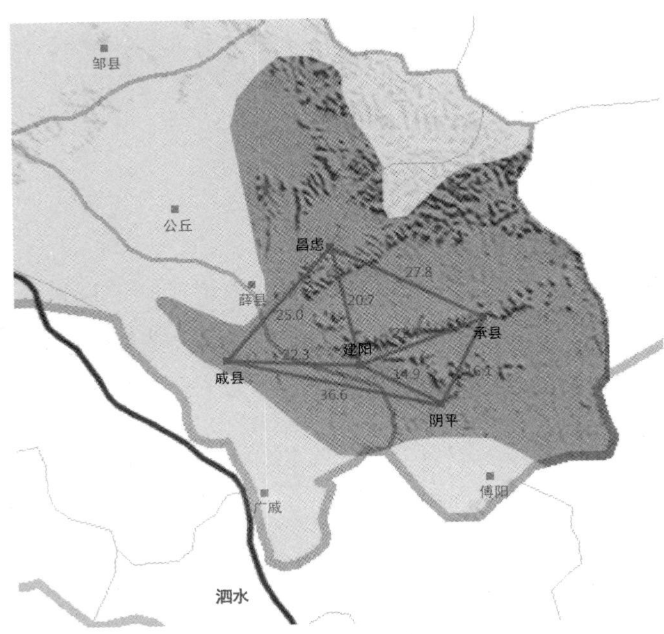

图 7-3-17　东汉东海郡城市距离测算图

3）亦郡亦国地区：分合不定、小城大用

亦郡亦国地区最大的特点就是地域范围较广，政区不稳定、不统一，城市从属多样，无统一的城市组群，且诸侯国的拆分和建立使得城市关系一直变动不定。其城市经历春秋时期城市建设高潮、战国至秦代的陆续建设和汉代的城市潜力挖掘最终成型。

春秋战国时期，亦郡亦国地区是齐鲁两国与中原的交界之地，多为小邑小国，没有区域中心级别的城市，由于地理条件优于东海郡，此时即得到较充分开发。两汉时期，由于山阳国和任城国的建立，昌邑和任城成为该区域新的城市中心，是对已开发区域的扩大利用。

4）比较：实用为主的土地观

比较鲁国地区和东海郡地区，可以发现春秋战国时期的国都建设与两汉郡县邑城体系的城市建设对土地的利用模式存在较大差异。春秋战国时期国都以大规模分散型城市为主，力求加强城市实力，但是人口的过分密集对于资源环境依赖较大，也不利于远郊土地的开垦；两汉时期以中小规模密集型城市为主，着力于城市与周边农耕区的合理配置；二者的差别归因于分裂与统一的时代特质。

东海郡地区与亦郡亦国地区开发模式的差别体现汉代以实用为主的土地利用观念：对于没有基础建设的东海郡地区，建设密集小城，实现土地利用最大化；对于已有基础建设的亦郡亦国地区，借助旧城架构新的城市中心，节省人力物力。在此观念指导下，鲁地因为前代开发最为充分，所以城市组群稳定且整个地区的城市建设量最低。

综观两汉时期鲁中南城市组群的变迁，在城市覆盖率逐渐变大的前提下，诸侯国城市体系退化，郡县下邑城市体系稳步发展；而稳定区域依然集中在鲁国附近，与春秋战国时期相一致。

参考文献

历史文献

[1] （汉）班固撰，（唐）颜师古注．汉书［M］．北京：中华书局，1962.

[2] （宋）范晔撰，（唐）李贤等注．后汉书［M］．北京：中华书局，1965.

[3] （清）顾祖禹撰，贺次君、施和金点校．读史方舆纪要［M］．北京：中华书局，2005.

[4] （明）于慎行．兖州府志［M］．济南：齐鲁书社，1984.

[5] 地方志集成·省辑志·康熙山东通志（全9册）［M］．南京：凤凰出版社，2010.

[6] 地方志集成·山东府县志辑（全95册）［M］．南京：凤凰出版社，2004.

[7] （明）兵部辑．九边图说．隆庆刻本．

[8] （明）杨时宁撰．宣大山西三镇图说．万历癸卯刻本．

[9] （清）张廷玉等撰．明史．北京：中华书局，1974.

[10] （清）顾祖禹撰．读史方舆纪要．北京：中华书局，2005.

[11] （清）顾炎武撰，周苏平、陈国庆点注．日知录．兰州：甘肃民族出版社，1997.

[12] 中国方志丛书·华北地方．台北：成文出版社有限公司，1975.

[13] 中国地方志集成·山西府县志辑．南京：凤凰出版传媒集团、凤凰出版社，2007.

今人著述

[1] 王献唐．山东古国考［M］．青岛：青岛出版社，2007.

[2] 饶胜文．布局天下：中国古代军事地理大势[M]．北京：解放军出版社，2002.

[3] 许宏．先秦城市考古学研究[M]．北京：北京燕山出版社，2000.

[4] 周长山．汉代城市研究[M]．北京：人民出版社，2001.

[5] 谭其骧．中国历史地图集[M]．北京：中国地图出版社，1996.

[6] 成一农．古代城市形态研究方法新探[M]．北京：社会科学文献出版社，2009.

[7] 国家文物局．中国文物地图集·山东卷[M]，北京：文物出版社，2009.

[8] 佟佩华．山东20的世纪考古发现和研究[M]，北京：科学出版社，2005.

[9] 王志民．山东省历史文化遗址调查与保护研究报告[M]，济南：齐鲁书社，2008.

[10] 李广星．滕州史话[M]．北京：中华书局，1992.

[11] 岳德川．古薛文化[M]．北京：华夏出版社，2007.

[12] 曲英杰．古代城市[M]．北京：文物出版社，2003.

[13] 李鲁滕．也谈“郳女白鬲”．海岱考古（第三辑）[C]．北京：科学出版社，2010：390-393.

[14] 何光岳．周源流史[M]．南昌：江西教育出版社，1997.

[15] 贺业钜．春秋战国之际城市规划初探．中国古代城市规划史论丛[C]．北京：中国建工出版社，1986.

[16] 贺业钜．鲁都规划与营国制度．中国古代城市规划史论丛[C]．北京：中国建工出版社，1986.

[17] 葛剑雄．西汉人口地理[M]．北京：人民出版社，1986.

[18] 逄振镐．山东古国与姓氏[M]．济南：山东人民出版社，2006.

[19] 李孝聪．历史城市地理[M]．济南：山东教育出版社，2007.

[20] 辛德勇．历史的空间与空间的历史[C]．北京：师范大学出版社，2006.

[21] 连云港市博物馆．尹湾汉墓简牍[M]．北京：中华书局，1997.

[22] 吴晗著．明史四讲．北京：北京师范学院学报丛书，1979.

[23] 吴承洛著．中国度量衡史．上海：上海书店，1984.

[24] 张邦维主编．山西经济地理．北京：新华出版社，1987.

[25] （美）施坚雅著，王旭等译．中国封建社会晚期城市研究—施坚雅模式．长春：吉林教育

出版社，1991.
[26] 贺业钜著．中国古代城市规划史．北京：中国建筑工业出版社，1993.
[27] 祁明编著．山西方志要览．太原：山西省新闻出版局，1997.
[28] 刘纬毅编．山西历史地名录．太原：山西省图书馆．1997.
[29] 中国古代建筑技术史编写组编著．中国古代建筑技术史．台北：博远出版有限公司，1998.
[30] 施元龙著．中国筑城史．北京：军事谊文出版社，1999.
[31] 山西省地图集编撰委员会编．山西省历史地图集．北京：中国地图出版社，2000.
[32] （美）施坚雅主编，叶光庭等译．中华帝国晚期的城市．北京：中华书局，2000.
[33] 潘谷西主编．中国古代建筑史．第四卷·元、明建筑．北京：中国建筑工业出版社，2001.
[34] 张驭寰著．中国城池史．天津：百花文艺出版社，2003.
[35] 李孝聪著．中国区域历史地理．北京：北京大学出版社，2004.
[36] 董鉴泓著．中国城市建设史．北京：中国建筑工业出版社，2004.
[37] 中国人民解放军军事科学院主编．中国军事通史．北京：军事科学出版社，2005.
[38] 张纪仲著．山西历史政区地理．太原：山西古籍出版社，2005.
[39] 吴庆洲著．中国军事建筑艺术．长沙：湖北教育出版社，2006.
[40] 何朝晖著．明代县政研究．北京：北京大学出版社，2006.
[41] 马保春著．晋国历史地理研究．北京：文物出版社，2007.

学位论文

[1] 蔡超．两周时期齐鲁两国聚落形态研究[D]．中国建筑设计研究院建筑历史与理论硕士学位论文．2006.
[2] 冯文勇．鄂尔多斯高原及比邻地区历史城市地理研究[D]．兰州大学人文地理学博士学位论文．2008.
[3] 尚咏．河南东周城址价值、现状与保护的初步研究[D]．郑州大学考古学及博物馆学硕士学位论文．2007.
[4] 陈博．两汉京畿地区城址研究[D]．吉林大学考古学及博物馆学硕士学位论文．2008.

[5] 李丽娜．龙山至二里头时代城邑研究[D]．郑州大学考古学及博物馆学博士学位论文．2010.

[6] 白茚骏．陕北榆林地区汉代城址研究[D]．西北大学考古学及博物馆学硕士学位论文．2010.

[7] 高山．运城盐池神庙建筑研究[硕士学位论文]．西安：西安建筑科技大学，2004.

[8] 赵现海．明代九边军镇体制研究[博士学位论文]．长春：东北师范大学，2005.

学术论文

[1] 王士君，吴嫦娥．城市组群及相关概念的界定与辨析[J].现代城市研究．2008(03):6-13.

[2] 山东省济宁市文物管理局．薛国故城勘察和墓葬发掘报告[J]．考古学报，1991(04)：449-495.

[3] 中国科学院考古研究所山东工作队．山东泗水兖州考古调查简报[J]．考古，1965(01)：6-11.

[4] 中国科学院考古研究所山东工作队，邹县文物保管所．山东邹县古代遗址调查[J]．考古学集刊(3)：98-108.

[5] 中国科学院考古研究所山东工作队．山东邹县滕县古城址调查[J]．考古，1965(12)：622-635.

[6] 济宁市博物馆．山东微山县古遗址调查[J]．考古，1995(04)：312-318.

[7] 枣庄市文物管理站．枣庄市南部地区考古调查纪要[J]．考古，1984(04)：289-301.

[8] 李光雨，张云．山东枣庄春秋时期小邾国墓地发掘[J]．中国历史文物，2003(05)：65-67.

[9] 李光雨，刘爱民．枣庄东江小邾国贵族墓地发掘的意义及相关问题[J]．东岳论丛，2007(03)：5-8.

[10] 杨玉珍．黄河历代变迁及其对中华民族发展影响的刍议[J]．古地理学报，2008(04)：435-438.

[11] 郭永盛．历史上山东湖泊的变迁[J]．海洋湖泊通报，1990(03)：15-22.

[12] 邓彪，郭华东．基于多源空间数据的鲁中北五湖近100年变化分析[J]．古地理学报，2009(08)：464-470.

[13] 马乃昂．梁山泊的形成和演变[J]．兰州大学学报(社会科学版)，1998(04)：74-80.

[14] 王怀瑞．南旺湖考略[J]．济宁师专学报，1996(06)：95-96.

[15] 喻宗仁，窦素珍，赵培才，等．山东东平湖的变迁与黄河改道的关系[J]．古地理学报，2004(11)：469-479.

[16] 王钧林．论邹鲁文化[J]．东岳论丛，1997(01)：76-81.

[17] 王柏中．试论汉代陵寝祭祀及其对宗庙祭祀的影响[J]．鞍山师范学院学报，2000(12)：18-20.

[18] 陈昌文．汉代城市布局及其发展趋势[J]．江西师范大学学报(哲学社会科学版)，1998(02)：57-61.

[19] 董平均．西汉王国分封制度探源[J]．首都师范大学学报(社会科学版)，2003(04)：15-19.

[20] 钱欢青．刻在"北陛石"上的屈辱与荣耀[N]．济南时报．2012-04-23.

[21] 胡焕英，常军，胡小平．焦姓与焦国[J]．寻根，2008(01)：123-125.

[22] 李连广．孔子宰中都[J]．济宁师专学报，2001(10)：24-27.

[23] 毛曦．城市史学与中国古代城市研究[J]．史学理论研究．2006(02)：71-81.

[24] 侯强．春秋战国城邑建设违制散考[J]．城市研究，1995(05)：52-54.

[25] 顾朝林．战后西方城市研究学派[J]．地理学报，1994(07)：371-382.

[26] 黄银洲，何彤慧．再论唐六胡州城址的定位问题—兼谈历史地理学研究方法[J]．中国历史地理论丛．2011(01)：145-154.

[27] 陈薇．解读地方城市．建筑师，2001(12)：44-47.

[28] 王贵祥．明代城池的规模与等级制度探讨．历史城市与历史建筑保护国际学术讨论会论文集：3-13. 长沙：湖南大学出版社，2006.

附 录

附录1：山西历史区划

朝代	地方行政体制	山西省内的行政区划	城市数量
春秋	晋国		
战国	韩、赵、魏		
秦	以郡县制治天下，全国分36郡	雁门郡、代郡、太原郡、河东郡、上党郡	57县
西汉	沿袭秦朝的郡、县制，并将全国划分为13个监察区（称为部），设立部、郡、县的三级体系	隶司隶校尉部的河东郡辖24县；隶并州刺史部的太原郡辖21县，上党郡辖14县，雁门郡辖14县，山西境内者12县，代郡辖10县，山西境内者10县。隶朔方刺史部的西河郡辖36县，其中在今山西境内者16县	6郡、86县
东汉	因西汉旧治	隶属于并州刺史部的太原郡辖16县，郡治在晋阳；上党郡辖13县，郡治在长子；西河郡辖13县，在今山西境内者8县，郡治在离石；雁门郡辖14县，在今山西境内者13县，郡治在阴馆；定襄郡辖5县，在今山西境内者2县，郡治在善无。隶属于司隶校尉部的河东郡辖20县，郡治在安邑。隶属于冀州刺史部的常山国辖13县，仅有上艾县在今山西境内。隶属于幽州刺史部的代郡辖12县，在今山西境内者7县，郡治在高柳	7郡、1国、79县
西晋	沿汉魏旧制，设州、郡、县三级，另设有相当于郡级的王国，相当于县级的公国和侯国	省境西南隶司州，有平阳、河东两郡共21县，并州辖太原国、西河国、乐平郡共22县，东南有并州上党郡10县，北部有并州雁门郡、新兴郡和幽州的代郡共14县	3州、9郡、67县
北魏	州、郡、县三级	司州、肆州、汾州、并州、泰州、东雍州全在山西境内，怀朔镇、陕州的一部分在今山西境内	
北周	承魏制，即州、郡、县制	山西设并州、蒲州、虞州、邵州、绛州、晋州、建州、潞州、介州、南汾州、汾州、石州、肆州、北朔州、蔚州、应州	
隋	州、县两级制	置13郡于山西省内：马邑郡、雁门郡、楼烦郡、太原郡、离石郡、龙泉郡、西河郡、上党郡、临汾郡、文城郡、绛郡、长平郡、河东郡和89县	13郡89县

注：据山西省地图集编撰委员会编《山西省历史地图集》整理。

（续表）

朝代	地方行政体制	山西省内的行政区划	城市数量
唐	唐初因隋制，设州、县两级制；贞观初年，全国分十道；开元二十一年将原十道增至十五道，变为道、州、县三级制。中唐后又设置节度使	河东道有节度使3，为河东节度使、河中节度使、昭义节度使；府2，为太原府、河中府；州19，为绛州、晋州、慈州、隰州、汾州、沁州、仪州、岚州、石州、忻州、代州、蔚州、朔州、云州、泽州、潞州、邢州、洺州、磁州；县115	3节度使、2府、19州、115县
北宋	路、州（府、军、监）、县三级	山西全境，北部属辽外，大部属北宋河东道，南部属永兴军路。其中，河东路山西境内有1府、12州、6军、70县，永兴军路山西境内有1府，2州，13县	
辽	路、州（府）、县三级	据山西北部，重熙十三年在大同设西京道，下设大同府、应州、武州、朔州、蔚州	
金	路、州（府）、县三级	分属金的西京路（包括今内蒙古一部分）、河东北路（包括今陕西西境一部分）、河东南路（包括今河南境内一部分）。西京路领府、州14：大同府（西京）、丰州、弘州、净州、桓州、朔州、应州、蔚州、宁边州、东胜州、云内州、宣德州、武州、奉圣州；河东北路领府、州13：太原府、忻州、平定州、汾州、石州、葭州、代州、沁州、怀州、孟州	
元	省、路、府（州）、县	中书省河东山西道宣慰司辖3路（大同路、冀宁路、晋宁路），28府州（浑源州、应州、朔州、武州、汾州、石州、忻州、平定州、临州、宝德州、崞州、管州、代州、台州、兴州、坚州、岚州、盂州、河中府、绛州、潞州、泽州、解州、霍州、隰州、辽州、沁州、吉州），80县	3路、28府州、80县
明	布政使司（省）、府（直隶州）、属州、县	3府5直隶州，3府为大同府、太原府、平阳府，5直隶州为：辽州、汾州、沁州、泽州、潞州	3府5州16散州79县
清	省、府（直隶州）、州县	九府、十州、分治州县九十有六	9府10州96州县

注：据山西省地图集编撰委员会编《山西省历史地图集》整理。

附录2：明代山西城池修筑工程

城市	修城时间	修筑内容
一、太原府（州五县二十）		
1.1 阳曲县附郭	洪武九年	永平侯谢成因旧城展东南北三面，周围二十四里，高三丈五尺，外包以砖，池深三丈，门八，瓮城各一。四隅建大楼十二，敌台罗室称之，重墉雉堞甲天下，故昔人有锦绣太原之称也
	嘉靖四十四年	巡抚万恭重修大城及城楼敌台
	万历三十五年	巡抚李景元又修

（续表）

城市	修城时间	修筑内容
1.101 太原县	洪武八年	改为太原县
	景泰元年	知县刘敏因旧基始筑城，周七里，高三丈，壕深一丈，门四
	正德七年	邑人少师王恭襄琼始倡知县白晟重修，上各建城楼、角楼
	正德十二年	琼又倡知县梅宁崇广之
	正德十四年	复倡知县吴方作埤以砖，其崇六尺广五丈
	嘉靖二十一年	曹来宴倡议增修，邑人王朝立、高汝行等赞其事。卑者高之，薄者厚之，共高三丈五尺，厚二丈，阔三丈，后又增筑敌台三十二座
	隆庆二年	知县王世业增城一丈
	万历十六年	知县陈增美于旧壕外加筑女墙，墙外复浚濠阔十丈深三丈
	崇祯末	知县朱万钦加修
1.102 榆次县	明景泰元年	修，周五里高三丈，池阔与高等，深半之
	成化十九年	知县赵缙增筑之
	成化二十三年	知县梁琮始铁其门，内外甃以砖石
	嘉靖二十年	有警，参政王义檄知县李鹏重修列垣为蔽
	嘉靖二十五年	城南楼毁于火，知县俞鸾重修，新其三门，东曰迎曦，南曰观澜，北曰望岳
	隆庆元年	知县董三迁四面悉甃以砖，增敌台十有六，警铺十有二，三门各建大楼而西门仍塞
	万历三十二年	知县史记事创开西门，知县王应楫畿成之瓮城二楼与三门等
	崇祯七年	知县任浚周围凿池数仞
	崇祯十三年	知县韩如愈重修各门城楼
1.103 太谷县	景泰元年	知县刘铎增修之
	正德六年	流寇入城，太原同知张勉署邑事，益加增筑高二丈五尺，四门悉以砖甃，上建重楼各四楹，知县陈继昌于四隅各建角楼
	嘉靖二十年	乱兵入境，城复颓圮，县丞王章、主簿安恩创瓮城于东北设重门于西南，知县赵坤益筑敌台六座各构楼于上，并深浚城壕
	嘉靖二十六年	署印主簿赵鹗复增置四面敌台
	隆庆元年	石州破寇薄城下，兵退，知县祁旦增修南门加瓮城
	万历四年	冀宁道刘汉儒诣县相度请于巡抚郑洛，奏诸朝，命知县贾西土董其事，甃以砖石，城基累石高五尺许，自基至堞顶高三丈七尺六寸，基阔四丈二尺，敌楼城楼俱加修饰，添设警铺五十六座，城上马道俱用砖砌，阔视其城
	崇祯十五年	知县何景云于四门外各建敌楼一座，旋废

（续表）

城市	修城时间	修筑内容
1.104 祁县	景泰元年	知县王章重修
	嘉靖间	知县岳鲁增筑，署印太原卫经历壮科，加高厚各五尺。许创筑东南北月城三座，帮修敌台三十座
	万历五年	知县王牧始用砖甃，围广如旧，高厚又增之，计高三丈三尺
	万历八年	知县张应举撤东南二门，加建层阁月城警铺，浚壕四面，各深一丈阔三尺，内墙一道，高六尺，外堤一道高七尺，阔一丈
1.105 徐沟县	景泰三年	知县李惟新修葺如旧
	嘉靖十三年	知县王怀礼重修，益增高厚，并浚深壕
	嘉靖二十三年	女墙圮，适有边警，知县周诰易以砖又创角楼四座
	嘉靖四十二年	知县王邦，增敌台，上小亭
	隆庆元年	知县钟爵加建东西南瓮城
	万历元年	知县刘选创筑城外堤堰以防水患，自社稷坛起至南坛止
	万历五年	知县吴三省奉文砖甃全城，令太原、榆次、太谷、清源四县协济砖灰。基用石垒，自基至堞顶高四丈余，底厚三丈上厚一丈五尺，周一千一百五十三丈，至七年秋竣工，城上俱用砖砌，内外俱有马道水道
	万历八年	知县金一凤于四门加建，于严应畿成之
	万历三十三年	五月，嵺峪河涨水，冲南关堤深丈余，知县柳捷芳修堤百余丈以遏之
	万历三十九年	知县王敷学改南门向，增置北门瓮圈
1.106 清源县	弘治二年	知县吴显宗创开东门
	嘉靖间	知县于资会…先后增筑，高至四丈，厚至三丈
	万历十九年	知县邵莅增修，以南面城垣颓下，与关城连接势如梯阶，难以防守，高筑南关城堡，周二里二百四十八步，并于东西连接，北城之处高建敌楼各一座，重关东城门上置戍楼，内填 池，外建关厢以资守险仍于城内下挑城壕深涧，修筑白石堰以防山水冲经，始于二月竣于八月，邵莅自为序
	崇祯十四年	知县岳维征增修砖包一百一十余丈
	崇祯十六年	知县郑经复砖包一百丈，自西门迤北门止，以闯寇中辍

（续表）

城市	修城时间	修筑内容
1.107 交城县	洪武三年	知县王允恭修
	景泰元年	景泰元年典史邵琮增修
	嘉靖二十一年	嘉靖二十一年，检校前御史舒鹏翼督同署知县知事姬宗岐增高五尺，引礼覃世家义修城北一楼
	嘉靖二十六年	嘉靖二十六年，知县郑镐增高一丈厚五尺，益置敌楼三十四各冠以警铺，池阔与高等，深半之，创关西门为月城，为重门，上各建楼橹
	嘉靖三十八年	嘉靖三十八年，知县宋珰撤土上陴，悉亦以砖，计千有五百，增修楼橹，门各题石
	隆庆四年	隆庆四年，冀宁道沈人种饬令所属增筑城垣，知县韩廷用董其事，周围增厚，各楼废坏者修饰之……四角观以楼各十二楹，女墙一道，石垒三尺，凿池深广各三丈，外列垣为蔽邑人，刘体仁记
	万历间	万历间知县张文璧、周壁先后加修
	崇祯十三年	知县薛国柱砖甃全城，增高丈余
1.108 文水县	景泰初	守道魏琳增高四尺
	天顺二年	知县范瑄建门楼四角
	嘉靖二十年	巡道郭春震檄祁县丞李爵重修，加高四尺，建敌台十有六
	嘉靖二十一年	知县王一民修东西二门，城外列垣为蔽
	嘉靖二十三年	知县张源澄增修敌台四十有八
	嘉靖二十九年	知县樊徙简帮筑西面，加高三尺厚一丈二尺
	隆庆元年	俺答犯境，县丞赵禧缮修城郭、疏浚壕堑，为御守计，敌乃不敢薄城下邑，令刘宏华记
	万历五年	知县郭宗贤县丞韩登甃以砖石，围广如旧，高后加增，计城高四丈五尺，基厚四丈，顶厚二丈五尺，重门四……门隅各建高楼二，增敌楼六十有四，壕深三丈阔四丈，增修外墙，记高七尺
	天启四年	知县米世发加修
1.109 寿阳县	嘉靖间	蒙古犯境，分守参政王仪檄县丞徐廷增高益厚葺饬三门，修建楼橹，平定州知州李俞有记
	嘉靖二十八年	知县白檀撤土卑以砖甃之
	隆庆元年	知县石继节增置瓮城三所，角楼四座，敌台十有一。万历五年雨毁过半，知县王养贤加修筑，基厚三丈，垣高四丈，壕深二丈五尺，广三丈
1.110 盂县	嘉靖二十一年	令董希孟重修，高三丈三尺，厚二丈，濠深二丈七尺，余如旧
	万历三十四年	令蔡可行复修，改东门曰迎晖，南曰拱阳，月城曰重离，西曰永顺
1.111 静乐县	洪武四年	重修，周三里三十步，高二丈五尺，池深一丈五尺，南北二门
	景泰二年	知县史魁增高一丈二尺，置东门
	万历三十四	砖甃

（续表）

城市	修城时间	修筑内容
1.112 河曲县	景泰元年	展修周六里，东西二门
	万历十四年	巡抚侯于赵砖包
1.2 平定州	成化二十二年	知州修
	弘治七年	知州吴贤增修，白思明记
	嘉靖二十年	知州尚文重修
	隆庆二年	知州刘东鲁重修下城
	万历二十一年	城北为嘉水经流，岁久南侵。知州宋沛筑堤卫之
1.21 乐平县	正德十年	知县郑麟增修，于西门外建护井小城，周围一百五十三步，高一丈七尺，按西门外古名鱼麟坡西城底，古名翠柳庄
	嘉靖五年	平定州同知催冕建三城楼，俱圮
	嘉靖二十年	知州张武儿加修建南门楼三间，增浚壕堑广深，立敌楼，设吊桥以资守险。邑人赖之
	隆庆间	知县窦思林、侯维潘，万历十八年知县余成举均事修葺，成举复改立门向
	崇祯四年	邑人进士赵士吉倡议捐修
	崇祯十一年	知县吕维祜增修
1.3 忻州属县一	洪武三年	知州钟友谅重修
	嘉靖十六年	知州李用中加修
	嘉靖二十八年	周梦浚隍治垣，增设敌台，复以积雨城圮十之六七，倡议捐修，躬亲督视，众力丕作，旬日而大坏者完浃，辰而半颓者，葺增卑缮陋，逾月迄工
	万历二十四年	巡抚魏公允贞捐课金以甃砖石，檄委太原府同知贾一敬、知州张尧行董其事。经始于四月，迄工于二十六年十月，砖厚七重，石基八尺，高四丈二尺，周二千一百九十丈有奇，隍三重，深二丈，阔丈余，四门东迎晖更名永丰，南康阜更名景贤，西留映更名新兴，北镇远更名拱辰，宗伯余继等记
1.31 定襄县	嘉靖初	知县张荣增修
	隆庆元年	知县常世动郭外东西北三面筑围墙，其广一丈五尺高如其数，时它侩物，南面未筑，明年知县李廷儒大修城池
	万历元年	知县王濯征修西南门楼，皆张九记
	万历十三年	知县白璧修东西瓮门，各题时刻，东曰保障曰辑宁、西曰庆成曰靖边，南曰保泰曰宣平，小南门曰永康，废塞北门
	万历三十二年	知县王兴包修砖城，各城楼题匾自记。西北两处屡多倾圮
	万历三十六年	一百三丈五尺，知县魏从周补修
	万历四十二年	九十六丈七尺，知县王立爱修，增饰各城楼，加以匾联
	万历四十四年	北面东倾圮一十四丈三尺，知县董一经补修

（续表）

城市	修城时间	修筑内容
1.4 代州属县三	洪武六年	吉安侯陆亨都指挥使王臻因旧城砖甃之。周八里一百八十五步，高三丈五尺，池深二丈一尺。门楼四，角楼亦四，铺舍五十，月城亦建四楼，规制与门楼称。月城外又为罗城，高及城之半，各设暗门。南无关，西关城周三里一百九十六步，壕深丈许
	景泰元年	参政王英筑东关城，周三里，壕深二丈
	成化二年	都指挥使同知张怀筑北关城，周二里许，旧有濠，今为沙河所淤。三关悉土城也
	万历中	甃以砖石
1.41 五台县	正统间	知县张智展筑其西，乃足三百二十步，仍是土垣。知县张绍芳始以砖甃之
	万历二十四年	知县高数仞，增修大垣高三丈二尺，厚二丈五尺，女墙六百三十五，敌楼二十五，营房二十五,三门悉包以铁叶
	万历三十三年	山西巡抚魏允贞整缮边防，以五台近边，饬知县李养才大修之。大垣敌楼纯用砖包，下砌石为台数层。上接大垣自堞至址高丈余，又增修城楼四座，屹然有金汤之势，东面无门，南北两门砌石坡，迤逦而上约半里乃至城门西门，连平地有关厢
1.42 繁峙县	万历十四年	知县涂云路嫌其南近山麓，北临河岸，且城市高下崎岖，申上迁建于河北岸龙须之地。周围四里有奇，高三丈五尺，池深一丈五尺，水徙东北，周流南入于河，城三门，各有楼称门之制，角楼四，视门楼具体而微，敌台十有三级，上各有楼，城中鼓楼一，雄伟耸峙，称壮观焉。学校庙宇公廨民廛条理井然，新建东关店宇整齐，民居稠密，真金汤之固也迫
1.43 崞县	洪武八年	知县刘伯完重修
	正统十四年	知县武桓重修
	万历二十六年	巡抚魏允贞委知县袁应春、县丞崔穗、振武卫经历吕子才用砖石包砌，围长一千一百丈，高三丈六尺，垛墙高六尺，通高四丈二尺，厚三丈八尺，敌台二十一座，四面城楼四座，东门曰临沱，南门曰景明，西门曰保和，北门曰宁远，池浚深三丈，周围筑捍水堤，尚书冯琦撰文记事
	万历三十二年	霪雨东西北三面塌毁百余丈，知县李年耕申请雁平道李茂春、巡抚李景元补砌完固
	崇祯七年	知县冯梦熊修四门楼
1.5 岢岚州	洪武七年	卫指挥张兴增修甃以砖，周六里二百七十八步，高三丈八尺，池阔五丈深二丈五尺，门四
	嘉靖三十一年	兵备副史吴岳重修
	隆庆元年	卫守备刘承嗣加修
	崇祯三年	崇祯三年守备聂德元修缮城垣，舒浚壕堑，流贼不可而去

（续表）

城市	修城时间	修筑内容
1.51 岚县	正统十三年	知县郝风增高五尺
	嘉靖十一年	知县吴璋修水门于城东南隅
	嘉靖二十年	知县张崇德增筑，城高三丈、壕深二丈
	嘉靖三十五年	兵备道葛缙榭、知县李镕加修城高三丈六尺，基厚五丈顶厚基三之一，女墙高六尺，建舒啸楼三十六座，敌台八座，壕深阔俱二丈，尚书张珩记
	隆庆四年	知县李用宾砖砌女墙，建城楼三座，东曰迎曦、南曰永康、北曰保安。潘云祥记
	万历元年	知县高汝载增修，邸锦记
	万历五年	巡抚高文兵备道萧大亨请于朝，命甃以砖石，知县张继动董其事，经始于戊寅之夏至壬午工竣，袤一千九十丈有奇，高四丈，厚得三之二，邸世德记
	崇祯九年	知县郝锦继修
1.52 兴县	景泰元年	始筑土城周二里三百二十步，高二丈五尺，壕深八尺，门三，东曰召和、南曰文明、西曰阜安
	嘉靖十八年	知县张云始用砖甃，工未竣
	嘉靖二十五年	知县罗琏新启北门，题曰利泽
	嘉靖三十一年	知县王逵详请砖砌，全城兵备副使葛缙檄太原经历张云董其事，自乙卯夏起至丙辰冬讫工，筑敌台六座，东西南三面皆坚固，其北面因山险，道可径通，则以墙截之
	嘉靖四十四年	知县冯呈书复修北门
	隆庆二年	知县李瑚深申允修筑，凡山北外出者削之，内窳者筑之，砌以砖石，刊雉堞为官道，增敌楼十二，角楼八，复增东西南三面城，共高四丈厚三丈，筑瓮城、建南城楼
1.6 保德州	永乐十一年	州同尹惟志重修
	宣德八年	知州任泰重修，周围七里二百五十步，高一丈八尺，南大北小，形如葫芦，西南各一门，东北、西北各一角门，各建楼于其上，窝铺六十四座，后西南渐为水蚀
	弘治十五年	奉文调岢岚、兴县、静乐、岚县等夫修之
	弘治十七年	秋为雨所坏，又明年知州周山改筑三沟城于堰口下，用石甃之，分城中水为四渠。
	嘉靖三十年	东北溃决百丈余，知州蓝云鸠工伐石，东北角作一渠，长三十丈，阔二丈深一丈，水东流。西北角作一渠，长二十余丈，阔深入前，水正北流。正西作二渠，各长十余丈，阔深如前，水山西沟曲流。门垣女墙无不完葺
	嘉靖四十二年	知州李春芳砖包南门，移迁西门
	万历二十九年	兵宪赵至州慨议砖包，委知州韩朝贡估议应用匠役四千七百二十名，俱于四路原额修工，军内派发应支廪给、食米盐菜、木植、铁料银两八千六十六两二钱，俱支用在官，杂项银两不费民间一钱一力。砖详，巡抚白允发太汾、平潞等州县军壮包，完高三丈五尺，长一千九十三丈六尺，四门各建一楼
1.71 雁门守御所	洪武七年	筑，周围二里五十六步，山高下不等，无池，南北二门

（续表）

城市	修城时间	修筑内容
1.71 宁化守御所	洪武二年	设宁化巡检司，山西都指挥常守道帅官军来屯。将旧城六里二百七十步，南边关厢截去，于城东山坡之上随地形势筑城二里一百九十七步，未完调去。五年延安侯唐宗胜、千户唐成继成其功，城高三丈一尺，濠深一丈，城楼六座
	万历十四年	甃土城以砖
	万历三十四年	宁武道郭光復砖石包筑东西关城二座
1.72 宁武所城	成化二年	筑，初为关城，巡抚都御史李侃请于古宁化军口置关设都指挥，领军守备。乃以是年丁亥三月始事，明年四月城讫，以总兵镇之，遂为镇城。北距华盖山，因其高而俯其东南西三面，周四里许，基五丈，面广半之，高三丈有奇，门其东曰迎薰，上建崇楼
	弘治十一年	巡抚魏绅拓广之，周七里一百二十步，增埤五尺，加辟北门，亦建飞楼于上，名之曰镇硕。城狭于南北，长于东西，其形科椭，望之若敷巾幅然，皆土筑
	万历二年	宁武守备某筑护城墩于城北山上方，广二十八丈、高二丈为基，基上为台，台上为楼三重，楼外列堞二十四，登之可眺百里，台下周以砖墙，直一丈，环广四十丈，墙上列垛四十，屹然与城表里。巡抚魏允贞所使也
	万历三十四年	宁武道郭光复始甃以砖，又筑东西关城，皆砖甃，共长一千七十余丈，高三丈五尺，西关门曰永宁，其南出者曰阜财。东关门曰久安，其南出者，曰解愠，下有堑先是
1.73 偏头所城	洪武二十三年	镇西冲指挥使张贤改筑于西原河坪，是为今之关城，盖去旧址里许矣，尔后布置日就完密
	宣德四年	都督李谦展拓城南面
	宣德十四年	都督杜忠增筑城堞
	天顺二年	都指挥使袁胜展拓城东西面。成化六年，都御使李侃拓城西南面
	成化六年	都御史李侃展拓，周围九里八步，高二丈三尺，池无，东西二门
	弘治元年	兵使王睿复展拓城东面，自是城始宽广周五里一十八步，高三丈五尺，东西南三面为门，上置丽谯
	嘉靖十六年	总兵周尚文祝雄先后修筑
	嘉靖二十九年	守备刘隆于城东南面，建大将台一，即今文昌阁望台
	嘉靖三十五年	参将杜承动于城东南添筑望台三
	嘉靖四十年	参将田世成又于城西北添筑望台三。环围又添筑护城一道
	嘉靖四十二年	嘉靖四十二年，兵使王遴于城东南隅砖甃城垣四百余丈
	嘉靖四十五年	嘉靖四十五年兵使王学谟调取各州县歇班民壮于城东西南三面各加高厚
	隆庆三年	兵使范大儒创议新旧城俱增，高三丈，下广三丈，上广二丈，堞高五尺以砖甃之
	万历七年	兵使萧天恒于城周围建重楼一十又三
	万历二十六年	兵使赵彦大修边政，于城南关庙，沿河筑石堤，东置重阁门一，南置水门二，其西亦如之，由是规模大备，始称九寨屏藩云清

（续表）

城市	修城时间	修筑内容
二、平阳府（州六县二十八）		
2.1 临汾县 附郭	洪武初	因旧城重筑
	景泰初	重修
	正德七年	同知李沧筑东关城，周一千三百六十四丈，高二丈五尺，上广九尺，下基二丈，敌台八座
	嘉靖二十一年	知府聂豹稍缉东关城，邑人王瑞董其事
	隆庆二年	知州毛自道重修，邑举人王嘉礼董其事，增高为三丈二尺，上广一丈八尺，下基三丈，门楼俱增高，添设角楼四座，敌台十七座，正门四，东南角门二，东北角门一。历年既久，角楼敌台尽废
2.101 襄陵县	明正统十四年	知县赵聪拓为门者三
	弘治四十年	知县李高竖东南城楼
	嘉靖二十一年	知县刘希召增修，高三丈，下阔二丈，上阔一丈，门匾东曰带汾，南曰迎熏，北曰屏霍，各有郭门
	嘉靖四十三年	知县张国彦辟城，开东南门为学宫，肇启文明，匾曰大成
	隆庆元年	知县宋之韩始下甃以石，上包以砖，大学士张四维记其事
2.102 洪洞县	正统十四年	创筑土城，周围五里奇，高一丈六尺，厚八尺，池深八尺，为门六，东曰朝阳，西曰射秀，南曰时和，东南曰安流，北曰光化，东曰玉峰，门上各建小楼
	景泰间	知县赵翔重修
	弘治十七年	涧水冲塌东南城数堵，知县郑选修补之
	正德六年	诏天下修筑城池，知县皮正偕邑绅韩文、李杲增筑四隅角楼并建女墙，甃以砖
	隆庆元年	邑绅晋朝臣以土垣易摧，难资保卫，慨然仗义疏财，纠集邑绅韩廷伟等协谋兴修，土易以砖，基砌以石，高三丈五尺，基宽二丈五尺，顶宽二丈三尺，周围较旧增长二百五十步奇，工甫竣会知县王诏至六门改建层楼，并角楼重新之。池增宽三丈深半之，马路宽为二丈七尺，周以栏墙，视旧坚且大焉
	崇祯初	知县杨天精勒令邑绅杨义捐资三百两于六门左右增建敌台
	崇祯四年	流寇薄城，乘东北高阜以瞰城内，知县李乔昆督令千总李养模，庠生晋承宾，耆寿李元楷、晋承蕙乡约，郭应祯于东北隅城上更建重城，以防窥伺，高丈余，长五丈，余下为洞二十，以便宿卒。知县杨廷抡于六门加置重门，尤为严密
2.103 浮山县	明景泰间	知县卫靖增修，东曰朝阳，南曰阜民，西曰大有，北曰平宁，各建城楼
	正德八年	知县徐环重修
	嘉靖二十三年	知县毛述古重建城门，按南门旧在大十字街与北门正对，即今观音庙处，其桥为山水所圮，修筑艰难

（续表）

城市	修城时间	修筑内容
2.104 赵城县	正统十四年	邑令何子聪移筑稍东，周五里一百二十四步，高二丈，池深七尺
	明景泰初	知县卫靖修。周四里一百五十步，高二丈五尺，池深一丈五尺
	正德五年	邑令于洪重修四门，各建楼，四隅加建角楼，窝舖十三座，撤土陴（城上的矮墙）悉易以砖，浚池益深广，引霍泉注之池，边筑女墙，高七尺。马路内外俱宽一丈
	崇祯十二年	邑令陈君舜砖甃南北二面，十四年邑令孙份砖甃东西二面
2.105 太平县	景泰初	知县岳嵩重修
	正德六年	知县龚进展筑，周围三里二百四十步，高三丈，上阔一丈五尺，濠深二丈六尺，阔三丈，门楼五。角楼四，知县盛琛终其功，有修城记
	嘉靖十四年	知县耿儒易土堞以砖一千一百八十有奇，邑人李钺有记
	嘉靖二十六年	知县牛纲创筑墩台二十座
	嘉靖三十二年	知县袁从道建墩亭其上
	隆庆二年	知县罗潮修补垣亭，凿濠深阔各四丈余
	崇祯四年	知县魏公韩以流寇入境至城下者，三土墙低薄不足恃。采石为基，通甃以砖，自雉而下，计高四十一尺，上广三十尺不等，围长一千四百步有奇。门五，易南门曰太平门，南北层楼二，约费金钱三万五千，官绅士民设措捐助共成之，有造城详请募疏各文及修城记
	崇祯八年	知县李之宝修大东门，改题额曰景旭，肇开
2.106 岳阳县	成化二年	温家沟水涨，冲坏南城一半，而城非复旧制。知县岳让鸠工重修
	弘治间	知县罗日瑞砖甃北门
	崇祯六年	知县乔王翰石砌东城一角
	崇祯九年	知县戢邦礼石包东城一面
2.107 曲沃县	明洪武二年	县丞邢彦文重修。正统十四年，知县张宁大修，周三里五十步，高二丈五尺，厚如之，隍深二丈五尺，阔四丈
	正德十一年	知县葛禬增筑雉堞，甃以砖，建城楼四，角楼四，铺舍二十有五，门四
	嘉靖二十二年	知县陈万言自旧城东北、西南二角加筑，高厚如旧城。周六里五十步，四面共计垛口四百七十。炮台二十五，始辟北门一，南门二，东门二，西门一。合旧西门二，共八门
	嘉靖三十四年	知县张学颜因地震重修
	嘉靖二十八年	知县刘鲁生建东西城楼各一
	隆庆元年	知县郭廷梧增筑内外城。各加一丈，共高三丈五尺，顶收一丈
	崇祯三年	知县张文光筑各门月城
	崇祯十五年	知县石莹玉砖甃北门城

（续表）

城市	修城时间	修筑内容
2.108 翼城县	景泰间	县令徐祯修治
	正德间	县令宋汝澄相继修治，复建敌楼四、角楼四，邑人又于南建奎光楼。县令靳显以砖石砌其四门城门
	嘉靖四十五年	县令陈锜标其四楼曰东联泽潞，西带河汾，南潆浍水，北枕丹严
	万历九年	县令周诗补葺
	崇祯五年	县令李士淳重修，易其旧额，改东曰迎阳，西曰观成，南曰受熏，北曰瞻天
	崇祯八年	县令赵堪缮垣浚壕，更设子门
2.109 汾西县	弘治七年	知县路钦建重楼
	嘉靖四年	县令黄甲重修，铸火器
	万历三十四年	县令毛炯增筑四门瓮城、女墙，门甃以砖，额其东曰望霍，南曰迎熏，西曰人和，北曰拱极
	天启四年	县令李本植相风气之宜，削去望霍瓮城
2.110 蒲县	景泰初	知县孟顺重修，周围一里七分，高一丈五尺，濠深一丈，开东西两门
	正德十六年	知县高郁加筑
	隆庆初	知县韩超然创开南门，浚池深一丈，阔八尺
	崇祯间	以土城难守，知县张启谟申请备砖包砌，建城楼于东西二门，门各有额曰东拱平阳，西连隰郡
2.2 蒲州属县五	洪武四年	千户张盖重筑，用砖裹堞，城高三丈八尺，堞高七尺，门四，上各建楼一楼，皆三重，观甚壮，又设角楼四，敌台七，土库五，窝铺五十七，门外各建月城。西临黄河，东南北三面池深一丈五尺，阔十丈，环六里四十五步
	嘉靖三十四年	地震，城垣河东道赵祖元、知州边像重修
	隆庆元年	河东道欧阳、知州宋训复加甃
2.21 临晋县	隆庆二年	知县黄茂易堞以砖。三年知县史邦直扩岸浚濠，南有瓮城
	万历中	知县高惟岗以风水家言塞南门，于东五十余步别开新门，瓮城亦废
	崇祯十四年	知县闵自寅大加缮修，重建南城楼两角楼，规制巍焕未就绪，寻迁去
2.22 荣河县	景泰初	知县于缙修，成化中知县马彬加修
	正德二年	河水至城下，圮西北隅，知县宋纬筑补，止开东南北三门
	嘉靖二十七年	城内东西空涧无居民，嘉靖二十七年，知县杨灏起筑东西二面短墙，遗空地于外
	嘉靖三十四年	地震城圮，知县侯祁重筑，雉堞俱易以砖，增三门楼，南北各建重门，编修张四维记
	万历七年	知县郝朝臣开西门，建小亭于门上，八年知县沈名实以土塞之，二十九年知县梅焕复开
	崇祯十二年	西城近河，（鹵兼）湿易崩，知县王心正别筑西城于西门内，弃旧城于外，周围实八里

（续表）

城市	修城时间	修筑内容
2.23 猗氏县	隆庆二年	知县江阔始修砖堞，改门名东曰朝京，西曰通秦，南曰迎薰，北仍曰拱极
	万历十四年	知县陈经济并起门楼四座，甃之
	万历十八年	知县浚城濠，筑围墙，植树木
	崇祯五年	邑绅荆可栋倡县民增筑之，更于巽地建文昌楼，城下设铁倒，门外置围栏，筑重城。知县李昌龄为之记
2.24 万泉县	景泰元年	县丞常英修葺
	成化二年	知县崔明修葺
	弘治十一年	主簿庞俊相继修葺
	正德初	知县张席珍各建门楼，后废
	隆庆三年	知县李廷栋于北门建重城，旧城上建玄帝庙，扁曰巩秀，重建四门城楼，邑人贾仁元有碑记
	崇祯间	流寇焚毁西门楼，城外牌坊、角楼、窝铺岁久俱各圮坏
2.25 河津县	景泰元年	县令张济修
	天顺二年	增辟小门，樊得仁修城楼、浚池
	嘉靖二十四年	县令雍焯砖甃城堞，修西门楼，建敌台一十八座
	嘉靖三十四年	地震塌，县令高文学增修，设角楼四座
	隆庆间	县令李成栋、张汝乾先后修葺，筑护城水堤
	万历十七年	县令杜桐修西南城十余丈
	崇祯三年	县令郭景昌建敌楼十余座
	崇祯九年	县令李士焜合绅士刘有纶等捐金始甃以砖，计高三丈厚一丈五尺，敌台铺舍一新，士焜记
2.3 解州属县五	洪武初	展筑
	景泰间	知州张辂复修，成化弘治间知州张宁、李溥加修
	正德间	知州李文敏大修，高六丈厚三丈五尺，池阔十丈深二丈五尺，四门各建城楼，四隅各建角楼
	嘉靖三十四年	知州王惟宁砖甃垛口
	天启间	知州徐文炜建城铺舍，后倾废
2.31 安邑县	景泰初	县令稽严重修
	隆庆间	县令袁宏德筑东西二月城，四面犹然土障年久圮剥

（续表）

城市	修城时间	修筑内容
2.32 夏县	景泰初	知县雷缙增筑
	正德间	正德间知县杨枢重修
	嘉靖三十四年	遭地震变城催隍霪城楼俱毁，知县李溥重修城墙，高厚于旧仍增崇北楼，四面女墙咸砌以砖
	隆庆间	莲池水长，西北隅不时颓毁，知县陈世宝随即补筑，自城外运土填之以固其基，修护城堤于东南隅之外，以防巫谷水涨
	崇祯三年	因流寇作乱，城圮坏不足恃，知县许倜重修未完，升任去，知县袁葵外加厚五尺，上加五尺
2.33 闻喜县	正德间	知县李时王林建城楼，筑月城
	嘉靖间	知县李朝纲、阎倬增修敌台三十六座，开水西门以便民汲，题曰挹涑。知县沈维藩砖砌垛口
	万历元年	知县王象干加建护城石堤以防水涨，计长一百六十丈有奇，高二丈余，阔一丈余，邑人李汝宽记
	万历二十六年	知县徐明于广济桥西增建石堤长五十丈有奇，高一丈余，邑人翟绣裳记
	崇祯间	知县杨伟绩筑东西城各厚五尺高三尺，建东西北二角楼。知县贾之骥砖包东南二门各数丈
2.34 平陆县	弘治八年	知县侯尚文另开南城大成门，东去南门数十丈，南城遂有二门
	嘉靖三十二年	御史尚维持檄有司塞故南门而往来大道咸由大成，乙卯东城楼毁，知县赵重器葺之。癸丑知县王发蒙新其三门并雉堞。外郭门五
	崇祯九年	徐鬲修葺，视昔增高，池久湮为民占，以公地易民居，复浚池如初
2.35 芮城县	洪武初	县丞杨得、知县张友道因故城址增修
	正统十四年	知县孟济修
	正德七年	知县张世恭重修
	嘉靖七年	知县张孝仁增修，砖甃城门
	嘉靖二十二年	知县周时相增敌台、浚池隍
	万历十四年	知县李选重修，增高培厚，砖甃女墙，薛一鹗记
	万历四十年	知县赵庭琰创建月城，王纪记
	天启六年	知县姜士左重修
	崇祯十三年	知县倪光涧修砌砖城，未竟而止

（续表）

城市	修城时间	修筑内容
2.4 绛州属县三	正统间	知州王汝绩修葺
	正德间	知州韩辄修葺
	嘉靖二十一年	知州彭灿修葺
	嘉靖三十七年	知州贵汝于两门各建楼五间，砖甃女墙
	隆庆元年	知州宋应昌加高城墙、浚南城池深一丈五尺，阔倍之，砌石堤以防汾水冲，计长三百余丈
	万历二十四年	石堤圮，知州王大栋捐修
	万历三十四年	知州张继东重修
	崇祯末	知州孙顺增筑炮台
2.41 稷山县	景泰初	知县胡士宁重修
	正德五年	知县来亨增修
	嘉靖二十三年	知县于藁修葺
	嘉靖二十九年	知县杨文卿修葺
	隆庆元年	以虏警，知县孙倌奉檄修浚城池，经始于戊辰三月迄九月告成，计城厚丈有八尺，崇视厚增为丈者二，池深为丈者三，阔如之，辟门五，东曰望尧、西曰思禹、南曰带汾、北曰屏射，东北曰引泉，门各有楼，楼皆二层，观甚伟，角楼四，魁楼一，敌台二十有五，基各有亭，雉堞千有四百有奇，各以甓。规制巍然
	崇祯四年	流寇薄城，知县李燧庭浚池，增筑内外重垣，邑人赖以无
	崇祯十一年	流寇峰起，知县薛一印奉檄增设敌台，俱甃以砖
2.42 绛县	正统十四年	重修
	成化七年	邑令陈能于南门外增重门并楼
	正德十一年	邑令包德仁建窝铺十七座
	嘉靖六年	邑令唐梦璋砖砌女墙
	嘉靖三十四年	地震楼堞倾圮，邑令陈训复加修葺
	隆庆三年	邑令牛应龙奉檄增高五尺，池亦浚深
	隆庆五年	邑令翟来旬于西门外增重门并楼
	万历五年	城西北隅路断门塞，邑令王思治权开北门，以通出入
	万历二十八年	邑令黄唯翰复修旧路，塞北门
	万历三十四年	邑令崔儒秀复开北门
	万历三十五年	邑令赵士元仍塞北门
	崇祯十四年	邑令王敏增修北城敌台二座，南门外瓮城加高数尺，上建重楼

（续表）

城市	修城时间	修筑内容
2.43 垣曲县	洪武十八年	水圮南城
	正统十四年	知县李哲补修，周二里一百八十步，高二丈，阔七尺，池深一丈五尺，门三，东曰万安（隆庆间知县廖际可易曰阜财），西曰永丰，北曰富春，上各建楼，东南隅建魁星阁
	成化十五年	知县马桢重修
	正德八年	知县任旒展筑西北隅，周四里，城内水门
	嘉靖五年	县丞张廷相补修
	嘉靖九年	创东门，是年水溢，南城圮，知县李良翰修。十四年又圮，复修。隆庆二年，知县李自发易以砖垛
	万历二十六年	水圮南城，知县仝梧补修
	万历四十六年	知县梁纲筑南瓮城（后废），塞东门
	崇祯四年	知县张天德增西瓮城（后废）；六年知县段自宏修南城，长二百三十三丈，阔八尺，七年增北瓮城（后废）；九年增高五尺（原垛二千五百存八百五十以便防御，余塞之）
	崇祯十二年	城四面建敌楼十座
2.5 霍州属县一	景泰元年	同知张莊修筑
	成化间	知州张玘重修
	正德间	平阳府通判柴凯加筑，高广倍旧制，各置层楼铺舍
	嘉靖二十七年	东门圮，知州陈嘉言重建
	嘉靖三十六年	知州褚相重修各门楼，更题匾以新之，东曰春熙，南曰望阳，西曰安戌，北曰拱极
2.51 灵石县	洪武间	知县张先重修
	正统间	知县张翼展拓北面三百余步，记周三里一百八十八步
	正德间	为流寇所破，知县孙璲、主簿郭清增筑高厚各四之一，建南北城楼，四隅角楼
	正德十五年	山水暴涨，东城圮，署事照磨白继宗补筑
	嘉靖十九年	知县种奎重修
	嘉靖二十三年	汾水溢，西南城圮，知县江文照、李微相继修葺
	隆庆三年	知县申嘉言增高六尺，帮筑里城七尺，上砌砖堞，内树女墙，各门楼重加整饬
	万历元年	旧唯有南北二门，万历元年知县曹干辟东西门
	万历三年	山水暴溢，城坏，知县白夏补筑，并砌城角石堰，易置四门桥，建东西城楼及南瓮城，复建穿廊，防东南山水，敌楼四座，窝铺十座

（续表）

城市	修城时间	修筑内容
2.6 吉州属县一	景泰初	知州王亨修，因山为城，周一里二百九十步，高三丈五尺，无池
	嘉靖二年	判官包钟以鄜贼猖獗，创建外城，东筑土城二百五十丈，西筑石城二百二十丈，民赖以安
	嘉靖间	知州蒋赐再增外城，计周四里，南临山涧，皆垒以大石，门四，东西各建层楼，北建小楼，东门外城前筑建瓦城楼，署知州事乡宁县县知县李节廉于西城建敌台五座
2.61 乡宁县	正德间	知县赵元重修东西二城楼及西门外石桥
	嘉靖间	知县王杨辛丑知县惠及民相继增筑南城建楼，后河水冲塌，知县王国正复增修之，缭以女墙
	隆庆间	知县马秉直筑北城，张一敬修东城，增四围女墙，城始高大，计周二里半（通志作四里四十步），高厚各二丈有奇，池深二丈，广称之
	万历十七年	山水蚀西城，知县焦守已甃以石，浚池，增垛口，新城楼，题曰登龙
2.7 隰州属县二	景泰二年	同知李亨修
	嘉靖十五年	知州黄杰、同知曹凤修，高二丈五尺，址阔三丈顶三之一。创建城楼三，角楼四，更铺十，垛口二千一百
	嘉靖四十五年	知县魏宗易垛头以砖
	隆庆四年	知州李遐加高增厚南北二门，补建月城，东城外筑墩台四
	隆庆六年	知州刘寅重修西北二门
	万历三年	知州王之辅修南门关城楼
	万历四十四年	水啮城西北隅一十三丈余，知州储置后重修，又开东门，建楼，门曰迎恩，嗣以东门，出入者少且于城中居民不利，门塞不开
2.71 大宁县	正德七年	知县艾公芳重修，增雉堞，阔埤堄，裹三门以铁
	崇祯七年	知县丁公嘉谟同防守官马储秀督营兵三百名，民壮五十名重修三面，俱砌以石
2.72 永和县	洪武初	主簿徐大荣修其城，不备，唯有缭墙而已
	正统十四年	知县胡贞拓修，周三里三十四步，高二丈许，南北西三门，其三门芝水环绕
	嘉靖四十五年	知县张守礼始开跨山为池
三、汾州府（州一县七）		
3.1 汾阳县附郭	嘉靖二十一年	知州张管筑南郭堡，周五里十三步，崇三丈，门四
	景泰二年	修
	隆庆三年	知州宁策增其高、厚。崇凡四丈八尺，加于前丈六尺，下厚四丈二尺，上厚丈八尺
	隆庆五年	始甓城
	隆庆三年	知州宁策筑北郭堡，周二里有奇，崇三丈二尺，下厚三丈，门四
	万历十二年	分守冀南道梁问孟张一齐知州白夏筑西郭堡 周三里，崇二丈五尺，下厚二丈八尺，门四。台四，夹门护台八，铺舍十有二，濠广二丈，深入之

（续表）

城市	修城时间	修筑内容
3.11 孝义县	景泰初	典史李进修葺
	弘治间	知县张日升修葺
	正德间	典史韩彪修葺
	嘉靖间	知县王锦、刘大观相继修葺
	隆庆元年	知县陈情增修砖甃，大异于旧
3.12 平遥县	景泰初	知县萧重修
	正德四年	知县田登修下东门瓮城，又筑附郭、关城一面
	嘉靖十三年	因河冲城角，十九年举人雷淑、监生任良翰督率筑完，得免寇患
	嘉靖三十一年	知县沈振又修西北二面，厚七尺高六尺，筑北门瓮城
	嘉靖四十年	沁州同知吕尧署县，又加高南城六尺
	嘉靖四十一年	知县张稽古因寇犯边，急砌砖墙，更新门楼，各竖匾题，士民颂德立碑于县仪门外左
	隆庆三年	知县岳维华增敌台楼九十四座，俱用砖砌，仍于六门外创吊桥，立附城门，命夫防守各垛口，设团总官四员督之，其衣装盔甲火器火药铅子弓弩之类无不备俱。教场内立碑纪焉
	万历三年	知县孟一脉用砖石包城，四面视往倍固
	万历五年	知县董九仞广植树木于四濠，修葺圮坏
	万历二十二年	知县周之度申请抚按动本县民壮修筑东西瓮城者三，皆以砖石，自是金堂巩固，保障万年矣至
3.13 介休县	景泰元年	知县王俭、彭镛相继修葺四门，建谯楼
	正德二年	知县郝盘于城四隅设小楼
	隆庆元年	知县刘旁重修筑，高一丈二尺，帮厚八尺，增敌台一百十余座，阔二丈，作窝铺于其上
	万历二十六年	知县史记事增筑西门、南门藩城，竖悬楼一十有六，增窝铺一十有四
	崇祯七年	秋霖，城崩数十丈，知县李云鸿设法修固。六年南城崩数十丈，七年又崩，知县张谕圣重修，由御史张煊奏请也。关城包城东北二面，内外皆土筑，长一千一百余丈
	嘉靖元年	邑民董裳等砖甃北关门，树铁栅以泄水
	万历三年	知县康乂民砖甃东北关门，增筑圈城
	崇祯十三年	邑人御史张煊奏准外面易土为砖，知县徐擢、李若星董成之，门五水门二
3.14 石楼县	景泰元年	县丞耿祥修，周围一里九十六步，高二丈五尺，东南北三门，后增一西门，合三里零三十步

（续表）

城市	修城时间	修筑内容
3.15 临县	景泰元年	知县刘本始依山为城，建东南二门，即今四明洞、朱衣阁洞是也
	正德八年	知县杜敏增置外城，括山牛涧于城内，东西设门以泄牛涧之水。然崇不过丈余，阔不盈数尺
	嘉靖二十一年	兵备副使赵瀛拓筑外城，制高三丈，阔一丈五尺，周围五里三分，瓮城楼台俱备
	嘉靖二十九年	知县张天禄于南北两角增置高台，上建箭楼，东南北挑壕宽、深各丈，余门各置吊桥
	隆庆元年	知县吴朝石包东南北三面
	万历十年	知县张问行于东城帮修大墙二，筑拦马墙一，凿壕二，南增修敌台筑拦马墙，凿壕四，西筑大墙二，拦马墙一，北筑拦马墙，凿壕二
	万历二十三年	知县常时芳于东城外筑二台，内筑二台，俱包砖建亭，有李文郁创建城台碑记
	万历四十八年	知县诸葛升重修西门，精密巩固，命都御史尹同皇为文记之
	崇祯五年	贼豹五陷城南北二台，俱失其旧。明年知县魏锡祚莅湫水冲破石堤，啮及城垣，稍加缮治，继之者
3.2 永宁州属县一	景泰元年	州守范宾重修
	嘉靖二十年	被掠之后，州守杨润增修，周围九里三步，高三丈五尺，壕深一丈二尺，东南北三门
	隆庆元年	巡抚杨巍以城广人稀，难以据守，截去东南半壁而新筑之，高四丈八尺，长一千二十丈，基厚三丈二尺，顶厚一丈五尺，东南北外三面俱浚深壕，西面城下有泉，不须濠
	万历四年	用砖石包甃东西两门，设瓮城，竖城楼三座，角楼五座，悬楼一十五座，敌台一十七座，垛口一千二百二十八个
	万历二十六年	州首夏惟勤重修，改南门于东南隅，亦设瓮城，添城楼五间，垛口房三十间。西南角筑高台一处，造楼一十五间，以料敌
	崇祯十四年	城濠增浚益深
3.21 宁乡县	景泰元年	知县梁杲创建
	正德六年	知县石祥重修
	嘉靖二十一年	知县王一言因兵变始创敌台
	嘉靖三十五年	知县贾迪因边报紧急，率劝邑人出资有差，砖女墙建楼固守便之
	隆庆二年	知县李卿因寇陷石州，密迩宁乡于东南北三面，各增高五尺，邦厚八尺，仍面浚凿重濠，广二丈深二丈五尺，三年知县吴三聘筑瓮城三，铁裹门三

（续表）

城市	修城时间	修筑内容
四、潞安府（县八）		
4.1 长治县 附郭	洪武六年	正月甲午，延候唐胜宗奏筑（实为包砌）潞州城，周五千七百七十四丈一，夫筑城二寸合用二十八万八千七百人许之。门四，上各有楼，东曰潞阳南曰德化西曰威远北曰保宁，西北隅楼二，曰看花曰梳洗……西南有长子楼，旧有门通长子县，稍东有八义楼，旧有门通八义镇
	洪武间	指挥使张怀砖甃四门，各建小月城，敌台八
	弘治十年	修城楼雉堞
	嘉靖七年	知州周昊请发公帑以砖石，四面兴役，三时告成，计周二十四里，高三丈五尺，厚二丈，增修城楼，置敌楼三十七，窝铺一百二十一
	隆庆间	知县熊修浚城隍，四周俱疏掘，及泉深四丈阔如之
4.11 长子县	景泰初	知县徐兖创开小西门，门上各建楼三楹
	成化十二年	知县易鹗重修
	正德七年	流寇之乱，知县史纪增高三丈五尺，厚二丈，池深一丈五尺，楼橹铺舍一十九间，尚书刘龙有记
	嘉靖七年	知县王密重修，翰林赵时春为之记
	万历间	知县刘复礼、何出图先后修葺，改题小西门曰上章
	万历三十年	秋大雨，城圮，知县崔尔进修之
	崇祯五年	流寇为乱，知县陈可荐复筑重濠，阔二丈，深一丈五尺。姜环之乱，知县张献素砖甃城门，并修楼橹铺舍
4.12 屯留县	洪武二年	知县楚瑁修补
	景泰元年	县相继修补
	成化十三年	绛水冲北城，知县王坤移北门于旧门东五十余步，引绛水，使离城北里许
	正德十四年	知县范璟复徙北门于故址，建重楼
	嘉靖二十一年	知县王正人任肃相继重修。肃因寇乱，复高城深池，改瓶城为方城，周围作敌台八。
	嘉靖三十七年	知县钱禄于东西南三门改建重楼
	万历间	知县徐鸣鹤、主簿杨慎重修东南门并楼，知县俞汝谦重修四面城垣，邑光禄寺正卿路王道有记
	崇祯十四年	知县艾泰微砖砌东西北三面

（续表）

城市	修城时间	修筑内容
4.13 襄垣县	洪武三年	重修
	正统间	知县宁智复建楼
	成化间	知县柳豸更加修理
	正德间	流贼大扰临近，知县刘明、赵永淳因城倾颓，相继修筑高厚且坚
	嘉靖间	知县贾枢以四门楼坏，不足威远，于是各筑城楼，事未竣而去，知县葛缙终其事
	隆庆间	知县李贵和增筑，城巅周围各五丈许，浚堑二寻，砌砖堞一千五百有奇，敌台八座，四门楼亦加崇焉。又知县党馨继修，增东西南三门瓮城，建崇楼三座，角楼四座，敌台八座，周围濠堑倍于昔
	崇祯间	知县甃砖城三面，高三丈，女墙八百九十有一
4.14 潞城县	隆庆二年	知县李思忠奉文增高，至三丈六尺，月城四座，寻圮
	隆庆五年	知县钟爵重修城楼及警铺
	万历间	知县冯性贤加修，自为记。张鹤腾再修之
	崇祯十二年	知县宗鸿议详请砖甃，计高三丈，厚一丈五尺，周八百零二丈，敌台二十四，角楼二
4.15 壶关县	洪武二年	重修，周围二里二百四十步，东南北三门
	景泰初	知县兰兴补修
	嘉靖十一年	知县邱铠劝富民张弦新辟西门，匾曰通政寻塞。二十二年，知县李用敬劝谕捐金甃以砖，计高三丈五尺，垛口八百四十有五，张铎为记
	崇祯间	知县刘士英塞垛口，存其半。东南隅、西北隅各建角楼一，巡铺十六
4.16 黎城县	景泰初	知县黎靖重修
	正德间	知县京高广门基，甃以砖石，门咸观楼，楼皆十二楹
	嘉靖间	知县李良能增筑城垣，四面各厚一丈许
	隆庆二年	知县张遵约创筑敌台二十，上各系以楼，楼各，角楼四，上咸冠以角楼，皆十二楹。三门外咸创建重门，各饰以砖石，增雉堞一千五百有奇，深广各一丈五尺
4.17 平顺县	嘉靖八年	知县高崇武、主簿李鸾来任督工，筑土城一座，高二丈，周围二百五十丈，开南门砖砌门台，上建楼三间，窝铺六间，竖旗帜，题额曰太行一障，门设而未裹，楼成而未饰。开东门，门小坯砌以便关防。高崇武行任路中不久卒。十二年知县徐元道任督同李鸾裹其门，饰其楼，砖砌东门，裹饰之，上建楼三间
	万历四十三年	郡守刘公讳复初精于堪舆观风至平，见文庙湫隘，文气壅塞，开东门一座，上建成楼三楹，名曰文明楼，邑侯吴公讳之儒督修
	崇祯十四年	曲阜孔公讳贞锐因城近山，截去其半，周围以石砌之，年深日久坍塌殆尽

（续表）

城市	修城时间	修筑内容
五、大同府（州四县七）		
5.1 大同县附郭	洪武五年	大将军徐达因旧土城增筑，周十三里，高四丈二尺，砌以石，墙甃以砖，门四，门各建楼，角楼四，望楼五十有四，窝铺九十有六。西半属大同前卫，东半属大同后卫。西北角楼较益雄壮，扁曰干楼。景泰间，巡抚年富于城北筑小城，周六里，高三丈八尺，东南北门凡三
	天顺间	巡抚韩雍续筑东小城，南小城，各周五里，池深一丈五尺，东小城门凡三，南小城门凡四
	嘉靖三十九年	巡抚李文进加高南小城八尺
	隆庆间	巡抚刘应箕增高一丈，增厚八尺，石砌砖包，建门楼四
	万历二十年	南小城北门楼改建文昌阁，二十八年总兵郭琥砖甃女墙，三十年巡抚房守士重修
5.11 怀仁县	洪武十六年	指挥使史桑贵因旧城增筑之
	永乐九年	指挥于忠重修，周三里六步，高三丈池深一丈，门二东曰保泰，西曰柔远。成化元年，守备姜裕增修月城，东西各一
	嘉靖三十四年	知县殷宗虞、守备景希贤重修增高三尺，增厚三尺，南北增弓字墩各一，举人魏经纶记
	隆庆四年	知县刘邦彦，守备叶继文增高大墙四尺，女墙俱甃以砖
	万历元年	知县宋完、守备王卿，二年知县杨守介、守备邸然、省祭郝录、百长马栋先后请帑增修，址用石高三尺厚三尺五寸，墙用砖高三丈八尺厚七层，基阔三丈五尺，顶阔一丈八尺，月城亦皆砖包，池广一丈八尺，浚深如旧，建东西城楼二，角楼四，东面望台二，南北望台各一
5.2 浑源州	洪武元年	重修。东半属安东中屯卫中所，西半属安东中屯卫前所
	永乐二十年	知州陈渊重修，增高一丈，开浚重濠
	嘉靖四十五年	知州颜守贤重修，墉高三丈九尺，基厚二丈，濠深三丈
	万历二年	总督吴兑疏请砖甃，知州刘复礼、守备林凤举董其役，墉高四丈，基厚三丈五尺，顶厚二丈，雉堞高七尺，垛口七百有七，敌台一十有七，楼橹一十有一，铺舍九，题其东门曰望恒，西曰平川，上各建楼，外筑瓮城，月墙俱甃以砖石
	万历二十九年	巡抚崔邦亮，新辟南门，题曰引翠合东西门凡三
5.3 应州	洪武八年	知州陈立诚以西北二面多旷地，倚东南城墙改筑今城。周五里八十五步，计一千三百三十五丈，高三丈二尺，池深一丈，广二丈，门三，重以瓮城，东曰畅和，南曰宣阳，西曰怀成，北建拱极楼于城上
	成化六年	千户刘鑑贞武庙以镇北方
	成化二十年	知州薛敬之重修，增建月城，创筑东西南三关厢
	正德九年	知州黄卿加修。嘉靖四十三年，知州宋、守备萧以望重修，增高三尺，起建南楼，浚濠及泉，外筑护濠墙垣
	隆庆五年	总督王崇古，奏请砖甃，檄知州吴守节、守备李迎恩，董其事。磐石为址，累甓为墉，增建东西二楼，大学士王家屏记
	万历五年	知州徐谦沿濠植柳，后濠塞而柳尽
	万历二十四年	知州王有容，守备郑儒砖甃南关垣墙，周二百六十丈，高三丈三尺，通政史田蕙记

（续表）

城市	修城时间	修筑内容
5.31 山阴县	永乐三年	重筑，周四里二十步，高二丈五尺余
	正统二年	知县慕宁重修
	正德六年	知县王鋐重修
	嘉靖十六年	知县王郎重修
	嘉靖二十六年	知县郝从睿重修，增高八尺
	隆庆四年	知县张宗重修，增高七尺
	隆庆六年	巡按刘良弼疏请砖甃，知县董其役，城高如旧制，基阔三丈八尺，顶阔二丈，池深八尺广二丈，门三，东曰永泰，南曰宿峰，西曰清远，上建楼橹，外为瓮城，角楼四，窝铺八，城下列垣为蔽，垣外三十余步周围筑堤，以防黄水河之涨漫
	万历三十五年	知县郭体干砖甃女墙、马道
	崇祯元年	知县刘以守筑护垣，九百五十丈，厚八尺高一丈，垣外浚壕，深广如旧，引黄水河注之。护城垣城上置悬楼十六座，以资防守
5.4 朔州	洪武三年	郧阳侯指挥郑遇春奉敕开设朝州卫，依姚枢副所筑旧址修完砖券四门
	洪武二十年	指挥薛寿砖包城，高三丈六尺，堞高六尺，共四丈二尺，顶阔四丈，脚阔八丈，周围一千二百丈，堞口三千一百三十五，池深三丈五尺，阔一十二丈，周围一千六百八十丈，瓮城四座，各周围一百三十八丈，敌楼一十二座，门楼四座，角楼四座，铺楼二十四座，烟墩四座，门四，东曰文德，西曰武定，南曰承恩，北曰镇塞，外连桥，各竖危楼
	万历十三年	守道李采菲、知州张守训重修
	万历三十四年	守道徐准、通判郭如松浚池，池以内筑护城墙，以外筑鬃马墙，屹然称金汤焉
	崇祯二年	南楼圮，五年西城崩十余丈，守道窦可进、通判万代新、知州翁应祥、守备许应诏、李国祚重修
5.41 马邑县	洪武二十二年	守朔指挥孙昭奉命更筑
	宣德九年	展筑北城之半，以居所官屯丁自橹台与县治后墙而北
	正统二年	武安侯郑亨展拓其基
	隆庆六年	巡抚大同都御史刘公应箕巡按宣达御史刘公良弼会疏以筑边城，上请报可，乃命知县岳公汴守备时公尔直分督厥工，经始于隆庆六年三月，落成于万历元年八月。四面皆以石为基，高五尺，上用砖砌，高三丈四尺，女墙高六尺，周围共七百四十丈，角楼四座四面铺舍各三座，东西二门各有重楼，月城二座，瓮城二座，壕墙敌台以捍其外，详见城中修城碑记
5.5 蔚州	洪武十六年	朔州卫指挥孙昭修
	正统二年	武安侯郑亨展筑，周四里高三丈三尺，池深二丈，东西二门
	隆庆元年	巡抚刘应箕、巡按刘良弼会题，用砖包砌

（续表）

城市	修城时间	修筑内容
5.51 广灵县	洪武十六年	知县叶公时茂重修
	天顺间	御史马公以广邑城卑薄，奏请增修，报可，命蔚州知州史公魁增筑，后知县……相继增修
	万历二年	兵部侍郎吴公兑奏请发内帑，命知县公密改建。甃以砖石，周围三里一百八十步，高三丈六尺，堞六尺，阔三丈，顶阔一丈五尺，垛口四百七，城有二门，南曰景阳，北曰永安，门上建楼二座，各三间二层，四隅建角楼四座（今废止存东南隅一座，名魁星阁），铺楼八座（今废），濠深三丈广如之
	崇祯十三年	戴公君恩于西门外各筑护门砖台二座
5.52 广昌县	洪武十三年	千户李贞修，周三里一十八步，高三丈五尺，东西南三门
	嘉靖间	知县张九功、陈大夏增修
5.53 灵丘县	天顺二年	巡抚马昂奏请展筑，参政魏琳、蔚州知州史魁董其事。徙旧城南三十二步，周五里，高四丈，雉堞高六尺，池深一丈五尺，广三丈，门二，东曰迎恩，西曰镇橹，朱信记
	正德三年	知县杨文奎重建门楼，通街巷，训道商器记
	嘉靖二十年	刘永明增修
	隆庆元年	重修，高二丈八尺，女墙高五尺
	万历二十四年	知县于尚纲重修，甃以砖石，高三丈五尺，女墙高七尺
	天启六年	地震城毁过半，发帑重修，城址仍旧，墉高三丈
5.61 阳和卫	洪武三十一年	县废。命中山王徐达筑阳和城，周九里三十步，高三丈有五尺，池深三丈，门三，东曰成安，南曰迎暄，西曰成武，上各建楼，窝铺一十有四，门外建月城
	天顺二年	始城高山与阳和为二卫，以指挥千户领其事。景泰元年设立督府
	万历二十九年	总督尚书杨时宁檄副使刘汝康、同知孙渊如，副使刘汶砖甃南关厢，以资保障
	崇祯四年	总督侍郎魏云中于望台上每面修建望楼六座，砖甃全城
5.62 天城卫	洪武三十一年	因旧城筑，周围八里二十四步，高三丈五尺，池深二丈，门四
	万历十三年	重修，增墉高一尺基厚四丈八尺，顶厚二丈八尺，女墙高七尺，垛口七百有二十，城外各建月城，上各建楼，东南隅上建文昌阁，通计建设窝铺二十有五

（续表）

城市	修城时间	修筑内容
5.63 大同左卫城	洪武二十五年	洪武为镇硕，永乐为左卫
	正统间	以边外云川卫内徙附入为左云川卫，始砖包城，周围十里一百二十步，高三丈五尺，濠深二丈，南北西门三座，以东面傍山冈不便设门，特阙焉
	嘉靖二十六年	副总兵吴公鼎东西各削其半，制稍俭
	嘉靖四十五年	兵备佥事韩公应元会总督侍郎吴公兑、巡抚郑公洛同、副总兵麻公贵议重修，增筑加七尺，通高四丈二尺，复建两滴水大城楼三座，各竖一匾，北曰雄镇大漠，南曰名都重辅，西曰永控玉关号房一十八间，瓮城内土地庙三间，四角砖楼四座，沿城楼舖四十六座，修钉城门九合，砖包瓮城裹外
	万历二十九年	左参政樊公东谟建东城楼，匾其东曰巩护陵京，南曰至于太原，西曰云西第一关，北曰虏在目中。雉堞巳状
	万历三十八年	右布政韩公策复拓修南关城，并大城顶墙关门三，建楼各五楹，南曰宣平，东曰景阳，北曰安宁，敌角四建楼各三楹，敌台二，建铺各一楹，大城加墁一层，女墙俱改砖砌
5.64 大同右卫城	洪武二十五年	设定边卫，始筑，其后卫革。永乐七年筑完，周围九里十三步，高三丈五尺，壕深三丈，门四
	嘉靖四十五年	重修
	万历三年	砖包，周九里八分，高连女墙四丈二尺，阔三丈五尺
5.65 威远卫城	正统三年	建，周四里五步，高三丈五尺，池深一丈八尺
	嘉靖二十八年	重修
	万历三年	砖包，周五里八分，连女墙四丈，门四，东宣阳、南崇化、西宁远、北靖朔，外皆有月城，上建门楼敌楼共三十二座，内驻巡检司、千总各一员
5.66 平远卫城池	成化十七年	巡抚郭创建周六里，高三丈，池深一丈五尺，东西南三门
	万历二年	参将袁世杰、赵宗璧相继砖甃石砌
5.67 井坪所城池	成化二十一年	周三里二百五十二步，高二丈四尺，池深一丈五尺，南北二门
	隆庆六年	展筑南城之半，今街心玉皇阁即先南门基。周六里九分，砖包，高连女墙三丈六尺，门二，南雄城北天险各建楼于上，外各为月城，角楼四，有南关
六、直隶泽州属县四		
6.1 泽州	洪武间	千户吴才修
	洪武十四年	张规砖甃
	弘治间	知州吴必显修葺
	正德间	知州赵锦修葺，周九里三十步，高三丈五尺，池深二丈，东西南三门
	隆庆四年	知州顾显仁增筑敌台二十三，创敌楼二十三，北城楼一座，重修角楼四，东西南城楼各二，上列女墙，覆砌砖，孟雷记
	万历三十三年	知州贺盛瑞重修，崇祯十二年知州张天维复修。国朝……知州陶自悦重修补筑城上女墙

（续表）

城市	修城时间	修筑内容
6.11 高平县	弘治七年	知县杨子器修
	嘉靖十九年	知县刘大宝增敌楼四，敌台四十
	隆庆二年	知县刘尧卿重修角楼、敌台、浚濠，深广各二丈又署县事，同知靖四方增高厚五尺，知县李桢重修门楼
	万历二十五年	异南道杨应中建议内外砖甃，巡抚魏允桢疏请知县马徙龙王省身，先后董其事，砖包内外，高三丈五尺，女墙高三尺五寸，阔一丈二尺，延袤共一千三百有三丈，垛口共一千八百九个，上更铺五十二，城楼四，角楼四，增筑瓮城三，郭东记
6.12 阳城县	景泰初	知县刘以文砖甃之，于东西门建楼，南建房，置敌台九座，浚濠加深
	嘉靖间	知县杨登砖其堞
	万历五年	邑人王尚书国光谋于当事，复加缮葺。当事及有司各捐赎锾以襄事。知州于达贞佐之，知县张应诏董其役，筑石基城垣以砖甃，旧增高五尺，厚半之，袤五百五十有九丈，增设敌楼十，东北建城楼，规制始大备，达贞国光各有记
	崇祯间	知县杨镇原复建楼于西北东西，各增瓮城，亦甃以砖。后知县李定策又建楼于城之正北
6.13 陵川县	嘉靖十二年	知县李麒重修，甃以砖石，增高至三丈五尺
	嘉靖二十二年	县丞马臣忠增修，知县刘廷仪建城门楼三座，东曰联辉，南曰迎泽，北曰望晋
	隆庆二年	知县马宗孝增修
	万历四年	知县刘汝江砖甃南城内面
	万历十二年	知县宋承规砖包，环城西面
	万历十七年	知县完东气，重建东门曰启秀，北门曰拱辰
	万历四十二年	知县段实重建南门曰晋明
6.14 沁水县	洪武间	县丞陈德重修
	正统间	知县贾茂重修
	景泰间	知县张昇重修
	正德间	知县王溱重修
	嘉靖间	知县张爵加修，城东临河，常患冲塌，因筑石堤障之，患始息
	万历间	知县重修
	崇祯间	流贼攻毁，署事州同张大为重修并浚壕
七、直隶沁州属县二		
7.1 沁州	洪武十一年	千户吴才、正德十六年知州高鑑重修南北西三门
	嘉靖间	知州王良辅、周业孔俱修，相文祥始开西门

（续表）

城市	修城时间	修筑内容
7.11 沁源县	正统十四年	知县徐戬重修
	嘉靖元年	知县冯继祖增修加高八尺，厚五尺
	万历五年	署县事潞州卫经历赵蛟重修，又加高一丈，券三门建三门楼，题其东岳曰沁水环清，北曰绵山拥翠，南曰尧封遗化
	万历七年	知县靳贤因阴雨塌毁不时劳民，申请院道用砖包砌，连垛口高三丈九尺，基厚三丈五尺，顶阔一丈六尺。铺楼敌台俱备，并凿壕堑，深一丈五尺，阔二丈
	崇祯四年	知县范廷辅创增重门。六年知县王久蟠创修围墙
7.12 武乡县	景泰间	知县路斌包西外一区拓之
	正德九年	知县戴魁加葺
	嘉靖十二年	巡抚王献病其湫隘，檄县增拓，北连石勒寨建县衙，南面尚无城也
	嘉靖二十一年	巡道陈耀为寇患始议筑南城。取潞泽所属民壮，搜各县无碍官银。以石为基，周三里，高丈余，辖以铁锭，亲督城下，期月告成，不数日寇至，城中人畜得以保全
	隆庆三年	知县朱博文加高五尺
	万历五年	知县申久锡筑石堤三十余丈以障河水
	万历八年	知县曹志学易女墙以砖
	万历十七年	西南城圮，知县黄元会重修加筑护堤七十丈。潞郡守刘复初精于堪舆氏因邑旧止东西二门，东曰宾阳，西曰寅饯，无南门，至是创开一门题曰南熏，建城楼三间，铸铁牛镇水。东西门仍旧
	万历三十五年	堤被水决，知县张五美复加修筑
	万历四十年	知县刘聊芳增筑石堤百余丈
	崇祯三年	邑人司马魏云中北城增建敌楼一座，高三丈周二十丈。邑人郡丞魏权中知县魏廷望又以旧石勒寨为上城，易以砖垛，东西炮台各二所
	崇祯七年	邑人少司空程启南建西门月城一座
	崇祯十一年	东城门圮，邑人中丞魏光绪砖甃东半城，重建东城门，易旧额宾阳曰迎恩，自为记
	崇祯十二年	知县张继载，以石甃西南城，邑人中丞魏光绪以石甃东南城，周围曰三里许，西门口建石梁一座，关以西一门曰巩固，又西重门一座，邑人大康令魏今望题曰 表里山河，其上邑人鸿胪魏时望建药王阁一座，扁曰崇仁，继而惑于形家言，南门塞南熏楼毁
八、直隶辽州属县二		
8.1 辽州	景泰初	知州黄钺修葺
	成化间	知州王钺、胡元，同知李朝，修葺
	正德初	知州杨惠相继修葺，周四里三十步，高三丈，池深八尺
	嘉靖间	知州康清创建北楼
	隆庆间	知州赵云程增高加厚完缮备
	崇祯十六年	冀宁道比拱辰浚池、筑女墙

（续表）

城市	修城时间	修筑内容
8.11 榆社县	嘉靖五年	流寇大掠西关，苦无城，乡官常应文上其议于尔台，创建关城，合抱如环，民乐安止
	宣德间	改建上城，因高为城，又加筑一丈，厚一丈，周围二里许，城门三，东曰望京，南曰宣化，西曰永熙，城楼七
	隆庆五年	知县吴徙政筑下城，高二丈五尺，厚一丈，周围三里，城门三，北曰柔远，西曰通晋，南曰带漳，城楼五
8.12 和顺县	正统十四年	知县王衡补修（疑在永乐年）
	万历二年	知县苏性愚益砖砌
	万历十三年	知县李继元益土坯泥砌外浚深濠

注：据山西地方志整理。

附录3：山西城市城门统计

城市	城门数量	城门名称				
		东城门	西城门	南城门	北城门	其他
一、太原府（州五县二十）						
1.1 阳曲县附郭	8	宜春/迎晖	阜成/振武	迎泽/承恩	镇远/拱极	
1.101 太原县	4	观澜	望翠	进贤	奉宣	
1.102 榆次县	4	迎曦	带汾	观澜	望岳	
1.103 太谷县	4	长乐	登丰	永康	拱辰	
1.104 祁县	4	瞻凤	挹汾	凭麓	拱辰	
1.105 徐沟县	4					
1.106 清源县	3					
1.107 交城县	4	据晋	揣秦	带汾	枕山	
1.108 文水县	4	瞻太	靖远	迎薰	望恒	
1.109 寿阳县	3	宾阳	回阳	恒阳		
1.110 盂县	4	迎晖	永顺	拱阳（月城曰重离）		
1.111 静乐县	2			1	1	
1.112 河曲县	2	1	1			
1.2 平定州	上城2			1	1	
	下城2	1	1			

（续表）

城市	城门数量	城门名称				
		东城门	西城门	南城门	北城门	其他
1.21 乐平县						
1.3 忻州属县一						
1.31 定襄县	4	保障 / 辑宁	庆成 / 靖边	保泰 / 宣平	无北门	永康（小南门）
1.4 代州属县三	4					
1.41 五台县	3	无				
1.42 繁峙县	3	和丰	安阜	淳简	无	
1.43 崞县	4	临沱	保和	景明	宁远	
1.5 岢岚州	4	宜阳	丰城	文明	戢宁	
1.51 岚县	3	迎曦	无	永康	保安	
1.52 兴县	4	召和	阜安	文明	利泽	
1.6 保德州	4	迎恩	阜成	南熏	镇朔	
1.71 雁门守御所	2	无	无	1	1	
1.72 宁化守御所	3	无	1	1	1	
1.73 宁武所城	4	1	1	1	1	
1.74 偏头所城	2	1	1	无	无	
二、平阳府（州六县二十八）						
2.1 临汾县附郭	4	武定	和义	明德	镇朔	
2.101 襄陵县	3	带汾	无	迎熏	屏霍	
2.102 洪洞县	6	宾阳	拱汾	迎熏	望霍	东南曰安流
2.103 浮山县	4	朝阳	大有	阜民	平宁	
2.104 赵城县	4	东望霍山	西临汾水	南瞻尧都	北仰神京	
2.105 太平县	5	镇安 / 永阜	顺化	迎恩	拱辰	
2.106 岳阳县	3	无	1	1	1	
2.107 曲沃县	8	来青 / 迎旭	上升 / 中兴 / 德润	揖熏 / 德晖	星共	
2.108 翼城县	4	迎阳	观成	受熏	瞻天	
2.109 汾西县	4	望霍	人和	迎熏	拱极	
2.110 蒲县	3	东拱平阳	西连隰郡			
2.2 蒲州属县五	4	迎熙	蒲津	首阳	振威	
2.21 临晋县	4	泰和	庆丰	中条	峨嵋	

（续表）

城市	城门数量	城门名称				
		东城门	西城门	南城门	北城门	其他
2.22 荣河县	4					
2.23 猗氏县	4	朝京	通秦	迎薰	拱极	
2.24 万泉县	4	挹翠	承晖	向明	拱极	
2.25 河津县	3	迎旭	擁翠	临川	无	
2.3 解州属县五	4	长乐	顺城	镇山	永安	
2.31 安邑县	4	迎庆	永宁	南熏	拱极	
2.32 夏县	4	朝阳	安定	南阳	北固	
2.33 闻喜县	4	迎晖	阜成	迎熏	仰薇	
2.34 平陆县	3	明远	无	来熏	拱辰	
2.35 芮城县	4	通津	升仙	望阙	礼贤	
2.4 绛州属县三	2	无	无	朝宗	武靖	
2.41 稷山县	5	望尧	思禹	带汾	屏射	引泉 / 东北
2.42 绛县	3	镇峰	太安	绛阳		
2.43 垣曲县	3	万安	无	永丰	富春	
2.5 霍州属县一	4	春熙	安戍	望阳	拱极	
2.51 灵石县	4	闻弦	乐泮	正明	承恩	
2.6 吉州属县一	4	太和	永康	淇北	定远	崇安 / 内城
2.61 乡宁县						
2.7 隰州属县二	4	迎恩	建义	崇礼	归仁	
2.71 大宁县	3	迎春	兴仁	兴让	无	
2.72 永和县	3	无	饯日	安静	拱极	
三、汾州府（州一县七）						
3.1 汾阳县附郭	4	景和	静宁	来熏	永泰	
3.11 孝义县	4	宾阳	秩成	嚮明	拱极	
3.12 平遥县	6	2	2	1	1	
3.13 介休县	4	捧晖	临津	迎泽	润济	
3.14 石楼县	4	1	1	1	1	
3.15 临县						
3.2 永宁州属县一	3		无			
3.21 宁乡县	3	宾旸	无	迎熏	拱极	

（续表）

城市	城门数量	城门名称				
		东城门	西城门	南城门	北城门	其他
四、潞安府（县八）						
4.1 长治县附郭	5					小西门
4.11 长子县	5	宾旸	望山	挹熏	拱辰	观澜 / 小西门
4.12 屯留县	4	宾阳	威远	迎薰	拱辰	
4.13 襄垣县	4					
4.14 潞城县	4					
4.15 壶关县	4					
4.16 黎城县	3	拱辰	西成	南熏	无	
4.17 平顺县	2		无		无	
五、大同府（州四县七）						
5.1 大同县附郭	4	和阳	清远	永泰	武定	
5.11 怀仁县	2	保泰	柔远	无	无	
5.2 浑源州	2			无	无	
5.3 应州	3	畅和	怀成	宣阳	无	
5.31 山阴县	3	永泰	清远	宿峰	无	
5.4 朔州	4	文德	武定	承恩	镇塞	
5.41 马邑县	2			无	无	
5.5 蔚州						
5.51 广灵县	2	无	无	景阳	永安	
5.52 广昌县	3				无	
5.53 灵丘县						
5.61 阳和卫	3	1	1	1	无	
5.62 天城卫	4	文安	武宁	迎恩	镇远	
5.63 大同左卫城	4	1	1	1	1	
5.64 大同右卫城	4	1	1	1	1	
5.65 威远卫城		1	1	1	1	
5.66 平远卫城池	3	1	1	1	无	
5.67 井坪所城池						
六、直隶泽州属县四						
6.1 泽州	3				无	

（续表）

城市	城门数量	城门名称				
		东城门	西城门	南城门	北城门	其他
6.11 高平县	3	东作	西成	南熏	无	
6.12 阳城县	3				无	
6.13 陵川县	3	启秀	无	晋明	拱辰	
6.14 沁水县	3				无	
七、直隶沁州属县二						
7.1 沁州	3	无				
7.11 沁源县	3				无	
7.12 武乡县						
八、直隶辽州属县二						
8.1 辽州	3	永清	长乐	阳和	无	
8.11 榆社县	3	望京	永熙	宣化	无	
8.12 和顺县	3	无	宝凝	康阜	拱辰	

注："无"表示没有城门，"1"表示此方向有一个城门；据山西地方志整理。

附录4：明末山西城池状况

城市	周长	城墙规模			城壕规模		砖甃情况
		基宽	顶宽	高度	阔	深	
一、太原府（州五县二十）							
1.1 阳曲县附郭	二十四里			三丈五尺		三丈	砖包
1.101 太原县	七里	三丈	二丈	三丈五尺后崇一丈	十丈（两重）	三丈	土城，砖女墙
1.102 榆次县	五里			高三丈	三丈	一丈五尺	砖包
1.103 太谷县	一十二里	四丈二尺		四丈二尺六寸（女墙）	一丈	五尺	砖包
1.104 祁县	四里三十步			三丈三尺	一丈	三尺	砖包
1.105 徐沟县	一千一百五十三丈	三丈	一丈五尺	高四丈余（含女墙）		九尺	砖包
1.106 清源县	六里二百步	三丈		四丈	一丈五尺	一丈二尺	西门至北门

（续表）

城市	周长	城墙规模			城壕规模		
		基宽	顶宽	高度	阔	深	砖甃情况
1.107 交城县	五里余九十步			三丈五尺	三丈	三丈	砖包
1.108 文水县	九里一十八步	四丈	二丈五尺	四丈五尺	四丈	三丈	砖包
1.109 寿阳县	四里	三丈		四丈	三丈	二丈五尺	土城，砖女墙
1.110 盂县	五百五十八丈五尺	二丈		三丈三尺		二丈七尺	土城
1.111 静乐县	三里三十步			三丈七尺		一丈五尺	土城
1.112 河曲县	周六里						土城
1.2 平定州	二里三百四十八步						土城
1.21 乐平县	六千一百四十步						土城
1.3 忻州属县一	二千一百九十丈			四丈二尺	丈余	二丈	砖包
1.31 定襄县	九千九十尺	七列	五列	四十二尺（含女墙）	二十七尺	二十一尺	砖包
1.4 代州属县三	八里一百八十五步			三丈五尺		二丈一尺	砖包
1.41 五台县	三百二十步	二丈五尺		三丈二尺	半面濠由天成，不假人力		砖包
1.42 繁峙县	四里四十一步	三丈五尺	二丈有奇	三丈五尺		一丈五尺	砖包
1.43 崞县	一千一百丈	三丈八尺		三丈六尺		三丈	砖包
1.5 岢岚州	六里二百七十八步			三丈八尺	五丈	二丈五尺	砖包
1.51 岚县	一千九十丈	高三之二		四丈	二丈	二丈	砖包
1.52 兴县	二里三百二十步	三丈		四丈			砖包
1.6 保德州	一千九十三丈六尺			三丈五尺			砖包
1.71 雁门守御所	二里五十六步						砖包
1.72 宁化守御所	二里一百九十六步			三丈一尺		一丈	砖包
1.73 宁武所城	一千七十余丈			三丈五尺			砖包
1.74 偏头所城	五里一十八步	三丈	二丈	三丈			砖甃东南面

（续表）

城市	周长	城墙规模			城壕规模		砖甃情况
		基宽	顶宽	高度	阔	深	
二、平阳府（州六县二十八）							
2.1 临汾县附郭	十一里二百八十八步			四丈五尺		二丈五尺	砖包
2.101 襄陵县	五里一百六十步			三丈			砖包
2.102 洪洞县	较旧增长二百五十步奇	二丈五尺	二丈三尺	三丈五尺	二丈	二丈	砖包
2.103 浮山县	四里一百五十步			二丈五尺		一丈五尺	土城
2.104 赵城县	五里一百二十四步			二丈	一丈四尺	七尺	砖包
2.105 太平县	一千四百步有奇		三十尺不等	四十一尺	四丈余	四丈余	砖包
2.106 岳阳县	二里一十二步	二丈	一丈二尺	三丈		五尺	石包东面
2.107 曲沃县	六里五十步		顶收一丈	三丈五尺			土城
2.108 翼城县	六里有奇			六丈	濠由天成		土城
2.109 汾西县	四里	一丈		二丈		七尺	土城
2.110 蒲县	三里一百四十步			一丈五		一丈	土城
2.2 蒲州属县五	八里三百四十九步			三丈八尺	十丈	一丈五尺	砖包
2.21 临晋县	三里二百三步			一丈八尺		一丈	土城
2.22 荣河县	九里八步					一丈五尺	土城
2.23 猗氏县	九里十三步	一丈五尺		三丈	三丈	二丈	土城
2.24 万泉县	五里十三步	一丈有奇		二丈三尺			土城
2.25 河津县	三里二百七十四步	一丈五尺		三丈			砖包
2.3 解州属县五	八里三步	三丈五尺		六丈	十丈	二丈五尺	土城
2.31 安邑县	六里一十三步			三丈五尺		丈余	土城
2.32 夏县	五里一百三十七步			三丈五尺		五尺	土城
2.33 闻喜县	五里三十六步	一丈五尺		二丈七尺	三丈	二丈	土城
2.34 平陆县	二里五十步	厚如之		二丈有奇	一丈有奇	一丈有奇	土城
2.35 芮城县	三里二百六十六步			二丈		七尺	土城

（续表）

城市	周长	城墙规模			城壕规模		
		基宽	顶宽	高度	阔	深	砖甃情况
2.4 绛州属县三	九里一十三步			二丈五尺		一丈	土城
2.41 稷山县	五里十三步	丈有八尺		三丈	三丈	三丈	土城
2.42 绛县	五里十三步			二丈		一丈	土城
2.43 垣曲县	四里	七尺 / 八尺		二丈五尺		一丈五尺	土城
2.5 霍州属县一	九里十三步			二丈余		八尺	土城
2.51 灵石县	三里一百八十八步	一丈		二丈五尺			土城
2.6 吉州属县一	四里			三丈五尺			土城 / 石
2.61 乡宁县	四里四十步	二丈有奇		二丈有奇	广称之	二丈	土城
2.7 隰州属县二	七里十三步	三丈	一丈	二丈五尺			土城
2.71 大宁县	三里四十二步			二丈五尺		七尺	土城
2.72 永和县	三里三十四步			二丈许			土城 / 石
三、汾州府（州一县七）							
3.1 汾阳县附郭	九里十三步	四丈二尺	丈八尺	四丈八尺			砖包
3.11 孝义县	四里十三步	一丈九尺至二丈余		二丈七尺至三丈		尺余至七八尺不等	砖包
3.12 平遥县	十二里八分四厘			三丈八尺	一丈	一丈	砖包
3.13 介休县	八里	三丈二尺		三丈五尺	二丈	二丈	砖包
3.14 石楼县	三里零三十步			二丈五尺			土城
3.15 临县	五里三分	一丈五尺		三丈			石包
3.2 永宁州属县一	一千二十丈	三丈二尺	一丈五尺	四丈八尺		一丈二尺	土城
3.21 宁乡县	五里一百八十步	二丈八尺		三丈五尺	二丈	二丈五尺	土城
四、潞安府（县八）							
4.1 长治县附郭	十九里五十八步	二丈		三丈五尺	四丈	四丈	砖包
4.11 长子县	五里一百八十步	二丈		三丈五尺		一丈五尺	土城
4.12 屯留县	四里三十步			三丈		一丈五尺	砖包

（续表）

城市	周长	城墙规模			城壕规模		
		基宽	顶宽	高度	阔	深	砖甃情况
4.13 襄垣县	六里三十步	二丈	丈二	三丈			砖包
4.14 潞城县	八百零二丈	一丈五尺		三丈		一丈二尺	砖包
4.15 壶关县	二里二百四十步			三丈五尺		八尺	砖包
4.16 黎城县	三里有奇			三丈	一丈五尺	一丈五尺	砖包
4.17 平顺县	二百五十丈			二丈		二丈五尺	砖包
五、大同府（州四县七）							
5.1 大同县附郭	十三里			四丈二尺		一丈五尺	砖包
5.11 怀仁县	三里六步	三丈五尺	一丈八尺	三丈八尺	一丈八尺	二丈	砖包
5.2 浑源州	四里二百二十步	三丈五尺	二丈	三丈七尺		三丈	砖包
5.3 应州	五里八十五步			三丈二尺		一丈	砖包
5.31 山阴县	四里二十步	三丈八尺	二丈	四丈	二丈	八尺	砖包
5.4 朔州	一千二百丈	八丈	四丈	三丈六尺	一十二丈	三丈五尺	砖包
5.41 马邑县	七百四十丈			三丈九尺		二丈	砖包
5.5 蔚州	七里十二步			三丈五尺		三丈五尺	砖包
5.51 广灵县	三里一百八十步	三丈	一丈五尺	三丈六尺	三丈	三丈	砖包
5.52 广昌县	三里一十八步			三丈五尺			砖包
5.53 灵丘县	五里			三丈五尺	三丈	一丈五尺	砖包
5.6.1 阳和卫	九里三十步			三丈五尺		三丈	砖包
5.6.2 天城卫	八里二十四步	四丈八尺	二丈八尺	三丈五尺		二丈	砖包
5.63 大同左卫城	十里一百二十步			四丈二尺（通高）		二丈	砖包
5.64 大同右卫城	九里十三步			三丈五尺		三丈	砖包
5.65 威远卫城	四里五步			三丈五尺		一丈八尺	砖包
5.66 平远卫城	周六里			三丈		一丈五尺	砖包
5.67 井坪所城	六里九分			三丈六尺（通高）		一丈五尺	砖包
六、直隶泽州属县四							
6.1 泽州	九里三十步			三丈五尺	二丈		砖包
6.11 高平县	一千三百有三丈	一丈二尺		三丈五尺	二丈	二丈	砖包
6.12 阳城县	五百五十有九丈	厚半之		三丈五尺			砖包

（续表）

城市	周长	城墙规模			城壕规模		
		基宽	顶宽	高度	阔	深	砖甃情况
6.13 陵川县	二里二百三十二步			三丈五尺		五尺	砖包
6.14 沁水县	二里一百步						土城
七、直隶沁州属县二							
7.1 沁州	六里三十步			三丈二尺			砖包
7.11 沁源县	四百四十三丈	三丈五尺	一丈六尺	三丈九尺连垛口	二丈	一丈五尺	砖包
7.12 武乡县							石甃
八、直隶辽州属县二							
8.1 辽州	四里三十步	二丈		三丈七尺	三丈	八尺	土城
8.11 榆社县	二里许	一丈		一丈（地形高二丈）			
	三里	一丈		二丈五尺			土城
8.12 和顺县	二里二百五十步	二丈五尺	一丈五尺	三丈七尺（含垛口）			土城

注：据山西地方志整理。

附录 5：山西城市城楼配置

城市	增设过程	城门数量	城墙建筑的配置			其他
			门楼	角楼	窝铺 / 警铺	
一、太原府（州五县二十）						
1.1 阳曲县附郭	洪武九年	8	8	4		
1.101 太原县	正德七年	4	4	4		
1.102 榆次县	隆庆元年，增敌台十有六，警铺十有二，三门各建大楼	4	4		12	
1.103 太谷县	正德六年，建重楼各四楹，四隅各建角楼	4	4	4	56	
1.104 祁县	万历八年，加建层楼、月城、警铺	4	4			
1.105 徐沟县	嘉靖二十三年，创角楼四座；万历八年，修东西北三楼	4	4	4		

（续表）

城市	增设过程	城门数量	城墙建筑的配置			其他
			门楼	角楼	窝铺/警铺	
1.106 清源县	景泰二年，南西北三门上建戍楼；万历十九年，北城建敌楼一座，重关东城门上置戍楼	3	3			
1.107 交城县	嘉靖二十一年，建北城门楼，嘉靖二十六年，各建楼橹，隆庆四年，四角观以楼各十二楹	4	3	4		
1.108 文水县	天顺二年，建门楼四角；万历五年，四门四隅为重檐高楼八，堞楼六十有四	4	4	4		
1.109 寿阳县	嘉靖间，修建楼橹；隆庆元年，角楼四座	3	3	4		
1.110 盂县		4				
1.111 静乐县		2				
1.112 河曲县		2				
1.2 平定州		上 2/ 下 2	4\3			
1.21 乐平县	嘉靖五年建三城楼，嘉靖二十年，修建南门楼三间					
1.3 忻州属县一		4				
1.31 定襄县	隆庆二年，列以戍橹；万历元年，修西南门楼；万历三十二年，营层楼者五砖楼，角楼者各四，铺屋者二十五	4	5	4	25	
1.4 代州属县三	洪武六年，因旧城砖甃之	4	4	4	50	瓮城城楼 4
1.41 五台县	万历二十四年，增修敌楼二十五，营房二十五；万历三十三年，大垣敌楼纯用砖包，又增修城楼四座	3	4	4	25	
1.42 繁峙县	万历十四年，迁建于河北岸龙须之地	3	4	4		
1.43 崞县	万历二十六年，四面城楼四座；崇祯七年，修四门楼	4	4			
1.5 岢岚州	隆庆四年，建城楼三座	4	3			
1.51 岚县		3		8		
1.52 兴县	隆庆二年，增敌楼十二，角楼八，建南城楼	4				
1.6 保德州	宣德八年，西南各一门，东北、西北各一角门，各建楼于其上，窝铺六十四座；万历二十九年，四门各建一楼	4	4		64	
1.71 雁门守御所		2				
1.72 宁化守御所	城楼六座	3	6			
1.73 宁武所城	成化三年，门其东曰迎薰，上建崇楼；弘治十一年，加辟北门，亦建飞楼于上	4				
1.74 偏头所城	万历七年，兵使萧天恒于城周围建重楼一十又三；万历二十六年，兵使赵彦大修边政，东置重阁门一	3				

（续表）

城市	增设过程	城门数量	城墙建筑的配置			其他
			门楼	角楼	窝铺/警铺	
二、平阳府（州六县二十八）						
2.1 临汾县附郭	洪武初，因旧城重筑；景泰初，重修	4	4	4	97	
2.101 襄陵县	弘治四十年，竖东南城楼	3				
2.102 洪洞县	正统十四年，创为门六，门上各建小楼；正德六年，增筑四隅角楼	6	6	4	60 楹	
2.103 浮山县	景泰间，各建城楼	4	4			
2.104 赵城县	正德五年，邑令于洪重修四门，各建楼，四隅加建角楼，窝铺十三座	4	4	4	13	
2.105 太平县	正德六年，展筑，门楼五、角楼四；嘉靖三十二年，建墩亭二十；崇祯四年，易南北层楼二	5	5	4		
2.106 岳阳县		3				
2.107 曲沃县	正德十一年，建城楼四，角楼四，铺舍二十有五；嘉靖二十八年，建东西城楼各一	8	4	4	25	
2.108 翼城县	景泰间县令徐祯、正德间县令宋汝澄相继修治。	4	4	4		
2.109 汾西县	弘治七年，知县路钦建重楼	4				
2.110 蒲县	崇祯，以土城难守，知县张启谟申请备砖包砌，建城楼于东西二门，南门未知	3	2			
2.2 蒲州属县五	洪武四年四门各建楼一，楼皆三重，观甚壮，又设角楼四，窝铺五十七	4	4	4	57	
2.21 临晋县	崇祯十四年，重建南城楼两角楼	4				
2.22 荣河县	嘉靖二十七年，增三门楼，门各冠以重楼；万历七年，开西门，建小亭于门上	4	4			
2.23 猗氏县	万历十四年，知县陈经济并起门楼四座，甃之	4	4	4	64	
2.24 万泉县	正德初，知县张席珍各建门楼，后废；隆庆三年，重建四门城楼	4	4			
2.25 河津县	景泰元年，修城楼；景泰二十四年，修西门楼；景泰三十四年，设角楼四座；崇祯三年，建敌楼十余座；崇祯九年，铺舍一新	3	4	4		
2.3 解州属县五	正德间，四门各建城楼，四隅各建角楼；天启间，建城铺舍，后倾废	4	4	4		
2.31 安邑县		4	4	4	9	
2.32 夏县	嘉靖乙卯，遭地震城楼俱毁，增崇北楼；万历十八年，峻起南门五尺，改建崇楼六楹	4				

（续表）

城市	增设过程	城门数量	城墙建筑的配置			其他
			门楼	角楼	窝铺 / 警铺	
2.33 闻喜县	正德间，知县李时王林建城楼，崇祯间建东西北二角楼	4				
2.34 平陆县	明景泰初增筑，上各建楼橹；弘治戊午修三城楼；详重修城楼门记	3				
2.35 芮城县		4				
2.4 绛州属县三	嘉靖三十七年，于两门各建楼五间	2	2			
2.41 稷山县	嘉靖辛丑秋，门各有楼，楼皆二层，观甚伟，角楼四，魁楼一	5	2	4		奎星楼 1
2.42 绛县	成化七年，于南门外增重门并楼；正德十一年，建窝舖十七座；崇祯十四年，南门外瓮城上建重楼	3	3		17	
2.43 垣曲县	正统十四年，补修，三城门上各建楼，东南隅建魁星阁	3				奎星楼 1
2.5 霍州属县一	正德间，平阳府通判柴凯加筑，高广倍旧制，各置层楼铺舍	4	4			
2.51 灵石县	正德间，建南北城楼，四隅角楼；万历三年，建东西城楼	4	4	4	10	
2.6 吉州属县一	嘉靖间，东西各建层楼，北建小楼，东门外城前筑建瓦城楼	4	4			
2.61 乡宁县	正德间，知县赵元重修东西二城楼；嘉靖间，相继增筑南城建楼		3			
2.7 隰州属县二	嘉靖十五年，知州黄杰、同知曹凤修，创建城楼三，角楼四，更铺十；万历四十四年开东门建楼	4	4	4	10	
2.71 大宁县		3	3	3		
2.72 永和县	西南二楼	3	2			
三、汾州府（州一县七）						
3.1 汾阳县附郭	洪武六年，门四，上各有楼，西北隅楼二，西南有长子楼，稍东有八义楼；嘉靖七年，增修城楼，置敌楼三十七，窝铺一百二十一	4	4	4	121	
3.11 孝义县		4	4	2	33	
3.12 平遥县	洪武三年，建敌台、窝铺四十座；嘉靖四十一年，知县张稽古因寇犯边，急砌砖墙，更新门楼	6	6			
3.13 介休县	正统十四年，修葺四门，建谯楼；正德二年四隅设小楼；隆庆元年，增敌台一百十余座，作窝铺于其上；万历二十六年，竖悬楼一十有六，增窝铺一十有四	4	4	4		
3.14 石楼县		4				

（续表）

城市	增设过程	城门数量	城墙建筑的配置			其他
			门楼	角楼	窝铺 / 警铺	
3.15 临县	嘉靖二十一年，瓮城楼台俱备；嘉靖二十九年，于南北两角增置高台，上建箭楼					
3.2 永宁州属县一	万历四年，竖城楼三座，角楼五座，悬楼一十五座；万历二十六年，西南角筑高台一处，造楼一十五间，以料敌	3	3	5	15	料敌楼 1
3.21 宁乡县		3	4			
四、潞安府（县八）						
4.1 长治县附郭		4				
4.11 长子县	景泰初，创开小西门，门上各建楼三楹。正德七年流寇之乱增置铺舍凡十有九。姜环之乱，修楼橹铺舍	5	5	4	19	
4.12 屯留县	原上各建楼三楹；正德十四年，复徙北门于故址，建重楼；嘉靖三十七年，于东西南三门改建重楼；万历间，重修东南门并楼	4	4			
4.13 襄垣县	正统间，知县宁智复建楼；嘉靖间，各筑城楼；隆庆间，四门楼亦加崇焉，增东西南三门瓮城，建崇楼三座，角楼四座	4	4	4		瓮城城楼 3
4.14 潞城县	隆庆五年，重修城楼及警铺；崇祯十二年，敌台二十四，角楼二	4	4	2		
4.15 壶关县	洪武二年，重修；嘉靖十一年，新辟西门；崇祯间，东南隅、西北隅各建角楼一，巡铺十六	4		2	16	
4.16 黎城县	正德中，门咸观以角楼，楼皆十二楹；隆庆戊辰，创筑敌台二十，上各系以楼，角楼四，上咸冠以角楼，皆十二楹	3	3	4		
4.17 平顺县	嘉靖八年，初建县治，开南门砖砌门台，上建楼三间，窝铺六间；十二年，砖砌东门，上建楼三间	2	2		6	
五、大同府（州四县七）						
5.1 大同县附郭	洪武五年，大将军徐达因旧土城增筑，门四，上各建楼，角楼四，望楼五十有四，窝铺九十有六	4	4	4	96	
5.11 怀仁县	万历元年，请帑增修，建东西城楼二，角楼四	2	2	4		望楼 4
5.2 浑源州	万历二年，疏请砖甃，敌台一十有七，楼橹一十有一，铺舍九，北中台上建玄武庙	2	2		9	
5.3 应州	明洪武八年，北建拱极楼于城上。成化六年，贞武庙以镇北方；嘉靖四十三年，起建南楼；隆庆五年增建东西二楼	3	4			
5.31 山阴县	隆庆四年，三门上建楼橹，外为瓮城，角楼四，窝铺八	3	3	4	8	

（续表）

城市	增设过程	城门数量	城墙建筑的配置			其他
			门楼	角楼	窝铺/警铺	
5.4 朔州	洪武二十年，敌楼一十二座，门楼四座，角楼四座，铺楼二十四座，烟墩四座	4	4	4	24	
5.41 马邑县	隆庆六年三月至万历元年八月，角楼四座四面铺舍各三座，东西二门各有重楼	2	2	4	12	
5.5 蔚州						
5.51 广灵县	万历二年，门上建楼二座，各三间二层，四隅建角楼四座，铺楼八座	2	2	4	8	
5.52 广昌县		3				
5.53 灵丘县	天顺二年，巡抚马昂奏请展筑；正德三年，知县杨文奎重建门楼	2	2			
5.61 阳和卫	洪武三十一年，命中山王徐达筑阳和城，上各建楼，窝铺一十有四；崇祯四年，于望台上每面修建望楼六座	3	3		14	
5.62 天城卫		4				
5.63 大同左卫城	正统间，始砖包城，南北西门三座，东面虽不设门，义建一楼以利眺望，窝铺五十座；嘉靖丙寅重修，复建两滴水大城楼三座，号房一十八间，瓮城内土地庙三间，四角砖楼四座，沿城楼舖四十六座；万历庚戌，拓修南关城，门三，建楼各五楹，敌角四建楼各三楹，敌台二，建铺各一楹	3	4	4	46	
5.64 大同右卫城		4				
5.65 威远卫城	万历三年，砖包，上建门楼、敌楼共三十二座	4				
5.66 平远卫城池		3				
5.67 井坪所城池	隆庆六年，展筑南城之半，南雄城北天险各建楼于上，外各为月城，角楼四	2	2	4		
六、直隶泽州属县四						
6.1 泽州	隆庆四年，知州顾显仁增筑敌台二十三，创敌楼二十三，北城楼一座，重修角楼四，东西南城楼各二	3	7	4		
6.11 高平县	嘉靖十九年，增敌楼四，敌台四十。万历二十五上更铺五十二，城楼四，角楼四，增筑瓮城三	3	4	4	52	
6.12 阳城县	景泰初，知县刘以文砖甃之，于东西门建楼，南建房；万历五年，增设敌楼十，东北建城楼，规制始大备；崇祯间，知县杨镇原复建楼于西北东西	3				
6.13 陵川县	嘉靖二十二年，知县刘廷仪建城门楼三座；万历四年，刘汝江、宋承规相继砖砌内面完，各楼重建	3	3			
6.14 沁水县		3				

（续表）

城市	增设过程	城门数量	城墙建筑的配置			其他
			门楼	角楼	窝铺 / 警铺	
七、直隶沁州属县二						
7.1 沁州		3				
7.11 沁源县	万历五年，署县事潞州卫经历赵蛟券三门建三门楼；七年，知县靳贤砖石包修其三角楼、十垛楼	3	3	3		
7.12 武乡县	隆庆十七年，潞郡守刘复初精于堪舆氏因邑旧止东西二门，东曰宾阳，西曰寅饯，无南门，至是创开一门题曰南熏，建城楼三间；崇祯三年，邑人司马魏云中北城增建敌楼一座，高三丈周二十丈					
八、直隶辽州属县二						
8.1 辽州	景泰中知州黄钺，成化中知州王钺胡源、同知李朝，正德中知州杨惠，代有修葺，门楼三座。嘉靖甲子，知州康清因望气者言城以北为主，北无门因无楼，主势弱，乃帮筑敌台，创建城楼一座	3	4			
8.11 榆社县	东城	3	7			
	西城，铺所六门各一，每十垛设窝铺一	3	5			
8.12 和顺县	角楼、敌台共十一座，更房三座	3			3	

注：据山西地方志整理。